天敵活用大事典

農文協 編

はじめに

　これまで害虫防除といえば，化学農薬が防除手段の中心であった。しかし今，日本各地で天敵が防除の主力になりつつある。特に施設栽培の果菜類では，主要産地での天敵普及率が7～9割以上にまで達している。この背景には，害虫の薬剤抵抗性の発達と農家の防除負担の大きさがある。天敵であれば，抵抗性害虫にも有効であり，農薬散布回数も農薬代も大幅に減らすことができる。実際，天敵を活用している農家・地域では，次々と農薬半減を実現しているのである。

　こうした天敵活用の広がりの大きな原動力になっているのが，カブリダニ類などのすぐれた天敵資材の開発・普及と，土着天敵の有効利用技術の進歩である。特に土着天敵の活用は，近年，天敵に影響の少ない農薬（選択性農薬）の使い方や，天敵に餌を提供する植物（天敵温存植物）の研究が進んだことで，目覚ましい進展を見せている。天敵活用は，防除作業の軽労化を進め，人びとの健康を守り，自然と人間が調和した社会をつくっていく上でますます重要性を増している。

　暑い夏の日中に毎週カッパを着て汗だくで農薬を散布する大変さ，自身の健康への不安，新薬が出てもすぐに抵抗性害虫が現われるイタチごっこ，かさむ防除費の負担……。天敵活用は，こうした防除から農家を自由にしてくれるし，身近な自然への観察眼を深め，工夫する面白さがある。本書は，その魅力と技術の実際，最前線を伝えるべく，昆虫，ダニ，クモを中心に農業害虫の天敵280余種を網羅し，その生態と活用法，活用事例を詳述したものである。また，研究者や技術者，写真家の皆さんが心血を注いで撮影した貴重な写真も豊富に収録している。本書を通して，一人でも多くの方に身近な生態系の壮大なドラマを知っていただき，現場でご活用いただければ幸いです。

　本書の編纂に当たっては，当会発行の『天敵大事典』と，加除式出版物『農業総覧 病害虫防除資材編』の天敵関連記事をベースにしつつ，内容を全面的に改め，膨大な新知見を盛り込んで体系的に再編集した。企画・構成から執筆・改訂者の選定まで，編集協力者の4人の先生方には並々ならぬご尽力をいただいた。天敵資材を後藤千枝先生，土着天敵の野菜・畑作物を大野和朗先生，水稲を平井一男先生，果樹・チャを井原史雄先生に中心になって見ていただき，編集途中でもたびたび貴重なご助言を賜った。本書はこの4人の先生方のご協力なくして誕生しえなかった。心より感謝を申し上げます。

　また，用語解説の作成では，編集協力者の先生方のほか，日本典秀先生にもお力添えをいただいた。昆虫の外部形態図は，日本応用動物昆虫学会より転載をご快諾いただいた。寄生蜂の学名は，分類の専門家である東浦祥光先生に綿密にご点検いただいた。巻末の天敵に対する農薬影響表は，日本生物防除協議会より貴重なデータをご提供いただいた。ご厚意とご協力に深く感謝を申し上げます。

　最後に，お忙しいなか，天敵活用の前進のためにご尽力くださった150余名の執筆者，写真・資料提供者の皆さんのお仕事に敬意を表すとともに，心より御礼を申し上げます。

　2016年7月

　　　　　　　　　　　　　　　　　　　　　　　　　　　一般社団法人　農山漁村文化協会

凡 例

○本書は，日本における農業害虫の天敵について，昆虫，ダニ，クモを中心に，カエル，センチュウ，糸状菌，ウイルスまで，280余種を網羅し，口絵および生態と活用法の解説を掲載した。これらの天敵は「天敵資材」と「土着天敵」に大別した。

○「天敵資材」は，害虫防除資材として生産現場で利用実績のある天敵を収録した。このうち，殺虫剤として農薬登録され，製造・販売されている天敵（天敵製剤）は，「殺虫剤」に区分した。また，生産現場での増殖利用が盛んな土着天敵，過去に農薬登録されていた土着天敵，古くに外国から導入され土着化した天敵は，土着天敵のなかでも資材的性格の強い天敵と位置づけ，「特定農薬」*に区分した。

○「土着天敵」は，天敵活用の対象作物によって，「野菜・畑作物」「水稲」「果樹・チャ」に分けて掲載した。ただし，センチュウ，糸状菌，ウイルスは，天敵としての利用特性が異なり，対象作物も広範なことから，「共通（昆虫病原）」にまとめた。

○天敵活用では，天敵に影響の少ない農薬の施用や栽培管理により天敵の働きを妨げる要因を取り除く「保護」と，天敵の餌や生息場所を確保する植生管理などにより天敵の働きを高める「強化」が何より重要である。この「保護」と「強化」の考え方に基づき，「土着天敵」を効果の高さと使い方で4つのグループに分けた。

〈土着天敵の区分〉
①保護のみで高い効果：選択性農薬の使用などによって天敵を保護するだけでも，実用的効果が期待できる。
②保護と強化で高い効果：選択性農薬の使用などによる天敵の保護と，餌や生息場所を確保する植生管理による天敵の強化，両方を行なうことで，実用的効果が期待できる。
③保護により一定の効果：選択性農薬の使用などにより天敵を保護することで，部分的な実用的効果が期待できる。
④生物多様性の保全対象：実用的効果は未解明だが，圃場やその周辺で潜在的な害虫の抑制に一定の貢献を果たしていると考えられ，保全対象である。

○天敵の種類は，主な対象害虫によって「○○の天敵」としてまとめ，さらに生物分類と天敵としての機能によって「捕食性ダニ」「ヒメハナカメムシ類」「寄生蜂」などの名称でまとめた。天敵の配列は，対象害虫と天敵の重要度，類縁関係を考慮した。

○天敵の別名は，和名の後に（　）で表記した。学名のシノニムは，学名の後に〔＝　　〕で表記した。

○「天敵資材」の解説は，【特徴と生態】：「特徴と寄生・捕食行動」「発育と生態」，【使い方】：「剤型と使い方の基本」「放飼（散布）適期の判断」「温湿度管理のポイント」「栽培方法と使い方」「効果の判定」「追加放飼（散布）と農薬防除の判断」「天敵の効果を高める工夫」「農薬の影響」「その他の害虫の防除」「飼育・増殖方法」からなる。

○「土着天敵」の解説は，【観察の部】：「見分け方」「生息地」「寄生・捕食行動」「対象害虫の特徴」，【活用の部】：「発育と生態」「保護と活用の方法」「農薬の影響」「採集方法」「飼育・増殖方法」からなる。

○「殺虫剤」（天敵製剤）の解説中にある「適用病害虫および使用方法」の表は，農薬登録上の適用作物名である「かんしょ」「ばれいしょ」などの表記を本文中の作物名と揃えて「サツマイモ」「ジャガイモ」などに統一した。

○本書の主要部分は，「天敵資材」「土着天敵」のほか，共通技術として天敵の保護・強化法，同定法を詳しく解説した「天敵活用技術」，11品目20地域の天敵利用体系・実践例を細部にわたって紹介した「天敵活用事例」の4部で構成される。

○巻末資料の「天敵等に対する殺虫剤・殺ダニ剤の影響の目安」「天敵等に対する殺菌剤・除草剤の影響の目安」は，農薬名の五十音順に記載されていた日本生物防除協議会の元表を農薬の系統（IRAC，FRACの作用機構分類）ごとに整理した。

*日本では，農薬取締法上，害虫防除のために利用される天敵は農薬とみなされ，製造・加工・輸入には農薬登録が必要とされる。ただし，使用場所と同一都道府県（離島）内で採取された土着天敵（昆虫綱，クモ綱）については，人畜・水産動植物に無害な「特定農薬（特定防除資材）」とみなされ，農薬登録がなくても増殖利用が可能である。「特定農薬」については，本書の「用語解説」のほか，農林水産省ホームページ「特定防除資材（特定農薬）について」（http://www.maff.go.jp/j/nouyaku/n_tokutei/）の「特定農薬（特定防除資材）として指定された天敵の留意事項について」も参照されたい。

用語解説

※本書の理解を深めるために，本文中に出てくる専門用語のうち，補足が必要な用語について解説した。

【天敵利用】

天敵（natural enemy）：特定の生物種に対して，捕食者または寄生者として働く生物種のこと。本書では主に農業害虫の捕食者・寄生者を天敵として扱っている。

放飼（release）：害虫防除を目的に，天敵を圃場に放すこと。

リサージェンス（誘導多発生；resurgence）：害虫防除のために圃場で農薬を施用したことで，かえって施用前や無施用の圃場に比べ，害虫が増加してしまう現象のこと。主な原因は，非選択性殺虫剤の使用による天敵相の破壊といわれる。

生物的防除（biological control）：天敵を用いて害虫を防除する方法。伝統的生物的防除，放飼増強法，土着天敵の有効利用の3つに大別される。

伝統的生物的防除（classical biological control）：当該地域に生息していない天敵を外国および他地域から導入して定着させ，対象害虫を永続的に抑制する方法。ベダリアテントウによるイセリアカイガラムシの防除など，果樹害虫の防除で多くの成功例がある。古典的生物的防除ともいう。

導入天敵（introduced natural enemy）：もともと当該地域には生息していないが，害虫防除の目的で外国および他地域から人為的に持ち込まれた天敵のこと。

放飼増強法（augmentation）：天敵を大量増殖して人為的に放飼する方法。接種的放飼と大量放飼がある。

大量放飼（inundative release）：発生した害虫密度を速やかに減少させるために，大量に天敵を放飼する方法。

接種的放飼（inoculative release）：対象害虫の発生初期に少量の天敵を放飼して定着させ，栽培期間を通して害虫を低密度に抑制する方法。

土着天敵（indigenous natural enemy, native natural enemy）：当該地域に生息する生物種のうち，天敵（捕食者または寄生者）として働く生物種のこと。

土着天敵の有効利用（effective utilization of indigenous natural enemies）：天敵に悪影響のある農薬の施用や栽培管理をひかえ（＝保護），生息場所や餌を確保（＝強化）することで，土着天敵を害虫防除に利用すること。「保全的生物的防除」（conservation biological control）ともいう。

保護（conservation）：天敵に影響の少ない農薬の施用や栽培管理などによって天敵の個体群を維持すること。

強化（enhancement）：天敵の餌や生息場所を確保する植生管理などによって天敵の働きを高めること。

バンカー法（banker plant system）：長期の継続的な害虫防除を目的として，作物圃場内に設置したバンカー植物（banker plants，後出）により天敵の代替寄主（代替餌）を維持し，継続的な天敵の増殖および圃場への放飼を実現する技術のこと。バンカー（banker）は銀行家（＝天敵銀行）の意味。

【農薬関連】

選択性殺虫剤（selective insecticide）：防除対象害虫に対しては有効だが，天敵を含む非対象生物に対しては影響が少ない殺虫剤のこと（IGR剤など）。殺虫剤に限定しない場合は「選択性農薬」（selective pesticide）という。害虫だけでなく，天敵に対しても影響が大きい殺虫剤は「非選択性殺虫剤」（nonselective insecticide）と呼ばれる（有機リン剤，合成ピレスロイド剤など）。

IGR剤（昆虫成長制御剤；insect growth regulator）：昆虫の脱皮・変態，キチン合成などを阻害することにより殺虫効果を発揮する殺虫剤のこと。

生物農薬（biological pesticide, biopesticide）：病害虫に防除効果を有する生物種を生きた状態で製剤化したもの。このうち，製剤化された天敵は「天敵製剤」という。日本では天敵製剤の製造・輸入には農薬登録が必要になる。

特定農薬（特定防除資材；special pest control material）：病害虫に対する防除効果が確認されており，原材料に照らして農作物や人畜および水産動植物に害を及ぼす恐れのないことが明らかなものとして農林水産大臣および環境大臣が指定する農薬（登録は不要）。現在のところ，「エチレン」「次亜塩素酸水（塩酸または塩化カリウム水溶液を電気分解

用語解説

して得られるものに限る）」「重曹」「食酢」「同一都道府県（離島）内で採取された天敵（土着天敵）」が特定農薬として指定されている。

薬剤抵抗性（pesticide resistance）：農薬（殺虫剤）にはいくつかの作用機構（殺虫する仕組み）があるが，同一系統（同じ作用機構）の薬剤を連用していると，抵抗性遺伝子をもつ害虫個体が選抜され，その系統の薬剤が効かない個体群が形成される。このようにして発達する性質のことを薬剤抵抗性という。

IRAC（殺虫剤抵抗性対策委員会；Insecticide Resistance Action Committee）：世界農薬工業連盟（CLI；Crop Life International）の傘下組織で，同一系統の薬剤の連用による害虫の薬剤抵抗性発達を回避するために殺虫剤の作用機構の分類に取り組み，分類表を作成・公表している。CLIには，ほかに殺菌剤耐性菌対策委員会（FRAC；Fungicide Resistance Action Committee），除草剤抵抗性対策委員会（HRAC；Herbicide Resistance Action Committee）があり，それぞれ殺菌剤，除草剤について同様の取組みをしている。

【防除関連】

総合的害虫管理（IPM；Integrated Pest Management）：適切な防除手段を相互に矛盾しない形で使用し，経済的被害が生じるレベル（要防除水準）以下に害虫個体群を減少させ，かつその低いレベルを維持するための害虫管理システムのこと。

※農林水産省の「総合的病害虫・雑草管理（IPM）実践指針」では，IPMを次のように定義している。

「総合的病害虫・雑草管理とは，利用可能なすべての防除技術を，経済性を考慮しつつ慎重に検討し，病害虫・雑草の発生増加を抑えるための適切な手段を総合的に講じるものであり，これを通じ，人の健康に対するリスクと環境への負荷を軽減，あるいは最小の水準にとどめるものである。また，農業を取り巻く生態系の攪乱を可能な限り抑制することにより，生態系が有する病害虫および雑草抑制機能を可能な限り活用し，安全で消費者に信頼される農作物の安定生産に資するものである。」

化学的防除（chemical control）：化学殺虫剤など，化学物質の作用を利用して，害虫による作物被害を低減させる方法。

物理的防除（physical control）：防虫ネット，多目的防災網や果実袋などの物理的な障害物，色，光，熱，音などを利用して，害虫の侵入・加害を阻止する方法。

耕種的防除（cultural control）：栽培時期，栽植密度，施肥，輪作・混作，耐虫性品種の利用など，栽培法を改良することで害虫の被害を抑える方法。

【生理・生態】

捕食者（predator）：他の生物種を捕食して生活する生物のこと。捕食対象が害虫であれば，その捕食者は天敵である。

寄生者（parasite）：他の生物種に寄生して生活する生物のこと。寄生対象が害虫であり，その害虫の生存や増殖を阻止する働きをする寄生者を天敵という。

寄主（宿主；host）：寄生者によって寄生される生物のこと。

捕食寄生者（parasitoid）：必ず寄主（宿主）を殺してしまう寄生者のこと。

代替餌（alternative food, alternative prey）：害虫以外の天敵の餌（被食者）のこと。

代替寄主（alternate host, alternative host）：害虫以外の天敵の寄主のこと。

広食性（euryphagy, polyphagy）：摂食対象の選択範囲が広いこと。「多食性」ともいう。天敵の例では，トンボ，クモなど。

狭食性（oligophagy, stenophagy）：摂食対象の選択範囲が狭いこと。「少食性」ともいう。天敵の例では，ヒラタアブなど。

単食性（monophage, monophagy）：摂食対象が1種に限られること。天敵の例では，イラガセイボウなど。

ホストフィーディング（寄主体液摂取；host feeding）：寄生性昆虫の成虫が，寄主に対して産卵するだけでなく，体液を摂取すること。たとえば，ハモグリバエ類の寄生蜂など。

休眠（diapause）：発育や活動に不適な時期（環境）を避けるために，発育や活動を停止させ，好適な時期の到来を待つこと。日長（日照時間）や温度などの変化により誘起される。

臨界日長（critical daylength, critical photoperiod）：50％の個体が休眠に入る日長のこと。

化性（voltinism）：昆虫が1年に何世代を経過するかという性質。1年に1世代を経過するものを1化性昆虫，2世代以上を経過するものを多化性昆虫という。

発育零点（developmental zero）：昆虫など変温動物の発育速度は温度に比例し，ある温度以下になると発育が進まなく

なる。この発育が進まなくなる温度のことを発育零点，または発育限界温度（threshold temperature for development）という。

有効積算温度（effective accumulative temperature, effective cumulative temperature, total effective temperature）：温度から発育零点を差し引き，発育期間の日数で積算したもの（単位：日度）。特定の生物種が卵から成虫になるまでに必要とする「温度×時間」の定数。有効積算温量，有効積算温度定数（thermal constant）とも呼ばれる。卵，幼虫，蛹など発育態ごとに求めることもある。

内的自然増加率（innate capacity for increase, intrinsic rate of natural increase）：個体数が単位時間当たり何倍になるかの指標。特に断りがないときは，1日当たりを指す場合が多い。

純増殖率（net reproduction rate, net reproductive rate）：個体数が1世代当たり何倍になるかの指標。1頭の雌がその生涯で平均何頭の雌を生むかを表わす。

機能の反応（functional response）：天敵の捕食効率の指標。さまざまな餌種密度を想定した場合の単位時間当たり捕食量の変化のパターンを表わす。Holling（1959）によって3つのパターンに分けられた。

　Ⅰ型（直線型）：害虫密度と捕食量の関係は比例しているもの。害虫密度が2倍になれば捕食量も2倍になる。

　Ⅱ型（飽和曲線型）：害虫密度が増加していくにつれ，捕食量の増え方は減少していくもの。最終的には頭打ちになる。多くの天敵はこのパターンを示す。

　Ⅲ型（S字曲線型）：害虫密度が低いときには捕食量がきわめて低いが，密度の上昇につれて捕食量が急速に増加し，その後頭打ちになるもの。低密度の害虫に対する発見効率が悪い天敵はこのパターンを示すことが多い。

個体群（population）：ある地域に生息する特定の生物種の集団（個体の集まり）のこと。

コロニー（colony）：アリやアブラムシのように，共同で営巣・生活する昆虫の血縁集団のこと。

マミー（mummy）：寄生蜂の寄生により変色・ミイラ化した寄主幼虫のこと。たとえば，アブラムシのコロニーで比較的容易に見つけることができる。

ゴール（虫こぶ，虫えい；gall, insect gall）：寄生昆虫の寄生により植物組織が異常発達して形成されるこぶ状突起のこと。たとえば，クリタマバチのゴール。

【有用植物】

天敵温存植物（インセクタリープランツ；insectary plants）：圃場に天敵を誘引し，餌（花粉や花蜜など）を供給することで，天敵の働きを高める（強化する）植物のこと。葉柄や茎に花外蜜腺を有する植物や，害虫以外の餌昆虫（代替餌）・寄主昆虫（代替寄主）が発生する植物も，天敵温存植物として利用できる。

バンカー植物（バンカープランツ；banker plants）：天敵の代替寄主または代替餌と，その寄主植物のセットであり，圃場内に設置して代替寄主（代替餌）を維持することで，放飼した天敵の継続的な増殖を可能にする植物のこと。単に「バンカー」ともいう。

コンパニオン植物（共栄作物；companion plants）：作物と混植・混作することで，害虫が来なくなったり，作物の生育がよくなったりする植物のこと。たとえば，ダイコンやニンジンにマリーゴールドを混植すると，マリーゴールドの根に含まれる殺線虫物質により線虫被害が減少する。

リビングマルチ（living mulch）：作物と混作・間作することで，地表を覆い，雑草の生育を抑制する植物，またはその技術。緑肥効果や天敵温存効果が期待できる場合もある。

おとり植物（おとり作物；trap crop）：害虫の発生状況を把握する，あるいは作物の被害を回避するために，圃場内外に設置・植栽する植物のこと。放置すると害虫の発生源となることがあり，注意が必要である。

障壁植物（barrier plant）：作物圃場の周囲に植栽することで障壁を形成し，害虫の侵入を阻止する，あるいは風害を避ける役割をもつ植物。たとえば，ソルガム（モロコシ属，このうち一部の品種群がソルゴーと呼ばれている）は，アブラムシ類などの定着を妨げる効果がある。

ソルガム（sorghum）：「モロコシ」ともいう。アフリカ原産の大型イネ科C_4植物で，飼料用品種は穀物生産用の子実型ソルガム，粗飼料生産用のソルゴー型ソルガム（ソルゴー），両者の中間型の兼用型ソルガムに分けられる。天敵利用においても，障壁作物，天敵温存植物として有効である。

【昆虫外部形態】

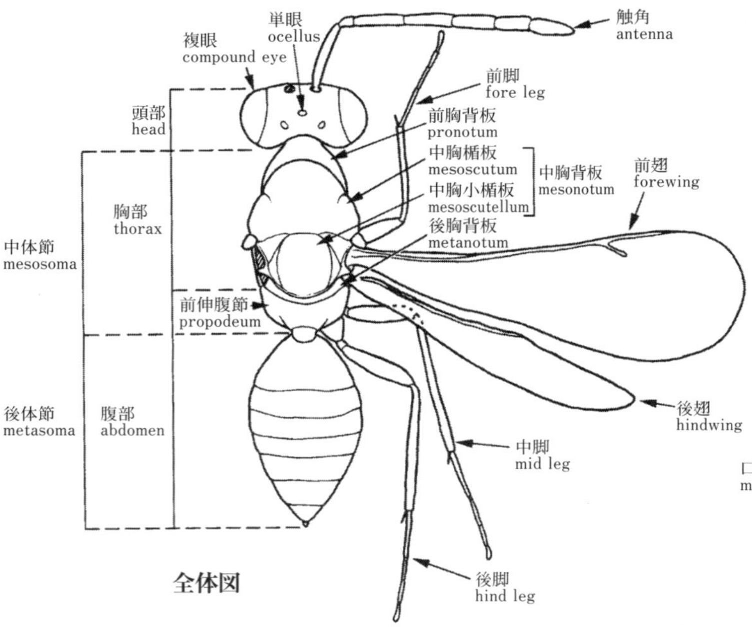

全体図

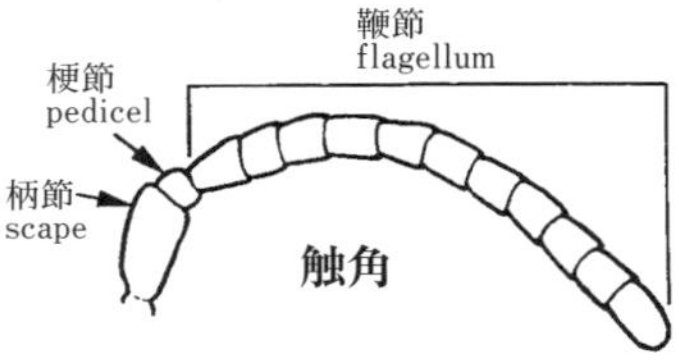

触角

頭部

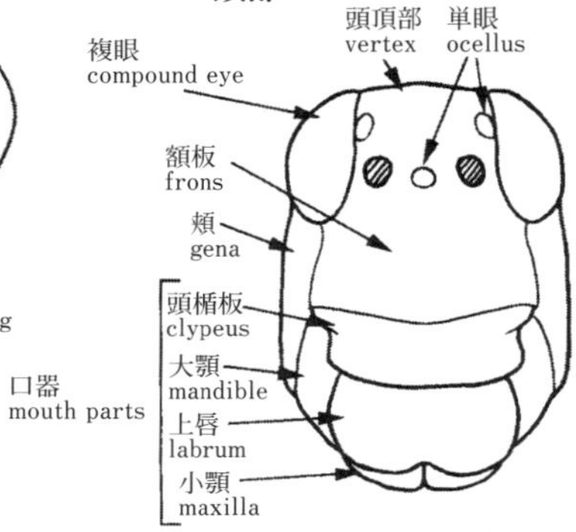

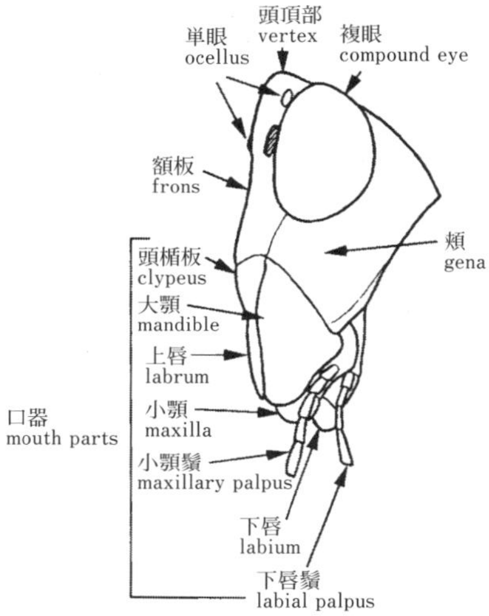

前翅

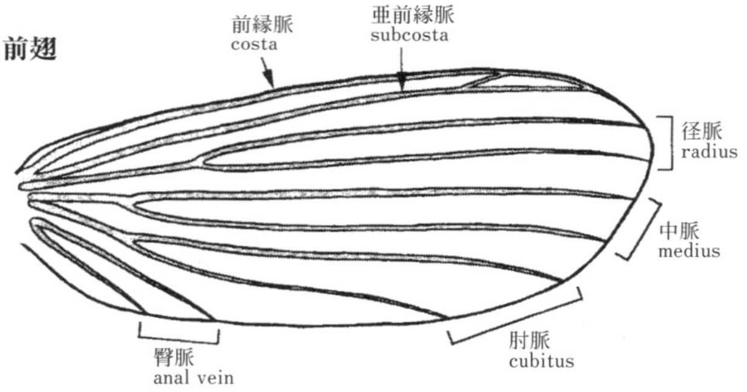

腹部

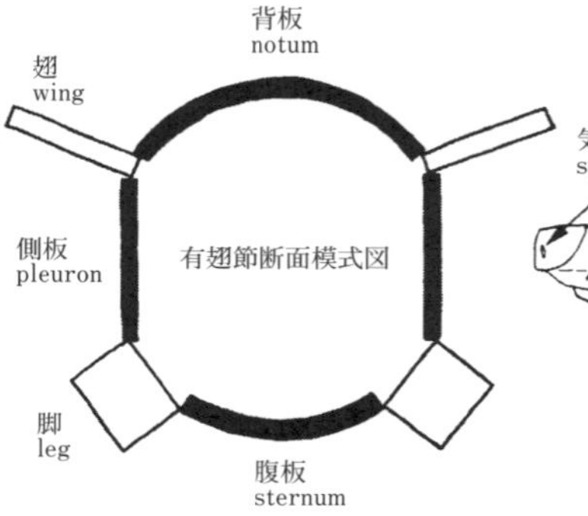

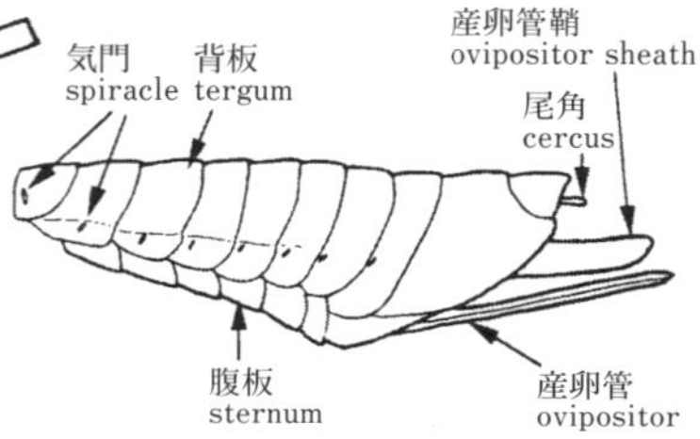

腹部側面図

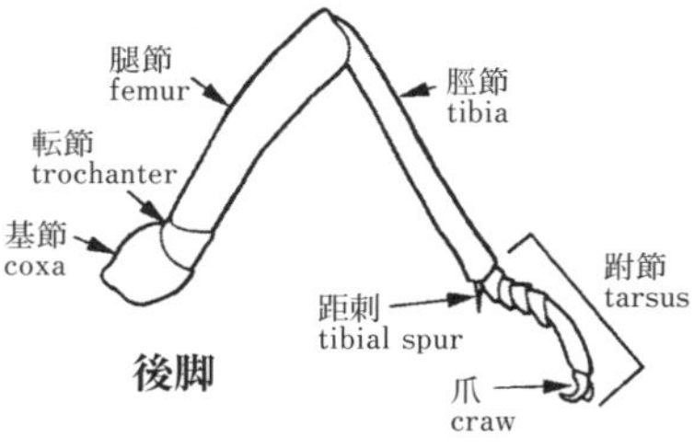

後脚

（原図：小西和彦，日本応用動物昆虫学会編『応用動物学・応用昆虫学学術用語集 第3版』より転載）

＊カブリダニ類，ヒメハナカメムシ類，チビトビカスミカメ類，寄生蜂，クサカゲロウ類については，本書所収「天敵の同定法」（p.技術35～63）も参照ください。

目次

- はじめに ……………………………………………………………………………… 〈1〉
- 凡例 …………………………………………………………………………………… 〈2〉
- 用語解説 ……………………………………………………………………………… 〈3〉

天敵資材

殺虫剤

口絵／解説

ダニ類の天敵
- 捕食性ダニ
    - チリカブリダニ ……………………………………………… 資材1／資材3
    - ミヤコカブリダニ …………………………………………… 資材1／資材6

アザミウマ類の天敵
- ヒメハナカメムシ類
    - タイリクヒメハナカメムシ ………………………………… 資材2／資材8
- オオメカメムシ類
    - オオメカメムシ（オオメナガカメムシ）………………… 資材3／資材13
- アザミウマ類
    - アリガタシマアザミウマ …………………………………… 資材4／資材16
- 捕食性ダニ
    - スワルスキーカブリダニ* …………………………………… 資材4／資材17
    - リモニカスカブリダニ* ……………………………………… 資材5／資材25
    - キイカブリダニ ……………………………………………… 資材5／資材29
    - ククメリスカブリダニ ……………………………………… 資材6／資材31
- 糸状菌
    - メタリジウム・アニソプリエ ……………………………… 資材7／資材33
    - ボーベリア・バシアーナ* …………………………………… 資材7／資材36

コナジラミ類の天敵
- 寄生蜂
    - オンシツツヤコバチ ………………………………………… 資材8／資材39
    - サバクツヤコバチ …………………………………………… 資材8／資材45
- 糸状菌
    - ペキロマイセス・フモソロセウス ………………………… 資材9／資材48
    - ペキロマイセス・テヌイペス** ……………………………… 資材9／資材52
    - バーティシリウム・レカニ ………………………………… 資材10／資材55

アブラムシ類の天敵
- テントウムシ類
    - ナミテントウ ………………………………………………… 資材11／資材57
    - ヒメカメノコテントウ ……………………………………… 資材13／資材62
- クサカゲロウ類
    - ヒメクサカゲロウ …………………………………………… 資材14／資材63
- 寄生蜂
    - コレマンアブラバチ ………………………………………… 資材14／資材67
    - チャバラアブラコバチ ……………………………………… 資材15／資材70
    - ギフアブラバチ ……………………………………………… 資材16／資材73

ハモグリバエ類の天敵
- 寄生蜂
    - イサエアヒメコバチ ………………………………………… 資材17／資材76
    - ハモグリミドリヒメコバチ ………………………………… 資材18／資材81

＊ コナジラミ類の天敵でもある，＊＊ アブラムシ類の天敵でもある

アルファルファタコゾウムシの天敵
　寄生蜂　　　　　　　ヨーロッパトビチビアメバチ …………………………………… 資材19／資材84

コウチュウ目・チョウ目害虫の天敵
　センチュウ類　　　　スタイナーネマ・カーポカプサエ ………………………………… 資材19／資材86
　　　　　　　　　　　スタイナーネマ・グラセライ ……………………………………… 資材20／資材90

カミキリムシ類の天敵
　糸状菌　　　　　　　ボーベリア・ブロンニアティ ……………………………………… 資材21／資材93
　　　　　　　　　　　ボーベリア・バシアーナ …………………………………………… 資材21／資材96

ハマキムシ類の天敵
　ウイルス　　　　　　顆粒病ウイルス ……………………………………………………… 資材22／資材98

ネコブセンチュウの天敵
　バクテリア　　　　　パスツーリア・ペネトランス ……………………………………… 資材23／資材100

―――――――――――――――― 特　定　農　薬 ――――――――――――――――

口絵／解説

アザミウマ類の天敵
　ヒメハナカメムシ類　ナミヒメハナカメムシ ……………………………………………… 資材24／資材105

アザミウマ類・コナジラミ類の天敵
　カスミカメムシ類　　タバコカスミカメ ……………………………………………………… 資材25／資材108

コナジラミ類・ダニ類の天敵
　カスミカメムシ類　　クロヒョウタンカスミカメ …………………………………………… 資材26／資材111

コナジラミ類の天敵
　寄生蜂　　　　　　　シルベストリコバチ ……………………………………………………… 資材27／資材113

アブラムシ類の天敵
　捕食性バエ　　　　　ショクガタマバエ ………………………………………………………… 資材28／資材115
　寄生蜂　　　　　　　ワタムシヤドリコバチ …………………………………………………… 資材28／資材119

チョウ目害虫の天敵
　寄生蜂　　　　　　　セイヨウコナガチビアメバチ …………………………………………… 資材29／資材121

カイガラムシ類の天敵
　テントウムシ類　　　ベダリアテントウ ………………………………………………………… 資材30／資材123
　寄生蜂　　　　　　　ルビーアカヤドリコバチ ………………………………………………… 資材30／資材125
　　　　　　　　　　　ヤノネキイロコバチ ……………………………………………………… 資材31／資材127
　　　　　　　　　　　ヤノネツヤコバチ ………………………………………………………… 資材31／資材128

ハチ類の天敵
　寄生蜂　　　　　　　チュウゴクオナガコバチ ………………………………………………… 資材32／資材129

土着天敵

野菜・畑作物

口絵／解説

〔保護のみで高い効果〕

ハモグリバエ類の天敵
- 寄生蜂
  - ハモグリミドリヒメコバチ ……………………………… 土着1／土着3
  - カンムリヒメコバチ ……………………………………… 土着1／土着4

〔保護と強化で高い効果〕

ダニ類の天敵
- 捕食性ダニ
  - カブリダニ類 …………………………………………… 土着2／土着8

アザミウマ類の天敵
- ヒメハナカメムシ類
  - ヒメハナカメムシ類 …………………………………… 土着4／土着10
- カスミカメムシ類
  - タバコカスミカメ* ……………………………………… 土着6／土着13
  - コミドリチビトビカスミカメ（ネッタイチビトビカスミカメ）* … 土着6／土着15
- オオメカメムシ類
  - オオメカメムシ（オオメナガカメムシ）類*** ………… 土着8／土着17
- アザミウマ類
  - アカメガシワクダアザミウマ ………………………… 土着9／土着21
- 捕食性ダニ
  - キイカブリダニ ………………………………………… 土着10／土着23
  - ヘヤカブリダニ ………………………………………… 土着10／土着24

コナジラミ類・アザミウマ類の天敵
- カスミカメムシ類
  - クロヒョウタンカスミカメ …………………………… 土着11／土着26

コナジラミ類の天敵
- 捕食性バエ
  - メスグロハナレメイエバエ …………………………… 土着12／土着27

アブラムシ類の天敵
- テントウムシ類
  - ナナホシテントウ ……………………………………… 土着13／土着29
  - ナミテントウ …………………………………………… 土着13／土着29
  - ヒメカメノコテントウ ………………………………… 土着14／土着30
  - ダンダラテントウ ……………………………………… 土着14／土着32
- クサカゲロウ類
  - クサカゲロウ類 ………………………………………… 土着15／土着33
- 捕食性バエ
  - ショクガタマバエ ……………………………………… 土着16／土着35
- 寄生蜂
  - アブラバチ類 …………………………………………… 土着17／土着38
  - アブラコバチ類 ………………………………………… 土着19／土着41

〔保護により一定の効果〕

ダニ類の天敵
- テントウムシ類
  - キアシクロヒメテントウ ……………………………… 土着20／土着44
- コウチュウ類
  - ヒメハダニカブリケシハネカクシ …………………… 土着20／土着44
- 捕食性バエ
  - ハダニタマバエの一種 ………………………………… 土着20／土着45

＊コナジラミ類の天敵でもある，＊＊＊ダニ類の天敵でもある

目次

アザミウマ類	ハダニアザミウマ	………………………………………	土着21／土着46
コナジラミ類の天敵			
寄生蜂	ヨコスジツヤコバチ	………………………………………	土着22／土着47
アブラムシ類の天敵			
捕食性アブ	ヒラタアブ類	………………………………………	土着22／土着49
捕食性ダニ	ハモリダニ	………………………………………	土着22／土着50
カメムシ類の天敵			
寄生蜂	カメムシタマゴトビコバチ	………………………………………	土着23／土着51
	ヘリカメクロタマゴバチ	………………………………………	土着23／土着53
	ホソヘリクロタマゴバチ	………………………………………	土着23／土着55
ヨトウガ類の天敵			
クチブトカメムシ類	ハリクチブトカメムシ	………………………………………	土着24／土着56
	シロヘリクチブトカメムシ	………………………………………	土着24／土着59
寄生蜂	ヨトウタマゴバチ	………………………………………	土着25／土着61
	キイロタマゴバチ	………………………………………	土着25／土着63
メイガ類の天敵			
寄生蜂	アワノメイガタマゴバチ	………………………………………	土着26／土着64
	ヒゲナガコマユバチ	………………………………………	土着26／土着66
	フシヒメバチ類	………………………………………	土着26／土着67
コナガの天敵			
クモ類	ウヅキコモリグモ	………………………………………	土着27／土着70
寄生蜂	コナガサムライコマユバチ	………………………………………	土着28／土着71
	コナガヒメコバチ	………………………………………	土着28／土着74
	コナガチビヒメバチ	………………………………………	土着29／土着77
	ニホンコナガヤドリチビアメバチ	………………………………………	土着29／土着79
チョウ目害虫の天敵			
コウチュウ類	ゴミムシ類	………………………………………	土着30／土着81
寄生蜂	アオムシコマユバチ	………………………………………	土着31／土着84
ハサミムシ類	オオハサミムシ	………………………………………	土着32／土着85

──────── 水 稲 ────────

口絵／解説

〔保護により一定の効果〕

ウンカ類・ヨコバイ類の天敵

イトトンボ類	アジアイトトンボ	………………………………………	土着33／土着89
	キイトトンボ	………………………………………	土着33／土着90
	モートンイトトンボ	………………………………………	土着33／土着91
	その他のイトトンボ類	………………………………………	土着34／―
	アオモンイトトンボ	………………………………………	土着34／土着92
	アオイトトンボ	………………………………………	土着34／土着92
	オオアオイトトンボ	………………………………………	土着34／土着92

クモ類	アシナガグモ類	………………………………	土着35／土着92
	アゴブトグモ類	………………………………	土着36／土着95
	コサラグモ類	…………………………………	土着37／土着97
	キクヅキコモリグモ	………………………………	土着38／土着99
	キバラコモリグモ	…………………………………	土着38／土着101
	ドヨウオニグモ	……………………………………	土着39／土着103
	ハナグモ	…………………………………………	土着39／土着104
寄生蜂	トビイロカマバチ	…………………………………	土着40／土着105
	ツマグロヨコバイタマゴバチ	……………………	土着41／土着106
	ホソハネヤドリコバチ	……………………………	土着41／土着107
カスミカメムシ類	カタグロミドリカスミカメ	………………………	土着42／土着108
サシガメ類	ハネナガマキバサシガメ	…………………………	土着42／土着111
カエル類	ニホンアマガエル	…………………………………	土着43／土着112
	トウキョウダルマガエル	…………………………	土着43／土着113
	トノサマガエル	……………………………………	土着43／土着114
	ヌマガエル	………………………………………	土着44／土着115
	ニホンアカガエル	…………………………………	土着44／土着115
寄生性アブ	アタマアブ類	………………………………………	土着45／土着116

メイガ類の天敵

寄生蜂	ヒメバチ類	…………………………………………	土着46／土着119
	ズイムシアカタマゴバチ	…………………………	土着47／土着122
トンボ類	シオカラトンボ	……………………………………	土着48／土着123
	ノシメトンボ	………………………………………	土着48／土着124
	ウスバキトンボ	……………………………………	土着49／土着125
	アキアカネ	…………………………………………	土着49／土着126
	ナツアカネ	…………………………………………	土着50／土着127
	ショウジョウトンボ	………………………………	－／土着128
	コシアキトンボ	……………………………………	土着50／土着128
	チョウトンボ	………………………………………	土着51／土着129
捕食性アブ	アオメムシヒキ（アオメアブ）	……………………	土着51／土着130
	シオヤムシヒキ（シオヤアブ）	……………………	土着52／土着131
	マガリケムシヒキ	…………………………………	土着52／土着132

イチモンジセセリの天敵

コウチュウ類	セアカヒラタゴミムシ	……………………………	土着53／土着132
寄生バエ	寄生バエ類	…………………………………………	土着53／土着133
捕食性蜂	フタモンアシナガバチ	……………………………	土着53／土着135
寄生蜂	イチモンジセセリヤドリコマユバチ	……………	土着54／土着136
	ミツクリヒメバチ	…………………………………	土着54／土着137

フタオビコヤガの天敵

寄生蜂	イネアオムシサムライコマユバチ	………………	土着54／土着138
	ホウネンタワラチビアメバチ	……………………	土着55／土着139

ヨトウガ類の天敵
寄生蜂　　　　　　カリヤサムライコマユバチ ……………………………… 土着55／土着140

イネドロオイムシの天敵
寄生蜂　　　　　　ドロムシムクゲタマゴバチ ……………………………… 土着55／土着142

カメムシ類の天敵
寄生蜂　　　　　　ヘリカメクロタマゴバチ …………………………………… 土着56／土着143
　　　　　　　　　ミツクリクロタマゴバチ …………………………………… 土着56／土着144

カメムシ類・チョウ目害虫の天敵
カマキリ類　　　　カマキリ（チョウセンカマキリ） ………………………… 土着57／土着146
　　　　　　　　　オオカマキリ ………………………………………………… 土着57／土着147
　　　　　　　　　コカマキリ …………………………………………………… 土着57／土着147
　　　　　　　　　ハラビロカマキリ …………………………………………… 土着58／土着148
クモ類　　　　　　サツマノミダマシ …………………………………………… 土着58／土着149
　　　　　　　　　ナガコガネグモ ……………………………………………… 土着58／土着150

アブラムシ類の天敵
捕食性アブ　　　　ヒラタアブ類 ………………………………………………… 土着59／土着150
テントウムシ類　　ナナホシテントウ …………………………………………… 土着60／土着152
　　　　　　　　　ナミテントウ ………………………………………………… 土着60／土着153
　　　　　　　　　ヒメカメノコテントウ ……………………………………… 土着61／土着154
　　　　　　　　　チャイロテントウ …………………………………………… 土着61／土着155
　　　　　　　　　ジュウサンホシテントウ …………………………………… 土着61／土着156
クサカゲロウ類　　ヤマトクサカゲロウ ………………………………………… 土着62／土着157

アザミウマ類の天敵
ヒメハナカメムシ類　ツヤヒメハナカメムシ …………………………………… 土着62／土着159

〔生物多様性の保全対象〕

ウンカ類・ヨコバイ類の天敵
アメンボ類　　　　ヒメアメンボ ………………………………………………… 土着63／土着160

モノアラガイ類の天敵
タイコウチ類　　　ミズカマキリ ………………………………………………… 土着63／土着160

果 樹・チ ャ

口絵／解説

〔保護のみで高い効果〕

ダニ類の天敵
捕食性ダニ　　　　ケナガカブリダニ …………………………………………… 土着64／土着163
　　　　　　　　　ミヤコカブリダニ …………………………………………… 土着65／土着165
　　　　　　　　　その他のカブリダニ類 ……………………………………… 土着66／土着167
テントウムシ類　　ダニヒメテントウ類 ………………………………………… 土着67／土着172

カイガラムシ類の天敵
寄生蜂　　　　　　サルメンツヤコバチ ………………………………………… 土着68／土着175

	ナナセツトビコバチ ………………………………………	土着69／土着177
	チビトビコバチ ………………………………………………	土着70／土着179
	フジコナカイガラクロバチ ………………………………	土着71／土着181
	フジコナカイガラトビコバチ ……………………………	土着71／土着182
	ツノグロトビコバチ ………………………………………	土着71／土着183
	フジコナヒゲナガトビコバチ ……………………………	土着72／土着184
	ベニトビコバチ ……………………………………………	土着72／土着185
テントウムシ類	テントウムシ類 ………………………………………………	土着73／土着185
捕食性バエ	タマバエの一種 ………………………………………………	土着75／土着188

〔保護と強化で高い効果〕

ダニ類の天敵

捕食性ダニ	ケボソナガヒシダニ …………………………………………	土着76／土着191
アザミウマ類	ハダニアザミウマ ……………………………………………	土着76／土着192
コウチュウ類	ハネカクシ類 …………………………………………………	土着77／土着194
ヒメハナカメムシ類	ヒメハナカメムシ類 …………………………………………	土着78／土着198
捕食性バエ	ハダニタマバエ ………………………………………………	土着78／土着199

カイガラムシ類の天敵

寄生蜂	コナカイガラクロバチ類 ……………………………………	土着79／土着201
	クワコナカイガラヤドリバチ ………………………………	土着79／土着203
テントウムシ類	ヒメアカホシテントウ ………………………………………	土着80／土着204

〔保護により一定の効果〕

アザミウマ類の天敵

寄生蜂	アザミウマタマゴバチ ………………………………………	土着81／土着207

アブラムシ類の天敵

テントウムシ類	ナミテントウ …………………………………………………	土着82／土着209
	ダンダラテントウ ……………………………………………	土着83／土着210
	コクロヒメテントウ …………………………………………	土着84／土着212
	ヒメカメノコテントウ ………………………………………	土着84／土着214
捕食性アブ	ヒラタアブ類 …………………………………………………	土着85／土着215
クサカゲロウ類	クサカゲロウ類 ………………………………………………	土着86／土着216
寄生蜂	ミカンノアブラバチ …………………………………………	土着87／土着218
	ワタアブラコバチ ……………………………………………	土着88／土着220

カメムシ類の天敵

寄生蜂	チャバネクロタマゴバチ ……………………………………	土着88／土着222
カスミカメムシ類	グンバイカスミカメ …………………………………………	土着89／土着224

ハマキムシ類の天敵

寄生蜂	寄生蜂類 ………………………………………………………	土着90／土着225
コウチュウ類	ゴミムシ類 ……………………………………………………	土着91／土着228

〔生物多様性の保全対象〕

カメムシ類の天敵
- 寄生バエ
  - マルボシヒラタヤドリバエ ……………………………………… 土着92／土着233

チョウ目害虫の天敵
- 造網性クモ類
  - ジョロウグモ ……………………………………………………… 土着93／土着234
  - コガネグモ ………………………………………………………… 土着93／土着236
  - ヒメグモ（ニホンヒメグモ） ……………………………………… 土着93／土着237
- 樹上徘徊性クモ類
  - ハエトリグモ類 …………………………………………………… 土着94／土着239
  - ハナグモ …………………………………………………………… 土着94／土着240
  - フクログモ類 ……………………………………………………… 土着94／土着242
- サシガメ類
  - ヨコヅナサシガメ ………………………………………………… 土着95／土着243
- オオメカメムシ類
  - オオメカメムシ（オオメナガカメムシ）類 …………………… 土着96／土着245

ホソガ類の天敵
- 寄生蜂
  - ヒメコバチ類 ……………………………………………………… 土着97／土着247
  - ホソガサムライコマユバチ ……………………………………… 土着97／土着249
  - ホソガヒラタヒメバチ …………………………………………… 土着98／土着250
  - キンモンホソガトビコバチ ……………………………………… 土着98／土着251

イラガ類の天敵
- 寄生蜂
  - イラガセイボウ（イラガイツツバセイボウ） ………………… 土着99／土着254

チビガ類の天敵
- 寄生蜂
  - コマユバチの一種 ………………………………………………… ―／土着257

ハモグリガ類の天敵
- 寄生蜂
  - ヒメコバチ類 ……………………………………………………… 土着100／土着259

――――――― 共 通 （ 昆 虫 病 原 ） ―――――――

口絵／解説

〔保護により一定の効果〕

広範な害虫の天敵
- センチュウ類
  - センチュウ類 ……………………………………………………… 土着101／土着265
- 糸状菌
  - ボーベリア属菌（硬化病菌） …………………………………… 土着103／土着268
  - 黒きょう病菌（硬化病菌） ……………………………………… 土着104／土着271
  - 緑きょう病菌（硬化病菌） ……………………………………… 土着105／土着273
  - イザリア属菌（硬化病菌） ……………………………………… 土着106／土着276
  - レカニシリウム属菌 ……………………………………………… 土着107／土着278
  - 昆虫疫病菌（ハエカビ類） ……………………………………… 土着107／土着281

チョウ目害虫の天敵
- ウイルス
  - 核多角体病ウイルス（NPV） …………………………………… 土着108／土着283
  - 顆粒病ウイルス …………………………………………………… 土着108／土着285
  - 昆虫ポックスウイルス …………………………………………… 土着108／土着286

天敵活用技術

天敵の保護・強化法

口絵／解説

天敵温存植物 …………………………………………………………………	技術1／技術3
天敵温存植物10草種の特性と利用場面 ………………………………	―／技術10
天敵温存ハウス ………………………………………………………………	―／技術14
吸虫管による天敵の採集方法 …………………………………………	―／技術18
バンカー法 ……………………………………………………………………	―／技術19
新たな天敵増殖資材「バンカーシート」 ……………………………	―／技術32

天敵の同定法

口絵／解説

日本の主なカブリダニ類19種 ……………………………………………	―／技術35
農耕地のヒメハナカメムシ類 ………………………………………………	―／技術43
チビトビカスミカメ類の酷似種 ……………………………………………	―／技術47
マメハモグリバエの天敵寄生蜂 ……………………………………………	―／技術52
日本の主なクサカゲロウ類 …………………………………………………	―／技術57

天敵活用事例

ナス（施設栽培）

　高知　土着天敵タバコカスミカメを中心とした総合的病害虫防除
　　　　――高知県JA土佐あき園芸研究会ナス部会 ……………………………………… 事例3
　福岡　スワルスキーカブリダニとタバコカスミカメを併用した新防除体系
　　　　――福岡県JAみなみ筑後ナス部会 …………………………………………… 事例12

ナス（露地栽培）

　主要害虫を土着天敵，天敵に影響のない農薬，障壁作物で抑制 ……………………… 事例20
　ヒメハナカメムシ類などの土着天敵を活かす ………………………………………… 事例24
　京都　ソルゴー障壁栽培＋黄色蛍光灯による減農薬栽培技術
　　　　――京都府大野原・乙訓地域 ……………………………………………………… 事例28
　奈良　選択性殺虫剤＋マリーゴールドによる天敵温存型・減農薬栽培技術 ………… 事例37
　岡山　土着天敵，障壁作物，おとり植物の利用 ………………………………………… 事例47

ピーマン（施設栽培）

　高知　アザミウマ類・アブラムシ類などに市販天敵を導入した防除体系 …………… 事例56
　鹿児島　生物農薬と土着天敵の組み合わせで難防除害虫を効果的に防ぐ
　　　　――鹿児島県志布志市　JAそお鹿児島ピーマン専門部会 ……………………… 事例61

シシトウ（施設栽培）
　高知　登録農薬が少ないなかで土着天敵をタバココナジラミ対策に生かす
　　　——高知県JAとさしシシトウ部会 ……………………………………………… 事例68

トマト（施設栽培）
　静岡　タバコカスミカメを利用したタバココナジラミ防除体系 …………………… 事例74

キュウリ（施設栽培）
　高知　土着天敵タバコカスミカメを導入したアザミウマ類・コナジラミ類などの防除体系 ………… 事例80

オクラ（露地栽培）
　群馬　土着天敵の活用を中心に多様な手法を組み合わせた防除体系 ………… 事例85

イチゴ（施設栽培）
　栃木　カブリダニなど天敵の活用を基軸とした害虫防除体系
　　　——栃木県芳賀地域　JAはが野イチゴ部会 ………………………………… 事例90
　福岡　育苗期における土着天敵を活用したナミハダニ防除 …………………… 事例95

カンキツ（露地栽培）
　静岡　白色剤の散布，土着天敵の温存による害虫防除体系 ………………… 事例101
　愛媛　物理的・耕種的・生物的防除法を駆使した減農薬体系 ……………… 事例107

ブドウ（施設栽培）
　大阪　ハダニ類，ハスモンヨトウ，チャノコカクモンハマキの総合防除
　　　——大阪府羽曳野市 ……………………………………………………………… 事例114

カキ（露地栽培）
　福岡　フジコナカイガラムシ防除に重点をおいた天敵活用型防除体系 ………… 事例121

クリ（露地栽培）
　愛媛　天敵チュウゴクオナガコバチの保護で薬剤防除を最小限に抑える ……… 事例125

【 資 料 】

天敵等に対する殺虫剤・殺ダニ剤の影響の目安 ……………………………………… 資料2
天敵等に対する殺菌剤・除草剤の影響の目安 ………………………………………… 資料6
天敵資材の問い合わせ先一覧 …………………………………………………………… 資料8

対象害虫別天敵索引 ……………………………………………………………………………… 1
天敵和名索引 …………………………………………………………………………………… 18
天敵学名索引 …………………………………………………………………………………… 25
天敵資材名索引 ………………………………………………………………………………… 34
主な参考文献 …………………………………………………………………………………… 35
編集協力者，執筆者，写真・資料提供者 …………………………………………………… 37

チリカブリダニ／ミヤコカブリダニ〈捕食性ダニ〉

【 チリカブリダニ 】（解説：資材3）

雌成虫：胴長約0.5mm，腹部が球形でオレンジないし赤色。
（豊島真吾）

ハダニ卵を捕食中の雌成虫　（豊島真吾）

卵：楕円形でオレンジ色。（浜村徹三）

若虫：第2若虫を経て成虫になる。（浜村徹三）

【 ミヤコカブリダニ 】（解説：資材6）

雌成虫：胴長0.35mm内外（雄は0.28mm内外）。（豊島真吾）

ナミハダニ黄緑型雌成虫を攻撃する雌成虫　（天野 洋）

ハダニを捕食中の雌成虫　（豊島真吾）

捕食した餌の体色で消化管が濃く染まっている雌成虫　（天野 洋）

〈ヒメハナカメムシ類〉タイリクヒメハナカメムシ

タイリクヒメハナカメムシ（解説：資材8）

殺虫剤

▼アザミウマ類の天敵

成虫：体長2mm前後。口吻を刺して捕獲し，ミカンキイロアザミウマの体液を吸収している。（高井幹夫）

ピーマン果梗に産み付けられた卵　（高井幹夫）

ミナミキイロアザミウマを捕食する5齢幼虫　（高井幹夫）

ハダニを捕食中の5齢幼虫　（高井幹夫）

ワタアブラムシを捕食する成虫　（高井幹夫）

バンカー植物に寄生したムギクビレアブラムシを捕食する成虫（高井幹夫）

オオメカメムシ（オオメナガカメムシ） (解説：資材13)

成虫：体長4.3〜5.3mm。本州，四国，九州および隠岐諸島に分布。（大井田　寛）

ツマジロオオメカメムシ成虫：奄美大島と沖縄本島に分布。オオメカメムシとは触角第4節および前胸背の色彩が異なる。（大井田　寛）

クズの葉裏に産み付けられた卵　（大井田　寛）

自分よりも大きいアリを捕食している5齢幼虫　（大井田　寛）

口吻をアザミウマに突き刺し，空中に持ち上げて捕食している成虫（大井田　寛）

放飼直後の様子：イチゴ葉上にバーミキュライトとともに振りかける。（大井田　寛）

〈アザミウマ類〉アリガタシマアザミウマ／〈捕食性ダニ〉スワルスキーカブリダニ

殺虫剤

アザミウマ類の天敵／アザミウマ類・コナジラミ類の天敵

【 アリガタシマアザミウマ 】（解説：資材16）

成虫：体長2.5〜3mm。前脚で押さえつけ，口吻を腹部に突き刺して体液を吸汁する。（安田慶次）

卵：ソラマメ形で，長さ0.38mm，直径0.13mm程度。（安田慶次）

幼虫：1，2齢幼虫も捕食する。（安田慶次）

蛹：蛹期間は8〜9日。（安田慶次）

【 スワルスキーカブリダニ 】（解説：資材17）

雌成虫：体長約0.3mm，体色は乳白色。主に葉脈沿いに定着。ククメリスカブリダニとよく似るが，背面の毛が少ない。
（アリスタ ライフサイエンス（株））

アザミウマ幼虫をねらう成虫：アザミウマ類，タバココナジラミ類の発生前〜発生初期に放飼することで，2種の害虫を同時に防除できる。
（アリスタ ライフサイエンス（株））

アザミウマ幼虫を捕食する成虫
（アリスタ ライフサイエンス（株））

コナジラミ幼虫を捕食する成虫
（アリスタ ライフサイエンス（株））

コナジラミ卵を捕食する成虫
（アリスタ ライフサイエンス（株））

リモニカスカブリダニ（解説：資材25）

雌成虫：体長約0.2〜0.24mm，体色は乳白色。
（アリスタ ライフサイエンス（株））

コナジラミ卵を確認し捕食しようとしている成虫
（アリスタ ライフサイエンス（株））

アザミウマ2齢幼虫を捕食している成虫
（アリスタ ライフサイエンス（株））

雌成虫：体色は餌動物の摂食により変化する。
（アリスタ ライフサイエンス（株））

卵：直径約0.15mmで白色。葉裏の毛茸先端に産み付けられる。（アリスタ ライフサイエンス（株））

キイカブリダニ（解説：資材29）

雌成虫：胴長約0.4mm。右の個体はミナミキイロアザミウマ幼虫を捕食している。（山下　泉）

オンシツコナジラミに産み付けられた卵：楕円形で乳白色。通常は葉裏に産み付けられる。（古味一洋）

雌成虫と卵：雌成虫は産卵を開始すると球形に近くなり，体色も黄色から次第に赤みが強くなる。（（株）アグリセクト）

脱皮直後の若虫：左下に脱皮殻が見える。
（古味一洋）

〈捕食性ダニ〉ククメリスカブリダニ

ククメリスカブリダニ（解説：資材31）

成虫：胴長約0.3mm，体色は薄めのベッコウ色。（足立年一）

成虫3頭がアザミウマを捕食しているところ　（足立年一）

成虫（右）とコナダニ　（豊島真吾）

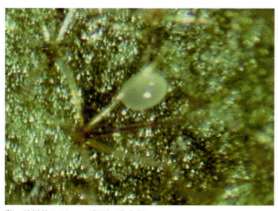
卵：長径約0.14mm，卵形で乳白色。（足立年一）

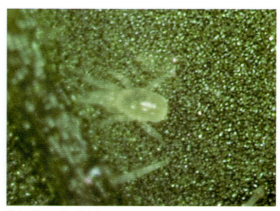
幼虫：脚は3対で乳白色。（足立年一）

メタリジウム・アニソプリエ（解説：資材33）

株元に施用された本菌製剤：湿度が十分な場合，緑色の菌糸と分生子が地表を覆う。（アリスタ ライフサイエンス（株））

本菌に感染したアザミウマ成虫　（アリスタ ライフサイエンス（株））

菌糸：高湿度条件で感染昆虫の体表面を緑色に覆う。
（アリスタ ライフサイエンス（株））

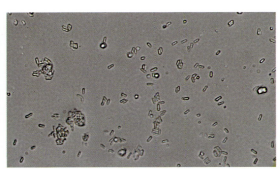

分生子：昆虫の体表に付着・発芽し，感染昆虫は2～3日で死亡する。（アリスタ ライフサイエンス（株））

ボーベリア・バシアーナ（解説：資材36）

本菌に感染したコナジラミ類　（アリスタ ライフサイエンス（株））

本菌に感染したアザミウマ類　（アリスタ ライフサイエンス（株））

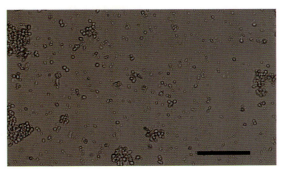

本菌GHA株の分生子：スケールバー＝50μm。
（アリスタ ライフサイエンス（株））

〈寄生蜂〉オンシツツヤコバチ／サバクツヤコバチ

殺虫剤

コナジラミ類の天敵

【 オンシツツヤコバチ 】（解説：資材39）

タバココナジラミ幼虫の体液を摂取する雌成虫：体長約6mm。頭・胸部が黒色，腹部が黄色。（松井正春）

オンシツコナジラミ幼虫に産卵する雌成虫：産卵管を突き立て，その穴から体液を摂取して栄養源とし，コナジラミ幼虫を致死させる。（松井正春）

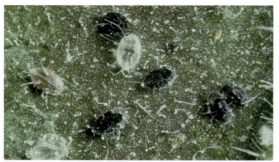

オンシツコナジラミ幼虫が本種に寄生されて形成された黒色のマミー（松井正春）

タバココナジラミ幼虫が本種に寄生されて形成された茶褐色のマミー（松井正春）

【 サバクツヤコバチ 】（解説：資材45）

タバココナジラミ3齢幼虫に産卵中の雌成虫：体長約1mm，体全体が淡黄色。（太田光昭）

雄成虫：体長約1mm，体全体が黄褐色。（太田光昭）

本種に寄生されたタバココナジラミ4齢幼虫（マミー）（アリスタ ライフサイエンス（株））

ペキロマイセス・フモソロセウス (解説：資材48)

Paecilomyces fumosoroseus（PFR-97菌）に感染したタバココナジラミ成虫　（黒木修一）

ニガウリに多発生したタバココナジラミ成虫にプリファード水和剤を散布したときの本菌への感染状況　（黒木修一）

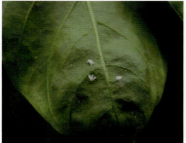

ピーマン葉上で本菌に感染したタバココナジラミ成虫　（黒木修一）

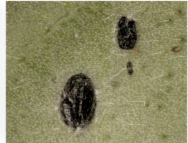

本菌に感染したチャトゲコナジラミ幼虫　（黒木修一）

本菌に感染したワタアブラムシ成虫　（三井物産(株)）

ペキロマイセス・テヌイペス (解説：資材52)

本菌T1株の分生子　（木村晋也）

PDA培地上での本菌T1株のコロニー　（木村晋也）

本菌T1株に感染したタバココナジラミ幼虫　（木村晋也）

〈糸状菌〉バーティシリウム・レカニ

バーティシリウム・レカニ (解説：資材55)

殺虫剤

コナジラミ類の天敵

感染・死亡したオンシツコナジラミ幼虫：死体は褐変し、やがて菌糸で覆われる。（西東　力）

感染・死亡したミナミキイロアザミウマ成虫　（西東　力）

本菌の寄生で死亡したワタアブラムシ：死体は菌糸で覆われる。（西東　力）

全滅したワタアブラムシのコロニー：感染個体ははじめ赤茶色を呈し、やがて白い菌糸で覆われる。（西東　力）

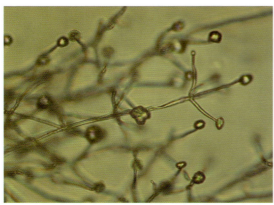

菌糸と分生子：菌糸の先端には楕円形の分生子が集団で形成される。（西東　力）

本菌製剤（水和剤）　（西東　力）

ナミテントウ （解説：資材57）

鞘翅は黒地タイプと朱地タイプがあり，多型で多くの変異がある

イチゴのワタアブラムシを捕食する成虫：体長5～8mm。幼虫期の栄養状態によって変化する。（大久保憲秀）

上唇：口先に突き出た横長の台形の部分。雌（上）では黒色，雄（下）では白色か茶色（写真は茶）。（大久保憲秀）

黒地二紋型：赤紋が三日月型やドーナツ型になる。（大久保憲秀）

黒地四紋型：紋の大きさはいろいろ。（大久保憲秀）

黒地12紋型：写真では側方の2対の紋が見にくい。（大久保憲秀）

朱地19紋型：朱地の基本型。（大久保憲秀）

朱地の退化紋型：この個体は2紋。（大久保憲秀）

〈テントウムシ類〉ナミテントウ

殺虫剤

アブラムシ類の天敵

卵塊：黄色, 紡錘形で数十個かたまっている。（大久保憲秀）

孵化直後の1齢幼虫：黒一色である。（大久保憲秀）

1齢幼虫：脱皮直前。（大久保憲秀）

2齢幼虫：2齢から腹部側面に橙色斑ができる。（大久保憲秀）

3齢幼虫：齢が進むにつれて橙色斑は多くなる。（大久保憲秀）

4齢幼虫　（大久保憲秀）

蛹：朱地に黒紋がある。（大久保憲秀）

■飛翔不能系統

飛翔不能系統の成虫：ナス葉上で飛翔を試みるが, 後翅をはばたかせることができず飛翔できない。（世古智一）

飛翔不能系統の成虫は, 外見では普通のナミテントウとの見分けがつかない。（世古智一）

モモアカアブラムシを食べる飛翔不能系統の3齢幼虫：普通のナミテントウとの外見上の違いはない。（世古智一）

ヒメカメノコテントウ（解説：資材62）

アブラムシを捕食する成虫：体長約4mm。アブラムシ捕食性のテントウムシのなかでは比較的小型。（住化テクノサービス（株））

アブラムシを捕食する4齢幼虫　（住化テクノサービス（株））

蛹：25℃15時間日長条件下での蛹期間は3日間。（住化テクノサービス（株））

亀甲紋型成虫：亀の甲羅状の斑紋がある。（住化テクノサービス（株））

セスジ型成虫：中央部の会合線が黒色。（住化テクノサービス（株））

〈クサカゲロウ類〉ヒメクサカゲロウ／〈寄生蜂〉コレマンアブラバチ

殺虫剤

▼アブラムシ類の天敵

【 ヒメクサカゲロウ 】（解説：資材63）

アブラムシを捕食中の3齢幼虫：体長10mm内外。（倉持正実）

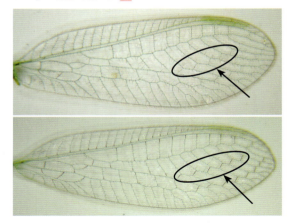

ヒメクサカゲロウ（上）とヤマトクサカゲロウ（下）の翅：矢印の翅脈がヒメクサカゲロウでは緑色，ヤマトクサカゲロウでは黒色。（望月　淳）

成虫：体長10mm内外，体色は黄みがかった緑色。12〜15mmの薄緑色のレース状の翅をもつ。（望月　淳）

【 コレマンアブラバチ 】（解説：資材67）

ワタアブラムシ探索中（上）と産卵姿勢（下）の雌成虫：雌雄とも体長2mm程度，体色は褐色。（長坂幸吉）

モモアカアブラムシ体内の幼虫　（長坂幸吉）

放飼方法：紙コップなどに小分けして葉陰に置く。（長坂幸吉）

ムギクビレアブラムシに本種が寄生してできたマミー　（長坂幸吉）

イチゴ上のワタアブラムシに本種が寄生してできたマミー　（長坂幸吉）

チャバラアブラコバチ （解説：資材70）

雌成虫：体長約1mm。頭・胸部は黒色，腹部は茶〜黒色。
（住化テクノサービス（株））

エンドウヒゲナガアブラムシの体液を吸っている雌成虫　（住化テクノサービス（株））

寄生されマミーとなったアブラムシ
（住化テクノサービス（株））

アブラムシ幼虫に産卵する雌成虫
（住化テクノサービス（株））

マミーから脱出する成虫　（住化テクノサービス（株））

エンドウヒゲナガアブラムシのマミー：本種成虫の脱出穴がある。
（住化テクノサービス（株））

〈寄生蜂〉ギフアブラバチ

殺虫剤

アブラムシ類の天敵

ギフアブラバチ （解説：資材73）

モモアカアブラムシに寄生する雌成虫（太田　泉）

雌成虫：体長は平均2〜3mm。寄生したアブラムシの体サイズに比例して羽化成虫も大きくなる。体色は頭部が黒褐色，胸部と腹部が黄褐色。（太田　泉）

雄成虫：雌成虫と比較してやや小さく，全体的に茶褐色。触角節数は雌より多く18〜20節。腹部末端は丸みを帯びる。（太田　泉）

本種の寄生によってできたマミー（太田　泉）

ジャガイモヒゲナガアブラムシ：ピーマンの重要害虫。発見が遅れると大きな被害を招く。（太田　泉）

ピーマン頂部のジャガイモヒゲナガアブラムシ被害痕：葉が黄化し，新葉が萎縮。早期発見の目安となる。（太田　泉）

本種のバンカー法に利用する代替寄主ムギヒゲナガアブラムシ（太田　泉）

ピーマン果実のジャガイモヒゲナガアブラムシ被害痕：吸汁痕に白斑が生じる。（太田　泉）

口絵　資材16

イサエアヒメコバチ (解説：資材76)

マメハモグリバエ幼虫に産卵する雌成虫：体長1〜2mm。一般に雄より大きいがバラツキがある。(小澤朗人)

マメハモグリバエ幼虫を体液摂取（ホストフィーディング）する雌成虫 (小澤朗人)

卵：透明で細長い（中央）。卵は潜孔内のマメハモグリバエ幼虫の傍らに1個ずつ産卵されることが多い。(小澤朗人)

マメハモグリバエ幼虫にとりついた孵化幼虫：マメハモグリバエの死体を食べて育つ。(小澤朗人)

本種に寄生されたマメハモグリバエ幼虫：死亡後数日で褐色から黒褐色に変化するので，生存幼虫（未寄生幼虫）との区別は肉眼で可能。(小澤朗人)

中齢幼虫：マメハモグリバエの潜孔内を移動することもある。(小澤朗人)

透過光で見た本種の幼虫（中心が黒い透明のウジ）がマメハモグリバエ幼虫（中央の大きな黄色のウジ）を食べている様子。(小澤朗人)

蛹：最初は緑だが後に黒くなる。(小澤朗人)

〈寄生蜂〉ハモグリミドリヒメコバチ

ハモグリミドリヒメコバチ（解説：資材81）

殺虫剤

▼ハモグリバエ類の天敵

マメハモグリバエ幼虫に産卵中の雌成虫：体長約0.8〜1.6mm。複眼は赤く，全体が光沢のある緑色。（大野和朗）

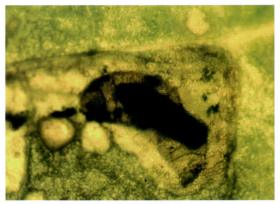

卵：長径0.23mm，幅0.08mm，白色透明の楕円形。（大野和朗）

1齢幼虫：体長約0.32mm。（大野和朗）

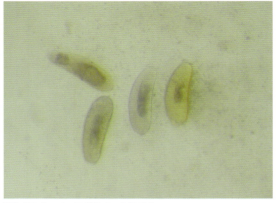

寄生されたマメハモグリバエ3齢幼虫　（大野和朗）

マメハモグリバエ潜孔内で生育中の蛹：黒色。体長は約1.33mmだが，ハモグリバエ幼虫の体サイズにより変化する。（大野和朗）

ヨーロッパトビチビアメバチ <small>(解説：資材84)</small>

アルファルファタコゾウムシ幼虫に産卵中の雌成虫：体長約3mm、体色は黒色。（上野高敏）

アルファルファタコゾウムシ幼虫を探索中の雌成虫：マメ科植物上を歩き回り、発見するとすばやく産卵する。（高木正見）

アルファルファタコゾウムシによるレンゲの被害：中央付近の葉上にアルファルファタコゾウムシの白い繭が見える。（高木正見）

雑草地の枯れ草の下に発見された本種の繭（高木正見）

製剤用に増殖した本種の繭　（高木正見）

スタイナーネマ・カーポカプサエ <small>(解説：資材86)</small>

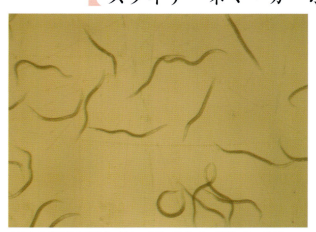
本線虫の感染態3期幼虫：昆虫の体外で生活でき、製剤には1g当たり250万頭が含まれる。（(株)エス・ディー・エス バイオテック）

本線虫に感染死したコスカシバ幼虫　（荒川昭弘）

本線虫に感染死したヒメボクトウ幼虫
（(株)エス・ディー・エス バイオテック）

〈センチュウ類〉スタイナーネマ・グラセライ

殺虫剤

コウチュウ目・チョウ目害虫の天敵

スタイナーネマ・グラセライ （解説：資材90）

セマダラコガネ3齢幼虫から遊出してきた感染態3期幼虫
（(株)エス・ディー・エス バイオテック）

製剤：1パックに1億2,500万頭の感染態3期幼虫が入っており，10aに散布できる。（(株)エス・ディー・エス バイオテック）

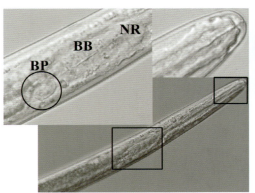

感染態3期幼虫体前部：頭端部は閉じており，口はない。神経環（NR），後部食道球（BB）の直後，腸前端部に共生細菌を納めた細菌嚢（BP）という特殊な器官をもつ。（吉田睦浩）

共生細菌（*Xenorhabdus poinarii*）（(株)エス・ディー・エス バイオテック）

感染態3期幼虫がセマダラコガネ幼虫に感染するために肛門に集まっている。（吉田睦浩）

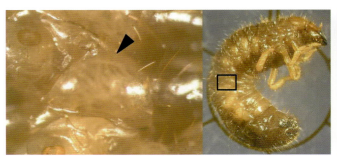

感染死亡したセマダラコガネ幼虫：死亡後数日で，体表を通して活発に動き回る線虫（矢印）を観察できる。（吉田睦浩）

ゴルフ場での利用：散布後，シバの茎葉が乾燥する前に同程度の水量を再度散水し，茎葉に付着した線虫をサッチ層まで洗い落とす。（(株)エス・ディー・エス バイオテック）

ボーベリア・ブロンニアティ (解説：資材93)

本菌に感染し、枝にしがみついたまま病死したゴマダラカミキリ成虫 （出光興産(株)）

本菌に感染死したゴマダラカミキリ成虫：白～淡黄白色の菌糸で覆われる。（柏尾具俊）

本菌に感染した後、胴体部が抜け落ちてもしがみついたままのゴマダラカミキリ成虫 （出光興産(株)）

カンキツ園での本菌製剤（バイオリサ・カミキリ）の処理風景 （出光興産(株)）

カンキツ園での本菌製剤（バイオリサ・カミキリ）の設置例 （出光興産(株)）

本菌製剤の未処理区でゴマダラカミキリに食害されたカンキツの樹幹 （出光興産(株)）

ボーベリア・バシアーナ (解説：資材96)

本菌に感染死亡したマツノマダラカミキリ成虫 （島津光明）

本菌に感染死亡したマツノマダラカミキリ幼虫 （島津光明）

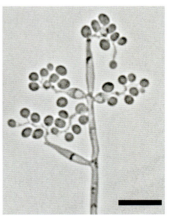
本菌の分生子形成構造：スケールバーは10μm。（島津光明）

本菌製剤（バイオリサ・マダラ）の施用 （島津光明）

〈ウイルス〉顆粒病ウイルス

顆粒病ウイルス (解説:資材98)

殺虫剤

▼ハマキムシ類の天敵

被害葉上のチャノコカクモンハマキ罹病虫
(アリスタ ライフサイエンス(株))

被害葉上のチャノコカクモンハマキ健全虫
(アリスタ ライフサイエンス(株))

被害葉上のチャハマキ罹病虫　(アリスタ ライフサイエンス(株))

被害葉上のチャハマキ健全虫　(アリスタ ライフサイエンス(株))

チャノコカクモンハマキ健全虫(左,緑色幼虫)と罹病幼虫(右,黄白色幼虫)　(野中壽之)

チャハマキ健全虫(上,緑色幼虫)と罹病虫(下,白色幼虫)
(野中壽之)

パスツーリア・ペネトランス (解説:資材100)

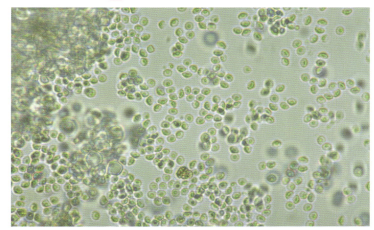

本菌(*Pasteuria penetrans*)の芽胞 (奈良部 孝)

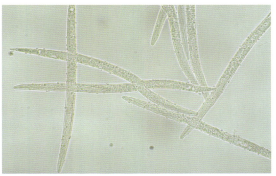

サツマイモネコブセンチュウ第2期幼虫の体表に付着した芽胞(光学顕微鏡写真) (奈良部 孝)

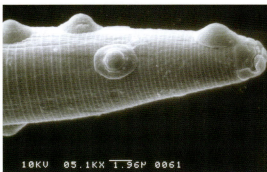

サツマイモネコブセンチュウ第2期幼虫の体表に付着した芽胞(走査型電子顕微鏡写真) (奈良部 孝)

施用4年目(6作目)の露地トマトの生育:左が無処理、中央がネマトリン粒剤処理(30kg/10a)、右が本菌処理。本菌処理区はほとんど被害が出ていない。(上田康郎)

施用4年目(6作目)の露地トマトの根こぶ:左が無処理、中央が本菌処理、右がネマトリン粒剤処理(30kg/10a)。ネマトリン粒剤処理でも根こぶがついているが、本菌処理では根こぶが小さく、被害は軽微。(上田康郎)

〈ヒメハナカメムシ類〉ナミヒメハナカメムシ

ナミヒメハナカメムシ （解説：資材105）

特定農薬

▼アザミウマ類の天敵

ミナミキイロアザミウマ2齢幼虫を捕食する成虫：体長約2mm。通常型（写真）は頭部，胸部，前翅のくさび状部を除いて淡黄褐色。暗色型は体の大部分が黒化する。（永井一哉）

ミナミキイロアザミウマを捕食する成虫　（永井一哉）

ナスの葉に産み付けられた卵　（永井一哉）

ミナミキイロアザミウマ2齢幼虫を捕食する3齢幼虫：幼虫の体色は通常黄色だが，低温期には褐色の幼虫が多くなる。（永井一哉）

ミナミキイロアザミウマ2齢幼虫を捕食する5齢（最終齢）幼虫：体長1.7mm程度。（永井一哉）

タバコカスミカメ〈カスミカメムシ類〉

タバコカスミカメ （解説：資材108）

タバココナジラミを捕食する
成虫：体長3.5〜4mm，体色は黄緑色。前翅に特徴的な斑紋がある。（中石一英）

ゴマ上の成虫：アザミウマ類やコナジラミ類を捕食するが，ゴマを吸汁しても増殖できる。（下元満喜）

幼虫：体色は黄緑色。（中石一英）

本種の加害によるナス被害葉　（中石一英）

本種の加害によるシシトウ被害果　（中石一英）

特定農薬　アザミウマ類・コナジラミ類の天敵

〈カスミカメムシ類〉クロヒョウタンカスミカメ

クロヒョウタンカスミカメ (解説：資料111)

特定農薬

コナジラミ類・ダニ類の天敵

成虫（背面）：体長は雌雄とも3mm前後。体色は光沢のある黒色で、前翅に白帯を有する。（荒川　良）

タバココナジラミ幼虫を捕食する成虫　（荒川　良）

ハダニを捕食する成虫　（荒川　良）

アザミウマ幼虫を捕食する成虫　（荒川　良）

ヨトウ1齢幼虫を捕食する成虫　（荒川　良）

ナスコナカイガラムシを捕食する成虫　（荒川　良）

植物の組織内に産下された卵：蓋にあたる先端部の楕円形部分のみ露出する。（荒川　良）

本種の各齢幼虫と成虫の体サイズ比較　（荒川　良）

シルベストリコバチ (解説：資材113)

チャトゲコナジラミの2齢幼虫に産卵中の雌成虫：体長0.6〜1mm程度。頭部〜胸部が橙褐色，小楯板が真珠色。（山下幸司）

雄成虫：体長0.6〜1mm程度。体全体が黒色。（山下幸司）

脱出孔：左はチャトゲコナジラミ成虫の脱出孔（T字形の裂け目）。右はシルベストリコバチの脱出孔（円形）。（山下幸司）

雌成虫のプレパラート標本　（笠井　敦）

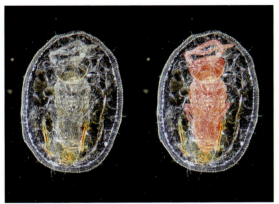

チャトゲコナジラミ幼虫から脱出する直前の羽化後間もない雄成虫：右はコバチのみ色付けしたもの。（笠井　敦）

成虫の背面写真：左が雄，右が雌。（笠井　敦）

〈捕食性バエ〉ショクガタマバエ／〈寄生蜂〉ワタムシヤドリコバチ

ショクガタマバエ（解説：資材115）

成虫：体長2.5mm程度。脚が長く，小さめの蚊のような外観。（安部順一朗）

卵：長径0.3mm，短径0.1mmの楕円体で，光沢のあるオレンジ色。（安部順一朗）

アブラムシを攻撃する終齢（3齢）幼虫：体長2〜3mm。肉眼でも容易に観察できる。（安部順一朗）

ワタムシヤドリコバチ（解説：資材119）

リンゴワタムシのコロニーで産卵する雌成虫：体長1.2mm以下で黒色。（高梨祐明）

寄生によりマミー化したリンゴワタムシ：黒く光沢があるのがマミー。褐色のものは健全個体。（高梨祐明）

セイヨウコナガチビアメバチ (解説：資材121)

雌成虫：体長4〜5mm。全体が黒色だが，腹部腹面は半透明の淡黄色。翅は透明。（榊原充隆）

コナガ3齢幼虫に寄生する雌成虫：コナガが暴れても中止せず，数秒で産卵を終える。（野田隆志）

コナガに産卵中の雌成虫　（榊原充隆）

本種に寄生されたコナガの前蛹：寄生されたコナガ幼虫は前蛹で発育を停止し蛹化しない。（野田隆志）

本種（上段）および近縁種ニホンコナガヤドリチビアメバチ（下段）の産卵管（左）と後脚脛節（右，矢印部分）　（高篠賢二）

〈テントウムシ類〉ベダリアテントウ／〈寄生蜂〉ルビーアカヤドリコバチ

【 ベダリアテントウ 】（解説：資材123）

特定農薬

カイガラムシ類の天敵

成虫（中央）：体長3.5〜4.5mm。鞘翅は橙赤色で黒色の斑紋がある。左は幼虫、上は蛹。（望月雅俊）

イセリヤカイガラムシ体表に産み付けられた卵：暗橙赤色。（望月雅俊）

イセリヤカイガラムシ成虫を捕食する幼虫：暗橙赤色。遭遇すると、ただちに捕食を始める。（望月雅俊）

イセリヤカイガラムシなどが寄生し、すす病が発生したカンキツ（望月雅俊）

【 ルビーアカヤドリコバチ 】（解説：資材125）

寄主を探索する雌成虫：本種はルビーロウムシのみに寄生する。（静岡県農林技術研究所果樹研究センター）

雌成虫：体長約1.7mm、体色は橙黄色。（高木一夫）

口絵　資材30

ヤノネキイロコバチ （解説：資材127）

成虫：体長約0.8～1mmで黄色。翅は透明。（是永龍二）

産卵中の雌成虫：ヤノネカイガラムシの介殻に産卵管を刺し込み，虫体表面に1卵を産み付ける。（古橋嘉一）

幼虫：黄色の卵形。寄主虫の体外に寄生し，体液を吸汁する。透明の殻は吸汁された寄主虫。（是永龍二）

蛹：ヤノネカイガラムシの介殻の中の黄色半透明のものが蛹。（是永龍二）

ヤノネツヤコバチ （解説：資材128）

雄成虫：体長約0.8mmで黒色。翅は透明。（古橋嘉一）

雌成虫：体長約0.9mmで淡黄褐色。翅はほぼ透明。（古橋嘉一）

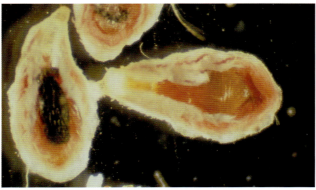

蛹：ヤノネカイガラムシの介殻の中の黒色のものが蛹。（是永龍二）

〈寄生蜂〉チュウゴクオナガコバチ

チュウゴクオナガコバチ（解説：資材129）

雌成虫：体長1.9～2.7mm、光沢のある濃青緑色。（行徳　裕）

卵管をクリタマバチのゴール（虫こぶ）に突き刺して産卵する雌成虫（行徳　裕）

本種の雌成虫（上）とクリマモリオナガコバチ（下）：本種は産卵管鞘が長く、翅の先端から長く突き出ている。（行徳　裕）

クリタマバチ幼虫に産み付けられた卵　（行徳　裕）

老熟幼虫（白色）とクリタマバチ蛹（黒色）（行徳　裕）

乾固ゴール：本種はゴール内で越冬する。（行徳　裕）

越冬場所であるゴールのついた剪定枝を園周辺に残し、本種を保護する。（行徳　裕）

ハモグリミドリヒメコバチ（解説：土着3）

雌成虫：体長約1〜2mm。ハモグリバエ幼虫に産卵管を挿入している。（大野和朗）

老齢幼虫：マメハモグリバエ潜孔内の幼虫。（大野和朗）

葉を光にかざして見た蛹（黒色）と食い尽くされたマメハモグリバエ幼虫（外側の輪郭）（大野和朗）

カンムリヒメコバチ（解説：土着4）

雌成虫：体長1.8mm前後。葉の中のハモグリバエ幼虫に産卵する。雌成虫の触角は棍棒状で先端は白い。（西東　力）

雄成虫：雌よりやや小さい。触角は房状。（西東　力）

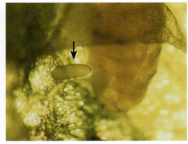
卵（矢印）：ハモグリバエ幼虫の死体の近くに産卵される。（西東　力）

若齢幼虫（矢印）：寄生蜂幼虫はハモグリバエ死体に食いつき内容物を摂食する。（西東　力）

老齢幼虫（矢印）：死体を食べて大きくなった幼虫。（西東　力）

蛹：死体を食べ尽くした寄生蜂幼虫は，葉の中で蛹になる。（西東　力）

ホストフィーディング（寄主体液摂取）により死亡したハモグリバエ幼虫：寄生蜂によって体液を吸われたハモグリバエ幼虫は死亡する。（西東　力）

マメハモグリバエの土着寄生蜂の一種：ほかにも多種類の寄生蜂が活動している。（西東　力）

〈捕食性ダニ〉カブリダニ類

カブリダニ類 (解説：土着8)

■ミヤコカブリダニ

雌成虫：胴長0.35mm，体色は薄茶色。周りにあるのはハダニ卵。（天野　洋）

捕食した餌の体色で消化管が濃く染まっている雌成虫　（天野　洋）

ハダニ若虫を捕食中の雌成虫：捕食した餌の体色で消化管がやや濃く染まっている。（天野　洋）

ナミハダニ黄緑型雌成虫を攻撃する雌成虫　（天野　洋）

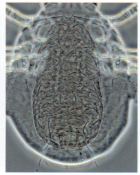

雌成虫の胴背毛：全体的に長い。（豊島真吾）

近似種コヤマカブリダニ雌成虫の胴背毛：全体的に短い。（豊島真吾）

■ミチノクカブリダニ

ハダニ若虫を捕食中の雌成虫：胴長0.41mm，体色は薄茶色。消化管が捕食した餌の体色でやや濃く染まっている。（天野　洋）

成熟卵を後胴体部に保持している雌成虫　（天野　洋）

雌成虫の腹面　（豊島真吾）

雌成虫の背面　（岸本英成）

■ケナガカブリダニ

雌成虫とナミハダニ卵：胴長0.35mm、体色は淡黄色だが、カンザワハダニ捕食後のため赤みを帯びている。（豊島真吾）

ナミハダニ卵を捕食中の雌成虫 （岸本英成）

ナミハダニのコロニーの中にいる成虫 （岸本英成）

雌成虫の側面：背面の長い毛を確認できる。（豊島真吾）

■キイカブリダニ

雌成虫：胴長約0.4mm、体色は淡黄色。産卵開始後は赤みが強くなる。（豊島真吾）

〈ヒメハナカメムシ類〉ヒメハナカメムシ類

ヒメハナカメムシ類 （解説：土着10）

■ナミヒメハナカメムシ

保護と強化で高い効果

アザミウマ類の天敵

ミナミキイロアザミウマ幼虫を捕食する成虫：上が雄，下が雌。体長約2mm。（永井一哉）

ミナミキイロアザミウマ2齢幼虫を捕食する1齢幼虫　（永井一哉）

ミナミキイロアザミウマ2齢幼虫を捕食する3齢幼虫（中央）（永井一哉）

ミナミキイロアザミウマ2齢幼虫を捕食する5齢（最終齢）幼虫（永井一哉）

ナスの葉に産み付けられた卵　（永井一哉）

ゼラニウムの葉に産み付けられた卵　（永井一哉）

本種の生息場所になるシロツメクサ　（永井一哉）

越冬成虫が見つかったキク畑　（永井一哉）

■コヒメハナカメムシ

成虫：体長1.7～2.2mm。ナミヒメハナカメムシやタイリクヒメハナカメムシに酷似。（高井幹夫）

■タイリクヒメハナカメムシ

ミナミキイロアザミウマを捕食する成虫：体長2mm前後。ナミヒメハナカメムシやコヒメヒメハナカメムシに酷似し，本州西部，四国，九州で3種が混棲する。（高井幹夫）

コナジラミを捕食する成虫　（高井幹夫）

■ミナミヒメハナカメムシ

成虫：体長2mm足らずで，ヒメハナカメムシのなかで最も小型の南方系の種。（高井幹夫）

■ツヤヒメハナカメムシ

成虫：体長1.8～2.3mm程度で，他のヒメハナカメムシよりやや大型。光沢が強く，頭部先端は黄色い。（高井幹夫）

〈カスミカメムシ類〉タバコカスミカメ／コミドリチビトビカスミカメ

タバコカスミカメ （解説：土着 13）

トマト上の成虫：体長は4mm程度，体色は黄緑色で前翅に特徴的な斑紋を有する。（下元満喜）

孵化幼虫：体長1mm程度と小さい。体色は淡い黄緑色。（中石一英）

トマト上の5齢幼虫：体色は黄緑色で成虫と同色。（下元満喜）

タバココナジラミを捕食する成虫：アザミウマ類やハダニ類などを捕食するが，植物も吸汁する雑食性。（中石一英）

本種用の温存ハウス：遊休ハウスなどにゴマを植栽し，本種を増殖する。（中石一英）

コミドリチビトビカスミカメ （解説：土着 15）

雄成虫（左）と雌成虫（右）：体長2〜2.7mm，体色は淡黄緑色〜暗緑色（低温期の個体は暗化しやすい）。雌は腹部腹面中央に産卵管をもち，体型が寸胴。（安永智秀）

孵化（1齢）幼虫：植物の茎などに産み込まれた細長い卵から孵化する。肉眼でやっと見える大きさ。（清水 徹）

2齢幼虫：体長約1mm。一見アブラムシに見えるが，刺激するとすばやく動くので区別できる。（清水 徹）

3齢幼虫 （清水 徹）

4齢幼虫 （安永智秀）

コミドリチビトビカスミカメ〈カスミカメムシ類〉

終齢（5齢）幼虫：体色は黄～緑色で変異が大きい。晩秋の老齢幼虫は黒化しやすい。（安永智秀）

ナス葉上の若齢幼虫の脱皮殻：右上が背面，右下が側面。新梢部分に残っていることも多く，比較的目につきやすい。定着の目安になる。（清水　徹）

晩秋から越冬前後に多くなる黒ずんだ個体（雄）　（安永智秀）

黒化型個体の幼虫（雌）　（安永智秀）

ネパール産の雄成虫：アブラムシを捕食している。
（安永智秀）

カンボジア産の雄成虫：体色は淡緑色とオレンジ色。マンゴーを吸収している。（安永智秀）

酷似種ミナミチビトビカスミカメの雄成虫　（安永智秀）

保護と強化で高い効果

▼アザミウマ類・コナジラミ類の天敵

〈オオメカメムシ類〉オオメカメムシ（オオメナガカメムシ）類

オオメカメムシ（オオメナガカメムシ）類 (解説：土着17)

■オオメカメムシ

成虫：体長4.3〜5.3mm、体色は光沢のある黒色で、頭部と脚は黄色い。草地に棲息し、アブラムシ、ハダニ、コナジラミなど動きの鈍い昆虫やその卵を吸汁する。（池田二三高）

ワタアブラムシを捕食中の1齢幼虫（池田二三高）

交尾しながらベッコウハゴロモ幼虫を捕食する雌成虫（右）　（大井田　寛）

自分より大きいアオバハゴロモに口吻を突き立てる成虫　（大井田　寛）

スイカ花上の成虫　（大井田　寛）

セイタカアワダチソウの花を訪れた成虫（大井田　寛）

■ヒメオオメカメムシ

成虫：体長約3mm、オオメカメムシよりやや小型、体全体が灰黒色で光沢が少ない。アブラムシ、ハダニのほかコナジラミ幼虫も吸汁する。（池田二三高）

ネギ葉上の成虫　（大井田　寛）

保護と強化で高い効果

▼アザミウマ類・ダニ類の天敵

アカメガシワクダアザミウマ（解説：土着 21）

成虫：体長は雌で約 2mm，雄で約 1.5mm，体色は光沢を帯びた黒色。（柿元一樹）

2齢幼虫：体長約 1.5mm，体色は赤と白の縞模様。（柿元一樹）

ナス葉上の成虫　（柿元一樹）

イチゴ花弁上の幼虫：花粉も餌として利用する。（柿元一樹）

イチゴの花粉を摂食する成虫　（柿元一樹）

〈捕食性ダニ〉キイカブリダニ／ヘヤカブリダニ

キイカブリダニ （解説：土着23）

施設ミョウガ上の雌成虫：胴長約0.4mm。アザミウマ類に対する捕食能力は既知のカブリダニ類のなかで最も高い。（古味一洋）

雌成虫：体色は黄色から，産卵し始めるとしだいに赤みが強まる。（古味一洋）

休眠中の雌成虫：本種は低温短日となる10月下旬～3月下旬まで休眠。一部，非休眠と思われる個体も存在する。（古味一洋）

インゲン葉を用いて飼育中の成虫：餌はオンシツコナジラミ。（古味一洋）

ヘヤカブリダニ （解説：土着24）

施設ピーマン上の雌成虫：胴長約0.38mmで扁平，体色は薄桃色から赤色。（古味一洋）

雌成虫：比較的色の淡い個体。（（株）アグリセクト）

アザミウマ1齢幼虫を捕食中の雌成虫：捕食能力は高くないが，施設圃場内での大量増殖による害虫密度抑制が可能。（山下　泉）

本種が発生する施設米ナス圃場：通路にふすまやソバがらを投入することで，餌のケナガコナダニとともに大量増殖。（古味一洋）

クロヒョウタンカスミカメ（解説：土着26）

成虫：体長約2.7mm，全体的に黒っぽく，細い。タバココナジラミ幼虫を捕食中。（下元満喜）

成虫：アリによく似るが，発達した口吻を有する点で大きく異なる。（下元満喜）

若齢幼虫：アカアリのように見える。（岡林俊宏）

5齢幼虫：アザミウマ類を捕食中。（下元満喜）

5齢幼虫：背中に白い点がある。（岡林俊宏）

捕虫器：本種の採集に用いる。（高知県）

保護と強化で高い効果 ▼コナジラミ類・アザミウマ類の天敵

メスグロハナレメイエバエ （解説：土着27）

雄成虫：体長3mm前後。各脚の腿節が白く，腹部も灰白色。雌より白っぽく見える。複眼間が大きく離れているのが特徴。（荒川　良）

雌成虫：体長3mm前後，体色は雄よりやや黒っぽい。（荒川　良）

口器：他の昆虫に突き刺しやすい形状になっている。（荒川　良）

キイロショウジョウバエ成虫を捕食する雌成虫　（荒川　良）

卵：湿った土の上などに産下される。（荒川　良）

孵化直後の幼虫：ブラインシュリンプ孵化幼虫（橙色の部分。白い粒は卵殻）を捕食する。（荒川　良）

終齢幼虫　（荒川　良）

囲蛹：黒っぽいものは羽化直前。（荒川　良）

ナナホシテントウ （解説：土着29）

成虫：体長8mm程度，翅は赤橙色で7つの黒の斑紋がある。成虫，幼虫ともにアブラムシを捕食する。（池田二三高）

アブラムシをねらう幼虫：体長10mm内外，全体に青みを帯びた黒。表面は薄く白粉がついたように見える。（池田二三高）

蛹の背面：橙色に黒の斑紋があるが，色は変化に富む。尾端を固定して蛹化する。（池田二三高）

蛹の側面：体色は変化に富み，黒色の個体もある。（池田二三高）

ナミテントウ （解説：土着29）

雌成虫と雄成虫：体長約8mm，下の赤い個体が雌，上の黒い個体が雄。（池田二三高）

成虫：ナナホシテントウに似るが，黒斑が多数ある。翅の色，斑紋は変化に富み，斑紋が消失した黒や赤の単色の個体もある。（池田二三高）

アブラムシを捕食中の1齢幼虫：全身黒色。（池田二三高）

幼虫：体長約10mm，全身黒色。腹部背面の両側に淡黄色の斑がある。（池田二三高）

〈テントウムシ類〉ヒメカメノコテントウ／ダンダラテントウ

ヒメカメノコテントウ （解説：土着30）

亀甲紋型成虫：体長約4mm、鞘翅に亀の甲羅状の斑紋。セスジ型、二紋型、四紋型、黒型も存在する。（野村昌史）

カイガラムシ類を捕食するセスジ型成虫：鞘翅中央部の会合線のみ黒色の紋型。（住化テクノサービス（株））

スイートアリッサム花上の成虫：花蜜も好んで摂食する。（住化テクノサービス（株））

ミカンキイロアザミウマを捕食する4齢幼虫：体長約8mm、背面に長い棘毛突起がない。（住化テクノサービス（株））

蛹：短日条件下では黒色部が多くなる。（住化テクノサービス（株））

ダンダラテントウ （解説：土着32）

成虫：体長4～7mmでナミテントウよりやや小さい。光沢のある黒色で、小さな赤い斑紋がある。（平井一男）

越冬後成虫：斑紋の入り方には地域差・個体差がある。（平井一男）

交尾中の成虫：南の地方の個体は翅の斑紋が発達して赤っぽい。雄は雌よりやや小さい。（平井一男）

卵　（平井一男）

幼虫　（平井一男）

蛹　（平井一男）

保護と強化で高い効果

アブラムシ類の天敵

クサカゲロウ類 (解説：土着33)

■通常型の3齢成熟幼虫

ヨツボシクサカゲロウ：体長10〜12mm。（塚口茂彦）

クモンクサカゲロウ：体長8〜10mm。（塚口茂彦）

エゾクサカゲロウ：体長8〜12mm。（塚口茂彦）

■塵載せ型の3齢成熟幼虫

カオマダラクサカゲロウ：体長6〜7mm。（塚口茂彦）

シロスジクサカゲロウ：背面の塵を取り除いた状態。体長6〜8mm。（塚口茂彦）

■繭

ヨツボシクサカゲロウ：通常型。直径約4.5mm。（佐藤信治）

カオマダラクサカゲロウ：塵載せ型。直径3〜3.5mm。（塚口茂彦）

■成虫と卵

卵は細長い楕円形。半透明の糸状柄の先に付き、「うどんげ」といわれる。1個ずつばらばらに産み付ける種と、集合状態で産み付ける種がある。

アブラムシを捕食するクモンクサカゲロウ成虫（伊藤恭康）

産卵中のヨツボシクサカゲロウ成虫（佐藤信治）

クモンクサカゲロウの卵（塚口茂彦）

キタオオクサカゲロウの卵（塚口茂彦）

〈捕食性バエ〉ショクガタマバエ

【 ショクガタマバエ 】(解説：土着35)

アブラムシを攻撃する終齢幼虫：体長2〜3mm，オレンジ色の紡錘形。肉眼でも確認できる。（安部順一朗）

類似種ハダニタマバエ：ハダニを攻撃する終齢幼虫。（安部順一朗）

胸骨：先端がハート型。ハダニタマバエには胸骨がないか未発達。（安部順一朗）

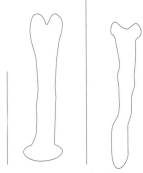

ショクガタマバエ（左），菌食性タマバエ（右）の胸骨：図中の2本の縦線はいずれも0.1mmを表わす。（安部順一朗）

葉上に形成されたハダニタマバエの繭：ショクガタマバエは土中で繭を形成する。（安部順一朗）

成虫：体長2.5mm程度。脚が長く，見た目は小さめの蚊のよう。（安部順一朗）

卵：長径0.3mm，短径0.1mmの楕円体で，光沢のあるオレンジ色。（安部順一朗）

アブラバチ類 (解説:土着38)

成虫:ギフアブラバチ雌(左上),ダイコンアブラバチ雄(右上),ナケルクロアブラバチ雌(左下),コレマンアブラバチ雄(右下)。体長2〜3mm,翅脈の違いで区別する。ギフアブラバチと生物製剤のコレマンアブラバチは翅脈では区別が難しい。(長坂幸吉)

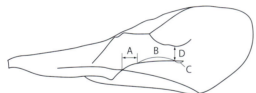

ギフアブラバチの雌の前翅:反上脈(A),肘脈第2分脈(B),第3分脈(C),第2経肘脈(D)がある。(高田 肇)

ダイコンアブラバチの雌の前翅:左図A〜Dの翅脈がない。(高田 肇)

ギフアブラバチの雌(右)と雄(左):体長2〜3mm。(高田 肇)

ギフアブラバチの寄生によるモモアカアブラムシのマミー(死骸)(高田 肇)

〈寄生蜂〉アブラバチ類

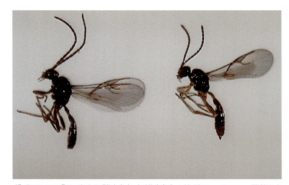

ダイコンアブラバチの雌（右）と雄（左）：体長2～3mm。雌雄ともギフアブラバチより触角節数が数節少ない。（高田 肇）

ダイコンアブラバチの雌：アブラムシのコロニー周辺で見つけることができる。（高田 肇）

ダイコンアブラバチのダイコンアブラムシへの産卵：腹部を前方に曲げ、産卵管を伸ばして瞬間的に産卵する。（高田 肇）

ダイコンアブラバチの寄生によるダイコンアブラムシのマミー（高田 肇）

ナケルクロアブラバチ：体長2～3mm。アブラムシ周辺で寄主を探索中。（長坂幸吉）

モモアカアブラムシに産卵しているナケルクロアブラバチ雌成虫（長坂幸吉）

ナケルクロアブラバチの寄生によるトウモロコシアブラムシのマミー（長坂幸吉）

アブラバチ類／アブラコバチ類〈寄生蜂〉

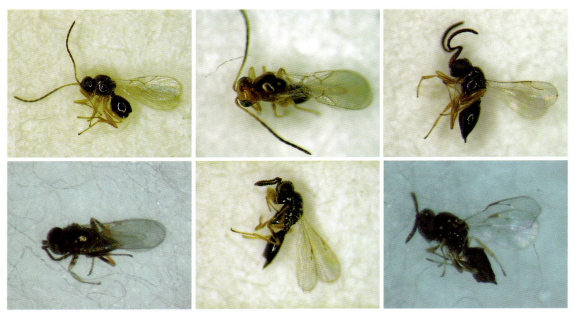

代表的なアブラムシの二次寄生蜂：*Phaenoglyphis villosa*（上段左），*Alloxysta* sp. nr. *victrix*（上段中），*Dendrocerus laticeps*（上段右），*Syrphophagus tachikawai*（下段左），*Asaphes suspensus*（下段中），*Pachyneuron aphidis*（下段右）。アブラバチ類とは翅脈がまったく異なるので，顕微鏡で容易に区別できる。（長坂幸吉）

アブラコバチ類 (解説：土着41)

アブラバチとアブラコバチの寄生によるアブラムシのマミー：白く球状のものがアブラバチ寄生，黒く細長いものがアブラコバチ寄生。（長坂幸吉）

ワタアブラコバチ成虫：体長約1mm，前脚・中脚の腿節が黒色。（長坂幸吉）

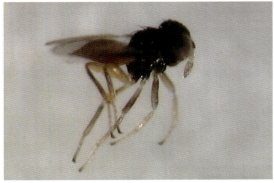

チャバラアブラコバチ成虫：体長約1mm，腹部が褐色。（巽えり子）

フツウアブラコバチ成虫：体長約1mm，前脚・中脚・後脚の腿節が黄色。キアシアブラコバチは本種に酷似。（長坂幸吉）

〈テントウムシ類〉キアシクロヒメテントウ／〈コウチュウ類〉ヒメハダニカブリケシハネカクシ／〈捕食性バエ〉ハダニタマバエの一種

キアシクロヒメテントウ（解説：土着44）

成虫：体長約1.2～1.5mm、全身黒色の小型のテントウムシ。ハダニの卵、幼虫、成虫を捕食する。（池田二三高）

幼虫：紫黒色で全面に毛が生えている。ハダニの卵、幼虫、成虫を捕食する。（池田二三高）

ヒメハダニカブリケシハネカクシ（解説：土着44）

交尾中の成虫：左が雌、右が雄。体長1mm内外、体色は黒色。（久保田　栄）

幼虫：体長2mm、体色は淡黄色。腹部末端に黒斑がある。成・幼虫とも主にハダニの卵、幼虫を捕食する。（池田二三高）

ハダニタマバエの一種（解説：土着45）

幼虫：体長1.5mm。ハダニの卵、幼虫、成虫の体液を吸汁する。無脚で体表は無色透明。カンザワハダニを食べた場合、体の中央部は赤く見える。（池田二三高）

幼虫：ナミハダニを食べた場合、体の中央部は緑を帯びた黒色に見える。（池田二三高）

蛹：葉裏の葉縁や葉脈沿いに白い薄い繭をつくって蛹化する。（池田二三高）

成虫：体長1.5mm。翅は2枚で透明。体は淡い茶色で特徴ある斑紋はない。（池田二三高）

ハダニアザミウマ（解説：土着46）

雌成虫：体長1mmで淡黄色。翅に長い縁毛があり、前翅に3対の濃い褐色の斑紋がある。クズ葉上（他の写真も）。（後藤哲雄）

ナミハダニモドキを捕食中の雌成虫　（後藤哲雄）

雄成虫：体長0.8mmで雌より小さい。雌の腹部末端は尖り、茶色の産卵管が透けて見えるが、雄では丸みを帯びる。（後藤哲雄）

卵：葉の組織内に産卵管を挿入して産み付けられる。（後藤哲雄）

第1幼虫：最初半透明だが、やがて成虫と同じ淡黄色を帯びてくる。（後藤哲雄）

第2幼虫：ナミハダニモドキを捕食している。（後藤哲雄）

第1蛹：体色は乳白色。（後藤哲雄）

第2蛹：蛹期はまったく捕食せず、動きも緩慢。（後藤哲雄）

保護により一定の効果　ダニ類の天敵

〈寄生蜂〉ヨコスジツヤコバチ／〈捕食性アブ〉ヒラタアブ類／〈捕食性ダニ〉ハモリダニ

【 ヨコスジツヤコバチ 】（解説：土着47）

成虫：体長は雌0.44mm、雄0.37mmという報告がある。全身淡い黄色で、複眼は黒い。動きは非常に敏捷。（池田二三高）

本種が寄生したオンシツコナジラミのマミー：中央部のみ淡い黒色。オンシツツヤコバチが寄生した場合、全体が黒一色。（池田二三高）

本種成虫が脱出したオンシツコナジラミのマミー：中央部に脱出孔がある。（池田二三高）

【 ヒラタアブ類 】（解説：土着49）

花粉を摂食中のホソヒメヒラタアブ雌成虫：体長10mm前後。ヒラタアブ類の成虫は繁殖や生存を花粉や花蜜に大きく依存している。（大野和朗）

ソラマメヒゲナガアブラムシを摂食中のヒラタアブ類幼虫：アブラムシ類が分泌する甘露も摂食する。（大野和朗）

【 ハモリダニ 】（解説：土着50）

ハモリダニ：体長1.2mm内外、全身赤色で脚は長く行動はすばやい。ワタアブラムシを捕食中。（池田二三高）

類似種アリマキタカラダニ：アブラムシを捕食中。（池田二三高）

保護により一定の効果　コナジラミ類の天敵／アブラムシ類の天敵

カメムシタマゴトビコバチ （解説：土着51）

ホソヘリカメムシ卵に産卵中の雌成虫：体長約1mm，体全体と触角が黒色で，翅は透明。触角は灰褐色で棍棒状。雄はやや小型で，触角は鞭状。（水谷信夫）

ヘリカメクロタマゴバチ （解説：土着53）

雌成虫：体長約1〜1.5mm。寄主により異なり，ホソヘリカメムシ卵に寄生した場合は約1.5mm，クモヘリカメムシ卵に寄生した場合は約1mmとなる。体全体と触角が黒色で，翅は透明。腹部に亜縁溝があり，脚部は黄〜褐色。触角は雌が棍棒状，雄が鞭状。（水谷信夫）

ホソヘリクロタマゴバチ （解説：土着55）

雌成虫：体長約1〜1.5mm。寄主により異なり，ホソヘリカメムシ卵に寄生した場合は約1.5mm，クモヘリカメムシ卵に寄生した場合は約1mmとなる。ヘリカメクロタマゴバチに酷似。腿節が黒〜黒褐色。触角は雌が棍棒状，雄が鞭状。（水谷信夫）

保護により一定の効果 ▼カメムシ類の天敵

〈クチブトカメムシ類〉ハリクチブトカメムシ／シロヘリクチブトカメムシ

ハリクチブトカメムシ （解説：土着56）

ハスモンヨトウ幼虫を捕食する5齢幼虫 （岡田忠虎・小林秀治）

雌成虫：体長11〜15mm、背面は黄褐色で黒褐色の点刻が密布する。（岡田忠虎・小林秀治）

卵塊：卵は直径1mm強、高さ1mm弱で金属光沢のある褐色。卵塊として産み付けられる。（岡田忠虎・小林秀治）

5齢幼虫：頭胸部は大部分黒色。腹部は赤〜橙色地に黒紋がある。（岡田忠虎・小林秀治）

シロヘリクチブトカメムシ （解説：土着59）

ハスモンヨトウ幼虫を捕食する成虫：体長12〜16mm、茶褐色で光沢がある。（高井幹夫）

卵：葉裏などに卵塊で産み付けられる。（高井幹夫）

2，3齢幼虫の集団：3齢までは腹部が暗赤色。（高井幹夫）

ハスモンヨトウを捕食する4〜5齢幼虫 （高井幹夫）

5齢幼虫：4，5齢になると暗褐色になる。（高井幹夫）

ヨトウタマゴバチ／キイロタマゴバチ〈寄生蜂〉

【 ヨトウタマゴバチ 】（解説：土着61）

ヨトウガ卵に産卵中の雌成虫：体長約0.5mm、体色は濃い黄色で、頭、前胸および腹部は黒褐色。（平井一男）

キャベツ葉上で本種に寄生されたヨトウガ卵　（平井一男）

キャベツ葉上で本種に
寄生されたコナガ卵
（平井一男）

【 キイロタマゴバチ 】（解説：土着63）

ヨトウガ卵に産卵中の雌成虫：体長0.5〜1mm、体色は黄色。
（平井一男）

セリに産み付けられたキアゲハ卵に産卵中の雌成虫：黒い点はキアゲハの鱗毛。（平井一男）

ヨトウガ卵に産卵中の雌成虫　（平井一男）

野蚕の一種、サクサンの卵内で増殖中の幼虫　（平井一男）

保護により一定の効果 ▼ヨトウガ類の天敵

〈寄生蜂〉アワノメイガタマゴバチ／ヒゲナガコマユバチ／フシヒメバチ類

アワノメイガタマゴバチ（解説：土着64）

雌成虫：体長約0.4mm，体色は赤褐色。前胸背板と腹基部および末端は黒褐色。（平井一男）

アワノメイガ卵に産卵中の雌成虫　（平井一男）

キャベツ葉上のモンシロチョウ卵に産卵中の雌成虫　（平井一男）

ヒゲナガコマユバチ（解説：土着66）

雄成虫：体長約4～6mm，体色はオレンジ色で，長い触角をもつ。雌には体長より若干長い産卵管がある。（上野高敏）

繭：色は濃い褐色で，1つの繭塊のなかに多数の蜂が蛹を形成している。（上野高敏）

フシヒメバチ類（解説：土着67）

クロヒゲフシオナガヒメバチ雌成虫：体長5～13mm。本種は単寄生性である。代替寄主ハチミツガに産卵中。（上野高敏）

Scambus sp.の雄（左）と雌（中）および *Sericopimpla albicincta* の雌（右）：体長5～13mm。この仲間は単寄生蜂である。（上野高敏）

アカヒゲフシヒメバチが羽化した寄主繭と羽化個体：体長5～13mm。1つの寄主から複数の個体が羽化してくる。（上野高敏）

保護により一定の効果　▼メイガ類の天敵

ウヅキコモリグモ (解説:土着70)

板の上を徘徊する成虫：体長は雌7～10mm, 雄6～8mm。背甲には灰褐色でT字形をした正中条が見える。（根本　久）

キャベツ葉上の成虫：眼が見える。（根本　久）

コナガを捕食中の成虫　（Thaisuchat Cheeranum）

ソバ上の成虫　（根本　久）

マリーゴールド上の成虫　（根本　久）

餌となるプラスチックパラフィンフィルム上に卵塊状に産卵された卵　（根本　久）

保護により一定の効果　▼コナガの天敵

〈寄生蜂〉コナガサムライコマユバチ／コナガヒメコバチ

コナガサムライコマユバチ （解説：土着71）

雌成虫：体長2〜3mm，腹部腹面が一部黄色い以外は黒色。産卵管がある。（野田隆志）

雄成虫　（野田隆志）

成虫の前翅　（野田隆志）

雌成虫：後肢跗節は暗褐色。類似種アオムシコマユバチは黄褐色なので区別できる。（野田隆志）

繭：植物上に1個ずつ存在し，繭塊を形成しない。（野田隆志）

コナガヒメコバチ （解説：土着74）

雌成虫：体長約1.5mmと微小で，黒色だが金緑色の光沢がある。（野田隆志）

本種に寄生されたコナガ蛹：茶褐色に変色し，黒斑が点在する。（野田隆志）

寄生されたコナガ蛹から取り出した本種の蛹　（野田隆志）

コナガ前蛹に産卵行動をとる雌成虫：触角で寄主表面をドラミングした後，産卵管を突き刺す。（野田隆志）

コナガチビヒメバチ <small>(解説：土着77)</small>

雌成虫：体長約5mmで黒色。雌の腹部は基部と尾端が黒い以外は黄色でやや膨らみ，産卵管がある。（小西和彦）

雌成虫の頭部　　（小西和彦）

雌成虫は前蛹や蛹化直後の若い蛹に好んで産卵する。（野田隆志）

雄成虫：体長約5mmで黒色。雄の腹部は細身で黒色と褐色の縞模様があるので，雌と区別できる。（小西和彦）

雄成虫の頭部　　（小西和彦）

本種に寄生されたコナガ蛹：コナガの繭の中にある。寄生後，数日経つと茶褐色に変色。（野田隆志）

ニホンコナガヤドリチビアメバチ <small>(解説：土着79)</small>

雌成虫：体長4〜6mm，全体黒色で翅は透明。産卵管がある。（小西和彦）

雌成虫の頭部　　（小西和彦）

雌成虫：導入天敵のセイヨウコナガチビアメバチより産卵管が長いので区別できる。（野田隆志）

雄成虫：雌雄は産卵管の有無によって区別できる。（小西和彦）

雄成虫の頭部　　（小西和彦）

繭：長径約5mm，淡褐色〜黒褐色。コナガ繭の中にある。セイヨウコナガチビアメバチの繭とは肉眼では区別できない。（野田隆志）

〈コウチュウ類〉ゴミムシ類

ゴミムシ類 （解説：土着81）

■オオアトボシアオゴミムシ

雄成虫：体長16mm内外，胴体背面に金緑色〜赤銅色の金属光沢，鞘翅に1対の黄褐色の斑紋がある。（河野勝行）

産卵された卵が入っている泥壺　（河野勝行）

飼育中の2齢幼虫　（河野勝行）

キャベツ圃場でアオムシコマユバチ繭を捕食している2齢幼虫
（河野勝行）

■キボシアオゴミムシ

雌成虫：体長14mm内外。オオアトボシアオゴミムシに比べ前胸背板に光沢があり，鞘翅の黄褐色の毛がまばらで斑紋の形も異なる。（河野勝行）

■セアカヒラタゴミムシ

成虫：体長18mm内外。全体にやや光沢。色彩変異があり，この個体は前胸が赤色で，鞘翅中央部に赤色の斑紋がない。（河野勝行）

飼育中の2齢幼虫　（河野勝行）

ゴミムシ類〈コウチュウ類〉／アオムシコマユバチ〈寄生蜂〉

■キンナガゴミムシ

雄成虫：体長12mm内外。背面と鞘翅全体に銅色〜金緑色の金属光沢。腹面や脚は艶のある黒色。（河野勝行）

■エゾカタビロオサムシ

露地野菜圃場で見つかった雄成虫：体長28mm内外，体全体に銅色の金属光沢がある。類似種はないので同定は容易。（河野勝行）

■オオキベリアオゴミムシ

小型のニホンアマガエル成体に食いついた飼育中の1齢幼虫（河野勝行）

飼育中の蛹　（河野勝行）

【 アオムシコマユバチ 】(解説：土着84)

成虫：体長約3mmで黒色。触角は約1.5mmで黒褐色。（平井一男）

キャベツ葉上のモンシロチョウ幼虫から脱出した本種の幼虫（平井一男）

キャベツ葉上の繭塊：1繭の長さ約4.5mmで円筒形，黄〜オレンジ色。寄主幼虫（モンシロチョウ）の体上につくられる。（平井一男）

保護により一定の効果　▼チョウ目害虫の天敵

〈ハサミムシ類〉オオハサミムシ

オオハサミムシ（解説：土着85）

卵保護している飼育中の雌成虫：体長25～30mm，体色は赤褐色～暗褐色。（河野勝行）

雌成虫と孵化後まだ分散していない1齢幼虫　（河野勝行）

終齢（おそらく6齢）幼虫　（河野勝行）

雌成虫どうしの闘争　（河野勝行）

雌成虫の長翅型：飛ぶことができ，灯火にもしばしば飛来する。（河野勝行）

飼育中の雄成虫：6齢幼虫を経過した個体。雄のハサミは本種に特異的な独特の形態。（河野勝行）

ヒゲジロハサミムシの雄成虫（左下）と雌成虫（右上）：農耕地でよく見られるが，オオハサミムシとの識別は容易。（河野勝行）

プラ鉢を利用した生け捕り用の落とし穴トラップ　（河野勝行）

【 アジアイトトンボ 】(解説：土着89)

成虫（交尾対）：体長24〜34mm。交尾したまま飛翔しているのをよく見かける。（平井一男）

ヤゴ：水田や池沼に発生する。（平井一男）

【 キイトトンボ 】(解説：土着90)

イネ科植物上の成虫：全長は雄31〜44mm、雌33〜48mm。（平井一男）

連結時の成虫：上が雄、下が雌。雌雄とも腹部は鮮やかな黄色。（平井一男）

【 モートンイトトンボ 】(解説：土着91)

雄成虫：全長23〜32mm。腹部先端の橙色でアジアイトトンボと区別できる。（三田村敏正）

雌成虫：全長22〜31mm。左は成熟個体で緑色、右は未熟個体で橙色。いずれもアジアイトトンボによく似る。（三田村敏正）

〈イトトンボ類〉その他のイトトンボ類

その他のイトトンボ類 (解説：土着92)

■アオモンイトトンボ

雄成虫：全長は雄30～37mm，雌29～38mm。東北南部以南で普通に見られる。（上野高敏）

交尾対：上が雄，下が雌。（平井一男）

■アオイトトンボ

雄成虫：成熟成虫は青色，未成熟雄は黄緑色。成熟雄は胸部に白粉を帯びることでオオアオイトンボと区別できる。全長は雄34～48mm，雌35～48mm。（上野高敏）

■オオアオイトンボ

雌成虫：胸部側面の黄緑色が目立つ。全長は雄40～55mm，雌40～50mm。（平井一男）

アシナガグモ類 (解説：土着92)

■アシナガグモ

■ヤサガタアシナガグモ

イネの葉に静止する雌成体：体長は雌8～14mm、雄5～12mm。（田中幸一）

イネの葉に静止する雌成体：体長は雌7～13.5mm、雄4～10mm。（田中幸一）

幼生：活動時には水平円網の下面中心部に静止する。（田中幸一）

■トガリアシナガグモ

イネの葉に静止する雄成体：体長は雌8～15mm、雄6～11mm。（田中幸一）

イネの葉に静止する幼生（田中幸一）

ユスリカを捕食する幼生（田中幸一）

■ハラビロアシナガグモ

イネの葉に静止する雌成体：体長は雌7.5～12mm、雄5～9mm。（田中幸一）

水路につくった網の下面に静止する雌成体：腹部下面の黄白色の縦条が目立つ。（田中幸一）

イネの葉に産み付けられた卵嚢（田中幸一）

■シコクアシナガグモ

■ヒカリアシナガグモ

イネの葉に静止する雌成体：体長は雌6.5～10.5mm、雄5～9.5mm。（田中幸一）

雄成体：体長7.5～11mm。（田中幸一）

イネの葉に静止する雌成体：体長8.5～12mm。（田中幸一）

〈クモ類〉アゴブトグモ類

アゴブトグモ類 （解説：土着95）

■ヨツボシヒメアシナガグモ

田面を徘徊する雌成体：体長は雌2.5〜3mm、雄2〜2.5mm。（植松 繁）

イネの株元に静止する雌成体 （植松 繁）

網に静止する雌成体 （植松 繁）

■ヒメアシナガグモ

雄成体の背面：体長2〜2.5mm。（田中幸一）

雌成体の腹面：体長2.5〜3mm。（田中幸一）

雌成体の側面 （田中幸一）

■アゴブトグモ

雄成体の背面：体長は雌雄とも5〜6mm。（田中幸一）

雄成体の腹面 （田中幸一）

保護により一定の効果 ▼ウンカ類・ヨコバイ類の天敵

コサラグモ類 （解説：土着97）

■セスジアカムネグモ

地表の網に静止する雌成体：体長は雌雄とも2.5～3.2mm。気温の低い季節は体色が濃い。（田中幸一）

本種が地表につくったシート状の網　（田中幸一）

セスジアカムネグモ成体（上段；左と中が雌，右が雄）とニセアカムネグモ成体（下段；左が雌，右が雄）。ニセアカムネグモのほうが小型で背甲の色が明るい。（田中幸一）

雌成体の外雌器（矢印）　（田中幸一）

■ノコギリヒザグモ

雄成体：体長1.5～2.1mm。（田中幸一）

雌成体：体長1.5～2.1mm。（田中幸一）

頭胸部：周縁がノコギリの歯のようにぎざぎざになっている。（田中幸一）

保護により一定の効果　▼ウンカ類・ヨコバイ類の天敵

〈クモ類〉キクヅキコモリグモ／キバラコモリグモ

【 キクヅキコモリグモ 】（解説：土着99）

水面に静止する雌成体：体長6.5～11.5mm。
（田中幸一）

水面の枯葉に静止する雄成体：体長6～8.5mm。
（田中幸一）

腹部の先端に卵嚢を付けた雌成体：産卵したばかりで卵嚢は灰緑色。（田中幸一）

イネの株元に静止する雌成体：子グモを背負っている。
（田中幸一）

【 キバラコモリグモ 】（解説：土着101）

水面に静止する雌成体：体長は雌5～8mm、雄5～6.5mm。（田中幸一）

腹部の先端に卵嚢を付けた雌成体：卵嚢は白色。（田中幸一）

保護により一定の効果 ▼ ウンカ類・ヨコバイ類の天敵

【 ドヨウオニグモ 】（解説：土着 103）

イネ葉上の成体：体長は雌8～10mm，雄5～7mm。背甲は黄褐色で，中央と両側に黒い細条がある。近くに円網を縦に張っている。（平井一男）

イネ葉上で待機する幼体（後期）　（平井一男）

【 ハナグモ 】（解説：土着 104）

花の上で餌を待ち伏せる雄成体：体長3～4mm。雌雄とも4対の脚のうち前の2対は太くて長い。（外山晶敏）

花の上で餌を待ち伏せる雌成体：体長6～8mm。（外山晶敏）

フタオビコヤガ幼虫（イネアオムシ）を捕獲した成体：他のクモと比べ横長に見える。（平井一男）

ツマグロヨコバイ成虫を捕獲した成体　（平井一男）

〈寄生蜂〉トビイロカマバチ

【 トビイロカマバチ 】（解説：土着105）

成虫：体長4mm内外。カマキリのような鎌状の前脚でウンカを捕獲する。（赤松富仁）

本種に寄生されたセジロウンカ5齢幼虫：腹部に瘤が飛び出ている。（赤松富仁）

セジロウンカから脱出し始めている幼虫：幼虫はウンカ体内で養分を奪い成長する。（日鷹一雅）

蛹：ウンカ体内から脱出した幼虫は繭を編み，中で蛹になる。（赤松富仁）

二次寄生蜂が脱出した後の繭（右）：左は健全繭。高次寄生者としてトビコバチ科の仲間が知られている。（赤松富仁）

【 ツマグロヨコバイタマゴバチ 】(解説：土着106)

成虫：体長0.5〜0.75mm。葉鞘内に産卵されたツマグロヨコバイの卵をイネの葉上を歩きながら探索し，産卵する。（竹内博昭）

ツマグロヨコバイ卵に産卵中の成虫　（平井一男）

ツマグロヨコバイ卵（白色）を探索している成虫　（平井一男）

葉鞘内のツマグロヨコバイ卵：寄生された寄主卵（右側2粒）と健全卵（左側2粒）。（平井一男）

【 ホソハネヤドリコバチ 】(解説：土着107)

成虫：体長0.8〜0.9mmで黄褐色。イネ葉鞘内に産卵されたツマグロヨコバイの卵に寄生する。（竹内博昭）

保護により一定の効果　▼ウンカ類・ヨコバイ類の天敵

〈カスミカメムシ類〉カタグロミドリカスミカメ／〈サシガメ類〉ハネナガマキバサシガメ

【 カタグロミドリカスミカメ 】(解説：土着108)

雌成虫（下）と対象害虫トビイロウンカ（上）：本種の成虫は体長2.9〜3.2mm，幅1.7mm前後，全体的に黄緑色。（松村正哉）

雌成虫と卵：葉身上に先だけ白く出ているのが卵（写真の左側）。（松村正哉）

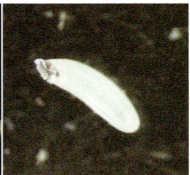

卵：長さ約0.3mm。基方の卵蓋は，産卵直後には白色で，次第に黒褐色に変化。（松村正哉）

近縁種ムナグロキイロカスミカメ雌成虫（松村正哉）

本種幼虫（左）とムナグロキイロカスミカメ幼虫（右）：ムナグロの幼虫は刺毛が長く，互いに接触または交差している。（松村正哉）

保護により一定の効果 ▼ウンカ類・ヨコバイ類の天敵

【 ハネナガマキバサシガメ 】(解説：土着111)

イネ葉上の成虫：体長7〜9mmで細長く，前翅が長いのが特徴。（平井一男）

イネ穂上の成虫　（平井一男）

【 ニホンアマガエル 】(解説：土着112)

イネ葉上で獲物を待つ成体：体長40～50mm（8月）。（平井一男）

褐色の成体：体色は地上では土色に変わる。（平井一男）

越冬後の成体：灰白色に黒斑点が目立つ。（平井一男）

水田に発生した幼生：体長約20mm（6月）。（平井一男）

水田内の幼生：足が見える。（平井一男）

イネ茎を這い上がる個体：カエルに変態後、まだ尾が残る。（平井一男）

【 トウキョウダルマガエル 】(解説：土着113)

水田畦畔に敷かれた防水ビニール上で静止する成体：体長は雄39～75mm、雌43～87mm。（平井一男）

水田に浮かぶ成体：トノサマガエルより黒斑が明瞭で細かい（6月）。（平井一男）

【 トノサマガエル 】(解説：土着114)

成体：体長は雄38～81mm、雌63～94mm（10月）。（平井一男）

成体：トウキョウダルマガエルと違い、背中の暗色斑紋がつながり、小隆条が発達している（10月）。（平井一男）

〈カエル類〉ヌマガエル／ニホンアカガエル

ヌマガエル（解説：土着115）

成体：体長30～50mmで黒褐色。雌のほうが大きい。（平井一男）

幼生：水田や湿地，水たまりで繁殖する。（平井一男）

成体：背中のいぼ状突起は小さく，腹面は白～黄白色。ツチガエルの腹面は白くなく，まだら状の模様がある。（平井一男）

ニホンアカガエル（解説：土着115）

水田で発見された成体：体長30～75mm，体色は赤褐色。（平井一男）

水田近くの草原で発見された成体：普段は草むらや森林，平地，丘陵地など地上で暮らす。（平井一男）

水田に産卵された卵塊：産卵は1月から始まる。産卵数は500～3,000卵。（平井一男）

春の水田にいた幼生：6月までに成体になる。（平井一男）

アタマアブ類〈寄生性アブ〉

【 アタマアブ類 】(解説：土着116)

ツマグロツヤアタマアブ雄成虫：体長は雄3.2～3.8mm、雌3.2～4mm。1対の複眼が頭部半球の大部分を覆う。頭頂部の黒点は単眼、中央は触角、下部は下唇。（江村 薫）

ツマグロツヤアタマアブ成虫の頭部：左右に複眼、頭頂部に3個の単眼、中央に1対の触角、下部に下唇。（江村 薫）

イネ科雑草の葉に静止するツマグロツヤアタマアブ成虫：翅の上部中央（矢印）に斑紋がある個体はツマグロキアタマアブなど$Eudorylas$属である。（江村 薫）

アタマアブ類に寄生されたツマグロヨコバイに出現する雌斑虫の雄（下）：後部の黒褐色の斑紋が雌の斑紋に似た淡褐色となる。上は正常雄個体。（江村 薫）

ツマグロヨコバイ正常個体と雌斑虫の雄（背面）：前翅先端の色は、正常雌個体（左）で淡褐色、正常雄個体（中）で黒褐色、雌斑虫の雄（右）で雌に似た淡褐色。（江村 薫）

ツマグロヨコバイ正常個体と雌斑虫の雄（腹面）：雌斑虫の雄（右）は、腹面全体が正常雄個体（中）より黒色程度が少なく、雌（左）に近い。（江村 薫）

保護により一定の効果　▼ウンカ類・ヨコバイ類の天敵

〈寄生蜂〉ヒメバチ類

ヒメバチ類 （解説：土着119）

■ アオムシヒラタヒメバチ

イネ穂上で休息する雄成虫：体長5～12mm前後，腹部は美しいオレンジ色。
（上野高敏）

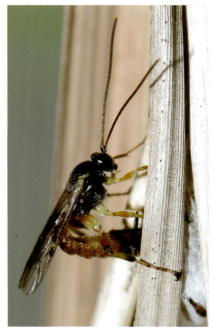

イネ科雑草上でメイガ蛹に産卵する雌成虫：体長5～12mm前後，腹部末端に頑強な産卵管をもつ。
（上野高敏）

成虫：左が雌，右が雄。腹部のオレンジ色と独特の形態から同定は容易。
（上野高敏）

本種に寄生されたコブノメイガ蛹：西日本では秋期に本種に寄生されたコブノメイガを多数観察できる。（上野高敏）

本種に寄生された寄主とその中にいる羽化直前の蜂蛹：寄主尾端に蛹便が蓄積されている。
（上野高敏）

ヒメバチ類／ズイムシアカタマゴバチ〈寄生蜂〉

■イチモンジヒラタヒメバチ

コブノメイガ加害葉を探索後，休息する雌成虫：体長12〜24mm，全身艶消し状の黒色。本種は非常に大きいので目立つ。（上野高敏）

羽脱してきた雄個体：上はチャミノガ，下はアワヨトウから羽脱。体の大きさは寄主の大きさにより変わる。（上野高敏）

雌成虫：頑強な産卵管をもつ。（上野高敏）

終齢幼虫：寄主から取り出して撮影。（上野高敏）

本種が羽化してきたイチモンジセセリ蛹：寄主頭部に非常に粗い穴をあけて羽脱する。（上野高敏）

【ズイムシアカタマゴバチ】（解説：土着122）

イネ葉面のニカメイガ卵に産卵中の雌成虫：体長約0.5mm，体色は黒褐色〜暗褐色。触角は雌が棍棒状，雄が房状。（平井一男）

寄生され黒化したニカメイガ卵塊　（平井一男）

イネ葉上のイチモンジセセリ卵への産卵の様子　（平井一男）

保護により一定の効果

▼メイガ類の天敵

〈トンボ類〉シオカラトンボ／ノシメトンボ

【 シオカラトンボ 】（解説：土着123）

水田内の雄成虫：体長48〜57mm，複眼は青色。胸部〜腹部前方の灰白色の粉を塩に見立てたのが和名の由来。（平井一男）

イネ葉上で捕食中の雄成虫　（平井一男）

水田内の雌成虫：体長48〜57mm，複眼は緑色。雌や未成熟の雄は黄色っぽい体色から「ムギワラトンボ」と呼ばれる。（平井一男）

水田内の雌成虫の背面　（平井一男）

類似種オオシオカラトンボ：やや大柄で池沼に多く見られる。（平井一男）

【 ノシメトンボ 】（解説：土着124）

水田付近の成虫：体長37〜52mm，開張45mm内外。翅の先端が黒い。アカトンボの本邦最大種。（平井一男）

水田内の成虫：7〜10月に出現し，水稲害虫を捕食する。（平井一男）

保護により一定の効果　▼メイガ類の天敵

ウスバキトンボ（解説：土着125）

水田で羽化した成虫：体長45〜50mm、体色はオレンジ色。（上野高敏）

雌成虫：本種は翅が大きく、飛翔性に富み、南方から長距離を移動し飛来する。（江村 薫）

ヤゴ：水温が4℃以下になると死ぬ。（上野高敏）

抜け殻：7〜8月に羽化する。（平井一男）

アキアカネ（解説：土着126）

ポール上で休息する成虫：全長は雄32〜46mm、雌33〜45mm。（平井一男）

イネ穂上で休息する成虫（平井一男）

胸部側面の黒条先端が尖るのは本種。（平井一男）

〈トンボ類〉ナツアカネ／コシアキトンボ

ナツアカネ（解説：土着127）

未成熟の雄成虫：全長は雄33〜43mm，雌35〜42mm。雌雄とも胸部の黒条先端は角状に近く，アキアカネと異なる。（平井一男）

成熟した雄成虫：秋になると体全体が真っ赤になる。（平井一男）

類似種ショウジョウトンボ：全長は雄41〜55mm，雌38〜50mm。雌雄とも翅の基部の橙色斑が目立つ。（平井一男）

コシアキトンボ（解説：土着128）

水田の周辺にいた成虫：雌雄とも全長40〜50mm。全身黒色で，腹部の白斑部分が空いて見えるのが和名の由来。（平井一男）

池で飛翔する成虫：水辺を活発に行き来する。（平井一男）

チョウトンボ〈トンボ類〉／アオメムシヒキ（アオメアブ）〈捕食性アブ〉

【チョウトンボ】(解説：土着129)

成虫：全長は雄34～42mm，雌31～39mm。翅は青紫色で強い金属光沢をもつ。（平井一男）

【アオメムシヒキ（アオメアブ）】(解説：土着130)

成虫：体長20～28mmで細長い。翅長18～24mm。眼が大きく，脚の長いアブ。（平井一男）

成虫の口器は獲物の体液を吸汁するために強大。脚も獲物を捕らえるために発達し，針のような毛を備えている。（平井一男）

成虫は待ち伏せし，獲物が近づくと，すばやく飛びたち捕まえる。（平井一男）

交尾中の成虫：普通すばやく飛ぶが，交尾中は捕獲しやすい。（平井一男）

〈捕食性アブ〉シオヤムシヒキ（シオヤアブ）／マガリケムシヒキ

シオヤムシヒキ（シオヤアブ）（解説：土着131）

雄成虫：体長23～30mm，頭胸部に黄土色の長毛が密生。雄の腹端には和名の由来とされる白い毛束がある。（平井一男）

交尾中の雌（左）と雄（右）　（平井一男）

甲虫を捕獲した本種：口器を刺して体液を吸う。（平井一男）

トウモロコシ葉上に産卵された卵塊　（平井一男）

孵化幼虫：土中や朽ち木中で過ごしコガネムシ幼虫など土壌生物を食べる。（平井一男）

▼保護により一定の効果
▼メイガ類の天敵

マガリケムシヒキ（解説：土着132）

甲虫を捕獲中の成虫：体長15～20mm，体色は黒褐色。脚の脛節は黄褐色。（平井一男）

本種（左）とシオヤムシヒキ（右）：本種のほうが小型で細い。（平井一男）

【 セアカヒラタゴミムシ 】（解説：土着132）

イネ葉上でイネツトムシを捕食する幼虫　（平井一男）

成虫：体長約19mmで黒色。上翅背面中央の長紋は赤褐色で目立つ。（平井一男）

【 寄生バエ類 】（解説：土着133）

イネツトムシに寄生していたウタツハリバエ（体長5～6mm）とその蛹殻（平井一男）

【 フタモンアシナガバチ 】（解説：土着135）

開花期に飛来し，イネツトムシを探索中の成虫：体長16mm内外。黒色で，黄色い斑紋が目立つ。（平井一男）

保護により一定の効果　▼イチモンジセセリの天敵

〈寄生蜂〉イチモンジセセリヤドリコマユバチ／ミツクリヒメバチ／イネアオムシサムライコマユバチ

【 イチモンジセセリヤドリコマユバチ 】（解説：土着136）

成虫：体長2～2.6mmで黒色。（平井一男）

寄生されたイネツトムシ（右）と，その体外に出てつくられた本種の繭：繭は白色で1cmの長さになる。（平井一男）

【 ミツクリヒメバチ 】（解説：土着137）

イネツトムシ体上で産卵場所を探す成虫　（平井一男）

成虫：体長1.4～1.8mmで藍黒色。（平井一男）

寄生されたイチモンジセセリ蛹：本種の羽化脱出後の孔が見える。（平井一男）

【 イネアオムシサムライコマユバチ 】（解説：土着138）

成虫：体長約2.3mm。腹部腹面・脚は黄褐色，後脚基節は末端を除き黒色。（上野高敏）

フタオビコヤガ幼虫に寄生した繭：羽化中の蜂は二次寄生蜂であるコガネコバチの一種。（平井一男）

保護により一定の効果

▼イチモンジセセリの天敵／フタオビコヤガの天敵

ホウネンタワラチビアメバチ (解説：土着139)

イネ葉上の成虫：体長約7〜10mm。頭・胸部は黒色，前脚・中脚は黄色，後脚・腹部背板は赤褐色。（上野高敏）

イネの葉から懸垂する繭：長さ6〜7mm，径3mm。灰色で黒い斑紋が入っており人目をひく。懸垂糸は長さ7〜23mm。（平井一男）

カリヤサムライコマユバチ (解説：土着140)

成虫：体長約3〜4mm，体色は黒色で，脚は黄褐色。（平井一男）

アワヨトウ幼虫から出てきた本種幼虫（平井一男）

繭：白色で9〜18mmの塊になっている。イネやイネ科牧草の葉上でよく見かける。（平井一男）

ドロムシムクゲタマゴバチ (解説：土着142)

成虫：体長0.5〜0.7mm。イネの葉に産み付けられたイネドロオイムシの卵上にいる。（竹内博昭）

保護により一定の効果 ▼フタオビコヤガの天敵／ヨトウガ類の天敵／イネドロオイムシの天敵

〈寄生蜂〉ヘリカメクロタマゴバチ／ミツクリクロタマゴバチ

ヘリカメクロタマゴバチ（解説：土着143）

成虫：左が雌，右が雄。体長約1mmで全体が黒色。（横須賀知之）

本種に寄生されたクモヘリカメムシ卵と孵化後の卵殻（上），寄生されていない孵化直前のクモヘリカメムシ卵（下）。（横須賀知之）

羽化中の雌成虫　（横須賀知之）

ミツクリクロタマゴバチ（解説：土着144）

ミナミアオカメムシ卵に静止する雌成虫：雌雄とも体長1.3〜1.5mm。（荒川　良）

クサギカメムシ卵に産卵中の雌成虫：雄の触角の太さは一様だが，雌の触角は先が膨らみ棍棒状。（荒川　良）

雌成虫の電子顕微鏡写真　（荒川　良）

クサギカメムシ卵塊上のミナミアオカメムシ卵から羽化した雌（右上）とクサギカメムシ卵から羽化した雌（左下）。（荒川　良）

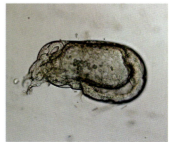

カメムシ卵内の1齢幼虫：1対の大きな牙を有している。（荒川　良）

カマキリ（チョウセンカマキリ） <small>(解説：土着146)</small>

水田にいた未成熟の個体：成虫は体長70〜82mm、緑色と褐色の個体がいる。（平井一男）

水田近くの雑草上の褐色の成虫（冬）（平井一男）

後翅：全体が透明。オオカマキリは基部に紫褐色の斑紋。（平井一男）

卵嚢からの孵化：卵嚢の長さは約25mm。やや細長く、横溝が多い。（平井一男）

オオカマキリ <small>(解説：土着147)</small>

雌成虫：体長は雄68〜92mm、雌77〜105mm。体色は緑色〜褐色。（平井一男）

コオロギを捕獲した成虫：待ち伏せて捕獲することが多い。（平井一男）

水田周辺のヨシの茎に産み付けられた卵嚢：長さ約25mm。球状に近く、鮮明な横溝を欠く。（平井一男）

コカマキリ <small>(解説：土着147)</small>

水路内の成虫（10月）：体長45〜60mm。体色は黒褐色、肌色〜焦茶色。緑色の個体は少ない。（平井一男）

木の板の下側に産み付けられた卵嚢（12月）：秋に産卵し越冬、5月以降に孵化する。（平井一男）

〈カマキリ類〉ハラビロカマキリ／〈クモ類〉サツマノミダマシ／ナガコガネグモ

【 ハラビロカマキリ 】（解説：土着148）

水田内の成虫（8月）：体長は雄45〜65mm，雌52〜71mm。通常緑色で前翅に白い斑点がある。（平井一男）

フサフジウツギで獲物を待つ成虫（8月）：「待ち伏せ型捕獲」が多い。（平井一男）

シロザに産卵された卵囊（11月）：卵で越冬し5月以降に孵化する。（平井一男）

【 サツマノミダマシ 】（解説：土着149）

水田域のエノコログサ葉上の成体：体長は雌9〜11mm，雄8〜9mm。背甲は褐色で腹部は明緑色。（平井一男）

エノコログサ穂上の成体：日当たりのよい草地に多い。（平井一男）

【 ナガコガネグモ 】（解説：土着150）

雌成体：体長は雌20〜25mm，雄8〜12mm。腹部背面の地色は黄色で，黒い横縞が9条内外ある。網にかかったイナゴを捕獲中。（平井一男）

保護により一定の効果　カメムシ類・チョウ目害虫の天敵

ヒラタアブ類〈捕食性アブ〉

ヒラタアブ類 (解説：土着150)

畦畔のハルジオンの花に飛来したホソヒメヒラタアブ雄成虫：体長5〜6mm。花粉と花蜜を摂食する。（江村　薫）

ミナミヒメヒラタアブ成虫：体長7〜9.5mm。イネ葉上で交尾中で，上が雄，下が雌。この状態で飛ぶことがある。（江村　薫）

イネ葉上で交尾中のミナミヒメヒラタアブ成虫：左が雌，右が雄。（江村　薫）

イネの穂を徘徊するヒラタアブ類（亜科）幼虫：イネに発生するアブラムシ類を捕食する。（江村　薫）

イネ葉上につくられたヒラタアブ類（亜科）蛹：マガ玉状の形態をしている。（江村　薫）

イネの穂を加害するムギヒゲナガアブラムシ：イネの穂軸や枝梗に発生しやすい。（江村　薫）

水田に多いコガタノミズアブ成虫：体長13mm前後。幼虫は水田や湿地の水中で生活。殺虫剤や洗剤の影響で減少する。（江村　薫）

保護により一定の効果　▼アブラムシ類の天敵

〈テントウムシ類〉ナナホシテントウ／ナミテントウ

【 ナナホシテントウ 】（解説：土着152）

成虫：体長約8mm。上翅に7つの黒斑がある。レンゲの花でマメアブラムシを捕食中。（平井一男）

幼虫：幼虫期に約4,000頭のアブラムシを食べる。（平井一男）

【 ナミテントウ 】（解説：土着153）

トウモロコシ上の成虫：体長約8mm。上翅の斑紋の数は多様。（平井一男）

越冬集団：石垣の間や家屋の隙間などで集団越冬するものが多い。（平井一男）

ヒメカメノコテントウ（解説：土着154）

成虫：体長約4.5mm。地色は淡黄色で黒色斑紋がある。（平井一男）

雄成虫（左）と雌成虫（右）：前背板の黒色斑の前縁が，雄では中央でくぼみ，雌では丸く突出する。（平井一男）

チャイロテントウ（解説：土着155）

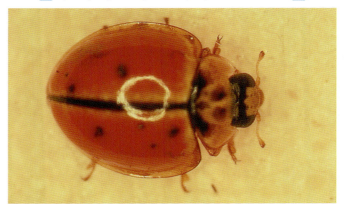

越冬後の成虫：体長3.7〜5mm，表面光滑で紅色〜黄紅色。九州南部，南西諸島に生息する。（平井一男）

ジュウサンホシテントウ（解説：土着156）

成虫：体長5.6〜6.2mm。頭部は黒色で，橙色の鞘翅に13の黒紋がある。（平井一男）

〈クサカゲロウ類〉ヤマトクサカゲロウ／〈ヒメハナカメムシ類〉ツヤヒメハナカメムシ

【 ヤマトクサカゲロウ 】 (解説：土着157)

イネ穂上のヤマトクサカゲロウ成虫　（平井一男）

クサカゲロウ幼虫　（平井一男）

保護により一定の効果
▼アブラムシ類の天敵／アザミウマ類の天敵

穂上の卵：長径1mm未満、緑色楕円形。植物の葉や蕾などに1個ずつ、ばらばらに産み付ける。（平井一男）

類似種ヨツボシクサカゲロウの顔面：黒点が約4個あるのが和名の由来。（平井一男）

トウモロコシ葉裏のヨツボシクサカゲロウ卵：ヤマトクサカゲロウと異なり、10～20卵をまとめて産下する。（平井一男）

【 ツヤヒメハナカメムシ 】 (解説：土着159)

成虫：体長1.7～2mm。出穂期前後のイネ葉上に多い。（平井一男）

ヒメアメンボ (解説：土着160)

成虫：体長8.5〜11mm。水面に漂いながら落下する小型昆虫などを捕食する。（平井一男）

ミズカマキリ (解説：土着160)

成虫：体長約43mm、円筒棒状。中脚と後脚で上手に泳ぎ、オタマジャクシやヤゴなどを食べる。（平井一男）

〈捕食性ダニ〉ケナガカブリダニ

ケナガカブリダニ（解説：土着163）

保護のみで高い効果

▼ダニ類の天敵

成虫：雌の胴長は0.35mm。前脚を触角のように動かして餌を探す。体表の長い毛が目立つ。（久保田　栄）

ナミハダニ雌成虫を捕食中の雌成虫：ナミハダニを捕食すると，体色は黄～緑色が深くなる。（豊島真吾）

チャ葉上で交尾中の成虫　（久保田　栄）

卵：卵形で0.2mm程度。右上のカンザワハダニ卵より大きい。周囲の白いものはカンザワハダニ脱皮殻。（久保田　栄）

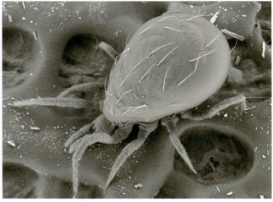

雌成虫の背面：他のカブリダニに比べて背面の毛が長い。（豊島真吾）

ミヤコカブリダニ（解説：土着165）

雌成虫：胴長0.35mm。捕食した餌の体色で消化管が濃く染まっている。（天野 洋）

雌成虫とナミハダニ黄緑型雌成虫：周りにあるのはハダニ卵。（天野 洋）

ミカンハダニ雌成虫を捕食中の雌成虫　（岸本英成）

ハダニ若虫を捕食中の雌成虫：捕食した餌の体色で消化管がやや濃く染まっている。（天野 洋）

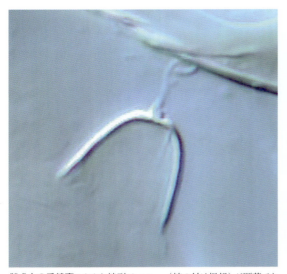

雌成虫の受精嚢：ややお椀形でatrium（椀の付け根部）が顕著でない。（豊島真吾）

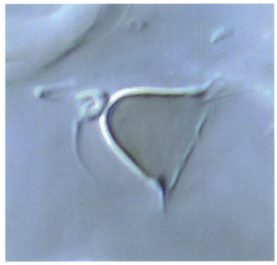

近似種コヤマカブリダニ雌成虫の受精嚢：atrium（椀の付け根部）が顕著である。（豊島真吾）

その他のカブリダニ類 （解説：土着167）

保護のみで高い効果

ダニ類の天敵

■フツウカブリダニ

リンゴハダニ若虫を捕食する**雌成虫**：胴長0.36mmで薄茶色。（岸本英成）

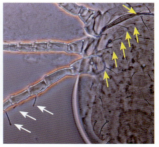

雌成虫の位相差顕微鏡写真：6本の側列毛（黄矢印）と，第Ⅳ脚にある端末が肥大した3本の巨大毛（白矢印）が特徴。（岸本英成）

■ニセラーゴカブリダニ

雌成虫：胴長0.4mmで乳白色。後胴体部にきわめて長い1対の胴背毛（白矢印）をもつ。実体顕微鏡下ではトウヨウカブリダニと見分けがつかない。（岸本英成）

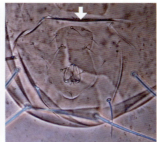

雌成虫の位相差顕微鏡写真：腹肛板（太白矢印）がひょうたん形。（岸本英成）

■トウヨウカブリダニ

雌成虫：胴長0.38mm内外。ニセラーゴカブリダニと似たような1対の胴背毛（白矢印）をもつ。前方に見えるのはリンゴサビダニ。（岸本英成）

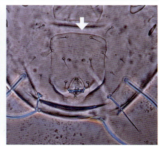

雌成虫の位相差顕微鏡写真：腹肛板（太白矢印）が五角形。（岸本英成）

■ミチノクカブリダニ

雌成虫：胴長0.41mmで薄茶色。（岸本英成）

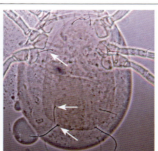

雌成虫の位相差顕微鏡写真：3対の目立つ胴背毛をもつ（白矢印）。（岸本英成）

■コウズケカブリダニ

雌成虫：胴長0.37mm。やや白っぽい。（岸本英成）

雌成虫の位相差顕微鏡写真：腹肛板がしずく形で3対の前肛毛がおおむね1列に並ぶ（点線内）。（岸本英成）

ダニヒメテントウ類 (解説：土着172)

■ハダニクロヒメテントウ

成虫：体長1.5mm弱。キアシクロヒメテントウとほとんど見分けがつかない。（岸本英成）

雄成虫の頭部：全体的に黒色。（岸本英成）

卵：長楕円形で黄白色〜乳白色，右にあるのはナミハダニ卵。（岸本英成）

ナミハダニを捕食中の4齢幼虫：前胸部背面に1対の黒紋がある（白矢印）。（岸本英成）

蛹：全体的に光沢のある黒色。（岸本英成）

■キアシクロヒメテントウ

成虫：体長1.5mm弱。（岸本英成）

雄成虫の頭部：全面が黄〜黄褐色。（岸本英成）

卵：紅〜紅白色，上下にあるのはナミハダニ卵。（岸本英成）

カンザワハダニを捕食中の4齢幼虫：前胸部背面は黒色の点刻模様。（岸本英成）

蛹：後胸部背面の中央に三角形の白〜淡褐色紋，腹部第1節背面の左右側方に1対の白〜淡褐色紋（白矢印）。（岸本英成）

〈寄生蜂〉サルメンツヤコバチ

サルメンツヤコバチ (解説：土着175)

保護のみで高い効果

▼カイガラムシ類の天敵

雌成虫：体長0.7〜0.8mm。黄色の胸部の上部に大型の黒色紋が見える。（久保田　栄）

産卵管を突き立てて産卵する雌成虫　（小澤朗人）

茶園で叩き落としを行ない，白いバット内に落下した成虫（小澤朗人）

マミー：俵形のチビトビコバチのものより扁平でツヤがない。（小澤朗人）

チビトビコバチのマミー（左）と本種のマミー（右）：形態が少し異なるので，見慣れるとマミーでも識別できる。（小澤朗人）

本種に二次寄生するマダラツヤコバチ成虫　（小澤朗人）

ナナセツトビコバチ（解説：土着177）

雌成虫：体長1mm弱で全体黒色。（小澤朗人）

雄成虫：雌雄は触角の形態で区別する。（小澤朗人）

クワシロカイガラムシのフェロモントラップに誘殺された大量の雌成虫：クワシロカイガラムシの性フェロモンがカイロモンとして機能し、雌成虫を誘引する。（小澤朗人）

本種のマミー（左）とチビトビコバチのマミー（右）：両者は大きさも形態も異なる。（小澤朗人）

羽化直前に解剖したマミー：羽化前の成虫が見られる。（小澤朗人）

本種に二次寄生したと考えられるマルカイガラクロフサトビコバチ雌成虫：二次寄生の頻度は一般に低い。（小澤朗人）

〈寄生蜂〉チビトビコバチ

チビトビコバチ （解説：土着179）

保護のみで高い効果

▼ カイガラムシ類の天敵

雌成虫：体長約0.5mmで黒褐色。（小澤朗人）

雄成虫：雌雄は触角の形態で区別できる。（小澤朗人）

クワシロカイガラムシのマミーから羽化する成虫：マミーの頭側を破って羽化し，あっという間に羽化を終える。（小澤朗人）

クワシロカイガラムシ体内の本種幼虫：下に見えるのは寄主のマルピギー管。（久保田 栄）

本種が高率で寄生したクワシロカイガラムシ雌成虫：未寄生の雌に比べると介殻が細長く，一部では介殻が浮き上がっている。（小澤朗人）

マミー：丸みを帯びた俵形。（小澤朗人）

フジコナカイガラクロバチ／フジコナカイガラトビコバチ／ツノグロトビコバチ〈寄生蜂〉

【フジコナカイガラクロバチ】(解説：土着181)

フジコナカイガラムシ若齢幼虫に産卵する成虫：体長約1mmで黒色。(手柴真弓)

【フジコナカイガラトビコバチ】(解説：土着182)

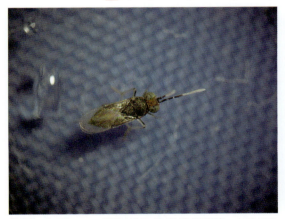

雌成虫：体長約2mm。頭部は橙色，胸部と腹部は黒色。(手柴真弓)

雌成虫：触角は基部から4節が黒色(1，2節目に白色斑)，それ以外は白色。(手柴真弓)

【ツノグロトビコバチ】(解説：土着183)

雌成虫：体長約1.5mm。触角は全体に黒色で，基部の柄節に白色斑。(手柴真弓)

雌成虫：頭部と胸部は橙黄色で腹部は黒色。(手柴真弓)

保護のみで高い効果 ▼カイガラムシ類の天敵

〈寄生蜂〉フジコナヒゲナガトビコバチ／ベニトビコバチ

フジコナヒゲナガトビコバチ（解説：土着184）

雌成虫：体長約2mmで全体的にアメ色。（手柴真弓）

雌成虫とマミー　（手柴真弓）

ベニトビコバチ（解説：土着185）

雌成虫：体長約1mm，全体的に橙赤色。頭部は若干橙色が強い。前翅に2本の黒帯がある。（手柴真弓）

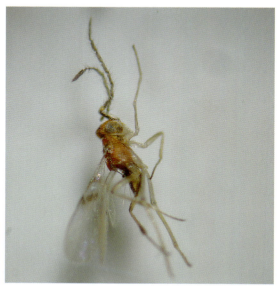
雄成虫：雌に似るが，触角に長毛を生じるため容易に区別できる。（手柴真弓）

テントウムシ類（解説：土着185）

■ヒメアカホシテントウ

成虫：体長3.3～4.9mm。形は丸く，全身光沢のある黒色。上翅左右に1対の明瞭な赤い丸斑。ナミテントウよりやや小さく，斑の色が濃い。（小澤朗人）

卵：黄～薄橙色。クワシロカイガラムシ雌成虫の介殻の下に1粒ずつ産下。クワシロカイガラムシ卵より二回り，ハレヤヒメテントウ卵より一回り大きい。（小澤朗人）

幼虫：全身に棘状の黒い長毛がある。動きは比較的速い。（小澤朗人）

蛹：茶園では古葉の葉裏で蛹化する。（小澤朗人）

本種に捕食されたクワシロカイガラムシ雌成虫の介殻：中央は本種が食い破った穴。介殻の下の虫体を食べる。（小澤朗人）

本種に寄生するアシガルトビコバチ成虫：1頭の寄主幼虫から数頭の蜂が羽化。寄主密度が高いと寄生率も高い。この蜂に高次寄生するオオモンクロバチの一種もいる。（小澤朗人）

〈テントウムシ類〉テントウムシ類

■ハレヤヒメテントウ

保護のみで高い効果 ▼カイガラムシ類の天敵

成虫：体長1.9〜2.5mm，楕円形で上翅は光沢のない黒褐色。左右に1対のぼんやりした橙黄色の斑紋。頭と胸は橙色。体表は短い微毛で覆われる。（小澤朗人）

卵：クワシロカイガラムシ雌成虫の介殻の下に1〜2個ずつ産下。クワシロカイガラムシ卵より一回り大きい。（小澤朗人）

クワシロカイガラムシを捕食する幼虫：背中全体に白いブラシ状のロウ物質を纏い，クワシロカイガラムシ雄繭のコロニーに紛れると見つけにくい。（小澤朗人）

蛹：茶園では古葉の葉裏で蛹化する。（小澤朗人）

集団でクワシロカイガラムシを捕食する成虫と幼虫　（小澤朗人）

在来カボチャ果実に着生させたクワシロカイガラムシを餌に大量飼育される幼虫：クワシロカイガラムシを十分量確保できれば，室内大量飼育が可能。（小澤朗人）

タマバエの一種 （解説：土着188）

タマバエ幼虫：体長2～3mm。介殻の下でクワシロカイガラムシ雌成虫（中央上）と卵を捕食中。（小澤朗人）

タマバエ蛹：クワシロカイガラムシの介殻の下で蛹化することが多い。（小澤朗人）

タマバエ成虫：*Dentifibula* sp. 成虫の翅には，ぼんやりとした黒い斑紋がある。（小澤朗人）

タマバエ卵 （安部順一朗）

タマバエ若齢幼虫がとりついたクワシロカイガラムシ雌成虫：雌成虫の下方に2頭の小さなタマバエ幼虫が見える。（小澤朗人）

タマバエに捕食された後のミイラ化したクワシロカイガラムシ雌成虫 （小澤朗人）

〈捕食性ダニ〉ケボソナガヒシダニ／〈アザミウマ類〉ハダニアザミウマ

ケボソナガヒシダニ（解説：土着191）

ミカンハダニ卵を捕食する雌成虫：胴長約0.35mm、濃赤色で菱形の体型、ハダニやカブリダニよりやや小さい。（岸本英成）

卵（上）：朱色〜濃赤色で球形。ミカンハダニ卵（下）より一回り小さい。（岸本英成）

雌成虫の位相差顕微鏡写真：本種（左）は胴背毛が細く短い。類似種コブモチナガヒシダニ（右）は胴背毛起点に瘤があり、大半の毛が隣り合う毛の起点を超える長さ。（岸本英成）

ハダニアザミウマ（解説：土着192）

成虫：体長約1mm。上翅に褐色斑点、捕食吸汁したミカンハダニが消化管内に赤く見える。（久保田 栄）

ミカンハダニを捕らえようとしている成虫（久保田 栄）

幼虫：カンザワハダニの体液を吸汁し、腹部が餌の色に染まる。（久保田 栄）

ハネカクシ類 (解説：土着194)

■ヒメハダニカブリケシハネカクシ

カンザワハダニを捕食中の成虫：体長約1mm，光沢のある革質で，頭部は黄色〜茶褐色。（久保田 栄）

ミカン葉上で交尾中の成虫：左が雌，右が雄。（久保田 栄）

幼虫：腹部先端近くに黒帯がある。（久保田 栄）

■ハダニカブリケシハネカクシ

ナミハダニを捕食中の3齢幼虫：体長約2mm，黄〜白色。腹部（消化管）の色は餌の色で変わる。（下田武志）

本種（右）とヒメハダニカブリケシハネカクシ（左）：本種2〜3齢幼虫は，胸部背面上に茶褐色〜黒色の斑紋があり区別できる。（下田武志）

交尾中の成虫：体長約1mm，頭部は黒色。（赤松富仁）

葉上に産み付けられた卵：ハダニの脱皮殻や排出物で覆われていることが多い。（赤松富仁）

〈ヒメハナカメムシ類〉ヒメハナカメムシ類／〈捕食性バエ〉ハダニタマバエ

ヒメハナカメムシ類（解説：土着198）

ヒメハナカメムシ類の雌成虫：体長2mm前後。ナシの新梢先端部付近で多く観察される。（土田 聡）

ハダニを捕食するコヒメハナカメムシ雌成虫：口吻を刺し込み，体液を吸う。（土田 聡）

アブラムシを捕食するコヒメハナカメムシ雌成虫（土田 聡）

アブラムシを捕食するコヒメハナカメムシ若齢幼虫（土田 聡）

チャノキイロアザミウマを捕食するヒメハナカメムシ類の終齢幼虫（土田 聡）

産卵対象のソラマメ催芽種子に産み付けられたコヒメハナカメムシ卵（土田 聡）

ハダニタマバエ（解説：土着199）

幼虫：淡黄色や赤色の紡錘形，齢期は3齢までである。（安部順一朗）

幼虫：体長は終齢（3齢）で1.5mm程度になる。肉眼でも確認できる。（安部順一朗）

蛹：ハダニコロニーのある葉の葉脈沿いなどに繭をつくり，その中で蛹化する。（安部順一朗）

コナカイガラクロバチ類（解説：土着201）

コナカイガラクロバチ類の雌成虫：体長1mm前後。（新井朋徳）

コナカイガラクロバチ類の雄成虫：触角の形状で雌雄が識別できる。（新井朋徳）

コナカイガラクロバチ類の寄生によるミカンヒメコナカイガラムシのマミー（中央）：未寄生個体より体高が高く、細長く、体表が硬い。（新井朋徳）

クワコナカイガラヤドリバチ（解説：土着203）

成虫：体長は雌0.6〜0.9mm、雄0.5〜0.7mm。（伊澤宏毅）

本種の寄生によるクワコナカイガラムシのマミー：白色の粉をまぶした俵形。（伊澤宏毅）

クワコナカイガラムシのマミー中の幼虫（伊澤宏毅）

本種の脱出孔（伊澤宏毅）

〈テントウムシ類〉ヒメアカホシテントウ

ヒメアカホシテントウ（解説：土着204）

保護と強化で高い効果

▼カイガラムシ類の天敵

冬期にキウイフルーツ樹上で活動する成虫：体長3.3〜4.9mm、上翅は光沢のある黒色で左右に小さな赤斑が1個ずつある。（口木文孝）

サクラ葉裏に集団を形成した成虫　（口木文孝）

サクラ幹上の成虫：ナミテントウの二紋型に似るが、小型で動きが緩慢な点で区別できる。（口木文孝）

サクラ葉上の終齢幼虫　（口木文孝）

寄生蜂が脱出した幼虫　（口木文孝）

サクラ葉上の蛹　（口木文孝）

アザミウマタマゴバチ（解説：土着207）

チャ葉縁部を歩く雌成虫（側面）：体長0.17〜0.19mm。確認された昆虫の中では世界最小。（高梨祐明）

濾紙の上の雌成虫（背面）：全体に黄褐色。複眼、胸部背面、前翅は暗褐色。（高梨祐明）

雌成虫のプレパラート標本：翅は細長く棒状で、周縁に長い毛を生じる。（高木一夫）

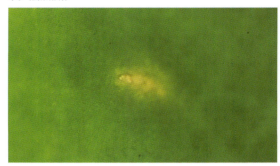
チャノキイロアザミウマ幼虫の孵化痕：小さな裂け目状の孔があいている。（高梨祐明）

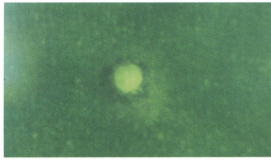
本種の脱出痕：寄主卵殻長径の半分ほどの円形の孔があいている。（高梨祐明）

チャ葉に断面をつくり側面から観察したチャノキイロアザミウマの健全卵：一端が湾曲して葉表面に露出している。（高梨祐明）

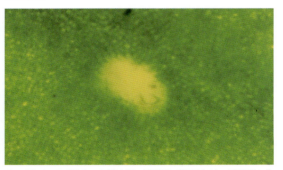
チャノキイロアザミウマの健全卵：透過光で観察すると、楕円形の輪郭の中に露出部の輪郭と赤い眼点が見える。（高梨祐明）

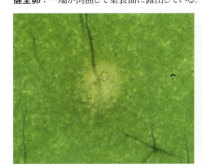
チャノキイロアザミウマの被寄生卵：透過光で観察すると、葉表面に露出した部分がなくなり、その部分に小孔が残っている。（高梨祐明）

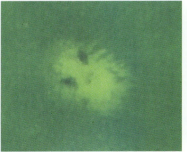
寄生蜂の発育が進んだチャノキイロアザミウマの被寄生卵：内部の寄生蜂蛹の複眼と口器が透けて見える。（高梨祐明）

チャ葉の断面に露出させたチャノキイロアザミウマの被寄生卵：健全卵で見られた突起状の部分がなくなり、ダルマのような形になっている。（高梨祐明）

〈テントウムシ類〉ナミテントウ

ナミテントウ（解説：土着209）

成虫（二紋型）：体長7～8mm内外。鞘翅の色彩や斑紋は変化に富む。（口木文孝）

卵：長径約2mm、十数粒から数十粒ずつ産む。（伊澤宏毅）

若齢幼虫　（伊澤宏毅）

4齢幼虫：老齢幼虫では1日60～100頭のアブラムシを捕食する。（伊澤宏毅）

アブラムシをアゴで挟みこんだ幼虫　（伊澤宏毅）

アブラムシを捕食中の成虫　（有田　豊）

ダンダラテントウ（解説：土着210）

ダンダラ型成虫：体長3.7～6.7mm。南西諸島，沖縄のものはダンダラ型で赤地に黒い紋をもつ。（野村昌史）

黒地型成虫：本州以北のものは黒地型で，肩部以外ほぼ黒色。九州，四国にはダンダラ型と黒地型の両方が生息する。（野村昌史）

卵：黄色で柔らかい。数個～30個くらいの卵塊で産み付ける。（新島恵子）

終齢幼虫：中後胸部背板と腹部第1，4節の突起が黄白色で目立つ。（新島恵子）

蛹（新島恵子）

保護により一定の効果　▼アブラムシ類の天敵

〈テントウムシ類〉コクロヒメテントウ／ヒメカメノコテントウ

コクロヒメテントウ（解説：土着212）

保護により一定の効果 ▼アブラムシ類の天敵

成虫：体長2～3mm，全体が黒色。（口木文孝）

カンキツ新梢上に産み付けられた卵：長さ約0.6mmで茶色。（駒崎進吉）

ユキヤナギアブラムシのコロニーに侵入した幼虫　（口木文孝）

アブラムシを探して移動する幼虫：コナカイガラムシと似ているが動きが活発。（駒崎進吉）

ヒメカメノコテントウ（解説：土着214）

成虫：体長3～4.6mm。鞘翅の色彩や斑紋は変化に富み，セスジ型，肩紋型，四紋型，黒型に分けられる。（口木文孝）

ヒラタアブ類 （解説：土着 215）

アブラムシ発生場所に飛来した成虫：体長10mm内外。腹部には黄・黒・褐色の模様。（井原史雄）

交尾中の成虫　（井原史雄）

アブラムシの甘露を摂取する成虫　（井原史雄）

葉裏のモモコフキアブラムシのコロニー内に生息する幼虫：老熟幼虫の体長は10〜18mm。（井原史雄）

モモコフキアブラムシを捕食する幼虫
（井原史雄）

幼虫の形体はウジ虫様　（伊澤宏毅）

クロヒラタアブ幼虫：体色は茶色。
（駒崎進吉）

葉裏の囲蛹：右上に幼虫とテントウムシの卵塊も見られる。（井原史雄）

囲蛹：囲蛹になった直後は透明感のある薄黄白色。その後，色が濃くなる。（井原史雄）

ホソヒラタアブ囲蛹：薄黄土色〜こげ茶色。
（駒崎進吉）

〈クサカゲロウ類〉クサカゲロウ類

クサカゲロウ類（解説：土着216）

頭部斑紋の比較：左からヤマトクサカゲロウ，ヨツボシクサカゲロウ，カオマダラクサカゲロウ，フタモンクサカゲロウ。（春山直人）

産卵形態の比較：左からヤマトクサカゲロウ，ヨツボシクサカゲロウ，カオマダラクサカゲロウ，フタモンクサカゲロウ。長径1～1.5mm。ヨツボシクサカゲロウの卵は，幼虫の孵化後のもの。（望月　淳・春山直人）

保護により一定の効果　▼　アブラムシ類の天敵

幼虫の比較：ヤマトクサカゲロウ（左上），ヨツボシクサカゲロウ（右上），カオマダラクサカゲロウ（左下），フタモンクサカゲロウ（右下）。（春山直人・望月　淳）

ミカンノアブラバチ（解説：土着218）

ミカンクロアブラムシに産卵中の雌成虫：体長1～1.8mm。
（髙梨祐明）

ミカン葉上の雌成虫　（髙梨祐明）

本種の寄生によって体色が黄色く変化したミカンクロアブラムシ老熟幼虫　（髙梨祐明）

本種の寄生によってマミー化したミカンクロアブラムシ　（髙梨祐明）

ミカンクロアブラムシのコロニーとマミーの集団：ウンシュウミカンの葉裏。（髙梨祐明）

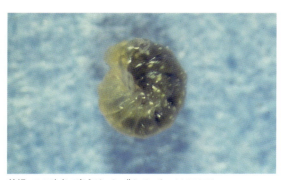

前蛹：この時点で寄主はマミー化している。（髙梨祐明）

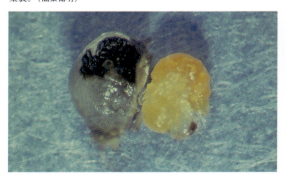

マミーから取り出した蛹：マミーの内壁に黒い蛹化便が付着している。（髙梨祐明）

マミーから脱出する新成虫：寄生されてマミー化したユキヤナギアブラムシから脱出するところ。（髙梨祐明）

〈寄生蜂〉ワタアブラコバチ／チャバネクロタマゴバチ

ワタアブラコバチ (解説：土着220)

本種の寄生によるワタアブラムシのマミー：細長く黒色。（高田　肇）

ワタアブラムシに産卵する雌成虫：後ろ向きの姿勢で産卵管を後方に伸ばして産卵する。（高田　肇）

←鏡紋

雌成虫：体長約1mm。前翅の一列になった繊毛と中・後脚の色彩パターンに注目。（高田　肇）

チャバネクロタマゴバチ (解説：土着222)

チャバネアオカメムシ卵塊上の成虫：体長約2〜3mm。（大野和朗）

産卵中のチャバネアオカメムシと本種成虫（大野和朗）

本種に寄生されたチャバネアオカメムシ卵塊（外山晶敏）

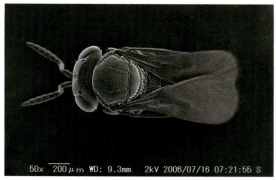

雌成虫の電子顕微鏡写真（外山晶敏）

本種を採集するための卵塊トラップ（外山晶敏）

グンバイカスミカメ〈カスミカメムシ類〉

グンバイカスミカメ （解説：土着224）

成虫：体長4mm程度で楕円形、グンバイムシに似た体色を有する。（井原史雄）

■ナシグンバイの捕食

①ナシグンバイを背後から捕獲した成虫。（井原史雄）

②体を斜めにずらして、ナシグンバイを仰向けにする直前の姿勢。（井原史雄）

③仰向けにするとすぐに口吻を刺し、吸汁する。（井原史雄）

④口吻の刺す位置を何回か変えて吸汁する。（井原史雄）

⑤1個体のナシグンバイ成虫を吸汁するのに1時間近くを要する。（井原史雄）

■ツツジグンバイの捕食

①背面からツツジグンバイを捕らえた成虫。（安永智秀）

②ツツジグンバイを仰向けにして捕食する。（安永智秀）

保護により一定の効果 ▼カメムシ類の天敵

〈寄生蜂〉寄生蜂類

寄生蜂類（解説：土着225）

■ チビキアシヒラタヒメバチ

葉上で休息する雄成虫：体長6〜12mm。雌雄は産卵管の有無で区別できる。（上野高敏）

産卵中の雌成虫：頑強な産卵管を用いて寄主蛹内に1個の卵を産み付ける。（上野高敏）

被寄生寄主とその内部で休眠中の蜂幼虫：蛹便が蓄積されていないことに注意。（上野高敏）

■ キアシブトコバチ

雌成虫：体長5〜8mm弱。後腿節が著しく肥大する。雌雄間で大きな差はない。（上野高敏）

本種が羽化したイチモンジセセリ蛹：寄主の中央付近にきれいな円状の羽脱痕を残すのが特徴。（上野高敏）

被寄生寄主：腹部の間節が黒くなることが本種に寄生された寄主の特徴。（上野高敏）

■ シロテントガリヒメバチ

雌成虫：体長6〜12mm。寄主摂食を行なっているところ。（上野高敏）

雄成虫：トガリヒメバチの仲間は性的2型を示し、雄と雌では外見が大きく異なることに注意。（上野高敏）

寄主幼虫体表上で発育する幼虫：トガリヒメバチの仲間は外部寄生性である。（上野高敏）

■ シロモンヒラタヒメバチ

葉上に付着したアブラムシ甘露を舐める雌成虫：体長8〜12mm。これら寄生蜂は成虫期に炭水化物を必要とし、花蜜や甘露などを餌源とする。（上野高敏）

ゴミムシ類〈コウチュウ類〉

ゴミムシ類 （解説：土着228）

オオアトボシアオゴミムシ成虫：体長15〜17.5mm。作物圃場に多い。（末永 博）

アトボシアオゴミムシ成虫：体長14〜14.5mm。森林性。（末永 博）

クロヘリアトキリゴミムシ成虫：体長8〜9.5mm。樹上性。（末永 博）

クロヘリアトキリゴミムシ蛹 （末永 博）

保護により一定の効果　▼ハマキムシ類の天敵

チャハマキ老齢幼虫を捕食しているアオゴミムシ類の老齢幼虫 （末永 博）

チャのハマキムシ類の幼虫を捕食し終えたアオゴミムシ類の中齢幼虫 （末永 博）

茶園で見つかったアオゴミムシ類の若齢幼虫：頭部先端が黒く、老齢幼虫（左端）と中齢幼虫（左隣）の写真とは別種。（末永 博）

チャハマキ老齢幼虫を攻撃するクロヘリアトキリゴミムシ若齢幼虫 （末永 博）

チャハマキ老齢幼虫を捕食しているクロヘリアトキリゴミムシ中齢幼虫 （末永 博）

チャノコカクモンハマキ老齢幼虫を捕食しているクロヘリアトキリゴミムシ老齢幼虫 （末永 博）

〈寄生バエ〉マルボシヒラタヤドリバエ

マルボシヒラタヤドリバエ（解説：土着233）

雄成虫：体長5〜7mm。胸背前半部は黄色，後半部は黒色。（堤　隆文）

雌成虫：胸背は黒色。（堤　隆文）

チャバネアオカメムシ成虫に産み付けられた卵（堤　隆文）

チャバネアオカメムシから脱出した終齢幼虫（堤　隆文）

蛹：上はチャバネアオカメムシ。蛹期間は約9日。（堤　隆文）

ジョロウグモ／コガネグモ／ヒメグモ〈造網性クモ類〉

ジョロウグモ （解説：土着234）

成体：体長は雌17〜25mm、雄7〜10mm。金色の糸で蹄形円網を張る。（新海栄一）

幼体：6月ごろから小型の網を張り、7月には体長1cmぐらいになる。（小林久俊）

捕食中の成体　（新海栄一）

コガネグモ （解説：土着236）

網の中央に脚をX字状に伸ばして止まっている雌成体と隠れ帯：体長は雌20〜25mm、雄5〜6mm。（新海栄一）

ヒメグモ （解説：土着237）

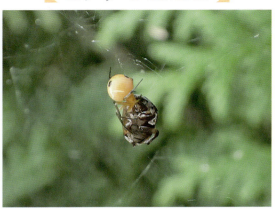

雌成体：体長は雌3〜5mm、雄1.5〜3mm。網にかかった餌に糸をかけている。（外山晶敏）

〈樹上徘徊性クモ類〉ハエトリグモ類／ハナグモ／フクログモ類

【 ハエトリグモ類 】（解説：土着239）

葉上のネコハエトリ成体：体長7～13mm（雌雄）。（外山晶敏）

ネコハエトリ成体：前方中央に大きく発達した眼（前中眼）をもつ。（外山晶敏）

【 ハナグモ 】（解説：土着240）

花の上で餌を待ち伏せる雌：体長は6mm前後（雄は4mm前後）。雌雄とも前脚が後脚に比べ発達している。（外山晶敏）

産室の中で卵嚢を守るハナグモと同科のカラカニグモ：体長は雌5～14mm、雄5～8mm。ハナグモ同様、果樹園で一般的。（外山晶敏）

【 フクログモ類 】（解説：土着242）

産室の中で卵嚢を保護するフクログモの一種：体長2～15mm。圃場で見られる種は5～10mmが多い。（外山晶敏）

生物多様性の保全対象 ▼ チョウ目害虫の天敵

ヨコヅナサシガメ (解説：土着243)

ニホンナシ新梢上の成虫：体長16〜24mm、体色は光沢のある黒色。（三代浩二）

羽化直後の成虫　（高木一夫）

マメコバチを捕食する成虫
（高木一夫）

クリの花上で小型のコガネムシを捕食する成虫　（井原史雄）

チャバネアオカメムシ5齢幼虫を捕食する成虫（室内）　（三代浩二）

〈オオメカメムシ類〉オオメカメムシ（オオメナガカメムシ）類

オオメカメムシ（オオメナガカメムシ）類 <small>（解説：土着245）</small>

■オオメカメムシ

リンゴ葉上の成虫：体長4.3〜5.3mm。（井原史雄）

成虫：複眼が大きく，頭部と脚は橙色，前翅は黄色半透明。他は光沢のある黒色。（高木一夫）

オオタバコガ1齢幼虫を捕食する3齢幼虫　（大井田　寛）

■ヒメオオメカメムシ

成虫：オオメカメムシよりやや小型。全体が灰黒色で光沢が少ない。（大井田　寛）

ヒメコバチ類 〈解説：土着247〉

成虫：体長1〜2mm程度。（笹脇彰徳）

キンモンホソガ幼虫と卵：寄主を殺して体外に産卵する。（北村泰三）

幼虫：キンモンホソガの幼虫や蛹の外側に寄生している。（北村泰三）

蛹：はじめ乳白色で，次第に黒褐色あるいは褐色になる。蛹になる前に寄主を食べ尽くす。（北村泰三）

ホソガサムライコマユバチ 〈解説：土着249〉

成虫：1.8〜2mm。触角は体長とほぼ同じ長さ。（北村泰三）

幼虫：終齢になるとキンモンホソガ幼虫から脱出する。（北村泰三）

繭（蛹）：脱出した幼虫は灰白色の繭をつくる。（北村泰三）

〈寄生蜂〉ホソガヒラタヒメバチ／キンモンホソガトビコバチ

ホソガヒラタヒメバチ （解説：土着250）

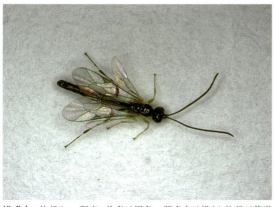
雄成虫：体長3mm程度，体色は黒色。雌成虫は雄より体長が若干長く，2〜2.5mmの産卵管をもつ。（新井朋徳）

同一個体の拡大写真　（新井朋徳）

キンモンホソガトビコバチ （解説：土着251）

雄成虫：体長1mm未満。雌雄とも黒色で，雄はやや小型。（新井朋徳）

雌成虫：雌の腹部には白色の帯があるので雌雄を区別できる。（新井朋徳）

マイン（潜孔）を開くと寄主終齢幼虫の体内に形成されている繭群（全体をマミーという）が見られる。（氏家　武）

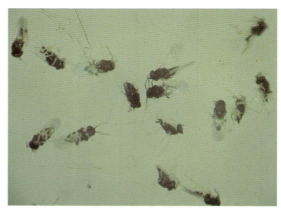
成虫はノミのように跳躍する。和名のトビは"跳び"の意。（氏家　武）

生物多様性の保全対象　▼ホソガ類の天敵

イラガセイボウ（イラガイツツバセイボウ）<small>（解説：土着254）</small>

羽化直後の雄成虫：体長は雄約12mm，雌約15mm。緑色の金属光沢に輝く。（松浦　誠）

イラガ繭の上端にあるイラガセイボウ産卵痕　（松浦　誠）

越冬後の蛹　（松浦　誠）

イラガ繭からの本種の脱出孔（左）と正常なイラガの脱出孔（右）
（松浦　誠）

〈寄生蜂〉ヒメコバチ類

ヒメコバチ類（解説：土着259）

ハモグリキイロヒメコバチ雌成虫：体長1〜2mm。胸部背面に黒条がない。触角繋節は2節。（氏家　武）

セスジハモグリキイロヒメコバチ雌成虫：体長1〜2mm。胸部背面に黒い条紋がある。触角繋節は2節。（氏家　武）

ハモグリクロヒメコバチ雄成虫：体長1〜2mm。雌（右）に比べて腹部が細く短く、基部に白斑がある。（氏家　武）

ハモグリクロヒメコバチ雌成虫：黒〜暗緑色。腹部は胸部とほぼ同じ長さ。（氏家　武）

ミカンハモグリヒメコバチ蛹：体長1〜2mmで黄色。周囲に糞の壁をつくる。（氏家　武）

ミカンハモグリヒメコバチ雌成虫：小型, 黒色。腹部に大型釣り鐘形白紋がある。（氏家　武）

コガタハモグリヒメコバチ雌成虫：体長1〜2mmで黄色。黒斑は変異が多い。触角繋節は3節。（氏家　武）

コガタハモグリヒメコバチ蛹：褐色。周囲に糞壁をつくらない。（氏家　武）

ハモグリヤドリヒメコバチ雌成虫：体長1〜2mmで青緑色。（氏家　武）

コシビロハモグリヤドリヒメコバチ雄成虫：体長1〜2mm。青緑色, 金属光沢あり。（氏家　武）

センチュウ類（解説：土着265）

■ 昆虫病原性線虫

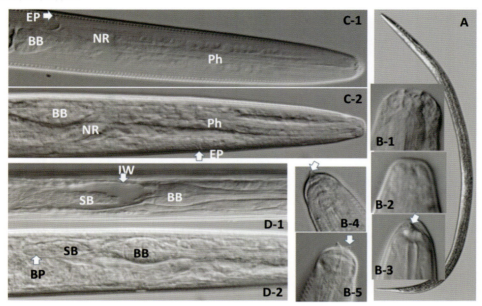

感染態3期幼虫

A *Steinernema feltiae*
B 成長期の幼虫や成虫（1）には口腔が頭端に開口するが、感染態の頭部には開口部がない（2～5）。大部分の*Steinernema*属には頭端に突起がないが、一部の種には突起がある（4：側面、5：腹面）。*Heterorhabditis*属は頭端に通常1本の突起を有す（3）。写真3は第2期幼虫のクチクラを被鞘した幼虫。
C 体前部－頭部・食道（Ph）・後部食道球（BB）。1：*Heterorhabditis*属では、排泄口（EP）が神経環（NR）後方にある、2：*Steinernema*属では排泄口が神経環の前方にある。
D 共生細菌（SB）収納部位。1：*Heterorhabditis*属では腸前方部に共生細菌を収納する（IWは腸壁）、2：*Steinernema*属は腸前方部に共生細菌を収納するための特別な器官、細菌嚢（BP）を有する。
B-1・2, C-2, D-2：*S. litorale*；B-3, C-1, D-1：*H. indica*；B-4・5：*S. abbasi*
（吉田睦浩）

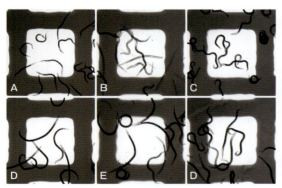

1mmメッシュのスライドグラス上の感染態3期幼虫

A *Heterorhabdis indica*, 体長0.5～0.6mm程度
B *H. megidis*, 体長0.7～0.8mm程度
C *Steinernema abbasi*, 体長0.5～0.7mm程度
D *S. feltiae*, 体長0.7～0.9mm程度
E *S. kraussei*, 体長0.8～1mm程度
F *S. litorale*, 0.8～1mm程度
（吉田睦浩）

昆虫病原性線虫に感染死亡したハスモンヨトウ前蛹

A *Heterorhabditis*属に感染すると、多くの場合、死体はレンガ色に変色する（*H. indica*）
B *Steinernema*属に感染すると、多くの場合、死体は淡黄色～汚黄色～灰褐色に変色する（*S. litorale*）
（吉田睦浩）

■ウンカシヘンチュウ

寄生されたセジロウンカ幼虫：腹が異常に膨らんで動きも鈍くなる。成虫になれずに死亡する。（赤松富仁）

トビイロウンカ体内から脱出したウンカシヘンチュウ　（宇根　豊）

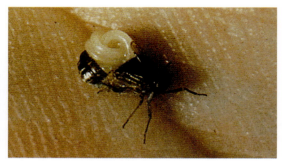

寄生されたトビイロウンカ雌成虫：本種の脱出とともに死亡する。（日鷹一雅）

トビイロウンカ短翅雌：本種に寄生され腹部が異常にふくらんで動きが鈍い。（日鷹一雅）

イネの株の周りの土中で越冬するウンカシヘンチュウ　（日鷹一雅）

越冬するウンカシヘンチュウ（左写真の拡大）　（日鷹一雅）

ウンカシヘンチュウの拡大写真：真中が頭部で他は尻尾。尻尾に鈎状器官があるのが雄（下）。これで雌をひっかけて交尾する。（日鷹一雅）

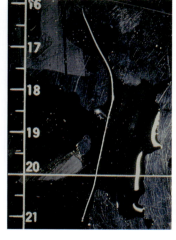

雌：体長は長いもので6cm以上。雄は4cm以下が目安。（宇根　豊）

ボーベリア属菌（硬化病菌）〈解説：土着 268〉

ボーベリア・バシアーナに感染・死亡したイネミズゾウムシ
（吉沢栄治）

ボーベリア・バシアーナに感染・死亡したツマグロヨコバイ成虫
（吉沢栄治）

ボーベリア・バシアーナに感染・死亡したヒメトビウンカ成虫
（吉沢栄治）

ボーベリア・バシアーナに感染・死亡したモモアカアブラムシ無翅胎生雌虫　（増田俊雄）

ボーベリア・バシアーナに感染・死亡したナミハダニ雌成虫：粒状に見えるのが分生子の塊　（増田俊雄）

ボーベリア・バシアーナに感染・死亡したモンシロチョウ幼虫（アオムシ）　（増田俊雄）

ボーベリア・バシアーナに感染・死亡したコナガ幼虫　（増田俊雄）

保護により一定の効果 ▼ 広範な害虫の天敵

〈糸状菌〉黒きょう病菌（硬化病菌）

黒きょう病菌（硬化病菌） <small>（解説：土着271）</small>

保護により一定の効果 ▼ 広範な害虫の天敵

本菌に感染・死亡したクリシギゾウムシ幼虫　（柳沼勝彦）

本菌に感染・死亡したノコギリカミキリ成虫　（柳沼勝彦）

本菌に感染・死亡したイネミズゾウムシ成虫　（吉沢栄治）

本菌の分生子が伸び出しているイネミズゾウムシの土繭：土繭内の幼虫または蛹が感染している。（吉沢栄治）

本菌に感染・死亡したツマグロヨコバイ成虫　（吉沢栄治）

本菌に感染・死亡したドウガネブイブイ幼虫：暗緑色のカビが生えて死亡する。（藤家　梓）

本菌に感染・死亡したモモシンクイガ　（柳沼勝彦）

口絵　土着104　共通（昆虫病原）

緑きょう病菌（硬化病菌） <small>(解説：土着273)</small>

本菌に感染・死亡したオオタバコガ幼虫（アスパラガス上）（増田俊雄）

本菌に感染・死亡したオオタバコガ幼虫（ナス上）（増田俊雄）

本菌に感染・死亡し体外菌糸が見え始めたオオタバコガ幼虫（増田俊雄）

本菌を接種し死亡したハスモンヨトウ幼虫（増田俊雄）

本菌に感染・死亡したタマナギンウワバ幼虫：死体は硬化し、表面が白色の菌糸に覆われる。（沼沢健一）

本菌に感染・死亡したヨトウガ幼虫：菌糸は白色からやがて緑色になり，分生子が形成される。（沼沢健一）

〈糸状菌〉イザリア属菌（硬化病菌）

イザリア属菌（硬化病菌） <small>（解説：土着 276）</small>

イザリア・カテニアニュラータに感染・死亡したクロツヤミノガ幼虫　（柳沼勝彦）

ツクツクボウシタケに感染・死亡したツクツクボウシ幼虫　（柳沼勝彦）

コナサナギタケに感染・死亡したムラサキイラガ蛹　（柳沼勝彦）

コナサナギタケに感染・死亡したモモシンクイガ　（柳沼勝彦）

赤きょう病菌に感染・死亡したヒメハイイロカギバ蛹　（柳沼勝彦）

赤きょう病菌に感染・死亡したモモシンクイガ　（柳沼勝彦）

ハナサナギタケを伴った有性世代ウスキサナギタケ（チョウ目昆虫蛹）　（柳沼勝彦）

【 レカニシリウム属菌 】(解説：土着278)

レカニシリウム属菌に感染したアブラムシ：葉などに白い小さなかたまりとして付着している。（増田俊雄）

レカニシリウム属菌に感染し，白い綿状の菌糸に覆われたアブラムシの死体：ルーペで観察できる。（増田俊雄）

レカニシリウム属菌に感染したアブラムシ：触角や脚などから菌糸が発生し，歩行機能が低下。（増田俊雄）

フィアライド（分生子形成細胞）に形成された分生子（胞子）：数個かたまって粘質物に包まれている。（増田俊雄）

【 昆虫疫病菌（ハエカビ類） 】(解説：土着281)

昆虫疫病菌の分生子が堆積中のアブラムシの生虫（緑色）と疫病菌による死虫（ベージュ色）（佐藤大樹）

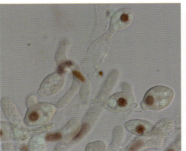
核を1つもつパンドラ・ネオアフィディスの分生子：長さ約30μm。酢酸カーミン染色。（佐藤大樹）

マイマイガ幼虫にのみ感染する昆虫疫病菌のエントモファガ・マイマイガによる流行病（佐藤大樹）

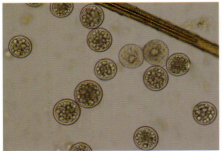
エントモファガ・マイマイガの休眠胞子（球形，直径約35μm）と分生子（倒卵形）（佐藤大樹）

昆虫疫病菌に罹病したアブラムシ：チーズ状の菌糸に覆われることが多い。（根本 久）

〈ウイルス〉核多角体病ウイルス（NPV）／顆粒病ウイルス／昆虫ポックスウイルス

核多角体病ウイルス（NPV） (解説：土着283)

核多角体病ウイルスに感染し，死亡した直後の
ヨトウガ幼虫　　（後藤千枝）

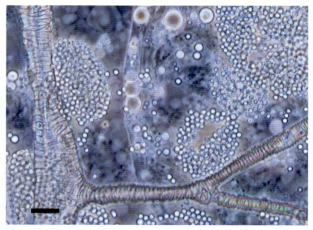

核多角体病ウイルスに感染したヨトウガ幼虫組織の光学顕微鏡写真：
スケールバーは10μm。（後藤千枝）

顆粒病ウイルス (解説：土着285)

顆粒病ウイルスに感染，死亡したモンシロチ
ョウ幼虫（右側）　（後藤千枝）

顆粒病ウイルスに感染し，体色が白っぽくなり，
体節が膨らんだコナガ幼虫　（阿久津喜作）

皮膚が破れ体液が流れ出て死亡した
コナガ幼虫　（阿久津喜作）

昆虫ポックスウイルス (解説：土着286)

チャノコカクモンハマキ昆虫ポックスウイル
ス感染虫　　（仲井まどか）

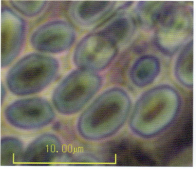

チャノコカクモンハマキ昆虫ポックス
ウイルス包埋体の位相差光学顕微鏡像
（600倍）　（仲井まどか）

チャノコカクモンハマキ昆虫ポックスウイルス
包埋体の透過型電子顕微鏡像　（仲井まどか）

保護により一定の効果　▼チョウ目害虫の天敵

天敵温存植物 (解説:技術3)

圃場に天敵を誘引し，餌となる花粉や花蜜を提供して，天敵の働きを強化する植物のこと。葉柄や茎に花外蜜腺を有する植物や，害虫以外の餌昆虫・寄主昆虫が発生する植物も，天敵温存植物として利用できる。小さな花の集合花は，天敵を維持・強化する効果が高い。（解説：大野和朗）

露地ナス畑の端にオクラとホーリーバジルを植栽（右列）：オクラの真珠体，バジルの花粉を餌に，ヒメハナカメムシ類が大量に定着した。（大野和朗）

オクラの葉の真珠体を摂食するヒメハナカメムシ類：オクラの場合，花粉や花蜜ではなく，葉や芽で毎朝分泌される真珠体が天敵の餌になる。（大野和朗）

ホーリーバジルの花粉を摂食するヒラタアブ類：バジル類は花序に複数の花が並び，順番に開花するため，開花期間が4～5か月と長い。（大野和朗）

ピーマン施設の谷に植えたスイートバジル：バジル類はヒメハナカメムシ類やヒラタアブ類を温存する。冬の間も花が咲き続ける。（赤松富仁）

天敵温存植物

天敵の保護・強化法

ハゼリソウ：多数の小花が集まって1つの花を形成している。豊富な花粉を目当てにアブラムシ類の天敵であるヒラタアブ類が集まる。（井上栄明）

ハゼリソウの花粉を摂食するヒラタアブ類：温存効果のあるハゼリソウは *Phacelia tanacetifolia*。秋に播種すると翌年5〜6月に開花する。（大野和朗）

ナス施設の端に植えたスイートアリッサム：ヒメハナカメムシ類や寄生蜂が多く集まる。温存効果が確認されているのは白い花の品種。（赤松富仁）

スイートアリッサムを訪花したヒメハナカメムシ類：細かい白い花が密につき，甘い芳香を放つ。高温多湿に弱く，西日本では夏に枯れる。（大野和朗）

スーパーアリッサムの花蜜を摂食する寄生蜂：アリッサムに耐暑性をもたせた改良品種で，夏でも枯れずに花を咲かせ続ける。（大野和朗）

天敵温存植物

天敵の保護・強化法

天敵温存ハウス内のゴマ：タバコカスミカメを温存する。ゴマの生育を維持できれば，タバコカスミカメも維持できる。（中石一英）

ゴマ上のタバコカスミカメ成虫：ゴマを吸汁して増殖できる。アザミウマ類やコナジラミ類をよく捕食する。（下元満喜）

クレオメ：アザミウマ類，コナジラミ類の天敵であるタバコカスミカメが汁液を摂食して増殖する。花序の下から順番に花が咲くため，開花期間は長い。（下元満喜）

天敵温存ハウス内のクレオメ（左列）：施設などに植えておくと，タバコカスミカメを長期間温存できる。右列はゴマ。（榎本哲也）

フレンチ・マリーゴールド：'ボナンザオレンジ'（左）と'ボナンザイエロー'（右）。花で増えるコスモスアザミウマ（無害）を代替餌としてヒメハナカメムシ類が増殖する。（奈良県農業研究開発センター）

フレンチ・マリーゴールドを植栽した露地ナス圃場：主に圃場外縁に播種もしくは移植することで，圃場内のヒメハナカメムシ類の発生が安定する。（奈良県農業研究開発センター）

天敵温存植物

ナスのソルゴー障壁：ソルゴーに発生するヒエノアブラムシ（無害）などを代替餌としてアブラムシ類の多様な天敵が増える。（片山　順）

ソバ：多様な種類の捕食者や寄生蜂の強化に有効。寄生蜂の寿命をのばし、ヒメハナカメムシ類の生存率を高める効果もある。（安部順一朗）

バーベナ'タピアン'：ヒメハナカメムシ類やタバコカスミカメを温存する。施設キクでミカンキイロアザミウマおよびTSWV（トマト黄化えそウイルス）の発生を抑制する可能性も報告されている。（安部順一朗）

スカエボラ：ヒメハナカメムシ類やカブリダニ類を温存する。匍匐性で、露地では春〜秋、促成栽培施設では日当たりがよければ作期を通して開花する。園芸店で「ブルーファンフラワー」の名で苗が販売されている。（安部順一朗）

天敵資材

殺 虫 剤

チリカブリダニ

(口絵：資材1)

学名 *Phytoseiulus persimilis* Athias-Henriot
<ダニ目／カブリダニ科>
英名 ―

資材名 スパイデックス，カブリダニPP，チリトップ，石原チリガブリ，チリカ・ワーカー
主な対象害虫 ハダニ類
その他の対象害虫 ―
対象作物 野菜類（施設栽培）。このほか，スパイデックスは豆類（種実），イモ類，果樹類，花卉類・観葉植物（いずれも施設栽培）。カブリダニPPはバラ，オウトウ（いずれも施設栽培）。石原チリガブリはバラ（施設栽培）
寄生・捕食方法 捕食
活動・発生適温 20～30℃
原産地 地中海沿岸，南米チリ（両地域でほぼ同じころ発見された）

【特徴と生態】

●特徴と寄生・捕食行動

卵は楕円形でオレンジ色，幼虫は脚が3対で，第1若虫から脚が4対になる。第2若虫を経て成虫になる。雌成虫は脱皮直後は細長いが，交尾がすみ捕食が活発になって産卵が始まると，腹部がほぼ球形に近くなる。このときの胴長は約0.5mmで，ハダニの雌成虫と同じくらいである。雄は小さく約0.3mmで，雌の第2若虫との区別が困難である。雄は交尾の際，雌の腹部下面にしがみついたまま一緒に行動するので，雌の下面にいる個体を雄とみなせば間違うことはない。

チリカブリダニの体色は，各発育ステージともオレンジないし赤色で，カンザワハダニなどの赤色のハダニを餌にした場合は赤みが濃くなり，ナミハダニ黄緑型を餌にすると淡赤色になる。この傾向は雌成虫と卵で顕著である。チリカブリダニのように腹部が球形で赤く，脚の長いカブリダニは，わが国にはいないので，類似種はない。

チリカブリダニは，ハダニに寄生された植物が生産する揮発性物質に誘引されて，ハダニを発見する。他の天敵類も同様の方法でハダニを探索するようである。ハダニの生息場所に到着したチリカブリダニは，ハダニの網も苦にすることなく活動し，ハダニの卵から成虫まですべての発育ステージを捕食する。

チリカブリダニの捕食量は温度の影響を強く受け，10℃から35℃の間では，温度の上昇とともに直線的に捕食量も増加する。チリカブリダニの雌成虫は，25℃ではハダニの卵を1日当たり約25個捕食し，30℃で35個と最高に達するが，35℃では30個程度に減少する。

チリカブリダニは卵から幼虫，第1若虫，第2若虫，成虫へと発育するが，幼虫は卵の栄養のみで経過するので，摂食するのは第1若虫以降である。これらの若虫が成虫に発育するために必要な餌の量はごく少なく，雌成虫が1日に食べる量（ハダニの卵なら20個程度）があれば十分である。したがって，チリカブリダニの高い捕食能力は，雌成虫の捕食能力といっても過言ではない。また，このように未成熟ステージに必要な餌量が少なくてよいことは，ハダニの密度が低くてもカブリダニが有効であり，ハダニを低密度に維持する能力を有する要因になっている。

●発育と生態

チリカブリダニの産卵数は捕食量に比例するが，一般に25℃程度では1日4～5卵を産み，15～20日間連続的に産卵する。そのため，1雌当たりの総産卵数は70卵前後になる。なお，雌は交尾しないと産卵をしない。また，総産卵数ぶんの産卵を完了するためには，再度の交尾が必要な個体もいる。

チリカブリダニは発育がきわめて速いのが特徴で

〈捕食性ダニ〉チリカブリダニ

表1 チリカブリダニの各温度における発育日数

温度（℃）	卵期間	幼若虫期間	全期間
32.5	1.6	2.0	3.6
30	1.5	2.0	3.5
27.5	1.9	2.4	4.3
25	2.2	2.7	4.9
22.5	2.6	3.4	5.9
20	3.3	4.0	7.3
17.5	5.3	7.4	12.7
15	8.3	10.7	18.9

ある。25℃では5日程度で成熟し、ハダニの約半分である。ハダニでは各ステージの脱皮前に、活動が停止する静止期が存在するが、チリカブリダニにはまったく静止期がないことが、このように発育期間が短い原因である。産卵前期間も短く、成熟後1日以内に産卵を開始する。カブリダニ類は休眠に入ると雌成虫が産卵を停止するが、チリカブリダニは休眠性をもっていないので、発育や産卵は日長の影響を受けない。

チリカブリダニの捕食量、産卵数、発育速度などすべてが温度の影響を受けている。チリカブリダニの発育零点は12℃前後で、これ以下では発育できないが、すぐ死ぬわけではない。0〜−5℃では卵、雌成虫とも2日間ぐらいは生存できるが、−10℃になると数時間で死亡する。高温側は、35℃以上になるとチリカブリダニにマイナスに働くが、40℃以上では短時間でも発育率が低くなるので、40℃以上にならないような管理をする必要がある。

湿度について見ると、捕食量は低湿度のほうが多いという報告もあるが、卵の孵化や幼虫の発育には70％以上の高湿度が必要である。施設内の放飼場所では、夜間に高湿度になるので、大きな問題はないと思われるが、冷暖房のきいた室内で飼育する場合などは注意が必要である。

チリカブリダニ雌成虫のハダニ捕食量が多いとはいえ、放飼した雌だけの捕食には限界があり、次世代以降の増殖によって大きな力を発揮することになる。チリカブリダニの特徴の第一は増殖能力の高さにある。25℃で1頭の雌からスタートすると、30日後にナミハダニが3万頭になるのに対し、チリカブリダニはその3〜4倍の10万〜12万頭になる能力をもっている。実際にはチリカブリダニは増殖しながらハダニを捕食し、減少させていくことになる。このようなハダニ制御能力は、気温とハダニ：カブリダニの比率に大きく影響される。25℃では128：1でも食い尽くすという報告もあるが、通常、30：1程度で約2週間で食い尽くす。気温が低かったり、ハダニの比率が高いと、抑圧までの時間が長くかかる。

【使い方】

●剤型と使い方の基本

現在市販されている製剤は、細かいバーミキュライトとチリカブリダニの雌成虫が混合された状態で瓶に入っている。1瓶内のチリカブリダニ雌成虫数は、2,000個体が保証されている。この製剤は5〜10℃で輸送されてくるが、数日を経過しているので、到着後できるだけ早く放飼することが望ましい。低温で保管しても、1週間たつと極端に増殖能力が劣化するので、1瓶を全部使い切るほうがよい。

放飼の際は、瓶内のチリカブリダニの分布に片寄りがないよう、静かに数回まわしてから蓋を取り、

表2 スパイデックスの適用病害虫および使用方法（2016年5月現在）

作物名	適用病害虫名	使用倍数・量	使用時期	使用回数	使用方法
イモ類（施設栽培）	ハダニ類	100〜300ml/10a（チリカブリダニ約2,000〜6,000頭）	発生初期	—	放飼
花卉類・観葉植物（施設栽培）	ハダニ類	100ml/10a（チリカブリダニ約2,000頭）	発生初期	—	放飼
果樹類（施設栽培）	ハダニ類	100〜300ml/10a（チリカブリダニ約2,000〜6,000頭）	発生初期	—	放飼
豆類（種実）（施設栽培）	ハダニ類	100〜300ml/10a（チリカブリダニ約2,000〜6,000頭）	発生初期	—	放飼
野菜類（施設栽培）	ハダニ類	100〜300ml/10a（チリカブリダニ約2,000〜6,000頭）	発生初期	—	放飼

表3　カブリダニPPの適用病害虫および使用方法（2016年5月現在）

作物名	適用病害虫名	使用倍数・量	使用時期	使用回数	使用方法
オウトウ（施設栽培）	ナミハダニ	100〜200頭/樹	発生初期	—	放飼
バラ（施設栽培）	ハダニ類	3瓶（6,000頭/10a）	発生初期	—	放飼
野菜類（施設栽培）	ハダニ類	3瓶（6,000頭/10a）	発生初期	—	放飼

表4　チリトップの適用病害虫および使用方法（2016年5月現在）

作物名	適用病害虫名	使用倍数・量	使用時期	使用回数	使用方法
野菜類（施設栽培）	ハダニ類	6,000頭/10a	発生初期	—	放飼

表5　石原チリガブリの適用病害虫および使用方法（2016年5月現在）

作物名	適用病害虫名	使用倍数・量	使用時期	使用回数	使用方法
バラ（施設栽培）	ハダニ類	4,000〜6,000頭/10a	発生初期	—	放飼
野菜類（施設栽培）	ハダニ類	4,000〜6,000頭/10a	発生初期	—	放飼

表6　チリカ・ワーカーの適用病害虫および使用方法（2016年5月現在）

作物名	適用病害虫名	使用倍数・量	使用時期	使用回数	使用方法
野菜類（施設栽培）	ハダニ類	100〜300ml/10a（約2,000〜6,000頭/10a）	発生初期	—	放飼

バーミキュライトと一緒に植物体上に振りかける。放飼量は10a当たりの放飼量が決まっているが，ハダニの多い場所に重点的に放飼するほうが，定着率がよく，その後の防除効果も上がる。また，気温の低い時期には，日中の暖かい時間に放飼し，チリカブリダニがハダニの生息場所へ到達しやすいようにする。

●放飼適期の判断

チリカブリダニの放飼からハダニを食い尽くすまでには，ある程度の時間が必要である。このことから，ハダニ密度がかなり高くなってから放飼したのでは，効果が現われる前に被害が出る恐れがある。このような理由から，使用時期は発生初期となっている。したがって，チリカブリダニを用いてハダニを防除しようとする場合，ハダニの発生に注意し，発生が見られたらすぐに導入する。

●温湿度管理のポイント

チリカブリダニの活動適温は20〜30℃である。温度によって捕食量，産卵数，発育速度などが影響を受ける。なお，−10℃以下になると数時間で死亡する。また，40℃以上になると短時間でも発育率が低下するので注意を要する。

●栽培方法と使い方

野菜類で使用が可能になったことから，いろいろな作物や場面で使用されると思われるが，基本的には温度（適温20〜30℃），湿度（70％以上），農薬の影響のない環境をつくってやれば有効に働く。

イチゴの作型は多いが，施設における促成，半促成栽培では，基本的には秋から翌春までが栽培期間になる。したがって，イチゴでチリカブリダニを利用しようとする場合は，低温対策が問題となる。

東北や北海道で最低気温が−10℃以下になる地域では，加温しなければチリカブリダニの冬期の利用は不可能である。関東以南では，無加温でも寒さで死に絶えることはないが，餌となるハダニが減ると個体群を維持できないため，長期間の残存への過信は禁物である。夜温を10〜15℃に保持できれば効果の発現が早まる。

最近イチゴではチリカブリダニとミヤコカブリダニを併用することが多くなっている。ハダニがいる場合はカブリダニ同士が攻撃しあうことはなく，ハダニを優先的に捕食するので，防除効果にマイナスになることはない。むしろチリカブリダニの増殖能力の高さとミヤコカブリダニの定着性のよさが相まって，安定した防除効果が長期間持続する場合が多い。

日中の気温が40℃を超えないよう，換気扇の使用，天窓や側面の開放など，温度管理に気を配る必要がある。

⟨捕食性ダニ⟩ミヤコカブリダニ

●効果の判定

放飼後1週間くらいしたら、ハダニとカブリダニの寄生状況を肉眼またはルーペで調べる。ハダニが寄生している葉の7～8割にチリカブリダニが寄生しているようなら、早晩効果が現われると考えてよい。

●追加放飼と農薬防除の判断

ハダニの寄生葉でのチリカブリダニの寄生率が1～2割以下なら、追加放飼をしたほうがよい。ハダニの密度が高すぎて、2割以上の株上でハダニが網を張るような状態になり、被害が予想される場合は、殺ダニ剤の散布を考える。

●天敵の効果を高める工夫

チリカブリダニ導入前にハダニ密度が高すぎる場合は、チリカブリダニに影響の少ない殺ダニ剤、もしくは残効の短い殺ダニ剤でハダニ密度を下げてから放飼する。これによって、ハダニ：カブリダニの比率が良好になって、効果が早く現われる。

イチゴでは株同士が接しているので、うね内のチリカブリダニの分散は容易に行なわれるが、背が高く独立している作物の場合は、ヒモや棒を株間に渡し、分散しやすくしてやる。チリカブリダニの発生場所に片寄りがある場合は、多発生の葉をちぎって発生のない株に移してやる。こうしたこまめな管理が全体の防除効果を早めるのに役立つ。

●農薬の影響

農薬の種類はきわめて多く、チリカブリダニに対する影響も多岐にわたる。日本生物防除協議会のウェブサイトで公開されている農薬影響表（本書p.資料2）には、ククメリスカブリダニに対する各種殺虫剤・殺菌剤の影響がまとめられているので参考にされたい。

近年は選択性殺虫剤も多くなり、チリカブリダニに悪影響のほとんどない薬剤も現われた。チリカブリダニの放飼前で、ハダニ密度が高すぎるときや放飼後でも効果が十分でないと判断されるときは上記の殺ダニ剤を散布する。薬剤とチリカブリダニの両方が効果を発揮する。チリカブリダニ放飼後に他の害虫（ハスモンヨトウ、アザミウマ類など）が発生した場合も上記のなかから選べば、チリカブリダニに影響なく害虫を防除できる。

●飼育・増殖方法

チリカブリダニを飼育・増殖するためには、餌ハダニ増殖用のインゲンマメの育成、餌ハダニの増殖、チリカブリダニの増殖の3つの過程を、他の害虫や天敵の混入がないよう正常に循環させなければならない。

（浜村徹三・日本典秀）

⟨製造・販売元⟩
スパイデックス：アリスタ ライフサイエンス（株）
カブリダニPP：シンジェンタジャパン（株）
チリトップ：出光興産（株）、（株）アグリセクト
石原チリガブリ：石原バイオサイエンス（株）
チリカ・ワーカー：小泉製麻（株）

ミヤコカブリダニ

（口絵：資材1）

学名 *Neoseiulus californicus* (McGregor)

⟨ダニ目／カブリダニ科⟩

英名 ―

資材名 スパイカルEX，スパイカルプラス，ミヤコトップ，ミヤコスター

主な対象害虫 ハダニ類

その他の対象害虫 ホコリダニ類，ヒメハダニ類，フシダニ類

対象作物 野菜類（施設栽培），豆類（種実）（施設栽培），イモ類（施設栽培），花卉類・観葉植物（施設栽培），果樹類，チャ

寄生・捕食方法 捕食

活動・発生適温 15～30℃

原産地 日本，欧州，アルジェリア，南・北・中米に分布

【特徴と生態】

●特徴と寄生・捕食行動

本種は胴長0.3mm内外の小さなカブリダニで、ハダニ類の捕食能力が高く、ハダニがつくる巣網に脚をとられることもない。ハダニのほかに、ホコリダニ類、ヒメハダニ類、フシダニ類も捕食する。また、被食者であるダニ類がいない場合は、花粉を食べて

成長することもできる。

雌の胴部は細長く、背板は網目状である。胸板は縦長で、受精嚢頸部はスプーン状を呈する。第Ⅳ脚膝節に巨大毛を欠く。雌の胴長が0.35mm内外であるのに対し、雄のそれは0.28mm内外と若干小型である。

●発育と生態

最適温度は22℃近辺であるが、低温耐性もある。ナミハダニを餌として飼育すると、21℃では約10日、30℃では約5日で成虫になる。1日当たり産卵数は、ハダニを餌にすると3.85個、ミカンキイロアザミウマで1.12個、トウモロコシの花粉で1.18個である。ハダニを餌にした場合の増殖率はチリカブリダニのほうが大きいが、ミヤコカブリダニは花粉や他の節足動物を餌にできるのでチリカブリダニよりも永続できる。

【使い方】

●剤型と使い方の基本

ミヤコカブリダニは、小型のプラスチック容器にキャリアーのバーミキュライトとともに入っているボトル製剤と、小型のパック剤に餌ダニ(サヤアシニクダニ)とともに封入されているパック製剤がある。いずれも太陽光が直接当たるところに置いてはならない。到着したカブリダニは10〜15℃の場所に横にして保管し、入手後18時間以内に使用する。

ボトル製剤は、使用前に容器をゆっくりと回転し、バーミキュライトとカブリダニが均一に混ざるようにする。処理位置は、ハダニが発生している葉を中心に行なう。パック製剤は、吊り下げフックを枝や誘引線などに引っ掛けて吊るす。

●放飼適期の判断

ミヤコカブリダニは効果が現われるまでに長期間を要するので、ハダニの発生のごく初期に処理する。ミヤコカブリダニは花粉を餌に生きられるので、ハダニの発生時期を考慮のうえ、ハダニが見えなくても開花期であれば処理してよい。

●温湿度管理のポイント

通常の栽培温度であれば特に問題はなく、かなりの温度帯に対応できる。低温で栽培するイチゴなどにも適応できる。

●栽培方法と使い方

製剤の登録に従い、果樹では枝の分かれた部分にティッシュペーパーなどに小分けし、10樹当たり24〜120ml(1樹当たり約48〜240頭)処理する。同様に、野菜類、豆類、イモ類などでは10a当たり2,000〜6,000頭を均一、または発生地点に重点的に処理する。

●効果の判定

効果が出るまでに2〜3か月かかることもある。ハダニ密度が被害許容密度以下になれば効果があったと判断できる。

●追加放飼と農薬防除の判断

開花期で、カブリダニ個体の定着を確認できれば追加放飼は必要ない。ハダニの密度が高いときは、オサダン、ニッソラン、マイトコーネ、アファームなどを処理し、ハダニの密度を下げてからミヤコカブリダニを処理する。

表1 スパイカルEXの適用病害虫および使用方法 (2016年5月現在)

作物名	適用病害虫名	使用倍数・量	使用時期	使用回数	使用方法
イモ類	ハダニ類	100〜300ml/10a (約2,000〜6,000頭)	発生初期	—	放飼
花卉類・観葉植物(施設栽培)	ハダニ類	100〜300ml/10a (約2,000〜6,000頭)	発生初期	—	放飼
果樹類	ハダニ類	24〜120ml/10樹 (約48〜240頭/樹)	発生初期	—	放飼
チャ	カンザワハダニ	200ml/10a (約4,000頭)	発生初期	—	放飼
豆類(種実)	ハダニ類	100〜300ml/10a (約2,000〜6000頭)	発生初期	—	放飼
野菜類	ハダニ類	100〜300ml/10a (約2,000〜6,000頭)	発生初期	—	放飼

〈ヒメハナカメムシ類〉タイリクヒメハナカメムシ

表2 スパイカルプラスの適用病害虫および使用方法 (2016年5月現在)

作物名	適用病害虫名	使用倍数・量	使用時期	使用回数	使用方法
イモ類（施設栽培）	ハダニ類	40～120パック/10a（約2,000～6,000頭/10a）	発生初期	—	茎や枝等に吊り下げて放飼
花卉類・観葉植物（施設栽培）	ハダニ類	40～120パック/10a（約2,000～6,000頭/10a）	発生初期	—	茎や枝等に吊り下げて放飼
果樹類	ハダニ類	1～5パック/樹（約50～250頭/樹）	発生初期	—	茎や枝等に吊り下げて放飼
豆類（種実）（施設栽培）	ハダニ類	40～120パック/10a（約2,000～6,000頭/10a）	発生初期	—	茎や枝等に吊り下げて放飼
野菜類（施設栽培）	ハダニ類	40～120パック/10a（約2,000～6,000頭/10a）	発生初期	—	茎や枝等に吊り下げて放飼

表3 ミヤコトップの適用病害虫および使用方法 (2016年5月現在)

作物名	適用病害虫名	使用倍数・量	使用時期	使用回数	使用方法
野菜類（施設栽培）	ハダニ類	約2,000～6,000頭/10a	発生初期	—	放飼

表4 ミヤコスターの適用病害虫および使用方法 (2016年5月現在)

作物名	適用病害虫名	使用倍数・量	使用時期	使用回数	使用方法
野菜類（施設栽培）	ハダニ類	2,000頭/10a	発生初期	—	放飼

● **天敵の効果を高める工夫**

施設トウガラシ類ではネット袋にもみ殻を10～25ℓ入れ，3aハウスで50袋を定植2週間後にうね上に設置，1週間後に放飼する方法が開発されている。

もみ殻内に発生するカビを餌にして，製剤に封入されたミヤコカブリダニの餌ダニ（サヤアシニクダニ）が増え，これを餌にしてミヤコカブリダニが高密度に生息できる。

● **農薬の影響**

ミヤコカブリダニ使用時の農薬使用は，悪影響がない薬剤か悪影響期間を考慮に入れて使用する。一般に，有機リン剤，カーバメート剤，合成ピレスロイド剤は，ミヤコカブリダニに対する悪影響が強い。

● **その他の害虫の防除**

アブラムシ，コナジラミ，アザミウマなどが発生した場合は，当該の作物に天敵の登録があればその天敵を使用し，天敵の登録がない場合はミヤコカブリダニに悪影響が少ない薬剤を選択して使用する。また，防除が不可欠な害虫の発生を未然に防止するため，育苗期や定植前後に薬剤防除を徹底するなど，あらかじめ予防処置をとることも大事である。この場合も，ミヤコカブリダニへの悪影響が少ない薬剤のなかから選定し，処理薬剤への安全日数を考慮して放飼する。また，定植するハウス周辺に病害虫が発生する植物を配置しない注意も必要である。

● **飼育・増殖方法**

ミヤコカブリダニの増殖は，サヤアシニクダニなどのコナダニ類を被食者として増殖できる。

（根本 久・日本典秀）

〈製造・販売元〉

スパイカルEX，スパイカルプラス：アリスタ ライフサイエンス（株）

ミヤコトップ：（株）アグリセクト

ミヤコスター：住化テクノサービス（株）

タイリクヒメハナカメムシ

（口絵：資材2）

学 名 *Orius strigicollis* (Poppius)

〈カメムシ目／ハナカメムシ科〉

英 名 Flower bug, Minute pirate bug, Minute soldier bug

資材名 オリスターA，タイリク，リクトップ，トスパック

主な対象害虫 アザミウマ類

その他の対象害虫 —

対象作物 野菜類（施設栽培）

タイリクヒメハナカメムシ〈ヒメハナカメムシ類〉

寄生・捕食方法 口吻による体液吸収
活動・発生適温 20～35℃
原産地 本州(主に関東以西)、四国、九州、南西諸島、小笠原(母島)、台湾、中国、朝鮮半島

【特徴と生態】

●特徴と寄生・捕食行動

　成虫の体長は2mm前後。雄成虫は雌に比べるとやや小さく、生殖器が左右非対称であるため、腹部側から見ると腹部末端がいびつであり、雌雄の見分けは簡単である。慣れればルーペなどで簡単に見分けることができる。頭部および前胸背は光沢のある黒色。半翅鞘は黄褐色であるが、楔状部は広く暗化する。

　幼虫は若齢期には淡黄色であり、慣れないとアザミウマの幼虫と見間違えやすいが、アザミウマの幼虫に比べると体幅がやや広く、動きが活発である。4、5齢幼虫になると暗褐色を呈し、翅芽が現われる。なお、カンザワハダニを捕食した若齢幼虫は赤色を呈する。

　野外では、本種に酷似するナミヒメハナカメムシ、コヒメハナカメムシがよく混生するが、これら3種のヒメハナカメムシを外観で見分けることは非常に困難であり、種を判別するためには雄の交尾器を顕微鏡下で精査する必要がある。

　活発に動き回り、アザミウマ類に近づくと、すばやく口吻を刺して捕獲し、体液を吸収する。捕食量は雌成虫で1日当たりアザミウマ類成虫10頭以上、室内の好適条件下では、1日に50頭以上のアザミウマ類幼虫を捕食した例も報告されている。

●発育と生態

　25℃条件下での卵期間は約4日、幼虫期間は約14日。羽化後3～4日で産卵を開始し、条件がよければ100～200個の卵を産む。発育限界温度は約11℃である。雌成虫は新梢部や葉脈に産卵管を刺し込んで、植物内に産卵する。成虫の生存期間は約1か月に及ぶ。

　通常、野生のタイリクヒメハナカメムシの多くは日長時間が11.5時間以下になると生殖休眠をする。しかし、このような短日条件下でも生殖休眠をしない個体がわずかながら存在し、このような非休眠の個体を選抜した系統が生物農薬として販売されている。

　成虫は頻繁に餌を探して移動し、葉裏や花の中にいるアザミウマ類を捕食する。また、幼虫は葉や花にいるアザミウマ類だけでなく、萼下に潜り込み、そこに潜むアザミウマ類の幼虫も捕食する。タイリクヒメハナカメムシはアザミウマ類を好んで捕食するが、そのほかにアブラムシ類、コナジラミ類、ハダニ類、さらにはヨトウムシ類の若齢幼虫や卵なども捕食する多食性の天敵である。

【使い方】

●剤型と使い方の基本

　現在市販されている製剤では容量に差があるが、いずれも1ml当たり1頭の成虫がバーミキュライトとともに入れられている。放飼直前に容器を数回軽く回転させた後、容器を振りながら作物の葉の上に放飼する。容器内に入れられているのはほとんど成虫であり自力で移動するので、必ずしも全株に均一放飼する必要はない。むしろ、発生の多い場所に多めに放飼するなどの工夫をするとよい。

　プラスチックシャーレを圃場の何か所かに置き、これに入れておけば、自力で分散していく。この方法であれば、翌日シャーレを回収して、死亡虫数を

表1　オリスターAの適用病害虫および使用方法 (2016年5月現在)

作物名	適用病害虫名	使用倍数・量	使用時期	使用回数	使用方法
野菜類(施設栽培)	アザミウマ類	0.5～2l/10a (約500～2000頭)	発生初期	—	放飼

表2　タイリクの適用病害虫および使用方法 (2016年5月現在)

作物名	適用病害虫名	使用倍数・量	使用時期	使用回数	使用方法
野菜類(施設栽培)	アザミウマ類	500～2000ml/10a (約500～2000頭)	発生初期	—	放飼

表3　リクトップの適用病害虫および使用方法（2016年5月現在）

作物名	適用病害虫名	使用倍数・量	使用時期	使用回数	使用方法
野菜類（施設栽培）	アザミウマ類	1,000〜3,000頭/10a	発生初期	―	放飼

表4　トスパックの適用病害虫および使用方法（2016年5月現在）

作物名	適用病害虫名	使用倍数・量	使用時期	使用回数	使用方法
野菜類（施設栽培）	アザミウマ類	0.5〜2ℓ/10a（約500〜2,000頭）	発生初期	―	放飼

調べることにより，送られてきた製品の善し悪しが判定できる。ある程度の死亡はやむを得ないが，あまり死亡虫が目立つようなら，定着率が悪くなるので追加放飼を行なう。

　放飼量は10a当たり500〜2,000頭であるが，10a当たり1,000頭（株当たり1頭）を基準とし，放飼時のアザミウマ類の発生の多少によって放飼量を変えるとよい。放飼は日没後に行なうと定着率がよいようである。

　放飼時にアザミウマ類の密度が高い場合には，タイリクヒメハナカメムシの定着率はよくなるが，アザミウマ類による被害は避けられない。このような場合には，天敵放飼直後に効果が緩慢なラノー乳剤を散布し，アザミウマ類の密度低下を図る。アザミウマ類の密度が低いと定着率が悪くなるので，このような場合には，7〜10日間隔で何回かに分けて放飼するとよい。

　製品を入手したら，できるだけその日の内に放飼する。もし，入手後すぐに放飼できない場合は，10〜15℃下で保存し，高温下での保存は避け，できるだけ速やかに使用する。

●放飼適期の判断

　密度抑制効果が現われるのは，放飼1〜1.5か月以降になるので，放飼はアザミウマ類の発生初期に行なう。初秋あるいは春期に定植する作型では，定植直後から次々とアザミウマ類の成虫が飛来し，その後の増殖も速いので，青色粘着板を設置し，粘着板に捕獲され始めたら，ただちに放飼を開始する。特に，アザミウマ類の常発地帯では早めの対策をとるように心がける。

　放飼適期が具体的に示された例はなく，現状では勘に頼らざるをえないが，放飼後のアザミウマ類の発生状況を見ながら，緩効性のラノー乳剤でアザミウマ類の密度を調整する方法をとれば，アザミウマ類による被害を少なくすることができるだけでなく，タイリクヒメハナカメムシの定着も比較的うまくいくことが多い。

●温湿度管理のポイント

　活動適温は20〜35℃であるが，現在市販されているタイリクヒメハナカメムシは生殖休眠をしないので，夜間の管理温度が18℃と高い施設栽培ピーマンでは，冬期でも十分有効に活用することができる。しかし，促成栽培ナスのように，通常の夜間最低管理温度が約10℃と低い作物では，冬期には繁殖，捕食が鈍くなり，この時期にアザミウマ類の密度が高くなることが多い。したがって，夜間の管理温度が低い作物でも，可能な限り管理温度を高く設定する。低くとも13℃には保つようにする。

　しかし，13℃に保っても12〜2月には増殖の鈍化，捕食量低下により，アザミウマ類が増加してくることが多いので，ラノー乳剤のような選択性殺虫剤と組み合わせてこの時期をうまく乗り切るようにする。この時期さえ乗り切れば，促成栽培ナスのような作物でも秋期の1回放飼で栽培終了時までタイリクヒメハナカメムシを維持できる。

●栽培方法と使い方

　タイリクヒメハナカメムシは，いったん定着すると長期間にわたってアザミウマ類の密度を抑制するが，密度抑制効果が現われるのは放飼1〜1.5か月後からである。したがって，抑制栽培などのように栽培期間の短い作型では，本天敵を利用するメリットは小さく，促成栽培などのように栽培期間が長期にわたる作型での利用価値が高い。

　施設栽培のナスやピーマンではヒラズハナアザミウマが秋期と春期以降によく発生するが，ヒラズハナアザミウマは，よほど高密度にならなければ被害症状は現われず，むしろタイリクヒメハナカメムシの餌として好適であり，定着促進に利用できる。ま

た，タイリクヒメハナカメムシはアザミウマ類だけでなくアブラムシ類やコナジラミ類など各種小昆虫を捕食するので，実害のでない程度の発生であれば，できるだけタイリクヒメハナカメムシの餌として利用し，定着促進を図る。アブラムシ類の寄生蜂を維持するために利用されているムギクビレアブラムシを寄生させたバンカー植物も，アザミウマ類密度が低い時期の餌として利用できる。

促成栽培では，栽培初期（9～10月）に頻繁にアザミウマ類が侵入してくるので，この時期に放飼すればタイリクヒメハナカメムシを定着させやすい。しかし，気温が低くなる12～2月の時期には増殖の鈍化，捕食量低下などにより一時的にタイリクヒメハナカメムシの密度が低下し，アザミウマ類の密度が高くなることが多いので，この時期を選択性殺虫剤とうまく組み合わせて乗り切るようにする。促成栽培では初期の防除対策として開口部への防虫ネット（できれば1mm目合い以下）の展張，シルバーマルチ，定植時の粒剤処理を行なって年内のアザミウマ類の発生を極力抑え，翌年1月以降，アザミウマ類が見られ始めた時点でタイリクヒメハナカメムシを放飼するのも1つの方法である。

●効果の判定

株当たり成虫を2頭程度放飼しても，放飼した成虫でアザミウマ類の密度を下げることはできない。効果が現われ始めるのは放飼1～1.5か月後の次世代成虫あるいは2世代目の幼虫が現われ始めるころからである。したがって，タイリクヒメハナカメムシによる密度抑制効果の判定は成虫放飼1～1.5か月後ころから行なう。

成虫放飼後，一時的にアザミウマ類の密度が上がる場合があるが，この時期に慌てて薬剤散布を行なうと，効果が現われる前にタイリクヒメハナカメムシを潰してしまうことになる。この時期にはアザミウマ類の発生状況を見ながらプレオフロアブルやラノー乳剤のような選択性殺虫剤を散布し，アザミウマ類の密度が上がりすぎないようにする。

タイリクヒメハナカメムシの成虫や幼虫が花や葉で散見され始め，アザミウマ類の密度上昇が緩慢になったら，効果が現われ始めたとみてよい。さらに，密度上昇が止まり，その後低下し始めたら効果あり

と判断する。いったんアザミウマ類の密度が低下すると，その後アザミウマ類の密度が急に上がることは少ない。通常，アザミウマ類の密度低下に伴ってタイリクヒメハナカメムシの密度も低下するが，アザミウマ類とタイリクヒメハナカメムシの密度のバランスがとれていれば，タイリクヒメハナカメムシの密度が低くても，その後長期間にわたってアザミウマ類の密度は低く推移し，被害果も見られなくなる。このような状態になれば，効果はほぼ完璧である。アザミウマ類の密度が低くなると，花粉を餌とするためか，タイリクヒメハナカメムシの成虫，幼虫ともに花中にいる割合が高くなる。

●追加放飼と農薬防除の判断

放飼後しばらくはタイリクヒメハナカメムシの密度が低く，一時的にアザミウマ類の密度が上昇するため，定着しているのかどうかの判断がしにくい。定着したか否かの判断は，放飼2～3週間後に葉や花にいる次世代幼虫を確認する。この時期にはまだ密度が低いので，ていねいに探す必要があるが，幼虫が散見されるようであれば，追加放飼の必要はない。しかし，この時期に次世代幼虫がほとんど見られないようであれば追加放飼を行なう。

送られてきた製品に死亡虫が目立つようであれば，その製品全体のタイリクヒメハナカメムシの活力が低下している可能性が高く，定着率が悪くなる可能性があるので注意する。

アザミウマ類が増加し，タイリクヒメハナカメムシが定着していないようであれば，アファーム乳剤，スピノエース顆粒水和剤などで一度アザミウマ類の防除を行ない，アザミウマ類が発生し始めた時点で改めてタイリクヒメハナカメムシを放飼するのも1つの方法である。ただし，タイリクヒメハナカメムシ放飼後，一時的にアザミウマ類の密度が上昇し，被害が現われることが多いので，放飼後のアザミウマ類の発生状況，タイリクヒメハナカメムシの定着状況を見ながら薬剤散布の要否を判断する。この時期の判断が本天敵を利用するうえで最も重要になる。アザミウマ類の密度が高くなっていても，タイリクヒメハナカメムシが定着しているようであれば，プレオフロアブルやラノー乳剤を1～2回散布してアザミウマ類の密度を下げる。

〈ヒメハナカメムシ類〉タイリクヒメハナカメムシ

●天敵の効果を高める工夫

　防虫ネット（できれば1mm目合い以下）の換気窓への展張，シルバーポリフィルムによるうね被覆，防蛾灯，UV（近紫外線）カットフィルムの展張（ナスでは着色不良になるので使用できない）など物理的防除法を積極的に取り入れ，まず各種害虫の侵入を防ぐ。それとともに，密度抑制効果の高いアブラムシ類やハモグリバエ類の天敵寄生蜂を積極的に導入して，タイリクヒメハナカメムシに悪影響のある薬剤の使用を極力避けるようにする。

　ムギクビレアブラムシを寄生させたバンカー植物を設置しておくと，餌となるアザミウマ類密度が低くなったとき，これらを捕食するため，うまく圃場内のタイリクヒメハナカメムシを維持することができる。産卵は新しい新芽の部分や葉脈に行なうので，整枝，摘葉した葉や新梢を7～10日間うね上に残し，孵化幼虫の定着を少しでもよくする。ただし，この方法は病害の発生している圃場では感染源を残すことになり，また，害虫が寄生している場合には株元近くの葉で繁殖するので，タイリクヒメハナカメムシの定着が確認された後は施設外に出すようにする。

●農薬の影響

　アザミウマ類やアブラムシ類対策として定植時に粒剤処理が行なわれることが多いが，アドマイヤー粒剤，オルトラン粒剤は影響期間が長いので，これらの剤を処理した場合にはタイリクヒメハナカメムシの放飼は処理後1か月以上経過してから行なう。栽培期間中の薬剤散布としては，タイリクヒメハナカメムシを放飼する前に害虫の密度を下げておく場合と放飼後害虫の密度が高くなり，やむなく散布を行なう場合がある。

　放飼する前に使用する薬剤としては，できるだけ残効期間の短い薬剤を選択する必要がある。防除対象害虫に卓効を示す薬剤を使用すると，薬剤の直接的な影響だけでなく，天敵の餌がなくなるという事態も生じる。アファーム乳剤やスピノエース顆粒水和剤を使用すると，アザミウマ密度を極端に下げるだけでなく，残効期間も長くなることを考慮する。

　放飼後に使用する場合には，当然のことながら天敵への影響が少ない選択性の薬剤を選ばざるをえないが，選択の余地は少ない。さらにタイリクヒメハナカメムシだけでなく，他の天敵類を導入している場合には，使用できる薬剤は極端に制限されることになる。アザミウマ類だけが防除対象である場合には，コテツフロアブルかラノー乳剤，プレオフロアブルを使用することでタイリクヒメハナカメムシを保護することができる。ただし，ラノー乳剤はミナミキイロアザミウマに対しては効果があるが，ミカンキイロアザミウマやヒラズハナアザミウマに対しては効果がほとんどないので，発生しているアザミウマ類の種を確かめて使用する必要がある。

　一般的に合成ピレスロイド剤と有機リン剤は大なり小なり影響がある。特に，合成ピレスロイド剤は影響する期間が長いので，使用しないようにする。影響の少ない薬剤としてチェス水和剤（3,000倍使用）があるが，多少影響があるので，アブラムシ類などを対象に散布する場合には，圃場全面への散布は避け，寄生の多い株へスポット的に処理し，その後アフィパールを放飼する。

　ハモグリバエ防除を目的に黄色粘着板を大量に圃場に吊していることがあるが，タイリクヒメハナカメムシ成虫はこの粘着板によく捕獲されるので，タイリクヒメハナカメムシ放飼後は粘着板の設置数をできるだけ少なくする。

　殺菌剤でタイリクヒメハナカメムシに影響の大きい薬剤は，現時点では報告されていない。

●その他の害虫の防除

　タイリクヒメハナカメムシに悪影響のある薬剤を使用しないためにも，前述した各種物理的防除法を可能な限り導入し，安定した効果をもつ天敵があれば積極的に利用する。防虫ネットはアザミウマ類，アブラムシ類などの小昆虫，ハスモンヨトウ，オオタバコガなどの侵入防止に，シルバーマルチはアザミウマ類，アブラムシ類，コナジラミ類の侵入防止に有効であり，防蛾灯（黄色蛍光灯）の夜間点灯はハスモンヨトウやオオタバコガの飛来防止に役立つ。また，UVカットフィルムの展張は着色不良が生じるナスでは使用できないが，ピーマンやキュウリでは，アザミウマ類やアブラムシ類に対する侵入防止効果が高い。

　天敵としては，アブラムシ類の寄生蜂（アフィパ

ール），ハモグリバエ類の寄生蜂（イサエアヒメコバチ単剤，イサエアヒメコバチとハモグリコマユバチの混合剤）の密度抑制効果が高く，タイリクヒメハナカメムシと組み合わせて有効に利用できる。ただし，利用する天敵が増えれば増えるだけ，使用できる薬剤は大幅に制限されるので，放飼が遅れないように注意する必要がある。

アブラムシ類が発生した場合には，発生初期に発生株へ寄生蜂を集中的に放飼する。放飼が遅れた場合には寄生の多い株を対象にチェス水和剤を部分散布する。チェス水和剤の全面散布はタイリクヒメハナカメムシに少なからず影響を与えるので行なわない。

ハモグリバエが発生した場合には，やはり発生初期に所定量の寄生蜂を放飼すれば，薬剤による防除をすることなく発生を抑制できる。放飼時期が遅れてハモグリバエの寄生が多くなった場合にはタイリクヒメハナカメムシなど天敵類に影響の少ないトリガード液剤（ナスのみ）を散布して密度低下を図る。

ハスモンヨトウやオオタバコガが発生した場合には，早めにBT剤で防除する。

タイリクヒメハナカメムシ放飼後，ほとんどの場合，一時的にアザミウマ類が増加するが，この時点でラノー乳剤を使用すれば，コナジラミ類の発生はほぼ抑えることができる。

なお，慣行防除では，ハダニ類やチャノホコリダニに効果の高いコテツフロアブルやアファーム乳剤がアザミウマ類防除に使用されるため，ハダニ類やチャノホコリダニが発生することはほとんどない。しかし，各種天敵を組み入れた総合的な防除体系では，アファーム乳剤やコテツフロアブルが使用できなくなるため，ハダニ類やチャノホコリダニの発生が確実に多くなる。したがって，ハダニ類やチャノホコリダニの発生に注意し，発生した場合には，早めに天敵類に影響のない殺ダニ剤によって防除する。

● 飼育・増殖方法

スジコナマダラメイガの卵やケナガコナダニなどで増殖することは可能であるが，防除に使う量を維持管理するのは大変であり，購入したほうが安上がりになる。

（高井幹夫・日本典秀）

〈製造・販売元〉
オリスターA：住友化学（株）
タイリク：アリスタ ライフサイエンス（株）
リクトップ：出光興産（株），（株）アグリセクト
トスパック：協友アグリ（株）

オオメカメムシ（オオメナガカメムシ）

（口絵：資材3）

学名 *Geocoris varius* (Uhler)
<カメムシ目／オオメカメムシ（オオメナガカメムシ）科>
英名 Big-eyed bug

資材名 オオメトップ（2016年度登録予定）
主な対象害虫 アザミウマ類，ハダニ類（農薬登録予定はアザミウマ類）
その他の対象害虫 アブラムシ類，コナジラミ類，ハモグリバエ類（成虫），チョウ目（若齢幼虫など）
対象作物 イチゴ，スイカ，キュウリ，ピーマンなど（農薬登録予定はイチゴ（施設栽培））
寄生・捕食方法 口吻を餌に突き刺し，口外消化により固形の内容物を溶かして吸収
活動・発生適温 13～33℃
原産地 日本（本州，四国，九州，隠岐諸島），台湾，朝鮮半島，済州島，中国

【特徴と生態】

● 特徴と寄生・捕食行動

オオメカメムシ（オオメナガカメムシ；以下，オオメとする）類は従来ナガカメムシ科（Lygaeidae）に分類されてきたが，近年，本科を細分化したオオメカメムシ（オオメナガカメムシ）科（Geocoridae）の下に置かれることになった。また，日本で記録のある5種（オオメのほか，ヒメオオメカメムシ〔ヒメオオメナガカメムシ〕*Geocoris proteus* Distant，ツマジロオオメカメムシ〔ツマジロオオメナガカメムシ；以下，ツマジロとする〕*G. ochropterus* (Fieber)，クロツヤオオメカメムシ〔クロツヤオオメナガカメムシ〕*G. itonis* Horváth およびチビオオメカメムシ〔チビオオメナガカメムシ〕*G. jucundus* (Fieber)）につい

〈オオメカメムシ類〉オオメカメムシ（オオメナガカメムシ）

ては，すべてGeocoris属に統一された。オオメとツマジロは形態的に酷似するが，触角第4節および前胸背の色彩や，分布域が異なること（オオメは本州，四国，九州および隠岐諸島，ツマジロは奄美大島および沖縄本島）などから区別できる。

成虫は体長4.3～5.3mm，体色は光沢のある黒色で，頭部と脚は黄色い。幼虫は腹部がやや赤みを帯びるものの，全体的に黒色である。両脇に突出した大きな複眼がその名の由来である。卵は長楕円形で，全体が淡黄色であり，表面は光沢に富む。

オオメは，ハチ目，ハエ目，カメムシ目，チョウ目，アザミウマ目，ダニ目などの捕食者であり，自分より体サイズが大きい昆虫を攻撃することもある。餌の体に口吻を突き刺して空中に持ち上げ，逃亡（歩行）できない状態にしてから捕食することが多い。口吻の先端から消化液を餌に注入して口外消化を行ない，組織を溶かして吸収する。捕食実験の結果から，オオメの3齢および5齢幼虫における1日当たりの最大捕食数は，オオタバコガの卵で約22個および59個，オオタバコガの1齢幼虫で約12頭および25頭，ミカンキイロアザミウマの2齢幼虫で約27頭および59頭，ワタアブラムシの無翅成虫で約6頭および27頭，ナミハダニの雌成虫で約9頭および50頭と推定される。すべての齢期の幼虫と成虫がアザミウマ類の成・幼虫を好んで食べる。

オオメは目前の餌を視覚的に認識して攻撃するが，ハダニ類が加害した葉の匂いに誘引されることも知られており，餌探索には複数の手がかりを用いている可能性がある。

幼虫は，作物の蜜や花粉を摂取することにより一定期間生存可能であるが，これらの植物質の餌のみでは成虫まで発育できない。

オオメはしばしば植物体から吸汁するが，これまでに，イチゴ，スイカ，キュウリ，ピーマン，ナスでは，吸汁による被害は発生しないことが明らかとなっている。

●発育と生態

オオメは関東地方では年1世代（一部2世代）を経過する。おおむね5～11月ごろに野外の植物上で活動し，その後，雑草地の枯葉の下などに潜り込んで成虫で越冬する。ヨモギ，フジ，シソ，イチゴ，クズ，ヒマワリ，セイタカアワダチソウなど，多くの植物上に生息し，毛茸に富む植物の葉裏など，毛が密生した部位の表面に1個ずつ産卵する。孵化後の1齢幼虫は，4回脱皮して5齢まで発育し，その後成虫となる。

卵は20～30℃，幼虫は20～33℃の範囲で温度が高いほど発育が速くなる。卵期間は，20℃で約23日，24℃で約13日，26℃で約12日，30℃で約9日，33℃で約8日，スジコナマダラメイガ卵を与えて飼育した場合の幼虫期間は，20℃で約70日，24℃で約43日，26℃で約33日，30℃で約26日，33℃で約23日であり，雌雄の発育日数はほぼ同様である。発育零点は卵・幼虫ともに約13℃，発育有効積算温量は卵が約151日度，幼虫が約433日度である。卵の孵化率は20～30℃の範囲では76～99％と高いが，33℃では10％と低く発育も遅延し，36℃ではまったく孵化しない。幼虫期を通じた生存率は20℃では67％，24～33℃では77～100％と高いが，36℃では羽化できずにすべて死亡する。

26℃においてスジコナマダラメイガ卵を与えた場合の成虫寿命は，雌が約173日，雄が約262日，産卵前期間は約19日，日当たり産卵数および総産卵数はそれぞれ，約1.4個および235個，一世代の平均時間は約156日，純増殖率は約117，内的自然増加率は0.031である。

【使い方】

●剤型と使い方の基本

オオメ製剤オオメトップは，100mlの容器に緩衝材のバーミキュライトとともに100頭の幼虫を入れて販売される予定である（2015年1月現在登録準備中，2016年度に登録取得予定）。容器ごと軽く数回回転させた後，容器を振りながら作物上に放飼する。アザミウマ類の発生初期に1～複数回，1m²当たり3～14頭をイチゴ株上へ放飼する。

容器に入れた状態では長期間生存できないため，入手後ただちに使い切る。万一すぐに放飼できない場合には，10～15℃程度の低温庫に保管する。均一放飼が原則であるが，圃場内でアザミウマ類の分布に偏りがある場合には，密度が高い場所へ重点的

表1　オオメカメムシ幼虫に対する各種農薬の影響

問題なく併用できる薬剤 （死亡率30％未満）	●殺虫・殺ダニ剤	BT剤，コテツ，コロマイト，チェス，バロック，プレオ，マイトコーネ
	●殺菌剤 （微生物を含む）	硫黄，トリフミン，ポリオキシンAL
併用できるが注意を要する薬剤 （死亡率30〜80％未満）	●殺虫・殺ダニ剤	ベストガード，マブリック，ランネート
	●気門封鎖型殺虫剤	サンクリスタル，粘着くん
併用困難な薬剤 （死亡率80％以上）	●殺虫・殺ダニ剤	アタブロン，アディオン，サンマイト，スプラサイド，スミチオン，マッチ，マラソン，モスピラン，ロディー
	●気門封鎖型殺虫剤	アカリタッチ

注　現在，イチゴでうどんこ病などに対して登録がある上記以外の殺菌剤を対象に影響を調査中であり，多くの薬剤において問題なく併用できることが確認されつつある

に放飼する。

●**放飼適期の判断**

対象となるアザミウマ類の発生初期が放飼適期である。花を直接観察し，わずかでもアザミウマ類が認められたら放飼を始める。捕食可能な他種の害虫が先に発生している場合，アザミウマ類が見られない状況で放しても圃場に定着可能であるが，他種害虫の密度が高いと，アザミウマ類発生後，その防除効果に影響する場合があるので注意する。

●**温湿度管理のポイント**

活動・発生適温の範囲内での使用が望ましいが，低温期に無加温栽培のイチゴへ放飼しても株上に定着し，活動することが確認されている。ただし，低温となる時間が長い状況下では発育が遅く，捕食量も少なくなるため，加温管理する施設での利用が推奨される。

●**栽培方法と使い方**

イチゴでは作期を通じて利用可能と考えられるが，秋から長期間用いる場合，冬期にオオメの密度が低下すると，春先のアザミウマ増加時に対応しきれなくなる恐れがある。このため，定植から年明けまでは，オオメ以外の手段による防除が推奨される。

●**効果の判定**

放飼世代の捕食により速やかに防除効果が発揮されるため，放飼の2〜3週間後までにアザミウマ類が大きく増加しなければ，防除成功と判断できる。十分に定着している場合，花，葉裏，クラウンなどでオオメが多数みられ，花でアザミウマ類の死骸が散見される。

●**追加放飼と農薬防除の判断**

放飼直後から株上でまったく見られない場合，何らかの理由で定着に失敗した可能性が高いため，追加放飼を検討する。また，放飼後にアザミウマ類が著しく増加した場合には，オオメに対する影響が少ないコテツフロアブル，プレオフロアブルなどの農薬を併用する。

●**天敵の効果を高める工夫**

オオメ製剤は幼虫であり飛翔できないため，放飼の際には，植物体へ定位する前に地面に落下することがないよう，株上へていねいに振りかける。特に高設栽培の場合には，高設ベンチからの落下を確実に防ぐことが，防除を成功させるうえで非常に重要である。

アブラムシ類が同時発生しているイチゴでは，アザミウマ類に対する防除効果が十分に得られない場合があるため，発生時または発生が予想される際には，農薬やアブラムシ類に有効な天敵を用いて防除する。

害虫が施設外から侵入するとアザミウマ類の防除効果に影響する恐れがあるため，オオメの逃亡防止を兼ね，開口部に目合い1mm以下の防虫ネットを展張することが望ましい。

●**農薬の影響**

オオメと農薬を併用する際には，表1から，問題なく併用できる薬剤，または併用可能だが注意を要する薬剤を選ぶ。有機リン剤，合成ピレスロイド剤，IGR剤は影響が大きいため，原則として放飼する施設での散布をひかえる。気門封鎖型殺虫剤に関しては，商品により影響の大きさが異なるため，放飼後の併用には注意を要する。うどんこ病の防除に用いられる硫黄くん煙剤は，オオメの生存に悪影響を及ぼさないことが明らかとなっている。

●その他の害虫の防除

「天敵の効果を高める工夫」「農薬の影響」を参照。

●飼育・増殖方法

脱脂綿を産卵基質，スジコナマダラメイガ卵などを餌として累代飼育できる。ただし，安定して多数の増殖個体を得るには温湿度条件などを制御できる設備が必要である。

（大井田　寛）

〈製造・販売元〉
オオメトップ：(株)アグリセクト

アリガタシマアザミウマ

（口絵：資材4）

学名　*Franklinothrips vespiformis* (Crawford)
＜アザミウマ目／シマアザミウマ科＞
英名　Predatory thrips

資材名　アリガタ
主な対象害虫　ミナミキイロアザミウマ
その他の対象害虫　ヒラズハナアザミウマ，ミカンキイロアザミウマ，ハダニ類，コナジラミ類の幼虫・蛹，マメハモグリバエの幼虫
対象作物　ナス，キュウリ，メロン
寄生・捕食方法　1齢，2齢幼虫および成虫ともに，口吻を腹部に突き刺して体液を吸汁
活動・発生適温　22.5〜25℃
原産地　南アメリカ，中央アメリカとされる

【特徴と生態】

●特徴と寄生・捕食行動

一般に熱帯から亜熱帯に生息する。南アメリカ，中央アメリカが原産地と考えられており，タイ，マレーシア，台湾に分布している。国内では沖縄のみで分布が確認されている。成虫は体長2.5〜3.0mm，体色は体全体が黒色で，腹部の一部が透き通るように白い。幼虫は赤と白の横縞模様を呈する。

1齢，2齢幼虫および成虫ともに捕食の方法に違いはなく，餌（植食性のアザミウマ）を前脚で押さえつけ，口吻を腹部に突き刺して体液を吸汁する。アザミウマ類のほかに，ハダニ類，コナジラミ類の幼虫・蛹，マメハモグリバエの幼虫も捕食する。

ほとんどが雌で，単為生殖で増えるため交尾の必要がなく，放飼後ただちに1頭でも産卵が可能である。休眠しないため，冬場の短日条件下において施設内であれば利用可能である。他の捕食性カメムシなどに比べて，飼育が容易である。本種の活動に適した20℃前後であれば，1日当たり10〜30頭のミナミキイロアザミウマの成虫を捕食する。

●発育と生態

2齢幼虫は十分に成熟すると葉の裏などに繭をつくり，その中で2回蛹化する。卵はソラマメ形で植物体に産み込まれ，その大きさはおよそ長さが0.38mm，直径が0.13mm程度である。発育零点は13℃前後である。

本種は20℃の短日条件で飼育した場合でも，発育期間および生殖休眠は観察されないことから非休眠性であると考えられる。25℃の恒温条件下では卵期間は8〜9日，幼虫期間は5〜6日，蛹期間は8〜9日，産卵前期間はおよそ3日，産卵期間は20〜22日で，総産卵数は40〜70個である。

体内に共生する菌の作用により産雌単為生殖を行なうため，ほとんどが雌となり，雄が生まれるのはまれである。そのため，野外ではほとんどが雌である。

【使い方】

●剤型と使い方の基本

剤はペットボトルに本種成虫のほか，副剤のバーミキュライトと餌の不活化したスジコナマダラメイガの卵からなる。アザミウマの発生が認められる葉

表1　アリガタの適用病害虫および使用方法　（2016年5月現在）

作物名	適用病害虫名	使用倍数・量	使用時期	使用回数	使用方法
野菜類（施設栽培）	アザミウマ類	500〜2,000ml/10a（約500〜2,000頭）	発生初期	—	放飼

に剤を株当たり1頭を目安に，1週間おきに3回振りかける。放飼直前，直後の作物の地上部への灌水は放飼虫が溺れる恐れがあるためひかえる。

注文後の発送となるため時間的に余裕をもって発注する。入手後ただちに放飼する。やむをえず一時的に保管する場合，13℃以下，30℃以上になるところに置かない。

● 放飼適期の判断

アザミウマ類の発生初期に放飼を開始する。多発すると効果があがりにくい。

● 温湿度管理のポイント

本種の発育零点は12.9℃で，5℃以下になると数日間で死亡する。そのため施設内の夜温（最低温度）は10℃以上に保つことが望ましい。

● 栽培方法と使い方

通常の施設栽培方法で特に支障はない。対象の作物としてはナス，キュウリ，メロンなどがあげられる。

● 効果の判定

害虫の密度調査，被害調査を放飼前と放飼1か月後に50株程度行ない，本種が定着しており，放飼前に比較して害虫密度が半分以下に低下していれば効果があったと判断できる。

● 追加放飼と農薬防除の判断

1週間おきに3回放飼しても，定着が認められない場合は追加放飼を行なう。また，3回放飼後も密度の低下が認められない場合は選択性殺虫剤を散布する。

● 天敵の効果を高める工夫

蛹場所として下位の葉裏の太い葉脈が分かれる部分で白い糸を張って中で蛹化することが多いことから，葉かきを行なう際は蛹を取り除くことのないよう注意する。

● 農薬の影響

殺虫剤では，ネオニコチノイド系殺虫剤全般，およびアザミウマ剤（アファーム，カスケード，コテツ，スピノエース，プレオ，マッチ）の影響を強く受ける。BT剤，アプロード，ウララ，チェスは影響が小さい。ダニ剤は気門封鎖系を除き影響が少ない。殺菌剤の影響は少ない。

● 飼育・増殖方法

ベンケイソウの葉に産卵させ，スジコナマダラメイガの卵を餌として飼育する。

（安田慶次・大石　毅・清水　徹）

〈製造・販売元〉

アリガタ：アリスタ ライフサイエンス（株）

スワルスキーカブリダニ

（口絵：資材4）

学名　*Typhlodromips swirskii* Athias-Henriot
〔=*Amblyseius swirskii* Athias-Henriot〕

<ダニ目／カブリダニ科>

英名　―

資材名　スワルスキー，スワルスキープラス

主な対象害虫　コナジラミ類，アザミウマ類，チャノホコリダニ，ミカンハダニ

その他の対象害虫　ホコリダニ類など

対象作物　野菜類（施設栽培），果樹類（施設栽培），マンゴー（施設栽培），花卉類・観葉植物（施設栽培），ナス（露地栽培）など

寄生・捕食方法　捕食

活動・発生適温　17～30℃

原産地　地中海沿岸

【特徴と生態】

● 特徴と寄生・捕食行動

本種の雌成虫の胴長は約0.3mmであり，ククメリスカブリダニやミヤコカブリダニと形態的に類似する。体色は乳白色であるが，餌動物の摂食により体色が赤みを帯びる。ククメリスカブリダニは背面に多数の短毛と，後方に2本の短毛を備えているのに対して，スワルスキーカブリダニは背面全体には毛が少なく，後方に長毛を2本備えているという違いが見られるが，現地圃場でこれらを見分けることはきわめて難しい。

アザミウマ類，コナジラミ類の発生前～発生初期に放飼することで，2種の害虫を同時に防除することができる。さらに，花粉，チャノホコリダニ，オ

〈捕食性ダニ〉スワルスキーカブリダニ

表1 スワルスキーカブリダニの特徴（ククメリスカブリダニとの比較）

	スワルスキーカブリダニ*	ククメリスカブリダニ
卵から成虫までの発育期間	5～6日（26℃条件）	8.8日（25℃条件）
日当たり産卵数（25℃）	2卵	1.2～2.2卵
日当たり捕食数（アザミウマ1齢幼虫）	5～6頭	3.6～6頭
日当たり捕食数（コナジラミ）	10～15卵　1齢幼虫は最大15頭	捕食しない

注 ＊出典：www.allaboutswirskii.com/

ンシツコナジラミも捕食することがわかっており，捕食範囲が広い。

　花粉やチャノホコリダニなどを餌にして植物上で増殖・定着することができるため，主要害虫が少ない時期から放飼することで，害虫の密度低下や低密度維持ができる。特にピーマン，ナス，キュウリでは定着性が高く，定着の確認も比較的容易である。害虫の成虫や大きな幼虫は食べない。スワルスキーカブリダニの害虫に対する捕食ステージは卵や若齢幼虫である。コナジラミ成虫やアザミウマ成虫の飛込みが多い場合には，その密度を十分に減少させることができないため，防虫ネットや紫外線カットフィルムで成虫の侵入を抑える工夫が必要である。施設の中では黄色および青色の有色粘着板（ホリバー）を設置して，成虫の誘殺を行なうことが有効である。また，IPMプログラムでは上記害虫の成虫を捕食する天敵（タイリク）や微生物農薬（マイコタールなど）との併用が有効である。

●発育と生態

　卵は，白色で直径約0.15mm，葉裏の毛茸の先端に産卵される。卵から成虫までの1世代に要する日数は，温度26℃，相対湿度70％RHの条件下で5～6日を要する。本種の活動温度は17～30℃（最適28℃），相対湿度として60％RH以上の条件を好む。本種の特徴をまとめると表1のようになる。

　スワルスキーカブリダニの分布地域は地中海沿岸地域（イスラエルやキプロス，エジプト）などであり，現地では野菜類や綿花，リンゴ，カンキツ類で観察される。現在天敵製品として市販されており，使用されている地域はヨーロッパ各国，アメリカ合衆国，アフリカ各国，韓国などである。主要利用作物としてはパプリカ，キュウリ，ナス，花卉類（バラ，ガーベラ，キク，ハイビスカスなど）であるが，特に南欧のパプリカ栽培で大量に使用されている。一方，トマトでは葉面に分泌されるトマチンなどの成分による影響で，スワルスキーカブリダニは作物体上で定着することが難しい。したがって，トマトではスワルスキー利用による害虫防除は避けることが望ましい。

【使い方】

●剤型と使い方の基本

◎ボトル製剤（商品名：スワルスキー）

　有効成分であるスワルスキーカブリダニが25,000頭/250mlボトルとして製剤された製品が市販されている（図1）。そのほかの成分として，餌ダニとしてのサトウダニおよび緩衝材のふすまなどが含まれている。サトウダニは農作物を加害せず，農生態系

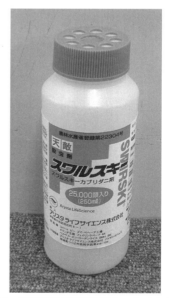

図1　市販製剤名スワルスキー（写真提供：アリスタ ライフサイエンス（株），以下も）

スワルスキーカブリダニ〈捕食性ダニ〉

殺虫剤

▼アザミウマ類・コナジラミ類の天敵

キャップの特徴
・ワンプッシュ開封
・通気性の良いワイドキャップなのでスワルスキーの生存率が向上
・小穴なので，細かく均等な放飼が可能

①横向きに静置

②小窓部を押す

③小窓片を取り除く

④蓋をボトルに取り付ける

⑤株上から振りかける

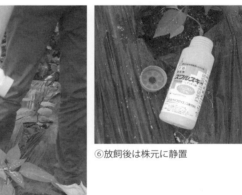
⑥放飼後は株元に静置

図2　スワスルスキーの放飼方法

　では速やかに死滅してしまう。ボトル内にスワルスキーカブリダニの餌ダニとして入っているので，輸送中のカブリダニの飢餓状態を防ぎ，活性の高い状態で放飼することができる。サトウダニが圃場で増えることはない。放飼量は野菜類では25,000～50,000頭/10aを基準としており，ボトル1～2本を目安に放飼する。
　放飼は，ボトル内のスワルスキーカブリダニの分布を均一にしてから行なう。手順は次のとおりである（図2）。
　1）スワルスキーカブリダニは容器内に偏在しているので，放飼前に容器を10分ほど横向きに静置する。放飼直前にゆっくり10回転させて，スワルスキーカブリダニがボトル内で均一になるようにする。
　2）指で蓋の真ん中にある切込み線の入った小窓部を押す。
　3）蓋をあけ，小窓片を完全に取り除く。
　4）中央部に小窓のあいた蓋をボトルに取り付ける。
　5）株上から約350～400回振りかけることができる。栽植本数が多い作物の場合は，振る力やボトル角度を加減して回数を増やす。放飼は一振りずつ，

図3 スワルスキープラスのパック
紙製のフックに切り込みが入っており，吊り下げるだけで設置できる。フック右下のパック上部に開けられたピンホールがカブリダニ放出口

図4 スワルスキープラスのカンキツへの設置例
パックに直射日光が当たるとパック内部が高温・乾燥状態になり，カブリダニの生存率が下がるので，作物の北側や葉陰などに設置する

株上から振りかける。また，害虫がすでに発生している場所や発生しやすい場所には重点的に放飼する。

6）最後に放飼後は，蓋とボトルを株元に横向きに静置する。ボトル内に張り付いて残ったスワルスキーカブリダニが歩いて外に出ていく。

◎パック製剤（商品名：スワルスキープラス）

有効成分であるスワルスキーカブリダニが250頭/パックとして製剤化され，そのほかの成分として餌ダニとふすまが含まれている。販売形態は，100パックがまとめて1袋に入れられており，100パック/袋単位で購入できる。放飼量はボトル製剤での放飼カブリダニ数と同等となっていて野菜類では100～200パック/10aとなっている。

この製剤は図3のようにフックがついていて作物の枝，茎，施設内の誘引線などに吊り下げられるように工夫されている。パックにはすでにピンホールがあけられているので吊り下げと同時にカブリダニがパック外に這い出してくる。パック製剤にすることで，ボトルによる放飼と異なりスワルスキーカブリダニはパック内で守られているので，作物上の餌不足，施設内の湿度低下，影響のある薬剤の散布，摘葉，摘心によるカブリダニの施設外への持ち出しの影響を受けにくく，パックからの放出後に高い定着性を示す。

吊り下げ方法は，図4のように行なうが，直射日光が当たったり，薬剤散布時に直接多量に濡れたりしないように，葉陰，葉裏部分に吊り下げることを推奨している。また，数株ごとに吊り下げるため，スワルスキーカブリダニが放飼されない株が出てくる。近接の株に重なった葉や誘引線を伝って移動分散していくが，全体の株に均一に定着するにはタイムラグがある。害虫がすでに発生している場合の使用は避け，できるだけ事前に放飼することを心がける。

●放飼適期の判断

これらの製剤は5～10℃で輸送されてくるが，製造から数日経過しているため到着後速やかに放飼することが望ましい。基本的には到着日に放飼するべきであるが，どうしても不可能なときでも翌日には放飼する。

スワルスキーカブリダニのように対象害虫だけでなく，花粉，その他の微小害虫などを捕食する広食性天敵の場合には，基本的には害虫発生前〜初期の

表2　スワルスキーの適用病害虫および使用方法 (2016年5月現在)

作物名	適用病害虫名	使用倍数・量	使用時期	使用回数	使用方法
イモ類（施設栽培）	アザミウマ類	250～500ml/10a （約25,000～50,000頭/10a）	発生直前～ 発生初期	―	放飼
	コナジラミ類	250～500ml/10a （約25,000～50,000頭/10a）	発生直前～ 発生初期	―	放飼
	チャノホコリダニ	250～500ml/10a （約25,000～50,000頭/10a）	発生直前～ 発生初期	―	放飼
花卉類・観葉植物（施設栽培）	アザミウマ類	500ml/10a（約50,000頭/10a）	発生直前～ 発生初期	―	放飼
果樹類（施設栽培）	ミカンハダニ	2.5～10ml/樹 （約250～1,000頭/樹）	発生直前～ 発生初期	―	放飼
ナス（露地栽培）	アザミウマ類	250～500ml/10a （約25,000～50,000頭/10a）	発生直前～ 発生初期	―	放飼
豆類（種実）（施設栽培）	アザミウマ類	250～500ml/10a （約25,000～50,000頭/10a）	発生直前～ 発生初期	―	放飼
	コナジラミ類	250～500ml/10a （約25,000～50,000頭/10a）	発生直前～ 発生初期	―	放飼
	チャノホコリダニ	250～500ml/10a （約25,000～50,000頭/10a）	発生直前～ 発生初期	―	放飼
マンゴー（施設栽培）	チャノキイロアザミウマ	2.5ml/樹（約250頭/樹）	発生直前～ 発生初期	―	放飼
野菜類（施設栽培）	アザミウマ類	250～500ml/10a （約25,000～50,000頭/10a）	発生直前～ 発生初期	―	放飼
	コナジラミ類	250～500ml/10a （約25,000～50,000頭/10a）	発生直前～ 発生初期	―	放飼
	チャノホコリダニ	250～500ml/10a （約25,000～50,000頭/10a）	発生直前～ 発生初期	―	放飼

表3　スワルスキープラスの適用病害虫および使用方法 (2016年5月現在)

作物名	適用病害虫名	使用倍数・量	使用時期	使用回数	使用方法
イモ類（施設栽培）	アザミウマ類	100～200パック/10a （約25,000～50,000頭/10a）	発生直前～ 発生初期	―	茎や枝等に吊り下げて放飼
	コナジラミ類	100～200パック/10a （約25,000～50,000頭/10a）	発生直前～ 発生初期	―	茎や枝等に吊り下げて放飼
	チャノホコリダニ	100～200パック/10a （約25,000～50,000頭/10a）	発生直前～ 発生初期	―	茎や枝等に吊り下げて放飼
花卉類・観葉植物（施設栽培）	アザミウマ類	200パック/10a（約50,000頭/10a）	発生直前～ 発生初期	―	茎や枝等に吊り下げて放飼
果樹類（施設栽培）	ミカンハダニ	1～4パック/樹 （約250～1,000頭/樹）	発生直前～ 発生初期	―	茎や枝等に吊り下げて放飼
豆類（種実）（施設栽培）	アザミウマ類	100～200パック/10a （約25,000～50,000頭/10a）	発生直前～ 発生初期	―	茎や枝等に吊り下げて放飼
	コナジラミ類	100～200パック/10a （約25,000～50,000頭/10a）	発生直前～ 発生初期	―	茎や枝等に吊り下げて放飼
	チャノホコリダニ	100～200パック/10a （約25,000～50,000頭/10a）	発生直前～ 発生初期	―	茎や枝等に吊り下げて放飼
マンゴー（施設栽培）	チャノキイロアザミウマ	1～4パック/樹 （約250～1,000頭/樹）	発生直前～ 発生初期	―	茎や枝等に吊り下げて放飼
野菜類（施設栽培）	アザミウマ類	100～200パック/10a （約25,000～50,000頭/10a）	発生直前～ 発生初期	―	茎や枝等に吊り下げて放飼
	コナジラミ類	100～200パック/10a （約25,000～50,000頭/10a）	発生直前～ 発生初期	―	茎や枝等に吊り下げて放飼
	チャノホコリダニ	100～200パック/10a （約25,000～50,000頭/10a）	発生直前～ 発生初期	―	茎や枝等に吊り下げて放飼

〈捕食性ダニ〉スワルスキーカブリダニ

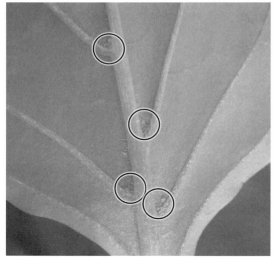

図5 葉脈沿いに定着

図6 毛茸先端の卵

事前放飼を心がける（表2，3）。天敵の数が害虫発生前から高められていれば、効果の安定性と処理コストの低減化につながる。

● 温湿度管理のポイント

他の天敵に比べて比較的高温に強く、施設内の温度が40℃まで上昇しても耐えることができる。一方、本種の分布地域の地中海沿岸は温暖な気候であるため、低温では活動がにぶる。夜温15℃、昼間20℃以上で利用する。

湿度は卵、幼虫の発育には60％以上が適している。施設内であると夜間高湿度になり条件としては適しているが、施設土耕栽培のほうが高設栽培に比べて比較的高湿度が維持できるために定着がよい。

● 栽培方法と使い方

作物の種類、栽培時期（作型）により、その栽培管理温度、野外の害虫発生密度の多さ、作物の大きさ（草丈、葉の数）などが異なり、スワルスキーカブリダニの発育に適した条件であれば放飼後速やかに定着・増殖を開始するが、適していない条件ではその増殖速度も緩慢で、したがって害虫抑制程度にも影響する。

ピーマン（パプリカ、カラーピーマン、甘長トウガラシなどを含む）では、どの作型でも定植後の放飼で高い効果が得られている。目合い1mm程度の防虫ネット設置でも、主要害虫であるアザミウマ類は施設内に侵入するが、スワルスキーカブリダニの

密度増加により抑制できる。これは、ピーマン栽培では夜温が高いこと、花が多く花粉が多いことが定着・増殖が良好となる要因である。

施設におけるナスの半促成、夏秋栽培では、定植後のスワルスキーカブリダニ放飼は環境条件が適しており、栽培期間中を通じて定着・増殖が良好である。促成栽培でも、定植後の放飼が適しているが、厳寒期（12～2月）は夜温が低いことからスワルスキーカブリダニの密度は低下する。また、春期の放飼は植物の大きさ、葉の数、夜間温度などの関係で定着・増殖速度が緩慢となるため、スワルスキーカブリダニだけに依存することは難しい。

露地栽培のナスでは、一般的に夏秋栽培としての作型となるが、スワルスキーカブリダニの放飼は定植後1か月を目安に全株に均一に行なう（露地ナスの登録はボトル製剤のみに登録あり）。放飼時の天候を確認し、降雨の確率が低い時期に行なうことが定着を促す要因となる。梅雨時期には害虫であるアザミウマ類も含めカブリダニの密度も急激に増加してこないが、梅雨明けからの天敵と害虫の密度のバランスには注意してその後の対応を行なう。

施設栽培のキュウリでは、各作型ともナスに比べて夜温管理・湿度とも高いことが、比較的高い効果を示している要因と思われる。特にアザミウマ類、コナジラミ類の密度を低く抑えることができ、これらの害虫が媒介する黄化えそ病、退緑黄化病の蔓延

スワルスキーカブリダニ〈捕食性ダニ〉

表4 農薬の影響（主要殺虫・殺ダニ剤）

農薬名	影	残	農薬名	影	残	農薬名	影	残
アーデント/アザミバスター	×	60↑	ジメトエート	×	60↑	ハッパ乳剤	△	1
アカリタッチ	△	1	ジャックポット	◎	0	バリアード	○	7
アクタラ（粒）	○	7	除虫菊	×	7	バロック	×	30↑
アクタラ（顆粒水溶）	○	7	シラトップ	×	−	ＢＴ剤	◎	0
アクテリック	×	60↑	スカウト	×	60↑	ピラニカ	×	30
アグリメック	×	7	スタークル/アルバリン（水）	◎	0	ファルコン	◎	0
アグロスリン	×	60↑	スタークル/アルバリン（粒）	○	7	フェニックス	◎	0
アタブロン	△	14	スターマイト	◎	0	プレオ	◎	0
アディオン	×	60↑	スピノエース	×	14	プレバソン	◎	0
アドバンテージ（粒）	△	21	スプラサイド	×	60↑	ベイオフ	×	60↑
アドマイヤー	○	7	スミサイジン混剤	×	60↑	ベストガード（水）	◎	0
アドマイヤー（粒）	○	7	スミチオン	×	60↑	ベストガード（粒）	○	7
アニキ	△	7	ダーズバン	×	60↑	ペンタック	×	60
アファーム	×	7	ダイアジノン（乳・水）	×	60↑	マイコタール	◎	0
アプロード	○	7	ダイアジノン（粒）	×	−	マイトクリーン	×	30
ウララDF	◎	0	ダニカット	×	30	マイトコーネ	○(※)	7
エンセダン	×	−	ダニサラバ	◎	0	マシン油	△	1
オサダン	◎	0	ダニトロン	×	30	マッチ	◎	0
オマイト	△	−	ダニメツ	×	30↑	マトリック	◎	0
オリオン	×	−	ダントツ（水）	○	7	マブリック（水・煙）	×	60↑
オルトラン（水）	×	60↑	ダントツ（粒）	○	7	マラソン	×	60↑
オルトラン（粒）	×	60↑	チェス	◎	0	ミルベノック	×	7
オレート	△	1	ディアナ	×	14↑	モスピラン（水）	△	7
オンコル（粒）	△	28	ディプテレックス	×	60↑	モスピラン（粒）	△	7
カウンター	◎	0	テデオン	◎	0	モベント（散布・灌注）	×	30↑
カスケード	◎	0	デミリン	◎	0	ラービン	×	60↑
カネマイト	◎	0	テルスター（水）	×	60↑	ラグビーMC（粒）	△	14
コテツ	×	14	ネマトリンエース（粒）	△	14	ラノー	○	7
コルト	○(※)	−	粘着くん	△	1	ランネート	×	60↑
コロマイト	×	7	ノーモルト	◎	0	ルビトックス	×	−
サイハロン	×	60↑	バイスロイド	×	60↑	ロディー（乳・煙）	×	60↑
サンクリスタル	△	1	バイデート（粒）	△	30	ロムダン	◎	0
サンマイト	×	30	ハチハチ	×	40↑			

注 影：卵・幼虫・成虫に対する影響。残：農薬が天敵に対して影響のなくなるまでの期間（単位は日数），数字横↑はその日数以上の影響があることを示す
◎：死亡率0〜25%，○：25〜50%，△：50〜75%，×：75〜100%（野外，半野外試験）
◎：死亡率0〜30%，○：30〜80%，△：80〜99%，×：99〜100%（室内試験）
※本表は，日本生物防除協議会会員各社，農薬の開発メーカー，日本の公立試験研究機関，IOBC，Koppert社，Biobest社の資料を元に，現場での実態を考慮して独自の解釈を加えて作成されている

も少ないことがわかってきた。

ハウスカンキツでは，スワルスキープラスを中心に利用が進んでいる。特にハウスミカン，ハウスレモン，ハウススダチなどで利用されている。放飼は基本的に開花後に行ない，ミカンハダニを長期間抑制するため，殺ダニ剤の散布回数の削減に貢献している。

花卉類では，バラ，ガーベラ，トルコギキョウにおけるコナジラミ類，アザミウマ類の防除剤として，徐々にではあるが利用されてきている。

そのほか定着性のよい作物として，サヤインゲン，オクラ，ミョウガ，オオバなどがあげられる。しかしトマトでは，その表面に分泌されるトマチンなどの成分の影響により定着することが難しいようである。定着しにくい作物としては，このほかにニラ，イチゴなどがあげられる。

〈捕食性ダニ〉スワルスキーカブリダニ

表5　農薬の影響（主要殺菌剤）

農薬名	影	残	農薬名	影	残	農薬名	影	残
アフェット	◎	0	ジャストフィット	◎(※)	−	フルーツセイバー	◎	0
アミスター	◎	0	ジャストミート	◎	0	フルピカ	◎	0
アリエッティ	○	7	スコア	◎(※)	−	フロンサイド	◎	0
アントラコール	×	−	ストロビー	○	7	プロポーズ	◎	0
アンビル	◎	0	スミブレンド	◎	0	ベトファイター	◎(※)	−
イオウフロアブル	△(※)	3	スミレックス	◎	0	ベフラン	◎	0
硫黄粉剤	○〜△	3	セイビアー	◎	0	ベルクート	◎	0
オーソサイド	◎	0	ダコニール	◎	0	ベンレート	△	14
カーゼートＰＺ	×	30	トップジンM	○	7	ホライズン	◎(※)	−
カスミンボルドー/カッパーシン	○	7	トリフミン	◎	0	ポリオキシンＡＬ	×	21
ガッテン	◎	0	ナリア	◎	0	無機銅剤	◎	0
カリグリーン	◎	0	ハーモメイト	◎	0	モレスタン	×	21
カンタス	◎	0	バイコラール	◎	0	ユーパレン	◎	0
キノンドー	◎	0	パスポート	◎	0	ヨネポン	△	1
ゲッター	◎	7	パスワード	◎(※)	−	ライメイ	◎	0
サプロール	○	7	パンチョTF	◎	0	ラリー	◎	0
サルバトーレ	◎	0	ビスダイセン	×	30	ランマンフロアブル	◎	0
サンヨール	△	1	ファンタジスタ	◎	0	リドミルＭＺ	×	30
ジーファイン	◎	0	フェスティバルC	◎	0	ルビゲン	◎	0
シグナム	◎	0	フェスティバルM	×	30	ロブラール	○	7
ジマンダイセン	×	30	フリント	◎	0			

注　影：卵・幼虫・成虫に対する影響。残：農薬が天敵に対して影響のなくなるまでの期間（単位は日数），数字横↑はその日数以上の影響があることを示す
　◎：死亡率0〜25%，○：25〜50%，△：50〜75%，×：75〜100%（野外，半野外試験）
　◎：死亡率0〜30%，○：30〜80%，△：80〜99%，×：99〜100%（室内試験）
※本表は，日本生物防除協議会会員各社，農薬の開発メーカー，日本の公立試験研究機関，IOBC，Koppert社，Biobest社の資料を元に，現場での実態を考慮して独自の解釈を加えて作成されている

● 効果の判定

　図5のように，葉脈沿いを中心として定着するため，放飼後1〜2週間経過したらルーペなどを用いてその定着状況を観察する。葉裏の微小な毛（毛茸）の先端に産卵された卵も観察できる（図6）。1枚の葉裏にスワルスキーが平均1〜2匹確認できれば十分定着したことの目安となる。

● 追加放飼と農薬防除の判断

　天敵利用でも害虫密度が増加した場合には，化学農薬を簡単に散布できるようにすることが，天敵を利用した防除プログラムの重要な成功要因となる。このため，利用可能な農薬に関する知識が重要となる。

● 天敵の効果を高める工夫

　天敵に強く影響するピレスロイド系，有機リン系およびカーバメート系殺虫剤の散布は，天敵放飼中だけでなく，天敵放飼前でも避けるほうがよい。天敵に影響が少ないとされる硫黄くん煙の場合でも，長時間の曝露は天敵に影響があるとの報告があり，くん煙時間は1日夜間2時間程度にとどめるようにする。

　天敵の放飼前には，天敵に影響が少なくかつ効果の高い化学薬剤散布により，一度害虫密度を下げたあとに放飼する。これにより，天敵を利用した防除プログラムの効果レベルは，以前に比べて大きく改善されてきた。特に，定植時に施設内に持ち込む苗に加害している害虫は，施設内に持ち込まないことが肝要である。

● 農薬の影響

　化学農薬の種類はきわめて多く，スワルスキーカ

ブリダニに対する影響も多岐にわたるため、日本生物防除協議会で公表している生物農薬に対する各種薬剤の影響の目安一覧表（本書p.資料2）を参照されたい。

近年、選択性殺虫剤、殺ダニ剤などの登場によりスワルスキーカブリダニに影響の少ないものも多くある。表4、表5には、主要作物で使用されている主要殺虫・殺ダニ剤、殺菌剤のスワルスキーカブリダニに対する影響をまとめた。これらのなかから影響の少ないものを選択し、作物登録の有無を考慮して選択するとよい。

● 飼育・増殖方法

本種は、市販された製剤が存在するので、それを購入することがいちばん簡単な利用方法である。

（山中 聡）

〈製造・販売元〉
スワルスキー、スワルスキープラス：アリスタ ライフサイエンス（株）

リモニカスカブリダニ

（口絵：資材5）

学名 *Amblydromalus limonicus* (Garman & McGregor)
＜ダニ目／カブリダニ科／ムチカブリダニ亜科＞
英名 ―

資材名 リモニカ
主な対象害虫 アザミウマ類、コナジラミ類
その他の対象害虫 ホコリダニ類、ミカンハダニ、ナミハダニなど
対象作物 野菜類（施設栽培）
寄生・捕食方法 捕食
活動・発生適温 13～30℃
原産地 北アメリカ

【特徴と生態】

● 特徴と寄生・捕食行動

本種の雌成虫の胴長は約0.2～0.24mmであり、スワルスキーカブリダニやミヤコカブリダニと形態的に類似する。体色は乳白色であるが、餌動物の摂食により体色が変化することもある。リモニカスカブリダニは背面全体に毛が少ないが、側方と後方にやや長い毛を各1対備えている。スワルスキーカブリダニも背面全体に毛が少なく、後方に長毛を2本備えているという違いが見られるが、現地圃場でこれらを見分けることはきわめて難しい。

リモニカスカブリダニは、コナジラミ類に対する捕食ステージがスワルスキーカブリダニよりも広い。後者は、卵、1齢、2齢幼虫を捕食するが、リモニカスカブリダニはさらに3齢、4齢幼虫も捕食する。またアザミウマ類に対しても、スワルスキーカブリダニは1齢～2齢前期の幼虫を捕食するが、リモニカスカブリダニはさらに2齢後半の幼虫も捕食する。

リモニカスカブリダニはスワルスキーカブリダニと同様にアザミウマ類、コナジラミ類の発生前～発生初期に放飼することで、同時に2種の害虫を低密度に抑えることができる。また、作物の花粉、ホコリダニ類などの微小昆虫も捕食し増殖できることが報告されている。ハダニ類も捕食するが、たくさん糸を張るようなハダニでは捕食が妨げられる。実験的にはトマトサビダニを捕食し、産卵も行なえるが、実際のトマト上では細かい腺毛や分泌物に悪影響を受け、害虫防除は不可能である。

リモニカスカブリダニはスワルスキーカブリダニと同様に花粉やホコリダニ類などを餌にして植物上で増殖・定着することができるため、主要害虫が少ない時期から放飼することで、害虫の密度低下や低密度維持ができる。特にピーマン、ナス、キュウリでは定着性が高く、定着の確認も比較的容易である。スワルスキーカブリダニに比べ、害虫の成虫や大きな幼虫を捕食することができる。コナジラミ成虫やアザミウマ成虫の飛込みが多い場合には、その密度を十分に減少させてからでなければ、高い防除効果は得られない。また、IPMプログラムでは放飼前の害虫密度の最小化、選択性殺虫剤や微生物農薬との併用が必要である。

● 発育と生態

卵は、白色で直径約0.15mm、葉裏の毛茸（もうじょう）の先端に産卵される。卵から成虫までの1世代に要する日数は、温度25℃条件下で6日である。本種の活動

〈捕食性ダニ〉リモニカスカブリダニ

表1　リモニカスカブリダニとスワルスキーカブリダニの特徴比較

	リモニカスカブリダニ	スワルスキーカブリダニ※
卵から成虫までの発育期間	6日（25℃）＊ 8.5日（22.2℃）＊＊	5〜6日（26℃）
日当たり産卵数	2.7卵（餌：ミカンハダニ, 26.7℃）＊ 3.2卵（餌：ミカンキイロ1齢, 25℃）＊＊	2.1卵（餌：ミカンキイロ1齢, 25℃） 2.3卵（餌：オンシツコナジラミ）
日当たり捕食数（アザミウマ）	アザミウマ1齢　6.9〜7.7頭＊＊＊ アザミウマ老齢　2.1〜2.4頭	アザミウマ1齢　5〜6頭 アザミウマ老齢　≒0.6頭
日当たり捕食数（コナジラミ）	摂食するが，報告なし	10〜15卵 1齢幼虫は最大15頭

注　＊：Steiner et al., 2003
　　＊＊：McMurtry & Scriven, 1965
　　＊＊＊：Steiner et al., 2003およびvan Houten et al., 1995
　　※www.allaboutswirskii.com

温度は13〜30℃（最適28℃），相対湿度として60％RH以上の条件を好む。特に卵の孵化には相対湿度として70％RH以上があることが好ましい。本種の特徴をまとめると表1のようになる。

リモニカスカブリダニの分布地域は北アメリカ，中央アメリカ，南アメリカのほか，ハワイ，ニュージーランド，オーストラリアである。具体的には，ボリビア，ブラジル，コロンビア，コスタリカ，キューバ，エクアドル，フランス領ギアナ，グアテマラ，ホンジュラス，ジャマイカ，ニカラグア，プエルトリコ，スリナム，トリニダード，メキシコ，アメリカ合衆国（カリフォルニア州とフロリダ州）で生息が確認されている。生息場所としては，各種多様な環境で認められているが，全体的に比較的湿度の高い場所で見つけられる。カリフォルニアでは，太平洋沿岸の樹高の低い草本植物や灌木で一般的に見られる。複数の採集報告では，アボカド，クルミ，キウイフルーツ，パパイアなどの果樹で多く，大部分が栽培作物となっている。

天敵製品として海外でも市販が開始されており，主要な利用作物としては花卉類（バラ，ガーベラ，キク，ハイビスカスなど）を中心としたアザミウマ類，コナジラミ類の防除で，特に南欧において使用されている。

【使い方】

●剤型と使い方の基本

有効成分であるリモニカスカブリダニが12,500頭/1lボトルとして製剤された製品が市販されている（図1，2）。その他成分として，餌ダニとしてのサトウダニおよび緩衝材としてふすまなどが含まれている。サトウダニは農作物を加害せず，農生態系では速やかに死滅してしまう。一方でボトル内にリモニカスカブリダニの餌ダニとして入っているので，輸送中のカブリダニの飢餓状態を防ぎ，活性の高い状態で放飼することができるようになっている。放飼量は，登録上野菜類では50,000頭/10aとしており，ボトル4本を目安に放飼する。ただし，今後の開発では放飼量も幅をもたせた適用になる予定である。

放飼は，ボトル内のリモニカスカブリダニの分布を均一にしてから行なう。手順についてはスワルス

図1　市販製剤名リモニカ（写真提供：アリスタ ライフサイエンス（株），図2も）
1lボトル（12,500頭入）

図2　製剤拡大写真

キーカブリダニの項（p.資材17）を参照されたい。

スワルスキーカブリダニ剤のボトルが250mlであるのに対して，リモニカスカブリダニ剤のボトル容量は1lと大きく，ボトル口径も広い。したがって，最初は多量に放飼されることがあるので注意する。害虫がすでに発生している場所や発生しやすい場所には重点的に放飼する。最後に放飼後は，蓋とボトルを株元に横向きに静置する。ボトル内に張り付いて残ったリモニカスカブリダニが歩いて外に出ていく。

●放飼適期の判断

この製剤は5～10℃で輸送されてくるが，製造から数日経過しているため到着後速やかに放飼することが望ましい。基本的には到着日に放飼するべきであるが，どうしても不可能なときでも翌日には放飼する。

リモニカスカブリダニもスワルスキーカブリダニと同様に対象害虫だけでなく，花粉や他の微小害虫などを捕食する。したがって，基本的に害虫発生前初期の事前放飼（ゼロ放飼）を心がける（表2）。天敵の数が害虫発生前から高められていれば，効果の安定性と処理コストの低減化につながる。

●温湿度管理のポイント

スワルスキーカブリダニに比べて低温でも活動するとともに定着性もよい。夜温13～15℃，昼間20℃以上で利用する。

湿度は卵，幼虫の発育には70％以上が適している。施設内であると夜間高湿度になり条件としては適しているが，施設土耕栽培のほうが高設栽培に比べて比較的高湿度が維持できるために定着がよい。

●栽培方法と使い方

作物の種類，栽培時期（作型）により，その栽培管理温度，野外の害虫発生密度の多さ，作物の大きさ（草丈，葉の数）などが異なり，リモニカスカブリダニの発育に適した条件であれば放飼後速やかに定着・増殖を開始するが，適していない条件ではその増殖速度も緩慢で，したがって害虫抑制程度にも影響する。

施設栽培のピーマン（パプリカ，カラーピーマン，甘長トウガラシなどを含む）では，どの作型でも，定植後の放飼で高い効果が得られている。スワルスキーカブリダニと同様に，リモニカスカブリダニもアザミウマ類およびコナジラミ類の密度増加を抑制する。特に，ピーマン栽培では夜温が高いこと，花が多く花粉が多いことが定着・増殖が良好となり，好結果をもたらす要因である。

施設栽培のナスでは半促成，夏秋，抑制の作型で，定植後のリモニカスカブリダニ放飼は定着・増殖に適しており，栽培期間中を通じて安定した防除効果が期待である。さらに，促成栽培では，スワルスキーカブリダニが厳寒期に密度が少なくなるのに対して，リモニカスカブリダニは低温でも活動ができるので，この時期ではスワルスキーカブリダニに代わってリモニカスカブリダニの利用が適していると考えることができる。

施設栽培のキュウリでは，各作型ともナスに比べて夜温管理・湿度とも高いことが，比較的高い効果

表2　リモニカの適用病害虫および使用方法（2016年5月現在）

作物名	適用病害虫名	使用倍数・量	使用時期	使用回数	使用方法
ナス（施設栽培）	タバココナジラミ	4l/10a（約50,000頭/10a）	発生直前～発生初期	―	放飼
ピーマン（施設栽培）	タバココナジラミ	4l/10a（約50,000頭/10a）	発生直前～発生初期	―	放飼
野菜類（施設栽培）	アザミウマ類	4l/10a（約50,000頭/10a）	発生直前～発生初期	―	放飼

〈捕食性ダニ〉リモニカスカブリダニ

殺虫剤

▼アザミウマ類・コナジラミ類の天敵

表3　農薬の影響

主要殺虫・殺ダニ剤名	希釈濃度	影響	主要殺菌剤名	希釈濃度	影響
アクセルフロアブル	×1,000	◎	アフェットフロアブル	×2,000	○
アクタラ顆粒水溶剤	×2,000	○	アミスター20フロアブル	×2,000	◎
アグリメック	×500	×	アントラコール顆粒水和剤	×500	×
アタブロン乳剤	×2,000	○	イオウフロアブル	×500	○
アドマイヤー顆粒水和剤	×5,000	○	硫黄粉剤散布	3g/株	×
アファーム乳剤	×1,000	×	オーソサイド水和剤80	×800	◎
アプロード水和剤	×1,000	◎	オレート液剤	×100	◎
ウララDF	×2,000	◎	カッパーシン水和剤	×1,000	○
カウンター乳剤	×2,000	△	カンタスドライフロアブル	×1,000	◎
カスケード乳剤	×2,000	○	キノンドーフロアブル	×1,200	△
カネマイトフロアブル	×1,000	×	ゲッター水和剤	×1,000	◎
コテツフロアブル	×2,000	○	サンヨール	×500	△
コルト顆粒水和剤	×4,000	○	ジマンダイセン水和剤	×400	×
コロマイト乳剤	×1,000	×	ストロビーフロアブル	×3,000	○
サンマイトフロアブル	×1,000	×	スミレックス水和剤	×1,000	◎
スタークル顆粒水溶剤	×2,000	○	セイビアーフロアブル	×1,000	◎
スターマイトフロアブル	×2,000	◎	Zボルドー水和剤	×500	△
スピノエースフロアブル	×4,000	×	ダコニール1000	×1,000	○
ダニゲッターフロアブル	×2,000	◎	トップジンM水和剤	×1,500	△
ダニサラバフロアブル	×1,000	◎	トリフミン水和剤	×3,000	◎
ダニトロンフロアブル	×2,000	×	バチスター水和剤	×1,000	◎
ダントツ水溶剤	×2,000	○	パンチョTF顆粒水和剤	×2,000	◎
チェス顆粒水和剤	×5,000	◎	ファンタジスタ顆粒水和剤	×2,000	○
テルスター水和剤	×1,000	×	フルピカフロアブル	×2,000	◎
トルネードエースDF	×2,000	◎	ベフドー水和剤	×500	△
ニッソラン水和剤	×1,000	◎	ベルクートフロアブル	×2,000	◎
ハチハチ乳剤	×1,000	×	ベンレート水和剤	×1,000	△
バリアード顆粒水和剤	×2,000	○	ポリオキシンAL乳剤	×500	○
バロックフロアブル	×2,000	×	モレスタン水和剤	×2,000	×
ファルコンフロアブル	×2,000	◎	ラリー水和剤	×4,000	◎
フェニックス顆粒水和剤	×2,000	○	ランマンフロアブル	×2,000	◎
プレオフロアブル	×1,000	◎	ロブラール水和剤	×1,500	◎
プレバソンフロアブル5	×2,000	◎			
ベストガード水溶剤	×1,000	○			
ボタニガード水和剤	×1,000	◎			
ボタニガードES	×1,000	○			
マイトコーネフロアブル	×1,000	◎			
マッチ乳剤	×2,000	○			
マトリックフロアブル	×1,000	○			
モスピラン顆粒水溶剤	×2,000	○			
モベントフロアブル	×2,000	×			
ラノー乳剤	×1,000	◎			

注　◎：死亡率0～25%、○：25～50%、△：50～75%、×：75～100%（野外、半野外試験）
　　◎：死亡率0～30%、○：30～80%、△：80～99%、×：99～100%（室内試験）

を示している要因と思われる。

トマトでは，その表面に分泌されるトマチンなどの成分の影響により定着することが難しいようである。

● 効果の判定

リモニカスカブリダニもスワルスキーカブリダニと同様に葉脈沿いを中心として定着する。このため，放飼後1〜2週間経過したらルーペなどを用いてその定着状況を観察する。葉裏の微小な毛（毛茸）の先端に産卵された卵も観察できる（スワルスキーカブリダニの項，参照）。

● 追加放飼と農薬防除の判断

天敵利用でも害虫密度が増加した場合には，化学農薬を簡単に散布できるようにすることが，天敵を利用した防除プログラムの重要な成功要因となる。このため，利用可能な農薬に関する知識が重要となる。

● 天敵の効果を高める工夫

天敵に強く影響するピレスロイド系，有機リン系およびカーバメート系殺虫剤の散布を天敵放飼中は避ける。天敵に影響が少ないとされる硫黄くん煙の場合でも，長時間の曝露は天敵に影響があるとの報告があり，くん煙時間は1日夜間2時間程度にとどめるようにする。

天敵の放飼前には，いったん効果の高い化学薬剤散布により害虫密度を下げたあとに放飼する（ゼロ放飼）。これにより，天敵を利用した防除プログラムの効果レベルは，以前に比べて大きく改善されてきた。特に定植時には，害虫が加害している苗は施設内に持ち込まないことが肝要である。

● 農薬の影響

化学農薬の種類はきわめて多く，リモニカスカブリダニに対する影響も多岐にわたるため，日本生物防除協議会で公表している生物農薬に対する各種薬剤の影響の目安一覧表（本書p.資料2）を参照されたい。

表3には，これまで調査したリモニカスカブリダニに対する主要殺虫・殺ダニ剤，殺菌剤の影響のみをまとめた。これらのなかから影響の少ないものを選択し，作物登録の有無を考慮して選択するとよい。

● 飼育・増殖方法

本種は，市販された製剤が存在するので，それを購入することが一番簡単な利用方法である。

（山中　聡）

〈製造・販売元〉

リモニカ：アリスタ ライフサイエンス（株）

キイカブリダニ

（口絵：資料5）

学名　*Gynaeseius liturivorus* (Ehara)

＜ダニ目／カブリダニ科＞

英名　—

資材名　キイトップ

主な対象害虫　ミナミキイロアザミウマ，ネギアザミウマ

その他の対象害虫　コナジラミ類

対象作物　ナス（施設栽培）

寄生・捕食方法　捕食

活動・発生適温　15〜30℃

原産地　日本，中国，台湾

【特徴と生態】

● 特徴と寄生・捕食行動

キイカブリダニの雌成虫は胴長約0.4mmで産卵を開始すると球形に近くなり，体色も黄色から次第に赤みが強くなる。背板上の胴背毛はいずれも短く特徴はない。卵は楕円形の乳白色で葉裏に産み付けられる。25℃ではミナミキイロアザミウマ1齢幼虫を1日当たり12頭捕食し，アザミウマ類に対する捕食能力は既知のカブリダニ類のなかで最も高い。アザミウマ類のほかに，コナジラミ類に対する捕食能力も高い。また，花粉のみでは個体数を維持することは難しく，ハダニ，チャノホコリダニは捕食しない。

● 発育と生態

本種の活動温度は15〜30℃であるが，発育零点は6.6℃と，チリカブリダニの約12℃，ククメリスカブリダニの7.7℃，ケナガカブリダニの11℃と比較して低く，低温期でも活動可能である。キイカブリダニの卵から成虫までの発育期間は25℃で4.4日

〈捕食性ダニ〉キイカブリダニ

と，チリカブリダニ，ククメリスカブリダニ，ケナガカブリダニと比較して短い。キイカブリダニは，ミナミキイロアザミウマを餌とした場合の1日当たりの産卵数が6.5卵（25℃条件下）とチリカブリダニの産卵数を上回り，きわめて高い増殖能力をもつ。

【使い方】

●剤型と使い方の基本

キイカブリダニは，小型のプラスチック容器にバーミキュライトのキャリアーとともに，1,000頭入っている。製剤に本種の餌は含まれていないため，共食いを避けるためにも，到着した製剤はすぐに使用する。使用前に容器をゆっくりと回転し，バーミキュライトとキイカブリダニが均一に混ざるようにする。ミナミキイロアザミウマの発生が多い株の上位葉に放飼する。

●放飼適期の判断

キイカブリダニはミナミキイロアザミウマの密度が高まってから放飼しても効果が低いことから，ナスの定植後すぐに放飼する。

●温湿度管理のポイント

通常の栽培条件であれば問題なく，施設内の最高温度が40℃を超える夏秋栽培ナスでも適応できる。

●栽培方法と使い方

施設ナスの上位葉に振りかけて，m²当たり（1株）6～12頭，10a当たり6,000～12,000頭を均一に放飼する。キイカブリダニのみでは高温期のミナミキイロアザミウマの増殖を抑えきれないので，アザミウマ類に対する密度抑制効果の高い，捕食性カメムシ，タイリクヒメハナカメムシや土着天敵のタバコカスミカメなどと併用する。

●効果の判定

キイカブリダニは放飼3週間後からミナミキイロアザミウマに対する防除効果が確認され始める。その際，葉裏には本種の成・幼虫と卵が多数確認される。

●追加放飼と農薬防除の判断

ナスの葉裏にキイカブリダニの定着が確認できれば追加放飼は必要ない。ミナミキイロアザミウマの密度が高いときには，天敵類に対して影響の少ない，プレオフロアブル，ラノー乳剤を散布する。

●天敵の効果を高める工夫

キイカブリダニは低温でも活動できるが，できるだけ温度が高い時期に放飼する。

●農薬の影響

キイカブリダニは他のカブリダニ類と同様に，殺虫剤のなかでは，有機リン剤，カーバメート剤，ピレスロイド剤，一部の殺ダニ剤の影響が大きい。また，ベンゾイルウレア系のキチン合成阻害剤の影響も大きい。一方，殺菌剤では，モレスタン水和剤，ジマンダイセン水和剤，トップジンM水和剤，イオウフロアブルなどの影響は大きいものの，併用できる薬剤は多い。

●その他の害虫の防除

コナジラミ類に対する密度抑制効果も期待できるが，より捕食能力の高い土着天敵タバコカスミカメと併用する。

アブラムシ類が発生した場合には，発生初期に寄生蜂を放飼するか，チェス顆粒水和剤，ウララDFなど天敵類に影響の少ない殺虫剤を散布する。

ハダニ類が発生した場合には，チリカブリダニ，ミヤコカブリダニを放飼するか，ダニサラバフロアブル，ニッソラン水和剤，マイトコーネフロアブルなど天敵類に影響の少ない殺ダニ剤を散布する。

チャノホコリダニが発生した場合には，カネマイトフロアブル，スターマイトフロアブルを散布する。このほか，定植直後にチャノホコリダニに効果のある薬剤を散布し，影響期間がすぎた後に，天敵類を放飼することも有効である。

ハスモンヨトウやオオタバコガに対しては，施設開口部への防虫ネットの展張とあわせ，コンヒューザーVによる交信攪乱，あるいは防蛾灯による防除と天敵類に影響の少ない殺虫剤の散布を組み合わせ

表1 キイトップの適用病害虫および使用方法（2016年5月現在）

作物名	適用病害虫名	使用倍数・量	使用時期	使用回数	使用方法
ナス（施設栽培）	アザミウマ類	6～12頭/m²	発生初期	—	放飼

る。

●飼育・増殖方法

　キイカブリダニはインゲンやナスにアザミウマ類，コナジラミ類を寄生させ本種を放飼することで飼育できる。ただしキイカブリダニの増殖能力は高く，すぐに餌を食べ尽くすため長期間，高密度で飼育することは難しい。キイカブリダニの商業的な増殖は，アザミウマ類を被食者として行なわれる。

（古味一洋）

〈製造・販売元〉
キイトップ：（株）アグリセクト

ククメリスカブリダニ

（口絵：資材6）

学名　*Neoseiulus cucumeris* (Oudemans)
<ダニ目／カブリダニ科>
英名　―

資材名　ククメリス，メリトップ
主な対象害虫　アザミウマ類
その他の対象害虫　ケナガコナダニ（ククメリスのホウレンソウのみ）
対象作物　野菜類（施設栽培）。このほか，ククメリスは，ホウレンソウ（施設栽培），シクラメン（施設栽培）
寄生・捕食方法　捕食
活動・発生適温　20～30℃
原産地　カナダ

【特徴と生態】

●特徴と寄生・捕食行動

　ククメリスカブリダニの雌成虫は胴長0.3mmで，色は薄めのベッコウ色を呈し，チリカブリダニに比べて短めの脚で低い姿勢をとっており，多くの短毛がある。雄は雌に比べ小型である。卵は葉裏の主脈や側脈の毛上に産み付けられ，形は卵形，大きさは約0.14mm，色は乳白色である。

　ククメリスカブリダニは前脚を触手のように使い，内容物を吸汁し尽くし，アザミウマの幼虫，ハダニや捕食性ダニの幼虫や卵などを捕食する。花粉も食べることから，害虫の発生前から作物上に定着することができる。空腹状態ほど食べる量が多く，アザミウマの2齢よりも1齢幼虫を好んで食べる。捕食量は，アザミウマ類の幼虫を1日当たり約6頭である。

●発育と生態

　卵，幼虫，第1若虫，第2若虫，成虫のステージを経過する。発育を左右する条件は温度，餌動物，食料源の取りやすさと湿度である。発育日数は条件によって違いが見られるが，卵から成虫までの総発育日数は25℃で6～9日，成虫の生存期間は約20日間，産卵数は1日1雌当たり約2卵で，餌条件がよければ生存期間中産卵する（総産卵数は，雌1頭当たり約50卵）。15～30℃で捕食・交尾・産卵など活動が盛んである。ただし，35℃以上になると行動が鈍くなり，捕食能力も低下する。

【使い方】

●剤型と使い方の基本

　ククメリス製剤は，500mlポリエチレンボトル中に飼料とともに5万頭以上のククメリスカブリダニ成虫・幼虫が入っており，使用の際は，ボトルを横にしてゆっくり回転させ，中のククメリスカブリダニを均一にする。1株当たりの使用量（50～100頭）は，一振りで確保できる。このようにして作物の葉上に放飼（散布）する方法と，作物の植付け後株元に放飼する方法がある。

　葉上放飼は比較的容易であるが，葉上に飼料が残ることがある。ナス，キュウリ，イチゴなどで利用する場合に適している。また，株元放飼は本種の移動性が高いことを利用して，葉，花，果実に定着させる方法で，ナス，キュウリ，ピーマン，メロンなどに適している。アザミウマの発生初期の導入が適しており，2つの方法を組み合わせ7日おきに3回，1株50～100頭，作物の定植後速やかに放飼して定着させることがアザミウマ防除を成功させる重要なポイントである。

●放飼適期の判断

　ククメリスカブリダニはアザミウマの密度が高まってから放飼しても十分な効果が得られないので，

〈捕食性ダニ〉ククメリスカブリダニ

表1　ククメリスの適用病害虫および使用方法（2016年5月現在）

作物名	適用病害虫名	使用倍数・量	使用時期	使用回数	使用方法
シクラメン（施設栽培）	アザミウマ類	50～100頭/株	発生初期	―	放飼
ホウレンソウ（施設栽培）	ケナガコナダニ	200～400g/10a	発生初期	―	放飼
野菜類（施設栽培）	アザミウマ類	50～100頭/株	発生初期	―	放飼

表2　メリトップの適用病害虫および使用方法（2016年5月現在）

作物名	適用病害虫名	使用倍数・量	使用時期	使用回数	使用方法
野菜類（施設栽培）	アザミウマ類	100頭/株	発生初期	―	放飼

発生が低密度の時期から放飼してアザミウマの密度を上げないようにする。つまり，放飼の適期はアザミウマの発生のごく初期であり，ナスやキュウリなどでは定植時（発生前）もしくは発生初期に7日ごとに3回放飼して定着させる。アザミウマの飛来に備えることができる待ち伏せタイプの天敵であるので，放飼は早ければ早いほど有効である。

●温湿度管理のポイント

ククメリスカブリダニの活動は温度によって左右され，15℃以下の低温時には活動が鈍く，40℃以上の高温では死滅する。できるだけ20～30℃の条件で施設を管理し，この時期（条件）に利用するのが望ましい。また，ククメリスカブリダニは乾燥を嫌うので，使用する施設内の湿度を70％以上にするのが望ましい。

●栽培方法と使い方

半促成（3月定植）栽培の施設ナス，キュウリ，ピーマンなどでの利用が有効である。この作型では春期にアザミウマが侵入し増殖・加害するため，定植時から株当たり50～100頭，1週間ごとに3回放飼する。3月上旬定植のナスでは，5月中旬までアザミウマの密度および被害を抑制する。このように定植時株元＋葉上の早い時期の放飼が，効果をあげるポイントである。

また，促成（8月下旬～9月上旬定植）栽培ナスでも，定植時から株当たり50～100頭，1週間ごとの3回放飼が有効である。

●効果の判定

半促成（3月定植）の栽培作物では4～5月に葉や果実で効果を判定する。そのとき被害葉や被害果が見られなければ効果があったものと判定する。また，促成栽培では10月に効果を判定する。

●追加放飼と農薬防除の判断

アザミウマの発生初期もしくは定植時からククメリスカブリダニを3回放飼して，葉上のアザミウマの密度を経時的に調査し，アザミウマの成虫が多くなっているとき（1葉当たり10頭以上）や葉・果実に被害が認められるときには，薬剤防除に切り替える判断が必要となる。

●天敵の効果を高める工夫

天敵が働きやすいように環境条件を整える。そのためには被覆資材を活用して，健全苗の育成や施設内への害虫の侵入を防ぐ努力が必要である。また，施設周辺の雑草などがアザミウマ類の発生源となるので，除草を徹底することも大切であり，施設サイドに寒冷紗や防虫ネットを張り，アザミウマの侵入防止対策を組み合わせる。また，ハナカメムシなど他の天敵をアザミウマの発生（1葉当たり5～10頭）に応じて追加利用することが，防除効果を高めるポイントである。

うね間などに米ぬか，ふすま，籾殻，稲わらなどを被覆して湿度を上げるとともに代替餌のコナダニが増殖しやすいようにして，ククメリスカブリダニの定着を促す方法も有効である。同様に，米ぬか，ふすま，籾殻などを紙コップなどに入れて株上もしくは誘引線上に吊るすことで，増殖を図る方法もある。

●農薬の影響

一般に天敵は農薬に弱く，ククメリスカブリダニも例外ではない。有機リン剤，ピレスロイド剤，殺ダニ剤などは悪影響を及ぼすが，殺菌剤は比較的悪影響が少ない。

日本生物防除協議会のウェブサイトで公開されている農薬影響表（本書p.資料2）には，ククメリスカ

ブリダニに対する各種殺虫剤・殺菌剤の影響がまとめられているので参考にされたい。

●その他の害虫の防除

　天敵を組み合わせた防除の体系化が必要であるが，現状ではなかなか難しいため，他の病害虫防除には農薬に頼らざるをえない状況にある。天敵利用後には影響の少ない農薬を使用することやスポット散布を組み合わせ，天敵の有効活用を図ることも大切である。

　施設ナスの場合，主要害虫がアザミウマ，アブラムシ，ハダニ，マメハモグリバエであり，それぞれの天敵を利用すれば害虫防除は可能である。

●飼育・増殖方法

　ククメリスカブリダニの増殖にはダニやアザミウマなど生きた餌が必要であり，飼育が容易で大量に効率よく増殖できるケナガコナダニを利用している。ケナガコナダニは家畜飼料用ふすまとビール酵母（エビオス）を同比率で混合したものを用い，25℃，湿度75％の条件下の恒温器内で飼育する。水をはった容器内にケナガコナダニと飼料を入れ，1週間ごとに飼料を追加していけば容易に増やすことができる。

　ククメリスカブリダニの増殖は25～30℃，湿度75％の恒温器内で，増殖したケナガコナダニの生息する飼料（1g：約15,000頭）を入れた500ccのプラスチックボトルに，ククメリスカブリダニ成虫約50頭を加え飼育する。3週間後には約1,000頭（20倍）のククメリスカブリダニを確保することができる。増殖中に飼料が固まるのでボトルを2～3日おきにゆっくり上下させ，間隙をつくってやることが大切である。その後2～3週間は室温で保存でき，この手順を繰り返すことにより大量増殖が可能である。

（足立年一・日本典秀）

〈製造・販売元〉
　ククメリス：アリスタ ライフサイエンス（株）
　メリトップ：出光興産（株），（株）アグリセクト

メタリジウム・アニソプリエ

（口絵：資材7）

学名　*Metarhizium anisopliae* (Metschn.) Sorokin
〈糸状菌／子嚢菌類〉
英名　Green muscardine

資材名　パイレーツ粒剤
主な対象害虫　アザミウマ類（ミナミキイロアザミウマ，ミカンキイロアザミウマ，チャノキイロアザミウマ，ネギアザミウマ，ヒラズハナアザミウマなど）
その他の対象害虫　―
対象作物　ピーマン（施設栽培），キュウリ（施設栽培），ナス（施設栽培），マンゴー
寄生・捕食方法　昆虫への寄生
活動・発生適温　13～30℃
原産地　メタリジウム・アニソプリエ菌は世界的に生息しており，本菌株は国内で分離したものである

【特徴と生態】

●特徴と寄生方法

　メタリジウム菌の分生胞子は昆虫の体表に付着，発芽し，感染した昆虫はたいてい2～3日で死亡する。また，湿度が十分な場合，体表に菌糸が発生し，死骸の表皮が濃緑色～暗緑色の菌糸に覆われることから，黒きょう病菌とも呼ばれている。パイレーツ粒剤の有効成分である菌株は京都市の畑土から分離され，室内でミナミキイロアザミウマに感染させた後，再分離されたもので，現在，独立行政法人製品評価技術基盤機構特許微生物寄託センターへ寄託されている。

　アザミウマ類の幼虫は2齢幼虫に成長すると，蛹になるために湿度の高い場所に移動して蛹化する性質をもっており，一般に植物の茎葉部から土壌表面に落下する。本菌を有効成分とするパイレーツ粒剤を作物の株元に散布しておくと，アザミウマは落下した後に，成長したメタリジウム菌の胞子に感染死亡する。また，土壌にいた蛹でも成虫になるときに感染するので，次世代のアザミウマが増えず，比較的長期間アザミウマの密度が抑えられるようにな

〈糸状菌〉メタリジウム・アニソプリエ

る。
　メタリジウム属糸状菌は昆虫を宿主とする病原菌であり，宿主から宿主への感染を繰り返す。また，本菌は世界中の土壌から分離される。分生子が昆虫の表皮に付着すると発芽し，昆虫体内に侵入する。侵入した菌糸は血体腔においてハイファルボディ（hyphal body，酵母状の短菌糸）となって昆虫体内の組織を破壊し，水分や養分を奪いながら増殖する。やがて昆虫は死亡し栄養分が枯渇すると，出芽胞子は菌糸を伸ばして昆虫の表皮を通り抜け，体表に現われる。高湿度条件であれば，菌糸は体表面を覆い，分生子を形成する。このとき，死亡した昆虫は，本菌の感染症状に特徴的な緑色〜黒色の分生子に覆われた死亡個体となる。体表面に形成された分生子は水滴や風などで飛散し，新たな宿主に付着し，侵入を開始する。一方，低湿度条件で菌の生育に不適当な環境条件となると，分生子の形成はみられず，本菌は昆虫体内で死滅する。

● 生態

　本菌の分生子の発芽・生育の温度範囲は，25〜28℃が適温であり，それ以上の温度では33℃でわずかに生育し，36℃では発芽・生育しない。低温限界は，15℃で緩やかに発芽し，生育は遅いが菌糸の進展は見られる。15℃以下の低温となると発芽・生育はほとんど停止する。昆虫体上で生育するだけでなく，単純な糖と澱粉によるさまざまな固形寒天，培地上でも生育して分生子を形成する。生育はやや酸性のpHが至適となっている。また，培地上で継代培養が可能である。

【使い方】

● 剤型と使い方の基本

　有効成分であるメタリジウム・アニソプリエSMZ-2000株（1×10^7 CFU/g）が5kg/袋として製剤された製品が市販されている（図1）。メタリジウム菌は，破砕米の表面にコーティングされており，土壌に処理すると土壌水分を吸収し膨潤して，その後，菌が増殖する。栄養成長して白い菌糸が伸びてきたのち，胞子が形成されて濃緑色に変わる。温度条件にもよるが20〜30℃で10〜14日すると変化

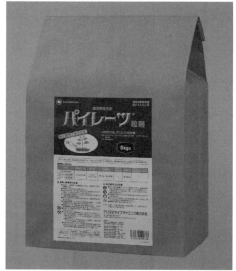

図1　市販製剤名パイレーツ粒剤（写真提供：アリスタ ライフサイエンス（株））

が見える。落下してきたアザミウマは，落下後感染すれば2〜3日で死亡するが，茎葉部でアザミウマがいないと感じるのはパイレーツ粒剤を処理して2週間くらい経過したころである。

　ナス，キュウリ，ピーマンでは10a当たり5kg，株当たり5gで株元に散布する（表1）。ナスの定植時にパイレーツ粒剤を株元処理し，ナス茎葉部に生息するミカンキイロアザミウマ成虫を調査すると，7日後では無処理区と同じ密度で推移してまだ効果が発現していないが，14日，21日後の調査では処理区の密度抑制効果が発現しており，効果発現は処理後2〜3週間後と見られる（図2）。

　キュウリ定植時にパイレーツ粒剤を株元処理し，ミナミキイロアザミウマの寄生虫数（成虫幼虫）を調査すると，14日後までは無処理と同じ密度で推移しているが，28日以降の調査では処理区の密度抑制

表1 パイレーツ粒剤の適用病害虫および使用方法 (2016年5月現在)

作物名	適用病害虫名	使用倍数・量	使用時期	使用回数	使用方法
マンゴー	チャノキイロアザミウマ	10g/樹	発生前〜発生初期	—	株元散布
野菜類（施設栽培）	アザミウマ類	5g/株（5kg/10a）	発生前〜発生初期	—	株元散布

効果が発現している。本試験では，効果の持続性として，処理56日までアザミウマを低密度に維持させている（図3）。

マンゴーの新梢に発生するチャノキイロアザミウマは，密度が高くなると大きな被害を与える。アザミウマの発生前からパイレーツ粒剤をマンゴーの樹下，アザミウマが落下しそうな場所に処理をしておく。粒剤処理後，しばらくは地表を乾燥させずに湿らせておくことで，メタリジウム菌が生育してくる。

◎株元散布の適切な方法

本剤の使用方法は「株元散布」としているが，これまでなかった落下するアザミウマに対して，土壌表面で待ち伏せて感染死亡させるタイプのものなので，化学農薬の感覚で処理せず，植物の生育に応じて対象害虫が落下する範囲内広めに散布することが望ましい。また，栽培作物や作型，季節に応じてビニールマルチの有無，展張方法などを考慮した処理を行なう。

●散布適期の判断

栽培作物の作型，アザミウマの発生時期にあわせて，地域や気象条件を考慮して処理することが望ましい。

●温湿度管理のポイント

本剤は土壌に処理し，水分を吸収し膨潤して菌が増殖することで長期間の効果維持が期待できる。したがって，処理前に土壌表面には十分な灌水が必要である。温度は20〜30℃で生育するが，40℃以上に長時間曝露されると効果が低下することがある。

製剤への直射日光の曝露は胞子の発芽に影響するので注意する。

●栽培方法と使い方

作物の種類，栽培時期（作型）により，温度管理，野外の害虫発生密度の多さ，作物の大きさ（草丈，葉の数）などの条件が異なる。あくまで本剤は，蛹化するアザミウマに感染し，次世代の密度を低下させることを目的としているので，茎葉部を加害するアザミウマ成虫および幼虫に対しては，茎葉処理を対象とする薬剤や天敵との併用で使用する。

●効果の判定

前述のように，アザミウマ密度を下げるためには成虫，幼虫，蛹の各ステージに効果を有する薬剤での総合防除が基本となる。本剤だけの効果判定ではなく，防除体系としての薬剤ローテーションでアザミウマによる被害削減効果を判定する。

梅雨時期など施設内が高湿度だと，葉裏で本剤

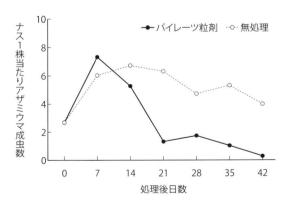

図2　ナスにおけるミカンキイロアザミウマ防除試験結果（宮城農園研，2009）

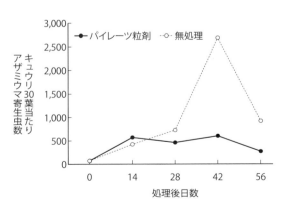

図3　キュウリにおけるミカンキイロアザミウマ防除試験結果（大阪環農水研，2012）

〈糸状菌〉ボーベリア・バシアーナ

に感染して死亡している成虫が観察される場合もある。

●追加散布と農薬防除の判断

　総合防除体系では，害虫密度が増加した場合に化学農薬を散布できるようにすることが重要な成功要因となる。長期栽培などでは本剤の土壌への処理も適宜追加することは可能であり，また利用可能な殺虫剤による補完散布も害虫密度の増減を判断して行なう必要がある。

●天敵の効果を高める工夫

　土壌殺菌剤のなかには本剤に強く影響する薬剤がある。土壌殺菌剤などの施用は，本剤処理の少なくとも2週間前に行なっておく。

　アザミウマ類を対象とした浸透移行性を有する殺虫剤の植え穴処理と本剤の処理を併用することで，より持続的に密度抑制効果を維持することができる。

　対象害虫をアザミウマとして考えると，作物の栽培初期にはいったん効果の高い化学薬剤散布により害虫密度を下げたあとに，茎葉部にスワルスキーカブリダニなどを放飼し，株元には本剤を処理しておく。本剤は，蛹化するアザミウマに感染し，次世代の密度を低下させることを目的としているので，茎葉部を加害するアザミウマ成虫および幼虫に対しては，茎葉処理を対象とする天敵や薬剤を使用することで総合的な防除効果を期待できる。

●農薬の影響

　殺菌剤ではいくつかの薬剤が本剤の胞子の発芽・菌糸の伸張に影響することがある。詳細については，日本生物防除協議会で公表している生物農薬に対する各種薬剤の影響の目安一覧表（本書p.資料2）や，メーカーの技術資料を参照されたい。

●分離・増殖方法

　本菌は，市販された製剤が存在するので，それを購入することが一番簡単な利用方法である。

（山中　聡）

〈製造・販売元〉
パイレーツ粒剤：アリスタ ライフサイエンス（株）

ボーベリア・バシアーナ

（口絵：資材7）

学名　*Beauveria bassiana* (Balsamo-Crivelli) Vuillemin
＜糸状菌／子嚢菌類＞
英名　White muscardine

資材名　ボタニガードES，ボタニガード水和剤
主な対象害虫　アザミウマ類，アブラムシ類，コナジラミ類，コナガ，アオムシ（モンシロチョウ），オオタバコガ，カイガラムシ
その他の対象害虫　—
対象作物　野菜類，チャ，マンゴー
寄生・捕食方法　昆虫への寄生
活動・発生適温　13～30℃
原産地　ボーベリア・バシアーナ菌は世界中に分布している。本菌株はアメリカ合衆国で分離されたものである

【特徴と生態】

●特徴と寄生方法

　ボーベリア・バシアーナは昆虫を宿主とする病原菌であり，本菌の分生子が昆虫表皮に付着すると表皮の化学的特徴を認識し発芽する。発芽後，菌糸は付着器を形成し，酵素と物理的圧力によって表皮を貫通して虫体内へと侵入する。侵入した菌糸は虫体を栄養源として体内で増殖し，昆虫を致死させる。感染から死亡までの期間は，温度・湿度条件などにより変動するが，おおむね4～10日以内である。

　本剤は1977年にアメリカ合衆国農務省の研究者らによりオレゴン州のSouthern corn root wormから分離されたボーベリア・バシアーナ菌を有効成分とする。同国ラバーラム・インターナショナル・コーポレーションによって開発された*Beauveria bassiana*製剤は，比較的広い寄主範囲を有する。

●生態

　本菌は宿主から宿主への感染を繰り返す。本菌が感染した昆虫が致死し栄養分がなくなると，出芽分生子は菌糸を伸ばして昆虫の表皮をつき抜けて体表に現われる。高湿度条件であれば，菌糸は体表面を

覆い，分生子を形成する。体表面に形成された分生子は水滴や風などで飛散し，新たな宿主に付着して侵入を開始する。

本菌の分生子の発芽，生育の温度範囲は，25～28℃が適温であり，それ以上の温度では33℃でわずかに生育し，36℃では発芽，生育しない。分生子の環境中での生存時間は温度の上昇に反比例し，35℃で数週間，それ以上の高温では数時間～数日間である。

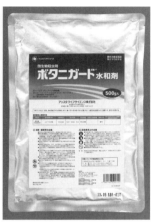

図1 市販製剤名ボタニガードESとボタニガード水和剤
（写真提供：アリスタ ライフサイエンス（株））

【使い方】

●剤型と使い方の基本

◎ボタニガードES

ボーベリア・バシアーナGHA株：分生子（1.6×10^{10}個/ml）を有効成分とする500ml製剤が市販されている（図1）。本剤は鉱物油を含んだ乳剤であり，湿度条件に影響されにくいため施設だけでなく野外でも使用できる。

◎ボタニガード水和剤

ボーベリア・バシアーナGHA株：分生子（4.4×10^{10}個/ml）を有効成分とする500g製剤が市販されている（図1）。鉱物油を含まない製剤であるため天敵類に対して影響が少ない剤となっている。

散布液の調整方法は両剤ともに，まず10l程度の水でクリーム状になるように希釈し，2～4時間ほど静置する。これにより分生子が膨潤し，散布後の発芽が促進される。クリーム状の液体を所定濃度（500～2,000倍）に希釈し散布する（表1，2）。

●散布適期の判断

対象害虫が死亡するまでに時間がかかるため，その間の害虫の増殖被害を考え，害虫発生初期から散布を始める。また，害虫のステージによっても感受性に差があるため，7日間程度の間隔で2回以上散

表1 ボタニガードESの適用病害虫および使用方法（2016年5月現在）

作物名	適用病害虫名	使用倍数・量	使用時期	使用回数	使用方法
キャベツ	アオムシ	500倍・100～300l/10a	発生初期	―	散布
チャ	クワシロカイガラムシ	500倍・1,000l/10a	発生初期	―	散布
トマト	コナジラミ類	500～2,000倍・100～300l/10a	発生初期	―	散布
マンゴー	チャノキイロアザミウマ	1,000倍・200～700l/10a	発生初期	―	散布
ミニトマト	コナジラミ類	500～2,000倍・100～300l/10a	発生初期	―	散布
野菜類	アザミウマ類	500～1,000倍・100～300l/10a	発生初期	―	散布
	アブラムシ類	1,000倍・100～300l/10a	発生初期	―	散布
	コナガ	500倍・100～300l/10a	発生初期	―	散布
	コナジラミ類	500倍・100～300l/10a	発生初期	―	散布
レタス	オオタバコガ	500倍・100～300l/10a	発生初期	―	散布

表2 ボタニガード水和剤の適用病害虫および使用方法（2016年5月現在）

作物名	適用病害虫名	使用倍数・量	使用時期	使用回数	使用方法
トマト	コナジラミ類	10g/10a/日	発生前～発生初期	―	ダクト内投入
野菜類（施設栽培）	アザミウマ類	1,000倍・100～300l/10a	発生初期	―	散布
	コナジラミ類	1,000倍・100～300l/10a	発生初期	―	散布

〈糸状菌〉ボーベリア・バシアーナ

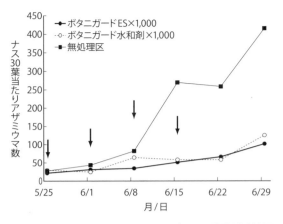

図2　ナスにおけるミカンキイロアザミウマ防除試験結果
1週間間隔で4回散布（矢印）を行なっている。無処理区のアザミウマが2週間後から急激に増加したのに比べ、ボタニガードESと水和剤散布区では低密度のまま推移している

布を行なうと安定した効果が得られやすい。

●温湿度管理のポイント

　ボーベリア・バシアーナの感染には温度と湿度が重要である。最適な温度条件は15～27℃、低温下では対象害虫の死亡まで時間がかかり、35℃以上の高温下では菌糸の伸長が阻害される。最適な湿度条件は95％以上であり、75％以下の条件では効果が低下する場合がある。分生子の虫体への侵入は5時間後から始まり15～24時間で終了するため、温度・湿度条件は15時間以上を保つことが望ましい。また紫外線の影響を受けやすいため、夕方あるいは曇天・雨天などの紫外線の少ない時期の散布が望ましい。

●栽培方法と使い方

　本剤は虫体に接触しないと効果を発揮できないため、葉裏や花、成長点などの害虫の生息場所に薬剤が十分かかるよう散布する必要がある。特に花中に生息するアザミウマなどの害虫を対象に防除を行なう場合には、花の中まで薬液がかかるよう散布する。

●効果の判定

　害虫が感染し致死するまでに時間がかかるため、散布後1週間から10日後程度の害虫密度により判定する。施設内が高湿度である場合には、体表面から白いカビが生えている感染死亡虫が観察される場合もある。

●追加散布と農薬防除の判断

　天敵や微生物剤を利用した防除体系においても、害虫密度が増加した場合には、化学農薬を補完的に使用する。この場合、天敵などに影響の少ない薬剤の選択が必要となる。

●天敵の効果を高める工夫

　本剤と天敵殺虫剤、微生物殺菌剤、また粘着トラップなどの物理的防除方法を組み合わせることにより、より高い防除効果が期待できる。

　本剤と化学合成殺虫剤を混用散布すると、相乗効果により高い防除効果が得られる場合がある。特に気門封鎖剤との混用、近接散布は、環境条件を整えることが困難な場合でも安定した効果が得られることが多い。これは、薬剤により脱皮阻害や麻痺した昆虫では、本菌の体表面への付着や体内への進入が促進されるためと考えられている。

表3　ボタニガード剤に対する殺虫剤の影響

商品名	混用の可否	商品名	混用の可否
スミチオン乳剤	×	スプラサイド水和剤	◎
マリックス乳剤	×	ダーズバン水和剤	◎
ミクロデナポン水和剤	×	ダイアジノン水和剤・乳剤	◎
DDVP乳剤50・75	◎	ディプテレックス乳剤	◎
エルサン乳剤	◎	デミリン水和剤	◎
オサダン水和剤	◎	テルスター水和剤	◎
オマイト水和剤	◎	パダン水溶剤	◎
オルトラン水和剤	◎	マブリック水和剤	◎
カルホス水和剤・乳剤	◎	マラソン乳剤	◎
ジメトエート乳剤	◎	ランネート水和剤	◎
除虫菊乳剤	◎		

注　混用の可否（可◎○、否×）。混用可否が×の薬剤でも3～4日間散布間隔をあければ使用可能

表4 ボタニガード剤に対する殺菌剤の影響

商品名	混用の可否	商品名/一般名	混用の可否
アミスター20フロアブル	×	アリエッティー水和剤	◎
アントラコール水和剤（1,000倍）	×	イオウフロアブル（1,000倍）	◎
ゲッター水和剤（1,000倍/1,500倍）	×	オーソサイド水和剤80（1,000倍）	△
サプロール乳剤（1,000倍）	×	カスミンボルドー	◎
サプロール乳剤（2,000倍）	○	ストロビーフロアブル（3,000倍）	△
サルバトーレME（3,000倍）	×	スミレックス水和剤（1,000倍）	○
ジマンダイセン水和剤（600倍）	×	デランフロアブル（1,000倍）	◎
ジマンダイセン水和剤（1,000倍）	×	銅水和剤（水酸化第二銅）（1,000倍）	◎
ジャストミート顆粒水和剤（2,000倍/3,000倍）	×	トップジンM水和剤（1,000倍）	△
セイビアーフロアブル（1000倍/1,500倍）	×	トリフミン水和剤（1,000倍）	△
ダイファー水和剤	×	バイコラール水和剤（1,000倍）	○
ダコニール1000	×	バイレトン水和剤5（1,000倍）	△
ベンレート水和剤（1,000倍）	×	バイレトン水和剤5（3,000倍）	○
ベンレート水和剤（3,000倍）	○	フルピカフロアブル（2,000倍/3,000倍）	○
ラリー水和剤	×	ベルクート水和剤（2,000倍）	△
ロブラール水和剤（1,000倍）	×	ポリオキシンAL水和剤	◎
ボトキラー	◎	有機銅水和剤	○
トップジンM水和剤	◎	ルビゲン水和剤	○
リドミルMZ水和剤	◎		

注　混用の可否（可◎○，否×）。混用可否が×の薬剤でも3～4日間散布間隔をあければ使用可能

●農薬の影響

　殺虫剤との混用では影響のある薬剤は少ないが，殺菌剤との混用はボーベリア・バシアーナ分生子に影響のある薬剤が多いので，混用して使用する際には注意が必要である。なお，混用して影響のある薬剤でも，3～4日散布間隔をあければ影響はなくなり使用することができる（表3，4）。詳細については日本生物防除協議会で公表している生物農薬に対する各種薬剤の影響の目安一覧表（本書p.資料2）やメーカーの技術資料を参照されたい。

●分離・増殖方法

　本菌は，市販製剤を購入することが一番簡単な利用方法である。

（奥野昌平）

〈製造・販売元〉
ボタニガードES，ボタニガード水和剤：アリスタライフサイエンス（株）

オンシツツヤコバチ

（口絵：資材8）

学名　*Encarsia formosa* Gahan
＜ハチ目／ツヤコバチ科＞
英名　─

資材名　エンストリップ，ツヤトップ，ツヤトップ25
主な対象害虫　オンシツコナジラミ，タバココナジラミ
その他の対象害虫　─
対象作物　野菜類（施設野菜），ポインセチア（施設野菜）
寄生・捕食方法　内部寄生および寄主体液摂取
活動・発生適温　18～30℃
原産地　北米

【特徴と生態】

●特徴と寄生・捕食行動

　オンシツツヤコバチは，単為生殖により雌を産生し，雄はめったに現われない。雌成虫は体長約6mm

〈寄生蜂〉オンシツツヤコバチ

で頭・胸部が黒色，腹部が黄色であり，雄成虫は雌成虫よりもわずかに大きく，全体が黒色である。オンシツツヤコバチの成虫は，産卵管をコナジラミの幼虫に突き立て，その穴から体液を摂取して栄養源とし，コナジラミ幼虫を致死させる。

オンシツツヤコバチによる寄生率が高まると，それに比例して寄主体液摂取によるコナジラミ幼虫の死亡率も高まる。本寄生蜂によるコナジラミ幼虫の全死亡数のうち，70～80％が寄生により，20～30％が寄主体液摂取により死亡する。本寄生蜂の産卵行動を受けたコナジラミの1～2齢幼虫は，3～4齢幼虫よりも寄主体液摂取される割合が高い。

オンシツツヤコバチがオンシツコナジラミに寄生すると黒色のマミーとなり，タバココナジラミに寄生すると前者よりもやや小型の茶褐色のマミーとなる。後者を実体顕微鏡で観察すると，コナジラミ幼虫の体内にオンシツツヤコバチの幼虫あるいは蛹が見える。

●発育と生態

オンシツツヤコバチはイギリスで発見されたが，原産地はオンシツコナジラミと同じ北米と考えられている。オンシツツヤコバチの発育零点は約13℃であり，18℃以上で飛翔活動が活発になり，株間移動を盛んに行なうようになる。オンシツツヤコバチの卵から羽化までの発育期間は，18℃で30日，24℃で15日，30℃で10日である。夏期でも施設内で1日の最高気温が40℃以下ならば，本寄生蜂の利用が可能である。オンシツツヤコバチは，3齢および4齢前半のコナジラミ幼虫によく産卵する。マミーから羽化した成虫は，餌がまったくない条件下では，羽化後2～3日以内に餓死する。

オンシツツヤコバチは，コナジラミ幼虫の体液，およびコナジラミ類やアブラムシ類の排泄物（甘露）を餌とする。オンシツツヤコバチ成虫は，触角の先で葉面を叩きながら歩き回ってコナジラミ幼虫を探索する。このため，コナジラミやアブラムシの排泄物による葉面のべたつき，高湿度下での葉面の濡れ，毛茸からの粘着性の分泌物，高密度の毛茸などは，本寄生蜂による探索行動を阻害し，寄生率が上がらない要因となる。

【使い方】

●剤型と使い方の基本

ここで述べるオンシツツヤコバチ製剤の使い方は，主にトマトおよびミニトマトを想定している。市販されているオンシツツヤコバチは，オンシツコナジラミの幼虫に寄生して黒化（蛹化）した状態のマミーであり，葉から回収され厚紙のカードに張り付けられている。エンストリップの場合には，3cm×4cmのカードが切取線で6枚つづりになったシートになっていて，これが1箱に7シート，合計42カード収容されている。1カード当たり70～100匹程度のマミーが張り付けられているが，保証羽化雌成虫数は1カード当たり50匹である。カードを切り離して，平均して株当たり1～2匹の密度になるようにトマトの枝に吊り下げる。10a当たり2,100株植栽されている場合に，株当たり2匹放飼するとすれば，10a当たり2箱必要であり，25株に1カードを吊るすことになる。ツヤトップでは1カード当たり

表1　エンストリップの適用病害虫および使用方法（2016年5月現在）

作物名	適用病害虫名	使用倍数・量	使用時期	使用回数	使用方法
ポインセチア（施設栽培）	コナジラミ類	25～30株当たり1カード	発生初期	—	放飼
野菜類（施設栽培）	コナジラミ類	25～30株当たり1カード	発生初期	—	放飼

表2　ツヤトップの適用病害虫および使用方法（2016年5月現在）

作物名	適用病害虫名	使用倍数・量	使用時期	使用回数	使用方法
野菜類（施設栽培）	オンシツコナジラミ	25～30株当たり1カード	発生初期	—	放飼

表3　ツヤトップ25の適用病害虫および使用方法（2016年5月現在）

作物名	適用病害虫名	使用倍数・量	使用時期	使用回数	使用方法
野菜類（施設栽培）	オンシツコナジラミ	25～30株当たり2カード	発生初期	—	放飼

50匹，ツヤトップ25では1カード当たり25匹となっている。

オンシツツヤコバチ製剤が到着したら，成虫が羽化していることがあるので，ただちに施設内で開封し，マミーカードを施設内全体に均一に，かつトマト株の中位の高さの枝に吊り下げる。ただし，コナジラミが発生しやすい箇所（施設開口部，側窓付近など）が経験的にわかっている場合には，その付近にやや多めに吊り下げる。事情により，すぐに吊り下げられない場合には，5℃下に冷蔵して保管し，できるだけ早めに吊り下げる。保管期間が1週間を超えると，オンシツツヤコバチ成虫の羽化率が悪くなる。

オンシツツヤコバチの株当たり放飼数は，株当たりコナジラミ成虫数の約2倍が基準である。たとえば，コナジラミ成虫が株当たり1匹いる場合には株当たり2匹，コナジラミ成虫が2株に1匹いる場合には株当たり1匹のマミーを放飼する。

オンシツツヤコバチを利用する場合に，コスト面の制約および防除後の平衡密度を経済的被害許容密度以下にするという制約があるために，天敵放飼開始時のコナジラミ密度が低いことが不可欠の条件となる。放飼開始後は，毎週連続して3～5回放飼して，コナジラミ密度を低い状態に安定化させる。

●放飼適期の判断

黄色粘着トラップ（商品名：ホリバー）をモニタリング用に使用する場合には，トラップを施設の出入り口，側窓の近くなどコナジラミが最初に発生しやすい箇所を中心に，トマトの株の上部近くに10a当たり5～10枚吊り下げる。1週間1トラップ当たりで，夏期には10匹，冬期には5匹誘殺されたら，オンシツツヤコバチを放飼する。しかし，農家が製剤を注文してから入荷するまでに1週間程度かかるので，その間のコナジラミの増殖を考えると，高温期には1週間1トラップ当たり2～3匹，低温期には1～2匹誘殺されたら，ただちに製剤を注文する。

黄色粘着トラップを用いない場合には，コナジラミの発生しやすい箇所を中心に，トマトの上位展開葉を株当たり数枚，10株ずつ数箇所調査し，葉裏にとまっている成虫および飛び出した成虫を数える。コナジラミ成虫が10株当たり1匹いたら，ただちに製剤を注文する。

コナジラミがまったくいない状況下で羽化したオンシツツヤコバチは，餌がないために2～3日のうちに餓死してしまうので，放飼開始適期の把握はきわめて重要である。

タバココナジラミは，トマト黄化葉巻ウイルス（TYLCV）を伝播し，大きな被害を与えている。本病が流行している場所ではコナジラミ防除のために非選択薬剤などによる防除圧が高くなりがちなので，天敵利用の可否を十分に見極める必要がある。

●温湿度管理のポイント

夏期には換気扇などで十分に換気を行ない，最高気温が40℃以下になるようにする。冬期には施設を密閉し，夜間が13℃以上，昼間の最高気温が少なくとも23℃以上になるようにする。冬期に昼間の最高気温が23℃以上に上がらない場合には，オンシツツヤコバチによる防除効果は期待しにくいので，地域ごと，栽培型ごとにオンシツツヤコバチの利用適期を考える。

秋にオンシツツヤコバチを放飼し，葉にマミーが形成されたものの，冬期に最高気温が前記のように上がらない場合には，黄色粘着トラップを見ながら，必要に応じてアプロード水和剤，チェス水和剤，ノーモルト乳剤，あるいはカウンター乳剤を散布してコナジラミ幼虫を減少させつつ，春期の気温上昇にともなう本寄生蜂の活動の活発化を待つ。

夏の高温期にツヤコバチを利用する場合には，オンシツツヤコバチよりも，高温に対してより耐性のサバクツヤコバチを利用したほうが防除効果を上げやすい。

●栽培方法と使い方

トマトには多くの作型があるが，8～9月上旬定植の施設抑制栽培の場合には，育苗期および定植後しばらくの間は，周辺でのコナジラミ類の発生が多い。このため，オンシツツヤコバチが利用できる程度に，コナジラミ密度が低くない場合が多い。コナジラミの寄生密度が高い状態で本寄生蜂を放飼しても失敗する。

コナジラミの寄生が避けられない地域や時期のトマト，ミニトマト栽培では，ベストガード粒剤1～2g/株またはスタークル（あるいはアルバリン）粒剤

〈寄生蜂〉オンシツツヤコバチ

1g/株の定植時植え穴土壌混和処理，あるいは所定量で育苗ポット処理を行なう。こうしてコナジラミの発生を抑え，薬剤のオンシツツヤコバチに対する影響がなくなる約1か月後ころからマミーカードを導入すれば，防除効果が期待できる。

ただし，これら粒剤のマルハナバチへの影響期間（15～20日間）には注意を要する。また，6月ころまで収穫する長期どり栽培の場合には，冬期間の低温の問題があるので，前記のように施設を密閉し内部の温度を暖房や太陽熱で上げるとともに，地域によっては選択的薬剤の使用などのバックアップ対策を講ずる。

定植時に病害虫が寄生していないクリーンな苗を植えることがきわめて重要である。このため，育苗用ハウスでは防虫網や近紫外線除去フィルムを利用し，薬剤防除も徹底する。トマトを定植する場合に，施設内に前作の残渣，雑草，観賞用植物などがないようにし，コナジラミ類などの病害虫を前作から持ち越さないようにする。周辺にコナジラミ類の寄主植物がなく，飛込みがほとんどないような条件であれば，雨よけ栽培でもオンシツツヤコバチの利用は可能である。

トマトの栽培管理との関係では，下葉を早めに切除すると，せっかく葉上に形成されたマミーが葉と一緒に捨てられ，次世代の寄生蜂が現われにくくなる。こうなるとオンシツツヤコバチによる防除効果は放飼世代限りとなってしまう。このため，下葉の切除はできるだけ遅らせ，葉上に形成されたマミーが羽化できるようにする。摘葉時にマミーが多数付着している葉があった場合には，これを株元に広げ，オンシツツヤコバチを羽化させる。

●効果の判定

タバココナジラミ・バイオタイプBによるトマト果実の着色異常は，1複葉当たり3～4齢幼虫が80匹以上寄生しているか，あるいは黄色粘着トラップで1日1トラップ当たり50匹以上誘殺されると生じる。また，タバココナジラミにより，すす病が生じる状態になると着色異常果が発生する。

オンシツツヤコバチを放飼した後に，黄色粘着トラップを吊るしてコナジラミの発生状況を調査し，毎週誘殺数を計数する。黄色粘着トラップへのコナジラミの誘殺数の推移を見ると，防除効果があがっているのかどうかが判断できる。黄色粘着トラップに誘殺されたコナジラミは，日数がたつと白い翅（はね）のワックスが溶けて見えにくくなる。また，他の微小昆虫との識別にも注意を要する。このため，拡大率10倍以上のルーペで観察する必要がある。

オンシツコナジラミとタバココナジラミを成虫で判別するのは，慣れないとかなり難しい。オンシツコナジラミの成虫は上から見ると鋭角の三角形に見えるが，タバココナジラミは前者よりもわずかに小型で翅のたたまれ方が急傾斜であるので，上から見ると細く見える。成虫で見分けられない場合には幼虫を観察する。すなわち，トマト株の下位の葉裏のコナジラミ4齢幼虫（ないし蛹）を観察することによって判別する。タバココナジラミの4齢幼虫後半の体色は黄色を呈し，楕円形で平べったく背面が滑らかであるのに対して，オンシツコナジラミの4齢幼虫後半の体色は白色を呈し，コロッケ形で厚みがあり背面に突起がある。両者とも脱皮殻は白色に見えるので注意する。4齢幼虫前半以前の齢期での判別は難しい。

以上の観察によって，オンシツコナジラミかタバココナジラミか，どちらのコナジラミが優占しているかを判定する。なお，タバココナジラミ・バイオタイプBとタバココナジラミ・バイオタイプQの判別は形態ではできず，薬剤抵抗性の発達状況で推定できるが（後者はアドマイヤーなどに抵抗性），厳密には遺伝子診断が必要である。

オンシツコナジラミの場合には，4齢幼虫（蛹を含む）のうち黒化したマミーの割合が80％を超えていれば追加放飼は不必要である。タバココナジラミの場合には，マミーの割合が50～60％になれば追加放飼は不必要である。

●追加放飼と農薬防除の判断

オンシツツヤコバチの予定放飼回数を超えて追加放飼を行なうのは，寄生率をさらに高めてコナジラミ密度を安定化させるためである。コナジラミの密度がしだいに上がってきてしまった場合に，コナジラミ密度が低レベルである時には追加放飼を行ない，コナジラミ密度がある程度高まった状態の時にはコナジラミ密度を下げて本寄生蜂をバックアップ

表4 オンシツツヤコバチ利用下での使用薬剤 (トマト栽培の場合)

薬剤名	防除対象病害虫名	寄生蜂に対する残効期間
オンシツツヤコバチ導入後に併用できる薬剤		
〈IGR剤〉		以下の欄すべて0日
アタブロン乳剤	オオタバコガ, ハスモンヨトウ, タバココナジラミ	
アプロード水和剤	タバココナジラミ幼虫, オンシツコナジラミ幼虫	
カウンター乳剤	コナジラミ類, オオタバコガ, ハスモンヨトウ, ハモグリバエ類, アザミウマ類	
カスケード乳剤	マメハモグリバエ, トマトハモグリバエ, ミカンキイロアザミウマ, オオタバコガ, トマトサビダニ, ハスモンヨトウ	
ノーモルト乳剤	ハスモンヨトウ, コナジラミ類	
マトリックフロアブル	オオタバコガ	
マッチ乳剤	オオタバコガ, ハスモンヨトウ, ミカンキイロアザミウマ, トマトサビダニ, コナジラミ類, ハモグリバエ類	
<その他の殺虫剤>		
BT剤 (ゼンターリ顆粒水和剤等)	オオタバコガ, ハスモンヨトウ	
オレート液剤	アブラムシ類, コナジラミ類	
粘着くん液剤	アブラムシ類, ハダニ類, コナジラミ類	
チェス(顆粒)水和剤	アブラムシ類, コナジラミ類	
イオウフロアブル	トマトサビダニ	
マイコタール[a]	コナジラミ類	
プリファード水和剤[a]	コナジラミ類, ワタアブラムシ	
ボタニガードES[a]	アザミウマ類, アブラムシ類, コナジラミ類, コナガ	
ゴッツA[a]	コナジラミ類, アブラムシ類, うどんこ病	
<ダニ剤>		
オサダンフロアブル	ハダニ類, トマトサビダニ	
<殺菌剤>		
アミスター20フロアブル	灰色かび病, 葉かび病	
ゲッター水和剤	灰色かび病, 葉かび病, 菌核病	
サンヨール	灰色かび病, 葉かび病, うどんこ病, コナジラミ類, アブラムシ類, ハダニ類	
サプロール乳剤	葉かび病	
ジマンダイセン水和剤	疫病, 葉かび病, 輪紋病	
ジャストミート顆粒水和剤	灰色かび病	
スミレックス水和剤	灰色かび病	
ダコニール顆粒水和剤	疫病	
トップジンM水和剤	灰色かび病, 葉かび病, 菌核病	
トリフミン水和剤	葉かび病, すすかび病	
フルピカフロアブル	灰色かび病	
ベンレート水和剤	灰色かび病, 葉かび病, 萎凋病, 菌核病	
ロブラール水和剤	灰色かび病, 輪紋病, 斑点病	
イオウフロアブル	うどんこ病	
コナジラミが多くなった時に、コナジラミを減らしオンシツツヤコバチをバックアップする薬剤		
チェス(顆粒)水和剤	コナジラミ類, アブラムシ類	以下の欄すべて0日
マイコタール[a]	コナジラミ類	
プリファード水和剤[a]	コナジラミ類, ワタアブラムシ	
オンシツツヤコバチの導入前にコナジラミを防除するための薬剤		
ベストガード粒剤	コナジラミ類, アブラムシ類, マメハモグリバエ	30日
スタークル(アルバリン)粒剤	コナジラミ類, アブラムシ類, ハモグリバエ類	30日
アドマイヤー1(ブルースカイ)粒剤[b]	コナジラミ類, アブラムシ類	40日
モスピラン粒剤[b]	コナジラミ類, アブラムシ類, トマトハモグリバエ	20日

注 薬剤名のうちの( )内は同一成分の別商品。[a]は微生物製剤。[b]はタバココナジラミ・バイオタイプQの場合に、薬剤抵抗性がみられる場合があることを示す

するためにチェス水和剤などを散布し(表4)、その後で追加放飼を行なうと放飼効果があがりやすい。タバココナジラミの場合には、1トラップ・1週間当たり100匹、オンシツコナジラミの場合には同350匹が薬剤に切り替える要防除密度である。

上記のようにコナジラミが要防除密度になった場

〈寄生蜂〉オンシツツヤコバチ

合には、マルハナバチに影響の少ないモスピラン水溶剤、サンマイトフロアブル（マルハナバチ放飼まで3日間あける）などの即効性の薬剤をただちに散布し、天敵利用を中止する。

●天敵の効果を高める工夫

トマトの育苗は隔離ハウスで行ない、コナジラミなどの病害虫の寄生していないクリーン苗を育てることが基本である。定植時にコナジラミ密度が高い場合には、オンシツツヤコバチによる防除の成功は望めない。このような場合には、まず、トマトの定植時にベストガード粒剤またはスタークル（あるいはアルバリン）粒剤の植え穴土壌混和処理、あるいは育苗期処理を行なえばコナジラミ密度が確実に低下するので、約1か月の残効期間の後に、マミーカードを吊り下げる。施設内でコナジラミが発生しやすい場所にマミーカードをやや多めに吊り下げる。野外からの飛込みが多い環境条件下では、網目0.4〜1.0mmの白色あるいはシルバー寒冷紗を施設開口部すべてに張る。網目が細かいと施設内の温度が上がりやすいので、換気扇などによる換気を行なう。

天敵利用中には施設内をこまめに巡回観察して病害虫の発生を監視し、コナジラミ幼虫の寄生の多い株があったら、オレート液剤や粘着くん液剤などでスポット散布を行なう。ただし、薬害が起こりやすいので展開葉へは散布しない。

●農薬の影響

IGR剤（キチン合成阻害剤、幼若ホルモン様などの作用を有する薬剤）は、本寄生蜂の成虫にはほとんど影響しない。これらの剤は、コナジラミ幼虫に有効であるので、コナジラミ幼虫が薬剤で致死した場合には、本寄生蜂も羽化できず、ともに致死することが多い。しかし、蛹化した寄生蜂が入っているマミーは、キチン合成阻害剤の影響をほとんど受けないので、アプロード水和剤、ノーモルト乳剤などを選択的薬剤として使用できる。

BT剤およびチェス水和剤は本寄生蜂の各発育段階への影響が少ない。有機リン剤はマミーおよび成虫に影響が大きい。

●その他の害虫の防除

その他の害虫が発生した場合には、オンシツツヤコバチに影響の少ない薬剤で防除を行なう。その場合に、できるだけ害虫の発生箇所を特定してスポット散布を心がけるとともに、農薬の使用基準を遵守する。

トマトには、コナジラミのほかにマメハモグリバエ、トマトハモグリバエ、ナスハモグリバエが発生する。これらの防除のために、天敵農薬として登録されたイサエアヒメコバチ、ハモグリコマユバチ（商品名：マイネックスなど）があり、また、化学農薬としてカスケード乳剤も有効である。

ハスモンヨトウ、オオタバコガに対しては、施設開口部に網目4〜5mmの防虫ネットを張れば侵入を防止でき、BT剤やアタブロン乳剤、ノーモルト乳剤、マッチ乳剤などのキチン合成阻害剤も効果がある。

アブラムシ類の防除には、オレート液剤を発生箇所にスポット散布するか、チェス水和剤を散布する。トマトサビダニに対しては、早期発見し、マッチ乳剤、イオウフロアブル、あるいはオサダンフロアブルを散布する。

●飼育・増殖方法

オンシツツヤコバチの大量生産は、タバコの葉で増殖させたオンシツコナジラミ幼虫に本寄生蜂を寄生させて行なわれている。オンシツツヤコバチは、オンシツコナジラミで増殖したもののほうが、タバココナジラミで増殖したものよりも卵巣小管の発達が良好といわれている。また、オンシツコナジラミで育った本寄生蜂は、タバココナジラミよりもオンシツコナジラミのほうをやや選好する傾向があるとされている。しかし、タバココナジラミで育った本寄生蜂は、オンシツコナジラミを特に選好するという性質はない。したがって、施設内で両コナジラミが混発していても、コナジラミ密度が低い時に本寄生蜂を放飼すれば、タバココナジラミから羽化する個体数が増加し、タバココナジラミに対してもよく寄生するので問題はない。オンシツツヤコバチは農薬登録された生物農薬であるので、使用する場合には製剤を購入する必要がある。

（松井正春・杉山恵太郎）

〈製造・販売元〉

エンストリップ：アリスタ ライフサイエンス(株)

ツヤトップ、ツヤトップ25：(株)アグリセクト

サバクツヤコバチ

(口絵：資材8)

学名　*Eretmocerus eremicus* Rose & Zolnerowich
＜ハチ目／ツヤコバチ科＞
英名　—

資材名　エルカード，サバクトップ
主な対象害虫　タバココナジラミ
その他の対象害虫　オンシツコナジラミ
対象作物　野菜類（施設栽培）
寄生・捕食方法　幼虫寄生
活動・発生適温　日平均20℃以上が最適。30℃以上の高温にも適応できる
原産地　アメリカ合衆国カリフォルニア州およびアリゾナ州の砂漠地帯

【特徴と生態】

●特徴と寄生・捕食行動

アメリカ合衆国では1986年，フロリダ州でタバココナジラミ・バイオタイプBの被害が世界に先がけて発生し，1990年代に入ると被害はカリフォルニア州およびその近隣の州でも見られるようになった。このような背景のもとに，*Bemisia*属コナジラミ類の天敵の探索がこれらの地域で行なわれた。その結果，*Eretmocerus*属の寄生蜂が主要な天敵であることがわかり，その後，アリゾナ州で採集された個体群がヨーロッパで大量増殖され，天敵資材として商品化された。

本寄生蜂はこれまで採集地域にかかわらず，一括して，*Eretmocerus* (sp. Nr.) *californicus*と呼ばれていた。ところが，*E. californicus*のタイプ標本との形態比較の結果，いずれの個体群もこれとは別種であることがわかった。また，個体群間での交雑実験，電気泳動分析および形態比較の結果，カリフォルニア州の個体群とアリゾナ州の個体群とは同種であるが，テキサス州の個体群はこれとは別種であることがわかった。これらのことから，1997年，Rose & Zolnerowichによりそれぞれ新種として，カリフォルニアおよびアリゾナ系統は*E. eremicus*，テキサス系統は*E. tejanus*と記載された。'eremicus'はギリシャ語で'砂漠の'という意味であることから本種は'サバクツヤコバチ'と命名された。

サバクツヤコバチ成虫の体長は雌雄とも約1mmである（触角および翅を含む）。雌と雄とでは，体色と触角の形態が異なる。雌は体全体が淡黄色であり，触角が5環節から成るのに対し，雄は体全体が黄褐色であり，触角が3環節から成る。また，雄の触角は先端の環節が太くて長い（図1）。したがって，体色あるいは触角の太さに着目すれば，肉眼でも雌雄を見分けることができる。本種は産雄単為生殖を行ない，性比はほぼ雌：雄＝1：1である。

本種は*Bemisia*属コナジラミ類に加え，オンシツコナジラミや*Trialeurodes abutlonea*（英名：Bandedwinged whitefly，わが国では未発生）にも寄生する。オンシツツヤコバチと同様に，本種は寄生および雌成虫が産卵に必要な養分を得るために行なう寄主体液摂取（ホストフィーディング）によってコナジラミ類幼虫を死亡させる。ただし，オンシツツヤコバチは3〜4齢前期幼虫に好んで寄生するが，本種はすべての齢に寄生可能で，特に2齢幼虫に好んで寄生する。

●発育と生態

オンシツツヤコバチは寄主幼虫の内部に産卵するのに対し，本種は寄主幼虫と葉面との隙間に産卵する。孵化幼虫は，鉤状の口器を寄主幼虫の下面に付着させて小さな穴をあけ，そこから内部に侵入する。その後，寄主幼虫の体内物質を摂取しながら発育し，3齢を経た後，死亡した寄主幼虫（マミー）の上面に小さな穴をあけて成虫が羽化する。ただし，寄主幼虫の発育ステージと本種の発育ステージとの

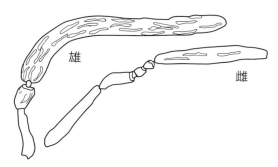

図1　サバクツヤコバチの触角の形態（コパート社資料）

〈寄生蜂〉サバクツヤコバチ

▼コナジラミ類の天敵

関係については明らかでなく，卵は寄主幼虫が4齢になるまで孵化しないという説と，卵は数日で孵化し，孵化幼虫は数日後には寄主幼虫の内部に侵入するが，寄主幼虫が4齢後期になるまで発育を開始しないという説とがある。

オンシツツヤコバチの寄生によるマミーは，オンシツコナジラミが寄主のときには黒色，タバコナジラミ・バイオタイプBが寄主のときには褐色になる。これに対し，本種の寄生によるマミーは，タバコナジラミ・バイオタイプB，オンシツコナジラミのいずれが寄主であっても，発育が進むにつれて羽化する成虫に近い黄色（雌：淡黄色，雄：黄褐色）を帯びるようになる。とはいえ，コナジラミ類幼虫はもともと白色もしくは淡黄色であるため，雄の場合は肉眼でも寄生されていない幼虫と判別できるが，雌の場合は肉眼で判別するのはやや困難である。一方，実体顕微鏡下では，発育が進んだマミーの内部には本寄生蜂の幼虫が観察でき，寄生の有無は判別できる。

本種の発育日数は，寄生したときの寄主幼虫のサイズによって異なるが，25℃で約19日であるとされる。発育零点は13℃，有効積算温度は227日度と推定されている。また，雌成虫の寿命はコナジラミ類幼虫が存在すると25℃で約9日であり，存在しないと約19日である。1雌成虫の生涯産卵数は25℃で約44個であるが，羽化後1日以内の雌成虫は1日で約16個産卵できる。その後急激に産卵能力は低下する。タバコナジラミ・バイオタイプB，オンシツコナジラミのいずれが寄主であっても，発育，成虫寿命，産卵能力にあまり差はなく，両種の同時防除に適している。

【使い方】

●剤型と使い方の基本

本剤はカードに本種のマミーを貼り付けた製剤であり，1カード当たりの保証量は60頭とされている。10a当たり3,000〜4,500頭を1週間間隔で合計3〜4回放飼する。カードは25〜30株当たり1カードの割合で草丈の中位の枝などに吊り下げる。

●放飼適期の判断

コナジラミ類が大量発生してからでは十分な効果が得られないため，発生初期から放飼する。施設内にモニタリング用の黄色粘着トラップを設置し，コナジラミ類成虫の誘殺が見られ始めたら放飼を開始するとよい。

●温湿度管理のポイント

本種の活動適温は日平均20℃以上であるといわれ，オンシツツヤコバチの活動適温よりやや高いと考えられている。このため，本種を導入するときには，特に低温に対する注意が必要である。一方，本種は30℃以上の高温にも適応できるため，初夏〜初秋でも利用可能であると考えられている。

●栽培方法と使い方

◎抑制トマト（定植：7月下旬，収穫：9月下旬〜12月中旬）

無病害の苗を定植する。定植時はコナジラミ類の野外からの侵入が多いので，粒剤や散布剤を利用しコナジラミ類の初期密度を抑制する。本種は，定植直後から利用可能であるが，定植時に粒剤や散布剤を処理したときは，残効がなくなる約2〜4週間後から利用する。

◎促成トマト（定植：8月上旬，収穫：10月上旬〜翌年2月中旬）

無病害の苗を定植する。定植時はコナジラミ類の野外からの侵入が多いので，粒剤や散布剤を利用し

表1　エルカードの適用病害虫および使用方法（2016年5月現在）

作物名	適用病害虫名	使用倍数・量	使用時期	使用回数	使用方法
野菜類（施設栽培）	コナジラミ類	1箱/10a（約3000頭）	発生初期	—	放飼

表2　サバクトップの適用病害虫および使用方法（2016年5月現在）

作物名	適用病害虫名	使用倍数・量	使用時期	使用回数	使用方法
野菜類（施設栽培）	コナジラミ類	50〜75カード/10a	発生初期	—	放飼

コナジラミ類の初期密度を抑制する。本種は，定植直後から利用可能であるが，定植時に粒剤や散布剤を処理したときは，残効がなくなる約2〜4週間後から利用する。11月以降，コナジラミ類の密度が増加してしまった場合には，殺虫剤による防除に切り換える。

◎促成ミニトマト（定植：9月上旬，収穫：11月上旬〜翌年5月下旬）

　無病害の苗を定植する。定植時はコナジラミ類の野外からの侵入が多いので，粒剤や散布剤を利用しコナジラミ類の初期密度を抑制する。本種は，定植直後から利用可能であるが，定植時に粒剤や散布剤を処理したときは，残効がなくなる約2〜4週間後から利用する。11月以降，コナジラミ類の密度が増加してしまった場合には，本種に影響が少ない選択性殺虫剤を散布する。また，収穫終了時期が遅い場合には，3月以降，再び本種を利用することも可能である。ただし，この場合には，コナジラミ類の発生に注意し，発生が多いときには選択性殺虫剤を散布する。

●効果の判定

　サバクツヤコバチ放飼開始後，約4週間で次世代のサバクツヤコバチマミーが出現するが，未寄生幼虫との判別は肉眼ではやや困難である。このため，施設内で見取りで効果を判定するときには，コナジラミ類成虫の黄色粘着トラップによる誘殺数，および叩き出しによる個体数の推移に着目する。成虫数が減少または増加していなければ結果は良好である。

●追加放飼と農薬防除の判断

　本種を放飼した後，密度抑制効果が認められず，コナジラミ類が増加し始めた場合には，本種に悪影響がない（または少ない）と思われる選択性殺虫剤を散布する。あるいは，本種には悪影響があるかもしれないがコナジラミ類に対する効果が高い殺虫剤を，特に密度が高い箇所にのみスポット散布する。それでも密度の低下が認められず，大量発生に至ってしまった場合には，本種の放飼による防除はあきらめ，効果が高い殺虫剤による防除に切り換える。

●天敵の効果を高める工夫

　本種はコナジラミ類の発生密度が低いときから利用すると効果的である。コナジラミ類成虫の施設外からの侵入および本寄生蜂の施設外への逃亡を防ぐため，施設の側窓部には（可能ならば天窓部にも）防虫網を設置する。防虫網は0.4mm以下の目合いを推奨する。夏期は温室が高温となるため，遮光，換気，循環扇などで温度を下げる工夫をする。

　また，定植時にクロロニコチニル系粒剤（アドマイヤー，ベストガード，モスピラン）を処理すると，コナジラミ類の初期密度を抑制できる。この場合，本寄生蜂の放飼は，粒剤の残効がなくなる処理1か月後以降に開始する。

●農薬の影響

　本種に対する農薬の影響については日本生物防除協議会が作成している農薬影響表（本書p.資料2）を参照のこと。

●その他の害虫の防除

　マメハモグリバエ（ハモグリバエ類）に対してはマイネックス（イサエアヒメコバチ，ハモグリコマユバチ）を放飼し，チョウ目（ハスモンヨトウ，オオタバコガ）幼虫にはゼンターリ顆粒水和剤（BT剤）など，トマトサビダニにはモレスタン水和剤など本種に影響の少ない剤をそれぞれ散布する。

●飼育・増殖方法

　オンシツコナジラミ若齢幼虫を寄生させた鉢植えのトマトあるいはタバコとともに本種の成虫を飼育容器に入れ，25℃で保持すれば，約20日で次世代の成虫が得られる。

（太田光昭・矢野栄二・杉山恵太郎）

〈製造・販売元〉
エルカード：アリスタ ライフサイエンス（株）
サバクトップ：（株）アグリセクト

〈糸状菌〉ペキロマイセス・フモソロセウス

ペキロマイセス・フモソロセウス
（口絵：資材9）

学名 *Paecilomyces fumosoroseus* Apopka strain 97
＜糸状菌／子嚢菌類＞
英名 ―

資材名 プリファード水和剤
主な対象害虫 ワタアブラムシ，コナジラミ類（タバココナジラミ，オンシツコナジラミ）
その他の対象害虫 ―
対象作物 野菜類（施設栽培）
寄生・捕食方法 感染寄生
活動・発生適温 25℃（20〜28℃）
原産地 アメリカ合衆国

【特徴と生態】

●特徴と寄生方法

Paecilomyces fumosoroseus は普遍的に存在する菌であり，世界中で記録されている。生物防除資材としても古くから注目され，蚕の重要害虫であるカイコノウジバエの防除に使用された記録がある。プリファード水和剤に使用されている *P. fumosoroseus*（PFR-97菌）は，さまざまなところから採集された系統のうち，シルバーリーフコナジラミ（タバココナジラミ・バイオタイプB）の防除に最も適している菌を製剤化したものである（蚕に寄生する系統は赤きょう病菌とされるが，本系統とは異なる）。

害虫に対して寄生・感染する方法は，他の昆虫寄生菌と基本的には同じで，胞子が菌糸を伸ばして経皮的に虫体内に侵入し，虫体内で増殖して害虫を死に至らしめると考えられている。顕微鏡下では，胞子が発芽して菌糸を伸ばし，コナジラミの幼虫に接触していくことが観察される。また，プリファード水和剤を散布後に，植物体上で伸張した菌糸に脚をとられてもがくコナジラミ成虫が確認できることがある。本菌の害虫に対する感染経路の詳細については，今後の研究成果を待つ必要がある。

コナジラミの卵，幼虫，成虫に対して感染するが，成虫に対して最も明確な病原性を示す。卵に対して感染するとされるが，孵化途中の幼虫の感染死が確認されることから，直接卵に感染するというより，卵上にある菌糸あるいは胞子が，孵化幼虫に感染することが多いと思われる。

●発育と生態

P. fumosoroseus の生育は生育適温である25℃程度で最も良く，菌糸伸張も胞子形成量も豊富である。30℃を超えると生育は鈍化し，人の体温ではほぼ生育しない。一方，低温では生育は比較的良好で，害虫対策としては20℃程度が最も効果的である。10℃以下でも生育し防除効果を発揮する。

プリファード水和剤を散布した圃場では，次作以降でも長い期間 *P. fumosoroseus* によるコナジラミの感染死がしばしば観察できている。野外や圃場内における本菌の詳細な生態は不明であるが，*P. fumosoroseus* は土壌から分離できることから，PFR-97菌も他の昆虫寄生菌と同様に，土壌中で何らかの生活環をもっているものと思われる。*P. fumosoroseus* の生存にはアルカリ土壌が適していると報告されており，圃場では土壌の性質や施肥などの栽培管理が本菌の生態にある程度影響しているものと思われる。

P. fumosoroseus は，アブラムシの甘露など植物体上にある栄養を利用しながら生存し，場合によっては増殖する。散布したPFR-97菌も製剤中に含まれる栄養成分や甘露を利用して，植物体上に菌糸を張り巡らせることが観察できる。このため，散布したPFR-97菌が防除効果を示す期間は長い。

圃場にプリファード水和剤を散布した後，本菌により感染・発病した害虫は，虫体上に多数の胞子や菌糸を発生させるので，圃場内での発生源となり，2次感染を引き起こす。また防除対象ではない害虫類の死体，脱皮殻なども本菌の培地となるため，発病虫と同様に2次感染源となる。

昆虫寄生菌の発育零点は，一般に寄主昆虫の発育零点より低い。このため，害虫類の増殖が旺盛で脱皮の間隔が短時間である時期より，脱皮間隔が長くなる比較的低温期のほうが感染しやすく，防除効果もあがりやすい。プリファード水和剤の成分である *P. fumosoroseus*（PFR-97菌）も同様である。これは，一般に天敵昆虫やカブリダニ類の発育零点が，

表1　プリファード水和剤の適用病害虫および使用方法 (2016年5月現在)

作物名	適用病害虫名	使用倍数・量	使用時期	使用回数	使用方法
野菜類（施設栽培）	コナジラミ類	1,000倍・200〜300ℓ/10a	発生初期	—	散布
	ワタアブラムシ	1,000倍・200〜300ℓ/10a	発生初期	—	散布

寄主あるいは食餌となる昆虫・ダニ類のそれよりも高く，低温期に防除効果を発揮しにくいことと大きく異なる点である。

【使い方】

●剤型と使い方の基本

プリファード水和剤の剤型は顆粒水和剤で，他の昆虫病原糸状菌製剤と異なることは，他の製剤が分生子（conidia）を主成分としているのに対して，発芽胞子（blastospore）を主成分としていることである。しかし，実際の取扱いは一般の水和剤と同様である。

製剤は，市販されるときにはカップラーメンのように完全に乾燥状態になっているので，使用時には他の昆虫病原糸状菌製剤と同様に，あらかじめ使用する量の製剤を水に懸濁して1〜2時間程度吸水させると防除効果が高くなる。このとき，少量の水に4時間を超えて浸漬すると酸欠状態になることがあるので，水に一晩浸漬するようなことはしないようにする。以前の製剤は懸濁性が悪かったが，現在は改良されている。しかし，懸濁時には製剤をネットで濾過するなどして，顆粒が完全に分解してしっかり懸濁できるようにする。散布や製剤に水を吸わせるときに水道水を使用すると，他の昆虫病原糸状菌と同様に，水道水中の塩素の影響により菌が死亡することがある。水道水を使うときは，勢いよくタンクに水を貯めたり，数時間くみ置きしたりしてカルキを抜く必要がある。

対象害虫に複数回の散布を行なう。たとえば，トマトなどのコナジラミ類には1,000倍液を7日間隔で3回程度散布する。殺虫剤との混用により，相乗的あるいは相加的効果を得られることが多く，昆虫病原糸状菌製剤を使うときには殺虫剤と混用することを推奨する。ただし，プリファード水和剤と相性の悪い剤もあるため，混用表や影響表を必ず確認する。特に，プリファード水和剤は菌糸製剤であり，

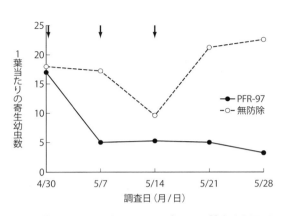

図1　施設トマトのタバココナジラミに対するPFR-97菌の防除効果
矢印は1,000倍液の散布

胞子製剤である他の昆虫病原糸状菌製剤とは薬剤感受性が異なるところがあるので，農薬の併用時にはメーカーから提供される混用表や影響表を必ず確認する。

●散布適期の判断

害虫が発生する前もしくは少発生時から散布するのが望ましい。このため，防除対象害虫の発生量から防除時期を判断するのではなく，定植時や季節変化に伴う栽培施設の密閉など栽培の節目から定期的に散布するのが望ましい。

昆虫病原糸状菌の病原性は，圃場の温度・湿度環境によって大きく変動するため，防除対象害虫が少〜中発生時に散布しても菌の生育に好適な環境でなければ害虫が増殖し，被害が発生する。このため，防除対象害虫を見たらただちに散布し，葉上に付着した菌が生育に好適な環境に遭遇することを待つ。

ただし，菌の生育に好適な環境であれば，ある程度発生量が多くても防除が可能である。トマトの1単葉当たり16頭程度のコナジラミ幼虫が発生している中発生状態でも，環境が整っていれば防除は可能である（図1）。このため，気温が低く栽培施設を密閉し，かつ暖房機がまだ稼働していない時期は，

〈糸状菌〉ペキロマイセス・フモソロセウス

表2　PFR-97菌の菌糸発育に対する湿度の影響　　　　　　　　　　　　　　　　　　（Landa et al., 1994一部改変）

処理時間 (h)	相対湿度（%）			
	85	90	95	100
24	0.0 ± 0.0	0.35 ± 0.12	0.51 ± 0.22	1.05 ± 0.3
72	0.0 ± 0.0	0.52 ± 0.27	1.25 ± 0.68	2.15 ± 0.27
168	0.42 ± 0.32	1.28 ± 0.39	2.65 ± 0.23	3.0 ± 0.00

注　数値は菌糸発育程度，平均値±SD。発育程度はタバココナジラミ幼虫の虫体を菌糸が完全に覆っているときを3，まったく覆っていないときを0として6段階評価したときの値。25℃での値

最も施設内の湿度が高くなるため1つの散布適期である。

●温湿度管理のポイント

他の昆虫病原糸状菌と同様に，温湿度の違いにより防除効果は大きく異なる。湿度がプリファード水和剤に用いられているP. fumosoroseus（PFR-97菌）の発育に与える影響を表2に示す。プリファード水和剤に用いられているP. fumosoroseusが害虫の虫体内に侵入するには，80％以上の湿度が8時間以上持続する必要があるとされる。

栽培施設では，夜間は通常でも高湿度環境であり，本剤が要求する条件を満たす。しかし，除湿機やヒートポンプ，加温機が作動しているときは，相対湿度が低下するので注意が必要である。ただし，薬剤散布後に施設を閉め込んだり散水したりして高湿度を保つような手法は，他の病害の発生を助長するので行なってはならない。通常の栽培管理を行なう。

●栽培方法と使い方

トマトの灰色かび病や葉かび病が発生しているときは，栽培環境が高湿度環境であることを示し，昆虫病原糸状菌の活動には好ましい環境である。したがって，たとえばトマトでは，どの作型でも本菌に好適な環境を得られると思ってよい。しかし，加温機が盛んに作動する厳冬期や除湿機を作動させる時期は，昆虫病原糸状菌による発病がある程度抑えられており，速効的な防除効果を期待するのは危険である。これらのことから，春や秋の，加温機は作動しないが被覆によって夜間の保温が行なわれる時期が，本剤の使用に最も適していると思われる。

●効果の判定

本菌は寄主昆虫に感染すると，盛んに菌糸を発育させ虫体を覆うとともに，虫体表面に分生子を大量に発生させる。したがって，本菌により発病死した寄主昆虫は明瞭に判定できることが多い。しかし，本剤を処理した直後や本菌に好適な環境でないときには，虫体表面に菌糸が現われない。このような場合でも，成虫は葉にしっかりつかまって死んでいるし，幼虫は変色するのでおおむね防除効果は判定できる。

●追加散布と農薬防除の判断

少発生時から本剤の散布をしていることを前提にすると，コナジラミの成虫が目につき始めたら，コナジラミの密度が上昇しているか，または世代交代が順調に行なわれていることを示しているので追加散布が必要である。

季節や気象条件によって，高湿度条件は長期間維持できないことが多い。また，加温機の作動などにより高湿度環境が提供できないとき，またはコナジラミが増殖してすす病を起こし始めたときなどには，農薬散布もしくは農薬との併用が必要である。

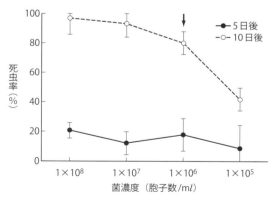

図2　Paecilomyces fumosoroseus菌濃度とタバココナジラミの発病率
矢印は常用濃度（1,000倍）

表3　菌糸の伸張に対する農薬の影響

薬剤	濃度（倍）	菌叢直径
アリエッティC水和剤	400	0±0
カスミンボルドー水和剤	1,000	49.7±8.7
カリグリーン水和剤	1,000	57.1±4.5
ジマンダイセン水和剤	600	0±0
スミブレンド水和剤	1,500	42.4±8.9
スミレックス水和剤	1,000	39.5±4.5
ダコニール1000	1,000	35.9±15.3
ベルクート水和剤	4,000	41.0±11.3
ラリー水和剤	4,000	46.5±8.8
リドミルMZ水和剤	1,000	0±0
ロブラール水和剤	1,000	50.6±6.5
モレスタン水和剤	3,000	45.8±5.1
無処理	―	51.7±9.2

注　数値はmm，平均値±SD

表4　胞子の発芽に対する農薬の影響

薬剤	濃度（倍）	コロニー数
アリエッティC水和剤	400	0
カスミンボルドー水和剤	1,000	48.4
カリグリーン水和剤	1,000	16.0
ジマンダイセン水和剤	600	0
スミブレンド水和剤	1,500	8.0
スミレックス水和剤	1,000	2.0
ダコニール1000	1,000	0
ベルクート水和剤	4,000	71.5
ラリー水和剤	4,000	69.5
リドミルMZ水和剤	1,000	0
ロブラール水和剤	1,000	76.0
モレスタン水和剤	3,000	4
無処理	―	82.1

注　数値は1シャーレ当たりの数

●天敵の効果を高める工夫

　*P. fumosoroseus*の胞子は風で容易に飛散するので，圃場内の菌密度が高いほど2次感染を起こす。このため，菌の密度が高くなるように努める。発病死したコナジラミは2次感染源となり，圃場内での菌の蔓延を助長する。そのため，このような個体がついている葉は摘葉を遅らせるか，圃場内に置いておくなど，病害防除上問題とならない程度に圃場内に維持することが望ましい。殺虫剤などで死亡した虫は，腐生的に菌の培地となるので，殺虫剤と体系化した散布は防除効果を高めることがある。さらに，薬剤感受性が低下した殺虫剤との混用でも，*P. fumosoroseus*の発病率が高くなり，速効的な効果が得られる。

　昆虫寄生菌に限らず，微生物農薬は散布液の菌量を農薬登録濃度より10倍以上薄く調整しても発病率がゼロにはならない（図2）。*P. fumosoroseus*も同様であり，薄い菌濃度の散布液を繰り返し散布し，菌による被覆率を上げることを優先する使用法でも効果を得ることができる。しかし，散布液の菌濃度が高いほど防除効果は高くなるので，農薬登録濃度は守る必要があり，特に防除対象害虫が発生してから散布するときには，散布液の菌量を確保するだけでなく，作物や対象害虫に付着する菌量が増えるよう，しっかり散布液量を確保する。

　散布液の菌濃度が低くても防除効果を発揮するということは，薬剤の混用・近接使用，あるいは散布ムラ，太陽光に含まれる紫外線などによって植物に付着する菌量が大幅に下がっても，防除効果がゼロにはならないということである。後述する農薬との混用などについては，できるだけ配慮する必要があるが，必要以上に菌の圃場内での生存に労力を割く必要はない。

●農薬の影響

　野菜類の病害防除のためには殺菌剤の使用は避けられない。本剤の主成分は，植物病原菌と同様に菌類であるから，殺菌剤には影響の強い剤がある（表3，4）。また殺虫剤，展着剤にも影響のある剤がある。しかし，影響のない剤については混用も可能であるから，メーカーの技術資料などは通読する必要がある。ちなみにマンゼブ剤やTPN剤は影響が大きいようである。

　先述したとおり，プリファード水和剤は菌糸製剤であり，胞子製剤である他の昆虫病原糸状菌製剤とは薬剤感受性が異なる。農薬の併用時に他の昆虫病原糸状菌製剤の混用事例を参考にはしない。

　PFR-97菌に影響の強い剤を連続して近接散布するようなことは望ましくないが，先述したとおり土壌中や植物体上で生存していることが多いので，必要ならば殺菌剤の散布はためらわず行なう。もし，影響が大きい剤を使用した場合には，追加して散布し，圃場内の菌密度を再び高める。

●その他の害虫の防除

　野菜類に発生する他の害虫について，本剤の防除

〈糸状菌〉ペキロマイセス・テヌイペス

効果がどれだけあるかは不明である。ミカンキイロアザミウマやマメハモグリバエ成虫に対しては病原性をもつ。特に，地面の上に落ちたハモグリバエの蛹の表面を菌叢が覆い，羽化できなくなる状態がしばしば観察できる。現在は農薬登録がないが，チャトゲコナジラミにも効果がある。

海外では，アーモンドのテトラニカス属ハダニの防除に，殺ダニ剤との混用で使用されている。また，海外の製剤のラベルには，アザミウマやカイガラムシ類，キジラミなどに対するスプレー散布による使用法と，ゾウムシなどの甲虫類や，チョウ目の幼虫などに対する土壌表面散布や土壌混和，灌水チューブなどを利用した散布などの使用法が掲載されている。

このように，多くの害虫に感染しているようであるが，必ずしも十分な防除効果を得られていないことも多く，農薬登録がないその他の害虫類に対する防除効果については，使用方法を含め，さらに検証が必要であろう。

●分離・増殖方法

分離は比較的容易であり実験的に大量の胞子を得ることができるが，本剤は液体培地で特殊な増殖を行なっているため，製剤と同様の性質をもつように調整することは難しい。

（黒木修一）

〈製造・販売元〉
プリファード水和剤：三井物産(株)

ペキロマイセス・テヌイペス
（口絵：資材9）

学名　Paecilomyces tenuipes strain T1
＜糸状菌／子嚢菌類＞
英名　─

資材名　ゴッツA
主な対象害虫　コナジラミ類，アブラムシ類，うどんこ病
その他の対象害虫　─
対象作物　野菜類（施設栽培）
寄生・捕食方法　害虫：感染寄生，病原菌：植物抵抗性誘導と推測

活動・発生適温　22～28℃
原産地　日本

【特徴と生態】

●特徴と寄生方法

ペキロマイセス・テヌイペスは，古くから東アジア各国でその有性世代が冬虫夏草として知られ，強壮剤，鎮咳薬として使用されている。また，微生物寄託機関(CBS; Centraalbureau voor Schimmelcultures および ARSEF; Agricultural Research Service Entomopathogenic Fungus Collection）には，アメリカ合衆国，ブラジル，メキシコ，ドイツ，オランダでの分離株が保存されていることから，世界中に広く分布しているものと考えられる。タバココナジラミ，オンシツコナジラミ，ワタアブラムシ，モモアカアブラムシといったカメムシ目昆虫，コナガ，オオタバコガといったチョウ目昆虫に感染能を有していることがわかっている。

昆虫病原性糸状菌類の生態は，宿主である昆虫への感染プロセスについては比較的よく研究されている。すなわち，環境中の分生子は，昆虫の皮膚表面に付着した後，皮膚成分を検知することで発芽し，機械的な力と菌糸から分泌されるクチクラ分解酵素（プロテアーゼ，キチナーゼ，リパーゼなど）を利用して皮膚を貫通し，昆虫体内に侵入する。侵入した菌糸から出芽的に短菌糸（blastospore）が形成され，栄養条件の適した体液中で増殖し，多くの場合，短菌糸の増殖による体液循環の阻害，生理的なアンバランス，生理的飢餓などが複合的に作用して致死させると考えられる。

最近の研究により本剤が植物病害防除作用も有することが明らかになっている。その作用機作の研究はいまだ十分ではないものの，ハウスあるいはポット栽培のトマトにおいて青枯病発生の抑制が認められたとの報告がある。また，キュウリを用いたうどんこ病のポット試験において，キュウリ下位葉のみに本剤を処理した場合，下位葉のみならず，薬剤が付着していない上位葉においても，うどんこ病の発生が抑制されたという知見が得られており，抵抗性誘導が作用機作の1つとして示唆されている。

表1　ゴッツAの適用病害虫および使用方法 (2016年5月現在)

作物名	適用病害虫名	使用倍数・量	使用時期	使用回数	使用方法
野菜類（施設栽培）	うどんこ病	500倍・100〜300l/10a	発病前〜発病初期	―	散布
	アブラムシ類	500倍・100〜300l/10a	発生初期	―	散布
	コナジラミ類	500〜1,000倍・100〜300l/10a	発生初期	―	散布

●生態

宿主である昆虫への感染後, 感染虫が死亡したあとは, 再び菌糸として昆虫体表に現われ, 乾燥した宿主上で分生子を形成し, 環境中にもどる。環境中での挙動については不明な部分も多いが, 主に土壌中で分生子として存在し, 昆虫との接触を待つものと考えられている。

生育に適した温度は22〜28℃である。また, 30℃以上もしくは5℃以下の温度ではほとんど生育しない。生育に適したpHは4〜7で, この範囲を大きく外れた酸性条件下もしくはアルカリ性条件下では生育しない。通常の糸状菌と同様に, 炭素源, 窒素源, 無機塩類を含む培地で生育する。たとえば, ポテトデキストロース培地, マルトエキス培地などが例示できる。

【使い方】

●剤型と使い方の基本

本剤は, ペキロマイセス・テヌイペスの分生子を油に懸濁したオイルフロアブル製剤である。本剤は, 保存中に有効成分が沈澱することがあるので使用前には容器をよく振り, 通常の農薬と同様に水で希釈することによって使用する。なお, 保存容器には有効成分の保存安定性を確保するための乾燥剤が入っているので, 取り出さないようにする。

●散布適期の判断

害虫の少発生時から散布するのが望ましい。病害についても予防的に散布することが望ましい。

●温湿度管理のポイント

本剤の害虫防除活性は温湿度に大きく影響を受ける。防除活性を効果的に発現させる温度域は15〜28℃であり, 湿度は高いほうが好ましく, 散布直後に一定時間(8時間以上)は80%以上の高湿度を保つ必要がある。施設内の湿度は一般に夜間に高まる

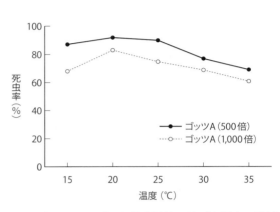

図1　タバココナジラミ殺虫活性に及ぼす温度の影響
(湿度99% RH)

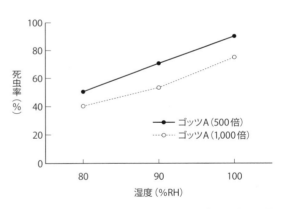

図2　タバココナジラミ殺虫活性に及ぼす湿度の影響
(温度25℃)

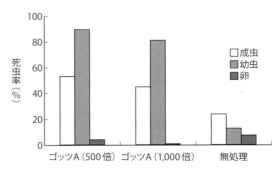

図3　ゴッツAのタバココナジラミ生育ステージ別活性
(温度25℃, 湿度99% RH)

〈糸状菌〉ペキロマイセス・テヌイペス

ため，散布は夕刻に行なうことが望ましい（図1, 2）。

●効果の判定

　温湿度条件が整った場合には，虫体表面に菌糸や分生子が形成されるため，本剤の効果を確認できる。条件によっては，感染が成立していたとしても，虫体表面に菌糸や分生子の形成が認められないことがあるため，虫数の密度抑制程度から効果を判定す

る。コナジラミ類では，幼虫に高い効果を示し，卵に対しては効果が低いなど生育ステージ別に殺虫活性が異なるため，全ステージ（卵，幼虫，蛹，成虫）が混在する圃場では，密度抑制効果は遅効的であることに留意する（図3）。

●追加散布と農薬防除の判断

　害虫防除の場合，発生初期に散布を開始し，7日

表2　ペキロマイセス・テヌイペスに対する農薬混用の影響性

	影響なし		影響あり	
殺虫剤・殺ダニ剤	アーデント水和剤 アカリタッチ乳剤 アクタラ顆粒水溶剤 アグロスリン乳剤 アタブロン乳剤 アディオン乳剤 アドマイヤー顆粒水和剤 アドマイヤー水和剤 アファーム乳剤 アプロードエースフロアブル アプロード水和剤 ウララDF エスマルクDF オサダン水和剤 オルトラン水和剤 カウンター乳剤 カネマイトフロアブル コテツフロアブル コロマイト乳剤 サンクリスタル乳剤 サンマイトフロアブル スタークル顆粒水溶剤 スピノエース顆粒水和剤 除虫菊乳剤	ゼンターリ顆粒水和剤 ダニトロンフロアブル ダントツ水溶剤 チェス水和剤 テルスター水和剤 トリガード液剤 トレボン乳剤 ニッソラン水和剤 粘着くん液剤 ノーモルト乳剤 ハクサップ水和剤 バリアード顆粒水和剤 バロックフロアブル ビルク水和剤 フェニックス顆粒水和剤 プレオフロアブル ベストガード水溶剤 マイトコーネフロアブル マッチ乳剤 マブリック水和剤20 モスピラン水溶剤 ラノー乳剤 ロディー乳剤	―	
殺菌剤	イオウフロアブル インプレッション水和剤 カリグリーン カンタスドライフロアブル スミレックス水和剤 トリフミン水和剤 バイオキーパー水和剤 バイコラール水和剤 バイレトン水和剤5 バリダシン液剤5 パンチョTF顆粒水和剤 フェスティバルC水和剤 フルピカフロアブル ベルクート水和剤	ボトキラー水和剤 ポリオキシンAL水和剤 ホライズンドライフロアブル ポリベリン水和剤 ラリー水和剤 ランマンフロアブル リドミル銅水和剤 ルビゲン水和剤 Zボルドー水和剤	アミスター20フロアブル オーソサイド水和剤80 カスミンボルドー水和剤 カーゼートPZ水和剤 コサイドDF コサイドボルドー水和剤 ゲッター水和剤 サプロール乳剤 ジマンダイセン水和剤 ジマンダイセンフロアブル ジャストミート顆粒水和剤 ストロビーフロアブル スミブレンド水和剤 セイビアーフロアブル20	ダイマジン ダコニール1000 ダコニールエース デランK ドイツボルドーA ドーシャスフロアブル トップジンM水和剤 ハーモメイト水溶剤 ビスダイセン水和剤 フェスティバルM水和剤 ベンレート水和剤 リドミルMZ水和剤 ロブラール水和剤 ロブラール500アクア
展着剤	アイヤー アグラー アドミックス アビオン-E アプローチBI クミテン グラミン グラミンS	サブマージ サントクテン80 新グラミン シンダイン スカッシュ ダイン ハイテンパワー プラテン80	ブラボー ベタリン-A ペタンV マイリノー まくぴか ミックスパワー ラビデン3S Y-ハッテン	ニーズ	

バーティシリウム・レカニ

（口絵：資材10）

学名 *Verticillium lecanii* (Zimmermann) Viegas
〔= *Lecanicillium muscarium* (Petch) Zare & W. Gams〕
<糸状菌／子嚢菌類>
英名 —

資材名 マイコタール
主な対象害虫 タバココナジラミ，オンシツコナジラミ，チャノキイロアザミウマ，ミカンキイロアザミウマ
その他の対象害虫 —
対象作物 トマト，ナス，キュウリ，メロンなどの野菜，キク，トルコギキョウ，ガーベラなどの花卉，マンゴー
寄生・捕食方法 表皮から侵入・寄生（経皮感染）
活動・発生適温 20～25℃（最適湿度：98％以上）
原産地 —

程度の間隔で合計3～4回散布することが必要である。アブラムシ類は環境条件によっては増殖速度が速く，本剤による密度抑制効果を上回ることがあるため，必要に応じて散布間隔を短くするなどの工夫が必要である。病害に対しては予防効果が主体なので，発病前～発病初期に7日程度の間隔で散布する。3～4回散布しても効果が認められない場合は，他の農薬散布が必要であるが，農薬によっては本剤に影響を及ぼす場合があるので注意が必要である。

● **天敵の効果を高める工夫**

既述のとおり，本剤の害虫防除活性は温湿度に大きく影響を受けるため，使用前や使用中には温湿度計で施設内の環境条件を測定し，本剤に適した環境条件が整っていることを確認することが望ましい。また，本剤は浸透移行性がないため，散布液が害虫に直接付着するように，葉裏にも十分かかるようにすることが重要である。

● **農薬の影響**

表2を参照。

● **分離・増殖方法**

一般的には，常法により分離でき，液体培養および固体培養で増殖が可能である。商業的には，液体培地で前培養したのち，固体培地で本培養して増殖させている。

（木村晋也）

〈製造・販売元〉
ゴッツA：出光興産（株），住友化学（株）

【特徴と生態】

● **特徴と寄生方法**

バーティシリウム・レカニは，コナジラミ類，アブラムシ類，カイガラムシ類などの幼虫と成虫に寄生する糸状菌である。諸外国では古くから知られていた菌種であるが，わが国では1984年に発見された。近年，バーティシリウム属菌の分類体系が見直され，本製剤に用いられている菌種はレカニシリウム・ムスカリウムに再分類された。

本製剤はアザミウマ類にも効果が高いことがわかったことから，近年はミカンキイロアザミウマ（キク，トルコギキョウ）やチャノキイロアザミウマ（マンゴー）の防除にも使われている。分生子（胞子）を

表1　マイコタールの適用病害虫および使用方法（2016年5月現在）

作物名	適用病害虫名	使用倍数・量	使用時期	使用回数	使用方法
キク（施設栽培）	ミカンキイロアザミウマ	1,000倍・150～300*l*/10a	発生初期	—	散布
トルコギキョウ（施設栽培）	ミカンキイロアザミウマ	1,000倍・150～300*l*/10a	発生初期	—	散布
マンゴー（施設栽培）	チャノキイロアザミウマ	1,000倍・200～700*l*/10a	発生初期	—	散布
野菜類（施設栽培）	コナジラミ類	1,000倍・150～300*l*/10a	発生初期	—	散布

〈糸状菌〉バーティシリウム・レカニ

表2 メロンのタバココナジラミに対するバーティシリウム・レカニ製剤の効果

希釈倍数	葉位	タバココナジラミ3〜4齢幼虫数/葉				
		5月21日(散布前)	6月4日	6月12日	6月20日	
250倍	上	0	9	4	31	
	下	112	2	29	13	
500倍	上	0	23	15	95	
	下	73	6	98	60	
無散布	上	0	128	86	>500	
	下	92	42	>500	>500	

注 製剤は、ガラス温室で4回（5月21日、5月28日、6月4日、6月12日）散布した

表3 メロンのミナミキイロアザミウマに対するバーティシリウム・レカニ製剤の効果

希釈倍数	ミナミキイロアザミウマ幼虫数/葉				
	5月21日	5月28日	6月4日	6月12日	6月20日
250倍	16	5	19	18	14
500倍	16	17	53	24	42
無散布	26	24	127	185	>500

注 製剤は、ガラス温室で4回（5月21日、5月28日、6月4日、6月12日）散布した

含む水和剤であり、水に溶かして散布する。本菌に感染した昆虫は数日で死亡し、やがて白い綿毛状の菌糸で覆われる。わが国で使用されている製剤はヨーロッパから輸入されたものである。

コナジラミにはアシェルゾニア菌（*Aschersonia*）などが、アザミウマには疫病菌も感染するが、アシェルゾニア菌による死体は鮮やかなオレンジ色を呈し、疫病菌による死体はクリーム色のビロード状となることから、バーティシリウムとの区別は容易である。

● 生態

感染は分生子によって起こる。寄主の体表に付着した分生子は発芽し、表皮を貫通して体腔内に侵入する。感染した寄主は数日で死亡する。死体から菌糸が現われ、無数の分生子が形成される。こうした死体に接触したり分生子が飛散したりして次々と感染していく。飼育中のコナジラミやアザミウマが本菌に感染することもあるから、本菌は環境中に広く分布していると考えられる。

【使い方】

● 剤型と使い方の基本

施設栽培で用いる。露地栽培における防除法は確立されていない。水和剤を水に溶かし（1,000倍）、噴霧器を用いて植物全体に散布する。コナジラミやアザミウマが寄生している葉裏をねらって重点的に散布する必要がある。散布は1週間間隔で数回行なう。分生子が発芽し感染するためには、高湿度（98%以上）が不可欠である。

コナジラミとアザミウマに対する防除効果をそれぞれ表2と表3に示した。

● 散布適期の判断

本製剤の散布後、対象害虫が死亡するまでに3〜4日かかる。このため、発生初期に1回目の散布を行なう。多発してから散布した場合は防除効果があがらない。

コナジラミは黄色に、アザミウマは青色に誘引される習性がある。黄色粘着トラップ（コナジラミ用）や青色粘着トラップ（アザミウマ用）は初期の確認や防除効果の判断に利用する。

● 温湿度管理のポイント

うまく感染させるためには、湿度の管理が特に重要である。散布後は高湿度（98%以上）を10時間程度持続させる必要がある。散布は湿度が上がり始める夕方に行なう。これは、施設栽培では秋〜春にかけて夜間は窓を閉め切るため、湿度は100%近くに達するからである。感染率を高めるため、できるだけ夜間は窓を閉め切る。

30℃以上の高温や15℃以下の低温では感染しにくくなる。したがって、夏期や冬期は防除効果があがりにくい。

● 栽培方法と使い方

施設栽培（ガラス温室、ビニールハウスなど）で使用する。散布は夕方に行なうが、散布に先だち、側窓や天窓を閉め切って湿度を高めておく。散布方法は、まず本剤を少量の水に溶き、3〜4時間放置する。こうすることで分生子は吸水して膨潤し、寄主上で

発芽しやすくなる。動力噴霧器などを用いて，葉裏に重点的に散布する。側窓や天窓は，翌朝までそのまま閉め切っておく。その後も夜間は閉め切って湿度を高める。

本剤を室温で保管すると，分生子の発芽率は低下する。保管は冷蔵庫（0～5℃）で行なう。低温で保管した場合は，数か月間使用できる。

●効果の判定

うまく感染させることができた場合は，散布3～4日後に綿毛状の菌糸で覆われた死体が観察される。2回目の散布後も病死体が観察されなかった場合は，散布後の湿度管理などを見直す。

●追加散布と農薬防除の判断

一般に1週間間隔で2～3回散布する。3回目の散布後も効果が見られない場合は，化学農薬など別の防除法に切り替える。

●天敵の効果を高める工夫

湿度が防除効果を左右する決定的な要因となっている。湿度を高めるためには，まず，ハウスの開口部を閉め切り，通路などに散水したり，夜間は二重カーテンで覆ったりするなどの工夫も必要となる。

●農薬の影響

殺菌剤は，大きな影響を与えるものが多いことから，原則として使用しないようにする。ただし，一部の殺菌剤（銅剤，ポリオキシン剤，硫黄剤，プロシミドン剤，メプロニル剤など）は，本菌に対する影響が小さい。

散布器具は専用とする。共用する場合は十分に洗浄してから使用する。

●その他の害虫の防除

ほとんどの殺虫剤は本菌に対する影響が小さいので，通常の使用法で散布できる。他の天敵（寄生蜂，他の寄生菌）などに対する影響も小さい。

●分離・増殖方法

病死体から分離・培養することができる。分離は，死体から分生子をかきとり，常法に従って培養する。糸状菌用の多くの培地で培養できるが，一般にサブロー寒天培地（ペプトン10g，ショ糖40g，酵母エキス0.2g，寒天17g）が用いられている。

分生子を大量生産する場合は固体培地を用いる。培地を入れたトレイで10日間程度培養（25℃）し，形成された分生子をかきとるか，水（界面活性剤添加）を流し込み，これをろ過して分生子を集める。

（西東　力）

〈製造・販売元〉
マイコタール：アリスタ ライフサイエンス（株）

ナミテントウ

（口絵：資料11,12）

学名　*Harmonia axyridis* (Pallas)
＜コウチュウ目／テントウムシ科＞
英名　Multicolored Asian lady beetle，Halloween beetle，Harlequin ladybird

---

資材名　テントップ
主な対象害虫　アブラムシ類
その他の対象害虫　―
対象作物　野菜，果樹，花卉・花木など。ただしナミテントウ剤の登録作物は「野菜類（施設栽培）」
寄生・捕食方法　捕食
活動・発生適温　20～25℃
原産地　アジア北中部，沖縄・南西諸島を除く日本全土に土着

【特徴と生態】

●特徴と寄生・捕食行動

成虫は，幼虫期の栄養状態によって体長5～8mmと，かなり変化する。鞘翅は遺伝的多型が見られ，大きく分けて黒地タイプと朱地タイプがある。黒地タイプでは鞘翅に赤斑が2，4または12個存在する。朱地タイプでは黒紋が19個あるのが原型で，0～19個までの変異がある。前胸の背面は中央が黒色，両側が赤であるが，朱地のものでは黒色部が4個の黒斑に変わることがある。

雌雄は成虫でないと見分けられない。成虫の腹部腹面の末端（雄の末端節は紡錘形でU字型の切込みがある。雌の末端節は細くて見えにくい。また末端の2節に縦隆起がある）で雌雄を区別すると確実だが，観察が容易ではない。ビニール袋に入れて押さえつけ，ルーペで観察する。上唇の色（雌は完全な

黒色，雄は白色または茶色）でも確認できるが，朱地タイプではまれに茶色の雌がいる。腹面の色も異なるが，変異が大きいため確実ではない。体の大きさである程度区別できるが（雌のほうが大きい），これも変異が大きく確実ではない。最も簡単な見分け方は中胸腹板および後胸腹板，中脚の腿節の色の差で，雌はこれらが黒褐色であるのに対し，雄は淡色である。

日本には200種弱のテントウムシ類がいる。成虫の類似種との区別は体長と模様でだいたいできるが，かなり類似した種がいる。ナミテントウによく似た大きさの普通種にナナホシテントウ（捕食性）とニジュウヤホシテントウ（植食性）がいる。この2種は斑紋の個体変異がほとんどないので，黒斑の数，位置，大きさから簡単に区別がつく。またニジュウヤホシテントウは鞘翅につやがない。

最近似種のクリサキテントウ Harmonia yedoensis (Takizawa)はマツに特異的に生息し，アブラムシを捕食している。ナミテントウと同じ斑紋の変異があるので，成虫では区別が困難である。幼虫の棘の分岐がやや短いことで区別できる。

野外で幼虫の区別をする際は，ナナホシテントウとヒメカメノコテントウがナミテントウと混生してアブラムシを捕食する普通種だが，前2種の幼虫はナミテントウに比べて棘が非常に短いことで区別できる。なお，2齢幼虫からナナホシテントウには朱紋，ヒメカメノコテントウには白紋ができる。

卵は黄色，紡錘形で，数十個の卵塊になっている。孵化前に幼虫が透けて，灰色の模様ができる。幼虫は4齢を経過する。1齢虫は黒一色である。2齢虫から腹部側面に橙色斑ができる。齢が進むにつれて橙色斑は長くなる。慣れれば橙色斑で齢期を区別することができるが，正確を期するには頭部の幅を測定するとよい。体長では区別できない。各齢虫とも脱皮直後は膜質部が見えず，とげとげの漆黒の幼虫であるが，脱皮前になると膜質部が張りつめ，淡色に見えるようになる。

老齢幼虫は，十分に成長すると摂食をやめて葉などに付着し，半日ないし2日経過してから脱皮して蛹となる。蛹は朱地に黒紋があり，ナナホシテントウとそっくりであるが，尾部に残っている幼虫の脱皮殻の棘で区別できる。蛹は尾部で葉などに固着しているが，簡単にはずれる。

成虫，幼虫ともに，主にアブラムシ類を捕食する。アブラムシ以外にも各種の小型昆虫（コナガ，クワキジラミ，ナミハダニなど）を捕食することがある。

成虫，幼虫ともに，歩き回ることによって遭遇した個体を攻撃する。アブラムシを捕獲するまでは直線的に動いて広範囲を探索するのに対し，一度アブラムシを捕食すると捕獲前よりも探索速度を低下させ，より頻繁に方向転換をしながら狭い範囲を探索するようになる。幼虫では不明な点が多いが，成虫は植物体上では視覚や嗅覚を使ってアブラムシを探索していることを示唆する報告が散見される。視覚は，成虫のほうが幼虫よりも良い。緑色よりも黄色の物体に誘引されるが，その反応性は過去の経験の違いによって変更されることもある。また，アブラムシまたはアブラムシに食害された植物が放つ揮発性物質に反応し，誘引される。餌密度が低くなると，成虫，幼虫ともにその植物体から移動する。そのため一部のアブラムシの食い残しが生じることがある。

● 発育と生態

東海地方では2化性（年2世代）とされている。春から夏にかけて2世代を経過するところもあり，そのような地域では3化性（年3世代）である。成虫は夏眠，冬眠する。夏眠は幼虫期の日長，気温，餌の複合条件で誘発される完全な休眠である。冬眠もまた，低温，短日条件によって誘発される。冬眠からさめた成虫は，三重県平坦部では4月半ばから，広島県平坦部では4月上旬からいっせいに捕食活動を始め，ついで産卵する。第1回成虫は6月ごろから現われ，7月には夏眠のため姿を消す。秋に夏眠からさめて産卵することになっているが，アブラムシ

表1 テントップの適用病害虫および使用方法 (2016年5月現在)

作物名	適用病害虫名	使用倍数・量	使用時期	使用回数	使用方法
野菜類（施設栽培）	アブラムシ類	10〜13頭/m^2	発生初期	—	放飼

の発生が少ない年には，あまり見られないことがある。第2回成虫は秋に発生する。11月前後の暖かい日に集団飛翔が見られ，集団をつくって越冬態勢に入る。

昼行性である。繁殖・活動の適温は20〜25℃で，ナナホシテントウよりやや高め，ヒメカメノコテントウよりもやや低めである。自然状態では，ナミテントウの個体群密度はアブラムシ類の密度にほぼ同調している。ナミテントウはナナホシテントウよりも高い場所（樹木など）で活動している。成虫，幼虫ともにナナホシテントウよりしがみつく力が強く，植物体上から落下しにくい。

【使い方】

●剤型と使い方の基本

ナミテントウ剤は，テントップのみである。テントップは，野外から採取したナミテントウをもとに選抜と交配を数十世代繰り返して育成された飛翔不能系統の2および3齢幼虫を，緩衝材とともに容器に封入したものである。幼虫，成虫ともに，形態，単位時間当たりのアブラムシ捕食量，発育日数，産卵数，寿命などの諸特性は普通のナミテントウとほとんど変わらない。飛翔不能系統の成虫は普通の成虫に比べて日中の歩行活動量がやや低いが，天敵としての働きを阻害するものではない。遺伝的に飛翔不能になっているので，放飼された個体の子孫も飛翔することができない。

容器を振ると，容器の穴から緩衝材とともに2および3齢幼虫が一振りで約1〜2頭出てくる。容器を振ることによって，中にある緩衝材が常に攪拌されるため，2および3齢幼虫は容器の中で比較的均一に存在する。テントップでは，アブラムシ発生場所付近の作物に内容物を1m²当たり10〜13頭の密度で作物上に落としていく感覚で放飼する。

ナミテントウ剤の使用にあたっては，保存ができないため，入手後はただちに使用し，使い切る。アブラムシの発生量が多い株上には，多めに放飼する。使用量，使用時期，使用方法を誤らないように注意し，特に初めて使用する場合は，病害虫防除所など関係機関の指導を受けることが望ましい。

野外で採取したナミテントウを特定農薬（特定防除資材）として使用することにより，アブラムシを防除する方法もある。その際，採取場所と使用する場所は同一の都道府県内であること，また使用場所，使用年月日および使用数量などを記録するよう，農薬取締法で定められている。ナミテントウの成虫は4〜5月および9〜10月に出現する。採取したナミテントウ成虫を放飼しても飛翔活性が高く圃場内に定着しにくいため，産卵させて孵化した幼虫を利用するのが望ましい。

ナミテントウを採取する際，餌となるアブラムシも同時に採取し，ナミテントウに食べさせて産卵させる。アブラムシを野外で大量に採取可能である場合は，捕食能力の低い1齢期での利用を避け，2齢または3齢幼虫になるまで飼育してから放飼する。アブラムシの発生葉上に放飼する際，幼虫は容器から払い落とすのが難しいため，飼育容器に小紙片を入れておき，その幼虫の付いた紙片ごと葉上に移動させるとよい。

●放飼適期の判断

放飼適期はアブラムシが圃場内でスポット的に発生を始めたころとする。ごく発生初期であると，若齢幼虫がアブラムシを効率よく探せないので，かなりむだになる。一方，全面に発生してからでは防除が間に合わない。

アブラムシは施設の入り口など開口部付近での発生が多いので，周辺部のマルチや葉上にあるアブラムシの排泄物（甘露）や脱皮殻の有無を手がかりに探せば発見しやすい。イチゴのような作物では，収穫しながらチェックするとよい。

●温湿度管理のポイント

気温が30℃くらいまでは，幼虫および成虫の単位時間当たりの捕食量が増加する。そのぶん，生育期間は短くなるが，生育期間中の総捕食量も幾分増加する。発育限界温度は，約10℃以下，約34℃以上である。冬期は，施設内の最低気温が10℃以上になるようにする。夏期においては30℃を超えている施設内でも生存し活動するが，日中の平均室温を30℃以下に保つことが望ましい。

●栽培方法と使い方

コマツナでは，モモアカアブラムシやニセダイコ

〈テントウムシ類〉ナミテントウ

ンアブラムシなどが周年発生するが、特に3～5月と10～12月に多い。アブラムシ発生初期に、ナミテントウ剤を1週間間隔で2回放飼することで、収穫時期までアブラムシを低密度に抑制できる。

イチゴでは、ワタアブラムシやイチゴケナガアブラムシなどが常時発生する。特に、定植後から11月ごろ、および3月以降の発生が多い。アブラムシの発生を確認後、ナミテントウ剤を1週間間隔で2～3回放飼する。

ナスでは、モモアカアブラムシ、ジャガイモヒゲナガアブラムシ、ワタアブラムシなどが、促成栽培で9～10月ごろと3月ごろ、半促成栽培で3～5月ごろに発生しやすい。アブラムシ発生を確認後、ナミテントウ剤を7～10日間隔で2～3回放飼する。

アブラムシの多発生時期は作物の種類、栽培時期や地域によって異なり、ナミテントウ剤の放飼適期も違ってくるので注意する。ナミテントウの歩行を阻害する要因が圃場内にあると、アブラムシの防除効果が著しく低下する可能性がある。たとえば、トマトでは植物から出る分泌物がナミテントウの歩行を阻害するため、高い防除効果が得られない。育苗中、定植前にポットに苗を植えて並べている栽培環境では、歩行能力の低い若齢幼虫はポット間を移動するのが困難である。

アリが発生している株に対してはナミテントウの活動が阻害されることがあるので、別の防除資材でアブラムシを防除する。

●効果の判定

ナミテントウ剤は即効性が高く、早ければ放飼3～4日後にはアブラムシのコロニーの崩壊が確認できる。だいたい放飼の1～2週間後を効果判定の目安とする。アブラムシのコロニーが減少しているかどうかで効果を判定する。判定時に、手つかずのまま残っているようなアブラムシのコロニーがあれば、放飼量不足または農薬などの影響により放飼したナミテントウが定着できなかったと考えられる。

十分な効果があれば、すべてのコロニーが崩壊し、アブラムシの個体が点在するだけとなる。条件が良ければアブラムシはほとんど見られなくなるが、食い残しがあること、有翅態成虫は残りやすいこと、食い尽くしたとしても再び有翅態成虫が侵入する可能性もあることなどの理由から、アブラムシが見られなくなったあとも再発に注意する。

●追加放飼と農薬防除の判断

追加放飼は、だいたい1週間間隔とする。それより間隔が長いと天敵としてナミテントウが有効な密度を保てず、アブラムシの密度が回復する恐れがある。

アブラムシの密度が減少していなければ、その理由を考える。もし放飼密度の不足なら密度を高めにして追加放飼する。気温などの条件でナミテントウが活動しなかったためならば放飼を中止し、必要に応じて化学農薬の防除に切り替える。

アブラムシの密度があまり減少していなくても、産卵などによって多くのナミテントウ若齢幼虫が作物上に観察される株においては、4齢幼虫になるとアブラムシを大量に捕食してほとんど食い尽くすこともあるので、注意して経過を観察する。

アブラムシが多発生してからの放飼(イチゴでは、株当たりの平均アブラムシ数が50頭以上)は効果が期待できない。その場合、ナミテントウに影響の小さい気門封鎖型殺虫剤を散布してアブラムシ密度をいったん低下させたあと、追加放飼するとよい。

●天敵の効果を高める工夫

テントップの場合、放飼される2および3齢幼虫は若齢期で歩行能力がまだ低いため、株間移動が困難な栽培環境においては防除効果に支障をきたすことがある。マイカ線などの圃場資材を各株に接するように張り渡すと、株間移動が促進される。放飼のとき、2および3齢幼虫は緩衝材につかまっていることが多いため、できるだけ緩衝材が作物上にかかるように放飼する。

アブラムシ密度が低すぎると、ナミテントウは餌不足により餓死または歩いて圃場の外に分散する恐れがある。そのような状況下では、スジコナマダラメイガの卵を封入した大型天敵昆虫用の代用餌を購入して活用することにより、ナミテントウの作物への定着を促進することができる。

●農薬の影響

ナミテントウ剤の使用中に殺虫剤、殺ダニ剤、殺菌剤を併用する場合は、ナミテントウに影響の小さいものを使用する。特に、有機リン系、ピレスロイ

ド系，ネオニコチノイド系殺虫剤は長期間（1か月以上）の影響が懸念されるので十分に注意する。ナミテントウ成虫，幼虫に対する農薬の影響については，（株）アグリセクトのホームページに掲載されている一覧表で確認できるので，放飼を行なう前にナミテントウへの影響日数などの確認を行なう。

また殺虫活性がなくても，薬剤散布によって濡れたマルチ面にナミテントウの成虫が転落し，トラップされて死亡する場合がある。その場合は，株間に敷わらを設置するなどの対策を施すことで転落した成虫は起き上がりやすくなり，薬剤散布による物理的影響は軽減できる。

● その他の害虫の防除

ナミテントウはアブラムシのほかに，ナミハダニやコナガなどの微小昆虫も捕食することが報告されている。施設野菜栽培下においてアブラムシの発生数が少ない場合は，これらの害虫を捕食していると考えられるが，どれほど有効かは不明である。ハダニ類，アザミウマ類，コナジラミ類などアブラムシ以外の害虫の発生が確認されたら，これらの害虫防除用の天敵製剤を放飼するか，ナミテントウ剤に影響の低い薬剤を散布して防除する。

● 飼育・増殖方法

他のテントウムシに比べると累代飼育が容易である。成虫，幼虫とも同じ餌でよい。餌は雄蜂児粉末が扱いやすい。春に雄ミツバチの幼虫または蛹（蛹化したばかりのもの）を入手できれば，真空凍結乾燥して，粉末にしたものを冷蔵庫で保存しておく。これを使う場合は，同時に水を与えること。真空凍結乾燥機がなければ，単に冷凍保存するだけでもよい。雄蜂児の凍結乾燥粉末の入手が困難である場合は，熱帯魚の餌としてペットショップで販売されているブラインシュリンプ耐久卵を利用することもできる。ただし単体で与えてもうまく発育しないため，酵母およびショ糖を添加する必要がある。

アブラムシそのものを餌とする場合は，種によって餌としての適不適がある。ワタアブラムシ，モモアカアブラムシ，マメアブラムシなど，作物で普通に見られるアブラムシが使える。近年セイタカアワダチソウで多発生している赤色のセイタカアワダチソウヒゲナガアブラムシは便利だが，ナミテントウにとって栄養分がやや不足する。また分泌物が多いため，ナミテントウの若齢幼虫がそれに絡まってよく死亡する。

アブラムシを冷凍保存しておいてもよい。春にカラスノエンドウなどで発生するエンドウヒゲナガアブラムシが大量に採取しやすい。累代飼育しない場合は，いろいろな小昆虫（卵，幼虫）で飼育できることがある（コナガ幼虫など）。それらの昆虫の大量飼育法が確立していれば，ナミテントウの大量飼育も可能である。

飼育温度を20～25℃とし，多湿にならないようにする。狭い容器で餌が不足すると，共食いを始める。できるだけ大きな容器で余裕をもって飼育する。脱皮前の休止期と前期には食われやすいので，大きさの揃ったもの同士で飼育する。

雌雄を1つの容器に入れると容易に交尾する。一度交尾すれば数日間は有精卵が得られる。成虫は代用餌では産卵数が減少することがある。その場合は，ときどきアブラムシを与えるとよい。成虫の場合，適当な餌が手に入らず，生かしておくだけならば10％希釈の蜂蜜を与える。

土着のナミテントウを増殖して特定農薬として使用する場合は，（1）帳簿を備え付け，これに増殖を行なう規模（増殖数量など）を記載し，少なくとも3年間保存すること，（2）増殖した土着天敵の数量もしくはその効果に関して虚偽の宣伝をし，または誤解の生じる恐れのある名称を用いないこと，（3）増殖を行なう場所は，当該土着のナミテントウを採取した場所と同一の都道府県内に限ることなど，農薬取締法で定められた規定を遵守する。

（大久保憲秀・世古智一）

〈製造・販売元〉
テントップ（200頭入り，100頭入り，50頭入り）：（株）アグリセクト

〈テントウムシ類〉ヒメカメノコテントウ

ヒメカメノコテントウ

(口絵：資材13)

学名 *Propylea japonica* (Thunberg)
＜コウチュウ目／テントウムシ科＞
英名 ―

資材名 カメノコS
主な対象害虫 アブラムシ類
その他の対象害虫 ―
対象作物 野菜類（施設栽培）
寄生・捕食方法 幼虫・成虫ともに全ステージのアブラムシを捕食
活動・発生適温 発育零点は約10℃，最適温度は20〜30℃
原産地 東アジア

【特徴と生態】

●特徴と寄生・捕食行動

　成虫の体長は約4mm，アブラムシ捕食性テントウのなかでは比較的小型である。成虫の鞘翅は淡色（黄橙色，黄褐色，橙褐色）で黒紋がある。野外に生息するヒメカメノコテントウの紋型には，亀の甲羅状の斑紋がある亀甲紋型（図1），中央部の会合線のみ黒色のセスジ型（図2），会合線黒条と1対の黒紋がある二紋型，会合線黒条と2対の黒紋がある四紋型，ほとんど黒色の黒型が存在する（「カメノコS」は亀甲紋型とセスジ型のみ）。幼虫は4齢を経過する。細い紡錘形で黒色，2齢幼虫から背面に白色の斑紋ができる。蛹は淡黄色地に黒紋があり，尾部で葉などに固着する。卵は淡黄色で，約1mm長の長卵形である。

　成虫，幼虫ともにアブラムシを捕食する。コナジラミ類，アザミウマ類，ヨコバイ類なども捕食することが知られている。

●発育と生態

　発育零点は約10℃，発育最適温度は20〜30℃である。温度25℃，相対湿度60％，15時間日長の条件下では，卵期間が約4日，幼虫期間が約8日，蛹期間が約3日である。25℃長日条件下における雌成虫の寿命は約90日であり，十分に餌を与えれば1雌当たり生涯約900卵を産下する。雌成虫のアブラムシ捕食量は，1日当たり約50頭，生涯合計で4,000頭程度である。野外での発生時期は4〜10月である。成虫で休眠越冬するが，20℃以上あれば短日条件下でも産卵する。夏眠はせず，越冬後，秋までに5〜10世代を繰り返す。

【使い方】

●剤型と使い方の基本

　「カメノコS」は，ヒメカメノコテントウ成虫を有効成分とする天敵製剤である（100頭/300mlボトル）。「カメノコS」の適用害虫の範囲および使用方法は表1のとおりである。

　外蓋を取り，容器を軽く叩いて蓋裏の成虫を落とし，中身が均一になるように容器をゆっくり回転させた後，内蓋（フィルム）をめくって中身を作物上に振りかけて放飼する（図3）。アブラムシの発生量の

図1　亀甲紋型成虫

図2　セスジ型成虫

図3　株上に放飼

表1　カメノコSの適用病害虫および使用方法（2016年5月現在）

作物名	適用病害虫名	使用倍数・量	使用時期	使用回数	使用方法
野菜類（施設栽培）	アブラムシ類	0.5～2頭/株	発生初期	—	放飼

多いところに重点的に放飼する。

●放飼適期の判断

　アブラムシは繁殖力が非常に旺盛なので，発見したらできるだけ早く放飼する。アブラムシが多発した条件では十分な効果が得られない。

●温湿度管理のポイント

　低温条件下では活動が鈍くなり，十分な防除効果が得られないことがあるので，管理温度の低い施設では冬期の放飼は避ける。

●栽培方法と使い方

　秋冬作の施設において，夜温設定が15℃以上であれば，作期を通して利用できる。夜温が15℃未満となる施設では，秋放飼と春放飼を推奨する。ヒメカメノコテントウは比較的高温に強いため，春夏作の施設では作期を通して利用できる。

●効果の判定

　放飼の1～2週間後に，アブラムシが減少しているかどうかで効果の判定を行なう。放飼から2週間程度経過し，株上で卵や幼虫が発見されれば，より長期的な防除効果が期待できる。

●追加放飼と農薬防除の判断

　アブラムシは増殖率が高いため，最初の放飼から1～2週間後に追加放飼を行なうことが望ましい。アブラムシが多発した場合，十分な防除効果を得るには相当量の追加放飼が必要になるため，カメノコSに影響の少ない薬剤で防除する。

●天敵の効果を高める工夫

　施設の側面には網を張り，天敵の逃亡とアブラムシの侵入を防ぐ。

●農薬の影響

　ネオニコチノイド系薬剤など多くの殺虫剤は影響がある。殺ダニ剤，殺菌剤は概して影響が少ない。個々の薬剤についてチラシなどで影響の有無を確認し，カメノコSの放飼前後は影響を与える薬剤の散布は避ける。

　影響の少ない殺虫剤の例として，ウララDF，チェス顆粒水和剤，コルト顆粒水和剤，アファーム乳剤，ディアナSC，スピノエース顆粒水和剤，プレオフロアブル，コテツフロアブル，モベントフロアブル，エスマルクDFなどのBT剤，粘着くん液剤などがある。

●その他の害虫の防除

　天敵昆虫や天敵微生物，カメノコSに影響の少ない薬剤で防除する。

●飼育・増殖方法

　一般に，野外から採取したヒメカメノコテントウを飼育する場合，アブラムシを自家増殖または野外から採取して餌として与える。ヒメカメノコテントウは多くのアブラムシを餌として捕食できるが，セイタカアワダチソウヒゲナガアブラムシは餌として不適である。餌が不足すると共食いをする。飼育温度は20～25℃が適している。成虫はある程度冷蔵保存ができる。ただし，乾燥も多湿も生存には適さない。

（巽えり子）

〈製造・販売元〉

カメノコS：住化テクノサービス㈱

ヒメクサカゲロウ

（口絵：資材14）

学名　*Chrysoperla carnea* (Stephens, 1838)

＜アミメカゲロウ目／クサカゲロウ科＞

英名　Green lacewing

資材名　カゲタロウ

主な対象害虫　アブラムシ類（ワタアブラムシ，モモアカアブラムシなど）

その他の対象害虫　ハダニ類，コナカイガラムシ類，アザミウマ類

対象作物　野菜類（施設野菜）で農薬登録されている。主な作物は，ナス，ピーマン，メロン，スイカ，キュウリなど

寄生・捕食方法　幼虫がアブラムシ類をはじめとする各

〈クサカゲロウ類〉ヒメクサカゲロウ

種の微小昆虫類の体液を吸汁捕食する
活動・発生適温　20〜30℃
原産地　ドイツ

【特徴と生態】

●特徴と寄生・捕食行動

*Chrysoperla carnea*は，かつては世界共通種と考えられていたが，雄と雌が腹部を振動させて発する交信音が交尾のために重要であることがわかり，その波形や振動数などの違いにより，現在では20種以上に分類されている。本天敵資材は，交信音を調べたところ，日本には本来生息しない狭義のヒメクサカゲロウ*C. carnea*(Stephens)であった（資材の箱には，ヤマトクサカゲロウ製剤と書いてあるが，ヤマトクサカゲロウという和名は日本土着の*C. nipponensis*(Okamoto)に与えられる名前で，これと区別するため，*C. carnea*はヒメクサカゲロウと呼ぶのがふさわしい）。

日本には交信音は異なるが外見上は区別困難な，近縁種のヤマトクサカゲロウ*C. nipponensis*およびクロズヤマトクサカゲロウ*C. nigrocapitata* Henry et al.が生息している。本天敵資材が野外で定着しているという事実はないが，もし定着したとしても，わが国の土着種ヤマトクサカゲロウと野外で交雑する可能性は非常に低いこと，室内試験では交雑個体が子孫を残せないことが証明されている。

幼虫は3齢を経過し，体色は灰褐色〜褐色である。体長は1齢が2〜3mm，2齢が4〜6mm，3齢が10mm内外である。終齢幼虫は葉裏や枝に白い球形(3〜4mm)の繭をつくって蛹化する。

幼虫はアブラムシ類などの昆虫類の体液を吸汁捕食する，いわゆる肉食性である。ワタアブラムシとモモアカアブラムシを餌とした場合の試験では，幼虫期間中にそれぞれ378頭と180頭を捕食した。成虫は体長が10mm内外で，黄色みがかった緑色をしており，12〜15mmの薄緑色のレース状の翅をもつ。成虫は肉食性ではなく，アブラムシ類の甘露(honeydew)や花粉を摂食する。

●発育と生態

ヒメクサカゲロウの25℃における発育期間は，卵が3〜4日，幼虫が9〜11日，蛹が8〜10日である。

【使い方】

●剤型と使い方の基本

製剤は段ボールシート(20×5.5cm)の切り口（波状の格子〈以下セルとする〉約5×5mm）に薄手の不織布が貼られたもので，セル内にヒメクサカゲロウの幼虫(1〜2齢)が1〜2頭ずつ入っている。この段ボールシートが外装の紙箱に収められている。1シート当たり約300頭の幼虫が入っている（製剤名：カゲタロウ）。

製剤はヒメクサカゲロウの卵と凍結により殺虫したスジコナマダラメイガの卵を混ぜ合わせたものをセル内に入れた後，上面を薄手の不織布で被覆してつくられる。セル内にはヒメクサカゲロウの卵が2〜3個ずつ入るように調整されており，孵化した幼虫は餌のスジコナマダラメイガの卵を食べて発育する。また，餌は製剤の使用時までに食べ尽くされるように調整されている。

製剤は入手後すぐに使用する。5〜7℃で保管すれば1週間程度は保存が可能であるが，幼虫の活性は徐々に低下するので保存はできるだけ避ける。アブラムシ類の発生初期から，幼虫の場合は10〜40頭/m²(5〜10頭/株)を1〜3週間おきに2〜3回放飼する。放飼は段ボールシートに貼られた不織布を少しずつ剥ぎながら，シートの裏を軽く叩いてヒメクサカゲロウの幼虫を作物の葉上に振るい落とす。本種は共食いをするので，アブラムシの密度が高い株に5〜10頭の幼虫を放飼する場合には，数

表1　カゲタロウの適用病害虫および使用方法（2016年5月現在）

作物名	適用病害虫名	使用倍数・量	使用時期	使用回数	使用方法
ムクゲ（施設栽培）	ワタアブラムシ	10〜40頭/m²	発生初期	—	放飼
野菜類（施設栽培）	アブラムシ類	10〜40頭/m²	発生初期	—	放飼

か所の葉に分けて放飼する。外来種であるため，温室内での使用が望ましい。

●放飼適期の判断

アブラムシ類は増殖速度が速く，春から秋までの施設内では密度が1週間で10倍以上に増加することが多いので，発生状況に注意してアブラムシの初寄生を認めたごく初期に放飼する。また，アブラムシはハウス内で集中分布することが多いので，発生の多い株を中心に放飼すると効果的である。

●温湿度管理のポイント

幼虫は20～30℃の温度条件が活動適温であり，夏の高温時にメロンやスイカのワタアブラムシを対象として放飼比率（アブラムシ密度：ヒメクサカゲロウ幼虫の放飼数）10～20：1で放飼した場合には，1週間程度でアブラムシをほぼ食い尽くし，高い防除効果が得られる。しかし，餌のアブラムシがほぼ食い尽くされるため，次世代成虫の定着は期待できないので，作物の栽培期間にあわせて数回の放飼が必要である。

20℃以下の温度条件では幼虫の捕食活動は低下し，10℃以下では捕食を停止する。そのため，イチゴのように秋から春にかけて栽培され，比較的低い温度条件で栽培される作物で使用する場合には，効果の発現までに1か月程度の期間を要する。このような場合には，1回目の放飼量を多め（放飼比率で5：1程度）とし，その後のアブラムシの密度の推移により，追加放飼を行なう必要がある。放飼間隔はやや長め（2～3週間）でよい。

●栽培方法と使い方

夏作のメロン（5月上旬定植，7月下旬収穫，久留米市）における試験では，ワタアブラムシの発生初期（定植後約3週間目）からほぼ2週間おきに放飼比率20：1で5回の放飼が行なわれ，高い効果が得られている。このように定植時から収穫期にかけて気温が高くなる栽培条件では，生育中期から後期にかけてアブラムシの増殖速度が高まる。また，生育後期にはハウス内の気温が高くなりハウスを開放するため，外部からの有翅虫が飛び込む機会が増加する。このような作型では，栽培期間の後期まで放飼を継続する必要がある。

抑制栽培のピーマン（9月下旬定植，宮崎県）のような定植時が高温でその後気温が低下する条件の作型における試験では，ワタアブラムシの発生初期に株当たり10頭の幼虫を2週間間隔で2回，その後約1か月後に3回目の放飼を行なうことによって，高い効果が得られている。この作型では，気温の低下に伴ってアブラムシの増殖速度が低下するとともに11月以降はハウスの密閉によって有翅虫の飛込みがなくなる。このような作型では，栽培初期のアブラムシの防除に重点をおく必要があり，初回の放飼量を増やしたり，2回目までの放飼間隔を短縮したりすることが重要と考えられる。

イチゴ（最低気温8℃で加温，久留米市）における試験では，12月下旬から3月上旬にかけて，ほぼ2週間間隔で1回目と2回目は放飼比率5：1で放飼し，その後10：1で4回の放飼を行なった結果，実害のないレベルの効果が得られている。

●効果の判定

ヒメクサカゲロウの利用方法は，放飼した個体の次世代による効果は期待せずに，若齢幼虫を大量に放飼し，それが蛹化するまでの捕食効果を期待するもので，一般に大量放飼法あるいは生物農薬的利用法と呼ばれている。効果の有無は放飼した幼虫が繭になる時期にアブラムシがほぼ食い尽くされているかどうかで判断できる。少なくとも，放飼時の密度より増加していないことが望まれる。

放飼された幼虫は放飼直後からアブラムシを捕食するが，捕食量は若齢幼虫期には少なく老熟幼虫になると急増するので，放飼後2～3日間の効果はそれほど高くない。20～30℃の条件では数日～1週間後，20℃以下の条件では2週間後を目安に効果の判定を行なう。

●追加放飼と農薬防除の判断

本種は通常1～3週間ごとに2～3回の放飼が行なわれる。また，それぞれの放飼ごとにアブラムシがほぼ食い尽くされるような使用が望ましい。1回目の放飼後，数日～1週間後においてもアブラムシの密度が下がらない場合には，その後の放飼数の増加，放飼の間隔の短縮，放飼回数の増加などの対策を講じる。

しかし，これらの対策が困難な場合には殺虫剤の散布が不可欠である。この場合できるだけ本種に影

〈クサカゲロウ類〉ヒメクサカゲロウ

響の少ない選択的な殺虫剤を使用する。また，アブラムシの発生は集中分布するので，密度が高い株のみにスポット散布するのも有効な方法と考えられる。

●天敵の効果を高める工夫

高い効果を得るにはアブラムシの発生初期に放飼する必要がある。しかし，放飼時期を逸して密度が高くなりすぎた場合には，天敵に影響のない選択的な殺虫剤との併用，密度の高い株に対する殺虫剤の

表2 ヒメクサカゲロウの1齢幼虫に対する各種農薬の影響

	薬剤名	剤型	毒性の程度	残毒日数（日）
殺虫剤	イミダクロプリド	水和剤	×	―
	ニテンピラム	水和剤	×	―
	アセタミプリド	水和剤	○	―
	MEP	乳剤	×	―
	DMTP	水和剤	×	8
	DDVP	乳剤	×	1
	PAP	乳剤	×	―
	スルプロフォス	乳剤	×	―
	ダイアジノン	乳剤	×	―
	アセフェート	水和剤	×	8
	DEP	乳剤	○	―
	NAC	水和剤	×	4
	メソミル	水和剤	×	12
	アラニカルブ	水和剤	△	―
	ピリミカーブ	水和剤	◎	―
	テフルベンズロン	乳剤	×	―
	フルフェノクスロン	乳剤	×	―
	クロルフルアズロン	乳剤	×	―
	テブフェノシド	水和剤	◎	―
	ピリプロキシフェン	乳剤	◎	―
	ブプロフェジン	水和剤	◎	―
	ルフェヌロン	乳剤	◎	―
	ピメトロジン	水和剤	◎	―
	エマメクチン	乳剤	○	―
	オレイン酸ナトリウム塩	乳剤	◎	―
	デンプン	乳剤	◎	―
殺ダニ剤	テブフェンピラド	乳剤	△	―
	ミルベメクチン	乳剤	◎	―
	酸化フェンブタスズ	水和剤	◎	―
	ピリダベン	フロアブル	◎	―
	フェンプロキシメート	フロアブル	◎	―
	アセキノシル	フロアブル	◎	―
殺菌剤	トリフミゾール	水和剤	◎	―
	マンゼブ	水和剤	◎	―
	DBEDC	乳剤	◎	―
	TPN	フロアブル	◎	―
	イプロジオン	水和剤	◎	―
	ミクロブタニル	水和剤	◎	―
	水和硫黄	フロアブル	◎	―

注　毒性の程度：◎ 死亡率0～25％，○ 25～50％，△ 50～75％，× 75～100％
　　残毒日数：毒性が消失するまでの日数

スポット散布，定植時の粒剤処理と組み合わせた利用，放飼予定日の密度が高くなりすぎると予想される場合に残効性の短い殺虫剤であらかじめ密度を下げておく，などの方法によってヒメクサカゲロウの能力を補ってやる必要がある。

アブラムシ類には，コレマンアブラバチ，ショクガタマバエ，ナミテントウなども製剤化されているので，これらの天敵との複合利用についても検討が必要である。

以上のような方法が本種の効果を高めるのに有効と考えられるが，対象とする作目における選択的農薬の登録の有無，アブラムシの種類，経済的被害水準，作型によるアブラムシの増殖速度などが関与するので，今後詳細な検討を重ねる必要がある。

アブラムシの寄生株にアリが見られる場合には，放飼した幼虫がアリに捕食されたり，巣穴に運び去られたりする。アリの発生が多い場合には，あらかじめ巣穴を確認して殺虫剤などで防除しておく必要がある。

●農薬の影響

ナス，メロンなどの果菜類で使用される有機リン系，カーバメイト系，合成ピレスロイド系などの合成殺虫剤の多くは本種に対して毒性が強い。また，クロロニコチル系のイミダクロプリド剤，ニテンピラム剤や昆虫成長制御剤のテフルベンズロン剤，フルフェノクスロン剤，クロルフルアズロン剤なども，遅効的であるが毒性が強い（表2）。

DEP剤，フェンプロパトリン剤，エマメクチン安息香酸塩剤，ルフェヌロン剤，オレイン酸ナトリウム塩剤，除虫菊剤は，直接虫体に散布すると殺虫活性が若干認められるが，悪影響は少ない。ピメトロジン剤，ピリミカーブ剤，ピリプロキシフェン剤，ブプロフェジン剤，デンプン剤はほとんど悪影響がない。殺ダニ剤は，テブフェンピラド剤，ミルベメクチン剤，ケルセン剤，モレスタン剤でわずかに殺虫活性がみられるがその程度は低く，そのほかの殺ダニ剤は悪影響がほとんどない。殺菌剤は，マンゼブ剤とマンネブ剤でわずかに殺虫活性が見られるほか，悪影響はほとんどない。

●その他の害虫の防除

本種をナス，メロンなどで利用する場合，アブラムシ類以外の害虫の防除には，本種に悪影響のない選択的薬剤を散布する必要がある。これらの作物の主要害虫であるハダニ類に対してはチリカブリダニ，コナジラミ類に対してはオンシツコナジラミの天敵製剤が登録されているので，これら天敵との複合的な利用も有効である。このような天敵類を利用した防除体系によって殺虫剤の散布回数が低減すれば，アザミウマ類に対するヒメハナカメムシ類など土着の天敵類の活用も可能になると考えられる。

●飼育・増殖方法

本種は，土着種ではなく，購入した資材を大量放飼して利用するため，飼育・増殖は適切ではない。

（望月　淳・柏尾具俊）

〈製造・販売元〉

カゲタロウ：アグロスター（有）

コレマンアブラバチ

（口絵：資材14）

学名　*Aphidius colemani* Viereck

<ハチ目／コマユバチ科>

英名　―

資材名　アフィパール，アブラバチAC，コレトップ

主な対象害虫　アブラムシ類（大型のヒゲナガアブラムシ類を除く）

その他の対象害虫　―

対象作物　野菜類（施設栽培）

寄生・捕食方法　寄生

活動・発生適温　活動可能温度5～32℃，発生適温15～25℃

原産地　ユーラシア南部，アフリカ，オーストラリア，南米に分布

【特徴と生態】

●特徴と寄生・捕食行動

コレマンアブラバチ成虫は雌雄とも体色は褐色で，大きさは2mm程度であり，寄主のアブラムシのサイズにより異なる。雌の触角は短く（15～16節），腹部末端は産卵管となっているため尖っている。雄

〈寄生蜂〉コレマンアブラバチ

表1　アフィパールの適用病害虫および使用方法（2016年5月現在）

作物名	適用病害虫名	使用倍数・量	使用時期	使用回数	使用方法
野菜類（施設栽培）	アブラムシ類	1～2瓶/10a（約500～1,000頭/10a）	発生初期	—	放飼

表2　アブラバチACの適用病害虫および使用方法（2016年5月現在）

作物名	適用病害虫名	使用倍数・量	使用時期	使用回数	使用方法
野菜類（施設栽培）	アブラムシ類	4～8ボトル/10a（1,000～2,000頭）	発生初期	—	放飼

表3　コレトップの適用病害虫および使用方法（2016年5月現在）

作物名	適用病害虫名	使用倍数・量	使用時期	使用回数	使用方法
野菜類（施設栽培）	アブラムシ類	4～8ボトル/10a（1,000～2,000頭）	発生初期	—	放飼

の触角は長く（17±1節），腹部は丸い。

成虫はアブラムシの体内に卵を1個産み付ける。孵化幼虫はアブラムシの脂肪体や卵巣を食べて成長する。薄い外皮だけを残して寄主体内はすべて食べ尽くされ，外皮内部に繭をつくって蛹化する。外皮は硬化し，黄金色を呈したマミーとなる。羽化した成虫は，マミーに丸い穴をあけて羽化する。

ワタアブラムシ，モモアカアブラムシなど，66種のアブラムシが寄主として記載されている。そのうち28種が日本にも分布する。ワタアブラムシを寄主とした場合，20℃および25℃の室内条件では，成虫の寿命はそれぞれ5.8日および4.4日，総産卵数は約300卵および390卵，内的自然増加率は0.352および0.438との報告がある。チューリップヒゲナガアブラムシやジャガイモヒゲナガアブラムシなど大型のヒゲナガアブラムシ類には防除効果はない。

●発育と生態

発生適温は15～25℃で，活動可能温度は5～32℃である。卵から成虫までの期間は21℃で約14日，25℃で10日間である。発育零点は約5℃，休眠性をもたない。

【使い方】

●剤型と使い方の基本

コレマンアブラバチは，小型プラスチック容器にマミーがキャリアーのおがくずとともに250～500頭入っている。購入したコレマンアブラバチのボトルは，太陽光が直接当たるところに置いてはならない。入手後ただちに使用し，使い切る。

処理は，コレマンアブラバチが羽化している場合は，曇天時を除き，夕方以降の日が落ちた時間帯に行なう。ボトルの設置は中位置とするが，葉上の場合，中・下位葉の上など太陽の光が直接当たらないところが望ましい。またマミーをアリが持ち去ることもあるので，アリの発生にも注意する。

アブラムシがごく低密度時に使用し，コレマンアブラバチが1m²当たり0.5～2頭となるように3回続けて毎週処理する。容器内のマミー数を四または五等分し，これを紙コップなどの容器に入れて均等に配置する。

◎製剤の特徴

アフィパール＝成分：コレマンアブラバチ羽化成虫，成分量：100mlポリエチレン瓶（500頭入り），使用量：1～2瓶（約500～1,000頭）/10a

アブラバチAC＝成分：コレマンアブラバチ羽化成虫，成分量：30mlポリエチレン瓶（250頭入り），使用量：4～8ボトル（1,000～2,000頭）/10a

コレトップ＝成分：コレマンアブラバチ羽化成虫，成分量：100mlポリエチレン瓶（250頭入り），使用量：4～8ボトル（1,000～2,000頭）/10a

使用上の注意：発生初期に予防的に使用し，薬剤の影響にも注意する。

●放飼適期の判断

コレマンアブラバチは，アブラムシ発生のごく初期に処理する。イチゴの場合，株当たり3頭以上のアブラムシ密度では，コレマンアブラバチへの悪影響期間がごく短い気門封鎖剤でアブラムシを防除してから処理する。アブラムシが多発した状態では効果が期待できない。

●温湿度管理のポイント

発生適温は15～25℃，活動可能温度は5～32℃，増殖可能温度は10～30℃である。

●栽培方法と使い方

栽培温度が比較的低い作物や作型でも使用は可能である。ナスやピーマンなどの促成栽培のほか，低温で栽培するイチゴなどでも使用できる。

放飼適期をつかみにくいアブラムシの場合，バンカー植物と組み合わせた予防的放飼が効果的である。オオムギなどのバンカー植物上のムギクビレアブラムシを餌にして，アブラムシ発生以前に放飼する。

●効果の判定

温湿度条件が適当であれば，約2週間で寄生されたマミーが発見できる。50％以上の寄生率が得られるまでには約4週間かかる。アブラムシによる甘露の発生がないか，その率が低ければ，効果があったと判断できる。

マミーが多く見られても，アブラムシの増殖が続く場合には，二次寄生蜂の発生が疑われる。二次寄生蜂にコレマンアブラバチが寄生されると，コレマンアブラバチは殺され，マミーからは二次寄生蜂の成虫が羽化してくる。このため，天敵コレマンアブラバチの個体数が減少してしまう。施設が開放的な夏期などには注意が必要である。

二次寄生蜂対策としては海外でショクガタマバエが用いられている。国内では販売が中止されているが，ナミテントウやヒメカメノコテントウなどの捕食者が代用できる可能性がある。

●追加放飼と農薬防除の判断

第1回処理後2週間たってもマミーが見つけられないときなど，必要に応じてコレマンアブラバチの追加放飼を検討する。イチゴの場合，株当たり3頭以上のアブラムシが発生したら，コレマンアブラバチに影響がない薬剤に切り替えるか，悪影響期間が短い薬剤のスポット処理を行なう。甘露が見られるほどアブラムシのコロニーが大きくなった場合には，他の天敵の状態を勘案しつつ，それらの天敵への悪影響が小さい薬剤のスポット処理あるいは全面散布を実施する。

●天敵の効果を高める工夫

より効果を発揮するためには，アブラムシの発生以前にコレマンアブラバチが定着していることが望ましく，ムギクビレアブラムシが寄生したムギの苗（バンカー植物という）を設置してあらかじめコレマンアブラバチを定着させておくとよい。

また，アブラムシ防除に際しては，コレマンアブラバチと，ナミテントウなど捕食性天敵とを使い分けるようにする。アブラムシ密度が低いときには探索効率がよいコレマンアブラバチを使用し，捕食性天敵はアブラムシのコロニーが見えるようになってからか，コレマンアブラバチの寄生率が下がったときに使用する。

コレマンアブラバチが有効に働いていても，ハウス周辺から頻繁にアブラムシが侵入したり，アブラバチの二次寄生蜂が発生したりした場合は効果が期待できない。そのため，ハウス周辺にアブラムシの発生源がないようにするとともに，防虫網を張るなどして，これらの侵入防止に努める。

●農薬の影響

本種使用時には農薬の影響を受けやすいので，悪影響がない薬剤か悪影響がない使用方法を選ぶ。薬剤の使用時期は，本種の薬剤の影響程度や期間を考慮に入れて使う。一般に，有機リン剤，カーバメート剤，合成ピレスロイド剤は悪影響が強いので，同時期には使用しない。

●その他の害虫の防除

コレマンアブラバチによりワタアブラムシやモモアカアブラムシの防除に成功し，殺虫剤散布が減少すると，ジャガイモヒゲナガアブラムシやチューリップヒゲナガアブラムシが顕在化することがある。これらのアブラムシにはコレマンアブラバチの効果は期待できないので，別の天敵を利用するか，薬剤散布を行なう。天敵では，ナミテントウなどの捕食性天敵，あるいは寄生と捕食の両方をするチャバラアブラコバチを使用する。薬剤散布では，コレマンアブラバチに悪影響が少ない薬剤を選択して使用する。

ハダニ，コナジラミ，アザミウマなどが発生した場合は，登録のある天敵を使用し，天敵の登録がない場合は，コレマンアブラバチに悪影響が少ない薬

剤を選択して使用する。

防除が不可欠な害虫の発生を未然に防止するため，育苗期や定植前後に薬剤防除を徹底するなど，あらかじめ予防処置をとることも大事である。この場合も，コレマンアブラバチへの悪影響が少ない薬剤を選定し，処理薬剤への安全日数を考慮して放飼する。また，苗を定植するハウス周辺に病害虫が発生した植物を配置しない注意も必要である。

●飼育・増殖方法

コレマンアブラバチの商業的な増殖は，モモアカアブラムシやワタアブラムシを寄主として，20℃以上の温度で増殖される。

（長坂幸吉・根本　久）

〈製造・販売元〉
アフィパール：アリスタ ライフサイエンス（株）
アブラバチAC：シンジェンタジャパン（株）
コレトップ：（株）アグリセクト

チャバラアブラコバチ

（口絵：資材15）

学名　*Aphelinus asychis* Walker
<ハチ目／ツヤコバチ科>
英名　—

資材名　チャバラ
主な対象害虫　アブラムシ類（特に，ヒゲナガアブラムシ類）
その他の対象害虫　—
対象作物　野菜類（施設栽培）
寄生・捕食方法　雌成虫がアブラムシの体液を吸い取って死亡させる（ホストフィーディング）。幼虫がアブラムシの体内を食べて死亡させる（寄生）
活動・発生適温　発育零点は約9℃，最適温度は20〜30℃
原産地　ユーラシア

【特徴と生態】

●特徴と寄生・捕食行動

雌成虫の体長は約1mm。頭部・胸部は黒色，腹部は茶色〜黒色である（発育温度が低いほど，黒くなる）。

雌成虫は，アブラムシの体液を吸い取る習性がある（ホストフィーディング；寄主体液摂取）。体液を吸い取られたアブラムシは死亡する。

雌成虫はアブラムシ体内に産卵する。アブラムシ体内に寄生した幼虫が，体内の組織・器官を食べ尽くして死亡させる。アブラムシ体内を食べ尽くした終齢幼虫は，口器から分泌液を出し，アブラムシの外皮を黒く硬化させ，その中で蛹化する。このアブラムシの死骸をマミーと呼ぶ。マミーの形状は細長い。マミー内で羽化した成虫は，口器でマミーに穴をあけて脱出する（図1）。

●発育と生態

発育零点は約9℃，発育最適温度は20〜30℃である。温度25℃，相対湿度60％，15時間日長の条件下では，産卵からマミー化まで7日間，マミー化から羽化まで7日間を要する。雌成虫の総産卵数は1雌当たり約200卵，総寄主体液摂取数は1雌当た

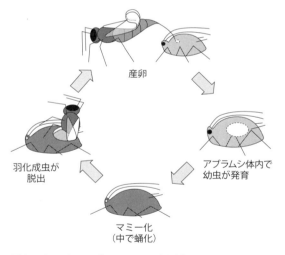

図1　チャバラアブラコバチの生活史

表1　チャバラアブラコバチの発育所要日数

温度 (℃)	発育所要日数（日）		
	産卵〜マミー化	マミー化〜羽化	合計
15	18	20	38
20	9	9	18
25	7	7	14
30	6	6	12

チャバラアブラコバチ〈寄生蜂〉

図2　チャバラ製剤ボトル（住化テクノサービス（株））
左：蓋をあけ，容器を軽く叩いて放飼，右：枝などに吊るして放飼

表2　チャバラの適用病害虫および使用方法（2016年5月現在）

作物名	適用病害虫名	使用倍数・量	使用時期	使用回数	使用方法
野菜類（施設栽培）	アブラムシ類	2,000頭/10a	発生初期	—	放飼

り幼虫約30頭である。成虫寿命は約40日である（20℃長日条件下，寄主がチューリップヒゲナガアブラムシの場合）。野外での発生時期は4～11月である。成虫で休眠越冬する。短日・低温条件で生殖休眠が誘導されるが，その休眠性は弱く，15℃以上あれば産卵を開始する。

寄主範囲は広く，施設作物の重要害虫であるワタアブラムシ，モモアカアブラムシ，チューリップヒゲナガアブラムシ，ジャガイモヒゲナガアブラムシのほか，エンドウヒゲナガアブラムシやマメアブラムシ，ムギクビレアブラムシ，トウモロコシアブラムシ，ムギヒゲナガアブラムシなどにも寄生できることが確認されている。アブラムシ以外の昆虫には寄生できない。

【使い方】

●剤型と使い方の基本

「チャバラ」は，チャバラアブラコバチ成虫を有効成分とする天敵製剤である（200頭/20mlボトル）。蓋をあけ，容器を軽く叩いて中身を振り落とすか，枝などに吊るして放飼する（図2）。「チャバラ」の適用害虫と使用方法は表2のとおりである。

●放飼適期の判断

チャバラアブラコバチは，ジャガイモヒゲナガアブラムシやチューリップヒゲナガアブラムシなどの大型アブラムシに防除効果を発揮する。ワタアブラムシ，モモアカアブラムシに対しては効果が劣るため，それらの種が混発しているときは，他の防除方法を併用する（図3）。

アブラムシは繁殖力が非常に旺盛なので，発見したら，できるだけ早く放飼する。チャバラアブラコバチは移動能力が低いので，アブラムシ発生箇所とその周辺に放飼する。10a当たり2,000頭（20mlボトル10本）を5～7日間隔で3回程度，連続放飼する。

●温湿度管理のポイント

低温条件下では活動が鈍くなり，十分な防除効果が得られないことがあるので，厳寒期や管理温度の低い施設での利用は避ける。

●栽培方法と使い方

秋冬作の施設において，夜温設定が15℃以上であれば，作期を通して利用できる。夜温設定が低い施設では，秋放飼と春放飼を推奨する。チャバラアブラコバチは比較的高温に強いため，春夏作の施設では作期を通して利用できる。

●効果の判定

成虫のホストフィーディング効果により放飼後2週間以内にアブラムシが減少することが効果の目安である。

〈寄生蜂〉チャバラアブラコバチ

ジャガイモヒゲナガアブラムシ

チューリップヒゲナガアブラムシ

ワタアブラムシ

モモアカアブラムシ

図3　施設作物を加害する主なアブラムシ（住友化学（株））

　放飼から2週間程度で葉上にマミーが発見されれば，より長期的な防除効果が期待できる。ただし，チャバラアブラコバチのマミーは葉から落下しやすいため，防除効果が見られてもマミーが発見できないことがある。

●追加放飼と農薬防除の判断

　アブラムシは増殖率が高いため，5～7日間隔で3回程度，連続放飼することが望ましい。アブラムシが多発した場合，十分な防除効果を得るには相当量の追加放飼が必要になるため，チャバラアブラコバチに影響の少ない薬剤で防除する。

●天敵の効果を高める工夫

　施設内にバンカー植物を設置すると，チャバラアブラコバチの定着率が向上する。チャバラアブラコバチはムギクビレアブラムシ，トウモロコシアブラムシ，ヒエノアブラムシなどに寄生できるため，ムギ類やソルゴー，トウモロコシなどがバンカー植物として利用できる。

●農薬の影響

　有機リン剤，合成ピレスロイド剤，ネオニコチノイド剤など多くの殺虫剤について影響がある。殺ダニ剤，殺菌剤は概して影響が少ない。個々の薬剤についてチラシなどで影響の有無を確認し，薬剤散布後，薬剤の影響が持続する期間の放飼は避ける。

　影響の少ない殺虫剤の例として，ウララDF，チェス顆粒水和剤，コルト顆粒水和剤，プレオフロアブル，トルネードフロアブル，フェニックス顆粒水和剤，IGR剤，BT剤などがある。

（巽えり子）

〈製造・販売元〉
チャバラ：住化テクノサービス（株）

ギフアブラバチ

(口絵：資材16)

学名 *Aphidius gifuensis* Ashmead
＜ハチ目／コマユバチ科＞
英名 —

資材名 ギフパール
主な対象害虫 ジャガイモヒゲナガアブラムシ，モモアカアブラムシ
その他の対象害虫 —
対象作物 ピーマン，トウガラシ類，ナス（いずれも施設栽培）
寄生・捕食方法 成・幼虫に内部寄生
活動・発生適温 発育零点は約5℃，活動適温は15～25℃
原産地 東アジア（日本全土，中国，韓国，台湾など）に分布

【特徴と生態】

●特徴と寄生・捕食行動

雌成虫の体長は平均2～3mm。寄生したアブラムシの体サイズに比例して羽化成虫も大きくなる傾向がある。体色は頭部が黒褐色，胸部と腹部が黄褐色であり，触角の節数は16～18節ある。腹部末端は産卵管があるために尖っている。雄成虫は雌成虫と比較してやや小さく，体色は全体的に茶褐色を呈する。触角節数は雌よりも多く18～20節ある。腹部末端は丸みを帯びる。本種の寄生によってできたマミーは形状が丸く，淡褐色である。

雌成虫は植物上を歩き回りながら触角を使って寄主アブラムシを探索し，アブラムシの存在を感知すると，胸部と腹部の間をくの字に折り曲げて腹部末端を左右の脚の間から前方に（アブラムシに向かって）突き出し，産卵管を瞬時にアブラムシに突き刺して産卵する。1回の産卵で1個の卵を産み付ける。複数の雌成虫が1頭のアブラムシに産卵しても，成虫まで発育できるアブラバチは1頭のみである。

卵から孵化したギフアブラバチ幼虫は，初めに寄主アブラムシの生命維持に影響のない部分から栄養分を得て成長し，最後に外皮だけを残して寄主体内を食べ尽してアブラムシを殺す。その際，外皮内側を裏打ちするように繭を紡いで，アブラムシをマミーに変化させる。幼虫はマミーの中で蛹，成虫へと変態し，羽化した成虫は口器を使ってマミーに丸い穴をあけて脱出する。

●発育と生態

発育零点は約5℃，卵から成虫羽化までに要する時間は20℃で約13日，25℃で約10日であり，雄が雌よりやや早く羽化する。ただし，30℃では発育期間が25℃よりも長くなるため，30℃以上では発育遅延が発生する。室内で雌成虫に十分な数のモモアカアブラムシを与えて飼育すると，生涯で500頭余りのアブラムシに寄生できる。成虫の寿命は無給餌で約3日，水のみでは約8日程度だが，25％蜂蜜水溶液を与えると2週間以上生存できる。

広島県で採集したギフアブラバチ個体群を温度15℃，明期10時間・暗期14時間の低温短日条件下に置いても休眠は誘導されなかったが，より高緯度の北海道や東北地方に生息する個体群では低温短日で休眠する可能性がある。

寄主となる主要なアブラムシ類は，ジャガイモヒゲナガアブラムシ，モモアカアブラムシ，ムギヒゲナガアブラムシ，エンドウヒゲナガアブラムシであり，コレマンアブラバチが寄生するワタアブラムシやムギクビレアブラムシにはほとんど寄生しない。

日本では北海道から沖縄まで広く分布しており，野外ではモモアカアブラムシのマミーから採集できることが多い。

表1 ギフパールの適用病害虫および使用方法 (2016年5月現在)

作物名	適用病害虫名	使用倍数・量	使用時期	使用回数	使用方法
トウガラシ類（施設栽培）	アブラムシ類	1～2瓶/10a（約250～500頭/10a）	発生初期	—	放飼
ピーマン（施設栽培）	アブラムシ類	1～2瓶/10a（約250～500頭/10a）	発生初期	—	放飼

〈寄生蜂〉ギフアブラバチ

表2 ギフアブラバチ成虫とマミーに対する各種農薬の影響

農薬の種類	(商品名)	希釈倍数	成虫	影響期間	マミー
殺虫剤	アグリメック	500	×	28日以上	○
	アニキ乳剤	1,000	△	28日以上	◎
	アファーム乳剤	2,000	×	3日以上7日未満	◎
	コテツフロアブル	2,000	×	28日以上	◎
	コルト顆粒水和剤	4,000	◎	—	—
	コロマイト乳剤	1,000	◎	—	—
	スピノエース顆粒水和剤	5,000	×	28日以上	◎
	チェス水和剤	5,000	◎	—	—
	トルネードフロアブル	2,000	◎	—	—
	ハチハチ乳剤	1,000	△	28日以上	○
	フェニックス顆粒水和剤	2,000	◎	—	—
	プレオフロアブル	1,000	◎	—	—
昆虫成長制御剤	カスケード乳剤	2,000	◎	—	—
	ファルコンフロアブル	2,000	◎	—	—
	マッチ乳剤	2,000	◎	—	—
ネオニコチノイド系	アクタラ顆粒水溶剤	3,000	△	—	○
	アドマイヤー水和剤	2,000	○	—	◎
	アルバリン顆粒水溶剤	2,000	△	14日以上21日未満	◎
	ダントツ水溶剤	2,000	○	—	◎
	ベストガード水溶剤	1,000	×	3日以上7日未満	◎
	モスピラン水溶剤	4,000	○	—	◎
有機リン系	マラソン乳剤	2,000	×	3日以上7日未満	○
ピレスロイド系	アディオン乳剤	2,000	×	28日以上	◎
殺ダニ剤	カネマイトフロアブル	1,000	◎	—	—
	サンマイトフロアブル	1,000	○	—	◎
	ダニトロンフロアブル	2,000	◎	—	—
	ニッソラン水和剤	2,000	◎	—	—
	マイトコーネフロアブル	1,000	◎	—	—
殺菌剤	アフェットフロアブル	2,000	◎	—	—
	アミスター20フロアブル	2,000	◎	—	—
	カッパーシン	1,000	◎	—	—
	カリグリーン水溶剤	800	◎	—	—
	ストロビーフロアブル	3,000	◎	—	—
	スミレックス水和剤	1,000	◎	—	—
	ダコニール1000	1,000	◎	—	—
	トップジンM水和剤	4,000	◎	—	—
	トリフミン水和剤	3,000	◎	—	—
	パンチョTF顆粒水和剤	2,000	◎	—	—
	ポリオキシンAL乳剤	500	◎	—	—
	モレスタン水和剤	2,000	◎	—	—
	ラリー水和剤	4,000	◎	—	—
	ロブラール水和剤	1,000	◎	—	—

注 Ohta and Takeda (2015) および妙楽ら (2015) のデータ
成虫はドライフィルム法,成虫への影響期間は葉片浸漬法,マミーはマミー浸漬法による試験。薬剤処理48時間後(影響期間は24時間後)の死虫率で評価。死虫率99%以上は「影響大×」,死虫率80%以上99%未満は「影響中△」,死虫率30%以上80%未満は「影響小○」,死虫率30%未満は「影響なし◎」(IOBCの基準による)

【使い方】

●剤型と使い方の基本

「ギフパール」は,100ml容量のプラスチックボトルに350個程度のマミーと緩衝材(おがくず)が入っており,250頭以上のギフアブラバチ成虫の羽化数が保証されている。低温での長期保存はできないので,入手後すぐに使い切る。1回当たりの放飼量は10a当たり500頭(ボトル2本)を目安とし,できるだけ短い間隔で2~3回連続して放飼する。

圃場への放飼は,曇天時を除いて夕方に行なう。到着時に一部の成虫が羽化していた場合は,キャップの部分を軽く叩いた後に静かに開封する。放飼は,所定の割合でアブラムシ類の発生した株の株元

の地表面に容器を静置することを基本とするが，口を上向きにして紐などでボトルを宙吊りにしてもよい。このとき高さは50～150cmを目安とし，直射日光が当たらず，結露などの水滴がボトル内に入らない場所に設置する。また，同じような容器を数本準備して内容物を小分けにし，アブラムシ類の被害が発生している場所に多く配置してもよい。アリ類はマミーを持ち去ることがあるので，アリ類の発生に注意する。

「ギフパール」は，2016年1月に農薬登録された。

●放飼適期の判断

アブラムシ類の発生初期（密度が低いとき）が放飼適期となる。しかし，ピーマンではジャガイモヒゲナガアブラムシは大きなコロニーをつくらない習性があり，個体数の増殖よりも被害株の増加のほうが早い。このため，発見が遅れると大きな被害を招くので，早期発見が防除の重要なポイントとなる。ジャガイモヒゲナガアブラムシがピーマンを加害すると，特有の吸汁痕（葉の黄化や新葉の萎縮）が現われるので，この被害痕をジャガイモヒゲナガアブラムシ発生の目安とする。

●温湿度管理のポイント

ギフアブラバチの活動パターンは昼行性である。おおむね30℃以上で活動や発育に悪影響が現われ始めるので，連日高温となる春～夏期の施設内での利用は避ける。

●栽培方法と使い方

西日本の促成栽培ピーマンでは，ジャガイモヒゲナガアブラムシの侵入，発生時期は一定でないので，常に本種の発生に注意を払う。

●効果の判定

防除効果は比較的早く現われる。放飼から1週間後に，ジャガイモヒゲナガアブラムシの吸汁痕がある被害株とその周囲の株を観察し，被害株が増加していなければ，放飼したギフアブラバチによる防除効果があったと判断できる。ジャガイモヒゲナガアブラムシは，ギフアブラバチの攻撃（寄生行動）を受けると分散落下する傾向があるため，マミーは見つけにくい。

●追加放飼と農薬防除の判断

放飼から1週間後の観察でジャガイモヒゲナガアブラムシの吸汁痕がある被害株が増加していれば，即時に追加放飼する。また，展開葉でジャガイモヒゲナガアブラムシのコロニーが多数観察される場合や，吸汁による黄化症状が散見される場合は，ギフアブラバチを放飼しても十分な防除効果が得られないので，天敵に影響の少ない殺虫剤を散布する。

●天敵の効果を高める工夫

ジャガイモヒゲナガアブラムシは，連棟ビニールハウスの谷部などの開口部から侵入し，その直下のピーマン株で発生増殖することが多い。そのため，施設の開口部は目合い0.8mm以下の防虫網で被覆して，施設内へのアブラムシ類の侵入を防ぐことが，ギフアブラバチを利用する際の前提となる。

ギフアブラバチは，ムギヒゲナガアブラムシにもよく寄生し増殖できる。施設内の空いたスペースにムギ類を播種し，ムギヒゲナガアブラムシを接種して増殖させた後にギフアブラバチを放飼すれば，ギフアブラバチ用のバンカーを構築することができる。ギフアブラバチのバンカーを維持できれば，施設内に侵入したジャガイモヒゲナガアブラムシを継続的に防除することが可能となる。

ムギヒゲナガアブラムシは，ピーマンやナス，トウガラシ類を加害しない。バンカー用のムギ類にはコムギとオオムギの混播が最適であり，日当たりがよく，過湿を避けられる場所を選ぶ。なお，近傍にコレマンアブラバチ用のバンカーがあると，コレマンアブラバチの増殖用寄主であるムギクビレアブラムシがギフアブラバチ用のバンカーに飛来して，ムギヒゲナガアブラムシを駆逐する場合があるので，ギフアブラバチ用バンカーとコレマンアブラバチ用バンカーは離して設置する。

ギフアブラバチ用のバンカー上でマミーが観察されても，ジャガイモヒゲナガアブラムシによる被害が止まらない場合は，二次寄生蜂が侵入してバンカー上で増殖している可能性が高い。特に外気温が上昇する春以降に二次寄生蜂が侵入しやすい。その場合，ジャガイモヒゲナガアブラムシの発生に応じて，ギフアブラバチを連続放飼する方法に切り替える。

〈寄生蜂〉イサエアヒメコバチ

殺虫剤

▼ハモグリバエ類の天敵

●農薬の影響

　ピーマンに農薬登録のある殺虫剤，殺ダニ剤，殺菌剤のうち42種類について，ギフアブラバチ成虫に対する影響が確認されている（表2）。有機リン系，合成ピレスロイド系，カーバメート系，ネオニコチノイド系殺虫剤（散布剤）は，ギフアブラバチに対する悪影響が大きいので使用しない。それ以外にもマクロライド系など成虫に対する影響期間が長いものがあるので留意する。また，マミーは成虫に比べて農薬の影響を受けにくい。

●その他の害虫の防除

　ギフアブラバチを放飼した圃場では，農薬の散布をできるだけひかえたほうがよい。そのため，他の害虫類についても，天敵や物理的な資材を活用した防除法がメインとなる。

　促成栽培ピーマンで最も問題となる害虫はミナミキイロアザミウマである。特に薬剤抵抗性が発達している地域では，天敵利用が推奨される。天敵製剤としてスワルスキーカブリダニとタイリクヒメハナカメムシが利用できる。アザミウマ類に特異的に感染する微生物製剤（パイレーツ粒剤）も上市されている。スワルスキーカブリダニは，ピーマンの開花が始まってから放飼すると定着や増殖がよい。土着天敵のタバコカスミカメもミナミキイロアザミウマを捕食する。西日本の平地では，夏から秋に野外に定植したゴマで本種を大量に採集できるため，それらを施設内に導入する方法（特定防除資材扱い）で対応できる。

　タバココナジラミの防除にもスワルスキーカブリダニ，タバコカスミカメが利用できる。

　ワタアブラムシ，モモアカアブラムシに対しては，コレマンアブラバチ，ヒメカメノコテントウ，ナミテントウが使える。ただし，アブラムシ類の個体数が増加してしまうと天敵だけでは抑制できないので，天敵に比較的影響の少ないコルト顆粒水和剤，チェス顆粒水和剤，ウララDFなどを散布する。

●飼育・増殖方法

　ギフアブラバチは，ムギヒゲナガアブラムシやモモアカアブラムシを寄主として与えることで容易に増殖できる。ムギヒゲナガアブラムシの飼育には寄主植物としてムギ類，モモアカアブラムシにはアブラナ科植物を用いる。ジャガイモヒゲナガアブラムシは，寄生された個体の植物からの離脱・落下が多く回収率がよくないので，ギフアブラバチの増殖用寄主には向かない。

　ギフアブラバチの飼育適温は20〜25℃であるが，マミーや成虫は15℃でも保存できる。また，成虫に濃度10〜25%程度の蜂蜜水溶液を与えると寿命が延びるが，蜂蜜原液では効果がない。

　なお，1頭のアブラムシがギフアブラバチに多数回寄生されると，アブラムシの死亡率が高くなる知見が得られているため，ギフアブラバチを寄主アブラムシに寄生させる際には，ギフアブラバチの密度をアブラムシの20分の1程度にする。

（太田　泉）

〈製造・販売元〉
ギフパール：アリスタ ライフサイエンス（株）

イサエアヒメコバチ

（口絵：資材17）

学名　*Diglyphus isaea* (Walker)

<ハチ目／ヒメコバチ科>

英名　―

資材名　ヒメトップ
主な対象害虫　マメハモグリバエ，トマトハモグリバエ，ナスハモグリバエ，アシグロハモグリバエ
その他の対象害虫　―
対象作物　野菜類（施設栽培）
寄生・捕食方法　幼虫に外部寄生
活動・発生適温　20〜30℃
原産地　ヨーロッパ（ベルギー，フランス，ハンガリー，イタリア，オランダ，スペイン，ロシア，スウェーデン，イギリス，ユーゴスラビア），アジア（中国，インド，イラク，イスラエル，日本，シリア），アフリカ（リビア，セネガル），北米（カナダ，アメリカ合衆国）

【特徴と生態】

●特徴と寄生・捕食行動

　成虫は体長約2mm，翅以外は体全体が黒色で，

触角は棒状でやや短い。足に黒と黄色のはっきりした交互の模様が入るのが本種の特徴である。雌雄で脚の色のパターンが異なり、脛節の色彩模様が、体側から黄色→黒→黄色が雌で、黄色→黒→黄色→黒→黄色が雄である。また、産卵管の有無でも雌雄の見分けは可能である。なお、雌雄の見分けには実体顕微鏡が必要となる。

幼虫、蛹ともにハモグリバエの潜孔中にいる。幼虫は半透明のウジで、発育が進むと体の中心に茶色の部分が見えてくる。蛹は、最初は緑色で、後に黒色になる。なお、透過光の実体顕微鏡で蛹を観察すると、蛹の両側に3組計6個の黒い柱のようなものが見える。

本種は、体液摂取のための寄主と産卵のための寄主の選択能力など複雑な寄生様式をもつ外部寄生蜂である。寄生蜂の雌成虫は、ハモグリバエの潜孔を見つけると、触角で葉の表面を叩きながら潜孔中にいるハモグリバエ幼虫を探索する。幼虫を探し当てると、葉の表面から産卵管を突き刺して毒液を注入する。毒液を注入された幼虫はすぐに死亡するが、蜂は寄主幼虫の近くの潜孔の中に1個ずつ卵を産み付ける。多くは、寄主幼虫の体表上に産卵するが、まれに寄主幼虫から離れた場所に産卵することもある。基本的には単寄生性で、寄主幼虫1頭に対して産卵数1個であるが、条件によっては2〜5個産むこともある。産卵によって寄主を死亡させる殺傷寄生型と呼ばれる寄生様式の寄生蜂で、孵化した寄生蜂の幼虫はハモグリバエ幼虫の死体を食べて育つ。

雌成虫の特徴的な行動として、産卵とは別に、産卵管を突き刺して殺したハモグリバエ幼虫の死体からにじみ出る体液を摂取する捕食行動(ホストフィーディング;寄主体液摂取)をする。寄主体液摂取された幼虫は、体液のほとんどを吸われて干からびたようになることもある。なお、雌成虫は産卵に利用する寄主と寄主体液摂取に利用する寄主を分けて攻撃し、同一寄主を産卵と寄主体液摂取の両方に利用することはないとされている。

寄主体液摂取によって得られた栄養分は、蜂の活動のためのエネルギーになるとともに、蔵卵(卵の生産)に使われる。本種では、羽化した直後の雌成虫の蔵卵数(卵巣中の成熟卵数)はほとんどゼロであり、成虫となってからの寄主体液摂取によって得た栄養分で卵を生産すると考えられている。また、卵巣中の卵は、寄主にありつけない飢餓状態のときは、再吸収されて活動エネルギーに変換される。

雌成虫は、寄主幼虫の大きさを判断して産卵か寄主体液摂取かを選択し、大きな寄主幼虫には産卵を、小さな幼虫には寄主体液摂取する傾向がある。すなわち、マメハモグリバエの3齢幼虫ではその約50%以上が産卵に利用されるが、2齢幼虫または1齢幼虫では80〜90%が寄主体液摂取される。これは、産下された寄生蜂幼虫にとって、栄養分が多い大きな寄主幼虫のほうが生存に有利であるという繁殖戦略に基づいている。

また、寄生蜂雌成虫は、寄主幼虫の大きさによって雌雄を産み分け、マメハモグリバエの3齢幼虫に産卵された卵は性比がほぼ1:1だが、2齢幼虫や1齢幼虫の場合は産下された卵のほとんどが雄である。

● 発育と生態

卵から成虫までの発育日数はマメハモグリバエよりも短く、15℃で約26日、20℃で約17日、25℃で約11日、30℃で約8日である。また、雄のほうが雌より0.5〜1日短い。雌成虫の寿命は、15℃で約23日、20℃で約32日、25℃で約10日とされている。

産卵数は、寄主体液摂取による蔵卵と成熟卵の再吸収の影響を受けるので、条件によって変化すると考えられる。実験室内で十分に餌を与えた場合は、15〜25℃条件下で200〜300卵/雌、10〜20個/日/雌とされている。また、寄主体液摂取は温度の影響をあまり受けず、マメハモグリバエ3齢幼虫を与えた場合、寄主幼虫50〜100頭/雌、2〜10頭/日/雌とされている。

なお、筆者の実験によると、マメハモグリバエ幼

表1 ヒメトップの適用病害虫および使用方法 (2016年5月現在)

作物名	適用病害虫名	使用倍数・量	使用時期	使用回数	使用方法
野菜類(施設栽培)	ハモグリバエ類	2〜8ボトル/10a (200〜800頭)	発生初期	—	放飼

〈寄生蜂〉イサエアヒメコバチ

虫を十分に与えた場合には，100頭/日/雌以上を産卵または寄主体液摂取して死亡させることができる。いずれにしても，産卵または寄主体液摂取によって攻撃する寄主幼虫数は，寄主の密度が高いほど多くなる性質がある。

内的自然増加率（r）は，15℃，20℃，25℃で，それぞれ約0.11，0.17，0.27/日/雌とされている。これらの数値から1か月当たりの増殖率は，それぞれ約30倍，約190倍，約3,600倍となり，25℃での増殖率がきわめて高い。

気温25℃前後で，成虫の飛翔，探索行動などの活動性が最も高くなる。一方，20℃以下の低温条件下では飛翔活動が低下し，餌の探索効率も低下する。また，照度に敏感で，500lx以下の薄暗い光条件では飛翔できない。

本種は冬期に休眠するとされているが，筆者の実験によると15℃の低温短日条件では発育期間の遅延など休眠を示す現象が認められなかった。また，本種を放飼した施設トマトでは冬期も寄生蜂成虫が確認されていることからも，わが国の施設内では休眠しないと考えられる。

【使い方】

●剤型と使い方の基本

ヒメトップのボトルには，イサエアヒメコバチ成虫100頭が生きたまま入っている。性比は両種ともほぼ1：1である。ハウスの中心に，ボトルの蓋をあけ，上に向けて放置する。寄生蜂は，すぐに瓶の開口部から飛び出てくる。ハモグリバエ幼虫が部分的に集中している場所がある場合は軽く振って，その場所に寄生蜂を集中的に放飼する。日中に放飼すると，寄生蜂は日光に向かって飛翔し，場合によっては天窓から外に逃亡してしまうので，夕方か早朝に放飼する。

●放飼適期の判断

放飼適期を判断するために，ハモグリバエ類のモニタリングを行なう。方法は次のとおり。

1) 黄色粘着トラップの利用：ハモグリバエ類の発生時期や量は，市販の黄色粘着トラップ（たとえばホリバーなど）を使用して把握する。黄色粘着トラップは，栽培作業の邪魔にならない高さと場所に，できれば10枚/10a程度吊るして，これらに誘殺されたハモグリバエ成虫の数を最低1週間間隔で調べる。なお，トラップへの誘殺数とその1週間後の幼虫密度との間には高い相関が認められるので，トラップの種類や設置場所を固定し，誘殺数と幼虫密度との関係をあらかじめ調べて予測式を算出しておくと，幼虫密度の予測に利用できる。

2) 蛹トレイの利用：ハモグリバエ類は蛹化直前に葉から脱出して地上に落下するので，寄主作物の株元に白いバットなどを置いておくと，この中に蛹が落下してくる。トレイに落ちた蛹の数を調べればハモグリバエの幼虫密度をある程度推定できるが，この方法による次世代幼虫の密度の推定は困難なので，幼虫密度の予測には黄色粘着トラップを利用する。なお，20cm×30cmのトレイでは，蛹の捕獲率（落下した蛹のうちトレイに入った蛹の％）は約5～30％である。原則として，黄色粘着トラップにハモグリバエ類成虫が1頭でも誘殺されるか，成虫の摂食痕（白い点々。厳密には産卵痕ではない）が認められたら，次の週から寄生蜂を放飼する。

適正な放飼密度は，放飼時のハモグリバエ類の密度に応じて決定する。第1回放飼時のハモグリバエ密度に応じて，次の3段階を基準にする。

1) 極低密度時（幼虫または潜孔数0.1頭/株以下，成虫誘殺数1頭/週以下）：圃場内のトマトなど寄主作物の葉上にハモグリバエの潜孔がほとんど認められず，黄色粘着トラップへの成虫の誘殺数が1週間で1頭以下の極低密度時ならば，100～200頭/10aを放飼する。

2) 低密度時（幼虫または潜孔数1頭/株以下，成虫誘殺数1頭/日以下）：寄主作物の葉にハモグリバエの潜孔や幼虫がちらほら散見されるような密度ならば，200～500頭/10aを放飼する。

3) 中密度時（幼虫または潜孔数1頭/株以上，成虫誘殺数1頭/日以上）：幼虫密度が1頭/株以上ならば，さらに放飼量を増やす必要があるが，この状態では天敵だけでハモグリバエの被害を抑えることは困難である。薬剤散布を追加する。

寄生蜂の寿命はおおむね1週間と考えられるので，1週間に1回の放飼を3～4週間行なう。

●温湿度管理のポイント

　活動適温は20〜30℃と比較的高温であり，20℃以下の低温下では飛翔活動が低下して防除効果がほとんど期待できない。したがって，11月以降の低温期では，日中はなるべく施設の天窓を閉じ，ハウス内の気温を高く保つ。また，平均気温が30℃を超える盛夏期は逆に高温抑制が働き，成虫の寿命も短くなって防除効果が低下する。

●栽培方法と使い方

　活動適温が比較的高いので，施設では盛夏期（7〜8月）を除いて春から秋にかけて使用できる。施設栽培トマトの場合，促成栽培では3月下旬〜6月下旬，抑制栽培では9月中旬〜11月中旬が寄生蜂の活動が最も期待できる期間である。一方，11月下旬〜3月中旬までの冬期は，低温のために寄生蜂の活動が低下するので，この時期の放飼は避ける。したがって，寄生蜂の最初の導入時期は，促成栽培では3月下旬，抑制栽培では9月中旬が適している。

●効果の判定

　イサエアヒメコバチに攻撃されて死亡したハモグリバエ老熟幼虫は，数日で体色が褐色〜黒褐色に変化するので，死亡幼虫は生存幼虫（体色は黄色）と肉眼で容易に区別できる。トマトでは，葉に寄生したハモグリバエ幼虫の生存率はほぼ100％なので，イサエアヒメコバチ放飼後の死亡幼虫はすべて寄生蜂に攻撃されたものと見なし，死亡幼虫の割合〔死亡幼虫数／（死亡幼虫数＋生存幼虫数）〕を防除効果判定のための指標とする。ハモグリバエの幼虫密度にもよるが，ハモグリバエ幼虫の発生のピーク時に，おおよそ死亡幼虫率80％以上ならば，寄生蜂による防除はほぼ成功したと見なせる。

　なお，寄生蜂の卵を産み付けられた死亡幼虫は，1週間程度で寄生蜂幼虫に食べ尽くされて消失するが，寄主体液摂取された死亡幼虫は潜孔内に長く残存しているので，これらは累積されていく。したがって，死亡幼虫率を調べる場合は，こうした累積された古い死亡幼虫を省く必要がある（古い死亡幼虫は，黒色で完全に干からびているので，新しい死亡幼虫との区別が可能）。

　ハモグリバエ幼虫が寄生蜂に攻撃されて死亡した場合，その時点で食害が止まるので，潜孔の大きさ（長さ）は，蛹化のために脱出するまで食害した場合に比べて小さい。特に，寄生蜂の寄主に対する相対密度が高くなってくると，本来寄生蜂にとって餌として好適ではない若齢や中齢の幼虫も攻撃するようになるため，潜孔の小型化が顕著になる。したがって，潜孔の大きさからも寄生蜂の防除効果がある程度判定できる。

　放飼したイサエアヒメコバチが確実に定着したことを確認するためには，寄生蜂を羽化させてその種類を調べる。まず，死亡幼虫がついた葉片をいくつか採取し，これらをティッシュペーパーなどに包んでビニール袋に入れて室温で放置する。夏ならば10日もすると寄生蜂成虫が袋の中で羽化してくるので，これらがイサエアヒメコバチかどうかを確認する。殺虫剤を散布していない場合には，ハモグリバエ類の天敵であるカンムリヒメコバチ *Hemiptarsenus varicornis* (Girault)，ハモグリミドリヒメコバチ *Neochrysocharis formosa* (Westwood)などの土着寄生蜂（静岡県では16種類以上がいる）も寄生するので，放飼したイサエアヒメコバチ以外の在来寄生蜂が羽化することも多い。

　在来寄生蜂のなかでは，各地で普通に見られるハモグリミドリヒメコバチとハモグリヤドリヒメコバチ *Chrysocharis pentheus* (Walker)は，ハモグリバエ類に寄生するとともにイサエアヒメコバチやカンムリヒメコバチの幼虫にも高次寄生する。施設内の寄生蜂の寄生率が高まってくると，これらの在来の高次寄生蜂の割合が増し，放飼したイサエアヒメコバチが徐々にいなくなってしまうこともある。その場合，在来寄生蜂がハモグリバエ類の密度を抑制しているため，実際には支障はない。

　ハモグリバエ類寄生蜂の同定には専門知識を要するが，比較的わかりやすい図解検索表が元・北海道農業研究センターの小西和彦氏（現在，愛媛大学）によって作成され，本書p.技術52やインターネット上で公開されているので，関心のある方は参照されたい。

●追加放飼と農薬防除の判断

　原則として，1週間間隔で3〜4回放飼しても，死亡幼虫率が80％以上に上がらず，かつハモグリバエの生存幼虫が葉当たり1頭以上認められる場合

は，カスケード乳剤2,000倍またはトリガード液剤1,000倍散布を追加する。死亡幼虫率が80％以下でも確実に寄生（死亡幼虫）が確認でき，かつ生存幼虫数が葉当たり1頭未満の場合は，200〜500頭/10aをさらに1〜2回追加放飼して様子を見る。

なお，カスケード乳剤とトリガード液剤はイサエアヒメコバチに対する悪影響はほとんどないので，マルハナバチなど他の有益昆虫への影響を考慮しなくてもよい場合は，本剤と寄生蜂との併用が可能である。ただし，ハモグリバエ類の薬剤抵抗性の発達を回避するためにも，適正使用基準を厳守し，なるべく1作期1回の散布にとどめる。

●天敵の効果を高める工夫

ハモグリバエ類の成虫は，ハウスの側窓はもとより，5m程度の高さの天窓からも侵入してくる。ハモグリバエ成虫の侵入防止策および放飼した寄生蜂の逃亡阻止策として，側窓と天窓に1mm目の防虫ネットを張る。

トマトでは，マメハモグリバエに関しては発生に品種間差異がある。大玉の品種では，桃太郎系がサンロードや木熟麗玉などの品種に比べて発生しにくい。一方，ミニトマトでは，発生に品種間差異はほとんどないが，大玉に比べると明らかに発生しやすい（大玉品種に比べて成虫の寿命が長く，産卵数が多いため）。さらに，ミニトマトの葉当たり葉面積は，品種によって大玉の5分の1程度と狭いため，ハモグリバエの食害によるダメージを受けやすい。

天敵を使用する場合は，大玉品種の桃太郎などハモグリバエ類にとって好適でない品種のほうが有利であり，ハモグリバエにとって好適なミニトマトで使用する場合は，寄生蜂の放飼密度を標準量の倍程度に増やす必要がある。なお，中玉品種では，一般にマメハモグリバエは発生しにくい。

天敵による防除を成功させるポイントは，天敵放飼時の害虫密度をできるだけ低くすることである。ハモグリバエの場合も，苗によるハウス内への持ち込みは絶対に避け，定植直後の虫密度を可能な限り低くしておく必要がある。したがって，天敵導入前の育苗期から定植直後においては天敵に影響の少ない薬剤により虫密度を低密度に維持し，その後天敵を導入して生物防除に切り替える防除体系が，より現実的と考えられる。

トマトの総合防除体系の基本モデルとして次のような体系を提案しておく。

1) 育苗期は，アファーム乳剤などを利用して諸害虫を完全に防除しておく。2) 定植時に，ハモグリバエ類とコナジラミ類両方に対して防除効果が期待できるダントツ粒剤などを植え穴処理する。3) 定植後にハモグリバエ類の密度に応じてカスケード乳剤などを散布する。4) その後に天敵を導入する。

●農薬の影響

ほかの天敵と同様，殺虫剤に対してきわめて感受性が高いので，非選択性殺虫剤の有機リン系，合成ピレスロイド系およびカーバメート系の粒剤と散布剤は使用できない。ネオニコチノイド系殺虫剤も比較的影響が強い。また，マルハナバチに比較的影響の少ないサンマイトフロアブルも影響が強いので，注意する。

殺菌剤の影響は全般に弱い。カスケード乳剤などのIGR剤は，成虫や幼虫，寄生行動および次世代への影響がまったくなく，寄生蜂との併用が可能である。

●その他の害虫の防除

トマトでは，ハモグリバエ類以外の害虫として，コナジラミ類（オンシツコナジラミ，タバコナジラミ），チョウ目（ハスモンヨトウ，オオタバコガなど），トマトサビダニ，アブラムシ類（ワタアブラムシ，モモアカアブラムシ）が主な害虫である。

オンシツコナジラミが優占種の場合は，天敵のオンシツツヤコバチを導入する。タバコナジラミが優占種の場合は，サバクツヤコバチを導入する。コナジラミの密度が高い場合には，薬剤を使用する。粒剤では，ネオニコチノイド系のダントツなどが使用可能（定植時植え穴処理）だが，これらの散布剤は天敵に対する影響が強いため使用できない。散布剤では，チェス顆粒水和剤やコルト顆粒水和剤，エコピタ液剤などが使用可能。

チョウ目害虫では，IGR剤のカスケード乳剤やジアミド系のフェニックス顆粒水和剤などが使用可能。また，黄色灯やハスモンヨトウの交信撹乱剤「ヨトウコンH」やオオタバコガなど複数のチョウ目害虫を対象とした「コンフューザーV」も使用できる。

天敵やマルハナバチを導入すると，有機リン剤などの非選択性殺虫剤の散布が制限されるので，栽培後半にトマトサビダニが多発することがある。毎年サビダニが発生する圃場では，育苗中か定植直後にモレスタン水和剤などを散布しておく。

アブラムシ類は，栽培後半になって葉が硬化してくると発生が多くなる。育苗中か定植時にネオニコチノイド系の粒剤を施用すると長期間発生を抑えることができるが，本圃で発生が多い場合にはウララDFやチェス顆粒水和剤などを散布する。

● 飼育・増殖方法

本種は，ハモグリバエ類の幼虫を寄主として比較的容易に増殖可能である。しかし，害虫であるハモグリバエを大量に増殖する必要があり，これを隔離できる施設が必要となる。詳細については試験研究機関に問い合わせられたい。

(小澤朗人)

〈製造・販売元〉
ヒメトップ：出光興産（株）

ハモグリミドリヒメコバチ
(口絵：資材18)

学名 *Neochrysocharis formosa* (Westwood)
<ハチ目／ヒメコバチ科>
英名 ―

資材名 ミドリヒメ
主な対象害虫 ハモグリバエ類
その他の対象害虫 ―
対象作物 野菜類（施設栽培）
寄生・捕食方法 幼虫に内部寄生，寄主体液摂取（捕食）
活動・発生適温 20～30℃
原産地 アジア（日本を含む），アフリカ，北米，南米，オーストラリア，ハワイなど世界に広く分布

【特徴と生態】

● 特徴と寄生・捕食行動

ハモグリミドリヒメコバチ成虫は体長約0.8～1.6mm。複眼は赤く，体全体は光沢のある緑色。雌雄成虫ともに後脚腿節に黒色斑紋を有する。さらに，天敵として製剤化されている産雌性単為生殖系統では，雌成虫の後脚脛節基部に黒色斑紋があるが，産雄性単為生殖系統の雌成虫ではこの黒色斑紋を欠き，脚は透明黄白色である。雌雄を区別するためには，実体顕微鏡下で腹部下面の産卵管鞘の有無を調べる必要がある。

本種は野菜および花卉類で問題となっているマメハモグリバエやトマトハモグリバエなどの幼虫に寄生する単寄生性の寄生蜂であるが，文献ではハモグリガの幼虫寄生蜂，ハバチや甲虫の卵寄生蜂としても報告されている。

雌蜂はハモグリバエ幼虫の体内に卵を1個産下する。ハモグリバエ幼虫の体内に産下された卵は白色透明の楕円形で，長さは0.23mm，幅が0.08mm。孵化幼虫の体長は約0.32mmで，ハモグリバエ幼虫の体内で発育する。前蛹は白色であるが，その後黒色となる。蛹の体長は約1.33mmであるが，ハモグリバエ幼虫の体サイズにより変化する。

栄養摂取を目的としてハモグリバエ幼虫に産卵管を刺し，滲出した幼虫体液を摂取する（寄主体液摂取）。

● 発育と生態

発育限界温度（発育零点）は10.6℃で，卵から成虫までの発育期間は15℃で約44日，20℃で約26日，25℃で約17日，30℃で約11日である。成虫は他の多くの寄生蜂同様，19℃を下回ると飛翔活動が低下するので，放飼した施設内で日中の温度がそれ以上であれば寄生蜂の活動が期待できる。

産雌性単為生殖で，未交尾の雌が雌卵を産卵する。したがって，雄はまれで，ほとんどの個体は雌である。生涯で約290個の卵を産む。羽化当日では

表1 ミドリヒメの適用病害虫および使用方法 (2016年5月現在)

作物名	適用病害虫名	使用倍数・量	使用時期	使用回数	使用方法
野菜類（施設栽培）	ハモグリバエ類	100頭/10a	発生初期	―	放飼

〈寄生蜂〉ハモグリミドリヒメコバチ

約7個で，2日目からは15個前後の卵を毎日産む。10日前後から産卵数はしだいに低下し，羽化後25日目以降は5個以下となる。

寄主体液摂取では，生涯に約490頭のハモグリバエ幼虫を殺す。1日当たりの寄主体液摂取数は変動するが，羽化後3日目から1か月間は毎日10〜15匹のハモグリバエ幼虫を殺す。

寿命は約37日で，ハモグリバエ類のほかの寄生蜂に比べると長い。

【使い方】

●剤型と使い方の基本

ハモグリミドリヒメコバチは，15mlのプラスチックボトルに25頭入っている。輸送に数日間要することを考えると，到着後すぐに放飼するほうがよい。放飼量の目安は，10a当たり100頭（ボトル4本）。曇天の日以外は，夕方薄暗くなる前にハモグリミドリヒメコバチの放飼を始める。

放飼する前にボトルをゆっくりと回転させながら，動きのない死亡個体の有無を確かめる。死亡個体が多い場合には，ただちに購入先に連絡し，新しい天敵の追加送付を依頼する。容器の蓋をあけ，ハモグリバエ幼虫の潜孔がある葉に容器の口を向け，容器を軽く叩きながら寄生蜂を葉に移す。放飼作業中に，容器の口を上向きにしたままハウス内を移動すると，成虫はハウス上方に向かって容器から飛び出すので，容器の口を下向きにする。

1週間間隔で3〜4回の放飼が望ましい。費用低減のため放飼回数を減らす場合でも，1回放飼は避け，最低2回できれば3回放飼が必要である。

●放飼適期の判断

黄色粘着トラップを用いて，成虫の発生推移をモニタリングする。対象のハモグリバエ類成虫を粘着トラップ上で正確に見分けられない場合，葉に細い幼虫の潜孔（マイン）を見つけた時点で，天敵を注文する。

購入苗で幼虫の潜孔が認められた場合には，天敵に悪影響のある農薬が育苗時に散布されていないことを確かめたうえで，天敵を注文する。

天敵に悪影響のある農薬つまり非選択的農薬が散布され，天敵を利用できなかった場合，あるいはハモグリバエの発生を見逃し，幼虫の潜孔が1葉当たり数個あり，葉から飛び出したハモグリバエの蛹がいる場合には，天敵に影響の少ない選択的農薬でハモグリバエ密度を抑圧する。その後，天敵を放飼する。

●温湿度管理のポイント

活動適温は20〜30℃で，比較的高温でもよく働く。19℃以下では飛翔活動が低下するが，活動時間帯である日中の気温が20℃以上確保されれば問題ない。

●栽培方法と使い方

他のヒメコバチ類と同様に低温期では活動能力が低下するため，12月から2月中の放飼は避けたほうがよい。

抑制栽培や促成栽培で，秋口にハモグリミドリヒメコバチを放飼した場合は，気温が上昇する年明け後の3〜4月に施設内で蛹化していたハモグリバエ類が羽化し，幼虫の潜孔被害が増えるので，改めて放飼が必要になることもある。

葉を商品とする葉菜類と葉が商品とならない果菜類では，ハモグリバエ幼虫の潜孔が収量や品質に及ぼす影響は大きく異なる。前者の場合には寄生蜂の放飼回数を増やす前に，放飼前の選択的農薬による防除が必要となる。

●効果の判定

葉を光にかざし，潜孔内に黒い影が見えるなら，幼虫が寄生されたか寄主体液摂取により死亡したと判定できる。また，潜孔が段階的に太くならず，細い潜孔が目立ってきたら，途中で幼虫が死亡したと考えてよい。

寄生蜂が確実に増えていることを確認したい場合は，幼虫の潜孔がある葉を20〜40枚程度集めて，底を切り取ったペットボトルに入れ，底と口を通気性のある紙などでふさぎ，暖かいところに置く。緑色の金属光沢のある蜂が多数羽化してくるようなら，寄生蜂が増え始めたと考えてよい。なお，放飼したハモグリミドリヒメコバチ以外に，ハモグリヤドリヒメコバチ *Chrysocharis pentheus* (Walker)やイサエアヒメコバチ *Diglyphus isaea* (Walker)などの土着天敵が羽化する場合もある。

黄色粘着トラップに誘殺される成虫数が減少傾向になれば，天敵の放飼によりハモグリバエが抑えられていると考えられる。しかし，秋に天敵を放飼した場合には，低温とともにハモグリバエの羽化が遅れるため，見かけ上ハモグリバエが減少したようになることもある。できれば，葉のハモグリバエ幼虫を観察し，黒色の幼虫や未発達の潜孔が多く目立つかどうかもあわせて確認するほうがよい。

● 追加放飼と農薬防除の判断

慣れるまでは難しいが，展開間もない葉に白い小さな点，つまりハモグリバエ成虫による加害痕や産卵痕が多数認められる場合には，追加放飼が必要となる。

葉の多くの潜孔が長く太い場合，ハモグリミドリヒメコバチの定着やその後の増殖が不十分なため，ハモグリバエ幼虫が寄生蜂に攻撃されず，老齢幼虫まで成長できた可能性が高い。また，秋期放飼であれば年明け後にハモグリバエ類が増加するので，再度ハモグリミドリヒメコバチを放飼する。暖かい時期の放飼であれば，選択的農薬を散布したうえでハモグリミドリヒメコバチを追加放飼する。

● 天敵の効果を高める工夫

ハモグリミドリヒメコバチを利用したハモグリバエ類の防除の場合には，他の天敵利用の場合ほど神経質になる必要はない。土着天敵も含めた複合的な効果が期待できるので，他の害虫を防除する際に，天敵に影響のある非選択的農薬を使わないことが鉄則である。

育苗期にハモグリバエ幼虫の潜孔が目立つようであれば，マクロライド系殺虫剤やIGR剤のカスケード乳剤などを散布して密度を下げた後，ハモグリミドリヒメコバチを放飼する。

古い下位の葉の潜孔には，ハモグリミドリヒメコバチが生息していることが多い。したがって，このような古い葉を除去すると，ハモグリミドリヒメコバチ次世代の発生に影響を及ぼす。葉かびなど病気の問題を無視できるなら，古い葉を除去する作業を遅らせるか除去した葉をうね間に置く。

露地のエンドウを加害するナモグリバエでは，九州だと3月中旬以降確実に大量の土着天敵が増える。エンドウが利用できない3月上旬あるいはエンドウが枯れる5月中旬以降にハモグリミドリヒメコバチを放飼することで，土着天敵との組合わせも可能である。

● 農薬の影響

天敵への影響が1か月以上持続するような殺虫剤は使用しない。また，影響が比較的短い殺虫剤については，スポット散布やうねに交互散布し，影響を軽減する。カーバメート系剤，合成ピレスロイド剤や有機リン剤の多くはハモグリミドリヒメコバチに悪影響を及ぼすので，後述する方法で天敵に影響の少ない農薬すなわち選択性殺虫剤を調べ，使用する。

マクロライド系殺虫剤のスピノエースやコロマイト（ミルベノック），アファームにはハモグリバエ類に対して殺卵効果様の働きがある。これらの剤はハモグリミドリヒメコバチ成虫に対して悪影響を及ぼすが，寄生蜂幼虫に対する影響は少ない。したがって，ハモグリミドリヒメコバチ放飼の2～3週間前または放飼後1か月以上を経過した時点で散布する。

◎ 農薬の影響のデータ

日本生物防除協議会のホームページから，天敵に対する農薬の影響に関するデータを入手できる（本書p.資料2参照）。

オランダのコパート社が提供している天敵に対する影響（side effects）は英文表記であるが，農薬名（成分の英名）と天敵（学名）で検索できる（http://www.koppert.nl/e0110.html）。

ハモグリミドリヒメコバチに対する農薬の影響についての記載のほか，ハモグリバエ類の天敵であるハモグリコマユバチ *Dacnusa sibirica* Telengaやイサエアヒメコバチ，あるいは他の寄生蜂に関するデータも参考になる。

● その他の害虫の防除

コナジラミ類やアザミウマ類に効果の高い殺虫剤のなかには，ハモグリバエ類にも殺虫効果を示すものがある。このような剤を天敵放飼直前に使用すると，餌不足により天敵の定着や増殖に影響する。コナジラミ類やアザミウマ類，ハダニ類が発生した場合には，可能なかぎり微生物農薬や発育制御剤など天敵に影響が少ない選択性殺虫剤を使用する。もち

〈寄生蜂〉ヨーロッパトビチビアメバチ

ろん，これらの害虫に登録のある天敵を放飼する方法もある。

コナジラミ類やアザミウマ類，アブラムシ類に対しては定植時の粒剤処理などで対処し，ハモグリミドリヒメコバチを放飼した後にこれらの害虫が発生した場合には，微生物農薬（ボタニガードやバータレック，プリファード水和剤）などで防除する。

チョウ目害虫に対しては，BT剤やIGR剤などに加え，プレオフロアブルなども有効である。

●飼育・増殖方法

ハモグリミドリヒメコバチはマメハモグリバエやトマトハモグリバエで増殖できる。ハモグリバエ幼虫が潜孔しているインゲンマメなどを市販のプラスチックの虫かごや大型収納容器などに入れ，ハモグリミドリヒメコバチを放飼することで，容易に次世代を得ることは可能である。しかし，体サイズが大きく，寄生能力の高い個体を大量に生産するためには，雌蜂の産卵能力や寄主体液摂取などさまざまな点を考慮し，供試するハモグリバエ幼虫数を調整する必要がある。研究目的でなく，施設などでの防除に用いる場合には，飼育の手間や労力，生産された天敵の質などを考えると商業的に大量生産された市販のハモグリミドリヒメコバチを使うことを薦める。

（大野和朗）

〈製造・販売元〉
ミドリヒメ：住友化学(株)

ヨーロッパトビチビアメバチ
（口絵：資材19）

学名 *Bathyplectes anurus* (Thomson)
<ハチ目／ヒメバチ科>
英名 ─

資材名 ヨーロッパトビチビアメバチ剤
主な対象害虫 アルファルファタコゾウムシ
その他の対象害虫 ─
対象作物 レンゲ，アルファルファ
寄生・捕食方法 幼虫に内部寄生
活動・発生適温 年1世代で，3月ころにアルファルファタコゾウムシの発生にあわせて成虫が発生し，害虫の若齢幼虫に寄生する。したがって，発生適温は，放飼するそれぞれの地域の気温変化に従う
原産地 ヨーロッパ・中央アジア（導入されたものは，伝統的生物的防除の目的でアメリカ合衆国に導入され，定着していたものである）

【特徴と生態】

●特徴と寄生・捕食行動

本剤は，これまでの天敵農薬と異なり，放飼した地域に天敵を定着させた後，その永続的効果を期待する伝統的生物的防除を想定した剤である。したがって，天敵放飼直後には，その効果はほとんど期待できない。放飼した天敵がその地域に定着し，数年後にやっと効果が現われる。しかし，その一方で，本種が地域に定着した後は，毎年新たに繰り返し天敵を放飼する必要はない。また，定着後における利用上の留意点は，土着天敵の保護利用と基本的に同じである。

アルファルファタコゾウムシだけに寄生する寄生蜂で，成虫の体色は黒色，体長は約3mmである。羽化，交尾後の本種雌成虫は，アルファルファタコゾウムシが加害したレンゲやカラスノエンドウなどマメ科植物上を歩き回り，アルファルファタコゾウムシ幼虫（主に若齢幼虫）を発見すると，すばやく産卵する。

●発育と生態

アメリカ合衆国には，1960年ころから複数種の天敵がヨーロッパ諸国から導入されており，これらの天敵のなかでも，本種は最も有力な天敵の1つとして知られている。年1化性・両性生殖で，早春に羽化した成虫の寿命は1か月程度，1雌の産卵数は1,000個前後である。主にアルファルファタコゾウムシの1〜2齢幼虫に産卵し，産卵後3週間程度で，アルファルファタコゾウムシの繭の中に自身の繭をつくり越夏・越冬する。この繭は光や音などに反応してジャンプする習性があり，これは太陽光線や天敵などから身を守るために役立っていると考えられている。

ヨーロッパトビチビアメバチ〈寄生蜂〉

表1 ヨーロッパトビチビアメバチ剤の適用病害虫および使用方法 (2016年5月現在)

作物名	適用病害虫名	使用倍数・量	使用時期	使用回数	使用方法
レンゲ	アルファルファタコゾウムシ	放飼地点1か所当たり400～2,000頭	レンゲ着蕾期	—	放飼

【使い方】

●剤型と使い方の基本

剤型は，ヨーロッパトビチビアメバチの繭を100頭ずつ，茶こし袋に入れたもので，基本的には，袋から出した繭を野外に放飼し，自然に羽化させる。繭の放飼にあたっては，水孔のついた箱に湿らせたミズゴケなどを敷き詰め，その上から雨よけができる容器を準備する。2月以降，レンゲにアルファルファタコゾウムシの食害が観察されるようになったら，容器のミズゴケなどの上に本剤を振り入れ，さらに湿らせたミズゴケなどをうすく覆ったうえ，直射日光が直接当たらないようにして設置する。容器は，ヨーロッパトビチビアメバチの羽化が完全に終了するころまで設置する。

●放飼適期の判断

放飼する地域のアルファルファタコゾウムシ発生状況に従う。

●温湿度管理のポイント

放飼する年の1～2月に入手し，それ以降，放飼地域の野外温度条件に合わせ，直射日光が当たらないような条件で保管する。

●栽培方法と使い方

レンゲに対するアルファルファタコゾウムシの被害は，養蜂のための蜜源植物としてレンゲを栽培する場合，遅播き（播種時期を標準より遅くする）である程度回避できる。しかし，年によっては春先の低温による影響などで，レンゲの開花時期が遅くなると採蜜量の低下を招く。また，ヨーロッパトビチビアメバチが定着しても，十分に効果が出るまでには数年かかる。したがって，ヨーロッパトビチビアメバチを放飼した地域では，ヨーロッパトビチビアメバチの寄生率とアルファルファタコゾウムシの被害を見ながら，次第に早播きの面積を増やしていくことが対策として考えられる。

●効果の判定

アルファルファタコゾウムシ，ヨーロッパトビチビアメバチともに年1世代なので，ヨーロッパトビチビアメバチの放飼を数年継続し，同時に，寄生率も継続確認する必要がある。定着が確認されてから実際に効果が現われるまで，さらに数年かかるが，徐々に効果が現われる。

●追加放飼と農薬防除の判断

最初2年間程度は連続放飼し，定着が確認されるまで，放飼を繰り返す。

●天敵の効果を高める工夫

少し手間はかかるが，成虫の羽化直後に確実に蜜を摂取させ，雌雄の交尾も確実にするためには，野外温度条件と同じ条件にした室内などで羽化させ，給蜜，交尾を済ませた成虫を，アルファルファタコゾウムシの加害が観察される場所に，直接放飼してもよい。

●農薬の影響

ヨーロッパトビチビアメバチの活動に影響を及ぼす恐れがあるので，本剤の放飼前後の農薬散布，野焼きなどは避けること。

●飼育・増殖方法

野外に網室を設置し，その中でアルファルファを栽培する。アルファルファタコゾウムシ発生期（春期）に成虫を採集し，11月ころまで室内で越夏させ，その後，網室に放飼する。翌春，アルファルファタコゾウムシ幼虫発生時にヨーロッパトビチビアメバチを放飼し，アルファルファタコゾウムシが成虫になるころ，アルファルファを刈り取り，そのなかからヨーロッパトビチビアメバチ繭を回収する。

（高木正見）

〈製造・販売元〉

本剤は市販しておらず，（一社）日本養蜂協会が必要に応じて組合員に配布している。

〈センチュウ類〉スタイナーネマ・カーポカプサエ

スタイナーネマ・カーポカプサエ
(口絵：資材19)

学名 *Steinernema carpocapsae*
＜カンセンチュウ目／スタイナーネマ科＞
英名 Steinernema carpocapsae

資材名 バイオセーフ
主な対象害虫 ゾウムシ科（シバオサゾウムシ，イモゾウムシ，オリーブアナアキゾウムシ，キンケクチブトゾウムシ），ミツギリゾウムシ科（アリモドキゾウムシ），オサゾウムシ科（ヤシオオオサゾウムシ），カミキリムシ科（キボシカミキリ，センノカミキリ），ヤガ科（タマナヤガ，ハスモンヨトウ），シンクイガ科（モモシンクイガ），スカシバガ科（コスカシバ，スグリコスカシバ），ボクトウガ科（ヒメボクトウ）
その他の対象害虫 ―
対象作物 シバ，サツマイモ，イモ類，豆類，花卉類・観葉植物，果樹類，タラノキ，サクラ，オリーブ，ヤシ，野菜類，イチジク，ナシ，リンゴ，フサスグリ，イチョウ
寄生・捕食方法 口，肛門，気門の開口部から対象害虫の幼虫の体内に侵入
活動・発生適温 20〜30℃
原産地 アメリカ合衆国

【特徴と生態】

●特徴と寄生方法

スタイナーネマ・カーポカプサエは昆虫病原性線虫で，昆虫には寄生するが植物に寄生することはない。昆虫の体外で生活でき，害虫への感染ステージである感染態3期幼虫の体長は約0.6mmで，肉眼ではほとんど見えない。ベルマン法により線虫を土壌から分離することは容易であるが，類似種と見分けることは専門家でないと難しい。

線虫の感染態3期幼虫が，口，肛門，気門の開口部から対象害虫の幼虫の体内に侵入すると，線虫の保持している共生細菌（*Xenorhabdus nemalophila*）が幼虫の体内に放出される。幼虫は共生細菌の働きによって数日で敗血症により死亡する。線虫の殺虫性は温度や湿度といった環境条件に大きく左右され

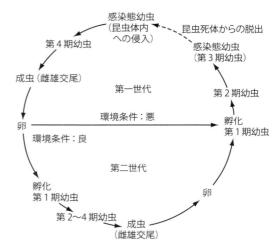

図1 スタイナーネマ属線虫の生活環 (真宮，1988)

る。殺虫性は20〜30℃で高いが，15℃以下や35℃以上では低下する。本種は世界各地に分布しており，殺虫スペクトラムは比較的広く，殺虫性はコウチュウ目とチョウ目の害虫に対して特に高い。

●生態

*Steinernema*属線虫の生活環は，図1に示したとおりである。昆虫の死体から脱出した線虫の感染態3期幼虫は，標的とする昆虫の体内に再び侵入する。体内で感染態3期幼虫は第4期幼虫を経て成虫になり，交尾・産卵を行なう。通常，2世代（悪条件では1世代）を経過して再び感染態3期幼虫として昆虫の体外へ脱出する。

【使い方】

●剤型と使い方の基本

バイオセーフは，昆虫病原性線虫スタイナーネマ・カーポカプサエを製剤化した天敵資材の1つである。1g当たり感染態3期幼虫250万頭を特殊なゼリー状の支持体に含ませ，1パック100g，30g，10g入りの製剤として販売している。保冷輸送で流通している製品であり，使用する直前まで冷暗所（約5℃）に保存する。その際，乾燥および冷凍は避ける。

散布方法は大きく2つに分かれる。1つは，線虫を希釈した薬液を対象害虫の生息する土壌に向けて広範囲に散布して，対象害虫に侵入させる方法である。もう1つは，カミキリムシ類やスカシバガ類，

ゾウムシ類など，あらかじめ対象害虫の寄生部位がわかっている場合，線虫を希釈した薬液をその部位に注入するなどして接触・侵入させる方法である。

◎広域に散布する方法

シバやサツマイモ，イチゴ，果樹類で使用する場合には，2500万頭すなわち製剤10gを散布直前に50～200lに希釈し，1m²当たり0.5～2l散布する。線虫は水に沈みやすいので，常に攪拌しながら散布する。また，乾燥に弱いので，散布時，散布後の水分管理に留意する。たとえば晴天日の芝面の温度は

表1 バイオセーフの適用病害虫および使用方法 (2016年5月現在)

作物名	適用病害虫名	使用倍数・量	使用時期	使用回数	使用方法
イチジク	キボシカミキリ幼虫	2500万頭（約10g）・2.5l	産卵期～幼虫喰入期	—	主幹および主枝の産卵箇所に薬液が滴るまで塗布または散布
イチョウ イチョウ（種子）	ヒメボクトウ	2500万頭（約10g）・2.5～25l	幼虫発生期	—	木屑排出孔を中心に薬液が滴るまで散布または樹幹注入
イモ類	ハスモンヨトウ	2億5000万頭（約100g）/10a・500～2,000l/10a	老齢幼虫発生期	—	土壌灌注
オリーブ オリーブ（葉）	オリーブアナアキゾウムシ幼虫	2500万頭（約10g）・50l	幼虫発生期	—	樹幹部に薬液が滴るまで散布
花卉類・観葉植物	キンケクチブトゾウムシ幼虫	2500万頭（約10g）・70～140l	幼虫発生初期	—	1株当たり300ml株元灌注
花卉類・観葉植物	ハスモンヨトウ	2億5000万頭（約100g）/10a・500～2,000l/10a	老齢幼虫発生期	—	土壌灌注
果樹類	コスカシバ	2500万頭（約10g）・25l	幼虫発生期	—	虫糞が見られる所を中心に主幹部全体に散布
果樹類	モモシンクイガ	2億5000万頭（約100g）/10a・500～2,000l/10a	夏繭が形成される時期～羽化脱出前まで	—	土壌灌注
サツマイモ	アリモドキゾウムシ	2億5000万頭（約100g）/10a・500～2,000l/10a	成虫発生初期	—	土壌灌注
サツマイモ	イモゾウムシ	2億5000万頭（約100g）/10a・500～2,000l/10a	成虫発生初期	—	土壌灌注
サツマイモ（茎葉）	アリモドキゾウムシ	2億5000万頭（約100g）/10a・500～2,000l/10a	成虫発生初期	—	散布
サツマイモ（茎葉）	イモゾウムシ	2億5000万頭（約100g）/10a・500～2,000l/10a	成虫発生初期	—	散布
サクラ	コスカシバ	2500万頭（約10g）・25l	幼虫発生期	—	虫糞が見られる所を中心に主幹部全体に散布
シバ	シバオサゾウムシ幼虫	2億5000万頭（約100g）/10a・500～2,000l/10a	発生初期	—	散布
シバ	タマナヤガ	2億5000万頭（約100g）/10a・500～2,000l/10a	発生初期	—	散布
タラノキ	センノカミキリ幼虫	2500万頭（約10g）・2.5l	幼虫発生期	—	被害部を中心に薬液が滴るまで散布
ナシ	ヒメボクトウ	2500万頭（約10g）・2.5～25l	幼虫発生期	—	木屑排出孔を中心に薬液が滴るまで散布または樹幹注入
フサスグリ	スグリコスカシバ	2500万頭（約10g）・25l	幼虫発生期	—	虫糞が見られる所を中心に主幹部全体に散布
豆類（種実）	ハスモンヨトウ	2億5000万頭（約100g）/10a・500～2,000l/10a	老齢幼虫発生期	—	土壌灌注
野菜類	ハスモンヨトウ	2億5000万頭（約100g）/10a・500～2,000l/10a	老齢幼虫発生期	—	土壌灌注
ヤシ	ヤシオオオサゾウムシ幼虫	7500万頭（約30g）・25l	幼虫発生期	—	樹頂部に散布
リンゴ	ヒメボクトウ	2500万頭（約10g）・2.5～25l	幼虫発生期	—	木屑排出孔を中心に薬液が滴るまで散布または樹幹注入

〈センチュウ類〉スタイナーネマ・カーポカプサエ

30℃を超えるので，あらかじめ十分な散水をしておき，夕刻〜日没後，あるいは曇雨天日に散布する。

モモシンクイガの場合は，防除対象となる老熟幼虫は果実から脱出すると樹幹下の土壌に落下し，しばらく徘徊した後，土中に潜って夏繭をつくり蛹化する。したがって，夏繭をつくる時期に調整した線虫の懸濁液を樹幹下に1m²当たり0.5〜2ℓ散布する。さらに，地上部の雑草などに付着した線虫を土中に確実に送り込むために，同量の水を後灌水すると効果が高まる。

◎樹幹注入あるいは寄生部位付近に散布する方法

対象害虫の寄生部位が樹皮近くである場合には散布あるいは塗布により効果があるが，枝幹害虫の多くは枝や樹幹内部に深く侵入していることが多く，この場合には蓄圧式散布器などにより侵入部位に薬液を注入する。本資材は特殊なゼリー状の支持体に含ませた製剤であり，この支持体が溶けずに残るので，通常の散布器では目詰まりする恐れがあるため，細かいフィルターなどが付いている場合は，これを外して使用する。水稲除草でフロアブル専用の噴霧器が使用されることがあるが，先端のノズルにフィルターがなく，吐出圧も樹幹注入に適しているので，このようなものを使用するのが望ましい（ヤマト農磁（株），商品名「フロちゃん」）。なお，散布器については，除草剤を散布した後で使用すると残った除草剤で薬害を生じる恐れがあるので，十分に注意する。

ナシ，リンゴのヒメボクトウに使用する場合には，2500万頭入り製剤を2.5〜25ℓに希釈し，被害樹の加害痕である木屑排出孔の木屑（フラス）を除去してから薬液を注入する。被害枝当たり200〜800mℓの範囲で，注入した加害孔以外から漏出するまで，十分に注入する。乾燥に弱いため，小雨時の散布が推奨される。晴天時は避ける。

タラノキのセンノカミキリに使用する場合には，2500万頭製品を2.5ℓに希釈し，樹皮に加害痕のあるところを中心に集中的に散布する。成木に対して100〜500mℓの範囲内で散布する。

果樹類，サクラのコスカシバ，フサスグリのスグリコスカシバには，2500万頭製品を25ℓに希釈し，成木当たり1〜5ℓを目安に散布する。乾燥を避けるため，小雨時の散布が推奨される。

イチジクのキボシカミキリには，2500万頭製品を2.5ℓに希釈し，新しい食入痕に所定量を注入する。本種は成虫の羽化時期が長期に及ぶため，注入は幼虫を対象とし，成虫の脱出口には注入しない。乾燥を避けるため，曇天小雨時の散布が推奨される。晴天時は避ける。

オリーブアナアキゾウムシ幼虫に対しては，2500万頭製品を50ℓに希釈し，地上20〜30cmあたりに寄生したものを対象として，産卵痕，木屑の噴出した部位に散布する。根元付近の幹直径が10cmの場合に40〜100mℓを目安に散布する。

ヤシのヤシオオオサゾウムシに対しては，7500万頭製品を25ℓに希釈し，加害が見られる被害樹の樹頂部に散布する。散布は滴るまで十分量行ない，加害樹頂部はお椀状に抉れているため，被害が進行している場合は，成木に対し10ℓ程度の注入を目安とする。

●散布適期の判断

対象害虫であるシバオサゾウムシは，幼虫・成虫ともシバを加害する。本資材は幼虫に対する効果が優れているため，幼虫の発生時期に散布する必要がある。ノシバやコウライシバにピットフォールトラップ（落とし穴）を設置して成虫密度を把握するとともに，掘取り調査により幼虫の発生を確認したうえで本資材を使用する。タマナヤガの場合も，ライトトラップ（灯火採集）などで成虫の発生時期を明らかにし，その時期から幼虫の発生時期を予察して散布時期を決める。

モモシンクイガには幼虫，蛹が土壌内にいる時期を狙う。前年の発生樹の樹幹下に多く生息するため，前年の発生樹を記録しておくとよい。地域によって発生時期が1回の場合や2回，さらには混在することもあるので，発生時期をあらかじめ調査しておく。

果樹類，サクラのコスカシバは食入痕からの虫糞の排出で寄生が確認できる。曇天時に樹をよく観察し，新しい虫糞が出ている樹を散布対象とする。雨天時に幼虫が食入痕の比較的浅いところに集まってくるため，小雨の時間帯を狙って食入部位を中心に散布する。

ヒメボクトウは幼虫が樹の中に2年以上（寒冷地では3年以上）潜孔する。したがって，新しいフラスが見えるかどうかで食入の有無を確認したうえで，5月下旬〜6月上旬，9月上旬〜10月上旬に処理する。また，加害孔が多く，フラスの排出も多く被害が進行している場合には，なるべく高濃度の処理を心がける。

ヤシオオオサゾウムシの幼虫の食害期間は，樹幹内の温度が維持される5〜11月ごろまでときわめて長く，成虫の発生ピークも明確ではない。このため，この期間に複数回の散布を行なうとより安定した効果が期待できる。

●温湿度管理のポイント

温湿度管理は防除効果に影響する最も重要な要素である。気温が20〜30℃のときに，特に効果が期待できる。15℃以下では，線虫の活動が不活発になり効果が低下する。逆に35℃以上では線虫が死滅してしまう。特に乾燥には弱いので，散布時，散布後の水分管理に留意する。晴天日の土壌表面の温度は30℃を超えるので，あらかじめ十分な散水をしておき夕刻〜日没後，あるいは曇雨天日に散布する。十分な水分確保が防除効果を高めるポイントとなる。

●栽培方法と使い方

シバオサゾウムシはノシバやコウライシバを加害するが，ベントグラスには発生しない。

タマナヤガはコウライシバやベントグラスに発生する。ピットフォールトラップやライトトラップによって発生時期や発生密度を把握してから本資材を使用する。

モモシンクイガには幼虫，蛹が土壌内にいる時期を狙う。中老齢幼虫，夏繭の防除を目的とする。

アリモドキゾウムシ，イモゾウムシに使用する場合は，成虫防除が目的となる。薬液が確実に成虫にかかるよう，できるだけ多くの水量で株元に灌注する。

野菜類，豆類，イモ類，花卉類・観葉植物の土壌灌注でハスモンヨトウに使用する場合には，老齢幼虫防除を目的とする。発生時期に注意し，灌水チューブあるいは手灌注により株元に処理する。

果樹類のコスカシバでは主幹部全体に散布し，オウトウでは収穫後に被害場所を中心に散布する。

ナシ，リンゴのヒメボクトウに使用する場合は，被害樹の加害痕である木屑排出孔の木屑を除去した後，その排出孔を中心に薬液が滴るまで集中的に散布，あるいは排出孔内に注入する。

●効果の判定

シバオサゾウムシの場合，散布後7〜10日に芝生をはがすと，褐色になって死亡している幼虫を見ることができる。死亡虫は見つけにくいが，生きている幼虫は白くて見つけやすいので，生存幼虫が容易に見つからなければ効果があったと判定できる。また，ピットフォールトラップによる捕獲成虫数が減少するかどうかによっても判定できる。

タマナヤガの場合は，芝面に食入孔をあけるので，それが見つからなくなったら効果があったと判定できる。

枝幹害虫の場合，処理前にみられる加害孔からの虫糞や木屑の排出が止まることにより，樹幹内部の対象害虫が死亡したことを確認できる。したがって，処理前に加害孔の虫糞を除去しておくことによって，効果有無の判定が可能である。

●追加散布と農薬防除の判断

本資材は作用機作がきわめて複雑であるため，連用による薬剤抵抗性の心配はない。効果が見られない場合には追加散布してかまわない。むしろ，効果が不安定なのは薬液が対象害虫に到達していないことが原因と考えられるので，散布方法を工夫することで追加散布の効果を高めることができる。

シバオサゾウムシの場合，効果の判定を行なったときに生存幼虫が多く見られたら，さらに本資材を散布する。成虫が多い場合には，登録がある化学農薬など，その他の防除手段を検討する。

●天敵の効果を高める工夫

夕方か曇雨天日に散布する。雨天日以外に散布する場合は，後処理として水を散布して，芝草や雑草など地上部の植物に付着している線虫を洗い落とす。

スカシバ類やヒメボクトウ，カミキリムシ類などの枝幹害虫に対しては，対象害虫の虫糞やヤニの除去などをていねいに行ない，薬液が潜入孔内に十分に注入できるよう工夫する。

●農薬の影響

これまでの研究により大部分の化学農薬と近接散布しても効果の低下はみられていない。ただし，本資材は単独使用が前提であり，他剤との混用はしない。

●その他の害虫の防除

本資材はコウチュウ目，チョウ目など比較的広範な種類の害虫に対して殺虫活性を有するため，同時防除できる害虫もある。また，化学剤との近接散布が可能であるため，散布後の発生状況を観察し，状況により化学農薬との体系的防除を実施する。

●分離・増殖方法

土壌中から分離する場合は，一般的な線虫の分離方法（ベルマン法）で容易に分離回収することができる。感染した昆虫体内，あるいはいくつかの人工培地（固形のドッグフードなど）で試験的に増殖させることは可能である。ただし，実用的な規模での大量増殖は工業設備での生産が必要となる。

（藤家　梓・荒川昭弘）

〈製造・販売元〉
バイオセーフ：（株）エス・ディー・エス バイオテック，協友アグリ（株），アリスタ ライフサイエンス（株）

スタイナーネマ・グラセライ
（口絵：資材 20）

学名　*Steinernema glaseri* (Steiner, 1929) Wouts, Mráček, Gerdin & Bedding, 1982
＜カンセンチュウ目／スタイナーネマ科＞
英名　—

資材名　バイオトピア
主な対象害虫　コガネムシ類幼虫
その他の対象害虫　シバオサゾウムシ幼虫，シバツトガ，スジキリヨトウ，タマナヤガ，ハスモンヨトウ
対象作物　シバ，サツマイモ，ブルーベリー，ハスカップ，イチゴ，野菜類，豆類，イモ類
寄生・捕食方法　スタイナーネマ・グラセライ感染態3期幼虫が，コガネムシ類幼虫の主に口などの開口部から幼虫体内に侵入し，線虫体内に保有する共生細菌を放出。コガネムシ類幼虫は，細菌の産生する毒素による敗血症を起こし死亡

活動・発生適温　15〜30℃
原産地　アメリカ合衆国

【特徴と生態】

●特徴と寄生方法

スタイナーネマ・グラセライ感染態3期幼虫は，宿主昆虫の探索能力を有しており，土壌中を移動しながらコガネムシ類幼虫を探索して感染する。したがって，地表面に散布されたスタイナーネマ・グラセライ感染態3期幼虫は自ら土壌中に侵入し，土壌深部に生息するコガネムシ類幼虫に感染することができる。

スタイナーネマ・グラセライは，コガネムシ類幼虫やチョウ目幼虫などに対して殺虫活性を有するが，人畜や温血動物に対する安全性および非標的生物や環境に対する影響に問題はない。

●生態

スタイナーネマ・グラセライの発育ステージは幼虫第1期〜第4期（通常卵内で1回脱皮し第2期幼虫として孵化）から成虫までであるが，宿主体内の栄養条件や環境が悪化すると形成される感染態3期幼虫のみが昆虫体外で生存できる耐久型ステージで，土壌中に生息して昆虫に感染することができる。

感染態3期幼虫は土壌中でコガネムシ類幼虫に遭遇すると，主に口や肛門などの開口部から体内に侵入し，中腸を経て血体腔に侵入する。血体腔内で感染態3期幼虫体内から殺虫活性を有する共生細菌（ゼノラブダス・ポイナリ *Xenorhabdus poinarii*

図1　スタイナーネマ・グラセライの感染機構と生活環

(Akhurst)）が放出され，コガネムシ類幼虫は細菌が産生する毒素によって敗血症を引き起こし，感染態3期幼虫の侵入2〜3日後までに死亡する（図1）。

感染態3期幼虫は増殖型に回復後，死亡した宿主昆虫体内で増殖した細菌や，細菌によって分解された宿主昆虫の体内組織を摂食し，第4期幼虫を経て，第1世代成虫に成長して交尾・産卵する。孵化した幼虫は第2, 3, 4期幼虫を経て第2世代成虫となり，その次世代幼虫から感染態3期幼虫が形成される。

感染態3期幼虫は，腸前端部に共生細菌を保持できる特殊な器官（細菌嚢）を有し，昆虫体内から土壌中に遊出し，次の宿主昆虫を求めて移動・分散する。土壌中で新たな宿主昆虫に感染できなかった感染態3期幼虫は，土壌温度や乾燥などの不適な環境の影響，土壌中に生息する捕食性動物や寄生菌・捕捉菌など，各種の天敵類によって，数週間〜数か月で激減する。

【使い方】

●剤型と使い方の基本

バイオトピアはスタイナーネマ・グラセライの感染態3期幼虫を水和剤として製剤化したものである。スタイナーネマ・グラセライの活性低下を防ぐために，使用直前まで約5℃の冷暗所に保存し，30℃以下の水で懸濁液を調整して速やかに使用する。懸濁液中のスタイナーネマ・グラセライは沈みやすいので，常時撹拌しながら散布する。

シバで使用する場合の処理密度は，m^2 当たり12万5,000〜25万頭（10a当たり1億2500万〜2億5000万頭，10a当たり1〜2パック）とし，m^2 当たり500ml〜2lの懸濁液として散布する。散布後はシバの茎葉が乾燥する前に，同程度の水量（サッチ層が十分濡れる程度）を再度散水し，茎葉に付着した線虫をサッチ層まで洗い落とす。

30℃以上の高温，直射日光，乾燥などはスタイナーネマ・グラセライに悪影響を及ぼして防除効果の低下原因となるので，曇天や小雨時または夕方の散布が望ましい。

サツマイモで使用する場合は，m^2 当たり25万頭（10a当たり2億5000万頭，10a当たり2パック）を m^2 当たり3〜12l（1株当たり500ml〜2l）の懸濁液として株元灌注する。

野菜類で使用する場合は，m^2 当たり25万頭（10a当たり2億5000万頭，10a当たり2パック）を m^2 当たり500ml〜2lの懸濁液として均一に散布する。線虫散布後，線虫を定着させるために速やかに同程度の水を散水する。

ブルーベリー，ハスカップで使用する場合は，1株当たり25万頭/500ml〜2lに調整した懸濁液を株元に散布する。線虫散布後，線虫を定着させるために速やかに同程度の水を散水する。

表1　バイオトピアの適用病害虫および使用方法（2016年5月現在）

作物名	適用病害虫名	使用倍数・量	使用時期	使用回数	使用方法
イチゴ	ハスモンヨトウ	25万頭（約1.25g）/m^2・0.5〜2l/m^2	老齢幼虫発生期	—	株元散布
イモ類	ネキリムシ類	25万頭（約1.25g）/m^2・0.5〜2l/m^2	発生初期	—	土壌表面散布
サツマイモ	コガネムシ類幼虫	25万頭（約1.25g）/m^2・1株当たり0.5〜2l（3〜12l/m^2）	発生初期	—	株元灌注
シバ	コガネムシ類幼虫	12万5,000〜25万頭（約0.625〜1.25g）/m^2・0.5〜2l/m^2	発生初期	—	散布
シバ	シバオサゾウムシ幼虫	25万頭（約1.25g）/m^2・0.5〜2l/m^2	発生初期	—	散布
シバ	シバツトガ	25万頭（約1.25g）/m^2・1〜2l/m^2	発生初期	—	散布
シバ	スジキリヨトウ	25万頭（約1.25g）/m^2・1〜2l/m^2	発生初期	—	散布
シバ	タマナヤガ	25万頭（約1.25g）/m^2・1〜2l/m^2	発生初期	—	散布
ハスカップ	ナガチャコガネ幼虫	25万頭（約1.25g）/m^2・0.5〜2l/m^2	発生初期	—	株元散布
ブルーベリー	ヒメコガネ幼虫	25万頭（約1.25g）/m^2・0.5〜2l/m^2	発生初期	—	株元散布
豆類（種実）	ネキリムシ類	25万頭（約1.25g）/m^2・0.5〜2l/m^2	発生初期	—	土壌表面散布
野菜類	ネキリムシ類	25万頭（約1.25g）/m^2・0.5〜2l/m^2	発生初期	—	土壌表面散布

〈センチュウ類〉スタイナーネマ・グラセライ

マルハナバチ，ミツバチなどの有用昆虫に対する影響がなく，線虫散布翌日には使用が可能である。

●散布適期の判断

スタイナーネマ・グラセライは地温が15～30℃であるとともに，コガネムシ類2～3齢幼虫の摂食活動が旺盛なときによく感染する。コガネムシ類の1齢幼虫や蛹化前の摂食活動が低下した黄熟期幼虫に対しては防除効果が劣る。冬期などで地温が15℃以下になると，コガネムシ類幼虫ならびにスタイナーネマ・グラセライの活動性が低下して防除効果が劣る。

●温湿度管理のポイント

30℃以上の地温や土壌乾燥条件では，スタイナーネマ・グラセライの防除効果が低下することから，処理時および処理以降に晴天で地温が高温になると予想される場合には，スプリンクラーによる散水などを行なって地温上昇と乾燥を防止する。

●効果の判定

スタイナーネマ・グラセライに感染したコガネムシ類幼虫は数日のうちに死亡し，体色は茶褐色～赤褐色に変色する。さらに数日後には体内に線虫が動くのが肉眼で確認することができる。防除効果が顕著な場合には，土壌中にコガネムシ類幼虫の感染・死亡虫が見られ，生存虫は発見できない。シバの生育が旺盛となるなど外観的な防除効果が現われてくるのには2～4週間かかる。

●追加散布と農薬防除の判断

処理1～2週間経過したあともコガネムシ類幼虫が生存している場合には，防除効果が低いと判断できるので，再度防除を行なう必要がある。

●天敵の効果を高める工夫

スタイナーネマ・グラセライは15～30℃の地温と適度な土壌水分で防除効果を発揮することから，処理時以降に地温上昇と乾燥が予想される場合には定期的に散水を行なう。

●農薬の影響

バイオトピアは水和剤として製剤化されており，内容生物のスタイナーネマ・グラセライ感染態3期幼虫は化学農薬に対する耐性が高いことから，一般的に使用される多くの殺虫剤，殺菌剤，除草剤などと混用または近接使用が可能である。

●その他の害虫の防除

スタイナーネマ・グラセライは各種コガネムシ類幼虫のほか，シバオサゾウムシ幼虫およびスジキリヨトウ，シバツトガ，タマナヤガ，ハスモンヨトウなどのチョウ目幼虫に有効であることが確認されている。

●分離・増殖方法

一般的な線虫の分離法であるベルマン法，2層遠心分離法，篩い分け法などで分離できるが，土壌中に生息する他種類の線虫との見分け方は高度の知識・経験を必要とする。スタイナーネマ・グラセライの感染態3期幼虫の形態識別のポイントとしては，体長が1mm程度，口が閉じている，後部食道球後方に円形の共生細菌を納めた細菌嚢を有することなどがあげられる。細菌嚢を観察するにはノマルスキー微分干渉顕微鏡が必要で，最低でも400倍から600倍で観察する必要がある。しかし，線虫体内の脂肪体に邪魔されて見えにくいことが多い。

コガネムシ類幼虫を用いたベイトトラップ法による分離法もある。採取した土壌を入れた容器にコガネムシ類幼虫を放飼し，1週間程度後，土壌から死亡したコガネムシ類幼虫を取り出す。線虫の感染により死亡した個体であれば，肉眼または実態顕微鏡で体表を通して線虫が観察できる。日本にはコガネムシ類幼虫に感染できる昆虫病原性線虫はクシダネマ *S. kushidai* Mamiyaのみと考えてよいので，感染死亡したコガネムシ類幼虫から遊出してきた感染態幼虫10頭から20頭の体長を計測し，その平均値が1mm以上であれば，スタイナーネマ・グラセライが分離できたと考えてよい。

生きた昆虫に感染させて増やすことは可能だが，大量に増殖することは難しい。

（上田康郎・吉田睦浩）

〈製造・販売元〉

バイオトピア：（株）エス・ディー・エス バイオテック，アリスタ ライフサイエンス（株）

ボーベリア・ブロンニアティ

(口絵:資材21)

学名　*Beauveria brongniartiie* (Saccardo)
<糸状菌／子嚢菌類>
英名　—

資材名　バイオリサ・カミキリ
主な対象害虫　カミキリムシ類（ゴマダラカミキリ，キボシカミキリ，クワカミキリ，センノカミキリ，イチョウビロードカミキリ，ハラアカコブカミキリなど）
その他の対象害虫　—
対象作物　果樹類（カンキツ類，イチジク，ブルーベリー，リンゴ，イチョウなど），ウド，タラノキ，クワ，カエデ，シイタケ
寄生・捕食方法　本菌の分生子がカミキリムシ成虫の体表に付着，発芽して菌糸が皮膚を貫通して感染する。虫体内では短菌糸が形成され，体液を栄養源として増殖し，カミキリムシはミイラ化して死亡する
活動・発生適温　20〜28℃
原産地　日本

【特徴と生態】

●特徴と寄生方法

　カミキリムシ成虫は，触角や脚が本剤に短時間接触することによって容易に感染する。感染経路としては，本剤の上を歩行したり触角を触れたりすることのほか，すでに感染している個体との交尾行動によっても感染する。また，本菌の分生子は飛散しやすく，飛散した分生子が成虫に直接付着したり，分生子が飛散した枝葉に成虫が接触した場合にも感染することが報告されている。本菌は幼虫に対して感染性を有するが，樹幹に食入した幼虫に対する製剤の効果は期待できない。また，経卵伝染はしない。

　カミキリムシ類（ゴマダラカミキリやキボシカミキリなど）の成虫は，樹幹から羽化脱出する。そのとき発生する脱出孔により被害状況が確認できる。脱出直後の成虫は，後食のために樹の上部に移動する。カンキツのゴマダラカミキリの場合は，産卵のため地際部付近の樹幹に下りてくる。また，成虫は約10日間の後食のあと，産卵を開始する。これらの習性を利用し，本剤を成虫の羽化脱出部位の近くの樹幹や枝の分岐部に巻き付けるなどの方法で処理し，羽化脱出まもない成虫を感染・死亡させることにより，次世代の卵・幼虫密度の低減をねらったものである。

●生態

　本菌に感染したカミキリムシ成虫は，20〜28℃の条件で1〜2週間経過すると，枝や葉にしがみついて虫体を硬直させて死亡する。温度の低下や上昇が続くと感染率は低下する。病死虫は，湿度が高い条件では体表面が白〜淡黄白色の菌糸で覆われることが多い。

【使い方】

●剤型と使い方の基本

　剤型はパルプ不織布（幅5cm，長さ50cm：バイオリサ・カミキリ，幅2.5cm，長さ50cmを半分に折り曲げたもの：バイオリサ・カミキリ<スリム>，図1）に本菌を培養したもので，不織布上の分生子数（有効成分含有量）は$1×10^7$cfu/cm^{2}である。本剤を樹幹の太さに合わせたサイズに切り分け，幹や枝に巻き付けるか枝の分岐部に掛け，ホッチキスなどで固定して施用する。

　本剤の使用量は，果樹類とシイタケのほだ木では1樹当たり，幅2.5cm・長さ50cmを標準とし，樹の大きさに合わせて適宜調節する。カンキツのゴマダラカミキリの成虫は通常，地際に近い樹（主幹）から

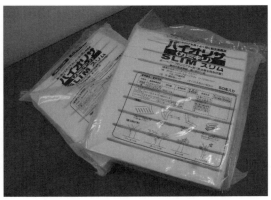

図1　製剤（バイオリサ・カミキリ<スリム>10本×5シート）/1袋

〈糸状菌〉ボーベリア・ブロンニアティ

表1 バイオリサ・カミキリの適用病害虫および使用方法 (2016年5月現在)

作物名	適用病害虫名	使用倍数・量	使用時期	使用回数	使用方法
ウド	センノカミキリ	2樹当たり1本	成虫発生初期	—	樹上部の葉柄基部または茎等に架ける
カエデ	ゴマダラカミキリ	1樹当たり1本	成虫発生初期	—	地際に近い主幹の分枝部分等に架ける
果樹類	カミキリムシ類	1樹当たり1本	成虫発生初期	—	地際に近い主幹の分枝部分等に架ける
クワ	キボシカミキリ	1樹当たり1本	成虫発生初期	—	地際に近い主幹の分枝部分等に架ける
シイタケ	ハラアカコブカミキリ	ほだ木10本当たり1本	産卵期および成虫発生初期	—	ほだ木上に架ける
タラノキ	センノカミキリ	2樹当たり1本	成虫発生初期	—	樹上部の葉柄基部または茎等に架ける

羽化脱出し，産卵は地表から20〜30cmの樹幹に行なわれることが多いので，脱出直後の成虫への感染をねらって，地表から20〜50cmの主幹や主枝分岐部に施用する。施用時期は成虫の羽化脱出開始期（6月上中旬）とする。本種の羽化脱出期間は初発後1か月間である。また，本剤の残効期間は約1か月である。したがって，本剤を初期に施用すれば羽化脱出の終期までの残効を期待できる。

イチジクの場合は，仕立て方（開心自然形，一文字整枝）によりキボシカミキリ成虫の行動が異なり，一文字整枝では成虫が日中，暑さを避けて主幹の下位部に集まる習性がある。また，産卵はカンキツのように主幹の地際部付近に集中することはなく，直径5cm以上の枝であれば高い位置にも産卵するので，標準量を2〜4枚程度に切り分け，仕立て方や樹齢などに応じて施用部位，施用箇所数を調節し，成虫の羽化脱出開始期から盛期に施用する。キボシカミキリの羽化脱出時期は地域によって異なる。発生盛期は西日本では6月中下旬，東日本各地では8〜9月，東海・甲信越地域や西日本の一部では7月中下旬である。また，本種の羽化脱出期間は2〜3か月にわたり，カンキツのゴマダラカミキリに比べて長い。そのため，成虫の発生盛期の直前の施用が有効である

本剤の1樹当たりの使用量は，ウド，タラノキで幅2.5cm・長さ10cm，カエデは幅2.5cm・長さ12.5cmを標準とし，樹木の大きさにあわせ適宜調整する。

キボシカミキリは，クワでは株元から羽化すると枝葉部に移動し枝葉を後食するので，樹幹の上端部に本剤を施用する。使用量は，幅5cm・長さ10cmを標準とし，成虫の羽化脱出開始期から盛期に施用する。

バイオリサ・カミキリは，5℃で保管した場合400日以上有効である。室内や倉庫など（25℃以下，風通しがよく，日光の当たらない条件）でも2週間程度は保存できるが，入手後は冷蔵庫などの冷暗所に保管するとともに，なるべく早めに使用する。

本菌はナメクジ類，カタツムリ類，オカダンゴムシの食害を受けることがある。食害を受けると残効性が低下するので，これらの発生の多い圃場ではメタアルデヒド剤などによる防除を行なう必要がある。

カイコの1〜2齢幼虫に対してわずかに毒性が見られる場合がある。人工飼料による稚蚕飼育では実用上問題はないが，本剤を施用した桑園のクワを1〜2齢幼虫の餌としないよう注意する。ミツバチへの影響はない。

本菌の分生子が眼に入ると人によっては刺激性を感じる場合があるので，入らないように注意する。

● 散布適期の判断

成虫の羽化脱出時期は，地域やその年の気象条件などによって異なるので，発生の早晩に留意し，処理時期を決定する。毎年，カミキリムシ類の羽化脱出量の多い地域では，発生初期に施用するのが好ましい。

● 温湿度管理のポイント

本剤は直射日光にさらされると効果が低下するの

で，できるだけ直射日光が当たらない場所に施用する。また，降雨の影響は少ないが，雨量が多い場合には雨水が樹幹を伝わって流れ落ち，分生子や菌層を洗い流すことがあるので，いわゆる"雨道"への施用は避ける。

● 栽培方法と使い方

「剤型と使い方の基本」参照。

● 効果の判定

効果の判定は，本菌に感染・死亡した病死虫の発生で効果の確認が可能である。多くの試験では，本剤を施用した地域から対象害虫を捕獲して飼育し，感染死亡率により効果が判定された。鹿児島県では，カンキツの圃場全域に本剤を処理し，定期的にゴマダラカミキリ成虫を捕獲して25℃で個体別に飼育し，病死率を調べた結果，殺虫効果は，成虫の羽化脱出期間である30日に及ぶことが示された(図2)。

本来の効果判定は，産卵数や幼虫の食入状況もあわせて調査する必要がある。またカミキリムシ類は年1世代の場合が多いが，羽化までに2年を要する個体もあるので翌年，翌々年の羽化数も防除効果の判定要素となる。したがって本剤による効果の判定は施用当年の害虫密度のみではなく，長期的な視点で判断する必要がある。大阪府や和歌山県では，本剤を3年間施用したカンキツの圃場におけるゴマダラカミキリ成虫の脱出孔数の年次変化を調べた結果，被害は顕著に減少した(図3)。

● 追加散布と農薬防除の判断

本菌は遅効的であり，死亡までに1～2週間を要する。また，本剤の残効期間はほぼ1か月間であり，本菌は感染個体との交尾行動によっても感染する。したがって，施用後少なくとも2～3週間以内の農薬による防除は避ける。1か月以上経過しても成虫密度が減少せず，さらに病死虫もほとんど発見できない場合には，成虫および幼虫に対して殺虫剤による防除を行なう。

● 天敵の効果を高める工夫

本菌による防除は，産卵前の成虫を病死させることにより次世代の産卵数の低減をねらったものであり，その効果は遅効的である。したがって，カミキリムシ類の密度が高く，施用後に食入幼虫が見られる場合には，食入幼虫に対して刺殺あるいは成虫の捕殺を併用することが望ましい。

● 農薬の影響

数種の殺菌剤や殺虫剤は，培養条件において本菌の発芽や増殖に影響することが知られている。しかし，カンキツ類，クワ，イチジクで使用される主な殺菌剤(銅水和剤，有機銅水和剤，マンネブ水和剤，マンゼブ水和剤，ポリカーバメイト水和剤，チオファネートメチル水和剤，ベノミル水和剤，キャプタ

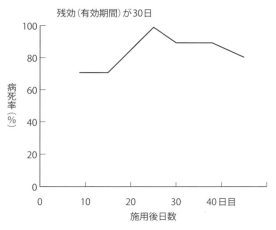

図2 「バイオリサ・カミキリ」を施用したカンキツ園におけるゴマダラカミキリの病死率の経時変化

昆虫病原糸状菌 *Beauveria brongniartiie* によるゴマダラカミキリの生物的防除「平成7年度常緑果樹試験研究成績概要集」(1996)より作成

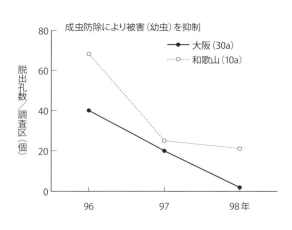

図3 「バイオリサ・カミキリ」を3年間施用したカンキツ園におけるゴマダラカミキリ脱出孔数の年次推移

『農薬に関する展示成績集』(大阪府植物防疫協会，1998)，『平成10年度病害虫及び雑草防除技術確認調査成績書』(和歌山県植物防疫協会，1998)より作成

〈糸状菌〉ボーベリア・バシアーナ

ン・ホセチル水和剤，オキサジキシル水和剤・マンゼブ水和剤，ジチアノン水和剤），殺虫剤（マシン油97％乳剤），除草剤（グリホサートイソプロピルアミン塩酸塩剤，グルホシネート液剤，ジクワット・パラコート剤）は本菌の効果に影響がない。

● その他の害虫の防除

　カンキツ類のゴマダラカミキリでは，本製剤の利用により従来成虫の防除に用いられていた殺虫剤の散布が中止される。これは，各種害虫の天敵類の保護にもつながり，カンキツ主要害虫の総合防除の進展が期待される。

● 分離・増殖方法

　本菌は，カミキリムシ類の病死個体から，既存の分離法によって単離できる。単離された本菌は，一般的な糸状菌の培養方法により，増殖が可能である。

　開発当初は，ふすまやふすまと小麦粉を混ぜたフスマペレットなどによっても大量培養し，増殖した培養物をそのまま圃場に散布することも検討された。そうした中から，不織布を担体として大量培養する本製品が開発された。

（樋口俊男・柏尾具俊）

〈製造・販売元〉
バイオリサ・カミキリ：出光興産（株）

ボーベリア・バシアーナ

（口絵：資材21）

学名　*Beauveria bassiana* (Balsamo-Crivelli) Vuillemin
＜糸状菌／子嚢菌類＞
英名　―

資材名　バイオリサ・マダラ
主な対象害虫　マツノマダラカミキリ成虫（農薬登録のあるもの）
その他の対象害虫　マツノマダラカミキリ幼虫・蛹，穿孔性甲虫一般
対象作物　マツ類（農薬登録のあるもの）
寄生・捕食方法　分生子が感染単位で，寄主昆虫に経皮的に感染する。分生子が寄主の体表に付着・発芽し，菌糸が皮膚を貫通し血体腔に至る。寄主の血液中でハイファルボディ（酵母状の短菌糸）となって増殖，寄主は栄養の奪取と毒素により致死する。寄主の死後に，菌糸を体外に伸ばして分生子を形成する
活動・発生適温　30℃
原産地　日本

【特徴と生態】

● 特徴と寄生方法

　本菌は代表的な子嚢菌系の昆虫病原菌であるが，子嚢胞子（有性的に形成される）は滅多に見られず，自然界ではほとんど無性世代として過ごしていると考えられる。体節間膜など寄主の体表の薄い部分のほうが侵入しやすいため，跗節，触角，口器など節の多い部位に分生子が付着するとよく感染する。

　マツノマダラカミキリ成虫は，羽化後10日程度までは本菌に容易に感染するが，成熟するとクチクラが硬くなるため感受性は下がる。実験的には，マツノマダラカミキリの幼虫は，本菌に対し成虫より高い感受性が認められており，野外でも自然状態で*Beauveria bassiana*に感染したマツノマダラカミキリ幼虫が発見される。

　マツノマダラカミキリの幼虫は，夏に，枯れたマツ類の樹皮下を食べて成長し，材内に入って越冬，春に蛹化し，成虫は6月ころ羽化脱出する。成虫の脱出時に，枯死木上で本菌に接触すると成虫が感染する。また，幼虫が枯死木の樹皮下を摂食しているときに，本菌分生子が樹皮下に入れば，幼虫が感染する。

● 生態

　本菌の菌糸成長は，培養条件下では30℃で最大，25℃がこれに次ぐ。pHは9～11が菌糸成長に至適，発芽率はpH4～11まで変わらない。PDAやSabouraudをはじめとしたほとんどの通常の糸状菌用培地で培養できる。

　本菌を含め，野外における昆虫寄生性の子嚢菌類の生態は十分わかってはいない。人工培地上で容易に成長し，土壌からもしばしば分離されることから，必ずしも寄主昆虫だけに依存しているわけではなく腐生生活も可能で，土壌菌としての性格も有していると考えられる。また，最近ではエンドファイトと

表1 バイオリサ・マダラの適用病害虫および使用方法 (2016年5月現在)

作物名	適用病害虫名	使用倍数・量	使用時期	使用回数	使用方法
マツ（枯損木）	マツノマダラカミキリ	枯損木1m³当たり不織布製剤 2,500〜10,000cm²	成虫羽化脱出前	—	伐倒、集材した枯損木に所定量の不織布製剤を設置し、ビニールシート等で被覆する

して各種植物に内生している事例も明らかになってきた。

【使い方】

●剤型と使い方の基本

剤型はパルプ不織布（幅5cm，長さ50cm）に本菌を培養したもので，不織布上の分生子数（有効成分含有量）は1×10^7 cfu/cm²以上である。

本剤を使用する目的は，枯死したマツから羽化脱出したマツノマダラカミキリ成虫を感染致死させることにより，健全なマツにマツノザイセンチュウが媒介されるのを防止するとともに，新たな枯死マツにマツノマダラカミキリが産卵することを防止することである。実験的には，夏期に樹皮下で摂食している材入前の幼虫にも有効で，高い殺虫効果が認められている。

枯死したマツを伐倒，集材し，本剤を設置してシートなどで被覆する。薬剤による枯死木のくん蒸のようにシートで密閉する必要はない。シートの役割は，丸太から羽化脱出した成虫が，本剤に接触せずに上に飛び立つのを防止し，成虫を確実に菌に接触させるためである。集材した枯損木の上段部や切断部付近，丸太の隙間などに本剤を設置して，成虫が確実に接触するように施用する。

使用量は，枯損木の材積1m³当たり本剤2,500cm²以上なので，直径20cm，長さ2mの丸太の場合，丸太15本当たり本剤を5本以上施用する。適当な大きさに切ってもかまわない。

●散布適期の判断

枯死木から脱出してくるマツノマダラカミキリの成虫が対象なので，本剤の使用は成虫脱出直前に行なう。羽化脱出時期は，地域やその年の気象条件などにより異なるが，東京近郊では平年は5月末ごろ開始，6月中旬が最盛期で，7月中ごろまで続くことが多い。そこで本剤は，通常は5月末まで，遅くとも6月中には処理する。処理後影響を受けにくい山間地帯では，3月から処理されることもある。

●温湿度管理のポイント

本菌の培養には比較的高温が好適であるが，保存には低温が望ましい。また，温湿度ではないが，直射日光にさらされると効果が低下するので，保存中はもちろん，施用の際，被覆に用いるシートは遮光性のあるものを使用することが望ましい。

●栽培方法と使い方

本剤の対象は枯死したマツ類から羽化脱出するマツノマダラカミキリ成虫であり，栽培（生きた）樹木には用いない。感染から致死まで時間がかかるため，生きたマツの枯死予防には不向きである。

●効果の判定

本剤を使用する直接の目的は，マツノマダラカミキリを殺虫することである。本剤に接触したマツノマダラカミキリ成虫の95％以上は，15日までに死亡する。死亡虫の発生で効果がわかるが，成虫の羽化脱出は一斉ではなく，7月いっぱいは続く可能性があり，注意が必要である。

●追加散布と農薬防除の判断

本剤は成虫の羽化脱出期間中使い続ける必要があるが，その間は追加施用の必要はない。つまり枯死木の処理には本剤だけで対応可能であり，化学薬剤によるくん蒸は必要ない。

マツノマダラカミキリ防除の最終的な目的は，マツ材線虫病の流行を防止することであるが，ベクターの防除だけでは，死亡率が直接枯損防止につながらない。マツ材線虫病の防除には，枯死木の駆除と同時に，健全木に対する予防措置も必要である。予防措置としては，マツノマダラカミキリ成虫が健全なマツの枝を後食することを防止するための殺虫剤散布，後食時にマツノザイセンチュウが樹体内に入っても増殖させないための樹幹注入，の2通りの方

法がある。現状では，予防措置に対応できる天敵微生物はないので，化学薬剤を使わざるをえない。

● 天敵の効果を高める工夫

　感染死亡した死体の体表には，本菌の分生子が白く粉状に形成され，新たな感染源になる。そこで病死体はそのまま放置することで感染の機会を増やす効果がある。特に幼虫では，樹皮下に分生子を形成した病死体があると，同じ木に穿孔している健全幼虫に伝染する効果がある。

● 農薬の影響

　生菌の製剤なので，NCS，カーバムナトリウム塩，ベノミルなど殺菌作用のある薬剤との混用は避けること。ボルドー（塩基性塩化銅）は比較的影響が少ない。

● その他の害虫の防除

　マツノマダラカミキリの成虫に対してばかりではなく，幼虫にも強い殺虫効果がある。このほか，本剤の施用でヒゲナガモモブトカミキリ，サビカミキリなどマツの樹皮下に穿入する幼虫にも有効である。また，マツカレハ，ヤノナミガタチビタマムシなどを対象に樹幹に本剤を巻いて施用することで，殺虫効果が認められている。

● 分離・増殖方法

　野外から*Beauveria bassiana*を分離するには，病死虫を探してその体表に形成された分生子から分離するのが最も手っとり早い。土壌中や樹皮などからも選択培地を用いれば分離できる。増殖は，酵母エキス加用Sabouraud液体培地などで振盪培養すると，大量のハイファルボディを含む培養物が得られるので，それを種として米，ふすまなどの培養基質に接種，あるいは新たな培地と混合して不織布に含浸させて培養する。

（島津光明）

〈製造・販売元〉
　バイオリサ・マダラ：出光興産（株）

顆粒病ウイルス
（口絵：資材22）

学名
リンゴコカクモンハマキ顆粒病ウイルス
　Adoxophyes orana fasciata granulovirus (AdorGV)
チャハマキ顆粒病ウイルス
　Homona magnanima granulovirus (HomaGV)
〈バキュロウイルス科／ベータバキュロウイルス属〉
英名　Granulovirus

資材名　ハマキ天敵
主な対象害虫　AdorGV：チャノコカクモンハマキ，リンゴコカクモンハマキ，ウスコカクモンハマキ／HomaGV：チャハマキ
その他の対象害虫　—
対象作物　チャ，リンゴ
寄生・捕食方法　経口感染
活動・発生適温　ハマキムシの発育適温（10〜30℃）
原産地　日本

【特徴と生態】

● 特徴と寄生方法

　顆粒病ウイルス（GV）は昆虫を宿主とする病原ウイルスであり，多くのチョウ目昆虫から発見されている。ウイルス粒子は棒状の二本鎖DNAがタンパク質の膜に包まれた構造をしており，ウイルス粒子はさらに包埋体と呼ばれる結晶性のタンパク質に包まれている。包埋体は楕円形でその大きさは長径が0.3〜0.5μmで，1個のウイルス粒子が包埋されている。

　一般にGVは宿主特異性が高く属を超えた種には感染しない。特に本ウイルスは特定の宿主のみに感染し，リンゴコカクモンハマキGV（AoGV）はチャノコカクモンハマキ，リンゴコカクモンハマキ，ウスコカクモンハマキに，チャハマキGV（HmGV）はチャハマキのみに感染が見られる。

　幼虫への感染は，茶葉に付着した包埋体をハマキ虫幼虫が摂食することによって起こる。幼虫に食下された包埋体は幼虫の腸管内のアルカリ性の消化液

によって溶かされる。自由になったウイルス粒子は中腸細胞に感染し，さらに虫体の脂肪組織などで増殖する。

包埋体に包まれた状態のウイルス粒子は比較的安定である。特に凍結した状態では数年間活性が保たれる。しかし日光の当たる葉の表面などでは，紫外線の影響により1週間程度で活性が失われる。

本ウイルスの分離地はリンゴコカクモンハマキ顆粒病ウイルス（AoGV）は農林水産省果樹試験場，チャハマキ顆粒病ウイルス（HmGV）は静岡県茶業試験場富士分場で採取されたものである。

● 生態

ウイルスは宿主昆虫の細胞内でのみ増殖し，本ウイルスの罹病虫は老齢期の蛹化直前まで摂食を続けたのち死亡する。罹病虫体内のウイルス量は幼虫体重の増加に比例して増殖するといわれている。

茶園などに散布されたウイルスは紫外線などによって早期に不活性化し，病原性を失っていく。しかし，感染・罹病した幼虫の体内で再び増殖し，罹病虫体に保持された形で次世代幼虫へ継続伝搬する。すなわち，死亡した罹病幼虫体内から放出されたウイルスが雨水などで周辺に分散し，これを次世代幼虫が摂食して感染が繰り返され，数世代にわたってウイルスは園内に残存することになる。ただし，ウイルス散布による防除効果が高まると，罹病虫の密度も世代が進むに伴って低下するため，翌年までウイルスが残存することは少ない。

【使い方】

● 剤型と使い方の基本

チャハマキ顆粒病ウイルス包埋体（1×10^{11}個/ml）とリンゴコカクモンハマキ顆粒病ウイルス包埋体（1×10^{11}個/ml）を有効成分とする200ml/本の製品が市販されている（図1）。製品は冷凍保存品なので，使用時に解凍し水で所定濃度に希釈し散布する（表1）。

● 散布適期の判断

この防除法の効果を高めるためには，ウイルスを散布した世代の幼虫をできるだけ高率に罹病させることが重要である。散布後のウイルスの活性が1週間程度と短いこと，若齢の幼虫でないと感染しにくいことから，感染率を高くするには散布の時期が重要であり，幼虫発生時期と散布時期がうまく合うことが必要である。ウイルス散布時期は，発蛾最盛日を基準とすると，一般に，7〜15日後が散布適期の目安になるが，地域や，発生世代により異なるため，病害虫防除所などの指導を受けることが望ましい。

● 温湿度管理のポイント

晴天の昼中散布は避ける。また30mm以上の降雨が予想されるときは降雨後に散布する。

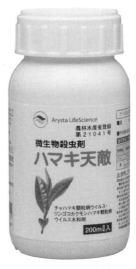

図1　市販製剤名ハマキ天敵（写真提供：アリスタ ライフサイエンス（株））

表1　ハマキ天敵の適用病害虫および使用方法（2016年5月現在）

作物名	適用病害虫名	使用倍数・量	使用時期	使用回数	使用方法
チャ	チャノコカクモンハマキ	1,000〜2,000倍	発生初期，但し，摘採前日まで	—	散布
	チャハマキ	1,000〜3,000倍	発生初期，但し，摘採前日まで	—	散布
リンゴ	リンゴコカクモンハマキ	1,000倍	発生初期	—	散布

〈バクテリア〉パスツーリア・ペネトランス

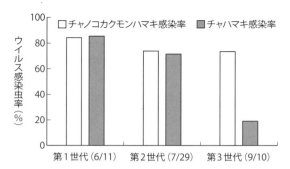

図2 静岡県の茶園における防除試験結果
越冬世代の発蛾最盛日の7日後ハマキ天敵1,000倍希釈液を散布。その後各世代の幼虫を採取し罹病率を調査した。チャノコカクモンハマキは第3世代、チャハマキは第2世代まで高い罹病率を維持した

● 栽培方法と使い方

　茶園の場合，一番茶の摘採期ころが幼虫発生期となるため，摘採の直後にウイルスを散布する。なお，一番茶後に中切り，深刈りなど茎葉が剪除される更新作業が行なわれる場合は，第2世代に散布する。

● 効果の判定

　罹病した幼虫は成長するに伴って節間部が肥大し，体色は，コカクモンハマキは黄白色に，チャハマキは灰白色に変わる。幼虫は老齢期の蛹化直前まで（約20日間）摂食を続け，生き続けるが，蛹化することなくすべて死亡する。このため防除に利用する場合，ウイルスを散布した世代の幼虫による被害軽減効果は期待できない。

　ウイルス散布の効果は，老齢期に幼虫の罹病状況と幼虫密度の世代ごとの推移を調べて判定する。特にウイルス散布世代の幼虫の罹病状況と翌世代～翌々世代の幼虫密度の低下が効果判定の目安になる。散布世代の幼虫の罹病虫率が70～80％以上であれば防除効果は高い。

● 追加散布と農薬防除の判断

　幼虫密度が高く，散布世代の幼虫罹病虫率が低い場合は，次の世代にウイルスを追加散布するか，農薬による防除を加える。特に，ハマキムシ類は第3～4世代の被害が大きいので，他の害虫の防除のさい，ハマキムシに有効な薬剤を選択使用する。

● 天敵の効果を高める工夫

　ウイルスを散布するとき，展着剤を加用して付着をよくする。また葉裏にウイルスがかかるよう散布法を工夫する。散布液の水は，カルキを含まない水道水を用いる。罹病効率を高めるためには，たとえば第1世代幼虫期，第2世代幼虫期の各世代に対して継続散布することが望ましい。

● 農薬の影響

　ボルドー液などのアルカリ性の強い殺菌剤は，ウイルスの活性に悪影響があるが，その他のほとんどの殺ダニ剤，殺虫剤，殺菌剤による影響は見られない。しかし，他の害虫類を防除するため，ハマキムシ類に殺虫効果の高いメソミル剤，有機リン剤，合成ピレスロイド剤などの殺虫剤と混用したり，近接散布したりすると，幼虫が罹病する前に死亡するため，ウイルスの園内増殖や世代間継続伝搬が見られないので，ウイルス使用の意味がなくなる。このためウイルス利用を取り入れた害虫全体の防除体系では，薬剤の選択には十分な配慮が必要である。

● その他の害虫の防除

　ハマキムシ類と同時期に発生する害虫にはチャノミドリヒメヨコバイ，チャノキイロアザミウマ，チャノホソガなどがあるが，これらの防除はハマキムシ類に活性の低い薬剤で行なう。

● 分離・増殖方法

　本種は，市販された製剤を購入することが一番簡単な利用方法である。

（野中壽之・奥野昌平）

〈製造・販売元〉
ハマキ天敵：アリスタ ライフサイエンス（株）

パスツーリア・ペネトランス
（口絵：資材23）

学名　*Pasteuria penetrans* Sayer & Starr, 1985
＜バチルス目／パスツーリア科＞
英名　Pasteuria penetrans

資材名　パストリア水和剤
主な対象害虫　ネコブセンチュウ類
その他の対象害虫　―
対象作物　野菜類，イチジク，サツマイモ
寄生・捕食方法　ネコブセンチュウ幼虫に付着したパスツーリア菌芽胞が虫体内で発芽して増殖し，雌の蔵卵

を抑制する
活動・発生適温 16～35℃，最適温度は24～30℃
原産地 日本

【特徴と生態】

●特徴と寄生方法

　パスツーリア菌は芽胞をつくるグラム陽性の細菌である。芽胞は圧縮され結晶状になった中心部の菌体が幾重もの蛋白質の膜に覆われた頑丈な構造であり，高温，乾燥，放射線，紫外線，酸などの物理的化学的処理に対して極めて強い耐久性をもつ。

　パスツーリア菌の芽胞は直径1～2μmの球状粒子だが，外周に直径3～4μmの広いつば（副側胞子繊維）が付き，UFO（空飛ぶ円盤）にそっくりの外観をしている。この副側胞子繊維は，線虫体表への付着器になる。パスツーリア菌の芽胞は胞子や内生胞子と呼ばれたこともあった。芽胞は英語ではスポア（spore）またはエンドスポア（endospore）であり，真菌やシダ植物の胞子も英語では同じくスポアであるが，これらとは性質も役割も大きく異なるので，以下では胞子を使わず芽胞と呼ぶ。

　土壌中に分散したパスツーリア菌の芽胞は，ネコブセンチュウ第2期幼虫に遭遇するとその体表のクチクラに付着する。ネコブセンチュウが作物の根に定着し摂食を開始した後に線虫の体内で増殖を開始する。本菌に感染した線虫は，健全な線虫と同様に雌成虫に成長するが，温度が十分に高ければ，卵巣の発育を完全に抑制し，蔵卵を妨げるのでネコブセンチュウの増殖が抑制される。卵に代わって雌の体内に充満したパスツーリア菌の芽胞が虫体の崩壊後に外部に放出され新たな感染源になる。したがって，ネコブセンチュウが世代を重ねるにつれ，土壌中の胞子密度は累積的に高まり，逆に線虫の個体群密度はしだいに減少する。

　芽胞には線虫を探索する能力がないので，感染は偶発的である。つまり，パスツーリア菌に遭遇せず感染しなかった幼虫が常に存在する。ネコブセンチュウの一部の雌では本菌が体内で増殖しても卵巣発育が完全に抑制されず，いくらか孵化能力がある卵を産下し，次世代が発生する。また，雌の体内で増殖した芽胞はクチクラが崩壊した後もただちに土壌中に分散することなく，集塊のまま線虫が寄生していた根部位周辺に偏在している。次世代の幼虫のいくらかは感染を免れて再寄生するため，線虫の個体数の減少は緩慢にしか進まない。このため，実用的な防除効果が現われるまでに少なくとも2年間（2～4作）の期間を要する。第5作からは劇的な防除効果が現われることが確認されている。

　本菌の芽胞は，乾燥耐性，耐湿性，高温や低温などの極温耐性をもつだけでなく，芽胞を覆う膜の物質透過性がきわめて小さいことによって，多くの化学薬品にも耐性である。このため，乾燥または過湿土壌，農薬（クロルピクリンを除く）を処理した土壌中でも数年間生存する。

　パスツーリア菌には寄主を異にするさまざまな系統があり，その系統はネコブセンチュウの種ごとに細かく分かれている。そのため，寄主でない種には防除効果がない。製剤の成分であるパスツーリア菌の系統は，サツマイモネコブセンチュウとジャワネコブセンチュウに対して高い寄生性を示すが，アレナリアネコブセンチュウとキタネコブセンチュウに対しては寄生性が低いと考えられる。

●生態

　本菌の芽胞自身には運動性がなく，土壌の移動や土壌水の流れに乗って受動的に移動し分散する。土壌中で耐久生存している芽胞にネコブセンチュウ第

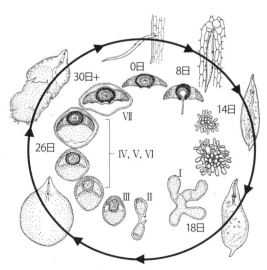

図1　パスツーリア菌の生活環

〈バクテリア〉パスツーリア・ペネトランス

2期幼虫が偶然に接触すると，芽胞は幼虫の体表クチクラに付着する。このとき芽胞はクチクラの特殊な成分（糖蛋白質など）の構造の違いを見分けているようである。

　何が芽胞の発芽の引き金になるのかはよく分かっていないが，芽胞は線虫の幼虫が摂食を始めるまで発芽しない。芽胞の発芽は芽胞を付けた幼虫が根に侵入して4日から10日の間である。発芽すると，芽胞の下側の壁の穴から細い管（発芽管）が伸び出し，線虫のクチクラを突き抜けて線虫の体内（擬体腔）にまで侵入する。その後で，擬体腔に達した発芽管の先端では細胞分裂が始まる。

　分裂は二叉分裂という二股に分かれる様式で進み，これを繰り返して多数の細胞（部間成長細胞）が集合したカリフラワー状の集合体（微小コロニー；隔壁菌糸体または一次コロニーともいう）ができる。その後，微小コロニーの細胞集合体が崩壊して部間成長細胞がセンチュウ体内に分散し，それぞれが分裂して新たに多数の細胞集合体（二次コロニーという）をつくる。次いで，二次コロニーの各細胞の先端が分裂して大きな細胞（栄養細胞）ができる。

　この後が芽胞形成過程で，次の7つのステージに分類されている。栄養細胞が基部の親細胞から外れて芽胞果になる段階（ステージⅠ），芽胞果の前方で隔壁の形成（ステージⅡ），細胞質凝集による前芽胞形成（ステージⅢ），多重膜による芽胞の被覆（ステージⅣ，Ⅴ，Ⅵ），成熟した芽胞の形成（ステージⅦ）。

　芽胞の形成は線虫の卵巣の発達を妨げるが，頭部および食道部位には障害を与えないので，線虫は健全な線虫と同様に成長する。最終的にネコブセンチュウの雌成虫体内は，平均約200万個のパスツーリア菌の芽胞で充満する。雌成虫の死滅後に表皮が破れて胞子が土壌中に放出される（図1）。

【使い方】

●剤型と使い方の基本

　本剤は，パスツーリア菌の芽胞を1g当たり10^9個含む粉末のフロアブル剤である。処理量は10a当たり1〜5kg（1m^{2}当たり芽胞$1×10^9$〜$5×10^9$個に相当）である。これを水とともに動力噴霧器で土壌表面に散布する。少量の水に溶かした散布では，芽胞が表層の粘土粒子に吸着され下層へ浸透しないため多量の水が必要であり，10a処理の場合は150〜200lの水に溶かす。なお，製剤は水には溶けにくいので，少量ずつ撹拌しながら所定量の水に加え，均一に分散させて散布液を調整する。

　施用後さらに散水を行なって土壌水分を高めると線虫への芽胞の付着率がさらに高まる。散水の数日後ロータリー耕で土壌を混和し，芽胞を作土層に均一分散させることも推奨される。芽胞の付着率は加湿4日後から高くなるから，播種や苗の定植は製剤処理の4〜7日後が適当である。本剤は通常1回の施用で，その後のパスツーリア菌のネコブセンチュウへの寄生・増殖により，土壌中の菌密度が累積的に高まって，防除効果が現われる。

　初期に登録された上記の処理方法に代わって，本剤の粉末0.5gを水1lに懸濁し，定植前の植え穴に灌注処理する方法も適用できる。根圏に高密度の芽胞が処理されることにより，初作からネコブセンチュウの実用的な防除効果（根こぶ指数の大幅な低下）を得ることができる。この処理法では大量の水を必要としない。製剤の使用量は2,000株/10aの栽植密度を前提とした場合に1kg/10aで全面処理の使用量とほぼ等しい。

表1　パストリア水和剤の適用病害虫および使用方法　（2016年5月現在）

作物名	適用病害虫名	使用倍数・量	使用時期	使用回数	使用方法
イチジク	ネコブセンチュウ	1〜5kg/10a・150〜200l/10a	定植前	—	土壌表面に散布し混和
		1〜5kg/10a・300l/10a	生育期	—	土壌表面に散布
イモ類	ネコブセンチュウ	0.5g/穴・1l/穴	定植時	—	植え穴土壌灌注
		1〜5kg/10a・150〜200l/10a	定植前	—	土壌表面に散布し混和
野菜類	ネコブセンチュウ	1〜5kg/10a・150〜200l/10a	定植前	—	土壌表面に散布し混和
		0.5g/穴・1l/穴	定植時	—	植え穴土壌灌注

本剤の施用後1〜2年間は，ネコブセンチュウを防除するのに十分な菌密度（芽胞密度10^5個以上／土壌1g）に達していないので，この期間は，本菌に悪影響のないホスチアゼート，オキサミル，ダズメット，カーバムナトリウム塩などの殺線虫剤や抵抗性品種の作付けなど，他の防除法を併用する。

殺線虫剤を使用する場合にネコブセンチュウを防除し低密度にしてしまうと，パスツーリア菌の寄主が失われてしまい，本菌芽胞の再生産が妨げられる。このため，殺線虫剤の施用量を本来の登録施用量の半量に減量して線虫害の発生を軽減しつつ，一定密度のネコブセンチュウを温存し，パスツーリア菌の増殖を維持するなどの工夫が必要である。

ネコブセンチュウを温存しながら，被害も最小に抑えるために，くん蒸剤を併用することもできる。その場合は次の手順を踏んで，くん蒸剤とパスツーリアを処理するとよい。①施肥，うね立て，マルチがけがすんだら，うねの定植位置に土壌くん蒸剤を3ml注入する。②注入口はテープで塞ぐ。③7日後にマルチ穴あけ器で深さ12cm程度の植え穴をあけ，放置する（この間にガスが抜ける）。④その4日後にパストリア水和剤製剤0.085gを水1lに溶いて植え穴に注入する。⑤その4日後に苗を定植する。処理するくん蒸剤はD-D剤かクロルピクリン・D-Dくん蒸剤（ソイリーン）が望ましい。ガス抜き期間をとるので，ソイリーンのクロルピクリンは揮発してパスツーリアには影響しない。

パスツーリアの処理に植え穴くん蒸処理を併用すると，作物は致命的な初期被害を免れて初期生育がよいため，収穫物の生産が確保され，同時に十分な根量も確保されるから多くの線虫が養われる。したがって，線虫に寄生するパスツーリア菌芽胞の土壌内密度も増加する。高密度のパスツーリア菌は線虫の増殖を抑制し，線虫密度を低く安定させる。

定植位置だけのくん蒸剤の処理量は，10a当たり2,000本の栽植密度を前提にすると，全面処理の5分の1量以下になるので，経費が少なく環境負荷も軽減される。パスツーリア菌の製剤の使用量も10a当たり2,000本の栽植密度を前提にして170g/10a（全面散布の6分の1以下）となる。植え穴くん蒸と芽胞の植え穴処理の併用は，次作でも実施する必要がある。第3作で効果発現の目安となる80％の芽胞付着線虫率（後出：効果の判定）が得られる。

一方，イチジクなど永年作物は，栽培期間中に薬剤防除が困難であるが，本剤の定植前の土壌混和および生育時の灌注処理による防除が可能である。

●散布適期の判断

パスツーリア菌の増殖には24〜30℃の地温が適し，この適温下で本菌は約2か月で1世代を経過する。したがって，パスツーリア菌の増殖と防除効果の発現を促すためには，適温が少なくとも2か月以上継続する条件で製剤を施用する必要があり，一般に地温が高い晩春から夏期の施用が望ましい。

●温湿度管理のポイント

24℃以上の温度条件がパスツーリア菌芽胞の感染と生育に適するので，低温期の栽培ではマルチの被覆や電熱線株元加温などにより地温上昇に努める。パスツーリア菌の増殖適温以下の低温は本菌を死滅させないが，芽胞の生産は抑制される。

●栽培方法と使い方

24℃以上の地温がパスツーリア菌芽胞の感染と生育に適しているので，地温の高い夏期や施設栽培での使用が有利である。低温期の栽培ではマルチの被覆を行なうなど地温上昇に努める。また，土壌水分が高いほど本菌の感染率は向上するから，製剤施用直後および各作期前は土壌水分を高めに管理する。なお，圃場の観察ではパスツーリア菌の発生は壌土や粘土よりも砂土や砂壌土で多く，砂の割合が上昇すると芽胞の線虫付着率が高くなり，芽胞の表層土への保持もよくなる。逆に，粘土の多い圃場では芽胞の線虫付着率が低い。

●効果の判定

経験的にパスツーリア菌による線虫の防除効果が認められるのは，分離した線虫の50％以上の個体に芽胞の付着が確認されるときであり，安定した防除効果を得ているときは，分離した線虫の80％以上に芽胞が付着している。土壌を採取してベルマン法（土壌20gについて室温で3日間分離）でネコブセンチュウ第2期幼虫を分離し，顕微鏡下（200倍）で体表上に付着する芽胞を確認し，芽胞付着線虫率を算出して判断の目安とする。

または，作物の根をていねいに掘り取り，土をは

〈バクテリア〉パスツーリア・ペネトランス

▼ネコブセンチュウの天敵

らって根こぶの形成を調べる。パスツーリア菌が有効に働いていれば、根こぶは認められるけれどもサイズは小さく、根が白くきれいなので、効果の目安になる。

●追加散布と農薬防除の判断

芽胞製剤の処理前の圃場のネコブセンチュウ密度が顕著に高い場合は、処理後の被害が激しく、枯死株も発生するので、他の防除手段の併用が必要になる。このような圃場では4作を経ても十分な防除効果の目安である芽胞付着線虫率（80％）に達せず、収量の改善がないことがある。その場合は、次作物の定植前にD-D剤3ml の植え穴のみのくん蒸処理、もしくは植え穴への芽胞製剤の少量追加灌注（0.085g）、またはその両方（前出）を行ない、被害の軽減と芽胞の増殖を促す。

●天敵の効果を高める工夫

パスツーリア菌芽胞は24℃以上の地温および高水分の土壌でネコブセンチュウへの感染率が高くなるので、太陽熱処理との併用で防除効果を高める。本菌に影響の少ない殺線虫剤（前出）の少量処理も、単独処理に比べて早く土壌内芽胞密度を増加させるのに役立つ。また、本菌製剤は多くの殺線虫剤や抵抗性品種などとも併用ができるので、各種の防除手段による総合防除の一メニューとして利用することができる。

●農薬の影響

パスツーリア菌の芽胞は薬剤耐性が高く、ほとんどの殺線虫剤と併用できるが、殺菌力が強いクロルピクリン剤は本菌を死滅させてしまう。また、本製剤施用2年以内で土壌中のパスツーリア菌芽胞密度が十分に高まっていない時期に、殺線虫剤の登録量処理、熱水土壌消毒、還元土壌消毒などによってネコブセンチュウの密度を大きく下げてしまうと、本菌の寄主（餌）を失うことになり菌の増殖は遅滞し、防除効果の発現時期が大幅に遅延する。

●その他の害虫の防除

本剤のパスツーリア菌は、サツマイモネコブセンチュウ、ジャワネコブセンチュウに特異的に感染する系統である。アレナリアネコブセンチュウとキタネコブセンチュウには効果が期待できない。これらが発生している場合は、病害虫防除所や試験機関に相談する。

●分離・増殖方法

パスツーリア菌の人工培養法が研究されているが工業化に至っていない。サツマイモネコブセンチュウの発生土壌に本剤を混和し、作物を栽培して根を回収し、それを粉砕することによってパスツーリア菌の芽胞を含む資材をつくることができる。しかし、芽胞の確認や定量には専門的な知識と技術が必要である。

（上田康郎・水久保隆之）

〈製造・販売元〉
パストリア水和剤：サンケイ化学（株）

特定農薬

ナミヒメハナカメムシ
(口絵：資材24)

学名 *Orius* (*Heterorius*) *sauteri* (Poppius)
<カメムシ目／ハナカメムシ科>
英名 Flower bug, Minute pirate bug, Minute soldier bug

資材名 —
主な対象害虫 ミナミキイロアザミウマ，ミカンキイロアザミウマ
その他の対象害虫 アザミウマ類（ヒラズハナアザミウマなど），アブラムシ類（北海道），ハダニ類，コナジラミ類，ミドリヒメヨコバイ，ヒメトビウンカ，コナガ（卵），ヨトウガ（卵），カブラヤガ（若齢幼虫），アゲハチョウ（卵），チャノホコリダニ，ケナガコナダニなど
対象作物 ピーマン，ナスなど
寄生・捕食方法 口吻を突き刺して内容物を吸収
活動・発生適温 20℃以上
原産地 日本の本土全域，利尻島，礼文島，南千島および韓国，中国，極東ロシアなど

【特徴と生態】

●特徴と寄生方法

ナミヒメハナカメムシは成虫でも体長が約2mmときわめて小さく，体色は黒っぽく小バエのように見えるが，潰すとカメムシ特有の異臭をかすかに発生させる。幼虫の体長は0.6mm（1齢）〜1.7mm（5齢）で，体色は通常黄色であるが，低温期には褐色の幼虫が多くなる。肉眼では若齢幼虫はアザミウマ類幼虫と間違いやすい。ナミヒメハナカメムシの幼虫は，アザミウマ類幼虫に比べて動きが敏捷である。

ナミヒメハナカメムシには2種の色彩パターンがあり，通常（淡色）型と暗色型に分けられる。通常型は，頭部，胸部，前翅のくさび状部を除いて淡黄褐色であるが，暗色型は体の大部分が黒化する。西日本では一般に通常型であるが，北日本では暗色型が多い。

雌成虫は雄成虫に比べて体全体が少し大きく丸みを帯びる。逆に雄成虫は雌成虫よりやや細長い。雌成虫の腹部には産卵管が筋状に見え，この産卵管を中心に左右相称である。雄成虫では腹部末端の交尾器付近が曲がり，左右相称でない。同定は外観からもできるが，正確な種の識別には雄の腹部末端にある把握器（赤色）を体外に取り出し，その形態の違いにより同定する。

広食性の天敵でさまざまな種類の節足動物を捕食するが，自分の体長に比べ大きすぎるものは捕食しない。本種の捕食は目の前にいる餌動物の体に口吻を突き刺し，内容物を吸収する方法で行なわれる。餌動物の密度が高い場合，食べずに殺傷する行動（捕殺）も頻繁に行なう。花粉のような固形物を食べる場合，口吻の先端から消化液らしき液体を出し，溶かして吸汁するようである。

すべての齢期の幼虫と成虫がアザミウマ類の成・幼虫を好んで食べるが，植物組織内に産み込まれたアザミウマの卵は捕食できない。ミナミキイロアザミウマに対する機能の反応は，餌密度が高まるにつれ捕食量は増加するが，一定の餌密度以上になると飽和するHollingのII型を示すことが多い。

ミナミキイロアザミウマに対する捕食量は，ナミヒメハナカメムシ幼虫の発育ステージが進むにつれ増加し，5齢前半の幼虫が最大となるが，羽化前に当たる5齢後半の幼虫の捕食量はいったん低下する。成虫になると捕食量は高まるが5齢前半の幼虫に比べて少ない。雄成虫の捕食量は雌成虫に比較して少ない。ナミヒメハナカメムシ若齢幼虫はミナミキイロアザミウマの成虫よりも幼虫をより多く捕食するが，発育に伴い差は少なくなり，成虫になると両者に差は見られなくなる。

ナミヒメハナカメムシのミナミキイロアザミウマに対する捕食量は，15℃から30℃の温度域で高温

域ほど増加する傾向がある。30℃の温度条件下では，ナミヒメハナカメムシ5齢前半の幼虫にミナミキイロアザミウマ幼虫の密度を違えて与えた場合，捕食量は餌密度が高まるほど高まるHollingのI型の機能の反応を示す。

ナミヒメハナカメムシ雌成虫は，25℃でカンザワハダニ雌成虫を1日に20頭以上捕食する。ワタアブラムシ捕食量は5～10頭と，ミナミキイロアザミウマやカンザワハダニに比較して少ない。ワタアブラムシについては，体が大きい成虫や老齢幼虫よりも体が小さい若齢幼虫を多く捕食する傾向がある。

●発育と生態

ナミヒメハナカメムシの卵は植物組織内に産卵され，孵化後の幼虫は5齢を経て成虫になる。卵期間は30℃で3日，25℃で5日，20℃で8日，15℃で14日，ミナミキイロアザミウマ幼虫を餌に飼育した場合の幼虫期間は，30℃で10日，25℃で12日，20℃で19日，20℃で41日であるが，雄は雌に比べて若干発育が速い傾向がある。なお，発育零点は卵が11℃，幼虫が10.3℃である。有効積算温度定数は卵が62.1日度，幼虫が180.8日度である。

ミナミキイロアザミウマ幼虫を餌に飼育した場合の成虫寿命は，雌成虫が雄成虫に比較して長く，30℃では雌成虫が9日，雄成虫が7日，25℃では雌成虫が20日，雄成虫が15日，20℃では雌成虫が20日，雄成虫が14日，15℃では雌成虫が36日，雄成虫が25日となり，気温が低いほど成虫寿命は長くなる。

ミナミキイロアザミウマ幼虫を餌に飼育した場合の産卵前期間は，30℃で2日，25℃で4日，20℃で6日，15℃で16日である。

ミナミキイロアザミウマ幼虫を餌に飼育した場合の日当たり産卵数と総産卵数は，それぞれ30℃で6卵，53卵，25℃で4卵，75卵，20℃で3卵，51卵，15℃で0.3卵，12卵であり，15℃では極端に減少する。

ナミヒメハナカメムシ一世代の平均時間は30℃で22日，25℃で28日，20℃で41日，15℃で82日である。純増殖率は30℃で19，25℃で28，20℃で20，15℃で3である。内的自然増加率は30℃で0.166，25℃で0.128，20℃で0.0763，15℃で0.0135となり，高温域での増殖率はきわめて高い。

ナミヒメハナカメムシの内的自然増加率をミナミキイロアザミウマと比較すると，30℃ではミナミキイロアザミウマより高く，25℃と20℃ではほぼ等しく，15℃ではミナミキイロアザミウマのほうが高くなる。

年間4～5回程度野外で発生するものと思われる。

ナミヒメハナカメムシ低温耐性は雌成虫に比べ雄成虫は弱く，交尾後の雌成虫が越冬するとされる。越冬場所はカキ，ヤナギなどの落葉樹の樹皮下とされ，大量の個体が同時に見つかることがある。また，草本植物の株元の土壌中で越冬する個体も見つかっている。

【使い方】

●剤型と使い方の基本

ナミヒメハナカメムシ製剤「オリスター」は登録抹消のため，利用は土着天敵を特定農薬（特定防除資材）として用いる場合に限られる。クローバー，セイタカアワダチソウなどさまざまな花で採集できるが，低い場所を好み，高所では近縁種のコヒメハナカメムシが優占する。

ナミヒメハナカメムシに比べて休眠性が弱く増殖が容易なタイリクヒメハナカメムシ製剤が，野菜類（施設栽培）のアザミウマ類を対象に農薬登録されており，数社から販売されている。

●放飼適期の判断

放飼はアザミウマの発生初期がよい。ピーマンでは花粉が代替餌になり，アザミウマ類の発生がきわめて少ない場合でも生存できるが，花粉だけでは産卵せず増殖しない。また，幼虫の生存率も餌動物を与えた場合に比較して低い。

●温湿度管理のポイント

施設内の平均気温が20℃以上の時期に効果が高い。加温施設内では3月中旬から11月上旬まで利用できるが，冬期の気温が低い時期は，増殖率や捕食量が低下し，効果が期待できない。施設の管理温度が高くても，短日条件（地域個体群により条件は異なる）では雌成虫が生殖休眠に入り，産卵しない個体の割合が高まる。休眠には幼虫期の日長が影響するため，放飼した成虫は産卵でき次世代が発生して

も、その後の世代が継続しなくなる。春～夏期の気温上昇時期の放飼が、秋期の気温が低下する時期よりも効果的で、効果の持続期間も長い。

● 栽培方法と使い方

施設栽培では3月中旬から11月中旬まで利用できる。特に25℃前後の高温条件では増殖率が高く捕食量も多いので、アザミウマ類に対して高い防除効果を発揮する。しかし、15℃以下の低温では増殖率や捕食量が極端に低下する。さらに、短日条件下では成虫が休眠に入り、産卵しない個体が増加する。

ピーマンやナス、キュウリを比べると、ピーマンでの放飼効果が最も優れる。

細霧冷房を実施している促成栽培ナスにヒメハナカメムシ類を放飼したところ、定着・増殖しない場合が見られた。原因は水滴による若齢幼虫の溺死と考えられる。

● 効果の判定

放飼2週間後ごろからミナミキイロアザミウマの密度低下が見られる。

● 追加放飼と農薬防除の判断

促成栽培の11～2月ごろはナミヒメハナカメムシを利用できないので、殺虫剤で防除する。この場合、3月以降に放飼が必要である。

ミナミキイロアザミウマの被害が増加する場合、コテツフロアブル、プレオフロアブルなどを散布する。

● 天敵の効果を高める工夫

近紫外線カットフィルム（390nm以下カット）を張ったビニールハウス内ではヒメハナカメムシ類の行動特性に影響があるので、効果が減少する。

ハスモンヨトウ、オオタバコガの防除には防風ネット（目合い4mm程度）や寒冷紗をハウスの換気部に張る。ただし、網目が細かい寒冷紗を張ると施設内が高温・高湿になるので、注意が必要である。

ミナミキイロアザミウマに比べ、ナミヒメハナカメムシは高温にやや強く、ナスでは栽培期間中のミナミキイロアザミウマやアブラムシ類の防除を目的とした短時間の蒸し込みで温存できた例もある。

● 農薬の影響

対象作物に適用のある農薬を使用し、ラベルに記載されている使用方法や注意事項を遵守する。

合成ピレスロイド剤はヒメハナカメムシ類の発生を特に長期間抑制し、キチン合成阻害剤のカスケード乳剤、アタブロン乳剤は幼虫の脱皮・変態を長期間阻害する。

有機リン系、カーバメート系殺虫剤には、合成ピレスロイド系殺虫剤ほどではないが、ヒメハナカメムシ類の密度を低下させる薬剤が多い。ネオニコチノイド系のアドマイヤー水和剤などの茎葉部散布も、ヒメハナカメムシ類の密度を低下させる。

ミナミキイロアザミウマが多発する場合は、コテツフロアブルやプレオフロアブルを散布してもよい。本剤を散布するとナミヒメハナカメムシの餌であるアザミウマ類などが急激に密度低下することなどから、ナミヒメハナカメムシの密度も低下する。しかし、開花中のピーマンでは、花粉がヒメハナカメムシ類の代替餌になり生存することができるとされる。

アブラムシ類防除で定植時に土壌処理する粒剤は、同じ薬剤の茎葉部への散布に比較してヒメハナカメムシ類に対する悪影響が少ない。しかし、アドマイヤー1粒剤、オンコル粒剤5、オルトラン粒剤などでは20日間程度、ヒメハナカメムシ類の発生を抑制したナスでの試験例もある。

チャノホコリダニの防除薬剤ではモレスタン水和剤が比較的悪影響が少ない。ハダニ類の防除にはダニトロンフロアブル、ニッソラン水和剤が使用できる。オオタバコガなどの防除にコテツフロアブルを散布した圃場では、チャノホコリダニやハダニ類の発生が少ない傾向がある。

オオタバコガの防除にはトルネードフロアブルが有効である。また、コテツフロアブル、プレオフロアブルも有効であるが、施設全体へ散布すると餌不足になり、ヒメハナカメムシ類の密度低下を招く恐れがある。

チェス粒剤の育苗期後半処理は、ヒメハナカメムシ類に悪影響がない。同水和剤も直接ヒメハナカメムシ類を殺さないが、行動が緩慢になり捕食量が減少して若齢幼虫などは餓死する恐れがあり、影響期間は散布後1週間程度あると考えられ、特に放飼直後の散布は危険である。

殺菌剤では，ダコニール1000，ロブラール水和剤，スミレックス水和剤，トリフミン水和剤，オーソサイド水和剤80，モレスタン水和剤などは，ヒメハナカメムシ類に悪影響が少ない。

展着剤の種類によってはヒメハナカメムシ類に悪影響がある。ヒメハナカメムシ類に悪影響がない農薬に展着剤ニーズを加用して散布した際，ヒメハナカメムシ類が死亡し密度が低下した事例がある。アプローチBI，グラミン，ダインは悪影響が少ないことが知られている。

● その他の害虫の防除

「天敵の効果を高める工夫」「農薬の影響」を参照。

● 飼育・増殖方法

ゼラニウム，カランコエ，メキシコマンネングサなどを産卵基質とし，スジコナマダラメイガ卵やケナガコナダニを餌に飼育できるが，安定して増殖個体を得るためには温湿度・光が制御可能な飼育条件が必要である。

（永井一哉・日本典秀）

タバコカスミカメ

（口絵：資材25）

学名 *Nesidiocoris tenuis* (Reuter)
<カメムシ目／カスミカメムシ科>
英名 Tobacco leaf bug, Tomato mirid

資材名 ―
主な対象害虫 ミナミキイロアザミウマ，タバココナジラミ
その他の対象害虫 アザミウマ類（ヒラズハナアザミウマなど），オンシツコナジラミ
対象作物 ナス
寄生・捕食方法 口吻を突き刺して内容物を消化吸収
活動・発生適温 活動可能温度18～35℃，発生適温25～30℃
原産地 原産地は地中海沿岸地域，世界中に広く分布し，日本では関東以西に分布

【特徴と生態】

● 特徴と寄生・捕食行動

成虫の体長は3.5～4mm，体色は明るい黄緑色で細長く，前翅に特徴的な斑紋を有する。雌成虫は雄成虫に比べ体が少し大きく，産卵を開始した個体の腹部は膨らんで丸みを帯びる。雌成虫の腹部には産卵管が黒い筋状に見えることから，容易に雌雄の区別が可能である。雄成虫は雌成虫よりやや細長く，腹部末端の交尾器付近が曲がって見える。

本種の捕食は，さまざまな節足動物に口吻を突き刺し内容物を消化吸収する方法で行なわれる。特に，アザミウマ類とコナジラミ類を好んで捕食する。タバコカスミカメ成虫に異なる密度のミナミキイロアザミウマ2齢幼虫あるいはタバココナジラミ4齢幼虫を与えた場合，ミナミキイロアザミウマに対しては，捕食率がS字の反応曲線を描くHollingのIII型の機能の反応を示し，タバココナジラミに対しては，餌密度が高くなるほど捕食量は増加するが増加率は単調に低下して飽和曲線を描くHollingのII型の機能の反応を示した。25℃における1日当たりの推定最大捕食量は，ミナミキイロアザミウマ2齢幼虫に対しては雌成虫が165.0頭，雄成虫が124.8頭，タバココナジラミ4齢幼虫に対しては雌成虫が56.0頭，雄成虫が40.9頭である。

タバコカスミカメは雑食性で植物体も吸汁する。本種に吸汁されたナスでは，葉に穴があいたり縮葉が発生したりする被害が見られるが，収量に影響するほどではない。ピーマン，シシトウでは奇形果が発生する場合がある。トマトでは茎や葉柄の周囲を丸く取り巻くようなリング状の傷ができ，傷の部分から折損しやすくなる被害が発生する。

タバコカスミカメはゴマで増殖が可能である。ナスやキュウリでは成虫まで発育するものの，雌成虫はほとんど産卵しないため増殖できない。トマトあるいはピーマンを与えて飼育した場合は成虫まで生存できない。なお詳細なデータはないが，タバコカスミカメはクレオメでも増殖が可能である。

● 発育と生態

雌成虫は植物の葉脈，葉柄，果柄などの軟らかい組織内に産卵する。幼虫は5齢を経て成虫になる。

16時間日長における卵期間は，20℃で14日，25℃で7日，30℃で5日，スジコナマダラメイガ卵を餌として与えた場合の幼虫期間は，20℃で26日，25℃で18日，30℃で12日である。ただし，17.5℃になると孵化率が低下し，逆に35℃になると卵期間が32.5℃より長くなることから，発育適温は20〜32.5℃の間と推測される。発育零点および有効積算温度は，雌で卵が13.8℃，80.7日度，幼虫が11.8℃，212.8日度，雄で卵が12.9℃，90.1日度，幼虫が12.1℃，217.4日度である。

25℃，16時間日長でスジコナマダラメイガ卵を餌として与えた場合の雌成虫の生存期間は43.6日，産卵前期間は6.1日，1雌当たりの総産卵数は221.1卵で，純増殖率は39.31，内的自然増加率は0.0715となり，同じ土着天敵であるクロヒョウタンカスミカメとほぼ同程度の繁殖能力を有する。

野外での生息場所はよくわかっていないが，西日本では7月以降，ゴマによく誘引される。

【使い方】

●剤型と使い方の基本

生物農薬として登録されていないため，特定農薬（特定防除資材）となる。そのため，使用場所と同一の都道府県内で採集した個体群あるいは増殖させた個体群の使用に限る。

促成栽培ナスでは，10a当たり500頭（株当たり0.5頭）を放飼しても防除効果が認められるが，放飼量が多いほど栽培初期における防除効果は高い。できれば，10a当たり4,000頭（株当たり4頭）以上の放飼量が望ましい。

●放飼適期の判断

放飼時期が早いほど防除効果が高いので，できるだけ早く放飼する。促成栽培（栽培期間：9〜6月）では，定植前後から放飼を開始し，10月までに数回に分けて放飼するのが望ましい。

●温湿度管理のポイント

施設内では平均気温が20℃以上で防除効果が高い。生殖休眠はしないとされているが，促成栽培ナスの最低管理温度は約10℃と低いため，冬期は繁殖が悪くなる。可能な限り最低管理温度を高く設定し，平均気温が20℃以上なるようにする。

●栽培方法と使い方

促成栽培では9月から6月まで利用可能である。特に平均気温が25℃以上の高温条件で，アザミウマ類，コナジラミ類に対する防除効果が高まる。高知県内の無加温の促成栽培ナスで厳寒期に定着している例もあるが，20℃以下になると繁殖が悪くなる。

無加温の遊休ハウスなどの施設内でゴマやクレオメを栽培し，タバコカスミカメの維持，増殖ができるのは年内までであるので，促成栽培では11月までの間に放飼を完了する。

ピーマン，シシトウ，トマトではタバコカスミカメによる被害が発生することがあるので，周辺にこれらの作物がある場合は圃場からの飛び出しを防ぐため，施設開口部に防虫ネットを被覆する。

●効果の判定

促成栽培ナスでは，早ければ放飼2〜3週間後ごろからアザミウマ類の密度低下が見られる。穴があいた葉が見られるようになれば，本種が定着した目印である。

●追加放飼と農薬防除の判断

タバコカスミカメの発生が少なく，ミナミキイロアザミウマによる被害が増加した場合は，本種に対して影響の小さいラノー乳剤，プレオフロアブルを散布する。栽培終期であれば，薬剤防除に切り替え，アファーム乳剤，アグリメックなどタバコカスミカメに対して影響は大きいが，ミナミキイロアザミウマに対して防除効果が高い殺虫剤を使用する。

●天敵の効果を高める工夫

施設開口部に防虫ネットを被覆し，アザミウマ類，コナジラミ類，チョウ目害虫などの野外からの飛び込みを防ぐ。防虫ネットの目合いは，小さいほど害虫類に対する侵入防止効果が高いが，施設内が高温・多湿になるので，施設内に循環扇を設置するなどの対策が必要となる。

施設内のうね端などの空いたスペースにゴマやクレオメを植えることで，アザミウマ類などの害虫発生前からタバコカスミカメを施設内に定着させることが可能である。

摘葉した茎葉には卵が産み付けられていたり，幼虫が生息していたりする場合があるので，枯れ上が

〈カスミカメムシ類〉タバコカスミカメ

るまで株元に置く。

●農薬の影響

ナスに適用のある農薬を使用し，ラベルに記載されている使用法や注意事項を遵守する。

タバコカスミカメは殺虫剤に対しては非常に弱く，本種が定着しなかった原因のほとんどが影響のある殺虫剤の使用である。

有機リン系，カーバーメイト系，合成ピレスロイド系，ネオニコチノイド系殺虫剤は，タバコカスミカメに対して非常に強い影響が見られる。さらに，影響期間の長いものが多い。育苗期に散布したこれらの殺虫剤が影響し，タバコカスミカメが定着しなかった事例が見られた。ちなみに，育苗期のナスにアーデント水和剤，アクタラ顆粒水溶剤を散布した場合の影響期間は約1か月程度と長い。

アファーム乳剤，ハチハチ乳剤，アニキ乳剤，ディアナSC，アグリメック，サンマイトフロアブル，ピラニカEWもタバコカスミカメに対する影響が非常に強く，IGR剤ではアタブロン乳剤，カスケード乳剤，マッチ乳剤，昆虫病原性糸状菌剤ではボタニガードESおよび同水和剤も影響が非常に強い。

スピノエース顆粒水和剤，コテツフロアブル，トルネードフロアブル，アカリタッチ乳剤，粘着くん液剤，オレート液剤も，タバコカスミカメに対して強い影響が見られるので使用はひかえる。

チェス顆粒水和剤およびコルト顆粒水和剤はタバコカスミカメに対して即効性はないが，徐々に密度が低下するので，できるだけ使用はひかえる。

ミナミキイロアザミウマが多発する場合は，ラノー乳剤，プレオフロアブル，モベントフロアブルを散布してもよいが，ラノー乳剤，プレオフロアブルに対して感受性の低下した個体群が発生している地域では，防除効果は期待できない。また，ラノー乳剤は蚕毒が非常に強く，露地栽培では利用できない。施設栽培でも使用できる地域が制限されており，さらに，散布時には施設を密閉して野外への飛散を防ぐなど取扱いに注意が必要である。

コナジラミ類が多発する場合は，ラノー乳剤，アプロード水和剤，モベントフロアブルがタバコカスミカメに対して影響が小さく使用可能であるが，ラノー乳剤，アプロード水和剤はタバココナジラミバイオタイプQに対する防除効果は期待できない。

アブラムシ類が発生した場合は，タバコカスミカメに対して影響が小さいウララDFを散布する。

ハダニ類が発生した場合は，タバコカスミカメに対して影響が小さいスターマイトフロアブル，ダニサラバフロアブル，カネマイトフロアブル，マイトコーネフロアブル，ニッソラン水和剤が使用可能である。

チャノホコリダニが発生した場合は，スターマイトフロアブル，カネマイトフロアブル，モベントフロアブル，サンクリスタル乳剤が使用可能である。

ハスモンヨトウなどのチョウ目害虫が発生した場合は，フェニックス顆粒水和剤，プレバソンフロアブル5，ファルコンフロアブル，マトリックフロアブルが使用可能である。

ハモグリバエ類に対しては，プレバソンフロアブル5，トリガード液剤が使用可能である。

殺菌剤では，EBI剤，イオウフロアブル，ダコニール1000，トップジンM水和剤，ベンレート水和剤，モレスタン水和剤，ジチオカーバメート系殺菌剤など多くの剤が使用可能である。ただし，サンヨールはタバコカスミカメに対して若干の影響が見られることから，本種の発生が少ない場合の使用はひかえる。

展着剤ではクミテン，グラミン，ニーズ，アプローチBI，ワイドコート，ブレイクスルーのタバコカスミカメに対する影響は小さい。ただし，タバコカスミカメに対して影響の小さい農薬にシリコーン系展着剤のまくぴか3,000倍を加用した際に，タバコカスミカメの密度が低下した事例が見られたが，まくぴかを5,000倍以上に希釈して加用した場合は悪影響が見られないので，まくぴかを使用する場合は希釈倍率に注意する。

●その他の害虫の防除

タバコカスミカメを利用すると殺虫剤の使用が制限されるため，他の天敵を活用するのもよい。たとえば，アザミウマ類，コナジラミ類，チャノホコリダニに対してはスワルスキーカブリダニ，アブラムシ類に対してはコレマンアブラバチ，ヒメカメノコテントウ，ナミテントウ，ハダニ類に対してはミヤコカブリダニ，チリカブリダニなどがある。ただし，

タバコカスミカメには影響が小さい農薬であっても，他の天敵には影響が大きい場合があるので注意する。

物理的防除，化学的防除については「天敵の効果を高める工夫」「農薬の影響」を参照。

● 飼育・増殖方法

タバコカスミカメはゴマあるいはクレオメのみで増殖が可能である。遊休ハウスなどの施設内で栽培したゴマ，クレオメでタバコカスミカメを容易に増やすことができる。ただし，ゴマは3～4か月程度で枯死するため定期的に播種する必要がある。露地圃場で栽培したゴマやクレオメでもタバコカスミカメを増殖できるが，発生量は気象条件に左右されやすいので，できれば施設内で増殖させるほうがよい。

タバコカスミカメは特定農薬として利用可能であるが，使用場所と同一の都道府県内で採集した個体群あるいは増殖させた個体群の使用に限る。

（中石一英）

クロヒョウタンカスミカメ

（口絵：資材26）

学名 *Pilophorus typicus* (Distant)
<カメムシ目／カスミカメムシ科>

英名 ―

資材名 クロカメ（高知県限定）

主な対象害虫 コナジラミ類，ハダニ類，モトジロアザミウマ

その他の対象害虫 ミナミキイロアザミウマ，ヨトウガ類（若齢幼虫），ナスコナカイガラムシなど

対象作物 ナス，ピーマン，インゲンマメ，トマト，キュウリ

寄生・捕食方法 口吻を突き刺し，内容物を消化吸収

活動・発生適温 発育可能温度17.5～30℃，発育適温20～25℃

原産地 東アジアから東南アジアに分布，日本では東北地方から八重山地方

【特徴と生態】

● 特徴と寄生・捕食行動

成虫の体長は雌雄とも3mm前後，体色は光沢のある黒色で，前翅に白帯を有す。成虫，幼虫とも一見，アリのように見える。成虫，幼虫とも捕食性で，口吻を突き立てるようにして歩行し，餌に遭遇すると口吻を突き刺して捕食する。動きの速い餌はうまく捕食できない。

● 発育と生態

成虫を側面から見ると，雌は雄より腹部が下方に膨満していることで識別できる。また雌成虫の腹部腹面中央には黒い筋状の産卵管がある。幼虫の齢期は5齢。

25℃16時間日長における雄の卵期間は11.9日，幼虫期間（餌としてスジコナマダラメイガ解凍卵）は16.5日，雌の卵期間は12.1日，幼虫期間は16.5日。雄の発育零点は卵で13.0℃，幼虫で11.7℃，雌の発育零点は卵で12.9℃，幼虫で11.4℃。有効積算温度は雌雄とも卵で144.9日度，幼虫で217.4日度である。

スジコナマダラメイガ解凍卵を餌として与えたときの25℃16時間日長における雌の寿命は48.8日，産卵前期間は5.1日，産卵期間は40.5日，総産卵数は121.2卵，内的自然増加率は0.0747である。

20℃の短日条件で飼育したとき，卵期間，幼虫期間とも長日条件下に比べて若干の発育遅延しか認められず，休眠に付随するような大幅な遅延は認められなかった。また産卵数においても大きな差は認められなかったことから，本種は冬期の休眠性はないものと考えられる。

本種に異なる密度の害虫を与えたときの餌密度に対する捕食量から推定した最大捕食量は，雄でタバコナジラミ4齢幼虫17.5頭，ナスコナカイガラムシ成虫14.4頭，ワタアブラムシ成虫5.6頭，ミナミキイロアザミウマ成虫14.2頭，ハスモンヨトウ1齢幼虫12.6頭，ナミハダニ32.2頭，雌でタバコナジラミ4齢幼虫48.8頭，ナスコナカイガラムシ成虫16.4頭，ワタアブラムシ成虫7.3頭，ミナミキイロアザミウマ成虫18.0頭，ハスモンヨトウ1齢幼虫14.4頭，ナミハダニ40.3頭であった。また，雌成虫

〈カスミカメムシ類〉クロヒョウタンカスミカメ

のモトジロアザミウマ成虫の推定最大捕食量は80.2頭であった。

　トマト，ナス，ピーマンの成長点，花芽への加害試験では，いずれの作物に対しても発育や結実への影響は認められていない。また産卵は果実のヘタの部分に対しては行なわれるが，可食部へは認められない。インゲンマメではさやへの産卵が認められる。

　野外ではクズやセイタカアワダチソウで見られるが，特に好んで集まるような植物はない。クズの群落の下にシーツなどを広げて，植物を木の棒で叩くとクロヒョウタンカスミカメが落下してくるので，それらを吸虫管で吸い上げることで採集できるが，同時に多数のアリも落下してくるので，区別する必要がある。

【使い方】

●剤型と使い方の基本

　生物農薬として登録されていないが，特定農薬になることから，高知県産の個体が高知県内限定で販売されている。

　施設栽培ナス，ピーマンのタバココナジラミに対しては，10a当たり250頭，週1回3〜4回放飼で防除効果が認められるが，放飼量が多いほど防除効果は高い。また害虫密度が高い状態で放飼しても効果は認められない。放飼後効果が見られるまで，1か月半ほどかかることが多い。

　トマトやキュウリのタバココナジラミに対しては，10a当たり750頭放飼で効果が認められるが，ウイルス感染を防ぐことはできない。

●放飼適期の判断

　放飼時期が早いほど防除効果が高い。促成栽培（9〜6月）では，育苗期や定植直後から放飼を開始するのが望ましい。厳冬期の放飼では効果が認められないことがある。

●温湿度管理のポイント

　施設内での適温は知られていないが，平均気温は20℃以上が望ましいと思われる。冬期，夜温が10℃以下になっても休眠することはないが，活動が鈍るので，最低管理温度を可能な限り高く設定する。また極端な乾燥条件は繁殖に好ましくない。

●栽培方法と使い方

　促成栽培では9月から6月まで利用可能であるが，特に秋期と春期の，ハウス内管理温度が高い時期に有効である。

●効果の判定

　一般に次世代の発生まで1か月以上かかるので，放飼1か月半ころから対象害虫コナジラミの密度が低下してくることが多い。同時にハダニ防除も可能である。密度が高くなると葉上を歩行する本種幼虫，成虫が容易に見られるようになる。

●追加放飼と農薬防除の判断

　ミナミキイロアザミウマやアブラムシ類はあまり捕食しないので，それらに効果のある天敵の併用が望ましい。

●天敵の効果を高める工夫

　栽培施設内にインゲンを植えておくと，定着が促進されることがある。インゲンのさやに卵が産み付けられる。

●農薬の影響

　農薬の影響は他の天敵昆虫と同様のことが多いが，展着剤に弱い傾向が見られるので，薬剤散布はクロヒョウタンカスミカメ放飼前か，放飼後の場合はスポット的に行なうことが望ましい。ネオニコチノイド系殺虫剤の粒剤に対しては，長期間強い影響が見られるので，購入した苗に粒剤が施用されていないことを確認する必要がある。このほか，タバコカスミカメの項の記述に準ずる。

●その他の害虫の防除

　本種を利用すると殺虫剤の使用が制限されるため，他の天敵との併用がのぞましい。本種はコナジラミ類，ハダニ類，モトジロアザミウマに対して防除効果が認められるので，それ以外の害虫に対する市販天敵を利用する。

●飼育・増殖方法

　本種の室内飼育の際には産卵基質としてカランコエや虹の玉などの多肉植物が利用されてきたが，ジャガイモやサツマイモなどのイモ類も利用できることが明らかになっている。餌としてはスジコナマダラメイガ解凍卵が利用できるが，より安価で手に入れやすいブラインシュリンプ耐久卵も利用可能であ

る。ブラインシュリンプ耐久卵を利用する場合は粘着紙に卵を貼り付け，霧吹きで少量の水分を与えるとよい。

高知県では県内産の個体を県内限定で販売されているが，他県においても特定農薬扱いになるので，使用場所と同一の都道府県内で採集，増殖させた個体群が利用可能である。

（荒川　良）

シルベストリコバチ
（口絵：資材 27）

学名　*Encarsia smithi* (Silvestri)
<ハチ目／ツヤコバチ科>
英名　—

資材名　—
主な対象害虫　ミカントゲコナジラミ，チャトゲコナジラミ
その他の対象害虫　—
対象作物　カンキツ類，チャ
寄生・捕食方法　単寄生性の内部捕食寄生，寄主体液摂取（捕食）
活動・発生適温　春～秋期の気温
原産地　中国・インド

【特徴と生態】

●特徴と寄生・捕食行動

シルベストリコバチは，トゲコナジラミのスペシャリスト天敵であり，侵入害虫であるミカントゲコナジラミおよびチャトゲコナジラミの有力な天敵である。また，ルビーロウムシの天敵ルビーアカヤドリコバチ，イセリヤカイガラムシの天敵ベダリアテントウとともに，果樹の侵入害虫に対する伝統的生物的防除を成功に導いた代表的な天敵である。体長は0.6～1.0mm程度である。雌は頭部から胸部にかけて橙褐色がかり，胸部の小楯板が真珠色を呈する。雄は全身黒色である。

本種には，日本において遺伝的に異なる2つの系統が存在する。1つは，イタリアの天敵研究者であるシルベストリーが，ミカントゲコナジラミ防除のために，1925年に中国南部から長崎県西彼杵郡多良見町伊木力に導入放飼したものを由来とする系統（Ⅰ型）である。もう1つは，チャトゲコナジラミの国内への侵入（2004年京都府宇治市で初めて確認）に随伴して移入したものを由来とする系統（Ⅱ型）である。

本種2系統（Ⅰ型およびⅡ型）の形態上の差異はごくわずかであり，形態による判別は困難である。ただし，ミトコンドリアCOI遺伝子の塩基配列による判別は可能である。本種2系統（Ⅰ型およびⅡ型）の寄主選好性や寄主適合性について詳細には調べられていないが，両系統ともチャトゲコナジラミおよびミカントゲコナジラミに対して同様に寄生する。通常はカンキツ園ではⅠ型，茶園ではⅡ型が見られる。しかし，福岡県や静岡県の茶園では，周辺のカンキツ園から移入したⅠ型が優占している場所も存在する。

トゲコナジラミの全齢期（1～4齢）の幼虫に産卵する。寄主体内で発育して，羽化後，寄主の殻に円形の脱出孔をあけて脱出する。

寄主体液摂取を目的として産卵管で寄主幼虫に穴をあけ，漏れ出た体液を摂取する。その場合，寄主は死亡する。

●発育と生態

国内のシルベストリコバチ2系統（Ⅰ型およびⅡ型）について発育生態における違いはない。

本種の年間の発生回数は，寄主と同じく4回で，成虫の羽化期間は長期間にわたり，早春から冬期まで羽化する。カンキツ園における成虫の羽化消長については，図1に示すようなデータが得られている。なお，茶園においても同様な羽化消長を示す。早春は雄の羽化が早いようであるが，一般には雌より雄の羽化が遅れる傾向がある。

成虫の生存日数は条件や季節によって異なるが，第3世代成虫で15日前後，第4世代成虫で約30日と長く，寿命が尽きるまで産卵を続ける。

自力での飛翔力は大きくない。しかしチャトゲコナジラミ侵入地域で速やかに分布を広げることから，風分散などの長距離移動が頻繁に行なわれているものと思われる。

〈寄生蜂〉シルベストリコバチ

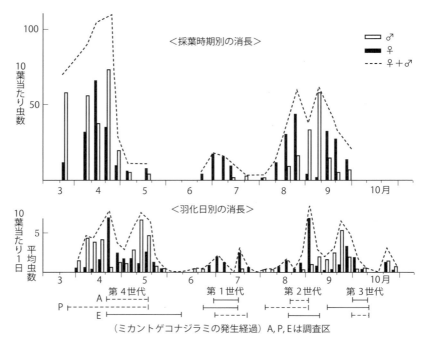

図1　シルベストリコバチの羽化と寄主の発生との関係 (川村, 1967)

【使い方】

●剤型と使い方の基本

　天敵資材としてのシルベストリコバチは，農薬取締法上は特定農薬（土着天敵）に該当する。したがって，本種の増殖と放飼は，採取した場所と同一の都道府県内において行なう。ただし，小笠原諸島，奄美群島および沖縄県の離島については，同一の離島内において行なう。また，本種を販売する場合は，都道府県知事に届け出を行なわなければならない。長崎県では，農林水産省植物防疫課の助成により，1961年から1998年まで本種の増殖配布事業が実施されており，導入希望県へ本種が配布されてきた。しかし，現在，配布事業は終了している。

　本種I型は，初めて放飼された1925年以降，自然分散と増殖配布事業によって，全国のカンキツ産地に分布が拡大している。II型についても，チャ苗の国内移動に伴うチャトゲコナジラミの拡散に伴い，全国のチャ産地に分布が拡大している。本種によってトゲコナジラミの被害が永続的に収まっている地域でも，低密度ではあるがトゲコナジラミとコバチがバランスよく増殖を繰り返しているようである。

トゲコナジラミが激発している地域でも，すでに周辺地域から本種が移入している場合がある。放飼を検討する前に，本種の脱出孔を探して寄生程度を調査しておく。離島や都市部の孤立した茶園においては，本種が移入していない場所が存在する。こうした場所では，本種の放飼が特に効果的である。

　シルベストリコバチの放飼は，次のように行なう。コバチが多数寄生しているトゲコナジラミの着生葉を探し，カンキツ類の場合は葉を20から30枚採集，チャの場合は枝ごと採集し，1つの網袋に入れる。それをトゲコナジラミの発生園に吊し，コバチを羽化させて放飼する。この方法が簡便で失敗が少ない。

　本種を効率的に採集できる時期は，トゲコナジラミ成虫の発生ピークの直前である。採集時期が遅れると，羽化してくるコバチの雄比率が高まり，放飼効果が落ちる。トゲコナジラミ成虫の発生ピークの時期は，おおよそ5月上旬，7月中下旬，9月上中旬，10月中旬である。

●放飼適期の判断

　シルベストリコバチを効率的に採集できる時期に，そのまま放飼するのが実用的である。コバチと寄主の発生の時期的適合からすれば，9月が最適で

ある。

●効果の判定

寄主のトゲコナジラミ成虫の脱出孔はT字形の裂け目を有する一方で，シルベストリコバチ成虫の脱出孔は円形である。トゲコナジラミに寄生する寄生蜂は，日本においてほぼ本種のみなので，円形の脱出孔の有無で本種の存在を確認できる。コバチの脱出孔とトゲコナジラミの脱出孔との比率から，簡易的に寄生率を計算することができる。寄生率25％以上で寄主の密度増殖を抑えることができるとの報告がある。

●追加放飼と農薬防除の判断

1回の放飼で定着が確認されれば，追加放飼の必要はない。すす病が激発する園において，シルベストリコバチ単体によって，トゲコナジラミ密度を短期間に抑制することは困難である。しかし，農薬防除との相乗効果は期待できる。

カンキツ園および茶園ともに，冬期にマシン油乳剤を散布することによって，コバチを保護しつつ，トゲコナジラミの密度を抑制することができる。ただし，茶園では赤焼病の誘発を防ぐために，マシン油散布の1週間前に殺菌剤（銅水和剤）を散布する。初夏から秋にかけては，天敵に影響の少ない農薬を散布する。

●農薬の影響

葉裏に固着する寄主のトゲコナジラミと比べ，移動するシルベストリコバチは農薬に接触する機会が多く，影響を受けやすい。

シルベストリコバチは，有機リン系，カーバメート系，合成ピレスロイド系，ネオニコチノイド系の殺虫剤による死亡率が一律に高い。一方でマシン油，IGR系，マクロライド系，ジアミド系，その他の殺虫剤，殺ダニ剤，殺菌剤による死亡率は低い傾向にある。しかし，これらの剤のなかでも以下に挙げるものについては，死亡率が高い：BPPS乳剤，カルタップ水溶剤，スピネトラム水和剤，スピノサド水和剤，トルフェンピラド水和剤，ピリミジフェン水和剤，ピリダベン水和剤，フルアジナム水和剤など。

●飼育・増殖方法

長崎県が行なっていた増殖配布事業における，飼育・増殖方法は次のとおりである。網室を2室もうけ，1室でミカントゲコナジラミのみを増殖する。それを，天敵の寄生を受けたトゲコナジラミ寄生樹数本が入っている別の網室に移して，天敵の増殖を図る。

（上杉龍士）

ショクガタマバエ

（口絵：資材28）

学名 *Aphidoletes aphidimyza* (Rondani)
＜ハエ目／タマバエ科＞
英名 Aphidophagous gall midge

資材名 —
主な対象害虫 アブラムシ類
その他の対象害虫 —
対象作物 キュウリ，ピーマン，ナスなど
寄生・捕食方法 捕食（幼虫期のみ）
活動・発生適温 15〜30℃
原産地 全世界に分布

【特徴と生態】

●特徴と寄生・捕食行動

ショクガタマバエは世界に広く分布しており，日本では沖縄を除く全国各地で確認されている。本種の捕食対象として，少なくとも80種のアブラムシが記録されている。

本種は幼虫がアブラムシを捕食する。成虫はアブラムシを捕食せず，植物についた水滴やアブラムシの分泌する甘露などを摂食する。幼虫は口器でアブラムシの関節部を刺して毒液を注入し，麻痺させてから体液を摂取する。

ショクガタマバエの幼虫1頭の発育に要する最低限のアブラムシ数は，モモアカアブラムシの小型若虫を餌とした場合に7頭，成虫の場合に5頭という報告がある。そのため，捕食量は比較的少ないといえるが，アブラムシが高密度の場合は多数の個体に口吻を刺し，十分に捕食しないまま殺してしまうことが知られている。この行動は，食い荒らしと呼ば

れており，捕殺個体数は50～100頭になる。食い荒らし行動はショクガタマバエを生物的防除に利用するうえでの利点の1つである。

成虫は体長が2.5mm程度で脚が長く，見た目は小さめの蚊といった感じである。雌は触角が短く，その表面に密生する感覚毛も短い。雄は触角が長く湾曲しており，表面に密生する感覚毛も長い。卵は長径0.3mm，短径0.1mmの楕円体で，色は光沢のあるオレンジ色である。幼虫はオレンジ色の紡錘形で，齢期は3齢まである。体長は孵化幼虫（1齢）が0.3mm程度，終齢幼虫（3齢）が2～3mmである。終齢幼虫であれば肉眼でも容易に観察できる。

● 発育と生態

発育期間や産卵数は，温湿度や幼虫期，成虫期の栄養条件などによって変化する。21℃での卵期間は2～3日，幼虫期間は7～14日，蛹期間は約14日であり，一世代の期間は3～4週間である。ただし，雄成虫の寿命は雌成虫よりやや短い。野外では春から秋にかけて発生する。

成虫は夜行性であり，日中は植物の陰などの目立たない場所でじっとしている。羽化は日没直後に始まり，交尾，産卵行動は夜間に行なわれる。交尾は，捨てられたクモの糸や植物の葉の縁などに雌雄がぶら下がり，対面する形で行なわれる。交尾後，雌はアブラムシのコロニーを探し，コロニー内やその近辺に産卵する。

雌成虫はより大きなアブラムシのコロニーに好んで産卵する習性がある。生涯産卵数は50～150卵であるが，成虫期にアブラムシの甘露を摂取すると増加する。

終齢幼虫はアブラムシを捕食して成熟すると植物体から地上に落下し，地表から数cm以内に潜って繭をつくり，その中で蛹になる。

越冬の際は，繭の中で幼虫の状態で休眠し，春に羽化する。その後，数世代を繰り返し，秋になると休眠する。休眠は低温と短日条件によって誘導される。日本在来の系統では臨界日長が12.7時間であり，明期が12時間を下回るとほとんどの個体が休眠する。

【使い方】

● 剤型と使い方の基本

ショクガタマバエは，わが国では1998年にアブラムシ類の生物農薬として登録され，オランダで増殖された個体群が商品名「アフィデント」（アリスタライフサイエンス（株））として利用されてきたが，2012年に製造・販売が終了した。そのため，天敵資材として利用する場合は，野外で採集した本種を特定農薬（特定防除資材）として扱う必要がある。

本種を蛹（繭）の状態で放飼する場合，時間帯は，曇天の場合を除き，夕方以降の比較的涼しい時間帯が望ましい。放飼位置は，植物の陰などの太陽の光が直接当たらない場所がよい。乾燥している環境では羽化率や産卵数が低下する恐れがあるので，湿ったバーミキュライトやピートモスなどを入れた容器内に放飼するなどの工夫も必要である。アリが蛹を持ち去ることもあるので，アリの発生にも注意する。

● 放飼適期の判断

放飼頭数の目安は1m²当たり1～2頭であり，アブラムシの発生初期に，1週間おきに3～4回放飼するのが望ましい。ただし，アブラムシがほとんどいない状態での放飼は効果が低くなる。この問題を解決する方策として，本種を対象としたバンカー法が開発されている（「天敵の効果を高める工夫」参照）。

ショクガタマバエは幼虫の捕殺能力が高いものの，低密度のアブラムシに対する成虫の探索効率がよくないので，探索効率のよいアブラバチとの併用が望ましい（「天敵の効果を高める工夫」参照）。

● 温湿度管理のポイント

ショクガタマバエの活動適温は15～30℃であるが，成虫が夜行性であるため，夜温が低下する時期には十分な効果を得られない可能性がある。施設栽培の場合，冬期に加温しない作型は注意が必要である。

ショクガタマバエは乾燥に弱いため，蛹の状態で放飼する場合は直射日光の当たる場所を避け，植物の陰を選ぶとよい。

●栽培方法と使い方

　栽培温湿度が比較的高い農作物や作型で使用する。低温期や乾燥条件下では十分な効果を得られない恐れがある。低温で栽培するイチゴなどは，使用の難しい作物の例である。

　ビニールマルチなどを敷設している施設や養液栽培のような裸地の少ない栽培環境では，植物体から落下した終齢幼虫が土に潜れず，蛹化できないまま死んでしまうため，十分な効果を得られない恐れがある。

●効果の判定

　蛹の状態で放飼する場合，温湿度が適当であれば，10〜14日でアブラムシのコロニー内にショクガタマバエの終齢幼虫が見出される。幼虫が見られない場合は，アリに蛹が持ち去られたか，温湿度の条件などにより処理した蛹が羽化に失敗した場合が多い。

　ショクガタマバエに捕食されたアブラムシは，植物に口吻を刺したまま死亡する。そのため，一見，アブラムシが生きているように見えるコロニーであっても，ショクガタマバエに捕食されて全滅していることがあるので，効果を判定する際には注意が必要である。捕食されたアブラムシはやがて黒色となる。このようなコロニーが多い場合は，ショクガタマバエが十分に働いているといえる。

　ショクガタマバエの幼虫に内部寄生する寄生蜂として，コガネコバチ科の一種がわが国から記録されている。この寄生蜂による高い寄生率は報告されていないが，効果の判定の際には注意が必要である。

●追加放飼と農薬防除の判断

　放飼後10〜14日で，アブラムシのコロニー内にショクガタマバエ幼虫が観察され，ショクガタマバエがアブラムシ密度の20分の1〜10分の1であれば，追加放飼の必要はない。それ以下の場合はショクガタマバエの追加放飼を検討する。しかし，ショクガタマバエの幼虫が観察されずにアブラムシが多発した場合には，放飼した環境がショクガタマバエの使用に合っていないと考えられ，薬剤防除に切り替えることを検討する。

●天敵の効果を高める工夫

　ショクガタマバエは交尾の際，捨てられたクモの糸などに雌雄がぶら下がるため，交尾を成功させるためにはぶら下がる場所の存在が重要である。放飼する場所付近に，釣り用の糸などでぶら下がり場所を準備すると交尾率が向上すると考えられる。

　ショクガタマバエは寄生蜂（たとえばコレマンアブラバチ）と組み合わせたときに，最も効果を発揮する天敵である。アブラムシ密度が低いときには探索効率がよい寄生蜂を使用し，アブラムシのコロニーが見えるようになってからショクガタマバエを使用する。

　ショクガタマバエを安定的に利用する方策として，バンカー法（本書の「バンカー法」の項目参照）が有効である。夏秋施設栽培ではバンカー植物としてソルガム，代替餌としてヒエノアブラムシを利用すると，長期にわたってショクガタマバエを維持できる。冬春栽培ではバンカー植物としてムギ類，代替餌としてムギクビレアブラムシを利用し，コレマンアブラバチと組み合わせて利用することで高い効果を期待できる。

　ショクガタマバエを用いたバンカー法に関する写真入りのマニュアル「アブラムシ類対策のためのバンカー法技術マニュアル　2011年版」が，農研機構のホームページで無償配付されている（下記URL参照，2016年1月現在）。このマニュアルは，ショクガタマバエ製剤を利用することを想定して作成されたものであるが，土着の本種を特定農薬（特定防除資材）として利用する際にも有用な情報が含まれている。

　http://www.naro.affrc.go.jp/publicity_report/publication/pamphlet/tech-pamph/039510.html

●農薬の影響

　ショクガタマバエは農薬の影響を受けやすいので，悪影響がない薬剤か使用方法を選ぶ必要がある。薬剤は，ショクガタマバエへの影響の程度や期間を考慮に入れて使用する（表1）。一般に，有機リン剤，カーバメート剤，合成ピレスロイド剤は悪影響が強いので，ショクガタマバエと同時に使用することが難しい。

●その他の害虫の防除

　ハダニやアザミウマなどに対しては，当該の作物に天敵の登録があればその天敵を使用し，天敵の登

〈捕食性バエ〉ショクガタマバエ

表1 ショクガタマバエへの薬剤の影響の目安（日本植物防疫協会，2014をもとに作成）

薬剤名	幼	成	残	薬剤名	幼	成	残
〈殺虫・殺ダニ剤〉				マシン油	—	◎	—
アクテリック	—	×	—	マッチ	—	△	—
アグロスリン	×	×	84	マトリック	—	◎	—
アニキ	—	◎	0	マラソン	△	△	14
アディオン	×	×	84	ミクロデナポン	△	×	—
アドマイヤー	×	×	—	ラービン	×	×	—
アドマイヤー（粒）	◎	◎	0	ランネート	×	×	84
アプロード	△	△	7	ルビトックス	○	—	—
オサダン	—	◎	—	レルダン	—	—	—
オマイト	○	◎	—	ロディー（乳）	×	×	84
オルトラン（水）	—	×	28	〈殺菌剤〉			
カーラ	—	◎	—	アンビル	◎	◎	0
カスケード	—	◎	—	イオウフロアブル	◎	◎	—
コロマイト（EC）	—	◎	0	オーソサンド	◎	◎	0
ジメトエート	△	◎	—	カンタス	—	◎	—
除虫菊乳剤	—	×	14	サプロール	◎	◎	—
スプラサイド	—	△	—	ストロビー	◎	◎	—
スミサイジン混剤	×	×	84	スミレックス	◎	◎	—
ダーズバン	—	×	—	ダコニール	◎	◎	0
ダイアジノン（乳・水）	×	×	56	チウラム	◎	◎	—
チェス	◎	◎	0	チルト	◎	×	—
テデオン	—	◎	—	銅剤	—	◎	—
デミリン	◎	◎	0	トリフミン	◎	◎	0
テルスター（水）	×	×	84	ナリア	—	◎	—
トリガード	—	◎	0	バイコラール	◎	—	—
トルネードエースDF	—	○	7	パスポート	◎	◎	0
粘着くん	—	—	0	ベンレート	◎	◎	0
バイスロイド	×	×	84	モレスタン	△	△	—
BT剤	◎	◎	0	ロブラール	◎	◎	0
フェニックス	◎	◎	0				
ペイオフ	—	◎	—				

注 幼：幼虫に対する，成：成虫に対する，残：悪影響期間（日）
　◎：影響少ない，○：やや影響あり，△：影響あり，×：強い影響あり，—：データなし

録がない場合は，ショクガタマバエに悪影響が少ない薬剤を選択して使用する（表1）。

ただし，ショクガタマバエは他の捕食性天敵との相互関係において劣勢であることが多い。たとえば，テントウムシやヒメハナカメムシ，ヒラタアブなどと併用すると，捕食されてしまう可能性がある。そのため，他の天敵と併用する際は注意が必要である。

防除が不可欠な害虫の発生を未然に防止するため，育苗期や定植前後に薬剤防除を徹底するなど，あらかじめ予防処置をとることも大事である。この場合も，ショクガタマバエへの悪影響が少ない薬剤を選定する。

●飼育・増殖方法

海外では，ナスやピーマンなどのナス科植物とモモアカアブラムシを用いた本種の増殖方法が報告されている。

日本在来系統のについては，ナスとワタアブラムシを使った簡易な飼育法が開発されている。この飼育法ではショクガタマバエの終齢幼虫が植物体から落下して蛹化する性質を利用し，水中に幼虫を落下させて回収する方法が考案されている。これにより個体数の調節が容易となるため，個体群の維持・増殖が簡便になる。

先述（「剤型と使い方の基本」参照）のとおり，ショクガタマバエ製剤の製造・販売は2012年に終了しており，2015年現在，入手できない。

（安部順一朗・根本　久）

ワタムシヤドリコバチ

(口絵：資材 28)

学名 *Aphelinus mali*（Haldeman）
<ハチ目／ツヤコバチ科>
英名 Wooly apple aphid parasitoid

資材名	―
主な対象害虫	リンゴワタムシ
その他の対象害虫	―
対象作物	果樹（リンゴ）
寄生・捕食方法	幼虫寄生
活動・発生適温	15〜30℃
原産地	アメリカ合衆国

【特徴と生態】

●特徴と寄生・捕食行動

寄主となるリンゴワタムシは明治初期にリンゴの苗木とともに日本に侵入し，日本におけるリンゴ栽培の初期に猛威をふるった害虫である。その防除のために1931年にアメリカ合衆国から日本に導入されたのがワタムシヤドリコバチである。この蜂は日本の環境に適応し，分布を広げながらリンゴワタムシの密度低減に貢献したため，古典的生物防除の成功例の1つになっている。

その後，有機リン剤や合成ピレスロイド剤を短い間隔で多用する防除体系がリンゴ害虫防除の主流になった時期以降は，リンゴワタムシが問題になることが減り，ワタムシヤドリコバチの発生が見られる園地は大きく減った。しかし，近年防除薬剤の変遷などが理由で，リンゴワタムシの発生が多くなる傾向があり，ワタムシヤドリコバチが再び注目され始めている。

ワタムシヤドリコバチ成虫の体長は1.2mm以下で，全体に黒色で腹部の基部に黄色い部分がある。触角は黄褐色，中脚の付節および後脚の腿節は淡黄色である。前翅の前縁脈の基部から後縁の基部に向かって斜めに無毛域があるのが特徴である。また，産卵管基部は第6節の腹板にあり，産卵管鞘は上方に湾曲している。雄も雌に似ているが，腹部の末端が細くなっている。また，腹部の基部に黄色部がない。近縁種にワタアブラムシの天敵，ワタアブラコバチ *Aphelinus gossypii* がいる。しかし，この種は腹部基部の黄色部の幅がさらに広く，やや大型であり，リンゴワタムシに対する寄生性はない。

リンゴワタムシのコロニー内を触角を動かしながら歩き回り，触角が虫体に接触して寄主と認識すると，体の向きをすばやく反転させて尾部から寄主に近づく。その後，産卵管を伸ばしてリンゴワタムシの体表を貫いて産卵する。産卵管を挿している時間は数十秒に及ぶ。産卵管を伸ばしたときに産卵管鞘は上方に湾曲しているので，寄生蜂の前翅は支脈の部分から上方に畳まれる形となる。この行動はアブラコバチ類に特有の行動である。

寄主となるリンゴワタムシは，枝の分岐点や剪定をした切り口の周辺，主幹や主枝の空洞部，新梢部などにコロニーをつくることが多い。また，リンゴの根に寄生する場合もあり，生息する深さは土壌の質にもよるが10〜20cmに及ぶ。

主幹空洞部や根部などで幼虫態で越冬し，5月ごろから新梢に移動する。胎生生殖を行ない，年間10世代ほどを経過する。一般のアブラムシ類と異なり，体表から長い綿毛状のワックスを分泌して保護されている。孵化幼虫は体表にワックスをもたず，成虫の体の下に隠れて生息する。受粉昆虫の保護のために落花期の殺虫剤を省く防除体系や，性フェロモン剤を使用して殺虫剤を削減する防除体系で発生が増加する傾向がある。

●発育と生態

成虫は5月下旬に羽化し，リンゴワタムシの幼虫に産卵を開始する。寄生されたリンゴワタムシは行動が不活発になり，次第に黒くなってマミー（ミイラ）化する。アブラバチ類のマミーが球状に膨らむのに対し，リンゴワタムシが寄生した場合のマミーは寄主の形のままで表皮が乾固する。蜂はマミーの中で蛹になり，やがて羽化した蜂はマミーに穴をあけて脱出する。アブラバチ類の脱出口がナイフで切ったような円形であるのに対し，ワタムシヤドリコバチの脱出口は不規則に破れている場合が多い。

蜂の新成虫は羽化したコロニーで未寄生寄主を探して産卵するため，コロニー内の寄生率は世代を繰

〈寄生蜂〉ワタムシヤドリコバチ

り返すのに伴ってしだいに高まり，100％近くになることもある。性比は雌に偏っており，雄は雌の10分の1以下であるといわれる。

二次寄生蜂が報告されていないことも特徴の1つである。

【使い方】

●剤型と使い方の基本

かつては特別な対策をとらなくてもリンゴ園に生存するのは容易であると考えられてきた。しかし，近年では寄主のリンゴワタムシが多発する園地で，ワタムシヤドリコバチの活動が見られない例が増えている。この原因として，防除薬剤が有機リン系からネオニコチノイド系に変遷するなかで，リンゴワタムシに効果が劣る一方で，寄生蜂に悪影響の強い剤が使われていることが指摘されているが，詳細は不明である。また，休眠期のマシン油乳剤散布がマミー内で越冬する個体に影響を及ぼすことが指摘されており，リンゴハダニが問題にならない園地においては，冬期のマシン油散布を中止することで，ワタムシヤドリコバチの越冬はしやすくなると考えられる。

防除薬剤の改変だけでワタムシヤドリコバチの発生が見られないときは，発生のある園地においてマミーを採集して，リンゴワタムシのコロニーが形成された主幹の空洞部などに振りかけることで定着を促すことができる。マミーを採集する際には，ルーペで脱出口のないものが大部分を占めることを確認する。また，本種は天敵類として特定農薬（特定防除資材）に該当するため，県域を越えたマミーの移動は行なわないように留意する必要がある。

●放飼適期の判断

リンゴワタムシの増殖が盛んになり，コロニーが白いワックスで覆われ始める6月中下旬がマミーを設置する時期として適切と考えられる。しかし，この時期はキンモンホソガなどを対象としてネオニコチノイド系殺虫剤が散布されることが多いので，少なくともそれらの剤の散布後にマミーを設置するようにする。薬液が到達しにくい地際や地下部のコロニーにマミーを振りかけるのも一手である。

●効果の判定

放飼のおよそ30日後にコロニーを採集し，マミー化した個体の割合で寄生率を把握する。この寄生率が数％に達すれば，放飼が成功し，徐々に寄生率が高まると期待してよい。

●追加放飼と農薬防除の判断

上述の放飼後調査でまったくマミーが見出されない場合は，繰り返し設置を行なう。盛夏期にリンゴワタムシのコロニーが増加してくると，落葉などの被害が生じる。この場合には薬剤散布で対処するが，ネオニコチノイド系や合成ピレスロイド系の殺虫剤を使用する場合は，放飼したワタムシヤドリコバチも壊滅的な影響を受けると考えたほうがよい。

●天敵の効果を高める工夫

休眠期のマシン油乳剤散布がマミー内で越冬する個体に影響を及ぼすことが指摘されており，リンゴハダニが問題にならない園地においては，冬期マシン油散布を中止することで，ワタムシヤドリコバチの越冬はしやすくなると考えられる。

●農薬の影響

ほとんどの農薬は寄生蜂の活動に悪影響を及ぼすので，ワタムシヤドリコバチが生息することを確認した園地では，主幹空洞部や地際部のコロニーまで薬液が到達しないように工夫し，種を残すようにする。

●その他の害虫の防除

ワタムシヤドリコバチは他のアブラムシには一切寄生しないので，それらは必要に応じて防除する必要がある。ただし，アブラムシの防除剤は天敵に悪影響があるので，実害のないものについては散布をひかえる。また，散布する際は他のアブラムシが寄生しない主幹や地際部に薬液が到達しないように工夫するなどの配慮が必要である。

●飼育・増殖方法

リンゴワタムシの寄生している枝を採集し，試験管に入れて保存しておくと羽化してくる。ルーペで観察し，寄生によってマミー化したものの多いものを選べば効率的である。ポット植えのリンゴ苗の枝にリンゴワタムシを接種し，目の細かい網（捕虫網がよい）で保護し，その後，寄生蜂を接種するのが一番容易である。大量増殖法は開発されておらず，

生物農薬としての取扱い例もない。

現在，公的機関でワタムシヤドリコバチを配布しているところはない。

（高木一夫・高梨祐明）

セイヨウコナガチビアメバチ
（口絵：資材29）

学名 *Diadegma semiclausum* (Hellén)
<ハチ目／ヒメバチ科>
英名 The ichneumonid parasitoid

資材名 ―
主な対象害虫 コナガ
その他の対象害虫 ―
対象作物 アブラナ科作物
寄生・捕食方法 幼虫寄生
活動・発生適温 20℃（15～25℃）
原産地 ヨーロッパ

【特徴と生態】

●特徴と寄生・捕食行動

体長は4～5mm，全体に黒色だが腹部腹面は半透明の淡黄色，翅は透明である。生息地では，アブラナ科植物の周辺を活発に飛び回っているのが観察できる。雌雄は産卵管の有無によって区別できる。産卵管鞘は尾端から後ろへ伸び，背面に向かって大きく湾曲していて長さは約0.5mmある。土着天敵のニホンコナガヤドリチビアメバチとは，後脚の脛節の色が本種では基部と末端が黒色で中間部が白色なのに対して褐色であることや，雌では産卵管鞘の長さが本種のほうが短いことで区別できる。繭は淡褐色～黒褐色，長径4～5mmの俵形で，コナガの繭の中につくられている。ニホンコナガヤドリチビアメバチよりやや小型であるが，繭では区別できない。

雌はアブラナ科植物の周辺を活発に飛び回って寄主を探索し，植物上に着地したあとは，寄主の食い痕や糞を手がかりとして寄主を探索する。狭い隙間などには腹部を差し込んで寄主を探す行動をとり，発見すると産卵管を突き刺して産卵する。産卵に要する時間は数秒である。

●発育と生態

コナガの1～4齢初期幼虫に寄生可能であるが，4齢に寄生したときは生存率が低い。ただし，寄生後に蜂幼虫が死亡した場合でも，寄主は蛹化できずに死亡する。寄生を受けたコナガ終齢幼虫が繭をつくって前蛹になったあと，ほぼ寄主幼虫と同じ大きさに育った蜂の老熟幼虫が寄主の皮膚を食い破って脱出し，コナガの繭の内側に自分の繭をつくって蛹化する。

20℃で飼育すると，産卵から成虫羽化までは18～20日であり，雄がやや先に羽化してくる。1頭の寄主から1頭しか羽化しない単寄生性である。羽化2日後から産卵可能である。羽化直後から産卵可能という報告もあるが，寄主を与えても反応は鈍い。産卵数は1日当たり最大で20卵以上，1雌の生涯総産卵数は，300～400個以上に達するという報告がある。年間発生回数は，寒冷地で3～4回，暖地で4～5回くらいと推定される。

野外での成虫の食物は不明であるが，北米に分布する近縁種の *Diadegma insulare* はアブラナ科雑草の花蜜を餌としており，本種も同様であると考えられる。本種の成虫は雌雄ともに黄色の物に誘引される性質をもっており，多くのアブラナ科植物の花が黄色または白色であることを考えると，黄色への誘引性は餌の探索と結びつく行動であるといえる。

飼育条件下ではコナガに近縁のヒロバコナガにも寄生可能であることが確認されている。

【使い方】

●剤型と使い方の基本

わが国には永続的利用法（伝統的生物防除法）を想定して1989年に台湾から導入された。岩手県において越冬可能なことを確かめているが，放飼されたいずれの地域においても長期的に定着していることは確認されていないため，特定農薬（特定防除資材）として利用できる状況にはない。商品化はされていない。

移動は成虫または蛹（繭）の低温輸送で行なうが，蛹のほうが餌がいらず簡単である。大量飼育しよう

とすると雄の比率が高くなってうまくいかないことが多く，大量放飼法には向いていない。しかし一度定着すると，コナガ攻撃能力（寄主発見能力および産卵数）は土着寄生蜂に比べてかなり高いので，基本的には，これまで分布していなかった地域に導入して，定着と自然増殖を期待する伝統的生物的防除法が適していると思われる。

ただし，これまでに本種が導入され定着しているニュージーランドや東南アジアの高地では気温の年較差が小さく，年間を通じてコナガの発生と本種の活動に適した条件であるのに対して，わが国においては，寒冷な地域では冬期の寒さと積雪によりアブラナ科作物が栽培されない期間があったり，温暖な地域では夏期の高温が本種の活動に不適であったりするため，自然増殖のみに期待することは難しいと考えられる。

したがって，わが国ではコナガの密度が増え始める時期に合わせて室内増殖した蜂を放飼する，季節的接種的放飼法が基本となる。東京都で行なわれた試験では，6月初めから毎週成虫をキャベツ畑に放飼すると，7月下旬には寄生率が70％を超えたと報告されている。また，岩手県で行なわれた放飼試験でも，6月上中旬に2回放飼しただけで，7月中旬のコナガ4齢幼虫密度が無放飼区に比べて3分の1になったという報告がある。

●放飼適期の判断

寄生好適期であるコナガ3齢幼虫の密度が高い時期が，放飼に最適な時期である。北日本では，コナガの初期発生パターンは比較的把握しやすく，例年6月上旬にコナガ3齢幼虫が増え始める。したがって，放飼は6月上旬から始めるのがよい。暖地では，コナガは冬でも世代を繰り返しているので，放飼はいつでもできるが，密度が上昇を始める春先に放飼すれば，その後の密度上昇を抑える効果が期待できる。

●温湿度管理のポイント

これまで施設栽培で本格的に用いられた例はないが，もし施設で使用するならば，25℃以上にならないように注意する必要がある。

●栽培方法と使い方

25℃以上の高温では，寄生活動，寄生率ともに低下するので，7～8月の気温が高い時期は効果が低い。北日本の夏どりキャベツなど生育期が冷涼な時期にあたる栽培への利用に向いている。

●効果の判定

寄生を受けたコナガはそのまま摂食を続けるので，放飼直後の効果は限定的である。一部の寄主が寄生により死亡したり，本種から逃れるために植物体から離れることで死亡率が上昇したりするため，放飼直後からコナガ個体数にある程度の影響は与えるものの，本格的な効果が現われるのは次世代以降である。畑で見つかる蜂の繭がコナガの蛹より数が多くなっていれば，有効に働いていると推測できる。

●追加放飼と農薬防除の判断

放飼後すぐに効果が得られないので，あらかじめ週1回程度の定期的な放飼スケジュールを組んだほうがよい。放飼後のコナガ幼虫密度が，結球初期で株当たり10頭を上回るような場合は，農薬による防除を考える。

●天敵の効果を高める工夫

寄生蜂成虫は，花蜜を主な餌としている。餌が十分でないと，本来もっている産卵能力が発揮されないので，圃場周辺に採餌可能な花がある状況をつくれば，高い効果が期待できる。具体的には，短期間で開花するアブラナ科植物を圃場の周辺にあらかじめ栽培しておく方法が考えられる。

●農薬の影響

海外の調査で合成ピレスロイド剤は致死的で悪影響があるが，IGR剤やBT剤は影響が少ないことがわかっている。また，国内の調査では，インドキサカルブやIGR剤は接触による死亡率は低いものの，経口投与すると比較的高い死亡率を示すとする報告がある。

一般的に，播種・定植時に処理する薬剤は，天敵への影響が少ない。

●その他の害虫の防除

ハチ目に影響の少ない薬剤を必要最小限に用いる。日本生物防除協議会の作成している「天敵に対する農薬の影響目安の一覧表」（本書p.資料2）などが参考になる。

●飼育・増殖方法

成虫には脱脂綿に染み込ませた水と蜂蜜を薄めず

に与える。蜂蜜にはテトロンゴースなどを載せておくと蜂が溺れにくい。高温に弱いので，飼育は20℃で行なうのがよい。成虫を長期間生かしたければ，15℃を維持すれば1か月以上生存している。

代替餌がないので，飼育にはコナガが必要である。寄主にはカイワレダイコンの芽出しやキャベツで飼育したコナガの2齢または3齢幼虫を使用する。4齢幼虫にも産卵するが，発育途中でほとんど死亡する。また，人工飼料で飼育したコナガに対しては寄生率が低いことがある。

カイワレダイコンの芽出しをつくるには，直径9cm，深さ5cmくらいのプラスチック容器の底に円形濾紙を敷き，一晩吸水させたカイワレダイコンの種子約20mlを入れ，15mlの水を加えて蓋をする。蓋には直径2cmの穴をあけて綿栓をする。一度に30個ぐらいつくると効率がよい。この容器を23～25℃の恒温器に入れて3日目には飼育に使用可能な芽出しができる。すぐ使わない分は15℃程度の恒温器に貯蔵する。

コナガの採卵は，300mlぐらいの広口ガラス瓶にコナガ成虫を100頭以上入れ，薄いペーパータオルと輪ゴムで蓋をしておくと，この紙の裏側に産卵するので，簡単に行なえる。カイワレダイコン芽出しの入った容器に，コナガ卵200～300個がついた紙を入れ，20℃で飼育すると，10日目ころには大半のコナガが蜂の寄生に好適な3齢幼虫になる。餌替えの必要はない。飼育容器の蓋と本体の間に，厚手のペーパータオルをはさんでおくと，この紙の裏側に多数のコナガが蛹化するので，蛹を回収するのに便利である。

寄生させるときは，30cm×20cm×10cm角くらいのシール容器の底にペーパータオルを敷き，コナガの幼虫を200～300頭入れる。このとき，食痕のついた餌植物や糞を一緒にばらまくようにする。蓋をして交尾済みの雌蜂15～20頭を吸虫管を使って入れ，1～3日間20℃で寄生させる。寄生後の蜂は吸虫管で取り出し，餌の入った容器に戻して休ませれば，死亡するまで繰り返し寄生させることができる。寄生後のシール容器にコナガの餌を追加して20℃長日で飼育すると，寄生10日目ころに蜂の終齢幼虫が寄主の前蛹から脱出して自分の繭をつくる

ので，これをピンセットで注意深くはがして別容器に収容する。寄生から成虫羽化までは20℃で18～20日である。

飼育中に雄の比率が高くなることがあるので，あまり小さな集団サイズでの飼育は避ける。また，25℃以上の高温で飼育すると，死亡率の上昇，成虫の小型化，性比の雄への偏りを生じるので，23℃以下で飼育する。

2004年の試算では，雌1頭当たりの飼育費用は3～6円くらいである。10a当たり5,500株のキャベツ圃場で，放飼密度を株当たり雌成虫0.1頭とした場合，10a当たりの費用は2,800～4,500円/回である。

（野田隆志・高篠賢二）

ベダリアテントウ

（口絵：資材30）

学名 *Rodolia cardinalis* (Mulsant)
<コウチュウ目／テントウムシ科>
英名 Vedalia beetle

資材名 ―
主な対象害虫 イセリヤカイガラムシ
その他の対象害虫 ―
対象作物 カンキツ
寄生・捕食方法 捕食
活動・発生適温 15～30℃
原産地 オーストラリア

【特徴と生態】

●特徴と寄生・捕食行動

ベダリアテントウは，カンキツなどの重要害虫イセリヤカイガラムシを特に好んで捕食する小型のテントウムシであり，1888年，アメリカ人研究者によりオーストラリアで発見された。当時のアメリカ合衆国カリフォルニア州ではオーストラリアから侵入したイセリヤカイガラムシがカンキツに大きな被害を与えていたが，ベダリアテントウの導入と放飼により防除に成功し，世界的に本種が知られることに

〈テントウムシ類〉ベダリアテントウ

なった。

　日本においてもイセリヤカイガラムシは明治末期にカンキツ類の苗木とともにアメリカ合衆国から静岡県興津町に侵入したと考えられ、周辺のカンキツ類に大きな被害が発生した。一方ベダリアテントウはアメリカ合衆国から台湾に導入されていたため、日本の農商務省と静岡県は本種を1911～12年に台湾から導入し、静岡縣立農事試験場により増殖と放飼が行なわれ、顕著な防除効果をあげた。その後も国の事業として全国に放飼され、現在、本種はイセリヤカイガラムシの分布するほとんどの地域に定着して、その密度抑制に重要な役割を果たしている。

　成虫は体長3.5～4.5mm。橙赤色の地色に、上翅会合線上に中央部が膨らんだ黒帯があり、上翅には黒色斑が4つある。雌は雄よりやや大きい。卵、幼虫ともに暗橙赤色である。

　幼虫、成虫ともにイセリヤカイガラムシ幼虫と雌成虫の虫体に噛みつき、その体液を吸汁する。捕食行動は活発であり、イセリヤカイガラに遭遇すると、ただちに捕食を始める。また捕食量も多く、ベダリア幼虫1匹は、蛹になるまでイセリヤカイガラムシ2齢幼虫を約200頭捕食する。成虫もまた、生存期間中にイセリヤカイガラムシ1～4齢幼虫を約200頭捕食する。

●発育と生態

　4月から11月まで、7～8世代を繰り返し、繁殖力が高い。冬期にも、イセリヤカイガラムシが発生していれば、すべてのステージが見られる。約25℃の条件下では、卵期が3～5日、1～4齢幼虫期が11～14日、蛹期が4～5日で、1世代を経過するには計18～24日を要する。雌成虫はイセリヤカイガラムシ雌成虫の卵嚢上や卵嚢内、幼虫の体表上や腹下に産卵する。産卵期間は約15日間で、雌1匹当たり300～800粒を産卵する。

【使い方】

●剤型と使い方の基本

　ベダリアテントウは海外からの導入種であるが、導入から100年超を経過して土着化している。本種の利用は、農林水産省から出された通知「特定農薬（特定防除資材）として指定された天敵の留意事項について」を踏まえて適切に行ない、採集した場所と同じ都道府県内で利用する。

　カンキツ類のイセリヤカイガラムシに対しては、採集または増殖した本種をイセリヤカイガラムシ発生園に放飼する。具体的には以下のような手順で行なう。

　1）圃場10a当たりベダリアテントウ幼虫100頭を基準として1か所に20頭くらい、5か所程度に分けて放飼する。

　2）イセリヤカイガラムシの寄生しているカンキツの葉（または小枝）を野外で採取し、これに増殖させたベダリアテントウの幼虫を移す。

　3）幼虫は常に尾端から粘液を分泌しているので、ピンセットの先端をその尾端に付着させ葉に移すと、幼虫を傷つける心配は少ない。

　4）幼虫を移し終わった葉（小枝）をイセリヤカイガラムシの発生している枝にひもなどで縛り付ける。

　5）幼虫は葉上の餌を食い尽くすと、自ら移動し樹上のイセリヤカイガラムシを捕食し始める。

　6）樹上にびっしりとイセリヤカイガラムシが寄生している場合でも、ベダリアテントウ放飼後約20日ごろから、その密度は急速に低下していき、30～40日後にはイセリヤカイガラムシはほとんどいなくなる。

●放飼適期の判断

　農薬散布による本天敵の活動阻害を避けるため、また初夏以降に増加するイセリヤカイガラムシを抑えるため、カンキツ類への農薬散布が比較的に少ない4～5月に放飼する。前年秋からイセリヤカイガラムシの寄生が多いと、その排泄物にすす病菌が発生して枝葉が黒く汚れ、また被害が著しいときは落葉する。このようなカンキツの症状を手が仮にイセリヤ密度が高い場所を見つけて放飼する。

●効果の判定

　放飼から約10日後に、本天敵を放飼したイセリヤカイガラムシ寄生枝を観察し、カイガラムシ上での卵や幼虫の定着およびカイガラムシの減少を確認する。

●追加放飼と農薬防除の判断

　放飼約20日後でも、本種の定着やイセリヤカイ

ガラムシの減少が認められない場合には追加放飼を行なう。

●天敵の効果を高める工夫

イセリヤカイガラムシが大量に発生している場合には，冬期（12月下旬～1月中旬または3月）にマシン油乳剤（97％）を60倍で散布し，その密度を低下させてから放飼を行なう。

●農薬の影響

有機リン剤，合成ピレスロイド剤，ネオニコチノイド剤の殺虫剤は本種に悪影響がある。またIGR剤も発育に悪影響を与える。その程度は農薬の種類，施用濃度，施用方法によって変動することに注意し，少なくとも放飼前1週間，放飼後1か月はこれらの農薬を避け，本天敵の捕食および増殖活動を阻害しないようにする。

●飼育・増殖方法

◎餌とするイセリヤカイガラムシの増殖

本天敵の大量増殖には生きたイセリヤカイガラムシを餌として用いる。イセリヤカイガラムシの寄主植物はカンキツ類，アカシア類，トベラなど非常に多いので，野外で大量に発生しているイセリヤカイガラムシを採集して利用するのが最も簡単である。

野外で確保が難しい場合には，鉢植えのカンキツ，アカシア，トベラなどを用いて餌用のカイガラムシを増殖する。この場合，孵化幼虫の定着率が低く，多数のカイガラムシを確保できるまで数か月を要し，また苗木を継続的に確保する手間がかかるといった問題点がある。

イセリヤカイガラムシの取扱いには，面相筆の先半分を切ったもの2本と片手で持てるプラスチック容器を用意する。葉裏や枝に寄生しているイセリヤカイガラムシ雌成虫を，面相筆を箸のように用いてつまみ取るか，ブラシのように用いてはがし取り，プラスチック容器に入れる。採集したイセリヤカイガラムシは冷蔵庫内で約1か月間の保存が可能である。

◎ベダリアテントウの採集と増殖

イセリヤカイガラムシが寄生している植物で，叩き落とし法（ビーティング）を行なってベダリアテントウ成虫を採集する。またイセリヤカイガラムシを採集すると，ベダリアテントウの卵と幼虫を一緒に発見できることも多い。

弁当箱程度の大きさのプラスチック容器に，餌になるイセリヤカイガラムシを底一面に広がる程度入れ，本天敵の雌成虫を10頭程度入れる。過湿になるとカビなどにより容器が汚れるため，容器には通気穴を設ける。

飼育は27℃前後に保った定温器内で行なうと作業計画が立てやすい。27℃では，雌成虫の接種から2週間前後で3～4齢幼虫が得られる。これらを上述のようにイセリヤカイガラムシ寄生枝に移植する。餌が不足すると成虫・幼虫ともに共食いを始める。蛹や脱皮前で静止している幼虫は食べられやすい。放置すると急激に個体数が減ってしまうので，餌の量に注意して適宜補給する。

自己の使用目的での増殖など，多数を必要としない場合には，イセリヤカイガラムシが多数寄生している枝にネットを袋状に掛け，その中にベダリアテントウを少数放飼して増殖する。この方法でも餌不足にならないように注意する。

（金子修治・望月雅俊）

ルビーアカヤドリコバチ

（口絵：資材30）

学名　*Anicetus beneficus* Ishii et Yasumatsu
＜ハチ目／トビコバチ科＞
英名　—

資材名　—
主な対象害虫　ルビーロウムシ
その他の対象害虫　—
対象作物　カンキツ，カキ，チャ
寄生・捕食方法　内部寄生（単寄生）
活動・発生適温　15～25℃
原産地　九州（福岡県で発見されたが，原産地は中国と考えられている）

【特徴と生態】

●特徴と寄生・捕食行動

1946年に福岡県で発見された。その後，国内各

〈寄生蜂〉ルビーアカヤドリコバチ

地で放飼され、ルビーロウムシの防除に成功した。わが国では、ルビーロウムシの分布するほとんどの地域に定着し、その密度を抑制している。

体長は、雌成虫で約1.7mm、雄成虫で約1.2mm。雌成虫は、体は橙黄色で、触角は幅広く大きく、前翅には褐色紋がある。雄成虫は、体は黒色で、触角は細長く長毛を生じ、翅は透明である。ツノロウアカヤドリコバチ、ワモンアカヤドリコバチなどと酷似するが、ルビーロウムシに寄生するのは本種のみである。

越冬世代の雌成虫は、ルビーロウムシ2齢幼虫の虫体内部に産卵管を刺し込み、1卵を産み付ける。第1世代の雌成虫は、ルビーロウムシ雌成虫の体表を厚く覆うロウ状物質を通して虫体内部に産卵管を刺し込み、1卵を産み付ける。

●発育と生態

発生回数は年2回である。越冬世代成虫は5月下旬から7月上旬に、第1世代成虫は8月下旬から10月中旬に発生する。羽化成虫は、カイガラムシやアブラムシが分泌する甘露を採餌し、20～30日間活動する。成虫は気温15～25℃が活動に好適で、25℃を超えると生存期間が短くなる。

雌成虫は羽化直後から産卵が可能で、一生のうち雌1頭当たり300～400粒を産卵する。越冬世代の雌成虫は、寄主の2齢幼虫に産卵する。孵化した幼虫は寄主が3齢幼虫になった時期に急速に成長し、寄主が成虫に達した時期に羽化する。第1世代の雌成虫は、寄主の雌成虫に産卵する。幼虫は寄主体内で越冬し、春以降、急速に成長する。

【使い方】

●剤型と使い方の基本

本天敵を増殖・放飼する場合、採集地点と同一の都道府県内で実施する。詳細は農林水産省から出された通知「特定農薬(特定防除資材)として指定された天敵の留意事項について」を参照する。

圃場10a当たり本天敵の成虫500頭を基準として放飼する。寄生を受けたルビーロウムシは小型で暗赤色に変色しているため、寄生されていない個体と容易に区別できる。

本天敵に寄生されたルビーロウムシが多くついた枝を5～6月に切り集め、ざるや網目の容器に納めて、ルビーロウムシ多発樹の下に放置する。この際、未寄生のルビーロウムシから発生した幼虫が樹に移動するのを防ぐため、容器が樹に直接触れないよう注意する。その後、本天敵成虫が羽化し、放飼地点周辺のルビーロウムシに産卵する。

●放飼適期の判断

越冬世代成虫が羽化・産卵する5～6月に放飼を行なう。この時期は、カンキツ類では農薬散布が比較的少ないため、放飼成虫への影響は比較的小さい。

●効果の判定

本天敵の放飼地点付近で、7～8月にルビーロウムシ寄生枝を観察し、暗赤色に変色した被寄生個体が多数認められるかを確認する。

●追加放飼と農薬防除の判断

寄生されたルビーロウムシが8月にほとんど認められない場合には、9月に追加放飼する。

●農薬の影響

本天敵放飼前後の有機リン剤、合成ピレスロイド剤などの殺虫剤の散布は防除効果を著しく低下させるのでひかえる。本天敵は殺虫剤に対して弱いが、寄主であるルビーロウムシが若齢幼虫期を除き殺虫剤に対して比較的強いため、本天敵の幼虫・蛹期の殺虫剤散布は影響が比較的小さい。

●飼育・増殖方法

本天敵の増殖には、カンキツ幼木上で飼育したルビーロウムシを用いる。4月上旬に野外でルビーロウムシ雌成虫が寄生している枝を採集し、約25℃に保った恒温器内で鉢植えのカンキツ幼木にその枝を縛り付ける。その後、雌成虫から幼虫が孵化し、カンキツ幼木に移動・定着し成長する。

8月中旬に野外で、小型で暗赤色に変色した被寄生ルビーロウムシを採集する。これらから羽化した本天敵成虫を集め、恒温器内に放飼し、飼育中のルビーロウムシに産卵させる。これにより寄生されたルビーロウムシを翌年5～6月に大量に確保できる。

(金子修治)

ヤノネキイロコバチ

(口絵：資材31)

学名　*Aphytis yanonensis* DeBach et Rosen
＜ハチ目／ツヤコバチ科＞
英名　—

資材名　—
主な対象害虫　ヤノネカイガラムシ
その他の対象害虫　ヤシシロマルカイガラムシ，マサキナガカイガラムシ，カキノキカキカイガラムシなど
対象作物　カンキツ
寄生・捕食方法　外部寄生（単寄生）
活動・発生適温　15～30℃
原産地　中国

【特徴と生態】

●特徴と寄生・捕食行動

本種は1980年に中国で発見され，わが国に導入された。その後，国内各地で増殖・放飼が実施され，それまで困難だったヤノネカイガラムシの防除に成功した。現在では，ほとんどのカンキツ栽培地域で定着し，ヤノネカイガラムシをきわめて低密度に抑制している。成虫は，体長約0.8～1.0mm，体は黄色で，翅は透明で光沢がある。ヤノネカイガラムシに寄生する*Aphytis*属は本種のみであり，他種と間違うことはない。

雌成虫はヤノネカイガラムシ2齢幼虫および未成熟雌成虫の介殻に産卵管を刺し込み，虫体表面に1卵を産み付ける。幼虫は黄色で，寄主虫体外部に寄生し，体液を吸汁しながら成長し，3齢を経て黄色の蛹になる。成虫は，ヤノネカイガラムシ雌1齢・2齢幼虫および雄幼虫の体液を吸汁して殺す。

●発育と生態

成虫は4月から12月まで発生し，年間10～12世代を繰り返す。気温25℃では，卵から成虫までの発育期間は約15日である。気温25℃・湿度60～70％の条件下で蜂蜜を餌とした場合，成虫は約20日間生存する。雌成虫は羽化直後より産卵可能で，一生のうち雌1頭当たり約60粒を産卵する。産雌性単為生殖を行ない，雌が98～99％を占める。

ヤノネカイガラムシ以外には，ヤシシロマルカイガラムシ，マサキナガカイガラムシ，カキノキカキカイガラムシなどに寄生する。

【使い方】

●剤型と使い方の基本

本天敵を増殖・放飼する場合，採集地点と同一の都道府県内で実施する。詳細は農林水産省から出された通知「特定農薬（特定防除資材）として指定された天敵の留意事項について」を参照する。

鉢植えの温州ミカン幼木に寄生させたヤノネカイガラムシを用いて本天敵を増殖し，その幼木を7月上旬または9月上旬にカンキツ園内に植え付ける。その後，本天敵の成虫が羽化し，園内のヤノネカイガラムシに産卵する。

●放飼適期の判断

寄主であるヤノネカイガラムシ未成熟雌成虫の最多寄生時期（7月上旬または9月上旬）に放飼する。

●効果の判定

本天敵の放飼地点付近において，放飼から約1か月後にヤノネカイガラムシ寄生枝を観察し，寄生蜂の脱出穴があるヤノネカイガラムシが認められるかを調査し，その定着を確認する。

ヤノネカイガラムシの密度が1葉当たり雌成虫約10頭のときに寄生蜂を放飼した場合，約半年後には寄生率は約80％に達し，ヤノネカイガラムシの密度は約4分の1まで低下する。その後もヤノネカイガラムシの密度は徐々に低下していく。

防除効果発現までの期間は本天敵放飼頭数と寄主密度により左右されるが，おおむね放飼後3年目ごろから顕著な防除効果が認められるようになり，4年目以降ヤノネカイガラムシの寄生密度は要防除水準以下に保たれる。

●追加放飼と農薬防除の判断

放飼1か月後に，本天敵に寄生されたヤノネカイガラムシがほとんど認められない場合には追加放飼する。

●農薬の影響

本天敵成虫は殺菌剤や殺ダニ剤には比較的強い

〈寄生蜂〉ヤノネツヤコバチ

が，殺虫剤（特に有機リン剤，合成ピレスロイド剤など）には弱い。このため，放飼前後の殺虫剤散布は防除効果を低下させるのでひかえる。

すでに本天敵はほとんどのカンキツ栽培地域で定着している。ヤノネカイガラムシの果実への寄生が認められない場合には，冬期のマシン油乳剤散布または6月の薬剤散布のみを行ない，不必要な薬剤散布はひかえ，寄生蜂の保護に努める。

● 飼育・増殖方法

本天敵の増殖には，鉢植えの温州ミカン幼木上で飼育したヤノネカイガラムシを用いる。増殖は，外部と隔離された空調施設のある温室内で行なうのが望ましい。

ヤノネカイガラムシ1齢幼虫の発生盛期（第1世代は5月中下旬，第2世代は8月上旬）に，ヤノネカイガラムシ雌成虫寄生葉を枝ごと切り取り，その枝を鉢植えの温州ミカン幼木に密着するように縛り付ける。ミカン幼木の枝葉とヤノネカイガラムシ寄生葉が接触するため，ヤノネカイガラムシ雌成虫から孵化した歩行幼虫は幼木の枝葉に移動し定着する。ミカン幼木に定着したヤノネカイガラムシ幼虫は2齢を経て，約40日後には未成熟雌成虫となる。

野外でヤノネカイガラムシ虫体上に寄生している本天敵の終齢幼虫や蛹を採集し，ガラス瓶などの容器に入れておけば，6～7日後（気温25℃）には成虫が羽化する。ミカン幼木上のヤノネカイガラムシが未成熟雌成虫に達したとき，採集した本天敵成虫を温室内に放飼して産卵させる。

本天敵の1世代期間は気温25℃で約15日間のため，天敵を放飼してから40～50日後には3世代が経過し，寄生率はしだいに高くなる。本天敵による寄生率が高くなったら，ミカン幼木を鉢ごとカンキツ園に運び，鉢から抜き取ってそのまま植え付ける。その後，本天敵が羽化し，園内のヤノネカイガラムシに産卵し増殖する。

（金子修治）

ヤノネツヤコバチ

（口絵：資材31）

学名 *Coccobius fulvus* (Compere et Annecke)
＜ハチ目／ツヤコバチ科＞
英名 ―

資材名 ―
主な対象害虫 ヤノネカイガラムシ
その他の対象害虫 ―
対象作物 カンキツ
寄生・捕食方法 内部寄生（単寄生）
活動・発生適温 15～30℃
原産地 中国

【特徴と生態】

● 特徴と寄生・捕食行動

1980年に中国で発見され，わが国に導入された。その後，ヤノネキイロコバチとともに国内各地で増殖・放飼が実施され，それまで困難だったヤノネカイガラムシの防除に成功した。現在では，ほとんどのカンキツ栽培地域で定着し，ヤノネカイガラムシをきわめて低密度に抑制している。雌成虫は，体長約0.9mm，体は橙黄褐色で，翅はほぼ透明である。雄成虫は，体長約0.8mm，体は全体が黒色，翅は透明である。

ヤノネカイガラムシ雌成虫に内部寄生する寄生蜂は，わが国では本種のみである。雌成虫はヤノネカイガラムシ雌成虫の介殻を通して虫体内に産卵管を刺し込み，1卵を産み付ける。幼虫は無色半透明で，寄主虫体内部に寄生し，体液などを摂食しながら成長して褐色の蛹になる。

● 発育と生態

成虫は5月から12月まで発生し，年間5世代を繰り返す。気温25℃では，卵から成虫までの発育期間は約25日である。生殖方法は産雌性単為生殖だが，圃場での性比はほぼ1：1である。ヤノネカイガラムシ以外のカイガラムシに対する寄生は，現在までのところ認められていない。

【使い方】

●剤型と使い方の基本
本天敵を増殖・放飼する場合，採集地点と同一の都道府県内で実施する。詳細は農林水産省から出された通知「特定農薬（特定防除資材）として指定された天敵の留意事項について」を参照する。

鉢植えの温州ミカン幼木に寄生させたヤノネカイガラムシを用いて本天敵を増殖し，その幼木を7月中旬または9月中旬にカンキツ園内に植え付ける。その後，本天敵成虫が羽化し，園内のヤノネカイガラムシに産卵する。

●放飼適期の判断
寄主であるヤノネカイガラムシ雌成虫の最多寄生時期（7月中旬または9月中旬）に放飼する。

●効果の判定
本天敵の放飼地点付近において，放飼から約1か月後にヤノネカイガラムシ寄生枝を観察し，寄生蜂の脱出穴があるヤノネカイガラムシが認められるかを調査し，その定着を確認する。

防除効果発現までの期間は本天敵放飼頭数と寄主密度により左右されるが，おおむね放飼後3年目ごろから顕著な防除効果が認められるようになり，4年目以降ヤノネカイガラムシの寄生密度は要防除水準以下に保たれる。

●追加放飼と農薬防除の判断
放飼1か月後に，本天敵に寄生されたヤノネカイガラムシがほとんど認められない場合には追加放飼する。

●農薬の影響
本天敵の成虫は殺菌剤や殺ダニ剤には比較的強いが，殺虫剤（特に有機リン剤，合成ピレスロイド剤など）には弱い。このため，放飼前後の殺虫剤散布は防除効果を低下させるのでひかえる。すでに本天敵はほとんどのカンキツ栽培地域で定着している。ヤノネカイガラムシの果実への寄生が認められない場合には，冬期のマシン油乳剤散布または6月の薬剤散布のみを行ない，不必要な薬剤散布はひかえ，寄生蜂の保護に努める。

●飼育・増殖方法
本天敵の増殖には，鉢植えの温州ミカン幼木上で飼育したヤノネカイガラムシを用いる。増殖は，外部と隔離された空調施設のある温室内で行なうのが望ましい。

ヤノネカイガラムシ1齢幼虫の発生盛期（第1世代は5月中下旬，第2世代は8月上旬）に，ヤノネカイガラムシ雌成虫寄生葉を枝ごと切り取り，その枝を鉢植えの温州ミカン幼木に密着するように縛り付ける。ミカン幼木の枝葉とヤノネカイガラムシ寄生葉が接触するため，ヤノネカイガラムシ雌成虫から孵化した歩行幼虫は幼木の枝葉に移動し定着する。ミカン幼木に定着したヤノネカイガラムシ幼虫は50〜60日後には雌成虫となる。

野外で本天敵を採集するには，ヤノネカイガラムシ雌成虫が寄生する葉を採集し，それらを葉から分離してガラス瓶などに入れる。その後，羽化してくる本天敵成虫を採集する。この場合，本天敵の羽化時期に合わせるため，ヤノネカイガラムシに寄生している本天敵が終齢幼虫や蛹まで発育していることを確認したのち，葉を採集する。ミカン幼木上にヤノネカイガラムシ雌成虫が認められたら，本天敵成虫を放飼して産卵させる。

本天敵による寄生率が高くなったら，ミカン幼木を鉢ごとカンキツ園に運び，鉢から抜き取ってそのまま植え付ける。その後，本天敵が羽化し，園内のヤノネカイガラムシに産卵し増殖する。

（金子修治）

チュウゴクオナガコバチ
（口絵：資材32）

学名 *Torymus sinensis* Kamijo
＜ハチ目／オナガコバチ科＞

英名 —

資材名 —

主な対象害虫 クリタマバチ

その他の害虫 —

対象作物 クリ

寄生・捕食方法 幼虫に対する捕食寄生

活動・発生適温 15〜25℃

原産地 中国河北省

〈寄生蜂〉チュウゴクオオナガコバチ

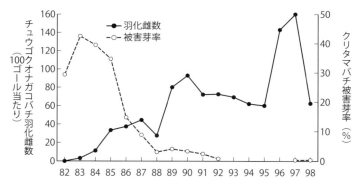

図1 茨城県つくば市におけるクリタマバチとチュウゴクオオナガコバチの密度の年次変動 (Moriya et al., 2003；守屋, 未発表データ)

【特徴と生態】

●特徴と寄生・捕食行動

本種は小型の蜂である。雌成虫の体長は1.9〜2.7mm、雄成虫は一回り小さく、1.7〜2.1mmである。体色は光沢のある濃青緑色、各脚の脛節は黄褐色で、翅は透明である。雌成虫はその名のとおり長い産卵管および産卵管鞘をもち、その長さは頭部と胸部を足した長さより長い。なお、産卵管鞘の有無により、雌雄の識別ができる。

本種の防除対象であるクリタマバチはクリの重要害虫である。1940年代に侵入し、1950年代までに分布を拡大して甚大な被害をクリに及ぼした。その後、抵抗性品種の育種利用が進み、クリタマバチによる被害が減少したものの、1960年代に抵抗性品種を加害する系統（バイオタイプ）の出現により、被害が再び拡大した。また土着寄生蜂であるクリマモリオナガコバチ Torymus beneficus (Yasumatsu et Kamijo) の放飼が実施されたが、その効果は明確ではなかった。

本種はクリタマバチの防除のために中国から導入され、1981〜1982年に茨城、福岡、熊本に放飼された。その後、1990年代までに日本各地で放飼が実施され、本種の定着・分布拡大に伴いクリタマバチの被害が激減したことから、わが国における伝統的生物的防除の顕著な成功例として知られている。

本種の外部形態はクリマモリオナガコバチと酷似しており、両種の雄成虫を形態的に簡易識別することはできない。一方、雌成虫については形態的な簡易識別が可能である。本種雌成虫の産卵管鞘は、頭部と胸部を足した長さに比べ長く、翅の先端から長く突き出している。一方、クリマモリオナガコバチ雌成虫の産卵管鞘は頭部と胸部を足した長さより短く、翅の先端と同じ長さか、わずかに出る程度である。

本種とクリマモリオナガコバチは交雑することが知られており、その実態把握のために遺伝子診断法が開発されてきた。核DNA rRNA遺伝子ITS1領域の特異的PCRなどの利用により、交雑個体の検出だけでなく、雄成虫や幼虫期の識別が可能となった。なお遺伝子診断法を用いた研究により、交雑個体が両種の中間的な形態を示さない事例が報告され、雌成虫の形態による簡易識別にも留意が必要となった。

寄生活動中の本種の雌成虫は、クリタマバチのゴール（虫こぶ）の上を活発に歩き回り、ゴール内に産卵管を挿入する。本種の卵はゴール内のクリタマバチ幼虫の体表面あるいはゴール壁面に産み付けられる。孵化した本種幼虫はクリタマバチ幼虫にへばりつき、体液を摂取する。

本種成虫もクリタマバチ幼虫を摂食することが知られている。摂食時には産卵管を挿入し、クリタマバチ幼虫につながる吸汁管 (Feeding-tube) をつくり、毛管現象で吸汁管を上がってきたクリタマバチ幼虫の体液を吸汁する。

●発育と生態

大部分の個体は年1回、春先に羽化する。羽化時

期はクリタマバチゴールの肥大時期，つまりクリの発芽期に同調している。このため，羽化時期は地域により若干異なる。成虫は羽化後1日以内に1回だけ交尾する。産卵前期間は15℃で4日，20℃で3日，1雌当たり産卵数は60～90個である。産卵後約1か月で老熟幼虫まで成長する。老熟幼虫は虫房内で休眠（越夏・越冬）し，翌年の2月蛹化する。密度の増加は緩やかであり，効果が認められるまでには5～10年必要である（図1）。

本種は，クリタマバチを利用する近縁の土着寄生蜂クリマモリオナガコバチや，チョウセンオナガコバチ Torymus koreanus Kamijo との間に種間競争がある。クリマモリオナガコバチやチョウセンオナガコバチが優占するクリ園において，本種の分布拡大に伴う置き換わりや，本種とクリマモリオナガコバチとの間の交雑が報告されている。

【使い方】

●剤型と使い方の基本

1999年までに，北海道，茨城，栃木，新潟，長野，静岡，石川，京都，兵庫，大阪，鳥取，山口，徳島，愛媛，福岡，長崎，熊本，宮崎，鹿児島の19道府県において本種が放飼されてきた。放飼後の分布拡大に伴い，岩手，宮城，福島，山梨，千葉，東京，埼玉，群馬などでも本種の発生が見られ，現在では，クリタマバチの分布域のほぼ全域に定着していると考えられる。本種の利用は，農林水産省から出された通知「特定農薬（特定防除資材）として指定された天敵の留意事項について」を踏まえて適切に行ない，採集した場所と同じ都道府県内で利用する。

本種はわが国の主要なクリ産地に分布しており，クリタマバチに対して高い密度抑制能力を示すため，クリ園内の天敵を適切に保護することで防除が可能である。高次寄生蜂であるヒメナガコバチの一種やトゲアシカタビロコバチなどは，本種に寄生しその増殖を抑制することが知られている。

●栽培方法と使い方

剪定枝に付着したクリタマバチのゴールが本種の越冬場所である。剪定枝を本種の羽化が終了する時期まで園内に残すことが，クリ園での天敵保護につながる。

本種の羽化が終了する時期は地域や年により異なる。茨城県つくば市では，4月上旬から中旬ごろに羽化が見られる。

●効果の判定

本天敵は，クリ園での定着から防除効果が確認されるまでに5年以上が必要である。本天敵による防除効果は，クリタマバチの被害芽率調査を行なうことで推定できる。被害芽率調査は，クリが落葉し，ゴールが乾燥した冬期（12～2月）に行なう。樹上には当年ゴール（1年生枝上で肥大した乾固ゴール）と2年以上経過した古いゴールが混在している。1年生枝上の健全芽と当年ゴールの数をそれぞれカウントし，被害芽率が10％を下回った時点で防除効果があったと判定する。

クリ園での本天敵の確認を行なう場合，冬期に採集したゴールを試験管に入れ，ジッパー付きのビニール袋で口を覆い，百葉箱内などに保管する。春期に羽化した寄生蜂成虫を数日おきにビニール袋ごと回収し，実体顕微鏡での形態観察や遺伝子診断技術によって，本天敵と近縁種（クリマモリオナガコバチなど）とを識別する。

●追加放飼と農薬防除の判断

本種はクリタマバチの分布域のほぼ全域に定着していると考えられており，クリ園での保護利用を適切に行なうことでクリタマバチの防除が可能である。

●天敵の効果を高める工夫

本種はゴール内で越冬する。ゴールのついた剪定枝は樹の根元あるいはクリ園の周辺に残し，本種を

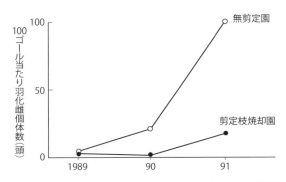

図2 剪定枝の焼却がチュウゴクオオナガコバチの増殖に与える影響

〈寄生蜂〉チュウゴクオナガコバチ

保護する。剪定枝の焼却，園外への持出しは本種の増殖を妨げるので行なわない（図2）。

本種に高次寄生するヒメナガコバチの一種やトゲアシカタビロコバチは，クリタマバチのゴール内で越冬し，本種より半月〜1か月遅れて羽化する。高次寄生蜂が増加すると本種の増殖に影響が生じるため，本種の羽化が終了したあと，剪定枝は処分する。

● 農薬の影響

成虫の活動期間（地域や年により異なるが，おおむね3月中旬〜5月上旬）以外は，ゴール内で生活する。クリ園での病害虫防除は，通常6月から行なわれるため，農薬の影響を考慮する必要はない。

● その他の害虫の防除

本種はクリタマバチだけに寄生するため，他の害虫の防除には利用できない。

● 飼育・増殖方法

チュウゴクオナガコバチは飼育できない。クリ園で増殖した個体を保護する必要がある。

（行徳　裕・屋良佳緒利）

土着天敵

野菜・畑作物

保護のみで高い効果

ハモグリミドリヒメコバチ
(口絵：土着1)

学名 *Neochrysocharis formosa* (Westwood)
<ハチ目／ヒメコバチ科>
英名 —

主な対象害虫 マメハモグリバエ
その他の対象害虫 ナモグリバエ，その他のハモグリバエ類
発生分布 ヨーロッパ，アジア，アメリカ，アフリカまで広く分布し，日本では本州，四国，九州，沖縄本島，石垣島から記録されている
生息地 野菜畑および周辺の雑草
主な生息植物 トマト，キク，インゲンマメ
越冬態 不明
活動時期 春および秋が中心
発生適温 不明であるが，15～30℃が適温と考えられる

【観察の部】

●見分け方

農生態系および周辺生態系に生息する体長約1～2mmの小型の蜂であるため，ハモグリバエ類の潜孔がある葉上でも見つけにくい。本種に寄生されたハモグリバエ類幼虫は黒褐色となり，葉を光にかざすと黒色の蜂の蛹が見える。したがって，ハモグリバエ類の潜孔がある葉上の黒色蛹を見つけるとよい。他の寄生蜂との区別はできない。

本種では大型の雌は胸部背面にツヤがなく，前翅に褐色の斑紋が1つあり，腹部背面に赤みがかった横筋があることで，他の寄生蜂から区別できる。しかし，小型の個体ではこれらの特徴がはっきりせず，識別が困難である。

雌雄の形態は触角や翅の形状では区別できない。しかし，雌では腹部下面の中央の稜線に沿って長い産卵管鞘を認めることができるが，雄では明瞭な稜線は認められず，腹部末端に交尾器がある。なお，死んだ個体では腹部が縮むため，このような腹部下面の区別も観察しにくい。

●生息地

ナス科，マメ科，キク科やイネ科に潜孔するハモグリバエ類の幼虫およびハバチ類の卵に寄生することから，生息域は野菜畑や周辺の土手，草原など広範に及ぶと考えられる。越冬の実態は不明である。

●寄生・捕食行動

産卵は，産卵鞘を胸部に近い腹部の節から伸ばし，葉の上から孔道内のハモグリバエ幼虫の産卵管を刺して行なわれる。また，寄主幼虫への産卵管挿入を繰り返しながら，幼虫から滲出する体液を摂取する寄主体液摂取行動も観察される。

●対象害虫の特徴

マメハモグリバエは主に葉の表面に卵を産下し，孵化した幼虫が葉内の組織を摂食しながら潜孔し，葉の表面には白く透けた孔道ができる。ハモグリバエ類の仲間には葉の裏側を潜孔する種も多い。

【活用の部】

●発育と生態

内部寄生蜂であり，寄主幼虫体内に産下された卵が孵化した後，幼虫，蛹を経て羽化する。蜂幼虫はハモグリバエ類幼虫体内あるいは潜孔内で蛹化する。卵から成虫羽化までの発育期間は30℃で10～11日，20℃で約1か月であり，ハモグリバエ類の寄生蜂のなかでは比較的長い。

雌蜂は羽化当日から毎日平均15卵前後の産卵を続け，実験室内では1か月以上生存する。飛翔行動

〈寄生蜂〉カンムリヒメコバチ

は19℃以下ではほとんどまれであり，21℃以上になると活発になる。地域によっては交尾せずに雌卵を産下する単為生殖の系統もいる。

●保護と活用の方法

種々のハモグリバエ類に寄生し，農生態系およびその周辺に広く発生していると考えられる。このため，作物に発生する種々の病害虫の防除に選択的農薬つまり天敵類に影響のない農薬を使用すれば，周辺環境から飛来する本種の働きを十分活用できる。

福岡県内の促成栽培トマトでは，上述の方法で定植時期に本種およびその他の土着寄生蜂の働きを引き出すことにより，マメハモグリバエ幼虫の死亡率は50〜60％まで上昇する。対照的に，ハスモンヨトウやオオタバコガ，コナジラミ類を対象にサンマイトフロアブルなどの非選択的農薬を散布した施設では，寄生蜂による死亡がほとんど認められない。

●農薬の影響

本種について農薬の影響を調べたデータはないが，一般にカーバメート系殺虫剤，有機リン系殺虫剤，合成ピレスロイド系殺虫剤は影響が大きいと思われる。逆に，BT剤はほとんど影響がないと考えられる。なお，IGR剤も一般に天敵に対する影響は少ないと考えられるが，各剤によりその程度が異なることもある。天敵に影響のある非選択的な薬剤でも，粒剤処理のように処理方法を変えることで，すなわち生態的選択性を付加することにより，天敵への影響を回避もしくは軽減できる。

●採集方法

マメハモグリバエやハモグリバエ類の潜孔がある被害葉を採集し，大型のガラスシャーレに入れて，羽化した寄生蜂を集める。なお，ペットボトル（1.5ℓ）の底を切り取り，採集葉を納めた後，ガラスシャーレで蓋をすると，ボトルの口に取り付けた大型試験管に羽化蜂を回収できる。ただし，この場合にはペットボトルの側面に穴をあけナイロンゴースを張って通気をよくし，葉が腐敗しないよう配慮する必要がある。被害葉の採集に際しては，非選択的な農薬が散布されていない施設や圃場を選ぶ。

●飼育・増殖方法

金魚や昆虫飼育用に市販されているプラスチックケースにハモグリバエの潜孔が認められる被害葉を株ごと入れ，雌蜂をケース内に放す。なお，雌雄両方発生する系統もあるが，区別しないで放してよい。蓋の部分はナイロンゴースで覆い，成虫が逃げ出さないように配慮する。

供試するハモグリバエ類の幼虫は大きいほどよいが，マメハモグリバエのように3齢幼虫が蛹化のために葉から飛び出す種では，2齢幼虫から供試するか，一度に多数の雌蜂に供試するほうが効率的に増殖できる。なお，マメハモグリバエの幼虫齢は潜孔の大きさで判断している。

数日間，産卵させる場合には飼育容器の壁面に希釈した蜂蜜を昆虫針で線状に塗り，餌として与える。寄生蜂は正の走光性が強いので，飼育ケースを窓際に置き，蜂を光源方向に集めることで，餌替えや植物の出し入れが簡単にできる。羽化した寄生蜂成虫は吸虫管で集め，蜂蜜希釈液を内面に塗った試験管で飼育する。なお，ハモグリバエ幼虫がすぐに供給できない場合には，成虫を試験管ごと15℃から20℃で飼育すると，1か月以上保存できる。

〈大野和朗〉

カンムリヒメコバチ

（口絵：土着1）

学名 *Hemiptarsenus varicornis* (Girault)
＜ハチ目／ヒメコバチ科＞
英名 Parasitoid

主な対象害虫 マメハモグリバエ，トマトハモグリバエ
その他の対象害虫 ナスハモグリバエ，ナモグリバエ，ネギハモグリバエなど
発生分布 本州，四国，九州，沖縄
生息地 畑とその周辺
主な生息植物 トマト，ナス，キュウリ，インゲンマメ，ガーベラ，キクなど
越冬態 卵，幼虫，蛹，成虫
活動時期 周年
発生適温 25〜30℃

【観察の部】

●見分け方

　形態的な特徴から，他種とは容易に区別できる。雌雄とも体全体が黒っぽい。雌成虫は体長1.8mm前後で，雄成虫はこれよりやや小さい。また，雌の触角は棍棒状で，先端だけが白い。雄の触角は房状。成虫は，葉面を歩きながらハモグリバエ幼虫を探索し，幼虫を発見すると，その体液を摂食したり産卵したりして殺してしまう。こうした摂食・産卵行動は，肉眼でも観察することができる。

●生息地

　ヨーロッパ，ハワイ，オーストラリア，アフリカなどにも広く分布し，台湾やレユニオン島(マダガスカル島の東)ではマメハモグリバエの主要な寄生蜂となっている。わが国では，マメハモグリバエやトマトハモグリバエから少なくとも30種以上の寄生蜂が採集されている。そのなかで本種は主要な寄生蜂の1つとなっている。土着の寄生蜂による寄生率はしばしば100％近くに達することから，ハモグリバエの密度抑制要因としてきわめて大きな役割を果たしていることがわかる。

●寄生・捕食行動

　本種は外部寄生蜂である。雌成虫は葉面を歩きながらハモグリバエ幼虫を探索する。寄主幼虫を発見すると，腹部を葉面に押しつけ産卵管を寄主幼虫に刺し込み，毒液を注入して寄主を殺し，死体の近くに卵を1個産下する。孵化した寄生蜂の幼虫は，この死体を食べて発育する。死体を食べ尽くした蜂の幼虫は，葉の中で蛹化し，成虫は葉を破って脱出する。

　本種の成虫は比較的小さな寄主に対してはホストフィーディング(寄主体液摂取)を行なう。ホストフィーディングとは，寄主幼虫に産卵管を刺し込んだ傷口からにじみ出る体液を摂食することで，ホストフィーディングを受けたハエの幼虫は死亡する。

●対象害虫の特徴

　マメハモグリバエやトマトハモグリバエは殺虫剤抵抗性が高く，殺虫剤の効果が低いので，本種などの寄生蜂を利用する生物的防除が期待されている。本種はナスハモグリバエ，ナモグリバエ，ネギハモグリバエなどにも寄生することが知られていることから，複数種のハモグリバエが混在する場合にも利用できると考えられる。

　マメハモグリバエは，キク科作物(キク，ガーベラなど)，ナス科作物(トマト，ナスなど)，セリ科作物(セルリー，ニンジンなど)，アブラナ科作物(チンゲンサイ，ハクサイなど)，ウリ科作物(キュウリ，メロンなど)など，いろいろな作物に寄生する重要害虫である。トマトハモグリバエもマメハモグリバエと同様，寄生範囲がきわめて広い。

　ナスハモグリバエは，ナス科作物(トマト，ナスなど)，ウリ科作物(メロンなど)，アブラナ科作物(チンゲンサイなど)などに寄生する。

　ナモグリバエは比較的低温を好むことから，冬期から春先に栽培される作物(エンドウマメ，キク，レタス，ハクサイなど)で被害が大きい。ナモグリバエも近年，殺虫剤に対する抵抗性の発達が著しい。ネギハモグリバエはネギ属(ネギ，タマネギなど)に寄生する。

【活用の部】

●発育と生態

　休眠しないことから，温室内では通年発生する。静岡県では露地でハモグリバエ類が発生する4月ころから11月ころまで観察される。成虫の生存日数，産卵数などは不明である。8℃以下では発育が停止する。卵〜幼虫期間(産卵されてから成虫になるまでの日数)は，15℃で22日，20℃で13日，25℃で9日，30および35℃で7日である。温室栽培では年間10回以上発生するものと考えられる。

　成虫は，若齢の寄主幼虫には雄，老齢の寄主幼虫には雌というように，寄主の大きさによって雌雄を産み分けているようであるが，かなり小さな雌成虫も出現することから，こうした産み分けはそれほど厳密ではないと考えられる。室内試験の結果によると，老齢の寄主幼虫に対しては，産卵とホストフィーディングの割合が7：3と産卵が多くなる傾向があった。未交尾の雌成虫は雄を産み，交尾させると雄と雌を産む(産雄単為生殖)。

●保護と活用の方法

　かつてハモグリバエ類はマイナー害虫とみなされていた。こうした認識を一変させたのが1990年に発見されたマメハモグリバエと2001年に発見されたトマトハモグリバエである。両種とも発見後の4～5年間は異常なほどの大発生をみせた。この大発生（リサージェンス）は次のように説明できる。

　マメハモグリバエとトマトハモグリバエは世界的によく知られた殺虫剤抵抗性の害虫であり，殺虫剤はほとんど効かない。その一方で，殺虫剤の散布によって土着の寄生蜂は死滅してしまう。このため，ハモグリバエは野放し状態となり，ますます増える。このように，殺虫剤抵抗性のハモグリバエの場合は，殺虫剤を散布すればするほど発生量は増えてしまう。リサージェンスを未然に防止するためには，土着の寄生蜂に悪影響を与える殺虫剤の使用をひかえなくてはならない。

　土着の寄生蜂の種構成は地域や季節によって異なる。静岡県の場合，マメハモグリバエやトマトハモグリバエの主要な寄生蜂は本種のほか，ハモグリミドリヒメコバチ Neochrysocharis formosa (Westwood)，ハモグリヤドリヒメコバチ Chrysocharis pentheus (Walker)，イサエアヒメコバチ Diglyphus isaea (Walker)，D. minoeus (Walker) などである。これらの寄生蜂は施設栽培でも露地栽培でも発生する。ハモグリバエの被害を防ぐための基本的な考え方は，土着の寄生蜂を保護・温存することであるが，施設栽培の場合は飼育・増殖した本種の放飼も試みられている。本種は諸外国でもハモグリバエの天敵として研究されているが，外観が重要視される花卉類では少数のハモグリバエであっても品質を大きく低下させてしまうため，寄生蜂による生物的防除法は困難である。

　最近，Halticoptera circulus (Walker) という別の寄生蜂が注目されている。この蜂は有機リン剤や合成ピレスロイド剤などに抵抗性を示すことから，殺虫剤によっては併用できる利点がある。ナモグリバエやネギハモグリバエなどで利用法が検討されているが，マメハモグリバエとトマトハモグリバエに産卵した場合はハエの免疫反応によって死滅してしまうため利用できない。

●農薬の影響

　殺虫剤の多くは，土着の寄生蜂の成虫や幼虫に対して大きな影響を与える。寄生蜂に影響の小さい殺虫剤には，IGR剤（昆虫発育制御剤）のアプロード水和剤，カスケード水和剤，アタブロン乳剤，ノーモルト乳剤，ラノー水和剤，細菌タンパク毒素製剤のBT剤，界面活性剤のオレート液剤などがある。クロロニコチニル系のアドマイヤー粒剤も影響が比較的小さく，処理後，数週間が経過すると影響はほとんど見られなくなるといわれている。

●採集方法

　本種は，露地栽培の作物より，施設栽培の作物のほうが採集しやすい。殺虫剤があまり使われていない圃場で，ハモグリバエ幼虫が寄生している葉を採集し，ビニール袋に入れて持ち帰る。この寄生葉を，ペーパータオルを敷いたトレイに並べ，蓋をしてから飼育箱に入れる。この場合，葉が乾燥しすぎたり過湿によって腐敗したりすると，蜂が死んでしまうので注意する。

　蜂の成虫は，採集翌日から約10日間にわたって毎日羽化し，トレイの隙間から外に飛び出して，飼育箱の光が当たる面に集まる。通常，複数種の寄生蜂が羽化するので，吸虫管などを用いて本種を選別する。

●飼育・増殖方法

　マメハモグリバエの幼虫を与えて飼育する。マメハモグリバエの飼育は，鉢植えのインゲンマメ（つるなし系品種）を用いる。インゲンマメは，寒冷紗を張った温室で栽培し，初生葉のみを残し本葉は摘み取る。このインゲンマメを10鉢ほど飼育箱（50cm四方）に入れ，数十匹の成虫を1～2日間放して産卵させる。1葉当たりの産卵数は30～40個が適当である。あまり多く産卵させると，幼虫のサイズが小さくなり，ひいては寄生蜂のサイズにも影響するので注意する。飼育に慣れてくると，葉面の摂食・産卵痕（白斑）からほどよい産卵数がわかるようになる。25℃の場合，卵は3日ほどで孵化し，幼虫は4日ほどでインゲンマメから脱出して蛹となる。

　蜂の飼育・増殖は次の手順で行なう。インゲンマメ上でハエ幼虫が十分に成長したころを見計らって，これを飼育箱に移し，そこに蜂の成虫を投入し

カンムリヒメコバチ〈寄生蜂〉

保護のみで高い効果

▼ハモグリバエ類の天敵

て数日間産卵させる。産卵あるいはホストフィーディングされたハエ幼虫は褐色に変色する。次に，このインゲンマメを1週間ほど管理した後，葉を切り取り，トレイに入れて蜂の成虫を羽化させる。蜂を絶やさずに飼育するためには，餌となるマメハモグリバエを計画的に飼育・供給することが大切である。

　蜂の大量増殖については，閉鎖性の高いハウスでガーベラ，インゲンマメなどを栽培し，ハモグリバエと本種を同時に飼育するような手法が考えられる。

（西東　力）

保護と強化で高い効果

カブリダニ類

(口絵：土着 2, 3)

学名
ミヤコカブリダニ
　Neoseiulus californicus (McGregor)
ケナガカブリダニ
　Neoseiulus womersleyi (Shicha)
ミチノクカブリダニ
　Amblyseius tsugawai Ehara
キイカブリダニ
　Gynaeseius liturivorus (Ehara)
<ダニ目／カブリダニ科>

英名　Phytoseiid mite, Predatory mite

主な対象害虫　ハダニ類（ナミハダニ，カンザワハダニなど）
その他の対象害虫　アザミウマ類，サビダニ類，ホコリダニ類，ヒメハダニ類など（種によって異なる）
発生分布　日本の本土全域（種によって異なる）
生息地　樹木，畑，雑草，草原など
主な生息植物　広範な下草類，雑草類，作物上で観察される
越冬態　成虫（雌）
活動時期　4～11月
発生適温　15～30℃

【観察の部】

●見分け方

雌成虫の胴長が約0.35mmのきわめて小さな薄茶色のダニで，肉眼では見つけにくいが，ハダニが寄生する植物上では活発に動きまわり捕食行動を示すので，見つける手がかりとなる。同定は主としてスライド標本にされた雌成虫で行なう。胴背毛の位置と形状，第Ⅳ脚上の巨大毛，受精嚢の形状，周気管の大きさや形状などを指標とする。

農生態系内でしばしば採集される種のなかでミヤコカブリダニと区別しにくいのは，コヤマカブリダニ *Neoseiulus koyamanus* (Ehara and Yokogawa)である。両種には，胴背毛の長さ，第Ⅳ脚上の巨大毛の数，腹肛板上の小孔などに違いがあるとされるが，より簡単に区別するには，受精嚢のatrium（椀構造の付け根部）の差異を見る。コヤマカブリダニには顕著な構造が容易に認められる。

同定には，本書p.技術35「日本の主なカブリダニ類」，日本ダニ学会のPhytoseiid mite Portal (http://phytoseiidae.acarology-japan.org/) および，農研機構のカブリダニ識別マニュアル (http://www.naro.affrc.go.jp/publicity_report/publication/laboratory/narc/manual/055878.html) が参考になる。

●生息地

ハダニに寄生された葉上で餌種とともに観察されることが多い。

ミヤコカブリダニやケナガカブリダニは，木本・草本の区別なく生息する種である。また，ある程度の薬剤耐性を備えており，慣行防除園でも生息していることがある。

ミチノクカブリダニは，畑地ではカンザワハダニ寄生の認められるナス圃場からの採集例が多い。また，ナシ園などではナシ樹上のみならず下草（イタリアンライグラス，メヒシバなど）から多くとれることから，本種の主な生息植物は草本と考えられる。ミチノクカブリダニは，生息地ではハダニ類と分布をともにすることが多く，本種の捕食性は認められているが，ほとんどの場合出現するカブリダニ種のなかで最優占種となることはない。しばしば，カブリダニ相のなかでケナガカブリダニやミヤコカブリダニなどに続く第2～4位の地位を占める。

キイカブリダニはネギの葉の折れ曲がった部分にある程度の数がまとまっていることが多い。

●寄生・捕食行動

ハダニを捕食する際は卵や若齢期を好んで捕食する。

ミヤコカブリダニやケナガカブリダニは攻撃的な性質をもつ種で，ハダニの全ステージを捕食する。

ハダニの構築する網も苦にせず内部に侵入して餌種のコロニーに短時間で壊滅的な打撃を与える。

ミヤコカブリダニはハダニ類のほか，フシダニ類やアザミウマ類も捕食する。

キイカブリダニは，アザミウマ類を好んで捕食する。

●対象害虫の特徴

ミヤコカブリダニは，造網性の高いハダニ類のみならずサビダニ類など行動学的にも広い範囲の有害ダニ類を長い季節にわたり捕食すると考えられる。したがって，生息場所が草本から木本までの広い範囲にわたるナミハダニ黄緑型のような有害ダニにもすばやく反応できる。

キイカブリダニは，アザミウマ類を好んで捕食する。

【活用の部】

●発育と生態

卵・幼虫・第1若虫・第2若虫・成虫のステージをもつ。白色の卵は楕円形で，ハダニ卵よりやや大きい。白色の幼虫は6本の脚をもち，第1若虫以降は8本の脚をもつ。また，通常成虫の性比は雌に偏る。野外においては，通常5～10の年間世代数をもつと考えられる。

ミヤコカブリダニは，ナミハダニ黄緑型を餌として飼育すると，20℃では約10日で，25～30℃では約5日で成虫になる。雌成虫は生涯に約50個の卵を産む。

●保護と活用の方法

畑地では，地域的には混作形態をとる場合も多く，圃場間での天敵の移動は頻繁に認められる。歩行性とはいえ，カブリダニ類も異種作物間を移ると考えられることから，今後は隣接圃場も含めた地域的な保全が必要となろう。特にミヤコカブリダニのように草本性植物と関係が深い天敵にとっては，圃場の環境整備に対する配慮が欠かせない。クローバーなど，花が咲く植物を混作することによって，圃場内のカブリダニ密度を高める技術が開発されている。

●農薬の影響

一般に農薬に対する感受性は高いと思われることから，個体群の保全には農薬の選択が重要な要素となる。カブリダニ類の生息に影響の少ない薬剤に関する情報は，現在のところ少ないが，日本バイオロジカルコントロール協議会のウェブサイトには製剤化されたミヤコカブリダニ，チリカブリダニ，ククメリスカブリダニ，スワルスキーカブリダニに対する農薬の影響表（本書p.資料2）が公開されているので参考になる。一般に，カブリダニ類に対してはピレスロイド剤の使用は影響が大きいと考えられている。

ミヤコカブリダニは，他種カブリダニに比べて薬剤耐性は備えていると考えられるが，農薬散布が本種個体群に与える悪影響はかなり大きい。個体群（系統）による違いもあるが，本種に対して比較的影響の少ない殺虫剤・殺ダニ剤としては，キルバール，アタブロン，アドマイヤー，アプロード，インセガー，カーラ，チェス，デミリン，トリガード，ノーモルト，マッチ，スカウト，オサダン，コロマイトなどの報告がある。ただし，これらの情報は作物と天敵個体群により異なるので注意が必要であろう。また，天敵への影響が現在のところまだ試験されてない剤も多い。

●採集方法

採集にあたっては，主として雌成虫を餌種とともに生息植物ごと採取する。下草やクズ，クローバーのほか，作物上からも採集できる。生息植物ごとチャック付きビニール袋に入れ，直射日光を避けて持ち帰る。植物からの分離は，実体顕微鏡下で小筆を使って行なう。

●飼育・増殖方法

ミヤコカブリダニ，ケナガカブリダニは，インゲン葉にナミハダニ黄緑型を寄生させたシステムで比較的簡単に増殖が可能である。ハダニが寄生したインゲン葉を切り取って，飼育容器内のカブリダニに定期的に与えるか，生育したインゲン苗にハダニを寄生させ，そこへ直接カブリダニを接種して個体群を増殖することもできる。

採集した本種を，前もって室内飼育で増殖させ，有害ダニ類の増殖初期に圃場に放飼して本種の個体群を増強するなども考えられる。ただ，すでに生息する本種個体群を可能な限り保全する姿勢は大切である。また，花粉などの植物性餌も代替餌として有効であり，これらを利用する方法も今後検討される

〈ヒメハナカメムシ類〉ヒメハナカメムシ類

べきである。

(天野　洋・日本典秀)

ヒメハナカメムシ類
(口絵：土着4, 5)

学名

ナミヒメハナカメムシ
　Orius (Heterorius) sauteri (Poppius)

コヒメハナカメムシ
　Orius (Heterorius) minutus (Linnaeus)

タイリクヒメハナカメムシ
　Orius (Heterorius) strigicollis (Poppius)

ミナミヒメハナカメムシ
　Orius (Dimorphella) tantillus (Motschulsky)

ツヤヒメハナカメムシ
　Orius (Heterorius) nagaii Yasunaga

<カメムシ目／ハナカメムシ科>

英名　Flower bug, Minute pirate bug, Miunte soldier bug

主な対象害虫　アザミウマ類(ミナミキイロアザミウマ，ミカンキイロアザミウマ，ヒラズハナアザミウマなど)，アブラムシ類(ワタアブラムシなど)，ハダニ類(カンザワハダニ，ナミハダニなど)

その他の対象害虫　コナジラミ類，ヨコバイ類，ウンカ類，チョウ目(卵，若齢幼虫)，チャノホコリダニ，ケナガコナダニなど

発生分布　日本の本土全域(ただし，タイリクヒメハナカメムシは関東以西の温暖地，ミナミヒメハナカメムシは南西諸島に限られる)

生息地　畑とその周辺雑草，森林周辺，河川敷など

主な生息植物　農作物ではナス，ピーマン，ジャガイモ，キュウリ，カボチャ，アズキ，ダイズ，キク。雑草ではシロツメクサ，タンポポ，セイタカアワダチソウなどの花，ヨモギなど多年生草本類。越冬場所としてマルバツユクサなど

越冬態　成虫(雌)

活動時期　5〜9月(西日本では11月ころまで)

発生適温　20℃以上

【観察の部】

●見分け方

　成虫の体長は約2mm前後。体色は黒っぽく小バエのようにも見えるが，潰すとカメムシ特有の異臭をかすかに発生させる。幼虫の体長は約0.6mm(1齢)〜約1.7mm(5齢)で，体色は通常黄色であるが，低温期には褐色の幼虫が多くなる。正確な種の識別には，雄では腹部末端にある把握器の形態を観察する必要がある。雌では腹部第7〜8節の節間膜に付属する交尾管の形態により同定できるが，熟練が必要である。PCRを用いたDNAによる簡易同定法も開発されている。

　コヒメハナカメムシとナミヒメハナカメムシは酷似するが，コヒメハナカメムシは腿節の基部が暗化することで区別できる。ナミヒメハナカメムシの腿節は，一般に全体が淡褐色であるが，時に暗化することがある。この場合，腿節全体が暗化するのがナミヒメハナカメムシで，コヒメハナカメムシの腿節先端部は常に淡色である。

　タイリクヒメハナカメムシの半翅鞘楔状部は，一般に広く暗色となり，淡色部の革質部との色調差がはっきりしていることで識別できる。しかし，色彩には個体変異があるため，正確な同定には交尾器の観察が必要である。雄把握器にある歯状突起(denticule)はコヒメハナカメムシより明らかに小型で，雌の交尾管は近縁種中最も大型(0.1mm以上)となる。

　ツヤヒメハナカメムシの頭部前端は淡黄色となり，前胸背に毛が少なく，光沢が強いことなどの特徴をもつことで，簡単に区別できる。

　ミナミヒメハナカメムシの成虫は近縁種のなかで最も小型である。小型で背面の毛が短く，前胸背の点刻が明らかであること，半翅鞘が一様に半透明な淡黄色であることなどの特徴で，他のヒメハナカメムシ類から比較的容易に区別できる。

●生息地

　日本本土全域の畑地やその周辺の雑草地で普通に発生が見られ，特に西日本では個体数が多い。同一植物上で複数種が混棲することが多い。アザミウマ類が発生する殺虫剤散布の少ない畑でも発生し，作物や雑草の花，葉および芽に数が多い。

ナミヒメハナカメムシは，一般に草本類を好み，樹上からはあまり採集されない。

コヒメハナカメムシは広葉樹や草本から見つかるが，草高の低い植物からはあまり採集されない。

タイリクヒメハナカメムシは，植物の高さとあまり関係なく採集される。

ツヤヒメハナカメムシはイネ科に依存し，耕作地周辺や河川敷，荒れ地に生えるイネ科雑草上に生息し，水稲にも多い。

● 寄生・捕食行動

口吻を餌動物の体に突き刺し，内容物を吸収して捕食する。幼虫の捕食量は発育ステージの進展とともに増加し，老齢幼虫と成虫の捕食量が多い。

ナミヒメハナカメムシの雌成虫は，25℃の条件下でミナミキイロアザミウマやカンザワハダニを1日に20頭以上捕食するが，ワタアブラムシでは5～10頭と比較的少ない。ワタアブラムシでは，体が大きい成虫や老齢幼虫より，体が小さい若齢幼虫を多く捕食する。1日当たりの捕食量は，15℃以下になると極端に減少する。西日本においてナミヒメハナカメムシはアブラムシ類の天敵としてさほど重要でないが，北海道のジャガイモに発生するアブラムシ類，特にワタアブラムシの天敵として効果的に働くことが知られている。

● 対象害虫の特徴

広食性の天敵でさまざまな種類の節足動物を捕食するが，アザミウマ類を最も好む。自分の体長に比べ大きすぎるものは捕食しない。すべての齢期の幼虫と成虫がアザミウマ類の成・幼虫を好んで食べるが，植物体の組織中に産み込まれたアザミウマ類の卵は捕食しない。

【活用の部】

● 発育と生態

卵は植物組織中に産み込まれ，孵化後の幼虫は5齢を経て成虫に発育する。ナミヒメハナカメムシの場合，卵期間は30℃で3日，25℃で4日，20℃で8日，幼虫期間は30℃で9日，25℃で11日，20℃で21日である。発育零点はほぼ10℃である。卵から成虫羽化までの温度と発育速度間に種間で有意差はない。野外では年間4～5回程度世代を繰り返すと思われる。雌成虫は交尾を終えた後，広葉樹の樹皮下，松かさの隙間などで越冬する。12～15時間以下の日長になると産卵をしなくなる個体が増えるが，種や地域によって生態的特性は変わる。タイリクヒメハナカメムシでは，休眠性は非常に低いと考えられる。

通常，成虫は野外で4～10月ごろに発生が見られる。岡山県ではシロツメクサの花上で5～10月に発生が見られるが，6～7月に密度が高い。露地栽培のナス，キュウリでは7～9月，ダイズでは7～8月に発生が多い。夏から初秋にかけての25℃前後の高温条件で増殖率が高く，捕食量も多いので，アザミウマ類に対し高い防除効果を発揮するが，15℃以下の低温では増殖率も捕食量も極端に低下する。低温下では，雄成虫の寿命は短い。また，本種の未交尾雌は産卵しない。岡山県では，3月にキクの親株の芽，キク畑の敷わらなどで雌成虫だけが採集でき，この成虫が産卵したことから，秋に交尾した後，雌成虫だけが越冬すると推察される。

● 保護と活用の方法

ヒメハナカメムシ類に悪影響がある農薬は散布しない。特に，合成ピレスロイド系殺虫剤はヒメハナカメムシ類の発生を長期間抑制する。また，ベンゾイルフェニルウレア系のカスケード乳剤，アタブロン乳剤，ノーモルト乳剤は幼虫の脱皮・変態を長期間阻害する。さらに，クロロニコチニル系のアドマイヤー水和剤などの茎葉部への散布も，ヒメハナカメムシ類の発生を抑制する。有機リン系，カーバメート系の殺虫剤には，合成ピレスロイド系殺虫剤ほどではないが，ヒメハナカメムシ類の密度を低下させる薬剤が多い。

果実を加害しないアザミウマ類の発生は，ヒメハナカメムシ類の餌になり，ヒメハナカメムシ類の定着を促す。シロツメクサはナミヒメハナカメムシの発生源となる。しかし，シロツメクサに発生するヒラズハナアザミウマやミカンキイロアザミウマなどから被害を受けるトマトや水ナスなどの周辺およびアザミウマ類が媒介するウイルス病の発生が懸念される場合は除草に努める。

寒冷紗（目合い1mm程度）の障壁（高さ1.6m）を設

〈ヒメハナカメムシ類〉ヒメハナカメムシ類

置すると，アザミウマ類だけでなくヒメハナカメムシ類の圃場内への飛込みを妨げ，ヒメハナカメムシ類の発生が減少する。しかし，防風ネット（目合い4mm程度）は，ヒメハナカメムシ類の飛込みを阻止しないので利用できる。

ミラーマルチでの試験はないが，シルバーポリフィルムのマルチではヒメハナカメムシ類の飛来に悪影響がなく，アザミウマ類の防除に有効である。

●農薬の影響

ナミヒメハナカメムシが発生すると，ナスではアザミウマ類，ハダニ類，チャノホコリダニなどの密度は低下するが，十分に防除できないことも多い。また，これら以外の病害虫防除も必要となるから，ヒメハナカメムシ類の発生に悪影響が少ない農薬を用いた防除の体系を組み立てる必要がある。研究機関や現地事例，今後の試験結果なども併せて検討し，薬剤を選定されたい。

露地ナス（5月の定植）で定植時に処理するアドマイヤー，モスピランなどの粒剤は，ヒメハナカメムシ類がナスに飛来する時期までに悪影響はなくなっており，アブラムシ類などの防除に利用できる。

ミナミキイロアザミウマに効果が高く，ヒメハナカメムシ類に悪影響を及ぼさないプレオフロアブルは，チョウ目害虫の防除にも有効である。ミナミキイロアザミウマの発生が多い場合はコテツフロアブルを使用する。本剤を散布するとヒメハナカメムシ類の餌になるアザミウマ類，ハダニ類などの密度が急激に低下するため，餌不足からヒメハナカメムシ類の密度も低下する。しかし，本剤のヒメハナカメムシ類に対する直接的な殺虫力は弱く，残効はヒメハナカメムシ類よりミナミキイロアザミウマに長いので，露地栽培では散布後もヒメハナカメムシ類を活用できる。さらに，本剤はハスモンヨトウ，ハダニ類，チャノホコリダニにも有効である。

ハダニ類やチャノホコリダニの防除薬剤では，スターマイトフロアブル，ダニサラバフロアブル，マイトコーネフロアブル，コテツフロアブル，オサダン水和剤などがヒメハナカメムシ類に悪影響が比較的少ない。

アブラムシ類の防除にはウララDFなどが有効であり，ヒメハナカメムシ類への影響もほとんどない。

アブラムシ類に有効なチェス水和剤は，ヒメハナカメムシ類の捕食量を減少させるが直接ヒメハナカメムシ類を殺さないので，利用可能と考えられる。しかし，多発株への部分散布が無難であろう。なお，チェス粒剤の定植時処理はヒメハナカメムシ類の発生に悪影響を及ぼさない。

ニジュウヤホシテントウに対する効果が高く，ヒメハナカメムシ類に影響が少ない殺虫剤として，チョウ目害虫に登録があるトルネードフロアブルがあり，現在，登録に向けた取組みがなされている。コナジラミ類やチャノホコリダニに登録のあるアプロード水和剤は，ニジュウヤホシテントウの成虫には効果がないが，主に幼虫の脱皮を阻害して死亡させる。効果の発現がやや遅効的なので，散布は成虫の飛来初期に行なう。本剤は水和剤のため果面に汚れが残る問題点があるものの，本剤のフロアブルは現在開発中である。

ハスモンヨトウなどチョウ目害虫に有効なBT剤，トルネードフロアブルなども，ヒメハナカメムシ類への影響はほとんどない。

殺菌剤では，ダコニール水和剤，トップジンM水和剤，ベンレート水和剤，ポリオキシンAL乳剤，ロブラール水和剤，スミレックス水和剤，トリフミン水和剤，オーソサイド水和剤，モレスタン水和剤などがヒメハナカメムシ類に悪影響が少ない。

●採集方法

6～7月に花がたくさん咲いているシロツメクサ群落を捕虫網ですくうと，たくさんのヒメハナカメムシ類を採集できる。ナミヒメハナカメムシが主体だが，タイリクヒメハナカメムシが分布する地域では，タイリクヒメハナカメムシのほうが多いこともある。シロツメクサの花を指先で弾くと，アザミウマ類とともに成虫や老齢幼虫が落ちてくる。また，花を捕虫網ですくっても成虫や老齢幼虫が得られる。

秋期にセイタカアワダチソウ群落で花序をふるい落とすと，数多くのヒメハナカメムシ類が採集できる。ただし，11月に入ると生殖休眠に入っているため，この成虫を放飼しても増殖せず，防除効果は期待できない。

マルバツユクサ群落からはヒメハナカメムシ成虫が大量に採集可能であり，越冬場所となっている可

能性も高い。

●飼育・増殖方法

　メキシコマンネングサ，ニジノタマ，カランコエなどの多肉植物を産卵基質として飼育可能である。これら多肉植物は，給水源としても利用される。餌としては，アザミウマ類などの生き餌を用いることも可能であるが，スジコナマダラメイガ卵を利用すると簡便である。ただし，スジコナマダラメイガ卵の市販品は高価なのが難点である。

〈永井一哉・安永智秀・日本典秀・大野和朗〉

タバコカスミカメ

（口絵：土着⑥）

学名　*Nesidiocoris tenuis* (Reuter)
<カメムシ目／カスミカメムシ科>
英名　Tobacco leaf bug，Tomato mirid

主な対象害虫　ミナミキイロアザミウマ，タバコココナジラミ

その他の対象害虫　ヒラズハナアザミウマなどのアザミウマ類，オンシツコナジラミ

発生分布　世界中に広く分布する。日本では関東以西に分布

生息地　農耕地，雑草地

主な生息植物　ゴマ，ナス，タバコ，キク科植物

越冬態　おそらく成虫

活動時期　5～11月

発生適温　活動可能温度18～35℃，発生適温25～30℃

【観察の部】

●見分け方

　成虫の体長は3.5～4mm，体色は明るい黄緑色で細長く，前翅に特徴的な斑紋を有する。ただし，羽化直後は前翅の斑紋がない。幼虫には翅がなく，明るい黄緑色をしている。コアオカスミカメ，コミドリチビトビカスミカメなどの幼虫と混同しやすいため，注意が必要。

●生息地

　おそらく雑草地と考えられる。

●寄生・捕食行動

　小動物に口吻を突き刺し，内容物を消化吸収する。

●対象害虫の特徴

　アザミウマ類，コナジラミ類は幼虫から成虫を捕食するが，成虫に対する捕食量は少ない。25℃における1日当たり推定最大捕食量はミナミキイロアザミウマ2齢幼虫に対しては雌成虫が165.0頭，雄成虫が124.8頭，タバココナジラミ4齢幼虫に対しては雌成虫が56.0頭，雄成虫が40.9頭である。アブラムシ類，ハダニ類，チョウ目害虫の卵や孵化幼虫も捕食するが，防除効果は期待できない。

【活用の部】

●発育と生態

　雌成虫は植物の葉脈，葉柄，果柄などの軟らかい組織内に産卵する。幼虫は5齢を経て成虫になる。16時間日長における卵期間は，20℃で14日，25℃で7日，30℃で5日，スジコナマダラメイガ卵を餌として与えた場合の幼虫期間は，20℃で26日，25℃で18日，30℃で12日である。ただし，17.5℃になると孵化率が低下し，逆に35℃になると卵期間が32.5℃より長くなることから，発育適温は20～32.5℃の間と推測される。発育零点および有効積算温度は，雌で卵が13.8℃，80.7日度，幼虫が11.8℃，212.8日度，雄で卵が12.9℃，90.1日度，幼虫が12.1℃，217.4日度である。

　25℃，16時間日長でスジコナマダラメイガ卵を餌として与えた場合の雌成虫の生存期間は43.6日，産卵前期間は6.1日，1雌当たりの総産卵数は221.1卵で，純増殖率は39.31，内的自然増加率は0.0715となり，同じ土着天敵であるクロヒョウタンカスミカメとほぼ同程度の繁殖能力を有する。生息場所はよくわかっていないが，西日本では7月以降，ゴマやクレオメによく誘引される。

●保護と活用の方法

　25℃以上の高温条件で，アザミウマ類，コナジラミ類に対する防除効果が高まる。生殖休眠はしないとされているが，施設栽培では冬期に繁殖が悪くなるので，可能な限り最低管理温度を高く設定し，平

〈カスミカメムシ類〉タバコカスミカメ

均気温が20℃以上になるようにする。

　タバコカスミカメはゴマあるいはクレオメのみで増殖が可能である。遊休ハウスや施設内の空いたスペースにゴマやクレオメを植えることで，タバコカスミカメを容易に増やすことができる。ただし，ゴマは3～4か月程度で枯死するため定期的に播種する必要がある。露地のゴマやクレオメでもタバコカスミカメを増殖できるが，発生量は気象条件に左右されやすいので，できれば施設内で増殖させるほうがよい。

　タバコカスミカメは雑食性で植物体も吸汁する。本種に吸汁されたナスでは葉に穴があいたり，縮葉が発生したりする被害が見られるが，収量に影響するほどではない。本種が増えすぎると，ピーマン，シシトウ，トマトでは茎や葉柄の周囲を丸く取り巻くようなリング状の傷ができ，傷の部分から折損しやすくなる被害が発生する。また，ピーマン，シシトウでは奇形果が発生し，キュウリでは果実にコルク状の傷が発生する。

　タバコカスミカメが増えすぎて作物の被害が多く見られるようになったときは，気門封鎖型殺虫剤のアカリタッチ乳剤を散布して，密度を低下させる。ただし，アカリタッチ乳剤は本種に対して登録がないので，うどんこ病，ハダニ類の同時防除で使用する。

　タバコカスミカメは特定農薬として利用可能であるが，使用場所と同一の都道府県内で採集した個体群あるいは増殖させた個体群の使用に限る。

●農薬の影響
　タバコカスミカメは殺虫剤に対しては非常に弱く，本種が定着しなかった原因のほとんどが影響のある殺虫剤の使用である。有機リン系，カーバーメイト系，合成ピレスロイド系，ネオニコチノイド系殺虫剤は，タバコカスミカメに対して非常に強い影響が見られる。さらに，影響期間の長いものが多い。育苗期に散布したこれらの殺虫剤が影響し，タバコカスミカメが定着しなかった事例が見られた。ちなみに，育苗期のナスにアーデント水和剤，アクタラ顆粒水溶剤を散布した場合の影響期間は約1か月程度と長い。

　アファーム乳剤，ハチハチ乳剤，アニキ乳剤，ディアナSC，アグリメック，サンマイトフロアブル，ピラニカEWもタバコカスミカメに対する影響が非常に強く，IGR剤ではアタブロン乳剤，カスケード乳剤，マッチ乳剤，昆虫病原性糸状菌剤ではボタニガードESおよび同水和剤も影響が非常に強い。スピノエース顆粒水和剤，コテツフロアブル，トルネードフロアブル，アカリタッチ乳剤，粘着くん液剤，オレート液剤も，タバコカスミカメに対して強い影響が見られるので使用はひかえる。チェス顆粒水和剤およびコルト顆粒水和剤は，タバコカスミカメに対して即効性はないが，徐々に密度が低下するので，できるだけ使用はひかえる。

　ミナミキイロアザミウマが多発する場合は，ラノー乳剤，プレオフロアブル，モベントフロアブルを散布してもよいが，ラノー乳剤，プレオフロアブルに対して感受性の低下した個体群が発生している地域では，防除効果は期待できない。また，ラノー乳剤は蚕毒が非常に強く，露地栽培では利用できない。施設栽培でも使用できる地域が制限されており，さらに，散布時には施設を密閉して野外への飛散を防ぐなど取扱いに注意が必要である。

　コナジラミ類が多発する場合は，ラノー乳剤，アプロード水和剤，モベントフロアブルがタバコカスミカメに対して影響が小さく使用可能であるが，ラノー乳剤，アプロード水和剤はタバココナジラミ・バイオタイプQに対する防除効果は期待できない。

　アブラムシ類が発生した場合は，タバコカスミカメに対して影響が小さいウララDFを散布する。

　ハダニ類が発生した場合は，タバコカスミカメに対して影響が小さいスターマイトフロアブル，ダニサラバフロアブル，カネマイトフロアブル，マイトコーネフロアブル，ニッソラン水和剤が使用可能である。

　チャノホコリダニが発生した場合は，スターマイトフロアブル，カネマイトフロアブル，モベントフロアブル，サンクリスタル乳剤が使用可能である。

　ハスモンヨトウなどのチョウ目害虫が発生した場合は，フェニックス顆粒水和剤，プレバソンフロアブル5，ファルコンフロアブル，マトリックフロアブルが使用可能である。

　ハモグリバエ類に対しては，プレバソンフロアブ

ル5, トリガード液剤が使用可能である。

殺菌剤では, EBI剤, イオウフロアブル, ダコニール1000, トップジンM水和剤, ベンレート水和剤, モレスタン水和剤, ジチオカーバメート系殺菌剤など多くの剤が使用可能である。ただし, サンヨールは, タバコカスミカメに対して若干の影響が見られることから, 本種の発生が少ない場合の使用はひかえる。

展着剤ではクミテン, グラミン, ニーズ, アプローチBI, ワイドコート, ブレイクスルーのタバコカスミカメに対する影響は小さい。ただし, タバコカスミカメに対して影響の小さい農薬にシリコーン系展着剤のまくぴか3,000倍を加用した際に, タバコカスミカメの密度が低下した事例が見られたが, まくぴかを5,000倍以上に希釈して加用した場合は悪影響が見られないので, まくぴかを使用する場合は希釈倍率に注意する。

● 採集方法

西日本では, 野外にゴマ, クレオメを植え, 初夏ごろから誘引されるタバコカスミカメを採集する。

● 飼育・増殖方法

タバコカスミカメはゴマあるいはクレオメのみで増殖が可能である。遊休ハウスなどの施設内で栽培したゴマ, クレオメでタバコカスミカメを容易に増やすことができる。ただし, ゴマは3～4か月程度で枯死するため定期的に播種する必要がある。露地圃場で栽培したゴマやクレオメでもタバコカスミカメを増殖できるが, 発生量は気象条件に左右されやすいので, できれば施設内で増殖させるほうがよい。

タバコカスミカメは特定農薬として利用可能であるが, 使用場所と同一の都道府県内で採集した個体群あるいは増殖させた個体群の使用に限る。

（中石一英）

コミドリチビトビカスミカメ
（ネッタイチビトビカスミカメ）

（口絵：土着6, 7）

学名 *Campylomma livida* Reuter
〔= *C. chinensis* Schuh〕
<カメムシ目／カスミカメムシ科>
英名 —

主な対象害虫 ミナミキイロアザミウマ, ヒラズハナアザミウマ, タバココナジラミ

その他の対象害虫 アブラムシ, ハダニ, ホコリダニ, カイガラムシ, 小型チョウ目幼虫も捕食するが, 防除効果はない

発生分布 本州, 四国, 九州, 小笠原（侵入）, 対馬, 南西諸島, 台湾, 中国南東部, インド, ネパール, スリランカ, インドシナ半島, フィリピン, ミクロネシア（広義）など。多くの地域に人為的伝播で侵入したと推察される

生息地 農耕地, 雑草地, 荒れ地, 果樹園, 熱帯林周縁

主な生息植物 多くの双子葉雑草（特にキク科, マメ科）, 広葉樹の花穂

越冬態 日本の温帯域では成虫（亜熱帯では明確な越冬態はない）

活動時期 春から秋

発生適温 20～30℃

【観察の部】

● 見分け方

成虫は体長2～2.7mmで, 淡い黄緑色, 橙黄色, 暗いオリーブ色など, 色彩に個体変異がある。この程度の大きさで, 畑や雑草地で見つかり, 敏捷に跳ね飛ぶ黄緑色のカスミカメムシなら本種の可能性が高い。近縁種のミナミチビトビカスミカメ *Campylomma lividicornis* Reuterとは, 雄成虫であれば外見だけで識別可能だが, 雌は交尾器の形態以外に区別点はない。

幼虫には翅がなく, 黄色から暗緑色まで変異がある。一見アブラムシに似ているが, それより明らかに動きが俊敏である。1齢幼虫は全体に白っぽい。

〈カスミカメムシ類〉コミドリチビトビカスミカメ（ネッタイチビトビカスミカメ）

●生息地

　西日本では最も普通に見られるカスミカメで，マメ科，キク科雑草などの繁茂する草地や藪，荒れ地には，たいてい生息している。アカメガシワやカラスザンショウなどの花にも多い。花粉にまみれた個体もよく見つかるので，花粉媒介の役割を果たしている可能性がある。

●寄生・捕食行動

　小昆虫に直接口吻を突き立て体液を吸収する。

●対象害虫の特徴

　アザミウマ類では幼虫から成虫まで，コナジラミ類では幼虫のみを捕食する。ホコリダニの発生しているところに放しても防除効果はないが，本種が定着している圃場ではホコリダニの発生が少ない。

【活用の部】

●発育と生態

　植物組織内，主に茎の中に細長いナス形の卵を産み込む。10日前後で孵化し，2週間程度の幼虫期間を経て羽化する。成虫は動きが活発で，幼虫のほうが捕獲しやすい。幼虫，成虫ともに花や蕾，新梢を好む。ナスでは太い葉脈に沿って幼虫がいることが多い。幼虫，成虫ともに，明るい黄色から暗い緑色まで生息環境や温度によって色が変わる。地理的変異も認められる。低温で育つと成虫，老齢幼虫ともかなり黒化する傾向がある。

　圃場に成虫を放飼した場合，2〜3週間後に多少とも幼虫が見つかるようになれば，定着したと判断してよい。密度が低いときには，脱皮殻がより目立つので，これも定着の指標とみなしうる。成虫は腹部腹面中央を縦走する明確な産卵管があるので簡単に区別できる。羽化2〜3日後から産卵を始め，1日平均7個の卵を産む。条件がよければ，3〜4週間生存する。

　沖縄では屋外でも周年にわたって発生している。冬期は活動が鈍り，4〜6月の初夏，気温の上昇とともに野外，ハウス内問わず個体数は増える。ハウスで気温が下がる前に定着させておけば，冬の間（平均15℃以上）も活動を続けて害虫の発生を抑制する。低温期に入ってからの放飼は，繁殖しづらいので推奨されない。

●保護と活用の方法

　どこにでもいる最普通種であることが大きなメリットであり，簡単に数を得ることができる。圃場に残留する薬剤を最小限に抑えることができれば，ハウスであっても自然に飛び込んで増殖する確率は高い。

　アザミウマ類に対する捕食能力はタイリクヒメハナカメムシを上回り，1日当たりミナミキイロアザミウマ2齢幼虫を200頭以上捕食する。農薬の残留がなければ，タイリクヒメハナカメムシよりも定着率（成功率）は高い。タイリクヒメハナカメムシの場合，アザミウマ類がいなくなるとハウスから離脱する場合が多いが，他の害虫も餌として利用することから少数でも残存している。ナスでは低密度のコナジラミとバランスをとりつつ個体数が維持される状態でよい。

　初夏の増殖率は顕著で，気温の上昇に合わせて放飼すれば，増えてしまったコナジラミでも効果的に防除することができる。本種が過剰に増えたハウスでは，ハダニ，ホコリダニ，アブラムシなど多くの害虫が侵入しても定着できなくなる。

　増えすぎて作物を加害する場合があるので，初夏の個体数急増は両刃の剣となりうる。食害された作物で，多発した害虫が絶えた後，本種が花や成長点に群がる状態が観察されるようになったら，気門封鎖系の殺虫剤や薬散時に浸透力の強い展着剤を適宜使用し，勢いを削ぐとよい。

　高知県ではシシトウやピーマンに対する深刻な加害が報告されており，本種が高密度になると分裂果，奇形果，成長点部の叢生化を引き起こす。まだ実証試験が行なわれておらず，因果関係は未解明だが，成り疲れなど作物が生育不良の状態で本種が増殖すると，吸汁が引き金となって被害が大きくなると推察される。沖縄県では実例がない。

　ナス圃場で多発すると，開花している花の子房部分に吸汁が集中して，伸張したナス果実の先端部分のみボコボコ膨らんだ状態になるが，部分的で一時的であることが多い。これはナスにおける唯一の顕著な被害である。イチゴに対しては，高密度時に著しい変形を引き起こすので導入してはならない。ビ

ワの果実からの吸汁も見られ，がんしゅ病によって吸汁痕に斑点を生じるので放飼すべきではない。

中国ではマンゴーの害虫として頻繁に害虫リストに掲載されているが，筆者らの果効に対する接種試験では被害が認められず，他種のカスミカメムシの加害と誤認されている可能性が高い。ただし，東南アジアにおけるマンゴーの花には，しばしば群棲する。果実の糖分を好むので，果樹類への利用は注意が必要である。幼・成虫ともマンゴーやパパイヤの果実で飼育できる。

● 農薬の影響

多くのカスミカメムシ同様，総じて農薬に弱い。合成ピレスロイド系，有機リン系はもちろん，ネオニコチノイド系殺虫剤の影響は大きく，1.5か月程度の残効を見ておく必要がある。アファーム，コテツ，スピノエースは2～3週間の残効を見る。アプロード以外のIGR系殺虫剤，アタブロン，カスケード，ノーモルト，マッチなどは特に影響が大きいので注意する。

ヒメハナカメムシ類よりも界面活性に弱い特徴があり，虫体にかかるとアカリタッチ，サンクリスタル，粘着くん，テデオンなど，気門封鎖系殺虫剤の影響は甚大。イオウフロアブル，コロマイト，ボタニガード（液剤），インプレッション，ハーモメイトなど主成分にかかわらず界面活性の高い溶剤は直接かけないよう注意が必要である。乾きさえすれば問題はなく，卵にもおそらく影響は少ない。一方，浸透性の強い展着剤も影響が大きいので，弱い薬剤を濃度厳守で使用する。本種の密度を下げたいときには，これらが逆に有効になる。

マイトコーネ，カネマイト，スターマイト，ダニサラバなど比較的新しいダニ剤は影響がない。サンマイトとピラニカは影響大。

チェス，プレオ，プレバソン，フェニックス，BT剤はほぼ影響がない。トルネード，カウンターは影響大。

殺菌剤，葉面散布剤の成分は基本的に影響がないが，界面活性に弱いので混合する展着剤に注意する。

● 採集方法

スウィーピング（捕虫網を掃くように振ってすくい捕り）する方法で採集するのが基本。初夏はネズミモチやアカメガシワの花，盛夏期にはカラスザンショウやセリ科草本の花，晩夏～秋にはセイタカアワダチソウやヨモギ類の花穂に群棲する。植栽されたアベリアの花などにも多い。南西諸島ではギンネム（特に花や実）からよく得られる。

● 飼育・増殖方法

増殖には餌となる微小な節足動物が必要で，植物だけでは発育できない。特定の果実だけで育つ場合があるが，腐敗しやすいので，一時的に生かしておく程度の目的で与えるのが無難。

（清水　徹・安永智秀・中石一英）

オオメカメムシ（オオメナガカメムシ）類

（口絵：土着8）

学名

オオメカメムシ（オオメナガカメムシ）
Geocoris varius (Uhler)

ヒメオオメカメムシ（ヒメオオメナガカメムシ）
Geocoris proteus Distant

<カメムシ目／オオメカメムシ（オオメナガカメムシ）科>

英名　Big-eyed bug

主な対象害虫　アザミウマ類，ハダニ類

その他の対象害虫　アブラムシ類，カメムシ類（小型の種），コナジラミ類，チョウ目（卵，若齢幼虫），ハモグリバエ類（成虫）

発生分布　オオメカメムシ：日本（本州，四国，九州，隠岐諸島），台湾，朝鮮半島，済州島，中国／ヒメオオメカメムシ：日本（北海道，本州，四国，九州，千島列島，隠岐諸島），ロシア極東部

生息地　平地の畑と雑草地（オオメカメムシは日当たりのよい林縁部に多い）

主な生息植物　オオメカメムシ：ヨモギ，フジ，シソ，イチゴ，クズ，ヒマワリ，セイタカアワダチソウなど／ヒメオオメカメムシ：カボチャ，イネ科植物など（葉で被覆された地面に多い）

越冬態　成虫

活動時期　オオメカメムシ：5～11月／ヒメオオメカメ

〈オオメカメムシ類〉オオメカメムシ（オオメナガカメムシ）類

ムシ：3〜11月
発生適温　オオメカメムシ：13〜33℃／ヒメオオカ
メムシ：16〜36℃

【観察の部】

●見分け方

オオメカメムシ（オオメナガカメムシ；以下，オオメとする）の成虫は体長4.3〜5.3mm，体色は光沢のある黒色で，頭部と脚は黄色い。幼虫は腹部がやや赤みを帯びるものの，全体的に黒色である。両脇に突出した大きな複眼がその名の由来である。卵は長楕円形で，全体が淡黄色であり，表面は光沢に富む。

ヒメオオメカメムシ（ヒメオオメナガカメムシ；以下，ヒメオオメとする）は，成虫の体長が約3mmとオオメよりやや小型であり，体全体が灰黒色で光沢が少ない。また，オオメが越冬時期を除き主に植物体上で見られるのに対し，ヒメオオメは地表徘徊性が強く，地面で観察されることが多いことからも，両種の区別は容易である。

日本には，オオメ，ヒメオオメのほか，ツマジロオオメカメムシ（ツマジロオオメナガカメムシ；以下，ツマジロとする） G. ochropterus (Fieber)，クロツヤオオメカメムシ（クロツヤオオメナガカメムシ） G. itonis Horváth，チビオオメカメムシ（チビオオメナガカメムシ） G. jucundus (Fieber)の5種が生息し，オオメとツマジロは形態的に酷似するが，触角第4節および前胸背の色彩や，分布域が異なること（オオメは本州，四国，九州および隠岐諸島，ツマジロは奄美大島および沖縄本島）などから区別できる。

オオメカメムシ（オオメナガカメムシ）類は従来ナガカメムシ科（Lygaeidae）に分類されてきたが，近年，本科を細分化したオオメカメムシ（オオメナガカメムシ）科（Geocoridae）の下に置かれることになった。また，日本で記録のある前述の5種については，すべてGeocoris属に統一された。

●生息地

平地の畑と雑草地に生息する。また，周辺の植生によっては樹園地，庭園木，緑地帯の樹上などでも見られる。

●寄生・捕食行動

オオメ，ヒメオオメおよびツマジロは，ハチ目，ハエ目，カメムシ目，チョウ目，アザミウマ目，ダニ目などの捕食者であり，自分より体サイズが大きい昆虫を攻撃することもある。餌の体に口吻を突き刺して空中に持ち上げ，逃亡（歩行）できない状態にしてから捕食することが多い。口吻の先端から消化液を餌に注入して口外消化を行ない，組織を溶かして吸収する。

捕食実験の結果から，オオメの3齢および5齢幼虫における1日当たりの最大捕食数は，オオタバコガの卵で約22個および59個，オオタバコガの1齢幼虫で約12頭および25頭，ミカンキイロアザミウマの2齢幼虫で約27頭および59頭，ワタアブラムシの無翅成虫で約6頭および27頭，ナミハダニの雌成虫で約9頭および50頭と推定される。すべての齢期の幼虫と成虫がアザミウマ類の成・幼虫を好んで食べる。ヒメオオメの3齢および5齢幼虫における1日当たりの最大捕食数はオオメより少なく，オオタバコガの卵で約8個および17個，オオタバコガの1齢幼虫で約8頭および8頭，ミカンキイロアザミウマの2齢幼虫で約7頭および30頭，ワタアブラムシの無翅成虫で約7頭および8頭，ナミハダニの雌成虫で約4頭および11頭と推定される。

成虫，幼虫ともに目前の餌を視覚的に認識して攻撃するが，オオメはハダニ類が加害した葉の匂いに誘引されることも知られており，餌探索には複数の手がかりを用いている可能性がある。

オオメの幼虫は，作物の蜜や花粉を摂取することにより一定期間生存可能であるが，これらの植物質の餌のみでは成虫まで発育できない。

オオメはしばしば植物体から吸汁するが，これまでに，イチゴ，スイカ，キュウリ，ピーマン，ナスでは，吸汁による被害は発生しないことが明らかとなっている。ヒメオオメについても同様である。

●対象害虫の特徴

アザミウマ類は，花弁や子房，幼果，葉などの表面の細胞を吸汁食害する。花卉類では，花弁の食害により商品価値が大きく損なわれる。また，果菜類の子房や幼果が食害された場合，果実表面に傷が残り商品価値が低下するほか，葉を食害された場合，

食害痕はかすり状の白斑となり，多発すると葉全体が白化し，生育抑制や枯死を引き起こす。また，農作物上に発生するアザミウマ類の多くは，重要な植物ウイルスであるTSWV（トマト黄化えそウイルス）などの媒介者として知られており，これらウイルス病の防除の観点からもその管理が重要である。

ハダニ類は，葉の表面の細胞を吸汁して白斑の発生や葉全体の白化を引き起こす。また，高密度になると葉を糸で覆い尽くし，このような状況下では光合成が阻害され，生育抑制や枯死に至ることもある。主に新葉および展開葉上で見られるが，多発すると蕾や花にも寄生する。

アブラムシ類は植物のあらゆる部位，コナジラミ類は，新葉および展開葉に寄生して吸汁加害する。多発時には葉や株全体の生育抑制，枯死を発生させる。また，排せつ物が植物体に付着し，これを餌として微生物が繁殖することにより，すす病を発生させる。さらに，両者とも植物ウイルスの媒介者としても知られており，ウイルス病防除の観点からもその管理が重要である。

カメムシ類は主に幼果や果実に寄生して吸汁加害する。チョウ目害虫は，葉や花，果実などを食害する。

ハモグリバエ類は，雌成虫が葉面に点々と小さな穴をあけ，しみ出た汁液を摂食する。卵は植物体内に産み付けられ，孵化した幼虫は葉の内部に潜入して葉肉を食害し，白い不規則な線状の食害痕を発生させる。幼苗期に多発すると枯死株を生じ，被害が大きい。また，葉菜類では，被害がわずかでも商品価値が著しく損なわれる。

【活用の部】

●発育と生態

オオメは関東地方では年1世代（一部2世代）を経過する。おおむね5～11月ごろに野外の植物上で活動し，その後，雑草地の枯葉の下などに潜り込んで成虫で越冬する。多くの植物上に生息し，毛茸（もうじょう）に富む植物の葉裏など，毛が密生した部位の表面に1個ずつ産卵する。孵化後の1齢幼虫は，4回脱皮して5齢まで発育し，その後成虫となる。

オオメの卵は20～30℃，幼虫は20～33℃の範囲で温度が高いほど発育が速くなる。卵期間は，20℃で約23日，24℃で約13日，26℃で約12日，30℃で約9日，33℃で約8日，スジコナマダラメイガ卵を与えて飼育した場合の幼虫期間は，20℃で約70日，24℃で約43日，26℃で約33日，30℃で約26日，33℃で約23日であり，雌雄の発育日数はほぼ同様である。発育零点は卵・幼虫ともに約13℃，発育有効積算温量は卵が約151日度，幼虫が約433日度である。卵の孵化率は20～30℃の範囲では76～99％と高いが，33℃では10％と低く発育も遅延し，36℃ではまったく孵化しない。幼虫期を通じた生存率は20℃では67％，24～33℃では77～100％と高いが，36℃では羽化できずにすべて死亡する。

ヒメオオメの卵は20～33℃，幼虫は20～36℃の範囲で温度が高いほど発育が速くなる。卵期間は，20℃で約24日，24℃で約13日，26℃で約10日，30℃で約7日，33および36℃で約6日，スジコナマダラメイガ卵を与えて飼育した場合の幼虫期間は，20℃で約67日，24℃で約33日，26℃で約25日，30℃で約17日，33℃で約13日，36℃で約12日であり，雌雄の発育日数はほぼ同様である。発育零点は卵および幼虫で約16℃および約17℃，発育有効積算温量は卵が約98日度，幼虫が約227日度である。卵の孵化率は24～36℃の範囲では69～78％であるが，20℃では35％と低く，発育も遅延する。幼虫期を通じた生存率は24℃では72％，26～36℃では86～97％と高いが，20℃では40％とやや低い。

26℃においてスジコナマダラメイガ卵を与えた場合のオオメの成虫寿命は，雌が約173日，雄が約262日，産卵前期間は約19日，日当たり産卵数および総産卵数はそれぞれ，約1.4個および235個，一世代の平均時間は約156日，純増殖率は約117，内的自然増加率は0.031である。ヒメオオメの成虫寿命は，雌が約109日，雄が約102日，産卵前期間は約5日，日当たり産卵数および総産卵数はそれぞれ，約1.9個および235個，一世代の平均時間は約88日，純増殖率は約94，内的自然増加率は0.051である。

●保護と活用の方法

「農薬の影響」を参照。

〈オオメカメムシ類〉オオメカメムシ（オオメナガカメムシ）類

表1 オオメカメムシ幼虫およびヒメオオメカメムシ成幼虫に対する各種農薬の影響

系統名	薬剤名	オオメカメムシ幼虫	ヒメオオメカメムシ 成虫	ヒメオオメカメムシ 幼虫	系統名	薬剤名	オオメカメムシ幼虫	ヒメオオメカメムシ 成虫	ヒメオオメカメムシ 幼虫
有機リン系	オルトラン	―	◎	◎	その他の系統	ウララ	―	◎	◎
	DDVP	×	◎	◎		フェニックス	―	◎	◎
	ディプテレックス	―	○	○		コルト	―	◎	◎
	ダイアジノン	―	×	×		チェス	◎	◎	◎
	スプラサイド	×	○	○		プレオ	◎	◎	◎
	カルホス	―	×	×		ディアナ	―	◎	◎
	マラソン	×	○	○		スピノエース	○	◎	◎
	スミチオン	×	×	×		ハチハチ	―	×	×
	エルサン	―	×	×	気門封鎖型殺虫剤	サンクリスタル	○	―	―
	トクチオン	―	×	×		粘着くん	○	―	―
カーバメート系	オンコル	―	○	×		アカリタッチ	×	―	―
	ガゼット	―	○	○	微生物殺虫剤	BT	◎	◎	◎
	ランネート	○	×	×		ボーベリア・バシアーナ	―	◎	◎
	ラービン	―	◎	◎		バーティシリウム・レカニ	―	◎	◎
合成ピレスロイド系	アグロスリン	―	×	×	殺ダニ剤	バロック	◎	―	―
	トレボン	―	×	×		マイトコーネ	―	―	―
	ロディー	×	×	×		スターマイト	―	◎	◎
	マブリック	○	×	×		コロマイト	◎	―	―
	アディオン	×	×	×		サンマイト	×	◎	◎
	スカウト	―	×	×		ピラニカ	―	◎	◎
ネライストキシン系	パダン	―	×	×	殺菌剤	アミスター	―	◎	◎
ネオニコチノイド系	モスピラン	×	◎	◎		ベンレート	―	◎	◎
	ダントツ	―	×	×		オーソサイド	―	◎	◎
	スタークル／アルバリン	―	×	×		サンヨール	―	◎	◎
	アドマイヤー	―	○	○		モンカット	―	◎	◎
	ベストガード	○	◎	◎		アリエッティ	―	◎	◎
	アクタラ	―	×	×		ストロビー	―	◎	◎
IGR剤	アタブロン	×	◎	◎		ジマンダイセン	―	◎	◎
	マトリック	―	◎	◎		ラリー	―	◎	◎
	カスケード	―	◎	×		カリグリーン	―	◎	◎
	マッチ	×	◎	◎		ポリオキシン	◎	―	―
	ファルコン	―	◎	◎		モレスタン	―	―	―
	カウンター	―	○	×		イオウ	◎	―	―
その他の系統	コテツ	◎	◎	◎		ダコニール	―	◎	◎
	プレバソン	―	◎	◎		トリフミン	◎	―	―
	アファーム	○	×	×		サプロール	―	◎	◎

注 1) ◎：問題なく併用できる薬剤（死亡率30％未満），○：併用できるが注意を要する薬剤（死亡率30〜80％未満），×：併用困難な薬剤（死亡率80％以上），―：調査未実施または調査中の薬剤
2) オオメについては，イチゴでうどんこ病などに対して登録がある殺菌剤を対象に影響を調査中であり，多くの薬剤において問題なく併用できることが確認されつつある

●農薬の影響

オオメまたはヒメオオメと農薬を併用する際には，表1から，問題なく併用できる薬剤（◎印），または併用可能だが注意を要する薬剤（○印）を選ぶ。有機リン剤，合成ピレスロイド剤，IGR剤には影響が大きいものが多いため，原則として放飼する施設での散布をひかえる。気門封鎖型殺虫剤に関しては，商品により影響の大きさが異なるため注意を要する。うどんこ病の防除に用いられるイオウくん煙剤は，オオメの生存に悪影響を及ぼさないことが明らかとなっている。

●採集方法

オオメについては，アブラムシ類が寄生しているヨモギやセイタカアワダチソウ，ハダニ類が寄生しているクズなどの雑草群落を探し，捕虫網で叩き網やスウィーピングをするか，吸虫管を用いて採集する。また晩秋には，開花中のセイタカアワダチソウの花を叩き落とすことにより越冬前の成虫を採集できる。冬期には，これらの雑草が優占する雑草地で枯葉の下を探すことにより，越冬中の成虫を採集できる。ヒメオオメについては，イネ科が優占する雑草地の雑草の株元付近を探索し，吸虫管を用いて採集する。

●飼育・増殖方法

両種とも，脱脂綿を産卵基質，スジコナマダラメイガ卵などを餌として累代飼育できる。また，豚肉，豚レバー，卵黄などを主成分とする人工飼料を作製し，これを与えて飼育することも可能である。ただし，安定して多数の増殖個体を得るには温湿度条件などを制御できる設備が必要である。

（大井田　寛・池田二三高）

アカメガシワクダアザミウマ
（口絵：土着9）

学名　*Haplothrips brevitubus* (Karny)
＜アザミウマ目／クダアザミウマ科＞
英名　—

主な対象害虫　アザミウマ類（ミナミキイロアザミウマ，ヒラズハナアザミウマなど）
その他の対象害虫　—
発生分布　北海道，本州，四国，九州
生息地　畑地，果樹園，草地，雑木林などの農耕地周辺
主な生息植物　イチゴ，エンドウ，キュウリ，ナス，ピーマンなどの果菜類，カンキツ類，クワなど。そのほか花を有する植物で発見されることが多い
越冬態　成虫
活動時期　5〜10月
発生適温　20〜25℃

【観察の部】

●見分け方

クダアザミウマ科の分類は非常に難しいが，本種の形態的な特徴は，成虫は光沢を帯びた黒色，幼虫は赤色と白色の横縞模様を呈する。

●生息地

自然環境のなかでは，花を有する植物を探すと確認できる。

●寄生・捕食行動

本種はアザミウマ類，ハダニ類，アブラムシ類，コナジラミ類およびチョウ目昆虫の卵などの節足動物，花粉を食する広食性の捕食者であるが，アザミウマ類を与えた場合に捕食量は最も多い。アザミウマ類の幼虫を与えた場合，本種のそれぞれの発育態における1日当たり捕食量は，1齢幼虫で約2頭，2齢幼虫で約6頭，雌成虫で約10頭である。15℃から30℃の温度域では，本種の捕食量は温度によって大きく変化しない。餌に覆い被さり，抱きかかえるようにして捕食する。成虫は腹部先端部を上方へ持ち上げ歩行する姿がしばしば観察される。

〈アザミウマ類〉アカメガシワクダアザミウマ

●対象害虫の特徴

本種の効果が最も期待されるアザミウマ類は，対象作物によって種および加害部位が異なる。たとえば，イチゴの場合，九州南部ではヒラズハナアザミウマが主体であり，冷涼地域になるとミカンキイロアザミウマが多くなる。これらはいずれも果実表皮に外傷を与えるため，生産物の品質を著しく低下させる。イチゴでは3月以降の被害が多い。

ピーマンでは主にミナミキイロアザミウマおよびヒラズハナアザミウマが発生するが，ミナミキイロアザミウマは低密度でも果実表皮に外傷を有する被害果実が発生する。ナスおよびキュウリでは主にミナミキイロアザミウマが発生するが，これらは発生初期は葉で増殖しやすく，個体数が増加するとピーマンと同様に果実への被害を発現させる。

アザミウマ類に対しては有効な薬剤が少ないことから，果菜類では特に有効な防除技術の確立が望まれている。現在，本種は「生物農薬」としての開発も進められている。

【活用の部】

●発育と生態

本種は，卵，1齢幼虫，2齢幼虫，前蛹，第1蛹，第2蛹を経て成虫に至る。2齢幼虫の体長は約1.5mm，成虫の体長は雌で約2mm，雄で約1.5mmである。アザミウマ科は植物の組織内部に産卵し，外観で発見することは困難であるが，クダアザミウマ科は組織外部に産卵するため，ルーペなどを活用して卵を観察することが可能である。本種の卵は橙色を呈する紡錘形で，長さは約0.3mmと非常に微小である。卵は葉の葉脈の基部など隙間に産み付けられることが多い。室内で飼育をする場合には，脱脂綿や毛糸などを用いると好んで産卵する。

温度25℃，長日の条件下でクワアザミウマを与えた場合，それぞれの発育態におけるおおよその発育期間は，卵で4～5日，1齢幼虫で3日，2齢幼虫で6～7日，前蛹および第1蛹で1日，第2蛹で3日，卵から成虫までの発育期間は19日弱である。この間，1齢幼虫は1日当たりに約2頭，2齢幼虫は1日当たり約5頭のアザミウマ幼虫を捕食する。前蛹を含む蛹期間には餌を摂食しない。

雌成虫は羽化約3日後から卵を産み始める。成虫は約1か月生存し，寿命に雌雄間で大きな違いはない。雌成虫は生存期間中連続して1日当たり3～4卵を産む。1頭の雌の生涯産卵数は平均で約120卵である。室内条件下での飼育実験で得られた結果から推定した平均世代期間は29.5日，純増殖率は56.5，内的自然増加率は0.160である。本種の増殖率は，カブリダニ類の約4分の1，ヒメハナカメムシ類の約2倍に相当すると考えられる。ミナミキイロアザミウマ，ワタアブラムシ，カンザワハダニのそれぞれの害虫を組み合わせて与えた場合には，ミナミキイロアザミウマを最も多く捕食する。

●保護と活用の方法

冒頭で記したとおり，本種は花粉も餌として利用するため，花を有する植物で発見されることが多い。植物の花粉や蜜源が天敵の寿命の延長や産卵数の増加に効果的であることが多くの天敵で知られており，圃場やその周囲で天敵の誘引，定着および増殖を高める草種（天敵温存植物）の選定や利用技術が近年活発に研究・実践されている。たとえば，ハゼリソウ，バジル類，ソバ，マリーゴールド，アリッサムなどは天敵温存植物として注目を集める種類であるが，これらの草種においてもアカメガシワクダアザミウマが発見されるため，本種の保護・強化には有効であるものと見込まれる。

天敵温存植物を積極的に活用して圃場および周囲で本種の生息個体数を高めることは，保護・強化法の重要な要素である。また，当然，生産作物で利用される農薬の選定には留意する必要があるため，後に示す農薬の影響を参考に効率的な農薬の利用を図る必要がある。

●農薬の影響

合成ピレスロイド系殺虫剤，有機リン系殺虫剤，ネオニコチノイド系殺虫剤は総じて影響が強い。アザミウマ類に対して活性を示す殺虫剤のなかで，アファーム乳剤やスピノエース顆粒水和剤の影響は強いが，プレオフロアブルは影響が小さい。IGR剤のなかではアタブロン乳剤，カスケードフロアブル，マッチ乳剤などは幼虫への影響があるので併用をひかえる。ダニ類に活性を有する殺ダニ剤および殺虫

剤のなかでは，オサダンフロアブル，コロマイト乳剤，バロックフロアブル，マイトコーネフロアブルなど一般的にダニ類に対して利用されるものの影響は小さいが，コテツフロアブルやサンマイトフロアブルは影響が強い。アブラムシ類に対して利用される殺虫剤のなかでは，ウララDF，コルト顆粒水和剤，チェス顆粒水和剤の影響は小さい。チョウ目害虫に対して利用されるもののなかでは，トルネードフロアブル，フェニックス顆粒水和剤，プレバソンフロアブル，IGR剤のファルコンフロアブルやマトリックフロアブルのほか，BT剤は併用が可能である。殺菌剤のうち，一部の天敵に対して悪影響が認められるものが知られているが，現在のところ殺菌剤のなかで本種に対して影響の強いものは確認されていない。

● 採集方法

本種の主な活動時期である5〜10月に，花を咲かせるキク科の雑草を見ると効率的に採集が可能である。また，ソバの圃場では殺虫剤を散布されることが少ないので採集には適地である。

基本的には，寄主植物を叩きながらバットなどに落とし，吸虫管で吸い取ることで採集が可能である。本種の成虫は即座に飛翔して逃亡することは少ないので，寄主植物の群落を確保できれば，採集はさほど難しくはない。なお，叩き落とし用のバットは白いものを選ぶと本種の見分けが容易である。バットに落ちた虫のうち，黒く，光沢を帯び，腹部末端を上方に突き上げて歩行する個体，赤と白の縞模様を呈する個体を識別して吸い取る。卵を採集することは非常に困難であるため，卵を確保する必要がある場合には，成虫を採集した後，いったん飼育する必要がある。

● 飼育・増殖方法

本種は，スジコナマダラメイガ（チョウ目）の冷凍卵と花粉を用いた大量増殖が可能である。花粉を供試すると生存率の向上，産卵数の増加に有効である。共食いはさほど激しくない。成虫に脱脂綿や毛糸のようなシェルター資材を与えると卵の採取が可能である。卵だけを採取したい場合には，成虫を分離しやすい素材のものが好ましいので，キッチンペーパーやボール紙など，表面が滑らかなものが好適

である。得られた卵を産卵資材とともに，タッパー（一定の通気性が確保された，密閉性が高いもの）へ入れ，その後2〜3日間隔で餌を与える。アザミウマ類の蛹化にはシェルターが必要なので，この場合タッパーの底面にキッチンペーパーなどを敷いて蛹化場所を確保しておく。

温度25℃の条件では，卵の設置から約2週間後に次世代の成虫が確保できる。本種の飼育にあたっては，生きた植物を必要としないので，上に述べた餌と花粉，水さえあれば飼育体系の構築は難しくない。

（柿元一樹）

キイカブリダニ

(口絵：土着10)

学名　*Gynaeseius liturivorus* (Ehara)
<ダニ目／カブリダニ科>
英名　—

主な対象害虫　ミナミキイロアザミウマ，ネギアザミウマ
その他の対象害虫　コナジラミ類
発生分布　本州・四国，中国，台湾
生息地　樹木，畑
主な生息植物　チャ，ブドウ，ダイズ，ニラ，ネギ，果菜類
越冬態　雌成虫
活動時期　4〜11月
発生適温　15〜30℃

【観察の部】

● 見分け方

キイカブリダニの雌成虫は胴長約0.4mmで産卵を開始すると球形に近くなり，体色も黄色から次第に赤みが強くなる。背板上の胴背毛はいずれも短く特徴はない。卵は楕円形の乳白色で葉裏に産み付けられる。

● 生息地

あまり防除の行なわれていない茶園，ブドウ園，ダイズ圃場や施設ナス・ピーマン類圃場などでアザ

ミウマ類，コナジラミ類とともに観察される。

●寄生・捕食行動

キイカブリダニの雌成虫は，25℃ではミナミキイロアザミウマ1齢幼虫を1日当たり12頭捕食し，アザミウマ類に対する捕食能力は既知のカブリダニ類のなかで最も高い。アザミウマ類のほかに，コナジラミ類に対する捕食能力も高い。また，花粉のみでは個体数を維持することは難しく，ハダニ，チャノホコリダニは捕食しない。

●対象害虫の特徴

本種の自然生態系での餌種は明らかにされていない。作物上ではアザミウマ類の密度と同調することから，アザミウマ類を主に捕食していると考えられる。本種は他のカブリダニ類と比較して大型なため，しばしばアザミウマ類の成虫を攻撃しているところが観察される。

【活用の部】

●発育と生態

本種の活動温度は15〜30℃であるが，発育零点は6.6℃とチリカブリダニの約12℃，ククメリスカブリダニの7.7℃，ケナガカブリダニの11℃と比較して低く，低温期でも活動可能である。キイカブリダニの卵から成虫までの発育期間は25℃で4.4日と，チリカブリダニ，ククメリスカブリダニ，ケナガカブリダニと比較して短い。本種は低温短日条件下となる10月下旬から3月下旬までは休眠する。ただし，一部には非休眠と思われる個体も存在する。

●保護と活用の方法

本種の生息が確認された圃場では次年度も継続して発生することが多い。これらの圃場では本種に影響の少ない薬剤を選択することで，本種のアザミウマ類，コナジラミ類に対する密度抑制効果が期待できる。また，圃場内にムギ類を植栽し，本種の餌となるクサキイロアザミウマを発生させることで本種の定着・増殖を促すことができる。なお，クサキイロアザミウマはイネ科以外の作物を加害しない。

●農薬の影響

キイカブリダニは他のカブリダニ類と同様に，殺虫剤のなかでは，有機リン剤，カーバメート剤，ピレスロイド剤，一部の殺ダニ剤の影響が大きい。また，ベンゾイルウレア系のキチン合成阻害剤の影響も大きい。一方，殺菌剤では，モレスタン水和剤，ジマンダイセン水和剤，トップジンM水和剤，イオウフロアブルなどの影響は大きいものの，併用できる薬剤は多い。

●採集方法

本種の自然生態系での発生生態は明らかでないため，野外から採集することは困難である。施設果菜類圃場では，アブラムシ類のバンカー植物としてムギ類が植栽されることがあるが，このムギ類にクサキイロアザミウマとともに発生することが観察される。しかし地域性があり，必ず発生するとは限らない。

●飼育・増殖方法

キイカブリダニはインゲンマメやナスにアザミウマ類，コナジラミ類を寄生させ，本種を放飼することで飼育できる。ただしキイカブリダニの増殖能力は高く，すぐに餌を食べ尽くすため長期間，高密度で飼育することは難しい。

（古味一洋）

ヘヤカブリダニ

（口絵：土着10）

学名 *Neoseiulus barkeri* (Hughes)

<ダニ目／カブリダニ科>

英名 —

主な対象害虫 ミナミキイロアザミウマ，ネギアザミウマ，チャノホコリダニ

その他の対象害虫 ハダニ類，コナダニ類，サビダニ類

発生分布 北海道，本州，四国，九州，韓国，中国，イスラエル，イギリス，ヨーロッパ，アフリカ

生息地 施設栽培果菜類，畑

主な生息植物 施設栽培のピーマン，ナス，キュウリ，バラ，ダリア，露地栽培のニラ，ネギ

越冬態 雌成虫

活動時期 4〜11月

発生適温 15〜30℃

【観察の部】

●見分け方

ヘヤカブリダニの雌成虫は胴長約0.38mmで扁平，体色は淡い桃色から赤色。卵は楕円形の乳白色で葉裏に産み付けられる。背板上の胴背毛の特徴によって他種と識別することは困難である。同定はスライド標本にされた雌成虫で行なうが，本種の受精嚢は特徴的であり，大きな指標となる。

●生息地

畑地ではネギやニラ圃場でネギアザミウマとともに見つかることもあるが，施設栽培のピーマン，ナス，キュウリ，花卉類でアザミウマ類とともに観察されることが多い。

●寄生・捕食行動

ヘヤカブリダニの雌成虫は，25℃ではミナミキイロアザミウマ1齢幼虫を1日当たり1頭程度捕食する。アザミウマ類に対する捕食能力は既知のカブリダニ類のなかでは高くない。アザミウマ類のほかに，ハダニ類，コナダニ類，サビダニ類も捕食し，チャノホコリダニに対する捕食能力は高い。また，花粉だけでは個体数を維持することは難しい。

●対象害虫の特徴

本種の自然生態系での餌種は明らかにされていない。作物上ではアザミウマ類とともに観察されることから，アザミウマ類を主に捕食していると考えられる。

【活用の部】

●発育と生態

本種の活動温度は15～30℃であるが，加温を行なう施設栽培の果菜類，花卉類圃場では冬期でも観察される。ヘヤカブリダニの卵から成虫までの発育期間は25℃で7.8～8.5日と，既知のカブリダニ類のなかで発育期間は長い。本種は低温短日条件下では休眠するが，一部には非休眠と思われる個体も存在する。

●保護と活用の方法

本種の生息が確認された圃場では次年度も継続して発生することが多い。これらの圃場では本種に影響の少ない薬剤を選択することで，本種のアザミウマ類，チャノホコリダニ類，ハダニ類に対する密度抑制効果が期待できる。また，圃場内の通路や株元に米ぬかやふすまなどの有機質資材を投入することで，ヘヤカブリダニを本種の餌となるケナガコナダニとともに増殖させることができる。

ヘヤカブリダニはアザミウマ類に対する捕食能力は高くないが，施設圃場内で大量に増殖させることでアザミウマ類などに対する密度抑制効果を高めることができる。さらに，ヘヤカブリダニ雌成虫は薬剤の影響を受けにくいことが確かめられており，圃場内の通路や株元で増殖させる手法を用いれば，ほとんどの薬剤と併用できる。なお，あまり大量のケナガコナダニを発生させるとキュウリなどでは成長点部分の軟らかい組織が食害される場合があるので注意する。

●農薬の影響

ヘヤカブリダニ幼若虫に対して，殺虫剤ではピレスロイド剤やコテツフロアブル，ピラニカ乳剤，サンマイトフロアブルなど一部のダニ剤の影響が大きい。また，殺菌剤では，モレスタン水和剤，ジマンダイセン水和剤，ベンレート水和剤，イオウフロアブルなどの影響は大きいものの，併用できる薬剤は多い。なお，アザミウマ類の防除に有効なアファーム乳剤の影響は小さく，他のカブリダニよりも有利な点となる。本種の幼若虫に対してアグロスリン乳剤，ハチハチ乳剤，サンマイトフロアブルの影響は大きいものの，雌成虫に対する残効期間は1週間以内と短い。

本種は薬剤主体の防除を行なっている施設キュウリ，花卉類圃場で観察されることから，他のカブリダニと比較して薬剤耐性は高い。

●採集方法

本種の自然生態系での発生生態は明らかでないため，野外から採集することは困難である。施設果菜類圃場では，アザミウマ類とともに観察されることが多い。また，圃場内に投入した有機質資材にケナガコナダニなどとともに発生することが多い。本種が一度発生すると土壌消毒を行なっても翌年以降も引き続き発生することが多い。

〈カスミカメムシ類〉クロヒョウタンカスミカメ

●飼育・増殖方法

　ヘヤカブリダニはククメリスカブリダニと同様に飼育することができる。ヘヤカブリダニは通気性を確保した飼育容器の中に米ぬかやふすま、エビオスなどを入れてケナガコナダニとともに本種を封入し、水を張った容器内に置くことで飼育できる。この際、飼育容器を高湿度に保ち、同器内の米ぬか、ふすまを適宜撹拌して空気を入れ、アンモニアガスを発生させないように留意する。

（古味一洋）

クロヒョウタンカスミカメ

（口絵：土着11）

学名　*Pilophorus typicus* (Distant)
<カメムシ目／カスミカメムシ科>
英名　―

主な対象害虫　コナジラミ類，アザミウマ類
その他の対象害虫　ハダニ類
発生分布　本州，四国，九州，南西諸島，台湾，中国，朝鮮半島，西南アジア
生息地　畑とその周辺の雑草地
主な生息植物　キュウリやナスなどの農作物，クズ，アカメガシワ，センダングサ類，ツユクサなど多種多様な植物
越冬態　成虫
活動時期　野外では春〜秋，施設内では通年
発生適温　25〜30℃

【観察の部】

●見分け方

　成虫は体長約2.7mmで、全体的に黒っぽく、細長い。アリによく似た姿をしており、野外採集しているとアリと一緒に捕獲されることも多い。
　クロヒョウタンカスミカメとアリとの一番の違いは口器の形状にある。アリの口器は咀嚼型（かむ型）であるのに対し、クロヒョウタンカスミカメの口器は他のカメムシなどと同様に吸収型（吸う型）であり、アリとは異なる。

成，幼虫ともに動きは俊敏である。
脱皮直後の幼虫の体色は赤っぽい。

●生息地

　本州以南の畑地やその周辺の雑草地で普通に見られる。

●寄生・捕食行動

　口吻を餌動物の体に突き刺し、体液を吸収する。

●対象害虫の特徴

　コナジラミ類、アザミウマ類、ハダニ類などの害虫を捕食する。

【活用の部】

●発育と生態

　卵は植物組織内に産み付けられ、孵化後の幼虫は5齢を経て成虫になる。卵期間は20℃で約20日、25℃で約12日、30℃で約9日、発育零点は約12℃である。
　高知県では、野外においては5月から11月ころにかけて発生が認められる。ただし、加温されたハウス内においては通年発生が認められる。
　高知県では天敵を利用しているナスや米ナス、ピーマン類のハウス内で見られることがあり、無加温栽培のハウス内でも厳寒期に定着していた例がある。

●保護と活用の方法

　自然発生で防除に利用できる個体数を確保するのは難しいことから、生産現場では大量に確保するために野外での採集、専用ハウスでの温存、作型の異なる産地間でのリレーなどが行なわれている。
　当初は、ミナミキイロアザミウマなどアザミウマ類の天敵として注目されていたが、2004年以降、高知県内でも大発生して問題となったタバココナジラミ・バイオタイプQなど、コナジラミ類に対しても有効であることがわかり、生産現場で積極的に活用され始めた。
　同じく土着天敵として利用されているタバコカスミカメと比較すると、発育日数が長く、圃場での定着や対象害虫の抑制にやや時間を要する傾向がある。ただし、タバコカスミカメは増えすぎると作物に被害を及ぼす場合があるのに対して、クロヒョウタンカスミカメは作物に悪影響を与えてしまうよう

な事例は観察されておらず，安心して活用できる土着天敵の1つであるといえる。
●農薬の影響
　殺虫剤にはきわめて弱いが，選択性殺虫剤のなかには防除体系に組み込める薬剤もある。害虫の発生状況とクロヒョウタンカスミカメへの影響を考慮し，殺虫剤を選定する。
　比較的影響の少ない薬剤は，アプロード水和剤，トリガード液剤，プリファード水和剤　マトリックフロアブル，BT剤，マイトコーネフロアブル，ラノー乳剤，プレバソンフロアブルなどである（天敵資材・特定農薬の項も参照されたい）。
●採集方法
　生産現場で利用するためには，いかに効率よく大量に確保するかが課題になる。高知県内では，以下のような方法がとられている。
◎野外採集
　クズ，クワ，アカメガシワ，ツユクサなど，本種が生息している雑草地の地表近くにネットなどを差し込んだ後，植物体を揺らし，ネット内に落ちた成・幼虫を手づくり捕虫器で吸い取る。捕虫器は，ペットボトルなどの容器に2つの管を取り付けただけの単純な構造で，片方の管を口にくわえて空気を吸うと，もう一方の管から容器内に虫を吸引できる。なお，捕虫器の中にクッション用の紙くずを入れておくことにより，捕獲虫の損傷を防ぐことができる。
◎産地間リレー
　作型の異なる雨よけ栽培地域（春〜秋に栽培）と促成栽培地域（秋〜春に栽培）とで，それぞれの地域の栽培圃場内に定着したクロヒョウタンカスミカメを栽培終了時には新たに栽培が始まる地域に移動させて利用する方法である。なお，この際にも採集には手づくり捕虫器を利用する。
●飼育・増殖方法
　遊休ハウスや育苗用ハウス内で，クロヒョウタンカスミカメの餌となるコナジラミ類やアザミウマ類が発生しやすいナスやピーマンを栽培し，増殖・確保する。
　高知県内ではこれらのハウスは天敵温存ハウスと呼ばれ，促成栽培終了後に本圃内から天敵温存ハウス内に本種を移動させ，維持，増殖したものを次作に利用する方法がとられている。

（下元満喜・岡林俊宏・榎本哲也）

メスグロハナレメイエバエ
（口絵：土着12）

学名　Coenosia attenuata Stein
<ハエ目／イエバエ科>
英名　Hunter fly，Killer fly

主な対象害虫　成虫はコナジラミ類成虫，キノコバエ類成虫，ショウジョウバエ類成虫，ハモグリバエ類成虫，アブラムシ類有翅成虫など微小な飛翔性昆虫。幼虫はキノコバエ類の幼虫を捕食する
その他の対象害虫　—
発生分布　高知（他県にも分布していると思われるが詳細不明），世界中に分布
生息地　高知では主に施設内で確認できるが，野外にも生息
主な生息植物　ナス，ピーマン，ニラなど
越冬態　不明だが高知県の施設内では冬期に成虫が普通に見られる
活動時期　高知県の施設では11月から1月に個体数が多い
発生適温　17.5〜27.5℃

【観察の部】

●見分け方
　成虫は体長3mm前後，ショウジョウバエ程度の大きさで，種の判定は難しいが，施設内の栽培植物の葉上でコナジラミ成虫やキノコバエ成虫を前脚で捕まえて捕食している場面が観察できれば，本種である可能性が高い。
　本種を含むハナレメイエバエの仲間は，雄の複眼間が雌よりも離れている。また，本種の雄成虫の各脚の腿節は白色であり，腹部も灰白色で，全体的に雌より白っぽく見える。これらの特徴が本種の和名の由来である。
●生息地
　高知県では平地のナス，ピーマン，ニラの栽培施設内で成虫が確認できる。

〈捕食性バエ〉メスグロハナレメイエバエ

国外では幼虫は土中でキノコバエ幼虫類を捕食しているとの報告があるが、国内では野外での幼虫は未発見である。

● 寄生・捕食行動

成虫は施設内の植物葉上や、水平方向に張られた針金や誘引ひも上に静止していることが多い。近くを微小昆虫が飛翔すると、すばやく飛び立って脚部で捕獲し、元の静止場所に戻って口器を餌に突き刺し、体液を吸汁する。キイロショウジョウバエに対しては、胸部の前端や腹部側面に口器を突き刺すことが多い。

国外では幼虫は土中でキノコバエ幼虫などを捕食することが報告されているが、日本での報告はない。

● 対象害虫の特徴

成虫は自らのサイズと同等かそれ以下の飛翔する昆虫を捕食する。狭い容器内では捕食対象が飛翔していなくても、近接してくると捕獲することがある。

【活用の部】

● 発育と生態

卵は湿り気のある土壌表面に産下される。25℃における卵期間は平均3.0日。発育零点は11.0℃、有効積算温度は44.6日度。

幼虫は卵と同様、湿り気のある土壌内に生息する。25℃における幼虫孵化から成虫羽化までの期間は平均21.2日。発育零点は10.1℃、有効積算温度は333.3日度。

25℃における雌成虫の生存期間は平均11.5日（最長27日）、産卵数は平均50卵（最大96卵）。

20℃16時間照明の条件下で、雌成虫はキイロショウジョウバエ成虫を24時間で最大15頭、雄成虫は10頭捕食する。

● 保護と活用の方法

欧米では古くからコナジラミ成虫の捕食者として注目され、防除資材としての利用が期待されているが、室内大量増殖法が確立されておらず、実用化はされていない。

施設園芸害虫の飛翔性成虫に対する天敵昆虫製剤は皆無なので、本種が実用化されれば、新たな特徴の防除資材になる。

本種成虫は飛翔性の微小昆虫を捕食するので、防除資材として寄生蜂類や捕食性カスミカメムシ類との併用には注意が必要である。

● 農薬の影響

高知県において本種が見られる栽培施設は天敵を利用し、殺虫剤の散布が制限されているところなので、殺虫剤には弱いことが推察されるが、試験は行なわれていない。

● 採集方法

高知県の平野部の園芸施設内では、10月から翌年3月ごろまで成虫が見られる。すばやく飛翔するので、吸虫管での採集は困難であり、捕虫網で採集してから吸虫管で吸い込む。施設内には似たようなハエも存在するが、同一の吸虫管に入れておくとそれらのほとんどが捕食される。また、狭い容器内に多くの個体を入れると共食いも行なうので、容器内にティッシュなどを入れて、隠れ場所をつくっておく必要がある。

● 飼育・増殖方法

成虫は30cm立方のケージ内で交尾可能であり、室内飼育の容易なキイロショウジョウバエが餌として利用できる。ケージ内に湿った土などを入れておくと容易に産卵する。水耕栽培用のヤシ繊維を培地として、産卵から成虫羽化まで入れ替えることなく利用できる。

欧米では、本種幼虫期に切断したミミズ、キノコバエ幼虫を餌として与えることで成虫を得ることができることが報告されているが、餌の確保、処理に手間がかかり、実用的でない。

筆者の研究室ではブラインシュリンプ孵化直後幼虫が本種幼虫期の餌として有効であることを確認し、容易な飼育方法を確立した。ブラインシュリンプ幼虫は汽水で生活するエビの仲間であるが、耐久卵は淡水下においても孵化はするので、水で湿らせたヤシ繊維の培地上に置いたり、培地とともに混ぜたりすることで給餌できる。ただし、高温下ではカビ防止のために、1日に1回は培地をかき混ぜる必要がある。

成虫同士、幼虫同士で共食いをするので、狭い容器や、餌不足の環境での飼育には注意が必要である。

（荒川　良）

ナナホシテントウ

(口絵：土着 13)

学名　*Coccinella septempunctata* Linnaeus
＜コウチュウ目／テントウムシ科＞
英名　Sevenspotted lady beetle

主な対象害虫　アブラムシ類
その他の対象害虫　—
発生分布　日本全土
生息地　平地の畑とその周辺
主な生息植物　広葉の草本植物や野菜
越冬態　蛹，成虫
活動時期　暖地では1年中。春と秋に多い
発生適温　15〜25℃

【観察の部】

●見分け方

　成虫は体長8mmで翅に7個の黒い斑紋がある最も馴染みのあるテントウムシである。この斑紋の数は安定している。ナミテントウは，翅の色や斑紋が変化に富むのでよく似た個体があるが，7個の斑紋はない。
　幼虫は体長10mm内外，全体に青みを帯びた黒で，表面は薄く白い粉がついたように見える。
　蛹は尾端を固定している。蛹の色は橙色に黒の斑紋があるが，変化に富み真っ黒の個体もある。

●生息地

　平地の畑およびその周辺に普通に見られる。林の中には見られないが林縁部には見られる。水田の畦畔にも多い。

●寄生・捕食行動

　幼虫，成虫ともにアブラムシを捕食する。成虫，成熟幼虫はワタアブラムシを1日10〜30頭捕食する。

●対象害虫の特徴

　アブラムシ類は植物のあらゆるところに寄生するので，テントウムシ類の捕食対象となる。しかし，テントウムシ類は新芽，蕾，花の中あるいは根や樹皮下には入っていけないので，これらに寄生しているアブラムシは捕食されない。

【活用の部】

●発育と生態

　1年中見られるが，主に春と秋に多く，夏は少ない。アブラムシ類の成虫および幼虫が見られる間捕食可能である。暖地では，冬期でも卵〜成虫が見られ，ほぼ10℃以上の気温があればアブラムシを捕食し成虫も産卵する。冬期でも卵から孵化して幼虫が発生し，わずかであるがアブラムシを捕食する。
　一般には幼虫〜成虫で越冬するが，寒冷地では蛹で越冬する。

●保護と活用の方法

　殺虫剤にはきわめて弱いので，農薬散布をひかえて自然発生個体を保護する。

●農薬の影響

　殺虫剤にはきわめて弱い。

●採集方法

　アブラムシ類が寄生している植物や野菜で探すか，捕虫網で草むらをスウィーピングしても採集できる。

●飼育・増殖方法

　アブラムシならどの種類でも捕食するので飼育はできる。ただし，餌のアブラムシ数が減少すると共食いをする。アブラムシ以外のミツバチの蛹などの代替餌による大量飼育も試みられているが，実用までには至っていない。

(池田二三高)

ナミテントウ

(口絵：土着 13)

学名　*Harmonia axyridis* Pallas
＜コウチュウ目／テントウムシ科＞
英名　Common lady beetle

主な対象害虫　アブラムシ類
その他の対象害虫　—
発生分布　日本全土
生息地　林と林縁部，平地の畑とその周辺

〈テントウムシ類〉ヒメカメノコテントウ

主な生息植物　広葉の草本植物，樹木，野菜
越冬態　成虫
活動時期　春〜秋
発生適温　15〜25℃

【観察の部】

●見分け方
　成虫の体長は約8mm，成熟幼虫の体長は約10mm。翅の色や斑紋が変化に富む。翅の色は全体黒や橙一色の個体もある。また，斑紋の色も黒や赤と変異に富み，斑紋数も変異に富む。

●生息地
　全国に分布するが西南暖地では少なく，北方寒冷地が多い。低地の平野部より山間地の林縁部，樹園地に多いが，その近くの畑やその周辺でも多い。

●寄生・捕食行動
　幼虫，成虫ともにアブラムシを捕食する。成虫，成熟幼虫はワタアブラムシを1日10〜30頭捕食する。

●対象害虫の特徴
　アブラムシは植物のあらゆるところに寄生するので，テントウムシの捕食対象となる。しかし，テントウムシは新芽，蕾，花の中あるいは根や樹皮下には入っていけないので，これらに寄生しているアブラムシは，捕食されない。

【活用の部】

●発育と生態
　春〜秋に見られるが夏は少ない。冬は樹皮下，石の下，建造物の中などで集団で越冬する。

●保護と活用の方法
　殺虫剤にはきわめて弱いので，農薬散布をひかえて自然発生個体を保護する。

●農薬の影響
　殺虫剤にはきわめて弱い。

●採集方法
　アブラムシが寄生している樹木，雑草植物で探すか，捕虫網で叩き網やスウィーピングしても採集できる。

●飼育・増殖方法
　アブラムシならどの種類でも捕食するので飼育はできる。ただし，餌のアブラムシ数が減少すると共食いをする。
　アブラムシ以外のミツバチの蛹などの代替餌による大量飼育も試みられているが，実用までには至っていない。

（池田二三高）

ヒメカメノコテントウ
（口絵：土着14）

学名　*Propylea japonica* (Thunberg)
＜コウチュウ目／テントウムシ科＞
英名　―

主な対象害虫　アブラムシ類（モモアカアブラムシ，ワタアブラムシ，ヒゲナガアブラムシなど）
その他の対象害虫　コナジラミ類，カイガラムシ類，アザミウマ類，キジラミ類，ハダニ類
発生分布　日本全土，朝鮮半島，中国など
生息地　農耕地，雑草地，水田
主な生息植物　セイタカアワダチソウ，カラスノエンドウ，ムギ，ソラマメ，イネなど
越冬態　成虫
活動時期　4月〜10月下旬
発生適温　20〜30℃

【観察の部】

●見分け方
　成虫の体長は約4mm，アブラムシ捕食性テントウのなかでは比較的小型である。
　成虫の鞘翅は，淡色（黄橙色，黄褐色，橙褐色）で黒紋がある。紋型としては，亀の甲羅状の斑紋がある亀甲紋型，中央部の会合線のみ黒色のセスジ型，会合線黒条と1対の黒紋がある二紋型，合線黒条と2対の黒紋がある四紋型，ほとんど黒色の黒型が存在する。
　幼虫は4齢を経過する。体長は約2mm（初齢）〜約8mm（終齢），細い紡錘形で黒色，2齢幼虫か

ヒメカメノコテントウ〈テントウムシ類〉

ヒメカメノコ

コカメノコ

図1　ヒメカメノコテントウ（亀甲紋型）とコカメノコテントウの斑紋の違い
黒色部は典型的なパターン，黒点部は最も黒色部の多いときの斑紋。白色部は赤色を呈している

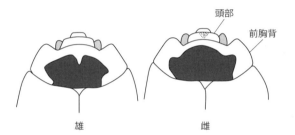
図2　ヒメカメノコテントウの雌雄の見分け方

ら背面に白色の斑紋ができる。蛹は淡黄色地に黒紋があるが，尾部で葉などに固着する。卵は淡黄色で，約1mm長の長卵形である。

成虫の類似種にアブラムシ類の天敵，北海道や本州中部以北の高い山地に生息するコカメノコテントウ Propylea quatuordecimpunctata (Linnaeus)が存在し，亀の甲羅状の斑紋が非常によく似るが，紋の数から区別できる（図1）。欧州ではコカメノコテントウのほうが紋の数が多いことから，コカメノコテントウは14-spot ladybird（14紋のテントウムシ）と呼ばれている。また，コカメノコテントウが腿節（特に後腿節）に明瞭な黒色部をもつのに対して，ヒメカメノコテントウの腿節は全体的に黄褐色であることからも区別できる。一般に，本州中部以南の平地ではヒメカメノコテントウだけが生息するとされている。両種が同じところに生息する地域はあるが，雑種と思われる両種の中間型は見られない。しかし両種を交配実験してみると，数世代の子孫がとれることもわかっている。

雌雄は前胸背板の黒紋で区別できる。黒紋が前方に張り出しているのが雌，黒紋の中央にくぼみがあるのが雄である（図2）。しかし，個体によっては特徴が不明瞭な場合があり，複眼の間から上唇に向かう黒色模様の有無とあわせて判断する。この場合，黒色模様があるのが雌，ないのが雄である。

幼虫の類似種にアブラムシ類の天敵，ダンダラテントウ Cheilomenes sexmaculata (Fabricius)が存在する。体長と背面の模様がヒメカメノコテントウの幼虫と似るが，背面に長い刺毛突起があることから区別できる。

●生息地

農耕地，雑草地，草本などのアブラムシが発生している場所に発生する。

越冬は，成虫で植物体などの下で行ない，ナミテントウのような大規模な集団越冬はしない。

●寄生・捕食行動

幼虫と成虫ともに口器で直接捕食する。成虫は，しばしば前脚で餌昆虫を持って捕食することもある。

●対象害虫の特徴

主としてアブラムシ類を好む。アブラムシ以外ではコナジラミ，アザミウマ，カイガラムシなどの微小昆虫を捕食する。

【活用の部】

●発育と生態

発育零点は約10℃，発育最適温度は20〜30℃である。温度25℃，相対湿度60％，15時間日長条件下では，卵期間が約4日，幼虫期間が約8日，蛹期間が約3日である。

25℃長日条件下における雌成虫の寿命は約90日であり，十分に餌を与えれば1雌当たり生涯約900卵を産下する。雌成虫のアブラムシ捕食量は，1日当たり約50頭，生涯合計で約4,000頭程度である。

野外での発生時期は4〜10月である。春先はムギ畑やカラスノエンドウ上で観察される。夏眠はしないが，高温期には地面が植物で覆われている場所や枯草の下に潜むこともある。越冬後，秋までに5〜7世代を繰り返す。成虫で休眠越冬するが，20℃以上であれば短日条件下でも産卵する。

〈テントウムシ類〉ダンダラテントウ

●保護と活用の方法

露地栽培では、作物上のアブラムシ密度がある程度高まらないと発生しないため、誘引のための天敵温存植物を植栽するとよい。たとえば、畑の周囲や余地にソバを栽培すると花蜜やアブラムシ類に本種が誘引される。ソバの開花期間が長いほど効果が高いため、播種時期をうねごとにずらすなど工夫をする。そのほかでは、ハーブ類やソルゴーなどが利用できる。

本種は高温に強いため、施設内でも利用できる。この場合、本種を野外から採集し、放飼する。また、バンカー植物を設置することで、本種の働きをより増強することができる。バンカー植物には、ムギやソルゴーなどが一般的に用いられ、ハウス内の入り口付近や谷間部、余地に設置する。バンカー植物は10a当たりに4～6か所ずつを目安とし、一度に枯死しないように播種時期をずらして栽培するとよい。

●農薬の影響

多くの殺虫剤がヒメカメノコテントウの生存に影響がある。特に、合成ピレスロイド系やネオニコチノイド系、フェノキシベンジルアミド系薬剤の影響が強く、IGR系では幼虫に悪影響があるものもある。

影響の少ない殺虫剤の例は、ウララDFやチェス顆粒水和剤、コルト顆粒水和剤、アファーム乳剤、ディアナSC、スピノエース顆粒水和剤、プレオフロアブル、コテツフロアブル、モベントフロアブル、エスマルクDFなどのBT剤、粘着くん液剤などがある。

●採集方法

春期はムギ畑やカラスノエンドウ、秋期はセイタカアワダチソウなどで採集できる。

●飼育・増殖方法

一般に、野外から採取したヒメカメノコテントウを飼育する場合、アブラムシを自家繁殖または野外から採取して餌として与える。ヒメカメノコテントウは多種のアブラムシを餌として捕食できるが、セイタカアワダチソウヒゲナガアブラムシは餌として不適である。餌が不足すると共食いをする。成虫のみの一時的な維持であれば、昆虫飼育用のゼリーが利用できる。最近、スジコナマダラメイガ卵が天敵の餌として販売され、有効性は高いが高価である。

飼育温度は25～30℃が適している。

（佐藤正義・新島恵子）

ダンダラテントウ
（口絵：土着14）

学名 *Cheilomenes sexmaculata* (Fabricius)
〔=*Menochilus sexmaculatus* (Fabricius)〕

<コウチュウ目／テントウムシ科>

英名 Six-spotted zigzag ladybird

主な対象害虫 アブラムシ類
その他の対象害虫 カイガラムシ類
発生分布 南方系の種類で本州以南の全国に分布
生息地 国内では夏に野菜栽培地やダイズ、トウモロコシなどの畑地や菜園で見かける
主な生息植物 野菜、トウモロコシ、ヤーコン、ジャガイモ、ダイズその他の豆類など
越冬態 成虫
活動時期 4～11月
発生適温 10～35℃

【観察の部】

●見分け方

体長4～7mmでナミテントウよりやや小さいテントウムシ。国内の個体は光沢のある黒色で、小さな赤い斑紋がある。斑紋の入り方には地域差・個体差があり、南の地方の個体は翅の斑紋が発達して赤っぽい。雄成虫は雌成虫よりやや小さい。

●生息地

本州以南の日本、朝鮮半島、中国、インドシア半島に分布。4～11月に発生し、特に夏期に多く見かける。国内では夏に野菜畑やダイズ、トウモロコシ栽培地で見かける。農地の環境指標生物候補にあげられる。

●寄生・捕食行動

成虫も幼虫も昼間活動し、植物に寄生しているアブラムシやカイガラムシを捕食する。

●対象害虫の特徴

アブラムシ，カイガラムシともに植物体から養分を吸収する。

【活用の部】

●発育と生態

成虫は越冬後，4月から11月まで見かけるが，詳細はわかっていない。

●保護と活用の方法

トウモロコシ，牧草など野外作物では個体群の保全に努め，テントウムシ類による自然制御圧を活用することが必要である。

●農薬の影響

多くの化学農薬に感受性が高いので，薬液少量散布や低濃度散布，局所散布を心がける。

●採集方法

トウモロコシ畑，ジャガイモ畑，ダイズその他の豆類畑に行き，アブラムシが発生している若葉を探すと成・幼虫，卵，蛹が捕獲できる。

●飼育・増殖方法

小規模ではアブラムシを給餌して飼育する。ほかにスジコナマダラメイガ卵，ミツバチ雄蜂児粉末（DP）を与えてダンダラテントウやナミテントウを累代飼育した例がある。

（平井一男）

クサカゲロウ類

(口絵：土着15)

学名 Chrysopidae
＜アミメカゲロウ目／クサカゲロウ科＞
英名 Green lacewing

主な対象害虫 アブラムシ類
その他の対象害虫 カイガラムシ類，ハダニ類など
発生分布 日本全国（ただし種によって発生分布は異なる）
生息地 アブラムシやカイガラムシなどが発生している草木の周辺
主な生息植物 アブラナ科，マメ科，キク科，イネ科などの草本。サクラ，ヤナギ，クヌギ，コナラ，アラカシなどの樹木
越冬態 前蛹，成虫，一部は幼虫
活動時期 暖温帯では4〜10月
発生適温 20〜25℃

【観察の部】

●見分け方

成虫はレース模様の翅をもち，前翅長（基部から先端までの長さ）は小型種の約7mmから大型種の約30mmに及ぶ。体色は黄緑色から青緑色，複眼は金緑色または小豆色，噛み砕き式の口器，翅の径分脈は1本などが一般的な特徴である。近縁のヒメカゲロウ科は同様な環境に生息するが，より樹木に発生する傾向があり，体色は褐色の種が多く，小型で前翅長4〜10mm，径分脈は2本以上であり，容易に識別できる。

卵は糸状の卵柄の先に産み付けられ，仏典に出てくるウドンゲになぞらえられる。通常は緑色（一部の種では青緑色や青白色や白色）で，長径1mm前後の長楕円である。ヒメカゲロウ科の卵は赤褐色や淡い桃色や白色で，卵柄はなく直接植物体に産み付ける。

幼虫は一見テントウムシの幼虫に似るが，クサカゲロウ科は大きな鎌形をした口器をもつので容易に区別できる。ヒメカゲロウ科の幼虫も鎌形の口器をもつが，体毛や瘤が発達せず，細長い体型をしている。幼虫は3齢末期に，直径3〜6mmの球形ないしやや楕円形の白い繭を綴り，繭の中で前蛹を経て，蛹化する。蛹は薄いが緻密な繭により外部から隠され保護されている。ヒメカゲロウ科の繭は網状で蛹が透けて見える。

●生息地

一般的には，餌となるアブラムシやカイガラムシが蔓延する草木とその周辺が主な生息環境となっている。

各地の低地から低山地に広く出現するヨツボシクサカゲロウ，クモンクサカゲロウ，カオマダラクサカゲロウ，フタモンクサカゲロウ，ヤマトクサカゲロウなどはアブラナ科，マメ科，キク科，イネ科な

どの草本やサクラ，モモ，エノキ，ヤナギ，コナラ，ニセアカシヤなど種々の落葉広葉樹に出現する。

クロヒゲフタモンクサカゲロウ，イツホシアカマダラクサカゲロウ，スズキクサカゲロウ，マツムラクサカゲロウ，アミメクサカゲロウは，アラカシやアオキなどの照葉樹を生息環境としている。

ヨツボシアカマダラクサカゲロウは低地から山地の落葉広葉樹を好む。オオクサカゲロウ属やムモンクサカゲロウはより山地の落葉広葉樹に生息する。

アカスジクサカゲロウはマツに特異的に関わり合って生息する。

●寄生・捕食行動

幼虫はすべて捕食者で，獲物に口器を突き立て，その体液のみを吸収し，外皮は捨てる。フタモンクサカゲロウやカオマダラクサカゲロウなどの幼虫は塵載せ型と呼ばれ，背面に種々の塵を背負って体をカムフラージュし，ゆっくりとした動きで餌に忍び寄り捕食する。一方，ヨツボシクサカゲロウやヤマトクサカゲロウなどの幼虫は，塵などを背負わず，通常型と呼ばれ，活動的に餌を探索する。

成虫は，多くの属では主としてアブラムシの甘露や花粉を食するようである。ヨツボシクサカゲロウなどのクサカゲロウ属では成虫も小昆虫類を捕食するが，幼虫と違い捕食対象を丸ごと摂食する。

●対象害虫の特徴

捕食の対象は，主にアブラムシ程度の大きさの体の軟らかい小昆虫類である。さらに小さなハダニなども捕食対象となることもある。

【活用の部】

●発育と生態

クサカゲロウ類の成虫の発生期は一般に暖温帯では4月から10月であるが，緯度や高度や種により1か月以上前後する。ヨツボシクサカゲロウは前蛹で越冬し，3月下旬には蛹化する。4月中旬ころから成虫が現われ，その後餌資源との関わりで消長するものの継続的に発生し，秋まで約3世代を繰り返すようである。これとほぼ同様な発生経過は，クモンクサカゲロウやシロスジクサカゲロウでも見られる。成虫越冬するヤマトクサカゲロウやカオマダラ

表1 クサカゲロウ類の発育日数

種名 \ 生育期	卵期	幼虫期	繭期
ヨツボシクサカゲロウ	3〜4	8〜11	11〜15
クモンクサカゲロウ	4	7	14〜17
シロスジクサカゲロウ	4〜5	10〜11	13〜18
ヤマトクサカゲロウ	4〜5	9〜10	9〜12

表2 クサカゲロウ類のアオヒメヒゲナガアブラムシ捕食個体数

種名 \ 齢	1齢	2齢	3齢	合計
ヨツボシクサカゲロウ	9〜17	36〜77	375〜603	428〜689
クモンクサカゲロウ	27〜45	36〜101	402〜568	530〜694
シロスジクサカゲロウ	24〜31	53〜58	401〜547	485〜629
ヤマトクサカゲロウ	21〜24	32〜77	304〜354	360〜452

クサカゲロウも4月には産卵を始め，その後2〜3世代を繰り返すと思われる。

ヨツボシクサカゲロウやクモンクサカゲロウの成虫は，数種のアブラムシを餌として飼育した例では，2〜3か月生存できる。ヨツボシクサカゲロウの雌は羽化後数日で性成熟をとげ，交尾の後ほぼ毎日産卵を続け，1日の最多産卵数は約150卵である。途中産卵を停止したときに再交尾させたところ，約80日間で約3,200個を産み付けた。クモンクサカゲロウは約90日間に4,000卵を産み，1日の最多産卵数は110卵に及ぶ。

代表的な4種について，幼虫期にアオヒメヒゲナガアブラムシを与え25℃で飼育した場合の発育日数を表1に示した。野外では卵，各齢幼虫，繭，成虫がしばしば同じ場所で同時に観察される。成虫寿命と卵から繭の期間で推測されるように，成虫は異なる世代が重なる可能性がある。

卵は植物体の葉の裏面，茎，枝，幹などに産み付けられる。ヨツボシクサカゲロウは通常20〜数十卵を1か所にまとめて産み，人目につきやすい。シロスジクサカゲロウ，ヤマトクサカゲロウ，カオマダラクサカゲロウなど多くの種は通常1卵ずつ産む。クモンクサカゲロウのように，1卵ずつまたは多少まとめて産む種もある。オオクサカゲロウやキ

タオオクサカゲロウは、卵柄が密に寄り合った数十卵から成る卵塊をつくる。フタモンクサカゲロウも卵塊で産むが、それぞれの卵柄を1本の軸状に束ねる。

幼虫は孵化後、卵柄を伝って植物体に下り、アブラムシ、カイガラムシなどの探索を行なう。25℃で、種々のサイズのアオヒメヒゲナガアブラムシを餌にしたときの、クサカゲロウ科4種の齢ごとの捕食個体数の観察例は表2のとおりである。

繭は、ヨツボシクサカゲロウやクモンクサカゲロウでは巻いた葉の内側や2枚の葉を綴り合わせた隙間に身を隠すようにつくられ、しばしばいくつかの繭が寄り合って見つかる。ヤマトクサカゲロウの繭は葉や茎や樹皮に裸出して付着しており、塵載せ型の幼虫の繭は背負っていた塵で被われている。

● 保護と活用の方法

ヨツボシクサカゲロウ、クモンクサカゲロウ、フタモンクサカゲロウ、カオマダラクサカゲロウ、ヤマトクサカゲロウなどは、生息環境が広く、種々のアブラムシを捕食する。これらを畑地に定着させることができれば、天敵としての活躍が期待される。たとえば、ソルガムなど、クサカゲロウ類の生息が可能で、対象害虫の寄主でない草本を畑地周辺で栽培する方法が考えられる。

● 採集方法

成虫の採集は、アブラムシの発生場所の草木でのスウィーピング(すくい捕り)が最も効果的である。ライトトラップは光源の強さや場所、時期にもよるが、通常ではあまり期待はできない。むしろ種々の灯火を見て回って、見つけ捕りで採集するほうが効率的である。

幼虫は、アブラムシの発生場所の草木でのビーティング(叩き落とし)やスウィーピングが効率的だが、注意を払えば見つけ捕りの機会も少なくない。卵と繭は見つけ捕りを行なう。

ソルガムやキク科の草本は、成虫、卵、幼虫の見つけ捕りの効率がよい。

● 飼育・増殖方法

野外で採集される雌個体は、性成熟をとげ交尾も済ませていることが多く、暗くしておくと容易に産卵を始める。2~3日なら蜂蜜を水で20%くらいに薄めて与えると産卵を続けるが、次第に産まなくなる。ヤマトクサカゲロウは乾燥酵母と蜂蜜を水で薄めて与えると、順調に産卵する。成虫が捕食性のクサカゲロウ属にはアブラムシを給餌する。産卵はところかまわず行なうので、容器は縦・横・高さそれぞれ数cm程度でよいが、卵は成虫により食べられることがあるため、産卵後は別の容器に移すなどの工夫が必要である。

卵や繭は、乾燥させないように適度な湿り気を与える。成虫や幼虫は、過剰に高い湿度の容器で飼っていると、体に水滴が付き、活動が妨げられ、死亡しやすい。幼虫は、狭い容器に餌が少ない状態で飼っていると共食いするので、餌の補給や活動空間を十分に確保する。できれば個別飼育が望ましい。

(望月 淳・塚口茂彦)

ショクガタマバエ

(口絵:土着16)

学名 *Aphidoletes aphidimyza* (Rondani)
<ハエ目/タマバエ科>
英名 Aphidophagous gall midge

主な対象害虫 アブラムシ類
その他の対象害虫 —
発生分布 北海道,本州,四国,九州
生息地 アブラムシ類の発生している植物上
主な生息植物 ナス,キャベツなどの畑作物やナシ,リンゴなどの果樹,雑草
越冬態 幼虫(繭内)
活動時期 5~10月
発生適温 15~30℃

【観察の部】

● 見分け方

ショクガタマバエの卵は長径0.3mm,短径0.1mmの楕円体で、色は光沢のあるオレンジ色である。アブラムシコロニー内あるいはその近辺に産下されるが肉眼での確認は困難である。

圃場でショクガタマバエの発生を確認する方法と

〈捕食性バエ〉ショクガタマバエ

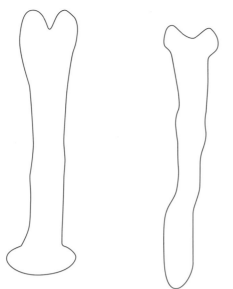

図1 ショクガタマバエの胸骨（左）と菌食性タマバエの胸骨（右）

しては，農作物や雑草上のアブラムシコロニー内で終齢幼虫の存在を確認するのが最も簡便である。

幼虫はオレンジ色の紡錘形で，齢期は3齢まである。体長は，孵化幼虫（1齢）が0.3mm程度，終齢幼虫（3齢）が2〜3mmであり，終齢幼虫であれば肉眼でも容易に確認できる。蛹化の際は，終齢幼虫が植物体から地上に落下し，地表から数cm以内に潜って繭をつくり，その中で蛹になる。そのため，蛹を確認するのは困難である。

ショクガタマバエの幼虫と混同しやすい幼虫として，ハダニタマバエ（土着天敵＝果樹・チャの「ハダニタマバエ」の項参照）幼虫，あるいは菌食性のタマバエ類（*Mycodiplosis* 属）の幼虫があげられる。植物上でアブラムシのほかにハダニあるいはさび病が混発している場合は，これらのタマバエも発生している可能性があるので注意する。

ハダニタマバエあるいは菌食性のタマバエの幼虫とショクガタマバエの幼虫を肉眼で区別するのは困難であるが，終齢幼虫のもつ胸骨の形や蛹化場所を確認することで比較的容易に識別できる。胸骨はタマバエ類に特有の器官であり，終齢幼虫の胸部腹面に見られる。ショクガタマバエや菌食性のタマバエの終齢幼虫では，胸骨の先端がハート形になっている（図1）のに対し，ハダニタマバエでは終齢幼虫が胸骨をもたないか，もっていてもほとんど発達していない。胸骨は肉眼では観察できないが，実体顕微鏡下で容易に確認できる。また，ショクガタマバエの蛹化場所が土中であるのに対し，ハダニタマバエや菌食性のタマバエは葉上で蛹化し，葉脈沿いに繭を形成する。アブラムシの発生した植物上でハダニあるいはさび病が混発している場合は，以上の点を観察することで，ショクガタマバエを識別できる。

ショクガタマバエの成虫は体長が2.5mm程度で脚が長く，見た目は小さめの蚊といった感じである。雌は触角が短く，その表面に密生する感覚毛も短い。雄は触角が長く湾曲しており，表面に密生する感覚毛も長い。成虫は夜行性であり，日中は植物の陰などの目立たない場所でじっとしている。圃場では形態の似た他のハエ目昆虫（たとえば，クロバネキノコバエ類）が発生していることが多く，その場合はショクガタマバエの成虫を肉眼で識別するのは難しい。

● 生息地

ショクガタマバエは世界に広く分布しており，日本では沖縄県を除く全国各地で確認されている。これらの地域では畑地や果樹園，家庭菜園の農作物上や雑草上のアブラムシコロニーを観察すれば，比較的簡単に本種の終齢幼虫を発見できる。

● 寄生・捕食行動

ショクガタマバエは，幼虫がアブラムシを捕食する。成虫はアブラムシを捕食せず，植物についた水滴やアブラムシの分泌する甘露などを摂食する。幼虫の捕食対象として，少なくとも80種のアブラムシが確認されている。幼虫は口器でアブラムシの関節部を刺して毒液を注入し，麻痺させてから体液を摂取する。

● 対象害虫の特徴

アブラムシは植物の葉および若い茎や芽から汁液を吸い，各種作物に大きな被害を与える。多発すると甘露にすす病が発生することがある。さらに，多くのアブラムシはウイルスの媒介者にもなっている。

表1 ショクガタマバエへの薬剤の影響の目安 (日本植物防疫協会, 2014をもとに作成)

薬剤名	幼	成	残	薬剤名	幼	成	残
〈殺虫・殺ダニ剤〉				マシン油	―	◎	―
アクテリック	―	×	―	マッチ	―	△	―
アグロスリン	×	×	84	マトリック	―	◎	―
アニキ	―	◎	0	マラソン	△	△	14
アディオン	×	×	84	ミクロデナポン	△	×	―
アドマイヤー	×	×	―	ラービン	×	×	―
アドマイヤー(粒)	◎	◎	0	ランネート	×	×	84
アプロード	△	△	7	ルビトックス	○	―	―
オサダン	―	◎	―	レルダン	―	×	―
オマイト	○	◎	―	ロディー(乳)	×	×	84
オルトラン(水)	―	×	28	〈殺菌剤〉			
カーラ	―	◎	―	アンビル	◎	◎	0
カスケード	―	◎	―	イオウフロアブル	◎	○	―
コロマイト(EC)	―	◎	0	オーソサンド	◎	◎	0
ジメトエート	△	○	―	カンタス	―	◎	―
除虫菊乳剤	―	×	14	サプロール	◎	○	―
スプラサイド	―	△	―	ストロビー	―	◎	―
スミサイジン混剤	×	×	84	スミレックス	○	◎	―
ダーズバン	―	×	―	ダコニール	◎	◎	0
ダイアジノン(乳・水)	×	×	56	チウラム	―	◎	―
チェス	◎	◎	0	チルト	◎	×	―
テデオン	―	◎	―	銅剤	―	◎	―
デミリン	◎	◎	0	トリフミン	◎	◎	0
テルスター(水)	×	×	84	ナリア	―	◎	―
トリガード	―	◎	0	バイコラール	◎	―	―
トルネードエースDF	―	○	7	パスポート	◎	◎	0
粘着くん	―	―	0	ベンレート	◎	◎	0
バイスロイド	×	×	84	モレスタン	△	△	―
BT剤	◎	◎	0	ロブラール	◎	◎	0
フェニックス	◎	◎	0				
ペイオフ	―	◎	―				

注 幼:幼虫に対する, 成:成虫に対する, 残:悪影響期間(日)
◎:影響少ない, ○:やや影響あり, △:影響あり, ×:強い影響あり, ―:データなし

【活用の部】

●発育と生態

ショクガタマバエの活動時期は5～10月であり、その間に数世代を繰り返す。

越冬の際は、繭の中で幼虫の状態で休眠し、春に羽化する。休眠は低温と短日条件によって誘導される。日本在来の系統では臨界日長が12.7時間であり、明期が12時間を下回るとほとんどの個体が休眠する。

発育期間や産卵数は、温湿度や幼虫期、成虫期の栄養条件などによって変化する。21℃での卵期間は2～3日、幼虫期間は7～14日、蛹期間は約14日であり、一世代の期間は3～4週間である。ただし、雄成虫の寿命は雌成虫よりやや短い。

成虫は夜行性であり、羽化は日没直後に始まる。また、交尾、産卵行動は夜間に行なわれる。交尾は、捨てられたクモの糸や植物の葉の縁などに雌雄がぶら下がり、対面する形で行なわれる。交尾後、雌成虫はアブラムシのコロニーを探し、コロニー内やその近辺に産卵する。

雌成虫はより大きなアブラムシのコロニーに好んで産卵する習性がある。生涯産卵数は50～150卵であるが、成虫期にアブラムシの甘露を摂取すると大幅に増加する。

●保護と活用の方法

ショクガタマバエは、わが国では1998年にアブラムシ類の生物農薬として登録され、オランダで増

〈寄生蜂〉アブラバチ類

殖された個体群が商品名「アフィデント」（アリスタライフサイエンス株式会社）として利用されてきたが，2012年に販売が終了した。そのため，天敵資材として利用する場合は，野外で採集した本種を特定農薬（特定防除資材）として扱う必要がある。

露地栽培では，圃場周囲をソルガムで囲むと，ソルガム上にヒエノアブラムシが発生し，ショクガタマバエが発生しやすい（本書p.事例45）。

施設栽培では，本種を対象とした「バンカー法」が開発されている（本書p.技術19）。

ビニールマルチや防草用シートを敷設している栽培環境下では，植物体から落下したショクガタマバエの終齢幼虫が土に潜れず，蛹化できないまま死んでしまうため，十分な効果を得られない恐れがある。

薬剤散布によって病害虫を防除する際には，ショクガタマバエに悪影響の少ない薬剤（表1）か悪影響の少ない使用方法を選ぶ必要がある。

●農薬の影響

ショクガタマバエは農薬の影響を受けやすいので，薬剤はショクガタマバエへの影響の程度や期間を考慮に入れて使用する（表1）。一般に，有機リン剤，カーバメート剤，合成ピレスロイド剤は悪影響が強いので，ショクガタマバエと同時に使用することが難しい。

●採集方法

野外において，アブラムシコロニー内でショクガタマバエの幼虫を確認したら，アブラムシコロニーのついた植物部位ごと室内に持ち帰る。蛹化用の培地としてバーミキュライトやピートモスなどを底面に入れた容器を準備し，その中に植物を入れておくと，終齢幼虫が蛹化し，やがて成虫が羽化する。

●飼育・増殖方法

海外では，ナスやピーマンなどのナス科植物とモモアカアブラムシを用いた本種の増殖方法が報告されている。

日本在来系統のショクガタマバエについては，ナスとワタアブラムシを使った簡易な飼育法が開発されている。この飼育法ではショクガタマバエの終齢幼虫が植物体から落下して蛹化する性質を利用し，水中に幼虫を落下させて回収する方法が考案されている。これにより個体数の調節が容易となるため，

個体群の維持・増殖が簡便になる。

（安部順一朗・根本　久）

アブラバチ類

（口絵：土着17, 18, 19）

学名
ギフアブラバチ
　Aphidius gifuensis Ashmead
ダイコンアブラバチ
　Diaeretiella rapae (M' Intosh)
ナケルクロアブラバチ
　Ephedrus nacheri Quilis
＜ハチ目／コマユバチ科／アブラバチ亜科＞

英名　—

主な対象害虫　モモアカアブラムシ

その他の対象害虫　**ギフアブラバチ**：ジャガイモヒゲナガアブラムシ／**ダイコンアブラバチ**：ダイコンアブラムシ，ニセダイコンアブラムシ／**ナケルクロアブラバチ**：ワタアブラムシ，チューリップヒゲナガアブラムシ，ジャガイモヒゲナガアブラムシ

発生分布　日本全土

生息地　**ギフアブラバチ，ダイコンアブラバチ**：畑地などオープンフィールド／**ナケルクロアブラバチ**：畑地や果樹園

主な生息植物　**ギフアブラバチ**：アブラナ科野菜，ジャガイモ，ナス，トウガラシ，タバコ，アスパラガス／**ダイコンアブラバチ**：アブラナ科野菜／**ナケルクロアブラバチ**：ジャガイモ，ナス，キュウリ，サトイモ，アブラナ科野菜

越冬態　幼虫（前蛹），暖地やハウス内などでは冬期も活動

活動時期　春〜秋

発生適温　10〜25℃

【観察の部】

●見分け方

アブラムシの寄生蜂には，アブラバチ類と次項で述べるアブラコバチ類（ツヤコバチ科）が存在する。

アブラバチ類の成虫とアブラコバチ類の成虫は、体サイズの違いから容易に区別できる（アブラバチ類：体長2～3mm、アブラコバチ類：体長約1mm）。また、アブラバチ類では胸部と腹部の間がくびれているが、アブラコバチ類ではくびれはない。

アブラバチ類が寄生してできるマミー（アブラムシの死骸）の形はほぼ球状であるのに対し、アブラコバチ類のマミーは細長い。マミーの色はアブラバチ類では淡褐色から褐色、黒色であり、アブラコバチ類では黒色である。

アブラバチの雌雄は腹部先端の外部生殖器の構造によって区別できる。腹部は雌では前翅とほぼ同じ長さで先端が尖るが、雄では前翅より短く先端が丸みを帯びている。触角はギフアブラバチとダイコンアブラバチでは、雄のほうが長く、節数も多い。触角の節数は、ギフアブラバチでは雌16～18節（まれに15節）、雄18～20節（まれに21節）、ダイコンアブラバチでは雌13または14節（まれに15節）、雄16または17節（まれに15節）である。一方、ナケルクロアブラバチでは雌雄ともに11節である。

ギフアブラバチとダイコンアブラバチ、ナケルクロアブラバチは前翅の翅脈によって識別できる。ナケルクロアブラバチは3種のうち最も複雑な翅脈である。ギフアブラバチでは肘脈第2・第3分脈、第2径肘脈ならびに反上脈が存在するが、ダイコンアブラバチではこれらの翅脈はすべて消失している。体色は季節（飼育温度）によって変化するが、胸部は普通、ギフアブラバチでは黄褐色から暗褐色、ダイコンアブラバチとナケルクロアブラバチでは黒色である。これらの種には近縁種が同所的に存在しており、近縁種から識別するには、触角の節数、翅脈のほかに、腹柄節、前伸腹節、外部生殖器などの形状を観察しなければならない。

寄生によるアブラムシのマミーは、ギフアブラバチとダイコンアブラバチでは丸く、淡褐色から褐色である。両種はマミーの形あるいは色彩によって区別できない。一方、ナケルクロアブラバチのマミーは黒色である。

生物農薬として販売されているコレマンアブラバチの形態は、ギフアブラバチと酷似しており、区別が難しい。顕微鏡を使って、胸部と腹部をつなぐ腹柄節の側面にある溝の数を観察する。コレマンアブラバチでは2～3本であるのに対し、ギフアブラバチでは10本程度と区別できる。触角の節数では、コレマンアブラバチは雌で15節（まれに16節）、雄で17節（まれに16あるいは18節）とギフアブラバチより少ないが、重なりがある。

●生息地

3種ともに日本全国に分布し、畑地などオープンフィールドに普通に見られる。ギフアブラバチとナケルクロアブラバチは特定の植物に限定されず、アブラナ科、ナス科をはじめさまざまなグループの植物上に生息するが、ダイコンアブラバチは主としてアブラナ科植物上に生息する。ナケルクロアブラバチは畑地のほかに、果樹園などでも見られる。

ギフアブラバチとダイコンアブラバチはアブラムシのマミー内において幼虫（前蛹）で越冬する。ナケルクロアブラバチも同様と考えられる。南西諸島など暖地やハウス内などでは冬期にも活動を続ける。京都でも暖冬年には冬期に成虫が羽化して活動することがある。

●寄生・捕食行動

産卵時には、3種ともに雌は触角で寄主の位置を確かめつつ寄主の近くに立ち、腹部を脚の間を通して前方に曲げ、瞬間的に産卵管を伸長して産卵する。ギフアブラバチはダイコンアブラバチより行動が敏捷で、寄主探索活動がより広範囲にわたる。

3種アブラバチは寄主アブラムシにほぼ依存的な発生消長を示す。アブラムシの密度が低い発生初期においても寄主を発見して寄生する。冬期には暖地を除き活動を停止するが、夏期には活動を続ける。ハウス内などでは、冬期でも日中気温が高い時間帯には成虫の活動が観察される。

3種アブラバチに寄生する寄生蜂（アブラムシの二次寄生蜂）は、系統を異にする4グループにわたり種類数が多い。一般にアブラバチの寄生率が上昇すると、二次寄生蜂の寄生率も後を追って上昇する。また、アブラバチは二次寄生蜂が多くなるとアブラムシコロニーから離散する。二次寄生蜂はこの2つの働きによって、アブラバチの天敵としての有効性を低下させる。バンカー法を実施したときには、いったん二次寄生蜂が侵入するとバンカー自体

〈寄生蜂〉アブラバチ類

が二次寄生蜂の好適な増殖場所となり，アブラバチ類が減少して防除効果が低下する場合があるので，注意が必要である。

● 対象害虫の特徴

3種アブラバチにとって，アブラムシの発育の進んだ幼虫や成虫は生まれたての幼虫より発見しやすいが，反撃力が強く皮膚が硬い（特に有翅成虫）ため産卵できないことが多い。産卵成功率は比較的若い中齢幼虫で高い。

ギフアブラバチは，モモアカアブラムシやジャガイモヒゲナガアブラムシには適性が高いが，ダイコンアブラムシとニセダイコンアブラムシには産卵しても発育できない。ダイコンアブラバチは，アブラナ科植物上のモモアカアブラムシ，ダイコンアブラムシ，ニセダイコンアブラムシのいずれにも適性が高い。ナケルクロアブラバチは，広い範囲のアブラムシに寄生できるものの，寄生してマミーができても極端に羽化率が低いアブラムシもある。

ワタアブラムシに対しては，ナケルクロアブラバチは寄生できるが，ギフアブラバチとダイコンアブラバチでは適性が低い。

【活用の部】

● 発育と生態

雌蜂は卵をアブラムシの体内に産み込む。孵化した幼虫は，まず脂肪体や卵巣を食べて成長し，最後に生命に関わる消化管や気管などを食べ始める。この時点で寄主は死亡する。やがて，体内の組織・器官をすべて食べ尽くし，薄い外皮だけを残す。蜂幼虫はそれを硬化させ，さらに裏打ちをするようにして繭を紡いで"マミー"を形成し，その中で蛹化する。ギフアブラバチとダイコンアブラバチでは，羽化した成虫はマミー背側面に円い穴をあけて脱出する。ナケルクロアブラバチでは腹部後端側部に穴をあけて脱出する。

20℃長日条件における発育期間は，ギフアブラバチ13～14日，ダイコンアブラバチ12～13日，ナケルクロアブラバチ17～18日である。同条件での平均的な産卵数はギフアブラバチ530，ダイコンアブラバチ240，雌成虫の平均寿命はギフアブラバチ18日，ダイコンアブラバチ15日である。ナケルクロアブラバチは，25℃長日条件で，平均産卵数は190，寿命は11日程度である。

野外におけるギフアブラバチとダイコンアブラバチの発育期間は夏期約10日，冬期（12～3月）40～100日である。年間世代数は京都では12～17である。

ギフアブラバチとダイコンアブラバチは，ともに卵巣の発育と産卵はいわゆる"斉一成熟型"で，大部分の卵は雌成虫の羽化時にすでに発育を完了しており，雌は羽化直後の比較的短期間に集中的に産卵する。一方，ナケルクロアブラバチは，ほぼ一定数の卵を10日程度（25℃恒温条件の場合）にわたって産卵する。成虫はアブラムシの甘露や水は摂取するが，寄主体液摂取はしない。

● 保護と活用の方法

野菜などの腋芽や古い葉を摘み取る際，アブラムシのマミーが付着している場合には，寄生蜂が羽化してくる可能性があるので，処分せずにしばらくその場に放置する。

ギフアブラバチは，中国でダイコンのモモアカアブラムシを寄主として大量増殖され，ハウス栽培トウガラシとキュウリのモモアカアブラムシの防除素材として利用された。日本では，2016年，生物農薬として登録がなされた。

ダイコンアブラバチは，北アメリカに侵入したロシアコムギアブラムシ（*Diuraphis noxia*）を防除するため，パキスタンや中国からアメリカ合衆国へ輸入放飼された。

ナケルクロアブラバチは，2016年現在，日本で生物農薬として商品化を目指した研究が実施されている。

土着天敵として活用する際，バンカー法が可能であり，ギフアブラバチにはムギヒゲナガアブラムシを代替寄主とした方法（Ohta and Honda, 2010），ダイコンアブラバチにはトウモロコシアブラムシを代替寄主とした方法（巽ら，2003），ナケルクロアブラバチでもトウモロコシアブラムシを代替寄主とした方法が検討されている。

● 農薬の影響

ギフアブラバチとダイコンアブラバチはともに多

くの殺虫剤，特に有機リン剤に対する感受性が高い。殺虫剤散布の影響は薬剤がじかに触れる成虫期より，直接触れないマミー内の幼虫・蛹期のほうが小さい。アブラムシ体内の卵あるいは幼虫に対する影響は寄主依存的である。ナケルクロアブラバチについては上記2種と同様と考えられるが，2016年現在，調査中である。

● 採集方法

寄主となるアブラムシのコロニー周辺で，歩行中あるいは産卵中の成虫を採集する。

寄主となるアブラムシのコロニーから丸形マミーを採集する。ギフアブラバチを目的とする場合には，モモアカアブラムシやジャガイモヒゲナガアブラムシでできた淡褐色（褐色）のマミー，ダイコンアブラバチを目的とする場合には，ニセダイコンアブラムシやダイコンアブラムシを寄主としてできた淡褐色（褐色）のマミー，ナケルクロアブラバチを目的とする場合には黒色のマミーを採集する。採集したマミーはガラス管瓶に入れ，綿栓をして15〜25℃の室内に放置し，成虫を羽化させる。その際，マミーとともに大きな植物片を入れる。瓶内が過湿になったり，乾燥しすぎたりしないように注意する。非休眠の場合には普通，アブラバチは採集後1週間以内に羽化する。アブラバチと同時に，あるいは遅れて，二次寄生蜂が羽化することがあるので，混同しないよう注意が必要である。

寄主となるアブラムシを植物とともに採集・飼育し，マミー化を待つ。寄生蜂に寄生されている場合には，20℃前後で10日以内にマミー化する。上記同様，二次寄生蜂と混同しないように注意が必要である。

● 飼育・増殖方法

アブラバチの飼育には植物でアブラムシを育て，それを寄主として使用する。その際，栽培が容易な植物（たとえばイネ科植物）を寄主とするアブラムシを代用寄主として利用できれば好都合である。ギフアブラバチには，ムギヒゲナガアブラムシが適している。ダイコンアブラバチの場合にはトウモロコシアブラムシで代用可能である。ナケルクロアブラバチではトウモロコシアブラムシやムギクビレアブラムシなどが代用寄主となる。これらの代用アブラムシはオオムギで増殖できる。

また，3種共通してモモアカアブラムシは好適な寄主である。これを用いて飼育する場合には，いろいろな植物が寄主植物として考えられるが，コマツナやダイコンは年中栽培が容易で扱いやすい。

（長坂幸吉）

アブラコバチ類

（口絵：土着 19）

学名

ワタアブラコバチ
 Aphelinus gossypii Timberlake
チャバラアブラコバチ
 Aphelinus asychis Walker
キアシアブラコバチ
 Aphelinus albipodus Hayat and Fatima
フツウアブラコバチ（新称）
 Aphelinus varipes (Förster)
＜ハチ目／ツヤコバチ科＞

英名　—

主な対象害虫　**ワタアブラコバチ**：ワタアブラムシ／**チャバラアブラコバチ**：ジャガイモヒゲナガアブラムシ，チューリップヒゲナガアブラムシ，ワタアブラムシ，モモアカアブラムシ／**キアシアブラコバチ**：チューリップヒゲナガアブラムシ，ジャガイモヒゲナガアブラムシ，モモアカアブラムシ／**フツウアブラコバチ**：ワタアブラムシ，モモアカアブラムシ，ダイズアブラムシ

その他の対象害虫　**ワタアブラコバチ**：マメアブラムシ，ユキヤナギアブラムシなど／**チャバラアブラコバチ**：マメアブラムシ，エンドウヒゲナガアブラムシ，ムギクビレアブラムシ，トウモロコシアブラムシ，ヒエノアブラムシなど／**キアシアブラコバチ**：タイワンヒゲナガアブラムシ，エンドウヒゲナガアブラムシ，トウモロコシアブラムシなど／**フツウアブラコバチ**：エンドウヒゲナガアブラムシ，ムギクビレアブラムシ，トウモロコシアブラムシなど

発生分布　日本全土

生息地　畑地などオープンフィールド

〈寄生蜂〉アブラコバチ類

主な生息植物　野菜類，果樹類，雑草
越冬態　ワタアブラコバチ，キアシアブラコバチ，フツウアブラコバチ：幼虫（前蛹）／チャバラアブラコバチ：成虫
活動時期　春〜秋
発生適温　15〜30℃

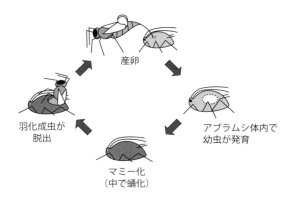

図1　アブラコバチ類の生活史

【観察の部】

●見分け方

　アブラムシの寄生蜂には，アブラコバチ類とアブラバチ類（コマユバチ科）が存在する。アブラコバチ類の成虫とアブラバチ類の成虫は，体サイズの違いから容易に区別できる（アブラコバチ類：体長約1mm，アブラバチ類：体長2〜3mm）。また，アブラバチ類の成虫は胸部と腹部の間がくびれているが，アブラコバチ類ではくびれはない。

　アブラコバチ類の寄生によるマミー（アブラムシの死骸）は黒く，形が元のアブラムシの形状そのものであるのに対し，アブラバチ類の寄生によるマミーは淡褐色〜褐色または黒色で，形はほぼ球状である。アブラコバチ類のマミーの形状と色彩は種にかかわらず共通であるため，マミーによる種の区別はできない。

　畑地でよく採集されるアブラコバチは，ワタアブラコバチ，チャバラアブラコバチ，キアシアブラコバチ，フツウアブラコバチである。同定は前翅の翅脈と繊毛の配列によって行なう。形態はよく似ており，なかでもキアシアブラコバチとフツウアブラコバチの区別は難しい。個体差があるが，脚や腹部の色彩にも相違点がある。

　チャバラアブラコバチ：腹部が褐色（他の種は黒色）。

　ワタアブラコバチ：前脚・中脚の腿節が黒色，後脚の腿節は黄色。中脚・後脚の脛節が黒色。

　キアシアブラコバチ：前脚・中脚・後脚の腿節が黄色。後脚の脛節が黄色，まれに褐色。腹部の基部が黄褐色，まれに暗褐色。

　フツウアブラコバチ：前脚・中脚・後脚の腿節が黄色。後脚の脛節が黄色，まれに黄色。腹部の基部が暗褐色，まれに黄褐色。

●生息地

　日本各地に分布している。作物や雑草上で発見されることが多い。

●寄生・捕食行動

　雌成虫は寄主を触角で認識したのち，体を反転し，後ろ向きの姿勢で産卵管を後方に伸ばし，アブラムシ体内に産卵する。アブラムシ体内に寄生した幼虫が，体内の組織・器官を食べ尽くし，死亡させる。アブラムシ体内を食べ尽くした終齢幼虫は，口器から分泌液を出し，アブラムシの外皮を黒く硬化させ，その中で蛹化する。このアブラムシの死骸をマミーと呼ぶ。マミー内で羽化した成虫は，口器でマミーに穴をあけて脱出する（図1）。

　雌成虫は，アブラムシの体液を吸い取り栄養源とする習性がある（ホストフィーディング；寄主体液摂取）。産卵時と同様，後ろ向きで産卵管をアブラムシに挿入し，毒液を注入してから再度反転し，傷口に口器を当てて体液を吸い取る。体液を吸い取られたアブラムシは死亡する。

●対象害虫の特徴

　アブラコバチ類はアブラムシ類にのみ寄生する。寄主として適性があれば若齢幼虫から成虫まで寄生可能であるが，成虫や終齢幼虫は反撃力が強いため，若齢〜中齢幼虫のほうが寄生成功率は高い。体の小さな寄主に雄卵を，より大きな寄主に雌卵を産む傾向がある。寄主範囲は種によって異なる。概して，アブラコバチ類の寄主範囲は，アブラバチ類のそれより広い。

【活用の部】

●発育と生態

発育零点は約10℃，発育最適温度は20～30℃である。産卵からマミー化までの日数とマミー化から羽化までの日数はほぼ同等で，25℃条件下の発育所要日数は約2週間，20℃では2週間半，15℃では1か月～1か月半程度である。

アブラコバチ類は，寄主体液を摂取して得た栄養により逐次卵を成熟させながら産卵するので，日当たりの産卵数は少ない（数個～数十個）が，成虫寿命が長く（1か月程度），その間比較的均等に産卵を続ける。寄主体液摂取数は日当たり数頭程度である。

アブラコバチ類の野外での発生時期は4～11月である。多くのアブラコバチはマミー内幼虫（前蛹）で休眠するが，チャバラアブラコバチは成虫で生殖休眠する。

●保護と活用の方法

アブラコバチ類は，農薬散布をひかえた作物上で自然発生する。体サイズが小さいため，防虫ネットを張った施設にもしばしば侵入する。

アブラムシ初発時にすでにマミーが見られるときには，特に防除を施さなくても，アブラコバチ類の寄生効果によってアブラムシが減少することがある。しかしながら多くの場合，アブラムシの増殖が寄生による抑制効果を上回るため，選択性薬剤や天敵製剤などによる防除が必要である。

アブラコバチ類はムギやソルゴー，トウモロコシなどの単子葉植物のアブラムシにも寄生できる種が多いため，圃場のまわりにそれらの植物を植えることで，保護増強が期待できる。

アブラコバチ類に寄生する寄生蜂（二次寄生蜂）が4グループ（ヒメタマバチ科，オオモンクロバチ科，トビコバチ科，コガネコバチ科）存在する。アブラコバチの天敵としての有効性を低下させる重要な阻害要因であるが，その発生を防ぐ方法はない。

●農薬の影響

合成ピレスロイド剤，有機リン剤，ネオニコチノイド剤など，多くの薬剤がアブラコバチ類の生存に悪影響を及ぼす。

●採集方法

成虫を直接採集する方法と，マミーを採集する方法がある。アブラムシコロニー周辺に存在する黒色のマミーを，小筆などを用いて慎重に植物から分離し採集する。また，周辺のアブラムシも寄生されている可能性があるため，植物ごと持ち帰り，アブラムシを生きたまま数日間維持し，形成されたマミーを回収する。マミーはガラス管瓶などに入れ，栓をして室内（15～25℃）に放置し，成虫を羽化させる。過湿または乾燥によって羽化率が低下するので，瓶中の環境を適切に保つよう注意が必要である。

アブラコバチと同時に，あるいは遅れて，二次寄生蜂が羽化することがあるので混同しないようにする。特に，二次寄生蜂の Syrphophagus sp.（トビコバチ科）とアブラコバチは形態が似ているので注意が必要であるが，Syrphophagus sp.では，触角の繫節（funiculus）の数がアブラコバチよりも多く（アブラコバチ：3節，Syrphophagus sp.：5または6節），触角も長い。

●飼育・増殖方法

まず，寄主アブラムシを植物で飼育し，それをアブラコバチ類に与えて飼育する。寄主として適したアブラムシ種はアブラコバチの種によって異なるので，事前によく調べて選定する。室内で飼育する場合は，逃亡を防ぐために目の細かいネット（目合い0.2mm程度）で覆う必要がある。栽培施設や温存ハウスでは，適切な寄主アブラムシが継続して存在していれば維持・増殖が可能であるが，二次寄生蜂が侵入するとアブラコバチ類が駆逐されてしまうので，注意が必要である。

（巽えり子・長坂幸吉）

〈テントウムシ類〉キアシクロヒメテントウ／〈コウチュウ類〉ヒメハダニカブリケシハネカクシ

保護により一定の効果

キアシクロヒメテントウ
(口絵：土着20)

学名 Stethorus japonicus H. Kamiya
<コウチュウ目／テントウムシ科>
英名 ―

主な対象害虫 ハダニ類
その他の対象害虫 ―
発生分布 日本全土
生息地 露地野菜などの畑地，樹園地，樹木など
主な生息植物 果樹，チャ，樹木などハダニ寄生の植物
越冬態 蛹
活動時期 春〜秋
発生適温 15〜25℃

【観察の部】

●見分け方
　成虫は体長約1.2〜1.5mm，全身が真っ黒の小さなテントウムシである。脚がわずかに黄色であるが，成虫そのものは小さいので肉眼では見えにくい。幼虫の体色は紫黒色で，体表全面に毛が生えている。ハダニのコロニー内にいる。蛹は，ハダニのコロニー周辺で尾端を固定して蛹化するが，一見黒いゴミのように見える。

●生息地
　露地栽培でハダニの多発生するキュウリ，スイカ，ナスなどにも飛来する。樹園地，庭園木，緑地帯などでも発生する。

●寄生・捕食行動
　幼虫，成虫ともにハダニの卵，幼虫，成虫を捕食する。

●対象害虫の特徴
　ハダニは新葉および展開葉に多いが，蕾や花にも寄生する。

【活用の部】

●発育と生態
　ハダニのみを攻撃する。野外での個体数は局地的である。早春から晩秋まで見られるが，春および秋のハダニの多発生期に多く，夏は少ない。植物体で蛹で越冬する。

●保護と活用の方法
　殺虫剤にはきわめて弱いので，農薬散布をひかえて自然発生個体を保護する。

●農薬の影響
　殺虫剤にはきわめて弱い。

●採集方法
　ハダニが寄生している木を探し，葉をめくって採集する。叩き網で採集をする。

●飼育・増殖方法
　採集した幼虫はハダニを餌にして成虫になる。成虫からの採卵や大量増殖の方法は不明。

(池田二三高)

ヒメハダニカブリケシハネカクシ
(口絵：土着20)

学名 Oligota kashmirica benefica Naomi
<コウチュウ目／ハネカクシ科>
英名 ―

主な対象害虫 ハダニ類
その他の対象害虫 ―
発生分布 日本全土
生息地 露地栽培の野菜，樹園地，樹木など
主な生息植物 キュウリ，スイカ，ナス，果樹，チャ，樹木などハダニ寄生の植物
越冬態 蛹
活動時期 春〜秋
発生適温 15〜25℃

ハダニタマバエの一種

(口絵：土着20)

学名 *Feltiella* sp.
＜ハエ目／タマバエ科＞
英名 ―

主な対象害虫 ハダニ類
その他の対象害虫 ―
発生分布 日本全土
生息地 平地の畑とその周辺。樹園地，樹木にも多い
主な生息植物 草本植物，樹木，野菜，樹木などハダニ寄生の植物
越冬態 蛹
活動時期 春～秋
発生適温 15～25℃

【観察の部】

●見分け方

成虫は体長1mm内外と小さく，全身が真っ黒で細長いハネカクシであるが，行動はすばやくよく飛ぶ。幼虫の体色は淡黄色で，腹部末端に黒い明瞭な斑紋があることが特徴。ハダニのコロニー内にいる。成熟幼虫は，地上に落下して蛹化する。

●生息地

露地栽培でハダニの発生するキュウリ，スイカ，ナスなどに飛来する。樹園地，庭園木，緑地帯，ハダニ寄生の木にも多い。

●寄生・捕食行動

幼虫，成虫ともにハダニの卵，幼虫，成虫を捕食する。

●対象害虫の特徴

ハダニは新葉および展開葉に多いが，蕾および花にも寄生する。

【活用の部】

●発育と生態

ハダニのみを攻撃する。

野外での個体数は局地的である。早春から晩秋まで見られるが，春および秋のハダニの多発期に多く，夏は少ない。植物体で蛹で越冬する。

●保護と活用の方法

殺虫剤にはきわめて弱いので，農薬散布をひかえて自然発生個体を保護する。

●農薬の影響

殺虫剤にはきわめて弱い。

●採集方法

ハダニが寄生している植物を探し，葉をめくって採集する。叩き網で採集をする。

●飼育・増殖方法

採集した幼虫はハダニを餌にして成虫になる。成虫からの採卵や大量増殖の方法は不明である。

(池田二三高)

【観察の部】

●見分け方

このグループは数種含まれているが，分類は難しく，成虫を野外で発見することはまれである。成虫は体長1.5mm。翅は2枚，体色は淡い茶色，カやユスリカを小型にした形態である。

成熟幼虫は体長1.5mm。幼虫は無脚，ハエのウジ状で先端は尖る。体表は軟らかく，葉に張り付いている。体色は淡黄色が多いが，ハダニを食べると内臓の色が透けて見えるので，体の中央部が緑を帯びた黒や赤に見えることがある。成熟幼虫は摂食していた葉の付近の葉縁や葉脈沿いで，白色で薄く平たい繭をつくってその中で蛹になる。

●生息地

平地の畑とその周辺。樹園地，庭園木，緑地帯，雑草などハダニ寄生の植物であれば発見できる。

●寄生・捕食行動

幼虫はハダニの卵，幼虫，成虫の各発育態を捕食する。大きなハダニを攻撃したときは，体液のみを吸汁する。

●対象害虫の特徴

ハダニは新葉および展開葉に多いが，蕾や花にも寄生する。

〈アザミウマ類〉ハダニアザミウマ

【活用の部】

●発育と生態
野外での個体数は多い。早春から晩秋まで見られるが、春および秋のハダニの多発期に多く、夏は少ない。植物体で蛹で越冬する。

●保護と活用の方法
殺虫剤にはきわめて弱いので、農薬散布をひかえて自然発生個体を保護する。野外での発生個体数は多いので、農薬の影響が消失した途端に回復する。

●採集方法
ハダニが寄生している植物を探し、葉裏をめくり、ハダニのコロニー内の幼虫、コロニー周辺の白い繭（蛹）を探して採集する。

●飼育・増殖方法
採集した幼虫はハダニを餌にして成虫になる。採卵や大量増殖の方法は不明である。

（池田二三高）

ハダニアザミウマ
（口絵：土着21）

学名 *Scolothrips takahashii* Priesner
＜アザミウマ目／アザミウマ科＞
英名 Predatory thrips, Mitephagous thrips

主な対象害虫 ハダニ類（ナミハダニ黄緑型・赤色型、カンザワハダニ、オウトウハダニ、アシノワハダニ、ナミハダニモドキ、ニセカンザワハダニ、ミカンハダニなど）
その他の対象害虫 不明
発生分布 北海道〜九州
生息地 樹木、畑、雑草、草原
主な生息植物 ナシ、チャ、ナス、ブドウ、ダイズ、クズ、サクラ、クサギ、アジサイ
越冬態 成虫
活動時期 5〜11月
発生適温 15〜35℃

【観察の部】

●見分け方
雌成虫の体長は1.0mm、雄成虫はこれより0.2mm小さい。成虫は淡黄色で、翅には長い縁毛があるほか、前翅には3対の濃い褐色の斑紋がある。ハダニ類が多発している葉上に、ハダニとともにいるアザミウマは本種と考えてよい。食植性のアザミウマは1枚の葉の上にいる個体数が多い一方、天敵のアザミウマではそれほど多くなることがない。

●生息地
ハダニ類が大量に発生している葉上で餌種とともに観察される。ダイズでは春の発生が少なく、8月下旬〜9月上旬にピークを示し、10月まで活動する。ナシ園では、薬剤散布が中断してハダニの密度がピークになる9月中下旬に発生し始め、11月上旬まで見られる。ハダニのピークが6月と9〜10月に見られるアジサイでは、春に少なく、8〜10月に多い。クズでは5〜10月に見られるが、ハダニが一時的にいなくなる夏期には発生しない。

●寄生・捕食行動
幼虫と成虫がハダニの全ステージを捕食する。蛹期にはハダニの捕食をまったく行なわず、動きも緩慢である。
25℃では、雌成虫は1日当たり30〜40卵捕食し、4〜5卵を植物組織内に産み込む。

●対象害虫の特徴
ハダニは、果樹、チャ、野菜、花卉、街路樹、雑草などに寄生する。アザミウマの発生には、ハダニの属や吐糸量は直接関連せず、ハダニが多発している植物に現われる傾向がある。
街路樹のキンモクセイなどではハダニが多発するものの、葉が硬くて産卵できないため、本種は出現しない。まれに採集される成虫は、飛び込み個体である。

【活用の部】

●発育と生態
卵、1齢幼虫、2齢幼虫、第1蛹、第2蛹を経て成虫になる。卵は植物組織内に産み込まれる。摂食し

ない蛹の体色は乳白色，幼虫は最初半透明であるが，やがて成虫と同じ淡黄色を呈するようになる。ただし，体色は捕食したハダニの体色をよく反映し，「アカダニ」を捕食すると腹部が赤くなる。

産雄単為生殖を営み，未受精卵から雄，受精卵から雌が発育する。性比は雌に偏り，約75％が雌になる。発育零点は約12℃，25℃では15日で成虫になるが，その半分は卵期間である。雌成虫は20日間に約90個の卵を産む。雌雄判別は容易で，雌は腹部末端が尖っていて茶色の産卵管が透けて見えるのに対し，雄の末端は丸みを帯びる。

● 保護と活用の方法

農耕地の周辺にハダニが発生しているクズや雑草を残し，天敵を温存することが肝要と思われる。しかし，本種の生態がよくわかっていないので，有効な保全策を立てることは難しい。

本種の捕食量からみて，単独利用ではなく，捕食量の多い他の昆虫天敵や低密度で働くカブリダニなどとの併用が有効であると考えられる。

● 農薬の影響

農薬に対する感受性は高く，慣行的防除が行なわれている圃場では，発生が見られないことが多い。天敵の保護のためには，選択性の高い薬剤の散布が望ましいが，これに関する知見はない。

● 採集方法

ハダニ類が多発している軟らかい葉の植物上では，ほとんどの場合本種の発生が見られる。生息していた植物の葉ごと薄い紙袋に入れ，それをビニール袋に入れて口を閉じた後，クーラーボックスに入れて持ち帰る。植物からの分離は，実体顕微鏡下で小筆を使って行なう。紙袋は，適度に水分を保持する一方，余分な水分で天敵が溺れるのを防ぐ重要な意味をもつ。

● 飼育・増殖方法

インゲンマメやリママメの葉を用いた飼育法では，毛茸にトラップされて死亡することがある。インゲンマメの品種「うまい大ひらさや」では，毛茸の問題がやや改善される。最近，コマツナを利用した新しい飼育法が開発された（Shimoda et al., 2015; Biological Control 80:70-76.）。

1号ポットにコマツナを播種して，発芽後4～5週間後にハダニを接種する。それを直径30cm，高さ40cm（20cmのものを2個重ねる）のプラスチックコンテナに入れる（天井には30μmのメッシュ（20×15cm）を張る）。プラスチックコンテナを2個重ねるのは，上のコンテナを外してコマツナのポットや天敵の出し入れを簡単に行なうためである。

5匹の雌成虫を入れた場合，30日後にはコンテナ当たり約200匹の雌成虫を得ることができる（25℃）。この間，ハダニの寄生したポットを5～10日ごとに追加する。

（後藤哲雄）

ヨコスジツヤコバチ

（口絵：土着 22）

学名 *Encarsia sophia* (Girault & Dodd)

<ハチ目／ツヤコバチ科>

英名 ―

主な対象害虫 オンシツコナジラミ，タバココナジラミ

その他の対象害虫 ミカンコナジラミ，ツツジコナジラミ，ツツジコナジラミモドキ

発生分布 本州，四国，九州，沖縄

生息地 畑や樹園地

主な生息植物 カボチャ，サツマイモ，トマト，カンキツ類，ツツジなど

越冬態 不明

活動時期 野外では4～11月，施設では通年

発生適温 25～30℃

【観察の部】

● 見分け方

オンシツツヤコバチがオンシツコナジラミに寄生した場合，コナジラミの死亡幼虫（マミー）はツヤコバチ幼虫の発育が進むと体全体が黒色になる。しかし，ヨコスジツヤコバチがオンシツコナジラミおよびタバココナジラミに寄生した場合には，マミーは中央部は黒色になるが，外縁および側面は変色しない。

ヨコスジツヤコバチ成虫の体長は雌が0.44mm，

〈寄生蜂〉ヨコスジツヤコバチ

雄が0.37mmであるという報告があり，雌のほうが若干大きい。

本種の成虫は雌雄で体色が異なる。雌は体全体が黄色であるのに対し，雄は頭部および胸部の大部分が黄褐色，胸部の一部および腹部が茶褐色である。この点に着目すれば，雌雄は肉眼でも容易に見分けることができる。

本種の成虫は，わが国では福岡県で生息が確認されている Encarsia strenua (Silverstri) と体色がきわめて類似している。この2種を見分けるためには，プレパラート標本を作製し，光学顕微鏡による観察を行なう必要がある。前者は後方単眼間の彫刻模様が横走皺状である（旧学名の E. transvena はこれに由来すると思われる；trans＝横の，vena＝木目）のに対し，後者はこの模様が網目状である。

●生息地

本種は世界中（アジア，ヨーロッパ，アフリカ，北アメリカ）に広く分布しており，わが国では本州，四国，九州，沖縄で生息が確認されている。わが国におけるオンシツコナジラミおよびタバココナジラミの土着寄生蜂としては，最も個体数が多い種である。

●寄生・捕食行動

本種は寄生および寄主体液摂取（ホストフィーディング；雌成虫が産卵に必要な養分を得るために行なう）によってコナジラミ類幼虫を死亡させる。タバココナジラミが寄主である場合，オンシツツヤコバチは産卵には4齢幼虫，ホストフィーディングには2齢幼虫を最も好むが，本種は産卵にもホストフィーディングにも4齢幼虫を最も好むといわれている。

●対象害虫の特徴

本種はカボチャ，サツマイモ，トマトなどのオンシツコナジラミ，タバココナジラミに寄生する。また，カンキツ類のミカンコナジラミやツツジのツツジコナジラミ，ツツジコナジラミモドキにも寄生する。

【活用の部】

●発育と生態

本種は受精卵を未寄生のコナジラミ類幼虫の体内に産卵する。また，未受精卵を同属異種（オンシツツヤコバチ，ニホンツヤコバチ E. japonica など）あるいは同種がすでに寄生したコナジラミ類幼虫の体内（これら寄生蜂の老熟幼虫や蛹の表面）に産卵する。前者からは雌成虫，後者からは雄成虫がそれぞれ羽化する。すなわち，本種は産雄単為生殖を行ない，雌はコナジラミ類の一次寄生者であるのに対し，雄は同属異種あるいは同種寄生蜂の高次寄生者である。

オンシツコナジラミが寄主であるとき，20℃において，オンシツツヤコバチ雌成虫の寿命は約29日，1雌の総産卵数は約96卵であるのに対し，本種の雌成虫の寿命は約13日，1雌の総産卵数は約20卵にすぎないという報告がある。

本種は雄の個体数に対して雌の個体数がかなり多く，性比が雌側に大きく偏っている。

本種は野外では主に4月から11月にかけて発生が認められる。一方，加温設備がある施設では通年発生が認められる。なお，野外で越冬できるかどうかについては，これまでのところ明らかではない。

●保護と活用の方法

本種のコナジラミ類幼虫に対する寄生率はそれほど高くはない。しかし，アプロード水和剤などの選択性殺虫剤をできるだけ使用することによって本種を保護すれば，ある程度は防除効果を期待できるかもしれない。

●農薬の影響

本種に対する農薬の影響についてはこれまでのところ明らかではないが，オンシツツヤコバチに対して悪影響がない（あるいは少ない）アプロード水和剤やモレスタン水和剤などの選択性殺虫剤は，本種に対しても悪影響がない（あるいは少ない）と考えられる。

●採集方法

マミーが存在する葉を採集し，それを適当な大きさの容器に入れて25℃前後で成虫を羽化させる。

●飼育・増殖方法

コナジラミ類幼虫が寄生した植物とともに，本種の成虫を飼育容器の中に入れて25℃前後で保持すれば飼育，増殖できる。しかし，本種の飼育と増殖はオンシツツヤコバチと比較してきわめて難しい。これは，1雌の総産卵数がオンシツツヤコバチよりかなり少ないことが主な原因であると思われる。

（太田光昭）

ヒラタアブ類

(口絵:土着22)

学名

ホソヒラタアブ
　Episyrphus balteatus (De Geer)

ホソヒメヒラタアブ
　Sphaerophoria macrogaster (Thomson)

クロヒラタアブ
　Betasyrphus serarius (Wiedemann)

フタホシヒラタアブ
　Eupeodes (Metasyrphus) corolla (Fabricius)

<ハエ目／ハナアブ科／ヒラタアブ亜科>

英名　Hoverfly, Flower fly

主な対象害虫　アブラムシ類(モモアカアブラムシ,ワタアブラムシなど)

その他の対象害虫　チョウ目幼虫を捕食するという報告があるが,今後調査・観察が必要

発生分布　日本の本土全域(ただし,それぞれの種で分布は大きく異なると思われるが,分類上の問題も多く,今後検討が必要)

生息地　畑とその周辺雑草,森林周辺,河川敷など

主な生息植物　アブラムシ類が生息するすべての植物に産卵のために飛来する。成虫は花粉に富む作物や雑草で花粉を摂食する

越冬態　成虫,蛹,幼虫など,種によって越冬態は異なると思われる

活動時期　厳寒期を除くと年間を通して観察されるが,低温の時期に活動する種と高温の時期に活動する種がいる。九州など温暖な地域では,梅雨明け以降に発生が極端に少なくなる

発生適温　種によって大きく異なると思われるが,不明な点が多い

【観察の部】

●見分け方

成虫は畑や周辺の雑草上で飛翔しながら,花から花粉を摂取する。花に定位する際や,雄が雌を抱えて交尾する際には,空中に停止しながら飛翔するホバリング行動も観察される。ヒラタアブ類と見た目の形態が似ているハチ目の種とは,このホバリング行動の有無で容易に区別できる。

成虫の体長は10mmから20mm前後で,種によって大きく異なる。ホソヒメヒラタアブは体長が10mm前後と小型。体色は,腹部に黄色と黒色の帯を鮮明に有する種から,黄色の種までさまざまであり,種内でも色の変異があるので,種の同定には注意を要する。幼虫による種の識別は難しい。

●生息地

日本本土全域の畑地や,その周辺の雑草地で普通に発生が見られる。春にはアブラナ科植物,シロツメクサなどの群落で早い時期から観察され,複数種が混在している場合も少なくない。

●寄生・捕食行動

アブラムシ類が発生している場所で緑色から乳白色の扁平な幼虫を見ることができる。幼虫はアブラムシ類幼虫を捕食するが,甘露も摂食する。成虫および幼虫は,アブラムシ類が分泌する甘露を手がかりとしてアブラムシ類のコロニーを探索する。海外では,ホソヒラタアブは生物的防除資材として製剤化され,販売されている。

●対象害虫の特徴

モモアカアブラムシ,ワタアブラムシなど,ほとんどのアブラムシ類を捕食する。チョウ目幼虫を捕食するという報告があるが,チョウ目害虫を捕食対象としているか否かは今後調査・観察が必要である。

【活用の部】

●発育と生態

成虫は花粉と花蜜を摂食し,花粉は雌雄の性成熟や成熟卵の形成に,花蜜は活動エネルギーとして成虫の寿命の長さに,密接に関係している。卵は白色で,アブラムシ類のコロニー内や,その周辺に産卵され,孵化後の幼虫は1齢幼虫期から3齢幼虫期を経て,蛹,成虫になる。

●保護と活用の方法

成虫は繁殖や生存を花粉や花蜜に大きく依存していることから,作物圃場内や周辺に花資源となる

〈捕食性ダニ〉ハモリダニ

天敵温存植物を配置することは，ヒラタアブ類のアブラムシ類に対する抑制能力を大きく高める。特定の時期にさまざまな種類の花を咲かせる必要はないが，栽培期間を通して花が咲いている状態をつくる必要がある。播種から開花期までが短いソバ，雄しべが露出して開花期間が長く，花粉が利用しやすいバジル類，花粉に富むハゼリソウなどはヒラタアブ類の能力を高めるうえで有用である。

● 農薬の影響

他の天敵と同様，非選択的農薬はヒラタアブ類の成虫および幼虫に対して影響が大きい。天敵に影響の少ない選択的農薬を利用し，天敵の保護を心がける必要がある。

● 採集方法

花が咲いている場所でヒラタアブ類成虫を，アブラムシ類のコロニーでヒラタアブ類の幼虫を採集することは可能であるが，天敵としての利用を考えるのであれば，上に述べたように天敵温存植物として花を植栽したほうがよい。

● 飼育・増殖方法

幼虫は大量のアブラムシを餌として捕食するが，比較的簡単に春先に入手できるカラスノエンドウなどのエンドウヒゲナガアブラムシやマメアブラムシで飼育できる。

（大野和朗）

ハモリダニ

（口絵：土着 22）

学名 *Anystis baccarum* (Linnaeus)
<ダニ目／ハモリダニ科>
英名 —

主な対象害虫 アブラムシ類
その他の対象害虫 カメムシ目昆虫全般
寄生・捕食方法 幼虫と成虫が吸汁して捕食
発生分布 日本全土
生息地 平地の畑とその周辺，樹園地，樹木にも多い
主な生息植物 草本植物，野菜，花卉，樹木などのアブラムシ寄生の植物
越冬態 成虫

活動時期 春～秋
発生適温 15～25℃

【観察の部】

● 見分け方

全身が常に鮮やかな橙～赤色の大型のダニである。体長は1.2mm内外。脚は長くクモに似ているが，行動はクモよりすばやい。アブラムシが寄生している葉や茎などを走り回っていることが多い。アブラムシのコロニー内にいることは少ない。本種のグループの分類は難しく，数種の近似種が含まれる。また，アリマキタカラダニがいることがあるので，同定には注意する。

● 生息地

平地の畑および周辺。樹園地，庭園木，緑地帯，雑草などアブラムシ寄生の植物であれば発見できる。

● 寄生・捕食行動

幼虫も成虫も，アブラムシの幼虫および成虫の体液を吸汁して捕食する。

● 対象害虫の特徴

アブラムシ類は，新芽および新葉に多いが，蕾および花にも寄生する。

【活用の部】

● 発育と生態

アブラムシを攻撃するが，野外で見られる個体数は多くない。ヨコバイ類，ウンカ類，カメムシ類，セミ類などのカメムシ目の昆虫に寄生することが多い。早春から晩秋まで見られるが，春および秋のアブラムシの多発生期に多く見られ，夏は少ない。植物体や地面の落ち葉下などで成虫越冬する。

● 保護と活用の方法

殺虫剤にはきわめて弱いので，農薬散布をひかえて自然発生個体を保護する。

● 農薬の影響

殺虫剤にはきわめて弱い。

● 採集方法

アブラムシが寄生している植物を探し，叩き網や

スウィーピングで採集する。体は軟らかく行動はすばやいので吸虫管で採集し，炭酸ガスで麻酔後に面相筆を用いて他の容器に移す。

●飼育増殖・方法

採集した幼虫はアブラムシを捕食して成虫になる。成虫からの採卵や大量増殖の方法は不明。

(池田二三高)

カメムシタマゴトビコバチ

(口絵：土着23)

学名　*Ooencyrtus nezarae* Ishii
<ハチ目／トビコバチ科>
英名　—

主な対象害虫　ホソヘリカメムシ，イチモンジカメムシ，マルカメムシ

その他の対象害虫　カメムシ類（アオクサカメムシ，ミナミアオカメムシなど）

発生分布　東北以南（沖縄を除く）

生息地　ダイズ畑，クズ群落，林縁など

主な生息植物　ダイズ，クズ

越冬態　成虫で越冬すると考えられる

活動時期　5～10月

発生適温　不明

【観察の部】

●見分け方

体長約1mmと小さく見つけにくいが，ダイズの葉の表面などを歩いたり，ホソヘリカメムシの卵などに産卵したりしているのを観察できる。

雄雌ともに体全体は黒色で，胸部の背面や側面には紫あるいは緑の光沢がある。触角は灰褐色で，翅は透明。脚部は，基節および腿節の大半と脛節の基部が黒褐色であり，それ以外の部分は黄色である。体色に雌雄で差はない。雄は雌に比べてやや小型である。雌雄は触角の形状によって容易に区別でき，雌が棍棒状であるのに対し，雄は鞭状で全体に細かな毛が生えている。

本種と似た環境で，近縁種 *Ooencyrtus acastus* Trjapitzin が見られることがある。この種はホソヘリカメムシなどの卵に寄生する。体色・形状とも本寄生蜂に酷似しているが，*O. acastus* は脚部全体が黄色で，腹部の胸部に近い部分が黄色を呈しており，この点でカメムシタマゴトビコバチと区別できる。

本種の蛹は青みがかかった黒色をしている。卵は楕円形で，端には卵柄(egg stalk)と呼ばれる突起物があり，その一部は寄主卵殻外に突出している。

●生息地

東北以南，特に関東以西に広く分布している。本種の生息場所については十分明らかにされていないが，ダイズ畑（7～10月）やクズ群落（6～8月）のカメムシ類の卵に寄生する。

本寄生蜂の越冬の実態は不明であるが，成虫で越冬すると考えられている。

●寄生・捕食行動

ダイズ畑ではホソヘリカメムシが飛来・侵入する開花～莢伸長期ころに飛来し，ホソヘリカメムシの産卵数の増加とともに寄生率が高くなる。九州では寄生率が100％に達することもあり，ホソヘリカメムシの最も重要な死亡要因である。

本種は植物体上を歩いて寄主卵を探索する。寄主卵に到達した雌蜂は触角で表面を叩くようにして（ドラミング）探索した後，産卵管で寄主卵に穴をあけ産卵する。ホソヘリカメムシでは産卵終了まで2時間近くを要する。

本種はときおり中脚によって大きくジャンプし植物体間を移動する。

●対象害虫の特徴

本寄生蜂は寄主範囲が広く，ホソヘリカメムシ，イチモンジカメムシ，マルカメムシ，マルシラホシカメムシ，アオクサカメムシ，ミナミアオカメムシ，チャバネアオカメムシ，ホシハラビロヘリカメムシ，アズキヘリカメムシ，ブチヒゲカメムシ，メダカナガカメムシの卵に寄生することが報告されている。

上記カメムシ類のうち，ホソヘリカメムシとメダカナガカメムシの卵は1粒ずつばらばらに産卵されるが，他のカメムシの卵は卵塊で産卵される。卵の大きさや卵塊当たりの卵数はカメムシの種によってさまざまである。

ダイズ畑（九州）では，下記のカメムシの産卵が

〈寄生蜂〉カメムシタマゴトビコバチ

認められ，各カメムシ卵には本種以外に以下の卵寄生蜂の寄生が認められる。

ホソヘリカメムシ：ヘリカメクロタマゴバチ *Gryon japonicum* (Ashmead)，ホソヘリクロタマゴバチ *Gryon nigricorne* (Dodd)，*Ooencyrtus acastus* Trjapitzin

イチモンジカメムシ：*Telenomus triptus* Nixon, *O. acastus*

マルカメムシ：マルカメクロタマゴバチ *Paratelenomus saccharalis* (Dodd)

マルシラホシカメムシ：*T. triptus*，ミツクリクロタマゴバチ *Trissolcus mitsukurii* (Ashmead)

アオクサカメムシ：ミツクリクロタマゴバチ *Tr. mitsukurii*

ミナミアオカメムシ：ミツクリクロタマゴバチ *Tr. mitsukurii*, *Trissolcus basalis* (Wollaston)

チャバネアオカメムシ：チャバネクロタマゴバチ *Trissolcus plautiae* (Watanabe)

【活用の部】

●発育と生態

成虫（雌）は5～10月に活動する。成虫の餌については不明であるが，植物の蜜腺やアブラムシの甘露などを吸蜜すると考えられている。

本種は卵から成虫になるまで寄主卵内で発育する。卵から羽化までの発育零点は12.9℃，有効積算温量は181.8日度である。

本種は雄蜂が先に寄主卵から羽化・脱出し，寄主卵または卵塊上で後続の雌蜂を待ち，雌蜂の羽化・脱出後ただちに交尾する。

本種は寄主卵のサイズによって寄生できる蜂の数が異なる。卵サイズの大きいホソヘリカメムシやチャバネアオカメムシ，ホシハラビロヘリカメムシの卵などでは1卵から複数の蜂が羽化し，卵サイズの小さいイチモンジカメムシやマルカメムシ，マルシラホシカメムシの卵などでは1卵から通常1頭の蜂が羽化する。

羽化した成虫の性比は通常雌に偏っており，寄主1卵または1卵塊当たりの性比（雌比）は，通常0.7～0.9である。

雌蜂の寿命は1～2か月で，生涯に20～70卵を産卵する。

本種の生活史は不明な部分が多いが，春期にクズ群落などで繁殖した成虫がダイズ畑に飛来すると考えられている。林縁に生息することが知られている。寄主であるホソヘリカメムシが林縁からダイズ圃場に移動するのに伴い，本寄生蜂もダイズ圃場に移動すると考えられている。

●保護と活用の方法

ダイズ畑に飛来する蜂の繁殖場所としての役割を果たしているクズなど，本種に寄主を供給する圃場周辺の野生植物を保護する必要がある。

●農薬の影響

本種に対する農薬の影響はほとんど調べられていないが，ダイズにおけるハスモンヨトウを対象とした薬剤について本種の寄生活動（個体数，寄生率）に与える影響が検討されている。パーマチオン水和剤では寄生活動が完全に阻害されたが，選択性の高いノーモルト乳剤では寄生活動はあまり阻害されなかった。

●採集方法

ダイズ畑やクズ群落からホソヘリカメムシやマルカメムシの卵（卵塊）を採集し，室内で試験管などのガラス容器に入れて蜂の羽化を待つ。各カメムシ卵からはしばしば上記の別種卵寄生蜂が羽化してくるので注意する。ダイズでは，莢や茎よりも葉に産まれている卵に本種が寄生している可能性が高い。

室内飼育などで得られたホソヘリカメムシ卵を，ダイズ畑あるいはマメ科やイネ科の雑草地に人為的に設置・回収することによっても本寄生蜂を得ることができる。

本種に寄生された寄主卵の表面には卵柄（egg stalk）と呼ばれる突起物が見られるが，肉眼での識別は困難である。

●飼育・増殖方法

本種はホソヘリカメムシやマルカメムシなどの卵を用いれば室内で容易に飼育することができる。成虫の羽化までには至っていないが，人工卵による飼育も試みられている。

本種の飼育に用いる寄主には，飼育の容易さからホソヘリカメムシが好適である。ホソヘリカメム

シは成・幼虫ともに乾燥ダイズ種子と水で飼育できる。ホソヘリカメムシの卵から成虫までの発育期間は25℃で約1か月である。シール容器などに数対の雌雄成虫を入れ，乾燥ダイズ種子と水（アスコルビン酸とシステイン1塩酸塩を添加；脱脂綿などに含ませる）を与える。採卵用に適当な長さの麻ひも（やや太めのものがよい）を入れる。

ホソヘリカメムシの卵期間は25℃で6日間程度である。カメムシタマゴトビコバチは孵化直前の卵にも寄生が可能であるが，孵化直前のホソヘリカメムシ卵ではカメムシタマゴトビコバチの産卵数が少なく，幼虫の死亡率も高くなる。カメムシタマゴトビコバチの継代飼育には，産卵後4日目までのホソヘリカメムシ卵を与えるのが好ましい。

羽化後3～5日齢で蜂蜜などを十分に摂食させた1頭の雌蜂を，直径18mm×長さ70mm程度の試験管に入れ，上記の麻ひも上に産み付けられたホソヘリカメムシの卵3～4卵を入れ，そのまま飼育室内に静置する。餌（蜂蜜）は特に与える必要はなく，雌蜂はすべてのホソヘリカメムシ卵に産卵を済ませたのち死亡するので，産卵後に雌蜂を取り除く手間が省ける。25℃では約14日後に蜂が羽化してくる。羽化した蜂には餌として蜂蜜を与える。何も与えない場合や水しか与えない場合には数日間で死亡してしまうので注意する。

実験に使用するなど雌蜂の交尾を確実にしたい場合には，雌蜂を羽化後1日間試験管内に雄蜂と一緒に留めるのが好ましい。

本寄生蜂はホソヘリカメムシの集合フェロモンの一成分である(*E*)-2-hexenyl (*Z*)-3-hexenoateに誘引されることが確かめられている。本物質によってカメムシを誘引することなく，本寄生蜂だけをダイズ畑に誘引することが可能である。

（水谷信夫）

ヘリカメクロタマゴバチ

（口絵：土着 23）

学名 *Gryon japonicum* (Ashmead)
<ハチ目／クロタマゴバチ科>
英名 ―

主な対象害虫 ホソヘリカメムシ
その他の対象害虫 クモヘリカメムシ，ホソハリカメムシ，ハリカメムシ，アズキヘリカメムシ
発生分布 東北～九州
生息地 ダイズ畑，マメ科・イネ科雑草地など
主な生息植物 ダイズ，ヤハズエンドウ，シロクローバー，アルファルファなど
越冬態 不明
活動時期 5～10月
発生適温 不明

【観察の部】

●見分け方

ヘリカメクロタマゴバチは，同じ *Gryon* 属のホソヘリクロタマゴバチとともに腹部側背板が著しく狭く，腹板節片に強く圧迫されるため亜縁溝という溝が腹部にみられる。これが，ダイズ畑で見られる他のカメムシ類の卵寄生蜂と区別するポイントとなる。

雄雌ともに体全体と触角が黒色で，翅は透明である。体色に雌雄で差はない。雌雄は触角の形状によって容易に区別でき，雌が棍棒状であるのに対し，雄は鞭状である。

ヘリカメクロタマゴバチは近縁種であるホソヘリクロタマゴバチと脚部の色彩によって区別できる。ヘリカメクロタマゴバチでは腿節が黄～褐色で，基節を除き全体が黄～褐色であるのに対し，ホソヘリクロタマゴバチは腿節が黒ないし黒褐色で，そのほかが黄～褐色である。

●生息地

東北から九州にかけて分布している。ダイズ畑（7～10月）でホソヘリカメムシへの寄生が確認されているほか，春期にマメ科（ヤハズエンドウ，シロク

〈寄生蜂〉ヘリカメクロタマゴバチ

ローバー，アルファルファなど）やイネ科，タデ科の雑草地に生息する可能性が示唆されている。

本寄生蜂の越冬の実態は不明である。

●寄生・捕食行動

本寄生蜂は，ダイズ畑ではホソヘリカメムシ卵で寄生が認められる。関東ではカメムシタマゴトビコバチなど他の卵寄生蜂より寄生率が高く，ホソヘリカメムシの重要な死亡要因となっている。

寄主卵に遭遇した雌蜂は触角で表面を叩くようにして（ドラミング）探索した後，産卵管で寄主卵に穴をあけ産卵する。産卵を終えた雌蜂は産卵管を引き抜き，そのままあとずさりしながら，産卵管の先端で寄主卵表面を8の字を書くようになぞりマーキングをする。マーキングによって，産卵管を寄主（卵）に挿入することなく，その寄主が未寄生であるか，既寄生であるかを識別でき，効率よく寄主（卵）に産卵（寄生）していくことができる。

●対象害虫の特徴

本寄生蜂は，ホソヘリカメムシ以外にクモヘリカメムシ，ホソハリカメムシ，ハリカメムシ，アズキヘリカメムシの卵に寄生することが報告されている。

ダイズ畑（熊本）で産卵の認められるアオクサカメムシ，ミナミアオカメムシ，イチモンジカメムシ，チャバネアオカメムシ，マルシラホシカメムシ，マルカメムシの卵には寄生しない。また，室内でホソハリカメムシ，ハリカメムシと同じヘリカメムシ科のホオズキカメムシやハラビロヘリカメムシの卵を与えると，60～80％の雌蜂が寄生するが，寄生された卵から蜂はまったく羽化せず，解剖すると幼虫のまま死亡しているのが観察される。

【活用の部】

●発育と生態

成虫（雌）は5～10月に活動する。成虫の餌については不明であるが，アブラムシの甘露などを吸蜜すると考えられている。

本寄生蜂は卵から成虫になるまで寄主卵内で発育する。寄主としてホソヘリカメムシ卵を用いた場合，卵から羽化までの発育零点は，雌が14.1℃，雄が13.9℃，有効積算温量は，雌が181.2日度，雄が174.4日度である。なお，本寄生蜂は15℃では蛹まで発育するが，羽化できない（寄主はホソヘリカメムシ卵）。

本寄生蜂は1つの寄主卵から1頭の蜂が羽化する。卵塊で産卵されるクモヘリカメムシでは，1卵塊当たりの性比が常に雌に偏っている。雌の寿命は1～2か月で，生涯に20～60卵を産卵する。

●保護と活用の方法

蜂の生息場所となるマメ科やイネ科，タデ科の雑草など，圃場周辺の野生植物を保護する必要がある。

●農薬の影響

本寄生蜂に対する農薬の影響は明らかでない。

●採集方法

ダイズ畑でホソヘリカメムシの卵を採種し，室内で試験管などのガラス容器に入れて蜂の羽化を待つ。ホソヘリカメムシ卵からは，しばしばカメムシタマゴトビコバチなど別種の卵寄生蜂が羽化してくるので注意する。

室内飼育などで得られたホソヘリカメムシ卵を，ダイズ畑あるいはマメ科やイネ科の雑草地に人為的に設置・回収することによっても本寄生蜂を得ることができる。

●飼育・増殖方法

本寄生蜂はホソヘリカメムシ卵を用いれば室内で容易に飼育することができる。

ホソヘリカメムシは成・幼虫ともに乾燥ダイズ種子と水で飼育できる。ホソヘリカメムシの卵から成虫までの発育期間は25℃で約1か月である。シール容器などに数対の雌雄成虫を入れ，乾燥ダイズ種子と水（アスコルビン酸とシステイン1塩酸塩を添加；脱脂綿などに含ませる）を与える。採卵用に適当な長さの麻ひも（やや太めのものがよい）を入れる。

ホソヘリカメムシの卵期間は25℃で6日間程度である。ヘリカメクロタマゴバチは孵化直前の卵にも寄生が可能であるが，孵化直前のホソヘリカメムシ卵では幼虫の生存率が低い。また，寄主の日齢が進むにつれて発育期間が延長することから，ヘリカメクロタマゴバチの累代飼育には，産卵後3日程度までのホソヘリカメムシ卵を与えるのが好ましい。

羽化後3～5日齢の1頭の雌蜂を，直径18mm×長さ100mm程度の試験管に入れ，上記の麻ひも上に産み付けられたホソヘリカメムシの卵20～30個を入れ，そのまま飼育室内に静置する。餌（蜂蜜）は特に与える必要はなく，ホソヘリカメムシ卵に産卵を済ませた雌蜂はそのまま死亡する。一部寄生を免れた寄主卵からはホソヘリカメムシが孵化してくるが，それらも数日中に死亡するため悪影響はない。25℃では約16日後に蜂が羽化してくる。羽化した蜂には餌として蜂蜜を与える。何も与えない場合や水しか与えない場合には数日間で死亡してしまうので注意する。

通常，雄が雌より先に羽化してくる。雌蜂の交尾を確実にするため，雌蜂を羽化後1日間以上試験管内に雄蜂と一緒に留めるのが好ましい。雌蜂を産卵させる直前まで雄蜂と一緒に飼育しても，産卵に悪い影響は及ぼさない。

（水谷信夫）

ホソヘリクロタマゴバチ

（口絵：土着23）

学名 *Gryon nigricorne* (Dodd)
<ハチ目／クロタマゴバチ科>
英名 ―

主な対象害虫 ホソヘリカメムシ
その他の対象害虫 キスジホソヘリカメムシないしヒメキスジホソヘリカメムシ（沖縄）
発生分布 関東以西
生息地 ダイズ畑など
主な生息植物 ダイズ
越冬態 不明
活動時期 5～10月（沖縄については不明）
発生適温 不明

【観察の部】

●見分け方

ホソヘリクロタマゴバチは，同じ*Gryon*属のヘリカメクロタマゴバチとともに腹部側背板が著しく狭く，腹板節片に強く圧迫されるため亜縁溝という溝が腹部に見られる。これが，ダイズ畑で見られる他のカメムシ類の卵寄生蜂と区別するポイントとなる。

雄雌ともに体全体と触角が黒色で，翅は透明である。体色に雌雄で差はない。雌雄は触角の形状によって容易に区別でき，雌が棍棒状であるのに対し，雄は鞭状である。

ホソヘリクロタマゴバチは近縁種であるヘリカメクロタマゴバチと脚部の色彩によって区別できる。ホソヘリクロタマゴバチでは腿節が黒ないし黒褐色で，その他が黄～褐色であるのに対し，ヘリカメクロタマゴバチは腿節が黄～褐色で，基節を除き全体が黄～褐色である。

●生息地

関東から九州・沖縄にかけて分布している。本寄生蜂はダイズ畑でホソヘリカメムシへの寄生が確認されているほか，春期にマメ科（ヤハズエンドウ，シロクローバー，アルファルファなど）の雑草地にも生息する可能性が示唆されている。

本寄生蜂の越冬の実態は不明である。

●寄生・捕食行動

寄主卵に遭遇した雌蜂は触角で表面を叩くようにして（ドラミング）探索した後，産卵管で寄主卵に穴をあけ産卵する。産卵を終えた雌蜂は産卵管を引き抜き，そのままあとずさりしながら産卵管の先端で寄主卵表面を8の字を書くようになぞりマーキングをする。マーキングによって，産卵管を寄主（卵）に挿入することなく，その寄主が未寄生であるか，既寄生であるかを識別でき，効率よく寄主（卵）に産卵（寄生）していくことができる。

●対象害虫の特徴

本寄生蜂は，ホソヘリカメムシ以外にキスジホソヘリカメムシの卵に寄生することが報告されているが，本寄生蜂の寄生確認時には，キスジホソヘリカメムシとヒメキスジホソヘリカメムシは同種（キスジホソヘリカメムシ）とされていた。このため，寄生が確認されたのがこれら2種のいずれのカメムシ卵であったか不明である。

ダイズ畑（熊本）で産卵の認められるアオクサカメムシ，ミナミアオカメムシ，イチモンジカメムシ，

〈クチブトカメムシ類〉ハリクチブトカメムシ

チャバネアオカメムシ，マルシラホシカメムシ，マルカメムシの卵には寄生しない。

【活用の部】

●発育と生態

成虫（雌）は5〜10月に活動する（沖縄での活動時期については不明）。成虫の餌については不明であるが，アブラムシの甘露などを吸蜜すると考えられている。

本寄生蜂は卵から成虫になるまで寄主卵内で発育する。寄主としてホソヘリカメムシ卵を用いた場合，卵から成虫羽化までの発育零点は，雌が15.5℃，雄が15.6℃で，有効積算温量は，雌が161.7日度，雄が151.1日度である。なお，本寄生蜂は19℃では成虫まで発育するが寄主卵から脱出できない（寄主はホソヘリカメムシ卵）。

本寄生蜂は1つの寄主卵から1頭の蜂が羽化する。雌蜂の寿命は1〜2か月である。

●保護と活用の方法

蜂の生息場所となるマメ科の雑草など，圃場周辺の野生植物を保護する必要がある。

●農薬の影響

本寄生蜂に対する農薬の影響は明らかでない。

●採集方法

ダイズ畑でホソヘリカメムシの卵を採種し，室内で試験管などのガラス容器に入れて蜂の羽化を待つ。ホソヘリカメムシ卵からは，しばしばカメムシタマゴトビコバチなど別種の卵寄生蜂が羽化してくるので注意する。

室内飼育などで得られたホソヘリカメムシ卵を，ダイズ畑あるいはマメ科やイネ科の雑草地に人為的に設置・回収することによっても本寄生蜂を得ることができる。

●飼育・増殖方法

本寄生蜂はホソヘリカメムシ卵を用いれば室内で容易に飼育することができる。

ホソヘリカメムシは成・幼虫ともに乾燥ダイズ種子と水で飼育できる。ホソヘリカメムシの卵から成虫までの発育期間は25℃で約1か月である。シール容器などに数対の雌雄成虫を入れ，乾燥ダイズ種子と水（アスコルビン酸とシステイン1塩酸塩を添加；脱脂綿などに含ませる）を与える。採卵用に適当な長さの麻ひも（やや太めのものがよい）を入れる。

ホソヘリカメムシの卵期間は25℃で6日間程度である。日齢が進んだ寄主卵にも寄生が可能であるが，近縁種のヘリカメクロタマゴバチでは，孵化直前のホソヘリカメムシ卵では幼虫の生存率が低く，寄主の日齢が進むにつれて発育期間が延長する。本寄生蜂についても同様に寄主日齢が発育に影響すると予想されるので，累代飼育には産卵後3日程度までのホソヘリカメムシ卵を与えるのが好ましい。

羽化後3〜5日齢の1頭の雌蜂を，直径18mm×長さ100mm程度の試験管に入れ，上記の麻ひも上に産み付けられたホソヘリカメムシの卵20〜30個を入れ，そのまま飼育室内に静置する。餌（蜂蜜）は特に与える必要はなく，ホソヘリカメムシ卵に産卵を済ませた雌蜂はそのまま死亡する。一部寄生を免れた寄主卵からはホソヘリカメムシが孵化してくるが，それらも数日中に死亡するため悪影響はない。25℃では約17日後に蜂が羽化してくる。羽化した蜂には餌として蜂蜜を与える。何も与えない場合や水しか与えない場合には数日間で死亡してしまうので注意する。

通常，雄が雌より先に羽化してくる。雌蜂の交尾を確実にするため，雌蜂を羽化後1日間以上試験管内に雄蜂と一緒に留めるのが好ましい。雌蜂を産卵させる直前まで雄蜂と一緒に飼育しても，産卵に悪い影響は及ぼさない。

（水谷信夫）

ハリクチブトカメムシ

（口絵：土着24）

学名 *Eocanthecona furcellata* (Wolff)
＜カメムシ目／カメムシ科＞
英名 －

主な対象害虫 ハスモンヨトウ，タバコガ類，イラガ類，オキナワイチモンジハムシ

その他の対象害虫 チョウ目，コウチュウ目などの幼虫

発生分布 トカラ列島以南の南西諸島。国外では台湾，中

国南部，東南アジア，インドなど熱帯・亜熱帯アジア
生息地　畑地，カバークロップ，生け垣
主な生息植物　タバコ，サツマイモ，ハッショウマメ，ガジュマル，ハイビスカス。国外ではアブラヤシも含む
越冬態　休眠はない。沖縄ではいろいろなステージで越冬
活動時期　冬以外は年中
発生適温　15～30℃

【観察の部】

●見分け方

　成虫は体長11～15mm，体幅6～9mmくらいである。背面は黄褐色で黒褐色の点刻を密布する。前胸背の前部の側角は鋭くやや前方に突出し，その後縁に明瞭な副突起がある。成虫の雌雄は腹部の生殖節で区別できるが，雌は雄よりやや大きく太めであり，前胸背側角は雄ほどには発達していない。卵は直径1mmあまり，高さ1mm足らずで，金属光沢のある褐色をしており，卵塊として産み付けられる。卵蓋の周辺部に10あまりの小突起がある。幼虫の頭胸部は大部分黒色，腹部は赤～橙色地に黒紋がある。

　別名キシモフリクチブトカメムシという。

　わが国にはよく似た同属種として，キュウシュウクチブトカメムシ Eocanthecona kyushuensis (Esaki et Ishihara)，シモフリクチブトカメムシ E. japonicola (Esaki et Ishihara)，シコククチブトカメムシ E. shikokuensis (Esaki et Ishihara) がある。正確には生殖節で区別するが，前種は前胸背側角が前方に反ることなく，棘状であるがその先端近くの後縁に瘤状の隆起となっていることから，また後2種は側角の突出が軽く先端部が分岐しないことから識別できる。

　人を刺すことはない。

　近年西日本で分布を広げているクチブトカメムシとして，シロヘリクチブトカメムシ Andrallus spinidens (Fabricius) がある。同様にチョウ目などの幼虫を捕食するが，どちらかというとハマキ類を好む。

●生息地

　国内ではトカラ列島以南の南西諸島に分布するが，国外では台湾，中国南部，東南アジア，インドなど熱帯・亜熱帯アジアに広く分布する。生息地域は無霜地帯北限よりもはるか南である。

　沖縄の石垣島ではサツマイモ，収穫後の放任タバコなどの畑，被覆作物ハッショウマメの畑，ハイビスカスやガジュマルの生け垣などに生息する。

　成虫はしばしば葉の表に出るため見つけやすい。幼虫は葉の裏，葉柄，茎，腋，枝などに日当たりを避けるようにして集団でいることが多い。

　冬期沖縄では敷草や石のまわりなど暖かい場所で，成虫だけでなくいろいろなステージの幼虫が見られる。

●寄生・捕食行動

　幼虫は2齢から捕食行動をとる。腹方に畳んだ口針を前方に伸ばし寄主に刺して吸汁する。

　寄主は刺されると抵抗するが，しばらくすると動きを停止する。寄主が相対的に大きすぎたり元気すぎたりすると捕食者ははね飛ばされるが，動きの少ない脱皮前後には成功しやすい。より小さい幼虫は，成虫や齢期の進んだ幼虫が仕留めた餌昆虫に集まることもある。

　餌昆虫の内容物はほとんど吸い取られる。

　餌昆虫の側に到達するのに，摂食誘引物質n-ペンタデカンが関与し，口針を前方に伸ばすのに口吻伸長活性物質(E)-フィトールが関与することが判明している。

　幼虫は集合性が顕著で，若齢ほどその傾向が強い。植物体上で幼虫をバラバラに放しても，数時間後にはいくつかの群れにまとまる。この集合性には摂食や脱皮などの関係が考えられている。

　餌昆虫が少なくなると成虫は他へ移動し，卵や幼虫が残される。

●対象害虫の特徴

　吸汁の対象となる昆虫(主として幼虫)は非常に多い。石垣島での実験ではチョウ目をはじめコウチュウ目，ハチ目，カメムシ目など40種を超える幼虫を摂食することが判明している。国内の諸報告を総合すると，吸汁の対象はチョウ目ではアゲハチョウ科，イラガ科，オビガ科，シロチョウ科，シャクガ科，ジャノメチョウ科，スズメガ科，セセリチョウ科，ドクガ科，メイガ科，ヤガ科，ヤママユガ科な

〈クチブトカメムシ類〉ハリクチブトカメムシ

どが，コウチュウ目ではテントウムシ科，ハムシ科が，ハチ目ではアリ科，ハバチ科が，ハエ目ではショクガバエ科があげられている。

スズメガなど皮膚の丈夫な大型幼虫や，臭角から防御物質を出すアゲハ類幼虫はあまり好まない。

【活用の部】

●発育と生態

幼虫は吸水のみで1齢から2齢になり，捕食して，5齢を経て羽化する。

25℃，16L-9Dの室内条件下で，羽化雌は4日後ころから輪卵管に成熟卵が観察でき始める。その後のおよその発育経過は，産卵前期間10日，雌成虫寿命91日，1雌当たり産卵総数1,450，1雌当たり産卵塊数21，卵期間8日，幼虫期間19日（4齢までの各齢期間は3日，5齢は5日）である。発育零点は14〜16℃くらい。4齢のハスモンヨトウ幼虫を餌とした場合の1日当たり捕食数は雌成虫で約5頭，雄成虫で約2.5頭である。平均すると幼虫はその幼虫期間に約100頭のハスモンヨトウ3齢幼虫を捕食する。

成虫は冷蔵庫4℃では24時間以内に死亡するし，野外では霜が降りると植物にしがみついたまま死亡する。

沖縄石垣島付近での年間発生回数は5〜7回と推定される。

●保護と活用の方法

多くの殺虫剤に弱いが，露地あるいは自然発生地では影響の少ない剤の選択と誘引・定着のための工夫が重要である。また，施設内で活用する場合は，影響の少ない剤の選択や影響がある剤でも，放虫前の施用などによって影響を少なくする工夫が必要になる。

害虫防除への利用には，ナス，ピーマン，葉ジソそれぞれのハスモンヨトウに対しての放飼など高知県が行なった施設内試験がある。前試験はハスモンヨトウ3齢幼虫に対して20分の1の個体数のハリクチブトカメムシ成虫を放したところ，高い防除効果が確認された。

低温条件下での活動性が弱いので，冬の施設では綿密な温度管理が必要とみられる。

●農薬の影響

薬液に浸漬したナスの葉に成虫を放して1日後の生死で判定した高知県の試験では，DDVP，DEP，BPMCおよびエチオフェンカルブの各乳剤とイミダクロプリド水和剤は明らかに悪影響があり，マラソン乳剤，ピリミカーブ水和剤などではほとんど影響が認められていない。

●採集方法

沖縄で採集する。冬期を除けば，どの季節でもよいが，7〜9月ころに密度が高まる。

畑でハスモンヨトウやオオタバコガなどの発生している所や，生け垣でハムシ，イラガ類の発生している所などで，殺虫剤を施用していない場所とその付近を探す。成虫は葉にいることが多いので見つけやすい。

持ち帰り時には容器や餌に共食いを防ぐような工夫をしておくとよい。

手で捕らえても口針で人を刺すことはないが，成虫の前胸背の側角は鋭いので，つまみ方には注意が必要である。

卵塊採取の場合は，卵寄生蜂 *Ooencyrtus*, *Trissolcus*, *Telenomus* などがその後で出てくることがある。

●飼育・増殖方法

幼虫の1齢期間は水分だけで2齢となる。2齢以降の幼虫と成虫の餌には，生きている昆虫，凍結した昆虫，凍結乾燥した幼虫粉末，人工飼料がある。いずれにしても非加熱の餌であることが重要である。加熱したものは適当でない。また餌昆虫の皮膚の厚さは吸汁のしやすさと関係してくる。

飼育容器：給水芯付きのプラスチック容器（上径10cm，高さ4.5cm，側面に3×1.5cmの網窓付き）で飼育できるが，この容器で毎日餌交換する場合の効率的な飼育密度は，3齢期で30頭，5齢期で15頭くらいである。腐敗した餌は除去し，給水芯が黒くかびたら容器を交換する。餌の種類や個体数によって容器は適宜工夫するのがよい。

採卵：飼育容器では主として側面に産卵する。面はガラス，更紙を問わない。容器内側面を更紙で巻き，上面はテトロンゴースで覆い，更紙に産卵させるとよい。餌と水分は当然必要である。紙を切り取

って卵塊ごとにプラスチック容器に入れ，孵化を待つ．小さい卵塊を使用すると孵化率が悪く，また卵期に乾燥すると孵化率に悪影響を与えるので，40～50粒以上の卵塊を使用し，また容器をポリエチレン袋で軽く覆う．孵化後はポリエチレン袋を除去し，2齢への脱皮が始まると給餌を開始する．

餌には，(1)生きている昆虫，(2)凍結した昆虫，(3)凍結乾燥昆虫粉，(4)人工飼料があるが，前述のようにいずれも非加熱の餌である．なお給水は別途行なう．

生きている昆虫：餌には飼育増殖の容易な虫種がよく，国内ではハスモンヨトウを利用していることが多い．また釣り餌サバムシは定期的に得られるところで使用されている．ほかにいろいろな昆虫が餌となりうるが，それは野外で捕食している種類だけではない．ニカメイガ，アワノメイガやハチミツガの幼虫，コガネムシの幼虫，バッタ類，そのほか蛹・成虫も餌となりうる．餌昆虫が生きていることや餌の大きさや表皮の厚さによっては，食い付きにくいものがあるが，餌昆虫を切断したりその頭部を潰したりしてから与えるとよい．密度にもよるが，カメムシの2齢幼虫にはハスモンヨトウ2～3齢幼虫を，3～4齢幼虫には4～5齢幼虫を，5齢幼虫には5～6齢幼虫を与えるのが適当である．餌昆虫は死亡後腐敗するので，早めに除去する．

凍結した昆虫：ハスモンヨトウ，イラガ類，ツマグロスズメバチなどの使用例がある．この凍結餌では，生きた幼虫の場合と比較してカメムシの発育増殖に差は見られない．凍結幼虫は貯蔵に便利なだけでなく，適当な大きさに切ったり，また網張りした飼育容器の上面に置き網を通して吸汁させたりすることも可能である．この餌の腐敗は前述の生きた餌より早い．

凍結乾燥昆虫粉：幼虫の凍結乾燥個体そのままでは内部が中空となり好ましくないので，粉砕することが必要である．餌の腐敗は遅いが，ハスモンヨトウ幼虫の凍結乾燥粉ではなぜか発育が劣るが，雄蜂児の粉末は次に述べる人工飼料よりも生育，産卵数ともに優れている．

人工飼料：牛肉100g，牛レバー100g，鶏卵黄10g，5％ショ糖液12ml，L-アスコルビン酸0.5g，Wesson混合無機塩1gを練り混合したものをパラフィルムで覆ったものである．発育の期間はやや遅れ，体重はやや小さく，産卵数は少ないが，羽化率は良好である．不完全な飼料であるが，羽化後に生の昆虫餌に切り替えることによって，産卵数は対照と同程度まで回復するとされるので，人工飼料での産卵数の低下は防除へ利用する際にはさほど問題にならない可能性がある．

（岡田忠虎・小林秀治・高井幹夫）

シロヘリクチブトカメムシ

学名 *Andrallus spinidens* (Fabricius)
<カメムシ目／カメムシ科>
英名 ―

主な対象害虫 ハスモンヨトウ
その他の対象害虫 チョウ目幼虫全般，ハムシ類幼虫
発生分布 亜熱帯から熱帯まで広く分布．日本では関東以南の本州，四国，九州，南西諸島
生息地 野菜畑，ダイズ畑，水田および雑草地
主な生息植物 サツマイモ，サトイモ，ダイズ
越冬態 成虫
活動時期 初夏から秋
発生適温 20～30℃程度

【観察の部】

●**見分け方**

成虫の体長は12～16mm．体は全体的に茶褐色でやや光沢がある．前胸背側角は黒く，鋭く尖る．前翅革質部の両縁と小楯板の先端は白色である．

3齢幼虫までは腹部が暗赤色であるが，4，5齢になると暗褐色を呈する．いずれの幼虫にも背面に1対の黄斑がある．

●**生息地**

チョウ目幼虫の発生している圃場や雑草地に生息する．山林よりも開けた草地に多い．

本種の多い奄美や南西諸島での観察では，背丈の高い雑草地よりも，20～30cmぐらいの雑草内でよ

〈クチブトカメムシ類〉シロヘリクチブトカメムシ

く見つかる。

高知県ではサツマイモ，ダイズ，サトイモ，水田などで幼虫の集団をよく見かける。成虫は春先から見られるが，この時期の個体数は少ない。個体数が多くなるのは夏から秋にかけてである。

越冬は石の下や雑草の株元などで成虫で行なう。

●寄生・捕食行動

餌幼虫を見つけると口吻を伸ばし，ゆっくりと近づき，口針を幼虫に刺し，体液を吸う。

成虫は集団でいることは少ないが，幼虫は3齢ころまでは集団を形成しており，餌幼虫の体液を集団で吸う。

密度抑制効果についての調査例はないが，ハスモンヨトウ，ナカジロシタバなどチョウ目害虫の多発生した圃場で本カメムシがよく見られ，このような圃場ではカメムシに吸汁されて死亡した幼虫がよく観察されることから，害虫の密度をかなり抑制しているものと思われる。

南方系のカメムシであるので，活動は高温時期に活発になると考えられるが，高知県あたりでは10月ころまで圃場での捕食が観察されている。

●対象害虫の特徴

このカメムシがよく捕食するのはガ類，ハムシ類などの幼虫であるが，ハスモンヨトウ，アワヨトウなどのように体毛の少ないあるいは短い芋虫状の幼虫を好む。特にハスモンヨトウなどの多発生した場所に多い傾向がある。

エビガラスズメなどの中〜老齢幼虫のように，少しの刺激で体を大きく振る大型の幼虫に対しては，攻撃体勢はとるが，うまく捕食できないことが多い。

【活用の部】

●発育と生態

25℃条件下での卵期間は約11日，幼虫期間は1齢が約3日，2齢が約5日，3齢が約5日，4齢が約4日，5齢が約7日であり，卵から羽化までの発育期間は約35日である。同じ南方系のハリクチブトカメムシに比べると約10日発育期間が長い。

卵は葉裏などに卵塊で産み付けられる。孵化はいっせいに行なわれ，3齢ころまでは集団を形成するが，4，5齢になると分散し始める。野外での観察では，集団のなかの1頭が餌を捕食すると，周りの幼虫が集まり集団で餌幼虫の体液を吸い始める。

調査はされていないが，成虫は1か月以上生存すると思われる。

●保護と活用の方法

頻繁に発生する天敵ではないので，発生が認められた場合には，シロヘリクチブトカメムシに影響の少ない農薬を使用する。

サツマイモ畑などでは，葉の上よりも地表面近くに生息するため，発見しにくいので注意する。ハスモンヨトウなどの死亡幼虫が認められた場合には，本カメムシがいる可能性があるので，注意して観察する。

露地圃場で成虫を放飼しても，そのうちどこかに飛んでいくので，露地では防除対象害虫が発生している株に幼虫を放飼するとよい。

施設で利用する場合，圃場全体に害虫が発生しているようなら，移動能力の高い成虫を中心に放飼する。害虫の発生が点在する場合には発生株に幼虫を集中的に放す。

本カメムシによって防除効果をあげるためには，対象害虫の発生状況を的確に把握する必要があるので，収穫作業中に発生株を見つけたら，目印を付けておくとよい。

本カメムシはときどき植物を吸汁することがあるが，被害が生じることはない。また，本カメムシを手でつかんでも，サシガメ類のように刺すことはない。

●農薬の影響

合成ピレスロイド剤，カーバメート剤，有機リン剤などは影響が大きい。本カメムシがいる圃場では，影響が小さいと考えられるBT剤や脱皮阻害剤（IGR）などを使用し，他の天敵も含め保護に努める。

●採集方法

本カメムシの密度が高い奄美以南の地域では，開けた場所の草丈の低い雑草地で，草をかき分けると比較的高い頻度で幼虫が見つかる。1頭幼虫が見つかるとその周辺にはかなりの個体数が生息しているので，じっくり腰を据えて採集する。

九州以北では発生頻度が低いので，本カメムシの

集まるハスモンヨトウなどチョウ目幼虫が多発している雑草地や圃場を探す。

捕虫網による雑草地のすくい取りでも採集できるが、生息場所が草むらの中なので、採集効率が悪い。

●飼育・増殖方法

採卵をする場合には、採集した雌雄1対をプラスチックシャーレなどに入れ、ガ類やハムシ類の幼虫を与えて飼育する。餌換えはできるだけ毎日行なう。

採集した幼虫を集団飼育する場合には、昆虫飼育箱のような大きめの容器に入れ、餌としてガ類などの幼虫を与える。

餌としては生きた幼虫がよいが、ハスモンヨトウやアワヨトウなどの幼虫は脱皮中あるいは羽化中のカメムシを食うことがある。脱皮直前あるいは羽化直前の幼虫は餌をとらなくなるので、そのような状態になったら給餌をひかえるか、冷凍餌を解凍して与えるとよい。

餌不足になると、脱皮中や羽化中の個体を他の個体が吸汁するので、餌不足にならないように注意する。

本カメムシは休眠をしないので、温度さえ確保できれば、冬期にも増殖できる。

プラスチックシャーレに雌雄1対を入れて飼育するとシャーレや下に敷いた濾紙などに卵を産み付ける。1卵塊産んだら成虫を別のシャーレに移し、次の産卵をさせる。産卵を始めた雌は餌を十分与えれば次々と産卵をするので、10対ほど準備すればかなりの個体数が得られる。なお、雄が死亡した場合には新しく追加する。

産卵されたシャーレをそのまま静置し、幼虫が孵化したら、蓋に水を含ませた脱脂綿を付着させておく。1齢幼虫は餌を与えなくても水だけで2齢になるので、2齢になった時点から給餌を開始する。

カメムシの幼虫が小さい時期（2、3齢）には与える餌も小さいものとする。ハスモンヨトウの幼虫であれば3、4齢幼虫を与える。カメムシの幼虫が4、5齢になると、ハスモンヨトウの5、6齢幼虫程度の幼虫を与えたほうが効率的である。

カメムシが3齢になったら、シャーレから別の大きな飼育容器に移す。なお、このころから飼育容器は密閉せず、ネットを取り付けた蓋を使用する。

餌として与えた幼虫が、翌日かなり生存しているようであれば、カメムシが脱皮あるいは羽化する直前なので、餌やりをひかえるか、冷凍餌に切り替える。

カメムシの発育が揃っていない場合、餌不足になると、脱皮中あるいは羽化中の個体を他個体が攻撃するので、発育の遅れた個体は別の容器に移すなどし、できるだけ発育の揃った集団で飼育する。

飼育中、常に生きた餌を確保するのは大変なので、餌がたくさんとれるときに余分な幼虫を冷凍保存しておくとよい。なお、家庭用冷蔵庫の冷凍室程度では凍結しないので、冷凍庫を構える必要がある。

（高井幹夫）

ヨトウタマゴバチ

（口絵：土着25）

学名 *Trichogramma evanescens* Westwood
<ハチ目／タマゴヤドリコバチ科>

英名 Egg parasitoid

主な対象害虫 ヨトウガ、コナガ、モンシロチョウ、タマナギンウワバ

その他の対象害虫 メイガ科、ハマキガ科、ヒトリガ科、アゲハチョウ科の卵

発生分布 日本全土

生息地 畑地

主な生息植物 キャベツ、アブラナ科野菜

越冬態 前蛹態

活動時期 3～10月

発生適温 10～30℃

【観察の部】

●見分け方

キャベツの葉裏に産卵されているヨトウガの黄白色の卵塊の上を歩いている小さな蜂。体長約0.5mm。雄成虫は雌よりやや細くて小さく、数は3分の1と少ない。体色は濃い黄色、頭、前胸および

〈寄生蜂〉ヨトウタマゴバチ

腹部は黒褐色。触角毛は非常に長く，末端は細く尖っており，最長の触角毛は鞭節の最も幅の広いところの2.5倍である。前翅臀角の縁毛の長さは翅の幅の6分の1である。

雄の外生殖器は，陽基背突がかなり硬化しており，鈍角三角形を形成する。やや幅広い円弧形の側縁が存在し，その陽基基部は顕著に狭くなっており，末端は腹中突起部～陽基側弁末端の距離(D)の3分の1に達する。腹中突は鋭角三角形で，長さはDの4分の1に相当する。中脊は1対あり，長さは前に伸びて陽基の3分の1に達し，鉤爪末端はDの2分の1である。陽茎は内突よりやや長く，両者の長さの和は陽基の全長よりやや長く，後脚脛節より短い。

雌成虫の体色は雄蜂と同じで，触角は棍棒状，触角毛は短い。産卵管の長さは後脚脛節と等しい。

●生息地

日本では沖縄から北海道まで全国に分布する。現在の標本検査の結果によると，中国海南島の崖県から朝鮮半島，中国東北部，シベリアにまで分布している。

キャベツ畑，トウモロコシ畑，果樹園，森林に生息する。

●寄生・捕食行動

ヨトウタマゴバチの雌はまず農作物に飛来し，寄主卵を探す。卵に遭遇すると，触角で軽く叩きながら寄主に適するか否かを精査した後，卵上にあがり静止して産卵管を挿入する。普通30～60秒で産卵を終え，産卵管を引き上げる。寄主卵内に産卵された卵は約36時間後に孵化する。25℃条件では9日後に成虫まで発育し寄主卵から脱出する。

寄主卵の大きさにあった卵数が産卵されると，蜂は正常に発育する。これを完寄生という。一方，寄主卵に対し産卵数が多すぎると蜂は発育できず死亡する。これを過寄生という。

蜂は寄主卵の発育期間の前半を好んで寄生する。後半には寄生の幼虫が発育するので寄生されない。

●対象害虫の特徴

ヨトウガ，コナガ，タマナギンウワバ，コブノメイガの卵は軟らかく，表面に鱗毛がついておらず，卵は1層に産卵されているので，全部の卵粒が寄生されやすい。しかし，ヤママユガの卵は1粒ずつ産卵され，表面に鱗毛もないが，卵殻はやや硬めなので，寄生率は数％未満と寄生されにくい。

【活用の部】

●発育と生態

寄主卵内に産み付けられた卵は約36時間後に孵化し発育する。25℃条件では9日後に成虫まで発育し寄主卵から脱出する。発育零点は約10℃である。32℃以上では発育しない。ズイムシアカタマゴバチと異なり，18℃未満においても休眠現象はない。

雌の産卵数は約100卵である。長径0.4mmと小さなズジコナマダラメイガ卵で飼育した蜂は小さく，外径0.6mmのヨトウガ卵で飼育した場合の約40％の産卵数となる。

寄主卵の中で，前蛹態で越冬するとされている。

●保護と活用の方法

欧州ではキャベツのヨトウガ，トウモロコシのアワノメイガ，トマトのオオタバコガの防除用に販売されている。日本ではコナガの防除用に試験されたことがある。

●農薬の影響

有機リン剤，カルタップ剤など多くの化学農薬に感受性である。イミダクロプリド剤は成虫には影響があるが，被寄生卵を浸漬した場合には影響はない。ブプロフェジン(IGR剤)は成・幼虫に影響しない。

●採集方法

3～10月にキャベツ圃場に行きコナガ，ヨトウガ，タマナギンウワバの卵を採集して，卵寄生蜂が羽化してくるのを待つ。

●飼育・増殖方法

スジコナマダラメイガの卵を代替寄主卵として大量に飼育できる。収集した卵(長径約0.4mm)を水溶性の糊で別の厚紙に貼り付け紫外線を照射して殺卵後，タマゴバチを接種する。紫外線を照射，殺卵，寄生させた卵を厚紙に貼り付けたり，小型容器に入れたりして，防除用に使用する。

スジコナマダラメイガの卵は10mgで約400粒である。直径1cmの円には約500卵を糊づけできるの

で，ハチ接種の際に参考にする。大量採卵するには，幼虫飼育容器や採卵容器を大型にしたり数を増やしたりすれば可能になる。

（平井一男）

キイロタマゴバチ

（口絵：土着25）

学名 *Trichogramma dendrolimi* Matsumura
<ハチ目／タマゴヤドリコバチ科>
英名 Egg parasitoid

主な対象害虫 ヨトウガ
その他の対象害虫 アワノメイガ，マツケムシ，コカクモンハマキ，ヤガ科，ヒトリガ科，ヤママユガ科，ドクガ科，メイガ科，シャチホコガ科，イラガ科，シジミチョウ科，シャクガ科の卵
発生分布 日本全土
生息地 畑地，果樹園，茶園
主な生息植物 キャベツ，トウモロコシ，果樹園，森林
越冬態 不明（前蛹態）
活動時期 3～10月
発生適温 10～30℃

【観察の部】

●見分け方

畑地，果樹，森林生態系に生息する体長0.5～1.0mmと小さな蜂で見つけにくい。キャベツやトウモロコシの葉の裏面に産卵されているヨトウガ，アワノメイガの卵の上を歩いたり，産卵したりしているのを観察できる。

触角は顕微鏡で見ると，雄の触角は房状，雌の触角は棍棒状をしている。

雄成虫の体色は黄色，腹部は黒褐色である。前翅下側（臀角）の縁毛の長さは翅の幅の8分の1である。交尾器については，陽基背突には顕著な広い円形の出っ張りの側葉がある。

15℃で繁殖，発育した雌成虫の体色は黄色で，中胸背板は淡黄褐色である。腹基部およびその末端には褐色を呈する部分が存在する。20℃で繁殖，発育した成虫の中胸盾片は依然として淡黄褐色だが，腹基部の末端だけが褐色を呈している。20℃以上で繁殖，発育した成虫は体色全体が黄色だが，産卵管の末端と腹部の末端だけには褐色の部分が若干存在する。

●生息地

日本では沖縄から北海道まで全国に分布する。中国大陸では現在の標本検査の結果によると，中国海南島の崖県から朝鮮半島，中国東北部，シベリアにまで分布している。

3～10月，キャベツ畑，トウモロコシ畑，果樹園，森林に生息する。

●寄生・捕食行動

ヨトウガなどの卵の発育期間の前半に寄生する。トウモロコシ畑のアワノメイガでは，7月ころまで多く寄生する。その後はアワノメイガタマゴバチが多くなる。

●対象害虫の特徴

アワノメイガ，ヨトウガ，コナガ，タマギンウワバの卵は軟らかく，表面に鱗毛がついておらず，卵塊は多層に重ねて産卵されず1層なので，全部の卵粒が寄生されやすい。ヤママユガの卵は1粒ずつ産卵され，表面に鱗毛もないが，卵殻はやや硬めなので寄生されにくい。

【活用の部】

●発育と生態

発育零点は約10℃である。温度の上昇とともに発育は進み，15℃で25日，20℃で17日，25℃で9日，30℃で6日で卵から成虫まで発育する。

前蛹で寄主卵中で越冬すると思われるが不明である。第1世代の成虫の羽化は南西諸島では3月，関東地方では4月下旬に見られ，ヨトウムシ類の卵を探して産卵活動を続ける。通常，年間15～16世代繰り返す。

●保護と活用の方法

キイロタマゴバチは森林や樹園地に多く生息し，これに近接した畑で寄生数は多い。

中国ではトウモロコシのアワノメイガの防除に利用されているが，日本では試験的に行なわれた程度

〈寄生蜂〉アワノメイガタマゴバチ

アワノメイガタマゴバチ
（口絵：土着 26）

学名 *Trichogramma ostriniae* Pang & Chen
＜ハチ目／タマゴヤドリコバチ科＞
英名 Egg parasitoid

主な対象害虫 アワノメイガ
その他の対象害虫 リンゴコカクモンハマキ，チャノコカクモンハマキ
発生分布 日本全土
生息地 畑地，茶園，果樹園，森林
主な生息植物 トウモロコシ
越冬態 不明（前蛹態）
活動時期 5～9月
発生適温 10～30℃

【観察の部】

●見分け方

体長約0.4mm，7～8月にトウモロコシの葉の裏面に産卵されているアワノメイガの卵塊上を歩行しているのを観察できる。

雄成虫の体色は黄色，前胸背板と腹部は黒褐色である。触角の鞭節は細長く，また触角毛も細長い。最長の触角毛は鞭節の最も幅の広い部分の約3倍である。前翅の下側の臀角の縁毛の長さは，翅の幅の6分の1に相当する。

雄の交尾器については，陽基背突は三角形で，基部は狭く，両側の縁は内側へ若干湾曲している。その末端は腹中突基部〜陽基側弁末端の距離（D）の2分の1まで伸びている。腹中突は長三角形で，その末端は長さがDの9分の4に相当する。中脊は1対あり，前に伸びた長さは陽基の長さの2分の1である。鈎爪末端はDの2分の1で，陽基背突と水平になっている。陽茎は内突よりやや長く，両者の長さの和は陽基の全長よりやや短く，後脚脛節より明らかに短くなっている。

雌成虫の体色は黄色，前胸背板と腹基部およびその末端は黒褐色である。産卵管は後脚脛節の長さよりやや短い。

●農薬の影響

他のタマゴバチ類と同様，IGR剤には抵抗性を有するが，有機リン剤，合成ピレスロイド剤，カーバメート系剤には大きな影響を受ける。

●採集方法

7～8月にアワノメイガやコカクモンハマキの卵を採集してガラス瓶の中で飼育し，卵寄生蜂が羽化してくるのを待つ。蜂が産卵して数日たった卵は黒色になる。ただし卵の表面に穴があいている場合，それは蜂の脱出孔なので，蜂は出てこない。また，黒紫色の卵からは害虫の幼虫が孵化してくるので，注意する。

●飼育・増殖方法

大量増殖するにはズイムシアカタマゴバチと同様に，バクガやスジコナマダラメイガの卵を使用する。

スジコナマダラメイガの幼虫は飼料用圧扁トウモロコシやコムギ粉，コムギ粒で飼育できる。コムギ粒の場合，コムギ400g当たり約55mgの卵粒（約2,200卵）を接種し，25℃，湿度75％下で飼育すると40日すぎに成虫が出てくるので，これをステンレス製の標準ふるいに約500頭入れて交尾させ採卵する。成虫が死ぬまで約5日間採卵可能である。

収集した卵（長径約0.4mm）を水溶性の糊で別の厚紙に貼り付け紫外線を30分間照射して殺卵後，タマゴバチを接種する。紫外線を照射，殺卵，寄生させた卵を厚紙に貼り付けたり，小型容器に入れたりして，防除用に使用する。

スジコナマダラメイガの卵は10mgで約400粒，直径1cmの厚紙円には約500卵を糊づけできるので，蜂接種数の計算の際に参考にする。大量採卵するには，幼虫飼育容器や採卵容器を大型にしたり数を増やしたりすれば可能になる。

（平井一男）

●生息地

　トウモロコシ畑に生息する。わが国での生息地はよく調べられていないが，関東以北に多い。

●寄生・捕食行動

　アワノメイガタマゴバチは，卵塊を形成するアワノメイガ，ハマキガなどの昆虫卵に産卵する。アワノメイガの場合，5月下旬，7月初旬，8～9月に多く寄生される。最も多いときで約9割の卵塊が寄生され，特に8月下旬～9月には寄生率が100％に達することもある。

●対象害虫の特徴

　トウモロコシ株中で幼虫態で越冬したアワノメイガは，関東地方の場合，5月中旬に羽化した第1回成虫が中旬には産卵のピークをむかえる。その後も7月中旬，8月中下旬と，年3回の産卵ピークが見られる。この卵の消長に並行してアワノメイガタマゴバチの産卵・寄生が行なわれる。

【活用の部】

●発育と生態

　蜂は卵から蛹まで寄主昆虫の卵内で発育したのち羽化脱出する。成虫の発生期間は5～9月で，トウモロコシ畑ではトウモロコシアブラムシの排出する甘露を吸蜜して生き長らえる。

　発育零点は約10℃である。温度の上昇とともに世代期間は短くなり，15℃で25日，20℃で17日，25℃で9日，30℃で6日で卵から成虫にまで発育する。

　雌成虫は約1週間に80～120卵を産下する。雌が4分の3を占め，個体群は約2日で2倍になると計算されている。

　昆虫卵に対する寄生は春先には少なく，アワノメイガが増える初夏から秋にかけて多くなる。

　日周活動を見ると，蜂は朝のうちに寄主卵から脱出する。雄が先に脱出し，後続の雌を待ってただちに交尾する。その後，雌はトウモロコシなどの葉面上を歩きまわり，新たな昆虫卵を探索して産卵する。

●保護と活用の方法

　バクガやスジコナマダラメイガの卵で大量増殖した蜂を用いた防除効果試験が行なわれている。アワノメイガの性フェロモントラップを圃場に設置し，雄が誘引され始めて約4日後に，1m²当たり60頭のアワノメイガタマゴバチを圃場に放す。これを1週間隔で計3回行なうことで，トウモロコシの子実被害率は約10％に抑えられた。実用化には蜂の大量生産コストの高いことが障害になっている。

●農薬の影響

　IGR剤の影響は少ないが，有機リン剤，合成ピレスロイド剤，カーバメート系剤には大きな影響を受ける。

●採集方法

　5月下旬または7月中旬～9月にアワノメイガの卵塊を採集してガラス瓶の中で飼育し，親蜂が羽化してくるのを待つ。

　寄生蜂が産卵して数日たった卵は黒色になる。ただし卵の表面に穴があいている場合，それは蜂の脱出孔なので，蜂は出てこない。また，黒紫色の卵からはアワノメイガの幼虫が孵化してくるので注意する。

●飼育・増殖方法

　大量増殖するにはズイムシアカタマゴバチと同様に，バクガやスジコナマダラメイガの卵を使用する。

　スジコナマダラメイガの幼虫は飼料用圧扁トウモロコシやコムギ粉，コムギ粒で飼育できる。コムギ粒の場合，コムギ400g当たり約55mgの卵粒（約2,200卵）を接種し，25℃下で飼育すると40日すぎに成虫が出てくるので，これをステンレス製の標準ふるいに約500頭入れて交尾させ採卵する。成虫が死ぬまで約5日間採卵可能である。

　収集した卵（長径約0.4mm）を水溶性の糊で別の厚紙に貼り付け紫外線を30分間照射して殺卵後，タマゴバチを接種する。紫外線を照射，殺卵，寄生させた卵を厚紙に貼り付けたり，小型容器に入れたりして防除用に使用する。

　スジコナマダラメイガの卵は10mgで約400粒，直径1cmの円には約500卵を糊づけできるので，蜂接種数の計算の際に参考にする。大量採卵するには，幼虫飼育容器や採卵容器を大型にしたり，数を増やしたりすれば可能になる。

　アワノメイガタマゴバチは低温で発育遅延するので，18～27℃で飼育する。

（平井一男）

〈寄生蜂〉ヒゲナガコマユバチ

ヒゲナガコマユバチ

(口絵：土着 26)

学名 *Macrocentrus linearis* (Nees) 〔=*M. gifuensis* Ashm.〕

<ハチ目／コマユバチ科>

英名 —

主な対象害虫 アワノメイガ

その他の対象害虫 ウコンノメイガ

発生分布 本州・四国・九州，朝鮮半島など

生息地 トウモロコシ畑や草地

主な生息植物 主要寄主のアワノメイガが穿孔しているアワやトウモロコシ

越冬態 寄主内部において卵の状態で越冬するらしい

活動時期 5～9月

発生適温 —

【観察の部】

●見分け方

ヒゲナガコマユバチは中型のコマユバチ科寄生蜂で，体長が約4～6mm。全身オレンジ色で，頭部全体と，胸部と腹部の一部に黒色紋をもつ。体は細長く，華奢な体型をしている。また，その名が示すとおり体長の1.5倍ほどもある長い触角をもつ。

雌の腹部末端には体長よりも若干長いほどの産卵管が突出しているため，雌雄の区別は容易である。産卵管は細くて，しなやかである。

少なくともアワノメイガにつく寄生蜂では似た種がいないので区別は容易であろう。

●生息地

わが国では本州，四国，九州に分布する。

トウモロコシ畑，隣接する草地などに最も多く見られる。主要寄主であるアワノメイガの生息する環境に多く見出されるが，それ以外の*Ostrinia*属のメイガにもよく寄生するので，それらが存在する環境でも見かけることがある。

●寄生・捕食行動

雌は寄主が穿孔している植物体の周辺を飛翔したり，その茎上などを歩行したりして，寄主を探索する。そして，茎内部に潜む寄主を長い産卵管を用いて攻撃（産卵）する。茎内部に潜む寄主幼虫を攻撃する際には，その近くにある寄主の糞が出ている穴に産卵管を刺し込むことが多い。

本種は多胚生殖を行ない，1つの卵から複数の幼虫（多くの場合20～30個体）が出現し，それぞれが親まで正常に発育する。通常，1つの寄主に1卵が産み付けられるようである。ただし，1つの寄主から多数の蜂個体が羽化してきたとしても，寄主当たりで見ると雄蜂のみ，あるいは雌蜂のみという性比パターンになる。これは多胚生殖を行なう寄生蜂によく見られる性比パターンである。室内条件下では，1つの寄主に複数の卵が産み付けられることがあって，この場合，1寄主から形成された1つの繭から雌雄が羽化してくることがある。

●対象害虫の特徴

*Macrocentrus*の仲間は単食性あるいは狭食性の寄生蜂で，メイガやハマキガ類といった植物体内などに隠れて生活するチョウ目昆虫を寄主とする。また，すべて幼虫寄生蜂である。

ヒゲナガコマユバチは長い産卵管をもっており，トウモロコシ茎内部に侵入しているアワノメイガ幼虫に対して攻撃・寄生が可能であり，若齢から終齢までと，寄生可能な寄主幼虫ステージ（齢）も広い。

【活用の部】

●発育と生態

西日本では，ヒゲナガコマユバチの成虫は5月中旬から出現し始め，9～10月ぐらいまで発生しているようであるが，年何回発生するのかなどについてはよくわかっていない。

成虫は活動のための炭水化物（甘露，花の蜜）を必要とするようで，蜂蜜溶液などを与えた場合には寿命が長くなる。これは他のコイノビオント型のコマユバチと同じである。

多寄生蜂であり，1つの寄主からは基本的に複数の蜂が発育できる。1つの寄主に複数の卵が産み付けられた場合（過寄生），どのような幼虫間競争が生じるのかについてはよくわかっていないが，1つの寄主から雄と雌とが羽化してきた場合には，明ら

かに雌の数のほうが多く，このことから雌幼虫のほうが競争に有利であるのかもしれない。

典型的なコイノビオント型の寄生蜂（寄主の発育と同調した寄生様式をもつ）であり，寄生時の寄主の齢にかかわらず，寄主幼虫が十分発育してから蜂の幼虫が一気に成熟し，寄主幼虫から脱出，繭を紡いで蛹化する。繭は褐色で，アワノメイガの坑道内に形成される。

● 保護と活用の方法

日本では，大量飼育された個体が放飼され，その効果が評価されたことはない。

通常は野外での寄生率があまり高いものではないことから，生物農薬的使用に適するかどうかについては今後の検討課題であろう。アメリカ合衆国では，アワノメイガの近縁種でトウモロコシの重要害虫である O. nubilaris に対する生物的防除素材として本種を導入し，成功している。

● 農薬の影響

現在用いられている主要な化学農薬の影響については調べられていないが，非選択性の有機リン剤に対しては非常に感受性が高く，他の寄生蜂同様に選択性殺虫剤の積極的な利用が本種の保全と活用に繋がると思われる。

● 採集方法

アワノメイガが寄生したトウモロコシを大型ケージや飼育容器に保管しておくと，アワノメイガ成虫とともに本種成虫が羽化してくる。

あるいはトウモロコシなどの茎内部に侵入しているアワノメイガ成熟幼虫やメイガの坑道内に形成された蜂の繭を回収，飼育することもできる。

● 飼育・増殖方法

室内飼育下の観察によると，雌は羽化後数日で産卵可能な状態にある。

1齢幼虫と完全に成熟した終齢幼虫を除いた，幅広い寄主幼虫齢に寄生可能なようであるが，アワノメイガ近縁種（O. nubilaris）を使った実験では，3齢あるいは4齢幼虫に好んで産卵することが知られている。

1つの寄主から（1寄主に1回産卵時）平均して20～30匹の寄生蜂成虫が羽化してくる（少ない場合で1匹のみ，多いときで60匹にも達する）。未交尾かどうかや，交尾を何回行なったかによって，1つの寄主から羽化してくる蜂の数が影響されず，また過寄生が生じた場合でも蜂の羽化数には影響がないようである。

寄主幼虫を雌蜂に直接与えてもうまく産卵しない場合があるようであるが，この場合には寄主が摂食したトウモロコシなどの寄主餌や糞を同時に与えてやると，探索行動や産卵が促されるらしい。

蜂幼虫は寄主から脱出すると，互いに集まった状態で繭をつくる。この際，幼虫の周辺になにか糸を吐きつけるものがないとうまく繭を形成することができないらしい。したがって，寄生された寄主を飼育する場合には常に濾紙なり，ティッシュペーパーなりを入れておくなどする必要があるだろう。

（上野高敏）

フシヒメバチ類

（口絵：土着 26）

学名 Ephialtini spp.

＜ハチ目／ヒメバチ科＞

英名 ―

主な対象害虫 メイガ類（ニカメイガ，コブノメイガ，クワノメイガなど），ハマキガ類（チャハマキ，コカクモンハマキなど）

その他の対象害虫 シンクイムシ類，イチモンジセセリ，ウワバ類など（種によって異なる）

発生分布 日本全土

生息地 畑地，果樹園・茶園，水田など

主な生息植物 植物に対する選好性は特にない

越冬態 成熟幼虫（寄主外部につくられた蜂の繭内）

活動時期 4～11月

発生適温 15～30℃

【観察の部】

● 見分け方

フシヒメバチ類は比較的大型の寄生蜂で，体長が5～15mm程度。雄は雌に比べてかなり小型で，細い体型をしていることが多い。全身黒色で，種によ

っては脚が淡い黄色やオレンジ色をしており，脛節に白色や黒色の帯をもつ。この仲間は，雌の産卵管が腹部の半分程度から，ほぼ同じ長さまでと，種によって産卵管長は異なるが，産卵管長が長いことから比較的容易に他の内部寄生性ヒラタヒメバチ類から区別可能である。

雌の腹部末端には頑強な産卵管が突出している一方，雄にはそれがないので，雌雄の区別は容易である。体色には雌雄間で差がないが，雄では顔面が白色になる種がある。種によっては雌雄間の体サイズに大きな差があり，また体型が雄では雌に比べ細くなるものもある。種の同定には，翅脈や腹部，そして前腿節の形態，後脛節の色彩などに注意するが，似た種が多いので専門家に同定依頼をするのがよい。

● 生息地

農地に見られる多くの種は，北海道から九州までのほぼ日本全土に見られる。

● 寄生・捕食行動

雌は寄主の生息する新梢周辺や，葉上，茎上を活発に探索する。頻繁に飛翔するので，かなり広い探索範囲をもつものと思われる。葉を綴り合わせてつくられた巣やツト内，あるいは茎内部に潜む寄主を探し出して，寄主体外部に単寄生性の種では1回の産卵につき1卵を，多寄生性の種ではときに20近い卵を産み付ける。

雌蜂は寄主を産卵に利用するだけでなく，卵生産のための餌としても利用するため（寄主摂食），寄生者としての機能だけでなく，捕食者としての機能ももつ。また多くの種は寄主摂食をしなければ産卵できないため，羽化後しばらくの間はもっぱら寄主を食べる。寄主摂食率は，蛹寄生性のヒラタヒメバチよりもはるかに高いようである。

一般にどの種も寄生率は低く，10％未満であることが多い。しかし，ときには非常に高い寄生率を示すことがある。たとえばアカヒゲフシヒメバチ *Gregopimpla kuwanae* (Viereck)がガンマキンウワバの発生が多いときに示した寄生率は7割近くにも達すると報告されており，寄主が大量に発生した場合に天敵として重要な働きをするものも含まれるようだ。

● 対象害虫の特徴

フシヒメバチ類には広食性の種（クロヒゲフシオナガヒメバチ *Acropimpla persimilis* (Ashmead)など）を含んでおり，多くのチョウ目昆虫が寄主として記録されている。しかし，種によっては寄主範囲がかなり限られるものも含まれる（*Sericopimpla*, *Scambus* の一部の種など）。単寄生性の種では主にメイガ，ハマキガなどの茎内部や葉を巻いて生息する小蛾類を利用し，多寄生性の種（アカヒゲフシヒメバチ，サクサンフシヒメバチ *Gregopimpla himalayensis* (Cameron)など）では大型のチョウ目，たとえばカレハガ，ヤガ，シャチホコガ，セセリチョウなどを寄主として利用する。

どの種も，むき出しになった寄主（裸蛹になるもの）は決して利用しない。これは多くの外部寄生蜂に共通した特徴である。外部寄生性の幼虫は，アリなどの捕食者から容易に攻撃を受けたり，降雨などの天候要因の影響をもろに受けたりしやすいため，雌蜂は隠れた状態にある昆虫を寄主として選ぶのだと考えられる。

雌蜂は，もっぱら飛翔することで寄主を探索し，樹上や草上など比較的地上から高い位置にあるところを好む。地上周辺を歩き回って探索しないため，寄主であっても地上に近いところにいるものはほとんど寄生を受けないことが多い。基本的には前蛹や成熟幼虫に産卵し，チョウ目昆虫の蛹などには寄生しない。これは，外部寄生性の寄生蜂幼虫が一般に硬い殻をもつ蛹などを寄主外部から摂食できないことによる。

【活用の部】

● 発育と生態

西日本の低地では，多くの種の成虫は4月下旬から6月下旬までと9月から11月下旬にかけて主に観察され，夏期にはあまり見かけない。

成虫は活動のための炭水化物（甘露，花の蜜）を必要とし，これがなくて水だけが利用できる場合には寿命がかなり短くなる（水もない場合では成虫の寿命は数日程度である）。また雌蜂には，卵生産のためのタンパク源（花粉，寄主体液）が必要不可欠

である．少なくとも調査されたいくつかの種では，寄主摂食するなどしてタンパク源を得ないと，まったく産卵できないことが知られている．雌蜂は羽化後3～6日と死亡直前を除いた期間中，コンスタントに寄生活動を行なう．

単寄生性種では，1つの寄主からは1頭の蜂だけが発育を完了できる．1つの寄主に複数の卵が産み付けられた場合（過寄生）には，1齢幼虫期に幼虫間の闘争が起こり，1頭の個体のみが生き残る．

本グループは，典型的なイディオビオント型の寄生蜂（寄主の発育と同調した寄生様式をもたない．つまり孵化した幼虫がただちに寄主を食べ尽くす）であり，産卵前に毒液を注入することで寄主を完全に麻酔する．この麻酔は完全な永久麻酔であり，一度少しでも雌に刺された寄主は完全に死亡する．

一部の種（クロヒゲフシオナガヒメバチなど）は性質が荒く，寄主をめぐって雌間で闘争する．

蜂幼虫が成熟するに伴い，寄主はどんどんその内部が消費され，収縮した状態になる．成熟した幼虫は寄主体と寄主の繭や巣内との間に白色の薄い繭を形成する．蜂の前蛹化に伴って不要物が蜂の繭末端に蓄積される．

未成熟期（卵から親の羽化直前まで）は寄主外部で過ごし，卵から親蜂の羽化までの日数は25℃の条件で12～16日ほどである（雄のほうが発育期間が短い）．

雌の1日当たりに産める卵数はむしろ少なく，5～20卵程度（寄主密度により異なる）であるが，そのぶん比較的寿命が長く，生涯を通じて卵生産を行なうため，生涯産卵数は室内条件下で100卵を超える．

単寄生性の種では，雌蜂は寄主の大きさに応じて性比を調節し，大きな寄主には雌卵を産む．多寄生性の種では，雌卵を多く産むときには寄主当たりの卵数を少なくし，雄を多く産むときは多くの卵を一度に産み付ける．

雄はフェロモンを頼りに寄主内部で羽化した雌あるいは羽化直後の雌を探し出す．一般に寄生蜂では一回交尾の種が多いようであるが，この仲間には頻繁に多回交尾をするものがいる．

●保護と活用の方法

大量飼育された個体が放飼され，その効果が評価されたことはない．野外において，各害虫種に対する寄生率は一般に低いことが多いことから判断すると，このグループの蜂を生物農薬的な利用に用いても，あまり有効であるとは思えない．

害虫1匹当たりのその害虫次世代への貢献度を考えると，成熟幼虫や前蛹期での死亡は卵や初期幼虫期での死亡よりも次世代個体数への影響は大きいはずである．また，多くの害虫種の前蛹や蛹が寄生蜂により殺される．したがって，1種1種のフシヒメバチ類や蛹寄生蜂類の影響は少なくても，全体で見るとこういった寄生蜂グループが農生態系で果たす役割は無視できないであろう．

●農薬の影響

非選択性の有機リン剤，カーバメート系，合成ピレスロイド系の殺虫剤には基本的に弱く，選択性殺虫剤の使用が好ましい．特に植物内浸透性の薬剤は直接的に接触しない限り悪影響が認められない．

●採集方法

寄主繭あるいは蛹を採集し，プラスチックカップやガラス管に入れ保管しておくと，親蜂が羽化してくる．

多数の個体が発生している場合では，相当数が生息地周辺を飛び回っていることがある．この場合には直接，網ですくうなり，スウィーピングするなりして親蜂を採集するとよい．野外で採集された雌蜂は交尾を終了しているため，それらを用いて次世代を室内で得ることが可能である．

●飼育・増殖方法

クロヒゲフシオナガヒメバチや*Gregopimpla*, *Sericopimpla*, *Scambus*などの一部の種は，広食性種であるため，ハチミツガ（実験用に一般的に用いられる．釣餌のブドウムシ）を代替寄主として利用することにより，容易に飼育できる．ハチミツガを用いた場合蜂の羽化率が高く（70～85％），代替寄主として非常に優れている．

上記の種でも野外で雌蜂を採集してきた場合，すぐにはハチミツガなどの代替寄主に産卵してくれないことがあるが，飼育容器内に代替寄主を入れっぱなしにしておくと，ほとんどの場合，数日以内に寄

主として受け入れるようになる。

　増殖用に与えた寄主をあまり長時間入れておくと，過寄生や寄主摂食が起こり羽化率が著しく低下するので注意が必要である。特に寄主摂食された寄主では蜂の羽化率がほぼゼロになることが多いので，寄主を長時間与えたままにするべきではない。また雌蜂は頻繁に寄主摂食する必要があるので，増殖用の寄主を回収した後に，寄主摂食用の寄主を与えておくとよい。

（上野高敏）

ウヅキコモリグモ

（口絵：土着27）

学名　*Pardosa astrigera* L. Koch
＜クモ目／コモリグモ科＞
英名　Wolf spider

主な対象害虫　チョウ目（コナガ，ハスモンヨトウなど）
その他の対象害虫　トビムシ類，アブラムシ類，ハエ類，ヨコバイ類，バッタ類など多数
発生分布　日本全土
生息地　平地，山野，畑地，果樹園などの草むら
主な生息植物　地上徘徊性なので，特別な植物はない（平地や山野など植生のあるあらゆるところで生活する）
越冬態　亜成体
活動時期　4～11月
発生適温　不明

【観察の部】

●見分け方

　体長は雌7～10mm，雄6～8mm，はオオアシコモリグモ属に属し，同属のハリゲコモリグモ *Pardosa laura* に酷似するが，雌では外雌器で見分けることができる。また，背甲には灰褐色でT字型をした正中条があることで見分けることができる。

　代表的なコモリグモ科の属としては，*Lycosa* コモリグモ属，オオアシコモリグモ属 *Pardosa*，キタコモリグモ属 *Trochosa*，カイゾクコモリグモ属 *Pirata*，ミズコモリグモ属 *Arctosa* がある。

●生息地

　平地，山野，畑地，果樹園などの草間を徘徊する。

●寄生・捕食行動

　コモリグモ類は肉食性で，上顎の先の牙から毒液を出して捕らえた獲物である昆虫などの節足動物を弱らせる。

　消化液を出し，獲物のサイズにもよるが，数時間かけて，消化した液体を吸い上げる。

　亜成体がコナガ，ハスモンヨトウ幼虫，コナガ卵などを捕食することを確認している。

　各態は地表を徘徊し，トビムシなどの分解者や，葉上や樹上に上がって被食者を捕食する。

●対象害虫の特徴

　コモリグモは各種の節足動物を捕食するジェネラリストである。

【活用の部】

●発育と生態

　亜成体で越冬し，越冬個体が成虫となって，4月以降産卵する。春4～6月と秋9～11月の2回産卵期がある。

　ショウジョウバエを餌として与えた場合，生死にかかわらず摂食した。

　亜成体はコマツナに産卵されたコナガ卵を捕食する。

　年2化。亜成体で越冬し，越冬世代は9齢程度で成体となり，4～6月に産卵する。夏世代はやや小型で，9～11月に産卵。

　雌成虫は産卵した卵を糸で包んで扁球状にし，これを腹部末端にある出糸突起につけて歩き回る。孵化した子グモは母親の腹部背中にしがみついている。

　視覚が発達していて，求愛ダンスを行なうという。

　16～32℃の範囲では，求愛の待ち時間，求愛期間や交尾継続時間は，温度の上昇に伴い減少した。

●保護と活用の方法

　コモリグモは各種の節足動物を捕食するジェネラリストで，EUおよびアメリカ合衆国では，秋にイネ科牧草を混播したビートルバンクを境界植生として設置し，越冬固体を温存している。

各種リビングマルチおよびアブラムシ対策のバンカー植物，天敵温存植物（インセクタリープランツ）を境界植生として配置すると，コモリグモ個体群を温存できる。

乾燥をきらうので，敷わらマルチや敷草マルチ設置のほか，リター層が維持されるような部分が温存されるようにする。

● 農薬の影響

ウヅキコモリグモ幼態への殺虫剤の影響は以下のようである（浜村ら，2006から引用）。

死亡率＜30％：チアメトキサム水溶剤(3,000)，クロルフルアズロン乳剤(2,000)，テフルベンズロン乳剤(2,000)，ルフェヌロン乳剤(2,000)，フルフェノクスロン乳剤(2,000)，クロマフェノジド水和剤(1,000)，ピリダリル水和剤(1,000)，インドキサカルブMP水和剤(1,000)，BT水和剤(1,000, 2,000)

死亡率30％≦，＜80％：チオシクラム水和剤(1,500)，クロチニアジン水溶剤(2,000)，イミダクロプリド水和剤(4,000)，アセタミプリド水溶剤(2,000)

死亡率80％≦は略，（　）内は希釈倍数

● 採集方法

ペットボトルやビニール製マヨネーズの空き容器を口の下の寸胴の部分で輪切りにしたものや捕虫網などを用いて捕獲する。捕獲したクモは1個体ずつ試験管やフィルム容器などに入れて持ち帰る。

● 飼育・増殖方法

圃場で集めた個体は，100～200mℓ程度のタッパーなどの容器の底に土や枯葉，稲わらなどを入れた中で飼育できる。共食いがあるので，できるだけ個体飼育とする。

乾燥すると死んでしまうので，適度な湿り気が必要。給水用に水を満たしたペットボトルの蓋などを入れておく。薄いショ糖液をスポイトで直接与えると摂取し寿命が延びるという。

コナガ飼育中に産卵されたプラスチックパラフィンフィルム上の卵塊を冷蔵または冷凍したものをストックし，これを餌に飼育が可能である。

バナナなどの果物に発生させたショウジョウバエ成虫を吸虫管などで捕獲し与えてもよい。

（根本　久）

コナガサムライコマユバチ

（口絵：土着28）

学名　*Cotesia vestalis* (Haliday)

＜ハチ目／コマユバチ科＞

英名　Braconid parasitoid

主な対象害虫	コナガ
その他の対象害虫	ガンマキンウワバ，タマナギンウワバ
発生分布	日本全土
生息地	畑地とその周辺に多く，都市近郊にも生息する
主な生息植物	アブラナ科植物
越冬態	暖地では全発育段階（周年発生），寒冷地では前蛹（繭内）
活動時期	3～11月
発生適温	20～30℃

【観察の部】

● 見分け方

体長3～4mmの小さな蜂で，腹部の腹面が一部黄色い以外は黒色をしている。キャベツやダイコンなどアブラナ科野菜の周辺を飛翔したり，葉上を歩き回ったりしているのが観察できる。モンシロチョウに寄生するアオムシコマユバチ *Cotesia glomerata* (L.)とは，後脚跗節が本種は暗褐色なのに対してアオムシコマユバチでは黄褐色であることなどで区別できるが，肉眼では識別困難である。雌は尾端に短い産卵管をもち，雄は雌に比べて腹部が細身であることで区別できる。

繭は黄白色の俵型で長径約3.5mm。葉の裏に1個ずつ付着していることが多く，よく目立つ。アオムシコマユバチの繭はよく似ているが，濃黄色で数十個の繭が塊をつくっているので区別できる。

● 生息地

日本全国で，キャベツ，ダイコン，ブロッコリーなどのアブラナ科植物上にいるコナガの幼虫に寄生する。本種は海外ではユーラシア大陸や東南アジアに広く分布しているが，コナガ防除の目的で太平洋諸国などに導入されて，人為的に分布域を広げつつある。

〈寄生蜂〉コナガサムライコマユバチ

　学名は，以前は*Cotesia plutellae*が用いられていたが，現在はシノニムとなっている。ただし，海外では今でも*C. plutellae*を用いた論文が出ているので，文献検索する際には注意する必要がある。

　青森の個体群は，前蛹で休眠して越冬するが，神戸の個体群は休眠しないで周年発生するという報告がある。休眠するか否かは，寄主であるコナガの越冬の可否と関連している可能性が高く，冬期にコナガの発生が中断する寒冷地や標高の高い地域では，前蛹で越冬すると思われる。

●寄生・捕食行動

　寄主がアブラナ科植物に生息しているため，これらの寄主植物に飛来して寄主の手がかりとなる食痕や糞を探索する行動が観察される。手がかりが見つかった場合は，その周辺を歩行および短い飛翔によって探索し，発見した寄主に産卵する。日中の圃場では活発に飛翔して寄主探索を行なう成虫を観察することができる。キャベツでは外葉部に多くの繭が発見されることから，結球部や狭い隙間では寄主探索行動をとらないものと思われる。

　たとえ2個以上の卵が産み付けられたとしても，1頭の寄主から1頭の蜂しか羽化しない，単寄生性の蜂である。

　西南暖地では冬でも寄生が見られ，発生のピークは6～7月と9～10月の年2回ある。これに対して，東北寒冷地では6～10月に寄生が見られるものの，発生ピークは7月中旬～8月上旬の年1回である。

●対象害虫の特徴

　日本国内では北海道でタマナギンウワバとガンマキンウワバに寄生した報告がある。この2種の幼虫はコナガに比べて非常に大きくなるが，1～3齢幼虫に寄生して3～4齢幼虫から羽化したと報告されているので，寄生時点の大きさはコナガ程度である必要があるのかもしれない。コナガとよく似たヒロバコナガは寄主となる可能性があるが，寄生することを明確に記載した報告はない。また海外では20種ほどの他のチョウ目幼虫に寄生するという報告がある。

【活用の部】

●発育と生態

　コナガの1～4齢幼虫に寄生可能であり，蜂の老熟幼虫は，寄主の4齢幼虫から脱出して黄白色で俵型の繭をつくり，蛹化する。野外調査中に，蜂が脱出した後のコナガ幼虫が蜂の繭のすぐそばに静止しているのがよく観察されるが，この幼虫はすぐに死亡する。

　寄生を受けたコナガ幼虫は摂食量が減り，老熟しても健全幼虫より明らかに体サイズが小さい。

　寄生から成虫羽化までの発育日数は，25℃で約14日である。

　寄生率に及ぼす温度の影響を室内実験で調べた報告によると，10～30℃の範囲では温度が高くなるにつれて次第に寄生率が高くなり，30℃では90％，35℃ではやや下がるがなお80％以上の寄生率になった。このことから，本種の寄生適温範囲は，20～30℃であると推測される。

　年間の発生回数は，寒冷地で4～5回，暖地では休眠しなければコナガと同程度の9～10回くらいと推定される。

●保護と活用の方法

　本種は日本で最も普通に見られるコナガの幼虫寄生蜂であり，寄生率も高いため，コナガ密度の自然制御に果たしている役割は大きいと考えられる。したがって，後述の天敵に影響の少ない薬剤の使用を心がけ，温存を図ることが望ましい。

　寄主のコナガが植物を加害する際に放出される揮発性化学物質を同定して，この物質を圃場に設置することにより周辺環境から本寄生蜂を誘引する試みが行なわれたが，まだ実用化には至っていない。また，本種成虫の生存と産卵には花蜜などからの栄養摂取が重要であることがわかっており，糖蜜液を入れた給餌容器を圃場に設置して寄生率を高める実験も行なわれている。

　東南アジアでは，コナガ防除の目的で，それまで分布していなかった地域に蜂を導入する伝統的生物的防除法が試みられている。現在までのところ，大量放飼法は行なわれていない。

●農薬の影響

　成虫に対する致死効果を調べた報告によると，カルタップやメソミルに対しては死亡率が高く，フェンバレレートやアセフェート，IGR（テフルベンズロン，クロルフルアズロン），BTは死亡率が低い。海外で調べられた成虫死亡率は，マラソン74％，フィプロニル58％，シペルメトリン28％，フェンバレレート16％となっている。ピリダリルは成虫，繭の両方にほとんど影響がないことが報告されている。またいずれの薬剤も繭に入った蛹の時期には比較的影響が少ない。

　寄生率への影響を調べた実験では，IGR，BTは影響が少ないが，フェンバレレートやアセフェートの使用は寄生率を下げ，寄生行動に対する悪影響の大きいことが示されている。

　悪影響のある薬剤でも，育苗・定植時の粒剤の散布は影響が少ない。

　アブラムシ防除用に散布されるピリミカーブ剤は寄生蜂に対して悪影響が少なく，問題なく使用できる。

　生物農薬として市販されているコレマンアブラバチとハモグリコマユバチについては，各種殺虫剤，殺菌剤の影響が詳しく公表されており，ハチ目昆虫（特にコマユバチ類）に対する農薬の影響を評価するのに参考になる（本書p.資料2）。

●採集方法

　暖地では4〜10月，寒冷地では6〜7月ころに，野外で繭を採集して管瓶に入れ，25℃の室内で成虫を羽化させる。繭はキャベツ畑やダイコン畑で採集できるが，殺虫剤が使用されている商業栽培の畑ではほとんど見つからないので，家庭菜園程度の小さな畑か栽培が終了して残渣が放置されているような畑で探すのがよい。キャベツの場合は，外葉部を丹念に探すと，比較的容易に黄白色の繭を見つけることができる。コナガの3〜4齢幼虫を採集して飼育することにより，羽化させることもできるが効率は悪い。

　繭を採集するときに間違いやすいのはアオムシコマユバチであるが，この蜂の繭は前述のように繭塊で存在するうえ，濃黄色なので区別できる。またタマナギンウワバに寄生する別種のコマユバチの繭も紛らわしいが，やや大型で灰白色であり，コナガサムライコマユバチの繭に比べて硬く，軽く指で押しても容易につぶれない。このほか，ヨトウガに寄生するヨトウサムライコマユバチも見つかるが，繭は白色であり発生密度は低い。

●飼育・増殖方法

　飼育にはカイワレダイコンの芽出しやキャベツの葉で飼育したコナガの2〜4齢幼虫を用いる。カイワレダイコンの芽出しをつくるには，直径9cm，深さ5cmくらいのプラスチック容器の底に円形濾紙を敷き，チウラム・ベノミル水和剤の100倍液に一晩浸けたカイワレダイコンの種子約20mlを入れ，15mlの水を加えて蓋をする。蓋には直径2cmの穴をあけて綿栓をする。一度に飼育容器25〜30個分くらいつくると効率がよい。この容器を23〜25℃の恒温器に入れておくと，3日目には飼育に使用可能な芽出しができる。すぐに使わない分は15℃程度の恒温器に貯蔵しておけば，1週間くらいはもつ。

　コナガの採卵は，300mlくらいの広口ガラス瓶にコナガ成虫100頭以上とキャベツ葉片を入れ，薄いペーパータオルと輪ゴムで蓋をして1〜2日おくと，キャベツ葉片に集中的に産卵するので容易に行なえる。またキャベツ葉片を入れなくても，蓋にしたペーパータオルの裏側に相当数産卵する。

　カイワレダイコンの芽出しの入った容器に，コナガ卵200〜300個がついたキャベツ葉片または紙片を入れ，20℃で飼育すると，10日目ころには大半のコナガが蜂の寄生に好適な3齢幼虫になる。この間，餌替えの必要はない。

　飼育容器の蓋と本体の間に，厚手のペーパータオルをはさんでおくと，この紙の裏側に多数のコナガが蛹化するので，蛹を回収するのに便利である。

　寄生させるときは，30×20×10cm角くらいのプラスチック製シール容器の底にペーパータオルを敷き，コナガ幼虫200〜300頭を食痕のついた餌植物や糞とともに入れ，交尾を終えた雌蜂15〜20頭を入れて25℃の恒温器に1日間置いておく（図1）。

　寄生後，蜂を取り除いてから追加の餌植物を入れ，25℃長日条件下で飼育する。

　蜂の老熟幼虫は，コナガの4齢幼虫の皮膚を食い破って脱出し，付近に黄白色の繭をつくるので，こ

〈寄生蜂〉コナガヒメコバチ

図1　寄生させるためにコナガ幼虫のついたカイワレダイコンの芽出しを入れたシール容器

れを傷つけないようにピンセットでシャーレなどに移す。

25℃では約14日で成虫が羽化するので，飼育用プラスチック容器に移し，10％程度に薄めた蜂蜜を脱脂綿にしみ込ませて与える。本種は産雄性単為生殖を行なうため，雌は交尾しなくても産卵できるが，交尾しないと雄しか生まれてこないので，必ず複数の雌雄を一緒にして交尾させる必要がある。

成虫は，15℃程度の温度で餌を切らさないように飼育すれば，1か月以上生存している。

蛹（繭）は7～10℃の低温で50日間まで保存可能であるが，羽化率や羽化した成虫の産卵数は減少する。

（野田隆志）

コナガヒメコバチ

（口絵：土着28）

学名　*Oomyzus sokolowskii* (Kurdjumov)
＜ハチ目／ヒメコバチ科＞
英名　Eulophid parasitoid

主な対象害虫　コナガ
その他の対象害虫　―
発生分布　日本全土
生息地　畑地とその周辺
主な生息植物　アブラナ科植物
越冬態　前蛹（寄主体内）
活動時期　4～12月
発生適温　30℃（25～35℃）

【観察の部】

●見分け方

体長約1.5mm，全体黒色で金緑色の光沢を帯びる小さな蜂で，キャベツなどアブラナ科作物の葉上を歩行しているのが観察される。しかし，密度が高くない限り，野外で成虫を発見するのは困難である。

コナガの蛹内で蛹化するため，外部から直接蜂の蛹を確認することはできないが，寄生を受けたコナガ蛹は黒斑のある茶褐色に変化するので区別できる。同様に蛹に寄生するコナガチビヒメバチによる被寄生蛹はやや明るい茶褐色で黒斑は見られない。

飛翔時は，空中で静止するホバリング行動が観察される。雌は雄よりやや大型で腹部が太く，触角が棍棒状であるのに対して，雄は全体に細身で触角が長く，直線状であることで区別できる。

●生息地

北海道から沖縄まで日本全国に分布し，キャベツ，ダイコン，ブロッコリーなどのアブラナ科植物上にいるコナガの幼虫に寄生する。

本種は海外ではインド，ヨーロッパ，南アフリカ，北米，ジャマイカなど世界中に分布しているが，分布の中心は熱帯地方であり，高温適応性が高いものと思われる。

●寄生・捕食行動

寄主を発見すると，触角で寄主の体表を叩きながら歩くドラミングと呼ばれる行動をとり，その後産卵管を突き刺して寄主体内に産卵する。産卵に要する時間は数分で，この間に数個から十数個の卵を寄主に産み付ける。産卵後は，産卵管を突き刺した穴に口器をつけて寄主の体液を吸うホストフィーディング（寄主体液摂取）と呼ばれる行動をとり，栄養を補給するが，小さな寄主に対してはこの行動はとらない。

体が小さく，主に歩行によって寄主探索を行なうため，重なった葉の間などにいるコナガの幼虫にも寄生可能である。

活動期間は南へいくほど長くなり，九州では4～12月，本州中西部で5～11月，北日本では7月下旬～10月に寄生が見られる。しかし，本州中部以

北で寄生率が高くなるのは，7月下旬以降である。

コナガの蛹を採集して寄生率を調べると，8月以降の東北地方では80〜100％に達することがあり，蛹寄生蜂のコナガチビヒメバチよりやや遅れて寄生率が高くなる傾向がある。

● 対象害虫の特徴

現在のところ，コナガ以外に確実な寄主の報告はない。

【活用の部】

● 発育と生態

コナガの1〜4齢幼虫に寄生可能で，寄主が蛹化した後，寄主内で蛹化する。

産卵から成虫の羽化までの発育日数は22℃で約22日，25℃で約18日であり，1頭の寄主から2〜16頭の蜂が羽化する多寄生性の内部寄生蜂である。

年間の発生回数は，寒冷地では3〜4回，暖地では4〜5回くらいと推定される。

性比は雌に偏っており，1寄主から羽化する蜂はほとんどが雌で，雄は1〜2頭の場合がほとんどである。

毎日産卵させた場合，羽化後1日目から産卵可能で，6〜7日後に産卵を終了し，1雌当たりの総産卵数は40卵以上になるという報告がある。

蜂蜜を与えて毎日産卵させた場合の成虫寿命は，約6日である。また，餌を与えて産卵させなかった場合の寿命は，25℃で約25日，20℃で約30日という報告があるが，個体によっては50日以上生存しているものもおり，10〜15℃の低温で飼育すればかなり長期間（2か月以上）維持可能である。

本種はコナガの一次寄生蜂であると同時に，先にコナガに寄生したコナガサムライコマユバチの繭からも羽化してくる，いわゆる随時二次寄生者でもある。

寄生率に及ぼす温度の影響を室内実験で調べた報告によると，15〜35℃の範囲では温度が上がるにつれて寄生率が高くなり，35℃では90％以上の寄生率になった。このことから，本種の寄生適温範囲は25〜35℃で，高温適応性が高いと考えられ，熱帯アジア諸国では，コナガ防除のために導入が図られている。

北日本で10月以降に野外から採集した被寄生蛹を20℃で飼育すると，1か月以上蜂が羽化してこないことがあり，このようなコナガ蛹を解剖すると，多くの場合，中にコナガヒメコバチの前蛹が入っている。このことから，本種は寄主内で前蛹の時期に休眠に入り，越冬するものと考えられる。ただし熱帯にも分布しているので，コナガサムライコマユバチのように暖地の個体群は休眠性がない可能性もある。

異なるアブラナ科作物（カリフラワー，ハクサイ，パクチョイ，キャベツ，ブロッコリー）をコナガの餌に用いて本種の増殖率や内的自然増加率，発育日数などを調べた研究では，カリフラワーが本種の寄生に最も好適な作物であった。

● 保護と活用の方法

暖地では春から秋にかけて長期間活動しているが，寒冷地での活動期は夏のみである。

特に，北日本では8月以降に採集した蛹のほとんどが本種に寄生されており，コナガを低密度に維持するうえで重要な働きをしていると考えられる。

以上のような特徴を考慮に入れたうえで，最小限の殺虫剤散布を心がける。

本種は多寄生性で増殖が容易なので，積極的に防除に利用しようとするならば，室内大量増殖による大量放飼法の適用も今後可能であると考えられる。

● 農薬の影響

日本で調べられた報告では，クロルフェナピル，エマメクチン安息香酸塩，ペルメトリンを本種の繭（蛹）に施用した場合，ペルメトリン（死亡率37.5％）を除いて本種の羽化に悪影響はなかった。しかし，これらの薬剤を本種成虫に接触させた場合は，いずれも死亡率が100％であった。これに対して，IGR剤（クロルフルアズロン，フルフェノクスロン，テフルベンズロン）に対する死亡率は0〜16.7％と低かったが，IGR剤希釈液を本種成虫に摂食させると寄生率が下がり，成虫寿命も短くなった。

海外で行なわれた研究では，スピノサド，インドキサカルブ，エスフェンバレレート，メソミル，アセタミプリド，アセフェート，エマメクチン安息香酸塩，メトキシフェノジドはいずれも本種の成虫に

〈寄生蜂〉コナガヒメコバチ

毒性があることが報告されている。また別の海外研究で，ジメトエート，フェンバレレート，クロルフルアズロン，BT剤は本種の蛹に無害であるが，ジメトエートのみは処理した蛹から羽化した成虫に悪影響があることが報告されている。

他の寄生蜂同様，有機リン剤や合成ピレスロイド剤には弱く，BT剤やIGR剤は比較的影響が小さいものと考えられるが，上述のIGR剤の例のようにまったく影響がないとは言い切れない。定植時の粒剤散布は直接接触しないので影響が少ない。

ハモグリバエ類の生物農薬として市販されているイサエアヒメコバチに関しては，各種殺虫剤，殺菌剤の影響が詳しく公表されており，本種に対する影響を評価するうえで参考になる（本書p.資料2）。

●採集方法

暖地では5〜9月，寒冷地では7月下旬〜8月に，野外からコナガの蛹を採集して，25℃で飼育する。寄生を受けた蛹は黒斑のある茶褐色に変化し，外観で未寄生蛹と区別できる。

北日本では，秋に採集すると休眠に入っていることがあるので，なるべく8月以前に採集したほうがよい。

茶褐色の被寄生蛹からはヒメバチや二次寄生蜂も羽化してくるので間違えないように注意する。蛹から羽化する寄生蜂で個体数が多いのはコナガチビヒメバチであるが，大きさがまったく違い，羽化時期もコナガヒメコバチのほうが若干遅くなる。同定は専門家に依頼したほうがよいが，黒色の微小な蜂が1寄主から10頭以上羽化してきたら，まず本種と考えてよい。

●飼育・増殖方法

飼育にはカイワレダイコンの芽出しやキャベツの葉で飼育したコナガの2〜4齢幼虫を用いる。カイワレダイコンの芽出しをつくるには，直径9cm，深さ5cmくらいのプラスチック容器の底に円形濾紙を敷き，チウラム・ベノミル水和剤の100倍液に一晩浸けたカイワレダイコンの種子約20mlを入れ，15mlの水を加えて蓋をする。蓋には直径2cmの穴をあけ綿栓をする。一度に飼育容器25〜30個分くらいつくると効率がよい。この容器を23〜25℃の恒温器に入れておくと，3日目には飼育に使用可能な芽出しができるので，すぐに使わない分は15℃程度の恒温器に貯蔵しておけば，1週間くらいはもつ。

コナガの採卵は，300mlくらいの広口ガラス瓶にコナガ成虫100頭以上とキャベツ葉片を入れ，薄いペーパータオルと輪ゴムで蓋をして1〜2日おくとキャベツ葉片に集中的に産卵するので容易に行なえる。またキャベツ葉片を入れなくても，蓋にしたペーパータオルの裏側に相当数産卵する。

カイワレダイコンの芽出しの入った容器に，コナガ卵200〜300個がついたキャベツ葉片または紙片を入れ，20℃で飼育すると，12日目ころには大半のコナガが蜂の寄生に好適な3〜4齢幼虫になる。この間，餌替えの必要はない。

飼育容器の蓋と本体の間に，厚手のペーパータオルをはさんでおくと，この紙の裏側に多数のコナガが蛹化するので，蛹を回収するのに便利である。

寄生させるときは，直径9cm，深さ5cmくらいのプラスチック容器の底に円形濾紙を敷き，コナガ3〜4齢幼虫40〜50頭を食痕のついた餌植物や糞とともに入れ，雌蜂5〜10頭を入れて25℃の恒温器に1日間入れておく。

寄生終了後は，蜂を取り除いてから追加の餌植物を入れ，25℃長日条件下で飼育する。

寄生から10日ほどたつと，寄生を受けたコナガの蛹は茶褐色に変色するので，傷つけないようにピンセットでシャーレなどに移す。

25℃では約18日で成虫が羽化するので，蜂蜜原液を内側に線状に塗布したガラス管瓶に吸虫管で収容する。交尾は羽化直後に行なわれる。

成虫は，15℃程度の温度で餌を切らさないように飼育すれば，2か月以上生存している。

（野田隆志）

コナガチビヒメバチ

(口絵：土着 29)

学名　*Diadromus subtilicornis* (Gravenhorst)
<ハチ目／ヒメバチ科>
英名　Ichneumonid parasitoid

主な対象害虫　コナガ
その他の対象害虫　―
発生分布　北海道～九州
生息地　畑地とその周辺に多く，都市近郊には少ない
主な生息植物　アブラナ科植物
越冬態　不明だが，おそらく前蛹か蛹で越冬（寄主体内）
活動時期　4～10月
発生適温　25℃（20～30℃）

【観察の部】

●見分け方

体長約5mmで黒色をしており，雌の腹部は基部と尾端が黒い以外は黄色でやや膨らんでいるが，雄の腹部は細身で黒色と褐色の縞模様があるので区別できる。西日本で6～7月ころ，北日本で7～8月ころにコナガの蛹から羽化してくる黒色大型の蜂は，ほとんど本種である。

コナガの蛹から羽化してくる寄生蜂はわが国では6種が確認されているが，そのうち本種はコナガヒメコバチと並んで最も普通に見られる蜂である。コナガヒメコバチは1頭の寄主から2～16頭が羽化する多寄生蜂であるのに対して，本種は1寄主から1頭の蜂しか羽化しない単寄生蜂であり，大きさが違うのでこの2種の区別は容易である。しかし，アオムシヒラタヒメバチやマツケムシヒラタヒメバチ，チビキアシヒラタヒメバチなどその他のヒメバチとは肉眼では区別が難しい。

●生息地

北海道から九州まで，日本全国で，キャベツ，ダイコン，ブロッコリーなどのアブラナ科植物の上にいるコナガの前蛹と蛹に寄生する。沖縄からは確認されていない。海外では，東南アジアを除くユーラシア大陸（旧北区）に分布していると考えられており，東南アジアには近縁別種の *Diadromus collaris* (Gravenhorst) が分布する。

越冬態は不明であるが，コナガが越冬できない地域にも分布しているので，おそらく寄主内で前蛹か蛹で越冬しているものと思われる。

●寄生・捕食行動

雌成虫は腹部を前方に折り曲げてコナガの繭内に挿入し，中にいる前蛹や蛹に産卵する。寄生を受けた蛹は全体が茶褐色に変化する。前蛹や蛹化直後の若い蛹に好んで寄生し，前蛹，緑色をした蛹化1日以内の蛹，あるいは蛹化2日後の蛹に対しては66～75％産卵するが，蛹化1日後のベージュ色をした蛹や蛹化3日後の蛹では産卵率が30～40％まで低下し，蛹化4日後の蛹には産卵しないという報告がある。主に寄主植物上を歩行して探索し，葉表面のコナガ蛹ばかりでなく，結球したキャベツの葉の狭い隙間に潜り込んで，中にいる寄主にも寄生する。

暖地では春から秋まで活動するが，発生ピークは地域によって違いがある。宮崎県では5月下旬～6月に寄生率が高くなり，10月にも寄生が見られるという報告があるが，熊本県で寄生率が高いのは7月下旬から8，9月という報告もある。これに対して北日本では，7月中旬から8月初めにかけて寄生率が高くなるだけで，それ以降はほとんど寄生が見られない。

北日本では7月下旬～8月初めに採集したコナガ蛹の70％以上が本種に寄生されており，本種の後で寄生率が高くなるコナガヒメコバチとともに，野外で夏以降のコナガの発生を低密度に維持するうえで重要な働きをしていると考えられる。

●対象害虫の特徴

海外の事例を含めて，現在のところ，コナガ以外に確実に寄主となる種の報告はない。

【活用の部】

●発育と生態

寄生から成虫羽化までの発育日数は，20℃で15～17日，25℃で10～12日である。前蛹に寄生した場合の羽化率は90％を超えるが，蛹化後日数が進むにつれて羽化率が下がり，蛹化3日後の蛹から

〈寄生蜂〉コナガチビヒメバチ

はたとえ産卵しても羽化しない。また，野外での性比はやや雄に偏っているという報告があり，室内実験で調べられた性比も，雌比が40～46％とやや雄に偏っていた。

　発育速度から考えて，年間の発生回数は暖地で5～6回くらいと推定される。しかし寒冷地では夏期しか寄生が見られないため詳細は不明である。発育零点は約9℃という報告がある。

　雌成虫は，羽化時には成熟卵をもっておらず，羽化後2～4日になって5～10個の成熟卵をもつようになる。産卵消長を調べた報告によると，羽化後30日までが活発な産卵期間である。1雌の総産卵数は30～150個でばらつきが大きい。また，飼育条件下では，20～25℃では平均100卵前後産卵するのに対して，30℃では40卵しか産卵しなかったという報告があり，あまり高温には強くないと思われる。実験で，羽化後水しか与えなかった場合の産卵数は1卵以下とほとんど産卵できない。

　蜂蜜水溶液を与えて毎日産卵させた場合，雌成虫の寿命は10～60日でばらつきが大きいという報告がある。また産卵させずに15℃程度の低温で飼育すれば，ほとんどの成虫が2か月以上生存する。羽化後水しか与えなかった場合の寿命は，約3日である。

● 保護と活用の方法

　他の寄生蜂同様，多くの殺虫剤に弱いと考えられるので，殺虫剤は影響の少ない薬剤を必要最小限散布する。

● 農薬の影響

　詳しく調べた報告はまだないが，他の寄生蜂同様，有機リン剤や合成ピレスロイド剤には弱く，BT剤やIGR剤は影響が小さいものと考えられる。また，定植時の粒剤散布は影響が少ない。

● 採集方法

　本種の活動時期，すなわち西日本では5～6月，東日本や北日本では7～8月に，野外からコナガの蛹を採集する。茶褐色をした蛹があれば，まず蜂の寄生を受けていると考えてよい。

　蛹から羽化してくる蜂では，本種が一番個体数が多く，コナガの蛹の密度がピークに達した後で，寄生率が高くなる。ただし，被寄生蛹からはコナガチ

ビヒメバチ以外に，他のヒメバチやコナガヒメコバチ，二次寄生蜂も羽化してくるので注意する必要がある。

● 飼育・増殖方法

　飼育にはカイワレダイコンの芽出しやキャベツの葉で飼育したコナガの前蛹か蛹化2日以内の蛹を用いる。カイワレダイコンの芽出しをつくるには，直径9cm，深さ5cmくらいのプラスチック容器の底に円形濾紙を敷き，チウラム・ベノミル水和剤の100倍液に一晩浸けたカイワレダイコンの種子約20mlを入れ，15mlの水を加えて蓋をする。蓋には直径2cmの穴をあけて綿栓をする。一度に飼育容器25～30個分くらいつくると効率がよい。この容器を23～25℃の恒温器に入れておくと，3日目には飼育に使用可能な芽出しができるので，すぐに使わない分は15℃程度の恒温器に貯蔵しておけば，1週間くらいはもつ。

　コナガの採卵は，300mlくらいの広口ガラス瓶にコナガ成虫100頭以上とキャベツ葉片を入れ，薄いペーパータオルと輪ゴムで蓋をして1～2日おくとキャベツ葉片に集中的に産卵するので容易に行なえる。またキャベツ葉片を入れなくても，蓋にしたペーパータオルの裏側に相当数産卵する。

　カイワレダイコンの芽出しの入った容器に，コナガ卵200～300個がついたキャベツ葉片または紙片を入れ，飼育容器の蓋と本体の間に，厚手のペーパータオルをはさんで20℃で飼育すると，14日目ころには大半のコナガが蓋にはさんだ紙の裏側で蛹化するので，蛹を回収するのに便利である。この間，餌替えの必要はない。

　寄生させるときは，営繭直後のコナガ前蛹または蛹化2日以内のコナガ蛹40～50頭を直径9cm，深さ5cmくらいのプラスチック容器に入れ，交尾を終えた羽化後5日以上の雌蜂を5頭程度入れて25℃の恒温器に1日間入れておく。雌蜂が産卵するときに寄主の繭の存在が重要なので，コナガの蛹は紙などに付着した繭のままで与える。

　寄生終了後は，蜂を取り除いてから25℃長日条件下で飼育する。

（野田隆志）

ニホンコナガヤドリチビアメバチ

(口絵：土着29)

学名 *Diadegma fenestrale* (Holmgren)

<ハチ目／ヒメバチ科>

英名 Ichneumonid parasitoid

主な対象害虫 コナガ

その他の対象害虫 ジャガイモキバガ

発生分布 北海道～九州

生息地 林地に近い畑地とその周辺

主な生息植物 アブラナ科植物

越冬態 おそらく前蛹か蛹（繭内）

活動時期 4～10月

発生適温 20℃（15～25℃）

【観察の部】

●見分け方

体長は4～6mm。全体黒色で翅は透明。アブラナ科植物の周辺を活発に飛び回っているのが観察できる。雌雄は産卵管の有無によって区別できる。産卵管鞘は尾端から後ろへ伸び，わずかに背面に向かって湾曲していて長さは約1mmである。導入天敵のセイヨウコナガチビアメバチとは，後脚脛節の色が本種では褐色なのに対して，セイヨウコナガチビアメバチでは基部と末端が黒色で中間部が白色であることや，雌では産卵管鞘の長さが本種のほうが長いことで区別できる。

本種は以前，*Diadegma niponica* Kusigematiとして記載されていたが，旧北区やインド，スリランカ，フィリピンに分布する*D. fenestrale*のシノニムとされた。

熊本県からは同属別種の*Diadegma* sp.が報告されているが，詳しい分布域は不明である。

繭は淡褐色～黒褐色，長径4～6mmの俵型で，コナガの繭の中につくられている。セイヨウコナガチビアメバチよりやや大型であるが，繭では区別できない。

●生息地

最初，北海道と鹿児島で採集された標本から記載されたが，その後沖縄を除く全国各地で記録されている。キャベツ，ダイコン，ブロッコリーなどのアブラナ科植物上にいるコナガの幼虫に寄生する。海外では，旧北区やインド，スリランカ，フィリピンで記録されている。

越冬態は不明であるが，コナガの非越冬地域にも分布していることから，寄主内越冬は考えにくく，おそらく前蛹か蛹で越冬するものと思われる。

●寄生・捕食行動

雌はアブラナ科植物の周辺を活発に飛び回って寄主を探索し，植物上に着地した後は，寄主の食い痕や糞を手がかりとして寄主を探索する。狭い隙間などには腹部を差し込んで寄主を探す行動をとり，発見すると産卵管を突き刺して産卵する。産卵に要する時間は数秒である。

西南日本では5月から12月にかけて世代を繰り返すが，高温に弱く，盛夏にはほとんど寄生が見られない。北日本では6～7月にかけて寄生が見られるが，寄生率は最大で15％程度である。

●対象害虫の特徴

現在までのところ，コナガとジャガイモキバガ以外の寄主昆虫は報告されていない。しかし，過去に*Diadegma* sp.として，キャベツ畑のタマナギンウワバとガンマキンウワバから記録のある蜂は，本種である可能性がある。

【活用の部】

●発育と生態

コナガの1～4齢初期幼虫に寄生可能であるが，4齢に寄生したときは生存率が低い。ただし，寄生後に蜂幼虫が死亡した場合でも，寄主は蛹化できずに死亡する。

寄生を受けたコナガ終齢幼虫が繭をつくって前蛹になった後，ほぼ寄主幼虫と同じ大きさに育った蜂の老熟幼虫が寄主の皮膚を食い破って脱出し，コナガの繭の内側に自分の繭をつくって蛹化する。繭は薄茶～茶褐色で長径5mm前後の俵型である。

年間の発生回数は，寒冷地では3～4回，暖地では4～5回くらいと推定される。

野外での成虫の食物は不明であるが，北米に分布

する近縁種のDiadegma insulare (Cresson)はアブラナ科雑草の花蜜を餌としており，本種も同様であると考えられる。本種の成虫は雌雄ともに黄色のものに誘引される性質をもっており，多くのアブラナ科植物の花が黄色または白色であることを考えると，黄色への誘引は餌の探索と結びつく行動であるといえる。

●保護と活用の方法

本種はわが国でコナガの幼虫に寄生することが確認され，種名が確定している唯一の土着のDiadegma属のヒメバチであり，北海道から九州まで広く分布している。

寄生率は，コナガサムライコマユバチなどの他の主要寄生蜂に比べると一般に低く，変動幅も大きいが，北日本では6月ころの比較的気温が低い時期にも15％以上の寄生率を示すことがある。したがって，後述の天敵に影響の少ない薬剤の散布を心がけ，温存を図ることが望ましい。

●農薬の影響

海外で調べられた試験例では，マラソンは影響が大きく（死亡率94％），次いでフィプロニル（同69％），シペルメトリン（同69％），フェンバレレート（同24％）の順であった。一般に，有機リン剤や合成ピレスロイド剤には弱く，IGR剤，BT剤は比較的影響が少ないと考えられる。

●採集方法

5～7月または9～11月に，アブラナ科作物上で繭を採集する。すでにセイヨウコナガチビアメバチが放飼された地域では，2種の蜂が一緒に採集されるが，前述のように産卵管の長さで識別できる。室内で交配実験を行なうと，本種とセイヨウコナガチビアメバチは種間交尾可能であり，F₁の雌の産卵管は中間的な長さになるとの報告がある。しかし，海外ではこれら2種が同じ地域に分布しているところがあるため，分類も含めて再検討する必要がある。

二次寄生蜂として，アシブトコバチやカタビロコバチが羽化する場合があるが，これらのコバチは小型で全体にずんぐりしており，後脚腿節が肥大（アシブトコバチ）していることなどにより，容易に区別できる。これらの二次寄生蜂は本種の成虫には寄生できないので，出てきても問題はない。

●飼育・増殖方法

成虫には水で10％程度に薄めた蜂蜜を与える。高温に弱いので，飼育は20℃前後で行なうのがよい。成虫を長期間生かしたければ，15℃で維持すれば1か月以上生存している。

代替餌がないので，飼育にはコナガが必要である。寄主にはカイワレダイコンの芽出しやキャベツで飼育したコナガの2齢または3齢幼虫を使用する。4齢幼虫にも産卵するが，発育途中でほとんど死亡する。また，人工飼料で飼育したコナガに対しては寄生率の低いことがある。

カイワレダイコンの芽出しをつくるには，直径9cm，深さ5cmくらいのプラスチック容器の底に円形濾紙を敷き，チウラム・ベノミル水和剤の100倍液に一晩浸けたカイワレダイコンの種子約20mlを入れ，15mlの水を加えて蓋をする。蓋には直径2cmの穴をあけて綿栓をする。一度に飼育容器25～30個分くらいつくると効率がよい。この容器を23～25℃の恒温器に入れておくと，3日目には飼育に使用可能な芽出しができるので，すぐに使わない分は15℃程度の恒温器に貯蔵しておけば，1週間くらいはもつ。

コナガの採卵は，300mlくらいの広口ガラス瓶にコナガ成虫100頭以上とキャベツ葉片を入れ，薄いペーパータオルと輪ゴムで蓋をして1～2日おくとキャベツ葉片に集中的に産卵するので容易に行なえる。またキャベツ葉片を入れなくても，蓋にしたペーパータオルの裏側に相当数産卵する。

カイワレダイコンの芽出しの入った容器に，コナガ卵200～300個がついたキャベツ葉片または紙片を入れ，20℃で飼育すると，10日目ころには大半のコナガが蜂の寄生に好適な3齢幼虫になる。この間，餌替えの必要はない。

飼育容器の蓋と本体の間に，厚手のペーパータオルをはさんでおくと，この紙の裏側に多数のコナガが蛹化するので，蛹を回収するのに便利である。

寄生させるときは，30×20×10cm角くらいのシール容器の底にペーパータオルを敷き，コナガの幼虫を200～300頭入れる。このとき，食痕のついた餌植物や糞を一緒にばらまくようにする。蓋をして交尾済みの雌蜂15～20頭を吸虫管を使って入

れ，1日間20℃で寄生させる。寄生後の蜂は吸虫管で取り出し，餌の入った容器に戻して休ませれば，死亡するまで繰り返し寄生させることができる。寄生後のシール容器にコナガの餌を追加して20℃長日条件下で飼育すると，寄生10日目ころに蜂の終齢幼虫が寄主の前蛹から脱出して自分の繭をつくるので，これをピンセットで注意深くはがして別容器に収容する。寄生から成虫羽化までは20℃で18～20日である。

飼育中に雄の比率が高くなることがあるので，あまり小さな集団サイズでの飼育は避ける。また，25℃以上の高温で飼育すると，死亡率の上昇，成虫の小型化，性比の雄への偏りを生じるので，23℃以下で飼育する。

(野田隆志)

ゴミムシ類

(口絵：資材30，31)

学名
オオアトボシアオゴミムシ
　Chlaenius micans (Fabricius, 1792)
キボシアオゴミムシ
　Chlaenius posticalis Motschulsky, 1854
セアカヒラタゴミムシ
　Dolichus halensis (Schaller, 1783)
キンナガゴミムシ
　Pterostichus planicollis (Motschulsky, 1860)
エゾカタビロオサムシ
　Campalita chinense (Kirby, 1818)
＜コウチュウ目／オサムシ科＞
英名　Ground beetles, Carabid beetles

主な対象害虫　ヨトウムシ類，コナガ，モンシロチョウなど
その他の対象害虫　チョウ目幼虫を中心とするさまざまな昆虫類など
発生分布　オオアトボシアオゴミムシ，エゾカタビロオサムシ：日本全土／キボシアオゴミムシ，セアカヒラタゴミムシ，キンナガゴミムシ：九州以北の日本全土
生息地　種によって異なるが，ここにあげた5種は畑地・牧草地・荒地などに多い
主な生息植物　—
越冬態　ここにあげた5種のうち，セアカヒラタゴミムシは幼虫，他の4種は成虫
活動時期　ここにあげた5種は春～秋
発生適温　種によって異なるが，詳しく研究されていない

【観察の部】

●見分け方

畑地に見られる代表的な捕食性の種として，ここでは，オオアトボシアオゴミムシ，キボシアオゴミムシ，セアカヒラタゴミムシ，キンナガゴミムシ，エゾカタビロオサムシの5種について解説する。

ゴミムシ類が含まれるオサムシ科はコウチュウ目の代表的な一群であり，わが国に1,000種以上生息する。胴体は前胸の後ろでくびれ，発達した比較的硬い鞘翅や，すばやく歩くのに適した脚をもち，胴体はやや扁平な種が多い。触角は鞭状でやや細長い。成虫も幼虫も発達した頑丈な大腮（だいさい，おおあご）をもち，餌を食いちぎるのに適している。後翅は発達していて飛翔に適しているが，普段は鞘翅の下に隠れており，オサムシ類の一部などのように後翅が退化して飛翔できないものもある。

オオアトボシアオゴミムシは体長16mm内外で，胴体背面には金緑色～赤銅色の金属光沢がある。鞘翅には一対のくすんだ黄褐色の大きい斑紋があり，鞘翅に生える黄褐色の毛の模様と一緒になってコンマ型に見える。脚は比較的長く，黄褐色である。斑紋などが似た種（キボシアオゴミムシ，アトボシアオゴミムシ，アトワアオゴミムシなど）が何種もいるが，鞘翅全体に短い黄褐色のビロード状の毛が密に生えているのが本種の特徴である。

キボシアオゴミムシは体長14mm内外で，胴体背面には金緑色～赤銅色の金属光沢があるが，鞘翅にはあまり光沢がなくまばらに黄褐色の短い毛が生え，一対の黄褐色のいびつな円型の斑紋がある。オオアトボシアオゴミムシにやや似ているが，前胸背板にはほとんど毛がなく光沢があり，鞘翅の黄褐色の毛はまばらで，斑紋の形が異なることでオオアトボシアオゴミムシから容易に区別できる。アトボシ

〈コウチュウ類〉ゴミムシ類

アオゴミムシは本種にきわめてよく似ているが，本種より体型が細く，前胸背板の光沢が強く緑色を帯びることで区別できる。

セアカヒラタゴミムシは体長18mm内外で，胴体全体が黒色で，やや扁平で黄褐色の脚があり，前胸がやや光沢がある赤色で，鞘翅が閉じている状態の中央部に赤い斑紋があるが，個体によっては前胸が黒かったり，鞘翅の斑紋がなかったりするものもある。

キンナガゴミムシは体長12mm内外で，やや扁平で，体の背面と鞘翅全体に銅色ないし金緑色の金属光沢があり，腹面や脚は全体的に艶のある黒色である。ツヤアオゴモクムシは大きさや背面の光沢が本種に一見似ているが，腹面の中央部が広く明るい褐色であることで容易に識別できる。

エゾカタビロオサムシは体長28mm内外と大型で，やや幅広く，体全体に銅色の金属光沢がある。似ている種はないので，同定は容易である。

● 生息地

ここにあげた5種は畑地・牧草地・荒地などに多い。ゴミムシ類は非常に多様でさまざまな環境に進出しており，それぞれの環境においてそれぞれに特徴的な種が見られる場合が多いため，環境指標生物としても適している。

● 寄生・捕食行動

成虫の食性は比較的幅広いが，好む餌は種によって異なり，特に幼虫は限られた種類の餌しか食べない場合が多い。ここにあげた5種は主にチョウ目昆虫の幼虫を食べる。チョウ目幼虫を食べるときには，腹部や胸部に食いついて皮膚（外骨格）を破って，中身（筋肉や内臓など）を食べる。一部のオサムシ類のように，ミミズを捕食する種も同様の捕食様式である。

種によっては特異な食性をもっているものがあり，マイマイカブリのようにカタツムリの殻の中に頭を突っ込んで食べたり，オオキベリアオゴミムシの幼虫のようにカエルに食いついてぶらさがった状態で食べたりするものがあり，さまざまである。ミイデラゴミムシの幼虫は土中のケラの卵を食べるといわれている。マルガタゴミムシ類のように植物組織を食べることもある種は時として害虫として扱われることもあり，ゴモクムシ類のように雑草種子を食べる種もある。

● 対象害虫の特徴

ここに示した5種は，ヨトウムシ類，コナガ，モンシロチョウ（アオムシ）など，チョウ目幼虫を好む種である。

【活用の部】

● 発育と生態

温帯に生息するゴミムシ類の周年経過を大雑把に2種類に分類すると，春繁殖型（オオアトボシアオゴミムシ，エゾカタビロオサムシなど）と秋繁殖型（セアカヒラタゴミムシなど）に分けられる。春繁殖型は春〜夏に繁殖して越冬前に新成虫が羽化し，越冬は成虫のみで行なわれる。秋繁殖型は秋に繁殖して幼虫で越冬し，翌年春〜夏に新成虫が羽化するが，一部は繁殖後も成虫が生き延び，越冬した成虫は再び繁殖することがある。

卵は土の中に卵室をつくって産まれるものが多いが，アオゴミムシ類は湿った土を使った泥壺の中に産卵し，それを植物や石などに付着させる。幼虫がチョウ目幼虫を食べる春繁殖型の種の場合，幼虫期間は一般に短く，温度条件が適切ならば，産卵から羽化まで1〜2か月で完了する。秋繁殖型の種の場合，幼虫で越冬するので幼虫期間は長い。

幼虫は地表で見られることが多いが，チョウ目幼虫を食べる種は植物の上にも登って餌を捕食する。幼虫は一般に3齢を経過するが，マイマイカブリなど一部の種は2齢を経過して蛹になる。老熟した幼虫は，土の中，石の下，朽木の中などに潜って蛹室をつくって蛹になる。蛹は黒っぽい眼を除き乳白色であるが，羽化前にはやや黒化する。種や季節によって異なるが，蛹の期間は2週間前後である。

● 保護と活用の方法

キャベツでは被覆作物（マルチ大麦，クローバー，ヘアリーベッチなど）を施すとオオアトボシアオゴミムシなどのゴミムシ類の個体数が多くなり，チョウ目害虫によるキャベツの被害が軽減されるという報告があり，その詳細については研究されつつある。

多くのゴミムシ類は土中で越冬するため，農耕地においては冬期に耕耘しないことによってゴミムシ類の生息密度の低下を避けられる可能性がある。

農耕地で殺虫剤を使用する場合には，非選択性ではなく，ゴミムシ類に対する悪影響が小さい選択性の殺虫剤を使用することにより，ゴミムシ類の生息密度の低下を避けられる可能性がある。

● 農薬の影響

オオアトボシアオゴミムシ成虫の生存に対する各種農薬散布の影響が実験室内で調べられており，選択性が高いBT剤，ジアミド系薬剤，ピリダリルにはまったく影響が認められなかったが，非選択性の有機リン系，カーバメート系，合成ピレスロイド系，ネライストキシン系，ネオニコチノイド系，スピノシン系薬剤には何らかの悪影響が認められた。幼虫に対する影響は調べられていない。

● 採集方法

ゴミムシ類成虫は落とし穴トラップ（ピットフォールトラップ）で採集する場合が多い。その場合，プラコップやプラ鉢を，その口を地表面と同じ高さにして土の中に埋め込んで設置する。プラ鉢の場合は底面に網を張って隙間から逃げないようにする必要がある。雨水が入ることを防止したり，カラスなどの鳥類による横取りを防止したりするために，トラップには屋根を設置するのが望ましい。採集した虫を殺してもよい場合には，20％プロピレングリコールなどの防腐剤を入れた水に，さらに少量の中性洗剤を入れたものをプラコップに入れておく。防腐剤を入れた水の代わりに食酢や酢酸を入れておくと誘引効果が高まることがある。

オオアトボシアオゴミムシやエゾカタビロオサムシなどのように趨光性がある種は，灯火採集でも得られる。

越冬中に土の崖や朽木などを崩すと，集団で越冬しているゴミムシ類が見つかることがある。

● 飼育・増殖方法

ここで紹介した5種については代替餌が開発されていないため，餌として生きたチョウ目幼虫を与える必要がある。また，共食いの性質が強いため，1匹ずつ個別に飼育する必要がある。そのため，飼育には多くの手間がかかり，多量に飼育する方法は開発されていない。また，産卵のためにはおそらく土が必要で，飼育容器には土を入れておく必要がある。

オオアトボシアオゴミムシやキボシアオゴミムシは，人工飼育法が確立しているコナガの幼虫を餌として飼育可能であるが，コナガ以外のチョウ目幼虫を餌として与えてもかまわない。泥壺をつくってその中に産卵するため，産卵させるためには湿った土が必要である。産卵のときに泥壺をつくるのは，アオゴミムシ類に共通した生態的特徴である。蛹になるときに土中に潜るが，十分に根が張ったキャベツのセル苗を飼育容器の中に入れておくと，その培土の中に潜り込んで蛹化することを筆者は確認している。

エゾカタビロオサムシは大型なので，小型であるコナガは餌として不適で，アワヨトウ，ハスモンヨトウなど，人工飼料で飼育でき，休眠性がない大型のヨトウムシ類が適している。ヨトウガの幼虫でもまったく問題なく飼育できるが，ヨトウガには休眠性（冬休眠と夏休眠）があるので，餌を常に確保するためには適さない。産卵は土中に行なわれるので，飼育のためには土が必要である。筆者は飼育用土として細かい目のふるいでふるった黒ボク土壌を使用して飼育した経験がある。野外では土の中で蛹化するが，土を入れた飼育ケースの中では，土の上にくぼみをつくって，その上で蛹化することが多い。蛹化するときは，腹面を上に背面を下にする。

セアカヒラタゴミムシもコナガの幼虫を餌として飼育可能だと思われるが，幼虫で休眠する性質をもっているため，飼育の温度や日長条件を制御する必要があると思われ，筆者はまだ飼育に成功していない。新成虫は6月ぐらいから羽化すると思われるが，夏を過ぎないと産卵しないと思われる。産卵に適した条件は明らかではなく，筆者は確実に産卵させる方法を知らない。

（河野勝行）

〈寄生蜂〉アオムシコマユバチ

アオムシコマユバチ
（口絵：土着 31）

学名 *Cotesia glomerata* (Linnaeus)
<ハチ目／コマユバチ科>
英名 White butterfly parasite, Parasitoid wasp

主な対象害虫 モンシロチョウ
その他の対象害虫 オオモンシロチョウ，エゾシロチョウ，モンシロドクガ
発生分布 全国
生息地 畑
主な生息植物 キャベツ，ハクサイ，ダイコン，ナタネなどのアブラナ科植物
越冬態 前蛹〜成虫
活動時期 5〜10月
発生適温 10〜30℃

【観察の部】

●見分け方
体長約3mmの小さな蜂で，体は黒色で一見小さなアリやハエに見える。ヒゲは黄色。触角は約1.5mmで黒褐色，基部近くは赤褐色。脚は黄褐色，後脚基節と腿節末端，脛節末端は黒色。後脚の跗節は褐色。翅は透明。第1・2腹節の背板側縁は黄色。腹部腹面の基部は黄褐色。頭部は横広で光沢がある。腹部と胸部の長さは等しい。産卵管は短い。
寄主幼虫の体上につくられる繭の塊は黄色〜オレンジ色で，昆虫の卵と間違えられることがある。1繭の長さは約4.5mmで円筒形である。1幼虫当たり20〜100個の繭がつくられる。

●生息地
5〜10月，キャベツ，ハクサイ，ダイコン，ナタネなどアブラナ科野菜の畑で成虫が活動する。冬期は主に前蛹，暖地では成虫態が雑草地にいると思われる。

●寄生・捕食行動
成虫がモンシロチョウなどの若齢幼虫（3齢）に産卵寄生する。寄主体内で孵化した幼虫は15〜20日間発育し，成熟幼虫が5月上旬以降，寄生幼虫の表皮を食い破って外に脱出し，寄主幼虫の上に繭をつくる。
蜂が寄主体内に産卵するときに，核多角体病ウイルス，顆粒病ウイルス，原虫病を伝播するとされている。

●対象害虫の特徴
モンシロチョウ，オオモンシロチョウはキャベツやダイコン，ハクサイ，ナタネなどアブラナ科野菜の重要害虫である。
寄生された幼虫は寄生されなかった幼虫に比べ，蜂が脱出し死亡するまで約1.5倍長く摂食する。

【活用の部】

●発育と生態
蜂は5月以降10月まで活動する。5月中旬以降にはアオムシの幼虫に産卵し，6月上旬に寄主幼虫から出てその上に繭をつくる。5〜7日後には羽化脱出する。雌蜂は寄主幼虫当たり20〜100卵，生存期間中に合計150〜200卵を産み付ける。
幼虫は15〜20日間寄主幼虫内で発育したのち体表を食い破り外に出る。そして寄主幼虫の上に繭をつくる。
内臓を食い尽くされた寄主幼虫は蜂が脱出後に死亡する。繭形成後5〜8日すると成虫が出てくる。成虫はすぐに交尾し，新たにモンシロチョウの幼虫を探索し産卵する。卵から成虫化するまでに22〜30日を要する。
寄生率は春先には低いが，5月下旬以降になると徐々に高まり，秋になると寄生率はさらに高くなり60〜75％になることもある。

●保護と活用の方法
国内外を問わず生物防除剤として販売されていない。多くの殺虫剤に感受性なので，農薬散布はなるべく減らし，蜂の保全に努める。IGR剤の影響はない。

●農薬の影響
多くの殺虫剤に感受性なので，不要な農薬散布は減らす。

●採集方法
キャベツ畑などに出かけ，モンシロチョウの幼虫

や蜂の繭を採集し，室内に持ち込み蜂が脱出するのを待つ。

●飼育・増殖方法

試験管内でモンシロチョウの幼虫を寄主として飼育できるが，大量増殖の研究例は見当たらない。

（平井一男）

オオハサミムシ

（口絵：土着32）

学名 *Labidura riparia* (Pallas, 1773)
〈ハサミムシ目／オオハサミムシ科〉
英名 Striped earwig

主な対象害虫	チョウ目
その他の対象害虫	さまざまな害虫
発生分布	日本全土
生息地	畑地・荒地・河川敷・海岸など，平地で植生がまばらな場所
主な生息植物	―
越冬態	若齢幼虫～成虫
活動時期	春～秋
発生適温	比較的高温を好む

【観察の部】

●見分け方

ハサミムシ類は細長い円筒形に近い体型で，腹部末端に発達したハサミをもつのが形態的な特徴である。ハサミムシ類はハサミムシ目に属し，世界で約2,200種，日本から約30種が知られている。複眼は発達している。コムシ目のハサミコムシ類も腹部末端にハサミをもつが，複眼をもたないことでハサミムシ目から容易に識別できる。

ハサミムシ類は不完全変態で，成虫にも幼虫にもハサミがあるが，成虫，特に雄でハサミが発達する。ハサミムシ類の口器は咀嚼型であり，口器で齧ったり咥えたりする。

オオハサミムシの体長の変異はきわめて大きいが，日本産ハサミムシ類のなかではかなり大型で，成虫の体長はしばしば3cmを超える。

農耕地でよく見られるハサミムシ類として，本種以外にヒゲジロハサミムシ，コバネハサミムシ，ハマベハサミムシ，南西諸島ではさらにサトウキビ害虫の天敵として知られるスジハサミムシがあるが，本種は大型で赤っぽく，やや淡色であるため，他の日本産ハサミムシ類からの識別は比較的容易である。ただし，色彩の濃淡には比較的大きな変異がある。

無翅のハサミムシ類は多いが，本種はすべて有翅であり，他の有翅のハサミムシ類と同様に，前翅は革質化して短い。後翅の発達の度合いには変異があり，短翅型の後翅は前翅の下に隠されているが，長翅型の後翅は半円状で膜質であり，通常は3つに折り畳まれて，その先端部分が前翅からはみ出しており，その部分は革質化して硬くなっている。

翅型の比率は場所によって異なり，ほとんど短翅型ばかりしか見られない場所もあるが，半分以上が長翅型になる場所もある。長翅型は飛ぶことができ，灯火にもしばしば飛来する。

本種はすべて有翅型なので成虫と幼虫との間の識別は容易であるが，ハサミムシ類は本種に限らず無翅の種を含め，雄と幼虫は腹部背板が10節，腹板が8節，雌は腹部背板が8節，腹板が6節とそれぞれ2節少なく，雄のハサミはその種に特異的な独特の形態になるのに対して，雌と幼虫では単調な形態のハサミであるので，成虫と幼虫，雄と雌との間の識別は，交尾器を観察しなくても容易である。

●生息地

ハサミムシ類は潮間帯から山岳地帯に至るまでさまざまな環境で見られるが，種によって好む環境が異なり，オオハサミムシは畑地・荒地・河川敷・海岸の砂浜など，平地で，木が生えておらず，植生がまばらな場所を好む。

●寄生・捕食行動

ハサミムシ類のなかには植物の花粉などを好んで食べる種もあるが，本種はほぼ完全な捕食性で，生きたもの死んだものにかかわらず，昆虫・小動物を好んで食べる。

餌の虫が小型の場合は口器を使って捕食するが，ある程度大型の虫の場合は，腹部の先端にあるハサミを使って餌を捕獲し，ハサミで餌を挟んだまま口

〈ハサミムシ類〉オオハサミムシ

器で食べることも多い。

●対象害虫の特徴

さまざまな生きた虫(成虫，蛹，幼虫，卵のいずれも)が捕食の対象となるが，死んだものも食べられる。

【活用の部】

●発育と生態

しばしば畑地で生息密度が高くなるが，発生生態についてはほとんど研究されておらず，1年に何世代経過するかに関しても野外での研究事例は見つからない。詳しい研究報告は見つからないが，成虫でも幼虫でも越冬し，越冬態は定まっていないと思われる。また，越冬中には産卵はしないと思われる。

飛べない短翅型の個体が多いため，一年中同じ場所に生息している場合が多いと想像される。

夜行性で，日没後数時間が活動性の高まる時間帯である。

成虫も幼虫も自ら土に穴を掘り，活動しないときはその中で静止していることが多い。

雌は他のハサミムシ類と同様に卵保護習性があり，石の下や土中に産卵のための空隙をつくり，そこに卵塊で産卵し(卵数は数十卵〜100卵程度)，孵化するまで卵の世話をする。雌が卵保護を放棄すると，卵が微生物におかされて孵化しなくなる。

産卵は春から秋にかけての気温が高い時期に見られる。

●保護と活用の方法

アメリカでの古い研究では，有機塩素系殺虫剤(残留毒性が高いため現在は使用禁止)を散布すると競合するアリ類が死ぬので，競合関係にあったオオハサミムシの個体数が増加した，という報告がある。

オオハサミムシに悪影響の小さい選択性殺虫剤を使用してオオハサミムシを保全するという考え方があるが，その効果は圃場ではまだ実証されていない。

●農薬の影響

室内試験で各種殺虫剤散布の影響が調べられており，悪影響がほとんどない殺虫剤として，選択性

が高いBT剤やボーベリア菌などの微生物農薬，ジアシルヒドラジン系IGR剤のメトキシフェノジドやクロマフェノジド，ジアミド系のフルベンジアミドやクロラントラニリプロール，その他の系統のピリダリルが知られている。

上記以外の選択性が低い有機リン系，カーバメート系，合成ピレスロイド系，ネライストキシン系，ジノテフラン以外のネオニコチノイド系，ジアシルヒドラジン系以外のIGR剤，フェニルピラゾール系，スピノシン系，マクロライド系，ジアフェンチウロン，クロルフェナピル，インドキサカルブなど，ほとんどの殺虫剤には悪影響があることが知られている。

●採集方法

オオハサミムシは落とし穴トラップ(ピットフォールトラップ)で効率的に採集できる。

その場合，プラコップやプラ鉢を，その口を地表面と同じ高さにして土の中に埋め込んで設置する。プラ鉢の場合は底面に網を張って隙間から逃げないようにする必要がある。雨水が入ることを防止したり，カラスなどの鳥類による横取りを防止したりするために，トラップには屋根を設置するのが望ましい。採集した虫を殺してもよい場合には，20%プロピレングリコールなどの防腐剤を入れた水に，さらに少量の中性洗剤を入れたものをプラコップに入れておく。

海岸や河川敷では石や打ち上げられた漂着物の下などに潜んでいることが多いので，石や漂着物の下を探すと効率的に発見できる。

夜間，特に暗くなってから数時間の間に活発に活動するので，その時間帯に海岸の砂浜などを懐中電灯などで照らして探すと見つけることができる。

夜行性でかつ趨光性があるので，長翅型は灯火採集でも得られる。

●飼育・増殖方法

本種は共食いの傾向が強いので，大量に飼育するには困難が伴う。

水槽型の飼育容器(本種はガラス，プラスチックの壁面は登れない)の中に脱脂綿や砂を湿らせた給水兼産卵場所を設置し，目の粗い段ボールを穴と直角方向に短冊に切って積み重ねて置く。

オオハサミムシ〈ハサミムシ類〉

餌としてキャットフードや金魚の餌として市販されている乾燥赤虫などを与える。生きた昆虫が供給できるなら，それでもよい。

餌が十分にある状態ではほとんど共食いをしないが，餌が不足すると急激に共食いの傾向が高まるので，餌が不足しないように注意が必要である。

産卵させる場合，交尾が確認されたら雌は単独で飼育するのが望ましい。温度が低すぎると産卵しないので，飼育温度は25〜30℃ぐらいが適切である。

産卵は砂の中あるいは砂の上で行なわれ，産卵した雌は卵を保護するが，刺激を受けると自分の卵を食べてしまうことが多い。このため，複数個体を1つの飼育容器で飼育している場合には，産卵が確認されたら他の飼育容器に移す必要がある。

卵の期間は温度によって異なり，温度が高いと短くなり，25℃で約11日，27℃で約8日，30℃で約7日である。本種はハサミムシ類のなかでは比較的乾燥した環境を好む種であるが，卵は乾燥に比較的弱いので，乾燥しすぎないように注意する。しかし，湿らせすぎもよくない。

卵保護中の雌を過度に刺激すると，卵を食べてしまったり，卵保護を放棄してしまったりする。雌の保護を受けなくなった卵はカビや細菌におかされて孵化しなくなる。

卵が孵化してしばらくすると幼虫は分散して，飼育容器の中に入れた段ボールの穴の中に入る。段ボールは狭い飼育容器の中でも幼虫が静止できる場所の表面積を多くするのにきわめて有効である。老齢幼虫や成虫が入れないような小さな段ボールの穴は，若齢幼虫が老齢幼虫や成虫に共食いされるのを防止するのに有効である。

雌は5齢，雄は5齢または6齢を経て羽化する。幼虫の齢数に変異があるので幼虫期間の変異は大きく，25℃で37〜100日ぐらいである。6齢を経過した個体は5齢を経過した個体より大きい。

（河野勝行）

保護により一定の効果　▼チョウ目害虫の天敵

水稲

保護により一定の効果

アジアイトトンボ

(口絵：土着33)

学名　*Ischnura asiatica* Brauer
＜トンボ目／イトトンボ科＞
英名　Damselfly

主な対象害虫　ウンカ類，ヨコバイ類
その他の対象害虫　メイガ類
発生分布　日本全土
生息地　水田，池沼，河川の淀み
主な生息植物　イネ
越冬態　幼虫
活動時期　4〜10月
発生適温　10〜30℃

【観察の部】

●見分け方

水田生態系に生息する体長24〜34mmのイトトンボ。春型は大きく夏型はやや小さい。イネの条間をゆっくり飛び，イネ葉に止まる。交尾対もよく見かける。

雄成虫の腹部は第9節のみが青い。雌ははじめ地色が橙色で，成熟するにつれ緑色に変わる。腹背の黒条は，第2腹節の1節から始まる。

●生息地

日本では沖縄から北海道まで全国に分布する。水田，平地や丘陵地の池や沼，また湿地に発生する。

●寄生・捕食行動

水田に生息し，成虫がイネ葉を飛び交うウンカ，ヨコバイ，小蛾類の成虫が飛び立ったところを捕食する。

●対象害虫の特徴

水田や池沼，湿地のイネ，マコモ，ヨシ，ガマなどに生息するウンカ，ヨコバイ，コバエ，チョウ目若齢幼虫などを捕食する。いずれもイネの養分吸収，葉巻，食葉などを行なう重要害虫である。

【活用の部】

●発育と生態

成虫は5月から10月にかけて水田に発生し，イネ群落内をゆっくり飛び交う。しばしば交尾した雌雄

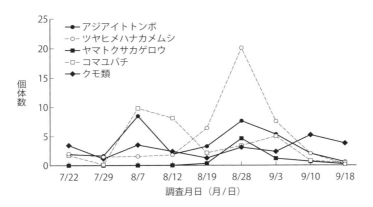

図1　水田における天敵の発生消長　(茨城県谷和原にて，1997)
　　捕虫網5回振りの捕獲数

〈イトトンボ類〉キイトトンボ

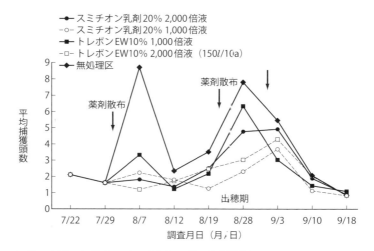

図2　水田におけるアジアイトトンボの発生消長（茨城県谷和原にて，1997）
捕虫網5回振り（3反復）の捕獲数

が葉上に静止しているのを見かける。卵は水面付近の植物組織内に産み付けられ，幼虫で越冬する。

● 保護と活用の方法

　育苗箱施薬を行なわない環境保全型水田や有機水田で発生個体数は有意に多い例がある。本田散布剤ではIGR剤，合成ピレスロイド剤など本イトトンボ虫に影響の少ない農薬を用い，温存を図る。水田への農薬散布は害虫多発が見込まれるときに行なうか，多発しているところに散布するスポット散布などを心がけ，イトトンボにかからないように配慮する。

　生物防除素材として，これまでに活用されたことはない。

● 農薬の影響

　合成ピレスロイド剤の散布は，有機リン剤の散布に比べ，影響が少なく散布後の個体群回復も早い。機能的生物多様性の保全指標や，農薬の影響を調査する指標生物としてあげられている。

● 採集方法

　5〜10月に水田や用排水，河川，湖沼で捕虫網で採集できる。

● 飼育・増殖方法

　水槽で飼育した例はあるが，大量飼育の事例は見当たらない。

（平井一男）

キイトトンボ

（口絵：土着 33）

学名　*Ceriagrion melanurum* Selys
＜トンボ目／イトトンボ科＞
英名　Yellow-bodied damselfly

主な対象害虫　ウンカ類，ヨコバイ類
その他の対象害虫　コバエ類
発生分布　本州以南〜九州
生息地　水田，休耕田，湿地
主な生息植物　イネ，マコモ，ヨシ，ガマ
越冬態　幼虫
活動時期　6〜10月
発生適温　10〜30℃

【観察の部】

● 見分け方

　成虫の全長は雄31〜44mm，雌33〜48mmの中型のイトトンボ。雌雄とも腹部はあざやかな黄色，雄は腹端の背側に黒い節があるので目立つ。

● 生息地

　水田，放棄水田，池沼，湿地に生息する。

● 寄生・捕食行動

　水田や池沼，湿地で寄主植物を飛び交うウンカ，

ヨコバイ，ハエ，トンボなどの小型昆虫の成虫が飛び立ったところを捕食する。

●対象害虫の特徴

水田や池沼，湿地のイネ，マコモ，ヨシ，ガマなどに生息するウンカ，ヨコバイ，コバエなどを捕獲する。

【活用の部】

●発育と生態

平地〜山地の水田や放棄水田，河川，池沼などイネ，水草の茂ったところにいる。アジアイトトンボより発生数は少ない。成虫は6〜10月に年1〜2回発生する。産卵時は雌雄連結して水面付近の植物組織内に産卵する。卵期間1〜3週間，幼虫期間は2か月〜1年，幼虫で越冬する。

●保護と活用の方法

育苗箱施薬を行なわない環境保全型水田や有機水田で発生個体数は有意に多い例がある。本田散布剤ではIGR剤，合成ピレスロイド剤など本イトトンボに影響の少ない農薬を用い，温存を図る。生物防除素材として，これまでに活用されたことはない。

●農薬の影響

合成ピレスロイド剤の散布は，有機リン剤の散布に比べ，影響が少なく散布後の個体群回復も早いと思われる。機能的生物多様性の保全指標や，農薬の影響を調査する指標生物になると考えられる。

●採集方法

7〜9月に水田や用排水，河川，湖沼で発生する成虫を捕虫網で採集する。

●飼育・増殖方法

大量飼育の事例は見当たらない。

（平井一男）

モートンイトトンボ

（口絵：土着33）

学名 *Mortonagrion selenion* (Ris)
<トンボ目／イトトンボ科>
英名 Damselfly, Crescent-spot midget

主な対象害虫 ウンカ類，ヨコバイ類
その他の対象害虫 メイガ類
発生分布 北海道南部〜九州
生息地 水田，休耕田，湿地
主な生息植物 イネ
越冬態 幼虫
活動時期 5〜9月
発生適温 ―

【観察の部】

●見分け方

水田生態系に生息する全長23〜32mmのイトトンボ。イネの条間をゆっくり飛び，イネの葉に止まる。交尾は朝のうちに観察できる。雄成虫は腹部先端が橙色であること，雌は最初橙色で，成熟するにつれ緑色に変わり，頭部の斑紋や腹部第8節腹面に棘がないことで，アジアイトトンボと区別できる。

●生息地

日本では北海道南部から九州まで分布するが，北海道からの最近の記録はない。水田，休耕田，平地や丘陵地の湿地に発生する。

●寄生・捕食行動

水田に生息し，成虫がイネ葉間を飛び交うウンカ，ヨコバイ，小蛾類の成虫が飛び立ったところを捕食する。

●対象害虫の特徴

水田や池沼，湿地のイネ，マコモ，ヨシ，ガマなどに生息するウンカ，ヨコバイ，コバエなどを捕食する。いずれもイネの養分吸収，葉巻，食葉などを行なう重要害虫である。

【活用の部】

●発育と生態
　成虫は5～9月にかけて水田に発生し6，7月に多い。イネ群落内をゆっくり飛び交う。しばしば交尾した雌雄が葉上に静止しているのを見かける。卵は雌が単独で水面付近の植物組織内に産み付け，幼虫で越冬する。

●保護と活用の方法
　育苗箱施薬を行なわない環境保全型水田や有機水田で発生個体数は有意に多い例がある。本田散布剤ではIGR剤，合成ピレスロイド剤などイトトンボ類に影響の少ない農薬を用い温存を図る。水田への農薬散布は害虫多発時に行なうか，多発しているところに散布するスポット散布などを心がけ，イトトンボにかからないように配慮する。生物防除素材として，これまでに活用されたことはない。

●農薬の影響
　育苗箱施薬剤の影響は少ない。本田散布剤ではIGR剤，合成ピレスロイド剤などはイトトンボ類に影響が少ないと思われる。

●採集方法
　5～8月に水田や休耕田，湿地において捕虫網で採集できる。

●飼育・増殖方法
　大量飼育の事例は見当たらない。

（平井一男・三田村敏正）

＊

　以上のほか時折水田に発生しウンカ類，ヨコバイ類，コバエ類などを捕食するイトトンボ類を以下に示す。保全と活用方法などはアジアイトトンボと同様に考えられる。

◎アオモンイトトンボ　（口絵：土着34）
学名　*Ischnura senegalensis* (Rambur)
英名　Marsh bluetail, Common bluetail

　東北地方の南部以南に分布する，普通のイトトンボ。全長は雄成虫30～37mm，雌成虫29～38mm。平地～丘陵地の水田，河川，池沼に生息。幼虫で越冬し5～10月に出現する。

◎アオイトトンボ　（口絵：土着34）
学名　*Lestes sponsa* (Hansemann)
英名　Emerald damselfly, Common spreadwing

　全国の水田，池沼，湿地に分布。全長は雄成虫34～48mm，雌成虫35～48mm。成熟成虫は青色，未成熟雄は黄緑色。成熟雄は胸部に白粉を帯びることでオオアオイトトンボと区別できる。雌は胸部に白粉を帯びる個体と帯びない個体がいる。卵で越冬し，5～10月に成虫が出現する。

◎オオアオイトトンボ　（口絵：土着34）
学名　*Lestes temporalis* Selys
英名　Larger emerald damselfly

　全国の水田，池沼，湿地に分布。胸部側面の黄緑色が目立つ。全長は雄成虫40～55mm，雌成虫40～50mm。夏は半日陰で過ごす。卵で越冬し，6～11月に成虫が出現する。

（平井一男）

アシナガグモ類　（口絵：土着35）

学名
アシナガグモ
　Tetragnatha praedonia L. Koch
ヤサガタアシナガグモ
　Tetragnatha maxillosa Thorell
トガリアシナガグモ
　Tetragnatha caudicula (Karsch)
ハラビロアシナガグモ
　Tetragnatha extensa (Linnaeus)
シコクアシナガグモ
　Tetragnatha vermiformis Emerton
ヒカリアシナガグモ
　Tetragnatha nitens (Audouin)
＜クモ目／アシナガグモ科＞

英名　Long-jawed spider

主な対象害虫　ウンカ類，ツマグロヨコバイ
その他の対象害虫　メイガ類成虫，カスミカメ類
発生分布　アシナガグモ：日本全土／ヤサガタアシナガグモ：日本全土／トガリアシナガグモ：トカラ列島以

北／ハラビロアシナガグモ：広島県以東，熊本県（主に栃木県北部以北）／シコクアシナガグモ：宮城県～鹿児島県（日本海側には未記録県が多い）／ヒカリアシナガグモ：栃木県～沖縄県（この間にも未記録県が多い）

生息地 水田，用排水路，池，河川などの水辺や草むら
主な生息植物 イネや草の間に網をつくる
越冬態 幼生
活動時期 4～11月
発生適温 不明

【観察の部】

●見分け方

イネの株間に水平で楕円形の網（水平円網）をつくって生活する。体と脚が細長く，上顎と牙が長大であることがアシナガグモ属の特徴である。それぞれの種の体長は，次のとおりである。

アシナガグモ：雌8.0～14.0mm，雄5.0～12.0mm。ヤサガタアシナガグモ：雌7.0～13.5mm，雄4.0～10.0mm。トガリアシナガグモ：雌8.0～15.0mm，雄6.0～11.0mm。ハラビロアシナガグモ：雌7.5～12.0mm，雄5.0～9.0mm。シコクアシナガグモ：雌6.5～10.5mm，雄5.0～9.5mm。ヒカリアシナガグモ：雌8.5～12.0mm，雄7.5～11mm。

雄の成体は，触肢（ひげ）の先が膨らみ複雑な構造をもつ（図1）。雌の成体は，腹部下面前方に生殖器開口部をもつが，わずかにくぼんでいるだけで，ほかのクモのように外部生殖器（外雌器）はない。幼生には雌雄とも上記のような構造がない。雄の終齢幼生（亜成体）では触肢の先が膨らむが，複雑な構造物はない。また，成体は雌雄とも大きな上顎をもち，上顎には各種に特徴的な突起がある。幼生は，成体に比べて上顎が小さい。

アシナガグモ属の種は互いによく似ており，正確に同定するためには，図鑑により上顎および雄の触肢の形態を調べる必要があるが，この6種間では次の特徴が見分ける目安となる。

トガリアシナガグモは，成体，幼生ともに腹部の後端が尖っていることで見分けられる（腹部は白黄色）。オナガアシナガグモ *Tetragnatha javana* (Thorell)も腹部後端が尖っているが，腹部はより細長く，また分布は奄美諸島以南の南西諸島である。

ハラビロアシナガグモは，腹部の幅が広く，腹部下面中央の黒色縦条の両側によく目立つ銀白色ないし黄白色の縦条がある。ただし，アシナガグモにも，銀白色の縦条が目立つ個体がいるので注意する。

ヒカリアシナガグモは，腹部が太く黄白色の個体が多い。雄では，上顎上面の先端付近に3本の突起があるのが特徴である（ルーペでも見える）（図1）。

アシナガグモおよびヤサガタアシナガグモは，腹部背面に黒褐色で波状の斑紋があるのが特徴である。この波状斑が，ヤサガタアシナガグモでは直線的に並ぶのに対し，アシナガグモでは腹部前方の斑が左右外側に張り出して3の字型になっていることで区別できる（図2）。

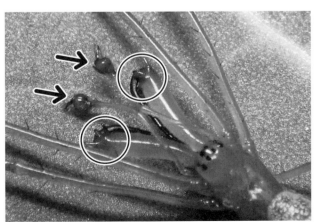

図1 ヒカリアシナガグモ雄成体の触肢（矢印）と上顎先端の3本の突起（円内）

図2 アシナガグモ腹部背面の3の字型の模様（矢印）

シコクアシナガグモは，腹部が黄白色でトガリアシナガグモに似るが，腹部の後端が尖っていないことで区別できる。

● 生息地

水田に多く，用排水路，池，河川などの水辺にも見られる。水田以外の生息場所は，種によって異なるようである。アシナガグモ，ヤサガタアシナガグモ，ハラビロアシナガグモ，ヒカリアシナガグモの4種は，広い空間に造網する傾向があり，用排水路などでよく見られる。トガリアシナガグモは，イネ科の雑草地などで見られ，収穫後のイネのひこばえにも多い。

分布も種による偏りがある。ハラビロアシナガグモは，東北・北海道など北日本に多い。トガリアシナガグモは，東北から近畿にかけてよく見られる。ヒカリアシナガグモは，分布が北上しており，栃木県以南の未記録県では分布している可能性が高いと思われる。九州などでは，本種の個体数が増加しているようである。シコクアシナガグモは，地域によって個体数の違いが大きいが，その傾向や要因はよくわかっていない。アシナガグモとヤサガタアシナガグモは，東北から九州にかけて多く見られる。

6種ともイネの株間に水平円網をつくり，網の下面の中心部（こしき）に静止する。昼間はイネの葉裏に脚を前後にまっすぐ伸ばした姿勢で静止することが多い。若齢幼生はイネの下位にも造網するが，中齢以降のクモは主にイネの中位から上位に造網する。

越冬は種々の齢の幼生で行なう。アシナガグモ類（ひこばえのトガリアシナガグモ以外）は収穫後の水田ではほとんど見られないので，越冬は水田外で行なわれると考えられる。

● 寄生・捕食行動

網にかかった餌を捕獲する。ユスリカなど小型の餌では，網にかかった餌に直接噛みついて捕獲するが，ガの成虫など大型の餌では，糸を巻きつけてから捕獲する。ヤサガタアシナガグモの雌成体は実験室内で，ツマグロヨコバイ雄成虫を1日当たり最大4匹捕食すると推定されている。

● 対象害虫の特徴

網にかかった餌を捕獲するので，飛翔性の昆虫が主な餌となる。アシナガグモ類の網糸は細くてあまり強くないので，ユスリカなどハエ目の昆虫に対する依存度が高いと考えられる。害虫のなかでは，ツマグロヨコバイ成虫，ウンカ類長翅型成虫などを主に捕獲すると考えられるが，若・中齢幼生ではウンカ・ヨコバイ類の幼虫も捕獲する。アカスジカスミカメも捕食することが明らかになった。

【活用の部】

● 発育と生態

飼育により発育期間や産卵数を詳しく調査した報告はないが，ヤサガタアシナガグモでは幼生期間が約40日という記録がある。アシナガグモでは，1回の産卵数（卵嚢内の卵数）は70〜150卵である。卵嚢はイネの葉裏につくられ雌は卵嚢上にとどまる。

水田外では成体は4月から見られる。九州北部の普通期栽培水田（6月中下旬に田植え）におけるヤサガタアシナガグモの発生は，おおむね次のとおりである。個体数のピークは8月上旬と9月下旬〜10月中旬に見られ，後半のピークのほうが高いことが多い。発生消長や個体数の年次変動はやや大きいが，無防除水田では，密度の高い年にはピーク密度は株当たり約13匹に達する。水田に生息する他のクモ類と違って世代が比較的はっきりしており，1齢幼生の個体数のピークは8月上旬と9月下旬に見られ，夏期における卵・幼生の発育期間は40〜50日と考えられる。

● 保護と活用の方法

大量増殖して水田に放す方法は，飼育に労力がかかることから，実用的でないと考えられる。クモの造網場所が少なく害虫密度が低いイネの生育初期におけるクモの密度を高めることが重要である。有機栽培など農薬散布の少ない水田では，慣行の水田より個体数が多いことが明らかになった。これは農薬の直接の影響だけでなく，むしろ餌となる昆虫が多いためであると考えられ，ユスリカなどの多い水田でクモの個体数が多いことが報告された。

● 農薬の影響

ヤサガタアシナガグモの薬剤感受性が試験されており，クモのなかでは殺虫剤に対する感受性が高い。合成ピレスロイド剤および有機塩素剤に対して感受

性が高いほか，ダイアジノンに対しても感受性が高い。同属の他の種も同様の傾向であると予想される。

●採集方法

植物体の上部にいるので，捕虫網を用いたすくい取りでよく採集できる。また，円網にいるものを1匹ずつ採集してもよい。この場合，捕虫網やプラスチック容器をクモの網の下に当ててクモを追い落とす。クモを生きたまま持ち帰る場合は，共食いを避けるために，クモを1匹ずつ別の容器に入れる。

イネの葉裏についた卵囊も見つけやすく，採集に適する。卵囊を採集するときは，卵囊の上に雌がいるものを見つけ種を確認する。ただし，寄生蜂に寄生されていることがあるので，注意する。

●飼育・増殖方法

造網性の大型種を飼育するのは容易ではない。大型幼生や成体を飼育するには大型の飼育容器が必要であり，直径，高さとも15cm以上の容器が望ましい。共食いをしないように1匹ずつ個体飼育する。湿った濾紙を入れるか，ときどき霧吹きで網に霧をかけるなどして湿度を保つ。餌として，ショウジョウバエ，ユスリカ，ウンカ・ヨコバイ類，イエバエなどを利用する。

（田中幸一）

アゴブトグモ類

（口絵：土着36）

学名
ヨツボシヒメアシナガグモ
　Pachygnatha quadrimaculata (Bösenberg & Strand)
ヒメアシナガグモ
　Pachygnatha tenera Karsch
アゴブトグモ
　Pachygnatha clercki Sundevall
<クモ目／アシナガグモ科>
英名　Thick-jawed spider

主な対象害虫　ウンカ類，ヨコバイ類
その他の対象害虫　アカスジカスミカメ
発生分布　ヨツボシヒメアシナガグモ，ヒメアシナガグモ：北海道・本州・四国・九州（北海道には少ない）／アゴブトグモ：北海道・本州（兵庫県以東）に分布
生息地　水田およびその周辺
主な生息植物　イネおよび周辺雑草
越冬態　幼生
活動時期　4〜11月
発生適温　不明

【観察の部】

●見分け方

アゴブトグモ属は腹部が卵形をしており，上顎は体と比較して非常に大きいという特徴をもつ。アゴブトグモ属は，わが国からはこの3種およびアシナガマルグモの4種が記録されているが，アシナガマルグモは山形県でのみ記録されており，一般に見られるのはこれら3種である。

アシナガグモ科のクモは本来造網性だが，アゴブトグモ属の造網性は他の属と異なる次の特徴がある。ヨツボシアシナガグモおよびヒメアシナガグモの幼生は，地表近くに水平円網をつくるといわれており，成体は時に網をつくるが網をもたず徘徊性であることが多い。アゴブトグモの造網性も同様であるといわれているが，幼生が網をつくることはわが国では確認されていない。3種とも幼生の生態や行動はよくわかっていない。

ヨツボシヒメアシナガグモは，体長が雌で2.5〜3.0mm，雄が2.0〜2.5mmである。背甲は赤褐色で，頭部および胸部正中部は黒褐色である。また，腹部の上面は銀斑を伴った赤褐色で2〜3対の黒斑があり，正中部と側部は黄褐色になっている。

ヒメアシナガグモは，体長が雌で2.5〜3.0mm，雄が2.0〜2.5mmである。背甲は暗褐色で，腹部の上面は褐色で銀斑と黒斑がある。本種は，色彩斑紋によって他種との区別が容易に可能である。

アゴブトグモは，体長が雌雄ともに5.0〜6.0mmである。背甲は褐色で，正中部と周辺部に暗褐色の斑紋がある。腹部の上面は明褐色で，左右の側方にそれぞれ暗褐色の縦筋があり，その外側は明色になっている。

●生息地

水田やその周辺，野山の落葉の中や草の間に生息

〈クモ類〉アゴブトグモ類

し，イネの株間や草の間を徘徊する様子が確認される。水田内では，秋に密度が高くなる。

ヨツボシヒメアシナガグモおよびヒメアシナガグモは，北海道・本州・四国・九州に分布するが，北海道では少ない。ヨツボシアシナガグモは，主に東北から近畿で見られ，近畿以西には未記録県が多い。一方，アゴブトグモは，北海道および兵庫県以東の本州に分布し，主に中部北部・関東北部より北の地方で見られる。

● 寄生・捕食行動

成体は，水田のイネの株間や草の間を徘徊して捕食を行ない，ウンカ類やヨコバイ類の幼・成虫など多種の餌を捕食する。アゴブトグモは，比較的ゆっくり動くが，他の2種はイネ株上を速く歩くのが観察される。幼生は，網をつくることから，網にかかった餌を捕獲すると考えられ，また徘徊して餌を捕らえる可能性もあるが，詳細は不明である。

● 対象害虫の特徴

ウンカ類やヨコバイ類，ユスリカなど多種の餌を捕獲する広食性の捕食者である。捕食する餌種は，クモの発育程度によって異なると考えられ，齢期が進むにつれて中・老齢幼虫，成虫など大型の餌を捕食する。アゴブトグモは，斑点米カメムシ類の重要種であるアカスジカスミカメを捕食することが明らかにされている。

【活用の部】

● 発育と生態

3種のクモの分布の違いから，それぞれの種によって発生適温が異なると推測されるが，詳細は不明である。

アゴブトグモは，栃木県（関東地方）の5月植えの水田内においては，一山型の発生消長を示す。個体数は，地域差や年次変動があるものの，田植え直後は密度が低く，イネの成長に伴って密度が上昇し，9～10月にかけて最高密度となる。その後は密度が減少し，越冬を行なう。越冬は主に幼生で行なうと考えられる。

● 保護と活用の方法

大量増殖して水田に放飼する方法は，①飼育に生

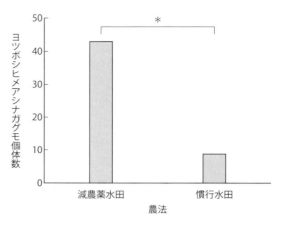

図1　石川県金沢市平坦部水田における農法の違いがヨツボシヒメアシナガグモの個体数に及ぼす影響

きた餌が必要であり，さらに共食いするため飼育に労力がかかること，②高密度に放飼すると共食い，攻撃など個体間の干渉が強くなること，などが予想されるので，実用的ではないと考えられる。

クモの隠れ場所が少なく，餌になる害虫の密度が低いイネの生育初期にクモの密度を高めることが本種を保護・活用するうえで重要であり，農薬の散布回数を減らしてユスリカなど餌昆虫の発生量を増やすことが効果的であるといわれている。

有機農法や減農薬農法など，環境保全型農法の水田では，アゴブトグモ属の密度が増加することが明らかになっている。石川県金沢市の平坦部集落で，減農薬水田と慣行農法水田でのヨツボシヒメアシナガグモの生息数を調査したところ，減農薬水田ではヨツボシヒメアシナガグモの密度が有意に高くなった（図1）。

● 農薬の影響

アゴブトグモ属に対する農薬の影響について，室内で感受性を検定した事例は知られていない。一方，圃場での農薬の影響については複数の報告があり，農薬散布によって個体数が減少するとされている。これについては，農薬散布によって餌昆虫の発生量が減少し，間接的にアゴブトグモ属の密度が減少していることが推察される。

● 採集方法

アゴブトグモ属を採集するには，発生密度が比較的高い秋期が効率がよい。イネの株上の個体については，プラスチック箱を株元に当てて，箱内に払い

落とすようにイネ株を叩いて捕獲する。また，植物体上部の個体については，捕虫網を用いてスウィーピングを行なうことで採集可能である。共食いを避けるために，持ち帰る際にはクモを1頭ずつ別の容器に入れる。

●飼育・増殖方法

飼育容器として試験管，管瓶，プラスチック製の容器などを用いて，共食いをしないように1頭ずつ個体飼育を行なう。クモは水を飲むので，脱脂綿や濾紙に水を含ませて，容器内に入れる。餌として，ユスリカ，ウンカ・ヨコバイ類などを利用する。幼生には小型の餌を与える。

（植松　繁・藪　哲男）

コサラグモ類

(口絵：土着37)

学名

セスジアカムネグモ
　Ummeliata insecticeps (Bösenberg & Strand)

ニセアカムネグモ
　Gnathonarium exsiccatum (Bösenberg & Strand)

ノコギリヒザグモ
　Erigone prominens Bösenberg & Strand

<クモ目／サラグモ科／コサラグモ亜科>

英名　Dwarf spider

主な対象害虫　ウンカ類，ツマグロヨコバイ

その他の対象害虫　チョウ目幼虫（ハスモンヨトウなど），アブラムシ類，以上畑地

発生分布　北海道，本州，四国，九州

生息地　水田，畑地とその周辺

主な生息植物　イネ株の内部

越冬態　成体

活動時期　3〜11月

発生適温　不明

【観察の部】

●見分け方

イネ株元の株内部や，地表面にシート状の網をつくって生活する小型のクモである。造網性のクモであるが，網から離れて植物体上を徘徊しているものをよく見る。体長は，セスジアカムネグモの雌雄が2.5〜3.2mm，ニセアカムネグモの雌が1.7〜2.3mm，雄が1.5〜2.0mm，ノコギリヒザグモの雌雄が1.5〜2.1mmである。

コサラグモ亜科は，多数の種を含むが，北海道から九州の水田でよく見られるのは，この3種である。正確に同定するためには，図鑑により雄の触肢および雌の外雌器の形態を調べる必要があるが，この3種間では次の特徴で見分けられる。ただし，幼生での区別は困難である。

ノコギリヒザグモは，3種のなかで最も小型であること，体全体が黒みを帯びた色（黒褐色）をしていること（他の2種は背甲〈頭胸部〉が褐色または赤褐色をしている），顕微鏡で見ると頭胸部の周縁がのこぎりの歯のようにぎざぎざになっていることで見分けられる。

セスジアカムネグモでは，背甲（頭胸部）は褐色，腹部は黄褐色〜灰黒色で中央に淡色の縦条がある。一方，ニセアカムネグモでは，背甲（頭胸部）は赤褐色，腹部は黄褐色〜灰黒色で中央に淡色の縦条がある。2種とも，越冬世代の体色は，他の世代より濃色である。この2種の区別点として，背甲の色がセスジアカムネグモでは褐色であるのに対しニセアカムネグモでは赤褐色でより明るいこと，体のサイズはセスジアカムネグモはニセアカムネグモより大型で，同時期に見られる個体では両種成体のサイズ分布はほとんど重ならないこと，雄では，セスジアカムネグモの眼の後方の背甲が三角形に隆起して前方に伸びるのに対しニセアカムネグモでは隆起がないこと，があげられる。

水田で見られる背甲の赤い（赤褐色）小型のクモとして，ほかにチビアカサラグモ *Nematogmus sanguinolentus* (Walckenaer)とヨツボシショウジョウグモ *Hypsosinga pygmaea* (Sundevall)がいるが，一般に個体数は多くない。前者は腹部がオレンジ色（黄褐色）であること，後者はコガネグモ科に属し垂直な丸い網（円網）をつくり腹部に4つの黒点があることで区別できる。

雄の成体は，触肢（ひげ）の先が膨らみ複雑な構

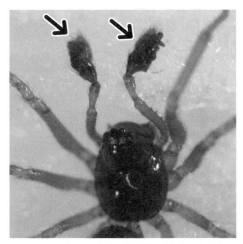

図1　ノコギリヒザグモ雄成体の触肢（矢印）

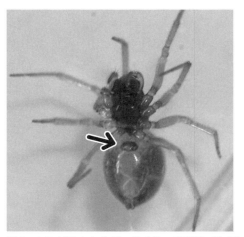

図2　セスジアカムネグモ雌成体の外雌器（矢印）

造をもつ（図1）。雌の成体は，腹部下面前方に外部生殖器（外雌器）をもち，外雌器は肉眼では濃色に見える（図2）。幼生の体色は黄褐色ないし灰褐色で，雌雄とも上記のような構造がない。雄の終齢幼生（亜成体）では触肢の先が膨らむが，複雑な構造物はない。

●生息地

　水田や畑地に生息し，水田ではイネの株元内部に網をつくる。畑地や休閑期の水田では，地表面にシート状の網をつくり，雨や露などの水滴が網につくと白くよく目立つ。越冬は成体で行ない，土の隙間，イネの切り株の中，雑草の間などにいる。

●寄生・捕食行動

　水田では，ウンカ類やツマグロヨコバイの主に幼虫を捕食する。網の上に落ちた餌を捕らえるほか，網から出て徘徊し直接餌を捕獲する。セスジアカムネグモの雌成体は実験室内で，ツマグロヨコバイ雄成虫を1日当たり最大1匹捕食すると推定されている。他の2種について捕食量は調査されていないが，セスジアカムネグモに比べると，より小型であることからやや少ないと考えられる。

　畑では，夜間にハスモンヨトウの孵化幼虫集団を攻撃する。このうち捕食するのはごく一部であるが，集合を乱して地面に落下させることによって，死亡率を増加させることが報告されている。

●対象害虫の特徴

　広食性の捕食者であり多種類の餌を捕獲する。小型のクモであるので，ウンカ・ヨコバイ類については主に若・中齢幼虫を捕食する。

【活用の部】

●発育と生態

　セスジアカムネグモは，25℃で卵嚢期間（産卵から子グモが卵嚢から出るまでの期間）は約9日，幼生発育期間は40〜50日である。また，雌は平均4回産卵し，1回の産卵数（卵嚢内の卵数）は，平均約40卵である。他の2種について，発育期間や産卵数は報告されていないが，セスジアカムネグモに近い値であると思われる。卵嚢はイネの株元近くの葉鞘に密着してつくられ，白色でよく目立つ。雌は卵嚢の上に数日間とどまる。

　西日本では，産卵は3月下旬ころから始まり，以後10月までいろいろな発育段階のクモが見られるが，11月以降成体の比率が高くなり，そのまま成体で越冬する。クモの密度は，代かき・田植え直後の水田ではきわめて低いが，イネの生育とともに増加してイネの収穫期まで増加し続ける。コサラグモ類は，一般に水田で最も個体数の多いクモ類であり，九州北部の無防除水田では，収穫期ころの密度は株当たり約40〜50匹に達する。福岡県筑後市では成体個体数の比率は約70％がニセアカムネグモであったが，3種の比率は地域によって異なる。

　西日本では5月下旬ころ，腹部から流した糸とともに空中飛行（バルーニング）する個体が多数見られる。

●保護と活用の方法

　大量増殖して水田に放す方法は，飼育に生きた餌が必要であり，さらに共食いするため飼育に労力がかかること，また高密度に放すと共食い，攻撃など個体間の干渉が強くなることが予想され，実用的でないと考えられる。

　クモの隠れ場所が少なく害虫密度が低いイネの生育初期に，クモの密度を高めることが重要である。農薬散布を減らしてユスリカやトビムシなど餌昆虫の発生量を増やすことは，害虫密度が低い時期の餌供給として重要であるといわれている。

●農薬の影響

　クモのなかでは殺虫剤に対する感受性が低いが，合成ピレスロイド剤および有機塩素剤に対しては感受性が高い。

●採集方法

　イネ株上のクモを採集するには，プラスチック製の箱や捕虫網をイネの株元に当て，この中に払い落としの要領でイネ株を叩いてクモを落とし，吸虫管を使って捕獲する。あるいは，網の上やイネの葉鞘上にいるクモを，直接吸虫管で捕獲する。クモを生きたまま持ち帰る場合は，共食いを避けるために，クモを1匹ずつ別の容器に入れる。

　イネの刈取り直後の水田は密度が高く，また成体が多いので採集に適する。この場合には，クモを1匹ずつ吸虫管で吸い取るか，またはプラスチック製の箱などに追い入れる。イネの株元近くの葉鞘に付いた卵嚢も見つけやすく，採集に適する。卵嚢を採集するときは，卵嚢の上に雌がいるものを見つけ種を確認する。

●飼育・増殖方法

　飼育容器として試験管，管瓶，プラスチック製の容器などを用い，共食いをしないように1匹ずつ個体飼育する。脱脂綿や濾紙に水を含ませて入れる。餌として，ショウジョウバエ，ウンカ・ヨコバイ類幼虫，トビムシなどを利用する。若齢幼生には，小型の餌を与える。

(田中幸一)

キクヅキコモリグモ

(口絵：土着38)

学名　*Pardosa pseudoannulata* (Bösenberg & Strand)
＜クモ目／コモリグモ科＞
英名　Wolf spider

主な対象害虫　ウンカ類，ツマグロヨコバイ
その他の対象害虫　イチモンジセセリ幼虫，コブノメイガ幼虫，カスミカメ類
発生分布　日本全土（北陸・北関東以北および内陸では少ない）
生息地　水田とその周辺
主な生息植物　イネおよび雑草の株元
越冬態　幼生
活動時期　4〜11月
発生適温　不明

【観察の部】

●見分け方

　コモリグモ類（コモリグモ科）は8個ある眼の並び方に特徴があり，また頭胸部に縦長の模様のあるものが多い（図1）ことで，他のクモと区別できる。水田とその周辺に多く生息する大型の徘徊性のクモである。体長は雌が6.5〜11.5mm，雄が6〜8.5mmである。

　雄の成体は，触肢（ひげ）の先が黒色で膨らみ，複雑な構造をもつ（図2）。雌の成体は，腹部下面前方に外部生殖器（外雌器）をもち，外雌器は肉眼では濃褐色に見える（図3）。幼生には，雌雄ともこのような構造がない。雄の終齢幼生（亜成体）では触肢の先が膨らむが，複雑な構造物はない。雌は産卵後，腹部先端にある糸いぼの先に卵嚢（卵が入った饅頭型の袋）をつけて持ち運ぶ。卵嚢から出た子グモは，雌親の腹部の上に這い上がり，集団で数日間そこにとどまる。雌親が子グモを背負っているため，コモリグモの名がある。

　背甲（頭胸部背面）は，地色が赤褐色で中央と周縁部に黄褐色の条斑がある。背甲の斑紋の形が特有なことと，胸板（胸部下面）の歩脚基節に近い部分に3対の小黒点があることで他種と区別できる。キ

〈クモ類〉キクヅキコモリグモ

前列の4眼（直線状に並ぶ）

中列・後列の4眼（後方にある）全体で3列あるように見える

背面の模様（中央に線がある）

頭胸部の模式図

コモリグモ類以外のクモ類の眼の配列（代表例）

図1　コモリグモ科の頭胸部の模式図。眼の配列と背面の模様に特徴がある

図2　キクヅキコモリグモ雄成体の触肢（矢印）

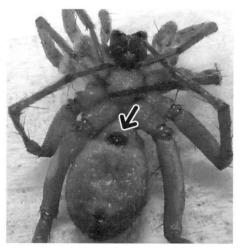

図3　キクヅキコモリグモ雌成体の外雌器（矢印）

バラコモリグモ（次種）に比べると，本種のほうが大型であり，また卵嚢の色が灰色（ただし産卵直後は灰緑色）である（キバラコモリグモでは白色）という違いがある。

●生息地

水田とその周辺に生息し，水田内のイネの下部や水面上，周辺の雑草の間などを歩行する。夜間や秋期などには，イネの上部にも上る。越冬は主に幼生で行ない，わらの下，雑草の間，土の隙間などにいる。暖地では，冬期でも暖かい日には活動している個体が見られる。

●寄生・捕食行動

待ち伏せまたは徘徊し，牙で餌に噛みついて捕獲する。ウンカ類やツマグロヨコバイの幼虫，成虫などを捕食する。雌成体は実験室内で，ツマグロヨコバイ雄成虫を1日当たり最大7.5頭捕食すると推定されているが，野外での捕食量はこれよりずっと少ない。

●対象害虫の特徴

広食性の捕食者であり，ウンカ・ヨコバイ類をはじめチョウ・ガ類の幼虫・成虫，ユスリカ成虫，他種および同種クモ類など多種類の餌を捕獲する。また，アカスジカスミカメなどカスミカメ類も捕食することが明らかにされた。捕食する餌の大きさは，クモの発育段階によって変わり，ウンカ・ヨコバイ類については，中齢以上のクモは主に中・老齢幼虫と成虫を捕食していると考えられる。

【活用の部】

●発育と生態

25℃では，卵嚢期間（産卵から子グモが卵嚢から出るまでの期間）は約20日，幼生発育期間は約50～80日である。雌は3～6回産卵し，1回の産卵数（卵嚢内の卵数）は約30～120卵である。

四国，九州などの西南暖地では5月ころから産卵が始まり，子グモが出現する5月下旬以降10月までいろいろな発育段階のクモが見られる。クモの密度は，代かき・田植え直後の水田ではきわめて低いが，イネの生育とともに増加して出穂期以降にピークとなる。九州北部の無防除水田では，ピーク密度はイネの株当たり4～7匹に達する。

●保護と活用の方法

大量増殖して水田に放す方法は，飼育に生きた餌が必要であり，さらに共食いするため飼育に労力がかかること，また高密度に放すと共食い，攻撃など個体間の干渉が強くなることが予想され，実用的でないと考えられる。

クモの隠れ場所が少なく害虫密度が低いイネの生育初期におけるクモの密度を高めることが重要である。有機栽培など農薬散布の少ない水田では，慣行の水田より個体数が多いことが明らかになった。これは農薬の直接の影響だけでなく，むしろ餌となる昆虫が多いためであると考えられる。特に，害虫密度が低い時期に，ユスリカなど餌昆虫の発生量を増やすことが重要であるといわれている。

緑肥としてレンゲを栽培した後に，不耕起のままイネを直播することによって，クモの隠れ場所が増えクモの密度が高くなった例がある。

●農薬の影響

合成ピレスロイド剤および有機塩素剤に対しては感受性が高いが，カーバメート剤，有機リン剤には一般に感受性が高くない。

●採集方法

活動時期にはいつでも採集できるが，密度の高い秋期が採集に効率がよい。イネ株上のクモを採集するには，プラスチック製の箱や捕虫網をイネの株元に当て，この中に払い落としの要領でイネ株を叩いてクモを落として捕獲する。クモを生きたまま持ち帰る場合は，共食いを避けるために，クモを1匹ずつ別の容器に入れる。

イネの刈取り直後の水田も密度が高く採集に適する。この場合には，クモを1匹ずつプラスチック製の箱や捕虫網に追い込んで捕獲する。

●飼育・増殖方法

飼育容器としてプラスチック製の容器や大型の管瓶（成体では直径4cm以上）を用い，共食いをしないように1匹ずつ個別飼育する。クモは水を飲むので，小さな管瓶に水を入れて脱脂綿で栓をしたもの，丸めた脱脂綿に水を含ませたものなどを入れる。

餌としては，ショウジョウバエ，ユスリカ，ヌカカ，ウンカ・ヨコバイ類成・幼虫，ガ類幼虫などが利用できる。若齢幼生には，トビムシ，ヌカカなど小型の餌を与える。若齢から成体まで飼育する場合には，1種類の餌だけでは成体に至らないことが多いので，複数種類の餌を与える。雌は卵嚢をもつと捕食量が低下するので，給餌量を減らす。

雌は，卵嚢内で卵・幼生の発育が進むにつれて卵嚢を拡げ，また子グモが卵嚢から脱出するのを助ける行動をとる。そのため，卵嚢を雌から離しておくと，卵嚢内の個体が正常に発育，脱出できないので注意する。

（田中幸一）

キバラコモリグモ

（口絵：土着38）

学名 *Pirata subpiraticus* (Bösenberg & Strand)
<クモ目／コモリグモ科>
英名 Wolf spider

主な対象害虫 ウンカ類，ツマグロヨコバイ
その他の対象害虫 カスミカメ類
発生分布 八重山諸島を除く日本全土（ただし宮崎県，大分県など未記録の県もある。キクヅキコモリグモの少ない地方では本種が多く，北陸・北関東以北および内陸に多い）
生息地 水田とその周辺
主な生息植物 イネおよび雑草の株元
越冬態 幼生
活動時期 4～11月
発生適温 不明

【観察の部】

●見分け方

コモリグモ類（コモリグモ科）は8個ある眼の並び方に特徴があり，また頭胸部に縦長の模様のあるものが多い（キクヅキコモリグモの項の図1）ことで，他のクモと区別できる。水田とその周辺に多く生息する徘徊性のクモであるが，幼生および雌はイネの株元や地表の土の隙間などに糸でトンネル状の住居をつくり，それを中心として生活する。体長は雌が

〈クモ類〉キバラコモリグモ

5〜8mm，雄が5〜6.5mmである。

雄の成体は，触肢（ひげ）の先が膨らみ，複雑な構造をもつ（キクヅキコモリグモの項の図2参照）。雌の成体は，腹部下面前方に外部生殖器（外雌器）をもち，外雌器は肉眼では濃色に見える（キクヅキコモリグモの項の図3参照）。幼生には，雌雄ともこのような構造がない。雄の終齢幼生（亜成体）では触肢の先が膨らむが，複雑な構造物はない。

雌は産卵後，腹部先端にある糸いぼの先に卵嚢をつけて持ち運ぶ。キクヅキコモリグモの卵嚢は灰色で饅頭型であるが，本種の卵嚢は白色で球形をしている。卵嚢から出た子グモは，雌親の腹部の上に這い上がり，集団で数日間そこにとどまる。

背甲（頭胸部背面）にV字型の斑紋があるのが，*Pirata*属（カイゾクコモリグモ属）の特徴である。*Pirata*属のクモは形態がよく似ているが，本種は腹部の側面から背面にかけて白斑の目立つ個体が多い。カイゾクコモリグモ *Pirata piraticus* (Clerck)とは，次の点で区別できる。第1脚（1番前の脚）の蹠節（しょせつ；脚の先端から2番目の節）末端の下面にある刺が，本種では2本だが，カイゾクコモリグモでは3本である。本種には，腹部背面に黒っぽい横線が数本，縞状に見られるが，カイゾクコモリグモにはそのような模様がない。

また，クラークコモリグモ *Pirata clercki* (Bösenberg & Strand)とは，次のように眼の大きさにより区別できる。クモには普通，単眼が8個あり，コモリグモでは前方より3列に4，2，2個の単眼が並ぶ（キクヅキコモリグモの項の図1）。本種では，最前列の4個のうち中央の2個（前中眼）が側方の2個（前側眼）より大きいが，クラークコモリグモでは前中眼は前側眼と同じか小さい。しかし，*Pirata*属のクモを正確に同定するためには，図鑑により雄の触肢および雌の外雌器の形態を調べる必要がある。ただし，水田で見られる*Pirata*属のクモの大部分は，本種である。

●生息地

水田とその周辺に生息する。幼生および雌は，イネの栽培期にはイネの株元に，休閑期には地面の隙間に糸でトンネル状の住居をつくり，そこを中心としてイネの下部や水面上，地表，周辺の雑草の間などを歩行する。卵嚢をもった雌は，住居の中にとどまることが多い。雄は，住居をもたずに徘徊する。イネ株の20〜30cmの高さまで上ることがあるが，活動場所がイネの下部に偏る傾向はキクヅキコモリグモより強い。越冬は種々の齢の幼生で行ない，水田内の土中にいると報告されている。

●寄生・捕食行動

待ち伏せまたは徘徊し，牙で餌に嚙みついて捕獲する。ウンカ類やツマグロヨコバイの幼虫，成虫を捕食する。捕食量や他の餌に関する詳しい報告はないが，フタオビコヤガ幼虫などチョウ・ガ類の幼虫も捕食すると考えられる。

●対象害虫の特徴

広食性の捕食者であり，キクヅキコモリグモと同様に，ウンカ・ヨコバイ類をはじめ多種類の餌を捕食するが，活動位置から推測すると，主にイネの下部にいる餌を捕獲すると考えられる。しかし，体内のDNA解析によりアカスジカスミカメも捕食することが明らかにされ，カメムシがアシナガグモ類の網に一度掛かった後に落下したものを捕食すると考えられる。捕食する餌の大きさは，クモの発育段階によって変わる。

【活用の部】

●発育と生態

25℃では，卵嚢期間（産卵から子グモが卵嚢から出るまでの期間）は12〜18日，幼生発育期間は約50〜80日である。雌は数回産卵すると考えられるが，詳しい報告はない。宇都宮市の水田における1回当たりの産卵数（卵嚢内の卵数）は，平均54卵である。宇都宮市では，越冬幼生の成体化は6月下旬〜7月上旬にピークとなる。その後，新たな若齢幼生が現われて個体群密度が増加し11月にピークとなる。

●保護と活用の方法

大量増殖して水田に放す方法は，飼育に生きた餌が必要であり，さらに共食いするため飼育に労力がかかること，また高密度に放すと共食い，攻撃など個体間の干渉が強くなることが予想され，実用的でないと考えられる。

クモの隠れ場所が少なく害虫密度が低いイネの生

育初期に，クモの密度を高めることが重要である。有機栽培など農薬散布の少ない水田では，慣行の水田より個体数が多いことが明らかになった。これは農薬の直接の影響だけでなく，むしろ餌となる昆虫が多いためであると考えられる。特に，害虫密度が低い時期に，ユスリカなど餌昆虫の発生量を増やすことが重要であるといわれている。

● 農薬の影響

韓国での試験では，カーバメート剤，有機リン剤には一般に感受性が高くないが，カルボフランに対しては比較的感受性が高く，フェントエートに対してはトビイロウンカより感受性がやや高いという報告がある。他のクモと同様に，合成ピレスロイド剤および有機塩素剤に対しては感受性が高いと思われるが，調べられていない。

● 採集方法

活動時期にはいつでも採集できるが，密度の高い秋期が採集に効率がよい。イネ株上のクモを採集するには，プラスチック製の箱や捕虫網をイネの株元に当て，この中に払い落としの要領でイネ株を叩いてクモを落として捕獲する。クモを生きたまま持ち帰る場合は，共食いを避けるために，クモを1匹ずつ別の容器に入れる。

イネの刈取り直後の水田も密度が高く採集に適する。この場合には，クモを1匹ずつプラスチック製の箱や捕虫網に追い込んで捕獲する。

● 飼育・増殖方法

飼育容器としてプラスチック製の容器や大型の管瓶（成体では直径4cm以上）を用い，共食いをしないように1匹ずつ個別飼育する。クモは水を飲むので，小さな管瓶に水を入れて脱脂綿で栓をしたもの，丸めた脱脂綿に水を含ませたものなどを入れる。

餌としては，ショウジョウバエ，ユスリカ，ヌカカ，ウンカ・ヨコバイ類成・幼虫，ガ類幼虫などが利用できる。若齢幼生には，トビムシ，ヌカカなど小型の餌を与える。キクヅキコモリグモと同様に，若齢から成体まで飼育する場合には，1種類の餌だけでは成体に至らないことが多いと考えられるので，複数種類の餌を与える。雌は卵嚢をもつと捕食量が低下するので，給餌量を減らす。

雌は，卵嚢内で卵・幼生の発育が進むにつれて卵嚢を広げ，また子グモが卵嚢から脱出するのを助ける行動をとる。そのため，卵嚢を雌から離しておくと，卵嚢内の個体が正常に発育，脱出できないので注意する。

(田中幸一)

ドヨウオニグモ

(口絵：土着39)

学名 *Neoscona adianta* (Walckenaer)
＜クモ目／コガネグモ科＞
英名 Orb-weaver

主な対象害虫 ウンカ類，ヨコバイ類
その他の対象害虫 フタオビコヤガ，イチモンジセセリ，小蛾類
発生分布 全国
生息地 水田，河原，草原
主な生息植物 イネ，マコモ，イネ科植物
越冬態 幼体
活動時期 5〜10月
発生適温 10〜30℃

【観察の部】

● 見分け方

イネの葉に止まっている黄色系の丸っぽいクモで，普通に見られる。成体の体長は雌8〜10mm，雄5〜7mm。背甲は黄褐色で，中央と両側に黒い細条がある。腹背には黄色で前方に2対の黒斑が黒色の横線で連なる。中央付近は赤みを帯びる個体もある。この横紋を縦に2黒条が連ね，正中部は明るい黄色である。イネの条間や株間に垂直および水平両方に円網を張る。

● 生息地

水田や沼地，河原の植物上に生息する。水田ではハナグモやアシナガグモほど個体数は多くない。

● 寄生・捕食行動

水田ではイネ株の中〜上部に垂直および水平両方に円網を張り，ウンカ・ヨコバイ類や小昆虫がかかるのを待ち，捕食する。日捕食量はウンカで8〜12

〈クモ類〉ハナグモ

頭である。
●対象害虫の特徴
　イネ株上を飛び交うニカメイガ，フタオビコヤガ，イチモンジセセリ，コブノメイガ，ウンカ・ヨコバイ類などの主要害虫を捕食する。

生息地　　水田，畑地，草原
主な生息植物　イネ，オカボ，マコモ，野菜類
越冬態　　成体
活動時期　4〜10月
発生適温　10〜30℃

【活用の部】

●発育と生態
　水田，川原に多く見られ，年2回（夏と秋の土用のころ）発生する。秋に孵化したものは幼体で越冬し，翌年の夏成熟して産卵する。夏に孵化したものは9月ころに成熟する。
●保護と活用の方法
　生物的防除および害虫管理への活用に向けた研究例はない。有機栽培水田，および育苗箱施薬剤と本田散布剤のみの特別栽培水田に発生が多いとの報告がある。慣行防除水田におけるネオニコチノイド系薬剤の散布後の本クモの個体数回復も早いようである。
●農薬の影響
　有機リン剤，合成ピレスロイド剤，ネオニコチノイド剤などの本田散布はドヨウオニグモに影響があると思う。
●採集方法
　採集は個体数が多くなる稲栽培期間の7〜9月に捕虫網で行なう。
●飼育・増殖方法
　大量飼育の事例は見当たらない。

（平井一男）

【観察の部】

●見分け方
　黄緑色の美しいクモで，脚は8本，体は頭胸部と腹部に分かれる。体長6mm（雌6〜8mm，雄3〜4mm）。腹部は黄緑色の地色のなかに複雑な赤褐色の模様をもつ。4対の脚のうち前の2対は太くて長い。その脚が横向きについているので，ジョロウグモ，クサグモ，ハエトリグモなどが縦長に見えるのに対して，カニグモ科の本種は横長に見える。カニと同じように横に歩いたり走ったりできる。さらにヒトが近づくと前脚を大きく振り上げるが，これがカニがハサミ脚を振り上げるのによく似る。
　孵化直後のクモの体色は白色透明で，のち乳白色になる。20〜30日後には淡緑色あるいは緑白色に変わる。孵化直後の単眼は黒色，のち紅色，さらに褐色になる。
●生息地
　ほぼ日本全国の水田や畑，草原に生息する。水田では6〜10月にイネ葉上で第1，2脚を開いて静止している。
●寄生・捕食行動
　水田ではイネ葉上で第1，2脚を開いて静止し，ウンカ，ヨコバイなど小さな昆虫が近づくと抱え込むようにすばやくかみつく。日捕食量はアブラムシの場合，雌で15.9頭，雄で12.8頭であった。
●対象害虫の特徴
　イネ株上を飛び交うニカメイガ，フタオビコヤガ，コブノメイガ，ウンカ・ヨコバイ類，アブラムシなどの主要害虫を捕獲する。

【活用の部】

●発育と生態
　耐寒性が強く全国に分布する。水田ではウンカ，

ハナグモ

（口絵：土着39）

学名　Misumenops tricuspidatus (Fabricius)
＜クモ目／カニグモ科＞
英名　Crab spider

主な対象害虫　ツマグロヨコバイ
その他の対象害虫　フタオビコヤガ，ウンカ類，ハダニ類，アブラムシ類，小蛾類，コウチュウ目
発生分布　日本全土

保護により一定の効果 ▼ウンカ類・ヨコバイ類の天敵

ヨコバイ，コブノメイガの成・幼虫を捕食する。5月中に卵嚢が出現開始，6月上旬には卵嚢の最盛期。6月中下旬にクモが出現する。産卵は夜間に行なわれる。産卵後，雌は卵嚢を守る。卵嚢は円形あるいは不規則な形を呈す。外側から卵粒が見える。

卵粒は黄色〜緑色。卵期間は25℃，湿度74％で，9〜12日。孵化直後の幼体は群集性。絶食耐性は幼体で5〜7日。成虫雌で17〜63日(平均37日)，雄で6〜24日(15日)。

●保護と活用の方法

多くの小型昆虫類を捕食するが，生物的防除剤としての評価や管理に関する研究は少ない。多くの農薬に弱いので，選択性薬剤の薬液少量散布，局所散布などを行ない，個体群の保全に努める。

●農薬の影響

有機リン剤やカルタップ剤など多くの化学農薬に感受性である。

●採集方法

採集は捕虫網により捕獲する。出穂後，穂上に多くいるので，そこをねらい捕獲する。

●飼育・増殖方法

小規模，短期間の飼育はウンカ類，アブラムシ類，ヨトウムシを食草とともにプラスチック容器内に入れて飼育できるが，長期的な大量飼育の事例は見当たらない。

(平井一男)

トビイロカマバチ

(口絵：土着40)

学名　*Haplogonatopus apicalis* R. Perkins
<ハチ目／カマバチ科>
英名　Dryinid wasp

主な対象害虫　セジロウンカ(捕食と寄生)
その他の対象害虫　トビイロウンカ(捕食のみ)
発生分布　全国のセジロウンカの発生する地域
生息地　水田
主な生息植物　―
越冬態　国内では越冬できないようである
活動時期　セジロウンカの発生期間(主に6〜8月)

発生適温　発育は28℃，32℃で20℃の約2倍になる

【観察の部】

●見分け方

カマバチは，名のとおり前脚がカマキリ様の鎌をもった蜂の総称である。体長4mm内外。雌はカマキリとアリを足して2で割ったような姿だが，雄は普通の寄生蜂の形をしている。イネ株上を歩き回り，近くのウンカを鎌で襲う。カマバチのなかでは最も働き者で，水田で観察するとしばしばウンカを捕らえるのが見られる。

飛来してきたウンカを観察すると，カマバチの幼虫の寄生のために腹部にこぶのあるものが見つかる。飛来直後はまだこぶは小さいが，2〜3日後には大きくなってくる。イネの葉上に白くて薄い膜の繭を編んでいるのが見られる。この中で幼虫は蛹化する。

●生息地

セジロウンカ飛来虫の体内に寄生し水田に移入し増殖するので，セジロウンカの生息地である水田を中心に生息する。

●寄生・捕食行動

雌成虫はウンカの中齢幼虫を捕獲後，体をくの字に曲げて産卵する。寄生率は，セジロウンカの場合，年次や地域，水田ごとに異なるが，20〜30％に及ぶこともある。雌成虫は，アリのように敏捷にイネ株上を歩き回り，ウンカを見つけては鎌で捕らえて捕食する。捕食行動も産卵時と同じような体勢で行なうが，中齢幼虫以外は産卵はしないと考えられている。幼虫はウンカの体内で成長し，やがてウンカの体内からこぶを破り脱出する。

●対象害虫の特徴

名は鳶色だがトビイロウンカには寄生しない。水田での寄主はセジロウンカに限られている。

【活用の部】

●発育と生態

ほとんどの個体はセジロウンカに寄生したまま日本の水田に飛来し，ウンカとともに世代を重ね増え

〈寄生蜂〉ツマグロヨコバイタマゴバチ

ていく。トビイロカマバチの場合にはセジロウンカと同じ2世代である。寄生時期は寄主のウンカが中齢幼虫のときが多い。寄主からの脱出産卵後約14日後の5齢あるいは成虫の場合が多い。脱出後は稲株上に繭を形成して蛹化し，1週間程度で羽化し，若齢幼虫の捕食活動を開始する。

雄は雌を探し回って交尾をし，雌はウンカの体液を吸い栄養摂取して卵巣を発達させ，ウンカに卵を産み付ける。成虫の寿命は雄で2日前後，雌で3日前後と短い。

本種は捕食量が多く，寄生率も高いが，繭の中のカマバチに産卵する二次寄生蜂によって増殖が抑制されることがある。

●保護と活用の方法

セジロウンカが要防除密度を超えてから，カマバチが増えるケースが多く，活用の方法はいまのところない。

●農薬の影響

詳細は不明で，一般的には薬剤成分の種類により影響の仕方は変わるであろう。農薬防除によって寄主のセジロウンカが減れば，カマバチも減る可能性は高いと考えられる。

●採集方法

寄生されたセジロウンカを採集し飼育する。

●飼育・増殖方法

セジロウンカを増殖し，飼育する。

（日鷹一雅）

ツマグロヨコバイタマゴバチ

（口絵：土着41）

学名 *Paracentrobia andoi* (Ishii)
＜ハチ目／タマゴヤドリコバチ科＞
英名 Egg parasitoid

主な対象害虫 ツマグロヨコバイ
その他の対象害虫 オオヨコバイ
発生分布 本州以南
生息地 水田
主な生息植物 イネ
越冬態 前蛹〜蛹

活動時期 4〜11月
発生適温 10〜30℃

【観察の部】

●見分け方

水田でイネの茎を歩いている小さな蜂（0.5〜0.75mm）である。体色は黄色。頬と頭胸部，前胸，中胸側片の大部分は褐色。触角は9節からなり黄褐色。柄節の長さは梗節の1.5倍。前翅は透明，翅脈は褐色。その長さは幅の2倍で翅端は円弧をなす。腹部1〜3背板あるいは1〜4背板は褐色。第5背板に黒褐色の帯があるのが特徴である。脚は淡褐色。後脚基節および後脚腿節中間部の大部分は褐色である。

●生息地

東北地方以南でツマグロヨコバイが生息する水田およびその周辺に生息する。

●寄生・捕食行動

成虫は午前6〜8時に羽化し，羽化直後に交尾する。その後，雌蜂は葉鞘を上下に移動し，内側に産み付けられた寄主卵を探索し，探し当てると産卵管を伸ばし産卵する。寄主卵が産卵された後，卵内に眼点が形成される以前の卵がよく寄生される。ツマグロヨコバイ1卵の中に1頭が発育する単寄生で，産卵後約17日に成虫が卵殻およびイネの葉鞘を食い破り外部に出てくる。

●対象害虫の特徴

ツマグロヨコバイはイネから養分を吸収し，植物病原ウイルスやファイトプラズマを伝搬する害虫である。病害としては萎縮病やわい化病，黄萎病などが知られている。最近は8月以降にツマグロヨコバイが多発するが，排泄液が葉にたまると，その上にすす病が発生し，光合成を抑制することがある。

【活用の部】

●発育と生態

ツマグロヨコバイの卵寄生蜂は6種類が知られているが，本種は最も寄生の多い優占種である。単寄生で主に雌成虫のみで繁殖（単為生殖）する。雄の

発生は1％未満である。産卵から成虫出現までの期間は25℃で約17日。成虫の寿命は蜂蜜液を吸うと約8日である。その間にツマグロヨコバイ卵，約25個に寄生する。

関東以西の暖地では4月下旬〜5月上旬に越冬世代が羽化し，10月中旬までに9世代を繰り返す。成虫は午前6〜8時に羽化し，羽化直後に交尾する。その後雌は葉鞘を上下に移動し，内側に産み付けられた寄主卵を探索し，探し当てると産卵管を伸ばし産卵する。走光性は強い。

冬は寄主卵の中で前蛹〜蛹で越冬する。水田での越冬後の羽化率は約50％。イネ生育中において，灌深水と羽化率との間に関係があり，30時間の浸水では影響はないが，55時間の浸水では羽化率は10％に低下する。

●保護と活用の方法

ツマグロヨコバイの卵期の主要な天敵であり，生物的防除素材として研究されたことがある。

●農薬の影響

成虫は多くの薬剤に影響される。しかし，葉鞘内で寄生された被寄生卵の前期は後期に比べ耐性がある。また，粒剤を選定することにより影響は少なくなる。

●採集方法

水田では5月および7月以降に多いので，捕虫網により採集する。同時期にイネ株を刈り取り，葉鞘内にある被寄生卵を探し本種の羽化個体を管瓶内に採集する。

●飼育・増殖方法

イネ苗にツマグロヨコバイの卵を産卵させ，それをガラス試験管に移し，本種を導入して寄生させる。25℃条件下におくと，産卵後，約17日後に成虫が出てくる。飼育中乾燥しないように，湿度は飽和状態に維持することが必要である。

(平井一男)

ホソハネヤドリコバチ

(口絵：土着41)

学名 *Gonatocerus* sp.
<ハチ目／ホソハネヤドリコバチ科>
英名 Egg parasitoid

主な対象害虫 ツマグロヨコバイ
その他の対象害虫 オオヨコバイ
発生分布 本州以南
生息地 水田
主な生息植物 イネ
越冬態 前蛹と思われる
活動時期 4〜10月
発生適温 10〜30℃

【観察の部】

●見分け方

成虫の体長は0.8〜0.9mm。雌成虫の体色は黄褐色。頭頂は黄色。複眼は褐色。触角は前翅の3分の2の長さで11節からなる。柄節は黄色，他は褐色。胸部は長く幅広である。中胸背板前部中央および小盾片中央に明瞭な黒褐色の斑点がある。中後胸の側版は黒色。前翅は幅広く，縁毛の長さは中程度で，密生している。後翅は細長く，尖っている。腹部末端は尖る。各節背面は褐色。末端は暗褐色。産卵管は腹長の3分の1くらいである。脚は淡黄色。各脛節に刺がある。雌雄は触角で判別できる。雄蜂の触角は13節からなる。

被寄生卵の中が赤〜黄色に透けて見える。羽化直前には黒化するのが透けて見える。

●生息地

水田に生息する。個体数は8月以降に増加する。

●寄生・捕食行動

イネの葉鞘内に産卵されたツマグロヨコバイの卵に寄生する。

●対象害虫の特徴

ツマグロヨコバイは吸汁害，萎縮病の伝搬，その排出液はすす病の誘発などを行なう主要害虫である。最近は8月中旬以降の出穂後に個体数が増加する。

〈カスミカメムシ類〉カタグロミドリカスミカメ

【活用の部】

●発育と生態
　雌蜂はツマグロヨコバイの卵内に産卵する。1卵から1頭羽化する単寄生である。寄主卵は最初黄白色であるが、ホソハネヤドリコバチの発育に伴い黒色になる。羽化は午前中に行なわれる。1頭の雌蜂の寄生卵数は約20卵である。

　寿命は1〜7日、平均3.5日である。8月以降に寄生率が高くなる。しかしツマグロヨコバイタマゴバチに比べて寄生率は低い。卵から羽化までの期間は約12日である。雄の出現割合はツマグロヨコバイタマゴバチより高く、約38％である。

●保護と活用の方法
　本種の保護や生物的防除素材としての研究例は見当たらない。

●農薬の影響
　ズイムシアカタマゴバチと同様に有機リン剤やカルタップ剤による影響があると思われる。

●採集方法
　水田で捕虫網で取るか、イネ株を抜き取りツマグロヨコバイの被寄生卵を探し、その羽化成虫を採集する。

●飼育・増殖方法
　ツマグロヨコバイの卵で増殖できる。

（平井一男）

カタグロミドリカスミカメ
（口絵：土着42）

学名　*Cyrtorrhinus lividipennis* (Reuter)
＜カメムシ目／カスミカメムシ科＞
英名　Mirid bug, Mirid predator

主な対象害虫　セジロウンカ、トビイロウンカ
その他の対象害虫　ヒメトビウンカ、ツマグロヨコバイ、イナズマヨコバイ
発生分布　日本全土（北日本で少なく、西南日本で多い）
生息地　水田とその周辺
主な生息植物　イネ

越冬態　休眠性をもたないため日本では越冬できない。毎年、対象害虫であるセジロウンカやトビイロウンカと一緒に中国南部などから長距離飛来する
活動時期　日本では水稲が栽培される6〜10月
発生適温　15〜30℃。発育適温は25℃

【観察の部】

●見分け方
　成虫は体長2.9〜3.2mm、幅1.7mm前後、全体的には黄緑色である。頭部の中央から先端にかけては黒褐色で、前胸背の前半は左右に隆起し、その隆起後方は黒褐色である（一見肩が黒く見えることからこの名がつけられる）。小楯板の3隅と前部中央は黒褐色である。雄は雌に比べやや小さく細く、その腹端は丸く翅端に達しない。雌の腹端は突出し、翅端とほぼ同じ長さである。

　卵は長さ約0.3mm、基方の卵蓋は、産卵直後は白色で次第に黒褐色に変化する。幼虫は黄緑色、体長は1齢で0.5mm前後、5齢で2.5mm前後である。幼虫は一見緑色のアブラムシに似ているが、活発に動きまわり腹背部の角状管を欠くので肉眼でもわかる。

　近縁の同属2種が熱帯太平洋地域に分布するが、日本では未確認である。混同されやすいものに、チビカスミカメ亜科に属するムナグロキイロカスミカメ *Tytthus chinensis* (Stål)（以下ムナグロと略記）がいる。カタグロミドリカスミカメ（以下カタグロと略記）と同様に、主としてウンカ・ヨコバイ類の卵を捕食する。

　ムナグロの成虫はカタグロに比べてわずかに小型、全体に黒褐色、触角の第1節は白色の両端部を除いて黒色であるので容易に区別ができる。ムナグロの幼虫は緑色で肉眼ではカタグロとは区別しにくいが、刺毛の長さに顕著な種間差があるため、実体顕微鏡で観察することによって区別できる。カタグロの幼虫は頭部と胸部背面の刺毛が短く刺毛どうしが互いに接触することはないのに対して、ムナグロの幼虫は刺毛が長く互いに接触または交差している。

●生息地
　ほぼ日本全土に分布するが、北日本では少なく、海外飛来性ウンカ類が多く発生する西南日本に多

い。国外では中国，台湾，韓国，タイ，ベトナム，マレーシア，インド，スリランカ，フィリピン，インドネシア，サラワク，ソロモン諸島，フィジー，パプア・ニューギニア，ミクロネシア，ハワイ（トウモロコシ畑に人為的に天敵として導入）などのアジア・太平洋地域全域に広く分布する。生息地は，セジロウンカやトビイロウンカが発生している水田である。カタグロ，ムナグロともに休眠性をもたないため，日本では越冬できない。

カタグロとムナグロは東シナ海などでウンカと一緒に多く捕獲されていることから，梅雨時期にセジロウンカ，トビイロウンカとともに長距離飛来すると考えられている。水田における個体数は，ムナグロはセジロウンカが多く発生する水稲栽培前半に多く，カタグロはトビイロウンカが多く発生する水稲栽培後半に多い。中国広東省などでは成虫が雑草間で越冬する。

● 寄生・捕食行動

イネの葉や葉鞘内に産み込まれたウンカ・ヨコバイ類の卵をもっぱら吸汁する。餌昆虫の幼虫もときおり捕食するが，成虫を捕食することはほとんどない。

多くのウンカ・ヨコバイ類の種の卵を捕食する。これまでに知られている種は，セジロウンカ，トビイロウンカ，ヒメトビウンカ，ヒエウンカ，サトウキビウンカ，トウモロコシウンカ，シマウンカ類，ツマグロヨコバイ類，イナズマヨコバイなどである。ウンカ・ヨコバイ類の種によって卵の捕食選好性があり，ヨコバイ類よりトビイロウンカの卵に選好性を示す。セジロウンカとトビイロウンカの間では選好性に差が見られない。

餌卵を卵黄まで吸収する。少しの吸汁で餌卵の発育に異状をきたし孵化不能とする。ウンカ類の排泄する甘露もよく吸汁する。これによっても栄養を得ていると考えられている。

● 対象害虫の特徴

実験的に卵の捕食が確認されているウンカ・ヨコバイ類には多くの種類がいるが，水田における主な対象害虫はセジロウンカとトビイロウンカである。セジロウンカとトビイロウンカはベトナム北部や中国南部で越冬し，毎年梅雨時期に日本に飛来して水田で増殖する。両種とも休眠性をもたないため，日本で越冬できない。

セジロウンカはトビイロウンカに比べて飛来量が多いが，水稲栽培前半に発生ピークを迎え，幼穂形成期以後には通常は水田から移出する。このため，産卵による葉鞘変色などが主な被害である。これに対して，トビイロウンカの飛来量はセジロウンカに比べて極端に少ないが，水稲栽培後半まで3～4世代増殖し，イネの収穫直前に坪枯れなどの大きな被害を引き起こす。

セジロウンカとトビイロウンカはイネのウイルス病を媒介し，前者はイネ南方黒すじ萎縮病を，後者はイネラギットスタント病とイネグラッシースタント病を媒介する。

【活用の部】

● 発育と生態

発育速度や産卵数などの値は報告によって異なるが，25℃における値はおよそ以下のとおりである。卵は6～8日前後で孵化するが，1齢幼虫から摂食が必要である。幼虫は一般に5齢を経て10～12日で羽化する。羽化2～3日で交尾，産卵を始める。交尾時間は15分～1時間程度で，成虫の寿命は25～30日である。雌の産卵数は実験条件によって大きくばらつくが，生涯に60～300粒前後を産卵する。発育零点は11.7℃で，卵から羽化までの発育有効積算温度は260日度である。幼虫の齢期は一般に5齢であるが，4齢あるいは6齢とする報告もあり，その要因として幼虫期の餌条件と個体群の遺伝的特性の差が指摘されている。

産卵のしかたはトビイロウンカに似ており，雌は葉鞘あるいは葉の中肋組織の破生通気孔内に1卵ずつ産卵する。卵蓋の形がトビイロウンカと異なるため容易に区別できる。産卵部位は植物体の上部，特に葉の中肋に多く，餌昆虫のトビイロウンカ卵が葉鞘の下部に多いのと対照的である。

産卵数が実験条件によって大きくばらつく理由として，ウンカの卵に加えてウンカの成虫が排泄する甘露を餌として吸汁することによって，産卵数が大きく増加することが確かめられている。幼虫についても，甘露を吸汁することで発育期間が短縮する。

〈カスミカメムシ類〉カタグロミドリカスミカメ

幼虫から成虫までの全期間に雌1個体が170〜230粒のウンカ卵を食べる。雄成虫の捕食量は雌の30％くらいである。休眠性はどのステージについても知られていない。羽化は日の出と日没前後が特に多い。成虫は趨光性が顕著である。夜間は紫外線や黄色光よりも白色光によく集まる。水田におけるカタグロの各発育段階の発生ピークはトビイロウンカのそれとよく同調しており，西日本の普通期水稲では飛来侵入後，イネの収穫までに3〜4世代を経過する。

●保護と活用の方法

熱帯の水田におけるウンカ類の有力な捕食者としては，クモ類やケシカタビロアメンボ Microvelia douglasi Scott が知られている。カタグロについても，古くからトビイロウンカの天敵として注目されており，多くの研究例があるものの，その有効性については研究者によって評価が分かれている。

天敵としての評価が分かれている理由としては，産卵能力がばらついていてトビイロウンカよりも低い場合が多いことや，成虫の移動性が大きいために害虫密度抑制効果が不安定であることがあげられている。一方，条件によっては水田におけるカタグロの個体数がトビイロウンカよりもはるかに多くなる場合も観察されている。

熱帯における研究では，抵抗性イネ品種との組み合わせや影響の少ない農薬との併用による総合的害虫管理のなかで，カタグロの密度抑制効果を活用することをねらった研究事例が多い。熱帯の2期作水稲地帯における研究では，カタグロは，クモ類やカタビロアメンボ類より捕食性天敵としての重要性がやや劣るとしている。

日本では1975年以降，カタグロの飛来量が比較的多い長崎県における野外調査と室内実験によって，トビイロウンカの密度を制御する能力があることが示唆されている。九州において1999年以降に行なわれた水田における放飼実験の試みでは，開放系の水田において，トビイロウンカの飛来世代に天敵と害虫を1：1の比率でのカタグロを2回放飼することによって，トビイロウンカの密度抑制効果が見られることが確認されている。

カタグロは，トビイロウンカとセジロウンカの合計密度に依存して個体数が増加したり水田から移出したりしてしまうため，トビイロウンカの第3世代も密度を十分下げるためには，バンカー植物法などによりカタグロの定着を促進させる必要がある。バンカー植物法の試みとして，水田に隣接してヒエを植えてヒエウンカ（Sogatella vibix）を増殖させることによって，放飼したカタグロの定着を促進し密度を維持させる試みが行なわれている。

カタグロの活用のためには放飼した虫あるいはその次世代の定着性を促進させるための方策をさらに検討する必要があり，バンカー植物法などのほか，集合性を高めるための化学物質やフェロモンなどの生理活性物質の探索も今後必要である。

海外においては，カタグロカスミカメを水田のウンカ類以外の害虫防除に使われた事例がある。1939〜1952年にかけて，グアム島の水田で採集されたカタグロが，トウモロコシの大害虫であるトウモロコシウンカ（Peregninus maidis）の防除にハワイ諸島に導入され，密度抑圧に貢献している。

●農薬の影響

殺虫剤に対しては，クモ類（キクヅキコモリグモなど）と比較しても，特に感受性が高い。内外の知見を総合すると，トビイロウンカに対する薬剤の多くが，クモ類に対してはトビイロウンカより影響が少ないのに対し，カタグロに対しては影響が大きい。

フェントエート，イミダクロプリド，デルタメスリンはカタグロに対して毒性が高い。カタグロに対する影響がトビイロウンカと同等程度かやや少ないとされている剤として，アセフェート，BPMC，カルボフェノチオン，エンドスルファン，エチラン，ダイアジノンがある。なお，ブプロフェジンおよびアザディラクチンは毒性が非常に少ない。

●採集方法

水田においては，カタグロの飛来量が多い場合にはセジロウンカの第1世代（一般に7月下旬〜8月上旬）に採集できる。また，トビイロウンカの発生量が多くなる水稲栽培後半にも水田内で容易に採集できる。イネの茎部や下方にいることが多いので，捕虫網によるすくい取りよりも，白色のプラスチックトレーなどに払い落として吸虫管で採集するほうが効率がよい。

●飼育・増殖方法

イネによる飼育：現在まで代替餌などによる人工飼育は確立されていない。このため，イネ芽出し苗を使って餌昆虫となるウンカ類と一緒に飼育する。トビイロウンカを餌昆虫に用いて容易に累代飼育できる。ツマグロヨコバイ大量飼育箱を使う場合には，プラスチックトレイ（19×14.5×5cm程度）に播種した播種後1週間のイネ芽出し苗を，2週間おきに交互に新しいものに変えていくやり方で累代飼育できる。餌昆虫であるトビイロウンカは別途飼育箱で累代飼育しておいて，イネ芽出し苗を交換する際にトビイロウンカ雌成虫50〜100頭程度を産卵用としてカタグロの飼育箱に追加していくのがよい。

代替餌としてはこれまでチチュウカエミバエ，セイヨウミツバチ雄幼虫粉末，スジコナマダラメイガ卵などを用いた飼育法が検討されており，良好な結果が得られている。また，トビイロウンカの甘露のみを与えた場合でも全幼虫期の飼育が可能なため，発育には動物性の餌は不可欠ではないと見られる。したがって，代替餌を使った大量増殖法の確立は困難ではないと考えられる。一方，人工的な産卵基質を使った採卵法は確立されていない。

（松村正哉・岡田忠虎・小林秀治）

ハネナガマキバサシガメ
（口絵：土着42）

学名 Nabis stenoferus Hsiao
＜カメムシ目／マキバサシガメ科＞
英名 Common damsel bug

主な対象害虫 ツマグロヨコバイ
その他の対象害虫 ウンカ類，アブラムシ類，アザミウマ類の若虫，チョウ目昆虫の幼虫
発生分布 全国
生息地 水田，河原，草原
主な生息植物 イネ，オカボ，マコモ
越冬態 成虫
活動時期 4〜11月
発生適温 10〜30℃

【観察の部】

●見分け方

体長は7〜9mmで，腹部の幅の5倍はある。体は淡灰褐色で光沢はない。正中線に暗色の条がある。不明瞭なこともある。頭部は突出する。触角は4節からなり，第1節は短く，2，3節は長め，4節は前節よりやや短い。複眼は発達する。前胸背面後葉には広く小さな刻点がある。前翅が長く腹面を超える。脚は細長い。

●生息地

全国の水田や雑草地に棲む。

●寄生・捕食行動

イネ葉上で待機し，ウンカ，ヨコバイ，アザミウマ，チョウ目昆虫の幼虫を捕食する。

●対象害虫の特徴

イネ体上を歩行したり，静止しているウンカ，ヨコバイ，イネアオムシなどの昆虫が捕獲されやすい。

【活用の部】

●発育と生態

夏，灯火に飛来する。水田では7〜9月によく発生する。

●保護と活用の方法

生物的防除や害虫管理に関する研究例はない。

●農薬の影響

農薬に感受性と思われるが，具体的なデータはない。

●採集方法

夏期に水田や牧草地，草むらを捕虫網ですくうと採集できる。

●飼育・増殖方法

小規模，短期間の飼育はウンカ類，アブラムシ類，ヨトウムシを食草とともにプラスチック容器内に入れて飼育できるが，長期的な大量飼育の事例は見当たらない。

（平井一男）

〈カエル類〉ニホンアマガエル

ニホンアマガエル

(口絵：土着43)

学名　*Hyla japonica* Günther
<カエル目／アマガエル科>
英名　Japanese tree frog

主な対象害虫　ヨコバイ類
その他の対象害虫　ウンカ類，小型昆虫
発生分布　日本全土
生息地　水田，湿原，畑地，草原
主な生息植物　イネ，ヨシ，マコモなど
越冬態　成体
活動時期　5〜10月
発生適温　10〜30℃

【観察の部】

●見分け方
体長40〜50mmの小型のカエル。イネの茎葉上にいすわり，ウンカ類，ヨコバイ類などの昆虫を食べる。体色はイネの株上では緑色，地上では土色に変わる。オタマジャクシは5〜6月に水田や小川に現われる。越冬後成体は灰白色に黒斑点が目立つ。腹面は淡黄白色。

●生息地
水田や河川，池沼のイネ，マコモ，ヨシの湿原，畑，草原に棲む。

●寄生・捕食行動
昼間活動し，植物上で待機して昆虫類を捕獲する。

●対象害虫の特徴
ウンカ類，ヨコバイ類，コブノメイガ，フタオビコヤガ，ヨトウ類などの小さな昆虫を捕食したり，飛び立つのをねらって捕食したりする。カメムシ類は口の中に入れても異臭のため吐き出してしまう。

【活用の部】

●発育と生態
アマガエルは成体が水田や畑，草原などの土中で越冬する。越冬後の成体は春先に小さな昆虫を食べる。その後，水田や小川，沼，池に移り，5〜6月に産卵し繁殖する。卵は直径1.5mm，黄褐色で寒天質の厚い膜に包まれている。水草やアシの株元に産み付ける。一晩に約300卵産卵する。幼生（オタマジャクシ）は体長約2cm。6月末〜7月に変態しカエルになる。その後イネなど植物上にのぼり昆虫を捕食する。

水田では畦畔や畦畔沿い，その近くのイネ株数条に生息するカエル類を10m単位で見取り調査し，生息数を確認することもある。イネ株を捕虫網ですくい取りし調査することもある。ただし，ウンカ，ヨコバイ，カメムシ類，クモ類などを捕虫網ですくい取りする場合は，アマガエルも捕獲され，体表に捕獲昆虫やクモ類がべとついてしまうので注意する。

●保護と活用の方法
多くの化学農薬に感受性が高いので，選択性薬剤の薬液少量散布や低濃度散布，局所散布を心がける。農耕地における生物多様性指標や農薬影響評価用の指標生物として使用できそうである。

育苗箱施薬剤のみを処理した慣行水田や特別栽培水田，除草剤のみを施用したIPM水田，有機水田などに生息個体数が多いことがある。周辺環境に植生が少ない地区に設置された有機栽培水田などでは生息数が少ない例もある。

中干し期間が長引くと生息数が減少することがある。その対策として，カエル類など水生生物の待避場所として水田周辺や水田域にそれらの待避区（承水路や江，湛水休耕田）を設けると有効と考えられる。

生物的防除素材としては利用された例は見当たらない。アマガエルが多い水田や畑では害虫が少ないとの話は聞くことがある。

●農薬の影響
育苗箱施薬剤の影響は少ないが，液剤散布の影響は大きいと思える。

●採集方法
オタマジャクシは5〜6月に水田や小川に，カエルは4〜5月は雑草地に，6〜8月はイネ株上に多いので，捕虫網で捕獲しやすい。

●飼育・増殖方法
小規模，短期間の飼育ならば，水槽内に水田土壌を入れて下層を湛水し，ウンカ類，アブラムシ類が

付いたスズメノテッポウ，ゲンゲ，ヒエ，イネ苗（再生苗でも可）を植えて飼育したことがある。長期的な大量飼育の事例は見当たらない。

（平井一男）

トウキョウダルマガエル

（口絵：土着43）

学名 *Pelophylax porosus* (Cope)
<カエル目／アカガエル科>
英名 Tokyo Daruma pond frog, Daruma pond frog, Pond frog

主な対象害虫 ウンカ類，ヨコバイ類
その他の対象害虫 小型昆虫
発生分布 本州の一部（仙台，関東，新潟，長野）
生息地 水田，湿原，河川などの水際
主な生息植物 イネ，ヨシ，マコモなど
越冬態 成体
活動時期 5～10月
発生適温 不明

【観察の部】

●見分け方

成体は雌雄とも黄緑色地に黒褐色の斑紋がある。雄39～75mm（平均60mm），雌43～87mm（平均67mm）。同じアカガエル属のトノサマガエル *Rana nigromaculata* に似ているが，足が短くずんぐりしている，体の黒斑がより細かいなどの点が異なる。

水田や河川，湿地にいるカエルは1930年代ころまではトノサマガエルが分布しているとされていたが，1941年以降ダルマ族が提案され，1960年代の両種雑種説を経て，1990年代以降は別種ダルマガエルとされている。その基亜種がトウキョウダルマガエルで，その亜種にナゴヤダルマガエルがいる。

●生息地

本州（仙台平野，関東平野，新潟県中部・南部，長野県北中部）の平地の水域に棲み，水辺からあまり離れない。繁殖期は4月下旬～7月，雌は水田や浅い池，沼，河川敷の水たまりなどの浅瀬にまとめて産卵する。雌の総産卵数は2,000卵余りとされる。雄はトノサマガエルと同様になわばりをもち，水面に浮きながら鳴いて雌を待つ。

●寄生・捕食行動

餌は昆虫やクモなど。水田や周辺の保全生物候補や環境指標生物候補にあげられる。

●対象害虫の特徴

ウンカ類，ヨコバイ類，コブノメイガ，フタオビコヤガ，ヨトウ類などの小さな昆虫やクモ類など小動物を捕食する。

【活用の部】

●発育と生態

成体が水田や畑，草原などの土中で越冬する。越冬後の成体は春先に小さな昆虫を食べる。その後，水田や小川，沼，池に移り，5～6月に産卵し繁殖する。卵は直径1.5mm，黄褐色で寒天質の厚い膜に包まれている。水草やアシの株元に産み付ける。1晩に約300卵産卵する。幼生（オタマジャクシ）は体長約2cm。6月末～7月に変態しカエルになる。その後水田や河川に棲み，昆虫やクモ類など小動物を捕食する。

●保護と活用の方法

多くの化学農薬に感受性が高いので，選択性薬剤の薬液少量散布や低濃度散布，局所撒布を心がける。農耕地における生物多様性指標や農薬影響評価用の指標生物として使用できそうである。

育苗箱施薬剤の処理のみで本田散布剤を使用しない水田や有機水田に多く生息する。7月の中干しの影響は幼生に大きい。幼生は殺虫剤を使用せず除草剤散布のみのIPM区で多かった例がある。8月になると慣行型水田でも多く生息する。

中干し期間が長引くと幼生の生息数が減少することがある。その対策として，カエル類など水生生物の待避場所として水田周辺や水田域にそれらの待避区（承水路や江，湛水休耕田）を設けると有効と考えられる。

生物的防除素材としては利用された例は見当たらない。

〈カエル類〉トノサマガエル

●農薬の影響
　育苗箱施薬剤の影響は少ないようである。
●採集方法
　オタマジャクシは5～6月に水田や小川に，カエルは4～5月は雑草地に，7～8月は水田や水際に多いので捕虫網で捕獲する。
●飼育・増殖方法
　小規模，短期間の飼育ならば，水槽内に水田土壌を入れ，下層を湛水にして，ウンカ類，アブラムシ類が付いたスズメノテッポウ，ゲンゲ，ヒエ，イネ苗（再生苗でも可）を入れて飼育したことがある。長期的な大量飼育の事例は見当たらない。

（平井一男）

トノサマガエル

（口絵：土着43）

学名　*Pelophylax nigromaculatus* (Hallowell)
＜カエル目／アカガエル科＞
英名　Black-spotted pond frog

主な対象害虫　ウンカ類，ヨコバイ類
その他の対象害虫　小型昆虫，小動物
発生分布　本州の一部
生息地　水田，湿原，河川などの水中，水際
主な生息植物　イネ，ヨシ，マコモ，ハスなど
越冬態　成体
活動時期　5～10月
発生適温　不明

【観察の部】

●見分け方
　成体は雄38～81mm（平均69mm），雌63～94mm（平均77mm）。雄は背面が黄緑色，繁殖期には黄金色。雌は胴の側部から腹部に白黒の縞模様。トウキョウダルマガエルとの違いは，背中の暗色斑紋がつながっているのと小隆条が発達していることで見分ける。背中線がない個体もいる。
●生息地
　関東地方から仙台平野を除く，本州，四国，九州，朝鮮，中国，ロシア沿海州の一部水田や河川，湖沼に多い。
●寄生・捕食行動
　餌は昆虫やクモ，ミミズなど。水田や水系の保全生物候補や環境指標生物候補にあげられる。
●対象害虫の特徴
　水田に生息する小型のチョウ目害虫，ウンカ・ヨコバイ類，ハエ類などを捕食する。

【活用の部】

●発育と生態
　成体が水田や畑，草原などの土中で越冬する。越冬後の成体は春先には雑草地で小さな昆虫を食べる。その後，水田や小川，沼，池に移り，5～6月に産卵し繁殖する。幼生（オタマジャクシ）は体長約2cm。6月末～7月に変態しカエルになる。その後水田や河川に棲み，昆虫やクモ類など小動物を捕食する。
●保護と活用の方法
　育苗箱施薬剤の影響はないようである。除草剤の散布は影響がありそうで，機械除草を行なった水田ではトノサマガエルが多かった。無農薬水田，減農薬水田では生息個体数が多い例がある。
　ほかのカエルと同様に，中干し期間が長引くと幼生の生息数が減少することがある。その対策として，カエル類など水生生物の待避場所として水田周辺や水田域にそれらの待避区（承水路や江，湛水休耕田）を設けると有効と考えられる。
　生物的防除素材としては利用された例は見当たらない。農耕地における生物多様性指標や農薬影響評価用の指標生物として使用できそうである。
●農薬の影響
　「保護と活用の方法」参照。
●採集方法
　オタマジャクシは5～6月に水田や小川に，カエルは4～5月は雑草地に，7～8月は水田や水際に多いので捕虫網で捕獲する。
●飼育・増殖方法
　大量増殖用に飼育した例はない。

（平井一男）

ヌマガエル

(口絵:土着44)

学名 *Fejervarya kawamurai* Djong, Matsui, Kuramoto, Nishioka et Sumida

<カエル目/アカガエル科>

英名 Indian rice frog, Cricket frog

主な対象害虫 ウンカ類,ヨコバイ類
その他の対象害虫 小型昆虫,小動物
発生分布 関東地方以西
生息地 水田,湿原,河川などの水中,水際
主な生息植物 イネ,ヨシ,マコモ,ハスなど
越冬態 成体
活動時期 5〜10月
発生適温 不明

【観察の部】

●見分け方

水田や沼,河川に多い黒褐色で体長3〜5cmの小型のカエル。元来南方系のカエルで九州,西日本に多く生息していたが,1990年代以降に関東の水田でも頻繁に見られるようになった「国内外来種」とされている。黄色系の背中線がある個体もいる。背面は暗緑色で,頭,胴および前後肢に黒色斑がある。背中のいぼ状突起は小さく,ツチガエルほど目立たない。腹面は白〜黄白色でツチガエルとは異なる。

●生息地

水田や湿地,畑,草原にいる。

●寄生・捕食行動

昆虫やクモ,ミミズなどを捕食する。水田や水系の保全生物候補や環境指標生物候補にあげられる。

●対象害虫の特徴

水田に生息する小型の昆虫類,ウンカ・ヨコバイ類などを捕食する。

【活用の部】

●発育と生態

繁殖期は4〜8月,水田や湿地,水たまりで繁殖する。

●保護と活用の方法

本田で幼体や成体を観察していると,その繁殖ぶりと活動の様子から判定して育苗箱施薬剤の影響は少ないようである。本田や畦畔の生息状況から見て本田防除の散布剤の影響については少ないようであるが,散布後の個体数変動に注意する

地域によっては環境保全型水田に生息数が多いことがある。生物的防除素材としては利用された例は見当たらないが,農耕地における生物多様性指標や農薬影響評価用の指標生物として使用できそうである。

ほかのカエルと同様に,中干し期間が長引くと幼生の生息数が減少することがある。その対策として,カエル類など水生生物の待避場所として水田周辺や水田域にそれらの待避区(承水路や江,湛水休耕田)を設けると有効と考えられる。

●農薬の影響

育苗箱施薬剤の影響は少ないようである。本田の散布剤については使用基準を遵守して使用する限り影響は少ないようである。

●採集方法

7月以降水田に出かけ,水面内や畦畔の草むらにいる成体を捕獲する。

●飼育・増殖方法

大量増殖用に飼育した例はない。

(平井一男)

ニホンアカガエル

(口絵:土着44)

学名 *Rana japonica* Boulenger

<カエル目/アカガエル科>

英名 Japanese brown frog

主な対象害虫 ウンカ類,ヨコバイ類
その他の対象害虫 小型昆虫,小動物
発生分布 本州の一部
生息地 水田,湿原,河川などの水中,水際,丘陵地
主な生息植物 イネ,ヨシ,マコモ,ハスなど
越冬態 成体

保護により一定の効果 ▼ウンカ類・ヨコバイ類の天敵

〈寄生性アブ〉アタマアブ類

活動時期　1〜10月
発生適温　不明

【観察の部】

●見分け方
体長は30〜75mm。体色は赤褐色で背中の左右の黄色い筋がまっすぐ平行に通っている。オタマジャクシの背中には一対の黒斑がある。

●生息地
日本の固有種で本州から九州に分布している。単独で生活，普段は草むらや森林，平地，丘陵地などの地上で暮らす。成体で越冬する。水田の乾田化，河川の乾燥化などによる生息地の減少や変化により生息数は減っている。以前はサツマイモを収穫するころに見かけたが，サツマイモ畑の減少により発見数は減っている。かつて地域によっては食用とするところもあった。

●寄生・捕食行動
成体になると水田や河川を離れ畑地や草原に移動し，クモ類や昆虫類などを捕食する。

●対象害虫の特徴
水田や河川，池沼に生息する小型のチョウ目害虫，ウンカ・ヨコバイ類，ハエ類などを捕食する。

【活用の部】

●発育と生態
産卵は1月から湿田水田や小川などで始まる。産卵数は500〜3,000卵。およそ6月までに成体になると畑や草原にあがり土中で過ごす。

●保護と活用の方法
水田では6月まで成体と幼体が多く見られ，なかでも無農薬水田，減農薬水田，有機水田では慣行水田に比べ生息数が多い例が観察されている。生物的防除素材としては利用された例は見当たらない。農耕地における生物多様性指標や農薬影響評価用の指標生物として使用できそうである。

●農薬の影響
「保護と活用の方法」参照。

●採集方法
卵塊は2月以降，幼体は3〜6月に水田や小川に，成体は7月以降畑や草原に多いので捕虫網で捕獲する。

●飼育・増殖方法
小規模，短期間の飼育ならば，水槽内に水田土壌を入れ，下層を湛水にして，ウンカ類，アブラムシ類が付いたスズメノテッポウ，ゲンゲ，ヒエ，イネ苗（再生苗でも可）を入れて飼育したことがある。長期的な大量飼育の事例は見当たらない。

（平井一男）

アタマアブ類
（口絵：土着45）

学名

ツマグロキアタマアブ
　Eudorylas mutillatus (Loew, 1857)

ツボイアタマアブ
　Eudorylas javanensis (de Meijere, 1907)

ツマグロヒメアタマアブ
　Eudorylas orientalis (Koizumi, 1959)

ツマグロツヤアタマアブ
　Tomosvaryella oryzaetora Koizumi, 1959

イナズマツヤアタマアブ
　Tomosvaryella inazumae (Koizumi, 1960)

＜ハエ目／アタマアブ科＞

英名　Big-headed flies

主な対象害虫　ツマグロヨコバイ
その他の対象害虫　タイワンツマグロヨコバイ，イナズマヨコバイ
寄生・捕食方法　成虫が寄主周辺をホバリング後，捕まえて産卵。幼虫は寄主体内で発育
発生分布　本州北部以南
生息地　水田内，水田周囲
主な生息植物　イネ，スズメノテッポウ，カモジグサなどのツマグロヨコバイ寄主植物
越冬態　幼虫（ツマグロヨコバイの体内）
活動時期　4〜10月
発生適温　ツマグロツヤアタマアブの蛹の発育停止温度

は12.9℃，蛹期間は20℃で19.5日，25℃で11.5日。30℃以上で発育障害が生じる。寄主のツマグロヨコバイの発育停止温度は14℃前後，高温に強い。高温域での発育障害は不明

【観察の部】

●見分け方

ツマグロキアタマアブ，ツボイアタマアブ，ツマグロヒメアタマアブ，ツマグロツヤアタマアブはツマグロヨコバイに寄生する。イナズマツヤアタマアブはツマグロヨコバイとイナズマヨコバイに寄生する。以上の5種がヨコバイ類寄生性アタマアブとして日本の水田に生息する。

頭部が顕著に大きく，複眼も非常に大きいことで他のハナアブ類との区別が容易であるが，個々の種の特定は容易でない。頭部前方に小さな触角，頂部に3個の単眼を有し，半球状頭部の左右大半を複眼が占め，あたかも頭部全体が複眼であるかのような，特徴的な形態をしている。胸部と腹部は黒褐色。

体長と翅長について以下のデータがある。①ツマグロキアタマアブの体長は雄3.8～4.3mm，雌3.5～4.0mm，翅長は雄が4.5～4.8mm，雌4.3～4.5mm，②ツボイアタマアブの体長は雄3.3～3.5mm，雌3.0～3.5mm，翅長は雄3.6～4.0mm，雌4.0～4.2mm，③ツマグロヒメアタマアブの体長は雌2.5～3.5mm，翅長3.2～3.5mm，④ツマグロツヤアタマアブの体長は雄3.2～3.8mm，雌3.2～4.0mm，翅長は雄4.0～4.2mm，雌3.5～3.8mm，⑤イナズマツヤアタマアブの体長は雄2.8～3.2mm，雌2.5～2.9mm，翅長は雄3.3～3.6mm，雌2.8～3.2mmである。

翅の上部の中央部に斑紋があるグループは上記①～③の種を含む *Eudorylas* 属，翅に斑紋をもたないグループは上記④⑤の種を含む *Tomosvaryella* 属である。日本国内の各地の調査では，ツマグロツヤアタマアブが優占種となっている。種の特定は触角，毛，生殖器の形態による。小型種であり，一般には困難である。

●生息地

幼虫はツマグロヨコバイの体内に生息する。成虫は水田とその周辺のイネ科雑草繁殖地，ムギ畑などに生息し，水田内では，夏が過ぎたツマグロヨコバイ増加時期以降，イネの株間をホバリングしている。

●寄生・捕食行動

アタマアブ類の成虫がツマグロヨコバイの幼虫に飛びかかり，1卵を産卵する。

●対象害虫の特徴

ウンカ・ヨコバイ類への寄生者として知られるが，主要寄主はツマグロヨコバイ，次いでイナズマヨコバイである。若齢幼虫を主な産卵対象としているが，成虫からも卵が発見されることから，寄主の産卵対象齢期は広範囲と推定される。

【活用の部】

●発育と生態

孵化した幼虫は寄主の体内で発育し，多くが成虫体から脱出して蛹になるが，幼虫体からも脱出する。特異的に，ツマグロヒメアタマアブは幼虫からの脱出が多い。ツマグロヨコバイの成虫からの脱出では，雌からが顕著に多い。幼虫の脱出部位は，大部分が背板であり，地上で蛹化する。

ツマグロヨコバイの雄成虫において，アタマアブ類に寄生された場合は，その一部は雌成虫に類似した淡褐色個体が出現する。このような雄成虫は，「雌斑虫の雄」あるいは単に「雌斑虫」と呼ばれている。

●保護と活用の方法

ツマグロヨコバイの冬期の寄主植物であるスズメノカタビラやカモジグサなどのイネ科雑草を保全すると，アタマアブ類も保全できる。畦畔雑草の徹底防除の考え方は，水田環境の多様性保全の観点から考慮が必要であり，多様な生態系管理によって害虫の大発生抑制に寄与する概念，科学的データの積み重ねが重要である。

農薬を削減し，生物多様性に配慮した水田に多い。頭の大きな特異な形状をしており，生物多様性の指標生物として活用できる（図1）。

対象害虫のツマグロヨコバイの個体数制御に有効

〈寄生性アブ〉アタマアブ類

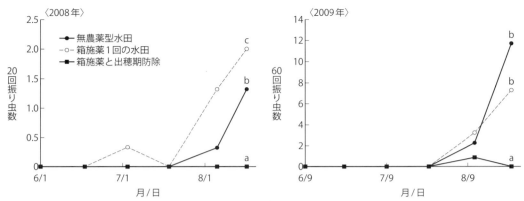

図1　異なった農薬使用の水田管理におけるアタマアブ類の個体数の経時的推移
埼玉県東部の早期早植え水田作，9月上旬収穫地域。品種はコシヒカリ。3圃場調査の平均値で示す。無農薬型は殺虫剤は無使用であり，カエル類やトンボ類などの生物多様性に富む水田である。箱施薬剤はフィプロニル，出穂期防除剤はジノテフラン。abcの異なる文字間は95％信頼で有意差がある

である。同ヨコバイ幼虫におけるアタマアブ類の寄生率は，徳島県では5〜7月の平均は6.9％，8〜9月の平均は15.9％，10月は27.8％（以西，1968），ツマグロヨコバイ成虫における寄生率は，山口県では7〜9月の平均は27.4％，10〜11月の平均は58.9％のデータがあり，ツマグロヨコバイが増加する秋に寄生率が増加する傾向がある。

ヨコバイ類による伝染性病害の抑制に有効である。ツマグロヨコバイは，日本ではイネ萎縮病やイネ黄萎病などを媒介する。アタマアブ類の寄生は，ツマグロヨコバイが保毒するイネ黄萎病の媒介能力を消失させる作用がある。

ヨコバイ類の移動分散の抑制に有効である。水田近くで捕獲されたツマグロヨコバイの成虫はアタマアブ類に一定量の寄生個体が確認されるのに対し，水田から離れた灯火に飛来した個体は寄生個体が認められなかったことから，アタマアブ類の寄生によってヨコバイは走光性や飛翔活動など，何らかの行動影響が生じているものと推察される。

●農薬の影響

ヨコバイ類防除のための薬剤使用はアタマアブ類の生息にマイナスの影響を与える（図1）。ツマグロヨコバイの防除はアタマアブ類の幼虫の餌と生活の場を奪うことになる。成虫や蛹に対する直接的な農薬影響は明らかでない。

●採集方法

アタマアブ類の成虫を水田内で採取する。水田で

のツマグロヨコバイ個体数が増加する時期，一般に8月下旬から9月に水田内で，すくい取りを行なう。網の中で確認し，吸虫管を用いで採取する。成虫の活動は比較的活発である。

水田において寄主のツマグロヨコバイの幼虫や成虫を採取し，飼育をして蛹を得る。

イネが栽培されていない冬期〜初夏は，スズメノカタビラやカモジグサなどのイネ科植物群落から，叩き出し法（寄主植物の横に白い布などを敷き，寄主植物を棒で叩く）で布の上に成虫と幼虫を追い出し，採取する。

すくい取り法や叩き出しで捕獲したヨコバイは，その場で吸虫管を用いて捕獲し，飼育ケージに移動する。大量に捕獲する場合は，別に用意した布の袋など（捕虫網が使用しやすい）に移動し，低温箱「クーラー」に収納して持ち帰り，その後，飼育ケージに移動する。白い布の代わりに，傘を用いることも有効であり，採取後に傘を閉じて開口部を持ち帰り用の袋に挿入することで，袋内への移動が容易である。同時に採集されるクモやハチ類を取り除く。

●飼育・増殖方法

ケージの中でイネの芽出しを用い，野外で採取した個体，あるいはアタマアブ類を寄生させたツマグロヨコバイを飼育する。培養土は用いず，脱脂綿を用いると，成熟して寄主から脱出した幼虫や蛹の発見が容易になる。

簡易に寄生率を調べる飼育法は，試験管内での芽

出しイネを餌とした個体飼育を行ない，蛹の脱出個体数を調べる。この場合，蓋に綿栓を用いると水分蒸散が少なく通気性もあるので飼育しやすい。

アタマアブの増殖を目的にツマグロヨコバイの大量飼育を大型ケージ内で行ない，用意した蛹を接種する。蛹はほぼ同時に羽化するように温度管理すると交尾に有効である。寄主への産卵はホバリングをしながら産卵することから，小型の飼育ケージでの増殖は困難である。増殖を目的とした飼育ケージの大きさの具体例は明らかでない。

（江村 薫）

ヒメバチ類

（口絵：土着46，47）

学名
アオムシヒラタヒメバチ
　Itoplectis naranyae (Ashmead)
イチモンジヒラタヒメバチ
　Pimpla aethiops Curtis〔＝ *P. parnarae* Viereck〕
チビキアシヒラタヒメバチ
　Pimpla nipponica Uchida
＜ハチ目／ヒメバチ科＞

英名 ―

主な対象害虫 メイガ類（ニカメイガ，コブノメイガなど），イチモンジセセリ

その他の対象害虫 フタオビコヤガ，コカクモンハマキ，コナガ，ときにイネドロオイムシ

発生分布 日本全土

生息地 主に水田とその周辺の草地，ときに隣接する畑，果樹園

主な生息植物 イネ科植物

越冬態 成熟幼虫（寄主内部）

活動時期 4～12月

発生適温 15～30℃

【観察の部】

●見分け方

水田に生息するヒメバチ類で最も普通で分布の広いアオムシヒラタヒメバチは体長が5～12mm前後，腹部が美しいオレンジ色をしているため，非常に目立つ種である。*Pimpla*属のヒラタヒメバチでは2種が普通に観察される。イチモンジセセリやコブノメイガに寄生するイチモンジヒラタヒメバチは全身艶消し状の黒色で体長が12～24mmほどある大型種である。また，チビキアシヒラタヒメバチもよく見かける（本種に関しては，ハマキムシ類の天敵寄生蜂の項を参照）。

どの種も，雄は非常に活発に草の間を飛び回っていることが多く，雌では頻繁に植物体上で探索活動をしているのを見かけるが，その体色と大きさから容易に視認できる。雌の腹部末端には頑強な産卵管が突出しているので，雌雄の区別は容易である。雌雄間で体色や体型にはほとんど差がないが，一般に雄よりも雌のほうが大きい。

アオムシヒラタヒメバチに関しては体色により，水田に生息する多くのヒメバチ類と区別でき，同族に似た種がいないので，同定は容易である。また，似たような色彩のヒメバチ類との区別は，腹部の形態（背面から見て圧せられた形状をしており，これがヒラタヒメバチという名の由来である）と触角（やや先太りで触角中央部に紋がない）に注意すれば，容易である。

イチモンジヒラタヒメバチは畑地に普通なマイマイヒラタヒメバチ *P. luctuosa* Smithに酷似するが，一般に水田で見かけるのは前者である。九州南部や沖縄地方では，全身がレモン色のキイロヒラタヒメバチ *Xanthopimpla* 属の種も多いが似た種が数種あり，種の同定は専門家に依頼するのがよい。

●生息地

北海道から沖縄地方までのほぼ日本全土，国外では東アジア，東南アジアなど，広い分布をもち，多くの地域の水田や周辺の草地において普通に観察されるヒメバチ類である。本種の成虫は活発に植物体の合間をぬって飛翔していることが多いため，スウィーピングにより簡単に採集することが可能で，その発生を確認することも容易である。特に秋期の水田において多数の個体を見かけることができる。

●寄生・捕食行動

雌はイネなどの葉上や茎上を活発に探索し，葉を

〈寄生蜂〉ヒメバチ類

綴り合わせてつくられた巣や苞内，あるいは茎内部に潜む寄主を正確に探し出して，寄主内部に1回の産卵につき1卵を産み付ける。雌は寄主を産卵に利用するだけでなく，卵生産のための餌としても利用するため（寄主摂食），寄生者としての機能だけでなく，捕食者としての機能ももつが，寄主摂食率は低い（10％未満）ようである。

寄主としてチョウ目の6科12種以上が記録されているが，一般に寄生率は低く，10％未満であることが多いようである。しかし，西日本においてはアオムシヒラタヒメバチの個体密度が高く，本種によるコブノメイガなどのメイガ類の蛹期の寄生率が40％を超えることがしばしばある。

●対象害虫の特徴

アオムシヒラタヒメバチを含むヒラタヒメバチ類は広食性の種であり，多くのチョウ目昆虫が寄主として記録されているが，アオムシヒラタヒメバチはイネ科植物の茎内部に生息していたり葉を巻いて生息していたりする小蛾類（メイガ，ハマキガなど）を主に利用し，大型のヤガなどはあまり寄生対象にしない。一方，大型種のイチモンジヒラタヒメバチでは小型の蛾類（小型のメイガ，ハマキガなど）よりも，中～大型のヤガやセセリなどを寄生対象とする。

また，雌蜂は地上周辺を探索しないため，寄主蛹でも地上に近いところにいるものはあまり寄生を受けない。基本的には寄主蛹に寄生するが，前蛹や，ときには成熟幼虫にも産卵し，この場合でも蜂の羽化率は高い。また，新鮮な寄主蛹からかなり発生の進んだ蛹にまで寄生することができる。

【活用の部】

●発育と生態

西日本では，成虫は4月下旬から6月下旬までと9月から11月下旬にかけて主に観察される。成虫は活動のための炭水化物（甘露，花の蜜）と卵生産のためのタンパク源（花粉，寄主体液）が利用できる場合に，寄生活動が最も高められる。雌の寿命は，蜂蜜溶液を与えた場合で1か月強ほど（20℃）で，羽化後1～3日と死亡直前を除いた期間中，コンスタントに寄生活動を行なう。雄の寿命は2週間強である。

本種は単寄生蜂であり，1つの寄主から1頭の蜂だけが発育を完了できる。1つの寄主に複数の卵が産み付けられた場合（過寄生）には，1齢幼虫期に幼虫間の闘争が起こり，1頭の個体のみが生き残る。

本種はイディオビオント型の寄生蜂（寄主の発育と同調した寄生様式をもたない。つまり孵化した幼虫がただちに寄主を食べ尽くす）であるが，多くのこの型の寄生蜂とは異なり，産卵時に寄主を麻酔しない。このため，寄生後1～2日間，寄主は生きている。寄生された寄主は蜂卵の孵化後，急激に麻酔され，蜂幼虫の発育に伴い死亡する。

蜂幼虫が成熟を完了するころになると寄主はマミー化し，寄主蛹腹部が伸張された状態になり，蜂幼虫の前蛹化に伴って蛹便が寄主腹部末端に蓄積される。蛹便の蓄積は外見から識別できるので，寄主内の蜂の発育状況を知ることが可能である。未成熟期（卵から親の羽化直前まで）は寄主内部で過ごし，卵から親蜂の羽化までの日数は25℃の条件で14～17日ほどである（雄のほうが発育期間が短い）。

雌蜂の1日当たりに産める卵数はむしろ少なく，5～20卵程度（寄主密度により異なる）であるが，そのぶん寿命が長く，生涯を通じて卵生産を行なうため，生涯産卵数は室内条件下で200～400卵，最大で800卵近くにも達する場合がある。雌蜂は寄主の大きさと日齢に応じて性比を調節し，大きな寄主あるいは新鮮な寄主には雌卵を産む。

雄はフェロモンを頼りに寄主内部で羽化した雌あるいは羽化直後の雌を探し出す。刈り取り後に干してあるイネや，脱穀後に放置された稲わら周辺に多数の雄蜂が群がっているのを見かけるが，これはイネの茎内の寄主内に存在する新鮮な雌蜂を求めて集まってきた個体であろう。

本種は広食性の寄生蜂でもあるため，野外でさまざまな大きさの寄主を利用することになる。羽化してくる蜂の大きさは寄主の大きさを反映するので，蜂サイズにはかなりの変異が存在する。年間4～5回の多化性である。

●保護と活用の方法

他の多くの蛹寄生蜂類と同様に，大量飼育された本種の個体が放飼され，その効果が評価されたこと

はない。近縁の種であるヒメキアシヒラタヒメバチがアメリカでマイマイガ防除のため放されたことがあるが，寄生率はあまり高いものではなかったようである。

本種はニカメイガやコブノメイガ，そしてイネヨトウをはじめとする水稲の主要チョウ目害虫の多くを寄主として利用しており，水田における農生態系で天敵として果たす役割は無視できないが，本種単独によって特定の害虫が十分に抑えられることはなさそうである。したがって，悪影響の少ない化学農薬を使用したり，生息環境を保護するなどといった，むしろ保全利用的な活用が実用的であるかもしれない。

● 農薬の影響

非選択性の有機リン剤やカーバメイト系や合成ピレスロイド系の殺虫剤に対して感受性が高い。特に有機リン剤（スミチオンやバイジット）などに対しては極めて弱い。一方，植物内浸透性の薬剤，たとえば水田でよく使用されるスタークル粒剤では，成虫に対する影響は非常に小さい。

● 採集方法

寄主蛹を採集し，プラスチックカップやガラス管に入れて恒温器などに保管しておくと，親蜂が羽化してくる。あるいは，寄主の発生量が比較的多い場合には，稲わらを大量に採集し，それをケージなどに積み上げておくことで，多くの蜂個体を得ることも可能である。

特に秋期では，水田やその周辺，あるいは放置された稲わら周辺を，多数の個体が飛び回っていることがある。この場合には直接発見した個体を網ですくうなり，スウィーピングするなりして親蜂を採集するとよい。通常，野外で採集された雌蜂はほとんど交尾を終了しているため，それらを用いて次世代を室内で得ることが可能である。

● 飼育・増殖方法

本種は広食性種であるため，代替寄主を利用することにより，容易に飼育できる。代替寄主としてはハチミツガ（実験用に一般に使用されている。釣餌のブドウシ）が，人工飼料により大量増殖が可能であること，蜂の羽化率が高いこと（羽化率70〜85％）から，非常に優れている。野外で雌蜂を採集してきた場合，すぐにはハチミツガなどの代替寄主に産卵してくれないことがしばしばあるが，その場合でも飼育容器内に代替寄主を入れっぱなしにしておくと，ほとんどの場合に数日以内に寄主として受け入れるようになる。

増殖用に与えた寄主をあまり長時間入れておくと過寄生や寄主摂食される。過寄生自体は寄主当たりの蜂羽化率に影響しないため，さほど問題とならないが，寄主摂食された寄主では蜂の羽化率が大きく低下する。したがって，少数の寄主を長時間与えたままにするべきではなく，1雌当たり10ほどの寄主を与えた場合でも1時間ほどで寄主を回収する。

被寄生寄主の管理時，多湿状態になるとカビが発生することがしばしばある。こうなると，寄主内の蜂までカビにおかされて死亡してしまう。したがって湿度管理に注意する必要がある。カビが発生してしまった場合には，70％アルコールで寄主を速やかに消毒するとよいが，アルコールを寄主にかけてそのまま放置すると中の蜂の死亡率が上がるので，吹きかけたアルコールはただちにティッシュペーパーなどでふき取るべきである。

本種の雌は羽化後すぐに交尾する。羽化後の時間経過に伴い，たとえ未交尾でも雄を受け入れなくなっていく。そこで，容器に複数の寄主を入れておいて，そこで羽化してきた雄をそのままにしておき（雄は雌よりも1〜2日早く羽化してくる），続いて羽化してきた雌を羽化後1日たってから回収するようにすると，うまく交尾雌を得ることができる。小さな容器に多数の被寄生寄主を入れて蜂を羽化させると，未交尾雌がかなりの頻度で生じる場合があるため，1つの羽化用容器に入れておく被寄生寄主数に注意する。たとえば300ml程度のプラスチックカップでは，1つのカップ当たりの寄主数を15〜20ぐらいにするとよい。

飼育適温は成虫の飼育・産卵で17〜20℃ぐらい，被寄生寄主の飼育・保管で20〜25℃ぐらいである。

（上野高敏）

〈寄生蜂〉ズイムシアカタマゴバチ

ズイムシアカタマゴバチ

(口絵：土着47)

学名 *Trichogramma japonicum* Ashmead
＜ハチ目／タマゴヤドリコバチ科＞
英名 Rice stem borer egg parasitoid

主な対象害虫	ニカメイガ
その他の対象害虫	フタオビコヤガ，イチモンジセセリ，コブノメイガ，イネキンウワバ，ウラナミシジミ
発生分布	日本全土
生息地	水田とその周辺
主な生息植物	イネ，オカボ，マコモ
越冬態	前蛹
活動時期	5～9月
発生適温	10～30℃

保護により一定の効果 ▼メイガ類の天敵

【観察の部】

●見分け方

水田生態系に生息する体長約0.5mmときわめて小さな蜂。イネやマコモの葉の表面を注意して見ると，ニカメイガやフタオビコヤガ，コブノメイガなどの卵の上を歩いたり，産卵したりしているのを観察できる。もっぱら寄主昆虫の卵に寄生し，卵内で発育し，ヒトは刺さない。

雄の触角は房状，雌の触角は梶棒状であり，触角の形状から雌雄を区別できる。雄は雌に比べてやや小さい。体全体は黒褐色～暗褐色，触角の柄節は淡黄色，そのほかは黄褐色。雌の体色は雄に似る。種の同定には雄の腹端にある交尾器を取り出し，その形状を観察する。ズイムシアカタマゴバチの交尾器は約0.1mmで体線方向に細長い。

●生息地

ほぼ日本全国の水田やその周辺のイネやオカボ，マコモ上に産卵される前記害虫の卵に寄生する。越冬の実態は不明であるが，前記昆虫の卵の中で，前蛹態で越冬すると報告されている。

●寄生・捕食行動

5月以降のニカメイガの産卵初期には寄生は少ないが，6月後半や8月後半になると，約9割の卵塊に寄生する。フタオビコヤガの卵にもよく寄生する。フタオビコヤガの第1回の発生が多くなって寄生率も上がるため，羽化した寄生蜂によりニカメイガの2世代目の卵への寄生が高まり，ニカメイガの幼虫の発生量が少なくなる傾向がある。

●対象害虫の特徴

ニカメイガ，フタオビコヤガ，コブノメイガの卵はやわらかく，表面に鱗毛が付着していない。卵塊は多層に重ねて産卵されず1層なので，全部の卵粒が寄生されやすい。同じような卵でも，イチモンジセセリの卵は1粒ずつ産卵され，表面に鱗毛はないが，卵殻は硬めなので産卵されにくい。

【活用の部】

●発育と生態

成虫は昆虫の発生する5～9月に発生し，イネの上では普通，アブラムシやウンカ・ヨコバイ類などの甘露を吸蜜すると考えられる。蜂は卵から幼虫，蛹，成虫まで昆虫卵の中で発育し，一定期間経過すると成虫が卵から脱出する。その期間（世代期間）は30℃で6日，25℃で約9日，20℃で約17日である。17℃以下の低温で飼育すると発育静止状態になり，1世代約150日を要する。

雌成虫は約1週間の間に80～120卵を産卵する。雌雄比を見ると，雌が4分の3を占める。個体群は普通約2日で2倍になると計算される。昆虫卵に対する寄生は春先には少なく，初夏から秋にかけて多くなる。日周活動を見ると，蜂は朝のうちに寄主卵から脱出する。雄が先に脱出し，後続して出てくる雌を待ってただちに交尾する。その後，雌はイネなどの葉面上を歩きまわり，新たな昆虫卵を探索し産卵する。

●保護と活用の方法

中国ではスジコナマダラメイガやバクガの卵でズイムシアカタマゴバチを大量増殖し，水田に放し，コブノメイガやニカメイガの密度抑制に利用したことがある。日本では1940年代に静岡県で防除試験を行なったことがあるが，放した蜂が広域に分散せず寄生率が上がらなかったため，その後は中断している。近年は山形県や岐阜県で防除試験を行なった

ことがある。

防除に使う場合，蜂が入った被寄生卵を厚紙に貼り付けるか，小型容器に入れるなどして放虫する。多くの農薬に弱いので，10a当たり25ℓ以下の薬液少量散布を行なうか，局所散布を行なって，個体群の保全に努める。

● 農薬の影響

ズイムシアカタマゴバチは有機リン剤やカルタップ剤など多くの化学農薬に感受性であるが，ズイムシアカタマゴバチの卵期はやや抵抗性があり，次世代の増殖，寄生には影響がない。同じ薬剤でも粒剤の施用は影響が少ない。ブプロフェジン剤は蜂の発育や増殖に悪影響を及ぼさないことがわかっている。

● 採集方法

採集は上記害虫の卵を採集し，室内に持ち込み，ガラス瓶に入れて卵から親蜂が出てくるのを待つ。蜂が産卵して数日たった卵は黒色になる。ただし卵の表面に孔があいている場合があるが，それは蜂が脱出した痕なので，蜂は出てこない。また，黒紫色の卵からは害虫の幼虫が孵化してくるので，注意する。ニカメイガの卵は6月中下旬と8月上中旬に採集しやすい。北日本ではニカメイガは年に7月から8月前半の1回しか発生しない（一化地帯）ので，その期間に卵を採集する。

● 飼育・増殖方法

ズイムシアカタマゴバチの大量増殖には，バクガ *Sitotroga cerealella* やスジコナマダラメイガ *Ephestia kuehniella* の卵を使用する。スジコナマダラメイガの幼虫は，飼料用トウモロコシ圧扁やコムギ粉，コムギ粒を飼育容器に入れて大量飼育する。コムギ粒の場合，コムギ粒400g当たり約55mgのスジコナマダラメイガ卵粒（約2,200卵）を接種する。

25℃下で飼育すると，卵接種後40日以降に成虫が出てくるので，これを標準ふるい（ステンレス製，内径200mm）に約500頭入れて交尾させ採卵する。標準ふるいは3段重ねで，まず鱗粉や塵を受ける受器を最下部に置き，その上に卵を受け止める網目250μmのふるいを置き，さらにガの産卵用の網目500μmのふるいを置く。これに透明の蓋をかぶせ，蓋に設けた小穴から成虫を入れる。成虫が死ぬまで約5日間採卵可能である。網の格子に産卵された卵は刷毛で厚紙上に払い落とす。

収集した卵（長径約0.4mm）を水溶性の糊で別の厚紙に貼り付け紫外線を30分間照射して殺卵後，タマゴコバチを接種する。紫外線を照射，殺卵，寄生させた卵を厚紙に貼り付けたり，小型容器に入れたりして防除用に使用する。

スジコナマダラメイガの卵は10mgで約400粒，直径1cmの厚紙円には約500卵を糊付けできるので，蜂接種の際に参考にする。大量採卵するには，幼虫飼育容器や採卵容器を大型にすれば可能となる。ズイムシアカタマゴバチは18℃未満の低温で休眠状態に入るので，18〜27℃で飼育する。

（平井一男）

シオカラトンボ

（口絵：土着48）

学名 *Orthetrum albistylum* (Selys)
<トンボ目／トンボ科>

英名 Common skimmer

主な対象害虫 ニカメイガ，フタオビコヤガ，イチモンジセセリ，コブノメイガ

その他の対象害虫 アワヨトウ

発生分布 日本全土

生息地 水田と池沼，湿地，河川の淀み

主な生息植物 イネ，マコモ，ススキ

越冬態 幼虫

活動時期 4〜11月

発生適温 10〜30℃

【観察の部】

● 見分け方

成虫は体長48〜57mm，後翅長約43mmの中型のトンボである。雄は成熟するにつれ全体が黒色となり，胸部〜腹部前方は灰白色の粉で覆われるようになる。この粉を塩に見立てたのが和名「シオカラ」の由来とされる。

雌や未成熟の雄では黄色に小さな黒斑紋が散在す

〈トンボ類〉ノシメトンボ

るので,「ムギワラトンボ」と呼ばれる。まれに雌でも粉に覆われて「シオカラ型」になるものもあるが,複眼は緑色で,複眼の青い雄と区別できる。

幼虫は扁平な紡錘形のヤゴ,腹先に尾(エラ)がない。やや大柄な類似の「オオシオカラトンボ」は池沼に多く見られる。

●生息地

全国の水田,平地の湿地やため池,畑などに多く見られる普通種。植物が生えている水田や水面に打水産卵して産卵する。水稲栽培田や水田域,水辺の保全対象生物候補や環境指標生物候補にあげられる。

●寄生・捕食行動

7～10月に出現し,ウンカ類,ヨコバイ類,ニカメイガ,フタオビコヤガ,コブノメイガ,アワヨトウなどの成虫が飛び立ったところに飛びつき体液を吸収する。体液を吸収された昆虫は死ぬ。

●対象害虫の特徴

ウンカ類,ヨコバイ類,ニカメイガ,フタオビコヤガ,コブノメイガ,アワヨトウなど,いずれも水稲の主要害虫である。しかも飛翔して移動する習性をもつ害虫群であり,トンボ類の捕食対象になりやすい。

【活用の部】

●発育と生態

湿地,水田,小川,湖沼などで越冬した幼虫は3月ころから成虫になり,捕食活動を開始する。6月以降には繁殖を行なう。11月には湿地や水田で越冬に入る。

●保護と活用の方法

生物的防除や害虫管理の研究例はない。有機水田や減農薬の環境保全型水田に多い例があるので,水田では薬剤少量散布や局所散布などの減農薬防除を行ない保全に努める。

●農薬の影響

育苗箱施薬剤や粒剤の直接的な影響は少ないが,粒剤施薬により餌になるウンカ,ヨコバイ類,チョウ目類が減少すると発生数減少につながる間接的な影響がある。現在使用されている液剤,粉剤などの影響は大きいので,薬剤使用に当たっては選定に注意する。IGR剤やBT剤の直接的な殺虫影響は少ないと思う。

●採集方法

無農薬水田には大量に発生するので,羽化時期の7月下旬～8月上旬に捕獲しやすい。

●飼育・増殖方法

小規模,短期間の飼育ならば,水槽内に水田土壌を入れ,下層を湛水にしてミジンコを増やした後,ヤゴ(トンボの幼虫)を入れて飼育観察したことがあるが,長期的な大量飼育の事例は見当たらない。

(平井一男)

ノシメトンボ

(口絵:土着48)

学名 *Sympetrum infuscatum* (Selys)

〈トンボ目／トンボ科〉

英名 Dragonfly

主な対象害虫　ニカメイガ,フタオビコヤガ,コブノメイガ,アワヨトウ

その他の対象害虫　イチモンジセセリ

発生分布　日本全土

生息地　水田とその周辺

主な生息植物　イネ,マコモ,ススキ

越冬態　卵

活動時期　6～10月

発生適温　10～30℃

【観察の部】

●見分け方

成虫は翅の先端が黒いアカトンボのなかで本邦最大種(開張45mm内外)。雌雄とも顔に眉型の斑紋がある。腹長25～30mm。胸部の黄地色上の2黒条は太く完全で,第1側縫線のものは上端に達するので識別できる。腹節は雌雄とも黒色部が発達し両側に黒条がはしり,下半部全体が黒化する。

夏の間,森や林の中でくらし,木の枝先,竿の先端に止まっているのが見られる。秋にはまた水辺に

もどる。雄が雌の首をとらえて連結飛行する。連結しながら雌の腹の先で水を打ち産卵する。

● 生息地

日本全国の平坦地の水田や池沼に生息する。夏（7月下旬〜8月上旬）に水田地帯や河川敷を飛び，棒や杭，枯れ草の先端に止まり獲物を待つ。秋に多い。

● 寄生・捕食行動

7〜10月に出現し，ウンカ類，ヨコバイ類，ニカメイガ，フタオビコヤガ，コブノメイガ，アワヨトウなどの成虫が飛び立ったところに飛びつき捕獲し，体液を吸収する。体液を吸収された昆虫は死ぬ。

● 対象害虫の特徴

ウンカ類，ヨコバイ類，ニカメイガ，フタオビコヤガ，コブノメイガ，アワヨトウなど，いずれも水稲の主要害虫である。しかも飛翔して移動する習性をもつ害虫群であり，トンボ類の捕食対象になりやすい。

【活用の部】

● 発育と生態

湿地，水田，小川，湖沼などで越冬したトンボ類は3月ころ孵化しヤゴとなる。6月には成虫化し捕食活動を開始する。7〜8月には冷涼地へ移動する個体もある。9〜10月には湿地や水田に産卵し越冬に入る。

● 保護と活用の方法

生物的防除や害虫管理を目指した研究例はない。農薬の使用量を節減した有機水田や環境保全型水田に生息数が多い例がある。薬剤少量散布や局所散布などの減農薬防除法で保全に努める。

● 農薬の影響

成・幼虫ともに化学農薬に弱いと考えられる。一般の栽培水田ではノシメトンボの発生は少ない。関東地方の無農薬水田では8月初めに成虫が羽化する。

● 採集方法

無農薬水田には大量に発生するので，羽化時期の7月〜8月上旬に捕獲しやすい。

● 飼育・増殖方法

小規模，短期間の飼育ならば，水槽内に水田土壌を入れ，下層を湛水にしてミジンコを増やした後，ヤゴを入れて飼育可能と思う。長期的な大量飼育の事例は見当たらない。

（平井一男）

ウスバキトンボ

（口絵：土着49）

学名 *Pantala flavescens* (Fabricius)

<トンボ目トンボ科>

英名 Dragonfly, Wandering glider, Globe skimmer

主な対象害虫 ニカメイガ，コブノメイガ，フタオビコヤガ，イチモンジセセリ

その他の対象害虫 アワヨトウ

発生分布 日本全土，東北地方以南に多い

生息地 水田とその周辺

主な生息植物 イネ，マコモ，ススキ

越冬態 幼虫

活動時期 4〜10月

発生適温 10〜30℃

【観察の部】

● 見分け方

全体にオレンジ色で翅の大きなトンボ。腹部長29〜35mm，翅は広く透明で基部が淡橙黄色。腹部黄褐色，第3〜10腹節の背面中央に黒斑，第8腹節と9腹節の黒斑は広い。

● 生息地

全世界の熱帯・温帯に広く分布する。飛翔性に富み，南方から長距離を移動することで知られている。多飛来年には夏から秋に全国で見られる。九州では多くの水田に発生するが，関東の水田では発生する水田と発生しない水田がある。関東では7月に飛来，8月初旬に次世代成虫が出現する。

● 寄生・捕食行動

小昆虫を捕食するが，羽化時にカマキリの格好の餌になる。西日本では環境指標生物候補にあげられ

〈トンボ類〉アキアカネ

ている。
●対象害虫の特徴
　ウンカ類，ヨコバイ類，ニカメイガ，フタオビコヤガ，コブノメイガ，アワヨトウなど，いずれも水稲の主要害虫である。しかも飛翔して移動する習性をもつ害虫群であり，トンボ類の捕食対象になりやすい。

その他の対象害虫　チョウ目昆虫
発生分布　全国
生息地　水田とその周辺の池沼，河川などのよどんだ湿地
主な生息植物　イネ，マコモ
越冬態　卵
活動時期　4〜12月
発生適温　10〜30℃

【活用の部】

●発育と生態
　単独，あるいは雌雄が連結して，水面を打水して産卵する。水温が4℃以下になると死んでしまうため，本州以北では発育しないとの報告がある。
●保護と活用の方法
　生物的防除や害虫管理を目指した研究例はない。農薬の使用量を節減した有機水田や環境保全型水田に生息数が多い例がある。薬剤少量散布や局所散布などの減農薬防除法で保全に努める。
●農薬の影響
　一般の慣行栽培水田では発生は少ない。無農薬水田，減農薬の環境保全水田では，5月下旬〜8月に成虫が多い。農薬の残効が消失した慣行栽培水田でも多くなることがある。
●採集方法
　無農薬水田には大量に発生するので，羽化時期の7〜8月（特に7月下旬〜8月上旬は羽化が多い）に捕獲しやすい。
●飼育・増殖方法
　長期的な大量飼育・増殖の事例は見当たらない。

（平井一男）

【観察の部】

●見分け方
　日本のアカトンボを代表する標準的なトンボ。雄成虫は全長32〜46mm，雌33〜45mm。雄は成熟しても頭・胸部は赤くならず橙色だが，高原に移動し成熟すると腹部は赤くなる。雌は腹部が淡褐色の個体と背面が赤くなる個体がいる。雌雄とも胸部の側面には明瞭な黒条をもち，先端は尖る。
●生息地
　全国に分布し，秋の代表的なトンボである。平地や丘陵地の池，水田，川などに発生する普通種で発生数も多い。発生時期は4〜12月。多くは6月ころに羽化するが，移動性に富み，夏の間は高山に飛行し避暑する。秋が近づくと連結して里に降りてくるのが多数観察されたことがある。雌雄連結して水面や水田に産卵する。
●寄生・捕食行動
　ウンカ・ヨコバイ類など小昆虫を捕食する。水田や周辺の保全生物候補や環境指標生物候補にあげられる。
●対象害虫の特徴
　ウンカ類，ヨコバイ類，ニカメイガ，フタオビコヤガ，コブノメイガ，アワヨトウなど，いずれも水稲の主要害虫である。しかも飛翔して移動する習性をもつ害虫群であり，トンボ類の捕食対象になりやすい。

【活用の部】

●発育と生態
　湿地，水田，小川，湖沼などで越冬したトンボ類は3月ころ孵化しヤゴとなる。多くは6月には成虫化し，捕食活動を開始する。7〜8月には高山の冷

アキアカネ

（口絵：土着49）

学名　*Sympetrum frequens* (Selys)
<トンボ目／トンボ科>
英名　Dragonfly, Autumn darter

主な対象害虫　ニカメイガ，フタオビコヤガ，ウンカ類，ヨコバイ類

涼地へ移動する個体もある。9〜10月には湿地や水田に産卵し，その卵で越冬する。
●保護と活用の方法
　生物的防除や害虫管理に利用した研究例はない。無農薬の有機栽培水田や育苗箱施薬のみで本田防除を節減した特別栽培水田，環境保全型水田では発生が多いので，薬剤少量散布や局所散布などの減農薬防除法で保全に努める。
●農薬の影響
　化学農薬が直接かかると成・幼虫ともに感受性が高いと考えられる。
●採集方法
　無農薬水田や減農薬水田には大量に発生するので，羽化時期の7月下旬〜8月上旬に捕獲しやすい。
●飼育・増殖方法
　小規模，短期間の飼育ならば，水槽内に水田土壌を入れ，下層を湛水にしてミジンコを増やした後，ヤゴ（トンボの幼虫）を入れて飼育可能と思う。長期的な大量飼育の事例は見当たらない。大量増殖し放さなくても，10月以降の水田や畑に多数発生しているので，大規模な薬剤散布を行なわない限り，イネの再生株や野菜類の小型害虫の発生を抑制していると思う。

（平井一男）

ナツアカネ

（口絵：土着50）

学名　*Sympetrum darwinianum* (Selys)
＜トンボ目／トンボ科＞
英名　Dragonfly, Summer darter

主な対象害虫　ニカメイガ，フタオビコヤガ，ウンカ類，ヨコバイ類
その他の対象害虫　チョウ目昆虫
発生分布　本州以南
生息地　水田とその周辺の池沼，河川などのよどんだ湿地
主な生息植物　イネ，マコモ
越冬態　卵
活動時期　7〜12月
発生適温　10〜30℃

【観察の部】

●見分け方
　アキアカネと並んでアカトンボを代表するトンボ。アキアカネよりも少し小さい。雄の全長は33〜43mm，雌は35〜42mm。秋になると雄成虫は複眼，顔，体全体が真っ赤になる。雌成虫は腹部背面が赤化する個体が多い。雌雄とも胸部の黒条はアキアカネのように先端が尖るのではなく角状に近い。
●生息地
　北海道の南部，東部以南，本州以南の平地や丘陵地の水田，池沼などに発生する。
●寄生・捕食行動
　ウンカ，ヨコバイなど小昆虫を捕食する。水田や周辺の保全生物候補や環境指標生物候補にあげられる。
●対象害虫の特徴
　ウンカ類，ヨコバイ類，ニカメイガ，フタオビコヤガ，コブノメイガ，アワヨトウなど，いずれも水稲の主要害虫である。しかも飛翔して移動する習性をもつ害虫類であり，トンボ類の捕食対象になりやすい。

【活用の部】

●発育と生態
　発生時期は6〜12月。多くは7月ころに羽化する。交尾は水辺の植物などに止まって行なわれる。後半になると交尾態のまま飛び立って産卵場所を探し，水面や水田に空中から卵をばらまくように連結打空産卵する。雌成虫は単独でも打空産卵する。湿地，水田，小川，湖沼などで越冬した卵は4月ころ孵化してヤゴとなる。多くは7月には成虫化し，捕食活動を始める。9月以降には湿地や水田に産卵しその卵で越冬する。
●保護と活用の方法
　生物的防除や害虫管理に利用した研究例はない。無農薬の有機栽培水田や育苗箱施薬のみで本田防除を節減した特別栽培水田，環境保全型水田では発生が多いので，薬剤少量散布や局所散布などの減農

〈トンボ類〉コシアキトンボ

薬防除法で保全に努める。

●農薬の影響

化学農薬が直接かかると成・幼虫ともに感受性が高いと考えられる。

●採集方法

無農薬水田や減農薬水田には大量に発生するので，羽化時期の7月下旬～9に捕獲しやすい。

●飼育・増殖方法

小規模，短期間の飼育ならば，水槽内に水田土壌を入れ，下層を湛水にしてミジンコを増やした後，ヤゴ（トンボの幼虫）を入れて飼育可能と思う。長期的な大量飼育の事例は見当たらない。増殖し放さなくても，7月以降，水田や畑に多数発生しているので，大規模な薬剤散布を行なわない限り，イネ，イネ再生株や野菜類の小型害虫の発生を抑制していると思う。

(平井一男)

＊

アカトンボ類にはアカネ属のアキアカネやナツアカネのほか，それらより発生数は少ないが，全身真っ赤で目立つ中型のショウジョウトンボ属のショウジョウトンボがいる。

◎ショウジョウトンボ　（口絵：土着50）

学名　*Crocothemis servilia* (Drury)

英名　Scarlet skimmer

全国（北海道は南部）の水田や水辺に生息する中型のアカトンボである。雄は全長41～55mm，雌は全長38～50mm。雌や未熟の雄は橙黄色～黄褐色，成熟雄は全身が鮮やかな赤色になり，雌雄とも翅の基部に橙色斑があるなるので目立つ。

ウンカ類やヨコバイ類，チョウ目など小型の昆虫類を餌とする。雌成虫は単独で打水産卵する。越冬態は幼虫である。

そのほかの生態的特性，保全方法などはアキアカネ，ナツアカネに準ずる。

(平井一男)

コシアキトンボ

(口絵：土着50)

学名　*Pseudothemis zonata* (Burmeister)

〈トンボ目／トンボ科〉

英名　Pied skimmer

主な対象害虫　ニカメイガ，フタオビコヤガ

その他の対象害虫　チョウ目，ウンカ類，ヨコバイ類など

発生分布　本州以南，平坦地に多い

生息地　水田とその周辺の池沼，河川などのよどんだ湿地

主な生息植物　イネ，マコモ，ヨシ

越冬態　幼虫

活動時期　5～10月

発生適温　10～30℃

【観察の部】

●見分け方

成虫は雌雄とも40～50mm。雌がやや小さい。全身は黒色で，雄は腹部3・4節に白色の斑紋，雌腹部の斑紋は黄色いが成熟すると白っぽくなる。一見オオシオカラトンボに似る。和名は白斑部分があいているように見えるために名づけられた。

●生息地

本州以南の平坦地の水田，河川，水辺の普通種。

●寄生・捕食行動

ヤガ類，メイチュウ類，小型昆虫などを捕食する。

●対象害虫の特徴

ウンカ類，ヨコバイ類，ニカメイガ，フタオビコヤガ，コブノメイガ，アワヨトウなど，いずれも水稲の主要害虫である。しかも飛翔して移動する習性をもつ害虫群であり，トンボ類の捕食対象になりやすい。

【活用の部】

●発育と生態

発生時期は5～10月。都心の公園の池，農村地域の水田，池や川に生息する。岸に近い水辺を活溌に行ったり来たりしながら，すばやく飛ぶので目立

つ。幼虫で越冬する。

●保護と活用の方法

生物的防除や害虫管理に利用した研究例はない。無農薬の有機栽培水田や，育苗箱施薬のみで本田防除を節減した特別栽培水田，環境保全型水田で発生が多いので，薬剤少量散布や局所散布などの減農薬防除法で保全に努める。

●農薬の影響

成・幼虫ともに化学農薬に弱いと考えられるので，散布時にかからないようにする。

●採集方法

無農薬水田やマコモ，ヨシが生えている池沼，河川敷などに多いので，成虫期の7〜8月に捕獲しやすい。

●飼育・増殖方法

小規模，短期間の飼育ならば，水槽内に水田土壌を入れ，下層を湛水にしてミジンコを増やした後，ヤゴ（トンボの幼虫）を入れて飼育可能と思う。長期的な大量飼育の事例は見当たらない。

（平井一男）

チョウトンボ

（口絵：土着 51）

学名　*Rhyothemis fuliginosa* Selys
＜トンボ目／トンボ科＞
英名　Blue dragonfly

主な対象害虫　ニカメイガ，フタオビコヤガ
その他の対象害虫　チョウ目昆虫
発生分布　本州以南
生息地　水田とその周辺の池沼，河川などの淀んだ湿地
主な生息植物　イネ，マコモ，ヨシ
越冬態　幼虫
活動時期　5〜10月
発生適温　10〜30℃

【観察の部】

●見分け方

成虫の翅は青紫色で付け根から先端部にかけて黒く強い金属光沢をもち，チョウのような飛び方をするトンボ。雄成虫の全長は34〜42mm，雌31〜39mm。

●生息地

水田，池沼，河川敷のよどみなどに多く生息する。雌単独で打水産卵する。

●寄生・捕食行動

小昆虫を捕食する。水田や周辺の保全生物候補や環境指標生物候補にあげられる。

●対象害虫の特徴

ウンカ類，ヨコバイ類，ニカメイガ，フタオビコヤガ，コブノメイガ，アワヨトウなど，いずれも水稲の主要害虫である。しかも飛翔して移動する習性をもつ害虫群であり，トンボ類の捕食対象になりやすい。

【活用の部】

●発育と生態

発生数は夏に多く，池や沼，水田で群れを成して飛んでいる。紫黒光りした翅をひらひらさせ飛ぶ姿がチョウに似ていて，ほかのトンボ類とは違う。雄は縄張りが強く，ほかの雄が近づくと，すばやく追いかけ回すなど運動能力に富む。

●保護と活用の方法

水田の周辺にため池や江を設置し，マコモやヨシを自生させると，ヤゴが増え，成虫が増えてくる。成虫は水田に飛行し，害虫類を捕食すると思われる。

●農薬の影響

成・幼虫ともに化学農薬に弱いと考えられる。散布時にかからないようにする。

●採集方法

無農薬水田やマコモ，ヨシが生えている池沼，河川敷などに成虫が大量に発生するので，成虫期の7〜8月は捕獲しやすい。

●飼育・増殖方法

小規模，短期間の飼育ならば，水槽内に水田土壌を入れ，下層を湛水にしてミジンコを増やした後，ヤゴ（トンボの幼虫）を入れて飼育できると思う。長期的な大量飼育の事例は見当たらない。

（平井一男）

〈捕食性アブ〉アオメムシヒキ（アオメアブ）

アオメムシヒキ（アオメアブ）
(口絵：土着 51)

学名　*Cophinopoda chinensis* Fabricius
<双翅目／ムシヒキアブ科>
英名　Robber fly, Chinese king robber fly

主な対象害虫　ニカメイガ
その他の対象害虫　フタオビコヤガ，イチモンジセセリ，コブノメイガ，ウンカ類，ヨコバイ類，ハエ類，コガネムシ類
発生分布　日本全土
生息地　水田と畑，草原など
主な生息植物　イネ，オカボ，マコモ，畑作物，野菜，果樹，樹木
越冬態　幼虫
活動時期　5～10月
発生適温　10～30℃

【観察の部】

●見分け方

農耕地で散見する飛翔性に富む捕食性の双翅類である。体長20～28mmと細長い。翅長18～24mm。眼が大きく，脚の長いアブ。口器は昆虫を刺して体液を吸収するために強大になり，口器の上部には普通ひげが密生している。脚は獲物を捕らえるためによく発達し長く，針のような毛を備えている。

体は黄褐色ないし赤褐色。生存中は複眼が青緑色に輝く。頭部前額は黄褐色粉で覆われ，触角の第3節は黒色で，末端は細まる。顔面は膨出して黄褐色，長い黄白色毛を生ずる。胸部背面は灰褐色～橙黄色の微粉を装い，黒褐色の3縦条がある。脚の各節は黒色，各脛節は橙黄色，脛節末端と以下各節は黒褐色。翅は長く，褐色を帯びる。腹部には毛は少ない。

●生息地

日本には100種近くいると思われるが，その生息場所は水田，畑，草原，森林や川原など種によって決まっている。水田では8月に葉先や穂先に止まっているアオメムシヒキを捕獲したことがある。越冬態は幼虫で，土中内で行なわれるとされている。

●寄生・捕食行動

ムシヒキアブは雌雄ともに植物や棒の先端や石の上，地面などで待ち伏せし，獲物（小型のチョウやガ類，ハチ類，イナゴ，ウンカ類，ヨコバイ類，甲虫類，双翅類，トンボ類など）が近づくとすばやく飛びたち捕まえる。天敵としては広食性のジェネラリストである。脚で捕獲した昆虫，クモ類を口器で刺して体液を吸収する。

●対象害虫の特徴

水田ではイネの株から株に飛翔するニカメイガ，フタオビコヤガ，コブノメイガ，イネキンウワバ，ウンカ類，ヨコバイ類，アワヨトウなどの主要害虫がよく捕獲される。また，クモ類も捕獲されることがある。

【活用の部】

●発育と生態

卵から成虫になるまでには，多くの種で1年以上かかる。幼虫は土壌内生息昆虫である。成虫は産卵前に糖分やタンパク類を接種する必要がある。野外では花蜜によりこれらを得る。

卵は白色～クリーム色の卵塊で，普通土中に産卵されるが，卵を地面に落とす種，植物体の表面に産卵する種，花の茎を開いて植物組織内に産卵する種がいる。いずれの場合も孵化した幼虫はすぐ土の中に移動し，蛹化するまで約8か月を過ごす。越冬態は幼虫とされている。

幼虫の食物については，コガネムシの幼虫を捕食したとの報告があるが，そのほか土壌昆虫の卵や幼虫を食べるとされている。植食性ともされるが詳細は不明である。

●保護と活用の方法

ムシヒキアブは水田では生息数は少ないが，野菜，畑作地帯や森林地帯では多く見られ，夏期には100m²に1個体いると思われることもある。天敵機能を有する有用昆虫として研究されたことは少ない。また生物的防除素材として利用されたことがないが，農耕地に多数生息するので，化学農薬による

過剰な防除を避け，保全する必要がある。
●農薬の影響
多くの化学農薬に弱いと思われるが，調査されていない。
●採集方法
成虫はすばやく飛ぶので捕獲が難しいが，獲物を捕獲している成虫や交尾中の成虫を捕虫網でねらえば捕獲しやすい。水田では7～8月に多い。
●飼育・増殖方法
飼育の例は見当たらない。飼育にあたっては，植物葉面に産卵された白い卵塊の採集から始めることが簡単だと思う。

（平井一男）

シオヤムシヒキ（シオヤアブ）
（口絵：土着52）

学名 *Promachus yesonicus* Bigot
＜ハエ目／ムシヒキアブ科＞
英名 Robber fly

主な対象害虫 ニカメイガ，アワヨトウ，フタオビコヤガ，イチモンジセセリ
その他の対象害虫 コブノメイガ，ウンカ類，ヨコバイ類，ハエ類，コガネムシ類
発生分布 日本全土
生息地 水田と畑，草原など
主な生息植物 イネ，オカボ，マコモ，畑作物，野菜，果樹，樹木
越冬態 幼虫
活動時期 5～10月
発生適温 10～30℃

【観察の部】

●見分け方
成虫は23～30mmと大きいので目立つ。全体に黄褐色で腹端が黒っぽくやや毛深い。頭胸部には黄土色の長毛が密生する。雄成虫の腹端には和名の由来とされる白い毛束がある。

●生息地
日本全土，成虫は夏に現われる。畑，草原，水田域。

●寄生・捕食行動
野外では成虫は高いところや竹棒の先のほうに止まり，チョウ目やトンボ類，コガネムシ類，ハチ類などの獲物を待ち構えるのが観察される。獲物を捕獲し体液を吸うどう猛なアブ。ヒトや家畜などの脊椎動物を刺すことはない。

●対象害虫の特徴
水田や畑地，草原に生息する中～大型のチョウ目，コウチュウ目の害虫類や昆虫類が捕獲される。

【活用の部】

●発育と生態
口器をつかむと刺される。完全変態し越冬態は幼虫。生息数は100㎡に雌雄1対が限界なのか，それほど多く見かけることはない。卵は植物の葉裏に産卵される。幼虫は土中や朽ち木中で過ごし，コガネムシ幼虫など土壌生物を食べる。

●保護と活用の方法
具体的な方策は研究されていない。水田や畑，草地の保全対象生物候補や環境指標生物候補にあげられる。

●農薬の影響
多くの化学農薬に弱いと思われるが，調査されていない。

●採集方法
成虫はすばやく飛ぶので捕獲が難しいが，獲物を捕獲している成虫や交尾中の成虫を捕虫網でねらえば捕獲しやすい。水田では7～8月に多い。

●飼育・増殖方法
大量増殖用に飼育した例はない。

（平井一男）

〈捕食性アブ〉マガリケムシヒキ／〈コウチュウ類〉セアカヒラタゴミムシ

マガリケムシヒキ

(口絵：土着 52)

学名 *Neoitamus angusticornis* (Loew)
＜ハエ目／ムシヒキアブ科＞
英名 Robber fly

主な対象害虫 ニカメイガ，フタオビコヤガ
その他の対象害虫 ウンカ類，ヨコバイ類，ハエ類
発生分布 日本全土
生息地 水田と畑，草原など
主な生息植物 イネ，オカボ，マコモ，畑作物，野菜，果樹，樹木
越冬態 幼虫
活動時期 5〜10月
発生適温 10〜30℃

【観察の部】

●見分け方

成虫は体長15〜20mmで黒褐色，脚の脛節が黄褐色で，体には灰色がかった毛が生える。体型はかなり細めである。

●生息地

国内では平地〜低山地の水田，畑，草原などに生息し，成虫は5〜8月に出現する普通種。和名は後頭部に生える毛が曲がっていることに由来する。ナミマガリケムシヒキともいう。

●寄生・捕食行動

成虫は飛翔中の小さな蛾やハエ類，蚊，ガガンボ，ハナアブ，クモなどを捕獲し体液を吸う。

●対象害虫の特徴

水田ではイネの株から株を飛翔するニカメイガ，フタオビコヤガ，ウンカ類，ヨコバイ類などの小型害虫がよく捕獲される。また，クモ類も捕獲されることがある。

【活用の部】

●発育と生態

成虫は6〜9月によく見かける。成虫を完全変態し越冬態は幼虫。環境指標生物候補にあげられる。

●農薬の影響

多くの化学農薬に弱いと思われるが，調査されていない。

●採集方法

成虫はすばやく飛ぶので捕獲が難しいが，獲物を捕獲している成虫や交尾中の成虫を捕虫網でねらうと捕獲しやすい。水田では6〜9月に多い。

●飼育・増殖方法

大量増殖用に飼育した例はない。

（平井一男）

セアカヒラタゴミムシ

(口絵：土着 53)

学名 *Dolichus halensis* Schaller
＜コウチュウ目／ゴミムシ科＞
英名 Ground beetle

主な対象害虫 イチモンジセセリ（イネツトムシ）
その他の対象害虫 フタオビコヤガ，コブノメイガ，アワヨトウ，アワノメイガ
発生分布 全国
生息地 水田，畑地
主な生息植物 イネ，マコモ
越冬態 成虫
活動時期 5〜10月
発生適温 10〜30℃

【観察の部】

●見分け方

水田ではゴミムシ類として以下の5種類を見かける。なかでも*Chlaenius*属が優占する。主な種類として，アトボシアオゴミムシ *Chlaenius naeviger* Morawitz, アトワアオゴミムシ *C. virgulifer* Chaudoir, コキベリアオゴミムシ *C. circumdatus* Brulle, ヒメキベリアオゴミムシ *C. inops* Chaudoir などが多い。セアカヒラタゴミムシ *Dolichus halensis* Schaller も水田で見かける。

アトボシアオゴミムシは体長14〜15mm。幅

5mm。体色は黒色。頭部前胸背板は緑色，金属光沢がある。

アトワアオゴミムシは体長13mm，幅5mm，体色は黒色。頭部，前胸背板は緑色で金属光沢。鞘翅は緑色で光沢がある。

コキベリアオゴミムシは体長15mm，幅6.5mm。体色は黒色。頭部前胸背板は緑色，金属光沢。鞘翅は墨緑色で光沢は弱い。

ヒメキベリアオゴミムシは体長11～12mm，幅5mm。体色は黒褐色。頭，前胸背板は緑色で金属光沢がある。

セアカヒラタゴミムシは体長19mm。体色は黒色。上翅は光沢を欠く。上翅背面中央の長紋は赤褐色。肢は黄褐色。普通よく見かける。

● 生息地

水田のイネ株内に生息する。アトボシアオゴミムシは日中でもイネ株上でよく見る。アトワアオゴミムシは日中，土中にもぐり夜間活動する。コキベリアオゴミムシは川辺に生息し，日中でも活動する。ヒメキベリアオゴミムシおよびセアカヒラタゴミムシも日中に活動する。

● 寄生・捕食行動

成虫，幼虫ともに食肉性で，水田ではイネ茎葉上を歩行し，イチモンジセセリ，コブノメイガ，フタオビコヤガ，イネキンウワバなどの幼虫を探索し，捕食する。トウモロコシ畑では，トウモロコシの子実を加害するアワノメイガ幼虫が捕食されているのを見かける。

● 対象害虫の特徴

いずれも食葉性害虫で葉の表面に生息し，捕食されやすい。移動性に富むコブノメイガを除いて土着性害虫で，個体数も多いので，捕食されやすい。

【活用の部】

● 発育と生態

ゴミムシ類は成虫で越冬し，5～10月まで活動する。

● 保護と活用の方法

生物的防除にはまだ利用されたことがない。

● 農薬の影響

個体数は少ないが，水田における農薬の影響評価用天敵として利用できる。

● 採集方法

採集は7～8月にイネ茎葉上からイチモンジセセリの苞を開いてみると，この幼虫を発見できる。トウモロコシ子実を加害しているアワノメイガ幼虫を探すと，ゴミムシ類幼虫を発見できる。成虫はピットフォールトラップ（落とし穴トラップ）をかけると捕獲できる。

● 飼育・増殖方法

短期的な小規模飼育の観察はプラスチック容器内で行なったことがあるが，大規模な累代飼育の例は見当たらない。

（平井一男）

寄生バエ類

（口絵：土着53）

学名

ブランコヤドリバエ
　Exorista japonica Townsend
ハマキヤドリバエ
　Pseudoperichaeta insidiosa R. D.
ギンガオハリバエ
　Nemorilla floralis (Fallén)
ウタツハリバエ
　Argyrophylax apta (Walker)
＜双翅目／ヤドリバエ科＞

英名　Tachinid-fly

主な対象害虫　イチモンジセセリ（イネツトムシ）

その他の対象害虫　フタオビコヤガ，コブノメイガ，アワヨトウ，ヤガ類

発生分布　全国

生息地　水田，畑地

主な生息植物　イネ，マコモ

越冬態　蛹

活動時期　5～10月

発生適温　10～30℃

〈寄生バエ〉寄生バエ類

【観察の部】

●見分け方

キセイバエ類は有用昆虫のなかで大きなグループを含む。頭部と胸部の幅は等しい。複眼は大きい。イエバエに類似しているが、剛毛が体表を覆っているところが異なる。イチモンジセセリ（イネツトムシ）の寄生バエとして中国では7種が知られているが、日本では4種が報告されている。

ブランコヤドリバエは体長6～13mm。体型は大小変異が大きい。複眼は毛で覆われていない。頭頂、側額は雄では黄金色、雌では灰黄色粉で覆われる。アワヨトウ、クサシロヨトウ、イチモンジセセリ、ハスモンヨトウ、アワノメイガなどで寄生が確認されている。

ハマキヤドリバエは体長4.5～7.0mm。複眼は短毛で覆われる。頭頂と側額は白色粉で覆われる。体は黒色で、灰色粉がうすく覆う。額の幅は複眼の広さの5分の3～3分の2。脚は黒色。イチモンジセセリ、コブノメイガ、フタオビコヤガ、ダイメイチュウ、アワノメイガ、ナシヒメシンクイなどで寄生が確認されている。

ギンガオハリバエは体長7～9mm。雄は黒色、光沢あり。複眼に毛あり。触角は黒色。胸部は黒色で、灰白色粉で覆われる。脚は黒色で細長い。腹部は黒色で灰白色粉で覆われる。イチモンジセセリ、コブノメイガなどで寄生が確認されている。

ウタツハリバエは体長5～6mm。頭部黒色で濃厚な灰白色の粉で覆われる。雄の額の幅は複眼の幅の0.6倍。触角は黒色。胸部は黒色で灰白粉で覆われる。翅は淡色透明。脚は黒色。イチモンジセセリで寄生が確認されている。

●生息地

水田のイネ株内や河川湖沼などのマコモ群落に生息する。

●寄生・捕食行動

成虫は花蜜や甘露をなめ、被食幼虫の体表に産卵したり、寄主体内に産卵したりするハエもいる。別の種では寄主の近くに産卵し、その卵が寄主に食べられ寄生する。単寄生および2～4頭が寄生する。水田ではイネ株上を歩行し、イチモンジセセリ、コブノメイガ、フタオビコヤガ、アワヨトウなどの幼虫を探索し、寄生する。寄生バエが脱出したあとの幼虫は死ぬ。

●対象害虫の特徴

いずれも食葉性害虫で葉の表面に生息し、寄生されやすい。飛来性のコブノメイガを除いて土着性害虫で、個体数も多いので、寄生されやすい。

【活用の部】

●発育と生態

単寄生および2～4頭寄生する。幼虫は日中寄主を発見し産卵する。年4～5世代を繰り返し、9月下旬に蛹となって越冬に入る。蛹化は土中や植物上で行なわれる。翌年3～4月に成虫が出現する。幼虫期間は13～17日、蛹期間は16～23日、成虫の寿命は8日（最長17日）。成虫は飛翔性に富む。

●保護と活用の方法

イネツトムシの個体群増加の抑制力になっていると思われるが、その評価および生物的防除に関する研究例は見られない。

●農薬の影響

水田における農薬の影響評価用の天敵として利用できる。

●採集方法

7～8月にイネ葉株上からイネツトムシの苞を探索すると、寄生バエの蛹を発見できる。また、水田を捕虫網ですくっても成虫を捕獲できる。

●飼育・増殖方法

中国ではハマキヤドリバエを牛肉汁、糖蜜、洋菜で飼育したことがある。

（平井一男）

フタモンアシナガバチ

(口絵：土着53)

学名 Polistes chinensis antennalis Pérez
<ハチ目／スズメバチ科>
英名 Paper-net wasp

主な対象害虫 イチモンジセセリ（イネツトムシ）
その他の対象害虫 フタオビコヤガ，イネキンウワバ，アワヨトウ，ヤガ類，コブノメイガ
発生分布 本州，四国，九州，北海道の一部
生息地 水田，畑地，河原，草原
主な生息植物 イネ，マコモ，キャベツなど
越冬態 成虫（女王蜂）
活動時期 8～11月
発生適温 10～30℃

【観察の部】

●見分け方

アシナガバチは，その名が示すように長い後脚を後下方に伸ばして飛ぶ姿に特徴がある。アシナガバチ属は世界中の熱帯から温帯にかけて広く分布し，多数の種類がある。日本では7種が知られている。

フタモンアシナガバチは体長16mm内外。体は黒色で，黄色い斑紋が目立つ。第2腹節の背板に2つの丸い紋がある。肢は基部をのぞき黄褐色，翅はやや曇り，前翅前縁は黄褐色。雌の顔面は黒色。前額に細い黄色横紋および口器上部黄色横紋がある。雄は顔面全部黄色。コアシナガバチとともに身近に見られる種類で，巣は河原や灌木帯に多い。

●生息地

水田のイネの間，林縁，草原に多い。イネでは出穂期前から8月にかけてイチモンジセセリなどチョウ目幼虫を探索しにくる。

●寄生・捕食行動

水田では花の蜜を吸うこともあるが，イチモンジセセリ，フタオビコヤガ，アワヨトウ，コブノメイガなどの幼虫を茎葉上で捕食し，肉だんごにして幼虫に与える。

●対象害虫の特徴

対象害虫はイネ茎葉上に生息し茎葉を食害するイチモンジセセリ，コブノメイガ，アワヨトウ，フタオビコヤガなどのチョウ目害虫である。前3種は移動性に富む昆虫として知られている。

【活用の部】

●発育と生態

樹木の皮の裂け目や幹のほらあなの中で越冬した女王蜂は，春になると5か月あまりの長い冬眠から覚めて巣づくりにとりかかる。女王蜂1頭が1個の巣をつくる。巣の材料は樹木の枯れた部分や噛みとった繊維を唾液で練り上げたかゆ状のもので，これを薄くのばしてつくった巣の壁は丈夫な和紙に似ている。巣をつくる場所を決めると，まず細い丈夫な柄を取り付け，その先をしだいに広げて最初の六角柱状の小部屋をつくる。さらにこの小部屋を平面状に並べて巣盤を広げてゆく。

春から夏に女王蜂が産む卵はすべて受精卵である。前年の秋に交尾したときの精子を体内にたくわえておき，産卵時に受精させる。この卵からは雌の働き蜂がかえる。働き蜂が増えると巣づくりや育児の仕事を引き受けるので，女王蜂は産卵に専念する。

8月に入りイチモンジセセリやフタオビコヤガ，コブノメイガ，アワヨトウなどの発生が多くなると，栄養が十分にとれるので，次代の女王蜂が生まれる。やがて生まれる雄とともに巣を離れて飛び立つ。いわゆるハネムーン飛翔（結婚飛翔）である。雄は交尾後に死に，新しい女王が越冬する。働き蜂も年内に死ぬ。

●保護と活用の方法

田畑周辺の草むらや雑木の比較的低いところに営巣するので，気づかず触ったりゆすったりしないようにする。攻撃され刺されることもある。成虫は草むらの花蜜を吸収しに行ったり，水稲の害虫類を捕獲に行ったりすることもある。田畑の薬剤散布に際しては，巣上の蜂や吸蜜中の蜂にドリフトしないように，また成虫に直接かからないように注意し保全する。

〈寄生蜂〉イチモンジセセリヤドリコマユバチ

● 農薬の影響
　多くの農薬について直接曝露されると影響があると思うが，毒性は調査されていない。

● 採集方法
　水田ではイネアオムシやイチモンジセセリ，アワヨトウなどが多くなる7～8月，キャベツ畑はヨトウムシなど多発する6月および9～10月に多く集まるので，捕虫網により採集できる。

● 飼育・増殖方法
　飼育された例は見当たらない。

（平井一男）

イチモンジセセリヤドリコマユバチ
（口絵：土着54）

学名　Apanteles baoris Wilkinson
＜ハチ目／コマユバチ科＞
英名　Larvae parasite

主な対象害虫　イチモンジセセリ（イネツトムシ）
その他の対象害虫　イネヨトウ
発生分布　本州以南
生息地　水田
主な生息植物　イネ
越冬態　蛹
活動時期　5～10月
発生適温　10～30℃

【観察の部】

● 見分け方
　イネツトムシ（イチモンジセセリの幼虫）の体表上につくられる小繭の塊から脱出する小さな黒色の蜂。体長2.0～2.6mm。触角は黒褐色で18節からなる。全体に長めで前翅長の3分の2を超える。胸部は橙褐色。第1腹節背板は縦長方形で盛りあがる。第2腹節背板は台形，表面光滑，第3背板は短い。産卵器は長め，腹部長の半分を超える。後脚は黒褐色，ほかは黄褐色。翅は透明。イネツトムシ（幼虫）上につくられる繭は白色で，全体に綿状で1cmの長さに達する。

● 生息地
　東北地方中部以南の水田やマコモ自生地に生息する。

● 寄生・捕食行動
　水田でイネツトムシ，イネヨトウ（ダイメイチュウの幼虫）の体内に寄生するが，イネツトムシに最も多く寄生する。蜂はイネツトムシの若齢幼虫に産卵寄生する。孵化したコマユバチの幼虫は寄主幼虫の体内で発育し，老熟すると外に出て繭をつくる。

● 対象害虫の特徴
　イネツトムシはイネやマコモの食葉性害虫で葉を摂食し，数枚の葉を寄せて苞をつくる。南方から東北地方南部まで発生する。

【活用の部】

● 発育と生態
　イチモンジセセリヤドリコマユバチは5～10月まで活動する。イネツトムシ，イネヨトウが寄生されるが，夏はイネツトムシがもっぱら寄生される。8月になると60～80％が寄生されることがある。寄主幼虫内で発育した幼虫は老熟後外に出て綿状の繭をつくる。1頭の幼虫から平均83頭（41～155頭）の成虫が羽化する。雌性比は87％。成虫は羽化後ただちに交尾し産卵する。
　この蜂の寄生がイチモンジセセリの個体群動態の変動の主要な要因となっている。夏は卵～幼虫期間は7～10日，蛹は5～8日，成虫の寿命は3～7日。越冬は繭の中で行なっていると思われる。

● 保護と活用の方法
　生物的防除にはまだ利用されたことがない。日本や中国では総合防除の一環として，農薬の少量散布を行ない，個体群の保全に努めた例はある。

● 農薬の影響
　イチモンジセセリヤドリコマユバチは，有機リン剤やカルタップ剤など多くの化学農薬に感受性である。しかし，卵期にはやや抵抗性があり，次世代の増殖，寄生には影響しない。同じ薬剤でも粒剤の施用は影響が少ない。IGR系殺虫剤のブプロフェジン剤やロムダン剤は，発育や増殖に悪影響を及ぼさないと思われる。水田における農薬の影響評価用の天

敵として利用できる。
●採集方法
　採集は7〜8月にイネ葉上にいるイネツトムシあるいは繭を採集し、イチモンジセセリヤドリコマユバチの羽化を待つのがよい。
●飼育・増殖方法
　飼育・増殖された例は見当たらない。

（平井一男）

ミツクリヒメバチ

（口絵：土着54）

学名　*Pediobius mitsukurii* (Ashmead)
<ハチ目／ヒメコバチ科>
英名　Larvae, Pupae parasite

主な対象害虫　イチモンジセセリ（イネツトムシ）
その他の対象害虫　コブノメイガ，ヒメジャノメ
発生分布　本州以南
生息地　水田
主な生息植物　イネ
越冬態　成虫
活動時期　5〜10月
発生適温　10〜30℃

【観察の部】

●見分け方
　イチモンジセセリの蛹から脱出する小さな藍黒色の蜂。体長約1.4〜1.8mm。体は紫色の反射光がある。触角は胸部長より短めで、柄節は藍黒色、ほかは褐色。脚の基節は体色と同色、ほかは黄色。翅透明、頭胸部には刻紋を有する。頭部は広く、厚さの2倍あまりある。胸部よりやや広い。前胸背板は横形、中胸盾片は長さの約2.5倍。腹部は胸部長に比べ短い。腹部第1背板は腹長の4分の3を占める。その後半部が最も広い。産卵管は突出していない。
　雄は体長1.3〜1.6mm。雌に類似する。ただし触角着生部はやや高く、柄節と梗節は黄褐色。鞭節は褐色、腹部は狭く細長い。長さと幅は胸部の半分である。

●生息地
　東北地方中部以南の水田やマコモ自生地に生息する。
●寄生・捕食行動
　水田でイチモンジセセリ、コブノメイガ、ヒメジャノメに寄生するが、イチモンジセセリに最も多く寄生する。イチモンジセセリでは蜂の苞内老熟幼虫、前蛹、蛹初期に産卵する。イチモンジセセリでは1蛹から平均147頭（47〜438頭）、コブノメイガの蛹では30頭、ヒメジャノメの蛹では174頭が羽化脱出したことがある。雌性比は75〜85％。7月では18〜19日で1世代を経過する。イチモンジセセリの蛹では、ツトムシヒメバチ、寄生バエ、コブヒメコバチが共寄生する。
●対象害虫の特徴
　いずれも食葉性害虫で葉の表面に生息し、寄生されやすい。コブノメイガを除いて土着性害虫で、個体数も多いので、寄生蜂の寄主となりやすい。

【活用の部】

●発育と生態
　蜂は5〜10月まで活動する。春はイチモンジセセリ、ヒメジャノメの蛹が寄生され、夏はイチモンジセセリ、コブノメイガの蛹がもっぱら寄生される。寄生後は約10日で羽化する。
●保護と活用の方法
　生物的防除にはまだ利用されたことがない。日本や中国では総合防除の一環として、農薬の少量散布を行ない、個体群の保全に努めた例はある。
●農薬の影響
　有機リン剤やカルタップ剤など多くの化学農薬に感受性であるが、蜂の卵期にはやや抵抗性があり、次世代の増殖、寄生には影響しない。同じ薬剤でも粒剤の施用は影響が少ない。IGR系殺虫剤のブプロフェジン剤やロムダン剤は蜂の生育や増殖に悪影響を及ぼさないと思われる。水田における農薬の影響評価用天敵として利用できる。
●採集方法
　採集は6〜8月にイネ葉上からイチモンジセセリ幼虫を採集し、蛹化後の蜂の羽化を待つのがよい

〈寄生蜂〉イネアオムシサムライコマユバチ

が，水田を捕虫網ですくい取りしても，容易に捕獲できる。

● 飼育・増殖方法

飼育・増殖された例は見当たらない。

(平井一男)

イネアオムシサムライコマユバチ

(口絵：土着 54)

学名　*Cotesia ruficrus* (Haliday)

＜ハチ目／コマユバチ科＞

英名　Larvae parasite

主な対象害虫　フタオビコヤガ（イネアオムシ）

その他の対象害虫　イネキンウワバ，アワヨトウ，ニカメイガ，イチモンジセセリ（イネツトムシ）

発生分布　日本全土

生息地　水田

主な生息植物　イネ，マコモ

越冬態　不明

活動時期　5～9月

発生適温　15～30℃

【観察の部】

● 見分け方

水田生態系とその周辺に生息する体長約2.3mmの小さな黒色の蜂。腹部腹面は黄褐色。脚は黄褐色で，後脚基節は末端を除き黒色。頭部は細毛が密生し光沢がある。雌蜂の触角は第2～5節は前翅長より長く，太い。顔面には繊毛が密生する。前翅は体長より長く大きい。翅基片は黄褐色，前翅前縁部は淡黄褐色。腹部第一背板は台形，第二背板は横長の長方形をなす。黒い繊毛を有する。産卵管は短い。

普通，イネの葉の上に8個から20数個の繭がまばらにまとまっている。繭は白色あるいは淡黄色を帯びる。繭1個の長さは2.5～3.0mm，外径1mm。両端はやや細く，先端は緩やかな丸みを帯びる。

● 生息地

ほぼ日本全国の水田とその周辺のイネやオカボ，マコモ，イネ科牧草上に産卵されるフタオビコヤガ（イネアオムシ），イネキンウワバ，アワヨトウなどの卵に寄生する。越冬の実態は不明である。

● 寄生・捕食行動

寄主昆虫は小型のチョウ目昆虫の幼虫で，多種類に寄生する。主にヤガ科幼虫を寄主とする。水田ではアワヨトウ，クサシロヨトウ，ニカメイガ，コブノメイガ，イチモンジセセリ，フタオビコヤガに寄生する。

フタオビコヤガの幼虫に寄生した場合，幼虫体内に産卵された卵から孵化した幼虫は，ただちに寄主の内容物を吸収，摂取する。寄生されたフタオビコヤガの幼虫は，行動が緩慢になり体色は緑色から淡色に変わる。

6～7月には蜂の幼虫は産卵寄生後10～11日に成熟する。6～7月に3世代を経過する。成熟した幼虫(2～3mm)はフタオビコヤガの体表を食い破り外に出る。幼虫はウジ状で，体色は淡黄緑色，食道内部が透けて見え，環節も明瞭である。体表外に出た幼虫は寄主幼虫の近くの葉上で吐糸して繭をつくる。2～3時間には繭をつくり終える。

フタオビコヤガ1頭当たり平均21頭(7～53頭)のコマユバチが寄生する。繭群は一層をなし，不規則に並ぶ。蜂の幼虫が食い破って脱出したフタオビコヤガの体表には小さな黒点が見られる。その幼虫は縮んで半日以内に死亡する。

蜂の蛹期間は5～7日で，成虫は繭の一端を食い破り羽化脱出する。脱出した蜂は雌が多く，性比は平均86.3％である。成虫は脱出後ただちに交尾する。その後成虫はイネ葉上をすばやく歩き，時には飛翔して寄主幼虫を探索する。7月下旬～8月上旬の幼虫寄生率は約50％まで高まる。アワヨトウの場合，6～7月には70％を超える寄生率になることがある。

● 対象害虫の特徴

フタオビコヤガ，ニカメイガ，アワヨトウ，コブノメイガ，イネキンウワバの幼虫は無毛でやわらかく，容易に寄生される。主要な寄主であるフタオビコヤガの幼虫はイネアオムシといわれ，イネ葉を食害し，年により多発し防除を必要とすることがある。幼虫は緑色をしており背線は濃色である。一般に，ガ類の幼虫には胸部に3対と腹部に4対の足がある

が，この虫は腹部の4対のうち2対が退化し，2対でシャクトリ状の歩き方をする。成長した幼虫の長さは約22mmである。成虫は4月下旬から10月上旬まで年に5回発生する。

【活用の部】

● 発育と生態

　成虫は昆虫の発生する5～9月に発生し，イネ上では普通，アブラムシなどの甘露を吸蜜すると考えられる。卵から幼虫までは寄主昆虫の幼虫内で発育する。終齢になって体外に脱出し，繭をつくる。蛹期間は5～7日である。幼虫に対する寄生は春先には少なく，初夏から秋にかけて多くなる。

　日周活動を見ると，蜂は朝のうちに繭から脱出する。雄が先に脱出し，後続の雌を待ってただちに交尾する。その後，雌はイネなどの葉面上を歩きまわり，新たな昆虫を探索し産卵する。

● 保護と活用の方法

　ニュージーランドではアワヨトウの生物的防除素材としては使用されたことがある。それ以外ではまだ使用されたことがない。日本や中国では総合防除の一環として，農薬の少量散布を行ない，蜂の個体群保全に努めた例はある。

● 農薬の影響

　ズイムシアカタマゴバチと同様に有機リン剤やカルタップ剤など多くの化学農薬に感受性であるが，蜂の卵期にはやや抵抗性があり，次世代の増殖，寄生には影響しない。同じ薬剤でも粒剤の施用は影響が少ない。IGR系殺虫剤のブプロフェジン剤やロムダン剤は蜂の発育や増殖に悪影響を及ぼさないことがわかっている。

● 採集方法

　採集は6～8月にイネの葉上につくられた蜂の繭を採集し，室内に持ち込み，ガラス瓶に入れて繭から親蜂が出てくるのを待つ。捕虫網ですくい取りしても容易に捕獲できる。イネアオムシサムライコマユバチは二次寄生蜂のコガネバチによく寄生される。野外で採集した繭から羽化脱出するのを待っていると，しばしばコガネバチが脱出してくるので注意する。

● 飼育・増殖方法

　イネアオムシやイネキンウワバの若齢幼虫を飼育して，蜂に寄生させ増殖することが考えられる。

（平井一男）

ホウネンタワラチビアメバチ
（口絵：土着55）

学名　*Charops bicolor* (Szépligeti)

＜ハチ目／ヒメバチ科＞

英名　Larvae parasite

主な対象害虫　フタオビコヤガ

その他の対象害虫　コブノメイガ，イチモンジセセリ（イネツトムシ），アワヨトウ

発生分布　日本全土

生息地　水田

主な生息植物　イネ

越冬態　成虫

活動時期　5～10月

発生適温　10～30℃

【観察の部】

● 見分け方

　水田で見かける体長約7～10mmの小さな黒色の蜂。夏にイネ葉から垂れ下がった俵状の灰色で黒い斑紋の入った繭が人目を引く。蜂の頭，胸部は黒色で，細白毛を密布する。触角は黒褐色，基部は黄色。前脚・中脚は黄色。後脚は赤褐色を帯びる。翅基片は黄色。翅は透明。翅脈は黒褐色。腹部背板は赤褐色。腹面は鮮やかな黄色。産卵管はやや突出する。

　幼虫は青緑色で長さ6mm。イネ葉上で吐糸し，5～6時間で繭を完成する。繭は円筒形，繭質はやや厚めで，長さ6～7mm，径3mm。両端は丸め，色は灰色で，頂端のほか上下に並列の黒色の環状の斑紋がある。繭上の黒斑は最初は見えない。懸垂糸は7～23mm。

● 生息地

　ほぼ日本全国の水田のイネ株内に生息する。

〈寄生蜂〉カリヤサムライコマユバチ

カリヤサムライコマユバチ
（口絵：土着55）

学名　*Cotesia kariyai* (Watanabe)

<ハチ目／コマユバチ科>

英名　Larvae parasite

主な対象害虫　アワヨトウ
その他の対象害虫　フタオビコヤガの記録あり
発生分布　日本全土
生息地　水田，畑地，牧草地
主な生息植物　イネ，トウモロコシ，イネ科牧草
越冬態　繭内幼虫
活動時期　5～10月
発生適温　15～30℃

【観察の部】

●見分け方

　水田生態系とその周辺に生息する体長3～4mmの小さな黒色の蜂。腹部腹面は黄褐色。脚は黄褐色。脛節末端および付節は黒褐色を帯びる。腹部第2背板の後半，第3，4背板および腹部腹面は黄褐色。雌蜂の触角は前翅長より長く，太い。顔面には繊毛が密生する。前翅長は体長に等しい。翅基片，前翅前縁部は褐色。頭部は平滑で光沢があり，白毛を有する。顔面の点刻は浅い。産卵管は短い。

　成熟した幼虫はアワヨトウ（成熟幼虫）の体表を食い破り外に出る。幼虫はウジ状で，体色は淡黄緑色，食道内部が透けて見える。環節も明瞭である。普通，イネやイネ科牧草の葉や枯れ草の上に繭がある。繭は塊をなし，白色。その大きさは9～18mmである。蜂の幼虫が食い破って脱出したアワヨトウの体表には小さな黒点が見られる。その幼虫は縮んで半日以内に死亡する。

●生息地

　ほぼ日本全国の水田とその周辺のイネやオカボ，トウモロコシ，イネ科牧草上に生息する。アワヨトウ幼虫に寄生する。越冬は繭の中で行なわれる。

●寄生・捕食行動

　アワヨトウの幼虫に多数の個体が寄生（多寄生）

●寄生・捕食行動

　水田でフタオビコヤガ，コブノメイガ，アワヨトウ，イチモンジセセリ（イネツトムシ）に寄生する。コブノメイガの観察では幼虫体に寄生し，単寄生する。幼虫は成熟後前胸から脱出する。寄主齢は3～4齢。

●対象害虫の特徴

　いずれも食葉性害虫で葉の表面に生息し，寄生されやすい。コブノメイガを除いて土着性害虫で，個体数も多いので，寄生蜂の寄主となりやすい。

【活用の部】

●発育と生態

　蜂は5～10月まで活動する。営繭から羽化までは6月では約1週間。蜂は繭の下端から脱出羽化する。成虫の寿命は4～6日。雌性比は60～92.5%との報告がある。

●保護と活用の方法

　生物的防除にはまだ使用されたことがない。日本や中国では総合防除の一環として，農薬の薬液少量散布を行ない，個体群の保全に努めた例はある。

●農薬の影響

　有機リン剤やカルタップ剤など多くの化学農薬に感受性であるが，蜂の卵期にはやや抵抗性があり，次世代の増殖，寄生には影響しない。同じ薬剤でも粒剤の施用は影響が少ない。IGR系殺虫剤のブプロフェジン剤やロムダン剤は蜂の生育や増殖に悪影響を及ぼさないと思われる。

●採集方法

　採集は6～8月にイネ葉上からフタオビコヤガ幼虫を採集し，営繭，羽化を待ってもよいが，葉上につくられた蜂の繭を採集し，室内に持ち込み，ガラス瓶に入れて繭から親蜂が出てくるのを待つほうが確実に採集できる。水田を捕虫網ですくい取りしても，容易に捕獲できる。

●飼育・増殖方法

　飼育・増殖された例は見当たらない。

（平井一男）

する。蜂は羽化した日から幼虫を探索し，幼虫に接近すると長い触角で幼虫に触れ確認したあとで，その上に乗り，頭部以外の体表から産卵管を1～5秒間挿入して1回に十数個産卵する。普通2～4齢幼虫に産卵寄生する。成熟した蜂の幼虫は，寄主幼虫（5～6齢）の体表を食い破って外に脱出すると，ただちに吐糸して繭の塊を形成する。2～3時間後には繭をつくり終え幼虫は見えなくなる。約5日後に繭から成虫が出てくる。

アワヨトウの幼虫に寄生した場合，幼虫体内に産卵された卵から孵化した幼虫はただちに寄主の内容物を吸収，摂取する。寄生されたアワヨトウの幼虫は，行動が緩慢になり体色は緑色から淡色に変わる。幼虫期間も長くなる。

●対象害虫の特徴

アワヨトウはやわらかく，容易に寄生される。アワヨトウは移動性に富むヤガ科昆虫で，その幼虫はイネ科植物の葉を食害し，年により多発し防除を必要とすることがある。小発生のときには幼虫は緑色をしており，多発時の幼虫は黒色化し，発育がやや速くなり早めに蛹化する。幼虫は1月の月平均気温4℃以上の地域のイネ科牧草地の地際部で越冬する。成長した幼虫の長さは約40mmである。成虫は4月下旬から10月上旬まで年に3～5回発生する。

【活用の部】

●発育と生態

蜂の成虫はアワヨトウが発生する5～10月に発生し，イネやトウモロコシ，牧草上では普通，アブラムシなどの甘露を吸蜜することが観察されている。蜂は卵から幼虫までは寄主昆虫の幼虫内で発育する。終齢になって体外に脱出し，繭をつくる。

25℃条件下では，蜂の産卵から幼虫脱出までの日数は8～11日である。ただし2齢幼虫に寄生した場合は10～11日，5～6齢幼虫に寄生した場合はやや短くなり8～9日である。いずれの齢の幼虫に寄生した場合でも，蜂の繭期間は約5日である。低温条件下（17℃）の場合，産卵から幼虫脱出までの期間は約31日，繭期間約20日である。

体表外に出た蜂の幼虫は寄主幼虫の上で頭部を左右に振りながら吐糸して白い繭をつくる。2～3時間後には繭をつくり終え，中の幼虫は見えなくなる。その後アワヨトウ幼虫は歩き出し，繭を離れることもあるが，多くの幼虫は繭が付着した状態で死亡する。約5日後には繭から蜂の成虫が羽化脱出する。1繭から200～400の蜂が脱出するが，雌が多く，雌性比は70～80％である。

蜂の成虫は朝のうちに雄蜂が先に脱出し，雌が脱出してくるのを待ち，ただちに交尾する。その後，雌蜂は植物葉上をすばやく歩き，時には飛翔してアワヨトウなど寄主幼虫を探索する。蜂の寿命は蜂蜜を与えると，20℃条件下で約13日，25℃条件下で約9日である。蜂蜜を給餌しないと，1日内外で死ぬ。

雌蜂は羽化した日から交尾産卵する。これまでの調査で，雌1頭から次世代の蜂が平均530個体（最少110～最多1,020の蜂）得られたことがわかっている。水田やトウモロコシ，イネ科牧草地でアワヨトウが多発したときには，幼虫寄生率は約30％まで高まったことがある。幼虫に対する寄生は春先には少なく，初夏から秋にかけて多くなる。

●保護と活用の方法

生物的防除にはまだ使用されたことがない。日本や中国では総合防除の一環として，農薬の少量散布を行ない，個体群の保全に努めた例はある。

●農薬の影響

ズイムシアカタマゴバチと同様に有機リン剤やカルタップ剤など多くの化学農薬に感受性であるが，蜂の卵期にはやや抵抗性があり，次世代の増殖，寄生には影響しない。同じ薬剤でも粒剤の施用は影響が少ない。IGR系殺虫剤のブプロフェジン剤やロムダン剤は，蜂の発育や増殖に悪影響を及ぼさないと思われる。

●採集方法

6～8月にイネやイネ科牧草の葉上からアワヨトウ幼虫を採集する。蜂の脱出を待ってもよいが，葉上につくられた蜂の繭を採集し，室内に持ち込み，ガラス瓶に入れて繭から親蜂が出てくるのを待つほうが確実に採集できる。捕虫網で牧草地をすくい取りしても，容易に捕獲できる。

〈寄生蜂〉ドロムシムクゲタマゴバチ

●飼育・増殖方法

　小規模飼育では飼育温度25℃程度でアワヨトウの幼虫を飼育して、3〜4齢幼虫になったころに、蜂を接種し寄生させ増殖する。親蜂には濃度の高い蜂蜜を与えて長生きさせ多数産卵させる。

（平井一男）

ドロムシムクゲタマゴバチ

（口絵：土着55）

学名　*Anaphes nipponicus* Kuwayama
<ハチ目／ホソハネヤドリコバチ科>
英名　Egg parasitoid

主な対象害虫　イネドロオイムシ
その他の対象害虫　―
発生分布　日本全土。台湾、中国、朝鮮半島にも生息
生息地　畑地
主な生息植物　イネ、マコモ
越冬態　成虫
活動時期　3〜7月
発生適温　10〜25℃

【観察の部】

●見分け方

　水田生態系に生息する体長0.5〜0.7mm、頭幅約0.22mmの小さな蜂で、見つけにくいが、イネやマコモの葉の表面に産卵されているイネドロオイムシ（異名イネクビボソハムシ）の卵の上を歩いたり、産卵したりしているのを観察できる。

　雌成虫の体色は光沢のある黒色である。全体に刻点はない。表面に灰白色毛がある。触角は9節からなり、末節膨大し棍棒状を呈し、長さは体長よりやや短い。柄節および梗節は暗黄色、ほかは暗褐色。複眼は光沢のない黒色。脚は灰黄色、中後脚の基節は黒色、翅は透明。周縁および基部は暗色を帯び。縁毛および翅の上の細毛は褐色。頭幅は胸幅よりややや広い。胸部と腹部はほぼ等しい。

　雄の体長は約0.5mm。触角は12節からなり、糸状をなし体長の1.5倍に達する。

●生息地

　ほぼ日本全国の水田やその周辺のイネやマコモ上に産卵された上記害虫の卵に寄生する。

●寄生・捕食行動

　蜂の活動期は5月下旬〜7月下旬。最盛期は6月上旬。つくば地区の調査では最盛期には約35％の卵粒寄生率となった。雌は触角を動かしイネ葉上を歩行して寄生卵を探す。発見後、触角で十分探査したのち卵塊に上がり、産卵管を挿入し産卵する。25℃定温下では約9日後に1卵当たり1〜2頭の蜂が羽化脱出する。

●対象害虫の特徴

　イネドロオイムシは成虫で越冬し、5月初めからマコモに現われ、交尾する。その後移植されたイネに移動する。成虫はイネやマコモの葉の表面に産卵する。卵は1粒ずつ産卵され、2粒〜十数粒まとめて産卵される。この卵に対し、ドロムシムクゲタマゴバチが接近し産卵する。1卵に2〜7卵が産み付けられるが、羽化脱出してくる蜂は卵当たり平均1.88頭（1.0〜3.7頭）である。

【活用の部】

●発育と生態

　成虫の羽化は寄主卵の内部で行なわれ、寄主卵の両端いずれかに近く、直径約0.16mmの孔をあけて脱出する。その時刻は午前4時ころに多い。成虫の寿命は吸蜜すると約5日、その間に平均25卵を産み付ける。性比は雌が70％程度である。走光性がある。

●保護と活用の方法

　1930年代に北海道で益虫保護器を水田に設け、そこにドロムシムクゲタマゴバチを1万頭程度入れ、水田に蜂を定着させイネドロオイムシを防除したことがある。

●農薬の影響

　ほかのタマゴバチ類と同様と見られる。「ズイムシアカタマゴバチ」（p.土着122）参照。

●採集方法

　5〜7月にイネドロオイムシの卵塊を採集し、卵塊から蜂が脱出してくるのを待つ。

●飼育・増殖方法

飼育・増殖された例は見当たらない。

（平井一男）

ヘリカメクロタマゴバチ

（口絵：土着56）

学名　*Gryon japonicum* (Ashmead)

<ハチ目／クロタマゴバチ科>

英名　—

主な対象害虫　クモヘリカメムシ

その他の対象害虫　ホソヘリカメムシ，ホソハリカメムシ，ハリカメムシ，アズキヘリカメムシ

発生分布　東北〜九州

生息地　水田，ダイズ畑，イネ科雑草地など

主な生息植物　イネ，マメ類など

越冬態　不明

活動時期　春〜秋

発生適温　不明

【観察の部】

●見分け方

体長が約1mmときわめて小さな蜂であるために見つけにくいが，イネの葉上のクモヘリカメムシ卵を注意深く観察すると，産卵しているヘリカメクロタマゴバチの成虫を見出すことができる。雌の触角は棍棒状，雄の触角は鞭状なので，触角の形状で雌雄を区別できる。体全体は雌雄とも黒色である。

ヘリカメクロタマゴバチの近縁種にホソヘリクロタマゴバチがいるが，これらは脚部の色彩により区別できる。ヘリカメクロタマゴバチは腿節が黄色〜褐色であるのに対し，ホソヘリクロタマゴバチは腿節が黒色〜黒褐色である。

●生息地

東北から九州にかけて分布する。越冬の実態については不明である。

●寄生・捕食行動

本種は，クモヘリカメムシなどのカメムシ卵に産卵する。寄生卵内で幼虫〜蛹を経て，羽化後に寄生卵から脱出してくる。雄のほうが先に羽化し，雌が羽化してくるのを待ち受けて交尾する。

水田では，クモヘリカメムシの産卵初期から寄生し，寄生率は後期に増加する。また，イネ科雑草に産下された卵への寄生も報告されている。

畑地では，マメ類を加害するホソヘリカメムシの卵にも寄生する。また，雑草地でホソハリカメムシ，ハリカメムシ，ホオズキカメムシの卵に寄生する。

●対象害虫の特徴

クモヘリカメムシ成虫はイネの出穂期に飛来し，稲穂を吸汁するとともにイネの葉上に産卵する。また，ヒエ類やメヒシバなどのイネ科雑草にも産卵する。卵は約1mmの椀型で光沢のある褐色を呈し，10〜20粒の卵塊として産下される。

【活用の部】

●発育と生態

8月上〜下旬のクモヘリカメムシの卵に，本種の寄生が認められる。寄生卵率は，年や季節によって大きく変動するようである。茨城県北部の水田で行なった調査によると，1995年の寄生卵粒率は15〜30％，1996年の寄生卵粒率は50〜80％であった。

クモヘリカメムシ卵塊中のすべての卵が寄生されるのでなく，1卵塊中の数卵以上は寄生を免れることが多い。同じ卵塊内の寄生されていない卵が孵化してから10日くらいたつと，寄生された卵から卵寄生蜂が羽化してくる。同じ卵塊から羽化してくる成虫の性比は雌に偏っており，雌：雄の割合は4：1程度である。クモヘリカメムシ卵を寄主とした場合，雌の発育零点は14.3℃，有効積算温度は181日度である。

茨城県では本種のほかに，ホソヘリクロタマゴバチやカメムシタマゴトビコバチの寄生も，ごくわずかに認められる。

●農薬の影響

殺虫剤には弱く，水田で殺虫剤を散布すると，成虫密度や寄生卵粒率が低下する。殺虫剤の種類によって，散布後の影響の長さは違うようである。

●採集方法

イネの葉に産下されたクモヘリカメムシの卵を水

〈寄生蜂〉ミツクリクロタマゴバチ

田から採集し，ガラス試験管に入れておくと，容易に羽化させることができる。寄生されていないクモヘリカメムシの卵は褐色であるが，寄生された卵は数日すると黒色に変化する。孵化した卵の殻に混じって黒色の卵が残っている場合は，たいてい寄生蜂の寄生を受けている。

出穂期以降の水田や開花期以降のダイズ畑に，クモヘリカメムシ卵やホソヘリカメムシ卵を1週間程度設置して，寄生蜂に産卵させることができる。ただし，カメムシタマゴトビコバチなど別種の卵寄生蜂が寄生していることがある。

● 飼育・増殖方法

イチモンジカメムシの卵寄生蜂 Telenomus triptus の飼育法について，樋口（1997）が詳細に記載している。カメムシ類の卵寄生蜂の飼育は，これを参考にするとよい。

寄主として，クモヘリカメムシやホソヘリカメムシの卵を使用し，25℃，14L10D（14時間明期10時間暗期）の条件下で飼育する。25℃では雄は15日前後で，雌は17日前後で羽化してくる。ただし，最適な飼育条件については不明なので，飼育法について検討する必要がある。

クモヘリカメムシ成虫は玄米と水で飼育できるが，稲穂を与えたほうが産卵量は安定するようである。飼育容器の壁面などに産卵するが，卵に水を滴下すると筆で簡単に取れる。集めた卵は，水性の接着剤で紙ひもなどに貼り付ける。

ホソヘリカメムシはダイズやラッカセイの種子を餌として簡易に飼育できる。飼育容器に麻ひもを入れておくと，麻ひもに多く産卵するので扱いやすい。

寄生蜂の飼育には，ガラス試験管を用いる。試験管は直径18mm×長さ105mm程度のものが扱いやすい。寄生蜂が産卵したカメムシ卵を試験管に入れ，綿栓やシリコセンで蓋をして静置する。寄生蜂が羽化したら，水を含ませた濾紙片と，餌として蜂蜜を少量滴下したアルミ箔片を試験管内に入れる。濾紙片と餌は3～4日おきに交換する。

試験管に寄主卵を入れ産卵させた後に，寄主卵を取り出し，別の試験管に水を含ませた濾紙片と一緒に入れておく。雄のほうが先に羽化し，雌が羽化してくるのを待ち受けて交尾する。未交尾雌が産下した卵からは雄のみが羽化してくる。交尾を確実にするため，雌が羽化してから1日以上同じ試験管内で飼育する。

（横須賀知之）

ミツクリクロタマゴバチ

（口絵：土着56）

学名 Trissolcus mitsukurii (Ashmead)

<ハチ目／タマゴクロバチ科>

英名 ―

主な対象害虫 ミナミアオカメムシ，クサギカメムシ
その他の対象害虫 アオクサカメムシ，チャバネアオカメムシ，イチモンジカメムシなど
発生分布 関東以西
生息地 ミナミアオカメムシなどの寄主卵塊の見られる各種植物上
主な生息植物 イネ，ダイズ，アブラナ，オクラなど
越冬態 成虫
活動時期 4～11月
発生適温 17.5～27.5℃

【観察の部】

● 見分け方

成虫は雌雄とも体長1.3～1.5mmである。雄の触角は黄褐色で太さは一様であるのに対し，雌の触角は先のほうが棍棒状に膨らんでおり，先端と基部が黒く，その間は黄褐色である。国外ではミナミアオカメムシの卵寄生蜂として本種と同属の Trissolcus basalis (Wollaston)がよく知られており，近年本州と九州で記録されているが，肉眼での識別は困難である。

● 生息地

寄主となるカメムシの卵塊の見られる場所。成虫は，冬期はケヤキなどの樹皮下で，小集団で越冬する。

● 寄生・捕食行動

カメムシの卵に1個の卵を産み付ける単寄生性の卵寄生蜂である。雌雄とも攻撃性が強く，雄は羽化した卵塊上にとどまり，後から羽化してくる雌成虫と交尾するが，雄成虫が羽化したり，他の場所から

雄成虫が近づいてくると，それを排除するために，威嚇，噛みつき，取っ組み合いなどの激しい行動をとる。雌成虫も，発見した寄主卵塊に対して，産卵後は数日寄主卵塊上にとどまり，同種，他種にかかわらず他の個体が近づくと雄同様に激しい闘争行動を見せて，卵塊を守ろうとする。産卵中であっても他個体が近づくと同様の行動を行なう。

雌成虫は1つの寄主卵に卵を産み付けると，その寄主卵に対して尾端部をこすりつけ，マーキングといわれる行動を行なう。これは産卵済みであることを示すことで有効であるが，長期間の忌避作用はない。

● 対象害虫の特徴

寄主卵はいずれも卵塊で産卵され，本種が卵塊を発見すると，ほとんどの卵に寄生するまで卵塊上にとどまることが多いので，卵塊内の卵粒当たり寄生率は高くなる。

【活用の部】

● 発育と生態

本種は単寄生性の卵寄生蜂であり，カメムシ卵内に産まれた卵は，その寄主卵内で成虫になるまで過ごす。27.5℃の条件でミナミアオカメムシ，チャバネアオカメムシ，クサギカメムシそれぞれの卵に産卵してから成虫が羽化するまでの期間は寄主によって異なり，雄ではチャバネ卵で10.5日，ミナミ卵で11.4日，クサギ卵で11.8日，雌ではチャバネ卵で11.3日，ミナミ卵とクサギ卵で12.6日となり，チャバネ卵で発育期間が短くなる傾向が認められる。これは，17.5℃から25℃の2.5℃間隔の温度で飼育した場合も同様の傾向がある。

ミナミアオカメムシを寄主としたときの発育零点は雌雄とも12.7℃，有効積算温度は雄で166.7日度，雌で181.8日度。チャバネアオカメムシを寄主としたときの発育零点は雄で12.4℃，雌で12.2℃，有効積算温度は雄で161.3日度，雌で175.4日度。クサギカメムシを寄主としたときの発育零点は雄で12.0℃，雌で11.9℃，有効積算温度は雄で178.6日度，雌で196.1日度。

寄主となるカメムシの卵のサイズが異なるため，それらから羽化する本種の個体サイズもそれに応じて異なる。ミナミアオカメムシ卵とクサギカメムシ卵では後者のほうが大きいので，それらから羽化したミツクリクロタマゴバチの頭幅と前翅長も約1.2倍大きい個体となる。この大型の個体は平均寿命も長くなり（クサギから羽化した雄で16.1日，雌で28.5日，ミナミから羽化した雄で11.0日，雌で28.5日），蔵卵数も多くなる。体サイズの大きい個体は，同種間での寄主をめぐる闘争において有利である。

● 保護と活用の方法

海外では本種に近縁の*T. basalis*がダイズにおけるミナミアオカメムシ防除に用いられている。本種もオーストラリアに導入され，ダイズのミナミアオカメムシ防除に有効であったとの報告がある。日本の西南暖地ではミナミアオカメムシの被害はイネで深刻であるが，本種の放飼試験は行なわれていない。

● 農薬の影響

寄生蜂類やマルハナバチに影響のある殺虫剤は同様に影響がある。殺菌剤ではイミノクタジン塩酸塩，イミノクタジンアルベシル酸塩，バリダマイシン，フラメトピル，ジエトフェンカルブは影響がないが，プロペナゾール，オキソリニック酸では弱い急性毒性があり，トルクロホスメチルは高い死亡率を示す。除草剤ではチフェンスルフロン，ビアラホス，リニュロンで影響が認められる。植物生長調整剤シアナミドも影響が認められる。

● 採集方法

寄主となるカメムシ卵塊を野外で採集するか，室内飼育のカメムシ卵塊を野外のカメムシ生息地に設置して，寄生させる。冬期にケヤキなどの樹皮下で越冬している成虫を発見できるが，非効率的である。

● 飼育・増殖方法

飼育にはミナミアオカメムシ卵が，卵塊当たりの卵粒数が多いので有効である。サイズの大きい個体を得るにはクサギカメムシ卵を用いる。いずれのカメムシも室内飼育が容易である。また本種は冷凍後，解凍したクサギカメムシ卵に対しても産卵し，正常に発育する。冷凍解凍したミナミアオカメムシ卵に対しては，クサギカメムシ卵より羽化率が低下する。

（荒川　良）

〈カマキリ類〉カマキリ（チョウセンカマキリ）

カマキリ（チョウセンカマキリ）
(口絵：土着57)

学名　*Tenodera angustipennis* de Saussure
<カマキリ目／カマキリ科>
英名　Narrow winged mantid

主な対象害虫　コバネイナゴ，カメムシ類
その他の対象害虫　フタオビコヤガ，イチモンジセセリ，コブノメイガ
発生分布　本州，四国，九州，南西諸島
生息地　水田とその周辺
主な生息植物　イネ，マコモ，セイタカアワダチソウ
越冬態　卵
活動時期　5〜10月
発生適温　10〜30℃

【観察の部】

●見分け方
日本に生息する10種余りのカマキリのなかではオオカマキリに次ぐ大型のカマキリ（体長70〜82mm）で，緑色と褐色の個体がいる。体型が細く，前足の付け根の間がオレンジ色（オオカマキリは淡黄色）で，成虫の後翅は透明である。オオカマキリは後翅基部あたりに濃い紫褐色の斑紋がある。雄は体がやや細く触角が長い。

卵囊（卵鞘）はやや細長く，長さ約25mm，比較的扁平で，両側に多くの横溝がある。オオカマキリの卵囊は細長い球状に近く，表面に鮮明な横溝を欠き，長さ約25mm。

北海道にも生息する大型のオオカマキリは山際や林縁の草地に生息し，本種とある程度棲み分けている。

●生息地
雑草地や休耕地の雑草（マメ類やセイタカアワダチソウなど）に産卵された卵囊から春に幼虫が孵化し，その後，雑草地で6〜7齢を経過し成虫となり，7〜8月上旬に水田に移動する。イネ刈取り後は再び雑草地にもどって9〜10月に交尾産卵する。

●寄生・捕食行動
幼虫も成虫も生きている動きのある小動物（イナゴ，トンボ類，ガ類，カメムシ類）を捕まえて食べる。成長するとバッタやセミ類，羽化直前のトンボを捕食する。植物群落中で獲物を待ち伏せして捕獲する「待ち伏せ型捕獲」が多い。

よく知られているシーンであるが，交尾後に雄は雌のえじきとなる。頭がなくても交尾は続けられるという。

●対象害虫の特徴
水田に生息する中〜大型の昆虫が捕獲される。

【活用の部】

●発育と生態
卵囊（卵鞘）の中で越冬した卵は，春5〜6月に孵化する。1つの卵囊には200個くらいの卵が入っている。孵化後，雑草地で過ごし，6〜7齢を経過して成虫となり，7〜8月上旬に水田に移動，分散する。イネ刈取り後は再び雑草地にもどって9〜10月に交尾産卵する。雌成虫は分泌液のスポンジ状のあわをこねながら植物の茎にくっつけ，中に卵を産み付ける。卵囊の形状は種によって異なる。たとえばオオカマキリでは1卵囊の中に260余りの卵を産む。1頭の雌は20ほどの卵囊をつくる。

●保護と活用の方法
生物的防除素材としての研究例はない。ほかの天敵類と同様に育苗箱施薬剤の影響は少ないと思うが，本田散布剤のマイナス影響は大きいので，本田の農薬使用を節減する特別栽培型水田や環境保全型防除により個体数保全に努める。

●農薬の影響
多くの農薬に弱いので，本田でも薬液少量散布を行ない，個体数の保全に努める。

●採集方法
水田の近くの雑草地やセイタカアワダチソウが生える休耕地に行き，冬〜早春に孵化前の卵囊を探すのがポイントである。7月下旬〜8月には水田で成虫を捕獲できる。

●飼育・増殖方法
大量増殖用に飼育した例はない。

（平井一男）

オオカマキリ

(口絵：土着 57)

学名 *Tenodera aridifolia* (Stoll)
<カマキリ目／カマキリ科>
英名 Mantis, Chinese mantis, Praying mantis

主な対象害虫 コバネイナゴ，カメムシ類
その他の対象害虫 フタオビコヤガ，イチモンジセセリ，コブノメイガ
発生分布 本州，四国，九州，南西諸島
生息地 水田とその周辺
主な生息植物 イネ，マコモ，セイタカアワダチソウ
越冬態 卵
活動時期 5〜10月
発生適温 10〜30℃

【観察の部】

●見分け方
　林縁や草原に普通に見られる大型のカマキリで，体色は緑色〜褐色を呈す。体長雄68〜92mm，雌77〜105mm。カマキリ（チョウセンカマキリ）に似ているが，後翅が紫褐色なので区別できる。頭部は逆三角形，複眼大きい，咀嚼式口器，前脚は鎌のような形である。

●生息地
　日本全国。水田の周辺内外，畑，草原に生息する。

●寄生・捕食行動
　幼虫も成虫も生きている動きのある小動物（イナゴ，トンボ，ガ類，カメムシ類）を捕まえて食べる。成長するとバッタやセミ類，羽化直前のトンボを捕食する。植物群落中で獲物を待ち伏せして捕獲する「待ち伏せ型捕獲」が多い。

●対象害虫の特徴
　水田に生息する中〜大型の昆虫が捕獲される。

【活用の部】

●発育と生態
　昆虫を捕らえて食べる肉食性昆虫であることに着眼し，アメリカ合衆国には菜園害虫の捕食用に1895年ころ中国から導入された。農地や林縁，菜園に5〜11月に出現する。怒ると羽を広げて威嚇する。冬は樹木の枝や草の茎に産卵された卵嚢で過ごし，翌年5月に幼虫が孵化する。農地や菜園の害虫の天敵として保全対象生物候補，あるいは環境指標生物候補にあげられる。

●保護と活用の方法
　生物的防除素材としての研究例はない。ほかの天敵類と同様に育苗箱施薬剤の影響は少ないと思うが，本田散布剤のマイナス影響は大きいので，農薬使用を節減する特別栽培型水田や環境保全型防除により個体数保全に努める。

●農薬の影響
　多くの農薬に弱いので，本田でも薬液少量散布を行ない，個体数の保全に努める。

●採集方法
　水田の近くの河川や雑草地，セイタカアワダチソウの生える休耕地に行き，冬〜早春に孵化前の卵嚢を探すのがポイントである。7月下旬〜8月には水田で成虫を捕獲できる。

●飼育・増殖方法
　大量増殖用に飼育した例はない。

(平井一男)

コカマキリ

(口絵：土着 57)

学名 *Statilia maculata* Thunberg
<カマキリ目／カマキリ科>
英名 Asian jumping mantis, Small praying mantis, Japanese mantid

主な対象害虫 コバネイナゴ，カメムシ類
その他の対象害虫 フタオビコヤガ，イチモンジセセリ，コブノメイガ
発生分布 本州，四国，九州，南西諸島
生息地 水田とその周辺
主な生息植物 イネ，マコモ，セイタカアワダチソウ
越冬態 卵
活動時期 5〜10月

〈カマキリ類〉ハラビロカマキリ

発生適温　10～30℃

【観察の部】

●見分け方

　全体に細い体長45～60mmのカマキリである。体色は黒褐色，肌色～焦茶色の個体が多い。緑色の個体は少ない。

●生息地

　夏～秋に全国の畑や水田，河川敷，林縁に生息する。

●寄生・捕食行動

　コバネイナゴ，小型昆虫，オンブバッタ，ハエ，カメムシなどを捕食する。

●対象害虫の特徴

　水田に生息する中～大型の昆虫が捕獲される。

【活用の部】

●発育と生態

　卵（嚢）は秋に木材の下側や隙間に産み付けられ越冬する。春5月以降に孵化する。成虫は夏～秋に出現する。

●保護と活用の方法

　生物的防除素材としての研究例はない。ほかの天敵類と同様に育苗箱施薬剤の影響は少ないと思うが，本田散布剤のマイナス影響は大きいので，農薬使用を節減する特別栽培型水田や環境保全型防除により保全に努める。

●農薬の影響

　多くの農薬に弱いので，本田でも薬液少量散布を行ない，個体数の保全に努める。

●採集方法

　水田や河川敷，林縁，草原に行き，冬～早春に孵化前の卵嚢を探すのがポイントである。7～8月には水田で成虫を捕獲できる。

●飼育・増殖方法

　大量増殖用に飼育した例はない。

（平井一男）

ハラビロカマキリ

(口絵：土着 58)

学名　*Hierodula patellifera* Serville

<カマキリ目／カマキリ科>

英名　Giant Asian mantis

主な対象害虫　コバネイナゴ，カメムシ類

その他の対象害虫　フタオビコヤガ，イチモンジセセリ，コブノメイガ

発生分布　本州，四国，九州，南西諸島

生息地　水田とその周辺

主な生息植物　イネ，マコモ，セイタカアワダチソウ，花木，果樹

越冬態　卵

活動時期　5～10月

発生適温　10～30℃

【観察の部】

●見分け方

　成虫は他のカマキリに比べ前胸が短く腹部が幅広い。体長雄45～65mm，雌52～71mm。通常緑色型で前翅に白い斑点がある。

●生息地

　本州以南に分布する。人家や樹林，林縁の草地，水田に生息し，樹木上や植物上で他の昆虫などを待ち伏せし捕獲・摂食する。人家や菜園，農地に植栽される緑化用の樹木や花木の保全対象生物候補にあげられる。

●寄生・捕食行動

　幼虫も成虫も生きている動きのある小動物（イナゴ，トンボ，ガ類，カメムシ類）を捕まえて食べる。成長するとバッタやセミ類，羽化直前のトンボを捕食する。植物群落中で獲物を待ち伏せして捕獲する「待ち伏せ型捕獲」が多い。

●対象害虫の特徴

　水田に生息する中～大型の昆虫が捕獲される。

【活用の部】

●発育と生態

卵で越冬し5月以降に孵化する。成虫は夏以降に出現する。樹上性であるが水田や草原にも出現する。水田や畑，樹園地の害虫の天敵として保全対象生物候補，あるいは環境指標生物候補にあげられる。

●保護と活用の方法

生物的防除素材としての研究例はない。ほかの天敵類と同様に育苗箱施薬剤の影響は少ないと思うが，本田散布剤のマイナス影響は大きいので，農薬使用を節減する特別栽培や環境保全型防除により個体数保全に努める。

●農薬の影響

多くの農薬に弱いので，本田でも薬液少量散布を行ない，個体数の保全に努める。

●採集方法

水田の近くの河川や花木，果樹園に行き，冬～早春に孵化前の卵囊を探すのがポイントである。夏以降は成虫を捕獲できる。

●飼育・増殖方法

大量増殖用に飼育した例はない。

（平井一男）

サツマノミダマシ

(口絵：土着58)

学名 *Neoscona scylloides* Bösenberg & Strand
＜クモ目／コガネグモ科＞

英名 Orb-web green spider

主な対象害虫 カメムシ類
その他の対象害虫 チョウ目，ハエ目など小型昆虫
発生分布 本州以南
生息地 水田と畑，草原など
主な生息植物 イネ，マコモ，エノコログサ，メヒシバなど
越冬態 幼虫
活動時期 6～9月
発生適温 10～30℃

【観察の部】

●見分け方

エノコログサなどイネ科植物の穂上や葉上で見かける鮮やかな黄緑色のオニグモ類（ヒメオニグモ属で，雌9～11mm，雄8～9mm。背甲は褐色で腹部は明緑色の美しいクモ。腹背前方から側方にかけて黄色の明るい線が走る。和名はサツマの実（ハゼの実）に似ていることに由来。

●生息地

本州，四国，九州，南西諸島。

●寄生・捕食行動

水田の畦畔や周辺の土手の草間，エノコログサなどの穂上に生息し，日中は網をたたんで葉裏や穂裏に潜み，夕方から垂直円網を張って獲物を待つ。

●対象害虫の特徴

水田ではイネの株間を飛翔するカメムシ類，ニカメイガ，フタオビコヤガ，コブノメイガ，イネキンウワバ，ウンカ，ヨコバイ類などの主要害虫がよく捕獲される。また，クモ類も捕獲されることがある。

【活用の部】

●発育と生態

夏に多く見られ，水田近くでは日当たりのよい草地や林の草むらに多い。夕方，垂直円網をつくり，網にかかったチョウ目ヤガ類を捕食する。昼は網の近くの草むらに棲み，近づいてくるカメムシやハナバエ，ハエ類を捕食する。

●保護と活用の方法

有用生物として研究されたことがない。また生物的防除素材として利用されたことがないが，農耕地に多数生息するので，過剰な薬剤散布による防除を避け，保全する必要がある。

●農薬の影響

多くの化学農薬に弱いと思われるが，調査されていない。

●採集方法

水田の畦畔や近くの土手に生えているエノコログサ，メヒシバ群落で探す。水田では7～9月に多い。

●飼育・増殖方法

大量増殖用に飼育された例は見当たらない。

(平井一男)

ナガコガネグモ

(口絵：土着58)

学名 *Argiope bruennichii* (Scopoli)

<クモ目／コガネグモ科>

英名 Orb-weaverr

主な対象害虫 イナゴ類
その他の対象害虫 小さなチョウ目，ウンカ類，ヨコバイ類，カメムシ類
発生分布 全国
生息地 水田，河原，畑，草原
主な生息植物 イネ，マコモ，草むら
越冬態 成体
活動時期 8〜11月
発生適温 10〜30℃

【観察の部】

●見分け方

本種は腹部地色の黄色に黒縞模様のある大型のクモ。腹部が長くジョロウグモと混同されやすい。

雌グモは体長20〜25mm、雄グモは小さく8〜12mm。雌の頭胸部に銀白色毛が密生する。胸部背甲部中央は黄色。周縁は黒色。腹部背面は黄色。黒色の横縞が9条内外ある。前端は銀白色、そのほかは黄色と銀白色。腹部腹面中央に黒斑がある。両側には1条の黄色縦紋がある。歩行用の足は黄褐色。雄グモは雌ほど鮮やかではない。腹部腹面は淡黄色。黒色横紋はない。

直径20〜50cmの垂直円網を張り、直線状または円形のかくれ帯をつけ、その中央にとまる。幼生の網のかくれ帯はジグザグの糸が不規則に集まった形である。かくれ帯には光を反射し獲物を誘引する機能があるとの説もある。

●生息地

山麓や水田に多い。水田ではイネの葉上、林縁、草原では草の葉上に生息する。

●寄生・捕食行動

水田ではイネ株の中〜上部に垂直に円網を張り、ウンカ類、ヨコバイ類、イナゴ類、カメムシ類などの小昆虫がかかるのを待ち、捕食する。日捕食量はウンカ類で12〜18頭とされている。

●対象害虫の特徴

イネ株上を飛び交う飛翔性のニカメイガ、フタオビコヤガ、コブノメイガ、ウンカ、ヨコバイ類、カメムシ類、イナゴなどの主要害虫を捕食する。

【活用の部】

●発育と生態

水田では大型のクモ。8〜9月に成熟。壺状の卵嚢をつくる。

●保護と活用の方法

生物的防除素材としての研究例は見当たらない。

●農薬の影響

調査データはない。

●採集方法

採集は捕虫網により捕獲する。水田ではアシナガグモやハナグモほど多くないが、8〜9月によく捕れる。

●飼育・増殖方法

大量増殖用に飼育された例は見当たらない。

(平井一男)

ヒラタアブ類

(口絵：土着59)

学名 Syrphinae

<ハエ目／ハナアブ科／ヒラタアブ亜科>

英名 Hover fly

主な対象害虫 アブラムシ類（ムギクビレアブラムシ，ムギヒゲナガアブラムシなど）。水稲のアブラムシ以外の各種のアブラムシ類も捕食する
その他の対象害虫 ―
捕食方法 幼虫がアブラムシ類のコロニー内に生息して捕食

ヒラタアブ類〈捕食性アブ〉

発生分布　日本全国
生息地　水田内，水田周囲
主な生息植物　アブラムシの生息する植物のすべて
越冬態　成虫，幼虫
活動時期　年間
発生適温　不明

【観察の部】

●見分け方
　成虫は水田内や畦畔において，飛翔しながら一定の場所にとどまるホバリング行動をする。蜂の仲間に斑紋が類似しているが，ハエの仲間である。ヒラタアブ類はハエの仲間なので2枚の翅を有する（ハチ類は4枚の翅）。
　幼虫はアブラムシのコロニー内で発見され，ウジムシ状である。蛹はイネの葉上につくられ，マガ玉状である。水田内にはヒラタアブ類に類似したミズアブ類が生息する。特にコガタノミズアブはヒラタアブ類と類似したハチ類を思わせる斑紋をしているが，全体に緑色で腹部の幅が広い。
　ヒラタアブ類と同じハナアブ科に属するハナアブ亜科のグループも畦畔の花に飛来する。このグループはヒラタアブ類と同様のハチ類を思わせる斑紋をしているが一般に胸が大きく，腹部の腰が幅広の種が多い。ハナアブ亜科の幼虫は，水中で生活して汚泥などを食べて成長する。同亜科に属するシマハナアブは花粉媒介昆虫として大量生産がなされ，販売されたことがある。

●生息地
　成虫はイネの葉上に生息し，株間でホバリングをしている。また，畦畔雑草の花に集まる。幼虫は水稲で発生したアブラムシコロニー内，あるいは畦畔雑草のアブラムシのコロニー内に生息している。

●捕食行動
　比較的活発に活動し，体はウジムシ状で頭部は細長く，頭を動かし，アブラムシをくわえて咀嚼する。

●対象害虫の特徴
　水稲のアブラムシ類は秋に増加し，主に穂内の穂軸や枝梗に生息してイネに口針を突き刺し，吸汁加害する。

【活用の部】

●発育と生態
　成虫は花粉と花蜜を摂食する。体内の花粉分析で，餌植物の把握が可能である。幼虫の発育速度は明らかでない。幼虫は3齢を経過して蛹になり，その7〜10日の間に1日平均30個体のアブラムシを摂食する報告がある。
　産卵部位は，水稲でのアブラムシコロニーとの関係は明らかでないが，野菜のハウス内ではアブラムシに関係なくランダムな産卵を行ない，孵化幼虫は餌がない場合は餓死する観察例がある。

●保護と活用の方法
　畦畔に多くの花のあることは，成虫の餌植物として有効であり，増殖のための天敵温存植物の役割をする。
　畦畔の雑草やカバークロップで発生するアブラムシ類は，ヒラタアブ類幼虫の餌として有効であり，増殖のための天敵温存植物の役割をする。

●農薬の影響
　箱施薬剤と散布剤により，ヒラタアブ類の発生が抑制される傾向にある。また，水田内と畦畔の除草剤処理による雑草の徹底防除は，ヒラタアブ類の成虫と幼虫の餌資源を奪うことになり，生息抑制への影響が大きい。

●採集方法
　畦畔の花に集まるヒラタアブ類の成虫を捕虫網で採取する。

●飼育・増殖方法
　餌のアブラムシを飼育箱内で飼育し，採取したヒラタアブ類の成虫を放飼する。イネの芽出し苗を用い，ウンカ・ヨコバイ飼育用のケージを用いたアブラムシ増殖は比較的容易であり，その場合は，ムギヒゲナガアブラムシかムギクビレアブラムシを用いる。アブラムシの餌植物として，ムギの芽出し苗を用いてもよい。

（江村　薫）

〈テントウムシ類〉ナナホシテントウ

ナナホシテントウ

(口絵：土着60)

学名 *Coccinella septempunctata* Linnaeus
＜コウチュウ目／テントウムシ科＞
英名 Sevenspotted lady beetle

主な対象害虫 アブラムシ類
その他の対象害虫 カイガラムシ類
発生分布 日本全土
生息地 水田，畑地，草地とその周辺
主な生息植物 イネ，ムギ，トウモロコシ，キャベツ，クローバー，カラスノエンドウなど
越冬態 成虫
活動時期 3〜10月
発生適温 10〜30℃

【観察の部】

●見分け方

成虫は卵円形で，体長約8mm，体幅約5mm，赤紅色の上翅の上に7つの黒斑があるテントウムシ。触角は大部分黄褐色。前胸背板は黒色。中胸後側片は白色。後胸後側片は黒色。卵はオレンジ色で草原の落ち葉などに数十個かためて産卵する。卵の高さは約2mm。成虫の雌雄は，腹部腹面第9節の表面が，雄はくぼんでいるのに対し，雌は平らになっていることで判別する。

奄美から沖縄に生息するものは，体サイズ，斑紋ともに小さいため，コモンナナホシテントウといわれる。

●生息地

主として日当たりのよい畑地の草原で一年中見られるが，特に2〜10月に，草地，野菜，レンゲ，カタバミ，クローバー，カラスノエンドウ，菜の花，トウモロコシ，イネ，トウモロコシの軟らかい茎や新葉にアブラムシが発生しているところで観察できる。

東日本では主に成虫がススキなどの枯れ草の株元で越冬する。西日本のように温暖な地方では冬でも幼虫や蛹が見られ，成虫も活動しているが，夏にはススキなどの株元にもぐり集団越夏する。

●寄生・捕食行動

成虫も幼虫もアブラムシやカイガラムシを食べる。飼育も容易で卵から成虫まで3〜4週間と短い。幼虫期には1頭で約4,000頭のアブラムシを食べ，成虫は1日に約80頭のアブラムシを食べる。成虫は平均気温10℃以上になると産卵し始め，1日当たり30〜60卵を産む。ナナホシテントウは日向が好きで，天道虫（てんとうむし）という名前の由来になっている。

テントウムシはオレンジ色と黒の目立つ姿をしている。これは危険なときに，脚からくさい液を出すために鳥などの天敵にきらわれていることに理由がある。そのことをよく覚えてもらうための目立つ色である（警戒色）とされている。

●対象害虫の特徴

レンゲを作付けした水田では，田植え前にマメアブラムシが発生しやすい。これが周辺作物への飛来源となる。

直播水稲の場合，播種直後から草丈10cmくらいまでの間，キビクビレアブラムシが発生しやすい。しかし湛水すると水田から姿を消す。イネクビレアブラムシ，ムギクビレアブラムシが多発すると，養分吸汁のためにイネは枯死してしまう。

【活用の部】

●発育と生態

ススキ，ヨシなどイネ科植物の株元や枯葉の下で，成虫で越冬する。麦作地帯では冬，ムギ，ソラマメ，ナタネ畑に発生する。関東では早春2月下旬ころ，水田や畑，雑草地に新芽が出てアブラムシが散見されるころから越冬後成虫が動きだす。3月にはさらに多くの個体が目立つ。水田域では田植え前からイネ生育初期にかけてマメアブラムシ，キビクビレアブラムシなどを捕食したあと，カラスノエンドウなどの雑草地へ移動し，10月ころまで捕食活動を続ける。

平均気温10℃以上になる4〜5月および9〜10月に産卵する。成虫の寿命は5〜15℃で30〜50日，20〜25℃で約10日とされている。

●保護と活用の方法

越冬後成虫を採集してムギ畑に放したり，アブラムシで大量増殖して牧草地に放したりしてアブラムシを防除する試みがある。牧草地では越冬，越夏中の刈取りはひかえる。また，越冬植物であるススキなどを保全するか増殖して，個体群を温存するように配慮することも必要である。

●農薬の影響

多くの化学農薬に感受性であるので，薬液少量散布や低濃度散布，さらに害虫多発地をねらって防除するなど局所散布を心がける。

●採集方法

ススキ株元の越冬成虫を探す。3月ころにレンゲやカラスノエンドウの葉上の成虫を捕虫網ですくい取りする。家の周りや草原の落ち葉に産み付けられたオレンジ色の卵塊を探しだす。

●飼育・増殖方法

アブラムシ（エンドウヒゲナガアブラムシやモモアカアブラムシ）を与えて飼育した例がある。採卵はアルミホイルを2つ折りにして入れておくと，70％の卵塊を回収できる。

ミツバチの雄蜂児粉末を与えて20〜25℃，休眠を避けるために長日条件（14時間照明）で，4世代飼育した試みがある。

（平井一男）

ナミテントウ

(口絵：土着60)

学名 *Harmonia axyridis* (Pallas)
<コウチュウ目／テントウムシ科>
英名 Common lady beetle, Asian ladybird beetle

主な対象害虫 アブラムシ類
その他の対象害虫 カイガラムシ類
発生分布 日本全土。台湾から中国，シベリア，欧米にかけて分布（アメリカ，そして欧州には生物防除剤として導入されたと伝えられている）
生息地 水田，畑地とその周辺
主な生息植物 イネ，ムギ，トウモロコシ，キャベツ，クローバーなど

越冬態 成虫
活動時期 3〜11月
発生適温 10〜30℃

【観察の部】

●見分け方

テントウムシ類という総称と混同しないように，現在ではナミテントウという和名が使用されている。成虫は卵円形で，体長は約8mm。体には光沢があり，上翅の斑紋の数は2の倍数で7つのタイプがある。赤色地に2つの黒い斑紋をもつ個体が多く，次いで黒地に赤い紋，黄褐色地に黒い斑紋などがある。

雌雄は上唇の色（雌：黒色，雄：淡色），腹部腹面5，6節（雌：5節は角張り6節の中央が隆起，雄：平たく6節に窪み）により区別できる。

●生息地

主に日当たりのよい水田，畑地，草原，樹木で1年中見られる。特にイネ，野菜，レンゲ，カタバミ，クローバー，カラスノエンドウ，菜の花，トウモロコシ，ヤナギ，庭木のユキヤナギ，オオミグミ，コデマリ，ムクゲ，トウネズミモチ，ネムノキの柔らかい茎や新葉にアブラムシが発生する3〜7月と9〜11月には多く見られる。

テントウムシ類の成虫は大きな越冬集団をつくり，越冬するものが多い。11月以降越冬場所への群飛が見られる。よく晴れた暖かい日に，多数の成虫が飛び交う光景にあうことがある。これは越冬するために都合のよい場所を捜し求めて飛翔している姿である。気温の下がる夕方までには，これらの虫は石垣の間や家屋の壁，屋根の隙間，板の下などに潜り込んで，越冬の場所として利用する。

●寄生・捕食行動

成虫も幼虫も昼間活動し，植物に寄生しているアブラムシやカイガラムシを捕食する。

●対象害虫の特徴

アブラムシ，カイガラムシともに植物体から養分を吸収する。移植水稲では育苗箱に，直播栽培では発芽直後の幼苗に多発し，イネを弱らせる。カイガラムシは水稲後期の茎に高温多湿時に発生する。

〈テントウムシ類〉ヒメカメノコテントウ

【活用の部】

●発育と生態

成虫は越冬後, 3月以降畑や庭, 野菜畑に移動し, アブラムシ類を摂食する。4月以降はレンゲ田や水田, トウモロコシ, ダイズなどに移動する。4月中に蛹化, 5月中に第1世代成虫が発生する。その後, 第2世代成虫は7～9月に野菜やネムノキに出現する。秋にはバラの新梢に発生するアブラムシを求めてバラ園に移動する。

成虫1頭の日捕食量はアブラムシで45～70頭。4齢幼虫の日捕食量はアブラムシで60～80頭とされている。越冬後成虫は最多504卵, 平均277卵を産卵, 第1世代成虫は平均105卵, 最多238卵を産む。そして成虫の寿命は180～210日とされている。

●保護と活用の方法

ナミテントウをアブラムシやコナガの幼虫で大量に飼育し, その幼虫を放虫して施設栽培のメロンやイチゴのアブラムシ類を防除しようとした試みがある。円筒内試験では捕食効果が現われたが, 施設内試験では放した幼虫が植物体から逃亡したり, 天井に上がったりして防除効果は明らかにならなかった。この結果を受けて近年は翅の伸びないナミテントウが作出され防除試験が行なわれている。

水稲やトウモロコシ, 牧草など野外作物では個体群の保全に努め, テントウムシ類による自然制御圧を温存することが必要である。

●農薬の影響

多くの化学農薬に感受性であるので, 薬液少量散布や低濃度散布を心がける。

●採集方法

春と秋にアブラムシの発生が多いときに多発場所を探すと採集できる。4月中旬はユキヤナギ, コデマリ, オオミグミ, ムクゲ, トウネズミモチなどに多い。その後はクロマツ, モミジ, ネムノキ, バラなどに見られ, その後イネ, コムギ, トウモロコシ, レンゲ, ヤナギ, ムクゲなどで, 秋にはカナムグラ, クリ, バラなど, アブラムシが発生している草本, 木本植物上で容易に見つけることができる。夏は水田や畑, 草地, その周辺の雑草地を捕虫網ですくっ

て捕獲する。

冬は石垣の間や家屋の壁, 屋根の隙間, 板の下, 階段の下側などが集団越冬場所として好まれることが多いので, そこを探す。採集した越冬成虫を過湿防止と隠れ場所用の紙とともにプラスチック容器に入れ, 冷蔵庫に置くと4～6か月間保存できる。

●飼育・増殖方法

アブラムシ, コナガの幼虫, スジコナマダラメイガの卵で飼育した例がある。

(平井一男)

ヒメカメノコテントウ
(口絵：土着61)

学名 *Propylea japonica* Thunberg
<コウチュウ目／テントウムシ科>
英名 Lady beetle, Coccinellid predator

主な対象害虫 アブラムシ類
その他の対象害虫 ウンカ類, ヨコバイ類
発生分布 日本全土。台湾から中国, シベリアにかけて分布
生息地 水田, 畑地, 草原
主な生息植物 イネ, ムギ, ダイズ, トウモロコシ, キャベツ, クローバー, 牧草など
越冬態 成虫
活動時期 3～10月
発生適温 10～30℃

【観察の部】

●見分け方

ナミテントウやナナホシテントウよりひとまわり小型で, 各地で普通に見られる。体長約4.5mm (3.8～4.7mm)。虫体は隆起し, 周縁は卵円形に近い。背面の地色は淡黄色 (鞘翅の大部分は橙黄色) で黒色の斑紋を有し, 腹面は黒色, ただし中胸側板は淡黄色, 腹部腹板の周縁と脚は黄褐色。

頭は小型で前胸の下に引っ込めることができる。複眼は黒色。雌は前頭に倒三角形の一黒紋を有する。前背板には小黒点が密にあり, 外縁と前縁を除

き黒色。この黒色斑は雌では前縁が丸く突き出し，雄では前縁の中央に切り込みがある。

鞘翅の点刻は前背板よりもやや大きくてまばらな亀甲状の紋がある。斑紋には変化があり，縦紋と肩・中央の2紋を残したものをヨツボシヒメテントウ，肩紋だけのものをカタボシテントウ，会合線の縦紋だけのものをセスジヒメテントウと呼ぶ。

●生息地

主に日当たりのよい水田，畑地，草原で1年中みられるが，特にイネ，野菜，トウモロコシの柔らかい茎や新葉にアブラムシが発生する3〜7月と9〜10月に多く見られる。

●寄生・捕食行動

春先から現われ，成・幼虫とも昼間活動し，植物に寄生しているアブラムシを食べる。

●対象害虫の特徴

アブラムシ類，カイガラムシ類ともに植物体から養分を吸収する。移植水稲では育苗箱に，直播水稲では発芽直後の幼苗に多発し，イネを弱らせる。カイガラムシは水稲後期に高温多湿になると茎に発生する。

【活用の部】

●発育と生態

1年中発生するが，特にアブラムシが発生する3〜7月と9〜10月に多く見られる。ヒメカメノコテントウは平地に生息し，中部以北の標高の高い山地にはコカメノコテントウ *Coccinella japonica* Thunberg が棲むとされている。早春はモモなどの果樹，次いでコムギ，レンゲ，5月以降はイネ，トウモロコシ，マメ類，野菜上に移動してアブラムシ類を捕食する。秋には成虫化し越冬態勢に入る。

●保護と活用の方法

多くの化学農薬に感受性であるので，水田では薬液少量散布や低濃度散布，局所散布を心がけ保全に努める。生物的防除素材としては利用されたことがないようである。

●農薬の影響

多くの化学農薬に感受性であるので，薬液少量散布や低濃度散布を心がける。農耕地における農薬影響評価用の指標生物として使える。

●採集方法

春と秋にアブラムシの発生が多いときに，多発場所を探すと採集できる。夏は水田や畑，草地およびその周辺の雑草地を捕虫網ですくい取りして捕獲する。

●飼育・増殖方法

アブラムシで飼育できる。

（平井一男）

チャイロテントウ

（口絵：土着61）

学名　*Micraspis discolor* (Fabricius)
<コウチュウ目／テントウムシ科>
英名　Red-brown lady beetle

主な対象害虫　アブラムシ類
その他の対象害虫　カイガラムシ類，ヨコバイ類，コブノメイガ，ニカメイガの卵
発生分布　九州南部，南西諸島
生息地　水田，湿原
主な生息植物　イネ，ヨシ，マコモなど
越冬態　成虫
活動時期　1〜12月
発生適温　10〜30℃

【観察の部】

●見分け方

虫体はほぼ半球形，体長3.7〜5.0mm，幅3.0〜4.0mm。表面光滑で紅色〜黄紅色。前胸背斑紋，小楯板，上翅基縁，会合線両側は黒色でその内側線は黄色く縁どられる。前胸背板上に3対の黒斑がある。脚は黄褐色，後脚腿節と基節は大部分黒色。触角は短め，額よりやや長い。腹面後胸腹板と第1〜4腹節腹板は黒色。

●生息地

水田や河川，池沼のイネ，マコモ，ヨシの湿原に棲む。冬は草むら，春から秋にかけてはイネ株，穂やその他の植物上に棲む。

●寄生・捕食行動

　成・幼虫とも昼間活動し，湿生植物に寄生しているアブラムシ類を食べる。報告では日捕食量は成虫1頭で，トビイロウンカ若虫4〜8頭，ツマグロヨコバイで2〜8頭，サンカメイチュウで15〜24頭である。3〜4齢幼虫はアザミウマで2.4〜10.9頭，コブノメイガ卵で5〜10粒，幼虫で18頭，フタオビコヤガ卵で20〜40粒，ニカメイチュウで20頭とされている。ムギ畑ではアブラムシ14頭を捕食する。水田でアブラムシが少ないときはイネの葯や花粉を食べる。

●対象害虫の特徴

　アブラムシ，ウンカ類，ヨコバイ類は吸汁性昆虫で，イネの幼苗に発生して養分を吸汁し枯死させる。ウンカ，ヨコバイ類は大きなイネにも発生し，同様な被害を及ぼす。コブノメイガやニカメイガも主要害虫であり，卵が捕食されることで個体群の増殖が抑制される。

【活用の部】

●発育と生態

　成虫が草むらで越冬する。南西諸島では3月には水田やコムギ畑に移る。6〜7月には水田に多数生息する。走光性がある。

●保護と活用の方法

　多くの化学農薬に感受性であるので，水田では薬液少量散布や低濃度散布，局所散布を心がけ，保全に努める。生物的防除素材としては利用されたことがないようである。

●農薬の影響

　多くの化学農薬に感受性であるので，薬液少量散布や低濃度散布，局所散布を心がける。九州南部や南西諸島では個体数が多いので，農耕地における農薬影響評価用の指標生物として利用できると考えられる。

●採集方法

　冬は水田内の草むら，畦や近くの草むらを捕虫網ですくうと多数捕獲できる。夏はイネやヨシ群落などでとれる。

●飼育・増殖方法

　アブラムシや小昆虫で飼育できる。花粉のみでは飼育できない。

（平井一男）

ジュウサンホシテントウ
（口絵：土着61）

学名　*Hippodamia tredecimpunctata* (Linnaeus)
＜コウチュウ目／テントウムシ科＞
英名　Thirteen-spotted lady beetle

主な対象害虫　アブラムシ類
その他の対象害虫　ウンカ類，ヨコバイ類
発生分布　日本全土
生息地　水田，湿原
主な生息植物　イネ，ヨシ，マコモなど
越冬態　成虫
活動時期　5〜10月
発生適温　10〜30℃

【観察の部】

●見分け方

　中型のテントウムシで体長5.6〜6.2mm。頭部は黒色，ただし前縁は黄色。複眼は黒色，触角および口器は黄褐色。前胸背板は橙黄色，前胸背板中央部に台形の黒斑がある。鞘翅は橙色地で，そこに13の黒紋（片方の鞘翅に6個，中央部分に1個の黒斑）がある。色合いはナナホシテントウに似ているが，細長く長楕円である。腹面は大部分が黒色である。

●生息地

　水田や河川，池沼のイネ，マコモ，ヨシの湿原に棲む。ナナホシテントウに比べるとすばやく歩きまわる。

●寄生・捕食行動

　成・幼虫とも昼間活動し，植物に寄生しているアブラムシ類を捕食する。

●対象害虫の特徴

　アブラムシ類，カイガラムシ類ともに植物体から養分を吸収する。移植水稲では育苗箱に，直播水稲

では発芽直後の幼苗に多発し，イネを弱らせる。カイガラムシは水稲後期に高温多湿になると茎に発生する。

【活用の部】

●発育と生態
発育と生態に関する調査例は見られない。林地で成虫態で越冬，春に産卵し，新成虫が水田や畑に移動分散し，秋には越冬地に戻ると思われる。

●保護と活用の方法
水田では薬液少量散布や低濃度散布，局所散布を心がける。生物的防除素材としては利用されたことがないようである。

●農薬の影響
多くの化学農薬に感受性である。

●採集方法
個体数は決して多くないが，7〜9月に水田で捕虫網ですくうと採集できる。

●飼育・増殖方法
アブラムシで飼育できる。

(平井一男)

ヤマトクサカゲロウ

(口絵：土着62)

学名 Chrysoperla nipponensis (Okamoto)
<アミメカゲロウ目／クサカゲロウ科>
英名 Green lacewing

主な対象害虫 アブラムシ類，ウンカ類，ヨコバイ類
その他の対象害虫 チョウ目の幼虫，アザミウマ類，ハダニ類などの幼虫
寄生・捕食方法 捕食
発生分布 日本全土〜北海道
生息地 水田，河川，畑地，果樹園，森林
主な生息植物 イネ，ムギ，トウモロコシ，ソルガム，草地
越冬態 成虫
活動時期 4〜10月
発生適温 10〜30℃

【観察の部】

●見分け方
水田生態系では7〜9月に出現し，出穂期ころ多くなる。イネの穂上に多い。成虫は9〜15mmの大きさで，透明で緑色の網目状の翅をもつ。長い触角を有する。複眼は金色に反射する。夜行性で，特に夕方から夜間によく飛び，灯火に飛来する。幼虫は1〜11mmで，鎌のような口器をもち，ピンク色〜褐色を呈し全体的にワニのような形をする。幼虫は，直径5mm程度の球形の白い繭をつくり，この中で蛹となる。

雌成虫の寿命は1か月以上である。卵は1mm未満の緑色楕円形で細い糸状の柄の先端についている。卵は，植物の葉や蕾などに1個ずつばらばらに産み付けられる。本種と同じ科に属するヨツボシクサカゲロウが10〜20卵をまとめて産下するのと異なる。

種の同定には，翅脈，雄の交尾器，頭部顔面の斑紋などの特徴が用いられるが，熟練を要するので，専門家に依頼する必要がある。

●生息地
日本では沖縄から北海道まで全国に分布する。卵，幼虫，蛹(繭)，成虫と完全変態をする。

●寄生・捕食行動
水田のイネ葉上に生息する。幼虫はアブラムシ類，アザミウマ類，ウンカ類，ヨコバイ類の幼虫，小蛾類の卵や幼虫などを捕食する。アブラムシの場合，1日当たり10〜22頭を捕食する。

●対象害虫の特徴
アブラムシ類，ウンカ類，ヨコバイ類は吸汁性昆虫で，イネの幼苗や乳熟期の穂に発生して養分を吸収して発育を抑制し，ひどい場合は枯死させる。ウンカ・ヨコバイ類は大きなイネ茎にも発生し，同様な被害を及ぼす。コブノメイガやニカメイガも主要害虫であり，茎や葉を食害して被害を及ぼす。

【活用の部】

●発育と生態
年に2〜3世代を繰り返す。25℃定温下での発育

〈クサカゲロウ類〉ヤマトクサカゲロウ

期間は，卵が平均3.3日，幼虫が平均9.9日，蛹（繭）が平均8.1日である。成虫は10～20卵を毎日，1か月以上産み続ける。

幼虫はアブラムシ類のほか小昆虫の卵や幼虫を活発に捕食する肉食性であるが，成虫は肉食性ではなく，アブラムシの甘露や，出穂期後のイネ花粉を摂食する。成虫は黄褐色に体色を変え，枯葉の下などで越冬する。成虫は夜行性で，昼間は葉裏などに静止していることが多い。走光性があり灯火に飛来する。

● 保護と活用の方法

水田の畦などにバンカー植物としてソルガムを植えて幼虫を温存する。生物防除素材として，水田ではこれまでに活用されたことはないが，海外では園芸作物で使用されている。

● 農薬の影響

有機リン剤，カーバメート剤，合成ピレスロイド剤からは影響を受けるが，殺ダニ剤，殺菌剤などからは，ほとんど影響が見られない。農薬の影響を調査する指標生物としてあげられている。

● 採集方法

7～9月に水田で捕虫網により成・幼虫をすくい取りをする。トウモロコシの雄花にもよく飛来するので採集できる。バンカー植物として植えられたソルガムにもよく集まる。同時期に灯火に集まる成虫を採集してもよい。

● 飼育・増殖方法

クサカゲロウ類の幼虫は早くから代替飼料により飼育された。ヤマトクサカゲロウはスジコナマダラメイガやコクヌストモドキなどの卵で飼育できる。ミツバチの雄蜂児粉末を飼料にヤマトクサカゲロウを含む6種が1～6世代飼育されたこともある。

欧米では小さく仕切った枠容器にゴースを張り通気をよくし，各枠内にスジコナマダラメイガの卵とクサカゲロウの幼虫を入れ，共食いを防ぐために個体別飼育している。同様の方法で大量増殖しアブラムシの天敵農薬として販売している。

休眠防止には長日条件（14～16時間照明）と25℃定温飼育が望ましいとされている。成虫の飼育には，酵母自己消化物Amber BYE Series100と蜂蜜と水の混合物が用いられる。飼育容器に，この混合物を少量脱脂綿に含ませたものと，水を小型カップに入れ脱脂綿を芯にして給水させたものを入れる。水を切らすと成虫はすぐ死ぬので注意が必要である。採卵は，10～20頭程度の成虫を紙を内張りした紙製円筒容器（直径20cm，深さ30cm）の中に入れ，その紙上に産卵させて行なう。卵は糸状の柄の部分をはさみで切断するなどして，毎日取り出し，孵化幼虫により捕食されないようにする。

（平井一男・望月　淳）

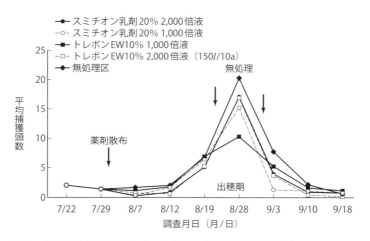

図1　水田におけるツヤヒメハナカメムシの捕獲消長（茨城県谷和原にて，1997）
捕虫網5回降り（3反復）の捕獲数

ツヤヒメハナカメムシ

(口絵：土着62)

学名 *Orius nagaii* Yasumasu
＜カメムシ目／ハナカメムシ科＞
英名 Minute pirate bug

主な対象害虫 イネアザミウマ，ハダニ類，ウンカ類，ヨコバイ類の幼虫
その他の対象害虫 メイガ類の幼虫，昆虫の卵
発生分布 日本全土〜北海道南部
生息地 水田，河川
主な生息植物 イネ
越冬態 成虫と思われるが不明
活動時期 5〜9月
発生適温 10〜30℃

【観察の部】

●見分け方
水田生態系に生息する体長1.7〜2.0mmの捕食性昆虫。出穂期前後のイネの葉上に多い。体型は小型で，上下偏平，複眼は発達している。複眼の下に単眼がある。体は黒褐色，幼虫は赤橙色を帯びる。

●生息地
日本では沖縄から北海道南部まで全国に分布する。水田では7月から8月末にかけて多く発生し，そのほかの時期は水田周辺のイネ科，マメ科雑草地に生息する。

●寄生・捕食行動
イネの葉や穂の上を歩き回り，イネアザミウマ，ハダニ，ウンカ，ヨコバイ，アブラムシの幼虫，小蛾類の成虫，昆虫の卵を捕食する。アザミウマの場合，アザミウマが寄生して丸まった葉の中に入り，幼虫を捕食することが知られている。

●対象害虫の特徴
いずれも主要な害虫である。特に開花期ごろに多発する害虫が捕食されやすい。

【活用の部】

●発育と生態
1頭で1日3〜4頭のアザミウマ若虫を食べる。個体数は開花期に多くなる。

●保護と活用の方法
水田では生物防除素材としてこれまでに活用されたことはないが，園芸作物では防除素材として使用されている。

●農薬の影響
農薬の影響を調査する指標生物としてあげられている。水田およびその周辺に長期間生息するため低毒性農薬を選定する指標となりうる。

●採集方法
7〜8月に水田で捕虫網によりツヤヒメハナカメムシをすくい取りする。この際，片道5回振りによって捕獲された昆虫の種類と頭数を調べれば，水田の生態系を定量的に把握する一助となる。

●飼育・増殖方法
ナミヒメハナカメムシと同様に，スジコナマダラメイガ卵，ウンカ幼虫で増殖できる。

(平井一男)

〈アメンボ類〉ヒメアメンボ／〈タイコウチ類〉ミズカマキリ

生物多様性の保全対象

ヒメアメンボ

(口絵：土着63)

学名 *Gerris latiabdominis* Miyamoto
<カメムシ目／アメンボ科>
英名 Pond skater

主な対象害虫 ウンカ類，ヨコバイ類，イネアオムシ
その他の対象害虫 メイガ類
発生分布 全国
生息地 水田と河川，池沼
主な生息植物 イネ，マコモ
越冬態 成虫
活動時期 4～10月
発生適温 10～30℃

【観察の部】

●見分け方
　体長8.5～11mm。黒色の小型のアメンボ。前胸背後葉の後部両側に銀灰色の微毛を有す。腹部は偏平で結合板の末端は水平に突出する。

●生息地
　水田と河川，池沼の周辺部の水面に棲む。

●寄生・捕食行動
　水田と河川，沼の周辺部水上に漂いながら，落下する小型昆虫，クモ類を捕食する。

●対象害虫の特徴
　イネの主要害虫も被食動物に含まれる。

【活用の部】

●発育と生態
　アメンボは中央の1対の脚で進み，後脚でかじを取る。暖地では年2回発生する。夏に成虫になったものは陸にあがって越冬する。春から初夏にかけて交尾が行なわれ，卵は数十個，粘液膜につつまれて，水底に沈んでいるものや水面の水草の上に産み付け

る。卵は2週間で孵化する。孵化直後には翅はないが，数回脱皮して完全な翅ができる。

●保護と活用の方法
　生物的防除剤としての研究例はない。減農薬防除法を採用し，保全に努める。

●農薬の影響
　成・幼虫ともに農薬に弱いと考えられる。

●採集方法
　無農薬水田には大量に発生するので，活動期の6～9月に捕獲しやすい。

●飼育・増殖方法
　短期的な小規模飼育の観察例はあるが，大規模な累代飼育例は見られない。

（平井一男）

ミズカマキリ

(口絵：土着63)

学名 *Ranatra chinensis* Mayer
<カメムシ目／タイコウチ科>
英名 Chinese water scorpion, Water stick insect

主な対象害虫 モノアラガイ，水棲昆虫の幼虫
その他の対象害虫 ―
発生分布 九州以北の日本全土
生息地 水田と河川，沼の水中に棲む
主な生息植物 イネ，マコモ
越冬態 成虫
活動時期 4～10月
発生適温 10～30℃

【観察の部】

●見分け方
　ミズカマキリは水中に棲むカマキリという意味の名である。水田や河川，沼地に生息する。体は細長く円筒棒状で（体長43mm内外），枯れたタケの枝を思わせ，普通，複眼を含む頭部の幅が前胸背前縁の

幅より広い。灰褐色〜淡黄褐色。前胸背は長い。
　前脚は獲物を捕らえるために発達している。中脚と後脚で上手に泳ぐ。半翅鞘は狭く，翅端は腹端に達しない。水面に突き出し空気を取り込む腹端から伸びる呼吸管は，雄では体長より長く，雌では体長に等しい。

● 生息地

　丘陵地の水田や池沼，人工プールに生息する。流水には少ない。無防除水田でウスバキトンボの幼虫が多発した水田で見かけたことがある。

● 寄生・捕食行動

　トンボの幼虫，アメンボなどの水棲昆虫や小魚を前肢ではさんで捕らえ，その体液を吸う。

● 対象害虫の特徴

　水中に生息する昆虫や小動物，小魚。

【活用の部】

● 発育と生態

　年1回発生する。幼虫は5齢を経て成虫となる。水中や湿気の多いコケや落ち葉の下などで成虫で越冬する。5〜6月に水中に浮かんだ植物や水辺の植物組織，土，コケに産卵管で小孔をあけ，そのなかに1卵ずつ産卵する。ミズカマキリは水田や池の水質劣化などにより棲みにくくなると，陸にあがって飛び立ち，ほかの陸水に移動する。前脚基部と基節窩（くぼみ）を摩擦して発音する。

● 保護と活用の方法

　生物的防除剤としての研究例は見当たらない。減農薬防除法を採用し，保全に努める。

● 農薬の影響

　成・幼虫ともに農薬に弱いと考えられる。

● 採集方法

　無農薬水田には大量に発生するので，トンボの羽化時期の7月下旬〜8月上旬に捕獲しやすい。

● 飼育・増殖方法

　短期的な小規模飼育の観察例はあるが，大規模な累代飼育例は見られない。

（平井一男）

果樹・チャ

保護のみで高い効果

ケナガカブリダニ
(口絵：土着64)

学名 *Neoseiulus womersleyi* (Schicha)
<ダニ目／カブリダニ科>
英名 —

主な対象害虫 ハダニ類（カンザワハダニ，ナミハダニなどナミハダニ属 *Tetranychus*）
その他の対象害虫 —
発生分布 日本全土（北海道〜沖縄県）
生息地 果樹園，茶園，野菜畑，花卉・野菜施設，自然植生
主な生息植物 ハダニ類が寄生する草本（野菜類，雑草），木本（果樹，チャ）
越冬態 成虫
活動時期 春から秋
発生適温 15〜30℃

【観察の部】

●見分け方

ナミハダニ属（*Tetranychus*）のハダニ類の雌成虫よりやや小さく，光沢のあるクリーム色を呈する。ただし，体色は直前に捕食したハダニ類の色に影響される。ナミハダニを捕食した場合には黄色〜緑色が深くなり，カンザワハダニを捕食した場合には赤みを帯びる。動きはハダニ類よりやや速い。葉脈沿いに静止している場合もある。

卵の大きさは0.2mm程度でハダニ類の卵よりやや大きい。形状は楕円体（鶏の卵の形）に近く，球形に近いハダニ類の卵と区別しやすい。野外では，雌成虫（胴長0.35mm）が観察される。幼虫，若虫，雄成虫はほとんど観察されない。

他のカブリダニに比べて背面の毛が長い。側面から注意深く観察すると，背面の長い毛を確認できる場合がある。見分けるには，果樹，チャ，野菜類のハダニ被害葉の裏面を，10〜20倍程度のルーペで観察する。ただし，ルーペではカブリダニの種類を見分けることはできない。

長野県のリンゴ園ではミヤコカブリダニと，静岡県や鹿児島県の茶園ではニセラーゴカブリダニと同所的に発生する場合があるので，光沢のあるクリーム色の個体はミヤコカブリダニかニセラーゴカブリダニの場合もある。

●生息地

日本全土（北海道〜沖縄県）に生息する。果樹園，茶園，野菜畑，花卉・野菜施設および自然植生の多様な草本，木本植物に生息する。果樹園ではナミハダニが発生する8月ごろ，茶園ではカンザワハダニが発生する6月ごろに観察される。自然植生の木本などでは，カブリダニ類全体の個体数が増加する秋（落葉前）に観察される場合が多い。

●寄生・捕食行動

ナミハダニ属ハダニ類の卵，幼虫，若虫，成虫の各発育ステージを捕食する。特に卵を好むようである。ケナガカブリダニ雌成虫の1日当たり捕食能力は，ハダニの卵で15個，第1若虫で13頭，第2若虫で8頭，雌成虫で3頭程度である。10℃から35℃の範囲では，温度上昇に伴い捕食速度が増加する。

前脚を触角のように動かして，造網性ハダニ類の糸を頼りに植物に生息するハダニ類を探索し，巣網の中に侵入して生息するハダニ類を捕捉し，体液を吸汁する。ハダニ類の巣網の中に滞在し，産卵して個体数を増加させる。

●対象害虫の特徴

ナミハダニ属のハダニ類はケナガカブリダニと同じように小さく，葉の裏面に生息する場合が多いの

〈捕食性ダニ〉ケナガカブリダニ

で，生産現場で1個体の寄生を発見することは難しい。通常，個体数が増えて，1〜2mm程度の点状に葉緑素が抜けた加害葉を発見し，被害に気がつく。果樹，野菜，花卉，チャなどほとんどの農作物を加害し，初夏と秋に発生が多くなる。花卉・野菜栽培施設内では周年発生する。糸で巣網を形成し，その中に生息して天敵類の捕食を回避する。ただし，ケナガカブリダニは網の中に侵入できる。

交尾せずに産卵して雄を産し，雄と交尾すれば雌と雄を産する。雄性産生単為生殖で繁殖するので，雌成虫1頭が農作物に侵入するだけで個体群を形成できる。薬剤に対する抵抗性を発達させやすい。

天敵が多い。ケナガカブリダニ，ミヤコカブリダニ，ニセラーゴカブリダニ，ミチノクカブリダニ，トウヨウカブリダニなどのカブリダニ類のほかに，コヒメハナカメムシ，ハダニカブリケシハネカクシ，ヒメハダニカブリケシハネカクシ，キアシクロヒメテントウ，ハダニクロヒメテントウ，ヤマトクサカゲロウ，ハダニタマバエ，ハダニアザミウマなどが知られる。

【活用の部】

●発育と生態

卵から，幼虫，第1若虫，第2若虫の発育ステージを経て，成虫になる。発育零点は約12〜13℃，卵から成虫までの発育期間は15℃で20日，20℃で7日，25℃で5日である。70％以上の相対湿度を好み，30℃を超えると産卵速度が低下する。雌成虫は，雄成虫と交尾してから産卵を始め，1回の交尾で生涯産卵数を生産できる。1日当たりの産卵数は2〜4卵，生涯産卵数は40〜50卵である。個体群ではたいてい雌が多く，産卵性比は1：2（♂：♀）程度である。

インゲンマメにおけるハダニ制御能力は，ナミハダニ雌成虫128頭に対してケナガカブリダニ雌成虫16〜4頭の場合（25℃，20℃）に高い。3頭の場合（25℃）には，やや遅れるものの1か月程度で制御できる。15℃ではハダニ類の制御能力が低いようである。チャ，ツバキ，ナシ，モモなどの花粉を餌として発育・産卵する。このほか，リンゴ，ブドウ，イチゴなどの花粉で発育する場合もある。

低温短日条件で産卵活動を停止する生殖休眠状態となり，雌成虫で越冬する。休眠性には個体群変異があり，北海道や東北地方などの個体群は休眠率が高く，リンゴ樹幹粗皮下でナミハダニ休眠個体とともに発見される場合がある。西日本の個体群の休眠率は低く，南西諸島の個体群では休眠性を欠く場合がある。

農作物である果樹，花卉，野菜類では，ナミハダニ属のハダニ類が発生する場合に本種のみ，もしくはミヤコカブリダニと同時に発生し，チャではニセラーゴカブリダニと同時に発生する場合がある。自然植生の草本や木本では，ミチノクカブリダニやフツウカブリダニなどの多様なカブリダニ類と同所的に生息し，たいてい，他種のカブリダニ類より生息数は少ない。

●保護と活用の方法

果樹園では，樹下の雑草草生を地面が露出しないように管理すると，直射日光や薬剤曝露を避ける遮蔽物となり，生息環境の乾燥を防ぐことができる。また，花粉などの餌の供給源となり，個体群の維持・増殖に効果的である。

●農薬の影響

静岡県の茶園では有機リン剤，合成ピレスロイド剤，カーバメート剤に抵抗性を示す個体群が確認されており，近年，秋田県のリンゴ園でも合成ピレスロイド剤に抵抗性を示す個体群が確認されている。今後，秋田県のリンゴ園では各種薬剤に抵抗性を示す可能性も示唆されており，また，慣行で薬剤防除を実施している各地で果樹園などでも同様の抵抗性個体群が確認される可能性がある。

●採集方法

果樹，チャ，野菜類などのハダニ被害葉に生息する個体を採集する。

ナミハダニを増殖させた鉢植え野菜類を野外に設置し，誘引された個体を採集する。

●飼育・増殖方法

インゲンマメで増殖させたナミハダニを餌として飼育する。餌の供給量を増やすと増殖できる。チャの開花期（10〜12月）にチャの花粉を採集して冷凍保存し，少量ずつ解凍して餌として飼育する。

（豊島真吾）

ミヤコカブリダニ 〈捕食性ダニ〉

(口絵：土着65)

学名 Neoseiulus californicus (McGregor)
＜ダニ目／カブリダニ科＞
英名 —

主な対象害虫 ハダニ類（カンザワハダニ，ナミハダニ黄緑型，ミカンハダニ，クワオオハダニなど）

その他の対象害虫 ニセナシサビダニ，ホコリダニ類，ヒメハダニ類

発生分布 本州・九州・沖縄，欧州，アルジェリア，北中南米

生息地 樹木園，露地畑，それらの周辺植生（雑草・防風樹・街路樹）など

主な生息植物 カンキツ，ナシ，リンゴ，モモ，チャ，ナス，トマト，クサギ，イヌツゲ，クズ，サクラ，アジサイなどハダニ類の発生している植物上

越冬態 雌成虫

活動時期 4〜11月

発生適温 15〜30℃

【観察の部】

●見分け方

雌成虫の胴長が0.35mmの小さな薄茶色のダニで，肉眼では見つけにくいが，ハダニ類が寄生する植物上では網の中に積極的に侵入し，活発に捕食行動を示すので，見つける手がかりとなる。

同定は，スライド標本にされた雌成虫の形態を位相差顕微鏡などで観察して行なうことが多い。胴背毛の位置と形状，第IV脚上の巨大毛，受精嚢の形状，周気管の長さなどを主な指標とする。農生態系内でしばしば採集されるカブリダニ種のなかで，本種との区別が難しい種類はコヤマカブリダニ Neoseiulus koyamanus (Ehara and Yokogawa)である。

両種には，胴背毛の長さ，第IV脚上の巨大毛の数，腹肛板上の小孔などに違いがあるとされるが，より簡単に区別するには，受精嚢のatrium（椀構造の付け根部）の差異がポイントとなる。コヤマカブリダニには顕著な構造が容易に認められる。

●生息地

ハダニ類が発生する植物上に生息する。その多くは，ハダニ類が多発する樹木園内およびその周辺植生上（雑草や防風樹，街路樹など）で発見される。ナシ，モモ，カンキツなど樹木園では，ナミハダニ黄緑型やカンザワハダニ，クワオオハダニ，ミカンハダニなどの被害が問題となっており，特に慣行防除園では本種が天敵として優占種の地位を占めることが多い。カブリダニ類のなかでは珍しく，木本・草本の区別なく生息する種の1つである。また，ある程度の薬剤耐性を備えており，慣行防除園でも生息が可能である。

●寄生・捕食行動

ハダニ類の天敵として，最も優秀な能力をもつカブリダニの一種である。ハダニ類に対して攻撃的な性質をもち，卵から成虫までのすべての発育ステージを捕食する。ハダニ類を餌とした場合の増殖率も高い。

飢餓条件に対する耐性が高く，フシダニなどハダニ以外の動物性の餌や花粉なども利用可能である。そのため，ハダニ密度が低い時期から植物上に定着し，ハダニ密度増加の初期段階から抑制に貢献することから，待ち伏せ型の天敵として知られている。

本種は鋏角を用いてハダニの糸を切断する能力に優れ，ナミハダニ黄緑型やカンザワハダニなどが構築する網を苦にせず内部に侵入し，網で防御されたハダニコロニーに対して壊滅的な打撃を与える。

●対象害虫の特徴

本種は，春早くから出現するニセナシサビダニに始まり，晩秋に増加した造網性の高いハダニ類まで，季節的にも行動学的にも広い範囲の有害ダニ類を捕食すると考えられる。また，草本から木本までを含むさまざまな植物上に生息し，ダニ類を含むさまざまな餌を利用することから，ナミハダニ黄緑型のような広食性の有害ダニの初期発生にもすばやく反応できると考えられる。

【活用の部】

●発育と生態

卵・幼虫・第1若虫・第2若虫・成虫の発育ステ

〈捕食性ダニ〉ミヤコカブリダニ

ージをもつ。白色の卵はニワトリの卵形で、ハダニ卵よりやや大きい。白色の幼虫は6本の脚をもち、第1若虫以降は8本の脚となる。ナミハダニ黄緑型を餌として飼育した場合、20℃では約10日で、25～30℃では約5日で成虫になる。雌成虫は生存期間中に約50個の卵を産む。また、通常成虫の性比は雌に偏る。野外においては、通常5～10の年間世代数をもつと考えられる。

樹木園では樹木と下草の両方で本種が観察されることが多い。下草で増殖した個体群の一部が樹木上に移動し、ハダニ防除に貢献することが知られている。

● 保護と活用の方法

樹木園での本種の保護に関しては、特に下草管理の影響を考慮する必要がある。ケナガカブリダニ Neoseiulus womersleyi (Schicha)などの他の天敵カブリダニ類と同様に、下草上に小発生したハダニ類を餌として増加した本種個体群の一部が樹木へと移動することが知られており、時宜を逸した下草管理はかえって樹園地内の本種個体群の低減をもたらしかねない。下草の種類や除草のタイミングなどが樹木への天敵移動やハダニ密度抑制効果に及ぼす影響について、研究が進められている。

海外では本種の市販品が流通しており、国内でも、ヨーロッパから輸入された市販品を用いたハダニ防除が野菜、果樹、花卉などで行なわれている。放飼目的に応じて異なる剤型（ボトル型製剤：分散性を重視、パック型製剤：残効性を重視）が利用可能となり、市販品を介した本種の利用場面が今後さらに進むものと思われる。

● 農薬の影響

他種のカブリダニに比べて薬剤耐性は備えていると考えられ、ある程度の薬剤散布を行なう慣行防除園においてもその活躍が期待される。たとえばカンキツでは、慣行防除園や減農薬園において本種が優占化することが多く、一方、無農薬園においてはニセラーゴカブリダニ Amblyseius eharai Amitai & Swirskiなどの別のカブリダニ種が優占する傾向があることが知られている。

他のカブリダニ類や捕食性昆虫類と同様、農薬散布が本種個体群に与える影響は基本的に大きいと考えられる。一方で、慣行防除のカンキツ園やリンゴ園などにおいては、一部の合成ピレスロイド剤や有機リン剤などを含む殺虫剤に対して感受性が低い個体群が存在することが知られており、このような系統では、比較的多くの殺ダニ剤や殺菌剤に対しても感受性が低いことが報告されている。

個体群（系統）や防除体系などによる違いはあるが、本種の雌成虫や卵、幼若虫のいずれかに対して影響が強い殺虫剤としては、有機リン系のDMTP、クロルピリホス、その他の系統のクロルフェナピル、トルフェンピラドなどがある。一方、影響が比較的少ないものとしては、有機リン系のDDVP、IGR系のブプロフェジンやフルフェノクスロン、ネオニコチノイド系のチアメトキサム、ジノテフラン、クロチアニジン、アセタミプリドなどが知られている。殺ダニ剤のなかでは、エトキサゾールやフェンプロキシメート、ピリダベン、アミトラズなどの影響が強く、BPPSやミルベメクチン、フルアクリピリムなどの影響が比較的少ないことが知られている。殺菌剤では、卵や幼虫に対するマンゼブの影響が報告されているが、その他の多くの殺菌剤については影響が比較的小さいと考えられる。

● 採集方法

ハダニ類が多発する植物を観察し、本種を直接的に採集する。直接採集に適した植物としては、クズ（ナミハダニモドキ、6～10月）、ナシ（ナミハダニ黄緑型・カンザワハダニ・クワオオハダニ、8～9月）、カンキツ（ミカンハダニ、6～10月）、モモ（カンザワハダニ・クワオオハダニ、7～8月）などがある。

直接採集にあたっては、ハダニ被害葉ごと本種を採集し、密封可能なビニール袋や採集容器に入れて持ち帰り、実体顕微鏡下で観察、分離する。雌成虫の胴背毛は全体的に長く、他のカブリダニ種との区別がある程度可能であるため、採集には雌成虫が適する。ただし、コヤマカブリダニやケナガカブリダニとの区別は難しいため、最終的には、スライド標本作製による確認が必要である。

直接採集が困難な場合、植物トラップを用いた間接的な採集が可能である。ポット植えのインゲンマメ株にナミハダニ黄緑型を接種し、樹木園内などに

数日間設置後，密封可能なビニール袋や採集容器に葉を入れて持ち帰る。実体顕微鏡下で本種の雌成虫を確認し，小筆で回収する方法が好ましい。

●飼育・増殖方法

本種は，インゲンマメ葉にナミハダニ黄緑型を寄生させたシステムで簡単に増殖可能である。ハダニが寄生したインゲンマメ葉を切り取って，飼育容器内のカブリダニに定期的に与えるか，生育したインゲンマメ株にハダニを寄生させ，そこへ直接カブリダニを接種して個体群を増殖することもできる。小規模飼育の場合，あるいは実体顕微鏡下での観察を伴う飼育試験の場合には，インゲンマメのリーフディスクを作製し，ナミハダニ黄緑型を餌として飼育する方法が適する。

樹園地などで採集した本種を，前もって室内飼育などで増殖させ，害虫ハダニ類の増殖初期に園地に放飼して本種個体群を増強する方法も考えられる。ただ，樹園地の下草の管理や，本種に影響が少ない薬剤の選定などを介して，樹園地にすでに生息する本種個体群を可能な限り保全する姿勢は大切である。

(天野　洋・下田武志)

その他のカブリダニ類
(口絵：土着66)

■フツウカブリダニ

学名　*Typhlodromus vulgaris* Ehara
<ダニ目／カブリダニ科／カタカブリダニ属>
英名　—

主な対象害虫　リンゴハダニ，ミカンハダニ，ニセナシサビダニ，リンゴサビダニ

その他の対象害虫　ナミハダニ黄緑型，カンザワハダニ，オウトウハダニ

発生分布　北海道・本州・四国・九州・沖縄，韓国，中国，イラン，ロシア

生息地　樹木，雑草

主な生息植物　バラ科樹木(リンゴ，ナシ，サクラなど)，イヌシデ，アカシデ，アジサイ，キンモクセイ，ホオノキ，ガマズミ，ヤマグワ，クサギ，クズ，ヘクソカズラ

越冬態　雌成虫

活動時期　4～11月

発生適温　15～30℃

■ニセラーゴカブリダニ

学名　*Amblyseius eharai* Amitai & Swirski
<ダニ目／カブリダニ科／ムチカブリダニ属>
英名　—

主な対象害虫　ミカンハダニ，モモサビダニ，アザミウマ類(幼虫)

その他の対象害虫　カンザワハダニ，カイガラムシ類(歩行幼虫)

発生分布　本州・四国・九州・沖縄，韓国，中国，台湾，マレーシア

生息地　果樹園，茶園とその周辺

主な生息植物　カンキツ類，バラ科樹木(ナシ，モモなど)，カキ，チャ，ピーマン，ナス，防風樹(サンゴジュ，イヌツゲ，イヌマキ，スギなど)，キンモクセイ，ヒイラギモクセイ，クワ，ヤマグワ，アジサイ，ダイズ，ヘクソカズラ，イヌタデ，オオイヌノフグリ，カタバミ

越冬態　雌成虫

活動時期　4～11月

発生適温　10～30℃

■トウヨウカブリダニ

学名　*Amblyseius orientalis* Ehara
<ダニ目／カブリダニ科／ムチカブリダニ属>
英名　—

主な対象害虫　リンゴサビダニ，ブドウサビダニ，カンザワハダニ

その他の対象害虫　ニセナシサビダニ，オウトウハダニ，ナミハダニ黄緑型

発生分布　北海道・本州・四国・九州・沖縄，韓国，中国，シベリア

生息地　樹木，雑草

主な生息植物　バラ科樹木(ナシ，サクラ，リンゴなど)，ブドウ，クワ，イヌシデ，ガマズミ，ホオノキ，アジサイ，クズ，クサギ

越冬態　雌成虫

〈捕食性ダニ〉その他のカブリダニ類

活動時期　5〜11月
発生適温　15〜30℃

■ミチノクカブリダニ

学名　*Amblyseius tsugawai* Ehara
<ダニ目／カブリダニ科／ムチカブリダニ属>
英名　—

主な対象害虫　ナミハダニ黄緑型，ミナミキイロアザミウマ幼虫

その他の対象害虫　カンザワハダニ，リンゴハダニ，ミカンハダニ

発生分布　北海道・本州・四国・九州，韓国，中国
生息地　樹園地下草，雑草，樹木
主な生息植物　バラ科樹木（ナシ，リンゴなど），カキ，ピーマン，ナス，コブシ，サトイモ，ダイズ，クズ，クローバ，オオバコ，カタバミ，オニシモツケ，エゾアザミ

越冬態　雌成虫
活動時期　5〜11月
発生適温　15〜30℃

■コウズケカブリダニ

学名　*Euseius sojaensis* (Ehara)
<ダニ目／カブリダニ科／ナラビカブリダニ属>
英名　—

主な対象害虫　モモサビダニ，ニセナシサビダニ，チャノキイロアザミウマ

その他の対象害虫　ミカンハダニ，クワオオハダニ，カンザワハダニ，エノキハダニ

発生分布　本州（宮城・山形以南）・四国・九州・沖縄
生息地　樹木，雑草
主な生息植物　バラ科樹木（ナシ，モモ，サクラなど），ブドウ，カンキツ，カキ，チャ，ピーマン，ナス，サンゴジュ，イヌマキ，ホオノキ，クスノキ，ムク，クサギ，アジサイ，クズ，ヘクソカズラ，ヤブカラシ

越冬態　雌成虫
活動時期　4〜11月
発生適温　15〜30℃

【観察の部】

●見分け方

　いずれも乳白色〜黄褐色，雌成虫の胴長が0.35〜0.40mmで，肉眼でかろうじて見える程度の大きさである。同定は主にプレパラート標本にされた雌成虫を位相差顕微鏡（もしくは微分干渉顕微鏡）で観察することで行なう。胴背毛（数，長さ，形状），腹肛板や受精嚢の形状，周気管の長さや形状，第IV脚の巨大毛の数や形状などを識別の指標とする。ここで取り上げた5種の主な形態的特徴は以下のとおりである。なお，同定の詳細は本書p.技術35，天敵の同定法「日本の主なカブリダニ類」も参照されたい。

　フツウカブリダニ：側列毛（背板前方の側縁部に生える毛）が6本（他の4種は4本），第IV脚に端末が肥大した3本の巨大毛。

　ニセラーゴカブリダニ：後胴体部にきわめて長い1対の胴背毛（Z5：胴背毛の記号。以下同様），腹肛板がひょうたん形。

　トウヨウカブリダニ：後胴体部にきわめて長い1対の胴背毛（Z5），腹肛板が五角形。

　ミチノクカブリダニ：3対の目立つ胴背毛（s4，Z4，Z5；ただしニセラーゴカブリダニやトウヨウカブリダニより短い）。

　コウズケカブリダニ：腹肛板がしずく型で3対の前肛毛がおおむね1列に並ぶ，周気管が短く前端が第I脚基部までにしか達しない（類似種のイチレツカブリダニはさらに短く第II脚基部まで）。

　調査園での種構成があらかじめわかっている場合には，以下の形態的，行動的特徴により，実体顕微鏡やルーペ下でもある程度種の見当をつけることが可能である。なお，体色は摂食した餌の影響により褐色や赤色となることもある。

　フツウカブリダニ：光沢のある褐色，胴部に目立つ長い毛はない，動きは比較的ゆるやか。

　ニセラーゴカブリダニ，トウヨウカブリダニ：白色〜黄土色の平滑で光沢のある丸みを帯びた体形，後胴体部の長大毛（Z5），行動は敏捷で飛び跳ねるように歩く。

　ミチノクカブリダニ：淡黄色〜黄褐色で光沢がありやや細長い体形，注意深く観察すれば後胴体部の

毛（Z5）が確認可能，動きは比較的ゆるやか。

コウズケカブリダニ：白みを帯びた光沢のある胴部，活発に動き飛び跳ねるように歩行，しばしば葉上の毛の先端に卵を産み付ける。

● 生息地

いずれのカブリダニ種も無農薬や減農薬管理によって多く観察されるようになる。リンゴではフツウカブリダニ，カンキツやチャではニセラーゴカブリダニが優占する場合が多い。一方，ナシやモモでは地域，発生害虫種，周辺環境や農薬散布状況などの要因によって，トウヨウカブリダニ，コウズケカブリダニ，フツウカブリダニ，ニセラーゴカブリダニなど優占種が異なる。ミチノクカブリダニは主に樹園地下草に生息する。本種は果樹上で観察される場合もあるが，個体数は多くない。

ニセラーゴカブリダニとトウヨウカブリダニは互いに形態がよく似るが，前者は南東北以南，後者は関東以北に多い。関東の落葉果樹園では両種が混発する場合も観察される。また，コウズケカブリダニは関東以南に多く，東北では形態のよく似たイチレツカブリダニが優占する。いずれの種も葉裏の葉脈沿い，くぼみや，クモ・チョウ目幼虫の巣内，昆虫の脱皮殻内などに潜んでいる場合が多い。

フツウカブリダニはナシの粗皮下やイヌシデのフシダニによる虫こぶ内，ニセラーゴカブリダニはカンキツでは葉上のクモ・チョウ目幼虫の巣内，カイガラムシの死殻内，またカキでは側枝上で雌成虫での越冬が観察されている。その他の種も雌成虫で越冬するが，越冬場所など野外での越冬生態は未解明である。

● 寄生・捕食行動

ニセラーゴカブリダニは成虫，幼若虫ともに敏捷に行動し，ミカンハダニの幼虫，若虫や成虫を捕らえて体液を吸汁する。卵も食べるが，幼虫や若虫を好む。25℃での1日当たりミカンハダニ捕食量は卵で2〜4個，幼虫で10〜20個体，雌成虫で3〜5個体である。フツウカブリダニは，リンゴハダニ卵はほとんど捕食せず，幼虫，若虫を好む。20℃での1日当たりリンゴハダニ捕食量は，卵0.2個，幼虫18個体，成虫1.5個体である。

いずれも捕食性昆虫類と比較するとハダニ捕食能力は低い。そのため，ハダニが多発したときの制御能力はそれほど高くないが，餌の要求量が少ないので，ハダニが低密度のときから活動し，長期間にわたってハダニを低密度に抑制できる。

いずれの種もハダニの立体的な網を苦手にしており，網の中では身動きがとれなくなるため，網内に生息しているハダニは捕食できない。このため，ナミハダニやカンザワハダニに対しては，移動のために網から出た個体や新たに葉に侵入してくる個体を捕食する。

アザミウマ類に対しては主に1，2齢幼虫を捕食する。25℃におけるコウズケカブリダニの1日当たりチャノキイロアザミウマ2齢幼虫捕食数は5.4個体である。

フシダニ類はすべての発育ステージを捕食可能である。ニセラーゴカブリダニはモモサビダニを1日400個体程度，コウズケカブリダニは300個体程度捕食可能と考えられる。一方，ミカンサビダニに対しては，捕食行動は観察されるものの，餌としての質は悪く，フツウカブリダニ，ニセラーゴカブリダニ，コウズケカブリダニのいずれも発育・産卵できない。

● 対象害虫の特徴

非造網性のハダニ類，サビダニ類，アザミウマ類に対する有力な天敵として期待されている。たとえば，フツウカブリダニはリンゴハダニ，ニセラーゴカブリダニはミカンハダニ，モモサビダニ，チャノキイロアザミウマ，コウズケカブリダニはモモサビダニ，チャノキイロアザミウマの密度抑制に有効に働くことが知られている。一方，ナミハダニやカンザワハダニといった造網性のハダニに対しては，網を苦手とするために，いったんハダニ密度が上昇したあとでは天敵としての役目を果たさない。

しかし，いずれのカブリダニ種も花粉などを餌として葉上に定着し，後に侵入してくるハダニを捕食することで，ハダニ密度上昇を未然に防ぐといった形での潜在的な天敵として大きな役割を果たしていると考えられている。ミチノクカブリダニは，果樹園下草でナミハダニを捕食することで，リンゴ樹上へのナミハダニの上昇を未然に防ぐと考えられている。

【活用の部】

●発育と生態

　卵・幼虫・第1若虫・第2若虫・成虫の発育ステージをもつ。卵は白色・鶏卵型で，ハダニ卵よりやや大きい。幼虫は白色で脚は6本だが，第1若虫以降は8本の脚をもつ。卵の孵化や幼虫の発育は70〜90％RH（相対湿度）の高湿度条件が適しており，60％RH以下の乾燥条件では孵化や発育が悪くなる。

　ニセラーゴカブリダニでは，ミカンハダニを餌としたとき25℃で卵から約6日で成虫となり，雌成虫は約2日の産卵前期間ののち1日に2〜3卵を1か月程度産卵する。総産卵数は30〜50個である。フツウカブリダニでは，リンゴハダニを餌としたとき20℃で卵からおおむね12日程度で成虫となり，その後1日当たり1個強産卵する。

　ハダニ，フシダニ，アザミウマなどの微小害虫以外にも花粉類などの植物質での餌でも発育・産卵可能である。チャの花粉はいずれのカブリダニ種にとっても良好な餌であり，25℃では卵から5〜6日程度で成虫となり，7〜8日程度で産卵を開始し，1日当たり産卵数は2〜4個程度である。また，ニセラーゴカブリダニでの産卵期間は約1か月であり，他種も類似していると考えられる。

　それぞれのカブリダニ種で，餌として利用できる花粉種は異なる。ニセラーゴカブリダニは，チャ花粉以外にも，ツバキ，イヌマキ，クロマツ，トウモロコシ，ミズバショウ，ヘラオオバコなど多くの植物種の花粉で良好な発育・産卵を示す。フツウカブリダニはイヌマキの花粉でよく発育・産卵するが，トウモロコシ花粉はやや劣る餌である。ミチノクカブリダニは，オオバコ花粉を餌としてよく増殖する。一方でコウズケカブリダニは，イヌマキ花粉やトウモロコシ花粉では発育・産卵できない。

●保護と活用の方法

　いずれの種も，合成ピレスロイド剤などの多くの非選択性殺虫剤や一部の殺菌剤に対して感受性が高いため，現在のところ慣行防除園での積極的な活用は難しい。しかし，減農薬カンキツ園ではしばしばニセラーゴカブリダニが優占する事例が観察されている。また，試験的にニセラーゴカブリダニに悪影響の少ないブプロフェジン剤，ジチアノン剤などを中心に防除体系を組み立てたカンキツ園では，春期から秋期まで本種の発生が見られ，ミカンハダニが低密度に抑制されることが明らかにされている。他の病害虫防除との兼ねあいで，現段階ではこれらのカブリダニ類に悪影響の少ない農薬のみでの防除体系の構築には困難を伴うが，今後天敵類に優しい農薬の開発が進むことで，活躍の場面が広がる可能性が期待される。

　下草類や防風樹などの園内の植生が，生殖場所や代替餌の供給源として重要な役割を果たす。特に，カンキツ園の防風樹としてよく利用されるイヌマキにはニセラーゴカブリダニが多く生息し，5月上旬ころから増加し始め，6〜8月に発生の山が見られる。また，イヌマキは5月下旬から6月上旬に開花して大量の花粉をカンキツ園に飛散させ，カンキツ上でのニセラーゴカブリダニの初夏の密度上昇に貢献している。また，コウズケカブリダニの生息も確認されている。

　イヌマキは，カンキツ害虫チャノキイロアザミウマの寄主植物でもあるが，ニセラーゴカブリダニやコウズケカブリダニが，チャノキイロアザミウマの密度抑制に有効に働いていることが明らかになっている。そのため，イヌマキへの薬剤散布は必要最小限にとどめることが望ましい。

　下草については，ミチノクカブリダニはオオバコの葉に多く生息し，花粉を餌にしてよく増殖するため，園内での本種の活用に有効である。また，イネ科雑草の花粉も，カブリダニ類を維持するための餌としてある程度の役割を果たすと考えられる。果樹園の緑肥植物として知られる緑肥用ダイズには，ニセラーゴカブリダニ，コウズケカブリダニが多く発生することが知られる。

　今後さらに周辺植生の機能が解明されることが期待されることから，これらの知見を活用して，カブリダニの維持・活用に有効な果樹園内の環境整備が重要となる。

●農薬の影響

　ニセラーゴカブリダニでは，非選択性殺虫剤である有機リン剤，カーバメート剤，合成ピレスロイド剤のほとんどが強い毒性を示す。また，殺菌剤につ

いても，マンゼブ，石灰ボルドー液，チオファネートメチルやベノミルは悪影響が大きい。一方，ブプロフェジン，テフルベンズロン，ジフルベンズロンといったIGR剤，イミダクロプリドやアセタミプリドなどのクロロニコチニル剤では悪影響が小さい。なお，現在のところジアミド剤，マクロライド剤やその他の選択性殺虫剤に対する影響の情報はない。

また，コウズケカブリダニでも，同じく非選択性殺虫剤や殺菌剤のマンネブに対する悪影響が大きい一方で，クロロニコチニル剤のイミダクロプリドでは悪影響が少ないことが知られる。

このほかのカブリダニ種の各種農薬に対する感受性は現在のところ知られていないが，おおむねニセラーゴカブリダニやコウズケカブリダニと似た傾向を示すと考えられる。

● 採集方法

それぞれのカブリダニ種の寄生が知られる植物種から葉(もしくは枝)ごと採集する。餌種となるダニやアザミウマが発生している植物のほうが採集効率が高い。採集した植物は，ビニール袋に入れ直射日光を避けて持ち帰る。なお，持ち帰りに時間がかかる場合は，クーラーボックスを利用し，さらに結露を防ぐためにビニール袋内に紙袋を入れた二重袋に採集植物を保存する。採集した植物を，実体顕微鏡下で観察し，小筆を使ってカブリダニを集める。防風樹など大きな植物体，また，植物の持ち帰りが不可能な場合は，植物の枝・葉の下にバットや黒い紙・布を広げ，手や棒で枝・葉を叩いて，落下したカブリダニを集める。

面ファスナーのフック面に毛糸を設置したトラップ(ファイトトラップ，図1上)を用いて捕獲する方法もある。ファイトトラップを細長く切ったビニールシートを用いて調査植物の葉や枝に巻き付ける形で設置し(図1下)，数日～1週間後に回収する。実体顕微鏡下でトラップを解体し，潜り込んでいるカブリダニ類を集める。本方法はカブリダニ類がしばしばクモやチョウ目の巣内に生息する性質を利用したもので，捕獲効率は葉の見取り調査に比べて数十倍にのぼる。

野外から採集したカブリダニは複数種が混在する可能性があるため，累代飼育を行なう場合は，採集した個体(雌成虫)をまず個体飼育して目的の種を選別する作業が必要となる。採集したカブリダニ雌成虫を，マンジャーセル(図2，穴をあけたアクリル板2枚の間にケント紙を挟み込み，カバーグラスで蓋をしたもの)などを用いて，チャ花粉を餌として25℃程度で2～3日個体飼育して卵を得たのち，雌成虫をプレパラート標本にして種を同定し，目的の

図1 野外調査用のファイトトラップ(上)。黒い部分は面ファスナー(フック面)に黒色毛糸をセットしたもの。リンゴ枝(左下)，および葉(右下)への設置状況

〈テントウムシ類〉ダニヒメテントウ類

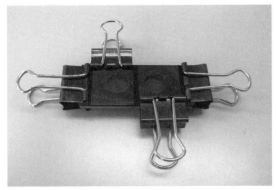

図2　カブリダニ個体飼育のためのマンジャーセル

種の卵のみ飼育に使用する。

●飼育・増殖方法

いずれの種もチャ花粉を餌として累代飼育可能である。餌のチャ花粉は，10月中旬〜11月上旬の開花期に葯を採集して乾燥させ，ふるいにかけたものを冷凍保存（−20℃）しておく。冷凍により1年以上品質維持可能である。カブリダニ類は野外では葉のくぼみや葉脈沿いといった葉の微細構造およびチョウ目幼虫やクモの巣内に好んで生息するので，飼育装置では人工的な生息場所として細胞培養用24穴マイクロプレートおよび毛糸を用いる（図3左）。具体的な方法は以下のとおりである。

24穴マイクロプレートは水に沈めやすくするため，裏側の隙間を暗褐色のシリコン系シーリング剤で充填する。次いで，太さ3mm，長さ5cmの黒色毛糸をプレートの各穴の底面の内周に沿うように設置する。なお，シリコン充填剤および毛糸の黒色は，乳白色であるカブリダニを飼育装置上で識別しやすくするためである。水を張ったプラスチック容器内にプレートを設置し，カブリダニの給水用および逃亡防止のため，プレートの周囲をティッシュペーパーで覆う。餌のチャ花粉は，約10mg（耳かき1杯程度）を細筆を用いて各穴に均等にふりかける。

餌は週2回程度追加する。プラスチック容器の上面は，中央に穴をあけてメッシュを張った蓋をする（図3右）。24穴マイクロプレートは3週間〜1か月おきに新しいものに取り替える。

本飼育装置に各種雌成虫を10個体導入すると，25℃では2週間後にフツウカブリダニは約120個体，ニセラーゴカブリダニは約180個体，ミチノクカブリダニは350個体以上（卵〜成虫すべてのステージの合計）に増殖する。

ここで取り上げた種以外に，本飼育方法でケブトカブリダニ，ミナミカブリダニ，オキナワカブリダニ，ウルマカブリダニが飼育可能であることを確認している。なお，ハダニ捕食性の強いケナガカブリダニやミヤコカブリダニも飼育可能である。

ニセラーゴカブリダニでは鉢植えの植物を用いた方法でも飼育可能である。径15〜20cmの鉢に植えたレモン苗（高さ30〜40cm，20〜30葉）にあらかじめミカンハダニを増殖しておく。これに雌成虫を20〜30頭放飼し，自然光の入る室内かバイオトロン内などに置き，2〜3日ごとにマツやチャ花粉を葉の上に追加する。レモン苗は上面にゴース布を張った透明な塩ビ製の円筒（径30cm）で覆い，高湿度条件を保つ。本方法では20〜25℃で10〜15日後に1鉢当たり200〜300頭の成虫が得られる。

（岸本英成・天野　洋・柏尾具俊）

図3　カブリダニ飼育装置（左），蓋をした状態（右）

ダニヒメテントウ類

（口絵：土着67）

学名

ハダニクロヒメテントウ
　Stethorus pusillus (Herbst)
キアシクロヒメテントウ
　Stethorus japonicus H. Kamiya
＜コウチュウ目／テントウムシ科＞

英名　―

主な対象害虫　ハダニ類（カンザワハダニ，ナミハダニ，オウトウハダニ，ミカンハダニなど）

その他の対象害虫　サビダニ類

発生分布　北海道〜九州

生息地　樹園地，露地畑，それらの周辺植生（防風樹・街路樹・雑草）など広範囲に生息する

主な生息植物　ナシ，ウメ，モモ，リンゴ，カンキツ，サクラ，イヌツゲ，キンモクセイ，アジサイ，チャ，クズなどハダニ類の発生している植物上

越冬態　成虫

活動時期　春～秋

発生適温　17.5～30℃

【観察の部】

●見分け方

両種とも成虫は体長1.2～1.5mm，体幅0.9～1.5mmで，最も小型なテントウムシのグループである。外観は黒色で明瞭な被毛があり，卵型。各脛節および跗節は黄色～茶褐色を呈する。雌成虫は腹部末端節の先端が丸く突出するが，雄成虫は凹みがある。外観上，背面が黒色で微小な他のテントウムシ類との区別は容易でないが，前翅（上翅）前面に短い点刻が均一にあり，前胸腹板前縁が弧状に張り出す点から区別できる。

両種の区別点は以下のとおりである。

成虫：ハダニクロヒメテントウの頭部は雄雌ともに全体的に黒色。キアシクロヒメテントウの頭部は，雄雌で範囲は異なるものの黄色～黄褐色の部分が存在。ただし，標本の状態によってキアシクロヒメテントウでも頭部全体が黒～暗褐色に見える場合があり，実体顕微鏡下では識別が困難な場合もある。なお，雄成虫の交尾器の形態でも区別できるが，観察には解剖が必要である。

卵：ハダニクロヒメテントウは黄白色～乳白色。キアシクロヒメテントウでは紅～紅白色。

幼虫：4齢（終齢）幼虫の前胸部背面の形態に違いがあり，ハダニクロヒメテントウでは1対の黒紋が存在するが，キアシクロヒメテントウでは黒色の点刻模様のみが存在する。ただし，1～3齢幼虫では識別困難である。

蛹：ハダニクロヒメテントウは全体的に光沢のある黒色。キアシクロヒメテントウはやや光沢のない黒色で，後胸部背面中央に三角形の白～淡褐色紋，および腹部第1節背面の左右側方に1対の白～淡褐色紋が存在。なお，抜け殻でもこれらの特徴は保持され，識別に利用できる。

長崎県と静岡県のサクラとウンシュウミカンでは，いずれの県，寄主植物でもハダニクロヒメテントウとキアシクロヒメテントウが採集され，また，両種が混発する場合もある。

ハダニクロヒメテントウは最近までキアシクロヒメテントウと混同されてきた経緯があり，過去にキアシクロヒメテントウとして発表された研究例は，実はハダニクロヒメテントウを取り扱っていた可能性もある。両種の分布状況や生態的特徴の違いは現時点では未解明だが，いずれも天敵としては捕食量の多いハダニの捕食者という位置づけであると考えられる。このような経緯から，以下の生態的特徴や活用のうえでの留意点は，ダニヒメテントウ類共通のものとして記述する。

同じダニヒメテントウ属のエグリクロヒメテントウ Stethorus emarginatus Miyatakeとの区別は，解剖による雄交尾器などの観察が必要であり，きわめて困難である。ただし，本種は本州・四国の山間部の果樹園などでごくわずかな観察例があるのみである。なお，北海道ではナガクロヒメテントウ Stethorus yezoensis Miyatake，南西諸島ではツツイクロヒメテントウ Stethorus aptus tsutsuii Nakane et Arakiの発生が記録されている。

●生息地

ハダニが高密度となった植物上に集中して発生する傾向があり，特に卵～蛹はハダニ多発時のみに観察される。一方，成虫はサクラなどでハダニの発生が見られない場合でもごく低密度ながら観察される場合がある。また果樹や周辺の樹木に黄色粘着トラップを設置すると，ハダニの密度に関係なく捕獲される場合がある。このため，成虫は長期間にわたり同一地点にとどまらず，ハダニが多発する場所を求めつつ，さまざまな植物上への移動を繰り返すと考えられる。

関東地方では4月上中旬から12月上旬ころまで発生する。青森県では年2世代，九州では3～4世代を経過するという。本種の密度変動はハダニのそれに強い影響を受ける。そのため本種の密度ピークが形成される時期は，ハダニの密度ピーク時期と同じ

〈テントウムシ類〉ダニヒメテントウ類

か，または若干遅れるのが普通である。

越冬は成虫態であり，青森県のリンゴ園では樹皮下やクモの綴り合わせた葉の中などで，京都では樹皮下や腐葉土内などで越冬することがそれぞれ観察されている。

●寄生・捕食行動

幼虫，成虫ともにハダニ類を主な餌とし，ナミハダニ，カンザワハダニ，ミカンハダニ，リンゴハダニ，クワオオハダニ，オウトウハダニといった果樹害虫，およびキンモクセイやヒイラギモクセイに寄生するモクセイマルハダニなどの多様なハダニを捕食する。いずれのハダニでも発育・産卵は可能だが，特にオウトウハダニを好み，発育もやや早く産卵数も多くなり，栄養的にも好適である。

ハダニのすべての発育ステージを捕食するが，特に卵を好む。ただし，1齢幼虫時は，クワオオハダニ，ミカンハダニ，リンゴハダニ卵は，卵殻が固いために捕食できない。基本的には吸汁捕食だが，成虫は餌を完全に食べることもある。

ハダニの天敵類のなかでは最も高い捕食能力をもつ。幼虫は成虫になるまでにナミハダニ卵なら1,000個以上，若虫なら250個体以上，成虫なら50個体以上を捕食する。成虫は25℃では1日にナミハダニ卵約300個捕食する。

捕食能力ではカブリダニ類よりもはるかに優れているものの，ハダニ低密度時における定着性は低いと考えられている。そのため，主にハダニの高密度時に有効な天敵であると評価されている。

餌が豊富な生息場所を求め，成虫が飛翔移動をしばしば行なう。飛翔能力は不明だが，ケシハネカクシ類と同程度はあると考えられる。

ハダニが低密度のときには，フシダニ類やコハリダニ類といった植物寄生性のダニ類に加えて，ナガヒシダニ類，カブリダニ類やケシハネカクシ幼虫などのハダニの天敵を捕食することもある。また，幼虫による卵食や幼虫間での共食いが見られる。

●対象害虫の特徴

捕食対象となるハダニ類は，果樹に加えて，チャ，野菜，花卉などほとんどの農作物を加害するほか，街路樹や生け垣，雑草などにも発生する。

【活用の部】

●発育と生態

卵，幼虫（4齢），蛹，成虫の順で発育する。卵は俵型で，ハダニのコロニー内に産下される。餌が十分ある場合，1日の産卵数は20℃で約6個，25℃で約10個，30℃で約15個で，総産卵数は500卵以上に達する。

25℃では，卵期間が5日弱，幼虫期間が9日弱，蛹期間が約3.5日で卵から約17日で成虫となる。なお20℃では卵から成虫まで約4週間かかるが，30℃では11日ぐらいで成虫となる。成虫の生存期間は20℃で約4か月，25℃，30℃でも2か月以上で，自然条件下では1年前後の寿命があるものと考えられている。

成虫は，ハダニがいない場合でも糖分を摂取することで長期間生存可能である。ハダニ絶食条件下でショ糖を摂取することで20℃では約120日，25℃では60日近く生存する。ショ糖のみでは産卵はできないものの，ハダニがいない状況でショ糖を摂取することで，再びハダニにありついたあとの産卵再開が早まる。野外でも，サクラ，オウトウやモモの花外蜜腺から蜜を摂取しているケースが観察されている。

●保護と活用の方法

ダニヒメテントウ類をはじめとする捕食性昆虫類は，カブリダニと比べて捕食量が大きく，また翅をもつことから，果樹上へはハダニ密度が高くなったときのみ飛来し，それ以外の時期は周辺植生に生息していると考えられている。このため，本種が多発する果樹園の周辺には代替生息場所（ハダニが発生する防風樹，街路樹，雑草）が充実していることが多い。そこで，天敵として活用するためには，圃場周辺の植生まで含めた広い単位を生息場所として考え，増殖場所や蜜源となりうる植生を整備する必要がある。

多くの殺虫剤に対して弱いものの，上記のように果樹上でのハダニ発生時に果樹園外から飛来してくるため，園外での天敵供給源が充実していれば，慣行防除園でも薬剤散布の合間に発生し，ハダニ密度抑制効果が期待できる。ただし，合成ピレスロイド

剤など天敵に対する残効が長い殺虫剤の散布はひかえる。

●農薬の影響

有機リン剤，カーバメート剤，合成ピレスロイド剤，ネオニコチノイド剤，マクロライド剤など非常に多くの殺虫剤に対する感受性が高い。悪影響の少ない殺虫剤としては，クロルフェナピル，ブプロフェジン，ピメトロジンがあげられる。殺ダニ剤については，アセキノシル，ピリミジフェンに対する感受性が高い，ビフェナゼート，エトキサゾールは悪影響が少ないことが知られる。

●採集方法

ハダニが多発している植物で採集する。ウメ（オウトウハダニ，4月），イヌツゲ（ミカンハダニ，4～5月），キンモクセイ（モクセイマルハダニ，5月），クズ（*Tetranychus* 属ハダニ，5～7月と9～11月），アジサイ（カンザワハダニ，6～7月），ナシ（ナミハダニ，カンザワハダニ，8～9月），サクラ（オウトウハダニ，7～8月）などが採集に適する。

ハダニ被害葉ごと採集し，密封可能なビニール袋や採集容器に入れて持ち帰る。イヌツゲなどでは，ビーティング（叩き落とし）法による採集が容易である。

●飼育・増殖方法

捕食量が非常に大きいことから，餌不足による餓死や共食いを防ぐため，累代飼育の際には大量のハダニを常に供給する必要がある。効率的なハダニ供給源としてポット植えのコマツナ苗を用いる方法が開発されている。発芽後4～5週間経過したコマツナにナミハダニを接種したのち（発育全ステージ計4,000個体以上），テントウムシ雌成虫を導入する。ポットは上部をメッシュ張りした直径30cm，高さ40cmのアクリル容器などに入れる。餌供給のために5～10日おきにハダニが寄生したポット植えのコマツナ苗を新たに導入する。25℃条件でテントウムシ雌成虫を3個体導入したところ，30日後には成虫72個体，全発育ステージ合計では226個体ほどに増殖したという。

小規模飼育する場合，また実体顕微鏡下で観察する必要がある場合は，カブリダニ飼育に用いられるハダニが寄生したインゲンマメのリーフディスクも利用可能である。インゲンマメ葉には鉤状の毛があり幼虫がトラップされて死亡するので，その回避のため毛の少ないつる性の品種を用いる。

（岸本英成・下田武志）

サルメンツヤコバチ

(口絵：土着68)

学名 *Pteroptrix orientalis* (Silvestri)

<ハチ目／ツヤコバチ科>

英名 ―

主な対象害虫 クワシロカイガラムシ

その他の対象害虫 ―

発生分布 本州～九州

生息地 カキ，クワ，スモモ，モモ，チャ，キウイフルーツなどの樹園地

主な生息植物 クワシロカイガラムシが寄生している植物

越冬態 幼虫（クワシロカイガラムシ体内）

活動時期 春から秋

発生適温 不明

【観察の部】

●見分け方

体長は0.7～0.8mmと非常に小型であり，肉眼による見分けは困難である。ルーペか実体顕微鏡で観察すれば，黄色の胸部の上部に大型の黒色紋が見えるので，本種と確認できる。和名の「サルメン」は，胸部を頭のほうから見ると猿の顔（中央の黒色紋が口，左右の小型紋が目）に見えることに由来する。

クワシロカイガラムシ雌成虫の皮膚を使ってマミーをつくる。マミーの形態は俵型のチビトビコバチのものよりも扁平で，表面にはツヤがない。また，介殻は浮き上がらない。以前は，形態が酷似するベルレーゼコバチ *Encarsia berlesei* (Haword) と混同されていたが，別種である。ベルレーゼコバチとの識別は，胸部の大型黒色紋の有無がポイントとなる。

成虫は，チャトゲコナジラミの天敵寄生蜂のシルベストリコバチ雌成虫とも類似するが，シルベストリコバチはサルメンツヤコバチよりも小型で，胸部の形態が異なるので識別は可能である。ハネケナガ

〈寄生蜂〉サルメンツヤコバチ

ツヤコバチ *Encarsia citrine* (Craw)とも類似するが，胸部の黒色紋の有無（ハネケナガツヤコバチにはない）と前翅の形（ハネケナガツヤコバチの前翅は細長く長い縁毛がある）で識別は可能である。

幼虫はクワシロカイガラムシ体内に見られ，ゼリー状のウジ虫で脚はない。

●生息地

クワシロカイガラムシが寄生する植物が植栽されている園地。

●寄生・捕食行動

触角でクワシロカイガラムシの幼虫を探し，腹部の産卵管でクワシロカイガラムシ体内に産卵する。寄主体液摂取（ホストフィーディング）は行なわないと考えられるが，詳細は不明である。

クワシロカイガラムシでは，主に雌の2齢幼虫に寄生する。綿状のワックスの有無で雌雄を識別し，雄幼虫には寄生しないと考えられる。

単寄生性の飼い殺し型・内部寄生蜂である。すばやく動くチビトビコバチに比べるとややゆっくりとした動きで，産卵所要時間は数秒程度。産卵数は不明である。

●対象害虫の特徴

クワシロカイガラムシは，チャ，クワ，キウイフルーツなどに寄生し，吸汁加害する。わが国では年間2～4世代繰り返す。雌成虫で越冬し，本州の平坦地では年3世代，高冷地で年2世代，南九州の一部では年4世代の発生である。

【活用の部】

●発育と生態

卵（クワシロカイガラムシ体内），幼虫（クワシロカイガラムシ体内，ウジ型），蛹（クワシロカイガラムシのマミー内），成虫の順で発育する。国内で見られる個体のほとんどは雌で，雄はいない可能性がある（産雌性単為生殖）。ただし，海外では雌雄が確認されており，触角の形状が雌雄で若干異なるとされている。

クワシロカイガラムシ幼虫の孵化最盛日から2週間前後で本虫の羽化最盛日となる。羽化した成虫はクワシロカイガラムシの幼虫に産卵する。クワシロカイガラムシの世代数と同じ回数だけ成虫が出現する。成虫の活動期間は10日～2週間程度，成虫寿命は1日～数日と考えられる。

●保護と活用の方法

茶園では，クワシロカイガラムシの寄生が多いチャ株内に粘着トラップを吊り下げておくと，本種が捕獲できる。もし捕獲できなければ，そこでは本種が少ない（いない）と判断する。トラップによって本種の羽化時期も確認できる。モニタリング用の小型粘着トラップは，日本植物防疫協会から「小型粘着板（クワシロカイガラムシ用）」として販売されている（製造：サンケイ化学）。

地域によって本種の優占度は変化するが，静岡県の茶園では，クワシロカイガラムシの天敵寄生蜂のなかでチビトビコバチに次ぐ第2優占種となっている場合が多い。ただし，場所によっては第1優占種となっているケースも見られる。

保護対策としては，本虫の羽化時期前後（クワシロカイガラムシが年3回発生する地域では，例年5月下旬～6月上旬，7月下旬～8月上旬，9月下旬～10月上旬）は，本種に影響の強い殺虫剤の散布をひかえる。

クワシロカイガラムシ用の殺虫剤では，アプロード水和剤，アプロードエースフロアブル，コルト顆粒水和剤は本種成虫への影響は少ない。冬～春期に散布されているプルートMCは，本種への影響はないと考えられる。

本種に寄生する二次寄生蜂として，マルカイガラムシ類の二次寄生者であるマダラツヤコバチ *Marietta carnesi* (Howard)が知られ，時にはかなり高率に寄生される場合がある。

本種は，クワシロカイガラムシの防除のため，1909年に日本からイタリアに導入されたことがある。

●農薬の影響

合成ピレスロイド系殺虫剤（テルスターなど）や有機リン系殺虫剤（スプラサイド，ダーズバンなど）の本種に対する殺虫作用は強い。

ジアシル–ヒドラジン系IGR剤（ファルコン，ロムダンなど），ベンゾイル尿素系IGR剤（カスケード，マッチなど），ジアミド系殺虫剤（フェニックスな

ど），マクロライド系殺虫剤（アファームなど），殺ダニ剤（ダニゲッター，スターマイトなど），および殺菌剤の殺虫作用は総じて弱いと考えられる。

● 採集方法

　羽化時期が近づいたら，クワシロカイガラムシを枝ごと採取して室内でマミーから羽化させ，羽化した成虫を採集する。枝の採取時期としては，クワシロカイガラムシの孵化最盛日から1週間～10日たったころがよい。

　茶園では，成虫発生盛期に雨落ち部に白いバットなどを置き，うねの肩部を数回強く叩くとバット内へ成虫が落下してくる。落下した成虫を吸虫管などですばやく採集する。

● 飼育・増殖方法

　ジャガイモ塊茎，カボチャ果実などでクワシロカイガラムシを飼育し，そこに本虫（成虫）を放飼する。ただし，羽化と寄主幼虫への産卵のタイミングなどを精緻に調整する必要があるので，実際には人工的に増殖することは難しい。

（小澤朗人・久保田　栄）

ナナセツトビコバチ

（口絵：土着 69）

学名　Thomsonisca amathus Walker〔＝ T. typica (Mercet)〕
＜ハチ目／トビコバチ科＞
英名　—

主な対象害虫　クワシロカイガラムシ
その他の対象害虫　グミシロカイガラムシ
発生分布　日本全土と思われる（詳細は不明）
生息地　茶園，桑園など
主な生息植物　チャ，クワ，その他
越冬態　幼虫（詳細は不明）
活動時期　5～10月（詳細は不明）
発生適温　15～30℃（詳細は不明）

【観察の部】

● 見分け方

　体長は1mm足らずで見つけにくいが，クワシロカイガラムシ雄繭発生期ころにチャ樹の幹上で歩いているのを観察できる。雌雄ともに体色は全体黒色である。雌の触角は淡褐色を呈し，繋節が7節，棍棒状部が2節からなる。本種の和名は，この触角の特徴に由来する。産卵管は少し突出する。雄は雌に類似するが，触角の繋節は6節で，長毛を生ずるので容易に区別できる。蛹や卵で見分けることは不可能である。

　本虫の寄生は，蛹化する際に寄主がマミー化することにより判別できるが，蛹化が近づくと終齢幼虫の存在が外部からも透けて確認できるようになる。また，羽化の際に寄主の介殻を食い破るため，不整形の穴が生じることからも確認できる。しかし，他の寄生蜂でも同様の現象が見られるので，これらだけで本種による寄生と判断することは難しいと思われる。

　マミーは，チビトビコバチやサルメンツヤコバチのそれよりも大型。同様に茶園のクワシロカイガラムシに寄生して大きなマミーをつくる寄生蜂としては，クワシロミドリトビコバチ *Epitetracnemus comis* Noyes & Ren Hui がいる。ただし，ナナセツトビコバチのマミーでは介殻が容易に剥がれるのに対して，クワシロミドリトビコバチでは介殻がマミーに密着して剥がれにくいという特徴がある。

● 生息地

　ほぼ日本全国の茶園，桑園などに分布すると思われるが，詳細については不明である。越冬の実態も不明であるが，上記昆虫の雌成虫体内で幼虫越冬すると思われる。

● 寄生・捕食行動

　クワシロカイガラムシに対する寄生率は数％程度で，世代を経るに従い高くなる傾向にあるが，まれに50％を超えることもある（表1）。

　本種は，単寄生性の飼い殺し型・内部寄生蜂である。クワシロカイガラムシの雌成虫に寄生する。吸引粘着トラップなどによる調査では，図1にあるようにクワシロカイガラムシ雄成虫と本虫の誘殺消長はきわめて一致する傾向にある。

　クワシロカイガラムシの性フェロモンに本虫の雌成虫が特異的に誘引されることがわかっている。これらのことから，本虫はクワシロカイガラムシの雄

〈寄生蜂〉ナナセツトビコバチ

保護のみで高い効果 ▼カイガラムシ類の天敵

表1 ナナセツトビコバチのクワシロカイガラムシ雌成虫に対する寄生状況

調査日 (月/日)	クワシロ雌成虫 調査個体数（頭）	ナナセツトビコバチ	
		寄生数（頭）	寄生率（%）
1994年			
5/23	3,802	1	0.0
6/ 6	1,360	12	0.9
6/14	2,351	1	0.0
6/24	1,012	8	0.8
7/ 6	294	1	0.3
7/21	150	78	52.0
8/ 5	321	42	13.1
8/18	196	13	6.6
9/ 1	208	53	25.5
9/16	931	91	9.8
9/30	1,017	61	6.0
10/11	3,120	39	1.3
10/24	2,487	58	2.3
11/ 8	3,621	72	2.0
11/30	3,840	84	2.2
小 計	26,781	614	1.4
1995年			
4/20	1,412	15	1.1
5/ 1	1,111	10	0.9
5/15	1,144	6	0.5
6/ 1	590	24	4.1
6/13	1,129	38	3.4
6/30	460	246	53.5
7/14	348	239	68.7
7/28	184	91	49.5
小 計	9,874	669	6.8

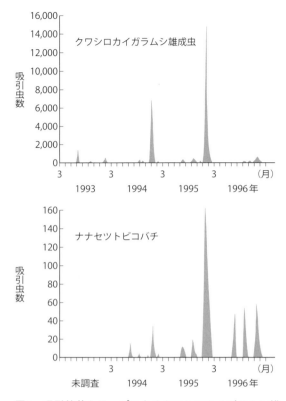

図1 吸引粘着トラップによるクワシロカイガラムシ雄成虫とナナセツトビコバチの誘殺消長
1993～1996年，鹿児島県茶業試験場内無防除園

成虫羽化期，すなわち交尾期に，性フェロモンを寄主探索源のカイロモンとして利用してクワシロカイガラムシ雌成虫に寄生すると考えられる。

●対象害虫の特徴

クワシロカイガラムシのほかに，グミシロカイガラムシにも寄生することがわかっている。そのほかシロカイガラムシ属にも寄生すると思われるが詳細は不明である。

クワシロカイガラムシは，茶生産者の間では"クワカイガラ"とも呼ばれる。雌成虫は，体長1.1～1.3mmで，直径1.7～2.8mmの円形～楕円形の白色～灰白色の介殻で覆われる。この介殻の特徴が和名の由来と思われる。チャ樹・クワなどの枝幹に寄生し，発生が多い場合にはひどく荒廃する。茶園における発生面積は，近年増加する傾向にあり注意を要する。

西南暖地の平坦地では通常年3回の発生であるが，南九州の一部では4回発生する。また，高冷地では年2回の地域がある。幼虫孵化期は，年3回発生の場合，おおむね5，7，9月である。

本虫が自力で移動できるのは孵化後数時間で，長い毛髪状口吻を寄主植物に挿し込み定着した後は，雄成虫期を除き，一生をその場所で過ごす。雄成虫は，おおむね6，8，10月に羽化するが，飛翔能力はきわめて低いと思われる。また，雄成虫の寿命は数日程度と思われる。

きわめて多食性で，寄主植物はクワ，モモ，ナシなど28種以上が知られており，それぞれに食性を異にする系統が存在するといわれている。

グミシロカイガラムシの雌の介殻は直径2mm程度で，しばしば背面が著しく隆起する。介殻は白色に近く，和名の由来と思われる。グミ類の枝・幹，葉面に寄生する。年2回の発生といわれている。

【活用の部】

●発育と生態

成虫は，6月上旬ころから発生が見られ，10月下旬に終息する。年3回（6，8，10月）発生し，寄主雄成虫の羽化消長とほぼ同調する。卵から幼虫，蛹まで害虫の雌成虫体内で発育し，一定期間経過すると成虫が寄主雌体内から脱出する。発育期間については不明であるが，夏期はほぼ2か月程度と思われる。

●保護と活用の方法

ナナセツトビコバチの大量増殖は難しいと思われる。したがって，年間防除体系のなかで本虫の活動を妨げないような農薬の使用法に留意する必要がある。多くの殺虫剤，特に有機リン剤など非選択性殺虫剤に対する感受性は高いので，活動が活発な6，8，10月の薬剤散布および薬剤の選定には留意する必要がある。

クワシロカイガラムシの性フェロモントラップを用いてモニタリングが可能である。ただし，誘引効率がきわめて高く，大量の成虫が誘引されるため，誘殺数と圃場密度との関係は不明である。クワシロカイガラムシの性フェロモンを使って効率的に雌成虫を集め，寄生率を増強する方法も考えられるが，これまでのところ寄生率の増強につながるようなデータは得られていない。

本種には，マルカイガラムシ類の二次寄生蜂であるマルカイガラクロフサトビコバチ *Zaomma lambinus* (Walker)が二次寄生する。ただし，二次寄生の頻度は低く，通常はまれである。

●農薬の影響

合成ピレスロイド系殺虫剤や有機リン系殺虫剤など多くの化学農薬に感受性を示すが，アプロード水和剤などのIGR剤やアドマイヤー水和剤などのネオニコチノイド系剤に対する感受性は低い。アファームなどのマクロライド系殺虫剤やミルベノック乳剤などの殺ダニ剤，各種殺菌剤に対しても感受性は低いと考えられる。

●採集方法

採集は，クワシロカイガラムシ寄生植物を野外から採集し，室内に持ち込み，水挿しして成虫が羽化するのを待つ。蜂が蛹化すると同時に，寄主虫体がマミー化することから寄生は確認できる。寄主介殻にすでに穴があいている場合は，脱出した後なので，蜂は出てこない。また，マミー化などは他の寄生蜂によっても同様な現象を生じるため，捕獲後同定が必要となる。

本虫の羽化期と寄主昆虫の交尾期（雄成虫羽化期）はきわめて同調するので，寄主昆虫の交尾期直後にクワシロカイガラムシ寄生植物を採集するとよい。クワシロカイガラムシの性フェロモンを使って雌成虫を集めることも可能と思われるが，実用的な採集技術はまだ開発されていない。

●飼育・増殖方法

成虫の飼育は，試験管などに蜂蜜を極少量塗布することで生存期間を延ばすことが可能であるが，塗布した蜂蜜により溺死する場合があるので注意する。

ジャガイモ塊茎，カボチャ果実などでクワシロカイガラムシを飼育し，そこに本虫（成虫）を放飼する方法で増殖は可能と考えられるが，羽化と寄主への産卵のタイミングなどを精緻に調整する必要があるので，実際には人工的に増殖することは難しい。

（神崎保成・小澤朗人）

チビトビコバチ

(口絵：土着70)

学名 *Arrhenophagus albitibiae* Girault

＜ハチ目／トビコバチ科＞

英名 —

主な対象害虫　クワシロカイガラムシ

その他の対象害虫　不明

発生分布　本州〜九州

生息地　チャ，クワ，キウイフルーツなどの樹園地

主な生息植物　クワシロカイガラムシが寄生している植物

越冬態　幼虫（クワシロカイガラムシ体内）

活動時期　春から秋

発生適温　不明

〈寄生蜂〉チビトビコバチ

▼カイガラムシ類の天敵／保護のみで高い効果

【観察の部】

●見分け方

　成虫の体色は黒褐色で，体長約0.5mmととても小さい。雌の触角は棍棒状，雄のそれは羽毛状である。肉眼では他の昆虫との区別は難しい。ただし，茶園における白いバットなどへの叩き落とし調査では，体サイズや動きなどの特徴において類似種がほとんどいないため，識別はある程度可能である。

　成虫の動きは非常に活発で，成虫発生期にはクワシロカイガラムシが寄生している枝の表面をすばやく探索・歩行しているのが観察される。クワシロカイガラムシの雄から羽化した個体は，雌から羽化した個体よりも小型である。

　幼虫はクワシロカイガラムシ体内に見られ，ゼリー状のウジ虫で脚はない。クワシロカイガラムシの皮膚を使って黄褐色の丸みを帯びた俵型のマミーをつくる。

　クワシロカイガラムシの雌に寄生した寄生蜂のマミーは，寄主体内の寄生蜂の発育が進むにつれて黄色から黒褐色に変化する。羽化直前になると，寄生蜂の黒い虫体（蛹）が透けて見えるようになる。

　クワシロカイガラムシ雌のマミーでは，羽化が近づくと徐々に俵状に膨らんでくるので，介殻と枝表面との間に隙間ができるようになり，介殻が浮き上がってくる。このため，ちょっとした震動や接触によりマミーが枝から容易に剥がれ落ちてしまう。

　クワシロカイガラムシの雄に寄生した寄生蜂のマミーは，羽化直前には透明のカプセル状になり，内部に黒色の虫体（蛹）が透けて見える。

●生息地

　チャ，クワ，キウイフルーツのクワシロカイガラムシが寄生する植物が植栽されている園地。

●寄生・捕食行動

　寄主1頭に1頭の寄生蜂が寄生する単寄生性の飼い殺し型・内部寄生蜂である。寄主体液摂取（ホストフィーディング）は行なわない。クワシロカイガラムシの定着直後の雌雄の1齢幼虫に産卵する。雌1頭当たりの産卵数は，約240個とされている。産卵はすばやく行ない，寄主1頭への産卵所要時間は，わずか0.11秒とされている。

●対象害虫の特徴

　クワシロカイガラムシは，チャ，クワ，キウイフルーツなどの枝幹に寄生し，吸汁加害する。雌成虫で越冬し，年間2〜4世代を経過する。本州の平坦地では年3世代，高冷地で年2世代，南九州の一部では年4世代の発生である。

【活用の部】

●発育と生態

　卵（クワシロカイガラムシ体内），幼虫（クワシロカイガラムシ体内，ウジ型），蛹（クワシロカイガラムシのマミー内），成虫の順で発育する。

　クワシロカイガラムシが年に3世代を経過する地域では，本虫の成虫は6回発生する。これは，雌に寄生した個体がクワシロカイガラムシ幼虫の孵化時期に羽化し（50〜60日かかる），雄に寄生した個体が雄の羽化時期（孵化時期のおよそ30日後）に羽化するからである。

　クワシロカイガラムシの雄から羽化した寄生蜂の場合，この時期には寄生できる寄主幼虫がいない（成虫期）ため，寄生できないまま死滅すると考えられる。なぜ，次世代の繁殖に不利になるような生活史をとるのかは不明である。

　成虫の寿命は，ショ糖液などの栄養源がない場合は1〜2日と短い。成虫の活動期間は，クワシロカイガラムシなどの寄主幼虫が孵化する10日〜2週間である。

●保護と活用の方法

　茶園では，クワシロカイガラムシの寄生が多いチャ株内に粘着トラップを吊り下げておくと，本種が捕獲できる。もし捕獲できなければ，そこでは本種が少ない（いない）と判断する。トラップによって本種の羽化時期も確認できる。また，本種の羽化はクワシロカイガラムシ幼虫の孵化とほぼ同調しているので，羽化消長を見ることによってクワシロカイガラムシの孵化消長（＝クワシロカイガラムシの防除適期）を知ることができる。モニタリング用の小型粘着トラップは，日本植物防疫協会から「小型粘着板（クワシロカイガラムシ用）」として販売されている（製造：サンケイ化学）。

地域によって本種の優占度は変化するが、静岡県の茶園では、一般にクワシロカイガラムシの天敵寄生蜂のなかで第1優占種となっている。これは、クワシロカイガラムシの種々の寄生蜂類のなかで、本種が最も早く羽化して寄生できる先取り効果があるためと、産卵数が他種より多いためと考えられる。

保護対策としては、本虫の羽化時期前後(クワシロカイガラムシが年3回発生する地域では、例年5月中下旬、7月中下旬、9月中下旬)は、本種に影響の強い殺虫剤の散布をひかえる。

クワシロカイガラムシ用の殺虫剤では、アプロード水和剤、アプロードエースフロアブル、コルト顆粒水和剤は本種成虫への影響は少ない。冬～春期に散布されているプルートMCは、本種への影響はないと考えられる。

●農薬の影響

本虫の羽化、産卵時期はクワシロカイガラムシの孵化時期に同調しており、孵化時期はクワシロカイガラムシの防除適期にあたる。このため、クワシロカイガラムシ防除のための殺虫剤散布が本虫に与える悪影響は大きい。また、茶園では、薬剤によっては株内だけでなく摘採面への樹上散布でも影響が出る可能性はある。

合成ピレスロイド系殺虫剤(テルスターなど)、有機リン系殺虫剤(スプラサイド、ダーズバンなど)の成虫への殺虫作用は強い。ネオニコチノイド系殺虫剤では、剤の種類によって殺虫作用はやや異なる(ダントツは強く、モスピランは弱いなど)。

ジアシルヒドラジン系IGR剤(ファルコン、ロムダンなど)、ベンゾイル尿素系IGR剤(カスケード、マッチなど)、ジアミド系殺虫剤(フェニックスなど)、マクロライド系殺虫剤(アファームなど)、殺ダニ剤(ダニゲッター、スターマイトなど)、および殺菌剤の殺虫作用は総じて弱い。

●採集方法

羽化時期が近づいたら、クワシロカイガラムシを枝ごと採取して室内でマミーから羽化させ、羽化した成虫を採集する。

茶園では、成虫発生盛期に雨落ち部に白いバットなどを置き、うねの肩部を数回強く叩くとバット内へ成虫が落下してくる。落下した成虫を吸虫管などですばやく採集する。

●飼育・増殖方法

ジャガイモ塊茎、カボチャ果実などでクワシロカイガラムシを飼育し、そこに本虫の成虫を放飼する。ただし、羽化と寄主幼虫への産卵のタイミングなどを精緻に調整する必要があるので、実際には人工的に増殖することは難しい。

(小澤朗人・久保田 栄)

フジコナカイガラクロバチ

(口絵:土着71)

学名 *Allotropa subclavata*(Muesebeck)
<ハチ目/ハラビロクロバチ科>
英名 ―

主な対象害虫 フジコナカイガラムシ
その他の対象害虫 不明
発生分布 本州・九州(これ以外で採集されたかどうか不明)
生息地 フジコナカイガラムシが生息する樹園地
主な生息植物 フジコナカイガラムシが寄生している植物
越冬態 幼虫(フジコナカイガラムシ体内)
活動時期 春から秋
発生適温 25～32℃

【観察の部】

●見分け方

体長約1mmの微小な蜂で、肉眼で見分けることは困難である。翅以外は頭部、胸部、腹部、触角および脚のいずれも黒色である。雌成虫の触角は雄成虫に比べて太い。

●生息地

フジコナカイガラムシが生息する樹園地。

●寄生・捕食行動

寄主は主にフジコナカイガラムシの1～2齢幼虫である。基本的には寄主1頭に対して1卵ずつ産下する単寄生蜂で、触角で寄主を確認し、腹部の産卵管で寄主体内に産卵する。生涯生むべき卵を羽化時に形成する斉一成熟性の蜂で、羽化時の蔵卵数は

〈寄生蜂〉フジコナカイガラトビコバチ

500程度である。寄主が十分いれば羽化後数日でほぼすべての卵を産下する。寄主体液摂取は観察されておらず，飼育虫は蜂蜜を摂取する。

● 対象害虫の特徴

　フジコナカイガラムシは，カキ，ブドウ，イチジク，カンキツなどに寄生し，果実および枝葉を吸汁加害する。主に1～2齢幼虫で越冬し，年間3～4世代発生する。

【活用の部】

● 発育と生態

　卵（フジコナカイガラムシ体内），幼虫（フジコナカイガラムシ体内），蛹（フジコナカイガラムシのマミー内），成虫の順で発育する。野外では年間3世代発生していると考えられ，本種の成虫時期はフジコナカイガラムシの若齢幼虫発生時期と同調している。

● 保護と活用の方法

　本種成虫に悪影響を及ぼす薬剤の使用をひかえることで，野外虫を保護利用できる。

● 農薬の影響

　合成ピレスロイド系剤や多くのネオニコチノイド系剤を散布すると，数週間にわたり本種成虫の生存率に悪影響を及ぼす。有機リン系剤の散布は悪影響を及ぼすが，その期間は1週間前後と比較的短い。IGR剤やBT剤，殺菌剤は悪影響を及ぼさない。

● 採集方法

　殺虫剤無散布のカキ園において，生息するフジコナカイガラムシを寄主植物ごと採集するか，フジコナカイガラムシやその天敵類を誘引するバンドトラップ（マジックテープに毛糸を絡ませたもの）を10日程度カキ枝に設置した後回収し，25℃で飼育すると羽化した成虫が得られる。バンドトラップにフジコナカイガラムシの卵塊を接種すると，捕獲数が増加する。

● 飼育・増殖方法

　カボチャ果実や芽出しソラマメなどで飼育したフジコナカイガラムシ若齢幼虫を収容した飼育容器内に本種成虫を放飼し，餌の蜂蜜を飼育容器内壁に線状に塗布する。

（手柴真弓）

フジコナカイガラトビコバチ
（口絵：土着71）

学名　*Anagyrus fujikona* Tachikawa
<ハチ目／トビコバチ科>
英名　―

主な対象害虫　フジコナカイガラムシ
その他の対象害虫　不明
発生分布　四国・九州
生息地　フジコナカイガラムシが生息する樹園地
主な生息植物　フジコナカイガラムシが寄生している植物
越冬態　不明
活動時期　春から秋
発生適温　不明

【観察の部】

● 見分け方

　雌成虫は体長約2mm，頭部は橙色，胸部および腹部は黒色，触角は基部から4節が黒色（ただし1節目と2節目に白色斑あり）で，それ以外は白色である。雄成虫は雌成虫より小型で，頭部，胸部，腹部とも黒色，脚は白色，触角は黒色で長毛を生じる。

● 生息地

　フジコナカイガラムシが生息する樹園地。

● 寄生・捕食行動

　羽化後に卵形成と産卵が並行して進む遂次成熟性の蜂である。触角で寄主を確認し，腹部の産卵管で寄主体内に産卵する。フジコナカイガラムシの卵を除くすべての齢期を攻撃する。1齢幼虫にも産卵するが，2齢幼虫以上で発育が可能である。若齢の寄主には産卵よりも寄主体液摂取を行なう。寄主体液摂取は，寄生とともにフジコナカイガラムシの重要な死亡要因となっている。

● 対象害虫の特徴

　フジコナカイガラムシは，カキ，ブドウ，イチジク，カンキツなどに寄生し，果実および枝葉を吸汁加害する。主に1～2齢幼虫で越冬し，年間3～4世代発生する。

【活用の部】

●発育と生態

卵（フジコナカイガラムシ体内），幼虫（フジコナカイガラムシ体内），蛹（フジコナカイガラムシのマミー内），成虫の順で発育する。発育速度から算出した野外の発生世代数は6である。

●保護と活用の方法

本種成虫に悪影響を及ぼす薬剤の使用をひかえることで，野外虫を保護利用できる。

●農薬の影響

剤によっては悪影響があると思われるが明らかではない。

●採集方法

殺虫剤無散布のカキ園において，生息するフジコナカイガラムシを寄主植物ごと採集するか，フジコナカイガラムシやその天敵類を誘引するバンドトラップ（マジックテープに毛糸を絡ませたもの）を10日程度カキ枝に設置した後回収し，25℃で飼育すると羽化した成虫が得られる。バンドトラップにフジコナカイガラムシの老齢幼虫や成虫を接種すると，捕獲数が増加する。

●飼育・増殖方法

カボチャ果実や芽出しソラマメなどで飼育したフジコナカイガラムシを収容した飼育容器内に本種成虫を放飼する。

（手柴真弓）

ツノグロトビコバチ

（口絵：土着71）

学名　*Anagyrus subnigricornis* Ishii

<ハチ目／トビコバチ科>

英名　—

主な対象害虫　フジコナカイガラムシ

その他の対象害虫　未詳

発生分布　四国・九州

生息地　不明

主な生息植物　不明

越冬態　不明

活動時期　春から秋

発生適温　不明

【観察の部】

●見分け方

雌成虫は体長約1.5mm，頭部および胸部は橙黄色で腹部は黒色，触角は全体に黒色で，基部の柄節に白色斑がある。雄成虫は雌成虫より小型で，頭部が橙色，胸部および腹部は黒色，触角は黒色で長毛を生じる。

●生息地

不明。

●寄生・捕食行動

不明。

●対象害虫の特徴

フジコナカイガラムシは，カキ，ブドウ，イチジク，カンキツなどに寄生し，果実および枝葉を吸汁加害する。主に1〜2齢幼虫で越冬し，年間3〜4世代発生する。

【活用の部】

●発育と生態

卵（フジコナカイガラムシ体内），幼虫（フジコナカイガラムシ体内），蛹（フジコナカイガラムシのマミー内），成虫の順で発育する。

●保護と活用の方法

本種成虫に悪影響を及ぼす薬剤の使用をひかえることで，野外虫を保護利用できる。

●農薬の影響

剤によっては悪影響があると思われるが明らかではない。

●採集方法

殺虫剤無散布のカキ園において，生息するフジコナカイガラムシを寄主植物ごと採集するか，フジコナカイガラムシやその天敵類を誘引するバンドトラップ（マジックテープに毛糸を絡ませたもの）を10日程度カキ枝に設置した後回収し，25℃で飼育すると羽化した成虫が得られる。バンドトラップにフジコナカイガラムシの老齢幼虫や成虫を接種すると，

〈寄生蜂〉フジコナヒゲナガトビコバチ

捕獲数が増加する。

● 飼育・増殖方法

　カボチャ果実や芽出しソラマメなどで飼育したフジコナカイガラムシを収容した飼育容器内に本種成虫を放飼する。

（手柴真弓）

フジコナヒゲナガトビコバチ
（口絵：土着72）

学名　*Leptomastix dactylopii* Howard
＜ハチ目／トビコバチ科＞
英名　—

主な対象害虫	ミカンコナカイガラムシ
その他の対象害虫	フジコナカイガラムシ
発生分布	本州・四国・九州
生息地	ミカンコナカイガラムシが生息する樹園地
主な生息植物	ミカンコナカイガラムシが寄生している植物
越冬態	不明
活動時期	不明
発生適温	25℃以上

【観察の部】

● 見分け方

　雌成虫は体長約2mmで、全体的にアメ色である。雄成虫は雌成虫に似るが触角に長毛を生じる。

● 生息地

　ミカンコナカイガラムシが生息する樹園地。

● 寄生・捕食行動

　本種は単寄生蜂で、雌成虫は約80の卵を産下する。触角で寄主を確認し、腹部の産卵管で寄主体内に産卵する。ミカンコナカイガラムシの3齢幼虫および成虫に寄生し、フジコナカイガラムシでも、そのマミーの大きさから3齢幼虫および成虫に寄生しているものと考えられる。成虫は寄主が排泄する甘露を摂取し、飼育虫は蜂蜜も摂取する。

● 対象害虫の特徴

　ミカンコナカイガラムシは果樹ではカンキツに、フジコナカイガラムシはカキ、ブドウ、イチジク、カンキツなどに寄生し、果実および枝葉を吸汁加害する。主に1〜2齢幼虫で越冬し、年間3〜4世代発生する。

【活用の部】

● 発育と生態

　卵（ミカンコナカイガラムシ体内）、幼虫（ミカンコナカイガラムシ体内）、蛹（ミカンコナカイガラムシのマミー内）、成虫の順で発育する。産下卵は25℃で飼育すると約1か月で成虫が羽化する。

● 保護と活用の方法

　本種成虫に悪影響を及ぼす薬剤の使用をひかえることで、野外虫を保護利用できる。

● 農薬の影響

　合成ピレスロイド系剤は悪影響が大きい。有機リン系剤やカーバメート系剤も悪影響を及ぼす。一般的な殺菌剤や肥料の葉面散布は影響しない。

● 採集方法

　殺虫剤無散布のカキ園において、生息するフジコナカイガラムシを寄主植物ごと採集するか、フジコナカイガラムシやその天敵類を誘引するバンドトラップ（マジックテープに毛糸を絡ませたもの）を10日程度カキ枝に設置した後回収し、25℃で飼育すると羽化した成虫が得られる。バンドトラップにフジコナカイガラムシの老齢幼虫や成虫を接種すると、捕獲数が増加する。

● 飼育・増殖方法

　カボチャ果実や芽出しソラマメなどで飼育した寄主に本種成虫を放飼し、餌の蜂蜜を飼育容器内壁に線状に塗布する。

（手柴真弓）

ベニトビコバチ

(口絵：土着72)

学名 *Leptomastidea bifasciata* (Mayr)
〔= *L. rubra* Tachikawa〕
<ハチ目／トビコバチ科>
英名 ―

主な対象害虫　スギヒメコナカイガラムシ
その他の対象害虫　フジコナカイガラムシ
発生分布　北海道・四国・九州
生息地　スギヒメコナカイガラムシが生息する樹園地
主な生息植物　スギヒメコナカイガラムシが寄生している植物
越冬態　不明
活動時期　不明
発生適温　不明

【観察の部】

●見分け方
　雌成虫は体長約1mm，体は全体的に橙赤色で頭部は若干橙色が強い。前翅には2本の黒帯がある。雄は雌に似るが，触角に長毛を生じるため容易に区別できる。
●生息地
　スギヒメコナカイガラムシが生息する樹園地。
●寄生・捕食行動
　不明。
●対象害虫の特徴
　スギヒメコナカイガラムシはスギ，ヒノキ，ツガ，サワラの葉に寄生し，吸汁加害する。幼虫で越冬し，年間数世代発生する。雌成虫は体長2mm程度で，成熟すると殻嚢と呼ばれる白色フェルト状の分泌物で体全体が覆われ，その中で5月ころ産卵する。
　フジコナカイガラムシはカキ，ブドウ，イチジク，カンキツなどに寄生し，果実および枝葉を吸汁加害する。主に1～2齢幼虫で越冬し，年間3～4世代発生する。

【活用の部】

●発育と生態
　卵（スギヒメコナカイガラムシ体内），幼虫（スギヒメコナカイガラムシ体内），蛹（スギヒメコナカイガラムシのマミー内），成虫の順で発育する。
●保護と活用の方法
　本種成虫に悪影響を及ぼす薬剤の使用をひかえることで，野外虫を保護利用できる。
●農薬の影響
　剤によっては悪影響があると思われるが明らかではない。
●採集方法
　不明。
●飼育・増殖方法
　不明。

(手柴真弓)

テントウムシ類

(口絵：土着73, 74)

学名
ヒメアカホシテントウ
　Chilocorus kuwanae Silvestr
ハレヤヒメテントウ
　Pseudoscymnus hareja Weise
<コウチュウ目／テントウムシ科>
英名 ―

主な対象害虫　クワシロカイガラムシ
その他の対象害虫　カイガラムシ類
発生分布　全国各地
生息地　茶園や桑園，果樹園などの樹園地
主な生息植物　クワシロカイガラムシやカイガラムシ類が寄生している植物
越冬態　成虫
活動時期　西南暖地では4～11月
発生適温　不明

〈テントウムシ類〉テントウムシ類

【観察の部】

●見分け方

◎ヒメアカホシテントウ

　幼虫，成虫ともに，茶園ではクワシロカイガラムシが寄生している枝上に生息する。成虫の体長は3.3～4.9mmで，大きさにはやや個体差がみられる。老熟幼虫の体長は5～6mm。

　成虫の形態は真円型，光沢のある黒色で，上翅の左右に一対の明瞭な赤い丸い斑紋がある。ナミテントウも黒地に丸い斑紋のある個体が見られるが，ヒメアカホシテントウはナミテントウよりも一回り小さく，斑紋の赤色が濃い。

　幼虫は，全身に棘状の黒い長毛があり，一見ずんぐりした黒い毛虫に見える。捕食中はじっとしているが，刺激を受けるとすばやく歩行移動する。老熟幼虫は，主に古葉の葉裏で蛹化する。

　卵は黄～淡い橙色で，茶園ではクワシロカイガラムシ雌成虫の介殻の下（中）に1粒ずつ産下する。卵の大きさはクワシロカイガラムシ卵よりもはるかに大きいので，クワシロカイガラムシの卵との区別は容易である。なお，ハレヤヒメテントウの卵は，ヒメアカホシテントウよりも一回り小さい。

◎ハレヤヒメテントウ

　幼虫，成虫ともに，茶園ではクワシロカイガラムシが寄生している枝上に生息する。成虫の体長は1.9～2.5mm。上翅は黒褐色，頭部と胸は橙色，全体の形はやや細長い楕円形で，上翅に光沢はなく短い微毛で覆われる。上翅の左右にぼんやりとした一対の橙黄色の斑紋がある。頭部と胸部は橙黄色。

　幼虫は体長3～6mmで，背中全体に白いブラシ状のロウ物質をまとっている。そのため，クワシロカイガラムシの白い雄繭コロニーの中にいると，非常に見つけにくい。幼虫は，捕食中はじっとしているが，ちょっとした震動や刺激で枝から離脱し落下する。

　老熟幼虫は，主に古葉の葉裏で蛹化する。

　卵はやや細長い卵形で，茶園ではクワシロカイガラムシの雌成虫の介殻の下（中）に1～2個ずつ産下される。大きさは，クワシロカイガラムシの卵よりも一回り大きいので，クワシロカイガラムシ卵との区別は容易。

●生息地

　クワシロカイガラムシなどのカイガラムシ類が寄生する植物が植栽されている樹園地。

●寄生・捕食行動

◎ヒメアカホシテントウ

　茶園では，主にクワシロカイガラムシを捕食している。他のカイガラムシ類も捕食すると考えられるが，ロウムシ類は好適な餌ではないと思われる。幼虫，成虫ともにクワシロカイガラムシのすべてのステージ（卵，幼虫，雄繭，雌成虫）を捕食する。

　クワシロカイガラムシに対してはかなり大食いで，1頭のヒメアカホシテントウは生涯に数百頭ものクワシロカイガラムシを捕食すると考えられ，老熟幼虫は1日に数十頭のクワシロカイガラムシ雌成虫を捕食するとされる。

　餌がクワシロカイガラムシ雌成虫の場合，介殻の上部を食い破って中にある虫体を捕食する。そのため，ヒメアカホシテントウに捕食されたクワシロカイガラムシ雌成虫では，介殻に大きな不定形の穴があき中は空になっているので，本種に捕食されたかどうかの判別は介殻を観察すると容易である。

◎ハレヤヒメテントウ

　幼虫，成虫ともにクワシロカイガラムシの卵，1～2齢幼虫と雄繭（蛹）を主に捕食する。

　捕食量ははっきりしないが，1頭のハレヤヒメテントウは生涯に数十頭以上のクワシロカイガラムシを捕食すると考えられる。

　クワシロカイガラムシ雌成虫に対しては，ヒメアカホシテントウのように介殻を食い破って食べることが難しいようだが，雄繭は好んで食べる。

●対象害虫の特徴

　クワシロカイガラムシは，チャ，クワ，キウイフルーツなどに寄生し，吸汁加害する。雌成虫で越冬し，年間2～4世代を経過する。本州の平坦地では年3世代，高冷地で年2世代，南九州の一部では年4世代の発生である。

【活用の部】

●発育と生態

◎ヒメアカホシテントウ

　成虫で越冬し，茶園では落ち葉の中などで集団越冬すると考えられる。野外では，樹皮下などで集団越冬する。成虫は，4月になると越冬場所からチャ樹に移動し，クワシロカイガラムシの雌成虫を食べ始め，産卵も始める。

　暖地では年2～3世代を経過すると考えられる。年3世代の場合は，越冬明けの成虫が産下した卵から孵化した幼虫は6月下旬～7月中旬ころに成虫（第1世代）になる。その後，クワシロカイガラムシを捕食して産卵し，次世代（第2世代）成虫は8月中旬ころから発生し，さらにその次世代（第3世代）成虫が9月下旬ころから発生し，これらはそのまま越冬すると考えられる。産卵数は発生世代によっても異なるとされ，条件によっては40個程度から200個以上に及ぶ場合もある。

　ヒメアカホシテントウには，トビコバチ科の寄生蜂であるアシガルトビコバチが寄生する。アシガルトビコバチはヒメアカホシテントウの幼虫に寄生し，寄主幼虫が老熟幼虫になったときに2～3頭の蜂が羽化する（多寄生）。ただし，茶園での寄生率は低い。なお，天敵のアシガルトビコバチにもオオモンクロバチ科の寄生蜂が高次寄生する。

◎ハレヤヒメテントウ

　茶園では4月中旬～11月中旬ころまで見られる。成虫で越冬すると考えられるが，茶園での越冬場所など越冬生態については不明な点が多い。茶園における成虫の年間の発生消長はクワシロカイガラムシのそれと同調しており，クワシロカイガラムシの孵化ピークと雄成虫の羽化ピークの0～2週間後に，ハレヤヒメテントウ成虫の発生ピークが見られる。成虫の発生ピークが年間5～6回見られる場合もあり，西南暖地での年間の発生世代数は4～5回と考えられる。産卵数や発育期間などの個生態については不明な点が多い。

　静岡県の茶園では，ヒメアカホシテントウに比べると比較的どこにでも見られる普通種であり，クワシロカイガラムシを捕食するコウチュウ類のなかでは優占種となっている。茶園では，クワシロカイガラムシの密度の高い場所に集中的に発生していることが多い。ハレヤヒメテントウの天敵として寄生蜂のカオジロトビコバチが知られているが，寄生率は通常の茶園では低いと考えられる。

●保護と活用の方法

　有機リン系や合成ピレスロイド系殺虫剤の使用を避ける。特に，薬剤散布による直接的な影響を受けやすくなるクワシロカイガラムシの防除にあたっては，テントウムシ類に影響が少ないアプロードエースやコルトを使用する。

　テントウムシ類はクワシロカイガラムシ密度の高い場所に集中する傾向があり，捕食による密度抑制効果も顕著に現われるので，テントウムシ類の密度が高い場合にはクワシロカイガラムシの防除を省くことも可能である。

●農薬の影響

◎ヒメアカホシテントウ

　総じて非選択性殺虫剤の影響は大きく，有機リン剤を使用している慣行防除茶園では，本種はほとんど見られない。有機リン系殺虫剤のスプラサイドやダーズバンに対する感受性は非常に高く，影響が大きい。そのため，クワシロカイガラムシの防除でスプラサイドを使用すると，ヒメアカホシテントウはほとんどいなくなってしまう。テルスターなどの合成ピレスロイド剤の殺虫作用もたいへん強い。アドマイヤーなどネオニコチノイド系殺虫剤の殺虫作用は総じて強い。

　ディアナなどのマクロライド系，ハチハチ，コルト，ジアシル-ヒドラジン系IGR剤（ファルコン，ロムダンなど），ベンゾイル尿素系IGR剤（カスケード，マッチなど），ジアミド系剤（フェニックスなど），殺ダニ剤，殺菌剤の殺虫作用はないか弱い。ただし，ガンバはやや強い殺虫作用がある。プルートMCの影響は不明である。

◎ハレヤヒメテントウ

　テルスターなどの合成ピレスロイド剤の殺虫作用はたいへん強い。ヒメアカホシテントウに比べると，スプラサイドなど有機リン剤に対する感受性はやや低い。そのためか，慣行防除茶園においても，本種は比較的普通に見られる。ネオニコチノイド系

〈捕食性バエ〉タマバエの一種

殺虫剤では，アドマイヤー，ダントツの殺虫作用は強いが，モスピランはやや弱い。

ジアシル-ヒドラジン系IGR剤（ファルコン，ロムダンなど），ベンゾイル尿素系IGR剤（カスケード，マッチなど），ジアミド系剤（フェニックスなど），マクロライド系剤（アファームなど），殺ダニ剤（ダニゲッター，スターマイトなど），および殺菌剤の殺虫作用は総じて弱いと考えられる。

プルートMCに対する感受性は高く，殺虫作用が散布後3か月以上持続する。しかし，通常の冬期散布の場合には，夏期以降に大きな影響はみられない。

●採集方法

クワシロカイガラムシの発生園でテントウムシ類が発生していれば，成虫または幼虫を捕獲する。雨落ち部にバットなどを置き，うねの肩部を手で強く叩くとテントウムシ類の成虫や幼虫がバット中に落下してくる。落下した虫は，筆などを使って虫体に傷がつかないようにていねいに拾い上げて集める。チャ枝にとりついている幼虫を，細筆などを使って直接拾い上げて集めることもできる。

チャ株内（摘採面下約10cmの位置）に黄色粘着トラップを設置すると，ハレヤヒメテントウの成虫はこれによく捕獲される。トラップによる捕獲数を経時的に調査することにより，発生消長や相対的な密度が把握できる。一方，ヒメアカホシテントウは，黄色粘着トラップにはあまり捕獲されない。

●飼育・増殖方法

ヒメアカホシテントウとハレヤヒメテントウの好適な餌であるクワシロカイガラムシは，黒皮カボチャなどの日本在来のカボチャを使って室内で飼育することが可能である。室内でクワシロカイガラムシを大量に着生させたカボチャにテントウムシ類の成虫または幼虫を放虫すると，カボチャ上で世代を更新させて大量増殖させることができる。

ただし，ヒメアカホシテントウやハレヤヒメテントウはかなり大量の餌（クワシロカイガラムシ）を食べるので，餌を切らさないように十分な数のクワシロカイガラムシ付きのカボチャを準備しておかなければならない。そのためには，カボチャ接種用のクワシロカイガラムシの卵を前もって大量に集めておく必要があり，これらテントウムシ類を大量かつ継続的に飼育・増殖することは現実的にはかなり難しい。茶園あるいは桑園でクワシロカイガラムシが高密度で発生している場合には，カイガラムシが多数付着した枝を圃場から採取して，これらを餌として与えることもできる。

なお，クワシロカイガラムシの累代飼育はカボチャを使えば可能ではあるが，2世代以上を同じカボチャで飼うことは難しく（吸汁によりカボチャの状態が悪くなり腐敗する），カボチャからカボチャへの植え継ぎをしたとしても，3世代以上を累代飼育することは現時点では困難となっている。

（小澤朗人）

タマバエの一種

（口絵：土着75）

学名　*Dentifibula* sp.
<ハエ目／タマバエ科>
英名　—

主な対象害虫　クワシロカイガラムシ
その他の対象害虫　不明
発生分布　全国各地
生息地　茶園などの樹園地
主な生息植物　クワシロカイガラムシが寄生している植物
越冬態　不明
活動時期　春から秋
発生適温　不明

【観察の部】

●見分け方

成虫の体長は2〜3mm。老熟幼虫の体長は2〜3mm。幼虫は，クワシロカイガラムシ雌成虫の介殻の下にもぐっているので，介殻を剥がすと見つけることができる。幼虫は，足のないいわゆる「ウジ」形態で，動きはやや鈍い。幼虫の体色はやや赤みのかかった透明で，内臓は透けて赤く見えることが多い。タマバエの終齢（3齢）幼虫には，タマバエ類に特徴的な「胸骨」と呼ばれる器官がある。成虫の外観は，

蚊に似ている。成虫の翅の中央部にぼんやりとした黒い斑紋が並んで2つある。

タマバエの成虫の翅（前翅。後翅は退化して見えない）全体に微毛が生えているので，キノコバエ類など他の微小ハエ類と容易に区別できる（他のハエ類の翅には微毛はない。ただし，チョウバエ類の翅には長毛があるが，翅の形がまったく異なる）。翅の翅脈は，他の微小ハエ類，たとえばキノコバエ類と比べると単純である。触角は数珠状で長く，各節に毛がある。成虫の各脚の脛節末端には，キノコバエ類に見られるような鋭い棘（脛節距）がない。

なお，茶園では本種以外に*Lestodiplosis*属のタマバエもクワシロカイガラムシを捕食している場合がある。クワシロカイガラムシ捕食性の*Lestodiplosis*属タマバエの成虫の翅には黒い斑紋がないので，*Dentifibula* sp.と区別できる。しかし，幼虫では，種の区別は困難である。

● 生息地

クワシロカイガラムシが寄生する植物が植栽されている樹園地。

● 寄生・捕食行動

幼虫は，孵化後すぐに餌となるカイガラムシの虫体や卵を探して食らいつき，食らいついた部位から体液を吸うようにして捕食する。1頭の幼虫は，クワシロカイガラムシ1頭以上を捕食する。

幼虫は産卵期の主に雌成虫を捕食し，介殻内に産下されているクワシロカイガラムシの卵も捕食する。1頭を食べ終わると，別のクワシロカイガラムシ個体の介殻の下に移動して捕食する。完全に捕食された雌成虫は，干からびて黒褐色のミイラ状になる。クワシロカイガラムシ雌成虫の介殻を剥がすと黒褐色の煎餅状の干からびた死骸がある場合は，タマバエに捕食された後である可能性が高い。

● 対象害虫の特徴

クワシロカイガラムシは，チャ，クワ，キウイフルーツなどに寄生し，吸汁加害する。わが国では年間2～4世代繰り返す。雌成虫で越冬し，本州の平坦地では年3世代，高冷地で年2世代，南九州の一部では年4世代の発生である。

【活用の部】

● 発育と生態

カイガラムシの介殻近傍や介殻内に1個ずつ産卵すると考えられる。産卵数は不明。幼虫は介殻の下でクワシロの虫体や卵を食べて育ち，主に介殻の下で蛹化する。なお，蛹は薄い繭に覆われている。

成虫は5月上旬から10月までだらだらと発生し，ピーク時期はあまり明瞭ではないが，クワシロカイガラムシの産卵～孵化期に当たる5月上中旬と7月下旬～8月上旬，10月上中旬に発生ピークが見られる。成虫の寿命は，雌で4～5日，雄は1～2日と短い。成虫の羽化時刻は，夕方から早朝にかけての夜間である。性比は，雌雄比1：1よりのやや雌に偏る2：1程度と推定される。茶園における越冬生態はよくわかっていない。

寄生蜂を含めたクワシロカイガラムシ天敵群のギルド内での競争においては，寄生蜂に寄生されている寄主（マミー）をも捕食する。そのためか，クワシロカイガラムシの世代が進むにつれて天敵群集内のタマバエの頻度が高まっていく傾向が確認されている。クワシロカイガラムシの年間の各世代では第2世代期に最も密度が高まり，その次世代の越冬世代になると下がる傾向がみられる。

クワシロカイガラムシ雌成虫が寄生した枝を採取して行なう天敵類の羽化調査では，チビトビコバチなど主要な寄生蜂をしのぐ数の成虫が羽化することがあり，場所によってはクワシロカイガラムシの天敵類のなかで優占天敵種となっているケースもある。

なお，茶園には，本種以外に多種多様なタマバエ類が生息していると考えられる。害虫捕食性のタマバエ類としては，カンザワハダニを捕食するハダニバエや，ハマキガなどのチョウ目の幼虫を捕食するタマバエの一種（*Lestodiplosis* sp.）が生息する。ハダニバエは，幼虫，成虫ともに本種（*Dentifibula* sp.）よりも小型で成虫の翅に模様はない。

ハマキガ食の*Lestodiplosis* sp.の成虫は，本種にやや似るが，翅に比較的明瞭な複数の黒斑があるので，本種との識別は可能である。また，幼虫の主な生息場所は，*Dentifibula* sp.はクワシロカイガラ

〈捕食性バエ〉タマバエの一種

ムシが寄生する枝上，ハダニバエやハマキガ食の Lestodiplosis sp. は葉裏や巻葉内である。

　茶園には，腐食性(落ち葉などを餌にする種)や菌食性(雑カビやもち病，網もち病などの病斑を餌にする種)のタマバエも複数種が生息すると考えられ，成虫の外観で捕食性の種かどうかを識別することは困難である。

● 保護と活用の方法

　葉層の厚い茶園で多い傾向がみられ，更新茶園(更新当年やその翌年)などでは少ない。有機リン系やピレスロイド系殺虫剤の使用はできるだけ避ける。特に，散布による直接的な影響を受けやすいクワシロカイガラムシ防除にあたっては，本種への影響が少ないと考えられるアプロードエースやコルトを使用する。

　寄生の頻度は低いが，本種の幼虫には微小なヒゲナガクロバチ科の寄生蜂が寄生する。

● 農薬の影響

　成虫に対する農薬の影響については，スプラサイドやダーズバンなどの有機リン系殺虫剤の殺虫作用はたいへん強い。一方，アドマイヤーなどネオニコチノイド系殺虫剤の殺虫作用は総じて弱い。

　ジアシル-ヒドラジン系IGR剤(ファルコン，ロムダンなど)，ベンゾイル尿素系IGR剤(カスケード，マッチなど)，ジアミド系剤(フェニックスなど)，マクロライド系剤(アファームなど)，殺ダニ剤(ダニゲッター，スターマイトなど)，および殺菌剤の殺虫作用は総じて弱いと考えられる。

　プルートMCの影響は小さいと考えられる。

● 採集方法

　クワシロカイガラムシの各世代の孵化時期(年3世代地域では，5月中旬，7月中旬，9月中旬)にクワシロカイガラムシを枝ごと採取する。実体顕微鏡下でクワシロカイガラムシの雌成虫の介殻を剥がすと幼虫を見つけることができる。

　茶園では，チャ株内(摘採面下約10cmの位置)に黄色粘着トラップを設置すると，これに成虫がよく捕獲される。トラップによる捕獲数を経時的に調査することにより，発生消長や相対的な密度が把握できる。

● 飼育・増殖方法

　幼虫から成虫までの飼育は，適当な飼育容器の中にクワシロカイガラムシの寄生枝を入れておくだけで可能であるが，さらに次世代を増殖させることは現時点では難しいと考えられる。

(小澤朗人)

保護と強化で高い効果

ケボソナガヒシダニ
(口絵：土着76)

学名 *Agistemus terminalis* (Quayle)
<ダニ目／ナガヒシダニ科>
英名 ―

主な対象害虫 ミカンハダニ，クワオオハダニ，カンザワハダニ，ミカンサビダニ

その他の対象害虫 ミカンコナジラミ卵，ヤノネカイガラムシ幼虫，コハリダニ類

発生分布 本州・四国・九州・沖縄本島，韓国，中国，台湾，タイ，インドネシア，インド，アメリカ合衆国，メキシコ，グアテマラ

生息地 主に樹木類

主な生息植物 カンキツ，ナシ，カキ，イヌマキ，スギ，ヒノキ，キンモクセイ，アジサイ

越冬態 雌成虫

活動時期 4～11月

発生適温 15～30℃（30℃ではやや捕食量，産卵数が落ちる）

【観察の部】

●見分け方

濃赤色で菱形の体型をもつ。雌成虫の胴長は0.35mm。カブリダニ類と比べてゆっくりとした動きで捕食行動をする。しばしば葉裏の葉脈沿いに生息する。

同定は主としてスライド標本にされた雌成虫で行なう。胴体部の形状や胴背毛の長さなどが同定の際の形質となる。ルーペや実体顕微鏡下では他種との区別は困難である。本種の特徴としては，胴背毛は細くその起点にはこぶがなく，また，多くの胴背毛は隣り合う毛の起点に届かない。

本種のほかに，わが国に農生態系で多く観察されるのはコブモチナガヒシダニ*Agistemus exsertus* Gonzalez，キタナガヒシダニ*Agistemus lobatus* Eharaである。コブモチナガヒシダニには胴背毛の起点にそれぞれこぶがあり，ほとんどの毛は隣り合う毛の起点に十分届く。また，キタナガヒシダニの前胴体背毛の第3対は肩毛よりはるかに長い。

本種は朱色～濃赤色で球形の小型卵を葉脈沿いに産む。これらの卵の存在も本種の生息を知る手がかりとなる。なお，コブモチナガヒシダニの卵は黄燈色である。

●生息地

カンキツ園やナシ園のハダニ，フシダニ，カイガラムシなどの寄生葉での報告が多い。イヌマキやスギでは周年観察されるが，6～7月と9月に個体数が増加する。カンキツ樹上では雌成虫で，葉裏やミカンコナジラミの蛹殻，クモの巣の内側やヤノネカイガラムシの死亡殻内で越冬するが，冬期死亡率はきわめて高い。

●寄生・捕食行動

ゆっくりとした動作で餌を捕食する。ミカンハダニの場合は主として卵を捕食する。1日当たりの卵捕食量は，15℃で1個，20℃で2.4個，25℃で6.1個，30℃で3.4個とカブリダニ類と比べると少ない。ミカンサビダニは成虫以下発育全ステージを捕食する。その他，ミカンコナジラミ卵も捕食するが，ミカンハダニに比べて選好性が劣る。ヤノネカイガラムシ1齢幼虫の捕食も観察されている。

●対象害虫の特徴

一般に網をあまり張らないハダニ類やフシダニ類が多い。また産卵部位が葉脈沿いの害虫とは分布の重なり度が高く，したがって捕食効率も上がる。

【活用の部】

●発育と生態

卵，幼虫，第1若虫，第2若虫，成虫のステージをもつ。幼虫は6本，第1若虫以降は8本の脚を有する。成長に従って濃赤色の体色は濃くなる。ミカンハダニ卵を餌としたとき，20℃では約20日，25℃では約12日，30℃では約10日で卵から成虫とな

〈アザミウマ類〉ハダニアザミウマ

る。また，1雌当たりの総産卵数は20℃では36.2個，25℃では38.3個，30℃では26.5個である。なお，20℃での増殖率はミカンハダニと同程度であるが，25℃と30℃ではミカンハダニよりかなり低い。

ミカンサビダニを餌としたときも発育・産卵可能であり，25℃では11.5日で卵から成虫となり，雌成虫は1日に約2個の卵を産む。

●保護と活用の方法

捕食量が少なく，25℃以上ではミカンハダニよりも増殖率が劣ることから，夏期のミカンハダニの密度抑制には効果がないと考えられる。一方，20℃ではミカンハダニと同程度の増殖率を示すことから，秋期のミカンハダニに対する利用可能性を検討する余地が残されている。

ミカンサビダニに対しては有効なカブリダニ種がケブトカブリダニのみと少なく，またケブトカブリダニは通常カンキツ樹上に発生しないことから，本種が有望な天敵の一つとして期待される。

カンキツ園の防風樹であるイヌマキやスギに多数生息していることから，温存源やカンキツ樹上への供給源として重要な役割を果たすと考えられる。

●農薬の影響

本種の各種薬剤に対する感受性データはないが，古くから慣行防除カンキツ園での発生はまれなことから，特に非選択性殺虫剤は悪影響が大きいと考えられる。今後，選択性殺虫剤などのデータを蓄積して，本種に影響の少ない農薬を探索する必要がある。

●採集方法

スギやイヌマキなどの防風樹の枝・葉の下に大きなバットや紙・布を広げ，手や棒で叩いて，落下した個体を小筆で集める。虫体が赤いので，バットや紙・布は白いものが観察しやすい。

カンキツやナシにおいて，樹齢が比較的進んだ樹園で，農薬の影響が少ない時期に，ハダニ類やフシダニ類が寄生する葉上を観察する。寄生が見られた葉をビニール袋に入れ，直射日光を避けて持ち帰る。植物からの分離は，実体顕微鏡下で小筆を使って行なう。

●飼育・増殖方法

本種を室内で飼育，維持する技術は，まだ開発されていない。したがって，現段階では樹園地での本種の増殖，維持が主体となる。

（天野　洋・岸本英成）

ハダニアザミウマ
（口絵：土着76）

学名　*Scolothrips takahashii* Priesner
＜アザミウマ目／アザミウマ科＞
英名　―

主な対象害虫　ハダニ類（カンザワハダニ，ナミハダニ黄緑型，オウトウハダニ，ミカンハダニ，クワオオハダニなど）
その他の対象害虫　不明
発生分布　北海道～九州
生息地　樹木園，露地畑，それらの周辺植生（雑草，防風樹，街路樹）など
主な生息植物　カンキツ，ナシ，チャ，イヌツゲ，クズ，サクラ，アジサイなどハダニ類の発生している植物上
越冬態　成虫
活動時期　4～11月
発生適温　15～30℃

【観察の部】

●見分け方

雌成虫の体長は1mmほどでアザミウマとしては普通の大きさである。成虫には背面（上翅）に3対の褐色の斑点があり，本種の確認は容易である。体色は淡黄色であるが，腹部（消化管）の色は餌の色によって変化する。なお，肉眼レベルでは，マリーゴールドの葉に寄生するトラフアザミウマ *Hydatothrips samayunkur* Kudoに似ている。

雄成虫は雌よりもやや小型で，腹部が細長く，上翅の長さも短い。雌雄の識別に多少の熟練を要するが，交尾中のペアであれば実態顕微鏡下で容易に区別できる。交尾はハダニ被害葉に数個体の成虫を導入した際に起こりやすい。

幼虫は白色を呈し，植物寄生性のアザミウマ幼虫に似る。腹部の色が餌の色によって変化するので，

これを植食性アザミウマ幼虫との一応の識別点にできる。たとえば、消化管が赤色化した幼虫がカンザワハダニやミカンハダニなどのコロニー内に見られる場合には、本種の幼虫と考えてさしつかえない。ただし、この方法は本種の蛹（全身が白色）には適用できない。

産卵直後の卵は植物組織内にあり、実態顕微鏡下での観察は容易ではない。孵化が近づいた卵は組織表面から盛り上がり、赤色〜赤褐色をした眼が透けて見えるようになる。

● 生息地

ハダニ類が発生する植物上に生息する。その多くは、ハダニ類が多発する樹木園内およびその周辺植生上（雑草や防風樹、街路樹など）で発見される。餌が豊富な場所を求めて移動する場合があり、長期間にわたり同一地点で観察されるケースは多くないと考えられる。越冬態は成虫であるが、越冬生態はよくわかっていない。

● 寄生・捕食行動

ハダニ類のスペシャリスト捕食者であり、ハダニ以外の好適な餌は報告されていない。本種の幼虫・成虫がハダニの卵、幼虫、若虫、成虫を前足でとらえて、口針で体液を吸汁捕食する。ハダニ雌成虫など大型の餌に関しては、わずかに吸汁しただけで放棄することがしばしばある。このようなつまみ食い的な捕食行動は、結果的により多くの害虫を死亡させるため、天敵としての重要性を高める要因の1つとなっている。蛹は緩慢に動いて移動するが、捕食活動はしない。

30℃で雌成虫は1日にカンザワハダニ卵を平均54卵、成虫なら10.7匹を捕食できる。また22℃において、2齢幼虫は1日にナミハダニ黄緑型の卵を22.5卵、1齢幼虫は10卵をそれぞれ捕食するという。

捕食能力ではクロヒメテントウ類やケシハネカクシ類などの捕食性昆虫類よりも劣るものの、ハダニ低密度時における定着性は本種のほうが高いといわれている。カブリダニ類との比較では逆の関係にある。そのため、天敵としての位置づけは、これらの捕食性昆虫類とカブリダニ類の中間的な存在と考えられている。

餌が豊富な生息場所を求め、成虫が飛翔移動を行なう。1回の飛翔で少なくとも4〜5m移動することがある。ハダニの被害を受けた植物が放出する匂いに反応することがある。この行動には被害植物を遠方から効率的に発見できるメリットがある。

関東地方では4月中下旬から11月下旬ころまで発生するが、年間世代数は不明である。本種の発生消長はハダニのそれに強い影響を受ける。そのため本種の密度ピークが形成される時期は、ハダニの密度ピーク時期と同じか、または若干遅れるのが普通である。また、ハダニ密度が低い時期においても、本種の発生が観察されることがある。

● 対象害虫の特徴

ナミハダニ黄緑型、カンザワハダニ、ナミハダニモドキなどを好み、ミカンハダニもよく利用する。これらのハダニ類は果樹、チャ、野菜、花卉などほとんどの農作物を加害するほか、雑草や防風樹、街路樹などにも寄生することが知られている。

【活用の部】

● 発育と生態

卵、幼虫、前蛹、蛹、成虫の順で発育する。不完全変態であるので、発育が進むにつれて成虫の形に近づいてくる。蛹の背面には羽の基になる翅芽がある。卵は被害葉の組織内に産み込まれる。1日の産卵数は3〜4卵。外国の近縁種は1雌で200卵程度を産むという。25℃では、孵化から羽化までの経過日数は7.6日と比較的短い。

● 保護と活用の方法

他の天敵昆虫類の場合と同様、本種が多発する樹木園や圃場などの周辺には天敵供給源（ハダニ類が発生する雑草や防風樹、街路樹）が存在することが多い。これらの天敵供給源を確保・保護することが、園内での天敵効果を結果的に高めることになる。

国外では近縁種であるムツテンアザミウマ *S. sexmaculatus* (Pergande)を増殖し、放飼している例があるという。

● 農薬の影響

殺虫剤の使用頻度が高い圃場では発生が少ない傾向がある。たとえば、茶園など害虫の種類が多く、

〈コウチュウ類〉ハネカクシ類

殺虫剤の散布頻度が高い場所では，あまり発見できない。また，ナシ園では，殺虫剤散布後に本種の発生密度が激減する（葉上での死亡が確認される）場合がある。これらの例から判断すると，本虫は殺虫剤の影響を受けやすいと思われる。

合成ピレスロイド剤散布後のカンキツ園で発生するハダニ類のリサージェンスは，合成ピレスロイド剤が本種やハネカクシ類など密度依存的に働く天敵類の活動を長期間抑制するためであるといわれている。

● 採集方法

ハダニ類が多発する植物を観察し，本種を直接的に採集する。直接採集に適した植物としては，ミカン（ミカンハダニ，4〜5月と10〜11月），イヌツゲ（ミカンハダニ，4〜5月），クズ（ナミハダニモドキ，6〜11月），アジサイ（カンザワハダニ，6〜7月），ナシ（ナミハダニ黄緑型，カンザワハダニ，クワオオハダニ，8〜9月），サクラ（オウトウハダニ，8月）などがある。

直接採集にあたっては，ハダニ被害葉ごと本種の成虫や蛹，幼虫を採集し，密封可能なビニール袋や採集容器に入れて持ち帰り，実体顕微鏡下で観察，採集を行なう。小さな葉が密生するイヌツゲでは，ビーティング（叩き落とし）法による採集が効率的である。

直接採集が困難な場合，植物トラップを用いた間接的な採集が可能である。ポット植えのコマツナ株にナミハダニ黄緑型を接種し，樹木園内などに数日間設置後，密封可能なビニール袋や採集容器に入れて持ち帰る。実体顕微鏡下で本種の成虫や蛹，幼虫を確認し，小筆で採集する。

● 飼育・増殖方法

飼育にはハダニを常に供給する必要がある。小規模飼育であれば，ナミハダニ黄緑型が寄生したインゲンマメ（鉤状の毛が少ない品種：葉表側を使用）やリママメを用いたリーフディスク法が適当であるが，野外採集したハダニ寄生葉も利用可能である。ナシ（ナミハダニ黄緑型），アジサイ（カンザワハダニ），クズ（ナミハダニモドキ）などが適する。

多数の個体を累代飼育する方法として，ポット植えのコマツナ株を用いた簡易増殖法が近年開発されており，ケシハネカクシ類と同様，比較的容易に飼育可能である。ナミハダニ黄緑型が寄生したコマツナ株（全ステージ，計4,000個体程度）をアクリル容器など（直径30cm，高さ40cm）に設置し，本種雌成虫を導入後，餌供給のために5〜10日おきにハダニ寄生コマツナ株を新たに導入する。25℃条件で本種雌成虫を5個体導入することで，30日後には成虫で約180個体，発育全ステージ（卵は除く）で約470個体に増殖させることが可能である。

（下田武志・久保田 栄）

ハネカクシ類

（口絵：土着77）

学名

ヒメハダニカブリケシハネカクシ

　Oligota kashmirica benefica Naomi〔＝*Holobus kashmiricus benecus* (Naomi)〕

ハダニカブリケシハネカクシ

　Oligota yasumatsui Kistner〔＝*Holobus yasumatsui* (Kistner)〕

＜コウチュウ目／ハネカクシ科＞

英名 ―

※これらの種類については，近年の研究によって*Holobus kashmiricus benecus* (Naomi)および*Holobus yasumatsui* (Kistner)という新たな学名が提案されており，旧学名からの移行が今後進むものと思われる

主な対象害虫 ハダニ類（カンザワハダニ，ナミハダニ黄緑型，オウトウハダニ，ミカンハダニ，クワオオハダニなど）

その他の対象害虫 不明

発生分布 北海道〜九州，沖縄

生息地 樹木園，露地畑，それらの周辺植生（雑草，防風樹，街路樹）など

主な生息植物 カンキツ，ナシ，リンゴ，モモ，チャ，イヌツゲ，サクラ，アジサイ，クズなどハダニ類の発生している植物上

越冬態 成虫

活動時期 4〜11月

発生適温 15〜30℃

【観察の部】

●見分け方

両種とも成虫は黒色で，体長1mm程度。互いに近縁種であり，最も小型なハネカクシとして知られる。鞘翅は短く，はみ出た腹部後端をしばしば反り上げる行動によって，他の小昆虫と区別できる。ヒメハダニカブリケシハネカクシは口器と触角を除く頭部が黄色〜茶褐色であり，頭部が黒色を呈するハダニカブリケシハネカクシとの区別が可能なものの，識別には熟練を要する。

両種とも外部形態による雌雄の区別には熟練を要するが，交尾中，またはその直前であれば，簡易に区別可能である。交尾はハダニ被害葉に数個体の成虫を導入した際に起こりやすく，雄が生殖器官を露出させた状態で雌の背後に回り込み，交尾を試みることが多い。交尾状態は数分から数十分間にわたり維持されるため，これらを小筆で慎重に回収し，雌雄のペアを確保できる。

両種とも幼虫は黄色〜白色を呈し，体長約2mm（3齢）にまで成長する。腹部（消化管）の色は餌の色によって変化するが，3齢末期にまで成熟すると消化管はほとんど見えなくなる。ハダニカブリケシハネカクシの2齢・3齢幼虫には胸部背面上に黒色〜茶褐色の斑紋（硬皮板）があり，斑紋をもたないヒメハダニカブリケシハネカクシ幼虫と容易に区別できる。蛹は体長1mm程度で黄色〜褐色を呈する。蛹期での両種の区別は困難である。

両種とも卵は長径0.2mm程度の楕円形で，黄色〜乳白色を呈する。卵期での両種の区別は困難である。卵の表面は滑らかであるが，発育が進むと細かな網目模様を生じる。ハダニ類の脱皮殻や排出物などで卵の表面が被覆されていることが多い。ハダニ類の土着天敵のうち，卵に被覆するのは，これら2種のハネカクシだけである。

●生息地

両種ともに，ハダニ類が発生する植物上（蛹は土壌中）に生息する。その多くは，ハダニ類が多発する樹木園内およびその周辺植生上（雑草や防風樹，街路樹など）で発見される。餌が豊富な場所を求めて移動を繰り返すため，長期間にわたり同一地点で観察されることはまれである。両種は同所的に発生し，ヒメハダニカブリケシハネカクシが優占することが多い。

越冬態は成虫であり，土壌中などで越冬すると考えられているが，詳しい越冬生態は不明である。九州（長崎県）では冬期にもカンキツ園に両種の成虫が生息し，樹上に寄生するミカンハダニを捕食することが観察されている。

●寄生・捕食行動

両種ともハダニ類のスペシャリスト捕食者であり，幼虫および成虫がハダニを吸汁捕食する。ハダニ以外の好適な餌は報告されていない。幼虫は飢餓に弱く，餌不足時には幼虫による卵食や，幼虫間での共食いが生じる。成虫は，餌不足時に糖類を代替餌とすることで生存可能だが，産卵数が激減するなど，飢餓の影響を受けやすい。

ヒメハダニカブリケシハネカクシの幼虫は，発育が進むほど，逃避する餌を捕獲する能力が高くなる。そのため1齢幼虫はハダニの卵や静止期個体のほか，幼虫など逃避能力の低い餌ステージを主に捕食する。2齢幼虫はハダニの卵や静止期個体のほか，若虫や雄成虫も利用するが，逃避能力が高い雌成虫はあまり捕食できない。3齢幼虫は餌を捕獲する能力が最も高いため，すべての餌ステージを捕食できる。一方，成虫は逃避能力が高い餌をうまく捕獲できないため，1齢幼虫とほぼ同じ餌ステージを利用する。ハダニカブリケシハネカクシの幼虫や成虫が利用する餌のステージについては，ヒメハダニカブリケシハネカクシのそれとほぼ同様と考えられる。

両種とも，成虫はハダニのコロニー内で自ら餌を探索，捕獲する探索型の採餌行動をとるが，幼虫は探索型だけでなく，待ち伏せ型の採餌行動も採用する。3齢幼虫は，逃避能力が高いハダニ雌成虫を捕獲するために待ち伏せ行動を行なうことが多い。

ナミハダニ黄緑型の卵をヒメハダニカブリケシハネカクシ雌成虫に与えた場合，25℃条件下で1日に約100個，生存期間中に合計7,500個ほどを捕食する。幼虫は約4日間の幼虫期間中に約380卵を捕食する。ハダニカブリケシハネカクシも同様の捕食能力をもつと考えられる。

餌が豊富な生息場所を求め，両種の成虫が飛翔移

〈コウチュウ類〉ハネカクシ類

動をしばしば行なう。飛翔能力は高く，1回の飛翔で10m以上移動することがある。両種の成虫は，ハダニの被害を受けた植物が放出する匂いに反応することがある。この行動には被害植物を遠方から効率的に発見できるメリットがある。

関東地方におけるヒメハダニカブリケシハネカクシの発生時期は4月上中旬から11月下旬ころまでであり，年5世代ほど経過する。本種の発生消長はハダニのそれに強い影響を受ける。そのため本種の密度ピークが形成される時期は，ハダニの密度ピーク時期と同じか，または若干遅れる傾向がある。また，ハダニ密度が低い時期に観察されることはまれである。

ハダニカブリケシハネカクシの発生生態についても同様と考えられるが，発生密度はヒメハダニカブリケシハネカクシのそれよりも低くなる傾向がある。

ヒメハダニカブリケシハネカクシは高い捕食能力をもち，害虫密度が高いときに発生するため，ハダニ類の多発時に真価を発揮する天敵と考えられる。他の天敵昆虫類やカブリダニ類よりも農薬の影響を受けにくい傾向があり，農薬使用頻度が比較的高い樹木園でも活動が期待できる。慣行防除のナシ園（ナミハダニ黄緑型，カンザワハダニ）やカンキツ園（ミカンハダニ）において，ハダニ類の多発時に園周辺から本種の成虫が多数飛来し，園内のハダニ密度を短期間に低下させることが知られている。

ハダニカブリケシハネカクシについては，樹木園での発生密度が低い傾向があるため，天敵個体群としての働きについては疑問視されている。

●対象害虫の特徴

両種が好むハダニの種類としては，ナミハダニ黄緑型，カンザワハダニ，ナミハダニモドキ，オウトウハダニ，ミカンハダニ，クワオオハダニ，リンゴハダニなどがある。これらのハダニ類は果樹，チャ，野菜，花卉など多くの作物を加害するほか，雑草や防風樹，街路樹などにも寄生することが知られている。

【活用の部】

●発育と生態

両種とも，卵，幼虫（3齢），蛹，成虫の順で発育する。蛹期以外は，ハダニ類が寄生する植物上で生活する。十分に成熟した3齢幼虫は葉上から落下し，土壌中で繭を形成し，蛹化する。雌成虫はハダニ類のコロニー内で産卵する。産卵場所としては，餌および被覆材料（ハダニ類の脱皮殻や排出物など）が豊富な場所が好まれる。卵は葉脈沿いなどに1個ずつ産み付けられる。

ヒメハダニカブリケシハネカクシの雌成虫は25℃で1日当たり平均3卵，最大13卵，生存期間中に平均227卵を産む。ハダニカブリケシハネカクシも同様の産卵能力があると考えられる。両種とも，雌成虫は産卵直後の卵をハダニ類の脱皮殻や排出物などで被覆するが，この行動にはさまざまな種類の捕食者から卵を保護する働きがある。

ヒメハダニカブリケシハネカクシの発育期間については，25℃で卵期間が平均4.5日，幼虫期間が4.2日，蛹期間が10.9日で，産卵から羽化まで約20日を要する。雌成虫の生存期間は平均74日と長い。ハダニカブリケシハネカクシの発育期間や成虫生存期間についてもほぼ同様と考えられる。

●保護と活用の方法

他の天敵昆虫類の場合と同様，本種が多発する樹木園や圃場などの周辺には天敵供給源（ハダニ類が発生する雑草や防風樹，街路樹）が存在することが多い。これらの天敵供給源を確保・保護することが，園内でのハネカクシ類の効果を結果的に高めることになる。

●農薬の影響

ハダニアザミウマ，クロヒメテントウ類などの天敵昆虫類やカブリダニ類と比べて，ヒメハダニカブリケシハネカクシは農薬の影響を受けにくいと考えられている。天敵昆虫類やカブリダニ類では，卵から成虫までの全ステージを葉上（ハダニ類のコロニー内）で経過するが，ヒメハダニカブリケシハネカクシは土壌中で蛹化する。そのため，天敵に影響が強い農薬を樹木園に散布した場合でも，土壌中の蛹が残り，天敵密度の回復につながりやすいと考えられる。

ヒメハダニカブリケシハネカクシは，殺菌剤や殺ダニ剤に対する感受性が比較的低いものの，一部の殺虫剤には影響を受けやすいとされる。特に合成ピレスロイド剤などハダニ類への活性が低く，天敵類

に対する残効が長い殺虫剤の散布はひかえるべきである。

合成ピレスロイド剤散布後の樹木園で発生するハダニ類のリサージェンスは，合成ピレスロイド剤がハネカクシ類やハダニアザミウマなど密度依存的に働く天敵類の活動を長期間抑制するためであるといわれている。

● 採集方法

ハダニ類が多発する植物を観察し，両種を直接的に採集する。直接採集に適した植物としては，ミカン（ミカンハダニ，4～5月と10～11月），イヌツゲ（ミカンハダニ，4～5月），クズ（ナミハダニモドキ，6～11月），アジサイ（カンザワハダニ，6～7月），ナシ（ナミハダニ黄緑型，カンザワハダニ，クワオオハダニ，8～9月），サクラ（オウトウハダニ，8月）などがある。

直接採集にあたっては，両種の成虫や幼虫，卵をハダニ被害葉ごと採集し，密封可能なビニール袋や採集容器に入れて持ち帰り，実体顕微鏡下で観察，分離する。小さな葉が密生するイヌツゲでは，ビーティング（叩き落とし）法による採集が効率的である。

直接採集が困難な場合，植物トラップを用いた間接的な採集が可能である。ポット植えのコマツナ株にナミハダニ黄緑型を接種し，樹木園内などに数日間設置後，密封可能なビニール袋や採集容器に入れて持ち帰る。実体顕微鏡下で両種の成虫や幼虫，卵を確認し，小筆を用いて植物体から分離する。

● 飼育・増殖方法

両種とも餌不足による餓死や共食いがあるため，累代飼育の際には大量のハダニを常に供給する必要がある。餌には，インゲンマメによる大量増殖が可能なナミハダニ黄緑型が好ましい。ただし，インゲンマメには鉤状の毛が多数あり，幼虫が捕捉され死亡することから，大量増殖したハダニを別の植物に接種してハネカクシ類に与える必要がある。

小規模な飼育の場合，あるいは実体顕微鏡下での観察を伴う飼育試験の場合には，カブリダニの飼育に用いる方法と同様のリーフディスク法を適用する。ナミハダニ黄緑型を寄生させたインゲンマメ（鉤状の毛が少ない品種：葉表側を使用）やリママメを用いる方法のほか，野外採集したハダニ寄生葉も利用可能である。ナシ（ナミハダニ黄緑型），アジサイ（カンザワハダニ），ミカン（ミカンハダニ），クズ（ナミハダニモドキ）などが適する。注意点として，蛹化直前の3齢幼虫はリーフディスクから逃亡し，周辺の水中で死亡することから，逃亡が生じる前に，リーフディスクから蛹飼育用の容器に導入する必要がある。

蛹の飼育には適度に湿らせた土やバーミキュライトが必要である。体長2mmほどに成長したヒメハダニカブリケシハネカクシ3齢幼虫を，ハダニ寄生葉とともに，バーミキュライトが入った小型飼育容器に入れる。幼虫が葉から離脱したのちに，腐敗防止のため葉を除去する。バーミキュライト40gに対して水分量を20g前後に調節することで，80～90％程度の高い羽化率が得られる。水分条件は，極端な乾燥または過湿条件にならない限り，羽化率にそれほど影響しない。土を用いた場合，50％前後の低い羽化率に留まる傾向がある。ハダニカブリケシハネカクシについても同程度の羽化率となると考えられる。

両種とも近交弱勢による孵化率の低下が観察されている。累代飼育の際には，野外採集個体を年に1～2回入れるのが望ましい。

より多数の個体を累代飼育する方法として，ポット植えのコマツナ株を用いた方法が近年開発されている。播種後4～5週間経過したコマツナ株にナミハダニ黄緑型（全ステージ，計4,000個体程度）を接種したのち，雌成虫を導入する。ポットは上部をメッシュ張りした直径30cm，高さ40cmのアクリル容器などに入れる。適度に湿らせたバーミキュライトを3～5cm程度の厚さで容器下部に敷くことで，成熟した幼虫がコマツナ株から落下し，バーミキュライト内で蛹化する。餌供給のために5～10日おきにハダニが寄生したポット植えコマツナ株を新たに導入し，数日おきにコマツナ株に給水する。ヒメハダニカブリケシハネカクシ雌成虫を4個体導入し，25℃条件で簡易飼育することで，40日後には成虫で152個体に増殖させることが可能である。ハダニカブリケシハネカクシについても，同様の手法による簡易飼育が可能である。

（下田武志・久保田 栄）

〈ヒメハナカメムシ類〉ヒメハナカメムシ類

ヒメハナカメムシ類

(口絵：土着78)

学名
コヒメハナカメムシ
　Orius minutus (Linnaeus)
ナミヒメハナカメムシ
　Orius sauteri (Poppius)
タイリクヒメハナカメムシ
　Orius strigicollis (Poppius)
<カメムシ目／ハナカメムシ科>
英名　Flower bug，Minute pirate bug

主な対象害虫　ハダニ類，アザミウマ類，アブラムシ類
その他の対象害虫　―
発生分布　日本全国（ただし種によって発生分布は異なる）
生息地　野菜畑やその周辺の雑草地，樹園地，森林周辺など
主な生息植物　果樹ではリンゴ，ナシ，カンキツ，クリなど
越冬態　雌成虫
活動時期　越冬する種の成虫は3月ころから活動を開始すると考えられるが，果樹の樹上で活動するのは6～8月の限られた期間であると推定される
発生適温　20～30℃（ただし種によって異なる）

【観察の部】

●見分け方

　小型のカメムシ類として，ほかにナガカメムシ類やカスミカメ類などがいるが，これらに比べて小さく，成虫でも体長2mm前後である。果樹の樹上で発生している可能性があるコヒメハナカメムシ亜属（*Heterorius*）の3種，ナミヒメハナカメムシ，コヒメハナカメムシ，タイリクヒメハナカメムシはいずれも外部形態は酷似しており，色彩，サイズには個体変異もあることから，外観的に区別することは難しい。

　正確な種の識別には，雄では腹部末端にある把握器，雌では腹部第7～8節の節間膜についている交尾管の形態を観察して同定する必要がある。また，ナミヒメハナカメムシ，コヒメハナカメムシ，タイリクヒメハナカメムシに，ツヤヒメハナカメムシ，ミナミヒメハナカメムシを加えた5種を遺伝子診断法により同定する方法が開発されている。

●生息地

　リンゴ，ナシ，カンキツなどの樹上でヒメハナカメムシ類の発生が報告されているが，種構成まで調査されている事例は多くない。

　クワにおける調査では，植物体の高さによりヒメハナカメムシ類の種構成が異なり，2m前後の高所ではコヒメハナカメムシが優占するとされている。リンゴではコヒメハナカメムシの発生が確認されていることから，果樹類の樹上で発生する主要種はコヒメハナカメムシである可能性が高い。

　アカメガシワや，サルスベリ，ヌルデなどの広葉樹の花上にも多い。タイリクヒメハナカメムシの生息域は暖地に限定される。

●寄生・捕食行動

　幼虫，成虫ともに植物上を歩き回り，餌となる微小昆虫などを探索し，餌生物に遭遇すると，前方に伸ばした口吻を刺し込み，体液を吸う。餌生物のあらゆるステージを捕食するが，卵に比べ，動き回る幼虫や成虫を好んで攻撃するようである。

●対象害虫の特徴

　一般に柔らかい表皮をもつ微小な節足動物，たとえば果樹上では，ナミハダニなどのハダニ類，チャノキイロアザミウマなどのアザミウマ類，ワタアブラムシなどのアブラムシ類などが主な捕食対象になると考えられる。自分の体長に比べ大きすぎるものや，甲虫類などの表皮の堅い昆虫を捕食することはまずない。

【活用の部】

●発育と生態

　温帯起源のナミヒメハナカメムシや冷温帯起源のコヒメハナカメムシは冬期には休眠するのに対し，南方系のタイリクヒメハナカメムシは低温期の休眠性が低い。

　コヒメハナカメムシの卵から成虫までの発育零点は約10℃，23℃における発育期間は約22日である。

西南日本では3月末ころ，北日本では5月ころ越冬を終えた雌成虫が活動を開始し，暖地では年3～4回，北日本では年2回発生する。短日条件に反応して雌成虫が休眠するが，北日本では8月中旬には休眠が誘起されると推定される。

ナミヒメハナカメムシの発育零点は約11℃，23℃における発育期間は約21日である。野外において年間4～5回程度発生すると考えられる

タイリクヒメハナカメムシの発育零点は約10℃であり，23℃での発育期間は約21日である。耐暑性があり，高温乾燥条件下に強く，西南日本ではほぼ周年にわたって発生している。

果樹園地における発生生態はまだ十分に解明されていない。

●保護と活用の方法

ヒメハナカメムシ類に悪影響がある農薬は極力散布しない。リンゴ園，ナシ園の下草としてシロクローバー，ヒメイワダレソウ，ヘアリーベッチなどを導入すると，ヒメハナカメムシ類が増加することが確認されている。

果樹園地において害虫防除に利用するためには，ヒメハナカメムシ類をいかに定着させるかが課題であるが，現在のところ長期にわたり定着させる技術は開発されていない。果菜類ではヒメハナカメムシ類の生息場所やリフュージ（農薬からの避難場所）にすることを目的に，圃場周囲にオクラやマリーゴールドが植栽されることがある。

●農薬の影響

有機リン系殺虫剤，合成ピレスロイド剤はヒメハナカメムシ類に与える影響が大きい。特に合成ピレスロイド系殺虫剤は残効が長く，長期にわたり発生を抑制する。また，脱皮阻害剤であるIGR系殺虫剤（ブプロフェジン水和剤を除く），ネオニコチノイド系殺虫剤などもヒメハナカメムシ類の増殖に悪影響が大きい。

ヒメハナカメムシ類の発生に悪影響が少ない殺虫剤には，クロルフェナピルフロアブル，フロニカミド顆粒水和剤，脂肪酸グリセリド乳剤などがある。

●採集方法

クローバーなどの生息植物から捕虫網を用いてすくい取る。また，動力ブロワを用いた天敵採集装置も開発されている。ほとんどの場合，ナミヒメハナカメムシ，コヒメハナカメムシ，タイリクヒメハナカメムシは混発しており，1種のみを選択的に採集することはきわめて困難である。果樹においては，他植物から採集したヒメハナカメムシ類を放飼して害虫を防除する体系は開発されていない。

●飼育・増殖方法

ヒメハナカメムシ類はスジコナマダラメイガ卵を餌として，室内飼育することができる。成虫の産卵対象として，ダイズやソラマメの催芽種子，カランコエの新葉などを用いる。

コヒメハナカメムシは，インゲンマメ葉片上でナミハダニを餌とし，多肉植物オトンナを隠れ場所および産卵対象として与えることにより飼育が可能である。

果樹において，飼育・増殖したヒメハナカメムシ類を放飼して害虫を防除する手法は現在のところ開発されておらず，天敵資材としての農薬登録もない。

（土田　聡）

ハダニタマバエ

(口絵：土着78)

学名　*Feltiella acarisuga* (Vallot)

<ハエ目／タマバエ科>

英名　―

主な対象害虫　ハダニ類
その他の対象害虫　チャノナガサビダニ
発生分布　北海道，本州，四国，九州，沖縄（沖縄本島，久米島，宮古島）
生息地　ハダニ類が発生する植物上
主な生息植物　ハダニ類が発生するさまざまな植物
越冬態　蛹
活動時期　温暖な地域であれば，1年を通して世代を繰り返す
発生適温　15～30℃

〈捕食性バエ〉ハダニタマバエ

【観察の部】

●見分け方

　圃場でハダニタマバエの発生を確認する方法としては，農作物や雑草上のハダニコロニー内で終齢幼虫あるいは繭の存在を確認するのが最も簡便である。

　幼虫は淡黄色や赤色の紡錘形で，齢期は3齢まである。体長は，孵化幼虫（1齢）が0.2mm程度，終齢幼虫（3齢）が1.5mm程度であり，終齢幼虫であれば肉眼でも確認できる。蛹化の際は，ハダニコロニーのある葉の葉脈沿いなどに繭をつくり，その中で蛹化する。ハダニコロニーのある葉上でこのような繭を発見した場合は，本種が存在している可能性が高い。

　本種は幼虫がハダニを捕食する。ハダニを捕食した後は，体を透して消化器官内のハダニ体液の色が見える。そのため，本種の幼虫の体色は，捕食したハダニの種によって淡黄色〜赤色となるので，見つける際に注意する。

　ハダニタマバエの成虫は体長が1.5mm程度で脚が長く，見た目は小さな蚊といった感じである。圃場では形態の似た他のハエ目昆虫（たとえば，クロバネキノコバエ類や他のタマバエ類の成虫）が発生していることが多いため，ハダニタマバエの成虫を肉眼で識別するのは難しい。

　ハダニタマバエの幼虫と混同しやすい幼虫として，ショクガタマバエの幼虫あるいは菌食性のタマバエ類（*Mycodiplosis*属）の幼虫があげられる。植物上でハダニとともにアブラムシやさび病が混発している場合は，これらのタマバエが発生している可能性があるので注意する。これらのタマバエの識別方法については，本書p.土着35の土着天敵「ショクガタマバエ」の項目を参照されたい。

　沖縄県では本種のほか，本種と形態的に類似したミナミハダニタマバエが確認されている。鹿児島県以北ではミナミハダニタマバエは確認されていない。

●生息地

　ハダニが比較的高密度で寄生している植物上で発生することが多い。果樹類やチャ，野菜類，雑草上において，ハダニが高密度になる時期に多く見られる。

●寄生・捕食行動

　ハダニの全ステージを捕食する。捕食の際は口器でハダニを刺して，体液を摂取する。体の小さい若齢幼虫期は主として卵や幼虫を捕食するが，終齢幼虫になるとハダニ成虫に対しても攻撃し，その体液を吸い取る。捕食数は多く，1日当たりカンザワハダニの成虫を3.8匹，卵なら29個を捕食するという報告がある。また，幼虫1頭が32.3匹のハダニを捕食するという報告もある。

●対象害虫の特徴

　本種は餌要求量が高いうえに，ハダニによる網の存在を苦にしない。したがって，餌としてバイオマスが最も高くなるナミハダニ，カンザワハダニなどの造網性の高いハダニ類が攻撃の対象となりやすい。

【活用の部】

●発育と生態

　ハダニタマバエは，温暖な地域であれば1年を通して世代を繰り返し，冬期にも全ステージが観察される。温度が2℃であっても幼虫から成虫まで発育した報告があり，低温に強い天敵といえる。そのため，比較的低温で栽培される作目や作型において，ハダニ類の生物的防除資材として期待されている。

　発育期間や産卵数は，温湿度や幼虫期，成虫期の栄養条件などによって変化する。26.7℃，長日条件（明期14時間：暗期10時間）下で飼育した場合，卵から成虫までの全発育期間は，雌成虫が30.2日，雄成虫が27.7日である。また，雌成虫の卵期間は2.7日，幼虫期間は7.3日，蛹期間は6.8日，成虫期間は13.3日，雄の卵期間は2.5日，幼虫期間は6.9日，蛹期間は6.3日，成虫期間は11.9日である。

●保護と活用の方法

　ハダニタマバエは幼虫，成虫ともに乾燥に弱いため，湿度の低い環境では生存できない恐れがある。

　海外では本種が天敵製剤として販売されているが，日本では販売されていない。そのため，天敵資材として利用する場合は，野外で採集した本種を特

定農薬(特定防除資材)として扱う必要がある。

アメリカ合衆国では、インゲンマメ栽培におけるナミハダニ対策として、ハダニタマバエを利用したバンカー法が研究されている。このバンカー法では、バンカー植物としてトウモロコシ、代替餌としてハダニの一種 *Oligonychus pratensis* が利用されている。

● 農薬の影響

農薬に対する感受性は高く、慣行的な管理形態をとる樹園地では個体数が低くなる。保全のためには影響が少ない薬剤の選択が必須であるが、主要薬剤が本種の生息に与える影響についての知見はない。殺虫・殺ダニ・殺菌と広い範囲の薬剤が何らかの影響を与えているものと考えられる。

● 採集方法

ハダニが高い密度で寄生している植物上では、比較的容易に本種を確認できる。本種を発見したら、ハダニコロニーのついた植物部位ごとビニール袋などに入れ、室内に持ち帰る。その後、植物部位ごと飼育ケージなどに入れておけば、植物体上で蛹化し、やがて成虫が羽化する。ただし、乾燥に弱いため、湿度や植物の枯死に注意する。幼虫のみを植物体から採取する場合は、実体顕微鏡下で小筆を使えば容易に分離できる。

● 飼育・増殖方法

海外では本種が天敵製剤として販売されているが、日本では、本種を大量かつ長期間にわたって室内増殖する技術は報告されていない。しかし、採集した幼虫に葉片上でハダニを十分与えることで、蛹化や羽化までは簡単に導ける。

(安部順一朗)

コナカイガラクロバチ類

(口絵:土着79)

学名 *Allotropa* spp.

<ハチ目/ハラビロクロバチ科>

英名 ―

主な対象害虫 ミカンヒメコナカイガラムシ

その他の対象害虫 クワコナカイガラムシ

発生分布 日本(本州、九州)、アメリカ合衆国(日本から導入)

生息地 カンキツ、ナシなどの果樹園

主な生息植物 カンキツ、ナシ

越冬態 蛹態。他のステージについては不明

活動時期 カンキツ園では5〜12月にかけて成虫が発生

発生適温 発育には10℃以上の温度が必要と考えられる。20〜27.5℃の温度で正常に発育する

【観察の部】

● 見分け方

コナカイガラクロバチ類のうち、コナカイガラヤドリクロバチ *Allotropa burrelli* Muesebeck、ミカンコナカイガラクロバチ *A. citri* Muesebeck、ウスイロヤドリクロバチ *A. convexifrons* Muesebeck、*A. utilis* Muesebeck の4種が、カンキツで発生するミカンヒメコナカイガラムシに寄生する。いずれも体長1mm前後の小型の蜂で、*A. convexifrons* を除き、体色は光沢のある黒色で、また脚は黒褐色を呈する。外観はともに酷似するため、コナカイガラクロバチ種間の識別は困難である。ただし *A. convexifrons* の体色は光沢のある褐色であることや、脚は黄色であることから他種と区別できる。また、いずれの種も触角の形状の違いから雌雄の識別ができる。

寄生された個体は、寄生蜂が体内で蛹化するとソーセージのように細長くなり、やがて死亡する(マミー)。マミー化したものは未寄生個体に比べて体高が高く、細長く、また体表が堅くなるなどの点で識別できる。

カンキツ園ではコナカイガラクロバチ類のほかに、シロツノコナカイガラトビコバチ *Anagyrus subalbipes* Ishii、ルリコナカイガラトビコバチ *Clausenia purpurea* Ishii などの寄生蜂も、ミカンヒメコナカイガラムシに寄生する。シロツノコナカイガラトビコバチ雄成虫の体色は黒色であるが、雌成虫の体色は黄褐色である。ルリコナカイガラトビコバチの体色は黒色であるが、胸部から腹部の背面は、光沢のある青紫を呈する。また、シロツノコナカイガラトビコバチとルリコナカイガラトビコバチでは、胸部から腹部にかけてのくびれが認められないが、コナカイガラクロバチ類は胸部から腹部にかけ

〈寄生蜂〉コナカイガラクロバチ類

てのくびれが容易に認められる。このような外観の違いから、これら寄生蜂とコナカイガラクロバチ類とを区別できる。

●生息地

カンキツ園では、主としてカンキツ樹内で発生していると考えられる。蛹態での越冬は確認されているが、その他のステージでの越冬の可能性については不明である。

ミカンヒメコナカイガラムシは、果実のへたの下、クモの巣などにより覆われた箇所、ハモグリガやアブラムシによって巻いた葉の内側など、外部から隔離された箇所を好んで生息するため、このような部位を重点的に調査すると虫を発見しやすく、また天敵もあわせて採集できる。

●寄生・捕食行動

ミカンヒメコナカイガラムシでは、主に若齢幼虫が産卵対象になると考えられる。寄生蜂は寄主を発見すると、触角で虫体を調査し、その後産卵可能なものに対しては体を180度反転して産卵管を挿入し、産卵する。野外では5月から12月にかけて成虫が発生するが、特に8月以降活動が盛んになると考えられる。

●対象害虫の特徴

コナカイガラムシ類は成虫から幼虫まで、体の表面が白い粉状のワックスで覆われ、白い外見をしている。ミカンヒメコナカイガラムシは3齢幼虫を経て雌成虫となるが、主に1, 2齢幼虫がコナカイガラクロバチ類の産卵対象になると考えられる。他の多くのカイガラムシ類と異なり、幼虫から成虫まで歩行能力がある。このため、寄主植物から離し別の植物に移して飼育することができる。

【活用の部】

●発育と生態

内部寄生蜂で、寄主幼虫に産下された卵が孵化し、成虫が羽化するまでは寄主体内で発育する。雌成虫は羽化当日から雄成虫と交尾でき、羽化当日から産卵能力を有すると考えられる。未交尾雌成虫からは雄成虫しか羽化しないことから、産雄単為生殖をすると考えられる。

産卵数は種により異なり、*Allotropa citri* では平均で113であるが、近縁のフジコナカイガラクロバチ *A. subclavata* Muesebeckでは平均で483、*A. burrelli* では平均で565である。産卵期間は *A. citri* では20℃で6日くらいで、総産卵数のうち90％が羽化後4日以内に産卵される。室内で寄主に産卵させた場合にはほとんどが単寄生となるが、野外から採集したものでは多寄生も認められる。

産卵から羽化までの期間は、*A. citri* では20℃で約52日、25℃で33～36日、27.5℃で約30日である。*A. citri* の発育日数は近縁種の *A. burrelli* に近い。ただし、発育日数は、種や寄生した寄主のステージなどにより若干の違いが生じると考えられる。1年に4～5回発生するものと考えられる。

●保護と活用の方法

カンキツの露地栽培でコナカイガラムシ類の問題が発生しない理由の一つに、これら天敵寄生蜂の存在があげられる。これら寄生蜂は果樹内を主な生息場所としていると考えられるため、天敵の活動が高くなる8月以降の薬剤防除は慎重に行なう必要がある。

●農薬の影響

合成ピレスロイド剤やネオニコチノイド系剤の一部はクロバチ類に対する影響が長く続く可能性があることから、天敵の活動が高くなる時期にはこれら薬剤の使用をひかえる必要がある。

●採集方法

コナカイガラムシ類の生息していそうな枝・葉を採集し、室内でコナカイガラムシやマミー化した個体を調査する。マミーはチャックつきの小型のビニール袋や蓋つきの小型容器内に入れ、寄生蜂を羽化させる。

採集時に得られたコナカイガラムシを和カボチャや芽出しジャガイモなどの代替寄主に移し、25℃恒温条件で飼育すると、1か月以内には被寄生個体がマミー化する。この方法ではコナカイガラクロバチ類以外の寄生蜂も同時に採集できる。*A. citri* の成虫の生存日数は25℃で約8日であるが、餌がない条件ではこれより短くなる。天敵の採集には8月下旬から翌年の4月くらいまでが適する。

●飼育・増殖方法

室内における継代飼育法はまだ確立されていない。本種を含めた寄生蜂類は、アメリカ合衆国東部地域のリンゴで問題となっていたクワコナカイガラムシの天敵として、1939年から1941年にかけて導入され、定着した。また、カリフォルニア州ではクワなどで発生していたクワコナカイガラムシに対し、1967～1968年と1973～1975年にかけて導入が行なわれ、定着した。寄生蜂の定着した地域では、天敵類の活動により、クワコナカイガラムシが抑えられるようになった。

（新井朋徳）

クワコナカイガラヤドリバチ

（口絵：土着79）

学名 *Acerophagus malinus* (Gahan)

<ハチ目／トビコバチ科>

英名 ―

※異名としてクワコナカイガラトビコバチ、クワコナカイガラヤドリコバチがある。以前は *Pseudaphrcus malinus* Gahar という学名が用いられていた

主な対象害虫 クワコナカイガラムシ
その他の対象害虫 ―
発生分布 青森以南の日本全土、ただし主に暖地に分布。アメリカ合衆国、韓国、カナダ、ロシアに分布
生息地 ナシ園、リンゴ園など
主な生息植物 ナシ、リンゴなど
越冬態 老熟成虫
活動時期 6月下旬～7月中旬、8月中旬～9月中旬、10～11月
発生適温 20～25℃

【観察の部】

●見分け方

成虫の体長は雌0.6～0.9mm、雄0.5～0.7mmで、微小な寄生蜂である。蛹は寄主であるクワコナカイガラムシの白色の粉をまばらにまぶしたような俵形の死骸（マミー）に存在している。本種はクワコナカイガラムシのみに寄生する。クワコナカイガラムシの主要天敵としてこのほかに4種の寄生蜂が存在する。

●生息地

主に日本の暖地（関東以西）のナシ、リンゴ、ブドウなどに生息する。

●寄生・捕食行動

1～3齢幼虫および雌成虫など、卵以外のあらゆる齢期の寄主に寄生する。越冬はナシなどの樹皮の割れ目や剪定切り口の木質部と皮部の間隙などで行なう。

●対象害虫の特徴

寄主はクワコナカイガラムシのみである。クワコナカイガラムシの成・幼虫は、狭くて暗い場所に好んで寄生する習性がある。ナシなどでは、有袋栽培の場合の果実袋内に、樹体では剪定切り口、新梢基部などに集合する。

【活用の部】

●発育と生態

クワコナカイガラムシの1齢幼虫に寄生するときは、1匹の寄主に1匹だけ寄生する単寄生である。2齢幼虫に対しては、大部分は単寄生だが、一部は2匹以上が同時に寄生する多寄性である。3齢および成虫に対してはすべて多寄生である。

産卵数は平均100個前後である。羽化後1週間のうちに全蔵卵数の90％以上を産卵し、10日後までには産卵を終了する。25℃での幼虫期間は7～13日である。羽化期間は常温下で約10日間である。

本寄生蜂の発生は年3回認められ、第1回が6月下旬～7月中旬、第2回が8月中旬～9月中旬、第3回が10～11月である。寄生を受けたクワコナカイガラムシは、体内の寄生蜂が終齢に達するころに死亡する。寄生を受けてから死亡するまでの日数は約10日である。

本種は、他の寄生蜂に比べて発育速度が早く、卵が産み付けられてから成虫が羽化するまでの期間は約21日である。一方、寄主のその期間は40～60日なので、寄主1世代に対して2世代繰り返すことになり、寄主に比べて増殖能力が著しく高い。

〈テントウムシ類〉ヒメアカホシテントウ

●保護と活用の方法

　第1回と第2回の発生初期〜最盛期にあたる6月下旬〜7月上旬，8月中下旬の殺虫剤の使用にあたっては，天敵に影響の少ないものを選ぶ。

　クワコナカイガラムシは暖地では年3回発生するが，第1回の発生である越冬世代の防除が重要である。また本種は2齢幼虫以降に多寄生となることが知られているので，放飼適期はクワコナカイガラムシ越冬世代の2〜3齢幼虫期（6月中旬ころ）である。

　アリはクワコナカイガラムシと共棲し，結果的にクワコナカイガラムシの吸汁活動を保護している。したがってアリが多い場合は，クワコナカイガラヤドリバチの寄生活動を阻害することになるので，アリが多い場合はその駆除が必要となる。

　過去にナシなどでは，10a当たり1万〜3万個のマミー放飼で好成績をあげた事例がある。

●農薬の影響

　有機リン剤，合成ピレスロイド剤の本種に対する悪影響は大きい。IGR剤，殺菌剤は影響が少ない。放飼する場合，放飼前7日〜放飼10日間は殺虫剤を散布しない。

●採集方法

　クワコナカイガラムシの寄生が多いナシ樹などをあらかじめ選んでおき，6月上旬にクラフト紙製誘殺バンド（紙製の肥料袋や米袋を横に3等分する）を主枝，亜主枝に1樹当たり10枚程度巻いておく。6月下旬にバンドを取り外し，バンド内のクワコナカイガラムシまたはマミーを採取する。クワコナカイガラムシが生存中の場合は，しばらくカボチャなどで飼育し，マミーになるかどうかを見きわめる。

●飼育・増殖方法

　直径15cm，高さ13cmのプラスチック容器内に，カボチャまたはジャガイモ軟白化芽出しで累代飼育したクワコナカイガラムシ500頭以上を入れる。野外で採取したマミーを上記容器内に入れて蜂を自然に羽化させる。羽化後，蜂はただちに産卵を始めるが，羽化後2週間でマミーができる。クワコナカイガラムシ1,000頭に対し，100個のマミーを接種すると，次世代には平均700個のマミーができた試験事例がある。

　発育零点は10〜15℃の間である。マミーは低温

図1　わが国で製品化された天敵農薬第1号「クワコナコバチ」

（5〜10℃）で保存できるが，この期間が4週間以上になると，羽化率が低下する。

（伊澤宏毅）

◎わが国で製品化された天敵農薬第1号

　農薬登録された天敵の第1号はルビーアカヤドリコバチ（1951年）であったが，これは製品化されなかった。実際に製品化された天敵農薬第1号は，クワコナカイガラヤドリバチ（1970年）で，こちらのほうは（株）武田薬品工業によって，大量増殖法と天敵農薬としての製品化が進んだ。製品化されたクワコナカイガラヤドリバチは，天敵農薬の第1号「クワコナコバチ」として登録されたが（図1），大量生産のための技術面や価格面での見通しから，製造中止となった。

（高木正見）

ヒメアカホシテントウ

（口絵：土着80）

学名　*Chilocorus kuwanaes* Silvestri
〈コウチュウ目／テントウムシ科〉

英名　—

主な対象害虫　カイガラムシ類

その他の対象害虫　—

発生分布　日本全土，中国，朝鮮半島，シベリア

生息地　樹木

主な生息植物　クワ，ナシ，リンゴ，サクラ，チャ，カンキツ類，スギ

越冬態　成虫
活動時期　3〜11月
発生適温　20〜25℃

【観察の部】

●見分け方

　成虫の体長は3.3〜4.9mmで，成虫の上翅は光沢のある黒色を呈しており，左右の上翅に小さな赤い斑紋が1個ずつある。ナミテントウの二紋型に似るが，小型で動きが緩慢な点で区別できる。卵は1mm程度の長楕円形で，産卵直後は淡黄色である。
　孵化直後の幼虫の体長は約2mmで，体色は黄赤色であり，腹部背面に黒色の6列の樹枝状突起がある。終齢幼虫の体長は約6mm，頭部と脚は褐色であり，背面および側面には樹枝状突起がある。アカボシテントウの幼虫に類似するがやや小型であること，樹枝状突起の形が異なる点で区別できる。終齢幼虫は脱皮殻から完全には脱出せず，その内側で蛹化する。
　本種を'ヒメアボシテントウ'と表記している文献などもあるので注意する。

●生息地

　全国に分布する。一年中樹木上に生息し，カイガラムシ類が寄生している樹で確認されることが多い。果樹だけではなく，公園の樹や街路樹にも生息している。カイガラムシ類が寄生している果樹および街路樹などで農薬を散布しない場合は，一年中成虫を確認することができる。草本植物上で確認されることもある。

●寄生・捕食行動

　成虫，幼虫ともに樹木に寄生するカイガラムシ類を捕食する。カイガラムシ類が寄生する部位にいったん定着すると，餌となるカイガラムシ類が寄生している間はその部位にとどまって摂食活動を行なう。
　ヤノネカイガラムシの全ステージを捕食する。ナシマルカイガラムシでは雌成虫を好んで捕食するが1，2齢幼虫および蛹も捕食する。ヒメアカホシテントウの1日当たりのヤノネカイガラムシ雌成虫捕食量は，雄成虫で約10頭，雌成虫で約24頭程度である。

●対象害虫の特徴

　ヤノネカイガラムシ，クワシロカイガラムシ，ナシマルカイガラムシ，トビイロマルカイガラムシ，カメノコロウムシ，イセリアカイガラムシなどの多くの樹木に寄生するカイガラムシ類を捕食する。
　葉や枝・幹の表面に寄生するカイガラムシ類は捕食されるが，樹皮下，枝の交差部分の隙間などのヒメアカホシテントウが入れない狭い部分に寄生しているカイガラムシ類は捕食されない。

【活用の部】

●発育と生態

　成虫越冬し，年3世代と考えられている。越冬した雌成虫は，3月下旬ころから産卵を開始し，4月ころから幼虫が発生する。第1世代成虫は6月下旬〜7月中旬ころ，第2世代成虫は7月下旬〜8月上旬ころ，第3世代成虫は9月中旬ころ以降に発生する。主に，第3世代が越冬する。
　カンキツでは，ヤノネカイガラムシ雌成虫の介殻の下や死んで空になった介殻の下のほか，葉が巻いたり，葉が綴り合わされたりして内側が比較的うす暗い場所などに産卵する。通常，1枚の葉に1卵ずつ産卵するが，ヤノネカイガラムシの寄生数が多い場合には，同じ葉に複数の卵を産卵することもある。ナシマルカイガラムシでは，雌成虫の介殻内に1卵ずつ産卵されることが多い。
　成虫の寿命は数か月である。野外における成虫の移動・分散は，産卵期を除き緩慢である。雌成虫は羽化当日から交尾するが，雄成虫は羽化後5日を経過しないと交尾しない。雌成虫の産卵前期間は約11〜12日である。室内飼育では，1雌当たりの産卵数は約130〜180卵である。卵から成虫になるまでの期間は，第1世代で約40〜50日，第2世代で約25日，第3世代で約30日と考えられている。25℃条件下での飼育では，卵から成虫になるまでの期間は平均26.1日である。
　九州のような暖地では休眠性はなく，冬期間でも卵巣は発育していると考えられている。カンキツ園内で越冬する成虫は，主に直径5〜10cm程度の小

〈テントウムシ類〉ヒメアカホシテントウ

枝の分岐部の下側や，巻いた葉の中，葉の重なり合った中などにいることが多い。主幹部ではなく，それより高い部分の枝・葉で越冬する個体が多い。冬期に集団を形成することもある。越冬中でも，気温が10℃以上になれば動き出す。日中の気温が12℃以上になると，摂食活動を行なう。

●保護と活用の方法

室内で増殖した成虫を用いた放飼試験では，一度定着すると餌となるカイガラムシが寄生している限り樹内の限られた枝の範囲内にとどまって摂食活動を行なうことが示されている。このことから，放飼した場合は，放飼直後の定着数が多いほど放飼効果が高くなると考えられている。

アシガルトビコバチなどの寄生蜂が，幼虫および蛹に寄生することが確認されている。アシガルトビコバチの寄生は6月以降確認され，第3世代では寄生率が90％以上に達し，ヒメアカホシテントウの発生密度を抑制することもある。

アシガルトビコバチの成虫は，寄生したヒメアカホシテントウの幼虫や蛹から10〜11月ころに羽化脱出する。また，翌春まで幼虫や蛹に寄生したままで5〜6月ころに羽化脱出する成虫も確認されている。

●農薬の影響

他のテントウムシ類同様，有機リン剤，合成ピレスロイド剤，ネオニコチノイド剤などの殺虫剤は悪影響があると考えられる。薬剤散布でヒメアカホシテントウが死亡しない場合であっても，カイガラムシの捕食量が低下した事例がある。

●採集方法

ヤノネカイガラムシやクワシロカイガラムシなどのカイガラムシ類が多数寄生している樹木から，捕虫網を用いたすくい取り，ビーティングネットなどで採集する。他のテントウムシ類に比べ動きが緩慢なため，見つけることができれば比較的簡単に採集できる。8〜9月ころには，天敵（寄生蜂）の寄生を受けている幼虫および蛹が多いことに注意する。

●飼育・増殖方法

ヤノネカイガラムシ，トビイロマルカイガラムシ，クワシロカイガラムシなどを餌として飼育できる。

（口木文孝）

保護により一定の効果

アザミウマタマゴバチ
（口絵：土着81）

学名 Megaphragma sp.
<ハチ目／タマゴヤドリコバチ科>
英名 ―

主な対象害虫 チャノキイロアザミウマ
その他の対象害虫 クワアザミウマ
発生分布 茨城県，静岡県，山口県，長崎県
生息地 カンキツ園，茶園，樹園地
主な生息植物 チャ，クワ，アジサイ
越冬態 若齢幼虫
活動時期 5～9月
発生適温 10～30℃

【観察の部】

●見分け方

本種の学名は未だ不明確で，中国で記載された M. deflectum と同種とされているが，前翅周毛数の相違などから別種の可能性が指摘されている。成虫の体長は0.17～0.19mmで，確認された昆虫のなかで世界最小といわれている。肉眼では微小な黒点にしか見えず，昆虫と認識するのは難しい。

成虫の形態は，プレパラート標本を作成して顕微鏡で観察する。翅は細長く棒状で，周縁に長い毛を生じる。体は全体にずんぐりとしており，腹部は丸みを帯びている。生存成虫を実体顕微鏡で観察すると，体色は全体に黄褐色で複眼，胸部背面と前翅などに暗褐色の部分がある。前翅の周毛が腹部末端よりも体長の1.5倍ほど長く突出し，羽毛状に広がって見える。

アザミウマの卵は植物組織内に産み込まれるが，葉に透過光を施して顕微鏡観察をすると，卵や脱出孔から本種の寄生活動の有無を判別できる。アザミウマの卵は乳白色で米粒型に近く，長径は0.2mmほどである。その一端が湾曲した突起状になっており，植物表面に露出している。上から見ると，卵の輪郭の中に露出部分の輪郭を確認することができる。

寄生を受けた卵はその突起部がなくなり，ダルマの置物に近い形になって植物組織内に完全に埋没する。そのため，露出部があった部分の葉組織が小孔を残して収縮する。健全卵内で寄主の胚発生が進むと，赤い眼点が見えるようになる。これに対し，被寄生卵では，内部の寄生蜂が蛹化すると黒い眼点が透けて見えるようになる。口器や蛹化便が見えることもある。

健全卵からアザミウマ幼虫が孵化した場合は，卵の露出部であった葉の表面に細長い裂け目状の孔があく。これに対し，寄生蜂が羽化した後の卵では，口径が大きく，真円に近い孔が残っており，寄主幼虫が羽化した卵とは容易に区別できる。

●生息地

本種は寄主となるアザミウマの分布域に広く分布すると考えられるが，これまでに確認されたのは茨城，静岡，山口，長崎の各県だけである。茶園，カンキツ園で採集例が多く，チャ葉から羽化を確認した例が多い。しかしカンキツ園での採集例は吸引粘着トラップによるものだけで，カンキツ葉から羽化を確認した例はなく，寄主と寄主植物は特定されていない。

●寄生・捕食行動

雌蜂は小刻みなドラミングを行ないながら歩行して葉上を探索し，アザミウマ卵の露出部を見つけると，そこに刺針して産卵する。

●対象害虫の特徴

チャノキイロアザミウマは，成虫の体長が0.8～1mmであり，体色が全体に黄褐色で，長い周毛のある総状の翅をもつ。通常は翅が背面で合わされており，黒い縦線のように見える。卵は新梢部の葉や緑枝，果皮などの表層部に産み込まれる。乳白色で，米粒形に近く，長径は0.2mmほどである。

〈寄生蜂〉アザミウマタマゴバチ

【活用の部】

●発育と生態

越冬成虫は，長崎県雲仙では，5月中下旬から羽化し始める。初夏，梅雨期の寄生率は低いが，夏期以降は寄生率が50％を超えるようになる。

本種は単寄生性の内部寄生蜂で，雄はきわめてまれにしか採集されず，通常は産雌性単為生殖を行なうと推察される。卵から成虫までの発育所要期間はタマゴヤドリコバチ科としては異例に長く，25℃で1か月近くを要する。

成虫の生存期間は短く，25℃の条件下では24時間以内である。成虫による蜂蜜の摂食と寄主体液摂取は観察されておらず，成虫の餌は不明である。長崎県雲仙地域での調査で年間4世代を繰り返すことが確認された。越冬は寄主卵内で卵あるいは若齢幼虫として行なう。長崎県雲仙の個体群は日長に依存した休眠反応をもたないようで，発育ステージが揃うことなく冬期を迎える。蛹や老熟幼虫は冬期に死滅する。

●保護と活用の方法

アザミウマタマゴバチの寄生活動が認められた園は，いずれも無農薬か減農薬栽培であり，本種が農薬に弱いことが示唆されている。

本種の寄生活動が認められた茶園では，夏葉の収穫の際に園の一部を刈らずに残すなどの保護措置が必要である。一番茶の収穫期には，越冬個体群が前年の秋に伸びた葉中にいるため，新葉を全部摘み取っても影響ない。

室内での累代飼育が不成功のために放飼技術などは検討されていない。

●農薬の影響

薬剤感受性試験は未だ実施されていないが，本種が慣行防除園ではまったく採集されていないことから，化学農薬一般に感受性が高いと推察される。

●採集方法

無農薬や減農薬栽培の茶園で葉の採集を行なう。蜂の発育所要期間が長いため，時には硬化した葉から羽化することもある。したがって，初めての採集では，チャノキイロアザミウマが盛んに産卵する新梢先端部だけでなく，多少古くなった葉も含めてさまざまな葉位の葉を採る必要がある。

採集した葉は表面をよく水洗し，潜葉性の害虫を刺殺した後，水分を拭い，3，4枚ずつ小型のチャック付きビニール袋やラップに封入する。それを恒温器内に保存して，蜂の羽化を待つ。恒温器内に補助照明を施し，光がよく当たるようにすると，葉の緑色が長く保たれる。羽化前に葉が褐変したりかびたりすると内部の寄生蜂も死亡する。

卵のある部分にマジックで印を付けておき，顕微鏡で卵の状態の変化をときどき観察する。生存成虫を得たい場合，眼点を確認してからは毎日観察したほうがよい。羽化した成虫は袋の内壁に移動していることが多いので，袋についた微小な黒点をすべて観察して蜂を検出する。

生きた成虫を取り扱う際には，三角形に切ったビニールの小片をピンセットで摘むようにはさみ，鋭角の部分ですくい取ると潰すことがない。面相筆の毛を1本だけ竹箸の先端に植え込んだものでも扱える。

●飼育・増殖方法

内径30mmほどのガラスリングの底に，同径の円盤形に切ったチャの葉片を表が内側になるように当ててシーロンフィルムで覆ったものを用意し，チャノキイロアザミウマ雌成虫を5匹放してシーロンフィルムで蓋をする。24時間後に成虫を取り除き，産卵が行なわれたことを確認した後，アザミウマタマゴバチの成虫を放して産卵させる。

蜂が死亡した後，0.5％の寒天溶液で満たしたシャーレに葉片を産卵面が上になるように載せ，25℃の恒温器内に保存する。寄主卵に黒い眼点が現われたら，チャック付きビニール袋内に葉片を移して同じ条件で保存し，成虫の羽化を調べる。

上記の方法で数個体の羽化例があるが，累代飼育には成功していない。

（高梨祐明）

ナミテントウ

(口絵：土着82)

学名 *Harmonia axyridis* Pallas
<コウチュウ目／テントウムシ科>
英名 Common lady beetle

主な対象害虫 アブラムシ類，カイガラムシ類
その他の対象害虫 ハムシ類，カンザワハダニ
発生分布 沖縄，南西諸島を除く日本全土，台湾～シベリアまで広く東アジアに分布
生息地 草原，山林や樹園地などの草木，樹木を問わずアブラムシ類の発生している植物
主な生息植物 クロマツ，モミジ，バラ，ナシ，モモ，カンキツ，ヤナギ，イヌマキ，ムクゲ，コムギなど
越冬態 成虫
活動時期 4～7月, 9～11月（盛夏は一時活動が衰える）
発生適温 20～25℃

【観察の部】

●見分け方

成虫の体型は卵円形で，体長は7～8mm内外である。ナミテントウの鞘翅の色彩や斑紋は変化に富み，普通に見られるのは4系統（二紋型，四紋型，斑紋型，赤地型）である。本州以南に生息する同属のクリサキテントウ *Harmonia yedoensis* (Takizawa)とは成虫での区別は困難であるが，終齢幼虫では斑紋が異なっていることで区別できる。また，クリサキテントウはマツ類に寄生するマツオオアブラムシしか捕食しない点でも区別できる。

孵化後の幼虫は黒色で3対の脚があり，活発に動き回る。終齢幼虫の体長は約10mmである。卵の長径は約2mmであり，淡い黄色を呈している。アブラムシ類の集団の中やその近くに十数個～数十個の卵塊として産み付けられる。

●生息地

草木，樹木を問わずアブラムシ類の発生している植物体上に生息している。4月にはクロマツ，モミジ，バラなどに多く見られ，5～6月にはコムギ，ヤナギ，ムクゲなどでも見られる。真夏でもエノキ，サルスベリなどでアブラムシ類が多発すると産卵，幼虫の発生が認められる。

成虫が集団を形成して越冬する。関東地方では，11～12月にかけて平地では家屋などに飛来して建物の隙間に，山間地では岩の割れ目や樹皮下などに翌年3月ころまで集団で越冬する。

●寄生・捕食行動

成虫，幼虫ともに多くのアブラムシ類などを捕食する。孵化幼虫はアブラムシ類などの虫体に口を突き刺して体液を吸収する。齢期が進むにつれて虫体全体を食べるようになる。

●対象害虫の特徴

多くの種類のアブラムシ類を捕食する。しかし，マメアブラムシ，ダイコンアブラムシ，ニワトコフクレアブラムシ，キョウチクトウアブラムシを摂食すると死亡する。ヘクソカズラヒゲナガアブラムシが近づくと，ナミテントウが避ける行動が確認されるなど，アブラムシ類の種ごとに選択性が異なることが示唆されている。

【活用の部】

●発育と生態

年2～3化であるが，夏は個体数が少なくなる。成虫の寿命は数か月である。雌成虫は，交尾後約1週間で産卵を始める。数個から数十個を1卵塊として産下し，10日間で約300～400個産む。アブラムシ類のコロニーから少し離れた場所に産卵することが多い。

老齢幼虫では，1日当たり約60～100頭，全幼虫期間を通じて数百頭以上のアブラムシ類を捕食する。成虫の1日当たりの捕食量は40頭前後とされている。

●保護と活用の方法

アブラムシ類の発生期間中は，有機リン剤，合成ピレスロイド剤，ネオニコチノイド剤などの使用を避ける。

●農薬の影響

有機リン剤，合成ピレスロイド剤，ネオニコチノイド剤などは悪影響がある。

〈テントウムシ類〉ダンダラテントウ

●採集方法

春と秋には，草木，樹木を問わずアブラムシ類が多発しているところで全ステージの虫が採集できる。6月下旬〜7月に採集する個体には天敵（寄生蜂）の寄生を受けているものが多いので，注意が必要である。

冬期は建物の隙間，樹皮下および岩の割れ目などで集団越冬しているので，これらの個体を採集してもよい。ただし，越冬個体は脂肪体が発達しているため，加温を開始しても卵巣発育〜産卵までに時間がかかる。

採集した越冬成虫は，冷蔵庫内で紙などの緩衝材とともにプラスチック容器などに入れておくと，数か月保存が可能である。

●飼育・増殖方法

採集した成虫を容器に入れておくと交尾が観察されるので，このペアを取り出して別容器（シャーレ）に移す。交尾後数日のうちに淡い黄色の卵塊を産卵する。産卵したらただちに共食いを避けるために親を別の容器に移す。卵が乾燥しないように，水を含んだスポンジ（脱脂綿）を容器の中に入れておく。卵は25℃で孵化まで3日間を要する。

飼育温度としては，20〜25℃が適当である。日長条件はほとんど関係なく，暗黒条件下でも飼育が可能である。若齢幼虫は小さく，動きが活発で逃げやすいので，容器に隙間ができないように工夫する。狭い容器内で幼虫を飼育すると共食いが生じる。そのため，直径9cmのシャーレを使用した場合は，15頭以下とし，餌を分散させて，幼虫同士がなるべく接触しないようにする。

アブラムシ類を餌とする場合は，アブラムシ類を生きたまま大量に冷凍しておき，必要時に解凍して与える。雄蜂児粉末を餌とする場合は，スライドグラス上にのせて与える。ただし，水を浸み込ませたスポンジとセットにして与える。雄蜂児粉末は1〜2日おきに交換し，あわせて水を補給する。コナガを餌とする場合，ナミテントウ孵化幼虫1頭に対し，コナガ孵化幼虫を約100頭与えると，蛹になるまで飼育することができる。

（伊澤宏毅・口木文孝）

保護により一定の効果 ▼アブラムシ類の天敵

ダンダラテントウ
（口絵：土着83）

学名 *Cheilomenes sexmaculata* (Fabricius)
〔= *Menochilus sexmaculata* Fabricius〕
<コウチュウ目／テントウムシ科>

英名 ―

主な対象害虫 マメアブラムシ，ユキヤナギアブラムシ，ホップイボアブラムシ，ミカンクロアブラムシ，モモアカアブラムシ

その他の対象害虫 キョウチクトウアブラムシ，サルスベリヒゲマダラアブラムシ，バラヒゲナガアブラムシ，タイワンヒゲナガアブラムシ，エンドウヒゲナガアブラムシ

発生分布 日本では太平洋側で北関東，日本海側で北陸が北限。南は南西諸島，沖縄まで分布。国外では，台湾，中国，インド，アフガニスタンからニューギニア，ポリネシア，ミクロネシアにかけて広く分布

生息地 山野に多いが，畑，町中の植物上にも生息

主な生息植物 ニセアカシア，キョウチクトウ，サルスベリ，イヌマキ，ガガイモ，カナムグラ，ヨモギなど

越冬態 成虫

活動時期 4月下旬〜11月

発生適温 20〜25℃

【観察の部】

●見分け方

成虫は体長3.7〜6.7mm，体幅3.2〜5.4mmで，わずかに縦長の中型のテントウムシ。成虫の鞘翅は変異が大きく，以前は北方にいる黒地型のものはヨスジテントウ，南方の赤地型はダンダラテントウとして別種にされていた。しかし，斑紋以外に区別点はなく，交配も可能で，野外でも中間型がみられることから，現在は同種とされている。

本州以北のものは黒地型（ヨスジ型）で，肩部を除いてほとんど真っ黒であり，一部小さな赤い紋をもつものがある。南西諸島，沖縄のものはダンダラ型で，赤地に黒い紋をもつ。九州・四国には赤地型，黒地型の両方が生息する（図1）。

ダンダラテントウ〈テントウムシ類〉

図1　ダンダラテントウの鞘翅斑紋の変異
左端の黒地型から右のダンダラ型（赤地型）まで，だんだん赤色部が増す

雌雄は頭部先端（上唇部）の色で区別がつく。雌は大部分が黒または褐色なのに対して（一部白色部分もある），雄は全体が乳白色。

幼虫は腹部後方が細くなった紡錘形で，背面の突起の形や色で見分けるが，齢期で変化し，また類似した種も多いので，慣れないと難しい。終齢では中後胸部背板の突起と，腹部第1，4節の突起が黄白色で目立ち，黒地に白い斑紋のように見える。

● 生息地

山野に多いが，町中の街路樹，庭木でもアブラムシ類が多ければ繁殖する。また，空き地のヨモギなどの草本にも見られ，必ずしも樹木にいるとは限らない。越冬は他のテントウムシと同様に成虫越冬で，落ち葉の下の腐植土に潜る。

● 寄生・捕食行動

幼虫・成虫ともにアブラムシ類の全ステージを捕食する。

● 対象害虫の特徴

アブラムシ類の選好性はよくわかっていないが，与えると比較的何でも食べるので，捕食範囲は広いと思われる。

【活用の部】

● 発育と生態

関東ではアブラムシ類の多くなる4月下旬～初夏と秋に多く繁殖し，4月から10月ころまでに5世代くらい繰り返す。真夏には少なくなるが，サルスベリなど夏でもアブラムシ類のいる木には全ステージが見られる。

25℃の条件下でアブラムシ類を用いて飼育した場合，雌1匹当たり2,000個近くの産卵が観察されている。卵は黄色で柔らかく，強く触れるとつぶれてしまう。アブラムシ類のコロニーのそばの葉や枝に，数個から20～30個の卵塊で産み付けられる。

幼虫期は4齢まで，生育期間は温度，餌で異なるが，25℃，アブラムシ類を餌とした場合，1齢～成虫まで13日くらいである。休眠に関しては北方系と南方系とで異なり，南方系は非休眠であると報告されている。

● 保護と活用の方法

本種は樹木に多いことから，カンキツ園やリンゴ園などでの活用が可能と思われる。本種はまだ実用化されていないが，南方系のものは夏の高温に耐性があり，非休眠であるという点から，ハウスなどでの利用も期待される。最近では樹園の下草を部分的に残すか，天敵保護地区としてアブラムシ類のつきやすい草本を植え，そこにはいっさい農薬を散布せず天敵を保護する方法もとられている。

● 農薬の影響

アブラムシ類の薬剤抵抗性が強いことから，アブラムシ類用に農薬を散布すると，まずテントウムシのほうがやられてしまう。各種薬剤に対する感受性の研究は遅れており，本種に対する報告はない。

● 採集方法

初夏にキョウチクトウ，カナムグラなどで，全ステージを採集することができる。真夏はサルスベリの花や新芽にアブラムシ類が寄生すると，ダンダラテントウの成虫はそれらを捕食するために集まり，アブラムシ類が豊富だと繁殖もする。サルスベリは花が高いところに咲くので本種を見つけにくいが，アブラムシ類の寄生した木にはアリが盛んに上っていくので，アリを目印に探すとよい。

● 飼育・増殖方法

餌としては天然の餌であるアブラムシ類か人工飼料を用いる。

アブラムシ類は，あまり大型でなければ何でもよい。室内で増殖するなら，カイワレダイコンかハクサイで増やしたモモアカアブラムシ，ジャガイモの芽出しで増やしたワタアブラムシ，イネの芽出しで増やし

〈テントウムシ類〉コクロヒメテントウ

たムギクビレアブラなどが比較的使いやすい。

　人工飼料としては，他のテントウムシに広く有効なミツバチの雄峰児粉末が有効で，この餌だけで数十世代の累代飼育の実績がある。この餌の場合，粉末餌なので水を別に与える必要がある。最近，スジコナマダラメイガ卵が天敵の餌として販売されており，効果は高いが高価である。

　飼育容器はシャーレでもタッパウェアでもよい。若齢幼虫の場合は，小さくてすばしこいので気密性が要求されるが，過湿にならない配慮も必要である。幼虫は共食いをするため，餌を十分に与えること，飼育密度をあまり高くしないことなどに留意する。

　飼育温度は20～25℃が適当で，あまり高いと小型化する。日長については，南方系のダンダラテントウの場合はあまり気にしなくてよいが，北方系のもので休眠を回避するため長日（14L10D〔14時間明期10時間暗期〕くらい）が必要といわれる。

（新島恵子・口木文孝）

コクロヒメテントウ

（口絵：土着84）

学名　*Scymnus posticalis* Sicard
<コウチュウ目／テントウムシ科>
英名　—

主な対象害虫　カンキツ・ナシなどの果樹類に寄生するアブラムシ類，特にユキヤナギアブラムシ
その他の対象害虫　その他の果樹のアブラムシ類
発生分布　日本全土（沖縄については不明），朝鮮半島，台湾，ミャンマー
生息地　果樹園およびその周辺の防風樹など
主な生息植物　カンキツやその他の果樹
越冬態　成虫
活動時期　5～10月（アブラムシ類の発生時期）
発生適温　おおよそ20～25℃

【観察の部】

●見分け方

　成虫は2～3mmの大きさで，全体が黒色である。上翅の端が淡い色をしているので，尻の部分が茶色に見える。上翅にS字型に湾曲した被毛がある。雄は前頭部の色が淡色，雌は黒色である。卵は，茶色で小型，長さは0.6mm程度である。幼虫は，体表が白色のロウ物質で覆われ，コナカイガラムシ類によく似ている。若齢幼虫の体長は約1mm，終齢幼虫では約7mmである。

　近縁種との区別には注意が必要である。幼虫はコナカイガラムシ類とよく似ており，ヒメテントウ類以外の種とは区別が容易である。成虫は上述した特徴と，上翅と斑紋の形や前胸の色などから判別する。

　カンキツ園には，他のヒメテントウ類も生息しているが，アブラムシ類を攻撃しているヒメテントウ類は，ほとんどの場合本種である。ただし，近縁のヒメテントウ類との区別は難しい。

●生息地

　カンキツをはじめとする果樹園のアブラムシ類のコロニー内に生息して，アブラムシ類を捕食しているのが見られる。特にユキヤナギアブラムシに寄生されたカンキツの巻葉内およびモモやナシなどのユキヤナギアブラムシのコロニー内に多い。イヌマキなどの防風樹でも確認される。

　蛹化前に樹上から移動し，下草や地表面の落葉下で蛹化する。産卵場所は，アブラムシ類のコロニー内やその付近の溝や縁に沿ったところ，ミカンハモグリガの食痕下，アブラムシ類の体表などである。

●寄生・捕食行動

　本種は，カンキツ園ではどの種のアブラムシ類のコロニーも攻撃するが，特にユキヤナギアブラムシのコロニーを攻撃することが多い。アブラムシ類の成虫および幼虫を問わず捕食する。幼虫はコロニー内に生息して捕食するため，コロニーはほぼ全滅するが，少数が残ることもある。成虫は産卵のためにコロニーを移動して捕食しているようである。蜂蜜で200～300日以上生存することから，アブラムシ類がいない時期にも，カイガラムシ類などの排出する甘露を餌として生存できると考えられる。

　ナミテントウやヒメカメノコテントウなど他のテントウムシ類に比べ，活動期間が長く，個体数も多い。また，他の天敵類よりも出現時期が早いので，カンキツ園でのアブラムシ類の個体数抑制に果たす

●対象害虫の特徴

カンキツに寄生するアブラムシ類はどの種も捕食されるが，ユキヤナギアブラムシのように捕食されやすいものと，そうでないものがある。これは，ユキヤナギアブラムシの寄生によって葉が巻くといったアブラムシ類の生息場所の違いが反映されている可能性が考えられるが，詳しいことは不明である。ヤノネカイガラムシに対する捕食もあるとされているが，役割は小さいと考えられる。

【活用の部】

●発育と生態

成虫および幼虫とも，カンキツの新梢などのアブラムシ類のコロニー内で摂食している。卵は，アブラムシ類のコロニー内やその近くに，1個ずつ産卵される。産卵数は1日当たり5～8卵，総産卵数は最高で400卵程度である。産卵前期間は約2週間，産卵期間は1.5～2.5か月，産卵日数は40～50日間である。卵は2～4日，幼虫は20日，蛹は7～10日程度の期間がかかる。気温にもよるが，夏期では1か月程度で一世代を完了する。

幼虫は4齢を経過する。いずれも白色の突起をもち，コナカイガラムシ類に似た外見をしている。蛹は幼虫の殻を外側につけたままなので，コナカイガラムシ類と見間違いやすい。しかし落葉下で蛹化するため発見しにくい。

カンキツ園での発生は，5月下旬から10月までのアブラムシ類の発生期間の全体にわたる。アブラムシ類の個体数の増加に伴って個体数が増加し，アブラムシ類の発生ピークの6，7，9月にピークを形成するが，9月のピークが最大となる。年間の世代数は不明だが，数世代は繰り返すと考えられる。

●保護と活用の方法

成虫は，蜂蜜で長期間飼えることから，カンキツ園内外のアブラムシ類やカイガラムシ類などの排泄する甘露を餌として利用していると考えられる。草本植物に寄生しているアブラムシ類のコロニーではほとんどみられない。

薬剤無散布園では，アブラムシ類の出現にやや遅れて活動がみられ，アブラムシ類の個体数の増加に伴って個体数も増加する。このように，本種も他の多くのアブラムシ類の天敵類のように，アブラムシ類の個体数がある程度増加した後で，減少させる働きは大きい。出現時期もほぼアブラムシ類の発生時期をカバーするので，天敵類のうちでもアブラムシ類の個体数抑制に，かなり大きなウエイトを占めると考えられる。

本種の保護には殺虫剤の散布をなるべくひかえ，園地周辺にアブラムシ類やカイガラムシ類などの餌になる虫が繁殖できる樹木を植えることなどが考えられる。

●農薬の影響

個々の農薬の影響は調査されていない。果樹上に生息する成虫および幼虫は，アブラムシ類のコロニーで捕食活動をしているため農薬の影響は大きく，捕食中の成虫および幼虫はアブラムシ類とともに薬剤を浴びて死んでしまう。ただし蛹は地表面，落葉下などにいるため，比較的農薬の影響を受けにくいと考えられる。

●採集方法

圃場のアブラムシ類のコロニー内を探すか，ビーティングにより成虫や幼虫を採集する。卵は小さいので，ルーペを用いてアブラムシ類のコロニー内から採集する。アブラムシ類のコロニー内に混入した他の捕食性天敵は取り除く。

●飼育・増殖方法

人工飼料での飼育は成功していない。また継代飼育も試みていないので，卵から成虫までの飼育法を示す。プラスチック容器に穴をあけ，ゴースを張ったものを用い，幼虫または成虫を数頭ずつ入れて飼育する。

餌は生きたアブラムシ類を与える。野外ではユキヤナギアブラムシと特に結びつきが強いが，カンキツ園にいるアブラムシ類はどの種類でも餌にできる。室内でアブラムシ類を繁殖させればよいが，野外から採集してくる場合には，他の捕食性天敵の混入に気をつけて，取り除く必要がある。

幼虫を飼育すると，約3週間で蛹となるが，このとき小さく折り曲げた濾紙片を入れておくとその裏側で蛹化する。餌として新梢ごとアブラムシ類を与

〈テントウムシ類〉ヒメカメノコテントウ

えると，枯れた葉の内側などで蛹化してしまう。

蛹は，濾紙をときどき湿らせるなどして適当に湿度を保っておくと7〜10日で成虫が羽化する。雌雄をシャーレなどに一緒に入れておくと交尾が起こる。採卵方法は検討していないが，交尾済みの雌成虫に対して寄生したアブラムシ類を新梢ごと与えると，新梢や葉の上，アブラムシ類の体表上などに産卵されることから，これらの卵から次世代を飼育することは可能であろう。

(駒崎進吉・口木文孝)

ヒメカメノコテントウ

(口絵：土着84)

学名 *Propylea japonica* Thunberg
<コウチュウ目／テントウムシ科>
英名 Lady beetle

主な対象害虫 アブラムシ類
その他の対象害虫 ―
発生分布 日本全土，台湾，中国，朝鮮半島，シベリア，インド
生息地 草原，山林や樹園地などの草木，樹木を問わずアブラムシ類の発生している植物
主な生息植物 イヌマキ，カンキツ類，ナシ，ウメ，モモ，チャ，コムギ，セイタカアワダチソウ，クローバー類，牧草など
越冬態 成虫
活動時期 4〜10月
発生適温 20〜30℃

【観察の部】

●見分け方

成虫の体長は3.0〜4.6mm。幼虫は黒色で3対の脚があり，活発に動き回る。卵は淡い黄色で柔らかく，アブラムシ類のコロニーの中やその近くに数個〜数十個の卵塊として産み付けられる。

ヒメカメノコテントウの鞘翅の色彩や斑紋は変化に富み，セスジ型，肩紋型，四紋型，黒型に分けられるが，その中間型もある。北海道や本州中部以北の高い産地に生息するコカメノコテントウ *Propylea quatuordecimpunctata* (Linnaeus)に類似するが，コカメノコテントウのほうが紋の数が多い点で区別できる。

●生息地

アブラムシ類の発生する樹木，田畑，草原，山林などに広く生息している。野外でアブラムシ類の発生が多い3〜7月および9〜10月に個体数が多くなる。

●寄生・捕食行動

アブラムシ類を捕食する。3月ころから現われ，成虫，幼虫ともに植物に寄生しているアブラムシ類などを捕食する。

●対象害虫の特徴

多くのアブラムシ類の全ステージを捕食するが，アブラムシ類の種に対する選択性はよくわかっていない。

【活用の部】

●発育と生態

年5〜7世代を繰り返し，落ち葉の下の腐植土に潜って越冬する。田畑，草原などの草本植物に多いが，果樹，チャでも新梢などにアブラムシ類が寄生すると集まってくる。成虫の寿命は数か月と長く，餌条件が良ければ2か月以上産卵するとされている。

成虫は，交尾後約1週間で産卵を始める。数個から十数個を1卵塊として産卵し，餌が十分にあると産卵数が多くなる。室内試験では，1雌当たり約1,500個を産卵することが観察されている。

●保護と活用の方法

アブラムシ類発生期間中は，有機リン剤，合成ピレスロイド剤，ネオニコチノイド剤などの使用を避ける。

●農薬の影響

有機リン剤，合成ピレスロイド剤，ネオニコチノイド剤などは悪影響がある。

●採集方法

草木，樹木を問わずアブラムシ類が多発している場所で全ステージの虫が採集できる。春期の小麦畑では多数採集できる。

●飼育・増殖方法

アブラムシ類で飼育できるが，2〜3世代までしか飼育できない。

(口木文孝)

ヒラタアブ類

(口絵：土着85)

学名 ホソヒラタアブ属 *Episyrphus*，ヒメヒラタアブ属 *Sphaerophoria* など
<ハエ目／ハナアブ科／ヒラタアブ亜科>
英名 Hoverfly

主な対象害虫 アブラムシ類
その他の対象害虫 ―
発生分布 日本全土，ヒラタアブの仲間は世界的に分布
生息地 樹木を問わずアブラムシの発生しているところ
主な生息植物 果樹ではウメ，モモ，ナシ，リンゴなど多作目に及ぶ
越冬態 成虫
活動時期 早春〜晩秋
発生適温 20〜30℃

【観察の部】

●見分け方

ヒラタアブ類には，ホソヒラタアブ *Episyrphus balteatus* (De Geer)をはじめとして多くの種が含まれている。卵は白色でアブラムシのコロニー中やその近くに産み付けられる。幼虫は無脚のウジ虫様の形体で体色は，白色，緑色，茶色と変化に富み，なかには斑模様の個体もある。蛹は囲蛹で，涙滴状であり，色は淡黄土色〜こげ茶などさまざまである。葉や枝で蛹化し，囲蛹は一見するとごみが付着しているようにも見える。

成虫の体長は10mm内外，老熟幼虫の体長は10〜18mm，卵は1mm前後である。成虫は翅が2枚である。腹部には黄色，黒色，褐色の模様があり，変化に富む。成虫は蜜や花粉を求めて各種の花を訪れる。また，アブラムシ類の排泄した甘露も摂取する。成虫は飛翔中に，空中に静止してホバーリング（停空飛翔）態勢をとることができる。

●生息地

ほぼ全国に分布している。果樹では，幼虫がアブラムシ類の発生の多い新梢先端部の，展開して間もない葉裏などでアブラムシのコロニー中に見られる。アブラムシにより葉が巻いた部分の内側や萎縮した葉の間隙などの日陰を好むことが多い。

●寄生・捕食行動

ヒラタアブの幼虫はアブラムシの成虫・幼虫を捕食する。成虫は花蜜などを摂取し，肉食性のものはいない。ヒラタアブは，1種で多種のアブラムシを捕食する。

●対象害虫の特徴

ほとんどのアブラムシを捕食する。

【活用の部】

●発育と生態

卵はアブラムシの寄生部位に1個ずつ点々と産下し，雌1頭当たりの産卵数は数百個に達する。

幼虫期間に捕食するアブラムシの個体数は数百に達する。しかし，アブラムシを捕食しない不摂取静止期間が長いため，暴食の割に捕食した総数は100〜300頭程度という報告もある。

ヒラタアブに対する天敵も多く知られている。寄生蜂では，ヒメバチ科の寄生蜂は幼虫に産卵し，その寄生率は20〜60％に達する。特に夏期の寄生率が高い。

アブラムシが多発している場所では，しばしば，アブラムシ類の天敵である，テントウムシ類，クサカゲロウ類も同時に発生している。

●保護と活用の方法

ヒラタアブ類の成虫は蜜や花粉を求めて花に飛来するので，アブラムシの発生時期に果樹園の下草や園周辺に花があると，果樹園内での産卵が増えると期待できる。

アブラムシ発生期間中はヒラタアブにも影響の大きい，合成ピレスロイド剤，有機リン剤の使用を避ける。

●農薬の影響

合成ピレスロイド剤，有機リン剤は影響が大きい。また，幼虫はアブラムシのみを捕食するため，薬剤散布によりアブラムシがまったくいなくなると，ヒラタアブ幼虫も生存できなくなる。

●採集方法

アブラムシが多発しているところでは，比較的簡

単にヒラタアブ幼虫の発生が認められるので，採集するのは成虫より幼虫のほうが容易である。幼虫の体は柔らかいので，直接手で触らず，幼虫のいる葉ごと（枝ごと）採集する。また，幼虫を取り扱うときは筆などを用いる。

● 飼育・増殖方法

採集した幼虫を果樹園でアブラムシの発生している箇所に移すことが考えられる。

（伊澤宏毅・井原史雄）

クサカゲロウ類

（口絵：土着86）

学名　Chrysopidae
<脈翅目／クサカゲロウ科>
英名　Green lacewing, Aphid lion

主な対象害虫　アブラムシ類，カイガラムシ類
その他の対象害虫　ハダニ類，キジラミ類
寄生・捕食方法　捕食
発生分布　日本全土（ただし，種によって発生分布は異なる）
生息地　アブラムシ類やカイガラムシ類などが発生している樹木や下草
主な生息植物　各種果樹園，茶園
越冬態　種により異なる（前蛹，成虫，一部は幼虫）
活動時期　4～10月
発生適温　20～25℃

【観察の部】

● 見分け方

成虫はレース状の翅をもち，前翅長は小型の種で7mm，大型の種で25mm。体色は緑～黄緑色。また，果樹など木本では薄緑色の種も多く見られる。卵はほぼ長楕円形で長径は1～1.5mm，糸状の卵柄の先端に産み付けられる。産卵場所は，餌となるアブラムシの集団の近くが多い。ヤマトクサカゲロウやカオマダラクサカゲロウのように1粒ずつ産み付ける種や，フタモンクサカゲロウのように1本の卵柄に他の卵柄を絡ませて卵をまとめて産む種などさまざまである。卵は，ほとんどの種で緑色である。ヨツボシクサカゲロウの卵は1か所にまとめて産み付けられ，よく目立つので，この卵の集まりは俗に「うどんげの花」と呼ばれる。

幼虫の体は紡錘型で口器は前方に突出し，大腮と小腮が合わさった鎌状の吸収口をもつ。鎌形の口をしているのでテントウムシなどの幼虫とは区別が容易である。カオマダラクサカゲロウやフタモンクサカゲロウなどのように，背中に自分が食べたアブラムシの食べ残しやカイガラムシ類のロウ物質などの塵を付けてカモフラージュする種がいる。ヤマトクサカゲロウやヨツボシクサカゲロウなどは，背中に塵を付けない。幼虫は3齢期を経て葉裏や樹皮のしわや裂け目などに球形の繭をつくり，その中で蛹化する。塵載せ型の幼虫では，繭の外側に塵をそのまま残すので，繭の発見は難しい。

● 生息地

果樹・茶園では，樹種や周辺の環境などによって異なるが，ヤマトクサカゲロウ，ヨツボシクサカゲロウ，カオマダラクサカゲロウ，フタモンクサカゲロウが主な種である。ほぼ全国に分布している。アブラムシ類，カイガラムシ類，ハダニ類など多様な虫を捕食する多食性である。そのため，それらが発生するさまざまな場所で見られる。

● 寄生・捕食行動

幼虫は肉食性で，アブラムシ類などの体に鎌状の口器を刺して体液を吸う。成虫はアブラムシ類の甘露や花粉などを食べる非肉食性の種が多いが，ヨツボシクサカゲロウなどのようにアブラムシ類を食べる肉食性の種もいる。

● 対象害虫の特徴

アブラムシ類やカイガラムシ類のように体の柔らかい昆虫を好んで捕食する。ハダニ類やアザミウマ類も捕食することがある。蛾の卵や若齢幼虫も捕食対象となる。

【活用の部】

● 発育と生態

クサカゲロウ類の発生期は，暖温帯では一般に4月から10月である。ヤマトクサカゲロウ，カオマダ

ラクサカゲロウは成虫で冬期休眠する。ヤマトクサカゲロウは休眠すると体色が褐変するが，カオマダラクサカゲロウは緑色のままである。ヨツボシクサカゲロウ，フタモンクサカゲロウは，繭の中で前蛹で越冬する。

成虫越冬するカオマダラクサカゲロウは，1月でも灯火に飛来することがある。ヤマトクサカゲロウは越冬後，気温の上昇とともに体色が褐色から緑色に変化するが，3月下旬には体色が完全に緑に変化しきれていない個体が菜の花などに飛来する。前蛹で越冬する種の発生時期は多少遅く，4月下旬ころからが第1化のピークとなる。上記の種は，越冬後3～4世代を繰り返すと思われる。成虫の飛翔能力は高く，餌資源が枯渇するとただちに分散する。

成虫寿命は1～2か月と長い。餌の条件がよければ，十数～数十卵を毎日，1～2か月間産み続ける。成虫は夜行性である。幼虫は3齢の末期に繭を形成する。スジコナマダラメイガの卵を与えて25℃で飼育した場合の4種の卵期間，幼虫期間および繭期間は表1のとおりである。

●保護と活用の方法

クサカゲロウ類の保護・活用には，対象害虫の寄主でない草本，たとえばソルガムなどの天敵温存植物を樹間に植える方法や，下草として，花粉が露出するイネ科植物やキク科植物を植える，などの方法が考えられる。病害虫防除に農薬を散布するときは，天敵類に影響の小さい選択性農薬を使用する。

●採集方法

成虫は夜行性なので昼間は採集しにくいが，ムギ畑や菜の花畑などで注意深く観察すると花粉を食べにきているので，スウィーピングすると良い。走光性を利用したライトトラップによる成虫の捕獲も有効である。アブラムシが多数寄生している新梢を見出してクサカゲロウ類の成虫や幼虫を採集したり，その付近の卵を採集したりすることも可能であるが，寄生蜂に寄生されている場合もある。

●飼育・増殖方法

飼育のポイントは休眠と共食いの回避である。幼虫は共食いが起こりやすいので，小型容器内で，できる限り個別飼育する。

餌はスジコナマダラメイガ凍結殺虫卵を与える。ヤマトクサカゲロウやヨツボシクサカゲロウは，卵1個当たり約300mgの餌があれば，繭になるまで発育できる。フタモンクサカゲロウは幼虫期間が長く，スジコナマダラメイガ凍結殺虫卵が2週間程度で乾燥して餌として不適となるので，飼育開始から2週間後に少量の餌を追加する。

雄蜂児粉末でも飼育可能であるが，この餌は腐りやすいので1～2日間隔でこまめに交換する必要がある。雄蜂児粉末を餌とする場合は，水分の供給と餌の吸湿のため飼育容器内に水を浸み込ませたスポンジを置いておく。

3齢末期には繭を形成するが，塵載せ型のカオマダラクサカゲロウやフタモンクサカゲロウは，塵が不足すると繭の形成が不完全となりやすい。餌の食べかすが代わりとなる場合もあるが，1cmくらいのほぐした脱脂綿を容器の中に入れると，これを基質として繭をつくる。ヨツボシクサカゲロウなど大型の種では，小さな容器では羽化時に翅がきれいに伸びないことがある。蛹化したら絵筆などを使って注意深く繭を取り出し，大きめの容器に移すとよい。

累代飼育するときには，休眠させないように日長条件14～16時間照明とする。20～25℃が飼育適温である。ライトトラップに集まってくる成虫は，ほとんどの場合交尾を済ませているので，容器に入れて飼育するとすぐに産卵する。

成虫の餌には，酵母自己消化物Amber BYE Series100（あるいは，乾燥酵母エキス）と蜂蜜と水（3：10：10）の混合物が用いられる。飼育容器に，この混合物少量を脱脂綿に含ませたものと，水を小型カップに入れ脱脂綿を芯にして給水させたものを入れる。水を切らすと成虫はすぐ死ぬので注意が必要である。ヨツボシクサカゲロウのように成虫が肉食性の種では，成虫にもスジコナマダラメイガの卵を少量与える。

表1 クサカゲロウ類の発育日数 （平均値）

種＼生育期	卵期間	幼虫期間	繭期間
ヤマトクサカゲロウ	3.32	9.91	8.14
ヨツボシクサカゲロウ	4.00	8.46	13.77
カオマダラクサカゲロウ	5.00	7.70	12.30
フタモンクサカゲロウ	5.54	13.63	17.63

注 いずれも25℃条件下での日数

〈寄生蜂〉ミカンノアブラバチ

図1　クサカゲロウ類の成虫飼育容器の一例
直径15cm×高さ15cmの食品用プラスチックカップを加工して作成。カップ底面には1cm四方の穴をあけて脱脂綿を通し，その下に小型のカップをセロテープで固定して水の補給源とした。また，カップ内部底面には，成虫の餌（乾燥酵母・蜂蜜・水）を2cm四方の脱脂綿に含ませて置いてある

成虫の飼育は，腰高シャーレまたはアイスクリームカップを用いてもよいが，直径15cm，高さ15cmくらいの大きめの容器のほうが扱いやすい（図1）。卵は，容器の蓋などに産み付けられるので，注意深くピンセットで取るか，はさみで柄を切って採取する。孵化した幼虫により共食いされないように，2～3日おきに取り出す。

同系交配では4～5世代で孵化率が悪くなったり世代が絶えてしまったりする場合があるので，必ず他の系統の雄と掛けあわさるように工夫する。

（伊澤宏毅・望月　淳・春山直人）

ミカンノアブラバチ

（口絵：土着87）

学名　*Lysiphlebus japonicus* Ashmead
＜ハチ目／コマユバチ科＞
英名　―

主な対象害虫　ミカンクロアブラムシ，ユキヤナギアブラムシ，ワタアブラムシ
その他の対象害虫　コミカンアブラムシ，ハゼアブラムシ，マメアブラムシなど
発生分布　日本全土
生息地　果樹園や庭園など，森林とオープンフィールドとの中間的環境を好む

主な生息植物　カンキツ，サンゴジュ，チャ
越冬態　前蛹
活動時期　3～11月
発生適温　10～30℃

【観察の部】

●見分け方

カンキツ園で最も普通に見られるアブラムシの寄生蜂である。野外のアブラムシコロニーで産卵している成虫を観察することもできるが，マミーを採集して羽化した個体を観察するほうが容易である。マミーはアブラムシコロニーが形成される葉や葉柄，緑枝部に集合して付着している。色は灰褐色から暗褐色で，腹部が球状に膨らんだ形をしている。

成虫の体長は1.0～1.8mm。頭部や胸部背面，基部を除く腹部は暗褐色で，脚や口器，胸部側・腹面，前伸腹節（Propodeum；胸部と融合した腹部第1節のこと）などの部分は黄褐色から赤褐色を呈する。雌の腹部末端は雄に比べて鋭く尖っている。また，雄は雌に比べてやや体色が濃く，触角の節数が多くて長いなどの点で雌雄を区別できる。

●生息地

日本全国の樹園地に広く生息する。マミー内で休眠越冬する。休眠するステージは前蛹である。

●寄生・捕食行動

寄主コロニー内で，雌蜂は触角を上下動させながら歩行して寄主を探索する。寄主を発見すると，雌蜂は寄主に正対し，腹部を前方に屈曲，伸長させて先端の産卵管で瞬間的に刺針して産卵する。産卵の際，翅の振動を伴うこともある。寄主体液摂取は行なわない。

●対象害虫の特徴

ミカンクロアブラムシはカンキツの新梢部に密で大型のコロニーを形成する。成虫は光沢のある黒色，幼虫は光沢のない暗褐色を呈する。

ユキヤナギアブラムシはユキヤナギ，カイドウ，コデマリなどの庭木や温州ミカン，ナシ，リンゴなどの果樹を広く加害する。新葉の裏側を好んで，密なコロニーを形成し，葉を巻き込むように変形させる。成・幼虫ともに体色はくすんだ緑色で，角状管

が黒い。成虫は尾片も黒くなる点で，ワタアブラムシの緑色個体と区別される。

【活用の部】

● 発育と生態

長崎県のミカン園での活動時期は3月中下旬～11月上中旬である。岩手県のリンゴ園での活動時期は5月下旬から9月下旬である。マミー内で前蛹態で休眠越冬する。

単寄生性の内部寄生蜂である。卵，幼虫（1～4齢），蛹期を寄主体内で過ごすが，前蛹になる段階で寄主はマミー化して死亡する。羽化成虫はマミー背面に円形の穴をあけて脱出する。

ミカンノアブラバチは，*Aphis*属や*Toxoptera*属などAphidini族のアブラムシに広く寄生する。寄主の1齢幼虫から成虫までのすべての発育態に寄生可能である。卵から成虫までの発育所要期間は25℃で11日，20℃で17日程度である。雌の理論的な発育零点は約6℃，有効積算温度は216℃であり，西南暖地では年間15世代ほどを繰り返すものと推定される。成虫は蜂蜜や寄主の排出する甘露を餌とするが，生存期間は短く，25℃で3～4日，20℃で7日程度である。

雌成虫は羽化後急速に卵巣成熟が進み，短期間に多数の産卵を行なうことができる。25℃では羽化当日に100卵以上を産下する。総産卵数は雌成虫の体サイズと正の相関があり，平均で200卵程度，大型個体では300卵に達する。産雄性単為生殖を行ない，産下卵の6～7割が雌になる。交尾は羽化直後にコロニーの付近で行なわれる。雌が交尾を受け入れるのは生涯に1回だけである。

● 保護と活用の方法

山口県大島のカンキツ園では，夏期にミカンノアブラバチがミカンクロアブラムシに高率で寄生し，有力天敵として機能しうることが報告されている。

カラタチの芽出しとミカンクロアブラムシ，あるいはリンゴの芽出しとユキヤナギアブラムシの組み合わせを使うと，培養試験管内で累代飼育できる。したがって，省スペースの大量増殖系は開発可能と考えられるが，保存や輸送に適するマミーと成虫の期間が短いため，輸送できる範囲が限定されることになる。

カンキツ園ではアブラムシの発生が新梢展開に合わせて断続的になるため，寄生蜂個体群も移出と再侵入を繰り返すことになる。そのため，寄主の発生に対して寄生蜂の飛来が遅れを伴い，寄主の増殖を有効に抑制できないことが多い。この点を改善するためには，バンカー植物の利用が考えられるが，実用的な試験例はない。

日本では施設野菜に発生するワタアブラムシに対して放飼試験が行なわれている。また，1990年代にミカンクロアブラムシが侵入して問題となっているアメリカ合衆国のフロリダに，日本からミカンノアブラバチが導入された経緯がある。

● 農薬の影響

ミカンノアブラバチの薬剤感受性に関する定量的研究例はないが，慣行防除園ではほとんど採集されないことから，化学農薬には一般に弱いものと推察される。

● 採集方法

夏期に薬剤防除のあまり行なわれていないカンキツ園でマミーを探すのが，ミカンノアブラバチの最も容易な採集法である。脱出孔のないマミーを採集して持ち帰り，試験管などに入れて保存し，羽化成虫を得る。マミーを25℃で保存した場合は，4日以内に成虫が羽化する。それ以上たっても羽化がみられない場合には，二次寄生蜂が羽化することが多い。

体色が黄色っぽく変化したミカンクロアブラムシの個体は被寄生個体であるが，それらを採集した場合，マミー化前に寄主が死亡すると内部の寄生蜂も同時に死ぬので，寄主を飼育する植物を用意しておく必要がある。

● 飼育・増殖方法

ミカンノアブラバチの室内飼育のためには，ミカンクロアブラムシやユキヤナギアブラムシの若齢幼虫を寄主とするのが最も容易である。ミカンクロアブラムシは，培養試験管内に播種したカラタチ芽出し（実生苗）や鉢植えのカンキツ苗で累代飼育することができる。ユキヤナギアブラムシは同様の容器に播種したリンゴの芽出し苗で累代飼育できる（図1）。

〈寄生蜂〉ワタアブラコバチ

図1 ミカンノアブラバチの累代飼育系
培養試験管内に播種したリンゴ芽出し苗とユキヤナギアブラムシを用いたミカンノアブラバチの省スペース飼育系

ワタアブラコバチ
（口絵：土着88）

学名 *Aphelinus gossypii* Timberlake
＜ハチ目／ツヤコバチ科＞
英名 ―

主な対象害虫 ワタアブラムシ
その他の対象害虫 マメアブラムシ，ユキヤナギアブラムシ，キョウチクトウアブラムシ
発生分布 日本全土
生息地 畑地などオープンフィールドから林縁
主な生息植物 カンキツ類，ニセアカシア，ムクゲ，ハイビスカス，キョウチクトウ，ユキヤナギ，キク，コスモス
越冬態 休眠幼虫（前蛹）
活動時期 春～秋
発生適温 20～30℃

【観察の部】

●見分け方

体長約1mmのワタアブラコバチ成虫が寄主アブラムシのコロニー周辺で，寄主を探索するため歩行したり，産卵あるいは寄主体液摂取したりしているのが観察される。雌雄は腹部先端の外部生殖器の構造によって区別できる。腹部は雌では前翅とほぼ同じ長さで太いが，雄では前翅より短く，雌と比べると細い。

ワタアブラコバチは近縁種から次の特徴によって識別できる。(1)前翅鏡紋の末端側が一列の繊毛によって境される。(2)中脚の腿節と脛節，後脚の脛節が黒色（いずれも両端部を除く）で，後脚の腿節が黄色である。

ワタアブラコバチの寄生によるアブラムシのマミーは細長く，黒色である。マミーの形状と色彩はアブラコバチに共通するので，この特徴によってはツヤコバチ科の他種と識別できない。アブラバチの寄生によるマミーは丸形であるので，アブラバチ科のものとは容易に区別できる。

しかし，いずれの種もカンキツやリンゴの新梢を水差しにしたものでは飼育できない。

芽出し苗を使う場合には，約5cmに伸びた苗の先端に寄主の無翅成虫3個体を接種し，24時間産仔させてから成虫を除去すると10～15匹の幼虫集団が得られるので，それを蜂に与えて産卵させる。

人工照明を施した恒温器（室）内に被寄生寄主のついた苗を入れ，15～25℃の長日条件で飼育する。これがマミー化した段階で小型試験管に1個体ずつ入れて羽化させると，その後の取り扱いが容易になる。羽化個体に，速やかに蜂蜜を水で2倍に薄めたものを餌として与える。羽化当日に雌雄を同じ容器に入れておくと容易に交尾する。

大量増殖の場合には，植物育成用のガラス温室と，ミカンクロアブラムシ増殖室，およびミカンノアブラバチを放し飼いにする部屋をそれぞれ1室設ける。カンキツ鉢植え苗をガラス温室内で芽吹かせ，それを寄主増殖室に移してアブラムシ成虫が多数ついた新梢を載せておくと，アブラムシが自ら移動する。5日ほど産仔させた後，苗ごと寄生蜂を放し飼いにした室に移す。25℃なら搬入後7～10日でマミーが形成されるので，一部を残して新梢ごと切り取って集める。3室に多数の鉢植え苗を順次循環させて増殖を継続する。

（高梨祐明）

●生息地

　ワタアブラコバチは日本全国に分布し，畑地などオープンフィールドから林縁部に普通に見られる。寄主となるアブラムシが寄生する多種類の植物上に生息する。アブラムシのマミー内において幼虫（前蛹）で休眠越冬する。南西諸島に生息する個体群は休眠性をもたない。

●寄生・捕食行動

　雌は寄主を見つけると体を反転し，後ろ向きの姿勢のまま産卵管鞘で翅を折り曲げ，産卵管を後方に伸ばして産卵する。

　寄主体液摂取（捕食）をする。その場合には，産卵体勢のまま後脚をアブラムシの体上に乗せて毒液を注入した後，再度反転して正位に戻り，傷口に口器を当てて体液を摂取する。寄主は寄生によって一定期間後には死亡する。また，寄主体液摂取の場合，寄主は即死する。

●対象害虫の特徴

　ワタアブラコバチにとって，アブラムシの発育の進んだ幼虫や成虫は生まれたてのものより発見しやすいが，反撃力が強く皮ふが固い（特に有翅成虫）ため産卵できないことが多く，産卵成功率は比較的若い中齢幼虫で高い。体の小さな寄主には雄卵，大きな寄主には雌卵を産む頻度が高い。

　寄主範囲は比較的広く，主としてワタアブラムシ，マメアブラムシ，ユキヤナギアブラムシなどに寄生する。モモアカアブラムシにも寄生できるが，適性は低い。

【活用の部】

●発育と生態

　雌蜂は卵をアブラムシの体内に産み込む。孵化した幼虫はまず脂肪体や卵巣を食べて発育し，最後に生命にかかわる消化管や気管などを食べ始める。この時点で寄主は死亡する。やがて，体内の組織・器官をすべて食べ尽くし薄い外皮だけを残す。蜂幼虫はそれを硬化させてマミーを形成し，その中で蛹化する。蛹から羽化した成虫はマミーに円い穴をあけて脱出する。

　長日条件における発育期間は，18℃で21〜22日，25℃で12日，30℃で10日，平均産卵数は18℃で約200，25℃で約370，雌成虫の平均寿命は18℃で23日，25℃で18日である。寄主体液摂取数（捕食数）は普通，雌の生存期間を通し1日当たり1〜数匹である。

　卵巣の発育と産卵はいわゆる"逐次成熟型"で，雌成虫は寄主体液摂取で得た栄養分により逐次卵を成熟させ，生存期間中毎日ほぼ均等に産卵する。

　春から秋まで活動するが，冬期には休眠する。暖地では周年活動する。

●保護と活用の方法

　ワタアブラコバチ類は日本全土に広く分布する普通種であり，農薬散布をひかえた圃場でしばしば自然発生する。アブラムシ類抑制のためにワタアブラコバチの発生を期待する場合は，ワタアブラコバチに影響のある農薬の散布を避ける。

　ワタアブラコバチに寄生する寄生蜂（アブラムシの二次寄生蜂）が存在し，ワタアブラコバチの天敵としての有効性を低下させる重要な阻害要因であるが，その発生を防ぐ方法はない。

●農薬の影響

　多くの殺虫剤，特に有機リン剤，合成ピレスロイド剤，ネオニコチノイド剤に感受性が高い。殺虫剤散布の影響は薬剤がじかに触れる成虫期より，直接触れないマミー内の幼虫・蛹期のほうが小さい。アブラムシ体内の卵や幼虫に対する影響は寄主依存的である。

●採集方法

　寄主となるアブラムシのコロニーから黒色細長型マミーを採集する。採集したマミーはガラス管瓶に入れ，綿栓をして15〜25℃の室内に放置し，成虫を羽化させる。その際，マミーとともに大きな植物片を入れて瓶内が過湿になったり，乾燥しすぎたりしないように注意する。非休眠の場合，普通，アブラコバチは採集後2週間以内に羽化する。アブラコバチと同時に，あるいは遅れて，二次寄生蜂が羽化することがあるので，混同しないよう注意する。

　寄主となるアブラムシを植物とともに採集・飼育し，マミー化を待つ。寄生蜂に寄生されている場合には，アブラムシは20℃前後で10日以内にマミー化する。

●飼育・増殖方法

　現在，アブラコバチの人工飼料による飼育法は確

〈寄生蜂〉チャバネクロタマゴバチ

立されていない。したがって，アブラコバチの飼育には，植物でアブラムシを育て，それを寄主として使用することになる。

ワタアブラコバチの場合にはマメアブラムシに対する適性が比較的高いので，ソラマメを寄主植物にすることで容易に飼育できる。

(巽えり子)

チャバネクロタマゴバチ

(口絵：土着88)

学名 *Trissolcus plautiae* (Watanabe)
<ハチ目／クロタマゴバチ科>
英名 Egg parasitoid of the brown-winged green bug

主な対象害虫 チャバネアオカメムシ
その他の対象害虫 クサギカメムシ，ツヤアオカメムシ
発生分布 日本全土
生息地 果樹園，樹上，森林生態系
主な生息植物 クワ，サクラ，ヒノキ，スギ，サワラ，キササゲ，ヒイラギ，キリなど上記カメムシの生息植物
越冬態 成虫
活動時期 春から秋
発生適温 発育限界温度は11℃前後

【観察の部】

●見分け方

農生態系および周辺生態系に生息する体長約2～3mmの小型の蜂である。雌では触角の先が棍棒状に太く，雄では節からなる細い触角を有するため，容易に区別できる。

*Trissolcus*属の蜂は非常に小さいことに加え，いずれも体が黒一色で色彩に乏しいため，一見して区別がつかない。種の同定には雄の交尾器の形状を用いる。翅脈も少ないため，胸部背面の構造なども重要な特徴となる。チャバネアオカメムシの卵に寄生する同属の*Trissolcus* spp.とは，胸部背面の構造（彫刻）などで区別される。ただし，形態が酷似するニホンクロタマゴバチ（*Trissolcus japonicus*）との区別は腹部の棘毛の有無によるほか，本属には未記載種も多いため，同定にあたっては慎重を要する。

●生息地

平地から山地まで広く分布するが，寄主であるチャバネアオカメムシが繁殖するヒノキ，スギなどの木本で多い。越冬は成虫で雑木林の落ち葉の下で越冬する。クロタマゴバチ類では樹皮の裏に集団で越冬する例も観察されている。

●寄生・捕食行動

1個の寄主卵で1頭の幼虫が寄生し，発育する単寄生性の種である。産卵後，雌蜂は産卵管の先で寄主卵の表面をなぞるようにマーキングを行ない，既寄生と未寄生を識別しながら産卵を続ける。

チャバネアオカメムシ卵塊は平均14卵粒からなるが，ほとんどの卵が寄生され，卵粒寄生率は高い。寄生蜂の幼虫が育つと，寄生された卵の表面は黒色を呈するようになる。

●対象害虫の特徴

チャバネアオカメムシは越冬後，5月からサクラ，クワなどで繁殖を続け，夏にはヒノキやスギなどの人工針葉樹林で球果を利用して新世代が増える。成虫は広範な地域を移動分散しながら，さまざまな植物の実を餌に繁殖していると考えられる。秋口からは，体が赤褐色を帯びた越冬色を示す個体も散見されるようになり，雑木林などの落ち葉の下で越冬する。

【活用の部】

●発育と生態

1つの卵塊では，雄が雌よりも1～2日早く羽化する。同じ卵塊から羽化する雌を待ち，卵塊上で交尾する。産卵から羽化までの発育期間は25℃で10～13日間である。卵塊から羽化した直後に雌は雄と交尾するので，卵塊単位で飼育したほうがよい。なお，本種は未受精卵（半数体）が雄卵に，受精卵（倍数体）が雌卵となる産雄性単為生殖（arrhenotoky）をするため，交尾できなかった雌は雄卵しか産まない。

雌蜂は同種および他の個体に攻撃性を示す。このため，通常は1つの卵塊を1頭の雌が占有する。卵塊から羽化する蜂の性比は雌に偏っており，14頭前後のうち1頭もしくは2頭の雄が羽化する例がほ

とんどである。雌は羽化当日から平均十数卵前後の産卵を続け，実験室内では3か月以上生存する。雌は日の出とともに寄主の探索を始め，日没近くまで活動するが，雨や気温の低い日には活動がほとんど見られない。

● 保護と活用の方法

オーストラリアでは，パキスタンやエジプトから *Trissolcus basalis* を導入しミナミアオカメムシの防除に成功している。果樹カメムシの大発生を抑え，果樹園での被害を軽減するという面では，本天敵に大きな効果は期待できないが，チャバネアオカメムシの卵期の死亡要因としては重要な働きをしていると思われる。また，卵寄生蜂の密度の低下がカメムシ類の増殖率の上昇につながるとの指摘もあるため，ヒノキ，スギ，サワラなどの繁殖場所でのチャバネアオカメムシの防除を目的とした一斉防除は，本天敵の保護・活用という点で問題が多い。

チャバネアオカメムシ，ツヤアオカメムシ，クサギカメムシの卵に寄生する蜂の多くは *Trissolcus* 属であり，共通する種もみられるが，種構成はそれぞれのカメムシで異なる。チャバネアオカメムシへの寄生はチャバネクロタマゴバチが優占する。本種はツヤアオカメムシとクサギカメムシにも寄生するが，ツヤアオカメムシへの寄生は近縁種のニホンクロタマゴバチが優占する。クサギカメムシの卵には，これらの2種のほか，ミツクリクロタマゴバチなど複数の *Trissolcus* 属の蜂が寄生することが知られているが，詳しいことはわかっていない。

● 農薬の影響

本種の寄生率は高いときには80〜90％に及ぶが，カメムシ類の防除を目的とした非選択的殺虫剤の散布は寄生蜂の繁殖を著しく低下させると考えられる。また，メソミル剤の散布は成虫の生存率には影響しないが，次世代の雌蜂の割合が低下する例も他の卵寄生蜂で報告されている。

本種に対する農薬の影響についての知見はほとんどないが，施設で利用される天敵に対する殺虫剤の影響から判断すると，カーバメート系，有機リン系，合成ピレスロイド系およびネオニコチノイド系の殺虫剤のほとんどで影響があると考えられる。

● 採集方法

チャバネアオカメムシが繁殖する植物の葉に産下された寄主卵塊を採集し，小型試験管や，蓋に換気用の小孔をあけたマイクロチューブなどに入れる。後日，羽化した蜂には希釈した蜂蜜を餌として与える。また，自然に産下された卵塊が見つけにくい場合には，チャバネアオカメムシの餌植物上に室内飼育で得られた寄主卵塊を2〜3日設置する。

● 飼育・増殖方法

雌蜂の飼育には試験管を用い，内壁に希釈した蜂蜜を微針などで塗って餌として与えるとよい。与える蜂蜜が多すぎると，蜂蜜に蜂が捕捉されることがあるので，マッチ棒や太い針などで塗るのは避ける。また，試験管の口を綿栓でふさぐと，隙間に蜂が入り込み死亡する原因となるので，パラフィルムなどで口をふさいだほうがよい。作業効率の改善や飼育スペースの確保には，飼育容器にマイクロチューブを用いることも有効である。この場合，必ず蓋には換気用の小孔を設ける。給餌には蜂蜜液を蓋に薄く塗ってやるとよい。

チャバネアオカメムシ卵塊を雌蜂（できれば1頭ずつが望ましい）に与え，試験管内で産卵させる。羽化した直後の雌は成熟卵をほとんど保持しないが，1日当たり14卵前後の割合で卵が成熟する。したがって，毎日寄主卵を与える場合には，平均で14卵粒が限界であり，10日目以降は産卵数の低下や性比（雄比）が上昇する。寄主卵塊の供給が間に合わない場合には，15〜20℃で蜂蜜を与えることで，雌を3か月以上維持できる。

寄生の成立はカメムシの胚発育がかなり進んだ孵化1日前でも問題ないので，22℃では卵齢6日目まで，25℃では5日目まで雌蜂に供試可能である。また，寄主が死亡していても蜂の産卵や発育に大きな問題は見られず，冷蔵庫（3〜5℃）で3か月以上保存した卵でも飼育が可能である。

発育時の日長条件で成虫の低温耐性が変化する。10L14D（10時間明期14時間暗期）など短日条件で発育すると，低温耐性が向上する。この性質を利用することにより，無給餌条件でも既交尾雌を冷蔵庫で4か月以上維持することが可能である。なお，短日条件下で発育した雌では長日条件で発育した雌に

〈カスミカメムシ類〉グンバイカスミカメ

比べ羽化後の蔵卵数に減少がみられるが，総産卵数にはあまり違いがみられない。

（大野和朗・外山晶敏）

グンバイカスミカメ

（口絵：土着89）

学名　*Stethoconus japonicus* Schmacher
〈カメムシ目／カスミカメムシ科〉
英名　―

主な対象害虫　ナシグンバイ
その他の対象害虫　ツツジグンバイ，トサカグンバイ，クスグンバイなど主に*Stephanitis*属のグンバイムシ類
発生分布　本州，四国，九州と西表島，国外ではロシア極東部，朝鮮半島など
生息地　雑木林や公園など
主な生息植物　グンバイムシの発生している広葉樹，特にツツジやナシ
越冬態　卵越冬
活動時期　成虫は初夏から秋にかけて見られる
発生適温　25〜30℃と考えられる

【観察の部】

●見分け方

成虫，幼虫ともにグンバイムシに混じって生活し，グンバイムシと一見似るが，動きがはるかに俊敏である。成虫の体長は4mm程度で楕円形，背面に淡色と暗色の不規則な斑模様がある。複眼は前方に位置し，頸が長く，小楯板が顕著に突出する。

八重山以南には，バナナ，ショウガ，ウコンなどを加害するゲットウグンバイの天敵，ミナミグンバイカスミカメ *Stethoconus praefectus* (Distant)も分布する。本種はグンバイカスミカメよりも小型で，色彩斑紋や小楯板の形態が明らかに異なる。両種の判別法については，安永ら(2001．日本原色カメムシ図鑑第2巻)を参照されたい。

●生息地

主として*Stephanitis*属のグンバイムシが多く発生している広葉樹に普通に見られるが，身近にはツツジに多い。これはツツジに被害を与えるツツジグンバイを好んで捕食することによる。

●寄生・捕食行動

グンバイカスミカメの捕食行動は，グンバイムシを背面から襲い，口吻を突き立てる。しばらく経ってグンバイムシが弱った後，その側方に回り込むようにして体を移動し，前脚を使って，グンバイムシをたやすくひっくり返す。仰向けの状態となったグンバイムシの腹面(胸・腹部)に口吻を突き立て体液を吸う。数回，口吻を刺す位置を変えて吸汁する。グンバイムシ成虫の背面は堅いので，軟らかい腹側を露出させるため，そのような捕食行動をとると考えられる。若齢幼虫を捕食する場合はこの限りではない。

室内の観察で成虫1個体を捕食するのに1時間以上を要する。ナシグンバイ成虫を与えた場合，1日に1〜4個体程度を捕食する。

●対象害虫の特徴

グンバイカスミカメは*Stephanitis*属のグンバイムシ類をもっぱら捕食するという寄主選好性をもっている。ツツジグンバイを最も身近な餌としているが，山野では他属のグンバイムシも捕食する。

【活用の部】

●発育と生態

北アメリカには日本から持ち込まれた個体群が生息している。北アメリカに侵入した個体群について，幼生期，捕食量などに関する詳しい報告例がある (Neal et al., 1991. Ann. Ent. Soc Am., 84: 287-293)。これによると，雌成虫は20〜30日の生存期間に平均236卵を産み，1日平均5個体のツツジグンバイ成虫を捕食する(幼虫であれば20個体近くを捕食する能力がある)。

西日本においては，5月中下旬から秋まで連続的に見られ，少なくとも年2回は世代を繰り返していると考えられる。成虫，幼虫ともに，主に*Stephanitis*属のグンバイムシを捕食して生活する。

●保護と活用の方法

薬剤を散布していないツツジには，必ずといってよいほどツツジグンバイが発生しており，そうしたツツジには，ほぼ確実にグンバイカスミカメも生息

している。手入れされていない園地や，薬剤処理していない人家の庭のツツジは，グンバイカスミカメの格好の生息環境である。

ナシを加害するナシグンバイなど，*Stephanitis* 属グンバイムシ類の発生した作物に，ツツジから採取したグンバイカスミカメを導入利用する方法が考えられる。最近急増している侵入種，プラタナスグンバイ，アワダチソウグンバイ，ヘクソカズラグンバイへの応用も今後考慮されてよい。

● 農薬の影響

不明。殺虫剤を散布したツツジでは，本種の発生は見られない。

● 採集方法

ツツジグンバイの発生しているツツジを網ですくえば採集できる。ツツジグンバイに加害されたツツジは，葉の表に無数の白っぽい斑点がある。また，多発していると茶褐色の斑点に覆われ，半ば萎れたような状態になるので，それとすぐにわかる。

捕虫網には，本種とツツジグンバイが同時に入る。色や形状は互いによく似ているが，グンバイカスミカメの動きは俊敏であり，容易に見分けがつく。

（安永智秀・井原史雄）

寄生蜂類

（口絵：土着 90）

学名 *Pimpla* spp., *Agrothereutes* spp., *Brachymeria* spp.

＜ハチ目／ヒメバチ科，アシブトコバチ科＞

英名 ―

主な対象害虫 コカクモンハマキ，チャハマキ

その他の対象害虫 メイガ類（ニカメイガ，コブノメイガなど），フタオビコヤガ，コナガ，モンシロチョウ

発生分布 日本全土

生息地 果樹・茶園，畑地，水田など

主な生息植物 特にないが，明るい開放された環境に多い

越冬態 成熟幼虫（寄主内部）

活動時期 4～12月

発生適温 15～30℃

【観察の部】

● 見分け方

果樹のチョウ目害虫にはさまざまな寄生性天敵がつく。ここでは，日本全土に広く分布し，かつ普通に見られるハマキガ類の寄生蜂3種を中心に解説する。

チビキアシヒラタヒメバチ *Pimpla nipponica* Uchida，シロテントガリヒメバチ *Agrothereutes lanceolatus* (Walker) は中型の寄生蜂で，体長が6～12mmほど。普通は雄よりも雌のほうが大きい。全身黒色であるが，前者は脚が美しいオレンジ色であり，後者は腹部末端，触角，脚に白い斑紋をもつ。チビキアシヒラタヒメバチは内部単寄生蜂であるが，シロテントガリヒメバチは単寄生性の外部寄生者である。

両者とも雌の腹部末端に頑強な産卵管が突出しているので，雌雄の区別は容易である。前者では体色や体型には雌雄間でほとんど差がないが，後者では体型や斑紋などが雌雄間で著しく異なるため，慣れないと同種とは気がつかない。これは多くのトガリヒメバチに共通していえることで，しばしば同一種の雌雄の同定が困難である。

チビキアシヒラタヒメバチの同属または近縁属の似た種に，ヒメキアシヒラタヒメバチ *Pimpla disparis* Viereck，マツケムシヒラタヒメバチ *Itoplectis alternans* epinotiae Uchida があり，しばしばチビキアシヒラタヒメバチと混生する。前者は体型がより細くて後腿節末端部に明瞭な黒色部があり，普通はチビキアシヒラタヒメバチよりもかなり大型の種である。後者は触角がやや先太りで（*Pimpla* 属と *Itoplectis* 属の区別点の1つ，*Pimpla* 属の種では先細りになる），腹部各節の後縁に細い褐色の帯をもち，脚にはきれいなレモン色の部分がある。これら2種も広食性であり，多種のチョウ目の前蛹や蛹の内部寄生蜂であるが，地上部に近いところに生息するチョウ目にはつかず，樹上性のもの（ミノガ類や果樹や樹木の各種シンクイムシなど）を好む傾向がある。また *Pimpla* 属で一見するとシロテントガリヒメバチに似た斑紋パターンをもつシロモンヒラタヒメバチ *Pimpla alboannulata* Uchida も，果樹園や茶園で普通に見かける。

〈寄生蜂〉寄生蜂類

トガリヒメバチ類には，黒色の体に白い斑紋と触角の中央部に白い輪状の紋をもつ種が多く，似た種が多数ある。シロテントガリヒメバチも同様の色彩パターンを示すが，雌では中脛節と後脛節の基部近くに白い紋をもつことで他の多くのトガリヒメバチと容易に区別できるが，正確な同定は専門家に依頼するのがよい。

キアシブトコバチ Brachymeria lasus (Walker)は，蛹の内部単寄生蜂で，果樹園や茶園に極めて普通である。コバチの仲間としては大型で，ずんぐりとした体型をしている。体長が5～8mm弱あり，また後脚の形態が特異で，後腿節が著しく肥大している（アシブトの由来）のが特徴である。種名が示すとおり，後脛節が美しい黄色をしているので，普通に見られる近縁の他種とは識別が容易である。

キアシブトコバチの雌雄の区別は，腹側から見た場合の腹部末端部の形態により容易につく。雌の腹部には産卵管を収納してある箇所（産卵管は外部からは見えない）に縦に走る筋が通っており，また腹部末端は尖る。一方，雄では，腹部末端はやや丸く，産卵管収納部の筋がない。体色や体型には雌雄間でほとんど差がなく，背面部からの雌雄の識別は簡単ではない。

同属の近縁種が存在するが，それらとは後脚の斑紋（黄色紋）から容易に区別がつく。また，それ以外の寄生蜂からは，特異な体型と顕著な斑紋，そして著しく肥大した後腿節の形態などから容易に区別できよう。

● 生息地

3種とも北海道から九州地方までのほぼ日本全土に生息する。林や果樹・茶園などとその林縁部に最も多く見られる。チビキアシヒラタヒメバチは沖縄地方にも産し，果樹園や茶園だけでなく，水田やその周辺の草地において普通に観察される種である。

本種の成虫はスウィーピングにより簡単に採集することが可能であり，またその体色と活発に飛翔していることから，発生を確認することは容易である。特に春（5月ころ）と秋期の牧草地や水田，その周辺の草地において多数の個体を見かけることがある。

● 寄生・捕食行動

3種とも単寄生性であり，寄主内部に1回の産卵につき1卵を産み付ける。チビキアシヒラタヒメバチとキアシブトコバチは基本的に一次寄生蜂であるが，シロテントガリヒメバチは他のヒメバチ類が寄生した寄主に高次寄生することもあり，室内条件下では，チビキアシヒラタヒメバチなどの他のヒメバチや同種の成熟幼虫，蛹に容易に産卵する。

3種とも多種のチョウ目害虫への寄生が記録されているが，一般に寄生率は低く，20％未満であることが多い。

ヒメバチ科の2種は寄主を産卵に利用するだけでなく，卵生産のための餌としても利用するため（寄主摂食），寄生者としての機能だけでなく，捕食者としての機能ももつが，寄主摂食率は低い（10％未満）。

● 対象害虫の特徴

3種とも広食性で，多くのチョウ目昆虫が寄主として記録されているが，茎内部や葉を巻いて生息する小蛾類（メイガ，ハマキガなど）を主に利用し，大型のヤガなどは寄生対象にならないようである。なお，一般にトガリヒメバチの仲間は単食性あるいは狭食性の種が多いが，シロテントガリヒメバチは例外的に広食性である。

【活用の部】

● 発育と生態

西日本の低地では，成虫は春から秋遅くまで観察されるが，春から初夏にかけてと秋に多く観察される。成虫は活動のための炭水化物（甘露，花の蜜）を餌として必要とし，十分な餌が利用可能ならば1～2か月生存する。雌は生存期間中，コンスタントに寄生活動を行なう。単寄生蜂であり，1つの寄主からは1頭の蜂だけが発育を完了できる。1つの寄主に複数の卵が産み付けられた場合（過寄生）には，1齢幼虫期に幼虫間の闘争が起こり，1頭の個体のみが生き残る。

3種ともイディオビオント型の寄生蜂（寄主の発育と同調した寄生様式をもたない。つまり孵化した幼虫がただちに寄主を食べ尽くす）であるが，チビキアシヒラタヒメバチとキアシブトコバチは産卵時に寄主を麻酔しない。このため寄生後1～2日間は寄主が生きている。被寄生寄主は蜂卵の孵化後，急激

に麻酔され，蜂幼虫の発育に伴い死亡する。蜂幼虫が成熟を完了するころになると寄主はマミー化し，寄主蛹腹部が伸張された状態になり，蜂幼虫の前蛹化に伴って不要物が寄主腹部末端に蓄積される。これらは外見から識別できるので，寄主内の蜂の発育状況を知ることが可能である。

一方，シロテントガリヒメバチは，外部寄生蜂であり，産卵前に毒液を注入することで寄主を完全に麻酔する。この麻酔は完全な永久麻酔であり，一度少しでも雌に刺された寄主は完全に死亡する。産卵は寄主が麻酔されてから行なわれる。

チビキアシヒラタヒメバチとキアシブトコバチは，未成熟期（卵から親の羽化直前まで）に寄主蛹内で過ごす。蛹化時に繭は形成しない。一方，シロテントガリヒメバチ幼虫は蛹化前に白くて薄い繭を形成する。

雌蜂の1日当たりに産める卵数はむしろ少ないが，その分寿命が長く，生涯を通じて卵生産を行なうため，生涯産卵数は室内条件下で200〜400卵程度となる。雌蜂は寄主の大きさと日齢に応じて性比を調節し，大きな寄主あるいは新鮮な寄主には雌卵を産む。雄はフェロモンを頼りに寄主内部で羽化した雌あるいは羽化直後の雌を探し出すようで，雄がしばしば発生地周辺に集合しているのを見かける。年間4〜5回発生する多化性である。

チビキアシヒラタヒメバチとシロテントガリヒメバチは寄主蛹内にて前蛹あるいは成熟した終齢幼虫で越冬する。前2種とは異なりキアシブトコバチの雌は成虫で越冬する。越冬は竹筒の中やチャなどの樹皮下などで行なわれ，ときに十数頭の個体が1か所にかたまって集団越冬しているのを見かける。越冬した成虫は4月中旬ころから活動し始める。

●保護と活用の方法

他の多くの蛹寄生蜂類と同様に，大量飼育された個体が放飼され，その効果が評価されたことはない。一般に，本種のような広食性の蛹寄生蜂は寄生率が低かったり，生息環境が広かったりするために，生物農薬的に放飼してもターゲットの害虫に対して強い効果をもたないかもしれない。しかし，害虫1頭当たりのその害虫次世代への貢献度を考えると，蛹期の死亡は卵や幼虫期の死亡よりも次世代個体数への影響は大きいであろう。したがって，本種をはじめとする蛹寄生蜂が農生態系で果たす役割は無視できないと思われる。むしろ悪影響の少ない化学農薬を使用し生息環境を保護するなどして，保護活用的に利用するほうがよいかもしれない。

●農薬の影響

現在主力となっている化学農薬に対する影響については調べられていないが，非選択性殺虫剤，たとえば有機リン剤，合成ピレスロイドやカーバメート系の剤には感受性が高いため，保護利用をするのであれば選択性殺虫剤の積極的な利用が望ましい。

●採集方法

寄主蛹あるいは繭を採集し，プラスチックカップやガラス管に入れ，恒温器などに20〜25℃の温度で保管しておくと，親蜂が羽化してくる。あるいは寄主の発生量が比較的多い場合には，稲わらを大量に採集し，それをケージなどに積み上げておくと，寄主とともに多くの蜂個体を得ることも可能である。

特に秋期には，発生地の果樹園や茶園の日の当たる下草上や圃場，あるいは水田やその周辺の草地などで，多数の個体（特に雄が目立つ）が飛び回っていることがある。この場合には直接，網ですくうなり，スウィーピングするなりして親蜂を採集するとよい。通常，野外で採集された雌蜂はほとんど交尾を終了しているため，それらを用いて次世代を室内で得ることが可能である。

●飼育・増殖方法

本種は広食性であるため，代替寄主を利用することにより容易に飼育できる。代替寄主としてはハチミツガが，人工飼料により大量増殖が可能であることと蜂の羽化率が高いこと（70〜85％）から，非常に優れている。野外で雌蜂を採集してきた場合，すぐにはハチミツガなどの代替寄主に産卵してくれないことがしばしばあるが，その場合でも飼育容器内に代替寄主を入れっぱなしにしておくと，ほとんどの場合に数日以内に寄主として受け入れるようになる。

増殖用に与えた寄主をあまり長時間入れておくと過寄生されたり寄主摂食されたりする。過寄生自体は寄主当たりの蜂羽化率に影響しないため，さほど問題とならないが，寄主摂食された寄主では蜂の羽化率が大きく低下する。したがって，少数の寄主を

〈コウチュウ類〉ゴミムシ類

長時間与えたままにするべきではなく，1雌当たり10ほどの寄主を与えた場合でも1時間ほどで寄主を回収する。

被寄生寄主の管理時，多湿状態になるとカビが発生することがしばしばある。こうなると，寄主内の蜂までカビにおかされて死亡してしまう。したがって湿度管理に注意する必要がある。カビが発生してしまった場合には，70％アルコールで寄主を速やかに消毒するとよいが，アルコールを寄主にかけてそのまま放置すると中の蜂の死亡率が上がるので，吹きかけたアルコールはただちにティッシュペーパーなどでふき取るようにする。

いずれの種でも，同系交配により羽化率の低下や雄比の増大などの問題が生じてくるので，可能な限り野外からの血を室内増殖系に入れるほうがよいだろう。

（上野高敏）

ゴミムシ類

（口絵：土着 91）

■オオアトボシアオゴミムシ

学名 *Chlaenius micans* (Fabricius)

＜コウチュウ目／オサムシ科＞

英名 ―

主な対象害虫 アワノメイガ，イチモンジセセリ，コナガ，アオムシ（モンシロチョウ），イモキバガ，ヨトウムシ類，メイチュウ類，ハマキムシ類など

その他の対象害虫 上記以外のチョウ目の幼虫

発生分布 日本全土

生息地 果樹園（ブドウ，リンゴなど），茶園，水田，サツマイモ圃場，牧草地などの農作物圃場や河川敷の乾燥した草地，雑木林など

主な生息植物 幼虫はチャ，キャベツ，サツマイモなどの植物体上で観察される。成虫も植物に登るようであるが，日中に地表で観察することのほうが多い

越冬態 成虫（土中や朽木中に単独あるいは複数頭集合して越冬するようである）

活動時期 茶園では成虫は6月上旬〜10月下旬まで3世代程度増殖する。ブドウ園では6〜9月，リンゴ園では6〜8月，林縁では5〜7月に成虫が多く捕獲される。北海道では年1回発生

発生適温 不明

■アトボシアオゴミムシ

学名 *Chlaenius naeviger* Morawitz

＜コウチュウ目／オサムシ科＞

英名 ―

主な対象害虫 ハマキムシ類

その他の対象害虫 不明

発生分布 九州から北海道

生息地 森林性なので雑木林やスギ・ヒノキ林や，水田隣接の竹林・松林などでの観察事例が多いが，草地や野菜畑などの農地でも観察されている。森林と環境条件が似ている茶園には多い

主な生息植物 幼虫はチャ樹上に生息しているようであるが，その他の生息植物は不明

越冬態 成虫

活動時期 茶園では7月上旬〜11月中旬まで3世代程度増殖する

発生適温 不明

■クロヘリアトキリゴミムシ

学名 *Parena nigrolineata nipponensis* Habu

＜コウチュウ目／オサムシ科＞

英名 ―

主な対象害虫 アカイラガ，アメリカシロヒトリ，ハマキムシ類など

その他の対象害虫 その他のチョウ目幼虫

発生分布 本州，四国，九州

生息地 ミカン園，茶園，樹林地など

主な生息植物 成・幼虫ともにチャ樹で観察されている。自然界では広葉樹などの樹上に生息する

越冬態 成虫

活動時期 茶園では成・幼虫ともに7月上旬ころ〜10月中旬ころ

発生適温 不明

■ヒラタアトキリゴミムシ

学名 *Parena cavipennis* (Bates)

＜コウチュウ目／オサムシ科＞

英名 ―

主な対象害虫 チャドクガ，イラガ類など
その他の対象害虫 不明
発生分布 本州，四国，九州
生息地 カキ園，茶園，庭先（ツバキなど）など
主な生息植物 チャ，カキ，ツバキでの成・幼虫の観察例が多い。自然界では広葉樹などの樹上で生活
越冬態 成虫
活動時期 7～9月
発生適温 不明

【観察の部】

●見分け方

オオアトボシアオゴミムシの成虫は体長が15～17.5mmで，前胸背板と上翅は小点刻と細毛に密に覆われているため光沢が鈍い。体色は，ゴミムシ類一般のイメージ（黒一色）と異なり，上翅はうぐいす色，前胸背板は赤銅色を呈している。上翅の後端にコンマ型の淡黄色の紋がある。アオゴミムシ類の仲間は色彩が類似し，上翅後端に同様な淡黄色の紋をもつ種が多いので同定には注意する。アオゴミムシ類の成虫は，捕獲するとクレゾール石けん臭の防御物質（メタクレゾール）を分泌するのが特徴である。これに対して他の多くのゴミムシ類はすっぱい匂いの有機酸を分泌する。

オオアトボシアオゴミムシの幼虫は，胸部と腹部は黒色で頭部はオレンジ色である。動きは敏捷で，ハマキムシ類の被害巻葉を開くとすばやく逃げるので見逃しやすい。アオゴミムシ類は幼虫も色彩や形態が似ているので種の判別は難しい（図1）。

地表に設置したピットフォールトラップには，外見がアオゴミムシ類の幼虫に似るが，頭部も含めて全身黒色の幼虫が捕獲されることがある。これらはヨトウムシ類の天敵として有用なエゾカタビロオサムシなどのオサムシ亜科の幼虫である可能性が高い。

アトボシアオゴミムシの成虫は体長が14～14.5mmで，外見はオオアトボシアオゴミムシによく似る。主な相違点は，前胸背板に細毛が少ないため緑銅光沢が強いこと，上翅は暗緑色で後端の紋は不規則な円状であることの2点である。オオアトボシアオゴミムシが作物圃場など攪乱された明るい場所に多いのに対して，アトボシアオゴミムシは森林性なので，雑木林や杉林など環境が安定した比較的うす暗い場所に多いようである。茶園は樹林に似た環境であるため本種が多いと考えられる。本種の幼虫もチャ樹上で過ごしているようであるが，詳細は不明である。

クロヘリアトキリゴミムシは成・幼虫ともに樹上性であるため，地表に設置したピットフォールトラップにはほとんど捕獲されない。成虫は動きが敏捷ではないため，ハマキムシ類の被害巻葉を開くと，なかに潜んでいるのがときどき観察される。体長は

図1 ピットフォールトラップに捕獲された複数種と思われるアオゴミムシ類の幼虫

図2 チャのハマキムシ類の巻葉に潜んでいたクロヘリアトキリゴミムシの老齢幼虫

図3 チャのハマキムシ類の巻葉内に見つかったアオゴミムシ類幼虫の脱皮殻（頭部先端が黒い）

図4 チャのハマキムシ類の巻葉内に見つかった脱皮直後のアオゴミムシ類幼虫と脱皮殻（図3とは別種）

8～9.5mmで全体に赤褐色であるが，上翅は側縁に沿って黒色に縁どられている。幼虫も全齢期をとおして動きが緩慢なため，巻葉を開くとハマキムシ類の幼虫を捕食している場面をしばしば観察する。老齢幼虫になるとアオゴミムシ類のように腹部は黒っぽく，頭部はややオレンジ色を呈するため，アオゴミムシ類の幼虫と間違えやすい（図2）。ただし，前胸部もややオレンジ色であるため，慣れるとアオゴミムシ類と見分けがつく。

ヒラタアトキリゴミムシの成虫は体長9.5～10mmで，体型はクロヘリアトキリゴミムシによく似ているが，体色は全体に黄褐色である。

●生息地

オオアトボシアオゴミムシはさまざまな農作物圃場に発生するが，地表が下草や作物などで覆われている圃場を好むようである。たとえば地上を樹で覆われた茶園や，地表を覆うようなサツマイモ，キャベツ圃場，下草の生えた果樹園やソルゴー圃場で観察されている。しかし，よく除草された露地のトマト圃場では確認していない。

アトボシアオゴミムシは森林性であるが，畑などでも見つかっている。本種が茶園に多い理由は，茶園が森林と同様な環境にあるためであろう。

クロヘリアトキリゴミムシは茶園に普通に生息しているようである。ミカン園からも観察例が報告されている。自然界では広葉樹などの樹上に生息する。

ヒラタアトキリゴミムシは茶園や庭先のツバキなどでの観察事例が多い。自然界では広葉樹などの樹上に生息する。本種と前種の成虫は，ヒノキやイチイガシなどの樹皮下での越冬事例が報告されている。

●寄生・捕食行動

オオアトボシアオゴミムシとアトボシアオゴミムシの成虫は植物に登る習性もあるが，地表での捕食活動が中心のようである。これに対して，この2種の幼虫は主に植物体上で生活し，チョウ目害虫の幼虫を捕食する。その証拠に，ハマキムシ類の巻葉内やキャベツの葉に幼虫の脱皮殻がしばしば見つかる（図3, 4）。茶園では幼虫の捕食活動は7月上旬から10月上旬まで確認される。捕食能力はオオアトボシアオゴミムシの場合，成・幼虫ともにコナガの4齢幼虫を1日当たり20数頭捕食する。さらに，幼虫は蛹化までに190頭も捕食する。

クロヘリアトキリゴミムシは成・幼虫ともに樹上で捕食する。幼虫の捕食活動は，茶園では7月上旬から9月上旬まで観察される。成虫は10月中旬までハマキムシ類の巻葉内に見つかる。室内では，幼虫は蛹化までにハマキムシ類の中齢幼虫を8頭程度捕食し，成虫は越冬に入るまでに二十数頭捕食する。

ヒラタアトキリゴミムシも成・幼虫ともに樹上で捕食する。餌としてはイラガ類やドクガ類の報告例が多い。

●対象害虫の特徴

アオゴミムシ類はこれまでにヨトウムシ類をはじめとするさまざまなチョウ目害虫の幼虫を攻撃することが報告されており，チョウ目害虫に有効な捕食者である。

ヒラタアトキリゴミムシはドクガ類やイラガ類を好むようである。

【活用の部】

●発育と生態

オオアトボシアオゴミムシとアトボシアオゴミムシの成虫は，茶園では年に4回程度の捕獲ピークが見られる。さらにこれらの幼虫は，成虫の捕獲ピーク（4回目を除く）に合わせて年3回程度発生する。したがって，茶園で年に3世代程度の増殖を繰り返しているようである。ただし，ブドウ園，リンゴ園やキャベツ圃場では，オオアトボシアオゴミムシの成虫は年に1～2回，幼虫はせいぜい1回だけ捕獲ピークが確認されている。このため，これらの圃場では年に1世代程度だけ増殖しているようである。

この2種の最終世代の羽化成虫は，圃場外に移動して越冬するようであるが詳細は不明である。実際に，オオアトボシアオゴミムシは，キャベツ圃場の畦畔ではほとんど捕獲されないことから，畦畔ではなく圃場外で越冬していると考えられる。ほかにも，アオゴミムシ類の成虫が河原の石の下に集団で生息しているのが観察されている。一方，茶園の優占種であるアトボシアオゴミムシは，近隣の杉林でも多数捕獲されることから，本来は杉林などで生活し越冬している可能性がある。森林と同様な環境にある茶園で越冬しているかどうかは不明である。

クロヘリアトキリゴミムシは，8月下旬に採集した1齢幼虫を室温で飼育すると10月上旬に羽化し，11月中旬まで捕食を続けたあと越冬に入った。越冬に入った成虫は軒下に置いたシャーレ内で翌年4月まで生存した。

ヒラタアトキリゴミムシは7月から9月まで発見されるが，発生は年1世代のようである。卵は餌昆虫コロニーの近くの葉に数卵程度の卵塊として産み付けられ，幼虫期も餌昆虫の幼虫コロニーの内外で過ごし，蛹化に際して土中に移動する。本種はチャドクガの幼虫のみを餌として成虫まで飼育できる。

●保護と活用の方法

オオアトボシアオゴミムシは，地表が下草や作物で覆われた圃場を好む。したがって，本種を誘引するには，キャベツやサツマイモ，さらにチャのように地表を覆うような作物栽培が適している。それ以外の作物の場合は，地表を下草で覆うような植生管理が本種の誘引に有効である。実際，リンゴ園では定期的に機械除草した園より，除草せずにクローバーを繁茂させた園に本種が多く発生する。やむをえず除草する場合は，地際から少し高い位置で機械刈りして，隠れ家としての雑草を残しておくのがよいかもしれない。

オオアトボシアオゴミムシとアトボシアオゴミムシは，その他の多くのゴミムシ類と異なり，圃場以外の場所で越冬するようである。したがって，これらを保護するためには，増殖場所の茶園ばかりでなく，越冬地と考えられる茶園以外の生態系も保全する必要があるだろう。複数世代増殖する茶園では悪影響の少ない農薬を選び，ゴミムシ類の増殖に配慮することにより，ハマキムシ類の前半世代の増殖を抑制することが可能である。

●農薬の影響

オオアトボシアオゴミムシの成虫に対して薬剤の影響を調べると，アセフェート，メソミル，アセタミプリド，スピノサドの4薬剤は悪影響が大きく，処理後の平均寿命は数日程度である。一方，ピリダリル，フルベンジアミド，クロラントラニリプロール，BT，シペルメトリン，カルタップ，ジノテフランの7薬剤は悪影響が小さく，処理後の平均寿命は無処理（20日程度）より短い14日～20日程度である。

●採集方法

アオゴミムシ類の成虫は，ピットフォールトラップ（落とし穴トラップ）を用いて捕獲する。身近にある容器（アイスクリームカップやプラスチック製のコップなど）を畑に埋め込み，一晩放置する。その際，トラップの開口部が地表と同じ高さになるように土中に埋める。ゴミムシ類は夜行性なので，一晩設置すると翌日には回収できる。生かしたまま捕獲する場合は，トラップ内での共食いを防ぐために設置翌日に回収するのがよい。

発生消長や種構成を確認するのであれば，死亡してもかまわないので約1週間間隔で連続回収する。その際は，共食いや腐敗を防ぐために，トラップにプロピレングリコール（食品添加物）の20％希釈液を入れるとよい。除草の行き届いた圃場より下草が生えた圃場のほうが多く捕獲される。

〈コウチュウ類〉ゴミムシ類

　一方，アオゴミムシ類の幼虫は植物体上で生活する時間が長いので，トラップの捕獲数は少ない。幼虫を捕獲するには，ハマキムシ類の被害巻葉やキャベツの外葉などを開くのがよい。
　クロヘリアトキリゴミムシとヒラタアトキリゴミムシは樹上性なので，成・幼虫ともに樹上の被害葉などを開いて見つける。後者はイラガ類やドクガ類の幼虫集団のなかに見つかる。

●飼育・増殖方法

　アオゴミムシ類は成・幼虫ともに貪食であるので，共食いを避けるため1頭ずつ飼育するのがよい。その際，容器の底に土を入れておくと排泄物による悪臭を軽減できて，飼育環境を良好に保つことができる。捕食量が多いので事前に餌となるチョウ目幼虫を大量に室内飼育し，常時餌を供給できる体制を整えておく。さらに，同じ餌ばかり与えると蛹化や羽化時に奇形になりやすいため，複数種の餌を準備するのが好ましい。蛹化させる場合は，容器内に蛹化場所となる土やタオルペーパーなどの紙片を入れておくとよい。
　クロヘリアトキリゴミムシは，濾紙を敷いたシャーレ内にチャ葉を入れ，ハマキムシ類幼虫を与えると蛹化・羽化まで飼育できる。ただし，老齢期になると蛹化場所としてタオルペーパーなどの紙片を入れるとよい。本種とヒラタアトキリゴミムシは，単一種の餌昆虫ばかりを与えても成虫まで飼育できる。

（末永　博）

生物多様性の保全対象

マルボシヒラタヤドリバエ

（口絵：土着 92）

学名 *Gymnosoma rotundatum* Linnaeus
＜ハエ目／ヒラタハナバエ科＞
英名 ―

主な対象害虫 チャバネアオカメムシ
その他の対象害虫 ツヤアオカメムシ，クサギカメムシ，ミナミアオカメムシ，アオクサカメムシ，シラホシカメムシ
発生分布 日本全土
生息地 カメムシ類が生息する里山とその周辺
主な生息植物 カメムシ類の餌植物であるサクラ，クワ，スギ，ヒノキ，コブシ，キリなど
越冬態 幼虫
活動時期 5～10月
発生適温 不明

【観察の部】

●見分け方

成虫は体長5～7mmである。雄は胸背部の後半が黒色，腹部が濃い黄色で，腹部の中央に黒斑がある。雌は胸背部全体が黒色。遠目には全体が濃い黄色に近く見える。カメムシ類が集まる植物の周辺で見られることが多い。幼虫は白色のウジ状で，カメムシの体内に寄生する。卵は白色で，主にカメムシの翅の下（腹部背板）に産卵される。孵化後も脱落することが少ないので，寄生の有無の目安になる。

●生息地

カメムシ類の餌植物が季節により異なるので，成虫が多く見られる場所も季節によって変化する。福岡県の例では，5月はサクラ，キリ，6月はクワ，キリ，7～10月はスギ，ヒノキ，コブシ，キリの周辺が多い。越冬は，カメムシ成虫の体内で幼虫態で行なう。

●寄生・捕食行動

成虫はカメムシの背後から近づき，背面に飛び乗る。カメムシが振り落とそうと翅を広げ振動させる一瞬をとらえ，腹部背板に卵を産み付ける。まれに2卵以上を産下されたカメムシが見られるが，ほとんどの場合1卵である。複数の卵を産下された寄主であっても，最終的に出てくる幼虫は1頭のみである。

寄生率はカメムシを採集した季節や場所により大きく変動し，一定の傾向はない。しかし，予察灯へ誘殺されたチャバネアオカメムシへの寄生率は，年間を通してみると5％内外である。

●対象害虫の特徴

寄生されたカメムシは，ハエの幼虫が脱出後に死亡する。チャバネアオカメムシでは寄生率に雌雄間差はないが，ミナミアオカメムシでは雄への寄生率が高い。実験的に狭い空間で産卵させると1頭のカメムシに10卵以上産むこともあり，動きの鈍いカメムシ個体は集中的な産卵を受けている可能性がある。

【活用の部】

●発育と生態

25℃の条件下で，卵は3～4日で孵化する。幼虫はカメムシ体内に食入し，虫体内で寄主の養分を吸収しながら成長する。幼虫期間は約10日で，前蛹は肛門から体外へ飛び出し，蛹化する。蛹期間は約9日である。蜂蜜を与えて飼育した場合，成虫の寿命は7～8日で，雌雄間差はない。雌成虫は羽化当日から産卵し，1世代の平均産卵数は約42個である。発育日数からみて，年間5世代を繰り返すと推測される。

●保護と活用の方法

現在のところ活用法は特にないが，成虫は，チャバネアオカメムシの集合フェロモンに誘引されることが判明している。そのため，カイロモンとして利用できる可能性がある。

●農薬の影響

試験された事例はないが，本種は圃場内に生息す

〈造網性クモ類〉ジョロウグモ

ることが少ないので，通常の防除では影響を受けないものと思われる。

●採集方法

成虫はカメムシ類の餌植物（前述）付近で見られることが多いから，これらの植物の周囲を探すことにより効率よく採集できる。また，成虫はチャバネアオカメムシの集合フェロモンに誘引されるので，フェロモントラップを設置して採集する。

野外のカメムシ成虫を採集し室内で飼育すると，寄生されているカメムシからハエの前蛹が出てくるので，これを採集する。

●飼育・増殖方法

今のところ人工飼料や代替寄主はなく，カメムシ成虫を用いて飼育しなければならず，確立された増殖方法はない。しかし，寄主の一つであるチャバネアオカメムシは，生ピーナツを餌とした大量増殖法が確立しており，ハエの飼育に比較的利用しやすい。蜂蜜と水を入れた15×15×20cm程度の網かごに雌雄のハエとカメムシ10頭を放飼する。1日後にカメムシを回収し飼育してハエの蛹を得る。この方法により，放飼したカメムシの約半数に産卵させることができた。

（堤　隆文）

ジョロウグモ

（口絵：土着93）

学名　*Nephila clavata* L. Koch

＜クモ目／コガネグモ科＞

英名　Golden silk orb-web spider

主な対象害虫　チョウ目

その他の対象害虫　アブラムシ類，コナジラミ類，セミ類，コウチュウ目，ハエ類（ハモグリバエ類など）

発生分布　本州，四国，九州，南西諸島

生息地　雑木林，樹園地，公園，人家

主な生息植物　各種樹木

越冬態　卵

活動時期　5～11月

発生適温　不明

【観察の部】

●見分け方

草間や樹間に特徴のある複雑な三重円網を張る大型のクモ。成体は雌が体長17～25mm，雄は7～10mmで雌に比べ小型。網の糸は金色で網目が細かい。雌成体の網では直径が60～80cmほどになる。日中も網の中央にクモの姿が見られる。

雌成体の背甲（頭胸部）は灰黒色で腹部は円筒形で後端はやや突出する。腹部背面に黄色に緑青色の横縞がある。歩脚は細長く灰色に黒色の輪紋がある。雄は雌よりはるかに小型で，成熟すると自らは網を張らず，雌の網に居候しながら交尾の機会をうかがう。

腹部などの斑紋や形で容易に見分けられる。幼体についても，斑紋は成体と大きく異なるが，特徴的なので他種と区別が可能である。

●生息地

人家の庭から林道や渓流まで広く生息する。明るい林の林縁や庭園樹の樹間や枝間など開けた場所に網を張る。

●寄生・捕食行動

樹間など風が通る開けた空間に網目の細かい大きな円網を張り，掛かった虫を捕らえる。クモは網から伝わる虫の振動を感知し，捕らえた虫を牙からの毒液で殺した後，腹部下面の後端にある糸器から糸を出して餌に巻きつけ吊るす。大きくなると，網の張り替えはしない。

特定の種を選好することはないが，好き嫌いはあるようである。特別大型のものや小型のものも餌の対象としない。付近で発生の多い虫が主な餌になると考えられる。発育ステージ（体の大きさ）により，餌となる虫の種類なども変わると考えられる。

●対象害虫の特徴

種，活動時間帯を問わず飛翔活動が活発な害虫が捕獲されやすい。網のサイズや強度により捕獲できる虫の大きさは変わるため，5～7月のクモの幼体期においては小型から中型の害虫が対象となり，網が大きくなる8月以降はサイズを選ばなくなる。

【活用の部】

●発育と生態

年1世代で、成体は9〜11月に見られる。春に羽化した幼体は、卵嚢から出て団居（まどい）と呼ばれる集団生活を送った後、風にのって三々五々に分散する。6月ごろから小枝や葉の間に成体の網に似た小型の網を張る姿が観察されるようになり、7月には体長1cmくらいに成長し、よく目につくようになる。

脱皮の回数は固定していないが、雌は8回、雄では7回の脱皮で成熟するのが一般的である。産卵は秋に木の葉などに楕円形の黄色の卵嚢を吊るす。卵数は500個程度である。

●保護と活用の方法

付近に発生の多い虫が主な餌になると考えられ、個々の害虫に対する天敵としての抑制効果は不明である。しかし、多様に構成されたクモ類群集は潜在的な害虫の抑制に一定の貢献を果たしていると考えられる。園内および周辺に生息するクモ類の保全、さらには密度を高く保つような環境をつくり維持することは、害虫が多発しにくい生産環境づくりの一つの目安となる。

圃場周辺の林や生け垣にもよく見られる。周辺の生息地を残すことは、園内のクモの生息密度を維持するためによいと考えられる。また、大きくなると造網には適当な広さと構造を有する空間も必要である。

現在、クモ類（特に造網性のクモ）を大量増殖することは困難である。また、放飼により高めた密度を安定的に維持することも難しい。このため、圃場に大量放飼して害虫を防除することは行なわれていない。

●農薬の影響

薬剤散布により影響を受けたクモ類の密度回復は圃場周辺からの移入に頼るほかなく、散布回数が少なくても回復には時間を要する。特に幼体の分散期における薬剤散布はその後の密度に大きく影響する。

クモ類一般に、有機リン系、カーバメート系、合成ピレスロイド系など非選択性殺虫剤は、いずれも悪影響が強いと考えられる。ただし、ネオニコチノイド系の一部（チアメトキサムやクロチアニジン）では直接的な影響は小さいとする報告もある。一方、IGR剤やBT剤をはじめとする効果が選択的な殺虫剤では、影響が小さいか、ないものが多い。殺ダニ剤や殺菌剤の影響については知見が限られるが、ほとんどないものと推察される。

●採集方法

7月ごろ圃場周辺の林などに網を張っている幼体が見られる。成体は9月ごろから見られるようになる。大型の網を目印に探せばよい。クモは適当な大きさの容器に1個体ずつ入れて持ち帰る。同じ容器に多数のクモを入れると傷つきやすい。

●飼育・増殖方法

飼育はかなり難しい。本種は円網を張るため、飼育にはかなり大きなケージが個別に必要となる。生態観察のためにはできるだけ自然に近い状態を提供することが必要だが、目的によってはやや狭いケージでも飼育は可能だろう。ただし、ケージの構造は重要で網を張らないことも多い。

餌は生きているものならその時期にいる昆虫など、どんなものでもよい。できれば複数の種を餌として与えるのが好ましい。長期にわたって飼うには容易かつ大量に飼育できるものがよい。初期はショウジョウバエなどで飼育できるが、中期以降はクモも成長し大きくなるので、イエバエなど餌のサイズも大きくする。コオロギも飼育が容易でサイズバリエーションも大きく利用しやすい。飼育容器内には水で湿らせた脱脂綿を入れておく。

円網を張る大型のクモ類は広い飼育空間が必要なうえ、増殖には1世代に3か月以上かかるなど、室内での長期の飼育や増殖には労力的にも経済的にも多大な負担を要する。また、技術的な問題も多い。そのため、放飼などを目的とした大量増殖は困難である。

（外山晶敏・小林久俊）

〈造網性クモ類〉コガネグモ

コガネグモ

(口絵：土着 93)

学名 *Argiope amoena* L. Koch
<クモ目／コガネグモ科>
英名 ―

主な対象害虫 チョウ目
その他の対象害虫 アブラムシ類，コナジラミ類，コウチュウ目，ハエ類（ハモグリバエ類など）
発生分布 本州（主に中部以南），四国，九州，南西諸島
生息地 雑木林の林縁，草地，樹園地，庭園，人家
主な生息植物 各種樹木や草本
越冬態 幼体
活動時期 4～9月
発生適温 不明

【観察の部】

●見分け方

草間や樹間に垂直円網を張る大型のクモ。成体は雌が体長20～25mm，雄は5～6mmで雌に比べ小型。網のサイズは成体で直径30cmほどで，中央にはX字形あるいはその一部を省略した隠れ帯がつく。クモは網の中央に2本ずつそろえた脚をX字状に伸ばし留まっている。

雌成体の背甲（頭胸部）は灰黒色で腹部背面は黒色に黄金色の明るい3本の横斑が目立つ。歩脚は黒く灰色の輪紋がある。

成体の雌には腹部下面の中央よりやや前方に，キチン化した交尾器（外雌器）が認められる。雄は雌よりはるかに小型で，通常目につくのは雌である。幼体も小型ながら円網を張る。

園地で大型の円網を張るクモには，本種のほかにナガコガネグモなど同属の数種や，ジョロウグモなどがあるが，腹部に目立った黄金色の横斑をもつ点や形で容易に区別できる。

●生息地

平地の人家の庭から林や草地まで広く生息する。日当たりのよい明るい樹間や草間，家の軒下などに見られる。日中でも網を張っている。

●寄生・捕食行動

網に掛かった虫を捕らえる。クモは網から伝わる振動で虫を感知し，牙からの毒液で殺した後，腹部下面の後端にある糸器から糸を出して全体に巻きつける。特定の種を選好することはないが，好き嫌いはある。特別大型のものや小型のものも対象としない。発育ステージ（体の大きさ）に応じ，餌となる虫の種類なども変わると考えられる。付近で発生量の多い虫を主な餌にしていると考えられる。よく網を張り替える。

●対象害虫の特徴

種や活動時間帯を問わずよく飛翔する活発な害虫が捕獲されやすい。

【活用の部】

●発育と生態

年1世代で，成体の発生は6月から9月。雌は黄緑色の円盤形の卵嚢を網の近くの木の枝や草間に不規則な網を張って吊るす。卵数は約1,500個といわれる。幼体は1齢の期間を卵嚢内で過ごし，脱出後もしばらく集合しているが，三々五々に風にのり分散する（バルーニング）。幼体で越冬する。

●保護と活用の方法

付近に発生の多い虫が主な餌になると考えられ，個々の害虫に対する天敵としての抑制効果は不明である。しかし，多様に構成されたクモ類群集は潜在的な害虫の抑制に一定の貢献を果たしていると考えられる。園内および周辺に生息するクモ類の保全，さらには密度を高く保つような環境をつくり維持することは，害虫が多発しにくい生産環境づくりの一つの目安となる。

圃場周辺からの移入が多いと考えられ，周辺の生息地を残すことは，園内のクモの密度を維持するためによいと考えられる。また，大きくなると造網に適当な広さと構造を有する空間が必要となる。

円網を造る大型のクモ類を大量増殖することは困難である。このため，圃場に大量放飼して害虫を防除することは行なわれていない。しかし，人為的にクモを放飼し，クモの密度を高めることは可能と思われる。

●農薬の影響

薬剤を使用する際にはその影響を考慮する。薬剤散布は必要最小限に抑える。薬剤散布後のクモ類の密度回復は圃場周辺からの移入に頼るほかはなく,散布回数が少なくても密度の回復には時間がかかる。頻繁に薬剤を散布する圃場ではクモ類の密度はきわめて低くなる。

農薬はクモ類に対しても強く作用し,特に有機リン剤のスプラサイド乳剤,カルホス乳剤などで影響が大きい。合成ピレスロイド剤なども密度に影響する。また,カーバメート系のミクロデナポン水和剤は影響が少ないが,ランネート水和剤はかなり影響が認められる。パダン水溶剤も影響が大きい。このように殺虫剤や殺ダニ剤では多少とも影響のあるものが多いが,BT剤は影響がない。殺菌剤も影響はないか,小さい。

●採集方法

7~8月ごろ圃場周辺の丈の高い草地や林の周辺に多い。クモは大型の網を張っているので,網を目印に探せば見つけやすい。クモは適当な大きさの容器に1個体ずつ入れて持ち帰る。同じ容器に多数のクモを入れると闘争や共食いを起こす。

●飼育・増殖方法

飼育はかなり難しい。本種は円網を張るため,飼育には相当の空間をもつ大型のケージが必要となる。生態観察のためにはできるだけ自然に近い状態にすることが必要となるが,目的によってはやや狭くても飼育可能と思われる。ただし,ケージの構造が重要で飼育しようとしても網を張らないことも多い。

餌は生きているものならその時期にいる昆虫など,どんなものでもよいが,できれば複数の種を餌として与えるのが好ましい。長期にわたって飼うには大量に飼育できる餌を準備する。初期はショウジョウバエなどで飼育できるが,中期以降はクモも成長し大きくなるので,コオロギやイエバエなど餌のサイズも大きくする。飼育容器内には水で湿らせた脱脂綿を入れておく。

クモ類は生きた餌を必要とし,共食いもするなど,増殖は容易ではない。特に円網を張る大型のクモ類の飼育には個別に大型の容器が必要であり,1世代に3か月以上を要するなど,室内での長期の飼育や増殖にはかなりの労力と費用を要する。そのため,大量増殖することは困難である。

〈外山晶敏・小林久俊〉

ヒメグモ(ニホンヒメグモ)

(口絵:土着93)

学名 *Parasteatoda japonica* (Bösenberg et Strand)
<クモ目/ヒメグモ科>
英名 ―

主な対象害虫 チョウ目
その他の対象害虫 アブラムシ類,コナジラミ類,ハエ類(ハモグリバエ類など)
発生分布 日本全土
生息地 雑木林,草地,樹園地,公園,人家
主な生息植物 各種樹木や草本
越冬態 幼体
活動時期 5~10月
発生適温 不明

【観察の部】

●見分け方

成体は雌で体長3~5mm,雄で1.5~3mmほど。草間や樹間に不規則網を張る小型のクモ。全体的に明るく赤みを帯びた褐色で,腹部背面の中央に1個,後方に1対の黒点をもつ。雄は小型でより赤みが強い。近縁のコンピラヒメグモやキヒメグモに似るが,歩脚の先端が黒いことと生殖器により区別できる。網は籠状の不規則網で,下にシート網をもち中央部には枯れ葉をつづった住居が見られる。

●生息地

都市部から山地まで,人家,公園,雑木林,樹園地,草地と広く生息。樹木の枝間や草間の下に不規則網を張る。

●寄生・捕食行動

枝間や草間に張った籠状の不規則網に掛かり下のシート網に落ちてきた虫を捕らえる。糸で縛り上げた後,住居へ吊り上げて食べる。特定の種を選好す

〈造網性クモ類〉ヒメグモ（ニホンヒメグモ）

ることはなく，自分よりもかなり大きな虫でも捕獲し餌にする。付近で発生の多い虫が主な餌になると考えられる。

発育ステージ（体の大きさ）により，餌となる虫の種類なども変わると考えられる。

● 対象害虫の特徴

ヨコバイ類，アブラムシ類，コナジラミ類や，ハモグリバエ類などのハエ目，チョウ目害虫の成虫など，比較的行動が活発な害虫が捕獲されやすい。

【活用の部】

● 発育と生態

年1化で夏に繁殖し，幼体で越冬する。5月くらいから造網・捕食活動を始め，6月末ころから雄が雌に先んじて成熟する。雄成体は自らは網を張らず，雌の網に同居しながら成熟を待つ。

産卵は8月に入るころからで，1頭の雌が数個の卵嚢をつくる。産卵は枯れ葉などをつづった住居内で行なわれ，卵嚢は丸く，淡い褐色を有し，多くの糸で支持されている。雌は卵嚢から出た幼体にしばらく給餌する。

● 保護と活用の方法

特定の種をとりあげて天敵としての効果を評価することは難しい。しかし，多様に構成されたクモ類群集は潜在的な害虫の抑制に一定の貢献を果たしていると考えられる。園内および周辺に生息するクモ類の保全，さらには密度を高く保つような環境をつくり維持することは，害虫が多発しにくい生産環境づくりの一つの目安となる。

圃場周辺からの移入が多いと考えられ，防風樹での密度も高い。周辺の生息地を残すことは，園内のクモの生息密度を維持するうえでも重要である。

クモ類を増殖し大量に放飼することで害虫を防除することは，飼育に大きな労力と経費を要すること，放飼効果が定かではないことから，費用対効果が悪く現実的ではない。

● 農薬の影響

薬剤散布により影響を受けたクモ類の密度回復は圃場周辺からの移入に頼るほかなく，散布回数が少なくても回復には時間を要する。特に幼体の分散期における薬剤散布はその後の密度を大きく左右する。

クモ類一般に，有機リン系，カーバメート系，合成ピレスロイド系など非選択性殺虫剤は，いずれも悪影響が強いと考えたほうがよい。ただし，ネオニコチノイド系の一部（チアメトキサムやクロチアニジン）では直接的影響は小さいとする報告もある。一方，IGR剤やBT剤をはじめとする効果が選択的な殺虫剤では影響が小さいか，ないものが多い。殺ダニ剤や殺菌剤の影響については知見が限られるが，ほとんどないものと推察される。

● 採集方法

7～8月ごろが成体を採取しやすい。防風樹などで網を目印に探せば見つけやすい。叩き落としやスウィーピングによっても捕獲できる。クモは適当な大きさの容器に1個体ずつ入れて持ち帰る。同じ容器に複数のクモを入れない。

● 飼育・増殖方法

ヒメグモ類は空間にあわせて不規則網を張るため，比較的小さな容器でも飼育が可能と思われる。ただし，共食いをするため個別に飼育する。

餌は生きていれば種類をあまり選ばず利用が可能であるが，長期にわたる飼育ではショウジョウバエやコオロギの幼虫など容易に準備できるものがよい。一般に造網性のクモは自分よりも大きな虫でも餌として利用できるが，飼育環境下では空間的な制限を受けるため，相手が大きいとうまく捕獲できないことがあるので注意する。飼育容器内には水で湿らせた脱脂綿を入れておく。

ヒメグモ類は網が不規則で体サイズも小さいことから比較的飼育しやすいが，増殖となると餌の供給など労力的負担は大きく，一般に放飼などを目的とした大量増殖は困難である。

（外山晶敏）

ハエトリグモ類

(口絵：土着 94)

学名

ネコハエトリ
　Carrhotus xanthogramma (Latreille)

マミジロハエトリ
　Evarcha albaria (L. Koch)

デーニッツハエトリ
　Plexippoides doenitzi (Karsch)

カラスハエトリ
　Rhene atrata (Karsch)

キアシハエトリ
　Phintella bifurcilinea (Böesenberg & Strand)

アリグモ
　Myrmarachne japonica (Karsch)

＜クモ目／ハエトリグモ科＞

英名　Jumping spiders

主な対象害虫　チョウ目
その他の対象害虫　アブラムシ類，コナジラミ類，ハエ類（ハモグリバエ類など）
発生分布　日本全国に分布（種構成は地域により異なる）
生息地　平地から山地，都市部から山間部まで広く生息（種構成は環境により異なる）
主な生息植物　樹木から草本まで広く生息
越冬態　多くが幼体から成体（種により異なる）
活動時期　春から秋
発生適温　不明

【観察の部】

●見分け方

　体長1.5〜22mmの小型から中型のクモ。圃場で見られるのは5〜10mmのものが多い。本群は眼の特徴と全体の形状から容易に識別できる。頭胸部は上から見ると楯型で，横からは高く平らな丘状を呈する。前方中央に大きく発達した眼（前中眼）をもつ。多くは卵形の腹部と太く発達した短めの歩脚をもち，全体的にずんぐりとした印象を有する。また，体毛が発達しており毛深いのも本群の特徴である。

　園地樹上で見られるハエトリグモ科の主な種には，ネコハエトリ，マミジロハエトリ，デーニッツハエトリ，カラスハエトリ，キアシハエトリ，アリグモなどが挙げられる。基本的に色彩や斑紋は種間で変異に富むが，アサヒハエトリ類のように同属間では区別が難しいものもある。また，マミジロハエトリのように種内変異が大きい種もある。幼体や亜成体の模様が成体と大きく異なる種も多い。体サイズは雌雄間であまり違いはないが，雄では上顎や第1歩脚が発達し，形態や色彩がまったく異なる種も多い（性的二型）。

●生息地

　それぞれの種により生息環境は異なるが，群としては平地から山地，都市部から山間部まで広く生息している。樹園地に見られる種は都市部の公園から山地まで幅広い生息地をもつ普通種が多い。

●寄生・捕食行動

　昼間狩猟性で網を張らず，樹上や草本上などを機敏に歩き回り獲物を探す。歩脚の筋肉の発達により俊敏性に長け，自分の体長の数倍から種によっては数十倍の距離を跳ねることができる。葉上や枝上で主にハエ類やチョウ類などの小型から中型の昆虫を捕獲する。餌に対する選択性は低く（広食性），付近で発生の多い虫が主な餌になると考えられる。

●対象害虫の特徴

　ヨコバイ類，アブラムシ類，コナジラミ類や，ハモグリバエ類などのハエ目，ハマキムシ類，シャクトリムシ類やシンクイムシ類などのチョウ目が対象になると考えられる。体の大きさにより餌となる虫の種類なども変わると考えられる。

【活用の部】

●発育と生態

　年1世代で夏に繁殖。寝袋状の住居や産室を造る。卵は比較的大きく，1卵嚢で十数個から百数十個程度。成熟には数か月を要する。繁殖に際し，雄は雌の前で前足や触角を振り求愛ダンスを踊る。

●保護と活用の方法

　個々の害虫に対する天敵としての抑制効果は不明である。しかし，多様に構成されたクモ類群集は

〈樹上徘徊性クモ類〉ハナグモ

潜在的な害虫の抑制に一定の貢献を果たしていると考えられる。園内および周辺に生息するクモ類の保全、さらには密度を高く保つような環境をつくり維持することは、害虫が多発しにくい生産環境づくりの一つの目安となる。防風樹や下草、周辺環境にもよく見られ、多様な植生環境を維持することは、園内のクモの生息密度を維持するうえでもよいと考えられる。

徘徊性のクモ類は比較的飼育しやすい。しかし、生きた餌しか捕食しないうえ、共食いも多いことから、飼育に要する労力は大きく、一般に大量増殖は困難とされる。また、放飼により高くした密度を安定的に維持することも難しい。このため、圃場に大量放飼して害虫を防除することは行なわれていない。

●農薬の影響

薬剤散布により影響を受けたクモ類の密度回復は圃場周辺からの移入に頼るほかなく、散布回数が少なくても一度ダメージを受けると回復に時間を要す。回復の速度は、季節、圃場の大きさや周辺環境での密度などに依存すると考えられる。

クモ類一般に、有機リン系、カーバメート系、合成ピレスロイド系など非選択性殺虫剤は、いずれも悪影響が強い。ただし、ネオニコチノイド系の一部（チアメトキサムやクロチアニジン）は直接的影響が小さいとする報告もある。一方、IGR剤やBT剤をはじめとする効果が選択的な殺虫剤では、影響が小さいか、ないものが多い。殺ダニ剤や殺菌剤の影響については知見が限られるが、ほとんどないものと推察される。

●採集方法

動きが速いため、広口の容器に追い込むようにして採集する。探索には叩き落としやスウィーピングも有効である。クモは適当な大きさの容器に1個体ずつ入れて持ち帰る。喧嘩や共食いを起こすため同じ容器に複数のクモを入れない。

●飼育・増殖方法

飼育は比較的容易。飼育容器は大きいものを用意する必要はないが、共食いをするため個別に飼育する。容器内には水で湿らせた脱脂綿を入れておく。また住居を造るための隙間があるとよい。

餌には生きたものを与える。大きいものなら、冷蔵庫に入れておくか、半殺しにしてから与えるとよい。できれば複数の種を餌として与えるのが好ましい。長期にわたって飼うなら、容易かつ大量に飼育できるものがよい。初期はショウジョウバエなどで飼育できるが、中期以降はクモも成長し大きくなるので、イエバエなど餌のサイズも大きくする。コオロギも飼育が容易で、幼虫から成体までサイズバリエーションもあり利用しやすい。

給餌に多大な労力を要するため、放飼を目的とした大量増殖は困難である。

（外山晶敏）

ハナグモ

（口絵：土着94）

学名 *Ebrechtella tricuspidata* (Fabricius)

＜クモ目／カニグモ科＞

英名 Flower spider

主な対象害虫 チョウ目

その他の対象害虫 アブラムシ類，コナジラミ類，ハエ類（ハモグリバエ類など）

発生分布 日本全国

生息地 平地から低山地，都市部から山間部まで広く生息

主な生息植物 樹木から草本まで広く生息

越冬態 幼体から成体

活動時期 春から秋

発生適温 不明

【観察の部】

●見分け方

体長は雌で6mm前後、雄で4mm前後。カニグモ類に共通して、前脚が後脚に比べ発達しており、横に開いた形は一見カニを思わせる。この形態から他の群と間違うことはない。種としては色彩に特徴がある。よく似た種にコハナグモがあるが、腹部の斑紋で区別できる。

雌の頭胸部と歩脚は緑色。腹部には淡緑色の地に赤褐色斑の斑紋を有する。斑紋には変異が著しく、

まったく斑紋が見られない個体もある。雄は頭胸部と前脚は茶褐色，腹部は斑紋を欠き濃い緑色である。幼体は雌雄ともに全身緑色で腹部の斑紋も見られない。

● 生息地

都市部から山間部まで，人家の庭から渓谷まで幅広く生息する。

● 寄生・捕食行動

昼行性で，草木上で主にハエ類やチョウ類などの小型から中型の昆虫を待ち伏せて捕獲する。特に，花の周囲や中などに潜み，花に飛来する昆虫を狙うことが多い。前脚を2本ずつそろえて横に開いた形で静止し，目の前に現われた昆虫をすばやく捕らえる。広食性で餌に対する選択性はあまりないと思われるが，飛んでいる虫を捕らえることはできない。

● 対象害虫の特徴

ヨコバイ類，アブラムシ類，コナジラミ類や，ハモグリバエ類などのハエ目，ハマキムシ類，シャクトリムシ類やシンクイムシ類などのチョウ目など各種害虫が対象になると考えられる。体の大きさにより餌となる虫の種類なども変わると考えられる。

【活用の部】

● 発育と生態

数回にわたり産卵する。1回の産卵で1個の卵嚢をつくる。葉をかがった産室をつくり，卵嚢の上に鎮座し外敵から守る。1卵嚢中の卵数は100前後。脱皮回数は5〜9回との報告があり，成熟には数か月を要す。

● 保護と活用の方法

個々の害虫に対する天敵としての抑制効果は不明である。しかし，多様に構成されたクモ類群集は潜在的な害虫の抑制に一定の貢献を果たしていると考えられる。園内および周辺に生息するクモ類の保全，さらには密度を高く保つような環境をつくり維持することは，害虫が多発しにくい生産環境づくりの一つの目安となる。下草，周辺環境にもよく見られる。多様な植生環境を維持することは，園内のクモの生息密度を維持するうえでもよいと考えられる。

徘徊性のクモ類は比較的飼育しやすい。しかし，生きた虫しか捕食しないうえ，共食いも多いことから，飼育に要する労力は大きく，一般に大量増殖は困難とされる。また，放飼により高くした密度を安定的に維持することも難しい。このため，圃場に大量放飼して害虫を防除することは行なわれていない。

● 農薬の影響

薬剤散布により影響を受けたクモ類の密度回復は圃場周辺からの移入に頼るほかなく，散布回数が少なくても一度ダメージを受けると回復には時間を要する。回復の速度は，季節，圃場の大きさや周辺環境での密度などに依存すると考えられる。

クモ類一般に，有機リン系，カーバメート系，合成ピレスロイド系など非選択性殺虫剤は，いずれも悪影響が強いと考えられる。ただし，ネオニコチノイド系の一部（チアメトキサムやクロチアニジン）では直接的影響は小さいとする報告もある。一方，IGR剤やBT剤をはじめとする効果が選択的な殺虫剤では，影響が小さいか，ないものが多い。殺ダニ剤や殺菌剤の影響については知見が限られるが，ほとんどないものと推察される。

● 採集方法

動きが速いため，広口の容器に追い込むようにして採集する。探索には叩き落としやスウィーピングも有効である。クモは適当な大きさの容器に1個体ずつ入れて持ち帰る。喧嘩や共食いを起こすため同じ容器に複数のクモを入れない。

● 飼育・増殖方法

飼育は比較的容易。飼育容器は大きいものを用意する必要はないが，共食いをするため個別に飼育する。容器内には水で湿らせた脱脂綿を入れておく。また住居を造るための隙間があるとよい。

餌には生きているものを与える。大きいものなら，冷蔵庫に入れておくか，半殺しにしてから与える。できれば複数の種を餌として与えるのが好ましい。長期にわたって飼うなら，容易かつ大量に飼育できるものがよい。初期はショウジョウバエなどで飼育できるが，中期以降はクモも成長し大きくなるので，イエバエなど餌のサイズも大きくする。コオロギも飼育が容易で幼虫から成体までサイズバリエ

〈樹上徘徊性クモ類〉フクログモ類

ーションも大きく利用しやすい。

　給餌に多大な労力を要するため，放飼を目的とした大量増殖は困難である。

（外山晶敏）

フクログモ類

（口絵：土着94）

学名
ヤハズフクログモ
　Clubiona jucunda (Karsch)
ムナアカフクログモ
　Clubiona vigil Karsch
ヤマトフクログモ
　Clubiona japonica L. Koch
ハマキフクログモ
　Clubiona japonicola Bösenberg & Strand
トビイロフクログモ
　Clubiona lena Bösenberg & Strand
＜クモ目／フクログモ科＞

英名　Sac spiders

主な対象害虫　チョウ目
その他の対象害虫　アブラムシ類，コナジラミ類，ハエ類（ハモグリバエ類など）
発生分布　日本全国に分布（地域により種構成は異なる）
生息地　平地から山地，都市部から山間部まで広く生息（種構成は環境により異なる）
主な生息植物　樹木から草本まで広く生息
越冬態　幼体
活動時期　春から秋
発生適温　不明

【観察の部】

●見分け方

　体長2〜15mmの小型から中型のクモ。圃場で見られる種は5〜10mmくらいのものが多い。園地樹上で見られる*Clubiona*属の主な種は，ヤハズフクログモ，ムナアカフクログモ，ヤマトフクログモ，ハマキフクログモ，トビイロフクログモである。いずれも形態的に際だった特徴を欠き，体色も茶褐色で地味。色彩的にも目立つところがなく変異にも乏しい。全体にスリムな楕円形。上顎が発達し牙が長く，腹部末尾の糸いぼが目立つ。全体の形と体色でフクログモの仲間であることは容易にわかるが，種を識別することは外観では困難で，生殖器での確認が必要である。例外的に腹部が黄色で斑紋を有すヤハズフクログモは比較的識別しやすい。

　体サイズ，形態，色彩，いずれも性差は小さいが，雄は腹部が小さくバランス的に歩脚が長い。また上顎は雄でより発達している。幼体も成体とほぼ同じ形態と体色を有す。

●生息地

　平地から山地まで広く生息。水田や河原，池や沼の周辺など水辺から，公園や樹園地，雑木林まで，さまざまな環境の草木上に生息する。

●寄生・捕食行動

　昼間は植物の葉裏や樹皮下に糸でつくった住居に潜み，夜間に徘徊して獲物を捕らえる。そのため観察事例に乏しい。広食性で餌に対する選択性は低く，付近で発生の多い虫が主な餌になると考えられる。

●対象害虫の特徴

　ヨコバイ類，アブラムシ類，コナジラミ類や，ハモグリバエ類などのハエ目，ハマキムシ類，シャクトリムシ類やシンクイムシ類などのチョウ目など各種害虫が対象になると考えられる。体の大きさにより餌となる虫の種類なども変わると考えられる。

【活用の部】

●発育と生態

　年1化から2化。折った葉裏や複数の葉をつづった袋状の住居をつくり，脱皮や交尾，産卵はその中で行なう。1回の産卵で1個の卵嚢をつくる。葉でつくった産室内で，卵嚢の上に鎮座し外敵から守る。卵嚢から出た幼体はしばらく産室にとどまるが，餌を捕らえられるようになると三々五々に分散していく。樹皮下などにつくった住居で越冬する。

●保護と活用の方法

　個々の害虫に対する天敵としての抑制効果は不

明である。しかし，多様に構成されたクモ類群集は潜在的な害虫の抑制に一定の貢献を果たしていると考えられる。園内および周辺に生息するクモ類の保全，さらには密度を高く保つような環境をつくり維持することは，害虫が多発しにくい生産環境づくりの一つの目安となる。防風樹や下草，周辺環境にもよく見られる。多様な植生環境を維持することは，園内のクモの生息密度を維持するうえでもよいと考えられる。

徘徊性のクモ類は比較的飼育しやすい。しかし，生きた餌しか捕食しないうえ，共食いも多いことから，飼育に要する労力は大きく，一般に大量増殖は困難とされる。また，放飼により高くした密度を安定的に維持することも難しい。このため，圃場に大量放飼して害虫を防除することは行なわれていない。

● 農薬の影響

薬剤散布により影響を受けたクモ類の密度回復は圃場周辺からの移入に頼るほかなく，散布回数に関係なく一度ダメージを受けると回復には時間を要す。回復速度は，季節，圃場の大きさや周辺環境での密度などに依存すると考えられる。

クモ類一般に，有機リン系，カーバメート系，合成ピレスロイド系など非選択性殺虫剤は，いずれも悪影響が強いと考えられる。ただし，ネオニコチノイド系の一部（チアメトキサムやクロチアニジン）は直接的影響が小さいとする報告もある。一方，IGR剤やBT剤をはじめとする効果が選択的な殺虫剤では，影響が小さいか，ないものが多い。殺ダニ剤や殺菌剤の影響については知見が限られるが，ほとんどないものと推察される。

● 採集方法

日中は住居にいるため，叩き落としやスウィーピングでの採集は難しい。不自然に曲がった葉や樹皮下から除く住居などを探して，できれば住居ごと，できなければ広口の瓶に追い込むようにして採集する。クモは適当な大きさの容器に1個体ずつ入れて持ち帰る。喧嘩や共食いを起こすため同じ容器に複数のクモを入れない。

● 飼育・増殖方法

飼育は比較的容易。飼育容器にはそれほど大きいものを用意する必要はないが，共食いをするため個別に飼育する。容器内には水で湿らせた脱脂綿を入れておく。適当な場所がなくても容器の角などに糸をかがって住居をつくるが，できれば適当な隙間があるとよい。

餌には生きているものを与える。大きいものなら，冷蔵庫に入れておくか，半殺しにしてから与える。できれば複数の種を餌として与えるのが好ましい。長期にわたり飼育するなら，容易かつ大量に飼育できるものがよい。初期はショウジョウバエなどで飼育できるが，中期以降はクモも成長し大きくなるので，イエバエなど餌のサイズも大きくする。コオロギも飼育が容易で，幼虫から成体までサイズバリエーションも大きく利用しやすい。

給餌に多大な労力を要するため，放飼を目的とした大量増殖は困難である。

（外山晶敏）

ヨコヅナサシガメ

（口絵：土着95）

学名 *Agriosphodrus dohrni* (Signoret)

＜カメムシ目／サシガメ科＞

英名 ―

主な対象害虫 ヒロヘリアオイラガ，アメリカシロヒトリ

その他の対象害虫 その他チョウ目幼虫，小型コウチュウ目，カメムシ類，ダンゴムシ，クモなど

発生分布 関東・北陸以西の本州，四国，九州，中国，台湾，インドシナ半島，インド

生息地 樹園地および周辺林，公園・学校・施設などの敷地内樹木，街路樹，寺社林など

主な生息植物 カキ，サクラ，クロマツ，スギ，クヌギ，コナラ，エノキなど

越冬態 幼虫

活動時期 3～7月，8～11月

発生適温 25～30℃

【観察の部】

● 見分け方

通常は樹幹に見られる。成虫は体長16～24mm。

〈サシガメ類〉ヨコヅナサシガメ

体色は光沢のある黒色。日本国内に生息する最大のサシガメ。各脚の基節と腹端2節は鮮やかな赤色。成虫では腹部結合板が大きく広がり，白地に大きな黒斑がある。頭部は細長く突出する。

● 生息地

帰化昆虫説が有力で，1930年代に主に九州，近畿地方を中心に分布が記録された。以後東進し，現在は関東および北陸地方まで分布を広げている。

本種は捕食性昆虫であるため，餌とする昆虫類の生息する樹木で見られる。利用する樹種はクロマツ，スギ，サワラ，サクラ（ソメイヨシノ），エノキ，ハンノキ，コナラ，クヌギなど30種以上が知られているが，サクラでは比較的多く観察される。

ソメイヨシノの並木などで同じような木が並んでいても，特定の木を選ぶ傾向がある。それは主として産卵，越冬などに利用するための樹洞，くぼみ，樹皮の裂け目などの有無および状態などにより選択されていると考えられる。適当な樹洞であっても，洞内が土化していたり，腐食していたり，乾燥が進みすぎていたりする状態は好まないようである。

● 寄生・捕食行動

樹幹や枝などに静止しているイラガ類などのチョウ目の幼虫をはじめ，小型のコウチュウ目，カメムシ類，ハエ類，バッタ類など各種の昆虫の幼虫，成虫，さらにはムカデ，ヤスデ，クモ，ダンゴムシなど多岐にわたる。口吻を突き刺し，体液を吸う。動作は緩慢である。

本種の幼虫（若虫）は，単独で捕食することが困難な自身よりも大きなチョウ目幼虫などに対して集団で攻撃して捕食する。

● 対象害虫の特徴

ヒロヘリアオイラガは1921年に鹿児島で発見され，現在では沖縄から茨城県まで分布を拡大している侵入害虫である。成虫は6月と8～9月の年2回発生する。開張25～30mmで，前翅中央部は緑色で外縁部と後翅は褐色。老熟幼虫は体長20～23mm。若齢幼虫は卵塊単位の集団で葉裏を摂食し，中齢以降は単独で生活して葉縁から摂食するようになる。

ヒロヘリアオイラガの体表には有毒の棘のある肉質突起が列状に並ぶ。棘に刺されるとクラゲに刺されたときのような電気的な激痛が走る。カキ，モモ，クリ，ウメ，ビワ，マンゴーなどの果樹のほか，サクラ，キンモクセイ，サザンカ，クヌギ，エノキなど多くの樹木の葉を食害する。イラガに比較すると毒棘が体全体を覆っている。そのためか天敵が少なく，イラガに取って代わりつつある。ヨコヅナサシガメは，ヒロヘリアオイラガとよく似た環境に生息し，また，細長い口吻を突き刺して体液を吸うため毒棘の影響を受けずに捕食が可能なことから，ヒロヘリアオイラガの重要な天敵となる可能性がある。

アメリカシロヒトリは北アメリカ原産で，終戦直後（1945年）に米軍の物資に紛れて侵入し，現在は本州のほぼ全域，四国および九州の一部，小笠原にまで分布を拡大している。成虫は通常は5～6月と7月下旬の年2回発生するが，3回発生することもある。開張25～30mmで全身が白色。越冬世代成虫のみ黒色または褐色の斑紋が翅に見られる。老熟幼虫は体長30mm。若齢から中齢幼虫は巣網をつくり集団で葉を食害する。終齢になると単独で生活するようになる。リンゴ，ナシ，モモ，ウメ，ブドウ，カキなどの果樹のほか，クワ，サクラ，プラタナス，ヤナギなど広範囲の樹種にわたって葉を食害する。また発生量が多いため，枝が丸裸になるなど甚大な被害を与える。

鳥や蜂などアメリカシロヒトリを捕食する天敵は多いが，発生量が多いため被害を軽減することは難しい。ヨコヅナサシガメはアメリカシロヒトリが多く発生するサクラ類をよく利用するので，天敵として重要と考えられる。

【活用の部】

● 発育と生態

年1化性で，6～7月ころにカマキリの卵塊に似た卵塊を樹洞やその周辺に産卵する。8月ころに孵化し，捕食活動をしながら成長する。5齢まで成長した幼虫は11月下旬ころには樹洞などで集団越冬する。翌年の3月ころから活動を始め，4月下旬から5月上旬に羽化する。

● 保護と活用の方法

成虫は拡散して行動するので，各種の害虫を捕

食することによる密度抑制効果が期待できる。しかし，幼虫は主に樹幹で捕食するため，害虫が樹幹を移動しているタイミング以外では捕食されにくい。産卵・孵化する樹種はあまり選ばないが，樹木全体や樹皮などの状態に影響される。そのため，幼虫を樹園地全体に拡散させ，害虫を捕食させるのは難しい。

エノキに産卵された場合はオオムラサキの幼虫が捕食される可能性がある。オオムラサキは準絶滅危惧種とされており増殖を試みている地域もあるので，それら地域周辺では注意が必要である。また，害虫以外にもミツバチなどの人に有益な昆虫も捕食することもある。天敵としての利用には，以上の点を考慮する必要がある。

● 農薬の影響

殺虫剤に対する曝露試験の報告はないが，基本的には殺虫剤には弱いと考えられる。しかし，学校校庭におけるカルホス乳剤，スミチオンの散布では大きな影響はみられず，複数の学校で毎年数回同様の散布を行なっているが，継続して発生がみられるとの観察例もあることから，殺虫剤に対する感受性については今後の調査が待たれる。

● 採集方法

幼虫，成虫ともに樹幹など植物体にいる個体を，ネット，ピンセット，管瓶などで捕獲する。また，成虫は午前中の早い時間に街灯が近くにある建物の外壁や外階段などで見られることがある。動作は緩慢なので，採集は容易である。

● 飼育・増殖方法

チョウ目昆虫の幼虫やアオクサカメムシ幼虫で飼育した報告がある。幼虫は餌量が不十分な場合，共食いする。不用意に触ると口針で刺されることがあるので取り扱うときは注意する。

（三代浩二・加須屋　真）

オオメカメムシ（オオメナガカメムシ）類

（口絵：土着96）

学名
オオメカメムシ（オオメナガカメムシ）
Geocoris varius (Uhler)
ヒメオオメカメムシ（ヒメオオメナガカメムシ）
Geocoris proteus Distant
<カメムシ目／オオメカメムシ（オオメナガカメムシ）科>

英名　Big-eyed bug

主な対象害虫　チョウ目幼虫，アブラムシ類，アザミウマ類，ハダニ類

その他の対象害虫　コナジラミ類，カイガラムシ類など小型の昆虫

発生分布　オオメカメムシ：本州，四国，九州，隠岐諸島，台湾，朝鮮半島，済州島，中国／ヒメオオメカメムシ：北海道，本州，四国，九州，千島列島，隠岐諸島，ロシア極東部

生息地　オオメカメムシ：主に草本類の植物体上／ヒメオオメカメムシ：雑草など植物が生えている場所の地表面に生息することが多い

主な生息植物　ハギ，クズ，フジ，セイタカアワダチソウなど

越冬態　成虫

活動時期　オオメカメムシ：5～11月／ヒメオオメカメムシ：3～11月

発生適温　オオメカメムシ：13～33℃／ヒメオオメカメムシ：16～36℃

【観察の部】

● 見分け方

オオメカメムシは体長4.3～5.3mm，複眼が大きく頭部と脚は橙色，前翅は黄色半透明，その他の部位は光沢のある黒色である。ヒメオオメカメムシは前種よりもやや小型で，前胸背側方の淡色部が比較的狭く，全体が灰黒色で光沢が少ない。オオメカメムシはナガカメムシ科に分類されていたが，近年，

〈オオメカメムシ類〉オオメカメムシ（オオメナガカメムシ）類

分類が変更され，オオメカメムシ科 *Geocoris* 属とされた。オオメカメムシおよびヒメオオメカメムシは果樹やチャでの生態に関する研究例がないため，詳細は「野菜・畑作物」の項（p.土着17）を参照されたい。

●生息地

クズ，ヤブガラシ，セイタカアワダチソウ，ススキ，ヌルデ，オオマツヨイグサ，ヒマワリ，キバナコスモス，マリーゴールド，ラベンダー，ノイチゴ，ヨモギ，キク，シソ，フジなど。

●寄生・捕食行動

小型のチョウ目幼虫，小型カメムシ類，小型甲虫類，ユスリカ類，アリ類，など広範囲の小型昆虫を視覚的に認識し，口吻を突き刺し消化液を注入して組織を消化しながら吸汁する。オオメカメムシ成虫はハダニが加害した葉から発せられる匂い成分に誘引されることがわかっている。また，室内では花蜜などの植物質の餌だけでも約1か月生存できる。

●対象害虫の特徴

チョウ目幼虫は未展開葉から展開葉まで発生し，主に葉を食害する。アブラムシ類とアザミウマ類は主に新消の未展開葉での発生が多く，アブラムシは篩管液，アザミウマは葉の表面の細胞液を吸汁して世代を繰り返しながら密度を増加させるが，葉が硬化すると移動する。アブラムシには果樹のウイルス病を媒介する種もある。また，アブラムシは排泄する甘露（糞）をアリに供給し，アリは天敵類を排除する「共生関係」を示す。甘露はすす病の原因となる。ハダニ類は新消の未展開葉から硬化した展開葉まで発生し，葉の表層の細胞液を吸汁して世代を繰り返しながら密度を増加させる。加害された葉は葉緑素を失い，光合成能力が低下する。

【活用の部】

●発育と生態

茨城および千葉の事例では，オオメカメムシは，越冬世代成虫が5月から7月ころまで植物上で活動する。第1世代幼虫は5月下旬から出現し始め，7月下旬から8月にかけて羽化する。多くはそのまま越冬するが，一部は9月まで交尾・産卵し，その後第2世代幼虫が発生する。ヒメオオメカメムシは4月から10月上旬まで，樹木ではバラ科やクリなどの樹冠下に設置した粘着板で捕殺されており，立体的に活動していると考えられる。しかし，本種は植物体上でも餌となる小型昆虫を捕食するが，植物体への執着が低く，試験的に果菜類などの植物体上に放飼しても地表面で観察されることが多い。

両種の幼虫，成虫ともに小型昆虫を主な餌とする。水分摂取のために植物体からも吸汁するが，施設栽培のイチゴやスイカ，果菜類では実害は発生していない。

●保護と活用の方法

殺虫剤に弱いため，慣行防除園ではほとんど見かけることはない。草本類での発生が主となるため，果樹園での発生例は少ないが，草生栽培や天敵を保護する下草などを導入している園地，あるいは園地の周囲に両種の生息場所となるような植物が発生している場所では，樹上でも見られることがある。

●農薬の影響

殺ダニ剤やネオニコチノイド剤などのなかには影響が少ないものもあるが，殺虫剤には概して感受性が高い。有機リン剤，合成ピレスロイド剤をはじめ，上記以外の殺ダニ剤やネオニコチノイド剤，IGR剤に対する感受性も高いものがある。また，オオメカメムシとヒメオオメカメムシでは感受性が異なる剤もあるので，使用に際しては注意を要する（詳細は「野菜・畑作物」の項p.土着17を参照）。

●採集方法

オオメカメムシについては，茨城県の事例では，クズとそこに絡まっているヤブガラシや周辺のセイタカアワダチソウで成虫と幼虫が捕獲されている。特にセイタカアワダチソウの開花時期には花でよく捕獲される。ヒメオオメカメムシはイネ科が優占する雑草地で，雑草の株元を探索するとよい。

●飼育・増殖方法

スジコナマダラメイガの冷凍卵を用いて人工的に累代飼育することができる。

（三代浩二）

ヒメコバチ類

(口絵：土着 97)

学名

ホソガニシヒメコバチ
　Sympiesis sericeicornis (Nees)

ニガリオヒメコバチの一種
　Pnigalio sp.

ウジイエヤドリヒメコバチ
　Chrysocharis ujiyei Kamijo

キイロホソコバチ
　Stenomesius japonicus (Ashmead)

カオムラサキヒメコバチ
　Sympiesis laevifrons Kamijo

キンモンホソガヒメコバチ
　Sympiesis ringoniellae Kamijo

＜ハチ目／ヒメコバチ科＞

英名　―

主な対象害虫　キンモンホソガ

その他の対象害虫　キイロヒメコバチ：チャノホソガ，ミカンハモグリガ，モモハモグリガ／**カオムラサキヒメコバチ**：多くのキンモンホソガ属昆虫／**ホソガニシヒメコバチ**：多くのキンモンホソガ属昆虫

発生分布　日本全土。ホソガニシヒメコバチは西日本に多い

生息地　リンゴ園および庭園，林野

主な生息植物　リンゴ，カイドウなどのリンゴ属

越冬態　蛹（一部幼虫）

活動時期　4～10月

発生適温　10～25℃

【観察の部】

●見分け方

多くの種の成虫の体長は1～2mm程度で小型の蜂である。触角は短い。体色は種によって異なり，キイロホソコバチは黄褐色，その他は艶のある緑色，青銅色あるいは暗緑金属光沢のあるものなどがあるが，実体顕微鏡を用いないと種の区別は困難である。

キンモンホソガに寄生するヒメコバチ類は約30種にも及ぶが，優占種は時期，場所によって異なる。上記6種が優占種になることが多いが，これ以外の種が優占種になることもある。リンゴの葉に寄生しているキンモンホソガのマイン（寄生部位）を探して，葉上を歩行したり，跳ねるように飛翔したりするが，高密度にならなければなかなか成虫は発見できない。

卵は乳白色のものが多くソーセージ型で，キンモンホソガの幼虫や蛹の外部に付着させるように産まれている。

幼虫はうじ状で乳白色ないし淡黄褐色で，キンモンホソガ幼虫や蛹の外部に寄生している。ウジイエヤドリヒメコバチは内部寄生で，寄主の終齢幼虫から脱出してくるが，寄生時期は未確認である。

蛹は裸蛹で，はじめは乳白色で次第に黒褐色あるいは褐色になる。蛹になる前に寄主を食べつくすので，キンモンホソガの幼虫や蛹は痕跡程度になり，ヒメコバチの蛹だけが存在する。

卵および幼虫，蛹はキンモンホソガのマイン内でしか見られない。一部の種はキンモンホソガ専門の寄生者でなく，他のハモグリガ類や他の寄生蜂に二次寄生するものがある。

●生息地

ほぼ日本全土のリンゴ栽培地に生息している。あるいは野生や庭園のリンゴ属樹木でも見受けられる。また，種によってはミカン園，茶園，モモ園，街路樹などにも生息する。

●寄生・捕食行動

カオムラサキヒメコバチ，キンモンホソガヒメコバチ，ホソガニシヒメコバチ，ニガリオヒメコバチの一種はキンモンホソガの全世代で寄生が見られるが，第2世代の寄生率は低い。7月以降の世代で次第に高い寄生率になり，キンモンホソガの発生量に影響する。

ニガリオヒメコバチの一種やウジイエヤドリヒメコバチはキンモンホソガの寄生蜂であると同時に，キンモンホソガの寄生蜂に寄生する二次寄生蜂でもある。

寄主の幼虫か蛹にマインの外から産卵管を挿入して産卵する。このとき寄主の幼虫を殺すものと，不

〈寄生蜂〉ヒメコバチ類

活性化させるだけのものとがある。通常は1卵ずつ産卵するが，さらに他の寄生蜂が産卵することもあるので，2個以上見られる場合もある。

●対象害虫の特徴

キンモンホソガの幼虫期は前半を無脚（吸液型）幼虫といい，後半を有脚（食組織型）幼虫というが，ほとんどのヒメコバチは有脚幼虫または蛹に寄生する。

【活用の部】

●発育と生態

外部寄生蜂は寄主を不活性化させ体外に産卵する。発育期間は種によって多少異なるが，卵期間は2～3日，幼虫期間は5～7日，蛹期間は7日程度である。産卵数は未確認。

内部寄生蜂は産卵期間が特定されないので，発育期間は不明である。他の多くのヒメコバチ類から類推して，寄主を不活性化させてから寄主体内に産卵するものと思われる。

●保護と活用の方法

人工増殖技術は確立されていないので，現在のところ，圃場での保護以外活用の手段はない。保護にはハチ目に影響の少ない選択的農薬の利用が重要と思われる。寄生率はきわめて高くなることがあり，キンモンホソガの発生量に影響していることは事実であるが，保護によりどの程度キンモンホソガの発生を抑えられるかはわかっていない。

長野県においては殺虫剤無散布園で，これらのヒメコバチ類の第1世代の寄生率は30％以上に達し，もう一種の有力天敵のキンモンホソガトビコバチと合わせると，キンモンホソガの死亡率は60％以上になる。しかし第2世代では変動が大きく，寄生率が下がることが多い。第3世代以降は世代を追って増加し，最終世代の第5世代では再び30％以上の寄生率になる。第2世代の寄生率減少の原因は，キンモンホソガとヒメコバチ類の発生時期が合わないためであると考えられる。

長野県ではキンモンホソガ第2世代の発生量が少なくなるのは，第1世代のこれら寄生蜂による死亡率が高いためと考えられている。また第3世代の発生量が高くなるのも，第2世代の寄生率低下が影響していると考えられる。防除がされない時期になるキンモンホソガ越冬世代では，寄生率が高くなる。

●農薬の影響

有機リン剤の散布はヒメコバチの寄生率を半分以下に下げることが知られている。したがって，保護にはヒメコバチ類に影響の少ない殺虫剤の選択が必要である。合成ピレスロイド剤，カーバメート剤，ネオニコチノイド剤も有害であるが，IGR剤や摂食阻害剤などは影響が小さいとされている。また，BT剤は無害とされている。殺菌剤の影響は不明である。

●採集方法

キンモンホソガの有脚幼虫期のマイン（葉表からもマインが確認できるもの）を解体して蛹を採集する。幼虫の場合は寄主ごと細い管瓶に入れ，乾燥しないように綿栓をしておけば成虫まで育つ。

有脚幼虫型マインをたくさん集め紙袋やビニール袋に入れておけば，羽化した成虫を採集できる。しかし，さまざまな寄生蜂が混合して羽化してくるので，特定の種だけを集めたいときは上述のように管瓶を用いるか，シール付きビニール袋（ユニパックA）にマイン部分を切り取って1匹ずつ入れ，羽化させて種の確認を行なう。なお，幼虫や蛹の時期に種を同定することは困難なので，寄生された寄主幼虫は多めに用意する必要がある。

●飼育・増殖方法

本格的に飼育を試みた例はないが，実験的には以下の方法で飼育可能である。

まず，キンモンホソガのマインが形成されたリンゴ葉を採集し，容器に収容して前記の要領で採集した蜂を放飼する。寄生蜂の放飼に先立って，別の容器に雌雄を放飼し，1～2日交尾させておく。産卵から蛹化まで10日前後を要するが，この間乾燥すると寄生蜂が死亡するので，リンゴ葉が枯死しないよう湿度に注意する。蛹化後は多少の乾燥には耐えられる。

寄主のキンモンホソガはファイロトロンなどで隔離飼育したものを用いる。野外から採集したものでは，すでに他の寄生蜂が寄生している可能性がある。鉢植えリンゴ苗木にキンモンホソガを放飼し，

有脚幼虫まで飼育して，これに隔離容器（寒冷紗の袋など）をかぶせて寄生蜂を放飼すれば，まとまった数の飼育が可能である。

(北村泰三・氏家　武・東浦祥光)

ホソガサムライコマユバチ
(口絵：土着 97)

学名　*Apanteles kuwayamai* Watanabe
<ハチ目／コマユバチ科>
英名　―

主な対象害虫　キンモンホソガ
その他の対象害虫　他のホソガ類にも寄生すると思われるが未確認
発生分布　ほぼ日本全土
生息地　リンゴ園および庭園，林野
主な生息植物　リンゴ，カイドウなどのリンゴ属
越冬態　幼虫
活動時期　4〜10月
発生適温　10〜25℃

【観察の部】

●見分け方

成虫の体長は2.0〜1.8mm，触角が長くほぼ体長と同じである。体色は黒色である。ほとんどの場合，野外からは雌だけしか発見されていないが，一例だけ，1979年秋に盛岡で採集した個体群から，翌年雌雄が羽化している（雄：雌＝171：121）。従来の種と同種かどうか確認されていないが，従来の種に比べて若干大型であったほかには外見的な差違は認められなかった。

終齢幼虫は灰白色。はじめキンモンホソガ幼虫の内部に寄生するが，終齢になると幼虫から脱出する。脱出幼虫は灰白色の繭をつくりその中で蛹化する。羽化後は繭がマイン（潜孔）の中に残る。

●生息地

ほぼ日本全土のリンゴ園，リンゴ属の樹がある庭園および林野。

●寄生・捕食行動

キンモンホソガの無脚幼虫の体内に産卵する。はじめ内部寄生しているが，終齢になると寄主の体から脱出する。寄生率は50％近くになることもあるが，通常は数％程度が多い。

キンモンホソガ幼虫に寄生するコバチ類やヒメコバチ類が，二次寄生者として本種に寄生することが知られている。

●対象害虫の特徴

キンモンホソガは孵化後，卵の真下から寄主植物の表皮の下に潜入し，海綿状組織を摂食しながら，水泡状のマインをつくる。この時期の幼虫の体は扁平で脚を欠き無脚幼虫あるいは吸液型幼虫と称され，3齢（第1世代は2齢）を経過する。ついで，体は円筒状に変化し，脚を生じ（有脚幼虫，食組織型幼虫），柵状組織を点状に摂食しながら，テント状のマインを形成し，2齢を経過して蛹化する。

ホソガサムライコマユバチは寄主の無脚幼虫最後の齢に産卵する。寄生された寄主は死亡せず，非寄生のものとほぼ同じ時期に有脚幼虫になるが，蛹化直前に死亡し，寄主を食い尽くしたコマユバチ幼虫が脱出してくる。

【活用の部】

●発育と生態

越冬世代成虫は寄主（キンモンホソガ）より，10日〜2週間遅れて5月中下旬ごろ羽化してくる（盛岡）。雌成虫は蜂蜜を餌として室内で17〜18日生存したので，野外でも同程度の寿命を有すると思われる。この約1か月の間に第1世代のキンモンホソガが寄生に適した齢期に達するので，両者の生活史は整合性がとれている。夏世代の寄主幼虫からの脱出は，ほぼ同日に産卵された非寄生の寄主より1週間程度遅れる。雌成虫は，雄なし（未交尾）でも雄卵を産む。卵，幼虫期の形態，生態については寄主体内にいるため不明である。

越冬世代の寄主に寄生したものの一部は年内に羽化する。これらは理論的には一部同世代の寄主に寄生可能だが，寄生しても温度不足のために繭形成（越冬可能な状態）にまで至らない。年によって大

〈寄生蜂〉ホソガヒラタヒメバチ

部分がこのような状態に陥ることがあり，これがこの寄生蜂の寄生率が安定しない原因になっている可能性がある。

● 保護と活用の方法

人工増殖技術はできていないので，圃場での保護以外活用の手段はない。保護方法も確立されていないが，ハチ目に影響の少ない選択的な農薬を用いることにより，その働きを極力阻害しないよう図ることも重要と考えられる。

● 農薬の影響

有機リン剤，カーバメート剤，合成ピレスロイド剤，多くのネオニコチノイド剤などの殺虫剤には弱いので，通常の栽培果樹園では生息数がごく少ない。BT剤は影響ない。IGR剤は直接には影響が少ないとされているが，寄主に影響があるので寄主が死亡すると当然内部の寄生蜂も死亡する。

● 採集方法

圃場でキンモンホソガの寄生葉を採種し，マインを開いて白い繭を取り出してシャーレなどに収容し羽化させる。本種は二次寄生を受けやすいので，繭から別のヒメコバチやコガネバチが羽化してくることもある。

● 飼育・増殖方法

ホソガサムライコマユバチには室内で簡単に増殖できる代替寄主昆虫は存在しない。飼育にはまず寄主のキンモンホソガ無脚幼虫が必要である。

ホソガサムライコマユバチは寄主の無脚幼虫期後期に寄生し，寄主から脱出して繭を形成するまでに20℃で2週間程度かかる。そのため，摘採したリンゴ葉では最後まで寄主の餌として鮮度を保持することは困難である。また寄主は，餌が劣化するために途中で死亡してしまう危険性がある。

キンモンホソガをリンゴ苗木に放飼して，産卵させ，無脚幼虫の最後の齢まで飼育し，これに隔離容器（ビニール円筒，寒冷紗の袋など）をかぶせて，ホソガサムライコマユバチを放飼する。2～3日間産卵させ，除筒後引き続きファイトトロン内で飼育する。20℃で20日間程度経過したら，すでに繭を形成しているので全葉摘採し，繭だけを取り出してシャーレなどの容器に収容して羽化させる。

（北村泰三・氏家　武・東浦祥光）

ホソガヒラタヒメバチ
（口絵：土着98）

学名　*Scambus calobatus* Gravenhorst
<ハチ目／ヒメバチ科>
英名　―

主な対象害虫　キンモンホソガ
その他の対象害虫　ハマキガの一種（リンゴ園），スギノメムシ，サクラキバガなど多種
発生分布　ほぼ日本全土
生息地　リンゴ園および庭園，林野
主な生息植物　リンゴ，カイドウなどのリンゴ属
越冬態　幼虫および蛹
活動時期　4～10月
発生適温　10～25℃

【観察の部】

● 見分け方

雌成虫は体長3.0～4.0mm程度。触角は長い。体色は黒色で産卵管が2.0～2.5mmと体長の半分以上に長いのが特徴である。雄は体長がやや短く産卵管を欠く。卵は白色のバナナ状で一方の端に突起がある。長さは1.5mm程度である。幼虫は乳白色。キンモンホソガ幼虫の外部に寄生し体液を吸汁するが，最後には全部を食べ尽くす。蛹はキンモンホソガのマイン（潜孔）の中で，薄い繭をつくりその中で蛹化する。最初は白色であるが，次第に黒化する。

● 生息地

ほぼ日本全土のリンゴ園，あるいはリンゴ属のある庭園および林野に生息するが，夏期の生息植物について詳細は不明。

● 寄生・捕食行動

ホソガヒラタヒメバチはキンモンホソガの越冬世代のみで見られる。したがって，夏期は他の寄主に寄生しているものと考えられる。近年，ヨーロッパで本種が季節によって寄主を変えると同時に，形態も別種と思われるほど大きく変化させていることが明らかにされた。日本でも同様の可能性があり，今後の研究が待たれる。越冬世代の寄生率は北海道

で高いが，その他の地域では数％程度である。

雌成虫は羽化後頻繁に交尾を繰り返しながら，約3週間にわたって寄主の幼虫を摂食する。キンモンホソガ幼虫を摂食しない雌成虫の卵管は発達せず，産卵しない。キンモンホソガに限らず，他のチョウ目幼虫をも餌としていると思われるが，他の餌種は未確認である。

成虫はキンモンホソガのマインに穴をあけ，中の幼虫を引っ張り出して摂食するが，穴には寄主幼虫の残骸がこびりついているのが特徴である。

● 対象害虫の特徴

キンモンホソガの幼虫は最初扁平で脚を欠く（無脚幼虫または吸液型幼虫）が，後半は体が円筒形になり脚を生じる（有脚幼虫または食組織型幼虫）。ホソガヒラタヒメバチは後者のみに寄生またはこれを摂食する。

【活用の部】

● 発育と生態

本種の越冬世代は寄主の越冬世代とほぼ同じ時期（4月下旬〜5月上旬）に羽化する。しかし，キンモンホソガの第1世代への寄生は確認されていない。越冬世代キンモンホソガが産卵して，第1世代が有脚幼虫に達するまでには20〜30日を要するが，寄主とほぼ同時期に羽化したホソガヒラタヒメバチにとって，この間はキンモンホソガは餌にも寄生対象にもならない。そのため他に餌（寄主）を求めて園外に移動するものと思われる。

ただし，実験的にはキンモンホソガの第1世代で室内飼育が可能であった。その場合，餌として，あらかじめ加温して発育させておいたキンモンホソガ有脚幼虫，蜂蜜，水を与えると，成虫は1か月以上生存し，羽化約3週間後からキンモンホソガ幼虫に産卵を開始した。5月から6月上旬にかけての室内飼育の結果，卵期間は約3日，幼虫期間は約8日（2〜3日で寄主を食い尽くした），蛹期間は約6日であった。性比は1：6.4で雄のほうが多い。

● 保護と活用の方法

人工増殖技術はできていないので，圃場での保護以外活用の手段はない。保護方法も確立されていないが，ハチ目に影響の少ない選択的な農薬を用いることにより，その働きを極力阻害しないよう図ることも重要と考えられる。

● 農薬の影響

有機リン剤，カーバメート剤，合成ピレスロイド剤，多くのネオニコチノイド剤などの殺虫剤にはきわめて弱いので，通常の栽培果樹園では生息数が少ない。BT剤は影響がなく，IGR剤は影響が少ないとされている。

● 採集方法

越冬世代のキンモンホソガの寄生葉を採集し，網袋などに入れておくと羽化してくる。他の寄生蜂との区別は容易なので，本種だけの選別採集が可能である。

● 飼育・増殖方法

雌が羽化後，長期にわたって摂食（チョウ目幼虫）しないと卵巣が発達してこないので，飼育は容易ではない。

（北村泰三・氏家 武・東浦祥光）

キンモンホソガトビコバチ
（口絵：土着98）

学名 *Ageniaspis testaceipes* (Ratzeburg)

＜ハチ目／トビコバチ科＞

英名 ―

主な対象害虫 キンモンホソガ

その他の対象害虫 ヨーロッパで何種類かのキンモンホソガ属の昆虫の記録があるが，わが国での記録はない

発生分布 日本全土

生息地 リンゴ園

主な生息植物 リンゴ，ズミなどのリンゴ属

越冬態 終齢幼虫（前蛹）

活動時期 5〜9月

発生適温 15〜25℃（10℃では発育が極端に低下する）

【観察の部】

● 見分け方

キンモンホソガトビコバチは，キンモンホソガの

〈寄生蜂〉キンモンホソガトビコバチ

発生しているリンゴ樹上でしばしば発見できる。しかし、体長が1mm未満と非常に小さいので、なれないと見つけにくい。成虫はノミのように跳躍する（種名のトビは"跳び"の意味である）。

成虫は雌雄とも黒色で、雄はやや小型。雌の腹部には白色の帯があるので、これによって雌雄を区別できる。雄の触角の繋節は6節で、梶棒状部は太くなり、先端はやや尖る。雌の繋節は5節で、梶棒状部先端は斜めにそいだようになっている。なお、触角の違いは実体顕微鏡を用いると識別できるが、肉眼やルーペでの識別は難しい。

キンモンホソガのマイン（潜孔）を開くと、死亡した寄主終齢幼虫の体内を満たした数個から二十数個の繭の連なり（マミー）が肉眼でも発見できる。リンゴ葉上にはこれに類似の生物も無生物も存在しないので、同定を間違えることはない。

●生息地

1970年代以前の調査では、北海道、本州、九州に発見されたが、四国（小豆島を含む）からは発見されなかった。当時、四国にはキンモンホソガの発生は確認されず、当地のリンゴにはナナカマドキンモンホソガが発生していた。このナナカマドキンモンホソガには、キンモンホソガトビコバチの寄生は認められなかった。その後、1990年代に四国（松山）にもキンモンホソガの発生が確認されたので、再調査すれば四国にもキンモンホソガトビコバチが発見される可能性がある。

本種は、リンゴ落葉のキンモンホソガのマイン中で前蛹態で越冬する。越冬前にマミー化（前蛹化）できないものや、逆に蛹化したものは、休眠していないので越冬できない。

●寄生・捕食行動

本寄生蜂の越冬世代は、越冬後2山型の羽化消長を示し、盛岡では後山（6月中下旬羽化）が寄主の第2世代の卵期と同調する。このため、キンモンホソガの第1世代（卵期は5月上旬）に対する寄生率は低く、第2世代（6月中下旬にマミー化する）以降寄生率が高くなる。

本種の生活史は寄主のそれと同調しているので、年間発生回数も原則的に寄主のそれと一致する。ただし、上述のように、本種の越冬世代は2山型の羽化消長を示し、後山の部分は寄主の第1世代には寄生しない（年間発生回数は寄主より1回少ないことになる）。すなわち、キンモンホソガの年4回発生地帯（東北北部）では年4回（一部3回）、キンモンホソガの年5回発生地帯（東北南部、長野）では年5回（一部4回）発生である。越冬世代の羽化時期の前山と後山には、遺伝的な要因と環境的な要因の両方が関与していると思われるが、前山：後山の比率は場所によってほぼ一定している。

本種は寄主の卵に産卵するが、寄生されたキンモンホソガは生き続け、この間寄生蜂は多胚生殖により、1卵から5〜20個体（平均10個体前後）に分割する。寄主は蛹化直前の状態で死亡し、同時に寄主体内にタワラ状をした本種の繭群が形成される。

寄生蜂の密度が高くなってくると、寄生率が上昇すると同時に、キンモンホソガの卵の死亡率も上昇する。この原因として、産卵管を挿入された寄主卵の中に孵化しないものがあることが実験的に確認されており、いわゆる産卵管挿入死（piercing）が起こっている可能性を示唆している。

●対象害虫の特徴

寄主体内に産み込まれたキンモンホソガトビコバチの卵は、しばらくはほとんど発育せず、寄主が終齢に達してから急激に発育するものと思われる。寄生された寄主は蛹化直前まで生存し続けるので、卵、幼虫の段階で外観から寄生されているかどうかを識別することはできない。

マミー化した寄生蜂幼虫（蛹）群はヒメコバチの一種 *Pediobius saulius* に内部寄生されて死亡することがある。また、他の外部寄生性のヒメコバチ類やヒメバチ類に二次寄生されることもある。さらに、トビコバチに寄生されたキンモンホソガの幼虫（外見的に非寄生と区別できない）も、他の寄生蜂に攻撃されて、寄主の死亡と同時に本種が死亡することも考えられる。なお、キンモンホソガトビコバチが他の寄生蜂に二次寄生することはない。

【活用の部】

●発育と生態

同日に産まれたキンモンホソガ卵のうち、キンモ

ンホソガトビコバチに寄生された個体が終齢幼虫に達して死亡し，体内に寄生蜂の繭が形成される（マミー化）のは，寄生を受けなかった寄主の蛹化より若干（20℃で4〜5日）遅れる。さらに寄生蜂のマミー期間（前蛹＋蛹）は，寄主の蛹期間の約2倍である。すなわち，寄生蜂成虫の羽化は20℃で寄主より10日〜2週間遅れる。

寄主の卵期間は7日（20℃）〜14日（15℃）であるが，キンモンホソガトビコバチは寄主の卵齢に関係なく寄生可能であり，以後の発育も産卵時期に関係なく寄主の発育に同調する。すなわち，産卵直後の若い卵に生まれた場合でも，孵化直前の卵に生まれた場合でも，蜂が羽化してくるのは同じ時期になるので，寄生蜂の発育は寄主の産卵を起点として計算するのが実用的である。

このような計算で，寄主の産卵から寄生蜂が羽化するまでの期間を計算すると，15℃で74〜84日，17℃で60〜63日，20℃で41〜47日，25℃で29〜36日である。30℃では25℃とほぼ同じであるが，蛹への到達率が低下する。

実験的に17℃と15℃では，年間で最も日長の長い時期でも発育停止（休眠）が起こり，特に第1世代の寄主に寄生した第1世代のキンモンホソガトビコバチの場合，15℃で70％以上が休眠した。

産卵数については調べられていない。性比（雌：雄）は1.4〜2.6：1で，雌のほうが若干多い。なお未交尾の雌は雄のみを産む。多胚生殖をするので，原則として，1つのマミーからは同一の性のみが羽化する。まれに1寄主当たり20を超す繭で形成されるマミーから両性が羽化してくることがあるが，これは1寄主卵に2寄生蜂卵が産卵された結果であろうと推定される。

● 保護と活用の方法

キンモンホソガの激発は1950年代後半から1960年代前半にかけて長野県下に始まって，東北地方全体に広まり，以後重要種となった。その原因の1つは，DDTなどの過用によるキンモンホソガトビコバチの減少といわれている。キンモンホソガトビコバチは，キンモンホソガ属のハモグリガ類のみに寄生する種特異的寄生蜂（specialist）といわれており，一度減少すると回復は容易ではない。

本種を活用するためには，特に天敵に影響の強い殺虫剤散布の削減がまず求められる。最近の混合フェロモン剤使用による殺虫剤散布回数削減の方向は，本種活用の前途を開くものである。

本種の保護を考える場合，寄生蜂の薬剤感受性の高い成虫期に殺虫剤の散布をひかえることが基本である。キンモンホソガの年4回発生地帯を例にとると，1回目はキンモンホソガの活動期でないので除外し，2回目以降は6月中旬，7月下旬および8月下旬がこの時期にあたる。なお，殺虫剤は残効の短いものを使用することが望ましい。

● 農薬の影響

キンモンホソガトビコバチに対する農薬の影響に関する最近の試験データはないが，氏家・若公が1969年に行なった試験では，PAP剤，MEP剤などの有機リン剤の悪影響は大きかった。またNAC剤の影響も大きかった。

その後登録された殺虫剤のなかではピレスロイド剤の悪影響は大きいと推定される。他の寄生蜂に対する試験結果から類推して，一部のネオニコチノイド系剤は寄生蜂に長期間影響があることが報告されていることから，注意が必要である。IGR剤やジアミド系殺虫剤などの選択的な殺虫剤については，少なくとも成虫に対する影響は少ないと思われるが，卵，幼虫期に対する影響は不明である。

キンモンホソガトビコバチの殺虫剤抵抗性系統は発見されていない。

● 採集方法

圃場からマミーを採集する。越冬世代については，秋期に落葉を集めて，マインを開きマミーを取り出す。マミーは極端に乾燥しないようにシャーレに収容し，暖房の入っていない室内に保存する。加湿は低温で繁殖する白色のカビ（未同定）の繁殖を促進するので好ましくない。寄主の糞などの夾雑物の混入や，高密度の収容も，カビの繁殖を助けるので，夾雑物の混入を避けるとともに1容器内のマミー数は層にならない程度の量にする。

夏世代も基本的には同じで，キンモンホソガの成熟マインを採集してきてマミーを取り出す。時期的には7月中旬から8月中旬にかけて発見頻度が高くなる。

〈寄生蜂〉イラガセイボウ（イラガイツツバセイボウ）

●飼育・増殖方法

大量増殖のための飼育法は確立されていないが，実験材料確保のための飼育法の概略を以下に紹介する。

◎寄生蜂成虫の準備

(1)越冬世代の休眠は4月上旬には破れているので，マミーを20℃に加温すると20日前後で羽化してくる。夏世代はマミー形成後20℃で2週間前後で羽化する。羽化の適温は20～23℃である。20℃以下だと時間がかかるし，25℃以上だと発育は促進されるが，死亡率も高くなる。

(2)マミーは最初茶色（中の前蛹，蛹は乳白色）だが，加温後しばらくするとオレンジ～赤色の複眼が外部から確認できるようになり，ついで全体が黒化してくる。同じ程度黒化したものを集めて管瓶など小容器に数マミーずつ収容，羽化させる。黒化した段階で雌雄がほぼ区別できる（白い帯が見えるのが雌）ので，雌雄が偏らないように注意する。

(3)羽化後すぐ放飼すると，雄の比率が高くなるので，1日程度容器内で交尾させる。羽化成虫は餌を与えないと1日でほとんど死亡するので，蜂蜜を壁面に条状に塗布して餌とする。蜂の密度が高すぎると，餌の蜂蜜に付着して死亡するので注意する。

◎寄主の準備

(1)キンモンホソガトビコバチには室内で簡単に増殖できる代替寄主昆虫は存在しない。そこで，まず寄主卵を用意する必要がある。

(2)キンモンホソガの卵はリンゴ葉上にのみ産卵される。産卵から，寄生した寄生蜂がマミー化するまでに，20℃で約1か月を要するので，摘採した葉では鮮度の保持ができない。飼育には鉢植えのリンゴ苗木が不可欠である。

(3)苗木は，他のキンモンホソガの混入を防ぐため，放飼に先立って隔離しておく。またハダニが多発するとキンモンホソガが産卵しなくなるので，ハダニの発生に注意する。なお，殺ダニ剤のなかにはキンモンホソガ，キンモンホソガトビコバチ双方に影響するものがあるので，直前の殺ダニ剤の散布は避ける。殺虫剤の散布はもちろん行なわない。

(4)寄主のキンモンホソガは蛹段階でマイン（潜孔）から取り出し，雌雄に分け，別々の容器に入れて羽化させる。放飼前日の午後（夕方），それ以前24時間以内に羽化した成虫を雌雄混合して（比率は雌1に対して雄は1.2～1.5），交尾容器（網蓋つきガラス円筒，底に濾紙を敷き水を含ませる）に収容する。自然光の室内に一夜静置すると，翌早朝60～90％の雌が交尾するので，交尾離脱後，雌雄混合のまま鉢植えリンゴ苗木に放飼装置（寒冷紗の袋あるいは塩ビ円筒）をかぶせて放飼し，1～2日産卵させる。キンモンホソガの交尾には明・暗の変化が必要であり，全暗，全明条件下の飼育器（室）内では交尾しないので注意する。

◎放飼

(1)寄主を除去後，用意したキンモンホソガトビコバチを放飼し，産卵させる。キンモンホソガトビコバチは2～3日後に死亡するので，2，3日したら放飼装置を除去する。

(2)必要な寄主の卵数の推定は容易ではないが，寄主卵に対して，キンモンホソガトビコバチの放飼数が多すぎないよう注意する。

(3)これら一連の操作は室内で行ない，飼育は人工気象室，ファイトトロンなどの中で行なう。

(4)人工気象室内の空気攪拌のための風は寄主，寄生蜂の活動を妨げるので，両者とも放飼にあたっては必ず放飼装置を用いる。

(5)飼育は20℃未満では休眠するものが出るし，時間がかかる。また30℃以上では死亡率が高くなるので，20～23℃が適している。

（氏家　武・新井朋徳）

イラガセイボウ（イラガイツツバセイボウ）

（口絵：土着99）

学名　*Chrysis shanghaiensis* Smith

＜ハチ目／セイボウ科＞

英名　Oriental moth wasp

主な対象害虫　イラガ

その他の対象害虫　―

発生分布　本州，四国，九州，中国，朝鮮半島，台湾，インドシナ半島，インド，ヒマラヤ

イラガセイボウ（イラガイツツバセイボウ）〈寄生蜂〉

生息地 樹園地，庭園，街路樹，公園など，イラガの発生場所
主な生息植物 カキ，ウメ，ナシ，スモモ，リンゴ，オウトウ，ナツメ，ザクロ，サクラ，ヤナギ，カエデ，クヌギ，ニセアカシアなど，イラガの寄主植物
越冬態 前蛹（イラガ繭内）
活動時期 6～8月，9～10月
発生適温 22～30℃

【観察の部】

●見分け方

体長は雄が約12mm，雌は約15mmである。全体は緑色の金属光沢に輝くが，胸の背の部分と腹部第3節はやや紫色を帯びる。第3腹筋の後縁に明らかな5歯の突起が並んでいる。触角や脚の基半は金緑色。産卵管は8mmと長く伸びるが，手で捕えても人を刺すことはない。

イラガの繭から羽化するイラガセイボウはすべて本種で，近似種はいない。セイボウの仲間はいずれも金属光沢を有し，日本には約40種が生息する。本種以外のセイボウ類はすべて蜂類に寄生する。

成虫を驚かしたり捕えたりすると，全身を腹面側に丸めて球体状になり，擬死状態となって身を守る。

●生息地

北海道を除く各地の果樹園，庭園，街路樹，公園などで，イラガが発生する樹に見られる。越冬はイラガの繭の中に淡褐色の薄い繭をつくり，その内部の前蛹態で行なう。

●寄生・捕食行動

本種が日本に侵入するまでは，イラガの繭期の有力な天敵は少なかったが，1914年に九州で本種の定着が確認されて以来，急速に北上した。現在では，北海道を除く各地でイラガの最も有力な天敵になっている。

イラガの繭は樹枝に固着しており，多量のカルシウムを含んでいて非常に固いが，本種は大顎で繭の上部に直径1mm前後の小孔を穿ち，産卵管を突き立てて，中にいる幼虫を刺す。イラガの幼虫ははじめから動かないのに，なぜ刺すか不明であるが，蛹への変態が抑制されるのではないかといわれている。

刺針後は1卵をイラガの前蛹の体表面に産み付ける。産卵後の蜂は，穿孔のときに周囲からかじりとって繭になすりつけておいた材料をこねて，産卵孔を密封する。この練り物は褐色の斑点となって残っているが，半年後でも剥がれることがない。

本種は，繭の穿孔と産卵にそれぞれ30分をかけ，産卵孔の閉鎖にも1時間を要する。こうした長時間の産卵行動のため，このセイボウの産卵数は他の寄生蜂に比べ著しく少ない。メスの腹端の5本の鋸歯状の突起は，産卵の際，イラガの繭に孔をあける間中，体を繭表面に押しつけるときのスパイクの役割をする。

●対象害虫の特徴

イラガセイボウに寄生されたイラガの繭は，繭の頭頂部に産卵の際の痕跡があり，よく見ると，1mm前後の穴を埋めた上塗りがある。イラガの繭を割ってみると，寄生されている場合，本種の白い幼虫がイラガの前蛹に食い入っているか，すべてを食べ尽くして，淡褐色の繭をつくっている。単寄生なので，イラガの繭内には本種幼虫は普通1頭のみであるが，まれに多寄生となり，通常より小型の2頭が羽化することもある。

【活用の部】

●発育と生態

蜂の成虫はイラガの羽化期より約2週間遅れて6月下旬ころより出現する。イラガはまだ繭をつくっていないので，その間に交尾をすませ，カイガラムシの分泌物を求めて果樹園などを飛び回る。関西地方では，イラガの第1世代（夏世代）の繭は7月下旬～8月上旬に見られ，これに本種が産卵する。

卵は長さ2.5mm，直径0.8mmの乳白色をした紡錘型で，産み付ける部位は決まっていない。しばしばイラガの1個の繭に3～5卵が産み付けられるが，孵化後の幼虫間で殺し合いがあり，普通1個体のみが生き残る。

本種の寄生を免れたイラガ繭の一部から，8月下旬～9月上旬に第2世代（秋世代）のイラガが羽化し，

〈寄生蜂〉イラガセイボウ（イラガイツツバセイボウ）

産卵する。イラガセイボウも同様に一部は第2世代が羽化し，他は前蛹のまま，イラガの繭内で越冬する。

冬期にイラガ繭中のイラガセイボウの発育態を調べると，関西地方では卵，幼虫（終齢を除く），未蛹化終齢幼虫，蛹化を終えた前蛹のいずれも見られるが，前蛹が70％以上を占める。前蛹以外の死亡率は高く，特に卵と終齢以外の若い幼虫は越冬できない。

本種は4対の卵巣小管をもっているが，成熟卵は最多でも2～4個で，1日当たりの最多産卵数も3個にとどまる。室内では，イラガセイボウの羽化後，毎日10個のイラガの繭を与えたとき，2か月間に平均28.7個の卵を産んだ報告があるが，野外では1か月以上の寿命の間に通常10卵前後を産卵するとみなされる。室内では，産卵後も長期間生存し，80～190日間の生存期間がある。

イラガの第1世代繭のうち，越冬に入った個体は，秋にもイラガセイボウの寄生を受けるので，本種の生息地では一般に高い寄生率となり，しばしば100％に達する。イラガの第2世代幼虫の発生時期はばらつき，繭の形成時期が長期間にわたるため，イラガセイボウが活動しなくなる22℃以下になって蛹化した遅い個体は，寄生率が10％以下と低くなることがある。一方，それ以前のイラガ繭への寄生率は一般に60～100％と高い。

イラガセイボウの産卵孔を通して産卵する寄生蜂（コバチ上科，Chalcidoidea）が知られており，イラガの繭内の前蛹を餌としている。この寄生蜂は1個の繭中に十数頭が発生し，イラガの前蛹を食べるため，先に寄生していたイラガセイボウの幼虫は発育を完了できない。すなわち，二次寄生者の役割をもつので，イラガセイボウの繁殖に影響を与える。この寄生蜂に寄生されたイラガの繭は，イラガセイボウの産卵孔の詰めものがなくなって孔が空いている。

●保護と活用の方法

自然状態でも本種の寄生率は高いが，冬期に果樹園で剪定後の枝についているイラガセイボウの寄生した産卵痕のあるイラガの繭を枝ごと集め，果樹園の一角に束ねて保護する。

●農薬の影響

イラガセイボウの成虫は，有機リン剤や合成ピレスロイド剤など多くの殺虫剤に感受性であるが，イラガの繭内に寄生した状態では殺虫剤の影響はほとんどないと考えられる。

●採集方法

カキ・ウメなどの剪定枝や枝についているイラガの繭で，羽化痕のないものを探して集める。イラガの羽化した繭は上部が丸く開孔する脱出痕になるが，本種が寄生し，脱出したものは上部の側面に開孔部がある。集めた繭は室内に持ち込んで，金網張りの小型の虫かごやガラス瓶などに入れて羽化を待つ。蜂の寄生した繭は乾燥に強いので，越冬中でも1～2回霧吹きして繭を湿らす程度でよい。

●飼育・増殖方法

イラガセイボウは，イラガにのみ寄生するので，ヒロヘリアオイラガなど大量に採集しやすい他種のイラガ繭に産卵させることはできない。したがって，イラガの繭を大量に集めなければならないが，野外ではすでにイラガセイボウに寄生されていることが多いので，大量増殖のためには，イラガを飼育して採卵し繭を形成させたものに産卵させる。

飼育箱や飼育かご（大きさは特に問題ない）に10～20cmの枝をつけたままのイラガの繭を数個～数十個入れ，イラガセイボウを放す。餌として，蜂蜜や砂糖水（1：1に薄める）を脱脂綿に含ませてキャップなどに入れ，1～2日ごとに取り換える。

本種の産卵痕のついた繭は順次取り出して別に保存するが，本種は過寄生を回避する能力をもっているので，一度産卵した繭はすぐに取り出さなくても，再び産卵されることは少ない。本種の産卵活動は22℃以上で行なわれるので，22～30℃の室温を保つ。なお，寄生した繭は越冬期に室内で保存すると，成虫は野外より早く羽化してしまう。

（松浦　誠・井原史雄）

コマユバチの一種

学名　*Apanteles* sp.
＜ハチ目／コマユバチ科＞
英名　―

主な対象害虫　ナシチビガ
その他の対象害虫　フタオビコヤガ
発生分布　日本各地（推定）
生息地　農耕地など
主な生息植物　果樹，水稲など
越冬態　―
活動時期　春〜秋
発生適温　―

【観察の部】

●見分け方

ナシチビガの土着天敵は，表1に示したとおりである。捕食天敵である鳥類が，越冬蛹（枝幹に繭をつくり，その中で越冬）を激しく捕食する。また，コマチグモの一種は繭を噛み破って蛹を捕食する。寄生天敵はほぼ寄生蜂で，ほとんどは蛹から出現する。昆虫病原性のウイルスや糸状菌による病気も見られる。

寄生蜂としては，*Apanteles* sp.（コマユバチ科），*Elachertus* sp.（ヒメコバチ科），*Trichomalopsis oryzae*（コガネコバチ科），*Trichomalopsis* sp.（コガネコバチ科），*Hockeria nipponica*（アシブトコバチ科），*Pleurotroppopsis japonica*（ヒメコバチ科）が確認されている。これらの寄生蜂のなかでは，*Apanteles* sp.（コマユバチの一種）の密度が最も高い。*Apanteles* sp.に寄生する二次寄生蜂として，*Pediobius pyrgo*（ヒメコバチ科）が知られている。

採集したナシチビガから小型の昆虫が出現した場合，ほぼ寄生蜂と考えてよい。さらに，顕微鏡観察により成虫の独特のくびれた形態や産卵管から寄生蜂であることを見分けることができる。捕虫網ですくい取った昆虫サンプルの中から寄生蜂を見分けることは，実体顕微鏡観察によりある程度可能であるが，似たようなハチ目昆虫もいてまぎらわしい。分類は「科」，「属」，「種」レベルで行なわれるが，ナシチビガの寄生蜂を分類するのは難しい。寄生蜂には新種も多く，詳しい同定が必要な場合には専門家に依頼する。

●生息地

コマユバチ科の寄生蜂は，日本各地の農耕地などに生息している。ナシチビガに寄生する*Apanteles* sp.は，千葉県のナシ園には広く分布している。千葉県以外では，ナシチビガが分布している東北から九州まで，日本各地に生息していると推定される。

●寄生・捕食行動

Apanteles sp.は内部寄生蜂で，ナシチビガの幼虫に産卵するようである。卵はナシチビガの体内で発育し，成虫がナシチビガの蛹から脱出する。*Apanteles* sp.成虫のナシチビガに対する寄生行動の詳細は明らかではない。

●対象害虫の特徴

Apanteles sp.が属するコマユバチ科の寄主範囲は広い。チョウ目の幼虫や蛹に多い。モンシロチョウの幼虫でしばしば寄生が見られる。そのほか，ハチ目，ハエ目，カメムシ目などの昆虫に寄生する。*Apanteles* sp.は，イネ害虫フタオビコヤガにも寄生する。*Trichomalopsis oryzae*は同じくイネ害虫のイネハモグリバエやイネドロオイムシ，さらには*Apanteles* sp.（二次寄生）にも寄生する。また，*Pleurotroppopsis japonica*はリンゴ害虫キンモンホソガに寄生する。

表1　ナシチビガの土着天敵

天敵の分類	ナシチビガの発育ステージ		
	潜葉幼虫	脱出幼虫	蛹
捕食	未確認	クサカゲロウの一種 ジョウカイモドキの一種 クモ類	テントウムシ類 コマチグモの一種 鳥類
寄生	不明昆虫	寄生蜂 　*Elachertus* sp.	寄生蜂 　*Apanteles* sp. 　*Elachertus* sp. 　*Trichomalopsis oryzae* 　*Trichomalopsis* sp. 　*Hockeria nipponica* 　*Pleurotroppopsis japonica*
病気	未確認	昆虫病原性ウイルス	昆虫病原性糸状菌

注　寄生蜂の種類は上条氏による同定と澤田氏の報告（1977）による

〈寄生蜂〉コマユバチの一種

表2 ナシ無防除園におけるナシチビガ第1世代の生命表 (Fujiie, 1984を改変)

発育ステージ	死亡要因	1975年			1976年		
		生存数	死亡数	死亡率	生存数	死亡数	死亡率
卵	不明	1,000 (577)	28	2.8	1,000 (660)	44	4.4
潜葉幼虫	寄生と不明	972 (561)	147	15.1	956 (631)	267	27.9
脱出幼虫	捕食と不明	825 (476)	757	91.8	689 (455)	671	97.4
蛹		68 (39)	33	48.5	18 (12)	10	55.6
	捕食		17	25.0		4	22.2
	寄生と病気		11	16.2		4	22.2
	不明		5	7.4		2	11.1
成虫		35 (20)			8 (5)		

注 ( ) は実数を示す

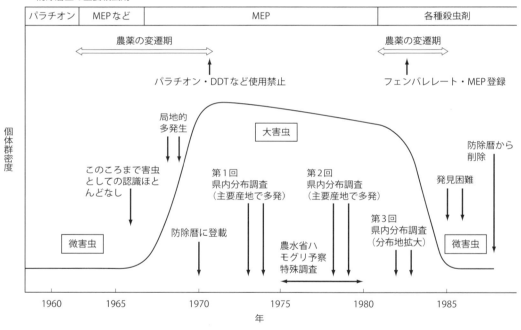

図1 千葉県におけるナシチビガの密度水準の変遷を示す模式図 (藤家, 1988)

【活用の部】

●発育と生態

ナシチビガ体内での *Apanteles* sp. の発育の詳細は明らかではない。ナシチビガが蛹になった後，*Apanteles* sp. は羽化する。越冬世代のナシチビガに寄生した場合，ナシチビガ越冬蛹内で越冬するようである。

●保護と活用の方法

各種の天敵による捕食や寄生によって，ナシチビガの多くは発育期間中に死亡する（表2）。土着天敵としての *Apanteles* sp. などによる寄生，および病気による死亡率は，蛹では捕食に次いで高い。天敵による淘汰圧は，防除園より無防除園で強い。

千葉県のナシ園では，ナシチビガの密度は1960年代の後半から急激に上昇したが，1980年代の前

半に急激に低下し，現在に至っている(図1)。密度変化には，使用農薬の変遷が関わっていると推定されている。寄生蜂などの土着天敵が，ナシチビガの密度変遷やその後の低密度水準の維持にどのように関わっているかは，明らかではない。

野菜栽培では，天敵温存植物の利用によって土着天敵を活かした防除体系が実用化されている。果樹栽培でも，下草や防風林を利用した土着天敵の保護増殖が試みられだしている。しかし，ナシ園での *Apanteles* sp.などの寄生蜂の保護と活用は今後の課題である。

● 農薬の影響

ナシ園での *Apanteles* sp.などの寄生蜂に対する農薬の影響に関する詳しい調査例はない。しかし，無防除園と比べて防除園ではナシチビガに対する寄生蜂の寄生率が低いことから，農薬の影響は大きいと推定される。

● 採集方法

ナシチビガでは，寄生蜂の成虫の多くは蛹から出現する。したがって，ナシ園で採集したナシチビガの蛹を蓋が付いた容器に入れ，25℃条件におくと *Apanteles* sp.などの寄生蜂を容易に採集することができる。

寄生蜂は，ナシチビガの幼虫からはほとんど出現しない。また，幼虫の飼育は難しい。幼虫を対象に寄生蜂の採集を試みる場合，野外で幼虫が寄生したナシに網掛けするなどの工夫が必要である。

● 飼育・増殖方法

寄生蜂の飼育・増殖には，寄主昆虫や代替昆虫が使われることが多い。しかし，ナシチビガを用いた *Apanteles* sp.の飼育・増殖例はないと思われる。*Apanteles* sp.と同じコマユバチ科に属するハモグリコマユバチ，コレマンアブラバチのような寄生蜂は大量増殖され，生物農薬として市販されている。

(藤家 梓)

ヒメコバチ類

(口絵：土着100)

学名

セスジハモグリキイロヒメコバチ
Cirrospilus phyllocnistis (Ishii)

ハモグリキイロヒメコバチ
Cirrospilus ingenuus Gahan

ハモグリクロヒメコバチ
Sympiesis striatipes (Ashmead)

ミカンハモグリヒメコバチ
Citrostichus phyllocnistoides (Narayanan)

コガタハモグリヒメコバチ
Quadrastichus sp.

ハモグリヤドリヒメコバチ
Chrysocharis pentheus (Walker)

コシビロハモグリヤドリヒメコバチ
Zaommomentedon brevipetiolatus Kamijo

<ハチ目／ヒメコバチ科>

英名 ―

主な対象害虫 ミカンハモグリガ

その他の対象害虫 ハモグリクロヒメコバチ：フジ，ツブラジイ，クスノキのホソガ科 *Acrocercops* 属（種名不詳），キンモンホソガ属のホソガ類／ハモグリヤドリヒメコバチ：ナモグリバエ，マメハモグリバエなどのハモグリバエ類／その他の種：ミカンハモグリガ以外の寄主は不明

発生分布 日本全国に分布する種と南九州・南西諸島に分布する種がある

生息地 カンキツ園，一部はフジ，ツブラジイ，クスノキ，野菜圃場

主な生息植物 カンキツ，一部はフジ，ツブラジイ，クスノキ，ナス，トマトなど

越冬態 未確認

活動時期 6～9月（5月にも活動している可能性があるが，低密度のため未確認）

発生適温 不明

〈寄生蜂〉ヒメコバチ類

表1　ミカンハモグリガの寄生蜂の形態的特徴

種　名	成　虫			蛹	
	体色・斑紋	体長（mm）	雌雄差[1]	色	その他
セグロハモグリキイロヒメコバチ	黄。背面中央に黒色の条（斑紋）	♀1.4〜2.2 ♂1.0〜1.7		黒	
ハモグリキイロヒメコバチ	黄。黒色斑なし	♀1.3〜1.7 ♂0.9〜1.4		黒	
ハモグリクロヒメコバチ	黒〜暗青色	♀1.6〜1.9 ♂0.8〜1.4	♂腹部基部に白色斑	褐色	
ミカンハモグリヒメコバチ	黒。雌雄とも腹部に白斑	♀0.8〜1.3 ♂0.6〜0.9	♂触角長毛輪生	淡褐色 下面に黒色紋	蛹の周囲を糞の壁で円形に囲う
コガタハモグリヒメコバチ	淡黄〜黄褐色。腹部に黒斑	♀1.0〜1.3 ♂0.5〜0.9	同上	褐色 下面に黒色条紋	糞の壁をつくらない
ハモグリヤドリヒメコバチ	青緑色。光沢なし	♀1.1〜1.6 ♂0.7〜1.4	♂触角各節先端柄状にくびれる	黒	寄主から脱出して蛹化，蛹の周囲に糞粒を並べる
コシビロハモグリヤドリヒメコバチ	青緑色。背面光沢	♀1.3〜1.9 ♂1.2〜1.6	同上	黒	寄主体内で蛹化

注　1）産卵管以外の目立った違い

表2　ミカンハモグリガの主な寄生蜂の生態的特徴

種　名	種特異性[1]	寄生方法（齢期）	性比[2]	分　布
セスジハモグリキイロヒメコバチ	G	外部（4齢〜蛹）	0.7	日本全国
ハモグリキイロヒメコバチ	G	外部（4齢〜蛹）	0.5	南西諸島
ハモグリクロヒメコバチ	G	外部（3，4齢）	0.4	日本全国
ミカンハモグリヒメコバチ	S	外部（2，3齢）	0.35	南九州以南
コガタハモグリヒメコバチ	S	外部（2，3齢）	0.5	日本全国
ハモグリヤドリヒメコバチ	G	内部（3齢〜蛹）	0.45	九州以北
コシビロハモグリヤドリヒメコバチ	S？	内部（4齢〜蛹）	0.6	日本全国

注　1）Gは寄生範囲が広い寄生蜂（generalist），Sは種特異的寄生蜂（specialist）
　　2）性比＝雌／（雌＋雄）

【観察の部】

●見分け方

　ヒメコバチ類は，カンキツ新葉上を歩行しているのが見られるし，比較的大型の種では新梢付近を飛び回っているのも，慣れると観察できる。しかし，いずれの種も体長1〜2mm程度なので，飛翔中の種を見分けることはできない。ヒメコバチ類雌成虫の腹部下面には条状の産卵管があるので，これの有無により雌雄が簡単に区別できる。そのほか，種に固有の雌雄の見分け方は表1に示した。

　ミカンハモグリガの寄生蜂のなかには蛹で種が区別できる場合があるので，蛹の特徴も表1に略述した。ただし，蛹では完全に識別できない種もあり，正確を期すためには羽化させてから同定する必要がある。

●生息地

　日本全国に分布するものと，南九州から南西諸島にかけてのみ生息するものがある（表2）。

　ハモグリキイロヒメコバチは東南アジアに広く分布する種であるが，わが国では南西諸島のみから発見されている。また，ミカンハモグリヒメコバチもほぼ同様だが，本種は九州南部（鹿児島，宮崎，長崎）まで分布している。また逆に，ハモグリヤドリヒメコバチは日本本土のみの分布で，南西諸島からは発見されていない。そのほかの種は日本全土から発見されている。優占種は，本土ではハモグリクロヒメコバチ，コガタハモグリヒメコバチ，南西諸島ではミカンハモグリヒメコバチ，ハモグリキイロヒメコバチである。

　ミカンハモグリガは成虫越冬なので，10月から翌年4月までは寄主幼虫は存在しない。蛹室段階に寄生する寄生蜂は古い被害葉の中で，蛹や前蛹で越冬可能と思われるが，寄主の3齢以下のマイン（潜孔）はすぐに破れるので，蛹あるいは幼虫はいずれ脱落してしまい，樹上での越冬は困難と思われる。成虫

で越冬するか，冬期は別の寄主に移るものと思われる。

ハモグリキイロヒメコバチとミカンハモグリヒメコバチは暖地適応性の種で，ほかの種に比べて発育低温限界は高いと推定され，わが国九州中部以北では夏期には活動可能と思われるが，越冬はできないであろう。

● 寄生・捕食行動

外部寄生蜂（セスジハモグリキイロヒメコバチ，ハモグリキイロヒメコバチ，ハモグリクロヒメコバチ，ミカンハモグリヒメコバチ，コガタハモグリヒメコバチ）の雌成虫は寄主を殺した後，寄主のマイン内に産卵する。

すべての種について寄生活動が明らかになっているわけではない。以下ハモグリクロヒメコバチの場合について述べる。卵は必ずしも寄主体に接しているわけではなく，かなり離れて産卵されている場合もある。孵化幼虫は寄主まで移動して，これにとりついて摂食する。

卵は必ずしも1寄主1卵産まれるとは限らないが，複数卵産まれた場合でも，生き残るのは1寄主当たり1頭だけである。種によって，複数卵を産む傾向の種とそうでない種がある可能性は否定できないが，詳細は未調査。

コガタハモグリヒメコバチは，寄主体から離れた場所で蛹化することがある。

外部寄生蜂の多くは，自種を含めて二次寄生する可能性がある。内部寄生蜂（ハモグリヤドリヒメコバチ，コシビロハモグリヤドリヒメコバチ）は，寄主体内に産卵するものと思われるが，寄生を受けた寄主は寄生と同時に不活性化（多分死亡）する。

圃場から採集したミカンハモグリガ幼虫のなかには，寄生蜂に産卵されずに死亡している個体が観察され，ときにその比率は全死亡率の50％以上に達する。ミカンハモグリガはキンモンホソガのように噛み合い（共食い）による死亡は少ないので，この死亡に天敵が関与している可能性が高い。

寄生蜂は，次世代の餌として寄主を殺す（寄生）ほかに，自身の餌として殺す（寄主体液摂取=host feeding）場合や，単に殺すだけ（刺殺=piecing）の場合が知られており，上記原因不明死にこれらが含まれる可能性がある。寄生蜂の効果を評価する場合，これらも含めるべきである。

小型の捕食虫の場合も，体液だけ吸収して虫体を残す場合が知られており，寄主体液摂取との区別は困難である。大型捕食虫の場合は虫体を残さないし，マインに穴があけられているので，区別は容易である。

● 対象害虫の特徴

ハモグリガ類は葉組織の中に潜孔をつくって生活するので，原則として上下に扁平な体型をしている。ミカンハモグリガの幼虫時代の大部分は吸液型幼虫といわれ，この状態の寄主幼虫に寄生する寄生蜂（特に蛹）の体型も上下に扁平である。また，表皮の一部のクチクラ層で外部と隔てられているため，寄生蜂の産卵管は表皮を通して容易に虫体に達することができ，幼虫の動きも鈍いので，寄主への産卵は容易である。

ミカンハモグリガの4齢幼虫（吐糸型幼虫）はミカン葉の縁を折り曲げ，蛹室を形成して，中で蛹化する。この蛹室は立体的であり，上下は厚い葉肉で外部と隔てられている。幼虫（蛹）の体型は円筒型になり，この時期に寄生する寄生蜂も必ずしも扁平ではない。しかし外部から虫体までの間には厚い壁があり，距離ができるので，寄生蜂の産卵がより困難になる。それに対応できる寄生蜂が多くなる。若齢幼虫は非常に小さいので，多くの寄生蜂にとって餌として十分でないため，若齢期に寄生する寄生蜂は少ない。

【活用の部】

● 発育と生態

室内で餌を与えないと成虫は1～2日で死亡するが，蜂蜜を与えると1週間以上生存する。野外ではアブラムシやカイガラムシの甘露を摂食しているものと考えられる。

飼育の記録は少ないが，ハモグリクロヒメコバチの室内（ほぼ23℃）での飼育によると，寄生蜂成虫は放飼5日目から産卵を開始し，寄主3齢幼虫28頭に産卵（雄：雌＝25：3）した。発育期間は卵期1～2日（平均雄：1.1日，雌：1.0日），幼虫期間3～5

表3　ハモグリクロヒメコバチの発育日数

温度（℃）	雌雄	供試数	幼虫期間（日）	蛹期間（日）	幼虫〜羽化（日）
19	雄	1	5	7	12
	雌	5	6〜7（6.2）	7〜8（7.8）	13〜15（14.0）
22	雄	2	4〜5（4.5）	5〜6（5.5）	9〜11（10.0）
	雌	7	4〜5（4.4）	5〜6（5.7）	10〜11（10.1）
25	雄	4	3〜4（3.8）	4〜5（4.3）	8（8.0）
	雌	2	3〜4（3.5）	4〜5（4.5）	8（8.0）

注　（　）内は平均値

日（平均雄：3.8日，雌：3.5日），蛹期間4〜5日（平均雄：4.4日，雌：4.7日），全体8〜10日（平均雄：9.2日，雌：9.3日）であった。野外から採集したハモグリクロヒメコバチの，卵期を除く温度と発育日数の関係は表3のとおりであった。

他の寄生蜂では，調査個体数は少ないが，コガタハモグリヒメコバチの場合，19℃での幼虫期間はハモグリクロヒメコバチより若干短くなるが蛹期間は逆に長くなり，トータルではハモグリクロヒメコバチとほぼ同じであった。しかし，25℃では幼虫期間，蛹期間とも若干長くなった。またハモグリヤドリヒメコバチの場合，22，25℃でハモグリクロヒメコバチに比べて，幼虫期間は不明だが蛹期間は8〜9日かかっており，明らかに長かった。

その他の寄生蜂については，野外から採集した寄生蜂の飼育中のデータから，蛹期間は室温（ほぼ23℃）でミカンハモグリヒメコバチが6〜7日，ハモグリキイロヒメコバチとセグロハモグリキイロヒメコバチがともに4〜5日，コシビロハモグリヤドリヒメコバチが7〜9日であり，種によって若干違いのあることがわかっている。

すべての寄生蜂は寄主の密度に依存して増加するので，春期の寄生率は低いが，夏から秋にかけて高くなる。

● 保護と活用の方法

ミカンハモグリガ防除に対する在来天敵利用の試みはなされていないが，最優占種のハモグリクロヒメコバチは寄主範囲の広い種（generalist）で，このような種はいわゆる古典的な生物防除には不向きだといわれている。

上記7種のなかで種特異的な寄生蜂（specialist）は，コガタハモグリヒメコバチ，ミカンハモグリヒメコバチの2種であり，生物防除要因としてはこの2種の利用が考えられる。しかし，後者は分布北限が南九州と推定されており，カンキツ栽培地帯全体に利用できるかどうか疑問である。

ハチ目に影響の少ない選択的な農薬を用いることにより，その働きを極力阻害しないよう図ることも重要と考えられる。

● 農薬の影響

ハモグリヤドリヒメコバチについては少数の試験例があるが，手法によって結果が異なっている。しかし，他のヒメコバチ科の天敵資材などへの事例なども参考にすると，有機リン剤，カーバメート剤，合成ピレスロイド剤，ネオニコチノイド剤は基本的に影響が大きく，IGR剤やBT剤，摂食阻害剤などは影響が小さいと思われる。しかし，蛹室内には比較的薬液が達しにくいので，浸透性が少ない剤は影響が小さい可能性もある。

わが国には，寄主の卵期から若齢幼虫期にかけて活動する寄生蜂は存在しないため，この時期の薬剤散布は寄生蜂への悪影響を回避できる。しかし，カンキツの新梢伸長中は常にあらゆるステージのミカンハモグリガが混在しているので，時期を選ぶのは難しい。

● 採集方法

ミカンハモグリガの被害を受けたカンキツ葉を採集する。室内の実体顕微鏡下で寄生を確認した後，寄生蜂と寄主幼虫を含む葉の一部を切り取り，個体別にファスナー付きのビニール袋（ユニパックA4）に入れ，これらをまとめて蓋付きプラスチック容器に収容し，定温器内や室内で羽化させる。葉の一部を含めることで乾燥が防げる。

内部寄生蜂の場合，初期の段階の被寄生寄主は他の原因で死亡したものと区別できない。これらを採集したいときは，死亡している幼虫すべてを上記の方法で採集し，しばらく保存後，寄生蜂幼虫が寄主から脱出するか，蛹化して寄生が確認されたものの

みを選抜する。採集段階で，卵や幼虫態の寄生蜂は種の識別が困難なので，個体別に羽化させて，必要に応じて同一種のみを集める。

新梢の葉位によって，葉の発育程度が異なり，寄生しているミカンハモグリガの発育ステージも異なる。目的とする寄生蜂が最も好むステージ（表2）の寄主を多く含む葉位から採葉する。

3齢以下の寄主幼虫に寄生している場合，クチクラを通して，マインの内部が確認できることがあるが，確認できない場合，または蛹室形成以後はマインの一部に穴をあけて確認する。穴が大きすぎると，寄生蜂や餌の寄主が脱落したり，乾燥，過湿など環境条件の悪化のため死亡する寄生蜂が多くなったりするため，注意が必要である。

●飼育・増殖方法

大量増殖のための飼育法は確立されていない。以下に，実験的な小規模飼育法と，それから推定できる大量飼育法の考え方について述べる。

小規模飼育の場合，ミカンハモグリガの被害葉を採集し，寄主幼虫の生存を確認後，シャーレなど飼育用器に入れ，交尾済みの寄生蜂成虫を放飼する。産卵前期間がある寄生蜂は，数日間餌を与えて飼育後放飼する。1～2日産卵させた後，蜂成虫を除去し，そのままの容器で飼育する。この場合，カンキツ葉が乾燥すると飼育が続行できないので，水を含んだ濾紙を敷いて乾燥を防ぐ。寄生蜂の蛹化後は，前述と同様ユニパックを用いて飼育する。

大量飼育の場合は，鉢植え苗木を用いて，隔離室内での飼育が可能と思われる。考えられる手順は次のとおり。(1)カンキツ苗木を強剪定して，隔離室内でいっせいに萌芽させる。(2)萌芽した苗木にミカンハモグリガを放飼して1～2昼夜産卵させる。放飼にさいして，放飼装置（寒冷紗の袋，塩ビ円筒など）を用いるか，野外でミカンハモグリガが多発時期であれば，1～2昼夜だけ鉢を果樹園内に曝露してもよい。(3)寄主の大部分が目的のステージに達したとき，再び放飼装置を用いて，寄生蜂を放飼する。適当な期間が経過後，寄生蜂を除去する。(4)寄生蜂が蛹化した段階で，全葉を摘採して羽化容器に収容し羽化させる。(5)一連の飼育は，他からの混入を防ぐため野外で曝露する期間を除き，すべて陽光定温器あるいはファイトトロン内で行なう。

寄生蜂のなかには体長1mm以下のものがあるため，放飼装置はかなり目の細かいものが要求される。しかし，目の細かい装置に長時間入れておくとカンキツ樹のほうが衰弱するので，寄主，寄生蜂の放飼時以外はファイトトロンなどで十分光を当てるようにする。ただし，ファイトトロン内で寄主や寄生蜂を放飼装置で被覆せずに直接放飼すると，定温室内攪拌のための風が産卵活動を抑制するので，小型の昆虫には適さない。

（氏家　武・東浦祥光）

共通（昆虫病原）

保護により一定の効果

センチュウ類
（口絵：土着 101, 102）

■昆虫病原性線虫

学名

スタイナーネマ属
　Steinerenma spp.

ヘテロラブディティス属
　Heterorhabditis spp.

<カンセンチュウ目／スタイナーネマ科, ヘテロラブディティス科>

英名　Entomopathgenic Nematodes

主な対象害虫　チョウ目幼虫, コガネムシ類幼虫, ハエ類幼虫, ゾウムシ類, アザミウマ類など

その他の対象害虫　—

発生分布　*Heterorhabditis indica* Poinar, Karunakar & David：千葉, 静岡, 三重, 和歌山, 高知, 鹿児島, 沖縄, 熱帯-亜熱帯地域／*H. megidis* Poinar, Jackson & Klein：千葉, 静岡, 長野, 愛知, ヨーロッパ, 北米など／*Steinernema abbasi* Elawad, Ahmad & Reid：沖縄（西表島）, 台湾, インド, 中近東など／*S. feltiae* (Filipjev)：北海道, ユーラシア大陸, 南北アメリカ, オセアニアなど／*S. kraussei* (Steiner)：北海道, ユーラシア大陸, 北米など／*S. kushidai* Mamiya：静岡, 和歌山, 高知, 鹿児島（屋久島）／*S. litorale* Yoshida：北海道, 岩手, 茨城, 千葉, 愛知, 中近東など／*S. monticolum* Stock, Choo & Kaya：北海道, 本州, 四国, 九州, 韓国（以上, 検出事例）

生息地　*H. indica*：海岸部の草地・林地／*H. megidis*：林地／*S. abbasi*：海岸部の灌木地／*S. feltiae*：主として海岸部の草地・灌木地／*S. kraussei*：海岸部の灌木地・林地／*S. kushidai*：主として海岸部の林地（照葉樹林・松林）／*S. litorale*：海岸部の林地・草地／*S. monticolum*：海岸部から山間部の主として林地

主な生息植物　—

越冬態　感染態3期幼虫

活動時期　野外での活動時期はわかっていないが, 室内試験などにおいてヤガ類幼虫（ハスモンヨトウ, カブラヤガ）やコガネムシ類幼虫（*S. kushidai*の場合）に対する感染適温が知られている種がある。*S. abbasi*：25～35℃, *S. feltiae*：25℃以下, *S. kushidai*：15～30℃, *S. litorale*：25℃以下

発生適温　発生適温は知られていないが, 一年中, 土壌中から感染態3期幼虫は検出される

■シヘンチュウ類

学名　Mermithidae

<シヘンチュウ目／シヘンチュウ科>

英名　—

主な対象害虫　チョウ目幼虫, カメムシ類, ウンカ類, バッタ類, ハムシ類, カ・ブユ類

その他の対象害虫　—

発生分布　ウンカシヘンチュウ*Agamermis unka* Kaburaki and Imamura：東北以南／ズイムシシヘンチュウ*Amphimermis zuimushi* Kaburaki and Imamura：青森, 静岡, 徳島, 福岡／スキムシノシヘンチュウ*Hexamermis microamphidis* Steiner：山形～兵庫, 山口, 高知, 大分／*Hexamermis* sp.：東京（ハスモンヨトウ幼虫より）／シヘンチュウ（属・種不明）：東京（チャハマキ幼虫より）, 福井（イネクロカメムシより）, 沖縄（多良間島）（アフリカシロナヨトウ幼虫より）

生息地　ウンカシヘンチュウ：無農薬, 減農薬を継続した水田／ズイムシシヘンチュウ：水田／スキムシノシヘンチュウ：桑畑／*Hexamermis* sp.：コマツナ畑／シヘンチュウ類：茶園（東京）, 水田（福井）, 牧草地（沖縄）

主な生息植物　—

〈センチュウ類〉センチュウ類

越冬態 通常，亜成虫（第4期幼虫）または成虫
活動時期 ウンカシヘンチュウ：注水後から落水時期まで
発生適温 ―

【観察の部】

●見分け方

　昆虫病原性線虫はその体長が感染態3期幼虫で数百μmから1mm程度，宿主体内に見られる成虫で1mm程度から数mm，シヘンチュウ類は亜成虫・成虫で数mmから数十cmである。

　昆虫病原性線虫と呼ばれる線虫類は主にスタイナーネマ属とヘテロラブディティス属に属す。前者では排泄口が神経環の前に位置し，腸前方部に共生細菌を納めた細菌嚢をもつ。後者では排泄口が神経環の後方に位置し，細菌嚢を欠き，腸前方部の空隙に共生細菌を格納する。

　昆虫病原性線虫の種レベルの識別には，感染態3期幼虫の体長・体幅・尾長・頭端―排泄口長などの計測および側帯の形態の観察，成虫の交尾器，尾端部などの形態の観察を必要とし，専門的な知識および特殊な顕微鏡を必要とする。

　シヘンチュウ類（線形動物門）はハリガネムシ類（類線形動物門）とよく混同されるが，排泄腔や尾端部の形態で識別できる。ハリガネムシ類では雌雄ともに体末端部に消化管および生殖輸管が開口する総排泄腔があり，雄の尾端部が二分岐するのに対し，シヘンチュウ類では雌は中央部に陰門，尾部に肛門をもち，雄の尾端部は分岐しない。

　シヘンチュウ類を土壌中から採取する場合，ヒメミミズなどイトミミズ類と見間違いやすいが，イトミミズ類は体に透明感があり，内部に摂食した土壌などが透けて見え，体環構造が確認でき，非常に活発に動く。

　シヘンチュウ類は形態形質の記載情報に乏しいため，同定は非常に難しいが，ウンカシヘンチュウが属する*Agamermis*属は亜成虫の尾端部のクレーター状またはボタン状の突起，ズイムシシヘンチュウが属する*Amphimermis*属は雄成虫の非常に長くよじれた交接刺が属を確定する特徴である。形態の観察は低倍率の実体顕微鏡で可能である。

●生息地

　昆虫病原性線虫：感染態3期幼虫は地表面または土壌中，成虫は宿主体内に見られる。

　シヘンチュウ類：宿主となる昆虫の生息地の土壌中。地表下30cm程度潜行し，定着する。

　ウンカシヘンチュウ：水田。それ以外は未調査のため不明。ウンカから出たウンカシヘンチュウは，土壌中に潜り，そのまま越冬する。

●寄生・捕食行動

　昆虫病原性線虫の宿主探索行動には，感染態3期幼虫が土壌中を徘徊して宿主昆虫を探索するタイプと，土壌中や地表面に待機し，宿主昆虫が接近してくるのを待つタイプ，およびその中間型がある。

　昆虫病原性線虫の感染態3期幼虫は，昆虫の口，肛門，気門などの自然開口部から血体腔に侵入し，血体腔内に共生細菌である昆虫病原性細菌を放出する。細菌が産生する毒素により昆虫は敗血症を起こし，通常感染後2日程度で死亡する。共生細菌は腸内細菌科に属し，スタイナーネマ属はゼノラブダス属細菌，ヘテロラブディティス属はフォトラブダス属細菌と共生関係をもつ。

　陸生のシヘンチュウ類の多くは，土壌中に雌成虫が産卵し，孵化した幼虫（第2期幼虫）が宿主が生息する植物体上に登り，感染する。樹上に生息する宿主に感染する例も知られている。感染は，雨天や結露が起こる夜間から早朝など湿度が高いときに起こるといわれている。

　ウンカシヘンチュウの孵化幼虫は微小で，田水面を遊泳し，イネ株上のウンカに環節間膜から侵入し寄生する。寄生期間は約2週間といわれている。ウンカシヘンチュウに寄生されるとウンカの雌は産卵できなくなり，線虫の脱出とともに死亡する。年によって変動があるが，90%以上ものウンカがウンカシヘンチュウに寄生されることもある。

　1920年代の記録であるが，スキムシノシヘンチュウの寄生率が福島で80%以上，東京で60%以上，愛知で50%以上のクワ畑が見られている。1950年代の記録であるが，ズイムシシヘンチュウは80%以上の寄生率が記録されたことがある。2010年に多良間島でアフリカシロナヨトウが大発生したときは，大発生終息期に50%以上のシヘンチュウ寄生

が観察された。

●対象害虫の特徴

　野外に生息している昆虫病原性線虫の宿主は，主としてその生活環の一部または全体が土壌中にある昆虫であるが，シヘンチュウ類の宿主は土壌に入らない昆虫も宿主となる。日本産の昆虫病原性線虫のなかで，コガネムシ類幼虫に対して高い殺虫活性が確認されている種は S. kushidai のみである。Steinernema litorale は7～25℃で，S. abbasi は25～35℃でハスモンヨトウやカブラヤガ老齢幼虫に対して高い活性を示す。

　欧米で製剤化されている昆虫病原性線虫の主な対象害虫は，H. indica ではカンキツ・バナナなどのゾウムシ類，H. megidis ではイチゴ・ブドウ，樹木などのキンケクチブトゾウムシ，S. feltiae では主としてキノコ栽培・苗畑・温室などのハエ類幼虫，ほかにチョウ目幼虫やアザミウマ類，S. kraussei ではベリー類・花卉・観葉植物のゾウムシ類である。

　ウンカシヘンチュウの寄主は主に海外から飛来する長距離移動性のセジロウンカ，トビイロウンカであり，密度の変動が大きい。この点が天敵であるウンカシヘンチュウの密度を不安定にする一因になっていると考えられる。ウンカシヘンチュウは，9月初めころにセジロウンカ2世代目，トビイロウンカの2，3世代目の幼虫，成虫に寄生することがある。

　スキムシノシヘンチュウはクワノメイガの幼虫の天敵であるが，カイコにも感染することが知られている。スキムシノシヘンチュウが発生したクワ畑で収穫されたクワの葉を餌として利用すると，カイコにスキムシノシヘンチュウの感染が起きることがあるので，注意を要する。

【活用の部】

●発育と生態

　昆虫病原性線虫に感染した昆虫は2日程度で死亡し，昆虫死体内で線虫が成長・増殖を開始する。血体腔に侵入した感染態3期幼虫は増殖型に回復後，死亡した宿主昆虫体内で増殖した細菌や，細菌によって分解された宿主昆虫の体液・体内組織を摂食し，第4期幼虫を経て，第1世代成虫に成長し，産卵する。孵化した幼虫（第2期幼虫）は3，4期幼虫を経て第2世代成虫となり，通常，その次世代幼虫から感染態3期幼虫が形成される。

　Heterorhabditis 属では感染態3期幼虫は雌雄同体雌成虫に成長し，その次世代は雌雄が形成される。一方，Steinernema 属では第1世代，第2世代ともに両性生殖であるが，海外では前者と同様な第1世代に雌雄同体が形成される種（S. hermaphroiditum Stock, Griffin & Chaerani）も知られている。

　ウンカシヘンチュウは，土中で越冬中に成熟し交尾を始め次々と産卵する。ウンカシヘンチュウの孵化幼虫は，土中から水面に移動し，水中遊泳してイネ株の水際にいるウンカ類に寄生する。西南暖地では8月中旬～9月中旬に最も発生が多くなる。ウンカシヘンチュウは寄主の腹部を破って亜成虫が脱出し，そのまま水田土壌へ落下移動し土壌中に潜る。その後は自らはあまり移動しない。

　シヘンチュウ類は，寄生期以外の亜成虫・成虫期には栄養摂取を行なわないと考えられている。

●保護と活用の方法

　センチュウ類は特定農薬の対象となっておらず，微生物農薬の部類に入るため，野外から採集したものを増殖して散布することは禁止されている。有機肥料の施用は昆虫病原性線虫の自然個体群を増強する効果があるが，無機肥料の施用は有機肥料の同時施用の有無にかかわらず，増強効果を低下させるという報告がある。

　過剰な防除によってウンカが全滅してしまったり，転作，土壌改良などによって土壌を乾燥させたりすると，ウンカシヘンチュウの密度は激減してしまう。一度いなくなると再度移入，定着させるためには数年かかると考えられている。現在のところ，できるだけ無防除を継続したりして定着・増殖を促進しない限り，密度回復は困難であると推察される。

●農薬の影響

　昆虫病原性線虫の感染態3期幼虫は数時間から1日程度なら多くの農薬に耐性であることが知られているが，線虫種や農薬の種類によっては線虫の感染行動や増殖に影響があることも知られている。

　殺線虫効果のあるカルタップ（パダン）でウンカシヘンチュウの密度の激減が知られているが，その他

〈糸状菌〉ボーベリア属菌（硬化病菌）

の農薬の影響は不明である。なお，このような直接的な毒性よりも，寄生時期に寄主のウンカ類の密度が減れば激減するので，寄主との相互作用を考慮しなければならない。

●採集方法

　昆虫病原性線虫の採集法には，野外で感染死亡虫を収集する方法と，野外から土壌を採取し，その土壌から宿主となる昆虫を利用して線虫を採集するベイト法がある。どちらも，かなりの労力と同定のための専門知識を要する。

　シヘンチュウ類の寄生率は通常非常に低いので，シヘンチュウ類を採集するためには，広く多数の昆虫を採集して回り，その発生場所・時期を把握したうえで，特定の場所で特定の時期に宿主昆虫の採集を行なわないと，採集は非常に困難である。

●飼育・増殖方法

　昆虫病原性線虫はハチノスツヅリガの幼虫を使うと増殖できることが多いが，感染・増殖に温度の制約があり，カビやダニの発生は増殖を阻害するので，増殖にはある程度の設備が必要である。

　一般的に，シヘンチュウ類の累代飼育および大量増殖は現在のところ非常に難しい。

（吉田睦浩・日鷹一雅）

ボーベリア属菌（硬化病菌）
（口絵：土着103）

学名
白(黄)きょう病菌（ボーベリア・バシアーナ）
　Beauveria bassiana〔有性世代：*Cordyceps bassiana*〕
ボーベリア・ブロンニアティ
　Beauveria brongniartii〔有性世代：*Cordyceps brongniartii*〕
＜糸状菌／子囊菌類＞

英名　白(黄)きょう病菌：White muscardine

主な対象害虫　ボーベリア・バシアーナ：チョウ目（コナガ，モンシロチョウ，ハスモンヨトウ，ヨトウガなど多種），カメムシ目（チャバネアオカメムシ，コナジラミ類，アブラムシ類など），コウチュウ目（コガネムシ類，イネミズゾウムシ，イネドロオイムシなど）／ボーベリア・ブロンニアティ：チョウ目（チャハマキなど），コウチュウ目（カミキリムシ類，コガネムシ類など）

その他の対象害虫　チョウ目，カメムシ目，アザミウマ目，コウチュウ目，ハダニ目など多数

発生分布　日本全土

生息地　寄主昆虫の死体および土壌中

主な生息植物　キャベツなどアブラナ科野菜，果菜類，果樹などの害虫上。いくつかの植物では根など植物体内で生息していることが確認されている（エンドファイト）

越冬態　病死虫や土壌中の分生子

活動時期　春〜秋，発生は秋に多い

発生適温　20〜30℃

【観察の部】

●見分け方

　ボーベリア属菌で死亡すると死体は硬化するので，硬化病と呼ばれる。十分な湿度と温度がある場合には死体から菌糸が伸長し，白色や淡黄色の粉状の分生子に覆われる。死体を虫眼鏡や実体顕微鏡で見て，分生子が塊（クラスター）になった丸い玉状の構造が多数見られる場合は，本属の菌類による死亡の可能性が高い。

　コウチュウ目やカメムシ目の成虫など固い表皮をもつ昆虫では，菌糸は口器，肛門などの開口部や体節間膜のように外骨格の柔らかい部分から発生する。チョウ目の幼虫などでは，体表全体から菌糸が発生し，死体全体が菌糸に覆われる。菌糸に体表が広く覆われていても分生子形成が見られない死体は，二次的に腐生菌が付着している場合が多い。採集時に菌糸の伸長や分生子の形成が認められない死体でも，採集後に容器内に保湿すると菌糸が伸長し，分生子が形成されることがある。

　ボーベリア・バシアーナの分生子は白色〜淡黄色，球形または亜球形（$2〜3×2.0〜2.5\mu m$）である。分生子形成細胞は細長く，ほとんどの場合ブドウの房状に分生子を密生する。また，分生子形成細胞がいくつも集まって上述した分生子の塊を形成することが多い。ボーベリア・ブロンニアティの分生

子は，ボーベリア・バシアーナに比べてやや大型で細長い卵形である。

露地野菜などでは，害虫に流行病を引き起こすような大発生はまれであるが，水田では自然状態で流行することがあり，ウンカ類，ツマグロヨコバイ，イネドロオイムシなどで流行した場合には，イネの株に付着したままの感染死亡虫を多数観察できる。また，筆者は，山間の水田でイネドロオイムシ（イネクビホソハムシ）成虫が本菌に多数感染して死亡している現場を確認したことがある。

● 生息地

ボーベリア・バシアーナは，多くの昆虫に寄生し，全国各地の土壌から普通に分離される。一方，ボーベリア・ブロンニアティは，ゴマダラカミキリ，クワカミキリ，キボシカミキリ，ブドウトラカミキリ，スギカミキリ，マツノマダラカミキリなど主にカミキリムシ類の成虫に寄生するが，コガネムシからも記録されている。

浅い土中で越冬中のイネミズゾウムシ成虫や，切り株または稲わら内で越冬中のニカメイガ幼虫などが，ボーベリア・バシアーナに集団感染している場合がある。

● 寄生・捕食行動

寄主昆虫体表上に付着した分生子が発芽し，菌糸が体内に侵入して感染が成立する。菌糸は寄主体液中で酵母状の形態に変化して増殖し，その後組織内に侵入して寄主を死亡させる。寄主体内の栄養を摂取し尽くすと菌糸を体外に伸ばし分生子を形成し，新たな寄主への感染を待つ。

野外では，雨や風などによって運ばれた分生子が直接，あるいは間接的（植物体上に付着したものや他の動物などによって偶然運ばれたりしたものなど）に害虫に付着することによる。一方，糸状菌製剤を用いた場合は，散布することによって人為的に付着させることになる。付着した分生子は条件がよいと発芽し，体表面の皮膚を貫通して体内に入り込む（第1段階）。侵入した菌は分生子よりやや大きな短菌糸と呼ばれる増殖細胞になって体内を巡り，養分を収奪して増殖する。感染した虫は徐々に生存にかかわる器官が侵され，やがて死に至る（第2段階）。死体上には分生子が形成され，他の健全虫への二次伝染源となる（第3段階）。

このプロセスのなかで，害虫防除を成功させるために最も重要であると考えられるところは，感染を成立させる部分，すなわち分生子の付着から体内へと侵入する第1段階である。通常，この段階は菌にとって好適な温度と高い湿度を要求する。感染完了後から死亡までの第2段階は，もっぱら温度条件によるものと考えられる。また，二次伝染源となる死体上における分生子形成には，再び高湿度が必要となる。

● 対象害虫の特徴

ボーベリア・バシアーナは寄主範囲が広く，多種の害虫に寄生する。水田害虫では特にイネミズゾウムシ，イネドロオイムシなどのコウチュウ目，ニカメイガ，イチモンジセセリなどのチョウ目，カメムシ類，ツマグロヨコバイ，ウンカ類などのカメムシ目害虫で感染例が多い。また，ケラ，イナゴなどバッタ目からの分離例もある。園芸作物では，コナガなどのチョウ目，チャバネアオカメムシなどのカメムシ目，コガネムシ類などのコウチュウ目など，多くの害虫類から分離されている。

ボーベリア・バシアーナは害虫の幼虫～成虫に寄生するが，チョウ目害虫やコガネムシ類では幼虫，コウチュウ目やカメムシ目では成虫への感染がそれぞれよく観察される。また，ボーベリア・ブロンニアティはカミキリムシ類の成虫への感染がよく観察され，害虫以外でもゴマフカミキリ，ビロードカミキリ，アトジロサビカミキリなどで感染・発病が確認されている。

【活用の部】

● 発育と生態

広く分布しており，温度と湿度条件が整えば容易に昆虫に感染し，死体上に形成される分生子によって感染を繰り返す。冬期，乾燥期など温湿度条件が分生子形成や菌糸の生育に不適当な場合には，感染死亡個体内で菌糸または分生子の状態で過ごす。腐生性も高く，有機物など栄養源の多い土壌中では，寄主昆虫がいなくても増殖できる。

また，近年，植物体内にも存在することが知られ

〈糸状菌〉ボーベリア属菌（硬化病菌）

るようになり（内生菌：エンドファイト），植物体内でつくられるボーベリアの代謝産物が害虫の摂食遅延効果を引き起こしたり，植物病原菌に対して拮抗作用を示したりすることが確認されている。

●保護と活用の方法

ボーベリア・バシアーナは古くから微生物防除の素材として注目されているが，森林，園地と異なり水田での保護，利用の歴史は浅い。

水田では，菌の散布は分生子を粉剤のようにそのまま散布する方法や，界面活性剤を加えて懸濁液にして散布する方法が一般的である。なお，イネミズゾウムシに対しては，分生子を培地から分離せずに培養物ごと田面水に散布する方法が試みられ（イネミズゾウムシ，イネドロオイムシ，ニカメイガ，トゲシラホシカメムシ，ツマグロヨコバイなど），圃場での密度抑制効果が確認されている。

長野県の試験結果では，イネミズゾウムシに対して$1m^2$当たり$5×10^{11}$分生子（培養物$20g/m^2$に相当）を田植え1～2週間後に散布することで，第1世代幼虫の密度を30～40％に減少できた。富山県では，ツマグロヨコバイ第2世代成虫発生初期（7月中下旬）に$1m^2$当たり$2×10^{10}$分生子をキャリアーに混ぜて散布することで，次世代成・幼虫数を20％程度に減少できた。

コナガ，モンシロチョウ，ミカンキイロアザミウマ，ナミハダニなどで防除試験が実施されており，防除効果は比較的高い試験例が多い。菌株によって病原力が異なるため一概にはいえないが，コナガなどチョウ目害虫では10^6分生子/ml以上，アザミウマ類やハダニ類には10^7～10^8分生子/ml以上の濃度で高い防除効果が得られている。また，露地野菜などではリビングマルチと併用すると，作物周辺の温度および湿度が感染に好適になり，防除効果が高まる事例もある。

ボーベリア・ブロンニアティは，果樹やクワでのカミキリムシ成虫の発生初期に，製剤を地際部に近い幹の分岐部に処理すると高い防除効果が得られる。

●農薬の影響

殺菌剤の種類によってボーベリア・バシアーナへの影響が大きく異なる。菌の保護，利用には，あらかじめ使用する殺菌剤の種類を検討しておく必要がある。

いもち病防除剤として使用されているプロベナゾール剤（オリゼメート）は殺菌作用がほとんどないので，ボーベリア・バシアーナへの影響はないと考えられる。

また，すでに市販されている本菌製剤（ボタニガードES）があり，アフェット，アリエッティー，イオウフロアブル，スミレックス，デラン，銅剤，バイコラール，フルピカ，ポリオキシンAL，ルビゲンなどは悪影響はないとされている。その他の殺菌剤は，程度の差はあるが影響を与えるものが多いと思われる。

ボーベリア・ブロンニアティは，銅，硫黄，ベンゾイミダゾール，ポリハリアルキルチオ，アシルアラニン，ジチアノン，マシン油などには悪影響がない。

●採集方法

硬化した昆虫の死体や，白色や淡黄色の菌糸が体外に伸長している死体を発見したら，ピンセットなどで摘まんで滅菌したシャーレやガラス瓶に入れ，すぐに分離しない場合には冷凍庫で保存できる。

昆虫病原糸状菌の培養で一般に用いられている培地として，酵母エキス加用サブロー寒天培地（SDY：ペプトン10g，ブドウ糖20～40g，酵母エキス2～10g，寒天15g，蒸留水1,000ml）やLブロース寒天培地（ペプトン10g，食塩5g，酵母エキス3g，ショ糖20g，寒天15g，蒸留水1,000ml）などがある。バクテリアの増殖を抑えるため培地にクロラムフェニコール（100ppm），ストレプトマイシン（100ppm），ペニシリンGカリウム（100単位/ml）などの抗生物質を添加してもよい。

死体の表面に菌糸または分生子が形成されている場合には，火炎滅菌した白金耳（ニクロム線）でこれを掻き取り，分離用培地の表面に線を引くように接種し，25～28℃で培養する。分生子形成が始まったコロニーの一部を掻き取って光学顕微鏡で観察し，ブドウの房状の分生子形成細胞が確認できたらボーベリア属菌と同定できる。

アザミウマやアブラムシなど微小害虫で死体上から分生子を掻き取ることが難しい場合は，できるだ

け破損のない死体を70％アルコールで表面殺菌し，そのまま培地上に置床する方法もある。

●飼育・増殖方法

　菌の分離，培養は専門的になるが，試験研究機関などで行なう場合は以下のとおりである。

　菌の継代や少量の増殖にはSDYの平板培養（シャーレ培養）または斜面培養（試験管培養）を行なうのが一般的である。小規模な防除試験の場合，9cmシャーレで培養して使用する。種菌として用いる菌株を培養した試験管斜面培地内に滅菌水を入れて分生子を懸濁する。9cmシャーレで固化させたSDY培地に，懸濁液を少量（0.5～1ml）ずつ分注して培地表面に伸ばす。25℃で10日～2週間程度培養し，分生子の形成を確認したら，tween80などの界面活性剤を0.05％加養した滅菌水を入れて分生子を浮遊させる。血球計算盤などで分生子濃度を確認してから供試濃度になるよう調整して，散布試験などに用いる。

　過去に筆者が行なった実験から，ボーベリア・バシアーナのコナガ幼虫への侵入時間は，25℃の場合，侵入開始が散布から6時間後，侵入完了がほぼ15時間後という結果が得られている。標的害虫の違いによって侵入時間は異なると思われるが，これを1つの目安と考えると，散布後には適当な温度（通常20～30℃）と100％近い湿度条件を少なくとも15時間程度継続させなければならないことになる。逆に，この条件を満たすことができれば，確実に高い防除効果が得られる。

　大量培養は二段階で行なう。まずSDY培地から寒天を除いた液体培地に分生子を接種し，25～28℃で5～7日間振とう培養する。昆虫病原糸状菌を液体培養すると，昆虫の体液中で増殖するのと同じように酵母状の短菌糸が増殖する。この短菌糸の懸濁液を，滅菌したフスマ，くず米，大豆かすなどの固形物に接種し，25℃で静置培養して分生子を形成させる。分生子形成は適度の光で促進されるので照明をつける。振とう培養の際，培養液が葡萄色～黄褐色を呈する場合が多い。量産した培養物はある程度乾燥後，粉砕し土壌表面に施用する。分生子を回収するときは，培養終了後の培地を篩などでふるって行なう。

　ボーベリア・ブロンニアティは製剤化され，果樹類，クワ，カエデ，ウド，タラノキ，シイタケなどのカミキリムシ類の防除に利用されている（商品名：バイオリサ・カミキリ）。ただし，ボーベリア・ブロンニアティではマツノマダラカミキリに対する病原力がきわめて弱く防除できないため，マツノマダラカミキリの防除資材としてボーベリア・バシアーナが製剤化され市販されている（商品名：バイオリサ・マダラ）。どちらもパルプ不織布に菌を固定したシート状の製剤で，樹の枝の分岐部に掛けたり，樹に置いたりして使用する。

　一般に行なわれる斜面培地から斜面培地への植え替えは，手間がかかり病原性も落ちる恐れがある。そこで，ねじ蓋付きの密閉できる5ml程度の小型試験管に2ml程度滅菌蒸留水を入れ，成熟したコロニーから切り出した2～3mm角の寒天ブロックを投入し5～7℃で冷蔵保存する。この場合，数年間植え替えが不要である。または，10％のグリセリンに同様のブロックを入れて－80℃で凍結保存する。どちらも復活させるときはSDY培地上にブロックを置き25℃で培養する。水保存の場合にはブロックの入っていた蒸留水も培地上に塗りつける。

（増田俊雄・佐藤大樹・柳沼勝彦）

黒きょう病菌（硬化病菌）

（口絵：土着104）

学名　*Metarhizium anisopliae* (Metschnikoff) Sorokin
＜糸状菌／子嚢菌類＞
英名　Green muscardine

主な対象害虫　コウチュウ目（ゾウムシ類，コガネムシ類），カメムシ目（カメムシ類，ウンカ類，ヨコバイ類），アザミウマ目

その他の対象害虫　チョウ目

発生分布　日本全土

生息地　畑，水田，樹園地，森林の土壌

主な生息植物　各種植物の根域

越冬態　病死虫や土壌中の分生子

活動時期　春～秋

発生適温　20～30℃

〈糸状菌〉黒きょう病菌（硬化病菌）

【観察の部】

●見分け方

メタリジウム属菌で死亡すると死体は硬化するので、一般に硬化病と呼ばれる。本菌は寄主範囲が広くコウチュウ目、チョウ目、カメムシ目など200種以上の昆虫から分離されている。採集された病死虫の体表に暗緑色、緑色、暗褐色、灰黄色の分生子塊が霜柱状に観察される場合は本菌である可能性が高い。

病死虫がセミ類成虫の場合はメタリジウム・キリンドロスポルム Metarhizium cylindrosporum Q. T. Chen & H. L. Guo の可能性もある。チョウ目幼虫の病死虫で、明るい緑色の場合は緑きょう病菌 Nomuraea rileyi (Farlow) Samson の可能性が高い。Nomuraea rileyi は最新の分類ではメタリジウム属に所属することになったが（Metarhizium rileyi (Farlow) Kepler S. A. Rehner & Humber）、本書の解説では緑きょう病菌として別に記述する。

顕微鏡で分生子を観察すると、黒きょう病菌の分生子は、中央部が細くなる円筒形で、大きさが5〜8×2〜3.5μmのものが一般的である。分生子が大型（10〜14×2.5〜4μm）の場合は M. majus と同定される。メタリジウム・キリンドロスポルムの分生子は大小2種類存在し、小型分生子は亜球形、卵形、楕円形で3.3〜6.7×3.3〜4.2μm、大型分生子は一端が細くなる円筒形で大きさは16.2〜20.3×3.5〜5μmである。緑きょう病菌の分生子は楕円形か円筒形で3.5〜4.5×2〜3.1μmであり、識別できる。

●生息地

日本全土の農耕地、森林、非耕地などさまざまな土壌に生息し、土壌中に生息する昆虫や地上徘徊性の昆虫に発生する。

●寄生・捕食行動

菌の分生子が昆虫の体表に付着、発芽して虫体内に侵入後、体液中で増殖し、死亡させる。

●対象害虫の特徴

病死虫が幼虫の場合、虫体全体が分生子で覆われる場合が多い。病死虫がコウチュウ目の成虫の場合は、口器、肛門などの開口部や体節間膜部分から菌糸が伸張し、分生子が形成される。

【活用の部】

●発育と生態

無性世代の菌であり、有性世代がほとんどわかっていないため比較的単純な生態である。形態的には菌糸と分生子形成細胞、分生子からなる。感染死亡後、適度な温湿度条件下で分生子が形成される。この分生子が土壌中に飛散し、感染が繰り返される。また、本菌は土壌中で腐生的に増殖することも可能であり、選択培地で行なった試験では、土壌1g当たり1万個以上の分生子が検出される場合もある。

●保護と活用の方法

水田は栽培期間中湿潤状態が保たれるため、菌にとっては好適条件となり、イネミズゾウムシ、ウンカ類、ヨコバイ類、カメムシ類などの害虫の自然感染が認められる。さらに、菌散布による害虫の密度抑制効果も確認されている。

水田以外の農耕地では土壌が乾燥状態になりやすく、さらに殺虫剤や除草剤の散布により昆虫の発生が少なくなるため、本菌による病気の発生は少ない。果樹園において除草剤を使用しないで草生栽培を行なうと、ゴミムシ類やツチカメムシ類などの地上徘徊性昆虫が増え、それらの昆虫が本菌に感染死亡することにより、土壌中の菌密度が高まることが期待される。

●農薬の影響

室内試験では殺菌剤に対して感受性であることが確認されているが、土壌中に生息するため殺菌剤の影響は少ないと考えられる。

●採集方法

野外で病死虫を採集するが、本菌の場合は土壌表面を中心に探索する。野外で病死虫が得られない場合は、釣り餌法と呼ばれる方法で菌の検出を行なう。まず土壌を採集し、本菌に感受性が高いゾウムシ類やコガネムシ類の幼虫を土壌に放飼する。土壌中に本菌が生息していれば感染死亡虫が得られる。

昆虫病原糸状菌の培養で一般に用いられている培

地として，酵母エキス加用サブロー寒天培地（SDY：ペプトン10g，ブドウ糖20〜40g，酵母エキス2〜10g，寒天15g，蒸留水1,000m*l*）やLブロース寒天培地（ペプトン10g，食塩5g，酵母エキス3g，ショ糖20g，寒天15g，蒸留水1,000m*l*）などがある。バクテリアの増殖を抑えるため培地にクロラムフェニコール（100ppm），ストレプトマイシン（100ppm），ペニシリンGカリウム（100単位/m*l*）などの抗生物質を添加してもよい。

　死体の表面に菌糸または分生子が形成されている場合には，火炎滅菌した白金耳（ニクロム線）でこれを掻き取り，分離用培地の表面に線を引くように接種し，25〜28℃で培養する。培養初期は白色のコロニーであるが，成熟すると分生子の色によりコロニーは暗緑色，緑色，暗褐色，灰黄色になる。

● 飼育・増殖方法

　菌の分離，培養は専門的になるが，試験研究機関などで行なう場合は以下のとおりである。

　菌の継代や少量の増殖にはSDYの平板培養（シャーレ培養）または斜面培養（試験管培養）を行なうのが一般的である。小規模な防除試験の場合，9cmシャーレで培養して使用する（平板培養）。種菌として用いる菌株を培養した試験管斜面培地内に滅菌水を入れて分生子を懸濁する。9cmシャーレで固化させたSDY培地に，懸濁液を少量（0.5〜1m*l*）ずつ分注して培地表面に伸ばす。25℃で10日〜2週間程度培養し，分生子の形成を確認したら，tween80などの界面活性剤を0.05％加用した滅菌水を入れて分生子を浮遊させる。血球計算盤などで分生子濃度を確認してから供試濃度になるよう調整して，散布試験などに用いる。

　大量培養は二段階で行なう。まずSDY培地から寒天を除いた液体培地に分生子を接種し，25〜28℃で5〜7日間振とう培養する。昆虫病原糸状菌を液体培養すると，昆虫の体液中で増殖するのと同じように酵母状の短菌糸が増殖する。この短菌糸の懸濁液を，滅菌したフスマ，くず米，大豆かすなどの固形物に接種し，25℃で静置培養して分生子を形成させる。分生子形成は適度の光で促進されるので照明をつける。

　量産した培養物はある程度乾燥後，粉砕し土壌表面に施用する。分生子を回収するときは，培養終了後の培地を篩などでふるって行なう。これまでの試験結果から，土壌1g当たり100万個以上の分生子密度になると防除効果が期待できる。

　一般に行なわれる斜面培地から斜面培地への植え替えは，手間がかかり病原性も落ちる恐れがある。そこで，ねじ蓋付きの密閉できる5m*l*程度の小型試験管に2m*l*程度滅菌蒸留水を入れ，成熟したコロニーから切り出した2〜3mm角の寒天ブロックを投入し5〜7℃で冷蔵保存する。この場合，数年間植え替えが不要である。または，10％のグリセリンに同様のブロックを入れて−80℃で凍結保存する。どちらも復活させるときはSDY培地上にブロックを置き25℃で培養する。水保存の場合にはブロックの入っていた蒸留水も培地上に塗りつける。

（柳沼勝彦・佐藤大樹・増田俊雄）

緑きょう病菌（硬化病菌）

（口絵：土着105）

学名　*Nomuraea rileyi* (Farlow) Samson

＜糸状菌／子嚢菌類＞

英名　—

主な対象害虫　オオタバコガ，ハスモンヨトウ，タマナギンウワバ，ヨトウガ

その他の対象害虫　チョウ目（シロモンヤガ，ミツモンキンウワバ，ナガシロシタバなどヤガ科中心）

発生分布　日本全土

生息地　寄主昆虫の死体および土壌中

主な生息植物　ナス，アスパラガス，キャベツなどアブラナ科野菜，ネギなど

越冬態　病死虫や土壌中の分生子

活動時期　春〜秋，発生は秋に多い

発生適温　15〜25℃

【観察の部】

● 見分け方

　緑きょう菌で死亡すると死体は硬化するので，硬化病と呼ばれる。食草の比較的上部でオオタバコガ

〈糸状菌〉緑きょう病菌（硬化病菌）

やハスモンヨトウなどの中齢以降の比較的大型の幼虫が死亡して硬化していたり，白色の菌糸で覆われていたり，淡緑色の粉状の分生子に覆われていたりすることがある。このような死亡幼虫は，頭部を持ち上げ腹脚のみで植物体上にとどまることが多いが，大型幼虫の場合は，地表に落下していることもある。

硬化した死体や白色の菌糸で覆われた死体も，高湿度条件になると淡い緑色の分生子で覆われる。特に落下した死体では，地表面湿度が高い場合が多いことから，死体上に大量の分生子が形成される。通常，露地栽培では硬化病菌が流行することはまれだが，本菌の場合は寄主幼虫が多発すると大流行することがあり，他の硬化病とは異なる。

●生息地

本菌は古くはカイコの病害として知られており，日本国内はもちろん，北米，南米，ヨーロッパ，アジアなど，海外にも広く分布している。露地栽培の野菜類やダイズ上で発見されることが多く，施設栽培ではあまり確認されていないようである。昆虫に寄生していない場合は，土壌中で生存しているものと考えられる。

●寄生・捕食行動

他種の硬化病菌と同様に，感染は分生子が寄主昆虫体に付着し，寄主の皮膚を貫通して体内に入る。このとき，適温と高湿度が必要である。菌糸は酵母状の短菌糸に形を変え，体内で増殖する。その後の一定期間，健全虫と変わらず寄主植物を食害して多くは老熟幼虫となり，死亡する。死亡直後の体は硬化しているだけであるが，次第に白い菌糸が体表上に発生し，その後は分生子が形成されて淡緑色の粉に覆われたような状態となる。

分生子は淡緑色，粉状で飛びやすく，主に空気伝染する。本菌は他種硬化病菌よりも流行性が高く，病死虫が寄生植物体の上部で見つかることが多いことから，下部に存在する健全虫へ二次感染を促している可能性がある。これは疫病菌などで知られている現象とよく似ており，本菌の寄生が死亡直前の幼虫の行動に何らかの影響を及ぼしているのかもしれない。

●対象害虫の特徴

本菌はオオタバコガやヨトウ類，ウワバ類などの幼虫に感染する。梅雨期や秋雨期に発生が見られるが，秋雨期のほうが多い傾向がある。本菌は感染から発病までの期間が長く，特に野外の自然感染虫では，若～中齢幼虫のときに感染し，その後健全虫と同様に食害を続けて発育し，蛹化直前の老熟幼虫段階で死亡することが多い。

老熟幼虫の体サイズは中齢や若齢幼虫と比較して大きいため，形成される分生子の量も多く，二次感染の促進や越冬量の確保などに寄与している可能性がある。ただし，人為的に高濃度の菌液を若齢幼虫に接種すると，若齢～中齢幼虫で死亡する。

【活用の部】

●発育と生態

本菌の生育適温は20～25℃で，感染には100％近い高湿度が必要である。詳細は不明であるが，寄主昆虫に寄生していないときは土壌中で分生子や菌体などで生存しており，ヤガ科害虫が侵入し幼虫が発生した段階で感染が起こり，幼虫密度の上昇に伴って徐々に感染が拡大していくものと思われる。

宮城県では，過去に60ha規模の集団ダイズ圃場で，9月にミツモンキンウワバが大発生し，その幼虫に緑きょう病が流行した事例があった。しかし，死亡虫の大半が老熟幼虫であったことから，被害の抑制には至らなかった。

●保護と活用の方法

自然発生の場合は，老熟幼虫で死亡する個体が多いことから，感染から老熟幼虫に至るまでの期間は健全虫と同様に摂食活動を行なう。このため，被害の抑制はあまり期待できない。ただし，オオタバコガやハスモンヨトウなど標的害虫が未発生あるいは少発生圃場に感染死亡幼虫を持ち込むことによって，人為的に早い段階から流行を引き起こせば，被害抑制できる可能性はある。

現在，製剤化を検討している企業があり，将来はヤガ科害虫専用剤として使用できる可能性がある。また，本菌の発芽促進物質として炭素鎖14のスフィンゴシンが明らかにされており，防除効果を高め

た製剤への期待も大きい。

●農薬の影響

ほとんど調べられていないが、殺菌剤の多くは悪影響を与えるものが多いと思われる。

●採集方法

梅雨期や秋雨期に、露地ナスやアスパラガスなど比較的草丈の高い作物で見つけやすく、茎や葉裏などをよく観察する。また、キャベツなどアブラナ科野菜でも、タマナギンウワバなどのヤガ類が発生していれば、見つけることができる。植物体上で硬化していたり、白い菌糸や淡緑色の分生子に覆われていたりする死亡虫が採集できる。

本菌を分離するときはできるだけ新鮮な死亡虫があるとよく、すでに分生子を形成しているものよりは、分生子形成前の硬化幼虫や菌糸に覆われた幼虫がよい。また、すでに流行が起こっているような場合は生存虫を採集し飼育すると、持ち帰った幼虫が本菌により死亡することが多く、死亡に至る過程の観察ができ、雑菌混入のない死亡虫を得ることができる。

昆虫病原糸状菌の培養で一般に用いられている培地として、酵母エキス加用サブロー寒天培地（SDY：ペプトン10g、ブドウ糖20〜40g、酵母エキス2〜10g、寒天15g、蒸留水1,000ml）が使われているが、緑きょう病菌の培養にはブドウ糖の代わりにマルトースを20〜40g添加した酵母エキス加用サブローマルトース寒天培地（SMY培地）を使用する。バクテリアの増殖を抑えるため培地にクロラムフェニコール（100ppm）、ストレプトマイシン（100ppm）、ペニシリンGカリウム（100単位/ml）などの抗生物質を添加してもよい。

死体の表面に菌糸または分生子が形成されている場合には、火炎滅菌した白金耳（ニクロム線）でこれを掻き取り、分離用培地の表面に線を引くように接種し、25〜28℃で培養する。

●飼育・増殖方法

菌の分離、培養は専門的になるが、試験研究機関などで行なう場合は以下のとおりである。

菌の継代や少量の増殖にはSMYの平板培養（シャーレ培養）または斜面培養（試験管培養）を行なうのが一般的である。小規模な防除試験などでは、9cmシャーレで培養して使用する。種菌として用いる菌株を培養した試験管斜面培地内に滅菌水を入れて分生子を懸濁する。9cmシャーレで固化させた前述の培地に、懸濁液を少量（0.5〜1ml）ずつ分注して培地表面に伸ばす。20〜25℃で2〜3週間程度培養し、分生子の形成を確認したら、tween80などの界面活性剤を0.05％加養した滅菌水を入れて分生子を浮遊させる。血球計算盤などで分生子濃度を確認してから供試濃度になるよう調整して、散布試験などに用いる。

著者は本菌と他2種の硬化病菌（ボーベリア菌、イザリヤ菌）の3菌種混合液散布の圃場試験を実施し、本菌が得意とするヨトウガやタマナギンウワバに対し$1×10^8$分生子/ml懸濁液の散布により、BT剤と同等以上の防除効果を得ている。室内でのヨトウガ5齢幼虫に対する接種試験では、$1×10^7$分生子/mlの接種では6日後に死亡率が100％になるのに対し、$1×10^5$分生子/mlでは9日後と濃度が低くなると死亡に至る日数が増えるものの、$1×10^5$分生子/ml濃度でも高い殺虫効果を示すことが明らかとなっている。

大量培養は二段階で行なう。まず、SDY培地ではなく、SMY培地から寒天を除いた液体培地に分生子を接種し、25〜28℃で5〜7日間振とう培養する。昆虫病原糸状菌を液体培養すると、昆虫の体液中で増殖するのと同じように酵母状の短菌糸が増殖する。この短菌糸の懸濁液を、滅菌したフスマ、くず米、大豆かすなどの固形物に接種し、25℃で静置培養して分生子を形成させる。分生子形成は適度の光で促進されるので照明をつける。

（増田俊雄・佐藤大樹・柳沼勝彦）

〈糸状菌〉イザリア属菌（硬化病菌）

イザリア属菌（硬化病菌）

（口絵：土着 106）

学名
イザリア・カテニアニュラータ
　Isaria cateniannulata (Z. Q. Liang) Samson & Hywel-Jones〔＝ *Paecilomyces cateniannulatus* Z. Q. Liang〕
ツクツクボウシタケ
　Isaria cicadae Miquel〔＝ *Paecilomyces cicadae* (Miquel) Samson（有性世代：ツクツクボウシセミタケ *Cordyceps kobayasii* Koval）〕
コナサナギタケ（類似白きょう病菌）
　Isaria farinosa (Holmsk.) Fr.〔＝ *Paecilomyces farinosus* (Holm ex S. F. Gray) Brown & Smith〕
赤きょう病菌
　Isaria fumosorosea Wize〔＝ *Paecilomyces fumorososeus* (Wize) Brown & Smith〕
ハナサナギタケ
　Isaria tenuipes Peck〔＝ *Paecilomyces tenuipes* (Peck) Samson（有性世代：ウスキサナギタケ *Cordyceps takaomontana* Yakush. & Kumaz.）〕
＜糸状菌／子嚢菌類＞

英名　赤きょう病菌：Red muscardine

主な対象害虫　赤きょう病菌，コナサナギタケ，イザリア・カテニアニュラータ，ハナサナギタケ：チョウ目／ツクツクボウシタケ：セミ類

その他の対象害虫　ツクツクボウシタケ：チョウ目／赤きょう病菌，ハナサナギタケ：コナジラミ類／赤きょう病菌，ハナサナギタケ：ハエ目

発生分布　日本全土

生息地　森林，樹園地，神社や公園内の林地

主な生息植物　各種樹木の根域

越冬態　病死虫や土壌中の分生子

活動時期　春〜秋

発生適温　20〜30℃

【観察の部】

●見分け方
イザリア属菌で死亡すると死体は硬化するので，一般に硬化病と呼ばれる。

イザリア・カテニアニュラータは，チョウ目昆虫の蛹から分離される。病死虫から白色の短い分生子柄束が伸長し，分生子形成部分は粉末状で白色。分生子は不規則に連鎖し，亜球形〜楕円形で，大きさは2.1〜4.6×1.3〜2.4μm。

ツクツクボウシタケはカメムシ目セミ類の幼虫に発生する。病死虫から太く長い分生子柄束が伸長し，梶棒状になる。分生子形成部は粉末状で黄褐色，暗褐色。分生子は円筒形で曲がっており，大きさは3.5〜8×1.5〜3.5μm。まれに完全世代であるツクツクボウシセミタケが同じ病死体上に同時に発生することがある。接種試験ではモモシンクイガの幼虫などチョウ目昆虫に対しても強い病原力がある。

コナサナギタケは，コウチュウ目，チョウ目，ハチ目，カメムシ目，ハエ目など寄主範囲が広い。病死虫から円筒形や梶棒形の分生子柄束が伸長し，分生子形成部は粉末状で白色。分生子は長く連鎖し，楕円形〜長楕円形で，大きさは2〜3×1〜1.8μm。

赤きょう病菌はモモシンクイガ，アメリカシロヒトリ，ニカメイガなどのチョウ目昆虫，カイコノウジバエなどのハエ目昆虫の蛹に発生する。病死虫から分生子柄束が伸長し，分生子形成部はピンク色。分生子は連鎖し，紡錘形〜円筒形で，大きさは3〜4×1〜2μm。

ハナサナギタケは主にチョウ目昆虫の蛹に発生する。病死虫から黄色の分生子柄束がサンゴ状に伸張し分生子形成部分は粉末状で黄白色。分生子は連鎖し，紡錘形〜円筒形で，大きさは3〜4×1〜2μm。まれに有性世代であるウスキサナギタケが同じ病死体上に同時に発生することがある。

●生息地
森林，神社や公園の林，クリ，クルミなどの果樹園で直射日光が当たらない日陰や半日陰の場所。土壌中や落葉の下に生息するチョウ目昆虫の幼虫や蛹に発生する場合が多い。ツクツクボウシタケはセミの発生の多い神社や公園の樹の根元に発生する。

●寄生・捕食行動
菌の分生子が昆虫の体表に付着，発芽して虫体内に侵入後，体液中で増殖し，死亡させる。

イザリア属菌（硬化病菌）〈糸状菌〉

●対象害虫の特徴

病死虫が菌糸で覆われ，分生子柄束が伸張し先端部分に分生子が形成される。

【活用の部】

●発育と生態

完全世代がわかっていない種は比較的単純な生態である。形態的には菌糸，分生子柄束，分生子形成細胞，分生子からなる。感染死亡後，適度な温湿度条件下で分生子が形成される。この分生子が土壌中に飛散し，感染が繰り返される。分生子は土壌中に生息しており，選択培地で行なった試験では，種によっては土壌1g当たり1万個以上の分生子が検出される場合もある。

●保護と活用の方法

土壌表面に直射日光が当たる農耕地では保護と活用は難しい。クリやクルミなど樹が大きくなり日陰ができる果樹園では発生が見られる。樹の根回りに落葉があると土壌中に生息する菌が保護され，感染が助長される。

●農薬の影響

室内試験では各種殺菌剤に対して感受性であることが確認されているが，土壌中に生息するため殺菌剤の影響は少ないと考えられる。赤きょう病菌やコナサナギタケは殺菌剤の銅剤に耐性であり，この性質を利用して，土壌中から菌を分離するための選択培地が開発されている。

●採集方法

日陰になる樹の根元の土壌表面や落葉の下，樹皮の割れ目などを中心に病死虫を探索する。野外で病死虫が得られない場合は，釣り餌法と呼ばれる方法で菌の検出を行なう。まず土壌を採集し，イザリア属菌に感受性が高いハチノスツヅリガやモモシンクイガの幼虫を土壌に放飼する。土壌中に菌が生息していれば感染死亡虫が得られる。

昆虫病原糸状菌の培養で一般に用いられている培地として，酵母エキス加用サブロー寒天培地（SDY：ペプトン10g，ブドウ糖20〜40g，酵母エキス2〜10g，寒天15g，蒸留水1,000ml）やLブロース寒天培地（ペプトン10g，食塩5g，酵母エキス3g，ショ糖20g，寒天15g，蒸留水1,000ml）などがある。バクテリアの増殖を抑えるため培地にクロラムフェニコール（100ppm），ストレプトマイシン（100ppm），ペニシリンGカリウム（100単位/ml）などの抗生物質を添加してもよい。

死体の表面に菌糸または分生子が形成されている場合には，火炎滅菌した白金耳（ニクロム線）でこれを掻き取り，分離用培地の表面に線を引くように接種し，25〜28℃で培養する。培養初期は白色のコロニーであるが，成熟すると分生子の色によりコロニーは各種の特徴の色になる（見分け方の項参照）。

●飼育・増殖方法

菌の分離，培養は専門的になるが，試験研究機関などで行なう場合は以下のとおりである。

菌の継代や少量の増殖にはSDYの平板培養（シャーレ培養）または斜面培養（試験管培養）を行なうのが一般的である。小規模な防除試験の場合，9cmシャーレで培養して使用する（平板培養）。種菌として用いる菌株を培養した試験管斜面培地内に滅菌水を入れて分生子を懸濁する。9cmシャーレで固化させたSDY培地に，懸濁液を少量（0.5〜1ml）ずつ分注して培地表面に伸ばす。25℃で10日〜2週間程度培養し，分生子の形成を確認したら，tween80などの界面活性剤を0.05％加用した滅菌水を入れて分生子を浮遊させる。血球計算盤などで分生子濃度を確認してから供試濃度になるよう調整して，散布試験などに用いる。

大量培養は二段階で行なう。まずSDY培地から寒天を除いた液体培地に分生子を接種し，25〜28℃で5〜7日間振とう培養する。昆虫病原糸状菌を液体培養すると，昆虫の体液中で増殖するのと同じように酵母状の短菌糸が増殖する。この短菌糸の懸濁液を，滅菌したフスマ，くず米，大豆かすなどの固形物に接種し，25℃で静置培養して分生子を形成させる。分生子形成は適度の光で促進されるので照明をつける。

量産した培養物はある程度乾燥後，粉砕し土壌表面に施用する。分生子を回収するときは培養終了後の培地を篩などでふるって行なう。これまでの試験結果から，土壌1g当たり100万個以上の分生子密度になると防除効果が期待できる。

〈糸状菌〉レカニシリウム属菌

　一般に行なわれる斜面培地から斜面培地への植え替えは、手間がかかり病原性も落ちる恐れがある。そこで、ねじ蓋付きの密閉できる5mℓ程度の小型試験管に2mℓ程度滅菌蒸留水を入れ、成熟したコロニーから切り出した2〜3mm角の寒天ブロックを投入し5〜7℃で冷蔵保存する。この場合数年間植え替えが不要である。または、10%のグリセリンに同様のブロックを入れて－80℃で凍結保存する。どちらも復活させるときはSDY培地上にブロックを置き25℃で培養する。水保存の場合にはブロックの入っていた蒸留水も培地上に塗りつける。

（柳沼勝彦・佐藤大樹・増田俊雄）

レカニシリウム属菌
（口絵：土着107）

学名 *Lecanicillium muscarium*, *Lecanicillium longisporum* など
＜糸状菌／不完全菌類＞
英名 ―

主な対象害虫 コナジラミ類、アブラムシ類
その他の対象害虫 アザミウマ類、カイガラムシ類、ハダニ類、センチュウ類など
発生分布 日本全土
生息地 ハウス内および露地
主な生息植物 果菜類や花卉類などのアブラムシ類、コナジラミ類が寄生する植物
活動時期 ハウス内では周年、野外では主に梅雨期や秋雨期
発生適温 15〜25℃

【観察の部】

●見分け方

　アブラムシ類やコナジラミ類が寄生している植物、たとえばキュウリの葉などをめくってみると、発生している昆虫と一緒に、白い小さなかたまりが付着していることがある。これをルーペなどで拡大して観察すると、白い綿状の菌糸に覆われた虫の死体であることがわかる。これがレカニシリウム属菌である。菌糸は虫の死体から出て、寄生植物の上にも少し広がるので、本菌によって死亡した虫は、落下せずに植物体上に残っていることが多い。死亡虫は、死亡してから時間がたつと幾分黄色みを帯びてくることもあるが、粉をふいたようにはならない。

　本菌は、以前は*Verticillium lecanii*として分類されていたが、2001年に、特にコナジラミ類に強い病原性を示す*Lecanicillium muscarium*とアブラムシ類に強い病原性を示す*Lecanicillium longisporum*に再分類された。感染虫は、初めは健全虫と変わらないが、アブラムシ類などではやがて歩行機能が著しく低下し、死亡前に触角や脚部などから菌糸が発生することがある。その後、感染虫は死亡し、体全体が綿状の菌糸で覆われる。

　本菌の分生子（胞子）は、突きぎり型のフィアライド（分生子形成細胞）に形成され、数個かたまって粘質物に包まれている。フィアライドは菌糸先端部などに特徴的に輪生する。分生子の大きさは、*L. muscarium*は長さ2.5〜4.5μm、幅1〜1.5μm程度、*L. longisporum*はやや大きく、長さ7〜10μm、幅2〜3μm程度である。

●生息地

　本菌は1861年に現在のスリランカ共和国のコーヒーを加害するカイガラムシ類から初めて分離され、その後、世界各地から分離が報告されており、世界中に広く分布している菌である。日本での発見は比較的新しく、1980年代初めに北海道のオンシツコナジラミとアブラムシ類から初めて確認された。その後、全国で分離されていることから、以前からわが国にも広く分布していたものと考えられる。

　ハウス栽培の果菜類や花卉類に寄生したアブラムシ類やコナジラミ類などで発見されることが多く、露地ではあまり多くないようである。しかし、湿度の高い梅雨期や秋雨期には、野外でも発見されることがある。

　昆虫に寄生していない場合の生息場所は不明であるが、土壌中などで何らかの有機物を利用して、細々と生存しているものと考えられる。

　越冬は、死亡個体の体内や土壌中と推測される。

●感染経路と感染しやすい条件

寄主の死体上などで形成された分生子（胞子）が健全虫に付着し、その分生子が発芽して寄主昆虫の皮膚を貫通し、体内に侵入する。本菌の分生子は粘質物で包まれているため、風などによって空気伝染することはなく、主に死亡個体上に形成された分生子に接触して伝染したり、分生子が雨滴などによって流されて伝染したりするものと考えられる。

アブラムシ類はコロニーをつくるものが多く、1枚の葉に何百個体というような高密度になることもまれではない。コナジラミ類も成虫は交尾・産卵のため上位の葉に集まり、幼虫は1齢以外は足がなく動かないので特定の葉で高密度になることが多く、このようなときに本菌が発生すると、個体間の接触回数が増加し、次々に伝染していく。

寄主昆虫への感染には温度と湿度が重要である。両菌とも感染最適温度は25℃付近であるが、10℃以下や30℃以上になると抑制される。湿度は高いほどよいが、感染には少なくとも90％以上の湿度が必要である。

●対象害虫の特徴

本菌はコナジラミ類やアブラムシ類の幼虫、成虫（アブラムシ類では無翅成虫、有翅成虫とも）に感染する。

【活用の部】

●生態

筆者が分離した $L.\ longisporum$ は5℃ではほとんど生育しないが、温度が高まるにつれて生育が盛んになり、25℃で最も旺盛である。しかし、30℃以上になると生育できない。一方、$L.\ muscarium$ は $L.\ longisporum$ よりも生育温度範囲がやや広く、5℃の低温でも比較的よく生育し、また、35℃では生育しないが、30℃では生育が認められている。

感染好適条件下（温度25℃、湿度100％）での本菌の寄主昆虫体内への侵入は、分生子付着後13時間ころから始まり、20時間ころまでに完了する。

本菌は寄主昆虫だけでなく、栄養分を含んだ培地でも生育する。保存用の試験管斜面培地上での生存期間は25℃では2～3か月、5℃では6～12か月、-20℃では3年以上である。

梅雨期や秋雨期に発生が多いが、施設内では特に夜間の湿度が高くなることから、それ以外の時期にも発生する。

本菌は不完全菌類に属し、完全世代はわかっていない。

●保護と活用の方法

わが国ではヨーロッパ由来の $L.\ muscarium$ の製剤が市販されており（マイコタール）、コナジラミ類、アザミウマ類の防除に使用されている。$L.\ longisporum$ の製剤も製剤化され市販されていたが（バータレック）、現在は販売を中止している。

筆者は日本土着菌株の $L.\ longisporum$ でアブラムシ類（ワタアブラムシ、モモアカアブラムシ）の防除試験を、同じく $L.\ muscarium$ でオンシツコナジラミの防除試験を実施したところ、高い防除効果が得られた。本菌は捕食および寄生性天敵昆虫に対する影響が少なく、カイコに対しても病原性を示さなかった。

通常、コナジラミ類やアブラムシ類などに本菌が自然感染して流行するのは、虫の密度が高くなってからである。そのため、防除に用いる場合は、増やした菌を低密度時に散布するなどの方法をとらなければならない。

防除には、本菌をサブロー寒天培地などで培養した後、集菌して $10^6 \sim 10^7$ 分生子/ml になるよう調整し、展着剤を加用して散布する。散布はアブラムシが寄生している部分にまんべんなくかかるように行なう。

$Lecanicillium$ 属菌は、植物寄生性線虫に対しても殺虫効果を示すことが知られており、線虫防除剤としての期待が大きい。また、本菌がエンドファイトとして作用し、植物体に抵抗性を誘導して、病害の発生が軽減されることも知られている。

●農薬の影響

一般に殺菌剤の影響が大きいが、現在、使用可能と報告されている殺菌剤はアフェット、スミレックス、アントラコール、トップジンM、フルピカなどである。

殺虫剤はあまり影響を与えないが、使用可能とされている殺虫剤はアディオンやアグロスリンなどの

〈糸状菌〉レカニシリウム属菌

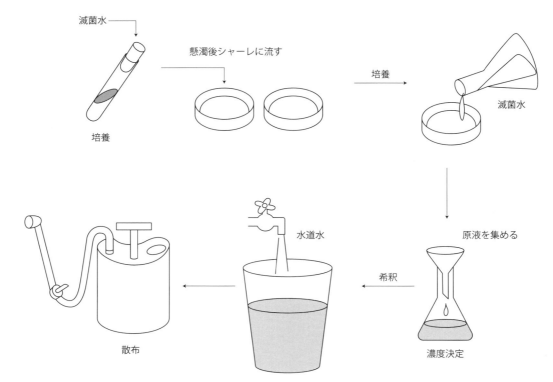

図1　小規模な防除試験での培養法

合成ピレスロイド剤，アプロードやカスケードなどのIGR剤などである。

●採集方法

アブラムシやコナジラミの寄生が多い葉裏などを丹念に観察し，白い綿状の菌糸に覆われた虫を見つけたら植物ごと採集する。そして，菌糸が認められる虫や動きが鈍くなっている虫などを70〜75％のアルコールと1％の次亜塩素酸ナトリウム水溶液で表面消毒して，素寒天培地やサブロー寒天培地上に置く。25℃で培養すると翌日〜3日後には白い菌糸が発生してくる。

本菌による死亡虫が確認できない場合でも，多発生している圃場から植物ごと採集し，水を含ませた脱脂綿を入れて高湿度にしたビニール袋などに入れておくと発生することがある。

●飼育・増殖方法

筆者は小規模な防除試験などの場合は，本菌を9cmのシャーレで培養して使用している。まず，菌を生育させた試験管斜面培地に滅菌水を入れ，分生子を懸濁する。9cmシャーレで固化させたサブロー寒天培地に，懸濁液を少量ずつ分注して培地表面全体に伸ばす。それを25℃の恒温器に入れて10日程度培養する。培養後，表面に分生子が多数形成されるので，そこに10cc程度の滅菌水を入れて分生子を浮遊させる。その菌液をビーカーなどに集め，血球計算盤で分生子濃度を算出してから，供試濃度になるように希釈して散布する（図1）。この方法では，1シャーレ当たりおおよそ10^8〜10^9個の分生子が回収できる。

分生子が粘質物に包まれている性質をもっているため，防除に利用する際は，水と一緒に散布する形態が最も効果的であると考えられる。

栽培全期間側面を開放したキュウリ雨よけハウスのワタアブラムシに対して，7月上旬に$L.$ $longisporum$の10^7分生子/ml懸濁液を1回散布したところ，散布5日後から本菌による死亡虫が発生し始め，その後はアブラムシの発生密度を低く抑えた。また，同様のハウスで10月中旬に行なった試験では，死亡虫の発生は散布15日後から認められ，それ以降はアブラムシ密度を低く抑えた。このように散布時期によって効果の発現時期が異なっているが，これはハウス内の温度が大きく影響している。

温度が低くなると死亡するまでに時間がかかり，平均気温が10℃以下になると効果は期待できないようである。このことは，市販製剤でも同様であり，農薬のように年中使用できる防除資材ではない。

日本で本菌が利用できる期間は，地域によっても異なるが，おおむね5〜10月ころまでと思われる。また，簡易施設栽培で側面を開放していても，夜間の湿度はきわめて高くなるので，散布を夕方に行なえば湿度条件はクリアできる。

（増田俊雄）

昆虫疫病菌（ハエカビ類）

（口絵：土着107）

学名 Entomophthoromycota
パンドラ・ネオアフィディス
　Pandora neoaphidis
コニディオボルス属菌
　Conidiobolus spp.
コナガカビ
　Pandora blunckii
ズープトラ・ラディカンス
　Zoophtora radicans
エントモファガ・マイマイガ
　Entomophaga maimaiga
＜糸状菌／ハエカビ門＞
英名 ―

主な対象害虫 パンドラ・ネオアフィディス，コニディオボルス属菌：アブラムシ類／コナガカビ，ズープトラ・ラディカンス，エントモファガ・マイマイガ：チョウ目
その他の対象害虫 チョウ目，ハエ目
発生分布 日本全土
生息地 野菜畑，茶畑，果樹園
主な生息植物 植物には感染しない。キャベツなどアブラナ科野菜，果菜類，チャなどの害虫上
越冬態 休眠胞子
活動時期 春〜秋，発生は秋に多い
発生適温 15〜25℃

【観察の部】

●見分け方

ハエカビ門菌類は，昆虫に流行病を引き起こし，その個体数を激減させるので，昆虫疫病菌の名がある。野外でハエ，バッタ，アブラムシ，チョウ目の幼虫などが多数死亡していたら，昆虫疫病菌による流行病の可能性がある。

死体を取り囲むように粉が積もっているならば，それは昆虫疫病菌の死体の特徴である。積もっているのは，死体上の菌糸から射出された胞子（分生子）である。昆虫疫病菌に感染したアブラムシはベージュ色の菌糸に覆われることが多い。ハエやバッタ類の死体では，菌糸が旺盛に伸びだすため体節間が広がった状態になる。

昆虫疫病菌はハエカビ門のうち昆虫を殺す菌類の一般名である。ハエカビ門はハエカビ綱，ネオジギテス綱，バシジオボルス綱からなる。ハエカビ綱にはエントモプトラ（*Entomophthora*：ハエカビ属），エントモファガ（*Entomophaga*），ズープトラ（*Zoophtora*），エリニア（*Erynia*），パンドラ（*Pandora*），コニディオボルス（*Conidiobolus*）属など多くが所属し，ネオジギテス綱にはネオジギテス（*Neozygites*）属が所属する。バシジオボルス綱の菌による流行病はほとんど知られていない。現場では属や種の同定よりも範囲を広く，昆虫疫病菌による流行病，もしくは昆虫疫病菌による昆虫の死体であると認識できるようになっていただきたい。

普及現場で光学顕微鏡観察ができる場合は，細胞核を染色するため酢酸カーミンもしくは酢酸オルセインを用意する。積もった分生子を掻き取ってスライドグラスに載せ，酢酸カーミンで封入する。分生子は30μm前後である。核が染まらない場合はコニディオボルスである。核が多数で胞子の形態が倒卵形であればエントモファガ，核が多数で胞子の形態が栗の実型であればエントモプトラである。核が1個の場合はズープトラ，エリニア，パンドラである。経験的に，アブラムシの場合はパンドラ属やコニディオボルス属の種類の場合が多く，チョウ目の幼虫の場合はズープトラ属の場合が多い。ただし，正確

〈糸状菌〉昆虫疫病菌（ハエカビ類）

な同定には専門的知識が必要である。

アブラムシ流行病において，しばしば死亡個体が白い綿状の菌糸に覆われており，死体の周囲に分生子の堆積がない場合がある。その場合の流行病は昆虫疫病菌によるものではなく，子嚢菌類の硬化病菌レカニシリウム属（*Lecanicillium*，旧 *Verticillium*）によるものである。本属菌は天敵微生物製剤としても販売されている。増殖方法など取扱いについては，ボーベリア，メタリジウムなどと同様である。

● 生息地

全国の畑地や果樹園のアブラムシにはパンドラ・ネオアフィディス，コニディオボルス属が，キャベツ，アブラナ畑などのコナガにはコナガカビ，ズープトラ・ラディカンスが感染する。茶畑でも同じくズープトラ・ラディカンスがチャハマキに感染する。また，マイマイガが大発生した場合，樹木に限らず農作物にも被害を及ぼすが，その場合はエントモファガ・マイマイガが幼虫に流行病を引き起こし，個体数を激減させる。

越冬は細胞壁の厚い休眠胞子の状態で，死体中または土壌中で行なうと考えられる。

● 寄生・捕食行動

感染は菌の分生子がアブラムシなど，寄主昆虫の表皮に付着することにより開始する。付着後数時間で発芽し，菌糸は体節の間のような体表の柔らかい部分からクチクラを貫き，体内に侵入する。体内では，短菌糸または硬化病菌とは異なる増殖方法としてアメーバ状（プロトプラスト）の形態で増殖し，感染した昆虫を殺す。昆虫の死後，菌糸の形態に戻り今度は内側からクチクラを突き破り，体外に分生子を形成する。分生子は次の感染源となる。アブラムシは密集して生息するので，流行病が発生しやすい。

流行病の発生の後期には分生子ではなく，細胞壁が厚く耐久性の高い球形の休眠胞子を形成する。休眠胞子は寄主昆虫の体内でつくられ，休眠胞子をもつ死体は体外に菌糸がほとんどない。しかし，休眠胞子が未発見の種も存在する。

● 対象害虫の特徴

アブラムシは植物の葉，若い茎や芽から篩管液を吸い，各種作物に大きな被害を与える。多発すると，排泄物（甘露）にすす病が発生することもある。また，多くのアブラムシはウイルスの媒介者にもなっている。コナガ，チャハマキは，ともにチョウ目であり，感染対象となる幼虫は表皮が柔らかい。疫病菌類の特徴として，感染する害虫への特異性が高いことがあげられる。特にエントモファガ・マイマイガはマイマイガの幼虫のみに感染する。

【活用の部】

● 発育と生態

疫病菌類による感染個体は，梅雨時や秋雨の時期など雨季に多くなる。また，コニディオボルス属の場合には，2〜3月ごろにキャベツ，アブラナなどの地表に面した側の葉の表面でアブラムシへの感染を見ることができる。

感染は分生子によって行なわれる。昆虫に遭遇しなかった分生子は，発芽してさらに分生子を形成することを繰り返す。越冬は通常休眠胞子で行なわれる。休眠胞子が休眠からさめるためには一定の期間，寒さを経験する必要がある。

病死体は，それから射出された分生子が周囲に暈状に堆積する。

● 保護と活用の方法

疫病菌類は寄主特異性が高く，狙った昆虫に特異的に感染する能力が高い一方，菌糸や分生子は乾燥に弱いという特徴がある。アルギン酸を用いた人工イクラに菌糸を混入して野外施用する方法が研究されている。

● 農薬の影響

疫病菌類は，多くの殺菌剤に感受性があるが，各菌種に対する影響度は明確にはわかっていない。

表1　各培地の処方

	SDY	根本培地	卵黄培地
ペプトン	10g	10g	2.3g
酵母エキス	2〜10g		2.3g
ブドウ糖	20〜40g	20g	4.6g
寒天	15g	15g	3.5g
卵黄		5個	35個
水	1,000ml	1,000ml	230ml
pH	6.5	6.5	6.5

●採集方法

アブラムシがベージュ色の菌糸で覆われて死んでいる状態を見つけたら，ルーペで死体の周囲に分生子が積もっていないかを確認する。死体の付着したまま茎や葉を切り取って持ち帰る。その他の昆虫についても，死体の周りに分生子が堆積していないかを確認する。顕微鏡で10倍，40倍の対物レンズ，10倍の接眼レンズで観察する。

●飼育・増殖方法

菌の分離，培養は専門的になるが，試験研究機関などで行なう場合は以下のとおりである。昆虫の死体をシャーレの蓋の内側に貼り付けて，シャーレ下側の素寒天培地上に分生子を飛散させ，積もった分生子を分離源として培養する。

アブラムシの付着した葉などをできる限り小さく切り取り，ワセリンでシャーレの蓋の内側に中央をはずして貼り付ける。または，5〜10mm四方の2％の素寒天培地（寒天20g，水1,000ml）の上に死体を載せ（死体が大きい場合には切断する），寒天ごと上蓋に貼り付ける。

2％素寒天培地を固めたシャーレに蓋をかぶせ分生子を飛散させる。一定時間ごとに蓋を回転させ分生子を数か所に堆積させる。厚く堆積した部分を5mm四方で切り出し，分生子の堆積した面を下にして，サンドイッチするように以下に示す培地上に置く。15〜25℃で培養する。

使用培地は，1）SDY（酵母エキス加用サブローブドウ糖培地），2）根本の培地，3）卵黄培地，4）昆虫の細胞培養用培地などを用いる（表1）。SDYについては，ボーベリア，メタリジウムなどの硬化病菌と同様に昆虫病原菌の培養に適しており，コニディオボルス属はこれらの培地上でよく生育する。

根本の培地，卵黄培地は，より疫病菌の培養に適しており，エントモファガやエリニアなどの培地として推奨される。根本の培地のほうがつくりやすい。一般に疫病菌類は硬化病菌より増殖が遅く，コロニーの伸張はゆっくりである。ただし，分生子が飛散するため，分生子の形成後に短期間で寒天上を覆う場合がある。

ネオジギテスは，この菌に感染した罹病個体の表面殺菌を行ない，昆虫の細胞培養培地内で潰して体内で増殖中の菌体をその培地内に分散させることにより，近年培養が可能になった。分離に分生子は用いない。昆虫の細胞培養用培地は，昆虫の体液を模した液体培地である。ここでは処方を示さないが，代表的なものとしてGrace培地がある。

確立された培養菌株は，試験管を用いた斜面培地で5〜8℃で冷蔵保存し，約半年に1回植え継ぎする。植え継ぎを繰り返すと菌の病原力の低下を招く恐れがあるので，液体窒素（−196℃）による凍結保存が試みられている。

（佐藤大樹・柳沼勝彦・増田俊雄）

核多角体病ウイルス（NPV）

（口絵：土着108）

学名 アルファバキュロウイルス *Alphabaculovirus*（Nucleopolyhedrovirus）

＜バキュロウイルス科／アルファバキュロウイルス属＞

英名 Nucleopolyhedrovirus, Nuclear polyhedrosis virus

※個々のウイルスの学名は，分離宿主の学名の後ろにnucleopolyhedrovirusを加えるかたちで表記される。例：*Helicoverpa armigera nucleopolyhedrovirus*（オオタバコガ核多角体病ウイルス）；略称の例：HearNPV（オオタバコガNPV）

主な対象害虫 チョウ目幼虫（タマナギンウワバ，イラクサギンウワバなどのウワバ類，ヨトウガ，アワヨトウ，ハスモンヨトウ，マイマイガ，アメリカシロヒトリ，モンキチョウなど）

その他の対象害虫 ―

発生分布 世界的

生息地 宿主昆虫の発生地域

越冬態 主に土壌中の多角体

活動時期 宿主昆虫の幼虫発生期

発生適温 宿主昆虫の発育に適した温度帯に一致する

【観察の部】

●見分け方

発病は主に幼虫期に観察される。感染幼虫は，細

〈ウイルス〉核多角体病ウイルス（NPV）

胞に多角体と称される包埋体（ウイルス遺伝子に由来するタンパク質でできた塊）が形成され，これが体内に蓄積されるため，体色が白っぽくなり，健全幼虫に比べて目立ちやすい。感染後期になると上方に移動する傾向がみられ，皮膚が破れやすくなり，多角体を含む体液を流しながら植物上を徘徊する。死亡時には胸脚が植物体を離れ，腹脚のみで逆V字のようになってぶら下がる状態となることが多い。

死後，体内容物は液状化し，乾燥して植物体上に黒っぽくタール状にこびりついた状態になる場合もあるが，やがて風雨により飛散する。死亡後，時間がたつにつれ，ウイルス感染による死亡とそれ以外の要因（寄生や他の病原）による死亡を外観から区別することは難しくなる。

核多角体病ウイルスによる感染の診断には，顕微鏡で多角体の有無を確認することが必要になる。幼虫の組織または体液をピンセットなどで掻き取ってスライドグラスに載せ，カバーグラスをかけて観察する。多角体は，径が1～数μmの多面体で，宿主細胞の核内に形成される。

生存個体の組織では，細胞のほとんどを占めるほどに肥大した核に多角体がぎっしりと詰まった状態が観察されるが，宿主が死亡するとキチナーゼやプロテアーゼの働きによって細胞が崩壊するため，多角体の多くは体液中に浮遊した状態で観察される。

●生息地

核多角体病ウイルスは，世界各地で分離されている。日本国内で分離されたウイルスと海外で同属異種の宿主から分離されたウイルスが，遺伝子配列解析の結果から同一種のウイルスと判断された例もある。

●感染経路と感染しやすい条件

主な感染経路は，経口感染であり，死体から飛散した多角体や降雨などによる土壌のはね上がりに含まれる多角体が感染源になると考えられる。一般に若齢幼虫のほうが感受性は高いが，観察されやすいのは中～老齢の感染個体である。

ウイルスによる病気の流行は，牧草地，防除圧の低い茶園，果樹園など継続的に同種のチョウ目害虫が発生する圃場で観察されることがある。まれにではあるが，キャベツ圃場でNPV感染幼虫が見つかった例もある。

●対象害虫の特徴

個々のウイルスの宿主範囲は狭いが，チョウ目の多様な種から核多角体病ウイルスが分離されている。

【活用の部】

●生態

感染から死亡までに要する期間は，気温にもよるが10日程度である。宿主幼虫が感染源である多角体に汚染された食草を摂食し，消化液の作用で溶解した多角体から遊離したウイルス粒子が消化管（中腸）の細胞に侵入することにより感染が始まる。気管細胞，血球細胞，脂肪体細胞などがウイルスに侵され，多角体が多数形成されるが，最終的には感染細胞は崩壊して多角体が体腔に放出される。

感染幼虫は，多角体の蓄積によって体色が変化する。感染後期になると，ウイルス由来の酵素の働きによって皮膚が破れやすくなる。死後，体内容物は液状になり，飛散して次の感染源となる。

●保護と活用の方法

ウイルス感染幼虫は，発病すると回復することなく死亡するので，次の感染源となるよう圃場に残す。多角体中のウイルス粒子は紫外線や熱によって感染力を失うが，土中などでは，年単位で活性を保つ場合がある。

なお，昆虫病原性ウイルスは，2011年2月に農薬取締法における特定農薬（特定防除資材）の検討対象としない資材に定められたため，害虫防除の目的で使用するには微生物農薬として農薬登録を受ける必要がある。2015年時点で農薬登録されているNPVは，ハスモンヨトウを対象とする2剤（ハスモン天敵，ハスモンキラー）のみである。

●農薬の影響

ウイルス多角体はアルカリ条件下で溶解し，多角体から遊離したウイルス粒子は紫外線などにより速やかに感染性を失うため，ボルドー液や石灰硫黄合剤などの強アルカリ性農薬の使用により負の影響を受けると考えられる。

（後藤千枝・仲井まどか）

顆粒病ウイルス

(口絵：土着 108)

学名　ベータバキュロウイルス Betabaculovirus
（Granulovirus）
＜バキュロウイルス科／ベータバキュロウイルス属＞

英名　Granulovirus, Granulosis viruses

※個々のウイルスの学名は，分離宿主の学名の後ろに granulovirus を加えるかたちで表記される。例：*Plutella xylostella granulovirus*（コナガ顆粒病ウイルス）；略称の例：PlxyGV（コナガGV）

主な対象害虫　モンシロチョウ，コナガ，チャノコカクモンハマキ，チャハマキ，ニカメイガ，コブノメイガ，ウワバ類，アワヨトウなど

その他の対象害虫　—

発生分布　世界的

生息地　宿主昆虫の発生地域

越冬態　主に病死虫や土壌中の顆粒体。越冬個体の感染細胞内

活動時期　宿主昆虫の幼虫発生期

発生適温　宿主昆虫の発育に適した温度帯に一致する

【観察の部】

●見分け方

発病は主に幼虫期に観察される。感染細胞には顆粒体と称される包埋体（ウイルス遺伝子に由来するタンパク質でできた塊）が多数形成され，これが体内に蓄積されるため，幼虫の体色は白っぽくなり，やや膨れたような外観になる。モンシロチョウ幼虫などでは，核多角体病ウイルスと同様に，感染後期になると徘徊しながら植物の上方に移動し，死亡時には腹脚のみで逆V字のようになってぶら下がる状態で観察される。

核多角体病の場合は，発病した幼虫はその齢または次の齢で死亡する。しかし顆粒病の場合は，致死までの経過はウイルスの種によって異なり，核多角体病と同様に1週間から10日で死亡するものもあるが，幼虫が発病後に終齢まで発育し，健全幼虫が蛹化したあとに死亡するものもある。

死後，体内容物は液状あるいはヨーグルト状になり，風雨により飛散する場合が多いが，乾燥して植物体上に黒っぽくタール状にこびりついた状態で見つかることもある。死亡後時間がたつにつれ，外観からウイルス感染による死亡とそれ以外の要因（寄生や他の病原）による死亡を区別することは難しくなる。

顆粒病ウイルスによる感染の診断は，幼虫の組織または体液をピンセットなどで掻き取り，光学顕微鏡で顆粒体の有無を確認する。罹病幼虫の組織や体液中には均一の大きさ（長径0.5μm内外）と形をもった多数の顆粒体が存在する。顆粒体は，光学顕微鏡下ではブラウン運動をする小粒として観察される。

●生息地

顆粒病ウイルスは，世界各地で分離されている。

●感染経路と感染しやすい条件

主な感染経路は，経口感染であり，死体から飛散した顆粒体や降雨などによる土壌のはね上がりに含まれる顆粒体が感染源になると考えられる。一般に若齢幼虫のほうが感受性が高い。牧草地，防除圧の低い茶園，果樹園，家庭菜園などで継続的に同種のチョウ目害虫が発生している圃場では，ウイルスによる病気の流行が観察されることがある。

●対象害虫の特徴

個々のウイルスの宿主範囲は狭いが，チョウ目の多様な種から顆粒病ウイルスが分離されている。

【活用の部】

●生態

感染は，顆粒体に汚染された食草を摂食し，消化液の作用で溶解した顆粒体から遊離したウイルス粒子が消化管（中腸）細胞に侵入することにより始まる。主に脂肪体細胞などがウイルスに侵され，顆粒体が多数形成される。感染幼虫は，顆粒体の蓄積によって体色が変化する。感染から死亡までに要する期間が10日程度のウイルスと数週間から1か月あまりかかるウイルスの2つのタイプが存在することが知られている。

モンシロチョウやコナガで発生する「感染から死

〈ウイルス〉昆虫ポックスウイルス

亡までの期間が短い」タイプの顆粒病ウイルスによる感染の場合，核多角体病ウイルスと同様に皮膚が破れやすくなる現象が観察される。一方，アワヨトウやウワバ類などのヤガ科で観察される「長期生存」タイプの顆粒病ウイルス感染では，皮膚の強度が死後もしばらく保たれる場合がある。

顆粒体も多角体と同様に直射日光にさらされると速やかに感染性を失うが土中などでは数年にわたって活性が保持される。

● 保護と活用の方法

ウイルス感染幼虫は，発病すると回復することなく死亡するので，次の感染源となるよう圃場に残す。なお，昆虫病原性ウイルスは，2011年2月に農薬取締法における特定農薬（特定防除資材）の検討対象としない資材に定められたため，害虫防除の目的で使用するには微生物農薬として農薬登録を受ける必要がある。2015年現在で農薬登録されているGVは，チャノコカクモンハマキとチャハマキを対象とする1剤（ハマキ天敵：チャノコカクモンハマキGVとチャハマキGVを混合した製剤）のみである。

● 農薬の影響

顆粒体はアルカリ条件下で溶解し，顆粒体から遊離したウイルス粒子は紫外線などにより速やかに感染性を失うため，ボルドー液や石灰硫黄合剤などの強アルカリ性農薬の使用により負の影響を受けると考えられる。

（後藤千枝・仲井まどか）

昆虫ポックスウイルス

（口絵：土着108）

学名 ベータエントモポックスウイルス
Betaentomopoxvirus
＜ポックスウイルス科／エントモポックスウイルス亜科／ベータエントモポックスウイルス属＞

英名 Entomopoxvirus

宿主 チョウ目，バッタ目昆虫

※ポックスウイルスについては，チャノコカクモンハマキ昆虫ポックスウイルスを例として記述する

■ チャノコカクモンハマキ昆虫ポックスウイルス

学名 *Adoxophyes honmai entomopoxvirus*（AHEV）
＜ポックスウイルス科／昆虫ポックスウイルス属＞

英名 *Adoxophyes honmai* entomopoxvirus

主な対象害虫 ハマキガ類（チャノコカクモンハマキ，チャハマキ，ウスコカクモンハマキなど）

その他の対象害虫 ―

発生分布 日本各地の茶畑（東京，沖縄，九州，四国，愛知，茨城など）

生息地 ハマキガが発生した茶畑

越冬態 感染幼虫の体内で越冬するほか，包埋体の状態で土中などで越冬する

活動時期 宿主昆虫の幼虫発生期

発生適温 特になし

【観察の部】

● 見分け方

感染虫は，体色が黄色っぽい白色になる。幼虫期間が延長するため，健全虫が蛹化したころにもまだ幼虫のまま生存していることが多い。感染幼虫は，通常は巻いた葉の中で生存し，そのまま致死する。昆虫ポックスウイルスに感染したまま蛹化して，蛹で致死することもある。

感染虫の脂肪体などの組織を400倍の光学顕微鏡で観察すると，楕円体（長径3～7μm）の包埋体（感染細胞に形成されるタンパク質でできた塊）が観察できる。

● 生息地

ハマキガが発生した茶畑。感染死体の残渣，幼虫が綴った葉あるいは土壌中で包埋体の状態で存在する。

● 感染経路と感染しやすい条件

主な感染経路は，経口感染であり，死体から飛散した顆粒体や降雨などによる土壌のはね上がりに含まれる包埋体が感染源になると考えられる。防除圧の低い茶園で継続的にハマキガが発生している圃場では，ウイルスによる病気の流行が観察されることがある。

昆虫ポックスウイルスの感染率は，茨城県つく

ば市の茶畑では，年間を通して平均23％であった。この感染率は，寄生蜂の寄生率と関連しており，寄生率が高いときにはウイルス感染率が低くなる傾向があった。

● **対象害虫の特徴**

年間数世代発生し，幼虫で越冬する。葉を綴り合わせた中にひそみ，食害する。

【活用の部】

● **生態**

ウイルス包埋体に汚染した葉を宿主幼虫が摂食することにより感染が始まる。ウイルス粒子が，消化管内で溶解し，中腸円筒細胞に侵入し，血体腔内の組織に感染が移行して主に脂肪体細胞でウイルスは増殖する。

感染個体は，発育期間が遅延し，最終的には摂食を停止し致死する。感染死体には包埋体が多数形成されており，これが次の感染源となる。昆虫ポックスウイルスを孵化幼虫に接種すると生存期間は1〜2か月に延長する。

● **保護と活用の方法**

ウイルス感染虫を見つけたらそのまま放置したほうがよい。感染虫は，やがて摂食が衰えて致死するが，幼虫か蛹で致死するため次世代にまで生存して産卵することはない。

（仲井まどか・後藤千枝）

天敵活用技術

天敵の保護・強化法

──天敵温存植物──

【ねらいと特徴】

　保全的生物的防除（conservation biological control）は天敵に優しい選択的農薬による「天敵の保護」と、天敵温存植物（insectary plants）や自然植生、雑草などの一連の植生管理あるいは生息場所管理による土着天敵の強化を通して、天敵の働きを高めようとする取組みである。

　天敵温存植物とは、圃場に天敵を誘引し、天敵の餌となる花粉や花蜜を提供することで、天敵の働きを高める（強化する）植物のことである。花だけではなく、葉柄や茎に存在する花外蜜腺を有する植物も天敵を誘引、餌を供給するので、天敵温存植物として利用できる。

　また、害虫以外の餌昆虫（捕食者のための代替餌）や寄主昆虫（捕食寄生者；寄生蜂のための代替寄主）が発生する植物も天敵温存植物に含めることができる。この例としては、露地ナスで利用されるマリーゴールドや障壁作物として利用されるソルゴーなどがある。

　一部の有機栽培や家庭菜園での多品目栽培を除けば、今日の農業の多くは、圃場に1種類の作物が栽培されているモノカルチャー（単植栽培）である。そうした圃場では、天敵の成虫が必要とする餌つまり花粉や花蜜が利用できないため、天敵はその能力を十分に発揮できない。「天敵がいないから、天敵の能力が根本的に不十分だから、害虫が問題となる」のではなく、「天敵が働くことのできる環境になっていないから、害虫が増える」ことを認識する必要がある。

　天敵温存植物とバンカー植物との大きな違いは、前者は植栽後に特別な作業を必要としないのに対して、後者は餌となる虫の放飼、その定着と増殖を確認したうえで、天敵の放飼という作業が必要となる（表1）。

　また、機能的にも異なる。天敵温存植物は捕食者や寄生蜂など多様な種類の天敵を誘引、花粉や花蜜などの餌を供給することで、天敵の働きを強化する。バンカー植物は対象とする天敵1種もしくはその近縁種のみである。

　特定の天敵を放飼して利用する施設栽培での天敵利用（接種的利用）ではバンカー植物は有用である

表1　天敵温存植物とバンカー植物，コンパニオン植物の違い

	天敵温存植物	バンカー植物	コンパニオン植物
天　敵	自然発生（誘引）	放飼	×
天敵の繁殖	○	○	×
天敵の生存	○	○	×
動物質餌	△	○	×
植物質餌	○	×	×
他感作用	×	×	○
共通病害虫	△	×	○
植生の多様性	△	×	△
生物多様性	○	△	△
処理面積（本数）	中	少	多
生態的相互作用	ボトムアップ	トップダウン	ボトムアップ

天敵温存植物

図1　露地ナス畑の端にオクラとホーリーバジルを植栽（写真右側）
オクラの真珠体，バジルの花粉を餌に，ヒメハナカメムシ類が大量に定着した

が，露地栽培では多様な種類の天敵に対応できる天敵温存植物が適しているといえる（図1）。

従来の生物的防除に新しい用語が提案され，具体的な技術が開発される過程で利用方法に関する誤解も生まれている。商業的に大量増殖された天敵を放飼する方法は，放飼増強法（augmentation）であり，バンカー植物は放飼増強法をより確実なものとするための手法の1つである。

バンカー植物のほかにコンパニオン植物（共栄作物）なども天敵利用との関連で言及されることがあるが，天敵温存植物との違いを含め，この3種類の植物の利用方法や特徴は明確に区別する必要がある。

【効果とメリット】

天敵温存植物の働きは，1）天敵を圃場に誘引し，2）天敵を圃場にとどめ，3）天敵のパフォーマンスを高めることである。この一連の過程を通して，害虫密度を低く保つことができる。

天敵の成虫は花粉や花蜜などの植物由来の餌を必要とする（表2）。具体的には，生存や活動エネルギ

表2-1　捕食者および捕食寄生者が摂取する植物質餌（Wackers et al., 2008を改変）

目	科	発育ステージ	餌の種類
アミメカゲロウ目	クサカゲロウ科	成虫，幼虫	花蜜，甘露，花粉
ハエ目	ヒラタアブ科 ショクガタマバエ科 ヤドリバエ科	成虫 成虫 成虫	花蜜，花粉 花蜜 花蜜，甘露
ハチ目	寄生蜂 スズメバチ類 アリ類	成虫 成虫 成虫	花蜜，甘露，（花粉） 花蜜，甘露，果実 花蜜，甘露
コウチュウ目	ツチハンミョウ科 ジョウカイボン科 テントウムシ科 ヒゲナガゾウムシ科	成虫 成虫 成虫，幼虫 成虫	花蜜，花粉 花蜜，花粉 花蜜，甘露，花粉 甘露

注　（　）はわずかな種が例外的に摂食する

表2-2 捕食者および捕食寄生者が摂取する植物質餌 (Wackers et al., 2008を改変)

目	科	発育ステージ	餌の種類
カメムシ目	ハナカメムシ科	成虫，幼虫	花粉
	ナガカメムシ科	成虫，幼虫	植物汁液
	カスミカメムシ科	成虫，幼虫	植物汁液
	マキバサシガメ科	成虫，幼虫	植物汁液
	カメムシ科	成虫，幼虫	植物汁液
	サシガメ科	成虫，幼虫	植物汁液
アザミウマ目	シマアザミウマ科，アザミウマ科	成虫，幼虫	甘露，葉
チョウ目	シジミチョウ科（幼虫がアブラムシ捕食）	成虫	甘露
ダニ目	カブリダニ科	成虫，幼虫	花蜜，花粉

一源として炭水化物（糖）などに富む花蜜を，卵巣成熟や卵生産のためにタンパク質に富む花粉を摂取することで，圃場での天敵の働きが強化される。

したがって，天敵の成虫が必要とする花粉や花蜜に富む開花植物が天敵温存植物として適しており，また開花期間が長いほどその効果は長期的に安定する。バジル類やスイートアリッサムは比較的開花期間の長い天敵温存植物である（図2）。

図2 ナス施設の端に植えたスイートアリッサム
小さな花が多数集まって咲く植物は，天敵を維持・強化する効果が高い（赤松富仁撮影）

スイートバジルやホーリーバジルの花蜜や花粉は，それぞれヒメハナカメムシ類やヒラタアブ類などの捕食者の寿命や産卵数に大きな効果がある。

開花期間の短い植物がまったく使えないというわけではない。播種時期や定植時期を数回に分け，いつも花が咲いている状態をつくることができれば，開花期間の長い天敵温存植物と同様の効果を期待できる。播種から開花までの期間が比較的短いソバなどはこうした利用に適しているといえる。

一般的に天敵の体サイズが非常に小さいことを考えると，天敵温存植物としては小さな花が望ましく，また集合花として存在するほうが天敵に対して有効と考えられる。集合花は一見すると1つの花のように見えるが，先端が円盤状になった花軸に，多数の小花が集まって，1つの花を成している。これまで利用されている天敵温存植物の花は白色や青色，黄色が多い。

【実施条件】

天敵温存植物を圃場に何本くらい植えたらよいか，というのが一番気になる点である。多ければ多いほどその効果は高いと考えられるが，そのために対象作物の数が大幅に減るというのは収益性の点から問題が残る。

欧米では圃場の端まで，2〜3mの広い帯状に天敵温存植物を植える方法が多い。しかし，日本のように面積が極端に小さい圃場では，このような利用方法は不可能に近い。株間や圃場の空いたスペースを利用して天敵温存植物を植えるとなると，作物の

図3　ピーマン施設の谷に植えたスイートバジル
冬の間も花が咲き続けて天敵を維持する。左は農家の下前泰雄さん（赤松富仁撮影）

本数の1割くらいが限度のように思える。
　いずれの天敵温存植物も、それぞれの栽培特性や育て方に関する情報を参考に、利用時期も踏まえながら、最適な播種時期や定植時期を現場で考える必要がある。
　花植物は餌となる花蜜や花粉あるいは代替餌などが天敵を誘引するため、作物での害虫の発生時期にもよるが、夏秋栽培の野菜などで効果を期待する場合は、早く播種または定植したほうがよい。
　天敵温存植物の利用を予定している場合には、対象作物の定植前に天敵温存植物の種子を播種したり、苗を定植したりすることで、早くから花が咲い

ている状況をつくることが大切である。アザミウマ類やアブラムシ類、コナジラミ類の発生する時期よりも早く、天敵温存植物の花が咲き、天敵成虫が発生するように、播種時期や定植時期を考える必要がある。
　天敵温存植物は対象となる天敵群集によっては、施設栽培でも有用である。ピーマン施設の谷に1列スイートジバルを植えることで、ヒメハナカメムシ類やヒラタアブ類をはじめとする多様な天敵を施設内で維持できる（図3）。

【種類と使い方】

●天敵温存植物

　天敵温存植物は多様な天敵の発生を促す働きも期待できる。対象作物ごとに天敵温存植物が限定されるというより、圃場や栽培方法などを考慮して作物ごとに使いやすい天敵温存植物を用いる。
　ただし、天敵温存植物と対象作物が同じ科の植物である場合には、共通の病害虫が発生することも想定されるので、天敵温存植物の種類を考慮する必要がある。
　表3および以下に説明する、天敵温存植物とそれを利用する天敵の種類に関する情報は、実際に現場

表3　主な天敵温存植物（作物）と対象天敵、害虫

植物名	対象天敵	天敵への餌	対象害虫	利用時期
ソバ	捕食者、寄生蜂	花粉、花蜜	アザミウマ類、チョウ目	夏〜秋
ハゼリソウ	捕食者、寄生蜂	花粉	チョウ目、アブラムシ類	初夏
スイートアリッサム	捕食者、寄生蜂	花粉、花蜜	アザミウマ類、アブラムシ類	秋、春
コリアンダー	捕食者、寄生蜂	花粉、花蜜	アブラムシ類	春
バーベナ	ヒメハナカメムシ類	代替餌（昆虫）	アザミウマ類	夏〜秋
フレンチ・マリーゴールド	ヒメハナカメムシ類	代替餌（昆虫）	アザミウマ類	夏〜秋
クレオメ	タバコカスミカメ	植物汁液	タバココナジラミ	夏〜秋（施設中心）
ゴマ	タバコカスミカメ	植物汁液	タバココナジラミ	夏〜秋
スイートバジル	ヒラタアブ類、ヒメハナカメムシ類	花粉、花蜜	アザミウマ類	夏〜秋
ホーリーバジル	ヒラタアブ類、ヒメハナカメムシ類	花粉、花蜜	アザミウマ類	夏〜秋
ソルゴー	テントウムシ類、ヒラタアブ類、ショクガタマバエ、クサカゲロウ類	代替餌（昆虫）	アブラムシ類	夏〜秋
オクラ	ヒメハナカメムシ類	真珠体	アザミウマ類	夏〜秋
スイートコーン	ヒメハナカメムシ類、カブリダニ類	花粉	アザミウマ類	夏
ニンジン	テントウムシ類、ヒメハナカメムシ類	花蜜	アザミウマ類、アブラムシ類	春

注　農家圃場での利用例が確認できた天敵温存植物を取り上げた

図4 ハゼリソウの花粉を摂食するヒラタアブ類
多数の小花が集まって1つの花を形成し，豊富な花粉を目当てにヒラタアブ類が集まる

図6 スーパーアリッサムの花蜜を摂食する寄生蜂
アリッサムに耐暑性をもたせた改良品種で，夏でも枯れずに花を咲かせ続ける

図5 スイートアリッサムを訪花したヒメハナカメムシ類
細かい白い花が密につき，甘い芳香を放つ。高温多湿に弱く，西日本では夏に枯れる

で利用されているものを中心に紹介している。海外や国内でもこれ以外に多くの天敵温存植物（花など）に関する情報を見出すことはできるが，天敵への誘引性および害虫防除での効果に関する裏付けがあるものは少ない。

　ソバは多様な種類の捕食者や寄生蜂の強化に有効と報告されている。また，寄生蜂などの寿命に対する効果も高いことが知られており，花の構造や花蜜の糖の種類が天敵に適していると考えられている。ヒメハナカメムシ類では，花蜜に富むソバは生存率を高める効果があるが，産卵数が著しく増えることはない。一時的な生息場所と考えたほうがよい。播種から開花までが30日前後と短いため，数回に分けて播種することで，次々に新しい花を咲かせることができるという点では使いやすいともいえる。

　ハゼリソウはハゼリソウ科のファセリア属の植物。同じ科のネモフィラ属は花が単一に咲くため，集合花のハゼリソウとは形態が大きく異なる。天敵温存植物として利用できるハゼリソウとは*Phacelia tanacetifolia*を指す。秋に播種すると翌年の5月から6月に開花する。一見すると1つの花のように見えるが，先端が円盤状になった花軸に多数の小花が集まって，1つの花を形成している（図4）。花粉が豊富で，アブラムシ類の天敵であるヒラタアブ類が集まる。海外ではセロリ圃場でのアブラムシ類の防除に使われ，またブドウ園ではハマキガ類の寄生蜂の強化に利用されている。

　スイートアリッサムは細かい白い花が密につき，横に低く広がるアブラナ科の植物であり，花は甘い芳香を放つ。春からヒメハナカメムシ類（図5）や寄生蜂が多く集まるが，高温多湿に弱く，西日本では夏に枯れる。アブラナ科植物であるため，キャベツなど同じアブラナ科植物との利用は不都合を生じることも考えられる。最近，黄色や紫色などさまざまな品種が開発されているが，天敵に対する誘引性が確認され，利用されているのは，白色の品種である。購入の際には注意を要する。また，耐暑性のあるスーパーアリッサムも販売されているが，価格が高い（図6）。

　コリアンダーはセリ科の1年草であり，秋にまくと春に開花する。ヒラタアブ類やクサカゲロウ類などの捕食者，寄生蜂などの生存率を高めることが知られている。レタス圃場でのアブラムシ類防除を目

的にした利用例がある。

　バーベナはタイリクヒメハナカメムシ類を対象に推奨されており，花蜜がヒメハナカメムシ類の生存率を高めていると考えられる。バーベナで発生するアザミウマ類やコナジラミ類などの代替餌に誘引されたヒメハナカメムシ類が増殖していると考えたほうがよさそうである。なお，バーベナは施設キクのミカンキイロアザミウマおよびTSWV（トマト黄化えそウイルス）の発生を抑制するトラップクロップとしての可能性も報告されている。

　フレンチ・マリーゴールドもヒメハナカメムシ類を対象に推奨されているが，花で増えるコスモスアザミウマを代替餌として増殖している。コスモスの花蜜や花粉がヒメハナカメムシ類の生存や繁殖に効果を示すわけではない。代替餌で天敵が増える温存植物については，餌となる虫の発生が重要となるため，時期や地域によっては代替餌が発生せず，天敵に対する効果も認められない場合があるので注意が必要である。

　クレオメはフウチョウソウ科のセイヨウフウチョウソウ属（クレオメ属）の1年草で，1つの花の開花期間は短いが，花序の下から順番に花が咲くため，花序全体で見ると開花期間は長い。タバココナジラミの捕食性天敵であるタバコカスミカメの幼虫および成虫が植物汁液を摂食して生存，増殖するため，施設などに植えておくと，タバココナジラミの防除に有効である。ただし，トマトなどの作物では苗から定植後の生育期にタバコカスミカメの吸汁被害が問題となるため，タバコカスミカメを導入する時期や以下に述べるゴマなどとの併用方法を検討し，タバコカスミカメの作物への移動のタイミングを調節する必要がある。

　ゴマはタバコカスミカメの天敵温存植物として利用されている。タバコカスミカメはゴマ上で繁殖が可能であり，種子や葉を吸汁する。動物質餌のスジコナマダラメイガ卵を与えた場合に比べると，生存率では約60％，産卵数では50％以下になるが，幼虫の生存や成虫の繁殖も可能である。他の天敵温存植物のようにゴマの花粉や花蜜に依存しているわけではないので，ゴマの生育を維持できている間はタバコカスミカメも維持可能である。高知や志布志で

図7　ホーリーバジルの花粉を摂食するヒラタアブ類
花序に複数の花が並び，順番に開花するため，開花期間が4〜5か月と長い

は天敵温存ハウスにゴマを植え，タバコカスミカメを維持する取組みも普及している。詳細な調査はないが，シシトウやピーマン，キュウリなどではタバコカスミカメの吸汁による果実への被害，ナスでは葉への被害が報告されているため，施設内でタバコカスミカメの個体数が異常に増える状況は避けたほうがよいと考えられる。

　バジル類は花序に複数の花が並び，順番に開花するため，他の天敵温存植物に比べ，開花期間が4〜5か月と長い。現在宮崎大学で検討を続けているのが，'スイートバジル''ホーリーバジル''シナモンバジル'である。雄しべが花から飛び出しているため，ヒラタアブ類が花粉を摂食している行動を観察できる（図7）。ヒメハナカメムシ類成虫の産卵数はスジコナマダラメイガ卵を供試した場合とほぼ同じで，繁殖能力の向上につながる。

●天敵温存作物

　天敵温存植物としての働きが期待できる作物を，ここでは仮に天敵温存作物と呼ぶことにする。以下に述べるソルゴー，ニンジン，スイートコーン，オクラを圃場に植えておくと，ほぼ春から秋までヒメハナカメムシ類を中心に捕食性天敵をとどめることができる。

　ソルゴーは花植物とは違い，ソルゴーに発生するヒエノアブラムシなどを代替餌として，アブラムシ類の多様な天敵が増える天敵温存植物である。片づけや圃場内の気温などを考えると'三尺ソルゴー'のように丈の低い品種が適している。しかし，防風

図8 オクラの葉の真珠体を摂食するヒメハナカメムシ類
オクラの場合，花粉や花蜜ではなく，葉や芽で毎朝分泌される真珠体が天敵の餌になる

対策も兼ねるのであれば，丈の高い品種が適している。なお，'高糖分ソルゴー'など，糖濃度が高い品種では，天敵の餌となるアブラムシ類の発生が多い。また，出穂すると糖分の減少により，アブラムシ類の発生は極端に少なくなるので，出穂が遅い'風立'などの品種を用いることで，餌となるアブラムシ類の発生を長引かせ，天敵の発生も長く持続させられる。ただし，アブラムシ類の天敵の発生時期は夏以降に限定される。

ソルゴーは露地ナスなどで障壁作物として普及しているが，海外ではメロン，トウガラシ，ジャガイモで，アブラムシ類が媒介する非永続伝搬ウイルス対策としても有効性が報告されている。

ニンジンは前年秋に収穫せずに残した株で，春に開花する。ヒメハナカメムシ類成虫やヒメカメノコテントウ成虫などが花蜜を摂食している。ニンジンで天敵が増殖することはないが，越冬後の花蜜供給源として有用と思われる。セリ科植物のさまざまな種類が海外でも天敵温存植物として報告されている。

トウモロコシはスイートコーンや飼料用でも問題ないが，雄花の花粉がヒメハナカメムシ類やカブリダニ類の餌として有用であり，圃場周辺に風よけも兼ねて植栽する。ソルゴーと同様，トウモロコシに発生するアブラムシ類で多様な種類の捕食性天敵が発生し，この天敵群集が圃場内で発生するアブラムシ類に対して働くと期待される。また，花粉が存在する時期にはヒメハナカメムシ類も繁殖する。

オクラはここまで述べてきた天敵温存植物や天敵温存作物と異なり，花の花粉や花蜜が天敵に有用というわけではないが，葉や芽で毎朝分泌される真珠体をヒメハナカメムシ類が摂食し，餌となる虫が非常に少ない場合でも生存できる（図8）。うねの両端や圃場の横に植えることで，圃場内でのヒメハナカメムシ類の持続性が高まる。なお，品種や季節により真珠体の分泌量や大きさが異なる場合もある。

【検討課題】

天敵温存植物として多様な種類の植物が報告されているが，本稿では確実な裏付けデータと，何よりも実際の栽培圃場での適用例があるもののみに限定し，紹介した。日本の圃場の狭さを考えると，欧米で開発，普及しているような天敵温存植物の利用方法をそのまま日本の農業に持ち込むことはできない。

また，天敵温存植物として実験室で高い評価が国内外で得られていても，天敵が実際にその花に飛来するかどうかは別の問題であり，天敵に対する誘引性などは不明である。

最初にも述べたように，バンカー植物とは異なり，天敵温存植物は多様な種類の捕食者や寄生性天敵（寄生蜂や寄生バエ）を誘引，強化できる可能性がある。しかし，花の雄しべや蜜腺と花弁の空間の広さが，利用できる天敵の種類を制限しているという報告もある。

また，花粉や花蜜が害虫の発生を促す場合も指摘されている。今後，対象となる害虫群集とその天敵群集に対する評価が進み，さらに実際の生産現場での実証データが蓄積されれば，もう少し確実な利用ができる日がくると思われる。

ただ，天敵温存植物のよいところは，自分の畑に植えて，実際に観察できるところであり，小さい花の集合花，白や青，黄色の花を基準に試す価値はある。

（大野和朗）

天敵温存植物10草種の特性と利用場面

●天敵の力を発揮させるために

多くの天敵は、活動するための栄養源として、動物質の餌のほかに植物質の餌を食べている。特に花粉や花蜜は、天敵（特に成虫）の活動にとって重要な役割を果たしている。ところが、農作物を栽培する圃場には、栄養源となる花粉や花蜜が少ないことが多く、そのために天敵が本来の力を発揮できないことがわかってきた。

そこで、農作物と一緒に天敵の餌となる植物を植え、天敵の働きを高める（強化する）技術が開発されている。ここで使われる植物が天敵温存植物である。天敵温存植物は天敵の餌となるだけでなく、隠れ場所としての役割を果たすこともあり、天敵を活用するうえで重要な役割を果たしている。

とはいえ、やみくもに天敵温存植物を使えばよいというわけではない。天敵温存植物を利用する際は、圃場の状況や栽培方法も考慮して作物ごとに使いやすい植物種を選ぶ必要がある。ここでは、天敵温存植物10草種の特性と植物種ごとの利用場面について簡単に解説する。

●見た目がきれいな天敵温存植物

多くの天敵が花粉や花蜜を食べることから、花を多く咲かせる植物が天敵温存植物として注目されている。こうした植物にはガーデニング用として園芸店で販売されているものが多く、圃場に植栽すればきれいな花を咲かせる。そのため、天敵を強化するだけでなく、作業環境を美しく改善する効果も期待できる。

◎クレオメ（図1）

クレオメには、タバコカスミカメを強化する効果がある。タバコカスミカメはクレオメの花や成長点付近に多く集まるが、茎や葉だけでも十分に増殖する。温暖な地域では、露地でクレオメを栽培すると、土着のタバコカスミカメが自然に発生し、増殖する。クレオメは比較的低温に強く、促成栽培施設でも利用できる。ただし、大きくなる

図1 クレオメ（フウチョウソウ科）

図2 スイートアリッサム（アブラナ科）

と高さ2mを超えるうえ、横にも広がるため、圃場に植栽する場合はスペースが必要になる。1株で維持できるタバコカスミカメの数が非常に多いため、高密度に植える必要はない。

◎スイートアリッサム（図2）

スイートアリッサムの花には、カブリダニ類やタバコカスミカメ、ヒメハナカメムシ類、ヒラタアブ類の成虫を強化する効果がある。高さ30cm程度の小山状に生育するため、圃場に植栽する際に場所をとらない。低温に強く、温暖な地域であれば露地でも冬期に生育・開花し、促成栽培施設でも十分に生育する。ただし、高温に弱いため、盛暑期には生育が悪くなる。また、アブラナ科であるため、品種や環境によってはアブラナ科野菜類の害虫が発生することがあるので注意が必要で

天敵温存植物 10 草種の特性と利用場面

図3　スカエボラ（クサトベラ科）

図4　ハゼリソウ（ハゼリソウ科）（井上栄明撮影）

図5　バーベナ（クマツヅラ科）

図6　マリーゴールド（キク科）（奈良県農業研究開発センター提供）

ある。

◎スカエボラ（図3）

　スカエボラの花には，ヒメハナカメムシ類やカブリダニ類を強化する効果がある。匍匐性の草花で，生育すると横に広がり，縦方向には伸びない。そのため，農作物と同じうね上に混植できる。露地では春から秋にかけて開花する。促成栽培施設では日当たりのよい場所であれば，作期を通して生育・開花するが，日当たりが悪いと十分に生育しない。スカエボラは苗でしか販売されていないため，圃場へ植栽する際には定植作業が必要になる。なお，園芸店などでは「ブルーファンフラワー」として販売されていることが多い。

◎ハゼリソウ（図4）

　ハゼリソウの花にはヒラタアブ類の成虫を強化する効果がある。草丈は50cm程度になるが，1株当たりの開花数が少ないため，十分な効果を得るためには，スペースを確保したうえで，すじ播きにするとよい。このような特性から，露地栽培に適している。なお，春先に播種しても開花しないことがあるため，播種時期に注意する必要がある。もともとは緑肥植物として利用されており，緑肥としても利用できる。

◎バーベナ（図5）

　バーベナにはタバコカスミカメを強化する効果がある。タバコカスミカメは花や成長点に集まるが，茎や葉だけでも増殖する。バーベナにはさまざまな品種があるが，現時点で効果が確認されているのは，バーベナ'タピアン'である。バーベナは匍匐性で横に広がり，縦方向には生育しない。露地ではゴマやクレオメほどタバコカスミカメが集まらないが，施設ではよく定着する。苗でしか販売されていないため，圃場に植栽する際には定植作業が必要になる。

◎マリーゴールド（図6）

マリーゴールドの花にはヒメハナカメムシ類を強化する効果がある。マリーゴールドにはさまざまな種類があるが，これまでに効果が確認されているのはフレンチ・マリーゴールドである。草丈は30～50cmになる。主に露地栽培で効果が確認されている。

●収穫できる天敵温存植物

農作物として栽培される植物のなかにも天敵温存植物として使えるものがある。これらの植物には，天敵を強化する機能に加えて，収穫できるというメリットもある。

◎オクラ（図7）

オクラにはヒメハナカメムシ類を強化する効果がある。ヒメハナカメムシ類はオクラの成長点付近の蕾に多く集まる。また，オクラの茎や葉には真珠体と呼ばれる透明な粒があり，これがヒメハナカメムシ類の栄養源になることがわかっている。品種によっては高さ2m以上になるため，圃場に植栽する際にはスペースが必要になる。そのため，露地栽培に向いている。

◎ゴマ（図8）

ゴマにはタバコカスミカメを強化する効果がある。温暖な地域の露地でゴマを栽培すれば，土着のタバコカスミカメが自然に発生し，増殖する。タバコカスミカメはゴマの成長点付近に多く発生する。ゴマは最大で高さ1～1.5mになるが，横には広がらない。促成栽培では厳冬期に生育が悪くなって枯れてしまうため，利用場面としては促成栽培の前半や露地栽培が適している。また，露地でゴマを栽培してタバコカスミカメを定着させ，枝ごと切り取って施設内に移すこともできる。

◎バジル（図9）

バジルの花にはヒメハナカメムシ類，ヒラタアブ類の成虫を強化する効果がある。バジルにはさまざまな種類があるが，天敵に対する効果が多く

図7　オクラ（アオイ科）

図8　ゴマ（ゴマ科）

図9　バジル（シソ科）

図10　ソバ（タデ科）

報告されているのはスイートバジルである。スイートバジルは高さ50～80cm程度になり、横にも広がるため、植栽する際はスペースが必要になる。促成栽培では日当たりが悪いと十分に開花しないため、注意が必要である。

◎ソバ（図10）

ソバの花にはヒメハナカメムシ類、ヒラタアブ類の成虫を強化する効果がある。ソバは生育すると高さ1m近くになる。1株当たりの開花数が少ないため、十分な効果を得るためには、広いスペースを確保したうえで、すじ播きにするとよい。ソバは倒伏に弱いため、倒伏防止の対策が必要になる。

● 地域ごとに技術を磨く

「天敵の強化」という面に注目すれば、天敵温存植物は非常に便利な植物である。しかし、実際に圃場に導入する際には注意も必要である。露地栽培では、同じ天敵温存植物を使っても、利用する地域や時期によってその効果が大きく異なることがある。そもそも天敵種によって分布域が異なるわけであるから、当然である。たとえば、タバコカスミカメは、西南暖地では露地でクレオメやゴマを栽培すると簡単に発生するが、冷涼な地域ではほとんど発生しない。

また、天敵温存植物さえあれば、すべての害虫を抑制できるわけではなく、害虫や病気によっては化学農薬の散布が必要になることも忘れてはいけない。薬剤を散布する場合は、天敵に影響の少ない選択的農薬を使って天敵を保護する必要がある。このように、一方で天敵の働きを強化しつつ、一方で天敵が減らないように保護することが重要であり、こうした取組みをまとめて「天敵の保護・強化」という。

以上のように、天敵温存植物を導入する場合は、天敵と天敵温存植物だけでなく、他のさまざまな条件を考えながら、害虫管理体系を築いていかなければならない。そのためには、生産者、指導員、普及員が一体となり、ときには研究者やメーカーを巻き込んで、試行錯誤する必要がある。そうすれば地域にあった上手な使い方が見えてくるだろう。

（安部順一朗）

天敵温存ハウス

【ねらいと特徴】

天敵温存ハウス（図1）とは，土着天敵の維持・増殖を目的とした専用の施設である。高知県内では育苗用ハウスや遊休ハウスが利用される場合が多い。

【効果とメリット】

土着天敵の害虫類に対する働きが注目されるようになり，生産現場でも高い関心が寄せられている。しかし，土着天敵の多くは市販されていないことから，防除に必要な個体数を安定して確保することは難しい。その解決のため，高知県の生産現場発の取組みとして温存ハウスの利用が始まった。

一般的に天敵として利用されている昆虫類には，増殖のために動物質の餌を必要とする種が多い。そのため，当初は温存ハウス内でナスやインゲン，カボチャなどを栽培し，それらの作物で発生するアザミウマ類，コナジラミ類，アブラムシ類などの害虫を餌に土着天敵類の維持・増殖が行なわれた。

タバコカスミカメ（図2）は微小昆虫類を捕食する肉食性の昆虫である一方で，タバコやトマトを加害する害虫であるなど植食性の面をもっており，ゴマのみを餌とした場合でも増殖することが現場の取組みや研究を通して明らかになった（中石，2013）。そのため，現在は，ゴマを利用した本種の維持・増殖が盛んに行なわれている。

図1　天敵温存ハウスの様子

図2　ゴマ上でのタバコカスミカメ成虫

【実施条件】

ここで紹介する温存ハウス内でのタバコカスミカメの維持・増殖技術は，高知県での事例をもとに冬春栽培での利用を想定したものである。

【対象品目と対象害虫】

タバコカスミカメはアザミウマ類，コナジラミ類の天敵であり，高知県内では主にナス類，ピーマン類で導入されているが，他品目での利用方法の検討も行なわれている。

【実施方法】

●温存ハウスでのゴマの作付体系

温存ハウス内で栽培するゴマは2～3か月程度で枯死することから，一定期間タバコカスミカメを維持するためにはゴマを複数回定植（または播種）する必要がある。まず，6月中旬に草丈約15cm程度のゴマを定植し，増殖源となるタバコカスミカメを6月下旬に放飼した後，7月上旬，8月下旬，10月中旬に順次ゴマを追加定植する（図3）。ゴマを密植あるいは過湿条件で栽培すると立枯症が発生しやすいことから，株間は20cm，条間は30cm程度とり（図

図3 温存ハウスでのタバコカスミカメの温存・増殖に適したゴマの栽培体系
◎はゴマの定植，□はタバコカスミカメの採集可能な時期，×はゴマの栽培終了を示す
農林水産省委託プロジェクト研究「気候変動に対応した循環型食料生産等の確立のためのプロジェクト（土着天敵を有効活用した害虫防除システムの開発）」による成果

図4 温存ハウス内に定植されたゴマ

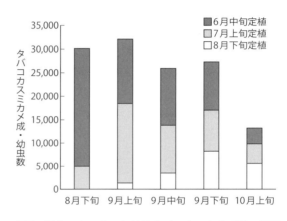

図5 温存ハウス内におけるタバコカスミカメ数の推移
（中石ら，未発表）

1) タバコカスミカメ数はゴマ180株当たりを示す
2) 6月下旬に温存ハウス内（面積40m²）にタバコカスミカメ成虫200頭を放飼した
3) 農林水産省委託プロジェクト研究「気候変動に対応した循環型食料生産等の確立のためのプロジェクト（土着天敵を有効活用した害虫防除システムの開発）」による成果

4)，灌水過多に注意する。この栽培体系で施設果菜類での導入時期に当たる8月下旬から11月中旬にかけて本天敵を確保することが可能となる。なお、直接播種する場合には、それぞれの定植時期の約10〜14日程度早めに準備する必要がある。その際には、すじ播きとし、ある程度生育した後に間引きする。

本体系に基づいて行なった事例を中石ら（未発表）が調査したところ、40m²の温存ハウスで180株のゴマを栽培し、増殖元としてのタバコカスミカメ成虫200頭を導入することで、8月下旬から10月上旬にかけて1万3,000〜3万2,000頭の確保が可能であるというデータが得られた（図5）。これらを参考にゴマの栽培規模を調整することで、タバコカスミカメの必要数に応じた計画的な確保が可能となる。ゴマは種子の外皮の色により黒ゴマ、白ゴマ、茶ゴマに分類されるが、現場の事例からはタバコカスミカメの増殖に大きな差は見られないようである。なお、栽培終了時には次作の種子を確保しておく必要がある。

露地栽培でも6〜8月の高温時であれば温存ハウスと同様の作付体系でタバコカスミカメの確保が可能である。この方法であれば専用施設が不要であるためコストが抑えられ、手軽に取り組みやすい。しかし、降雨や台風など気象条件の影響により導入に必要な個体数を確保できない事例も見られることから、露地での確保はあくまでも補完的な位置づけとすべきである。

生産現場ではクレオメ（図6）も温存ハウスでの増殖植物として利用されている。タバコカスミカメの増殖はゴマに比べやや劣るようであるが、追い播きの必要もなく、灌水過多による悪影響も小さいようであり、現場ではゴマに次ぐ有望な温存植物ととらえられている。

図6 新たな温存植物として注目されているクレオメ

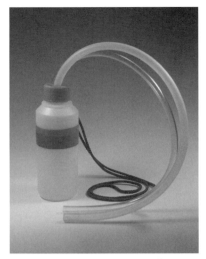

図7 天敵の採集に用いる吸虫管

●タバコカスミカメの確保

温存ハウスでのタバコカスミカメの増殖用個体は冬春栽培の終了時の圃場内から確保する。採集には吸虫管(図7)などを利用する。温存ハウスの規模にもよるが,最初導入するタバコカスミカメ個体数は数百頭程度でよいことから,比較的短時間で必要量を確保できる。

なお,高知県の事例(中石ら,未発表)では促成栽培ナスの作終了時には,約1万8,000～7万3,000頭/10aのタバコカスミカメが圃場内で生息していることを確認している(表1)。そのため,温存ハウスでの利用だけではなく県内の作付時期の異なる雨よけ栽培地域で利用する「天敵の産地間リレー」といった取組みも行なわれている。

●栽培圃場への導入

栽培圃場への導入には吸虫管による採集,温存ハウス内のゴマを刈り取り持ち込む,導入用ゴマの利用,などの方法がある。吸虫管による採集は導入数の把握といった面で確実な方法ではあるが,必要数を確保するためには時間を要するなど労力面で問題がある。温存ハウス内のゴマを刈り取り持ち込む方法では比較的簡単に大量放飼が可能である。

導入用ゴマの利用とは,ポット植えのゴマを温存ハウス内に一定期間置き,タバコカスミカメをそれらに移動させた後に栽培圃場へ持ち込んで,定植する方法である。苗の準備などの労力面の問題はあるが,卵から成虫までのさまざまなステージのタバコカスミカメの導入が可能となり,定植したゴマ上での温存も期待できるため,圃場内での定着性が高くなるなどのメリットもある。

表1 高知県の促成ナスにおける栽培終期のタバコカスミカメの生息数 (中石ら,未発表)

	圃場A	圃場B	圃場C	圃場D
栽培面積 (m²)	1,000	1,600	1,000	1,100
放飼頭数	1,500	500	500	1,000
放飼時期	10月	9月	11月	9～11月
10a当たりの推定生息数 (頭)	73,222	48,686	59,741	17,827
備考				病害のため落葉激しい

注 1) ナスの栽培期間は2011年9月～2012年6月で,調査は5月中旬に行なった
2) 農林水産省委託プロジェクト研究「気候変動に対応した循環型食料生産等の確立のためのプロジェクト(土着天敵を有効活用した害虫防除システムの開発)」による成果

【問題発生時の対応】

温存ハウスで栽培するゴマには，ミナミアオカメムシなどの害虫が発生することから，ゴマを刈り取って圃場に導入する場合には，これらも同時に持ち込む恐れがある。そのため，十分に観察して取り除くほか，圃場内では害虫が通過できない細かな目合いのネット内に入れるなどの注意が必要である。

【その他の注意事項】

前述のようにタバコカスミカメはタバコ，トマトの害虫であり，高知県内ではピーマン，シシトウなどでも本種によると考えられる被害果の発生が確認されている。そのため，周辺に被害の発生する恐れのある作物がある場合には，温存ハウスでの維持・増殖の際には開口部へ1mm目合い以下の防虫ネットを展張するなど，周辺への飛び出しを抑える対策を十分にとる必要がある。また，ネットの展張はミナミアオカメムシなどの害虫カメムシ類のハウス内への飛び込みを軽減する効果も期待できる。

（下元満喜）

吸虫管による天敵の採集方法

図1 手づくりの吸虫管
一方の管の先を虫に近づけ，もう一方の管をくわえて吸い込むと，虫が捕獲される

図2 吸虫管による捕獲
クズの下で白いシートに受けたクロヒョウタンカスミカメを吸虫管で吸い取る

　吸虫管は図1のように自作できる。用意する材料は，タッパーなどのプラスチック製の円筒状容器，内径5〜6mmのビニールやシリコンのチューブで，ホームセンターなどで入手できる。容器の蓋に2つの穴をあけ，2本のチューブを挿し込むだけのシンプルな構造である。一方のチューブの先を口で吸うと，もう一方のチューブの先から容器の中に虫を吸引できる。口で吸う側のチューブの下側（容器側）の穴の先は，口の中に虫を吸い込まないようにガーゼなどで覆う。空気が漏れないように，チューブと容器の蓋との境は，木工ボンドなどで隙間をふさぐ。容器の中に裁断した紙を入れておくと，吸い込まれた天敵のクッション材になる。

　たとえばクロヒョウタンカスミカメはクズやヨモギなどの雑草に生息しており，天敵が生息する茂みを揺すると天敵が下に落ちてくるので，これを吸虫管で1頭ずつ吸い取る。その際には図2のように白いシートを利用すると，天敵が見やすくなり，効率よく捕獲できる。落ち葉や枯れ枝が付着しにくい，タイベックなどの表面がつるつるしたシートがよい。すべて農家のアイデアから生まれた方法である。

（下元満喜・榎本哲也）

バンカー法

【ねらいと特徴】

バンカー法(banker plant system)は、長期継続的な害虫防除を目的として、栽培作物圃場内に設置したバンカー植物(banker plant)により継続的な天敵の増殖と圃場への放飼を実現する技術である(Frank, 2010)。バンカー(＝banker)は銀行家の意味であり、天敵を温存する「天敵銀行」を用いた害虫防除技術である(図1)。

バンカー植物は、天敵の継続的な増殖を可能とするための、代替寄主(代替餌、多くの場合、害虫でないもの)とその寄主植物のセットである。天敵個体群を維持する開放型飼育ユニット(open rearing unit)として機能する。つまり、圃場内で天敵を放し飼いにするということである(矢野、2011)。花粉や植物体自体などで天敵の増殖が可能な場合には、代替寄主昆虫(代替餌昆虫)がなくても、バンカー植物の役割を果たすこととなる。

ただし、日本語で「バンカー植物」といった場合、代替餌の必要性がイメージされにくいため、単に「バンカー」と呼ぶことにした(長坂ら、2010)。「バンカー」は天敵個体群を維持・増殖する場ということである。

このバンカー法により、天敵による予防的防除と長期継続的な防除を可能とする。圃場への害虫侵入より前に、このバンカーを確立し、天敵で害虫を待ち伏せする体制をつくる。害虫低密度状態から天敵を機能させることで、安定した防除が可能となる。

また、害虫発生の危険がある時期を通して、このバンカーを維持し、常に天敵が存在する状態を保つことにより、長期継続的な防除も可能となる。

「バンカー植物」は、研究の流れとしては施設内での利用を前提としてきた(van Lenteren, 1995; Yano, 2006; 長坂ら、2010)が、現在では、露地のバンカー法もあり得るという認識である(Frank, 2010; Parolin, 2012)。

【効果とメリット】

バンカー法により、予防的防除が可能となる。天敵は、繁殖を繰り返して世代を継続し、長期的な効果を期待できるはずのものであるが、作物上に餌となる害虫がいなければ圃場に定着することができず、放飼が無駄となる。バンカー法は、代替寄主(代替餌)を供給するので、事前に計画的に実施できる防除対策である。

天敵を活用する場合には通常、接種的放飼が行なわれる。これは害虫の発生を確認した後に天敵を放飼する方法である。この放飼法による害虫防除では、天敵を放飼するタイミングの決定が難しい。タイミングが早すぎると餌となる害虫が不足して天敵の定着が悪くなり、逆にタイミングが遅いと天敵が害虫の密度を抑制できず被害が発生してしまう。このタイミングを計るための調査にも時間と労力がかかる。実際上、生産者がこのタイミングを計ることができるようになるまでには経験の蓄積が必要であ

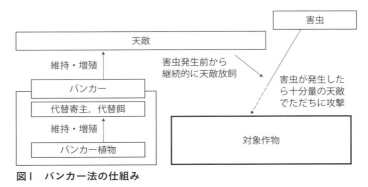

図1　バンカー法の仕組み

る。バンカー法は害虫の発生前から実施するものであり，放飼タイミングの問題を解決する方法である。

　天敵を活用する際，害虫の発生量に見合った十分量の天敵を放飼できれば，あるいは，短い周期で定期的に放飼することができれば，上記のタイミングの問題はカバーできる。しかし，そのためには相応のコストがかかる。バンカー法を実施することにより，低コストで天敵密度を高めること，そして継続的な天敵利用が可能となる。

　バンカー法がうまく機能した場合には，殺虫剤の散布回数を減少させることができる。ナス，ピーマンでのアブラムシ対策の場合には，従来の4分の1程度となった実証試験例がある。また，有機栽培などでは，壊滅的な被害を防止できる確率が高まる。

【実施条件】

　害虫から保護すべき作物が長期間圃場に存在する場合で，どの時点で害虫が侵入するかわからないが，ほぼ確実に発生することが予想される害虫に対して，バンカー法のメリットを生かすことができる。一作一作は短くても同じ圃場内に連続して作物が存在する場合には，長期間保護する必要があり，バンカー法を実施する対象作物として考えられる。まれにしか発生しない害虫や長期間保護する必要のない作物に対しては，別の効果的な手段を検討するほうがよい。

　バンカー法で用いる天敵は，害虫低密度条件で働

表1　圃場（温室や露地）での実証試験が行なわれたバンカー法

作物	対象害虫	用いる天敵	代替寄主（代替餌）	バンカー植物
キュウリ，スイカ，メロン	（アブラムシ類）ワタアブラムシ，モモアカアブラムシ	（アブラバチ類）コレマンアブラバチ	ムギクビレアブラムシ	オオムギ，コムギ，トウモロコシ，キビ，イネ科雑草
キュウリ	ジャガイモヒゲナガアブラムシ，チューリップヒゲナガアブラムシ	エルビアブラバチ	ムギクビレアブラムシ	不明
キュウリ	ワタアブラムシ	Aphidius matricariae	ムギクビレアブラムシ	コムギ
キュウリ，ピーマン	ワタアブラムシ	Lysiphlebus testaceipes	ムギミドリアブラムシ	ソルゴー，イネ科雑草
パプリカ	モモアカアブラムシ	Ephedrus cerasicola	モモアカアブラムシ	パプリカ
カリフラワー	ダイコンアブラムシ	ダイコンアブラバチ	ダイコンアブラムシ，モモアカアブラムシ	キャベツ，カブ
ピーマン	モモアカアブラムシ，チューリップヒゲナガアブラムシ	（アブラコバチ類）Aphelinus abdomnialis	ムギヒゲナガアブラムシ，ムギクビレアブラムシ	エンバク
バラ	モモアカアブラムシ，チューリップヒゲナガアブラムシ	Aphelinus abdomnialis	チューリップヒゲナガアブラムシ	ジャガイモ
メロン，キュウリ	ワタアブラムシ，モモアカアブラムシ	（タマバエ類）ショクガタマバエ	ムギクビレアブラムシ，トウモロコシアブラムシ，ムギミドリアブラムシ	オオムギ，コムギ
ピーマン	モモアカアブラムシ	ショクガタマバエ	ソラマメヒゲナガアブラムシ	ソラマメ
トマト	（コナジラミ類）オンシツコナジラミ	（ツヤコバチ類）オンシツツヤコバチ	オンシツコナジラミ	トマト
カンタロープ	タバココナジラミ	Eretmocerus hayati	タバココナジラミ	カンタロープ
トマト	オンシツコナジラミ	（カスミカメムシ類）Dicyphus hesperus	バンカー植物自体（雑食性でこの植物への産卵，増殖が可能）	ミューレン

注　Frank（2010）をもとに矢野（2011）が作成した表を改変

表2 日本で生産圃場での利用あるいは圃場試験がなされたバンカー法

作物	対象害虫	用いる天敵	代替寄主（代替餌）	バンカー植物	生産者による実施事例あり(◎)圃場試験事例あり(○)	備考
ナス, ピーマン, シシトウ, キュウリ, イチゴ, トマト, ミニトマト, スプレーギク, シュンギク, レタス, ホウレンソウ, エンサイ	(アブラムシ類)ワタアブラムシ, モモアカアブラムシ	(アブラバチ類)コレマンアブラバチ	ムギクビレアブラムシ	オオムギ, コムギ, エンバク, ハダカムギなど	◎	ナス・ピーマン, イチゴ用マニュアルあり
			ムギクビレアブラムシ, トウモロコシアブラムシ	オオムギ, トウモロコシ, ソルゴー	◎	トウモロコシアブラムシを代替寄主にする場合には, コムギ, エンバクは不適
コマツナ, ミズナ, チンゲンサイ, ミニハクサイ, クレソン, セルリー	モモアカアブラムシ	コレマンアブラバチ	ムギクビレアブラムシ, トウモロコシアブラムシ	オオムギ	◎	セルリーではムギクビレアブラムシが害虫となったケースがあるので, 代替寄主をトウモロコシアブラムシにする
ピーマン	ジャガイモヒゲナガアブラムシ, モモアカアブラムシ	ギフアブラバチ（土着天敵）	ムギヒゲナガアブラムシ	オオムギ, コムギ	○	
イチゴ	ワタアブラムシ, モモアカアブラムシ, チューリップヒゲナガアブラムシ	ナケルクロアブラバチ（土着天敵）	トウモロコシアブラムシ, ムギクビレアブラムシ	オオムギ	○	
コマツナ, ミズナ, チンゲンサイ, ミニハクサイ	モモアカアブラムシ, ダイコンアブラムシ, ニセダイコンアブラムシ	ダイコンアブラバチ（土着天敵）	トウモロコシアブラムシ	オオムギ	○	
レタス（フリルレタス, サニーレタスなど）	チューリップヒゲナガアブラムシ, ジャガイモヒゲナガアブラムシ, モモアカアブラムシ	(アブラコバチ類)チャバラアブラコバチ	ムギクビレアブラムシ	コムギ, ハダカムギ	◎	
ナス, ピーマン, シシトウ, トマト	ワタアブラムシ, モモアカアブラムシ, チューリップヒゲナガアブラムシ, ジャガイモヒゲナガアブラムシ	(タマバエ類)ショクガタマバエ	ムギクビレアブラムシ	オオムギ, コムギ	◎	"オオムギ上のトウモロコシアブラムシを使う方法も可（ショクガタマバエは販売中止中)
万願寺トウガラシ	ワタアブラムシ, モモアカアブラムシ, チューリップヒゲナガアブラムシ, ジャガイモヒゲナガアブラムシ	ショクガタマバエ	ヒエノアブラムシ	ソルゴー	○	マニュアルあり
ピーマン, ナス, シシトウ, エンサイ	ワタアブラムシ, モモアカアブラムシ, チューリップヒゲナガアブラムシ, ジャガイモヒゲナガアブラムシ	(テントウムシ類)ヒメカメノコテントウ	ムギクビレアブラムシ	コムギ, オオムギ, ハダカムギ	◎	
			ヒエノアブラムシ	ソルゴー	◎	
ナス, ピーマン, キュウリ	(コナジラミ類・アザミウマ類)コナジラミ類, アザミウマ類	(カスミカメムシ類)タバコカスミカメ（土着天敵)	バンカー植物自体（雑食性でこの植物への産卵, 増殖が可能)	ゴマ, クレオメ	◎	前項で詳述品種によって作物に実害が出ることがある
キュウリ, トマト	コナジラミ類, アザミウマ類	タバコカスミカメ（土着天敵)	バンカー植物自体（雑食性でこの植物への産卵, 増殖が可能)	スカエボラ, バーベナ	○	
パプリカ	コナジラミ類, アザミウマ類	(カブリダニ類)キイカブリダニ	クサキイロアザミウマ	オオムギ	○	

くことや，代替寄主（代替餌）を効率的に利用できる特性をもつことが望ましい。代替寄主を急激に消費する天敵は，長期継続的な維持・増殖のために，代替寄主を頻繁に追加する必要がでてくるため，システムの維持に手間とコストがかかる。植物のみで代替餌として天敵個体群の維持・増殖ができる場合には，昆虫を代替餌にせざるを得ない場合より天敵個体群の管理がしやすい。

圃場内でのバンカーの設置規模や設置間隔は，用いる天敵の移動性や寄主選好性との関係で検討する必要がある。また，作物の栽培方法に応じて，管理作業の妨げとならない場所との兼ね合いから，効率的な規模と配置を検討する必要もある。

【対象品目と対象害虫】

現状として実施可能なバンカー法は，ナスやピーマン，イチゴなどの施設栽培において，ワタアブラムシやモモアカアブラムシに対してコレマンアブラバチを用いる方法や，先の項で紹介されているナスやピーマン，キュウリなどの施設栽培において，コナジラミ類，アザミウマ類に対して土着天敵タバコカスミカメを用いる方法である。以下の品目別実施方法では，前者のコレマンアブラバチを用いたバンカー法を解説する。

このほか，ピーマンの施設栽培でのジャガイモヒゲナガアブラムシ対策として土着天敵ギフアブラバチを用いるバンカー法，ピーマン，ナスの施設栽培でのアブラムシ類対策としてヒメカメノコテントウを用いるバンカー法も一部で試みられている。

アブラムシ類対策としてショクガタマバエを用いるバンカー法については，天敵製剤が入手可能だった時期（2011年）にマニュアルが作成されたが，現在は天敵製剤が販売されていないため，土着のショクガタマバエを用いての方法となる。

圃場（温室や露地）での実証試験の報告のあるバンカー法の一覧を表1〔Frank（2010）をもとに矢野（2011）が作成した表を，著者が改変〕にあげた。ここでは，代替寄主が害虫の場合でも，天敵個体群を維持するので，バンカー法としてリストされている。

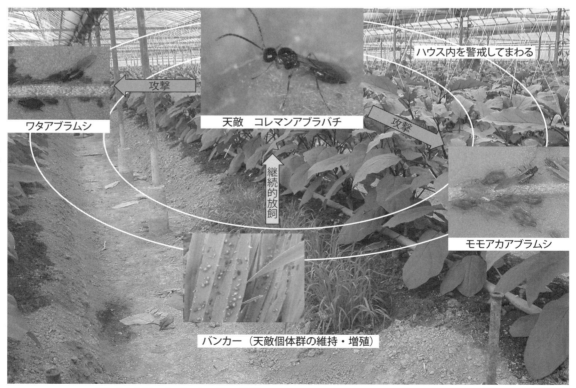

図2　コレマンアブラバチを用いたバンカー法の仕組み

また，日本において生産者の利用があるバンカー法，あるいは圃場試験が行なわれたバンカー法の一覧を表2にあげた。作物上の対象害虫や時期により，選択する天敵や代替寄主，バンカー植物は変わる。

【品目別実施方法】

〈施設ナス・ピーマン〉
●バンカー法の効果とポイント

　ナス，ピーマンなどの促成栽培では，ワタアブラムシ，モモアカアブラムシを長期間にわたって防除する必要があるので，これらに寄生性の高い天敵コレマンアブラバチを用いたバンカー法が有用である（図2）。

　この天敵を維持する代替寄主としてムギクビレアブラムシまたはトウモロコシアブラムシを使い，この代替寄主を維持するバンカー植物としてムギ類（オオムギなど）を用いる。トウモロコシアブラムシを代替寄主とする場合には，バンカー植物としてはコムギやエンバクは不適である（図3）。

　バンカー法がうまく機能している場合には，侵入してきたアブラムシ類は低密度のうちに防除される。アブラムシ類のコロニーができないか，できたとしても次々にマミー化（寄生されて体内は食い尽くされ，代わりに天敵の蛹が形成され，アブラムシの外皮がひからびて残っている状態）し，コロニーが拡大しない状態で抑えられていく。

　実際にバンカー法を実施した施設のなかには，アブラムシ類に対して殺虫剤を散布することなく作を終えた例もある。こうした施設では，アブラムシ類への殺虫剤散布を削減できたため，アザミウマ類など重要な害虫への天敵利用や受粉昆虫利用における阻害要因を減少させることができた。

　ここまで理想的に機能しない場合でも，コレマンアブラバチがアブラムシ類の侵入を待ち構える体制をつくっていることで，アブラムシ類の増殖が遅くなるため，気づかないうちに発生が拡大していたということは少なくなる。多くの場合，殺虫剤の部分散布で対応可能となり，全面散布に比較すれば，労力の軽減と，施設内の有用昆虫への悪影響を減ずる

産卵中のコレマンアブラバチ成虫

代替寄主：ムギクビレアブラムシ

代替寄主で形成されたマミー

代替寄主：トウモロコシアブラムシ

図3　天敵コレマンアブラバチと代表的な代替寄主

ことができる。

●基本的な手順

例年の害虫発生の様相から，アブラムシ類が問題となるよりも前に天敵コレマンアブラバチがバンカーに定着するよう，作業計画を立てる（図4）。たとえば，促成栽培で2月以降の収穫盛期のアブラムシ類の防除を目的とする場合には，1月中に天敵が定着している状態にするために，11月下旬までにムギ類を播種し，12月中旬までにムギクビレアブラムシ接種，1月上旬までに天敵放飼などとする。

10a当たり4～6か所にムギ類（バンカー植物）の種を播く。1か所当たり直播き1mまたはプランター1個，種子は1か所当たり約5g，天窓下などに分散して配置する（図5）。

ムギ類の播種から1～2週間後（草丈10～15cm程度）に，ムギクビレアブラムシをバンカー植物に接種する。

ムギクビレアブラムシの接種から1～2週間後，ムギ上でムギクビレアブラムシが定着（平均10匹/茎以上）したら，コレマンアブラバチを放飼する（10a当たり1～2ボトル，バンカーの設置数に小分けして放飼）。ここでムギクビレアブラムシを増やしすぎると，ムギが枯れることがある。あるいは，次世代で天敵が増えすぎて，ムギクビレアブラムシが過度の攻撃を受けて，いなくなったりすることがある。

コレマンアブラバチ放飼1～2か月後に，マミーが目立つ一方で，ムギクビレアブラムシが見られなくなる場合には，ムギクビレアブラムシを追加接種する。

播種後3か月程度して，ムギが硬くなり，ムギクビレアブラムシが減少してきたら，バンカーを更新するため，新たにムギ類の種を播く。

更新したバンカー植物にムギクビレアブラムシが自然に移ってこない場合には，ムギクビレアブラム

図4　バンカー法の実施手順の概略
ムギ類が10～15cmに育った時点で，ムギクビレアブラムシのついたムギ類（A，市販資材では「アフィバンク」）をプランターや地植えのムギの間に植え込むなどしてムギクビレアブラムシを接種する（B）
ムギクビレアブラムシが株元に定着したころに，コレマンアブラバチを放飼する（C）。放飼後2週間程度でマミーができはじめる（ただし，低温期には4週間かかることがある）。その後は，株元でムギクビレアブラムシとマミーが適度に維持される状態（D）が保たれるよう，ムギクビレアブラムシの追加や，ムギ類の更新をする

図5 連棟ハウスの谷部分に地植えのバンカーと移動可能なプランターのバンカーを設置
10a当たり4〜6か所設置する

図6 代替寄主ムギクビレアブラムシを共同で維持するためのネットケージの例

シを接種する。このとき，コレマンアブラバチが多い場合には，網かけ（0.6mm目合い以下）をしてムギクビレアブラムシを保護する。そして，約2週間後にムギクビレアブラムシが十分増殖したのを確認してから，網をはずす。

追加用のムギクビレアブラムシは別途用意する必要がある。生産部会などで近辺の複数の施設がバンカー法を実施する場合には，共同で代替寄主を維持しておくようにすると，代替寄主の追加接種に便利であり，また経済的でもある。この際，簡易なネットケージを用意するとよい（図6）。

前述のようにして，各バンカーで常にマミーが見られる状態を維持する。天敵を多く増やそうとするのではなく，常に存在するよう「維持」を心がける。

バンカー法がうまくいっている場合には，アブラムシ類が低密度のうちに防除されていくため，アブラムシ類のコロニーはほとんど見られない。この現象から，発生の少ない年であると誤認してはいけない。アブラムシ類の侵入の危険がある時期が終了するまではバンカーの管理をきちんと行なうようにする。

●問題発生時の対応

バンカー法を実施していても，アブラムシ類のコロニーができ，有翅虫が発生したり，甘露ですす病が出始めたりしたときには，何らかの原因でバンカー法がうまく機能していない可能性がある。

バンカー法失敗の原因としては以下が考えられる。

①バンカーの設置が遅れた。つまり，アブラムシ類の侵入より前に天敵の定着ができなかった。

②二次寄生蜂が侵入した。

③コロニーをつくっているアブラムシ類がジャガイモヒゲナガアブラムシやチューリップヒゲナガアブラムシだった。

④バンカー設置数が不足した。

⑤バンカー設置場所が分散されていなかった。

⑥天窓，側窓に防虫ネットが施してないなどにより，アブラムシ類の侵入量が多すぎた。

上記①に関しては，次年度以降は早めのスケジュールに切り替える。

上記②に関して，天敵のアブラバチ類に寄生する二次寄生蜂はアブラムシ体内にいるアブラバチ幼虫に寄生し，殺してしまうために，マミーからは二次寄生蜂の成虫が羽化してくる。二次寄生蜂が多い場合には，マミーが数多く生じているにもかかわらず，アブラムシ類の発生が拡大していく。マミーに大きな穴が目立つ場合には，付近にいる蜂が，コレマンアブラバチか二次寄生蜂か見分けるようにする（図7）。ハウスの窓を開放する時期から増加していくので，注意が必要である。西日本では3月以降増加し，5月には80％を超える事例があった。なお，日本にはこうした二次寄生蜂は多く存在する（p.土着38，土着天敵「アブラバチ類」参照）。

上記③に関して，ジャガイモヒゲナガアブラムシやチューリップヒゲナガアブラムシにはコレマンアブラバチが寄生しない。アブラムシ類のコロニーを見つけたら，それがこれら2種かどうか確認する必

バンカー法

要がある(図8)。バンカー法により殺虫剤散布回数が減少すると，こうしたアブラムシ類が顕在化してくる。

上記③に関して，ピーマンでは，ジャガイモヒゲナガアブラムシの吸汁により新葉の奇形や成葉の黄化のみならず，果実に壊死斑点を生じる。発生が認められる地域では，あらかじめ対策を検討しておく必要がある。

バンカー法失敗時の対処策としては，アブラムシ類のコロニーを早めに発見して天敵に影響の少ない殺虫剤(ピメトロジン剤，フロニカミド剤など)を発生株とその周辺株に散布することがあげられる。有翅虫が多く出ている場合には全面散布とする。殺虫剤を使用する場合には，バンカーをビニールなどで覆うようにする。プランターを利用している場合には，バンカーを一時的に殺虫剤のかからない場所へ移動する。

殺虫剤の散布でアブラムシ類の密度を低下させた後に，当てはまる原因への対応を行なう。たとえば，次期作では早期にバンカーを確立し(①)，バンカーの設置数を増やし(④)，施設内に均等に配置する(⑤)など。また，防虫ネットを導入するとともに，圃場近辺の害虫発生源をなくすことも必要である(⑥)。

ある時点で殺虫剤散布に至ったとしても，その後アブラムシ類の侵入の危険があるうちはバンカー法を継続し，害虫の侵入を天敵で待ち構える体制を維持する。

二次寄生蜂(②)の問題がある場合には，テントウムシ類などの捕食性天敵の併用が解決策の1つである。現在，市販されている捕食性天敵としては，ナミテントウとヒメカメノコテントウがある。ただし，これらは大食いなので，その後のバンカーシステムの維持には十分量の代替餌を用意する必要がある。

ヒゲナガアブラムシ類が発生したとき(③)には，チャバラアブラコバチやヒメカメノコテントウ，ナミテントウが利用できる。これらの天敵の活動・増殖にとって十分な温度条件となっているか，注意して使用する。

促成栽培で秋のアブラムシ対策としてバンカー法を実施する際には，二次寄生蜂が侵入する危険性が高いので，これを春のバンカーに持ち越さないよう注意が必要である。たとえば，11月ころにアブラムシ類の発生が治まったころを見計らって，いったん

	コレマンアブラバチ	二次寄生蜂
成虫		
マミーからの脱出口		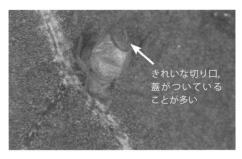

図7 コレマンアブラバチと二次寄生蜂の見分け方

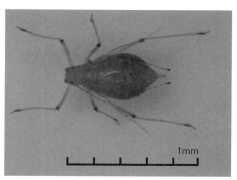
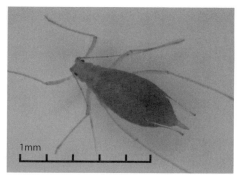

図8 ジャガイモヒゲナガアブラムシ（左）とチューリップヒゲナガアブラムシ（右）
バンカー法により農薬散布回数が減少すると，これらのアブラムシが顕在化してくる。しかし，コレマンアブラバチが寄生できないアブラムシである

バンカーを撤去し，再度設置し直すようにするとよい。また，春先のアブラムシ対策としてバンカー法を実施する際には，秋口の二次寄生蜂の侵入を警戒して，ハウスの窓を閉める時期以降に，設置手順を開始する。

〈施設イチゴ〉

●バンカー法の効果とポイント

イチゴの促成栽培では，ワタアブラムシ，モモアカアブラムシを長期間にわたって防除する必要があるので，天敵コレマンアブラバチを用いたバンカー法が有用である。

イチゴでは管理温度が低いため，バンカー植物としてはムギ類，代替寄主としてはムギクビレアブラムシが適している。

バンカー法の基本的な方法は，前述のナス・ピーマンでの方法と同様である。ただし，イチゴでは管理温度が低いことや，防鳥ネットのみの使用が多いため，それらへの対応が必要である。

バンカー法に成功した施設では，11月の天敵導入後，収穫終了までアブラムシ類への殺虫剤散布を実施しないで済んだ事例もある。一部でアブラムシが発生したとしても，天敵の存在により発生の拡大が緩慢になり，被害が最小限に抑えられる。

●基本的な手順

イチゴ苗定植前の準備として，苗をよく観察し，アブラムシ類の発生が認められる場合には，コレマンアブラバチに影響の小さい薬剤を散布し防除する。イチゴ苗にはじめからアブラムシ類が発生していると，バンカー法による効果が得られない。

図9 イチゴの高設栽培ではプランターのバンカーが必要
このプランターでは，時期をずらしてムギを播種している。プランターでは灌水に注意が必要

バンカー植物の準備は10月中に行なう。イチゴでは管理温度が低いため，ムギの成長が遅れがちとなる。ムギの種子を一晩水につけておくと発芽がよくなる。バッサ粉剤が種子粉衣されているムギの種子を用いると，代替餌のムギクビレアブラムシが十分に増えないので注意する。

プランター1個につきムギの種子を3〜5g程度播種する。バンカー植物用のプランターは10a当たり5〜6個程度用意し（図9），圃場内に均等に設置するようにする。なお，土耕栽培の場合は，直接ムギを播種したほうが，管理が楽である。

土耕のイチゴ圃場では，バンカーの設置場所が限られることや，低温期に天敵を働かせることから，小規模なバンカーを多めに用意する（図10）。面積2〜3aの圃場であっても，バンカーは3〜4か所以上設置する。

図10　土耕のイチゴ栽培でのバンカーは小規模なものを多めに設置

　播種後は，ムギの発芽を揃えるために，灌水を行なうこと。特にプランターの場合は，乾燥しやすいため注意が必要である。

　播種10〜14日後，ムギの草丈が10cm程度に成長したときに，ムギクビレアブラムシを接種する。このとき，ヒラタアブ類やテントウムシ類などの土着天敵が侵入し，ムギクビレアブラムシが食い尽くされる事例が認められる。バンカーへのネットがけにより，これらの捕食者からムギクビレアブラムシを保護する。

　10月下旬〜11月初めに，ムギクビレアブラムシがムギの株元で増え始めたころを見計らって，コレマンアブラバチを放飼する。放飼量については，500頭/10aとする。コレマンアブラバチ製剤は小さな容器に小分けし，バンカーごとに放飼する。放飼から20日後くらいにバンカー植物上でマミーが確認できる。ただし，気温が低い時期（11月下旬以降）に放飼した場合，放飼から1か月以上経過しないとマミーが確認できないことがあるので，放飼時期が遅れないように注意する。

　ムギ上のムギクビレアブラムシ，特に寄生されたアブラムシは，上からの灌水により流されやすいので，灌水は株元の土に行なう。また，ムギを密植した条件で湿度が高くなると，ムギクビレアブラムシが病気（疫病など）で減少することがある。逆に，イチゴの管理で忙しくて灌水を忘れてしまうと，ここまでの努力が無になるので，灌水には十分注意する。

　プランターに播種したムギは2か月を経過すると老化し，硬くなるため，ムギクビレアブラムシの増殖が緩慢になり，コレマンアブラバチの定着が悪くなりやすい。したがって，1月上旬からムギの播種とムギクビレアブラムシの追加接種を行ない，バンカーを更新する。

　バンカー植物上で随時マミーが確認されるようになると，イチゴでのアブラムシ類の発生は抑えられ，イチゴ上でもコレマンアブラバチのマミーが容易に確認できる。期間を通してコレマンアブラバチの密度が維持されるため，薬剤の散布回数を減少させることができる。

●問題発生時の対応

　イチゴにおいても，チューリップヒゲナガアブラムシやジャガイモヒゲナガアブラムシが発生した場合には別途殺虫剤散布などの対応が必要である。また，イチゴクギケアブラムシやイチゴネアブラムシにも，コレマンアブラバチが寄生できない。これらが発生した場合には，イチゴ栽培で活用しているカブリダニなどの天敵類への影響の少ない殺虫剤を選択し，散布する。

　二次寄生蜂の問題は，ナスやピーマンに比べて少ないが，やはり4月以降はバンカー上での二次寄生蜂の割合が高まるので，圃場での害虫アブラムシの状態に応じて，殺虫剤散布の検討や捕食性天敵への切り替えを行なうようにする。

　比較的低温の条件では，ムギクビレアブラムシの増殖が勝って，ムギを枯らすほど増加することがある。このような場合には，ムギを刈り取って持ち出す。そして，別の場所にムギを播種する。同じ場所に播種すると，ムギクビレアブラムシがすぐに移って枯らしてしまう。

　ハウスの開口部から意図しない代替寄主や意図しない天敵の侵入がある。ムギヒゲナガアブラムシが侵入して，ムギ上で増加し，これにコレマンアブラバチが寄生できないため，バンカー法がうまくいかない事例があった。また，ヒラタアブ類が侵入して，ムギクビレアブラムシを食い尽くしたために，コレマンアブラバチの代替寄主がなくなってしまった事例もある。こうしたことが頻繁に起こる場合には，バンカーを防虫ネットで保護する。

　関東地域などでは，バンカー法を実施していると

土着天敵のナケルクロアブラバチがバンカーに定着していることがある。黒いマミーを形成するアブラバチである（本書p.土着38，土着天敵「アブラバチ類」参照）。この種はイチゴ上のアブラムシ類の防除に役立つ。

〈シュンギク〉
●バンカー法の効果とポイント

秋～春にかけて栽培するシュンギクでは，モモアカアブラムシとワタアブラムシが発生するので，天敵コレマンアブラバチを用いたバンカー法が有用である。代替寄主にはムギクビレアブラムシ，バンカー植物にはオオムギなどを用いる。

バンカー法の基本的な方法は，前述のナス・ピーマンやイチゴと同様である。無加温で栽培される場合が多いので，イチゴよりさらに低温ということに注意が必要である。

バンカー法に成功した施設では，天敵導入後，収穫終了までアブラムシ類への殺虫剤散布を実施しないで済んだ事例もある。一部でアブラムシが発生したとしても，天敵の存在により発生の拡大が抑えられる。有機栽培での活用事例がある。

●基本的な手順

シュンギク定植と同時，あるいは事前に，ハウス内にムギ類を播種し，1～2週間後にムギクビレアブラムシをつけ，さらに1～2週間後にコレマンアブラバチを放飼する。

3a程度のハウスの場合，ハウスの裾部分などに長さ50cm程度のバンカーを6～10か所程度設けておく（図11）。

秋のうちに一度コレマンアブラバチを増殖させ，マミーがよく見える状態にしておくと安心である。冬期にはコレマンアブラバチの増殖が遅いため，天敵アブラバチの成虫やマミーがあまり見えないことがある。しかし，天敵は生き続けているので，植物の維持や餌アブラムシの確保などバンカーの管理を怠らないようにする。

●問題発生時の対応

冬期には，コレマンアブラバチよりもムギクビレアブラムシの増殖のほうが旺盛であり，ムギクビレアブラムシが増加しすぎて作物へ移る場合がある。こうした場合，ムギごと刈り取って廃棄するなどして，調整を行なう。

〈その他の作物〉

冬期には，ホウレンソウやチンゲンサイ，レタスなども栽培期間が長くなるので，アブラムシ類による被害の危険がある。有機栽培などで農薬使用に制限がある場合には，これらで発生するモモアカアブラムシに対してコレマンアブラバチを用いたバンカー法の活用が有効な手段の1つである。

しかし，アブラナ科野菜で発生するニセダイコンアブラムシやダイコンアブラムシ，レタスで発生するタイワンヒゲナガアブラムシやチューリップヒゲナガアブラムシなどには，コレマンアブラバチが寄生できないため，防除できない。殺虫剤散布など，別の防除手段も併用しつつ，バンカー法を組み込む必要がある。

セルリーでは，バンカー上のムギクビレアブラムシが作物上に移って次世代を生じ，害虫と見なされたケースがあった。代替寄主にトウモロコシアブラムシを用いることで改善がなされた。

夏期の作物へのバンカー法は，寄生蜂を用いた場合，二次寄生蜂の発生によりうまく機能しない場合が多い。暑さに強い捕食性天敵，代替餌，バンカー植物として，それぞれショクガタマバエやヒメカメノコテントウなど，ヒエノアブラムシ，ソルゴーが考えられており，試験的な取組みがなされている。

図11　シュンギク単棟ハウスの裾部分に多めにバンカーを設置

低温期でも十分量の天敵を確保できるようにする

【天敵利用上の留意点】

　天敵を用いる場合には，害虫の侵入を防ぐための防虫ネットの利用を基本としている。アブラムシ類は天窓下で発生する場合が多々あるので，コレマンアブラバチを用いたバンカー法を利用する際は，側窓のみならず，天窓にも防虫ネットを被覆する。ヒゲナガアブラムシ類が毎年発生する施設では，少なくとも1mm目合い以下の防虫ネットを採用することが望ましい。イチゴなどでは目合いが粗い場合が多く，前述のように，ヒラタアブ類，テントウムシ類による代替寄主の捕食や，コレマンアブラバチの寄主とはならないアブラムシの増加といった問題が生じることがある。

　これまで記したように，コレマンアブラバチを用いたバンカー法にはまだ問題点が残っており，理想的に機能させるためには，バンカー上の天敵の様子（マミーが継続的にできているか，大きな穴のマミーはないかなど），および作物上の害虫と天敵の様子（アブラムシ類のコロニーは拡大していないか，マミーはできているかなど）をきちんと観察することが重要である。

　コレマンアブラバチを用いたバンカー法については，農研機構のホームページから写真入りのマニュアル『アブラムシ対策用「バンカー法」技術マニュアル 2014年改訂版』をダウンロードできるので参照していただきたい。

　http://www.naro.affrc.go.jp/publicity_report/publication/pamphlet/tech-pamph/051982.html（2016年5月現在）

　アブラムシ対策用バンカー法として，チャバラアブラコバチやヒメカメノコテントウの利用を検討する場合には，本書の天敵資材「チャバラアブラコバチ」（p.資材70），「ヒメカメノコテントウ」（p.資材62，土着30）を参照のこと。

　アブラムシ対策用バンカー法として，ギフアブラバチ，ダイコンアブラバチ，ナケルクロアブラバチといった土着のアブラバチ類を検討する場合には，本書の土着天敵「アブラバチ類」（p.土着38）を参照のこと。アブラバチの種類によって選択できる代替寄主が異なるので，注意すること。

　アブラムシ対策用バンカー法として，ショクガタマバエを利用する場合には，本書の土着天敵「ショクガタマバエ」（p.土着35）を参照のこと。農研機構のホームページから写真入りのマニュアル『アブラムシ類対策のためのバンカー法技術マニュアル2011年版』がダウンロードできる。資材としてのショクガタマバエ製剤（現在販売されていない）を利用する場合のマニュアルであるが，土着天敵としてのショクガタマバエを利用する際の参考となる。

　http://www.naro.affrc.go.jp/publicity_report/publication/pamphlet/tech-pamph/039510.html（2016年5月現在）

　タバコカスミカメを用いたバンカー法については，本書の「天敵温存ハウス」（p.技術14）で詳しく述べられているので，そちらを参照のこと。

　バンカー法がうまくいっている場合には，害虫が低密度のうちに防除されていく。生産者が害虫をほとんど見ないために，害虫がたまたま発生しなかったのだと誤認することがある。

　バンカー法実施に当たっては，農業試験場や普及指導センター，天敵会社などの指導を受けるようにする。また，指導機関ではできるだけ多くの事例（成功，失敗を含めて）を集約し，作目や作型，そして地域の条件にあった実施方法を検討していくようにしていただきたい。

【資材の入手先・価格など】

●コレマンアブラバチ

　本書の天敵資材「コレマンアブラバチ」（p.資材67），「天敵資材問い合わせ先一覧」（p.資料8）を参照のこと。

●ムギクビレアブラムシ

　「アフィバンク」＝アリスタライフサイエンス株式会社（〒104-6591　東京都中央区明石町8-1　聖路加タワー 38階　TEL.03-3547-4415）

　農協や農薬販売店で注文して2週間程度で，ムギクビレアブラムシ約500頭のついたコムギ約250本が2,000ml容器入りで宅配される。価格は，地域や取扱い業者により若干異なるが，おおむね6,000円程度。

アブラムシ対策用バンカー法で代替寄主となるムギクビレアブラムシ，トウモロコシアブラムシ，ムギヒゲナガアブラムシ，ヒエノアブラムシは日本に普通に分布している。バンカー法をすでに実施している地域では試験場などで維持している場合もある。しかし，一般の生産者が野外から採集するのは，種の識別が難しいことや，二次寄生蜂を持ち込む恐れがある（実際にこのために大失敗した事例がある）ことから，お勧めできない。アブラムシ種によって選択できるバンカー植物が異なるので注意すること。

●ムギ類

　アブラムシ対策用バンカー法でバンカー植物となるムギ類は，緑肥用，グランドカバー用などでかまわない（種子1kg当たり700円程度から）。粉衣されている薬剤には注意が必要である。

（長坂幸吉）

新たな天敵増殖資材「バンカーシート」

●難防除害虫防除が大きく進む可能性

　生物農薬（天敵殺虫剤）としてのカブリダニ類の利用は近年，増加傾向にある。特に，スワルスキーカブリダニやミヤコカブリダニなどは，薬剤抵抗性が問題になっているアザミウマ類やコナジラミ類，ハダニ類などの防除によく使われている。

　一般に，効果の安定性や放飼の省力化は天敵普及の課題とされる。カブリダニ類についても，剤型の進化などを通じ，これらの課題を克服するための技術開発が進められてきた。現在，その最前線では「バンカーシート」と呼ばれる天敵増殖資材が開発中であり，本資材の登場により，カブリダニ類の普及が大きく進む可能性がある。カブリダニ類の剤型の進化やバンカーシートの特徴を紹介し，バンカーシートの登場で何が変わるのかを考察する。

●カブリダニ類の製剤の進化を土台に

　カブリダニ類の製剤は，ボトル製剤（餌なし→餌入り），パック製剤（餌入り）の順に進化してきた。ボトル製剤（餌なし）では天敵が飢餓状態になりやすく，効果が安定しない原因となっていた。その後，作物には影響がなく，天敵の餌となる餌ダニ（種類は天敵により異なる）を含んだボトル製剤が開発され，効果の安定につながった。製剤には「ふすま」なども入っており，ふすまと一緒に天敵を放飼する。天敵が速やかに分散・定着するため，後述のパック製剤よりも即効性が期待できるが，放飼するタイミングなどの見極めが必要である。パック製剤よりも，知識や経験が必要な技術といえる。

　一方，パック製剤の特徴はその使いやすさにある。天敵と餌ダニ，ふすまなどが小袋内に入っており，付属の紙製フックで枝などに吊り下げ，簡便に設置できる。天敵はふすまを生息場所とし，餌ダニを利用しながら，パック内で個体数を増加させる。増えた天敵が小袋表面の小さな穴から徐々に出るため，長期間（条件によるが，数週間程度）の天敵放出が期待できる。その結果，害虫発生前の放飼も可能となり，より安定的な効果が得られるようになった。ただし，ボトル製剤ほどの即効性は期待できず，害虫多発時に設置した場合には十分な効果が得られない可能性がある。

　現在，国内ではスワルスキーカブリダニ（アザミウマ類やコナジラミ類など）とミヤコカブリダニ（ハダニ類）が両方のタイプの製剤で利用可能である。目的に合わせた剤型の選択が可能になり，普及促進につながったと考えられる。

●天敵を守るシェルター，増殖基地

　パック製剤の登場は効果の安定性や放飼の省力化につながる大きな前進であったが，化学農薬や環境変化の影響を受けやすいという課題は克服できていない。カブリダニに影響がある農薬がパック製剤にかかると，内部の天敵が死滅することがある。詳細なメカニズムは不明であるが，設置後の農薬散布には十分な注意が必要である。また，耐水性があまり高くないため，水に濡れやすい環境下（灌水や雨により，頻繁に水がかかる場合など）ではパック内部に浸水する可能性がある。浸水が悪化すると，パックの落下・消失や，ふすま劣化に伴うカブリダニの死滅が生じる（図1）。

　こうした課題は，バンカーシートの開発によって解決することが可能である。バンカーシートは耐水紙製の組立て資材である。ケースの形に簡単に組み立てることができ，その中にパック製剤とフェルト（天敵の産卵・生息場所）を入れる仕組みで，付属のフックで枝などに吊り下げて設置する。試作型のバンカーシートを用いた試験の結果，化学農薬や灌水（雨を含む），その他の環境条件の影響を軽減できることが明らかになっている（図1）。

　このように，バンカーシートは天敵を守るシェルターとして機能する。ただし，単なるシェルターではなく，パック製剤の長所をさらに伸ばすための天敵増殖資材でもある。パック製剤の天敵放出性は高く，1つのパックから数百頭ほどのカブリダ

図1　バンカーシートを用いた耐水性試験の様子
パック製剤（中央）では内部への浸水が起こり，試験中に落下している。バンカーシート（右および左）は耐水性が高く，内部浸水がほとんど見られない（注意：写真のバンカーシートは試作型であり，市販時には形状や色などが異なる可能性がある）

ニが放出される。一方，バンカーシートでは，内部に入れたパック製剤とフェルトの両方で天敵が増殖するため，パック製剤と同等，もしくはそれ以上の天敵放出が期待できる。

●防除の幅が広がる3つのポイント

バンカーシートの開発は「農林水産業・食品産業科学技術研究推進事業」を活用して進められている。中核機関の農研機構・中央農業研究センターと石原産業（株）（滋賀県），大協技研工業（株）（神奈川県）などの民間企業が資材の共同開発を行ない，群馬，徳島，福岡，鹿児島，高知の5県が中心となり，防除体系の開発を進めている。主な対象作物は施設栽培のキュウリ，ナス，イチゴ，サヤインゲン，花卉であるが，上記の機関を含む15県以上において，その他の野菜や果樹などを対象とした試験を展開中である。扱う天敵はスワルスキーカブリダニ（アザミウマ類やコナジラミ類など）とミヤコカブリダニ（ハダニ類）で，2016年春に農薬登録が取得されている。

カブリダニ類と開発中のバンカーシートを併せた新たな天敵資材は，2016年秋以降には利用可能になると思われる。ここでは，バンカーシートの登場によって何が変わるかについて，ポイントを3つに絞り考察する。

①使える化学農薬が増える。病害虫防除に必要な化学農薬のなかには，カブリダニ類に影響が強いものが含まれる。従来の天敵放飼の場合，放飼直後を中心に，これらの農薬が使えないという問題があった。バンカーシートの登場により，対象害虫の生物的防除だけでなく，他の病害虫に対する化学的防除も容易になると予想される。

②天敵を使える作物が増える。たとえば花卉では化学農薬の散布回数が多く，アザミウマ類の薬剤抵抗性の発達が問題となっている。①の問題により，カブリダニの利用は進んでいないが，バンカーシートの登場で，状況が好転する可能性がある。また，露地栽培の野菜や果樹では風雨の影響が懸念されるため，パック製剤単独での天敵利用は難しいと考えられてきた。バンカーシートで保護することにより，より効果的な天敵放飼が可能になると思われる。

③新たな技術との組み合わせが可能。育苗期や定植直後の作物上には害虫がほとんどいないため，カブリダニ類の定着には本来適さない。一方，スワルスキーカブリダニなどは，花粉を代替餌として植物上で定着することが知られており，ヨーロッパではカブリダニ類の定着促進剤としての花粉利用も進んでいる。このような新たな技術とバンカーシートとを有効に組み合わせることができれば，育苗期や定植直後を含めて，作物上に「いつでも天敵がいる」状態をつくり出すことも可能と思われる。

●天敵の潜在能力を引き出すために

カブリダニの種類は多く，生態や特徴もさまざまである。これらのなかから，新たな種類が生物農薬として今後利用され，普及につながる可能性は高い。一方，すでに実績のある天敵資材（パック製剤のカブリダニ）の弱点や普及上の課題点を克服し，天敵の潜在能力をさらに引き出すための技術開発も必要である。バンカーシートの開発はまさに後者の考え方で進められているが，開発・普及が順調に進めば，新たな種類の天敵との組み合わせも十分にあり得るであろう。いずれにせよ，病害虫防除のための選択肢がさらに広がり，生産者の労力軽減につながることが重要である。

（下田武志）

天敵の同定法

日本の主なカブリダニ類19種

【はじめに】

カブリダニ類はダニ目カブリダニ科（Acari: Phytoseiidae）に分類されるダニの総称であり，ハダニ，アザミウマ，コナジラミなど微小害虫類の天敵として知られる。2016年6月1日現在，国内には土着96種が生息し（全世界では2,500種以上），カブリダニ製剤5種類（外来種含む）が流通している。施設野菜ではカブリダニ製剤が利用され，果樹，チャ，露地野菜では土着カブリダニ類による害虫制御が期待されている。

カブリダニ類を使いこなすには，施設や圃場にどのような種が生息するのか，活用したい種がいるのか，利用している製剤のカブリダニ種が活動しているのか，などを確認する必要がある。そこで，有用なカブリダニ19種を識別対象とし，観察する形質を絞り込み，比較的簡単に識別できる方法を紹介する。

なお，本稿では紙面の都合で識別に用いる最低限の形質のみを取り上げており，また，各形質を描画で表現しているので，実際の識別イメージを補完するには，豊富な画像情報を提供しているPhytoseiid mite Portal（http://phytoseiidae.acarology-japan.org/）や，顕微鏡画像で識別の流れが整理されている『カブリダニ識別マニュアル初級編』（http://www.naro.affrc.go.jp/publicity_report/publication/laboratory/narc/manual/055878.html，農研機構より印刷物を配布）も参照してほしい。

【識別の準備】

識別までの段取りとしては，(1) 野外からのカブリダニ個体の採集，(2) 採集個体の保存，(3) プレパラート標本の作製，(4) 位相差顕微鏡（もしくは微分干渉顕微鏡）によるプレパラート標本の観察，などとなる。

(1)では，(ⅰ)生息する葉を採集する，(ⅱ)木本植物を叩いてトレーなどに落とす，(ⅲ)ファイトトラップで捕獲する，などの方法でカブリダニ個体を個別に，もしくは葉などとともにジッパー付き袋や密閉容器などで実験室に持ち帰る。

(2)では，葉とともにカブリダニ個体を実験室に持ち帰った場合に，(ⅳ)ブラッシングマシンで葉に生息するカブリダニを払い落とす，もしくは(ⅴ)実体顕微鏡で観察しながら筆で拾い，(ⅵ)70％程度のエタノールを入れた容器に保存する。長期間保存したり，100％などの高濃度のエタノールに保存したりすると，プレパラート標本作製の過程で虫体が壊れやすくなるので注意する。半年以上保存する場合には，60％もしくは50％程度のエタノールで保存するとよい。なお，エタノール保存を省略して，直接，プレパラート標本をつくることもできる。

(3)では，ホイヤー氏液，筆，黒い紙，スライドグラス，カバーグラス，ピンセット，柄付き針，ホットプレートなどを準備する。まず，(ⅶ)ホイヤー氏液をスライドグラス中央に1滴垂らす，(ⅷ)筆でエタノールから個体を取り出し，黒い紙（ケント紙など。1cm四方程度に切っておく）の上に置いてエタノールなどを吸い取る，(ⅸ)柄付き針の先端にホイヤー氏液を付け，虫体が完全に乾く前に先端のホイヤー氏液で虫体を拾い，スライドグラス中央のホイヤー氏液滴に虫体を沈め，鋏角や触肢が手前，背面が上になるように体の向きを調整する（位相差顕微鏡では画像が上下反転するため），(ⅹ)ピンセットを使って気泡が入らないようにカバーグラスを静かにかぶせ，ピンセットの先端でカバーグラスに圧力をかけて体内にある卵を体外に押し出す，(ⅺ)45℃程度に調整されたホットプレートで，プレパラ

ート標本を48時間以上加温する。なお，ホイヤー氏液は使っているうちに水分が蒸発して濃くなるので，適宜，蒸留水を足して適度な粘性に調整する。

（4）の『顕微鏡による観察』については，次のセクション以降で詳しく説明する。

ホイヤー氏液のつくり方

準備するもの
- 蒸留水 25m*l*
- 抱水クロラール（トリクロロアセタアルデヒド1水和物）100g
- アラビアゴム 15g
- グリセリン 8m*l*

（それぞれを2倍，3倍すれば増量できる）

つくり方

① 200m*l*のトールビーカーなどにスターラーバーと25m*l*の蒸留水を入れる。

② スターラーバーを回転させながら，抱水クロラールを少しずつ入れて溶かす。

③ 抱水クロラールが完全に溶けたら，アラビアゴムを入れて溶かす。なお，アラビアゴムは溶けにくいので，次のように5gを3回に分けて溶かす。

④ 5gのアラビアゴムを少しずつ入れて溶液中に沈み込ませる。溶液の表面に浮く場合には，爪楊枝や竹串などを使って溶液中に沈み込ませる。5gのアラビアゴムの溶解に1日かかる場合もある。

⑤ おおむね溶けたら，次の5gを入れて溶かし，同様に繰り返す。

⑥ アラビアゴムが完全に溶けたら，グリセリンを計量して入れる。なお，グリセリンは計量器の壁面に残りやすいので，グリセリンが残りにくい材質のディスポの計量カップやピペットなどを利用する。

⑦ 完全に溶けたらスターラーバーを止めて50m*l*容の遠沈管などに分注し，1か月以上静置して不純物を沈降させる。上清をバルサム瓶などに移して使用する。

【識別の前提条件】

まず，一般的なカブリダニの描画として，フツウカブリダニ雌成虫の背面図を用いて，主要な形質の名称を示す（図1）。

（xi）でプレパラート標本の加温が終了したら，位相差顕微鏡でプレパラート標本の観察を始める。その際，（xii）本当にカブリダニなのか，（xiii）成虫なのか，（ivx）雌なのか，を確認する。胴背毛（胴部背面の毛）を計数し，21対以下であればカブリダニである。腹面（図2）に明瞭に区別される肥厚板（表皮が硬化した部分）が観察されれば成虫であり，肥厚板が3枚（胸板，生殖板，腹肛板）あれば雌成虫，2枚（胸生殖板，腹肛板）であれば雄成虫である。なお，雄成虫には，鋏角先端に担精指（図3）があるので，併せて確認する。

【識別の対象種】

本稿では，以下の19種を識別の対象とする。同じ属（genus）に分類される種は形態的に似ているので，参考のために学名を併記する。ちなみに，フツウカブリダニはカタカブリダニ亜科，ケブトカブリダニはホンカブリダニ亜科に分類され，それら以外はムチカブリダニ亜科に分類される。

なお，本稿では識別対象を19種に絞り込み，比較する形質を大幅に削減した。すなわち，本稿では，雌成虫の胴背毛のうち，j3, z2, z3, z4, s4, s6, J2, Z4, Z5, 周気管，腹肛板と腹肛板の毛（JV1, JV2, JV3, ZV2），受精嚢を観察する。このうち，j3, z2, z3, z4, s4, s6をセットにして側列毛，JV1, JV2, JV3, ZV2をセットにして前肛毛と呼ぶ。

*

フツウカブリダニ *Typhlodromus vulgaris*
ケブトカブリダニ *Phytoseius nipponicus*
リモニカスカブリダニ（外来種）*Amblydromalus limonicus*
オキナワカブリダニ *Scapulaseius okinawanus*
キタカブリダニ *Scapulaseius oguroi*
ニセラーゴカブリダニ *Amblyseius eharai*
トウヨウカブリダニ *Amblyseius orientalis*
ミチノクカブリダニ *Amblyseius tsugawai*
ラデマッヘルカブリダニ *Amblyseius rademacheri*
スワルスキーカブリダニ（外来種）*Amblyseius swirskii*
ケナガカブリダニ *Neoseiulus womersleyi*

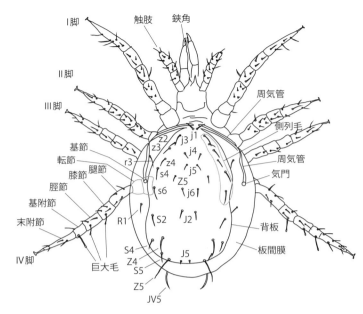

図1 一般的なカブリダニ雌成虫の形態と背面に観察される各形質の名称
胴部背面(および腹面)の毛は,ローマ字と数字の組み合わせで識別される

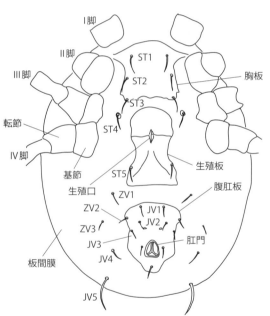

図2 カブリダニ雌成虫腹部形質の名称

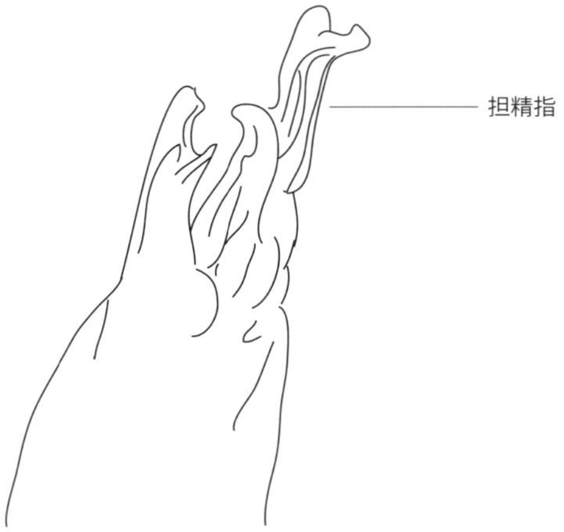

図3 雄成虫鋏角先端の担精指

キイカブリダニ *Gynaeseius liturivorus*
イチレツカブリダニ *Euseius finlandicus*
コウズケカブリダニ *Euseius sojaensis*
ヘヤカブリダニ *Neoseiulus barkeri*
マクワカブリダニ *Neoseiulus makuwa*
ホウレンソウカブリダニ *Neoseiulus harrowi*
ミヤコカブリダニ *Neoseiulus californicus*
ククメリスカブリダニ(外来種) *Neoseiulus cucumeris*

【識別の流れ】

①側列毛($j3, z2, z3, z4, s4, s6$)を観察して,フツウカブリダニとケブトカブリダニを他17種から識別する(【識別①】では図4を参照。以下,同様)。

②$s4, Z4, Z5$に注目して,リモニカスカブリダニ,

日本の主なカブリダニ類 19 種

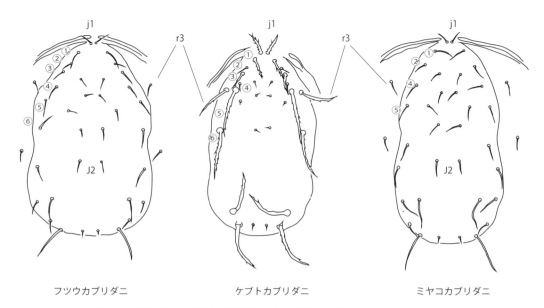

図4　カブリダニ3亜科の代表種による側列毛の比較
側列毛とは，背板前方の側縁部に生える毛で，j1（頭頂毛と呼ばれる）とr3を含まない。
①：j3，②：z2，③：z3，④：z4，⑤：s4，⑥：s6

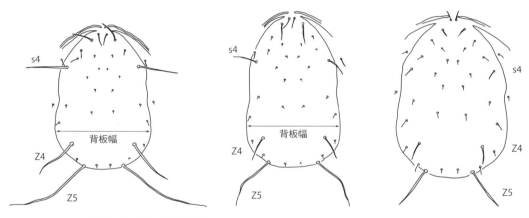

図5　s4，Z4，Z5 の比較
左：Z5が背板幅と同じくらい，中央：Z5が背板幅より短い，右：s4が目立たない

オキナワカブリダニ，キタカブリダニ，ニセラーゴカブリダニ，トウヨウカブリダニ，ミチノクカブリダニ，ラデマッヘルカブリダニ，スワルスキーカブリダニを識別する（図5～9）。

③全体的に毛が長いケナガカブリダニ，短いキイカブリダニを識別する（図10）。

④腹肛板の形状に注目し，しずく形の腹肛板を有するイチレツカブリダニとコウズケカブリダニを識別する（図8，11）。

⑤受精嚢の形状に注目し，比較的大きい受精嚢を有するヘヤカブリダニ，マクワカブリダニ，ホウレンソウカブリダニを識別する（図12，13）。

⑥残りのミヤコカブリダニとククメリスカブリダニを識別する（図14）。

【識別①】

側列毛を観察する（図4）。6本の側列毛を確認できればケブトカブリダニかフツウカブリダニである。その場合，**腹肛板を観察する**（図2参照）。腹

日本の主なカブリダニ類19種

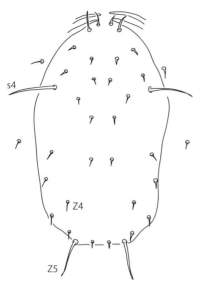

図6　リモニカスカブリダニ
Z4が目立たない

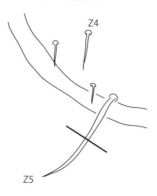

図7　Z4とZ5の比較
太線はZ5の長さの半分の位置を示す

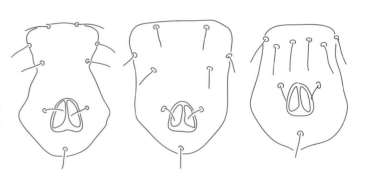

図8　腹肛板の比較
腹肛板前縁の幅と肛門付近の幅が等しく、側縁部がへこんでいる腹肛板（左）、へこんでいない腹肛板（中央）、前縁幅が肛門付近の幅よりも狭い腹肛板（右）

肛板の肛門より前方に4本の毛（前肛毛：JV1, JV2, JV3, ZV2）があればフツウカブリダニ、3本の毛（JV1, JV2, ZV2）があればケブトカブリダニである。ちなみに、ケブトカブリダニの背板中央にはJ2という毛がない。

側列毛が4本の場合には、【識別②】へ進む。

【識別②】

背板側方にあるs4、背板後方にあるZ4, Z5を観察する。ここでは、3本の毛のいずれか、もしくはすべてが、他の毛に比べて目立つ種（図5）を扱う。まず、s4とZ5が目立つリモニカスカブリダニを識別する（図6）。s4はZ5よりやや長い。

s4がZ5よりも短ければ、【識別② - 2】へ進む。

s4, Z4, Z5のいずれかが目立たなければ、【識別③】へ進む。

【識別② - 2】

再び、s4に注目する。s4があまり目立たず、他の毛と同じような長さであれば、引き続いてZ4とZ5を観察する（図7）。Z4がZ5の半分よりも短ければオキナワカブリダニ、長ければキタカブリダニである。

s4, Z4, Z5のすべてが目立つ場合には、【識別② - 3】に進む。

【識別② - 3】

次に、Z5を観察する（図5）。Z5が背板の幅よりも長ければ、引き続いて**腹肛板を観察する**（図8）。

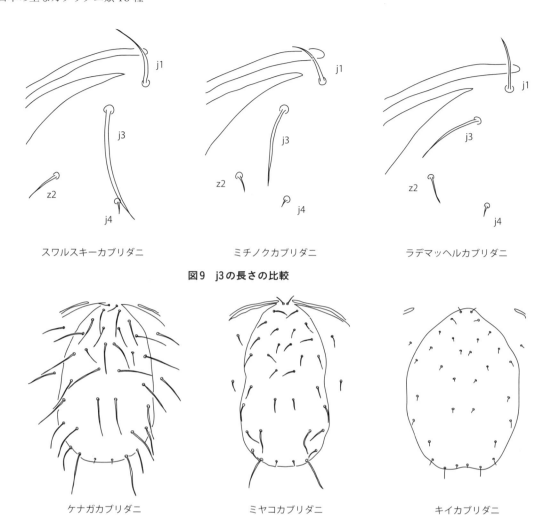

図9 j3の長さの比較

図10 背面の毛の全体的な印象
左：毛が長い，右：毛が短い，中央：普通

腹肛板の側縁部が内側にへこんでいればニセラーゴカブリダニ，へこんでいなければトウヨウカブリダニである。

Z5が幅より短ければ，【識別②-4】へ進む。

【識別②-4】

背板側縁前方のj3（側列毛の1本）を観察する（図9）。j3の先端がj4の起点（毛穴）まで届く場合はスワルスキーカブリダニである。届かない場合には，引き続いてZ4とZ5を観察する（図7）。Z4がZ5の半分よりも短ければミチノクカブリダニ，長い場合はラデマッヘルカブリダニである。

【識別③】

次に，背面の毛に関する**全体的な印象**を比較する（図10）。全体的に毛が長ければケナガカブリダニ（図10左），短ければキイカブリダニ（図10右）である。具体的には，j4の毛がj4とj5の毛穴の距離よりも長く，j5の毛がj5とj6の毛穴の距離よりも長い場合には毛が長いと判断し，毛穴のサイズと毛の長さがあまり変わらない毛がある場合には短いと判断する（図1参照）。なお，キイカブリダニは，背板前縁が周気管板と離れている，腹肛板が不明瞭である（前述の『カブリダニ識別マニュアル初級編』参照），

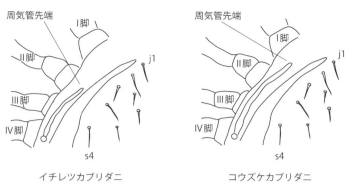

図11　周気管先端位置の比較

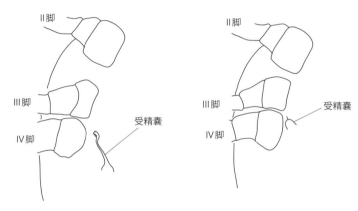

図12　受精嚢の比較

などの特徴を有する。

　背面の毛に特徴がない（図10中央）ようであれば，【識別④】に進む。

【識別④】

　再び，**腹肛板を観察**する。腹肛板の形状が「しずく形（図8右）」であれば，引き続いて周気管の先端の位置を観察する（図11）。周気管が短く，先端がⅡ脚基部にある場合はイチレツカブリダニ，それよりもやや長く，先端がⅠ脚基部に観察される場合はコウズケカブリダニである。

　腹肛板が図8中央のような形状であれば，【識別⑤】に進む。

【識別⑤】

　次に，**受精嚢を観察**する。受精嚢はⅢ脚基節とⅣ脚基節の間に位置する。受精嚢が目立つ場合（図12左）には，引き続いて，形状を観察する（図13）。主管が二股に分かれていればヘヤカブリダニ，分かれていなければマクワカブリダニかホウレンソウカブリダニである。マクワカブリダニの連結部はやや大きく，頸部根元が細くなる。また，ホウレンソウカブリダニのⅣ脚巨大毛は1本で，マクワカブリダニのそれは2本ある。

　受精嚢がU字状であまり目立たない（図12右）場合には，【識別⑥】へ進む。

【識別⑥】

　再び，**周気管先端の位置を観察**する（図14）。周気管先端がj1に近いとミヤコカブリダニ，j3に近いとククメリスカブリダニである。

日本の主なカブリダニ類 19 種

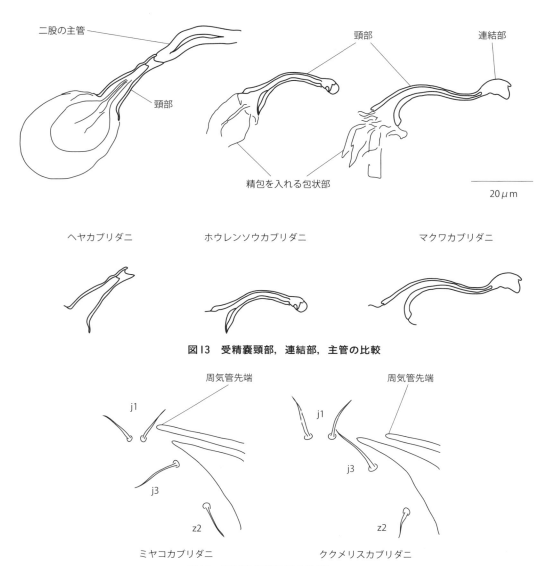

図13 受精嚢頸部，連結部，主管の比較

図14 周気管先端位置の比較

*

本稿では識別対象を19種に絞り込んでいるが，実際の生産圃場では多様なカブリダニ類が生息する。偶然，希少な種を採集する可能性があるので，識別結果に疑問を感じる場合には，標本を筆者らへ送ってほしい。なお，筆者らは，現職にいる間，同定依頼や同定研修依頼を随時受け付けている。

（豊島真吾・岸本英成）

農耕地のヒメハナカメムシ類

【検索対象の種類】

　ヒメハナカメムシ類（*Orius*属）は日本に8種を産することがわかっている。さまざまな重要害虫を捕食する有益な昆虫群だが，成虫の体長2mm内外の微小なカメムシなので，分類同定の困難性ゆえ，これらの有効利用にしばしば妨げとなっていた。

　日本産8種のなかで，**ケブカヒメハナカメムシ** *Orius miyamotoi* Yasunagaは中国地方〜九州北西部（寄主植物：クヌギ，コナラ）に分布するがまれ。**クロヒメハナカメムシ** *O. atratus* Yasunagaは，奄美以南の南西諸島以南（オオバギ，アカメガシワ）に生息する東洋熱帯起源の種である。**オキナワヒメハナカメムシ** *O. takaii* Yasunagaは，沖縄本島のタイワンクズのみから見つかっている。

　通例，農作物上で見られるのは**ナミヒメハナカメムシ** *O. santeri* (Poppius)，**コヒメハナカメムシ** *O. minutus* (L.)，**ツヤヒメハナカメムシ** *O. nagaii* Yasunaga，**タイリクヒメハナカメムシ** *O. strigicollis* (Poppius)，**ミナミヒメハナカメムシ** *O. tantillus* (Motschulsky)の5種に絞られる。本文ではこの5種を検索対象として解説する。

　一般に，同じ作物上に複数種が混棲しているが，地域によって生息種相が異なり，比較的簡単に同定できる場合と，非常に困難な場合がある。最近，タイリクヒメハナカメムシが地球温暖化・都市化に伴い，分布域を急速に北に拡大しており，中国や韓国でも同様な傾向が認められる。かつて在来種と考えられてきたタイリクヒメハナカメムシだが，現在，外来種の可能性も疑われている。いずれも多くの植物から得られるが，花に多く，ツヤヒメハナカメムシとミナミヒメハナカメムシはイネ科やカヤツリグサ科の雑草を好み，水田にも少なくない。

　ナミヒメハナカメムシ，コヒメハナカメムシ，タイリクヒメハナカメムシは外観で識別できないことがある。この3種の分布が考えられる地域では，正確な同定に交尾器（雄把握器・雌交尾管）の観察が不可欠となる。

　北海道と本州の寒冷地には，ナミヒメハナカメムシ，コヒメハナカメムシ，ツヤヒメハナカメムシの3種のみが生息する。この場合は外観だけで識別可能だが，本州中・北部であっても都市とその周辺では**タイリクヒメハナカメムシが混在することがあり，注意を要する**。北海道の渡島半島（函館市など）も今後再調査が必要である。本州中部以西の日本本土と対馬には上記4種すべてが分布していると考えてよいだろう。

　奄美以南の南西諸島（奄美大島〜先島諸島）には，**タイリクヒメハナカメムシとミナミヒメハナカメムシの2種が分布するが，両種の割合は場所により異なる**。小笠原諸島（母島）にはタイリクヒメハナカメムシのみが生息し，住宅周辺や海岸部に多産する。

【目のつけどころ】

　同定にあたっては，まずは色彩パターンを観察する（図1）。

　タイリクヒメハナカメムシ（A—C）は，典型的な色彩型（A，B）であれば，解剖するまでもなく識別できる。すなわち，1aのように，半翅鞘楔状部のほぼ全体が暗褐色となり，残りの黄褐色の部分とのコントラストがはっきりしている。中・後腿節は，全体が淡色となる（2a）か，中央が少し黒ずむ，多くは全体的に黒ずむが先端は必ず淡色となる（2b）。ただ，C個体のように楔状部が広く淡色となる（あるいは先端付近のみ少しだけ黒ずむ）場合（1b）は，コヒメハナカメムシと区別がつかなくなる（Cはタイリクヒメハナカメムシだがコヒメハナカメムシの典型的な色彩も呈している）。また，C個体のような半翅鞘（1b）とA個体の中・後腿節（2a）を併せもつ個体は，ナミヒメハナカメムシと見誤る（Dと区別できない）。

　コヒメハナカメムシは，一般にCと同様な色彩となるが，半翅鞘が広く黒化する場合もある。しかし，腿節は基本的に1bのパターンで，全体が黒っぽいが，先端は必ず淡色である。

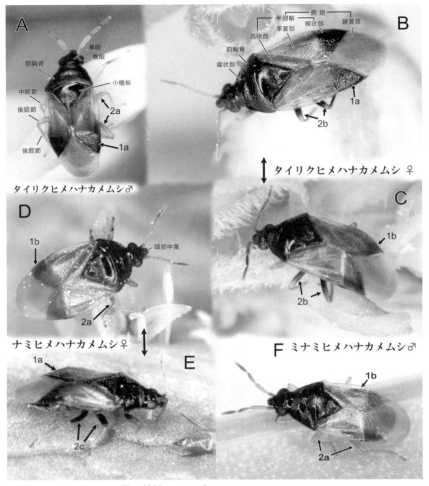

図 1　ヒメハナカメムシ類の外観イメージ
A, B, C & E：長崎市産；D：長崎県諫早市産；F：石垣島産

　ナミヒメハナカメムシにはDのような淡色型と，E個体のように半翅鞘の後半部あるいは全体が黒化する変異がある。ただ，そうした黒化型においては，中・後腿節の全体が黒ずみ，先端も淡色とならない特徴（2c）で，本種と同定できる。E個体は，楔状部全体が暗化して一見，タイリクヒメハナカメムシのようにも見えるが，2cの色彩によってナミヒメハナカメムシとみなすことができる。本種における黒色型は北日本に多く現われるが，西日本でも温度の低い春や晩秋に，少ないながら見られる。

　ツヤヒメハナカメムシは，頭部中葉を含む前端域が黄色もしくはオレンジ色となり，Dのように一様な暗色ではないこと，前胸背は瘤状部を含め，点刻が少なく，油を塗ったようなつやをもつこと，脚は全体が淡黄褐色で暗化しないことなどにより，外観だけで容易に識別が可能。頭部と胸部はしばしば赤みを帯びる。

　ミナミヒメハナカメムシ（F）は，他の種と比べて明らかに小型（2mm未満）で，前胸背は全体的に点刻列を備え，半翅鞘と脚は総じて淡黄色（1b，2a）である。前翅は全般に半透明となる。現時点では，本種と同所的に分布するのはタイリクヒメハナカメムシだけなので，同定に悩むことはない。ただし，東南アジアには O. maxidentex Ghauri という，ミナミヒメハナカメムシと外観で区別できない酷似種があり，何らかのアクシデントで南西諸島あたりにまぎれ込まれると厄介である。

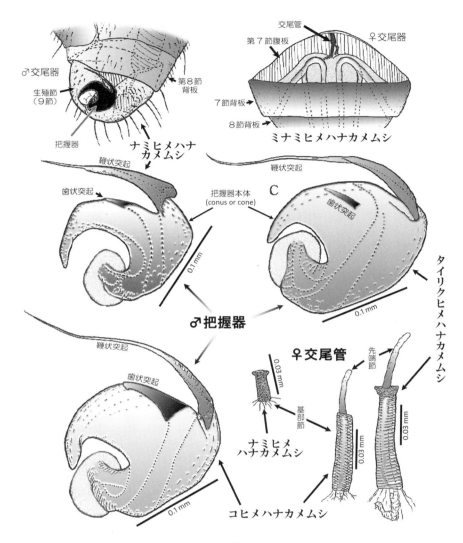

図2 ヒメハナカメムシ類の雌雄交尾器形態

【3酷似種の交尾器の形態】

上記のとおり，タイリクヒメハナカメムシ，コヒメハナカメムシ，ナミヒメハナカメムシの3種が生息する場所では，外観だけの同定は誤りを招きやすいので，交尾器の観察が要求される（図2）。検体をあらかじめ70～80％エチルアルコールに保存しておくと，そのまま解剖できる。解剖に際しては，先尖ピンセットを2本使用する。特に雌の解剖は細かい作業となるため，ピンセットをオイルストーンや目の細かいサンドペーパーで研いでおくと作業しやすい。

雄交尾器の場合は，翅をめくり返すと腹部先端に把握器が現われる。把握器には歯状突起と鞭状突起が付随しており，本体と付属突起の形状で種を特定することができる。

雌交尾器では，微小な交尾管の形態を観察する必要がある。高倍率の実体顕微鏡を用意するか，プレパラートを作製する。腹板を6節と7節の間で切り離すと，7節（正確には7節と8節をつなぐ節間膜表面）の内面中央付近に，小さなチューブ状の交尾管が観察される。この形と大きさの違いで種を識別する（図2右上）。

検体を5～10％水酸化カリウム（KOH）溶液で数分間重湯煎すると，よけいな部分が除去され，観察しやすくなる。グリセリン原液をホールスライドグ

ラスに滴下し，その中に置くとよりはっきり見える。アルコールシリーズで脱水し，カナダバルサムなどで封じて永久プレパラートを作製するのもよい。

　3種の交尾器の形態的特徴は，以下のとおりである。

　ナミヒメハナカメムシ：♂把握器は細く，歯状突起は小さく不明瞭。鞭状突起の基部は太く，先端は細い。♀交尾管はきわめて微小で，先端節を欠く。

　コヒメハナカメムシ：♂把握器は円盤状で，長い鞭状突起と大きな歯状突起を備え，歯状突起の基部は鞭状突起の基部と接近する。♀交尾管は全体的に細長い。

　タイリクヒメハナカメムシ：♂把握器の全体的な形はコヒメハナカメムシと似るが，歯状突起は明らかに小型で細長く，鞭状突起の基部から離れる。♀交尾管は他種より長大に発達し，基部節の先端はラッパ状に広がる。

〔安永智秀〕

チビトビカスミカメ類の酷似種

【検索対象の種類】

チビトビカスミカメ類（*Campylomma*属）には日本から12種が認知されている。このうち2種は海外からの偶産種か寒冷地のヤナギ限定の種，また，4種は独特のわかりやすい色彩斑紋をもち，生息域も局限される。ここでは，外観が酷似かつ混棲しやすく，紛らわしい淡緑色〜淡黄色（ときに褐色）系の色彩を呈する6種を検索対象とする（時間を経た乾燥標本では，たいてい褐色に色あせてしまうので注意）。

農業生態系における重要なものは，①コミドリチビトビカスミカメ（＝ネッタイチビトビカスミカメ）*C. livida* Reuter（＝*C. chinensis* Schuh）［分布：関東以西の本土ほぼ全域と多くの島嶼部］と②ミナミチビトビカスミカメ *C. lividicornis* Reuter［四国，九州，南西諸島］の2種（図1）であるが，これら2種と混棲する可能性があり，かつ外観上紛らわしいものは次の4種である。すなわち，③ヒロズチビトビカスミカメ *C. eurycephala* Yasunaga［石垣島］；④ナガチビトビカスミカメ *C. fukagawai* Yasunaga, Schuh & Duwal［関東以西の本州，四国，九州］；⑤ネムチビトビカスミカメ *C. miyamotoi* Yasunaga［本州，四国，九州］；および⑥サトチビトビカスミカメ *C. tanakakiana* Yasunaga, Schuh & Duwal［長崎市］。なお，③ヒロズチビトビカスミカメと⑥サトチビトビカスミカメは，目下めったに得られない種だが，生息地では他種（特に①②⑤）と同時に採集されているので本文に含めた。

種名の語尾については，①を *lividum*，②を *lividicorne*，③を *eurycephalum* と綴る，ラテン文法由来の中性形（-um，-ne）とみなしても間違ってはいないが，命名法上の混乱を避けるため女性形に統一することが推奨されており，本稿も後者の用法（-a，-nis）に従っている。

【目のつけどころ】

次の検索表に示した各形態形質を，図2を参照しながらたどることにより，容易に同定できよう。ただし7番目に現われる2重要種の雌個体については後述する。

*

1a 口吻は短く，その先端は中基節後端を超えることはない　⇒2

1b 口吻は長く，その先端は少なくとも中基節を超え，通例後基節まで達する　⇒4

2a 頭部は幅広く，両複眼を含めた幅÷前胸最大幅＞0.8………ヒロズチビトビカスミカメ

2b 両複眼を含めた幅÷前胸最大幅＜0.8　⇒3

3a 体長は2.2 mm以下………ネムチビトビカスミカメ

3b 体長は2.5 mm以上………ナガチビトビカスミカメ

4a 触角第1節はほぼ全体が暗化するが腹部は常に淡色………サトチビトビカスミカメ

4b 触角第1節は淡色か，腹面側（剛毛基部）に黒点を生じる。もしくは触角第1節と腹部（少なくとも各節基部）が同時に暗化する　⇒5

5a 雄個体　⇒6（腹部先端をそのまま観察）

5b 雌個体　⇒7（要解剖）

6a 生殖節（第9節）の左側面に指様の突起がある………コミドリチビトビカスミカメ

6b 生殖節にそのような突起はない………ミナミチ

図1　セイタカアワダチソウの花に群れるコミドリチビトビカスミカメとミナミチビトビカスミカメ（この中に2頭混じっている）

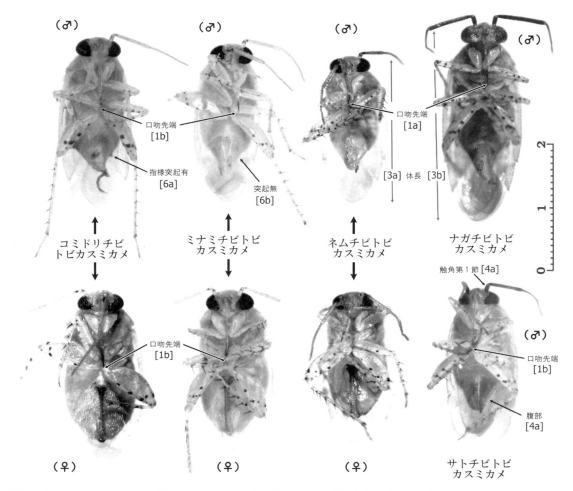

図2 チビトビカスミカメ類の紛らわしい5種の腹面。[符号]は本文検索表の番号に該当

ビトビカスミカメ
7a 雌生殖器は全体的に幅広く（最大幅0.4mm前後），硬化輪は丸形～卵形（図4左）………コミドリチビトビカスミカメ
7b 雌生殖器は小型で狭く（最大幅0.3mm未満），硬化輪は狭い長楕円状で側縁部がやや角張る（図4右）………ミナミチビトビカスミカメ

＊

検索表で7番まで達した個体は，雌交尾器を解剖し，観察する必要がある（図3）。

腹部のできるだけ全体を切り離し，小型の耐熱ガラス瓶に（底から5mm程度）注いだ5～10% KOH溶液へ移し重湯煎する。水が沸騰して3～4分で観察可能な状態になる。火傷に注意，また，KOH溶液を直接火で加熱すると突沸して危険なので必ず湯煎する。

小型ペトリ皿に水（水道水で差し支えないが，蛇口から注ぐと気泡が入って作業の妨げとなるので，しばらく汲み置いたもの）を張り，柔らかくなった腹部を移す。

双眼実体顕微鏡下で，二組の先尖ピンセットを用い，背板を注意深く剥がしてゆくと，図3-Aのような構造が観察できる。卵や不消化物が覆って見えにくい場合は，ていねいに除去する。図4と比較することで，どちらの種か容易に判別できる。

なお，検索表6番において，指様突起の発達が弱い個体や，異物が該当部分に付着して確認しにくい場合，雌同様，腹部を取り外してKOH処理し，挿入器を観察する（安永ら，2001，日本原色カメムシ図鑑第2巻，p.319以降参照）。

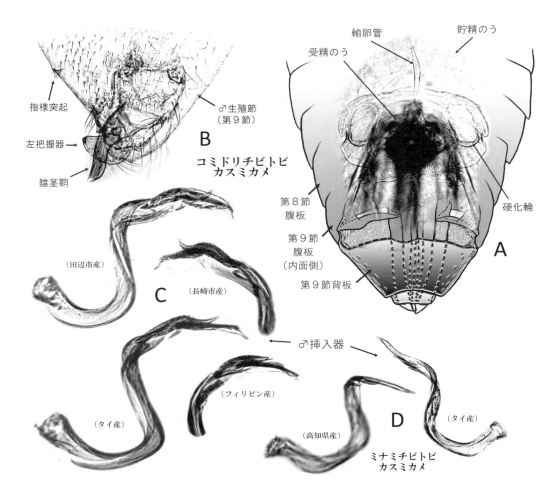

図3 コミドリチビトビカスミカメの雌雄生殖器（A—C）およびミナミチビトビカスミカメの雄挿入器（D）

図2左上の雄個体のように，挿入器を露出した状態で標本となったものは，そのまま観察できるが，通常はS字状の挿入器が生殖節に収まっているので，先尖ピンセットで注意深く引き出す。万一中途で破損しても，先端部分さえ観察できれば問題なく種の識別が可能（図3C，D）。雄雌とも，ホールスライドグラスを用い，グリセリン原液を介して検鏡すると，透過性が向上し構造がわかりやすくなる。

【各種の概要】

●コミドリチビトビカスミカメ
Campylomma livida Reuter

日本はもとより東南～南アジアにおける本属の最普通種。国内では北関東以西の主な島嶼を含むほぼ全域，および小笠原諸島母島（侵入）に分布しており，個体数も多い。成虫は沖縄県ではほぼ周年見られ，西日本では中秋から晩秋にかけ，セイタカアワダチソウやヨモギ類の花穂に群棲する。マメ科，キク科，トウダイグサ科，ミカン科，ナス科，シソ科，ウルシ科，ブナ科，モクセイ科，セリ科，ヒユ科，スイカズラ科，モクマオ科等々，じつに広範な双子葉草本，広葉樹で繁殖する。植物のほか，微小な節足動物も捕食する。日本本土では年3～4化性で成虫越冬し，厳寒期には萎れたセイタカアワダチソウの花や種子，冬枯れの雑草下などに潜り込んでいる。

本種には基本的に3つの色彩パターンが認められる（口絵p.土着6参照）：①一様な淡緑色，黄緑色（日本ではこれが一般的），②部分的～全体的にオレン

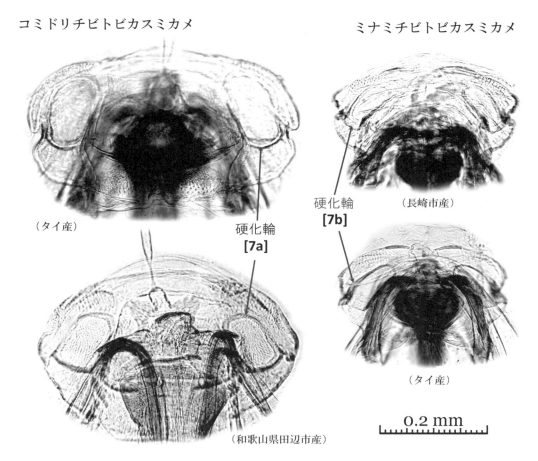

図4 コミドリチビトビカスミカメ（左列）とミナミチビトビカスミカメ（右列）の雌生殖器を背面から観察したイメージ

ジ色を帯びる（東南アジアで普通），③全体が黒ずむ（越冬個体に多い）。ただし，複数のパターンを併せもつ個体もある。眼色にも黒眼，赤眼，白（銀）眼が認められるが，体色との相関はなく，ランダムに出現する。ネパールのカトマンズでは③の個体が雨季に入って気温の下がる6～7月と，冬をひかえた11月に得られており，多少とも温度と関係しているようである。

● ミナミチビトビカスミカメ
C. lividicornis Reuter

少なくとも20世紀には，沖縄本島以南から少数個体が見つかっていたにすぎなかったが，近年，高知県と長崎県で生息が確認され，個体数も増加傾向。明らかに今世紀になって，おそらくは人為的伝播で侵入したと考えられる。もっとも，九州や四国の平地と気温があまり変わらないカトマンズ盆地に普通に生息しているので，西日本の暖温帯域に定着できるポテンシャルはもともと備わっている。日本本土で年2回以上発生しているようである。

本種と前種は，系統的にさほど近くはないが互いに酷似し，肉眼では区別不可能である（図1）。雄成虫は，前述の区別点で比較的容易に識別できるものの，両種の雌を外観だけで同定する方法はまだない。色彩にも前種と似た変異パターンがあり，ネパールでは全体的にかなり黒ずんだ個体も出現する。

筆者らの経験では，ほとんどの生息地において，前種と混じって採集される。前種だけが採れる場合はあるものの，本種だけだったという例が少なく，普通は前種の割合が高い。寄主植物も前種に準じるが，日本ではもっぱらマメ科やキク科から得られる。

アブラムシやコナジラミ，アザミウマの捕食者でもあり，前種と並び，代表的な広食性カスミカメムシの1つに数えられる。

●ヒロズチビトビカスミカメ

　C. eurycephala Yasunaga

　背面は一様にやや褐色がかった淡緑色で，上記2種と一見よく似ているが，その名のとおり，複眼を含む頭部の幅が広いので区別は難しくない。現在のところ，石垣島でライトに飛来した数個体しか得られておらず，生態も不明。

●ナガチビトビカスミカメ

　C. fukagawai Yasunaga, Schuh & Duwal

　同属のなかでも最大種の1つで，個体により3 mm（雌で2.6 mm）を超える。雄の腹部は通例暗化する。ネムに寄生し，しばしば次種と混じるが，本種のほうが早く発生し，成虫は暖地で6月上旬に現われ，梅雨の終わるころには姿を消す。灯火に飛来することもある。なお，本種はヤナギチビトビカスミカメ *C. annulicornis* (V. Signoret)とよく似るが，これは寒冷地のヤナギだけに見られる旧北区系の種で，生息地も局限されるため，混棲する懸念はまずない。

●ネムチビトビカスミカメ

　C. miyamotoi Yasunaga

　同属のなかでは日本最小種。同じネムに依存する前種と混棲することがあるが，体は明らかに小さく，発生も7〜8月ころが盛期である。

●サトチビトビカスミカメ

　C. tanakakiana Yasunaga, Schuh & Duwal

　最近長崎市から発見された珍しい種。コミドリチビトビカスミカメやミナミチビトビカスミカメとそっくりだが，触角第1節と2節の基半部以上が黒っぽく，背腹面が暗化することはない。6〜7月に灯火採集で得られているが，照葉樹林帯の里山にはより広く生息していると思われる。寄主植物もわかっていない。

〈安永智秀〉

マメハモグリバエの天敵寄生蜂

【検索対象の種類】

マメハモグリバエの寄生蜂は，すべてハチ（膜翅）目のハチ（細腰）亜目に含まれる。ここでは導入天敵のハモグリコマユバチを含めた，4科29種の寄生蜂の同定法を解説する（表1）。

表1　マメハモグリバエ寄生蜂のリスト

Braconidae コマユバチ科
　Alysiinae ハエヤドリコマユバチ亜科
　　1. *Dacnusa nipponica* Takada
　　2. *Dacnusa sibirica* Telenga ハモグリコマユバチ
　　　（在来種ではない）
　Opiinae ツヤコマユバチ亜科
　　3. *Opius* spp.

Figitidae ヤドリタマバチ科
　Eucoilinae ツヤヤドリタマバチ亜科
　　4. *Kleidotoma* sp.
　　5. *Gronotoma micromorpha* (Perkins)
　　　コガタハモグリヤドリタマバチ

Pteromalidae コガネコバチ科
　Miscogasterinae
　　6. *Sphegigaster hamugurivora* Ishii
　　7. *Halticoptera circulus* (Walker) ハモグリコガネコバチ
　Pteromalinae
　　8. *Trichomalopsis oryzae* Kamijo et Grissell

Eulophidae ヒメコバチ科
　Eulophinae
　　9. *Pnigalio katonis* (Ishii) カトウヒメコバチ
　　10. *Hemiptarsenus varicornis* (Girault) カンムリヒメコバチ
　　11. *Diglyphus isaea* (Walker) イサエアヒメコバチ
　　12. *Diglyphus minoeus* (Walker)
　　13. *Diglyphus pusztensis* (Erdös et Novicky)
　　14. *Diglyphus albiscapus* Erdös
　Elachertinae
　　15. *Stenomesius japonicus* (Ashmead) キイロホソコバチ
　Tetrastichinae
　　16. *Oomyzus* sp.
　　17. *Quadrastichus liriomyzae* Hansson et LaSalle
　　18. *Quadrastichus* sp.
　Entedontinae
　　19. *Pediobius metallicus* (Nees)
　　20. *Chrysocharis pentheus* (Walker)
　　21. *Chrysocharis pubicornis* (Zetterstedt)
　　22. *Apleurotropis kumatai* (Kamijo)
　　23. *Neochrysocharis okazakii* Kamijo
　　24. *Neochrysocharis formosa* (Westwood)
　　　ハモグリミドリヒメコバチ
　　25. *Neochrysocharis* sp.
　　26. *Closterocerus lyonetiae* (Ferrière)
　　27. *Closterocerus* sp.
　　28. *Closterocerus trifasciatus* Westwood
　　29. *Asecodes erxias* (Walker)

※*Opius*属は2種以上が得られているが，同定が困難なのと，まれであるため，属までの同定にとどめた。*Neochrysocharis*属はこれら2種以外にも数種得られているが，識別が困難なのと，まれであるため検索表には含めなかった。

【目のつけどころ】

寄生蜂の同定には翅脈相をはじめ体のあらゆる部位の形態を見る必要がある。体長1mm程度の種ばかりなので，標本を慎重に取り扱い，よい状態に保たなければならない。カビを生やさないことはもちろん，特に，翅が縮れて翅脈が観察不可能にならないよう気をつける。

体節：これらの寄生蜂は，腹部第1節が胸部と密接に結合し，機能上も外見上も1つのかたまりを形成して，腹部第1節と2節の間が細くくびれている。このため，胸部＋腹部第1節と腹部第2節以後が別々のかたまりのように見える。前者を中体節，後者を後体節と呼ぶ。腹部第1節は特に前伸腹節と呼ばれる（図1）。

触角の節：触角の基部から第1節を柄節，第2節を梗節，それより先の節を鞭節と呼ぶ。鞭節先端の1〜数節が他の節より多少太く1かたまりになっている場合，それを棍棒状部と呼び，棍棒状部を除く鞭節（すなわち，棍棒状部と梗節の間の節）を繋節と呼ぶ。棍棒状部を形成する節数はさまざまで，同

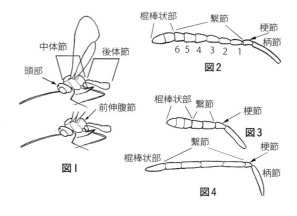

図1　図2　図3　図4

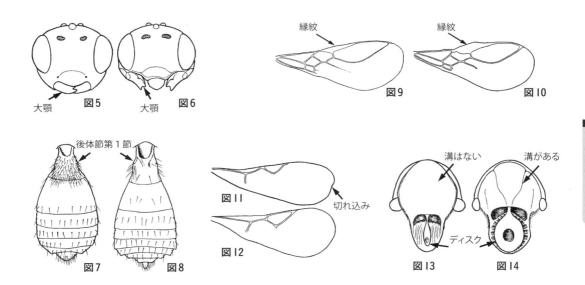

属内でも種によって異なる場合がある。触角全体の節数が同じでも，梶棒状部の節数によって繋節の節数が変わる（図2～4）。

【識別法】

●4つの科の検索

〔1〕前翅・触角の節数

・前翅に縁紋があり，翅室が3つ以上ある（図9，10）：触角の節数は16節以上　⇒コマユバチ科
・前翅に縁紋がなく，翅室が1つあるか，またはない（図11，12，22，23）：触角の節数は13節以下　⇒〔2〕

〔2〕中胸小盾板・前翅の翅脈

・中胸小盾板にテーブル状で真ん中が窪んだディスクと呼ばれる特殊な構造がある（図13，14）：前翅の翅脈は前縁の1本と，それから枝分かれした2本以上の翅脈からなる（図11，12）⇒ヤドリタマバチ科ツヤヤドリタマバチ亜科
・中胸小盾板は平坦かふくらむだけで，特殊な構造はない（図24，25，26）：前翅の翅脈は前縁の1本と，それから枝分かれした1本の短い縁紋脈のみ（図22，23）　⇒〔3〕

〔3〕脚の跗節・触角

・脚の跗節の節数は5節：触角の繋節の節数は6節（図2）　⇒コガネコバチ科
・脚の跗節の節数は4節：触角の繋節の節数は4節以下（図3，4）　⇒ヒメコバチ科

●コマユバチ科の検索

〔1〕大顎

・大顎の歯は内向きで，大顎を閉じると左右の大顎が互いにふれあう（図5）　⇒*Opius*属
・大顎の歯は外向きについており，大顎を閉じても左右の大顎がふれあわない（図6）　⇒〔2〕

〔2〕後体節第1節背板・前翅の縁紋

・後体節第1節背板は密な毛に覆われる（図8）：前翅の縁紋は雌雄ともに細長い（図9）　⇒*Dacnusa nipponica*
・後体節第1節背板の毛はまばら（図8）：前翅の縁紋は雌は細長く，雄は幅広（図10）　⇒ハモグリコマユバチ *Dacnusa sibirica*

●ヤドリタマバチ科ツヤヤドリタマバチ亜科の検索

〔1〕中胸盾板・前翅の先端

・中胸盾板に溝がある：中胸小盾板のディスクは幅広（図14）：前翅の先端には切れ込みがない（図12）　⇒コガタハモグリヤドリタマバチ *Gronotoma micromorpha*
・中胸盾板には溝がない：中胸小盾板のディスクは細長い（図13）：前翅の先端に弱い切れ込みがある（図11）　⇒*Kleidotoma* sp.

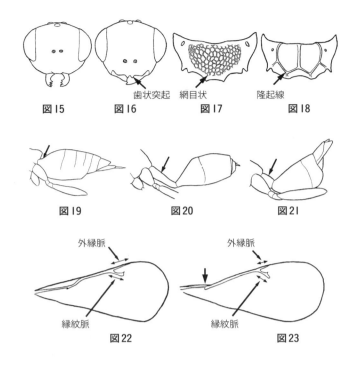

図15　図16　歯状突起　図17　網目状　図18　隆起線

図19　図20　図21

外縁脈　外縁脈
縁紋脈　図22　縁紋脈　図23

●コガネコバチ科の検索

〔1〕頭盾前縁・後体節基部
・頭盾前縁には突起がない（図15）：後体節基部の柄は見えない（図19） ⇒ *Trichomalopsis oryzae*
・頭盾前縁に1対の歯状突起がある（図16）：後体節第1節は棒状の柄になっている（図20,21） ⇒〔2〕

〔2〕前伸腹節・後体節第1節（柄）の長さ
・前伸腹節に網目状の表面構造がある（図17）：後体節第1節（柄）の長さは幅の約3倍（図20）
 ⇒ *Sphegigaster hamugurivora*
・前伸腹節に縦の隆起線がある（図18）：後体節第1節（柄）の長さは幅とほぼ等しい（図21） ⇒ハモグリコガネコバチ *Halticoptera circulus*

●ヒメコバチ科の検索

〔1〕前翅前縁の翅脈
・全体ほぼ同じ太さ（図22） ⇒〔2〕
・基部近くで細く，途中でいきなり太くなる（図23） ⇒〔8〕

〔2〕体色・触角の繋節・中胸盾板の縦溝
・体色は黄色で黒色斑紋を伴い，金属光沢はない：触角の繋節は4節（図4）：中胸盾板の縦溝は中胸盾板後縁に達する：中胸小盾板に1対の縦溝がある（図24） ⇒キイロホソコバチ *Stenomesius japonicus*
・少なくとも頭部と中体節は黄緑色から暗緑色で，金属光沢がある：触角の繋節は2節または4節（図3,4）：中胸盾板の縦溝は後縁に達せず途中で消える：中胸小盾板の縦溝はあるものとないものがある（図25,26） ⇒〔3〕

〔3〕触角の繋節・雄の触角・中胸小盾板
・触角の繋節は4節（図4）：雄の触角は枝分かれしていて房状（図27,28）：中胸小盾板に縦溝がない（図25） ⇒〔4〕
・触角の繋節は2節（図3）：触角は雌雄とも枝分かれしない：中胸小盾板に1対の縦溝がある（図26） ⇒〔5〕

〔4〕触角・雄の触角の枝の側縁・前伸腹節
・雌の触角は大部分黄褐色：雄の触角の枝の側縁は鋸歯状でなく，長い毛が生えている（図27）：前伸腹節に縦向きの隆起線がある ⇒カトウヒメコバチ *Pnigalio katonis*
・雌の触角は黄色の柄節を除いて黒褐色で先端が白色：雄の触角の枝の側縁は鋸歯状で毛がない（図28）：前伸腹節には隆起線がない ⇒カンムリヒメコバチ *Hemiptarsenus varicornis*

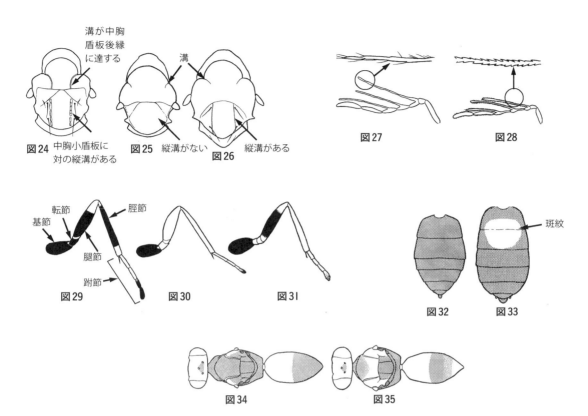

図24 中胸小盾板に対の縦溝がある
図25 縦溝がない
図26 縦溝がある
図27
図28
図29 基節／転節／脛節／腿節／跗節
図30
図31
図32
図33 斑紋
図34
図35

〔5〕脚の脛節・後体節
・脚の脛節はほとんど黒色（図29）：後体節は雌雄とも全体黒色から暗緑色（図32）　⇒〔6〕
・脚の脛節は全体白色（図30, 31）：後体節は雄では黒色から暗緑色で茶色がかった白色の斑紋があり（図33），雌では全体黒色から暗緑色　⇒〔7〕

〔6〕前翅
・前翅は細長く，長さは幅の2.4から2.7倍　⇒イサエアヒメコバチ Diglyphus isaea
・前翅は幅広で，長さは幅の2.1倍　⇒ Diglyphus minoeus

〔7〕前翅・後脚腿節
・前翅は細長く，長さは幅の2.5倍：後脚腿節は全体黄白色かまたは黄白色で基部付近に淡い黒色斑がある（図30）　⇒ Diglyphus pusztensis
・前翅は幅広で，長さは幅の2倍：後脚腿節は大部分緑色で基部と先端が黄白色（図31）
　⇒ Diglyphus albiscapus

〔8〕中胸盾板・中胸小盾板
・中胸盾板の縦溝は中胸盾板後端に達する：胸小盾板に1対の縦溝がある　⇒〔9〕

・中胸盾板の縦溝は中胸盾板後端に達せず途中で消える：中胸小盾板に縦溝はない　⇒〔11〕

〔9〕体色
・全体暗緑色で金属光沢がある　⇒ Oomyzus sp.
・黄色と茶色で金属光沢がない　⇒〔10〕

〔10〕体の色彩パターン
・中胸盾板はほとんど茶色：後体節は末端まで茶色（図34）　⇒ Quadrastichus sp.
・中胸盾板はほとんど黄褐色で前方のみ茶色：後体節末端が黄褐色の個体が多い（図35）
　⇒ Quadrastichus liriomyzae

〔11〕前翅縁紋脈の長さ
・外縁脈より短い（図22, 23）　⇒〔12〕
・外縁脈と同じか長い（図22, 23）　⇒〔14〕

〔12〕前胸背板背縁の隆起線
・隆起線がない（図36）　⇒ Chrysocharis pubicornis
・前胸背板背縁は隆起線に縁どられる（図37）　⇒〔13〕

〔13〕前伸腹節中央・前伸腹節側方の縦の隆起線
・前伸腹節中央の縦の隆起線は後方で二叉し，前伸腹節後端に達しない：前伸腹節側方の縦の隆起線

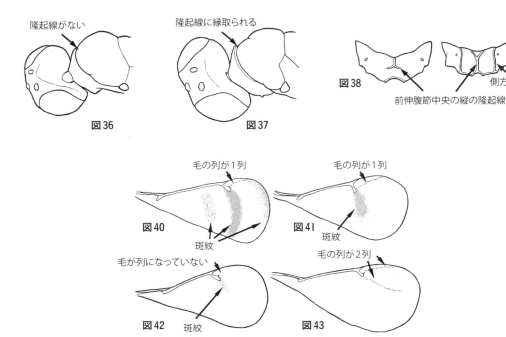

はない（図38） ⇒ *Chrysocharis pentheus*
・前伸腹節中央の縦の隆起線は前方で二叉し，前伸腹節後端に達する：前伸腹節側方には1対の縦の隆起線がある（図39） ⇒ *Apleurotropis kumatai*

〔14〕前伸腹節の隆起線
・明瞭な隆起線がある ⇒ *Pediobius metallicus*
・隆起線がない ⇒〔15〕

〔15〕前翅の斑紋
・茶色の斑紋が3つある（図40） ⇒ *Closterocerus trifasciatus*
・斑紋はないか，あっても1つ（図41～43） ⇒〔16〕

〔16〕脚の腿節・前翅の縁紋脈からの毛
・脚の腿節は全体黒褐色から黒色：前翅の縁紋脈から毛の列が一列または2列出ている（図41, 43）
 ⇒〔17〕
・脚の腿節は白色から黄白色で，黒色斑紋を伴うものもある：前翅の縁紋脈付近の毛は列を形成しない（図42） ⇒〔19〕

〔17〕前翅縁紋脈からの毛・後脚の色
・前翅の縁紋脈から毛の列が2列出ている（図43）：後脚は基節から脛節まで全体黒褐色
 ⇒ *Asecodes erxias*
・前翅の縁紋脈から毛の列が1列出ている（図41）：後脚脛節の少なくとも先端付近は黄白色 ⇒〔18〕

〔18〕前翅の斑紋・後脚腿節の色・中胸小盾板の毛・後体節の色
・前翅に茶色の斑紋がある（図42）：後脚腿節は黒褐色：後脚脛節は大部分が黒褐色で，先端付近だけ黄白色：中胸小盾板に1対の毛がある：後体節は雌雄とも全体黒褐色（図32） ⇒ *Closterocerus lyonetiae*
・前翅に斑紋がない：後脚腿節は黒色で金属光沢がある：後脚脛節は大部分黄白色で基部付近が黒ずむ：中胸小盾板に2対の毛がある：雄の後体節に黄褐色の斑紋がある（図33） ⇒ *Closterocerus* sp.

〔19〕前翅の斑紋・体の表面・雌の後脚腿節の色と斑紋
・前翅に斑紋がない：体の表面はほとんど平滑でつやがある：雌の後脚腿節は全体黄白色で斑紋がない ⇒ *Neochrysocharis okazakii*
・通常前翅に1つ茶色の斑紋があるが，雄では斑紋がはっきりしない個体もある：体の表面はつやがない：後脚腿節は雌雄とも黄白色で黒色の斑紋がある ⇒ ハモグリミドリヒメコバチ *Neochrysocharis formosa*

（小西和彦）

日本の主なクサカゲロウ類

【目のつけどころ】

　クサカゲロウ科Chrysopidaeの属や種の重要な分類形質は多くの場合雄の交尾器にあり，属でも外見や雌の交尾器から同定するのはしばしば不可能である。そのため正確な識別には雄の交尾器に精通する必要がある。雌では同定できない場合もあるが，図1の属レベルまでの絵解き検索，図2の種の識別ポイント，補足解説によって大部分の種の同定に対処できるであろう。成虫の大きさは，前翅長（前翅の基部から先端）を目安として示す。

　幼虫は通常型と塵載せ型がある。通常型は，生体や標本の状態がよければ胸部や腹部の背面に特異な色彩があり，外見から容易に同定できることもある。塵載せ型は，胸部と腹部の背面が全体にほぼ白色ないし乳白色で，種により不明瞭に斑紋が現われるが，慣れないと同定は困難である。どちらの型の幼虫も死亡すると胸部や腹部は変色するが，頭部の斑紋の状態は識別に役立つであろう。体の刺毛は簡便さを考慮して一部でしか触れていないが，分類上有用な形質である。図3はクサカゲロウ族とヒロバクサカゲロウ族の3齢幼虫の属レベルまでの絵解き検索で，図4は頭部の斑紋による種の識別ポイントである。幼虫の大きさは体が伸縮し確定しにくいが，3齢末期の成熟した状態の体長で示す。

　日本産クサカゲロウ科の約40種のうち，比較的発見が容易な成虫33種と3齢幼虫28種の特徴を示す。各種の前の数字は図2の番号に，末尾の（ ）内の数字は図4の番号に，それぞれ符合する。

【クサカゲロウ亜科 Chrysopinae】

●クサカゲロウ族 Chrysopini

〔1〕クサカゲロウ属 *Chrysopa*

　成虫，幼虫ともにアブラムシを捕食する。幼虫は通常型。

　1 ヨツボシクサカゲロウ *C. pallens*：前翅長18〜23mm，ほぼ全国の低地から山地に生息。成熟幼虫の体長10〜12mm。20〜数十卵を1か所にまとめて産み，人目につきやすい。（1）

　2 クサカゲロウ *C. intima*：前翅長13〜18mm，北海道から本州中部以北に分布。成熟幼虫の体長8〜10mm。（2）

　3 クロミヤマクサカゲロウ *C. nigra*：前翅長14〜18mm，本州中部山地のヨモギやアザミなどの草叢に生息。成熟幼虫の体長8〜10mm。（3）

　4 クモンクサカゲロウ *C. formosa*：前翅長12〜16mm，北海道から九州の各地に分布。成熟幼虫の体長8〜10mm。（4）

　5 エゾクサカゲロウ *C. sapporensis*：前翅長12〜15mm，北海道では低地のイネ科草地に普通だが，本州と九州では日本海側に局地的に産する。成熟幼虫の体長8〜12mm。（5）

　6 モンクサカゲロウ *C. lezeyi*：前翅長12〜16mm，本州（東北地方）や北海道の山地のミズナラなどの落葉広葉樹に見出される。成熟幼虫の体長8〜12mm。（6）

〔2〕プレシオクサカゲロウ属 *Plesiochrysa*

　7 リュウキュウクサカゲロウ *P. remota*：前翅長15〜17mm，小笠原・沖縄に分布。幼虫は塵載せ型，台湾ではサトウキビを加害するアブラムシを捕食するという。成熟幼虫の体長不明。

〔3〕オオクサカゲロウ属 *Nineta*

　山地のクヌギ，ミズナラ，シラカバなどの落葉広葉樹に生息し，幼虫は通常型で，アブラムシを捕食する。日本産3種は雄交尾器による以外成虫の同定は困難だが，幼虫の頭部斑紋や産卵形態が異なる。ヒメオクサカゲロウはオオクサカゲロウ，キタオクサカゲロウより前胸背板や腹部末端の毛が濃く暗褐色ないし黒褐色，触角第1節がやや長くなる。

　8 オオクサカゲロウ *N. itoi*：前翅長22〜30mm，本州・四国・九州に分布。成熟幼虫の体長16〜17mm。卵塊で卵を産み，それぞれの卵柄を1本の軸状にゆるく束ねる。卵は白色。（7）

　9 キタオクサカゲロウ *N. alpicola*：前翅長19〜27mm，北海道と近畿以北の本州に分布。成熟

日本の主なクサカゲロウ類

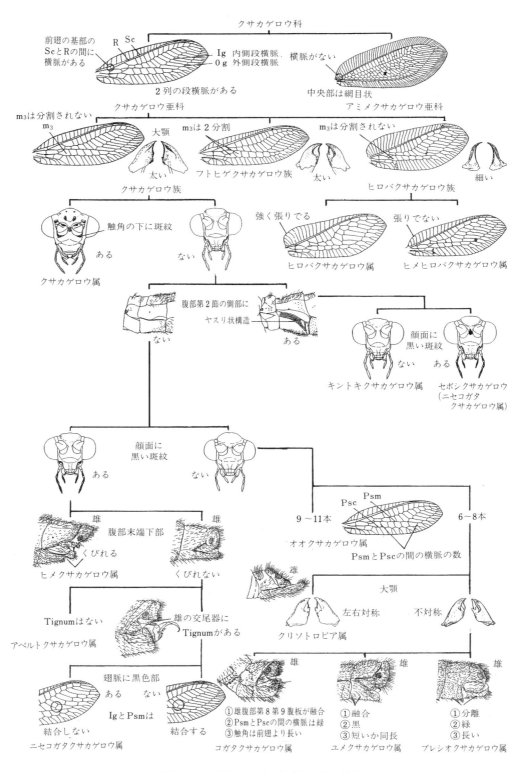

図1　日本産クサカゲロウ成虫の属の検索

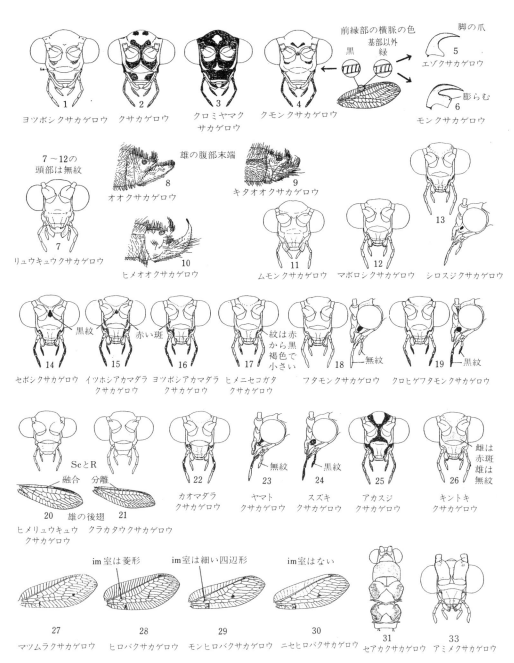

図2 日本産クサカゲロウ成虫の種の識別

幼虫の体長15〜16mm。卵塊で卵を産み，それぞれの卵柄を1本の軸状にゆるく束ねる。卵は緑色。(8)

10 ヒメオオクサカゲロウ *N. vittata*：前翅長19〜23mm，北海道・本州中部以北に分布。成熟幼虫の体長13〜15mm。卵を1卵ずつ産む。卵は緑色。(9)

〔4〕クリソトロピア属 *Chrysotropia*

11 ムモンクサカゲロウ *C. ciliata*：前翅長12〜17mm，北海道・本州・四国の山地の落葉広葉樹に生息。成虫はマボロシクサカゲロウに似るが，小顎肢（ひげ）に黒褐色の小斑紋があることで識別され，雄の腹部末端は特徴的な形態をしている。幼虫は塵載せ型で，成熟幼虫の体長6〜7mm。(10)

日本の主なクサカゲロウ類

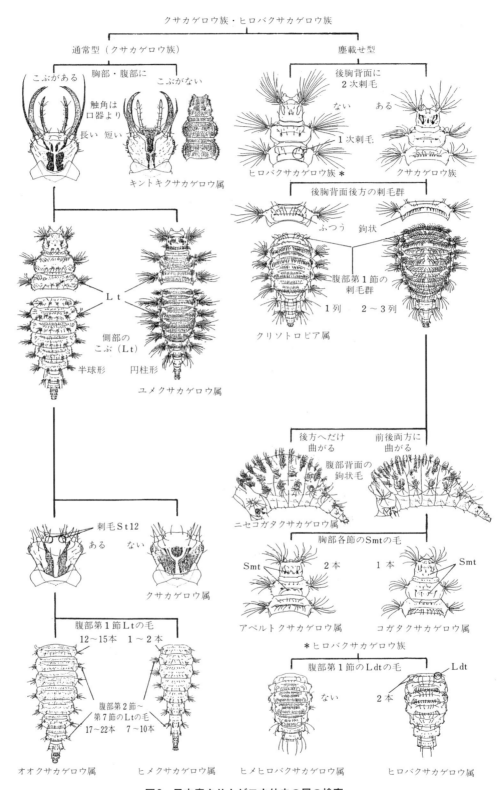

図3　日本産クサカゲロウ幼虫の属の検索

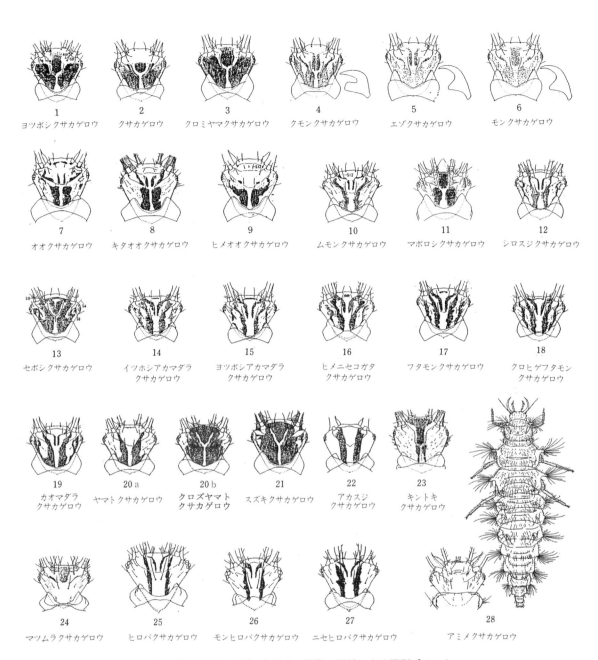

図4　日本産クサカゲロウ幼虫の頭部の斑紋による識別ポイント

[5]ユメクサカゲロウ属 *Nipponochrysa*

12 マボロシクサカゲロウ *N. moriutii*：前翅長11〜17mm，本州・四国・九州の山地の落葉広葉樹に生息。越冬は3齢幼虫で行なうようである。幼虫は通常型で成熟幼虫の体長8〜9mm。（11）

[6]アペルトクサカゲロウ属 *Apertochrysa*

13 シロスジクサカゲロウ *A. albolineatoides*：前翅長12〜16mm，北海道・本州・四国・九州の低地から山地のアブラムシが蔓延する草本や落葉広葉樹に生息。幼虫はやや活動的な塵載せ型で，成熟幼虫の体長6〜8mm，胸部や腹部の背面に多少とも赤褐色のまだらが現われる。（12）

[7]ニセコガタクサカゲロウ属 *Pseudomallada*

主に落葉広葉樹や照葉樹に生息し，幼虫は塵載せ型，アブラムシやカイガラムシを捕食する。

14 セボシクサカゲロウ *P. prasinus*：前翅長12〜

16mm，北海道・本州の関東から中部地方の山地に生息。越冬は3齢幼虫で行なうようである。成熟幼虫の体長6～8mm。（13）

15 イツホシアカマダラクサカゲロウ *P. cognatellus*：前翅長10～15mm，本州・四国・九州・沖縄に分布し，主に照葉樹に生息。成熟幼虫の体長6～7mm。1卵ずつ卵を産むが，1列にまとめて産む場合が多い。（14）

16 ヨツボシアカマダラクサカゲロウ *P. parabolus*：前翅長10～15mm，北海道・本州・四国・九州に分布し，主に落葉広葉樹に生息。成熟幼虫の体長6～7mm。（15）

17 ヒメニセコガタクサカゲロウ *P. alcestes*：前翅長10～13mm，小笠原や沖縄では普通であるが，本州にも分布し，照葉樹に生息。成熟幼虫の体長6～7mm。（16）

18 フタモンクサカゲロウ *P. formosanus*：前翅長11～16mm，北海道・本州・四国・九州に分布，主に落葉広葉樹に生息。成熟幼虫の体長6～7mm。卵塊で卵を産み，それぞれの卵柄を1本の軸状に束ねる。卵は緑色。（17）

19 クロヒゲフタモンクサカゲロウ *P. ussuriensis*：前翅長10～16mm，本州・四国・九州・沖縄に分布し，主に照葉樹に生息。成熟幼虫の体長6～7mm。（18）

九州（鹿児島県）・沖縄には，ミナミクサカゲロウ *P. astur*（前翅長9～13mm）が分布する。卵塊で卵を産み，それぞれの卵柄を1本の軸状に束ねる。卵は白色。

[8]コガタクサカゲロウ属 *Mallada*

照葉樹や落葉広葉樹に見られ，幼虫は塵載せ型で体長6～8mm，アブラムシを捕食する。台湾ではヒメリュウキュウクサカゲロウが，生物農薬として実用化されている。

20 ヒメリュウキュウクサカゲロウ *M. basalis*：前翅長9～11mm，小笠原・沖縄に分布。成熟幼虫の体長約6mm。

21 クラカタウクサカゲロウ *M. krakatauensis*：前翅長12～14mm，北海道，本州，九州から記録されている。南方系で分布は広いようである。成熟幼虫の体長6～7mm。

22 カオマダラクサカゲロウ *M. desjardinsi*：前翅長11～13mm，本州・四国・九州・小笠原・沖縄に分布。幼虫の胸部と腹部の背面は不明瞭な淡褐色のまだらが現われる。成虫越冬だが，次種と異なり体色は変化しない。成熟幼虫の体長6～7mm。（19）

[9]ヒメクサカゲロウ属 *Chrysoperla*

成虫はコガタクサカゲロウ属に似るが，触角が前翅より明らかに短いことにより区別できる。幼虫は通常型，アブラムシを捕食する。

23 ヤマトクサカゲロウ *C. nipponensis*：本種は一時 *C. carnea* (Stephens, 1836) のジュニアシノニムとして扱われた。近年 *C. carnea* は数種の同胞種を含むことが明らかにされ，現在 *C. nipponensis* (Okamoto, 1914) は，*C. carnea* とは別の独立種として認識されている。前翅長11～15mm，ほぼ全国の低地から山地にかけて生息し，越冬中の成虫では体が赤褐色のまだら模様となる。早春には体色が緑色になりかかった個体が見受けられる。（20a）

なお，北海道・本州・四国には，幼虫の頭部背面の斑紋が前種とは異なり全体的に黒化する隠蔽種が生息し，近年クロズヤマトクサカゲロウ *C. nigrocapitata* Henry et al., 2015 として新種記載された。成熟幼虫の体長8～11mm。（20b）

24 スズキクサカゲロウ *C. suzukii*：前翅長14～17mm，体は濃い緑で翅脈もすべて緑。本州・四国・九州の主に針葉樹に生息。幼虫はほぼ全体が黒褐色で胸部背面に2本の黄白色の横帯があり特異的。成熟幼虫の体長8～10mm。（21）

25 アカスジクサカゲロウ *C. furcifera*：前翅長11～14mm，本州・四国・九州・小笠原・沖縄に分布，マツなどの針葉樹に生息。幼虫は通常型でありながら腹部背面に鉤状刺毛をもつ。成熟幼虫の体長8～10mm。（22）

[10]キントキクサカゲロウ属 *Brinckochrysa*

長い触角と雌の顔面の赤いまだら紋が特徴的である（雄の顔面には赤いまだら紋がない）。幼虫は通常型で，こぶが発達せず一見ヒメカゲロウ科の幼虫に似る。

26 キントキクサカゲロウ *B. kintoki*：前翅長12～15mm，本州・四国・九州に分布。成熟幼虫の体長9～13mm。（23）

沖縄には小型のヒメキントキクサカゲロウ B. scelestes（前翅長9〜11mm）が分布する。

●ヒロバクサカゲロウ族 Ankylopterygini

〔11〕ヒメヒロバクサカゲロウ属 Semachrysa

27 マツムラクサカゲロウ *S. matsumurae*：前翅長9〜13mm，本州・九州・沖縄に分布，照葉樹に生息。前翅後縁中央部に黒い斑紋がある。幼虫は塵載せ型で，カイガラムシを捕食。越冬は3齢幼虫で行なう。成熟幼虫の体長5〜6mm。（24）

対馬（長崎県）と沖縄には小型のヒメマダラクサカゲロウ *S. pulchella*（前翅長7〜10mm）が産する。

〔12〕ヒロバクサカゲロウ属 Ankylopteryx

いずれも沖縄に産する。翅に斑紋がある。幼虫は塵載せ型。

28 ヒロバクサカゲロウ *A. octopunctata*：前翅長10〜14mm。成熟幼虫の体長6〜7mm。（25）

29 モンヒロバクサカゲロウ *A. gracilis*：前翅長11〜13mm。成熟幼虫の体長約6mm。（26）

30 ニセヒロバクサカゲロウ *A. exquisita*：前翅長9〜13mm。成熟幼虫の体長約6mm。（27）

西表島には体色がうす茶色のウスチャヒロバカゲロウ *A. ferruginea*（前翅長11〜13mm）が産する。成熟幼虫の体長約6mm。

●フトヒゲクサカゲロウ族 Belonopterygini

〔13〕フトヒゲクサカゲロウ属 Italochrysa

31 セアカクサカゲロウ *I. japonica*：前翅長17〜20mm。本州・四国・九州・沖縄に分布。大型の種で触角が太く，胸背面は赤く，腹部に茶褐色の斑紋があるので，他の種とは容易に区別できる。飼育によると成虫はアブラムシを捕食する。幼虫は塵載せ型だが，3齢幼虫は未知。ヨーロッパ原産の近縁種 *I. italica* の幼虫は，シリアゲアリの一種の幼虫を捕食することが知られている。

32 オオフトヒゲクサカゲロウ *I. nigrovenosa*：25〜27mm。本州に分布。触角は太く，体は黄色で大型であるため区別は容易である。幼虫は塵載せ型。

【アミメクサカゲロウ亜科 Apochrysinae】

〔14〕アミメクサカゲロウ属 Apochrysa

33 アミメクサカゲロウ *A. matsumurae*：前翅長22〜26mm。本州・四国・九州の低地や低山地に産し，アオキやアラカシなど照葉樹に生息。大型で長い触角と翅に黒色の斑紋があるので，他の種と区別が容易である。成熟幼虫の体長約11mm，白色で鉤状刺毛があり塵載せ型であるが，全体の形状や腹部背面のこぶの状態は通常型のようで，双方の中間型を示す。（28）

（望月　淳・塚口茂彦）

天敵活用事例

ナス（施設栽培）
土着天敵タバコカスミカメを中心とした総合的病害虫防除
—— 高知県JA土佐あき園芸研究会ナス部会

高知

◆ 主な有用天敵：スワルスキーカブリダニ，タイリクヒメハナカメムシ，タバコカスミカメ，コレマンアブラバチ
◆ 主な対象害虫：ミナミキイロアザミウマ，タバココナジラミ，アブラムシ類
◆ キーワード：天敵温存ハウス／ゴマバンカー／ムギのバンカー／防除費・防除回数2分の1（慣行体系比）／天敵導入率97％

経営概要

作目：ナス（促成）

品種：竜馬，土佐鷹

作付面積：生産者615名，作付面積141ha，1経営体当たり平均面積23a

栽培概要：基肥はN25kg/10a，P_2O_5 30kg/10a，K_2O 20kg/10a，定植8月下旬～9月上旬（ほとんどの農家が苗を購入），栽植方法は，うね幅180cm，株間55cm，1条植え，栽植株数1,010株/10a，整枝方法は主枝3～4本仕立てで22節摘心，側枝は1芽切戻し，追肥はN成分で1.5kg/10a/週，温度管理は日中26～28℃（晴天日），平均夜温12℃，収穫期間は9月下旬～翌年6月下旬，そのほか10月上旬～翌年6月上旬はミツバチ・マルハナバチにより交配（図1）

労力：1経営体当たり労力（労働時間）4,922時間，内訳は家族労働時間4,646時間（2人），雇用労力276時間

収量：1経営体当たり収量37.5t（15t/10a）

【地域条件】

JA土佐あきは高知県の南東部にあり，芸西村，安芸市，安田町，田野町，奈半利町，北川村，室戸市，東洋町の2市4町2村で構成される。年平均気温17.0℃，年間降水量1,952mm，年間日照時間2,230時間で，夏は高温多雨，冬は温暖多照な地域である。

林野率80％以上，耕地率10％未満で，山が海岸にまで迫っている。平野部は河川の中下流域に散在し，主な耕地はこれら平野部と海岸段丘に散在している。土性は壌土～重埴土までさまざまであり，保水性のよい土壌が多い。作土の深さは（うね上から）25～40cmである。

ナスのハウス周辺では，春から夏にかけては水稲や葉タバコがつくられている。また，夏から翌年の春にかけてナス類，ピーマン類，ミョウガなどが施設栽培されている。

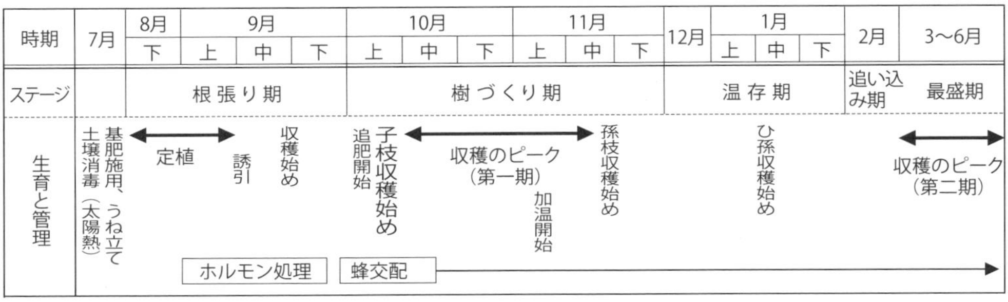

時期	7月	8月		9月			10月			11月			12月	1月			2月	3～6月
		下	上	中	下	上	中	下	上	中	下		上	中	下			
ステージ			根張り期				樹づくり期						温存期				追い込み期	最盛期
生育と管理	土壌消毒（太陽熱）	基肥施用、うね立て	定植	誘引	収穫始め	追肥開始	子枝収穫始め	収穫のピーク（第一期）		加温開始	孫枝収穫始め		ひ孫収穫始め					収穫のピーク（第二期）
				ホルモン処理		蜂交配												

図1 栽培概要

ナス（施設栽培）

【ねらいと特徴】

●これまでの経緯

2005年ころ，薬剤感受性の低下したタバココナジラミが発生し，それまでに確立されていたタイリクヒメハナカメムシを中心としたミナミキイロアザミウマ対策の防除体系では対応できなくなった。そこで，黄色粘着資材，防虫ネット，サバクツヤコバチ，オンシツツヤコバチ，微生物農薬などによる防除体系の構築を試みたが，成功事例はあるものの効果の持続性や安定性に満足のいくものではなかった。

そのようななか安芸市や芸西村の農家で，土着カスミカメムシ類のタバコカスミカメやクロヒョウタンカスミカメがタバココナジラミやミナミキイロアザミウマの密度を抑制し，効果をあげている事例が複数確認された。そこで，従来の防除対策に加え，土着天敵タバコカスミカメを用いた防除体系の構築を試みたところ，タバココナジラミやミナミキイロアザミウマに十分な密度抑制効果が確認できた（図2，3）。

●防除体系の考え方

タバココナジラミやミナミキイロアザミウマの初期侵入・増殖を抑制するため，黄色粘着資材，防虫ネットを利用する。

育苗期～定植までは，ミナミキイロアザミウマの初期被害軽減のため，アファーム（乳），コテツ（フ）などのタバコカスミカメやタイリクヒメハナカメムシなどに比較的残効が短い薬剤によりミナミキイロアザミウマの密度抑制。アファーム（乳），コテツ（フ）はチャノホコリダニにも防除効果があるので，チャノホコリダニの初期密度抑制にも有効である。

スワルスキーカブリダニ（ボトル製剤）1～2本/10aを，定植14日目くらいまでに放飼する。

土着天敵タバコカスミカメを，同じく定植14日目くらいまでに放飼する（目安1,000頭/10a）。

タバコカスミカメを効率よく確保するために，天敵温存ハウスやバンカー植物（ゴマやクレオメなど）を利用する。

化学農薬の予防を中心とした散布で，すすかび病，黒枯病などの病害の被害軽減を図る。

タバココナジラミ，ミナミキイロアザミウマ以外の害虫（アブラムシ類やハダニ類など）に対しても複数の天敵で対応し，防除経費を抑える。

図2　タバコカスミカメ成虫

図3　ゴマの花上のタバコカスミカメ

【年間の害虫発生の推移】

害虫の年間の発生推移を表1，図4に示す。

●ミナミキイロアザミウマ

施設ナスにおいて，経営上最も影響の大きい害虫であり，栽培期間を通して発生が見られる。特に育苗期～11月，3月～栽培終了時に大きな被害が発生する。

●ヒラズハナアザミウマ

施設ナスでは，栽培期間を通して発生が見られるが，ミナミキイロアザミウマと比べ被害は出にくい。開花～11月，3月～栽培終了時に，防除の遅れにより被害が発生する。

●タバココナジラミ

施設ナスでは果実への直接被害はないものの，排

ナス（施設栽培）

表1　年間の害虫発生推移

	8月	9	10	11	12	1	2	3	4	5	6
ミナミキイロアザミウマ	▨	■	■	▨	■	■	▨	■	■	■	■
ヒラズハナアザミウマ		■	■	■	■	■	■	■	■	■	■
タバココナジラミ	▨	■	■	■	▨	■	▨	■	■	■	■
アブラムシ類	▨	▨	▨	▨	■	■	■	■	■	■	■
ハモグリバエ類	▨	▨	▨	▨	■	■	■	■	■	■	■
ハダニ類		■	■	▨	▨	■	■	■	▨	■	■
ホコリダニ類		■	■	▨	▨	▨	▨	■	■	■	■
ハスモンヨトウ		■	■	■	■				▨	▨	▨

■ 被害発生の危険性が大きい時期　　▨ 被害発生に注意が必要な時期
□ 被害が発生しにくい時期

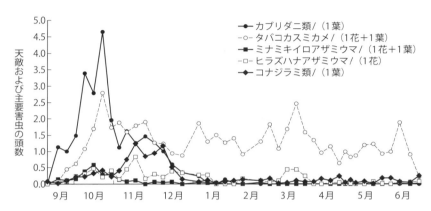

図4　天敵昆虫および主要害虫の推移
調査圃場；安芸市（17a），定植；2010年8月27日，天敵放飼；スワルスキーカブリダニは9月9日に3本，タバコカスミカメは9月12日に約200頭，9月15日に約600頭，9月17日に約600頭を17aにそれぞれ放飼した

泄物によるすす病の発生および果実の汚れ，本虫の大量寄生による樹勢の低下が問題となる．特に育苗期～11月，2月～栽培終了時に，防除などが遅れると大量発生し，甚大な被害が発生する．

●**アブラムシ類**

施設ナスでは，栽培期間を通してモモアカアブラムシ，ワタアブラムシ，ヒゲナガアブラムシ類の発生が見られる．モモアカアブラムシ，ワタアブラムシの被害はタバココナジラミ同様，9～12月，3月～栽培終了時に，防除などが遅れると被害が甚大になる．

ジャガイモヒゲナガアブラムシは，11月以降に発生が見られることが多く，モモアカアブラムシ，ワタアブラムシに比べ圃場内での拡散が緩やかであるが，吸汁により果実，葉に脱色被害が発生する．

●**ハモグリバエ類**

施設ナスでは，栽培期間を通して発生が見られる．特に育苗期～11月，3月～栽培終了時に被害が発生する．果実への直接被害はないが，葉に大量寄生されると落葉する．

●**ハダニ類**

施設ナスでは，栽培期間を通して発生が見られる．特に育苗期～10月，4月～栽培終了時に，被害が発生する．ナスが過繁茂になると農薬がかかりにくく，1回の散布では防除効果が期待できない．

●**ホコリダニ類**

施設ナスでは，作を通して発生が見られる．特に育苗期～10月，3月～栽培終了時に被害が発生する．

●**ハスモンヨトウ**

施設ナスでは，12月まで被害が見られる．特に育苗期～11月は，雌成虫の飛び込みや蜂逃亡防止用天窓ネット上への産卵による圃場内への幼虫侵入によって，被害が発生する．

ナス（施設栽培）

天敵活用事例

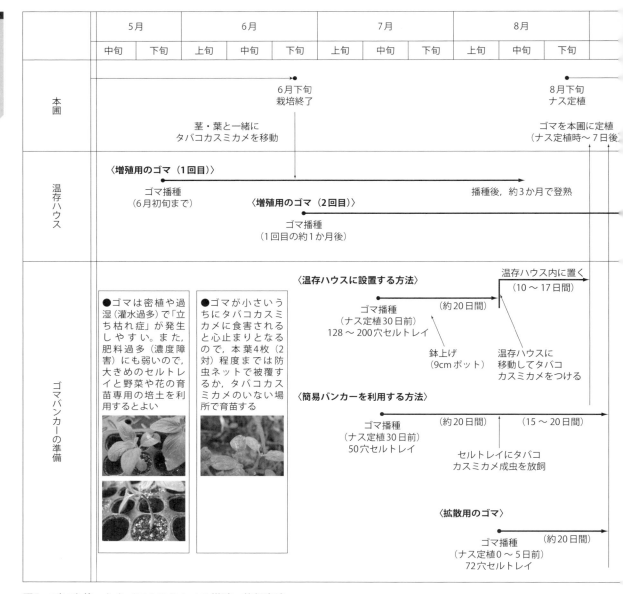

図5　ゴマを使ったタバコカスミカメの増殖・放飼方法

【実施方法】

●天敵温存ハウスの活用

　タバコカスミカメを効率よく確保するため、空きハウスなどを利用しタバコカスミカメを増殖するための温存ハウスを設置する。

　5月下旬にゴマを播種し、ある程度株が成長したら、栽培終了が近づいた本圃のタバコカスミカメを順次移動し、ゴマに定着させる（図5）。

　6月下旬に増殖用の2回目のゴマの播種を行なう。

　ゴマは播種後約3か月で登熟するので、来年の温存ハウス用の種子を確保するため、種子を収穫し、一定乾燥後、冷蔵庫に保存しておく。

　8月下旬～9月上旬にナスの本圃定植と同時に、順次温存ハウスで捕獲したタバコカスミカメを本圃で増殖させるために用意した、「ゴマバンカー」に放飼する。

●バンカーについて

◎「ゴマバンカー」の利用法

　タバコカスミカメを効率よく確保するために「ゴ

ナス（施設栽培）

	9月		10月
上旬	中旬	下旬	上旬

ゴマ刈取り

ゴマの栽培が終了したら来年用の種子をとっておきましょう

播種後，約3か月で登熟

【導入用ゴマバンカーのポイント】
1) 定植苗として50～60本/10a用意する
2) 128～200穴のセルトレイに播種し，9cmポットに鉢上げする（9cmポットに直まきでもOK）
3) 灌水はタバコカスミカメに影響を与えないように，茎葉にかからないように行なう
4) 本葉4枚のころには，温存ハウスに移動もしくは，タバコカスミカメ成虫を放飼。15～20日で本圃への定植が可能
5) 温存ハウスへ搬入後10～17日で本圃への定植が可能（卵期間：9日，幼虫期間：23.5日，成虫期間：40日）

【拡散用ゴマバンカーのポイント】
1) 定植苗として140～200本/10a用意する（72穴セルトレイ2～3枚）
2) 本葉4枚（2対）になったら定植可能
3) ゴマ2～3株を近づけて植える。サイド，天窓，入り口付近には重点的に植える
4) 屋外で育苗を行なう際は，0.3mm目のネットで覆い害虫の侵入を防ぐ
5) クレオメを使うと長期間温存しやすい

クレオメ

マバンカー」を利用する（図5）。

　定植日から逆算して約30日前に，セルトレイにゴマを播種する。9cmポットに鉢上げする場合は128～200穴セルトレイに，セルトレイのまま育苗する場合は50穴セルトレイに播種する。約20日間育苗した後，温存ハウスに移動するなどして，タバコカスミカメをゴマに定着させる。

　ゴマが小さいうちにタバコカスミカメに食害されると心止まり症状になるので，本葉4枚（2対）程度までは，防虫ネットなどで被覆するか，タバコカスミカメのいない場所で育苗する。

　ゴマは乾燥に強いが，一方で過湿で立枯病が発生しやすい。肥料過多にも弱いので，大きめのセルトレイと「野菜と花の専用培土」などを利用し，育苗する。

◎ムギのバンカーの利用法

　アブラムシ類対策として，ムギのバンカーを利用する。

　9cmポットに20粒程度播種する。直播の場合，1か所1m²程度に100粒（プランターでも可），10a当たり4～6か所用意する。

　ムギが10cm程度になったらムギクビレアブラムシ（市販）を接種する。ムギクビレアブラムシがある程度増殖する約2週間後にコレマンアブラバチを放飼できるように，発注する。

　天敵放飼までにムギクビレアブラムシに天敵が寄生しないように，ネット被覆しておく。

●育苗期

　育苗圃場には，育苗開始前に1mm目以下（0.4mm推奨）の防虫ネットを設置する。

　ミナミキイロアザミウマ，タバココナジラミ，ハモグリバエ類の初期侵入を抑制するため，黄色粘着資材を約1m間隔で設置する。

　育苗中のミナミキイロアザミウマ，タバココナジラミ，ハダニ類の防除には，コテツ（フ），アファーム（乳），ヨトウ類の防除にはプレバソン（フ）を散布する。アブラムシ類が発生した場合，チェス（水）を散布する。

●定植～タバコカスミカメ定着まで

　育苗中の薬剤散布の影響を考慮しつつ，定植後速やかに天敵を放飼する。スワルスキーカブリダニ1～2本/10a，タイリクヒメハナカメムシ1,000～2,000頭/10a，そして，タバコカスミカメを，いずれも定植14日後までに放飼を開始する。

　放飼天敵を速やかに定着させるため，天敵放飼後2週間は薬剤散布はしない。

　タイリクヒメハナカメムシは，被害葉またはミナミキイロアザミウマ，ヒラズハナアザミウマの寄生が多い場所に放飼量の半分を放飼し，残りの半分を全体に放飼する。タバコカスミカメは，タバココナジラミやミナミキイロアザミウマ，ヒラズハナアザ

ナス（施設栽培）

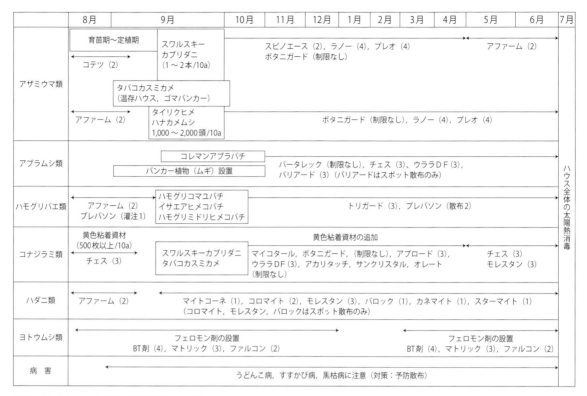

図6　促成ナスにおける防除体系の一例（括弧内は農薬登録使用回数）

ミウマの多いところに集中放飼する。天敵放飼後7〜10日は，ハウス内の最低温度を15℃以上に保つと天敵の定着がよい。

アブラムシ類やハモグリバエ類，タバココナジラミの天敵である寄生蜂を，タイリクヒメハナカメムシと同時にスケジュール的に放飼して効果が出ている事例もある。放飼の目安として10a当たり，寄生蜂1箱もしくは1ボトル程度を対象害虫の発生地点へ，発生がほとんど見られない場合にはハウス全体に広く放飼する。

もし定植14日後にミナミキイロアザミウマの発生が見られるようなら，ラノー（乳），プレオ（フ），スピノエース顆粒（水），ボタニガードを使用する。

もし定植14日後にハスモンヨトウの被害が見られるようなら，プレバソン（フ），プレオ（フ）を使用する。

天敵を放飼するまでに必要な整枝・摘葉をしておき，放飼後3週間は最低限の整枝・摘葉にとどめる。これは，茎・葉に産卵された天敵昆虫の卵や幼虫をハウス外へ持ち出すことを防ぐためである。

●タバコカスミカメ定着後
◎定着後の全期間

タバココナジラミが発生した場合，マイコタール，ボタニガード（水）などの微生物農薬，アプロード（水），ウララDFを使用する。また，タバココナジラミの成虫の発生が多い場合は，アカリタッチ（水），サンクリスタル（乳）などの気門封鎖系農薬を併用すると防除効果が期待できる。微生物農薬の散布は，曇天が理想的であるが，晴天時でも日没1時間程度前に散布が終わるようにすれば，十分な防除効果が期待できる。

タバココナジラミ，ミナミキイロアザミウマは，化学農薬に対して感受性が低下していることが考えられるため，できるだけ微生物農薬を併用する。ただし，気門封鎖型農薬は，併用すると薬害が出やすい剤が多いため，希釈倍率に注意する。

バチルス・ズブチリス剤は，灰色かび病，うどんこ病の発生前から予防的に散布することで効果があり，他の微生物農薬散布時に定期的に使っていくことで，すすかび病の被害軽減も期待できる。バチル

ス・ズブチリス剤は，加温機の稼働前までは農薬散布時に他剤との混用で，加温機稼働以降はダクト散布で使用する。バチルス・ズブチリス剤の散布時の希釈濃度の目安は2,000〜3,000倍とし，10〜14日間隔で散布する。

微生物農薬は，予防と初発時の散布に重点をおいて使用する。規定濃度で1回散布するより，濃度を薄く（防除経費が大幅に増大しない程度）して，散布回数を増やしたほうが効果的である。新葉にいかに早く付けていくかが重要である。

ダコニール1000は，すすかび病，灰色かび病の予防に効果が高く，うどんこ病にも登録病害との同時防除で効果が期待できる。また，ポリオキシンAL水溶剤は，すすかび病，灰色かび病の予防に効果が高く，うどんこ病にも登録適用病害の発生時に使用することで効果が期待できる。

タイリクヒメハナカメムシに影響のない農薬でも，散布により幼虫が流されたり溺れたりして減少する。

展着剤によってはタイリクヒメハナカメムシに影響があるので注意する。

前記のとおり，タイリクヒメハナカメムシ放飼後の整枝・摘葉は必要最小限にとどめる。タイリクヒメハナカメムシやカスミカメムシ類は，茎葉に産卵するので，整枝した成長点付近の茎葉を下位葉などに架けておくと定着がよくなる。

コレマンアブラバチは，モモアカアブラムシ・ワタアブラムシの発生初期に放飼する。放飼が遅れてアブラムシ密度が高くなった場合は，タバコカスミカメやタイリクヒメハナカメムシに影響の少ないチェス（顆粒水）やウララDFなどの農薬で防除した後，再放飼を検討する。

ヒゲナガアブラムシ類の発生が見られたら，チャバラアブラバチやテントウムシ類を利用する。

アブラムシ類対策にコレマンアブラバチを利用する場合，二次寄生蜂の発生に注意する。二次寄生蜂が発生するとコレマンアブラバチの効果が低下するため，二次寄生蜂の発生が見られたら，テントウムシ類，ショクガタマバエを併用する。またはチェス（顆粒水），ウララDFを散布する。

ハダニ類，チャノホコリダニの発生が見られた場合，カネマイト（フ），スターマイト（フ）を散布する。

◎定着〜2月まで

天敵定着後は，適宜天敵に影響の少ない農薬や葉面散布剤を散布してよい。

コナジラミ類は，加温機周辺や圃場内の暖かいところに集まりやすい。そのため，そのような場所に黄色粘着資材を張ると効果的である。

10月下旬〜11月下旬は圃場内湿度が上昇し，微生物農薬の効果を上げるには好適な時期である。ただし，病害も発生しやすいので，微生物農薬に影響の小さい殺菌剤との混用または交互散布が望ましい。

病害は，最低月1回の予防的な散布を行なうことで初期発生が抑制でき，被害が少なくてすむ。

タイリクヒメハナカメムシの追加放飼は，1月下旬以降にアザミウマ類の発生程度，タイリクヒメハナカメムシの密度を見ながら行なう。放飼後のハウス内温度は12℃以上が必要である。

ヒゲナガアブラムシ類の発生が見られた場合は，ウララDFを散布する。

ハダニ類，チャノホコリダニの発生が見られた場合は，カネマイト（フ），スターマイト（フ）を散布する。

◎3月〜栽培終了まで

タバコカスミカメやタイリクヒメハナカメムシが定着している場合（100花中10頭以上），ミナミキイロアザミウマやタバコキコナジラミが低密度であるなら，追加放飼・防除の必要はない。

3月上中旬にタバコカスミカメやタイリクヒメハナカメムシが少ない場合（100花中10頭以下），ミナミキイロアザミウマによる被害果数が2割以上となったら，プレオ（フ）やラノー（乳）を散布して被害の軽減を図る。

3月以降は加温機の稼働が少なくなり，夜間の圃場内湿度も上昇しやすく，微生物農薬の使用には好適な時期であり効果も期待できる。ただし，病害も発生しやすいので，影響の少ない殺菌剤との混用または交互散布が望ましい。

ナス（施設栽培）

表2　防除費および防除回数の推移 （単位：円/10a）

年度	新防除体系*取組み農家（A氏）		慣行防除体系**取組み農家（B氏）	
	2002（平成14）	2006（平成18）	2002（平成14）	2006（平成18）
殺虫剤	57,201	31,573	44,072	152,760
殺菌剤	37,306	15,529	43,830	30,109
天敵製剤	61,670	114,629	46,499	82,239
合計	156,177	161,731	134,401	265,108
防除回数	38	24	34	58
主な天敵	タイリクヒメハナカメムシ	タイリクヒメハナカメムシ タバコカスミカメ クロヒョウタンカスミカメ	タイリクヒメハナカメムシ	タイリクヒメハナカメムシ

注　*新防除体系とはアザミウマ類＋コナジラミ類を主な防除対象とした天敵利用による防除体系
　　**慣行防除体系とはアザミウマ類を主な防除対象とした天敵利用による従来の防除体系

【コスト面からの判断】

　害虫に対して化学農薬の防除効果が低くなっている現状では，化学農薬のみに頼った防除体系での栽培は困難である。その点からも，天敵や微生物農薬を利用する防除体系は，もはやなくてはならない技術になった。

　市販されている天敵のみでは高価であるが，今回紹介した土着天敵を有効利用する防除体系は，効果の持続性や省力化を考えると大幅なコスト削減が期待できる。

　以下にコスト面での判断材料としてJA土佐あき管内の事例を示す（表2）。

　タバココナジラミが管内で問題になる前の平成14（2002）園芸年度には，A，B両農家ともにアザミウマ類を主な防除対象とし，タイリクヒメハナカメムシを中心にした防除体系であった。両農家ともに防除費は，13万〜15万円程度で大差はなかった。

　一方でタバココナジラミが管内全域に広がった平成18（2006）園芸年度の両農家の比較では，新たにタバココナジラミの防除に在来天敵を導入したA農家の防除費は平成14園芸年度とほぼ同等であったのに対して，従来どおりの防除に取り組んだB農家は，タバココナジラミの防除に経費が多くかかり，平成14園芸年度のほぼ2倍の防除費がかかっている。特に殺虫剤の経費増は大きい。

　このような結果から安芸地域の促成ナス農家では，タバコカスミカメを中心とした防除体系が急速に広まり，2014年12月の高知県の調査では，安芸地域での促成ナス生産者における天敵防除導入率は97％であった。

【土着天敵を使う工夫】

　土着天敵は，市販の天敵と違い，自分が導入したい時期に十分量をハウス内へ放飼するためには，工夫が必要である。それゆえ，先進的な農家や一部の圃場では，自然に入ってくる土着天敵を天敵に影響の小さい化学農薬と併用して活用してきた。

　圃場周辺から土着天敵が入ってくる条件として，粒剤の無施用，ネオニコチノイド系，有機リン系，合成ピレスロイド系など天敵に影響の大きい農薬を使用しないこと，周辺に水田が少ないこと（土着天敵への影響が大きい農薬の使用が予想される），山の近くや川原など雑草地が近くにあることなどである。

　土着天敵の利用法として，圃場周辺から自然に入ってくるのを待つだけでは活用できる場所が限られ，同時に毎年安定した効果は期待できない。また，栽培が終了すれば，ハウス内で増えた土着天敵が外に出て行ってしまい，有効活用していくうえでは無駄が多い。そこで，JA土佐あき園芸研究会ナス部会の農家は，次のように工夫で土着天敵を有効活用している。

　数人の生産者が集まり，グループで土着天敵の温存ハウスを設置した。促成ナスの栽培終了までに，苗床ハウスなどにあらかじめゴマなどを植えておき，土着天敵を移すことにより，継続的に土着天敵

を利用する方法をとっている。雨よけ栽培の夏秋ナスなどの圃場に土着天敵を移すこともある。これらの方法により，ある程度計画的に一定量の土着天敵（主にタバコカスミカメ）を圃場に入れることが可能になった。

作期の異なる産地間で土着天敵を移動させ活用している。具体的には，6月中下旬に促成ナスから夏秋産地の米ナスや雨よけシシトウへ，10月下旬～11月上旬に夏秋産地から安芸地区の促成ナスへ土着天敵を移動させている。

野外から採取も可能である。野外で自然発生している土着天敵を捕獲して，圃場に放飼して活用している。クズやヤブマオの自生している場所に土着天敵（主にクロヒョウタンカスミカメ）がよく見られる。この方法は個人で時間のあいているときにできることが利点である。ただし，有用な土着天敵以外のカメムシ類やホコリダニ類，ハダニ類などの害虫も一緒にいることが多いので，有用土着天敵を十分認識しておく必要があり，他の害虫を圃場に持ち込まないように注意が必要である。

【検討課題】

土着天敵の有効活用は，省力化やコスト軽減，品質向上など農家経営から考えても有効な手段である。安芸地域のナス栽培ではタバコカスミカメを使った天敵防除の導入率が97％となった。しかし，土着天敵であるカスミカメ類には，農作物の害虫として知られているものもあるため，その活用については，メリットとデメリットを十分認識しておく必要がある。

ハウス栽培では，アザミウマ類やコナジラミ類だけでなく，その他多くの害虫も発生する。さらに，害虫だけでなく，黒枯病やすすかび病なども発生する。これら難防除病害虫を含め，総合的な病害虫管理技術の確立が必要である。

土着天敵も含め天敵を継続的に活用していくためには，土着天敵の入手方法や活用方法など，多くの地域の多くの農家で取り組んでもらうことが有効である。そのためには，広域で農家間の情報ネットワークを構築する必要がある。また，今後は圃場の周辺環境にも目を向けて，地域全体で土着天敵を保全できる環境整備も必要であろう。

（榎本哲也・松本宏司・和田　敬）

ナス（施設栽培）

ナス（施設栽培）
スワルスキーカブリダニとタバコカスミカメを併用した新防除体系
──福岡県JAみなみ筑後ナス部会

福岡

◆主な有用天敵：スワルスキーカブリダニ，タバコカスミカメ
◆主な対象害虫：ミナミキイロアザミウマ，タバコナジラミ
◆キーワード：天敵温存植物（クレオメ）／薬剤費90％削減・散布回数6分の1以下（慣行体系比）／天敵導入率8割

経営概要

作目：ナス（促成施設栽培）

品種：筑陽（タキイ種苗），台木：トナシムが主体

作付面積：生産者235名，作付面積54.9ha，1経営体当たり平均面積23a（2014年）

栽培概要：基肥はN27kg/10a，P_2O_5 43kg/10a，K_2O 25kg/10a，定植は9月中下旬中心（72穴セル苗を9cmポットから15cm（18cm）ポットに2回鉢上げ，育苗日数は9cmポットで7〜10日間，15cmポットで15〜18日間が目安，栽培方法：うね幅170cm，株間65cm，1条植え，770株/10a，整枝方法はV字仕立てで主技の摘心は着果節位の8〜9段，側枝は1芽切り戻し（収穫時），追肥はN成分で3.0kg/10a/月，温度管理は午前25℃（換気しながら28〜30℃），午後22〜23℃，平均夜温10℃以上，収穫期間は10月中旬〜翌年7月上旬，着果処理はホルモン処理で3月以降ハチ類の導入もある

労力：1経営体当たり労力（労働時間）1,568時間/10a（1人）

収量：16.8t/10a

総面積は186.67km^2，農業地帯区分として，東部の中山間地帯，北西部の矢部川が流れる平坦地帯，南部の都市近郊地帯の3つに大別される。

ナスは促成栽培，雨よけ栽培で周年的に収穫・出荷されており，周囲では米，麦，ダイズの普通作物に加え，イチゴ，アスパラガス，セルリーなどの施設野菜，山麓部では温州ミカンを中心とする果樹栽培が盛んである。

【ねらいと特徴】

●成立の背景

冬春ナスの重要害虫であるミナミキイロアザミウマやタバコナジラミについては0.4mm目合いの防虫ネットを用いた物理的防除と化学的防除で対応してきたが，近年，各種薬剤に対して抵抗性を獲得した個体群が顕在化し，大きな問題となってきた。

【地域条件】

JAみなみ筑後管内は，福岡県の最南端に位置し，2市（大牟田市，みやま市）で構成される。内陸有明気候区（平均気温16.1℃，年間降水量1,876mm，年間日照時間2,020時間）に属しており，温暖多雨な地域である。

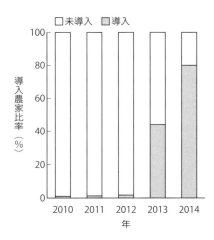

図1　管内天敵導入農家比率の推移（JAみなみ筑後）

ナス（施設栽培）

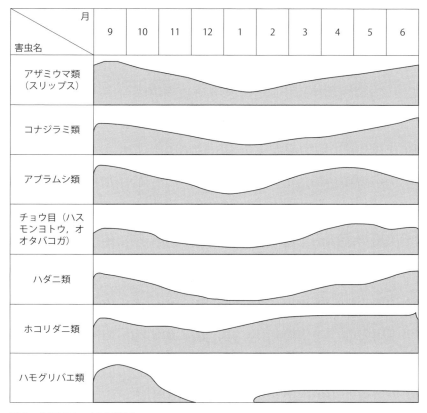

図2　主要害虫の発生消長

そこで，2009〜2011年にかけてスワルスキーカブリダニを組み合わせた防除体系の構築を試みたが，厳寒期のスワルスキーカブリダニの活動が低下し，春先からの害虫の発生を抑制できず，安定した防除効果が得られなかった。

2012年度から土着天敵であるタバコカスミカメを併用した新たな防除体系の現地実証を試みたところ，ミナミキイロアザミウマやタバココナジラミに安定した防除効果が認められ，薬剤の使用回数も削減できた。新たな防除体系の主なポイントは次のとおりである。

●天敵放飼前の害虫管理

0.4mm目合いの防虫ネットを展張し，害虫の侵入を抑制し，定植時に天敵に影響の小さい灌注剤を使用する。天敵放飼前に害虫の発生が認められた場合は，天敵に影響の小さい薬剤を散布して密度低減を図る。

●定着がよい天敵2種の併用

ナスへの定着がよいスワルスキーカブリダニ，タバコカスミカメ2種天敵を用いる。高温時に防除効果が高いスワルスキーカブリダニで9〜12月（定植後〜年内）は防除し，その後は増殖したタバコカスミカメが12〜2月の厳寒期の防除を担う。3月以降は再度増殖したスワルスキーカブリダニとタバコカスミカメが，急激に増加するミナミキイロアザミウマやタバココナジラミの防除に対応する。

天敵導入により殺虫剤の散布が低減されたため，タバコカスミカメしか利用しない場合，タバコカスミカメが捕食できないチャノホコリダニが発生する事例が多く見られる。チャノホコリダニは微小でモニタリングが困難なため，後追い防除となりやすく，薬剤防除の効果が安定しない。したがって，チャノホコリダニも捕食できるスワルスキーカブリダニの併用は必要である。

●天敵温存植物クレオメの利用

タバコカスミカメの採集と増殖に温存植物を用いる。タバコカスミカメは，ゴマやクレオメで採集できるが，福岡県の場合，梅雨時期のゴマは軟弱徒長

ぎみとなり，厳寒期の温度はゴマの生育に適さず，枯死してしまうことなどから管理が難しい。一方，クレオメは施設，露地を問わず周年で栽培できるため，クレオメを温存植物として利用している。

ただし，採集時期が高温乾燥となる場合，乾燥に弱いクレオメの生育が悪くなるため，補完的にゴマを利用する場合がある。

【年間の害虫発生の推移】

害虫の年間の発生推移を図2に示す。

●ミナミキイロアザミウマ

1世代に要する日数は，気温が高いと短いため，9〜11月と3月〜作業終了にかけて多発する。また，年間発生世代数が多いため，薬剤抵抗性を発達させやすい難防除害虫である。

●タバコナジラミ

気温が高いと増殖が速く，年間発生世代数が多いため，薬剤抵抗性を発達させやすい難防除害虫である。ミナミキイロアザミウマと同時期に多発する。

●アブラムシ類

作を通じてワタアブラムシとモモアカアブラムシが発生する。薬剤抵抗性を発達させやすい害虫である。9〜11月，3〜5月に多い。

●ホコリダニ類

作を通じて発生し，秋期に防除が不十分であると春先から多発する。

●ハダニ類

作を通じてカンザワハダニとナミハダニが発生する。特に9〜10月と4月以降に多い。

●チョウ目害虫

ハスモンヨトウは7〜9月に発生が多く，オオタバコガは8〜9月に多発するので，定植直後に問題となりやすい。

●天敵による捕食

害虫の発育ステージに対する天敵の捕食の有無を表1，表2に示す。

【実施方法】

本防除体系の流れを表3，図3に示す。

●基本的な考え方

耕種的防除として，圃場内や圃場周辺の雑草防除を徹底するとともに，こまめに換気を行ない，施設内が過湿にならないように努め，病害の発生を抑制する。

物理的防除として防虫ネット（0.4mm目合い）を必ず展張し，野外からの害虫の侵入を極力減少させる。

生物的防除として，アザミウマ類やコナジラミ類およびチャノホコリダニ防除のため，ナス定植3〜7日後にスワルスキーカブリダニを放飼し，本種の活動が低下する11月以降のアザミウマ類やコナジラミ類防除のため，ナス定植10〜14日後にタバコカスミカメを放飼する。

灰色かび病やうどんこ病防除のため，微生物防除剤（殺菌剤）のボトキラー水和剤をダクト散布する。

このように，耕種的防除（雑草防除や温湿度管理）

表1 スワルスキーカブリダニが捕食する害虫

	卵	幼虫		成虫
		若齢	老齢	
アザミウマ類	−	○	×	×
コナジラミ類	○	○	×	×
ハダニ類	△	△		△
チャノホコリダニ	○	○		○
アブラムシ類	−	×		×
ハモグリバエ類	−	×		×

注 文献と生産現場での展示圃成績を基に作成
○：好んで捕食し，防除効果が高い
△：捕食するが，防除効果が低い
×：捕食しない −：不明

表2 タバコカスミカメが捕食する害虫

	卵	幼虫		成虫
		若齢	老齢	
アザミウマ類	−	○	○	○
コナジラミ類	○	○	○	△
ハダニ類	△	△		△
チャノホコリダニ	−	−		−
アブラムシ類	−	−		−
ハモグリバエ類	−	−		−

注 文献と生産現場での展示圃成績を基に作成
○：好んで捕食し，防除効果が高い
△：捕食するが，防除効果が低い
−：不明

表3 ナスの促成施設栽培における天敵を利用した防除体系

		病害虫防除	対象病害虫
8〜9月	定植前日	ベリマークSC灌注	アブラムシ類，アザミウマ類，コナジラミ類
	定植3〜7日後	スワルスキーカブリダニ放飼 50,000頭（2本）/10a	アザミウマ類，コナジラミ類，チャノホコリダニ
	放飼7日後まで	薬剤散布はひかえる	
	定植10〜14日後以降	タバコカスミカメ放飼 2〜3回に分けて1,000〜4,000頭/10aを放飼	アザミウマ類，コナジラミ類
	放飼7日後まで	薬剤散布はひかえる	
10月〜翌年6月		必要に応じて，スワルスキーカブリダニやタバコカスミカメへの影響が少ない薬剤で防除	
11月〜翌年4月		暖房機の送風ダクト内にボトキラー水和剤を粉体のまま投入	灰色かび病，うどんこ病

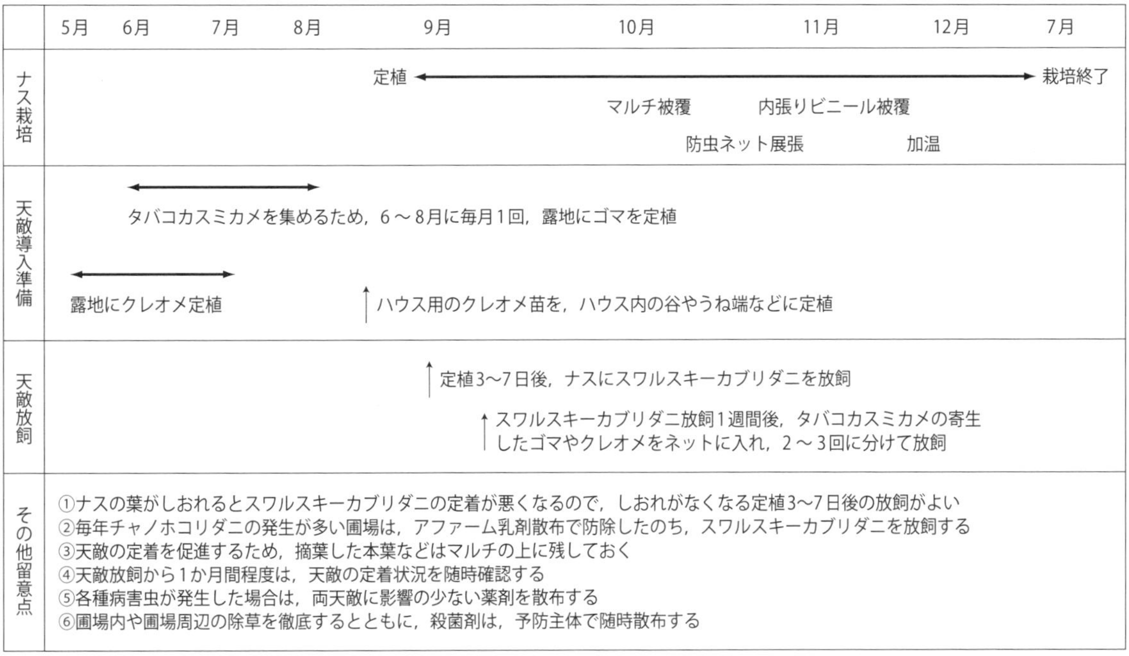

	5月	6月	7月	8月	9月	10月	11月	12月	7月
ナス栽培					定植 ←――――――――――――――――――→ 栽培終了 マルチ被覆　内張りビニール被覆 防虫ネット展張　加温				
天敵導入準備		←―タバコカスミカメを集めるため，6〜8月に毎月1回，露地にゴマを定植―→							
	←―露地にクレオメ定植―→			↑ハウス用のクレオメ苗を，ハウス内の谷やうね端などに定植					
天敵放飼					↑定植3〜7日後，ナスにスワルスキーカブリダニを放飼 ↑スワルスキーカブリダニ放飼1週間後，タバコカスミカメの寄生したゴマやクレオメをネットに入れ，2〜3回に分けて放飼				
その他留意点	①ナスの葉がしおれるとスワルスキーカブリダニの定着が悪くなるので，しおれがなくなる定植3〜7日後の放飼がよい ②毎年チャノホコリダニの発生が多い圃場は，アファーム乳剤散布で防除したのち，スワルスキーカブリダニを放飼する ③天敵の定着を促進するため，摘葉した本葉などはマルチの上に残しておく ④天敵放飼から1か月間程度は，天敵の定着状況を随時確認する ⑤各種病害虫が発生した場合は，両天敵に影響の少ない薬剤を散布する ⑥圃場内や圃場周辺の除草を徹底するとともに，殺菌剤は，予防主体で随時散布する								

図3 冬春ナスにおけるIPMマニュアル（天敵利用スケジュールおよび留意点）

と物理的防除（防虫ネットの展張）と生物的防除（スワルスキーカブリダニとタバコカスミカメの放飼や，微生物防除剤〔殺菌剤〕の散布）を組み合わせた，総合的な病害虫管理を実施する。

●具体的な防除対策

長期間栽培する作型であるため，栽培初期〜中期の病害虫防除が重要である。定植時期（8〜9月）には，アザミウマ類やコナジラミ類をはじめ，ハスモンヨトウ，アブラムシ類など多くの害虫が野外から侵入する可能性がある。

施設開口部には防虫ネット（0.4mm目合い）を展張する。害虫が増殖してから天敵を放飼しても防除効果は低いため，放飼前に害虫密度をできるだけ低くすることが重要である。

ナス（施設栽培）

ナス定植前日にベリマークSCを無病のポット苗に灌注し，ナス定植3～7日後にスワルスキーカブリダニを放飼する。放飼時にナスの葉がしおれているとスワルスキーカブリダニの定着が悪くなるので，ナスが十分活着してから放飼する。

ただし，毎年あるいは前年にチャノホコリダニが多発した圃場ではアファーム乳剤を散布し，散布7日後，スワルスキーカブリダニを放飼する。このとき，しばらく摘葉することのない展開葉に放飼すると，下葉の摘葉作業で圃場外に持ち出されることはない。なお，放飼後7日程度は薬剤の散布をひかえる。

タバコカスミカメは，ナス定植10～14日後ころから2～3回に分けて，1,000頭～4,000頭/10a放飼する。放飼量が多いと，新葉に多数の穴があくだけではなく，過剰な吸汁加害を受けて蕾が落下することもあるため，注意が必要である。なお，スワルスキーカブリダニ同様，放飼後7日程度は薬剤の散布をひかえる。

ハウス内のうねの両端や谷部に，タバコカスミカメの温存，増殖用のクレオメを植えておく。ハウス谷間は加湿になりやすく，ビニールの結露で水が溜まりやすいため，クレオメの菌核病発生に注意する。

微生物防除剤（殺菌剤）のボトキラー水和剤をダクト散布し，灰色かび病やうどんこ病の防除を行なう。

天敵放飼後の農薬散布には，天敵に影響のない薬剤を選定する。

●土着天敵の導入準備

クレオメは，露地でのタバコカスミカメ採集用とハウス内での温存植物用を準備する。

クレオメを3～6月にハウス内のセルトレイに播種し，育成した苗を露地に5～7月の間，2回に分けて定植する。また，ハウス内のうね端に植えるクレオメは，同様にセルトレイに7月下旬ころ播種し，8～9月にハウス内に定植する。定植の目安は20～30本/10aである（図4）。

クレオメは特に乾燥に弱いため，露地で7～8月の栽培は灌水チューブなどを設置することが望ましい。または，ゴマを補完的に栽培しておくとよい。

1,000～4,000頭/10aのタバコカスミカメを確

図4 通路に植えたクレオメ。タバコカスミカメがたくさんいる

図5 ナスの定植後，ハウス外で育てたゴマの枝やクレオメの花を1.5mm目合いのタマネギネットに入れて吊るし，タバコカスミカメを放飼する
（南筑後普及センター提供）

保するため，6月上旬定植のクレオメは，最低でも15m²/10aは栽培しておく必要があり，余裕をもって多めに作付けしておくのが望ましい。

本種の飛来が少ないと予想される地域では，5～7月定植のクレオメに，天敵を利用しているナス促成施設栽培のハウスから採集した本種を放飼し，増殖を促す。

クレオメにスズメガやカメムシ類などの害虫が発生するので，随時，捕殺するか，タバコカスミカメに影響が少ない薬剤で防除を実施する。

うどんこ病などの病害も発生するので，多発が予想される場合は，薬剤防除を実施する。

クレオメは，防虫ネットを張った雨よけハウスなどで栽培すると，害虫被害を軽減でき，天敵のみを温存できる。

放飼は，直接吸虫管で本種を吸引し，ハウス内のナス葉に放飼する。または，長さ約30cmに切断したゴマの枝やクレオメの花を，1.5mm目合いのタマネギネットに10本ずつ入れ，圃場内に5～10か所/10a吊るす（図5）。なお，枝や花への天敵の定着が多い場合は，本数を減らす。同一場所に吊るしたままでは，付近のナスに本種の被害が集中するので，2～3日おきに移動させる。

1.5mm目合いの玉ねぎネットでは，クレオメと一緒に混入したカメムシ類の若齢幼虫もタバコカスミカメと同様に出てくるので，設置した玉ねぎネット付近のナスを観察し，新芽に寄生した幼虫を随時捕殺する。

スワルスキーカブリダニは，注文してから剤が到着するまで1週間程度を要するため，あらかじめ放飼日を決めておき，放飼1～2週間前までには注文する。通常の農薬と違い「生きもの」であるため，到着後すぐに圃場に放飼する。到着日に放飼することができない場合は，直射日光の当たらない涼しい場所で保管し，なるべく早く放飼する。

●定着の確認
◎タバコカスミカメ

放飼7日後，放飼した付近の葉を観察し，定着を確認する。新葉に穴があき，本種が10葉に1頭程度認められれば成功である。

放飼1か月後以降に認められるタバコカスミカメの幼虫は，花や新葉および葉脈の分岐点などに多く見られるため，これらの部位を注意深く観察する。なお，幼虫の形態はモモアカアブラムシによく似ているため，間違えないように注意する。

◎スワルスキーカブリダニ

放飼1～2週間後に，放飼した葉やその周辺の葉の裏側の葉脈の分岐点などに多く見られるため，葉脈沿いを注意深く観察するとよい。成長点方向に移動・分散していく個体が多いため，放飼1か月後以降は，成長点から3～5葉目の葉裏を観察する。

●天敵の利用を成功させるポイント
◎農薬散布

定着促進を図るために使用する農薬に細心の注意を払う。天敵放飼後，ハダニ類，アブラムシ類，ハモグリバエ類，チャノホコリダニ，チョウ目害虫が発生した場合には，殺虫剤を散布する必要がある。また，病害防除のための殺菌剤散布も不可欠である。しかし，殺虫剤や殺菌剤のなかには天敵に対して悪影響を及ぼすものがあるため，薬剤防除を行なう際には，本種に対して影響が小さい薬剤を選択して使用する。

基本的に，合成ピレスロイド系，有機リン系，カーバメート系，ネオニコチノイド系の殺虫剤の使用はできない（日本生物防除協議会のホームページに掲載してある天敵などへの殺虫・殺菌剤の影響表，本書p.資料2を参照）。影響の小さい薬剤についても，天敵が定着する放飼7日後までは散布をひかえる。

◎天敵温存植物

タバコカスミカメの密度を維持するために，定植時にうねの端，谷（5～10mに1本程度）などにクレオメを植えておくとよい。厳寒期に一時的に個体数が減少するが，春先以降の防除に必要な個体数は維持できる。

【防除体系例】

●試験事例

・試験年月日：2013年8月～2014年6月（ナス促成施設栽培）
・試験圃場：福岡県みやま市
・試験区の構成と耕種概要（表4）
　品種：筑陽（0.4mm目合い防虫ネットを展張）
　定植日：8月17日（天敵利用実証区），9月5日（慣行薬剤防除区）
　天敵利用実証区：天敵を組み合わせた防除体系区（スワルスキーカブリダニ放飼日および放飼量：8月30日，5万頭/10a。タバコカスミカメ放飼日および放飼量：9月14日，4,000頭/10a）
　慣行薬剤防除区：薬剤を定期的に散布する防除体系区

ナス（施設栽培）

表4　試験区の構成

試験区	栽培面積(a)	天敵放飼日		0.4mm目合い防虫ネット
		スワルスキーカブリダニ	タバコカスミカメ	
天敵利用実証区	40.4	8月30日	9月14日	○
慣行薬剤防除区	22.5	—	—	○

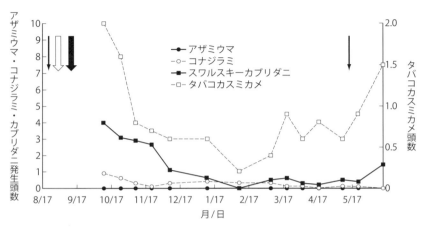

図6　ナスIPM実証区における害虫および天敵の発生推移
▽は天敵（スワルスキーカブリダニ）放飼日，▼は天敵（タバコカスミカメ）放飼日
↓はアザミウマ類対象の薬剤散布日

表5　ミナミキイロアザミウマによる果実およびヘタ被害（%）

試験区	部位	果実およびヘタ被害								
		10/25	11/21	12/5	1/9	2/6	3/6	4/3	5/8	6/12
天敵利用実証区	果実	0	0	0	0	0	0	0	0	0
	ヘタ	0	0	0	0	0	0	0	0	0
慣行薬剤防除区	果実	0	3.3	0	0	0	0	0	0	16.7
	ヘタ	0	10	0	0	0	0	0	0	6.7

●試験結果

　天敵利用実証区では，スワルスキーカブリダニ放飼20日後には1葉当たり4頭認められ，タバコカスミカメについては，放飼19日後には1葉当たり2頭認められた。その結果，アザミウマ類の発生は認められず，ミナミキイロアザミウマによる果実被害はまったく認められなかった。また，コナジラミ類も低密度に抑えられた（図6，表5）。

　慣行薬剤防除区（天敵無放飼）では，薬剤防除によりコナジラミ類の発生は低密度に抑えられたものの，定植3か月後には，アザミウマ類が1葉当たり3.7頭発生し，果実被害が3.3%認められた。また，収穫終了直前の6月中旬には，1葉当たり1.9頭発生し，果実被害が16.7%認められた（図7，表5）。

　アザミウマ類対象の農薬散布回数は，天敵利用実証区は2回で，慣行薬剤防除区は13回であった。薬剤費については，天敵利用実証区は約5,858円/10a，慣行薬剤防除区は約5万5,677円/10aで，殺虫剤の防除コスト（薬剤価格）90%を削減できた（表6）。

　ナス促成施設栽培における両天敵を活用した防除体系は，ミナミキイロアザミウマによる果実被害を抑えられ，化学農薬にかかるコストを大幅に削減できるうえ，散布労力も軽減された。

【検討課題】

　天敵の活用は省力化，コスト低減，品質向上など

ナス（施設栽培）

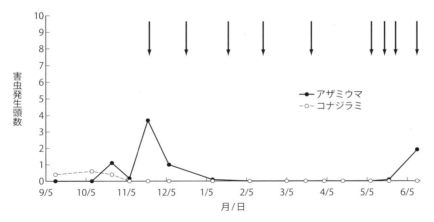

図7　ナス慣行薬剤防除区における害虫の発生推移
↓はアザミウマ類対象の薬剤散布日

表6　薬剤散布回数および薬剤費

試験区	殺虫剤散布回数（うちアザミウマ類対象）	アザミウマ類対象の資材費	
		天敵	殺虫剤
天敵利用実証区	5回（2回）	30,000円	5,858円
慣行薬剤防除区	19回（13回）	—	55,677円

農家経営にも有利となる。しかし，土着天敵タバコカスミカメの導入は始まったばかりで，定植直後の大量放飼による新葉の奇形，4月以降の急激な密度増加により，成長点の萎縮など被害も確認されている。

タバコカスミカメの密度と被害程度は必ずしも比例しておらず，圃場への適正な放飼量，回数，時期など不明確な点も多い。現地調査結果から，現在のところ，クレオメの展開葉の加害が目立つ場合はナスに被害が出る可能性が示唆され，4月以降の密度抑制（クレオメの伐採時期の模索）も必要である。

露地で土着天敵を採集する場合，害虫であるミナミアオカメムシやスズメガなども同時に採集して圃場内に導入する可能性が高いため，天敵増殖用のハウスの導入や放飼時の対策が必要である。

クレオメは菌核病などで枯死することも多いため，過湿にならない対策やハウス内の土壌消毒時に谷間も同時防除を実施する必要がある。

（松本幸子）

ナス（露地栽培）
主要害虫を土着天敵，天敵に影響のない農薬，障壁作物で抑制

- ◆**主な有用天敵**：ヒメハナカメムシ類，テントウムシ類，カブリダニ類など
- ◆**主な対象害虫**：アザミウマ類，アブラムシ類，チャノホコリダニなど
- ◆**キーワード**：選択性殺虫剤／リサージェンス防止／障壁作物（ソルゴー）／有機マルチ

【ねらいと特徴】

　露地栽培では天敵の活動を盛んにできる植生管理などを取り入れると，発生する害虫の捕食者や寄生者が多くなり，発生する害虫が少なくなる場合が多い。天敵相が豊かになる植生を配置した環境では，害虫が多発することはきわめて少ない。

　天敵相が豊かな環境で，天敵への悪影響のある農薬を使用しない場合には，捕食性天敵として，ヒメハナカメムシ類，テントウムシ類，クモ類，クサカゲロウ類，ヒラタアブ類，ショクガタマバエ類が観察されることが多い。

　アザミウマ，アブラムシ，ハダニ，チャノホコリダニ，ハスモンヨトウは，土着天敵と天敵に影響のない農薬で抑え，オオタバコガやハスモンヨトウに対しては，バンカー植物にもなる障壁作物あるいは防風ネットを利用する。

　梅雨前にうね面のポリマルチをわらなどの有機マルチに変えると，カブリダニ類が発生し，チャノホコリダニの被害を軽減できる。有機マルチを設置した場合，アザミウマ類を対象にスワルスキーカブリダニを購入して使用することも可能である。

　リサージェンスを防止するうえからも，天敵を温存しながらターゲットの害虫を防除する。

　天敵を温存する防除法では，農薬の使用を最小限とするとともに，使用する場合も標的生物以外の生物への影響が少ない選択性農薬を利用する。

【年間の害虫発生の推移】

　露地栽培のナスには，アブラムシ類，アザミウマ類，チャノホコリダニ，ハダニ類，コナジラミ類，オオタバコガ，ハスモンヨトウ，カスミカメムシ類，アズキノメイガなどが発生する。これらの害虫はナスの生育期間を通して常に発生しているわけではなく，天敵などの働きや天候の具合によってはいなくなってしまう場合もある。

　ハスモンヨトウは，7月以降，8〜9月に熱帯夜が続くような年に多発する傾向がある。

　ここで紹介する害虫以外にも，テントウムシダマシ，ナスナガスネトビハムシ，タバコノミハムシ，マメコガネ，ナメクジ類などの害虫が発生する場合がある。

【実施条件】

　この害虫管理システムは露地ナス栽培で適用するものである。夏期に成り疲れしないよう，基肥は通路下に処理する待ち肥とし，必要量を埋設することが望ましい。天敵を維持するため，400〜1,000m²程度以上の面積が最低必要である。

　天敵のバンカー植物として，畑の周囲にソルゴーまたはデントコーン（飼料用トウモロコシ）を境界部に栽培し，あるいは防風ネットで栽培圃場を囲うように境界部に設置することが望ましい。天然マルチやリビングマルチ，昆虫増殖植物などを配置し，天敵が増殖しやすい環境を整える。スワルスキーカブリダニといった天敵農薬も使用できる。

ナス（露地栽培）

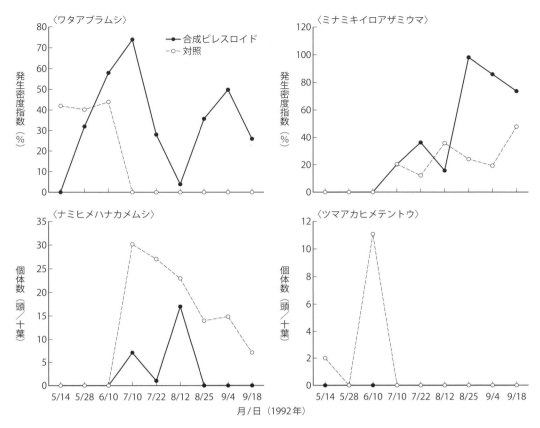

図1　合成ピレスロイド剤散布が天敵および害虫相へ及ぼす影響 (Nemoto, 1995)
天敵に悪影響のある合成ピレスロイド剤をナス畑に散布すると，アブラムシの捕食者であるヒメテントウ類やアザミウマ類の捕食者ヒメハナカメムシ類の個体数が減るとともに，ナスの害虫アブラムシやアザミウマが増えてしまうことがある

　天敵への影響の大きい防除剤は絶対に使用しない。農薬のみに頼る防除法は，アザミウマ類，オオタバコガ，ハスモンヨトウなどの抵抗性害虫の発生によって，より農薬漬けの防除を強いられてしまう。天敵を殺してしまう薬剤を使用すると，その害虫の増加を抑えていた天敵を除去してしまうために，かえって害虫が増えてしまうリサージェンスが起きる場合が多い（図1）。
　テントウムシダマシ，ナスナガスネトビハムシ，タバコノミハムシ，マメコガネ，ナメクジ類など，登録薬剤や天敵類に影響のない対応薬剤の欠如，対応可能な環境管理法がないなど，対応に苦慮する場合があるものの，恒常的ではないので，臨機応変に対応する。
　この防除システムでは，ヒメハナカメムシ類やテントウムシ類に悪影響のある，合成ピレスロイド剤，有機リン剤，カーバメート系剤，ネオニコチノイド剤，IGR剤の使用はひかえる。
　ナスは比較的温暖な地方に生育する作物で，露地栽培のナスは八重桜が咲く前後に定植するのが基本である。露地のトンネル早熟栽培にも適用できる。

【実施方法】

●定植前

　ミナミキイロアザミウマが毎年発生する生産者の場合，育苗ハウスでアザミウマが越冬している可能性もあるので，防草シートをマルチするなどして，育苗前からハウス内外に雑草あるいは他の作物が存在しないよう心がける。

ナス（露地栽培）

表1 ナスに適用のある主なアブラムシ選択性殺虫剤

農薬の種類	農薬の名称	製剤毒性	希釈倍数	使用液量	使用時期	本剤の使用回数	使用方法	当該剤を含む農薬の総使用回数
ピリフルキナゾン水和剤	コルト顆粒水和剤	普	4,000倍	100～300l/10a	収穫前日まで	3回以内	散布	3回以内
ピメトロジン水和剤	チェス水和剤	普	2,000～3,000倍	100～300l/10a	収穫前日まで	3回以内	散布	4回以内（育苗期の株元散布は1回、散布は3回以内）
ピメトロジン粒剤	チェス粒剤	普	—	株当たり1g	育苗期後半	1回	株元散布	
フロニカミド水和剤	ウララDF	普	2,000～4,000倍	100～300l/10a	収穫前日まで	3回以内	散布	3回以内

表2 ナスに適用のある主な選択性殺虫剤

対象害虫	薬剤名
アブラムシ類	コルト，チェス，サンクリスタル，ウララ
ミナミキイロアザミウマ	プレオ，ウララ
ハダニ類	カネマイト，スターマイト，ダニサラバ，マイトコーネ
コナジラミ類	コルト，チェス，ウララ
チャノホコリダニ	カネマイト，スターマイト
カスミカメムシ類	コルト
テントウダマシ類	パイベニカVスプレー*
ハモグリバエ類	プレオ，プレバソン
ハスモンヨトウ	プレオ，トルネード，ゼンターリ，プレバソン，フェニックス
オオタバコガ	プレオ，フェニックス，トルネード，ゼンターリ
ネキリムシ類	プレバソン

注　＊スポット散布とする。同じ株に多回散布するとヒメハナカメムシに悪影響あり
　　使用にあたってはラベルをよく読んで使用する
　　多回使用は抵抗性発達の恐れがあるので注意する

　育苗ハウス内にアブラムシ類が飛び込まないよう，出入り口や換気窓に防虫ネットを展張する。

　テントウムシダマシ類の越冬世代の発生を抑制するため，ナス畑作付け予定地の近くに秋または春にジャガイモをつくっていない畑を選ぶ。また，畑周辺のイヌホオズキやワルナスビなどのナス科雑草を除草しておく。

　定植時にトンネルがけしない場合は特段の防除対策は必要ないが，保温のためトンネルをかける場合は，定植後にトンネル内で多発するアブラムシ類対策が必要である。

　育苗期後半にアブラムシ対策にコレマンアブラバチまたはテントウムシ類（オオイヌノフグリやカラスノエンドウ，ムクゲなどでナナホシテントウやナミテントウの成・幼虫が採集可能）や天敵農薬を放飼する。天敵が逃げ出さないよう，育苗ハウスの側窓には防虫ネットを展張しておく。

　薬剤による場合は，アブラムシ対策として表1のなかから薬剤を選んで1回散布する。

　上記アブラムシが心配な場合は，育苗期後半に株当たり1gのピメトロジン（チェス）粒剤を株元散布する。

● 定植時以降
◎防風ネット，障壁作物の利用

　5月上中旬に，ナス畑の境界部に5mm目合い程度の防風ネットを高さ1.8m程度になるように設置する。これを行なうと，園外からのチョウ目害虫の侵入阻止や，強風時のすれ果防止，天敵類の吹き飛ばしの防止などの効果が期待される。

　同様な効果をねらったソルゴーあるいは飼料用トウモロコシの播種も有効である。1mの幅にうね立てし，株間10cm，条間60cmの2条にすじ播きし，1cmぐらい覆土する。ただし，ハクビシンやアライグマなどの害獣の隠れ場所となる危険性やスズメバ

チが巣をつくる可能性があるので注意する。

飼料用トウモロコシも同様な効果があり，株間10cmの1条にすじ播きし，1cmぐらい覆土する。こちらはソルゴーほど繁茂しないので，害獣やスズメバチの営巣の確率は低い。

ソルゴーや飼料用トウモロコシの播種時の鳥による食害は，10cm程度の高さに，黄色の防鳥糸を展張することで，その回避が可能である。

強風による倒伏防止のためには，ナスの支柱を用いて，ソルゴーや飼料用トウモロコシを補強すると強風による倒伏を回避できる。

日照との関係から，稈長が長く丈の高いソルゴーや飼料用トウモロコシをきらう場合は，稈長が100〜150cmと短稈な，三尺ソルゴー，ミニソルゴー，マイロソルゴーなどの品種も選ぶことができる。

鳥害防止のため，ソルゴーおよび飼料用トウモロコシとも開花直後に鶏頂部の花を，高枝切りバサミなどを用いて切り落とす。これを行なうと，関東では霜が降りる10月いっぱいまで株を長持ちさせることが可能になる。

ソルゴーおよび飼料用トウモロコシにはアワノメイガが産卵し，これをターゲットにタマゴコバチ類が集まってくるので，アズキノメイガ対策にもなる。

◎**有機マルチ，天敵温存植物の利用**

盛夏期以降に被害が顕著となるチャノホコリダニ対策は，梅雨前にうね面のポリマルチをわら（イネ，ムギ），刈り草などの有機マルチに変えると，ミチノクカブリダニなどのカブリダニ類が発生してチャノホコリダニの被害を軽減できる。

フレンチ・マリーゴールド，ソバ，ジニアなどの天敵温存植物（インセクタリープランツ）を圃場内に設置すると，クサカゲロウ，クモ類，ヒラタアブ類などの個体数が増える。

観賞用トウガラシ，ブラックパールはその花粉でヒメハナカメムシを増殖できることからバンカー植物として使用でき，インセクタリープランツの中に5〜7m間隔で混植してもよい。

◎**天敵に影響のない農薬散布**

天敵が有効に働く環境での選択性殺虫剤（表2）の使用回数は，栽培期間中に延べ2〜5回程度まで減らすことが可能である。

小発生の害虫を防除するよりも，天敵の発生動向に気をつけるほうが賢明である。

チャノホコリダニ発生時には，シエノピラフェン水和剤（スターマイトフロアブル）やアセキノシル水和剤（カネマイトフロアブル）を使用基準に従って散布する（表2）。

テントウムシダマシ発生時には，ピレトリン乳剤（パイベニカVスプレー）を成虫および集団でいる若齢期の幼虫に，使用基準に従ってスポット散布する（表2）。

カスミカメムシ類発生による減収の程度は必ずしも明らかではないが，気になる場合は発生時にピリフルキナゾン水和剤（コルト顆粒水和剤）を散布する（表2）。

薬剤の使用にあたっては使用上の注意をよく読んで，事故の起きないようにする必要があることはいうまでもない。

【検討課題】

各種病害虫の出現に対処するため，マイナー害虫に対する天敵に悪影響のない防除法の開発が望まれる。

（根本　久）

ナス（露地栽培）
ヒメハナカメムシ類などの土着天敵を活かす

◆主な有用天敵：ヒメハナカメムシ類，ヒラタアブ類，カブリダニ類，土着寄生蜂など
◆主な対象害虫：ミナミキイロアザミウマ，チャノホコリダニ，ハダニ類，アブラムシ類，ハモグリバエ類など
◆キーワード：選択的農薬／天敵温存植物（スイートバジル，ホーリーバジル）／天敵温存作物（オクラ）

【ねらいと特徴】

土着天敵を活用したIPM体系の柱は，天敵の保護と天敵の強化である。

捕食性天敵であるヒメハナカメムシ類を含め，各種害虫の土着天敵を露地ナス圃場で保護するために，天敵に悪影響のある非選択的農薬の使用を極力ひかえ，天敵に優しい農薬，つまり選択的農薬で各種病害虫を防除するIPM体系を組む。

保護に加え，もう1つの重要な取組みが天敵の強化である。天敵温存植物（インセクタリープランツ）の植栽である。花粉や花蜜に富み，開花期間も長いスイートバジルやホーリーバジルを植えることで，ヒメハナカメムシ類やヒラタアブ類などの土着天敵を圃場に呼び込み，生存率や繁殖能力の向上につながる。

オクラで分泌される真珠体はヒメハナカメムシ類やカブリダニ類の持続性を高め，露地ナス圃場での安定的な働きにつながり，これら天敵の強化方法として有効である。

天敵の発生が少なかったり遅れたりするような場合（ミナミキイロアザミウマやタバココナジラミ，ハダニ類，チャノホコリダニ，アブラムシ類など）には，天敵に優しい農薬，つまり選択的農薬を散布しながら，その後を天敵の働きに任せる。

天敵の働きが期待できない害虫（ハスモンヨトウ，ニジュウヤホシテントウ）に対しては，選択的農薬を発生初期に散布する。

ハモグリバエ類（絵描き虫）には土着の寄生蜂が有効に働くので，神経質に防除する必要はない。しかし，ハモグリバエ類あるいは他の害虫の防除のために非選択的農薬を散布した場合，ハモグリバエ類の土着寄生蜂成虫や寄生蜂幼虫が死亡するため，ハモグリバエ類の大発生を招く。

【年間の害虫発生の推移】

露地ナスで発生する主な害虫は，ミナミキイロアザミウマ，タバココナジラミ，アブラムシ類，ハスモンヨトウ，タバコガ類，ハダニ類やチャノホコリダニであり，そのほかにカスミカメムシやニジュウヤホシテントウの被害も無視できない。

栽培初期にはアブラムシ類，カスミカメムシ類，ニジュウヤホシテントウの発生が多く，ハダニ類は栽培中期および後半に発生する。

ミナミキイロアザミウマやタバココナジラミの露地ナスへの飛来は施設の冬春ナスが終わる7月上中旬に集中し，ミナミキイロアザミウマによる被害果が増える。

タバココナジラミは果実への直接的な被害はないが，発生が多くなるとナスの生育に影響を及ぼす。

【実施条件】

一般に使用される農薬の多くは天敵に悪影響を及ぼす非選択的農薬である。農薬の効果が高い場合には，害虫の発生は低く抑えられる。しかし，薬剤に対する感受性低下や抵抗性の発達は繰り返されており，現場では散布間隔の短縮や複数の農薬の混用など，ほぼ毎週農薬を散布しなければ，健全果を生産

ナス（露地栽培）

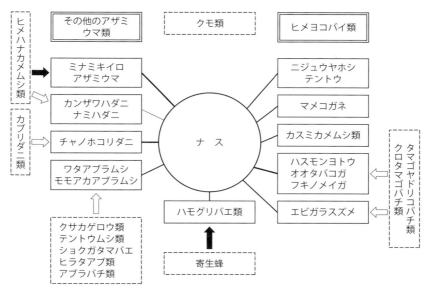

図1　ナス圃場における害虫群集と天敵群集および普通の虫
☐は害虫，┈┈は天敵，▭は普通の虫
➡ 天敵の働きが安定している，⇨ 天敵の働きだけでは不十分

できない状況となっている。

しかし，露地ナス圃場で，天敵に優しい農薬，つまり天敵への影響が少ない選択的農薬を利用すると，ミナミキイロアザミウマやタバココナジラミ，ハダニ類などの発生が抑えられ，大幅な農薬低減につながる。

「露地ナス圃場で天敵が働かない，少ない」のではなく，一般的に使用される農薬でさまざまな種類の天敵を殺してしまい，結果的に農薬に強い害虫が増えやすい環境をつくり，過度の農薬散布が必要な状況となっている。

ミナミキイロアザミウマは1970年代にわが国に東南アジアから侵入した害虫と考えられている。この侵入害虫の捕食性天敵としてタイリクヒメハナカメムシやナミヒメハナカメムシ，コヒメハナカメムシなどのヒメハナカメムシ類を有力な天敵とするIPM体系が提案されている。慣行防除圃場では非選択的農薬が散布されるため，これらの天敵を目にすることはない。

ヒメハナカメムシ類やその他の土着天敵の生息場所としては，周辺植生の役割が重要である。除草剤よりも，刈り払い機による除草により，天敵の生息場所を積極的に保護する。ヒメハナカメムシ類の発生場所としては，春から初夏のクローバや秋のマルバツユクサなどの群落がある。

【実施方法】

ナス圃場における害虫群集と天敵群集および普通の虫を図1に示した。場所や年によっても異なるが，最も天敵が安定的に働き，被害が問題となる前に発生が確実に抑えられるのはハモグリバエ類である。アブラムシ類は多様な天敵群集が存在するにもかかわらず，天敵だけではなかなか抑えることが難しい。

●アブラムシ類

定植時や栽培初期にアブラムシ類の発生が多いような圃場では，鉢上げ時あるいは定植時にネオニコチノイド系農薬の粒剤を処理する。この処理ではヒメハナカメムシ類の餌となるアザミウマ類には影響が少なく，ハダニ類が異常に増えるようなリサージェンスもない。

天敵に影響が少なく，アブラムシ類に有効な殺虫剤としては，ウララDFやコルト顆粒水和剤が利用できる。なお，チェス顆粒水和剤はヒメハナカメムシ類幼虫に影響があるため，圃場全体への散布をひ

ナス（露地栽培）

表1 天敵保護を目的としたIPM体系の例

対象病害虫名	薬剤名	有効成分名
ミナミキイロアザミウマ	プレオフロアブル	ピリダリル
アブラムシ類	ウララDF	フロニカミド
オオタバコガ ハスモンヨトウ	プレオフロアブル プレバソンフルアブル フェニックス顆粒水和剤 トルネードフロアブル デルフィン顆粒水和剤 ゼンターリ顆粒水和剤 エスマルクDF	ピリダリル クロラントラニリアプロール フルベンジアミド インドキサカルブ BT剤 BT剤 BT剤
ハダニ類	マイトコーネフロアブル ダニサラバフロアブル スターマイトフロアブル	ビフェナゼート シフルメトフェン シエノピラフェン
カスミカメムシ類	コルト顆粒水和剤	ピリフルキナゾン
チャノホコリダニ	スターマイトフロアブル オサダン水和剤 アプロード水和剤	シエノピラフェン 酸化フェンブタスズ ブプロフェジン
各種病害	ダコニール，フェスティバルC，ベンレート，パンチョTF，ホライズン，トリフミン，コサイド，トップジンMなど	

注　タバココナジラミ，ハモグリバエは問題とならない。殺虫剤不要

かえ，発生している株などにスポット散布するほうがよい。

●ミナミキイロアザミウマ

本IPM防除体系（表1）ではミナミキイロアザミウマを対象にした防除はほとんど不要となる。ただし，露地ナス圃場が施設ナスと混在している地域では，施設からミナミキイロアザミウマが大量飛来した場合に，ヒメハナカメムシ類の働きが不十分となるため，プレオフロアブルを散布する。

5〜6月ころにナスの葉にできるアザミウマ類の被害はミナミキイロアザミウマによるものではない。これを誤って防除することのないように，できれば幼果での被害の有無を防除判断の目安とする。この時期は，果実を加害しないアザミウマ類がほとんどである。

梅雨前の時期であれば，スピノエース顆粒水和剤やアファームも利用できるが，ヒメハナカメムシ類の発生が期待される6月下旬や7月以降は利用をひかえたほうがよい。

●ニジュウヤホシテントウ

ニジュウヤホシテントウに登録のある選択的農薬はないが，チャノホコリダニに登録のあるアプロード水和剤は幼虫に効果がある。また，チョウ目害虫に登録のあるトルネードフロアブルは成虫にも効果が高く，現在登録拡大に向けた取組みがなされている。

●ヨトウムシ，ハスモンヨトウ，タバコガ類

チョウ目害虫に対して効果が高く，ヒメハナカメムシ類などの土着天敵に影響のない農薬が登録されている。ゼンターリ顆粒水和剤やデルフィン顆粒水和剤などのBT剤，プレバソンフロアブル5，フェニックス顆粒水和剤，トルネードフロアブル，コテツフロアブル，プレオフロアブルなどが利用できる。

BT剤を散布する場合は，齢の進んだ大きい幼虫には効果が低いので，収穫の切戻し時に卵塊を見つけたら枝に印をつけておき，孵化が始まったらすぐに散布するよう心がける。

●ハダニ類

ハダニ類が発生した場合には天敵に影響の少ない殺ダニ剤，スターマイトフロアブル，ダニサラバフロアブル，カネマイトフロアブル，マイトコーネフロアブルを散布する。

●カスミカメムシ類

ヒメハナカメムシ類に影響の少なく，カスミカメ

ムシ類に高い効果を示すコルト顆粒水和剤が最近登録されている。
● チャノホコリダニ
　チャノホコリダニにはアプロード水和剤，スターマイトフロアブル，コテツフロアブルが登録されている。

【検討課題】

　天敵温存植物やオクラなどの天敵温存作物については，ヒメハナカメムシ類以外の土着天敵に対する効果が十分解明されていないが，天敵温存植物を配置することで，特定の害虫種を対象にしたIPM（レベルI）ではなく，害虫群集と天敵群集を含めた管理すなわちIPM（レベルII）への移行が現場で可能となる可能性が高い。

　長ナス品種は，ミナミキイロアザミウマの被害が出やすい。そのためにヒメハナカメムシの効果が不十分な場合もある。

　露地ナス圃場に隣接した水田での非選択的農薬の散布が，露地ナス圃場のヒメハナカメムシ類に悪影響を及ぼす可能性もある。

　スズメガが発生し，一晩で株の葉を全部食害するような被害もまれにある。卵寄生蜂の働きによりその被害はかなり抑えられるが，剪定時や収穫時に気がついたら，幼虫を除去することも必要である。

（大野和朗）

ナス（露地栽培）
ソルゴー障壁栽培＋黄色蛍光灯による減農薬栽培技術
—— 京都府大原野・乙訓地域

京都

◆主な有用天敵：ヒメハナカメムシ類，クサカゲロウ類，テントウムシ類，アブラバチなど
◆主な対象害虫：アブラムシ類，アザミウマ類，オオタバコガ，ハスモンヨトウなど
◆キーワード：ソルゴー障壁栽培／黄色蛍光灯／選択性殺虫剤

【ねらいと特徴】

●ソルゴー障壁栽培

ナス圃場のまわりにソルゴーを植えると障壁となり，圃場外からの有翅アブラムシやアザミウマ類などの飛び込みを阻止する効果があり，害虫被害抑制に大きな効果をもたらす。

さらに，ソルゴーにはヒエノアブラムシ（ナスには寄生しない）が発生し（図1），ヒエノアブラムシを捕食・寄生する土着天敵（ヒメハナカメムシ類，クサカゲロウ類，テントウムシ類，アブラバチなど）が集まってくる（図2，3）。これらの天敵がナスに移動し，ナスに発生する害虫（アブラムシ類，アザミウマ類など）を捕食するため，ナスの害虫被害が減少する。

●黄色蛍光灯の利用

ナスのソルゴー障壁栽培は，アブラムシ類やアザミウマ類の被害を抑制する効果があるが，オオタバコガやハスモンヨトウなどのヤガ類に対しては効果がない。そこで，オオタバコガなどの成虫が夜間に飛来して交尾・産卵する行動を抑制する効果がある黄色蛍光灯を導入して，さらに農薬の使用を減らすことを目的とする。

【年間の害虫発生の推移】

露地ナスの栽培期間中における害虫の種類は多い。京都府病害虫防除所では，5～10月にかけて，ナスの害虫（アブラムシ類，アザミウマ類，ハダニ類，ハモグリバエ類など）の発生状況について，ナ

図1　ヒエノアブラムシ

図2　ヒメハナカメムシ成虫

図3　テントウムシ幼虫

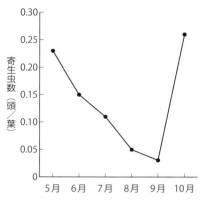

図4　アブラムシ類発生状況（平年）

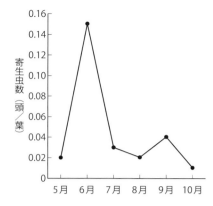

図5　アザミウマ類発生状況（平年）

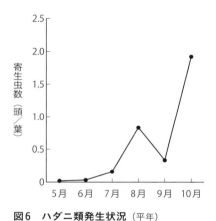

図6　ハダニ類発生状況（平年）

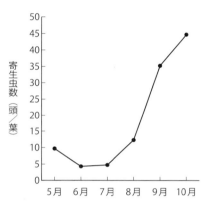

図7　ハモグリバエ類発生状況（平年）

ス産地（京都市西京区大原野，京田辺市）を定期的に巡回調査している。

　平年の発生状況を見ると，アブラムシ類は，5月中旬ころに発生が多く，7～9月には減少するが，10月ころには再び増加している（図4）。アザミウマ類は，6月中旬ころに発生のピークがあり次第に少なくなるが，10月ころまで発生が続く（図5）。ハダニ類の発生は，梅雨明け後の7月中旬ころから8月中旬ころまで増え続け，9月に入って秋雨の影響により発生は少なくなるが，10月には再び発生密度は上がる（図6）。ハモグリバエ類は，被害葉率で見ると，5月から発生し，その後10月まで高くなっていく（図7）。

　同防除所は亀岡市において，オオタバコガとハスモンヨトウのフェロモントラップ誘殺数を調査している。オオタバコガは，5月から誘殺が見られ，9～10月に誘殺数が増えている（図8）。ハスモンヨト

ウの誘殺は，5月から見られ，その数は8月下旬ころから増えだし，10月まで続く（図9）。

● アブラムシ類

　モモアカアブラムシ，ワタアブラムシが主で，白いゴミくずのようなものはアブラムシの脱皮殻で，体色は種類によって緑色，赤色などさまざまである。成虫・幼虫が葉や茎の汁液を吸うため，株が弱る。汁液を吸って糖分を含む液体を排泄するため，多発すると排泄物の上に黒いかび（すす病）が発生する。

● アザミウマ類

　過去，最も問題となったのはミナミキイロアザミウマであり，成虫・幼虫が口針を使って葉の表皮に穴をあけ，汁液を吸い組織を破壊するため，その部分が白色に変化する。最初は葉脈沿いに多いが，多発すると葉全面に広がる（図10）。

　また，幼果時にヘタの部分に潜り込んで汁液を吸うため，成長した果実に褐色の縦型の傷がつく（図

ナス（露地栽培）

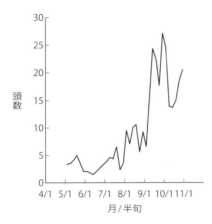

図8　オオタバコガのフェロモントラップ誘殺数（平年）

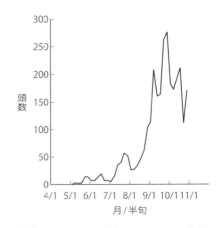

図9　ハスモンヨトウのフェロモントラップ誘殺数（平年）

11）。京都府内には，冬期の施設ナスがほとんどなく，寒さに弱く，野外での越冬が困難な本虫の発生は，現在ではほとんど見られない。

そのほかミカンキイロアザミウマ，ヒラズハナアザミウマなどが発生するが，果実への加害はそれほど問題になることはない。しかし，ミカンキイロアザミウマによって葉が加害された場合，葉脈間の組織が壊死し白い斑点を生じ，激しい場合は生育に影響を及ぼす。

●ハダニ類

うす緑色のナミハダニと暗赤色のカンザワハダニがいる。葉裏に成虫・幼虫が寄生して汁液を吸うため，その部分が白色または黄色になり，多発すると葉は黄化し落葉する。

●ハモグリバエ類

トマトハモグリバエ，マメハモグリバエ，ナスハモグリバエなどがいるが，肉眼では区別できない。成虫は体長2mmくらいの非常に小さなハエで，幼虫は体長1〜2mmの黄色のウジ虫で，葉に見える白い筋の太いほうの先端にいる。

葉に潜り込んで食べ進み，白い筋を描き，この部分は後に枯れて褐色になる。多発すると株全体が白く見えることがある。

●オオタバコガ

花蕾，葉，果実，新梢部を食害する。果実では5〜10mmの食入孔が見られる。老齢幼虫は次々と果

図10　ミナミキイロアザミウマ成虫

図11　ミナミキイロアザミウマによるナス被害果

図12　オオタバコガ幼虫

ナス（露地栽培）

表1 畦畔すくい取り調査 (20回振り)

	長岡京市 井ノ内	京都市 大原野A	京都市 大原野B	京都市 大原野C	京都市 大原野D
おもな雑草の種類	マツバゼリ，オニノゲシ	ギシギシ	クローバー	セイタカアワダチソウ	エノコログサ
ツマグロアオカスミカメ	50	15	2	3	35
天敵　ヒメハナカメムシ類	1	10	5	8	3
テントウムシ類	4	3	1	0	0
クサカゲロウ類	1	3	0	0	3

注　2015年6月24日午前11時ころ（天候：快晴）

図13　ツマグロアオカスミカメによるナス被害

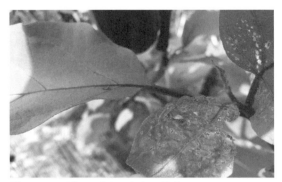

図14　ツマグロアオカスミカメ幼虫

実に移り，内部を食害するため，経済的被害は大きい。産卵は成長点部付近の葉に1粒ずつ行なう。幼虫は6齢を経て土中で蛹になる。高温乾燥の年に発生が多い（図12）。

●ハスモンヨトウ

成虫は100〜200個の卵をかためて産むので，卵から孵ったばかりの若齢幼虫は集団で葉を食べ，その部分が白っぽくなり，後に破れる。大きくなるにつれて分散し，老齢幼虫になると猛烈に葉を食べてボロボロにし，果実を食べることもある。

●チャノホコリダニ

高温乾燥条件を好むため，梅雨明け後の7月中旬ころから急増し，10月ころまで続く。その被害は，新葉の萎縮や生育不良，果実の傷である。葉裏は緑褐色になってテカテカと光る。果実のヘタとその周辺に傷がつき，褐色になる。非常に微小なので，肉眼やルーペでの確認は困難であり，実体顕微鏡で加害部を観察し，成幼虫と卵を確認する。

●ツマグロアオカスミカメ

5月下旬ころから被害が目立ち始め，6〜7月に発生が多い。年間3〜4世代を繰り返し，ナス圃場周辺の雑草地で増殖した個体が圃場に侵入して加害

図15　ニジュウヤホシテントウ成虫

する。ナス圃場に隣接した畦畔をすくい取り調査したところ20回振りで，成・幼虫数が50匹，35匹と多い場所が見られ，ここではナスの被害も大きい（表1）。

成長点部を吸汁加害し，加害された未熟葉が成長すると被害部が拡大するため，多数の孔があいたり，奇形化した葉になったりする。被害がひどい場合は心止まりになり，多発圃場では大きな減収となる（図13）。成虫の体長は5mm程度で，新葉の陰に隠れて見つけるのは困難で，晴天時には雑草地に潜んでいることが多い（図14）。

ナス（露地栽培）

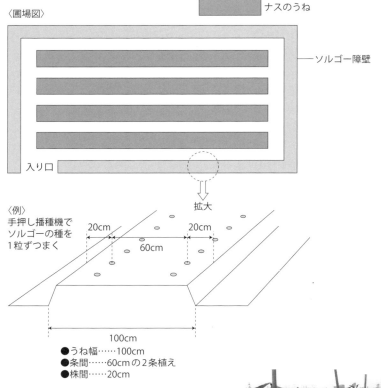

図16 ナスのソルゴー障壁栽培のイメージ

●テントウムシダマシ（ニジュウヤホシテントウ）

初夏から秋に，圃場外から飛来する。被害は，成虫・幼虫が葉を階段状になめるように食べ，その部分は白くなり，後に褐色に枯れる。成虫，幼虫とも果実も食害し，痕は階段状になる（図15）。

図17 ナスのソルゴー障壁

【実施条件】

京都市西京区大原野および京都府乙訓地域（向日市，長岡京市）のJA京都中央ナス部会では，57戸（約5.3ha）の農家が露地ナスを栽培している。この地域では，ナス栽培農家の高齢化と周辺地域の都市化が進むなか，特に農薬散布による害虫防除が，農家の労力面と環境意識の高い住民との関係で問題となってきていた。

そこで，京都乙訓農業改良普及センターでは，岡山県で開発されたナスのソルゴー障壁栽培を1999年から導入し，農薬散布回数を減らすことに関心の高い農家に導入した。さらに問題となっているオオタバコガ，ハスモンヨトウなどのヤガ類害虫の防除を目的に黄色蛍光灯技術も導入した。

食の安心・安全意識の高まりとともに，食品に残留する農薬などに関するポジティブリスト制度が始まって，農薬散布時の飛散（ドリフト）が問題視されるようになり，ソルゴー障壁は農薬ドリフト防止対策としても取り入れられている。

ナス（露地栽培）

図18　黄色蛍光灯設置圃場

表2　黄色蛍光灯の10a当たり年間経費

年間償却費*	14,775円
年間電気代**	12,225円
年間経費計	27,000円

注　＊初期投資10万円　8年償却，蛍光灯・電線4年償却
　　＊＊1日12時間（夜間），5か月点灯

【実施方法】

●ソルゴーの栽培方法

◎圃場準備

ナス圃場のソルゴー障壁栽培のイメージを図16，17に示した。ソルゴー障壁栽培では，ナス圃場にソルゴーを播種する場所を確保しておく必要がある。収穫時に必要な作業スペースを確保して，なるべく圃場周囲をソルゴーですべて囲うと，より高い効果が期待できる。

基肥は，ナスと同量をソルゴー播種部分にも施用しておく。ソルゴーは肥料が少なくてもある程度生育するが，肥効が十分で生育が旺盛になったほうが，ヒエノアブラムシの発生が多くなるようである。

◎品種

ソルゴーの品種は，耐倒伏性の強いものを栽培している。大型品種'高糖分ソルゴー'は障壁効果が大きいが，ナスへの日当たりを悪くして生育に悪影響を与えたり，風通しが悪くなり，うどんこ病などの病害が多発したりすることがある。また，ソルゴーとナスとの間隔を十分にとれない場合は，草丈が1.5m程度に収まる小型品種'三尺ソルゴー'を栽培する。

◎播種

ソルゴーの播種量は，10a当たり100g程度である。多くの品種が1kg1,000円程度で販売されているので，種子代としては10a当たり100円程度である。

播種期は，遅霜の影響がなくなる時期が適期で，地域によって異なるが，当地では5月中旬ころである。障壁効果を早く得るためにはできるだけ早く播種したほうがよいが，霜害を受けやすいので，無理な早まきはしないほうがよい。

播種方法は，株間20cm程度で1条植えとする。播種後，種子や発芽直後の芽を鳥に食べられる被害が大きいので，播種後はテグスを張って防止する。それでも鳥害の多いところでは，ソルゴーを育苗して移植する方法がある。

◎管理

ソルゴーが生育するとヒエノアブラムシが多発し，甘露を出すため，ソルゴーの葉に触れるだけで手や服が汚れることがある。収穫・剪定作業などの妨げになるので，ソルゴーの内側に防風ネットを張っておくと作業性が向上する。

ソルゴーは，ヒエノアブラムシの甘露により，スズメバチを誘引することがあるので，刺されないように注意がいる。

ソルゴー障壁によって，風が遮られることから，ナスの傷果が減少して品質が向上するという副次的効果も出ている。

●黄色蛍光灯

◎設置方法

ソルゴー障壁を行なった露地ナスにおいて，30W環形黄色蛍光灯「撃退くん」（NBT社製）を地上2.0mの位置に10a当たり10灯設置し，夜間点灯する（図18）。

オオタバコガなどのヤガ類成虫，アズキノメイガなどのメイガ類に対して，被害防止効果があるナスの葉面照度は1ルクス以上とされている。

◎経営試算

黄色蛍光灯（上方照射型の30W環形蛍光灯）を10a当たり10灯設置すると，その設置初期投資は10a当たり約10万円であるが，8年間で償却すると，1年間にかかる経費は10a当たり2万7,000円程度である（表2）。

●害虫初発時の対処法

ソルゴーが生育するまでは，ナスに対する害虫発生は一般栽培と同様であるので，適期防除が必要である。ただし，その際も土着天敵に影響が少ない農薬を選んで散布するようにしたい。

●ナス定植時

定植時には，ネオニコチノイド系粒剤の植え穴処理を行なう。または天敵への影響の少ないジアミド系のプリロッソ粒剤の株元散布を行ない，アブラムシ類，アザミウマ類などを防除する。

育苗期後半には，モベントフロアブルの灌注処理を行ない，アブラムシ類，アザミウマ類，ハダニ類などの発生を抑制する。

●ナス生育中の農薬選択

農薬の使用にあたっては，ヒメハナカメムシ類，クサカゲロウ類，テントウムシ類，アブラバチなどの土着天敵に影響の少ない農薬を選んで使用することがポイントである。害虫の発生状況を見ながら農薬を選択して使用することになる。合成ピレスロイド系剤などの天敵に影響の大きな農薬の使用は避け，ネオニコチノイド系剤の使用は定植時限りとする。

また，ソルゴーにはヒエノアブラムシが多発し，農家は防除したくなるが，ナスに被害を及ぼすことはないので農薬散布をしないことが重要である。まれに，ソルゴーに発生したヒエノアブラムシの脱皮殻が風に乗ってナスの葉に付着し，農家が害虫が発生したと勘違いすることがあるので注意がいる。

◎アブラムシ類

定植時のネオニコチノイド系粒剤の植え穴処理によって，アブラムシ類の発生は定植後1か月程度は抑えられ，その後，選択性殺虫剤中心の防除体系にすると，ナス株上で有力な天敵であるテントウムシ類，クサカゲロウ類，ショクガタマバエ，アブラバチなどにより発生密度は抑制される。

アブラムシに寄生蜂が寄生すると，アブラムシの体内で孵化した幼虫はアブラムシを食べて大きくなり，終齢幼虫になるとアブラムシの外皮を利用して蛹（マミー）となり，アブラムシを死亡させる。このようにマミーが多く見られる場合は，殺虫剤散布をひかえて様子を見るとよい。

表3　黄色蛍光灯のオオタバコガ被害抑制効果 (2005年)

調査日	実証圃	周辺圃場
8月9日	1	11
8月24日	1	2
9月8日	1	3
9月27日	3	6
10月12日	0	2
平均被害果率	1.2	4.8

注　表中数字は被害果率%
　　実証圃，周辺圃場とも各100果調査
　　実証圃：オオタバコガ対象の農薬散布なし
　　周辺圃場：オオタバコガ対象の農薬散布あり

ナスの生育後半（秋期）に発生するモモアカアブラムシが果実のヘタに寄生すると，収穫・調製に手間をとられることがあるので，天敵に影響のないチェス顆粒水和剤で防除する。

◎アザミウマ類

選択性殺虫剤中心の防除体系により，アザミウマ類の有力な土着天敵であるヒメハナカメムシ類が増加し，アザミウマ類の発生密度は抑えられる。

トンネル除去後，アザミウマ類が多発するようであれば，土着天敵に影響の大きいネオニコチノイド系剤の使用は避け，モベントフロアブル，コテツフロアブル，カスケード乳剤などで防除する。

また，梅雨時には天敵に影響が少なく，遅効性であるが，降雨による影響の少ないウララDFで防除する。

◎ハダニ類

ソルゴー障壁栽培では，ハダニ類に対しての土着天敵（カブリダニ類，ヒメハナカメムシ類）の捕食効果は低いことが多いので，土着天敵に影響の少ないマイトコーネフロアブル，ダニサラバフロアブル，モベントフロアブル，カネマイトフロアブルなどで防除し，うどんこ病の発生が懸念される場合には，モレスタン水和剤を使う。また，コテツフロアブルはカブリダニ類に対する影響は少なく，オオタバコガ，テントウムシダマシにも効果がある。

特に，ナミハダニは殺虫剤抵抗性が発達しており，薬剤の選択に十分留意する必要がある。

以前，殺虫スペクトラムの広い合成ピレスロイド系剤の散布により，いわゆるリサージェンス現象で，ハダニ類が爆発的に発生することがあった。し

表4　天敵にやさしいナス防除農薬のローテーション例

防除時期	散布パターン	殺虫剤	殺ダニ剤
トンネル除去後	1	モベントフロアブル	
梅雨前	2	コテツフロアブル	
	3	コルト顆粒水和剤	カスケード乳剤
梅雨時	4	ウララDF	天敵への影響が少ない薬剤*
	5	プレバソンフロアブル5	モレスタン水和剤
夏期	6	プレオフロアブル	天敵への影響が少ない薬剤*
	7	プレバソンフロアブル5	
秋期	8	トルネードフロアブル	モベントフロアブル
	9	アニキ乳剤	チェス顆粒水和剤 天敵への影響が少ない薬剤*

注　＊天敵への影響が少ない殺ダニ剤：マイトコーネフロアブル，ダニサラバフロアブル，スターマイトフロアブル，カネマイトフロアブル，ダニトロンフロアブル，モベントフロアブル，モレスタン水和剤など

かし，天敵に影響の少ない選択性殺虫剤の散布により，土着天敵が活かされ，生態系が安定することで，ハダニ類が急増しにくくなっている。

◎ハモグリバエ類

ほとんどの圃場では寄生蜂の発生によりハモグリバエ類の発生は抑制されている。

また，オオタバコガに効果のあるプレオフロアブル，プレバソンフロアブル5を散布すれば，ハモグリバエ類にも効果がある。

発生初期にはコロマイト乳剤は有効である。

◎オオタバコガ，ハスモンヨトウなどのヤガ類

黄色蛍光灯の使用により，オオタバコガとほぼ同時期に発生するハスモンヨトウおよびアズキノメイガに対しても抑制効果が高い。2005年度の京都乙訓普及センター実証試験によると，オオタバコガの被害果率は，周辺圃場が4.8％に対して，黄色蛍光灯の実証圃では1.2％に減少している（表3）。

しかし，黄色蛍光灯の使用は，100V電源が確保できる圃場のみに限られるので，一般的には土着天敵に影響の少ない農薬を使うことになる。プレバソンフロアブル5，プレオフロアブル，トルネードフロアブルなどが有効である。

◎チャノホコリダニ

ハダニ類と同様，カブリダニ類，ヒメハナカメムシ類の捕食効果は低いことが多いので，土着天敵に影響が少ないスターマイトフロアブル，コテツフロアブル，アプロードエースフロアブルなどで防除す

る。発生初期の防除が大事である。

◎ツマグロアオカスミカメ

防除適期を見逃すことが多く，現地で多発圃場をよく見かける。雑草地で繁殖するので，畦畔が広く，雑草管理が適切にされてない場合，発生が多くなる。

コルト顆粒水和剤に効果があることが認められている。

ナス圃場に隣接する畦畔の雑草防除を徹底することでツマグロアオカスミカメの発生を抑制することができる。

◎テントウムシダマシ

ニジュウヤホシテントウに効果の高い選択性殺虫剤は登録がなく，オオタバコガの同時防除剤としてトルネードフロアブル，ツマグロアオカスミカメの同時防除剤としてコルト顆粒水和剤を使うことで防除する。

【防除体系例】

ナス品種'千両2号'を4月中旬から下旬に，霜害防止および生育促進のためトンネル被覆内に定植する。ナスの生育初期は天敵が少ないので，ネオニコチノイド系粒剤の植え穴処理を行なう。または，ジアミド系のプリロッソ粒剤の株元散布を行なう。

JA京都中央ナス部会では，ナスのトンネル除去後の5月中旬ころから天敵にやさしいナス防除農薬

ナス（露地栽培）

のローテーション例（表4）を農家に示している。

土着天敵を保護し，増加させることにより農薬散布を減らすことができるが，要所での農薬散布は不可欠となる。

ナスのトンネル除去後からアブラムシ類，アザミウマ類などの発生が多くなることがあるが，天敵への影響の少ない選択性殺虫剤を散布するようにする。

土着天敵（クモ類を含めて）に影響の少ない選択性殺虫剤を使用すると，過去に合成ピレスロイド系剤およびネオニコチノイド系剤のような殺虫スペクトラムの広い殺虫剤の使用で抑えられていた害虫が多発するようになる。特に，土着天敵だけでは発生抑制の困難なカスミカメムシ類，テントウムシダマシ類などは，その増加に注意が必要である。

ツマグロアオカスミカメは，畦畔雑草で繁殖するので，雑草管理を適切に行ない，ナスの被害が目立つ場合は，コルト顆粒水和剤を散布する。

本文に記載されている薬剤は執筆時（2015年）の農薬登録情報に基づいたものである。農薬を使用した農作物のための新たな評価方法（短期暴露評価）により使用方法などが変更される農薬があるので，農薬はラベルの表示だけでなく，最新の情報を確認する。

【検討課題】

露地ナス害虫防除のため，ソルゴー障壁栽培や黄色蛍光灯利用技術は有力な手段であるが，後者は電源の確保や輪作により圃場が毎年変わる問題があり，その広がりは制限されている。

ナス圃場近くの畦畔雑草は害虫の発生源にもなり

図19　ナス圃場でのオクラの栽植

得るが，同時に天敵の発生源で越冬場所にもなる。畦畔すくい取り調査（表1）で，テントウムシ類，ヒメハナカメムシ類，クサカゲロウ類などの天敵を確認しているが，ツマグロアオカスミカメの生息が多く，またハダニ類，アブラムシ類などの害虫の発生源となり，この近辺のナス圃場では被害が大きくなるので，雑草管理には十分な注意が必要である。

オクラの葉や茎から分泌される真珠体が，ヒメハナカメムシ類の餌になることが確認されており，現地でもナス圃場に隣接してオクラが栽植されている事例が見られる（図19）。

土着天敵を積極的に活用するにあたって，ソルゴー，オクラのほか，天敵温存植物（インセクタリープランツ）となり得る植物の栽植を検討する必要がある。

インセクタリープランツとして，ソルゴーとブルーサルビアをナス圃場の周囲に栽植する事例，また，ソバ，マリーゴールド，バジル，スイートアリッサムとの混植の事例などがあるが，カスミカメムシ類やアズキノメイガなどの発生が多くなることもあり，地域に合わせて検討が必要である。

（片山　順・中川淳子・樋本慶二）

ナス（露地栽培）
選択性殺虫剤＋マリーゴールドによる天敵温存型・減農薬栽培技術

奈良

◆主な有用天敵：ヒメハナカメムシ類
◆主な対象害虫：ミナミキイロアザミウマ
◆キーワード：天敵温存植物（フレンチ・マリーゴールド）／選択性殺虫剤／ミナミキイロアザミウマ防除回数ほぼ半減（慣行体系比）

【ねらいと特徴】

ヒメハナカメムシ類を保護・増加させ，ミナミキイロアザミウマの被害を抑えることが目的である。

1) 非選択性殺虫剤の使用をひかえてヒメハナカメムシ類を保護する。

2) ヒメハナカメムシ類の餌となる「ただの虫（天敵の餌となる加害性の低い虫）」まで防除しない。

3) フレンチ・マリーゴールドを栽培してヒメハナカメムシ類の温存場所を確保する。

以上のことによりヒメハナカメムシ類が活発に活動できる圃場環境にすると，ミナミキイロアザミウマの被害はほとんど発生しなくなる。

選択性殺虫剤を使用するとクモや寄生蜂などの土着天敵も保護され，ミナミキイロアザミウマ以外の害虫の発生も少なくなる。これにより露地ナスでの殺虫剤の散布回数全体が削減できる。

【年間の害虫発生の推移】

露地ナスの栽培期間中に発生する害虫の種類は多く，そのなかでも問題となるのはミナミキイロアザミウマ，オオタバコガ，ハスモンヨトウ，ハダニ類，アブラムシ類，チャノホコリダニ，ニジュウヤホシテントウ，カスミカメムシ類などである。

●ミナミキイロアザミウマ

露地ナス栽培では多くのアザミウマ類が発生する。最も問題となるのはミナミキイロアザミウマ（図1）であり，その他のアザミウマ類による被害はほとんど問題とならない。

ミナミキイロアザミウマは寒さに弱く，南西諸島以外の露地では越冬できないとされており，通常は8月半ばころから多発する。ナスやキュウリなどの栽培施設内で越冬するため，その近隣圃場では春から被害が発生する。ミナミキイロアザミウマによる果実の被害は，花・幼果時の加害による傷が果実の

図1　ミナミキイロアザミウマ

図2　ミナミキイロアザミウマによる果実被害

ナス（露地栽培）

肥大とともに拡大し，萼から連なる縦線状の褐色の傷となる（図2）。

そのほかに，ヒラズハナアザミウマ，ミカンキイロアザミウマ，ネギアザミウマ，ダイズウスイロアザミウマなどが発生する。これらのアザミウマ類によるナスの加害は少ない。一方，これらのアザミウマ類は土着天敵ヒメハナカメムシ類の餌となる。このため，これらを防除しすぎないことが，天敵の活用では重要である。

● オオタバコガ，ハスモンヨトウ

奈良県ではオオタバコガは年間5世代程度発生し，夏以降発生量が増加する。孵化幼虫が果実に食入するため，経済的被害が大きい。

ハスモンヨトウは8月下旬〜10月にかけて発生する。

● ハダニ類

カンザワハダニ，ナミハダニ黄緑型などが発生する。栽培期間を通して発生するが，高温・乾燥条件を好むため，梅雨明けの7月下旬〜8月に増加する。

● アブラムシ類

モモアカアブラムシ，ワタアブラムシなどが発生する。少雨・乾燥条件を好み，栽培初期の6月や，8月下旬〜9月にかけて増加する。

● チャノホコリダニ

チャノホコリダニの発生は7月ころから始まり10月ころまで続く。主な被害は，新葉の萎縮や生育不良，果実の傷である。最初の症状は，新葉の葉裏が光沢を帯びた淡い褐色になる。この後，側芽の伸長が悪くなり，密度増加に伴って新葉萎縮と新梢の傷が目立つようになる。晩夏以降には萼のコルク化や，アザミウマ被害に類似した果面の傷が増加する。

チャノホコリダニは非常に微小なので，肉眼やルーペでの確認は困難である。正確な診断を行なう場合は，加害部を実体顕微鏡で観察し，卵を探す。チャノホコリダニの卵は，表面に蜂の巣状の規則正しい点が並ぶ模様をもつのが特徴である。

● ニジュウヤホシテントウ（テントウムシダマシ）

6月下旬〜7月上旬に，圃場外から飛来する。防除を怠った場合には発生が長期化する。

成虫と幼虫がナスの葉や果実を食害し，葉や果実に横縞模様の入った特徴的な食害痕を残す。成虫の飛来，産卵盛期が防除適期だが，基本的に殺虫剤に弱いので，葉に食害が発生してからの防除でも効果は高い。

● カスミカメムシ類

発生時期は主に6月下旬〜8月である。新芽部への吸汁によって新葉が奇形化するほか，被害が激しい場合は新芽や新芽直下の蕾の枯死を引き起こす。そのため，多発圃場では大きな減収につながる。被害は圃場外から飛来した成虫による部分的な加害に始まり，その後，次世代幼虫が発生し始めると，圃場全面に被害が拡大する。

成虫の体長は5mm程度であり，体色が緑色でナスと見分けにくいうえに，移動が速くわずかな衝撃でも逃亡するため，株上で見つけるのは困難である。

【実施条件】

露地ナス栽培において，選択性殺虫剤を使用し土着天敵を保護・活用した総合的害虫管理については，永井（前・岡山農試）が1990年代に体系化し，その後改良が進められている。本報ではそれらをもとにした新たな選択性殺虫剤の知見と，土着天敵温存植物フレンチ・マリーゴールドの導入によるミナミキイロアザミウマ防除および減農薬栽培技術体系について記載している。

この体系では，土着天敵のヒメハナカメムシ類によってミナミキイロアザミウマの被害を抑えることに主眼をおいている。ミナミキイロアザミウマは近年，全国各地で新規殺虫剤に対する抵抗性発達が報告されており，殺虫剤の連続散布でも被害を抑えられない地域が増加している。このような地域で本体系は高い効果が期待できる。

土着天敵を保護，増加させることにより薬剤散布を減らすことができるが，要所での薬剤散布は不可欠である。それらを判断するために露地ナスの主な害虫，天敵と，それらの発生生態に関する知識が必要である。

市販殺虫剤はさまざまな種類があり，そのなかから状況に応じた選択性殺虫剤を選ぶ必要がある。そ

ナス（露地栽培）

表1 露地ナスで使用できヒメハナカメムシ類に対する影響の小さい主な殺虫剤

適用害虫名	薬剤名
アブラムシ類，コナジラミ類	ウララDF，コルト顆粒水和剤
ミナミキイロアザミウマ	プレオフロアブル
オオタバコガ，ハスモンヨトウ	プレオフロアブル，プレバソンフロアブル5，フェニックス顆粒水和剤，トルネードエースDF，ゼンターリ顆粒水和剤
ハダニ類	マイトコーネフロアブル，ダニサラバフロアブル，ダニトロンフロアブル，スターマイトフロアブル
チャノホコリダニ	コテツフロアブル，スターマイトフロアブル，アプロードエースフロアブル
カスミカメムシ類	コルト顆粒水和剤

注 コテツフロアブルは天敵の餌を根絶するので注意する

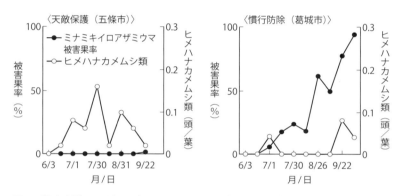

図3 殺虫剤管理の違いがミナミキイロアザミウマ被害とヒメハナカメムシ類発生に及ぼす影響

天敵保護圃場：殺虫剤総散布回数4回，うち非選択性殺虫剤散布1回，ミナミキイロアザミウマ防除1回
慣行防除圃場：殺虫剤総散布回数15回，うち非選択性殺虫剤散布13回，ミナミキイロアザミウマ防除10回

のため殺虫剤の作用性や効果などに関する知識が必要である。

【実施方法】

本体系によるミナミキイロアザミウマの防除は，天敵ヒメハナカメムシ類に影響の小さい選択性殺虫剤を使用することと，フレンチ・マリーゴールドにより天敵を活発に活動させる環境を整えることが重要である。

●定植

定植間隔などは慣行栽培に準ずる。アドマイヤー1粒剤などを植え穴処理し，アブラムシ類などを防除する。

圃場外縁にフレンチ・マリーゴールドを播種もしくは移植する。フレンチ・マリーゴールドはヒメハナカメムシ類の温存場所であり，発生源を確保することで圃場内のヒメハナカメムシ類の発生が安定する。フレンチ・マリーゴールドの効果・栽培については後述する。

●定植後

害虫の防除にはヒメハナカメムシ類に対する影響の小さい選択性殺虫剤を用いる（表1）。

◎ミナミキイロアザミウマ

選択性殺虫剤中心の防除体系にすると，ナス株上でアザミウマ類の有力な土着天敵であるヒメハナカメムシ類が増加し，ミナミキイロアザミウマが減少する。これによって冬期の施設ナスがない産地では，ミナミキイロアザミウマがほとんど発生しなくなる（図3）。

ナス（露地栽培）

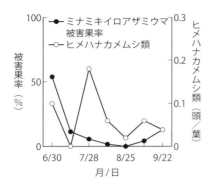

図4　周年栽培地域における天敵保護による減農薬管理がミナミキイロアザミウマ被害とヒメハナカメムシ類発生に及ぼす影響
天敵保護圃場：殺虫剤総散布回数10回，うち非選択性殺虫剤散布4回，ミナミキイロアザミウマ防除8回

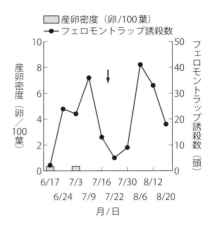

図5　天敵保護圃場におけるオオタバコガ産卵密度と発生消長
矢印はオオタバコガ防除薬剤の散布を示す

　冬期の施設ナスがある周年栽培産地では，春期から露地でもミナミキイロアザミウマが発生するが，本防除体系にするとヒメハナカメムシ類の働きによってミナミキイロアザミウマの被害は少なくなる。そのため，同地域の慣行防除圃場に比べて防除回数をほぼ半減できる（図4）。

◎オオタバコガ
　天敵保護に取り組んだ圃場では，おおむね月2回程度の選択性殺虫剤散布でオオタバコガを防除できる。
　圃場ではヒメハナカメムシ類だけでなく，チョウ目の卵に寄生する卵寄生蜂やクモ類が多い。オオタバコガの産卵ピーク時に卵寄生蜂の寄生が増加することも観察されており，これらの土着天敵が被害を抑制している可能性がある（図5）。

◎ハダニ類
　カブリダニ類やヒメハナカメムシ類による捕食も確認されているが，通常は土着天敵だけによる制御は困難である。
　多発時には土着天敵に影響の小さいマイトコーネフロアブル，ダニサラバフロアブルなどで防除する（表1）。

◎アブラムシ類
　ヒメカメノコテントウやクサカゲロウ，ショクガタマバエなどの土着天敵が確認されているが，アブラムシ類が増加してから発生する場合が多い。最終的には密度が抑制されるが，生育不全やウイルス媒介のリスクがあるので，必要に応じて選択性殺虫剤を使用する。
　定植時のアドマイヤー1粒剤などの処理により初期の発生は抑えられる。
　多発時には土着天敵に影響の小さいウララDFなどで防除する（表1）。

◎チャノホコリダニ
　カブリダニ類やヒメハナカメムシ類による捕食も確認されているが，土着天敵だけによる制御は困難である。
　土着天敵に影響の小さいスターマイトフロアブル，アプロードエースフロアブルなどで防除する（表1）。
　果実被害が発生してからでは防除が困難なため，新葉の症状の発生の有無に注目し，初期防除を徹底する。防除後約2週間程度で新梢が展開するため，これらの葉に被害がなければ防除は成功と判断する。

◎ニジュウヤホシテントウ（テントウムシダマシ）
　ニジュウヤホシテントウに登録のある選択性殺虫剤は現時点ではない。
　ナスのオオタバコガ，ハスモンヨトウに登録のあるトルネードフロアブル（後継剤トルネードエースDF）とチャノホコリダニに登録のあるアプロードエースフロアブル（表1）が，ヒメハナカメムシ類に影響が小さく，ニジュウヤホシテントウに効果が高いことを確認している（図6，7）。これら薬剤の登録拡

大が望まれる。

ナスのアブラムシ類，コナジラミ類，カスミカメムシ類に登録のあるコルト顆粒水和剤は，ヒメハナカメムシ類にやや影響するものの（図6），ニジュウヤホシテントウにも効果がある（図7）。

◎**カスミカメムシ類**

本体系で最も防除が困難な害虫と考えられる。

非選択性殺虫剤が多用される慣行防除圃場では，これらの散布によって同時防除されていると考えられる。しかし，ヒメハナカメムシ類の保護を目的として非選択性殺虫剤の散布をひかえると被害が増加する（図8）。

コルト顆粒水和剤はカスミカメムシ類に効果があり，ヒメハナカメムシ類に対する影響が比較的小さい（図6，9）ことを確認している。影響期間は1～2週間程度であり，連続散布は影響が大きいため極力ひかえる。

コルト顆粒水和剤はニジュウヤホシテントウに対する防除効果も認められる。カスミカメムシ類とニジュウヤホシテントウの発生時期は近接しており，カスミカメムシ類による被害発生時にコルト顆粒水和剤を使用する場合，ニジュウヤホシテントウが発生していても別途防除する必要はない。

地域，年次によってカスミカメムシ類の被害が著しい場合は，非選択性殺虫剤による慣行防除への切替えも検討する。

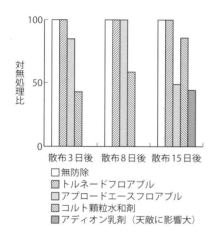

図6　ヒメハナカメムシ類に対するニジュウヤホシテントウ防除薬剤の影響
データは無防除を100とした場合の各薬剤散布区の成・幼虫密度を表わす
数値が大きいほど影響が小さい

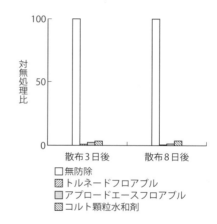

図7　ニジュウヤホシテントウに対する選択性殺虫剤の防除効果
データは無防除を100とした場合の各薬剤散布区の幼虫密度を表わす
数値が小さいほど防除効果が高い

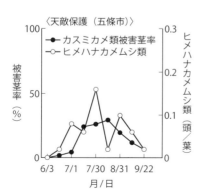
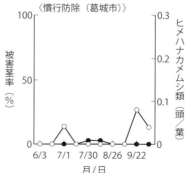

図8　殺虫剤管理がカスミカメムシ類被害とヒメハナカメムシ類発生に及ぼす影響
天敵保護圃場：非選択性殺虫剤散布1回，慣行防除圃場：非選択性殺虫剤散布13回

ナス（露地栽培）

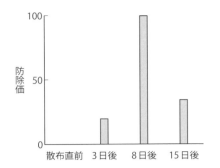

図9 カスミカメムシ類に対するコルト顆粒水和剤の防除効果
散布直前に対する被害芽の増加量から防除価を算出し，被害がまったく増加しなかった場合は100となる

● フレンチ・マリーゴールドの利用

◎天敵温存効果

　フレンチ・マリーゴールドはヒメハナカメムシ類の温存場所である。ナス圃場の外縁にフレンチ・マリーゴールドを植栽しヒメハナカメムシ類の発生源を確保することで，圃場内のヒメハナカメムシ類の発生が安定する。

　フレンチ・マリーゴールドの花にはナスを加害しないアザミウマ類（6月ころまではヒラズハナアザミウマ，7月以降はコスモスアザミウマが優占）が発生し，これを餌としてヒメハナカメムシ類が安定して発生する（図10上段）。その結果，ナス株上のヒメハナカメムシ類の発生量も増加する（図10下段）。

　フレンチ・マリーゴールドは，ナスへの殺虫剤散布の影響でナス株上のヒメハナカメムシ類が減少する場合にも，その温存場所となる。

　ミナミキイロアザミウマやカスミカメムシ類などのナス害虫の温床とはならないので，フレンチ・マリーゴールド植栽の影響で，ナス株上の害虫発生量が増加することはない。

　非選択性殺虫剤を多用する慣行の防除体系では，フレンチ・マリーゴールドでヒメハナカメムシ類を温存してもナス上で活動できないので，減農薬や被害減少にはつながらない。

◎品種

　品種はボナンザオレンジ，ボナンザイエローで，

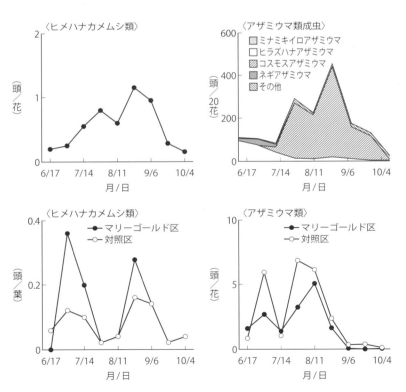

図10 露地ナス圃場周縁に植栽したフレンチ・マリーゴールドがヒメハナカメムシ類とアザミウマ類の発生に及ぼす影響
上段：フレンチ・マリーゴールド，下段：ナス

図11　左：ボナンザオレンジ，右：ボナンザイエロー

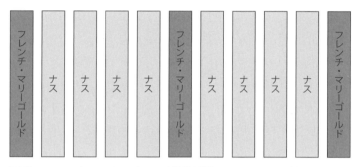

図12　フレンチ・マリーゴールド植栽圃場の見取り図の一例

ヒメハナカメムシ類温存植物としての効果を確認している（図11）。両品種ともに天敵温存効果が認められるが，ボナンザオレンジのほうが生育がやや旺盛であることから，被覆度が高く雑草を抑制しやすい。

マリーゴールドにはフレンチ種のほかにアフリカン種，メキシカン種などがある。これらは，フレンチ種とは生育特性や天敵の餌となる虫の発生状況が異なると考えられるが，天敵温存植物としての特性は未検討である。

◎播種（定植）

フレンチ・マリーゴールドは播種栽培が容易であり，発芽も良好である。

圃場の両側面にフレンチ・マリーゴールドのうねを設ける。横長の圃場では，圃場内部にもフレンチ・マリーゴールドのうねを適宜追加することが望ましい（図12）。うね幅は1m程度とし2条まきする。また，作業道の確保とナスに散布する農薬の影響を受けないようにするため，ナスうねから1～2m程度離れた場所に植栽する。

フレンチ・マリーゴールドは粗放的管理に比較的強い。しかし，土壌が湿潤な環境では発芽，生育が劣る場合がある。そのため，水はけが悪い圃場や水田転換畑でうね間湛水を行なう場合は，やや高うねにするなどの工夫が必要である（図13）。

フレンチ・マリーゴールドの播種量は，開花期以降，雑草に負けないように，うね上を被覆できる程度にする。目安としては，うね長1m×2条当たり100～200粒程度である。だが，開花期までの除草

図13　フレンチマリーゴールド植栽圃場の様子

ナス（露地栽培）

をていねいに行なうならば，50〜100粒/1m×2条程度でも，うね上を被覆できる。三角鍬などで浅い播種溝をつくって条まきした後，軽く覆土する。このとき，うね上に雑草が生えているようであれば，播種前に除草しておく。

播種後ただちに灌水すると発芽は早いが，灌水せずに放置しても降雨後にすぐ発芽する。播種時期はナスの定植期前後（4月下旬〜5月中旬）とする。6月以降の播種では開花が遅れ，夏期の開花量も少なくなるので，まき遅れにならないよう注意する。

労力に余裕があれば，種苗代を節約するために，あらかじめ育苗してから定植してもよい。この場合，株間15〜20cm程度で2条千鳥植えにするとよい。

フレンチ・マリーゴールドをナスうねの肩部に播種あるいは定植してもよい（図14）。この場合は，うねの片側に1条まきもしくは1条植えとするが，ナスの草丈が低い時期にはナス株の管理作業の邪魔になることがあるので，株の真横には植栽しないなどの工夫が必要である。

ナスうね上にフレンチ・マリーゴールドを植栽すると，ナス株に散布した殺虫剤の影響を直接受ける。したがってナスに非選択性殺虫剤を散布すると，フレンチ・マリーゴールドで温存されている土着天敵類も激減し，天敵温存植物としての機能が失われる。さらに，選択性殺虫剤であってもプレオフロアブルなどアザミウマ類に効果のある殺虫剤を散布すると，フレンチ・マリーゴールド上でヒメハナカメムシ類の餌となっているコスモスアザミウマが減少し，天敵温存効果が低下する恐れもある。そのため，ナスに散布する農薬の選択には十分注意する。

◎播種後の管理

播種後1か月間はうね上の雑草をときおり抜き取る。また，好天が長く続き，乾燥する場合には灌水を行なう。開花は播種の約1か月後（6月中下旬）から始まり，降霜（12月ころ）まで続く。開花始期にはうね上を覆い尽くす。

草丈はおおむね50cm以下で支柱などは不要だが，ある程度大きくなると，強風によって茎が折れて倒伏する場合もある。このような場合も折れた部位からすぐに新しい茎が伸びて着蕾するので，特別な管理は不要である。

ヒメハナカメムシ類はフレンチ・マリーゴールドの花に集まる虫を餌として，花の中で繁殖する。咲き終わった花にはヒメハナカメムシ類の卵や幼虫が残っているので，花弁が完全に脱落するまでは摘み取らないようにする。

◎フレンチ・マリーゴールドの害虫対策

フレンチ・マリーゴールドはナメクジの加害を受けやすいとされるので，生息場所となる稲わらなどの未熟有機物を株元に置かないようにする。

夏期にカンザワハダニが発生する場合があるが，この発生源はナスと考えられ，ナスの防除を行なっていれば特に問題はない。万一，フレンチ・マリーゴールドが発生源と思われるカンザワハダニの多発が見られた場合は，ナスと花卉類のハダニ類に登録されている選択性殺虫剤のダニサラバフロアブルを散布する。

ナスでオオタバコガ，ハスモンヨトウが発生すると，フレンチ・マリーゴールドにも移動して食害する場合があるが，フレンチ・マリーゴールドからナスへの移動はほとんどないので，防除は不要である。

◎経済性

種子の価格は小売店によって異なるが，2,000粒入りの小袋で1,500円程度である。長さ40m×間口25m＝10aの圃場で，両側面2うねに植栽した場合（計80m）の種子代は，うね長1m当たり50粒播種で3,000円，100粒播種で6,000円，200粒播種で1万

図14　ナスうねの肩部の片側にフレンチ・マリーゴールドを1条まきした様子

表2 奈良県における選択性殺虫剤を中心とした防除暦の一例

		対象害虫	薬剤名	その他発生害虫
5月	中旬	アブラムシ類	アドマイヤー1粒剤	
6月	上旬	カンザワハダニ	コテツフロアブル	アズキノメイガ
	下旬	カスミカメムシ類	コルト顆粒水和剤	
7月	上旬	オオタバコガ	トルネードフロアブル	アズキノメイガ，ニジュウヤホシテントウ
	下旬	オオタバコガ	プレバソンフロアブル5	
8月	上旬	カンザワハダニ	ダニサラバフロアブル	
9月	上旬	カスミカメムシ類	コルト顆粒水和剤	

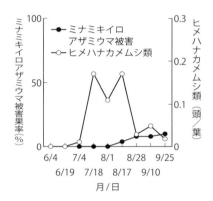

図15 ヒメハナカメムシ類の密度とミナミキイロアザミウマによる果実の被害

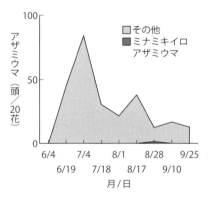

図16 ナス花中のアザミウマ類の推移

2,000円となる。

播種密度が低いほど種子代は安いが，初期の雑草管理の手間が大きくなる点に留意する。

●この体系の留意点

土着天敵に影響の小さい選択性殺虫剤を用いるため，慣行の殺虫スペクトラムの広い殺虫剤を使った防除体系では意識せずに同時防除されていた害虫が発生するようになる。特に土着天敵では防除困難なチャノホコリダニ，ニジュウヤホシテントウ，カスミカメムシ類の増加に注意が必要である。

土着天敵を活用するためには，天敵の餌となる加害性の低い「ただの虫」がある程度圃場に生息していることが重要である。そのため葉に若干の加害痕が発生する可能性がある。

カスミカメムシ類やアオクサカメムシ，ホオズキカメムシなどの大型カメムシは，天敵のヒメハナカメムシ類と同じカメムシ目のため効果のある選択性殺虫剤が限られ，その効果も限定的である。そのため，これらカメムシ類による被害をどの程度まで許容できるかを検討しておく必要がある。

圃場の周囲にフレンチ・マリーゴールドを植栽するため，ナスの栽培面積は減少する。そのため面積に余裕のある圃場が望ましい。

本文に記載されている薬剤は執筆時の登録情報に基づいたものであり，実際の使用にあたっては個々の薬剤の登録内容をラベルで確認する。

【防除体系例】

奈良県での現地調査をもとに紹介する。

調査圃場の面積は5a，水田転換畑を利用した露地ナス栽培が盛んな地域で，施設栽培は近隣では行なわれていない。

ナス（品種：千両2号）を5月上旬に定植し，アドマイヤー1粒剤を1g/株施用した。

6月上旬にフレンチ・マリーゴールド（品種：ボナンザオレンジ・株間約15cm）を圃場の両側面に定植した。7月上旬に開花した。

ナス（露地栽培）

定植後の防除対象害虫と薬剤散布暦を表2に示した。栽培期間を通してミナミキイロアザミウマの被害は少なく（図15），そのためアザミウマ類を対象とした薬剤散布は行なわなかった。その結果，栽培期間中の薬剤散布は6薬剤，6成分にとどまっている。

ヒメハナカメムシ類の密度は7月中旬〜8月中旬にかけて葉当たり0.1頭以上と高く，8月下旬以降は低密度で推移した（図15）。

8月下旬以降にヒメハナカメムシ類の密度が低下すると，ミナミキイロアザミウマの被害が見られたが少なかった。

ナスの花には他のアザミウマ類が定着し，これらを餌としてヒメハナカメムシ類が定着したと考えられた（図16）。

【検討課題】

ヒメハナカメムシ類の発生には，年次や地域による差が見られる。それぞれの地域に合わせた選択性殺虫剤の散布時期などを検討する必要がある。

カメムシ目害虫の防除が重要であり，薬剤防除や物理的防除も含めた防除法の検討が必要である。

フレンチ・マリーゴールドは夏の高温に弱いため，四国，九州地域では夏期に花数が減少し天敵温存効果が低下する。天敵温存植物はこのほかにもオクラやホーリーバジルなど効果の高い植物が知られている。地域に合わせて品目を検討する必要がある。

（竹中　勲）

ナス（露地栽培）
土着天敵，障壁作物，おとり植物の利用

岡山

◆主な有用天敵：ヒメハナカメムシ類，クサカゲロウ類，テントウムシ類，ヒラタアブ類，アブラバチ類，ショクガタマバエなど
◆主な対象害虫：ミナミキイロアザミウマ，アブラムシ類など
◆キーワード：選択的殺虫剤／障壁作物（ソルガム）／おとり植物（イヌホオズキ）／殺虫剤使用回数大幅減

【ねらいと特徴】

　害虫防除の省力化が大きな目的である。この防除手法により殺虫剤散布は大幅に削減できる。害虫防除に，可能な限り地域生態系などを活用して，露地ナスの難防除害虫の発生を制御する手法である。

　利用する生物は土着天敵（ヒメハナカメムシ類，寄生蜂類，クモ類など）に限らず，おとり植物（イヌホオズキ），障壁作物（ソルガム）などがある。

　防風用ソルガムを栽培する。これが障壁となりナス圃場へのミナミキイロアザミウマの飛込みを減らすことができる。さらに，選択的殺虫剤の使用で天敵ヒメハナカメムシ類を温存すると，両者の効果でミナミキイロアザミウマの多発地域であっても殺虫剤の使用を大幅に削減できる。

【年間の害虫発生の推移】

　露地ナスで発生する主要害虫はナメクジ類，チャノホコリダニ，ハダニ類，ミナミキイロアザミウマ，ツマグロアオカスミカメなどのカスミカメムシ類，モモアカアブラムシ，ワタアブラムシ，ハスモンヨトウ，メンガタスズメ，テントウムシダマシ類などである。

　他の野菜類に比べて露地ナスに発生する害虫の種類は多い。促成栽培との共通種も多いが，促成栽培でほとんど問題にならないツマグロアオカスミカメやテントウムシダマシ類による被害が発生する。

　土着天敵を活用した栽培を行なうと，コナジラミ類やハモグリバエ類の発生は少なく，これら害虫が問題になることは少ない。

　総合的病害虫・雑草管理（IPM）を実施すると，慣行の防除に比べて殺虫剤の散布回数が減少する。また殺虫スペクトラムが狭い選択的殺虫剤の利用が主体となるので，殺虫スペクトラムが広い殺虫剤を用いた慣行防除では，意識せずに同時防除されていた害虫の発生が目立つようになる。これはメンガタスズメ，ナストビハムシ，マメコガネ，オンブバッタなどであるが，メンガタスズメ以外は特に防除に注意することはない。

●ナメクジ類
　ナメクジ類は栽培期間を通して発生が見られるが，特に梅雨時期に当たる6月に多い。

●チャノホコリダニ
　チャノホコリダニは7月中下旬から8月上旬に新葉にわずかに被害が見え始める。その後，葉の被害は明瞭になるとともに拡大し，果梗，萼，果実表面にも被害が発生し始め，心止まりも見え始める。被害は9月にピークを迎える。気温の低下とともに被害程度は若干軽くなるが10月の収穫終了時期まで被害は発生する。

●ハダニ類
　ハダニ類ではカンザワハダニ，ナミハダニなどが発生するが，IPMを実践している圃場ではナミハダニの発生は少なく，カンザワハダニの発生が多い。カンザワハダニは栽培全期間を通じて発生するが，6月の梅雨時期にはいったん密度が低下する。その後，梅雨明けとともに密度は高まり，高温乾燥の年や乾燥した圃場では7月下旬から8月にかけて多発する。

ナス（露地栽培）

●アザミウマ類

アザミウマ類ではネギアザミウマ，ダイズアザミウマ，ダイズウスイロアザミウマ，ミナミキイロアザミウマ，ミカンキイロアザミウマ，ヒラズハナアザミウマなど多くの種類が発生する。しかし，岡山県の露地ナスでは，ミナミキイロアザミウマ以外による被害はほとんど問題にならない。

ミナミキイロアザミウマは本州のほとんどの地域で露地越冬は困難である。露地栽培での発生時期は，越冬可能で発生源になるキュウリ，ナスなどの施設からの距離により異なる。ミナミキイロアザミウマが発生している施設栽培が目で見える範囲に存在する露地ナス圃場では，6月から飛来がある。

ミナミキイロアザミウマの発生源となる施設から数十km離れた山間部などでの被害の初発生は，7月下旬から8月になることが多い。しかし，苗での持ち込みによる場合は発生源から遠くても早期に被害が発生する。その後，露地栽培では栽培終了時期まで被害が続く。

秋になるとミナミキイロアザミウマによる被害はチャノホコリダニによる被害と複合して発生し，識別は困難になる。

●カメムシ類

カメムシ類では，果実を吸汁し果面に針で突いたような跡を残すアオクサカメムシやブチヒゲカメムシと，成長点付近の新葉を吸汁し奇形葉や心止まりを起こすツマグロアオカスミカメなどのカスミカメムシ類がある。

ナガカメムシ類が雑草から移動し，集団で成長点付近に寄生することがあるが，一時的であり，実害はほとんどない。

アオクサカメムシやブチヒゲカメムシによる果実の吸汁害は7～8月に見られる。圃場外からの成虫の飛込みによることが多い。

ツマグロアオカスミカメは6～7月に発生が多い。8月になると卵が休眠に入り個体数は低下するが，多発年には8月になっても被害が発生する。

土着天敵を利用する場合，ツマグロアオカスミカメはアザミウマ，ハダニ類の有力な天敵であるヒメハナカメムシ類と近縁種であるため選択的殺虫剤が少なく，防除に最も手を焼く害虫となる。

●アブラムシ類

アブラムシ類はジャガイモヒゲナガアブラムシ，モモアカアブラムシ，ワタアブラムシなどが発生する。ジャガイモヒゲナガアブラムシは他の2種に比べて密度は高まらないので実害は少ない。

モモアカアブラムシは定植直後に発生することが多く，気温の上昇に伴い密度が低下する場合が多い。モモアカアブラムシの密度低下と入れ替わるようにワタアブラムシの密度が高まる。

ワタアブラムシは6月ころから発生し，特に窒素肥料を追肥した後に爆発的に密度が高まる。8月上旬から中旬の高温期には，いったん発生がやや少なくなるが，8月下旬から9月に再び発生が増加する。本種は高温，乾燥年に発生が多い傾向がある。

●チョウ目害虫

ハスモンヨトウは8月から9月にかけて密度が高まり，その後10月ころまで発生が見られる。

オオタバコガは年により発生量が大きく異なる。岡山県では9月から10月ころにオオタバコガによる被害果の発生が増加する。

フキノメイガはほぼ栽培期間中発生する。定植時から6月ころのナスが小さいころに主茎に潜り込まれると，欠株になったり主枝を折られたりするので生育が遅延し，被害が大きい。ナスが成長すると分枝の一部が折られた程度では実害が少ない。

メンガタスズメは7～9月に発生し，比較的若い葉を主脈だけ残して食害する。発育が速く，また老齢幼虫の摂食量はきわめて大きいので，油断すると数匹の幼虫で葉をほとんど食い尽くされ，丸坊主にされる。

●テントウムシダマシ類

テントウムシダマシ類ではオオニジュウヤホシテントウとニジュウヤホシテントウの2種がナスを加害する。年平均気温14℃を境に両種は棲み分けしており，14℃以下の地域では主にオオニジュウヤホシテントウが，14℃以上では主にニジュウヤホシテントウが生息している。

テントウムシダマシ類が発生しているジャガイモが近くで栽培されているなど，発生源から近いナス圃場では，定植直後から飛来する。しかし，一般にナスへの飛来は両種とも7月ころからで，飛来後す

ぐに産卵を開始する。

ナスで育った幼虫は8月に成虫になるが、通常ナスにしばらく留まった後、越冬場所へ移動するので、次世代幼虫の発生は少なく密度も低下する。このため、よほどの多発年でない限り8月にテントウムシダマシ類による被害が発生することは少ない。

●ナスノミハムシ

ナスノミハムシは8月ころ新成虫が発生し、このころから本種の食害により葉に小さい穴があく。果実表面を加害することもある。ナス科の連作圃場で発生が多い傾向がある。

【実施条件】

この防除法は、生き物の観察が好きな農家が取り組むのに適している。

この防除法で害虫の発生が少なくなる理由は十分解明されておらず、発展途上にある。また、地域により害虫、天敵、ただの虫や雑草の発生も異なる。今後も新たな発見や工夫で、より完成度が高く、地域に適した体系に改善できる余地が大きい。

土着天敵を活用した合理的で超省力的な防除法であるが、まったくの自然任せの放任防除ではない。圃場の観察を十分行ない、要所要所には殺虫剤を的確に使用し、害虫と天敵のバランスをとりながら実施する高度な防除法なので、露地ナスに発生する主要な害虫、天敵、ただの虫の識別とおおよその発生生態を知っておく必要がある。

ソルガムはもともと防風が目的で圃場の周りに栽培していたものなので、防風対策が必要な圃場に向く。

ソルガムを圃場の周囲に栽培するので、その分ナスの栽培面積は減少する。また、小面積の圃場では全圃場面積に対するソルガムの栽培面積の比率が高まり、効率が悪い。圃場に余裕がある大規模農家に適している。

土着天敵は天敵の餌になる害虫やただの虫の発生がないとナス畑に飛来して増殖しない。このため慣行の農薬散布を定期的に十分実施した圃場に比べて、天敵保護の圃場は害虫による被害が発生しやすい。どの程度の被害までを我慢できるか、殺虫剤の

散布をいつ実施するかの見きわめが重要で、経験が必要である。

出荷先や相場により出荷基準は変わってくる。多少の虫害による傷があっても需要が見込める生協などの市場への出荷に向いている。

ミナミキイロアザミウマによる被害をかなり防ぐことができるので、本種の多発地域で取り組むと価値がある。

ただし、果皮が柔らかく傷つきやすい水ナスなどの品種には向かない。水ナスではミナミキイロアザミウマ以外にミカンキイロアザミウマなどのアザミウマ類による被害も発生し、またアザミウマ類の密度が低くても果実に被害が発生するためである。

【実施方法】

大幅に殺虫剤の使用回数を削減できる防除法であるが、害虫の発生が少なくなる原因は十分解明されていないので、不安定な要素もある。

●定植前～定植時

カスミカメムシ類の発生源になる雑草(特に、ヨモギなどのキク科、イヌホオズキなどのナス科植物など)はナスの定植数週間前までに枯らしておく。

ナスの定植後に圃場周辺の法面や畦畔で、特にヨモギなどのキク科が多い場所の草刈りを行なうと、カスミカメムシ類が圃場内に飛び込み、ナスに被害が多発することが多い。

ナス圃場の周囲へ幅1m程度のベルト状に防風用ソルガム(品種'風立''つちたろう'など)を栽培する。4月下旬に条間70cm、株間15cm(種量：10a当た

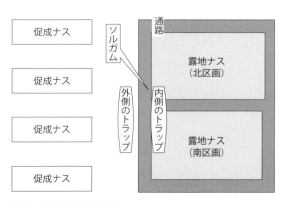

図1 圃場の見取り図

ナス（露地栽培）

表1　ヒメハナカメムシ類に悪影響が少ない殺虫剤の例

害虫名	農薬名	注意事項
アザミウマ類	モベントフロアブル	ミナミキイロアザミウマに有効
ミナミキイロアザミウマ	コテツフロアブル	寄生蜂の発生に悪影響を与える恐れがあるので，散布時期はできるだけ栽培後半がよい
	プレオフロアブル	
ミカンキイロアザミウマ	ウララDF	
	コテツフロアブル	寄生蜂の発生に悪影響を与える恐れがあるので，散布時期はできるだけ栽培後半がよい
カスミカメムシ類	コルト顆粒水和剤	ヒメハナカメムシ類の密度が一時的に低下するので，連用を避ける
コナジラミ類	アプロード水和剤	成虫には効果がない。果皮に水和剤特有の汚れが残る。テントウムシダマシ類幼虫の発生が少なくなることがある。コナジラミ類のうちオンシツコナジラミ，シルバーリーフコナジラミおよびタバコナジラミに適用がある
	ウララDF	
	コルト顆粒水和剤	ヒメハナカメムシ類の密度が一時的に低下するので，連用を避ける
	コロマイト乳剤	ハモグリバエの寄生蜂成虫に影響あり。水ナス，加茂ナスなど果皮が軟らかいナスでは薬害を生ずることがある。ヒメハナカメムシ類の密度が一時的に低下することがある
	チェス水和剤	ヒメハナカメムシ類の捕食量が一時的に減少する。連用するとヒメハナカメムシ類の密度が低下する
	モベントフロアブル	
アブラムシ類	ウララDF	
	コルト顆粒水和剤	ヒメハナカメムシ類の密度が一時的に低下するので，連用を避ける
	チェス水和剤	ヒメハナカメムシ類の捕食量が一時的に減少する。連用するとヒメハナカメムシ類の密度が低下する
	モベントフロアブル	
オオタバコガ	エスマルクDF	若齢幼虫発生初期に散布する。BT剤であり，天敵類への悪影響はない
	コテツフロアブル	寄生蜂の発生に悪影響を与える恐れがあるので，散布時期はできるだけ栽培後半がよい
	トルネードエースDF	
	フェニックス顆粒水和剤	
	プレオフロアブル	
	プレバソンフロアブル5	

り1～2kg）で圃場周囲および圃場内にうねと平行に15m間隔で栽培する（図1）。

ソルガムの品種によっては，花粉が飛散しナスの果面を汚すことがある。

定植時（5月）には，モスピラン粒剤を1g/株植え穴処理してアブラムシ類などの生育初期に発生する害虫を防除する。ネオニコチノイド系殺虫剤のなかではモスピラン粒剤が，ヒメハナカメムシ類に対する影響期間が短い。これによりアブラムシ類だけでなく，テントウムシダマシ類も定植後しばらく密度が抑制されるようだ。また，モベントフロアブルの育苗期後半の灌注処理は，アブラムシ類，コナジラミ類の防除に有効である。

●定植後

病害虫の防除は，表1に示したヒメハナカメムシ類に悪影響が少ない薬剤を散布する。

◎チャノホコリダニ

チャノホコリダニは土着のカブリダニ類やヒメハナカメムシ類に捕食されるが，これらだけでは密度を低下できないので，選択的殺虫剤を散布して防除する。

チャノホコリダニの防除には表1に示した，ヒメ

ナス（露地栽培）

害虫名	農薬名	注意事項
ハスモンヨトウ	コテツフロアブル	寄生蜂の発生に悪影響を与える恐れがあるので，散布時期はできるだけ栽培後半がよい
	トルネードエースDF	
	プレオフロアブル	
	フェニックス顆粒水和剤	
	プレバソンフロアブル5	
テントウムシダマシ類	コテツフロアブル	寄生蜂の発生に悪影響を与える恐れがある
ハモグリバエ類	プレオフロアブル	
	コロマイト乳剤	ハモグリバエの寄生蜂成虫に影響あり。水ナス，加茂ナスなど果皮が軟らかいナスでは薬害を生ずることがある。ヒメハナカメムシ類の密度が一時的に低下することがある
チャノホコリダニ	アプロード水和剤	成虫には効果がない。果皮に水和剤特有の汚れが残る。テントウムシダマシ類幼虫の発生が少なくなることがある
	カネマイトフロアブル	
	コロマイト乳剤	ハモグリバエの寄生蜂成虫に影響あり。水ナス，加茂ナスなど果皮が軟らかいナスでは薬害を生ずることがある。ヒメハナカメムシ類の密度が一時的に低下することがある
	コテツフロアブル	寄生蜂の発生に悪影響を与える恐れがあるので，散布時期はできるだけ栽培後半がよい
	スターマイトフロアブル	
	モベントフロアブル	
ハダニ類	カネマイトフロアブル	
	コテツフロアブル	寄生蜂の発生に悪影響を与える恐れがあるので，散布時期はできるだけ栽培後半がよい
	コロマイト乳剤	ハモグリバエの寄生蜂成虫に影響あり。水ナス，加茂ナスなど果皮が軟らかいナスでは薬害を生ずることがある。ヒメハナカメムシ類の密度が一時的に低下することがある
	スターマイトフロアブル	
	ダニサラバフロアブル	
	バロックフロアブル	ハダニの成虫を殺さない。殺卵，殺幼若虫効果のため，やや遅効的である
	モベントフロアブル	

注　この表の活用にあたっては，登録内容の変更などの恐れがあるため，農薬の使用や防除指導に際しては，農薬のラベルで確認してから使用する

ハナカメムシ類に悪影響が少ない殺虫剤を選んで散布する。アプロード水和剤を7月下旬ころに散布すると，テントウムシダマシ類（ニジュウヤホシテントウ，オオニジュウヤホシテントウ）幼虫の発生が少なくなることがある。なお，アプロード水和剤を散布すると，ナス果面を水和剤特有の白粉で汚すので，出荷前には拭き取る必要がある。

8月下旬以後もチャノホコリダニの被害が発生する場合は，コテツフロアブルを散布してミナミキイロアザミウマやハスモンヨトウと同時防除する。

◎ハダニ類

露地ナスでのハダニ類の有力な天敵はハダニアザミウマである。また，ヒメハナカメムシ類もハダニ類をよく捕食する。ハダニ類はヒメハナカメムシ類やハダニアザミウマの捕食により密度を抑制されることが多い。

ヒメハナカメムシ類はハダニ類よりアザミウマ類を好む。アザミウマ類とハダニ類が混発する場合は，ヒメハナカメムシ類はアザミウマ類を先に捕食し，アザミウマ類の密度が低下した後でないとハダニ類をほとんど捕食しないので，ハダニ類の密度低

ナス（露地栽培）

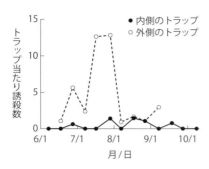

図2　ソルガムによるミナミキイロアザミウマの露地ナス圃場への侵入抑制効果
トラップの設置位置は図1に示した

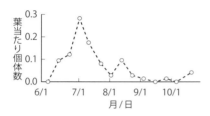

図3　ナスでのヒメハナカメムシ類の発生消長

下は遅れる。

ハダニ類は乾燥した畑に発生が多い。圃場を乾燥させないことも重要である。ハダニ類が発生したときにスプリンクラーで散水するのは効果的な対策になるが、過湿になり褐紋病などの病害を誘発しやすいので、注意が必要である。

◎アザミウマ類

防風用ソルガムは圃場内へのミナミキイロアザミウマの飛来を阻止する効果がある（図2）。

ミナミキイロアザミウマの有力な天敵ヒメハナカメムシ類は、ソルガムよりもソルガムの下草のメヒシバなどの雑草を捕虫網で掬うと多く採集できることから、下草がヒメハナカメムシ類の発生源として重要なようである。そのため、メヒシバなどの雑草をこまめに除草する必要はない。

ヒメハナカメムシ類はソルガムの下草の雑草中（メヒシバなど）で6月下旬に多数採集でき、そこでブイネアザミウマを捕食しているようである。その後、密度は徐々に低下し、9月下旬にイネ科雑草が枯れ上がると見つからなくなる。ソルガムでは8月上旬および10月に発生が見られ、8月はイネアザミウマやイネクダアザミウマを、10月はこれらに加え

小型のハエ目昆虫を捕食している。

定植時に処理したモスピラン粒剤の効果が切れてくると、ネギアザミウマやダイズウスイロアザミウマなどナスに実害をほとんど発生させないアザミウマ類が、ミナミキイロアザミウマより先に発生することが多い。これらのアザミウマ類を餌にしてヒメハナカメムシ類はナスで増殖する。

ナスでのヒメハナカメムシ類の発生は6月中旬から8月中旬まで多い（図3）。そのため、この期間は、ミナミキイロアザミウマによる果実の被害はほとんど発生せず、防除を削減できることが多い。

8月中下旬以後アザミウマ類やハダニ類の密度が低下すると、ヒメハナカメムシ類の密度も低下する。また、岡山県では9月中旬（秋分のころ）以後になるとヒメハナカメムシ類の産卵は少なくなり、ミナミキイロアザミウマが増加してもヒメハナカメムシ類の捕食による密度抑制が働かなくなる。さらに、チャノホコリダニの発生が増加し、ハスモンヨトウによる被害も懸念される。そこで、9月上旬から中旬ころにコテツフロアブルを散布して、ミナミキイロアザミウマ、オオタバコガ、ハスモンヨトウ、チャノホコリダニ、ハダニ類を同時に防除する。

コテツフロアブルはヒメハナカメムシ類を直接殺すような悪影響はほとんどない。しかし、ヒメハナカメムシ類の活躍を期待できる時期に散布すると、ヒメハナカメムシ類の餌となるアザミウマ類やダニ類などを殺してしまうためか、ヒメハナカメムシ類の密度が低下することがある。

コテツフロアブルはハモグリバエ類などの寄生蜂に対して悪影響があるようだ。この防除法でハモグリバエ類による被害がほとんど問題にならないのは、土着の寄生蜂類によりハモグリバエ類の密度が抑制されているためだと考えられる。ハモグリバエ類による被害を顕在化させないためにも、コテツフロアブルの散布は9月以降が望ましい。

ミナミキイロアザミウマの発生が多い場合は、プレオフロアブルの散布が有効である。本剤の散布はヒメハナカメムシ類にほとんど悪影響がない。

プレオフロアブルは、ミナミキイロアザミウマだけでなく、オオタバコガやハスモンヨトウにも有効で、一方、天敵の寄生蜂類にも悪影響が少ない。ま

た，ハモグリバエ類にも効果がある。

出荷時の選別作業で，ミナミキイロアザミウマやチャノホコリダニの被害は識別できるので，被害果の発生量が推定できる。これを目安に殺虫剤の散布時期を判断する。

◎カスミカメムシ類

この防除法で最も防除が困難な害虫は，ツマグロアオカスミカメのようなナスの成長点を加害するカスミカメムシ類である。岡山県中南部ではナスを加害するカスミカメムシ類はツマグロアオカスミカメであるが，地域により種類が異なる。

カスミカメムシ類の有力な天敵はクモ類である。ナスの先端付近の上位葉にクモの糸がよく見つかるようになると，ツマグロアオカスミカメの密度が低下することを観察している。

ヒメハナカメムシ類もカスミカメムシ類の幼虫を捕食する。しかし，これら天敵だけでは被害が発生することが多い。

本種はヒメハナカメムシ類と近縁種のため利用できる選択的殺虫剤は少ないが，コルト顆粒水和剤はカスミカメムシ類に適用があり，防除に利用できる。コルト顆粒水和剤の散布後7日程度ヒメハナカメムシがナスから離れるので，連続散布は避ける。

◎アブラムシ類

モベントフロアブルの育苗期後半処理が有効である。また，定植時に処理するモスピラン粒剤によりアブラムシ類の発生は1か月程度防除できる。

ワタアブラムシは窒素肥料の追肥後に多発する。ウララDF，モベントフロアブルなどで防除する。

ソルガムには8月ころからナスに寄生しないムギクビレアブラムシなどのアブラムシ類が多発する。これを餌にクサカゲロウ類，ヒメカメノコテントウなどのテントウムシ類，ヒラタアブ類，アブラバチ類，ショクガタマバエなど多くのアブラムシ類の天敵が増加する。ナスにアブラムシ類が発生すると，これらの天敵がナスに移動し，アブラムシ類を捕食する。ソルガムにアブラムシ類の天敵が発生すると，ナスでのアブラムシ類の防除は不要になることが多い。

◎チョウ目害虫

この防除法では，ハスモンヨトウ，フキノメイガ，ヨトウガ，メンガタスズメなどのチョウ目害虫は卵寄生蜂の寄生を受けることが多いので，個体数は極端に増加することは少ない。

ソルガムで秋ごろにアブラムシ類の密度が高まると，アブラムシ類が排出した甘露にスズメバチ類やアシナガバチ類が集まる。これらは，人間に危害を及ぼす恐れがあるので，殺虫剤による駆除が必要かもしれない。しかし，スズメバチ類やアシナガバチ類はナスに発生するハスモンヨトウなどのチョウ目害虫を捕食しているのがしばしば観察されていることから，これらはチョウ目害虫の天敵として重要な役割を担っているのかもしれない。

ソルガムが出穂するとソルガムの種子を食いにスズメが集まり，このスズメがハスモンヨトウを食べていたとの観察もある。

アマガエルはハスモンヨトウをよく捕食する。施設栽培ナスでは，アマガエルを放飼してハスモンヨトウを防除した例もある。

ハスモンヨトウ，オオタバコガやフキノメイガの防除には黄色蛍光灯も利用できる。施設ナスに黄色蛍光灯を設置した場合，蛍光灯の近くの株にだけナス萎縮病が発生し，同じ株でヨコバイ類の死骸を多く見つけた経験がある。黄色蛍光灯にフタテンヒメヨコバイが集まり，これによりファイトプラズマが媒介された可能性もある。

フキノメイガの幼虫が食入すると茎に小さな穴があき，穴から鋸屑状の虫糞を出す。幼虫はこの穴から茎の先端へ向かって食い進んでいることが多い。虫糞が出ている穴のやや下から茎を切り取り捕殺する。

メンガタスズメの幼虫の発育は速く，発生は長期間に及び，だらだら発生するので防除しにくい害虫である。この害虫の卵は卵寄生蜂に寄生され孵化しないことが多い。老齢幼虫はナス葉を暴食し，主脈だけ残し葉を食い尽くす。葉裏におり，体色が緑色なので見つけにくいが，生息している葉より下に大きな黒い虫糞を落とすので，これを目印に上位の葉の裏面を探すと，葉に大きな幼虫がいるのが見つかる。見つけしだい捕殺するのがよい。

◎テントウムシダマシ類

コテツフロアブルはテントウムシダマシ類の防除

に有効であり，ヒメハナカメムシ類を直接殺すような悪影響はほとんどない。しかし，ヒメハナカメムシ類の活躍を期待できる時期に散布するとヒメハナカメムシ類の餌となるアザミウマ類やダニ類などを殺してしまうので，ヒメハナカメムシ類は餌不足になり密度が低下することがある。

テントウムシダマシ類の成虫が7月下旬ころ飛来し，産卵を始める時期は，アプロード水和剤でのチャノホコリダニの防除適期に当たる。チャノホコリダニ防除にアプロード水和剤を散布すると，テントウムシダマシ類幼虫の発生が少なくなる現象が見られることが多い。なお，本剤の有効成分はテントウムシダマシ類の成虫に影響はないが，卵の孵化や幼虫の脱皮・変態を抑制する作用のあることが知られている。しかし，本剤は水和剤のため散布後に白く果面が汚れるので，出荷前に汚れを拭き取る作業が必要となる。

ニジュウヤホシテントウ成虫によるナス果実の食害は比較的少なく，多くは幼虫の食害なので，幼虫の発生を防除すれば実害は比較的少ない。

ニジュウヤホシテントウはナスより雑草のイヌホオズキを好む。ソルガムの下草などにイヌホオズキがたくさん生えていると，これを食い尽くすまでナスへ移動せず，ナスは被害を免れる。しかし，イヌホオズキを食い尽くすとナスへ移動するので，イヌホオズキが食い尽くされそうな場合は，ナスに移動する前に除草するなどして殺す。

◎ナスノミハムシ

露地ナスでは8月に発生する新成虫は葉や果面を食害するが，よほど大発生しないかぎり，実害はほとんどないであろう。

◎その他全般

ナスに農薬登録されている殺菌剤では，ヒメハナカメムシ類に悪影響があるものは見つかっていない。

展着剤のスカッシュ，ミックスパワー，ダイコート，ニーズはヒメハナカメムシ類に悪影響がある。逆に，アイヤー20，アプローチBI，新グラミン，ダインは悪影響が少ないとする調査結果がある。

ヒメハナカメムシ類などの天敵類も昆虫やダニである。虫が嫌う，虫を寄せ付けないとされる資材を利用すると，害虫だけでなく天敵類も寄り付かなくなることもあるので，注意が必要である。

【防除体系例】

●露地ナス囲い込み栽培事例の概要

露地ナスの囲い込み栽培事例について，岡山県内での現地調査をもとに紹介する。現地圃場はタイリクヒメハナカメムシが優占種で，ナミヒメハナカメムシの発生は少ない地域である。なお，種構成比の調査は実施していない。

調査対象圃場の面積は20aで圃場の見取り図を図1に示した。露地ナス圃場に隣接する促成栽培ナス（6月下旬まで栽培）にはミナミキイロアザミウマやマメハモグリバエの発生があり，露地ナス圃場との距離は約15mであった。

防風用のソルガムを4月下旬にベルト状に露地ナスを取り囲む障壁となるよう条間約70cm，株間5cmで播種した。ナス（品種：筑陽，台木：赤ナス）を5月上旬に株間80cmで定植した。

ナスの圃場を，中央に設けたソルガムの障壁で南と北の2区画に分割した。

ナスの定植時にアドマイヤー1粒剤を1g/株施用した。

●現地調査の結果

7月下旬から8月上旬ころ，チャノホコリダニによる被害が圃場周囲のソルガムに近い位置の株から順に見え始めた。

8月中旬，チャノホコリダニ防除のため南と北の区画の両方で，同日にアプロード水和剤1,000倍を散布した。

ナスでのアザミウマ類の発生は少なかった。発生のピークは6月中旬，7月中旬および9月上旬の3回で，その後9月下旬から調査終了時まで密度は上昇した。天敵のヒメハナカメムシ類の密度は，6月中旬から7月下旬まで葉当たり0.1頭以上と高く，8月上旬にいったん密度が低下したのち，8月中旬にやや密度が上昇した後は低密度で推移した（図3）。

8月下旬以後ヒメハナカメムシ類の密度が低下すると，ミナミキイロアザミウマによる被害果は増加した。

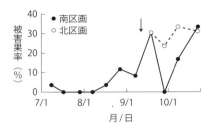

図4　ミナミキイロアザミウマによる被害果率の推移
矢印はコテツフロアブルの散布日を示す

　9月中旬に南の区画にはミナミキイロアザミウマとチャノホコリダニが同時防除できるコテツフロアブル、残りの北の区画にはチャノホコリダニだけが防除できるアプロード水和剤を散布し、比較した。

　9月中旬にコテツフロアブルを散布した南の区画は、北の区画に比較して9月下旬から10月中旬にかけてミナミキイロアザミウマによる被害果は減少した（図4）。

　ハモグリバエ類は7月上旬と9月中下旬に発生が見られ、発生量は9月が多かった。殺虫剤による防除は実施しなかったが実害はなかった。

　ニジュウヤホシテントウは7月中旬から8月上旬に成虫の発生が多く見られた。これは、ニジュウヤホシテントウ成・幼虫がイヌホオズキに多数発生し、イヌホオズキを食い尽くした後、7月下旬に成虫がナスへ移動し一時局所的に大発生したためであった。しかし、殺虫剤の散布を実施しなかったが、ニジュウヤホシテントウ成虫はナスに産卵することなく見られなくなった。

　上記以外にカンザワハダニ、ツマグロアオカスミカメ、ジャガイモヒゲナガアブラムシ、フキノメイガ、ヨトウガ、メンガタスズメなどの発生が見られた。なお、モモアカアブラムシおよびワタアブラムシの発生は少なかった。

　カンザワハダニはヒメハナカメムシ類やハダニアザミウマに、ツマグロアオカスミカメはクモ類に捕食され、またジャガイモヒゲナガアブラムシはアブラバチに、フキノメイガ、ヨトウガ、メンガタスズメは卵寄生蜂に寄生されて個体数が増加せず、被害は少なかった。

【検討課題】

　圃場の周囲にソルガムを栽培するので、耕地面積が少ない農家では利用しにくい。圃場周囲にソルガムを栽培せず、風上側の一方だけに限ったソルガムの作付けでも、天敵の温存とミナミキイロアザミウマの飛来防止に利用できるかもしれない。

　テントウムシダマシ類およびカスミカメムシ類、特にツマグロアオカスミカメなどカスミカメムシ類をより確実に防除する技術を開発することが、今後も重要である。

　ヒメハナカメムシ類やミナミキイロアザミウマなどの害虫の発生には、年次や地域間で違いがある。それぞれの地域での害虫や天敵の発生に応じた選択的殺虫剤の種類や散布時期を検討する。

（永井一哉）

ピーマン（施設栽培）
アザミウマ類・アブラムシ類などに市販天敵を導入した防除体系

高知

- ◆**主な有用天敵**：タイリクヒメハナカメムシ，スワルスキーカブリダニ，コレマンアブラバチ，チャバラアブラコバチ，ヒメカメノコテントウ
- ◆**主な対象害虫**：ミナミキイロアザミウマ，タバココナジラミ，ハスモンヨトウ，タバコガ類，チャノホコリダニ，アブラムシ類
- ◆**キーワード**：防虫ネット／黄色蛍光灯／性フェロモン剤／選択性殺虫剤／殺虫剤散布回数大幅減

【ねらいと特徴】

施設ピーマン類の害虫に対する防除対策は以前には化学農薬を主体に行なわれてきた。しかし，新規薬剤に対してもわずかの間に抵抗性を発達させる害虫も多く，生産現場では対策に苦慮してきた。また，農薬の散布作業は整枝，収穫作業に次ぐ労働時間を占めており，特に春先以降の高温条件下での施設内における農薬散布は大変な重労働である。

薬剤の散布回数をできるだけ少なくして，害虫の抵抗性発達を回避するとともに農薬散布のための労力軽減を図るのが，総合防除の大きなねらいのひとつである。そのため，生物的防除を中心に考え，物理的防除，選択性殺虫剤による防除を矛盾することなく取り入れた防除体系を構築する必要がある。

ミナミキイロアザミウマはピーマンに与える被害が大きく，薬剤に対する抵抗性発達がこれまで最も問題となってきた害虫である。また，2005年ころから薬剤感受性が低いタバココナジラミ・バイオタイプQの多発生が問題となっている。そのため，防除体系はこれらの防除を中心に考える。

【年間の害虫発生の推移】

9月から10月上旬定植の促成栽培で問題となる害虫はアザミウマ類，アブラムシ類，タバココナジラミ，ヤガ類，チャノホコリダニ，ハダニ類，コナカイガラムシ類である。

アザミウマ類では，ミナミキイロアザミウマ，ヒラズハナアザミウマ，ミカンキイロアザミウマが主要な発生種である。いずれの種も定植直後から発生が見られ，徐々に密度が高くなる。12月から2月にかけての厳寒期には密度の増加はやや緩慢になるが，3月以降には気温の上昇とともに密度が高くなる。

アブラムシ類では，モモアカアブラムシ，ワタアブラムシ，ジャガイモヒゲナガアブラムシが主要な発生種である。いずれの種も野外からの有翅虫の飛来頻度が高い定植直後から11月ころにかけてと，3月以降に発生量が多い。12月から2月にかけての発生量は少ないが，高知県などの西南暖地では，厳寒期であっても野外からの有翅虫の飛込みが見られる場合もあり，適切な防除対策が行なわなければ多発生する。

タバココナジラミの発生は栽培期間を通じて見られるが，3月以降に多発生する場合が多い。

ヤガ類ではハスモンヨトウやタバコガ類の幼虫が発生する。いずれも9〜11月ころにかけての発生が多い。この時期の防除が不十分であれば，冬期から春期にかけても発生する。

ハダニ類ではカンザワハダニとナミハダニが主要な発生種である。両種ともに栽培期間を通じて発生するが，3月以降に多発生する場合が多い。

チャノホコリダニの発生も栽培期間を通じて見られるが，秋期の発生が問題となる場合が多い。本種は微小であることから初期発生の把握が困難である。そのため，衣服などに付いたものが管理作業などで周辺の株に広がり，圃場内に蔓延する場合があり注意が必要である。

コナカイガラムシ類ではナスコナカイガラムシ，

マデイラコナカイガラムシが発生する。栽培期間を通じて発生が見られるが，気温の上昇する3月以降に多発生する場合が多い。施設内に持ち込まれた観葉植物や圃場周辺の雑草などが発生源となっている場合もあり，注意が必要である。

2月から3月定植の半促成栽培で問題となる害虫は，促成栽培の場合とほぼ同じである。しかし，苗での持ち込みがない場合や前作栽培終了時の害虫対策が適切に行なわれていれば，栽培初期には害虫の発生はほとんど問題とならない。4月以降になり，ハウスサイド部の開閉が行なわれ始めるとハウス外からの害虫の侵入が見られ，また，気温も害虫の増殖に好適な条件となるため，有効な防除対策が行なわれなければ多発生する。

【実施条件】

天敵昆虫などの利用による生物的防除が中心となるが，一般的に天敵類の増殖・定着には，餌となる害虫の密度や温度や日長などの環境条件が大きな影響を及ぼす。そのため，化学農薬を中心にした防除の場合以上に，害虫や天敵類の生理・生態に関する情報が必要となる。

天敵類の導入は害虫の密度が低い時期から行なう。また，天敵導入後にも害虫および天敵類の発生状況を把握し，状況によっては選択性殺虫剤を散布するか天敵を追加放飼するなど，早急に適切な対策をとる必要がある。

ルーペなどを用いて，植物体上の害虫や天敵類の発生状況を観察する。

生物的防除が中心となるが，害虫の種類や発生状況により，天敵類に影響の少ない薬剤（選択性殺虫剤）による防除も必要である。しかし，選択性殺虫剤は天敵の種類により大きな影響を及ぼす場合もあり，害虫の種類と天敵の導入状況に応じた薬剤を選択する必要がある。

【実施方法】

促成栽培では，育苗から定植にかけては害虫類の発生量が多い時期であり，栽培期間を通じて天敵類を中心とした防除を行なうためには，この時期の防除対策が重要となる。

●育苗時

促成栽培では，育苗が高温時に行なわれるため，害虫の寄生を受けやすい。育苗ハウスには開口部に防虫ネットを張り，害虫の侵入を防ぐ。

苗による害虫の本圃への持ち込みを防ぐため，その後導入する天敵類への影響も考慮して薬剤による防除で対応する。

●定植時から定植後

促成栽培の定植時期にあたる9月から10月にかけては野外での害虫類の活動が活発な時期である。そのため，ハウスの開口部には1mm目合い以下の防虫ネットを張るとともに，シルバーポリフィルムでうねを被覆し，できるだけ野外からの害虫の侵入を抑える。

定植時にはネオニコチノイド系粒剤（アドマイヤー，ベストガードなど）を処理し，栽培初期のアブラムシ類，アザミウマ類，コナジラミ類，コナカイガラムシ類の発生を抑える。

ハスモンヨトウやタバコガ類に対しては，黄色蛍光灯の点灯や交信撹乱用性フェロモン剤を設置するとともに，卵塊や幼虫を捕殺する。多発時には選択性殺虫剤を散布する。

定植10～20日後には，アザミウマ類，コナジラミ類，チャノホコリダニの天敵であるスワルスキーカブリダニを導入する。さらに，ネオニコチノイド系粒剤の影響が少なくなる定植30～40日後以降には，アザミウマ類の天敵であるタイリクヒメハナカメムシを導入する。

栽培中期以降に発生が増加するアブラムシ類に対しては，コレマンアブラバチ，チャバラアブラコバチ，ヒメカメノコテントウを導入する。

コムギなどにムギクビレアブラムシ，またはソルガムにヒエノアブラムシを寄生させたバンカー植物をハウス内に設置し，アブラムシの発生する前にコレマンアブラバチやヒメカメノコテントウをそこで維持しておく方法もある。

ピーマン（施設栽培）

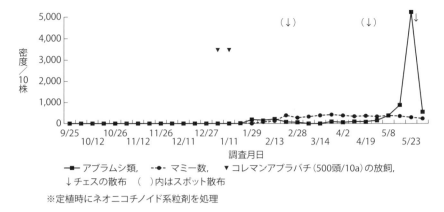

図1　コレマンアブラバチによるアブラムシ類の防除（促成ピーマン）
（山下ら，2003を改変）

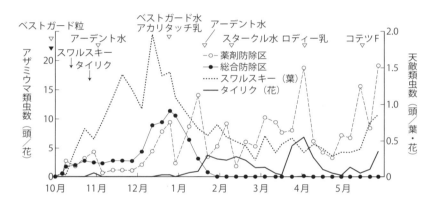

図2　スワルスキーカブリダニとタイリクヒメハナカメムシを併用した
アザミウマ類防除（促成シシトウ）（伊藤ら，未発表）

総合防除区では，スワルスキーカブリダニ（25,000頭/10a）とタイリクヒメハナカメ
ムシ（2,000頭/10a）を放飼（↓）した
▼は総合防除区，▽は薬剤防除区における薬剤処理を示す

【防除体系例】

促成栽培ピーマン類での総合防除の考え方について，主要害虫であるアザミウマ類，タバコカスミカジラミ，アブラムシ類に対して市販天敵であるタイリクヒメハナカメムシ，スワルスキーカブリダニ，コレマンアブラバチを用いた体系を山下ら（2003），伊藤ら（未発表）の試験例をもとに紹介する。

アブラムシ類に対しては定植時にネオニコチノイド系粒剤を処理する。さらに防虫ネットを組み合わせることで，定植から12月までの発生は問題となることは少ない。1月以降に局所的に発生するアブラムシ類に対してはコレマンアブラバチを放飼する。これにより，4月ころまでは発生を抑えることができる。

ただし，コレマンアブラバチで防除できないジャガイモヒゲナガアブラムシの発生が見られた場合には，チャバラアブラコバチやヒメカメノコテントウの放飼またはウララDF（ピーマンのみ），チェス顆粒水和剤を散布する。チェス顆粒水和剤はタイリクヒメハナカメムシに対する影響が大きいため，使用する場合にはスポット散布とする（図1；山下ら，2003）。

アザミウマ類に対しては，定植10〜20日後ころにスワルスキーカブリダニを，さらにその20〜30日後ころ（定植30〜40日後を目安）にタイリクヒメハナカメムシを放飼する。スワルスキーカブリダニは放飼後速やかに定着する場合が多いが，後者は定

ピーマン（施設栽培）

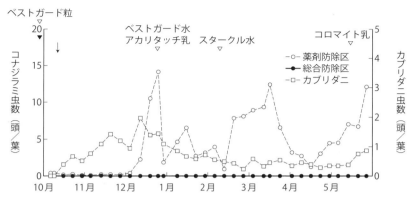

図3　スワルスキーカブリダニによるタバココナジラミ防除（促成シシトウ）（伊藤ら，未発表）
↓は総合防除区におけるスワルスキーカブリダニ放飼（25,000頭/10a）を示す
▼は総合防除区，▽は薬剤防除区における薬剤処理を示す

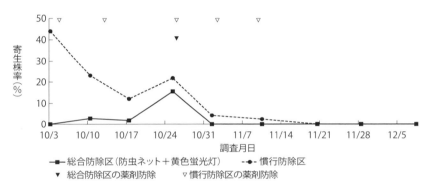

図4　総合防除区と慣行防除区におけるハスモンヨトウの発生推移（促成ピーマン）（山下ら，2003を改変）

着し防除効果が見られるまでには6～8週間程度かかる。そのため，その間にミナミキイロアザミウマの密度が高くなった場合にはラノー乳剤，プレオフロアブルなど天敵類に影響の少ない薬剤で防除する（図2；伊藤ら，未発表）。

また，シシトウでは，ヒラズハナアザミウマの密度が高くなった場合には被害果の発生にも注意する必要がある。

春先にタイリクヒメハナカメムシ密度が低下した場合には追加放飼が必要な場合もある。

タバココナジラミに対しては定植時のネオニコチノイド系粒剤を処理し，定植後に導入するスワルスキーカブリダニが定着すれば大きな問題となることは少ない（図3；伊藤ら，未発表）。

ハスモンヨトウに対してはハウスサイド部に防虫ネットを張り，天窓下に黄色蛍光灯の点灯（図4；山下ら，2003）または交信攪乱用性フェロモン剤を設置する。また，栽培管理時には卵塊や幼虫集団を捕殺することで，薬剤防除の回数を大幅に低減できる。

コナカイガラムシ類については，定植時にネオニコチノイド系粒剤を処理することで栽培初期は問題とならない。その後に増加した場合には，アザミウマ類防除にラノー乳剤を用いることで同時防除できる。

チャノホコリダニ，ハダニ類については，育苗期から定植直後ころまでにオオタバコガを対象にアファーム乳剤（スワルスキーカブリダニの導入14日前

まで）を処理することで同時防除できる。また，スワルスキーカブリダニはチャノホコリダニに対する捕食能力が高いことから，本天敵が定着すれば多発することはない。発生が増加した場合には天敵類に影響の小さいスターマイトフロアブルを散布する。

【検討課題】

　高知県内では，総合防除体系で使用される選択性殺虫剤に対し害虫の感受性が低下していると考えられる事例が認められている。前述したように総合防除は各防除法の組み合わせで成り立っているため，選択性殺虫剤の効果不足は防除体系の維持が困難になる場合もある。感受性低下の実態を把握するとともに代替技術の検討が必要と考えられる。また，新たな選択性殺虫剤の適用登録の促進も必要である。

　近年，高知県では南方由来と考えられるチャノキイロアザミウマC系統の発生や，これまでほとんど問題となることのなかったクリバネアザミウマ，モトジロアザミウマが発生するなど，新たな侵入害虫や潜在害虫の顕在化が見られている。これらに対応した防除体系の改良が必要となっている。

　害虫を中心に考えた総合防除では殺虫剤の散布回数は大幅に減少した。しかし，これまで殺虫剤と殺菌剤を混合散布していた場合が多かったため，殺菌剤の使用回数の減少とともに，うどんこ病や黒枯病の発生が目立って多くなった事例が見受けられる。発生時期には予防散布に努めるとともに，硫黄粒剤の専用くん煙器など省力化が図られる技術の導入を検討する必要がある。

（下元満喜）

ピーマン（施設栽培）
生物農薬と土着天敵の組み合わせで難防除害虫を効果的に防ぐ
―― 鹿児島県志布志市　JAそお鹿児島ピーマン専門部会

鹿児島

◆主な有用天敵：スワルスキーカブリダニ，タイリクヒメハナカメムシ，タバコカスミカメ，コレマンアブラバチ，ギフアブラバチ
◆主な対象害虫：ミナミキイロアザミウマ，タバココナジラミ，チャノホコリダニ，アブラムシ類
◆キーワード：天敵温存植物（スイートバジル，ゴマ，クレオメ）／選択性殺虫剤／殺虫剤散布回数7割以上減（慣行体系比）／天敵全戸導入

経営概要

作目：促成ピーマン

品種：TM鈴波，オールマイティ

作付面積：合計24ha（生産者戸数87戸），1戸当たり平均経営面積28a（最大経営面積86a）

栽培概要：播種8月中下旬，定植9月下旬～10月上旬，収穫期間10月中旬～5月下旬

労力：家族経営

平均収量：14t/10a

【地域条件】

志布志市は，北緯31度，東経131度の鹿児島県東部（鹿児島市は北緯31度，東経130度）の太平洋岸に位置し，2006年に志布志町，松山町，有明町の3町が合併して誕生した。宮崎県の串間市，都城市に隣接する。促成ピーマンは志布志町と松山町で栽培されている。

年平均気温は16.7℃，年降水量は2,249mm，日照時間は1,956時間と，鹿児島県のなかでも温暖な気候である。

鹿児島県本土の畑地土壌で一般的に見られるように，土壌の表層は霧島や桜島などの新規火山活動による噴出物である火山灰層（黒ボク土）で覆われている。

【ねらいと特徴】

●天敵利用による重要害虫の防除

◎ミナミキイロアザミウマ

生産上最も注意すべき害虫はミナミキイロアザミウマである。本種は薬剤感受性の低下が著しい。スピノエース顆粒水和剤やネオニコチノイド系農薬は2006年ころから効力が低下しており，近年ではアファーム乳剤の効力低下も認められつつある。現在，本県の促成栽培ピーマンにおいて化学農薬だけで防除を組み立てることはきわめて困難である。

このような背景から，志布志市では2010年から全戸でスワルスキーカブリダニが導入されており，鹿児島県全体でも2015年現在で，主要生産地では全戸でスワルスキーカブリダニが利用されている。また，今後新たな化学農薬が開発されたとしても，薬剤抵抗性の発達については同様の結果を招きかねないため，促成栽培ピーマンにおける天敵利用は今後も不可欠な生産技術である。

なお，ミナミキイロアザミウマに対しては，育苗～定植の栽培初期と2月以降の栽培後期の発生に注意が必要である。

◎タバココナジラミ

タバココナジラミは，2003年ころからピーマンで発生するようになった。増殖速度は先のミナミキイロアザミウマに比べると遅いが，世代当たりの増殖率はミナミキイロアザミウマやアブラムシ類に比べて高いのが特徴である。このため，急激な密度の増加に気づきにくく，発見と防除が遅れると，突然爆発的に発生しているケースが多い。

ピーマン（施設栽培）

スワルスキーカブリダニが利用される以前は、選択的農薬を散布するか、天敵利用を断念せざるを得ないケースも見られたが、スワルスキーカブリダニによる本種への抑制能力は高いので、現在はタバコナジラミによって大きな被害を受けるケースはほとんど見られなくなった。

◎アブラムシ類

発生の主体はモモアカアブラムシ、ワタアブラムシ、ジャガイモヒゲナガアブラムシである。ジャガイモヒゲナガアブラムシは、天敵利用の普及に伴って発生するようになった害虫で、化学農薬のみで防除する圃場で発生することはまれであったが、天敵利用を始めて農薬の散布回数が低減されると発生する例が多い。

アブラムシ類に対しては、スワルスキーカブリダニだけを利用する圃場では、選択的農薬により防除することが可能である。しかし、タイリクヒメハナカメムシやタバコカスミカメなどを利用する場合、特に天敵の増殖が十分でない時期には、選択的農薬の散布は可能な限り避ける必要がある。

このような背景下では、モモアカアブラムシおよびワタアブラムシに対してはコレマンアブラバチ、ジャガイモヒゲナガアブラムシに対してはギフアブラバチの利用を主体とした防除体系を構築する必要がある。これら寄生蜂の利用にあたっては、3月以降の二次寄生蜂による機能低下の事例が認められており、現在捕食性天敵の利用まで含めた総合的な利用技術を構築しているところである。当面は、アブラムシ類に対する安定的な天敵利用技術の確立が重要な課題である。

◎チャノホコリダニ

チャノホコリダニも、スワルスキーカブリダニの普及に伴い大きな被害事例が少なくなった害虫の1つである。2006～2007年ころに利用されていたククメリスカブリダニは、チャノホコリダニの被害を抑制することはできず、早期発見による局所的な農薬の利用で対処していたが、スワルスキーカブリダニの利用体系ではこのような対処に迫られるケースは非常に少ない。

スワルスキーカブリダニが普及した背景の1つには、チャノホコリダニや先に述べたタバコナジラミに対する防除効果が安定していることも大きな要素である。ただし、育苗から定植までのスワルスキーカブリダニの導入前には、チャノホコリダニに対しては化学農薬によって防除を図る必要がある。

●病害抑制への配慮

◎うどんこ病

施設ピーマンの病害ではうどんこ病が最も重要である。高温・乾燥時に発生しやすい。本病は草勢低下に伴う収量の低下への影響が大きく、なおかつ発病してからの抑制は非常に困難である。

このため、現状では化学農薬の予防的な散布か硫黄のくん煙処理によって対応している。硫黄のくん煙処理の効果は高いが、加温設備にヒートポンプを利用している施設では取扱いには注意が必要であるため、利用にあたっては事前にヒートポンプのメーカーに相談する。

◎斑点病、黒枯病

斑点病と黒枯病は多湿によって発生が助長されやすい。特に黒枯病は果実への被害が発生しやすく、効果の高い農薬も少ないため注意が必要である。

これらの病害は、マルチの展張や循環扇の利用によって湿度の低下を図っている施設では発生が少ないため、今後は環境制御による病害抑制が重要な技術となるだろう。

【年間の害虫発生の推移】

9～10月から翌年の5～6月まで栽培される施設の促成栽培では、栽培初期に病害虫を侵入および増殖させないことが原則である。

ピーマンの主要害虫のほとんどはピーマンの育苗～定植時期に相当する8～10月の発生が多いため、この間の防除はきわめて重要である。残念ながらこの間の天敵利用技術は未だ確立されていないため、防虫ネットなどの物理的防除や化学農薬を主体とした防除が必要である。

アザミウマ類、コナジラミ類に対しては、年内（10～12月）の発生量が2月以降の発生量に影響するため、初期の防除を的確に実施する。アブラムシ類の発生には栽培期間を通じて注意する必要がある。

アブラムシ類は、寒冷地では卵で越冬するため、

厳寒期に発生するリスクは低いかもしれない。しかし鹿児島県では厳寒期であっても成虫が認められ，一時的に温暖な時期になると施設で発生（侵入）しやすい傾向がある。

【実施方法】

ピーマンで利用する主な天敵を表1に示す。

●育苗期

前にも述べたとおり，ピーマンでは育苗期に天敵を放飼し，本圃定植後以降まで天敵の効果を持続させる体系には至っていない。スワルスキーカブリダニを育苗期間に限定的に活用することは可能であるが，この場合には本圃定植後に，後に示す体系を参考に再度スワルスキーカブリダニを放飼する。

志布志市の基本的な体系では，定植から約2週間前にアザミウマ類などに対して一定の効果を有するアファーム乳剤などを散布し，天敵導入前の害虫個体数を可能な限り低減している。

●定植後

◎スワルスキーカブリダニの活用法

スワルスキーカブリダニの定着と増殖には花粉などの代替餌の存在も影響する。11月以降の放飼では定着個体数が少なくなるが（図1），これは温度の影響によるものと考えられる。スワルスキーカブリダニの10a当たり放飼数は，5万頭と7万5,000頭ではその後の定着数は大きく異ならないので，5万頭/10aが基本的な使用量である。

なお，ピーマンでククメリスカブリダニを利用する場合には，本種の増殖を促すために，本種の餌（ケナガコナダニ）の増殖源となるふすまをうね上に処理していたが，スワルスキーカブリダニの場合には，ふすまを処理しなくても十分に増殖が可能である。

スワルスキーカブリダニは，タバココナジラミ，チャノホコリダニに対しては安定的な効果が得られているが，ミナミキイロアザミウマに対しては選択的農薬との併用を想定しておく必要がある。

ピーマンでは，1花当たり約0.1頭のミナミキイロアザミウマが存在する場合に，約5％の果実に被害が発現する。この0.1頭/葉のミナミキイロアザミウマ個体数を基準にすると，この数値以下に本種を抑制するための条件は，ミナミキイロアザミウマ個体数に対して80倍のスワルスキーカブリダニ個体数が必要と推定される。

スワルスキーカブリダニの利用に慣れない間は，地域の技術指導者などの助言・指導も活用しながら，使用者自らが選択的農薬を利用するタイミングを習得することも本種を有効に活用するための重要な要素である。

施設ピーマンで10月中旬にスワルスキーカブリダニを放飼し，選択的農薬を併用しながら管理すると，本種はおおむね2月まではミナミキイロアザミウマ個体数を安定的に抑制することができるが，気温が上昇する3月以降になるとミナミキイロアザミウマのエスケープを招く事例が多い。このような場合には，一般の化学農薬を利用した防除に切り換える必要がある。

◎捕食性カメムシ類の併用

上に述べたとおり，スワルスキーカブリダニを利用する場合には，3月以降のミナミキイロアザミウマに対する防除効果の低下が課題となる。この欠点を補うための天敵利用体系が，タイリクヒメハナカメムシまたはタバコカスミカメの併用である。

これら2種の捕食性カメムシ類は，増殖速度はスワルスキーカブリダニに劣るものの，個体数が増加した後はミナミキイロアザミウマに対して高い抑制効果を期待することができる。また，スワルスキーカブリダニが捕食しにくいヒラズハナアザミウマに対しても高い捕食能力を有するため，これら2種の捕食性カメムシ類を活用することで，栽培期間を通じて終始ミナミキイロアザミウマの防除が可能になるとともに，化学農薬の散布回数も大幅に低減が可

表1 ピーマンで利用する主な天敵

対象害虫	天敵
アザミウマ類	スワルスキーカブリダニ ＋タイリクヒメハナカメムシ またはタバコカスミカメ
タバココナジラミ	スワルスキーカブリダニ
チャノホコリダニ	スワルスキーカブリダニ
モモアカアブラムシ， ワタアブラムシ	コレマンアブラバチ ＋ヒメカメノコテントウ
ジャガイモヒゲナガアブラムシ	ギフアブラバチ ＋ヒメカメノコテントウ

ピーマン（施設栽培）

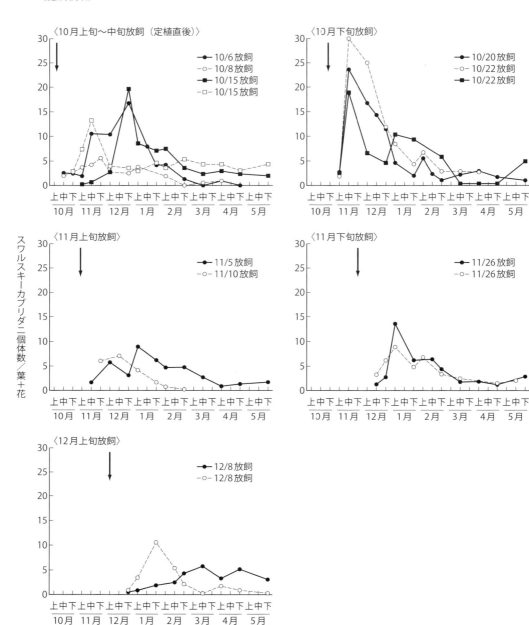

図1 放飼時期の違いによるスワルスキーカブリダニの個体数の変化
矢印は放飼

能である。

《タイリクヒメハナカメムシ》

　本種は生物農薬として市販されている。スワルスキーカブリダニを放飼するころに，500頭/10aを放飼する。

　なお，志布志市では，本種の定着および増殖を促すために，温存植物としてスイートバジルを用いている。スイートバジルはタイリクヒメハナカメムシを利用する約2か月前に播種し，本種を放飼する時期には十分な開花数を確保するように努める。

《タバコカスミカメ》

　本種は，近年急速に利用が拡大している土着天敵である。生物農薬としての開発も進んでいるが，本種が好むゴマやクレオメなどを植栽すると農業者自らが本種を採集して利用することが可能である。スワルスキーカブリダニとほぼ同様の時期に，500頭

ピーマン（施設栽培）

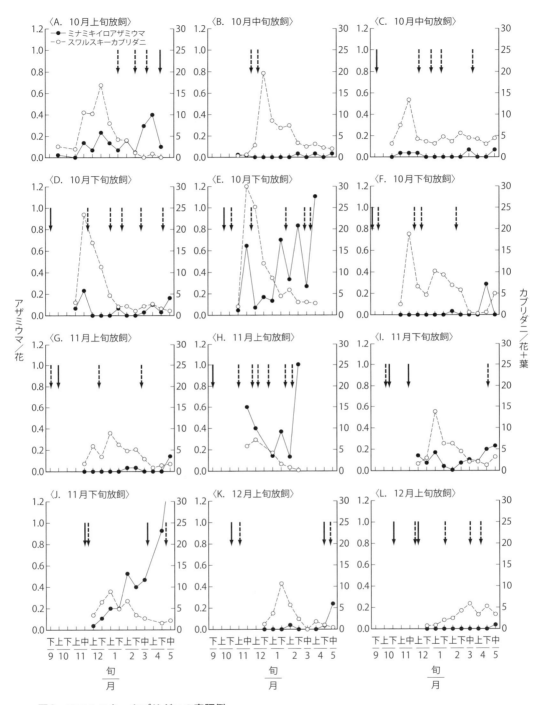

図2 スワルスキーカブリダニの実証例
実線矢印は非選択的農薬，破線矢印は選択的農薬の散布を示す

/10aを放飼する。

ゴマは，7月上旬から8月上旬まで約2週間間隔で播種時期を変えて段階的に植栽しておくと，土着のタバコカスミカメを効率的に採集することが可能である。また，ピーマンハウスでの定着と増殖を促すために，ハウス内にも温存植物としてゴマとクレオメを植栽する。ハウスで用いるゴマとクレオメは，ピーマンと同時期に播種・育苗し，10aに対し

ピーマン（施設栽培）

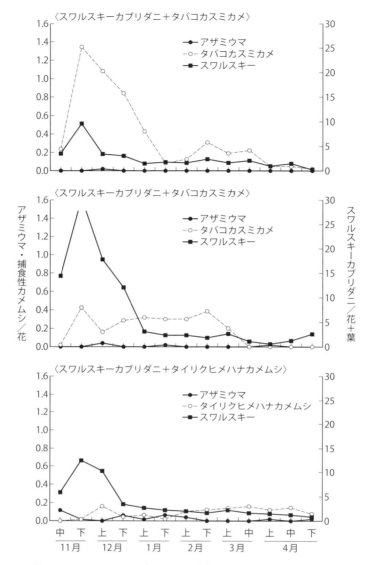

図3　スワルスキーカブリダニと捕食性カメムシ類の組み合わせによる実証例
天敵は定植時～定植2週間後の放飼

て約20株を植栽する。

　タバコカスミカメは植食性の性質も有するため，ピーマンの栽培初期に本種が過度に増殖してしまうことは好ましくない。このため，ゴマとクレオメを植栽しておくことは，一定期間タバコカスミカメを温存植物上にとどめておくという点でも意義がある方法であると考える。

　タバコカスミカメの採集とハウスへの導入にあたっては，ミナミアオカメムシなどの植食性カメムシ類との分離に留意する必要がある。吸虫管などを用いて肉眼で識別するか，一定の目合いのネット袋などを用いてミナミアオカメムシなどの大きな害虫は通過できないような放飼方法を活用するなどの工夫が必要である。

　タバコカスミカメは，放飼して約1か月後からピーマンの花などで確認されるようになり，その後は継続して定着が確認できる。これまで，ミナミキイロアザミウマに対する高い防除効果が認められており，導入にあたっての経費がほとんど必要ないことからも，今後ますますその利用は拡大するものと見

込まれる。

ピーマンでは、過度に増殖した場合に一部に茎へのリング状被害が認められているものの、これまでのところ減収になるような大きな被害は確認されていない。

【防除体系例】

●スワルスキーカブリダニの利用

志布志市のJAそお鹿児島ピーマン専門部会では、2003～2008年度にククメリスカブリダニやタイリクヒメハナカメムシの実証、2009年度には約3割の農家でのスワルスキーカブリダニの実証を踏まえ、2010年度には全戸での導入に至った。図2は2009年度に実証した一部の結果を示す。スワルスキーカブリダニの利用体系下では、従来の慣行防除での農薬使用成分回数に比べ最大で半減、総じて3割の低減が可能であった。

この実証例では、スワルスキーカブリダニの放飼時期の違いよりも、放飼後のスワルスキーカブリダニとミナミキイロアザミウマの個体数に応じた選択的農薬の的確な利用の影響が大きかった。

一方、タバココナジラミとチャノホコリダニの発生または増加は認められなかった。このため、スワルスキーカブリダニを利用する場合には、ミナミキイロアザミウマの発生の動向に注視しながら、選択的農薬を効果的に組み合わせることが成功のポイントである。

なお、当該地域においては、育苗期から定植直後までは化学農薬による防除を実施したうえで、定植からおおむね2週間後にスワルスキーカブリダニを5万頭/10a放飼する方法が一般的な体系となっている。

●タイリクヒメハナカメムシまたはタバコカスミカメの利用

スワルスキーカブリダニを単独で利用した場合、3月以降のミナミキイロアザミウマ個体数の増加時に抑制できない事例が多い。この課題を解決するには、タイリクヒメハナカメムシまたはタバコカスミカメといった捕食量の多い天敵の利用が有効である。

当該地域では、2011年度からこれら2種の捕食性天敵の利用実証を行ない、一定の体系が確立された。詳細は前に述べたとおりであるが、その体系例を図3に示す。両捕食性カメムシ類のいずれかをそれぞれ約500頭/10a放飼した結果、天敵個体数に実証施設間での違いはあるもののミナミキイロアザミウマに対する抑制効果はきわめて高いことがわかる。

これらの農家においては、殺虫剤の散布回数が従来の7割以上低減されている。この一連の結果は地域に速やかに提供され、現在、取組み者数も飛躍的に拡大している。

【検討課題】

害虫ではワタアブラムシ、モモアカアブラムシ、ジャガイモヒゲナガアブラムシといったアブラムシ類の防除技術の確立が急務である。

以上のアブラムシ類に対しては、コレマンアブラバチおよびギフアブラバチの2種の寄生蜂をバンカー法により活用する技術を導入しているが、二次寄生蜂が発生するとこれらのバンカー法は3月以降ほとんど機能しない。

二次寄生蜂への対策は現在、取組みの過程であるが、ヒメカメノコテントウなどの捕食性天敵の導入も開始している。

一方、病害ではうどんこ病に対する硫黄のくん煙処理を核にしながら、斑点病や黒枯病に対してはマルチの展張や循環扇の利用など、環境制御の面からの対策が鍵を握るだろう。

生産組織の一部の農家において現在これらの検証も実施されており、近い将来一定の技術確立に至るものと思われる。

（柿元一樹・大保勝宏）

シシトウ（施設栽培）
登録農薬が少ないなかで土着天敵をタバココナジラミ対策に生かす
── 高知県JAとさしシシトウ部会

高知

◆**主な有用天敵**：天敵製剤（タイリクヒメハナカメムシ，スワルスキーカブリダニ，コレマンアブラバチ，ナミテントウ，ヒメカメノコテントウ）／土着天敵（ヒメハナカメムシ類，カスミカメムシ類，カブリダニ類，クロヒョウタンカスミカメ，アブラバチ類，ナミテントウ，ヒメカメノコテントウ，ヒラタアブ類）

◆**主な対象害虫**：ミナミキイロアザミウマ，ヒラズハナアザミウマ，クリバネアザミウマ，タバココナジラミ，アブラムシ類，ハダニ類，チャノホコリダニ

◆**キーワード**：殺虫剤ゼロ方針／吸虫管／防虫ネット／交信攪乱フェロモン／土着天敵活用でコスト減

経営概要

作目：促成シシトウ

品種：土佐じしスリム

作付面積：合計350a（生産者数23名），1戸当たり平均作付面積15.2a

栽培概要：播種8月15日ころ，定植9月30日ころ，収穫期間10月中旬～翌6月中旬

労力：家族＋雇用

平均収量：7.2t/10a

【地域条件】

土佐市の年平均気温は17.0℃，年平均降水量2,548mm，年平均日照時間2,154時間で，夏は高温，冬は温暖で，霜，降雪はまれな地域である。

高知県農業地帯区分による「中央農業地域」の中央平坦部に属し，北，東，西部は小山系に囲まれ，南は太平洋に面している。仁淀川の氾濫により形成された堆積層が分布しており，粘質土壌が多く，地味は肥沃である。

高知市の近郊農業地帯として発展し，温暖な気候を利用して，古くから施設園芸（キュウリ，メロン，ピーマン，シシトウ），果樹園芸（土佐文旦，日向小夏）が定着している。

【ねらいと特徴】

シシトウは農薬登録数が非常に少なく，病害虫防除には非常に苦慮している。特に管内のハウスシシトウ栽培は播種から収穫終了まで10か月にもなる長期作型で，現状のシシトウの農薬登録数では化学農薬のみで，栽培期間を通して病害虫密度を抑制することは非常に困難である。そこで，JAとさしシシトウ部会では，化学農薬に頼らない防除技術の組立てに取り組んでいる。

当地区では，2002年からミナミキイロアザミウマ対策にタイリクヒメハナカメムシ（タイリク）を利用し，技術的にほぼ確立されている。生産者の天敵を使った防除技術水準は高い。

また，近年高度に薬剤抵抗性を獲得したタバココナジラミ（バイオタイプQ）が侵入し，被害が深刻だったが，野外の土着天敵をハウス内に導入し市販天敵と組み合わせて使用することで防除が可能となり，被害は軽減されてきた。現在も部会員全員で積極的に土着天敵の利用を推進し，「化学合成殺虫剤

図1　ハウス周辺に設置した粘着板

シシトウ（施設栽培）

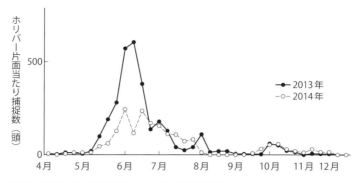

図2　野外におけるアザミウマ類の密度推移

ゼロ」を目指して取り組んでいる。

【年間の害虫発生の推移】

県の農業振興センターでは年間を通して野外の害虫（アザミウマ類）の密度推移を調査している。ハウス周辺に杭を立て（図1），青色の粘着板を貼りつけ，1週間ごとに張り替え，両粘着板の片面に付着した害虫数をカウントしている。

いずれの害虫も5月下旬までは大きな密度上昇はなく，6～8月にかけて大きな密度上昇があるが，このころはちょうど育苗時期と重なる（図2）。野外から育苗ハウスに常時害虫が供給されており，育苗期から積極的な防除対策が必要になる。

【実施方法】

●問題になる害虫と利用する天敵

アザミウマ類で最も被害が大きいのはミナミキイロアザミウマであり，このほかにはヒラズハナアザミウマ，クリバネアザミウマが発生する。利用する天敵は，天敵製剤ではタイリクヒメハナカメムシとスワルスキーカブリダニ，土着天敵ではヒメハナカメムシ類，カスミカメムシ類，カブリダニ類などである。

コナジラミ類では，タバココナジラミが被害を及ぼす。利用する天敵は天敵製剤ではスワルスキーカブリダニ，土着天敵ではクロヒョウタンカスミカメである。クロヒョウタンカスミカメは土着天敵であるが，高知県内では増殖している業者がおり，購入

も可能である。

アブラムシ類では，発生するのはワタアブラムシ，モモアカアブラムシ，ジャガイモヒゲナガアブラムシなどである。利用する天敵は，天敵製剤のコレマンアブラバチとナミテントウ，ヒメカメノコテントウ，土着天敵のアブラバチ，ナミテントウ，ヒメカメノコテントウ，ヒラタアブの仲間などである。

このほか，ハダニ類には土着カブリダニ類，チャノホコリダニにはスワルスキーカブリダニや土着カブリダニ類が天敵となる。ただ，発生するのが主にハスモンヨトウとなるヤガ類では，有望天敵を探索中である。

なお，土着天敵については，種類名，学名など不明な点も多く，また，数種類存在することもあり，ここでは「類」とした。

●土着天敵の確保

有望土着天敵を捕獲するため，8～11月中旬にかけて，ハウスの定植準備作業の合間に周辺の野外へ捕獲に行く。捕獲対象としているのは，コナジラミ類対策でクロヒョウタンカスミカメ，アブラムシ対策でヒメカメノコテントウを中心に捕獲している。そのほか，アザミウマ類対策でハナカメムシ類も同時に捕獲している。

野外の土着天敵の捕獲方法はクズ，ヨモギなどの植物をゆすり，下部を白い布で受け，落ちてきた土着天敵を吸虫管で吸い取る（図3）。吸虫管は各自がそれぞれ工夫し自作したもので，ボトルの中にはクッション代わりに，紙くずを入れておく（図4）。11月上旬をめどに，500頭/10aを目標に時間を見つけて各自捕獲に行く。

シシトウ（施設栽培）

図3　土着天敵を吸虫管で捕捉する

図4　吸虫管
底に紙くずを入れクッションにする

ただ，野外には危険生物（ヘビ，スズメバチなど）も存在するので，できるだけ数名のグループで行くように指導している。また，野外の害虫をハウスに持ち込むことのないように注意している。

●育苗期

この期間は，できるだけ化学農薬散布はしたくない。少々害虫が発生することもあるが，スワルスキーカブリダニと野外から捕獲した土着天敵で対応する。ただ，害虫の発生量が多い場合などは，後述する放飼した土着天敵に影響のない薬剤で対応する。

育苗期なので収穫もないことから，比較的天敵昆虫への影響の少ない農薬の使用は可能である。アブラムシ類対策でチェス顆粒水和剤，チャノホコリダニ対策でスターマイトフロアブルの登録がある。

●本圃

定植後も引き続き，時間を見つけて土着天敵の放飼を継続する。うね上または通路に有機物（ぬか，ふすま，籾がらなど）を施用しておき，自然に増殖する土着カブリダニを利用している例もある。

定植14日目前後に市販のタイリクヒメハナカメムシを3～4本/10a放飼する。市販天敵を導入する目的は，捕獲した野外の土着天敵がハウス全体に増えるまでに一定の時間がかかるため，土着天敵が増えるまでの対策である。

ミナミキイロアザミウマは，タイリクヒメハナカメムシ製剤放飼＋土着ヒメハナカメムシ類＋スワルスキーカブリダニで，ほぼ問題なく密度抑制できる。しかし，アブラムシ類，コナジラミ類は土着天敵や天敵製剤を継続放飼していても，密度が上昇することがある。

その場合の対応策として，1）気門封鎖型殺虫剤（粘着くん液剤など）を数回散布する，2）昆虫寄生性殺虫剤を散布する，3）これらを混合して散布する，4）化学農薬を散布しリセットする，の4パターンが考えられる。

パターン4）は，その後の組立てが非常に難しいので，栽培後半になる4月以降の選択になる。定植から2月後半までは侵入するという仮定で，土着天敵を放飼してハウス内環境を安定させながら，パターン1）～3）を天敵（主にタイリクヒメハナカメムシ）の定着具合などを考慮しながら適宜選択し，対応している。

しかし，ハウスによって湿度条件，害虫の発生程度なども大きく違うことから，散布回数などは特に決めず，各自が判断しながら適応範囲内で対応している。

●病害への対応

ハウスシシトウ栽培で大きな問題となるのは，うどんこ病，斑点病，黒枯病である。しかし，害虫対策ほどではないが，有効殺菌剤の登録数が少ないの

が現状である。生産者は早期発見と早期対処を心がけて取り組んでいる。

最も被害が大きくなるのは黒枯病である。この病害は高温多湿で多発しやすい。生産者はできるだけハウス内環境を発病好適条件にしないようにし，少しでも発生が見られたら，その発病葉をすぐ取り除く。しかし，多発状態では薬剤散布で対応している。

【発生予察的対策と耕種的防除】

天敵防除ではある程度の餌の確保は必要である。そのため，本格的な発生予察はあまり必要としない。しかし，天敵防除成功の秘訣は，どこに，何が，どれぐらい発生しているかの，定期的な観察の継続にある。日々の作業のなかで，常にハウス内の状況を観察し，確認することは必要不可欠である。

品種の選択にも気を配っている。シシトウ栽培においては，しばしばウイルス病が発生する。土佐市においても，しばしばトバモウイルスが発生して生育遅延，品質低下をおこしている。そこで高知県では，トバモウイルス抵抗性品種'土佐じしスリム'の導入を推進しており，JAとさしシシトウ部会は全員が'土佐じしスリム'を栽培している。

【初発時の対処法】

●アザミウマ類

現在の組立ては，最難防除害虫ミナミキイロアザミウマの密度抑制のために，いかにしてタイリクヒメハナカメムシを定着させるかが基本になっている。通年の栽培上，ミナミキイロアザミウマがハウス内で多発したときの被害が最も甚大で，経済的被害が大きい。

ゆえに，タイリクヒメハナカメムシを一刻も早くハウス内に定着させるために，できるだけ栽培早期にタイリクヒメハナカメムシを放飼し，定着までの薬剤の散布制限を行なっている。

アザミウマ類の密度増加程度の様子を見ながら，タイリクヒメハナカメムシの追加放飼が必要な場合，速やかに追加放飼を行なう。その場合，アザミウマ類密度の高い部分に集中的に放飼すると，タイ

図5　タバココナジラミ対策の黄色粘着テープ

リクヒメハナカメムシの定着が早い。

約1週間間隔で100花程度観察し，ミナミキイロアザミウマなら平均で1花当たり1〜2頭以上になると被害果が増えるので，そのレベルより密度が増えそうな場合のみ，タイリクヒメハナカメムシの影響の少ない農薬で対応している。また，ヒラズハナアザミウマなら1花当たり7〜8頭以上で対応する。

●その他の害虫

その他の害虫についても日々収穫，栽培管理をしながら観察を続け，早期発見に努める。対処は収穫作業などの終了後になることが多いので，発見場所には速やかに目印をつけておく。色のついた洗濯ばさみや色テープなどが発見しやすい。

早期発見ができているのに，その発見場所を見失い，対処が遅れる事例が多い。必ず第一発見時点で目印をつけておく。ハウス内に発生する害虫の種類，天敵昆虫の種類を覚える必要があるが，観察に慣れれば大きな問題はない。

対処をする場合，害虫発生地点周辺を中心に対処する。この場合も化学農薬なしで対応することが基本である。アブラムシなら，アブラバチ類やヒメカメノコテントウで，ハダニならカブリダニ類で，コナジラミ類はクロヒョウタンカスミカメで対応する。

【農薬以外で活用している資材】

野外からの害虫の侵入を防ぐための防虫ネット，ハスモンヨトウ対策の交信攪乱フェロモン，コナジラミ類対策で黄色粘着資材を利用している。

シシトウ（施設栽培）

防虫ネットはハウスサイド，天窓には1mm目合い虫ネットを使用している。

交信撹乱フェロモンはコンフューザーVを使用している。使用方法は適用どおりである。

タバココナジラミは黄色粘着資材に強く誘引されることから，ハウス侵入の発生初発を知るために黄色粘着板を利用することもある。また，コナジラミ密度が増えた場合，成虫密度を減少させるために，黄色の粘着テープを利用する生産者もいる（図5）。しかし，本圃ではせっかく放飼した土着天敵も（特にテントウムシ類）黄色に誘引されるため，現在では本圃への利用は推進していない。

【農薬の選択と効率的利用】

シシトウでは，現状の登録農薬で，天敵を使いながら選択的に利用できる化学農薬が少ないので，基本的には殺虫剤を使用しない方針で取り組んでいる。しかし，栽培期間中にはどうしても害虫の密度抑制が必要になるときもある。そのときは以下の農薬で対応している。

ミナミキイロアザミウマなどのアザミウマ類は，育苗期ならスピノエース顆粒水和剤など，本圃ではプレオフロアブルで対応する。ヒメハナカメムシ類がハウス内に定着すれば，アザミウマ類はほとんど問題になることはない。

アブラムシ類は，育苗期ならチェス顆粒水和剤，本圃では粘着くん液剤などの気門封鎖型殺虫剤で対応する。

チャノホコリダニやハダニ類は，スターマイトフロアブルかコテツフロアブルで対応する。コテツフロアブルは，カブリダニ，ハチ類に影響が大きいこと，害虫が成長点付近に多いことなどから，株の全面散布ではなく，株の成長点付近中心に散布する。ハダニ類は天敵昆虫が正常にハウス内で増加していれば，ほとんど問題になることはない。

タバココナジラミは，発生状況により微生物農薬で対応している。

タバコガ類は，プレオフロアブルで対応する。

病害については，登録農薬を登録回数範囲内で利用している。

図6 コナジラミ対策に有望なクロヒョウタンカスミカメ

【土着天敵を生かす工夫】

コナジラミ類対策の土着天敵であるクロヒョウタンカスミカメ（図6）は，土佐市周辺ではハウス周辺や周辺地域にどこにでも存在しているので，誰でも見つけることができる。クズ，ヨモギなどの植物にアリと同居して生活している。

野外で捕獲するときは，アブラムシやハダニなどで傷んだ葉を目印に行なう。そのとき，クロアリなどが同居しているほうが，クロヒョウタンカスミカメも見つかりやすい。捕まえてきたクロヒョウタンカスミカメはただちにハウス内に放飼する。

そのとき，餌となる昆虫類がいないと定着が悪いので，あらかじめ餌となる昆虫がついたバンカー植物を用意しておく。米ナスなどを利用している場合が多い。米ナスはコナジラミがつきやすく，クロヒョウタンカスミカメの餌が確保しやすくなるためである。

土着天敵を積極的に利用する場合，化学農薬はほとんど使用しない。メーカーなどのデータで影響がないという判定の出た薬剤でも，散布することでハウス内のバランスが崩れ，害虫密度が増加する事例は多い。土着天敵を中心に組み立てる場合，化学農薬の使用をできるだけ除外することが，成功の秘訣

であると考えられる。

そのためにも一つの害虫に対して一つの天敵昆虫で対応するのではなく，数種同時に対処していくように心がけたい。一つのバランスが崩れても，すべてのバランスが崩れてしまわないように，ハウス内全体のバランスが保てる環境が必要である。

現状の販売されている天敵製剤だけの組立てでは，放飼量も多くなりコストがかかる。より低コストで，安定的な効果を得るためには，必然的に野外の土着天敵を利用していくしかない。

【圃場周辺の環境条件】

ハウス周辺の環境条件については，今のところ方向性は見つかっていない。現在，最も問題になっているアザミウマ類や，コナジラミ類，アブラムシ類の発生源はハウス周辺の雑草であると考えられる。

野外では害虫が存在するところには，必ずその天敵昆虫が寄ってきている。そのため，天敵昆虫の供給源であるとも考えられる。しかし，水田の周辺や，農薬防除中心で栽培されている露地圃場，ハウス周辺では極端に天敵昆虫の数が減少するため，このような場所では，やはり草刈りは必要であろう。

一方で天敵昆虫を使った防除に取り組んで数年たった圃場周辺では，土着天敵の数も圧倒的に多く，ハウス内に飛び込んでくる害虫数も少なくなると感じている生産者も多い。

この問題については，まだ賛否両論があり，現在部会としての結論は出していない。今後，事例調査を積み重ね，探っていきたい。

【検討課題】

やっと防除体系が出来上がりかけたが，最近新たな害虫の被害が増加している。土着天敵としての利用も検討していたチビトビカスミカメ類である。このカスミカメがハウス内で増加すると，果実が奇形化したり，成長点に花芽がつかなくなったりする生育障害を引き起こす。以前からハウスへの侵入は認められていたが，最近になって被害を及ぼす例が増えている。この害虫にはまだ防除対策がなく，対応に苦慮している。

シシトウに登録された農薬は非常に少ないが，生産現場において農薬取締法の遵守は必須である。また，登録農薬が少ないというだけで，簡単に品目転換することも難しい。シシトウ栽培を継続していくためには，現状の登録農薬で防除体系を組み立てることは，必要不可欠である。

以前より天敵製剤の種類が増え，使いやすくはなったが，購入天敵だけではコストや効果の面でまだ不十分であり，今後も野外の土着天敵を有効利用すべきと考えている。新たな課題も出てきているが，今回紹介した方法で，シシトウ部会員が全員で取り組み，問題点を解決・整理しながら，ますますレベルアップしていきたいと考えている。

（榎本哲也・坂田美佳）

トマト（施設栽培）
タバコカスミカメを利用したタバココナジラミ防除体系

静岡

◆主な有用天敵：タバコカスミカメ
◆主な対象害虫：タバココナジラミ
◆キーワード：天敵温存植物（バーベナ'タピアン'）／トマト黄化葉巻病／選択性薬剤／春先以降の防除（効果が顕著）／薬剤散布回数20〜25％削減（慣行体系比）

【ねらいと特徴】

施設トマトの重要害虫であるタバココナジラミは、トマト黄化葉巻ウイルス（TYLCV）を媒介するほか、高密度に寄生すると排泄物によるすす病、着色異常果を発生させる。特に、黄化葉巻病の蔓延による減収被害は大きく、生産現場で問題となっている。ウイルスの感染を阻止するためには媒介虫である本種の防除が必要となるが、近年、全国的に分布を拡大させているタバココナジラミのバイオタイプQは各種薬剤に対する抵抗性を発達させており、化学薬剤のみに頼る防除は困難となりつつある。

化学薬剤に対する過度の依存を避けるためには、物理的防除や生物的防除などを矛盾なく取り入れた総合的な防除を実施することが必要となる。そこで、ここではタバココナジラミおよび黄化葉巻病の防除対策として、天敵タバコカスミカメの利用を中心とした防除体系について紹介する。

タバコカスミカメ（図1）は雑食性の捕食性天敵であり、コナジラミ類やアザミウマ類に対する優れた捕食能力を備える一方で、特定の植物のみを餌としても増殖が可能である。本種はわが国にも土着で生息し、西日本を中心に野外個体を施設栽培の害虫防除に利用する取組みが行なわれているが、静岡県を含む東日本では野外密度が低く土着利用は困難である。

本防除体系では、植食性の面を備えるタバコカスミカメの特徴を活かして、本種の増殖に好適な温存植物を併用し、害虫密度が低い時期からハウス内の天敵密度を保つことで害虫の発生に備える。また、タバコカスミカメの野外密度が低い地域での実践を想定して、生物農薬としての利用を前提とした技術について述べる。なお、本種はトマトにおけるコナジラミ類、キュウリにおけるアザミウマ類を対象として現在（2016年2月）農薬登録申請中である。

【年間の害虫発生の推移】

タバココナジラミは野外では越冬できず、栽培施設が主な越冬場所であると考えられている。このため、トマト周年栽培地域では、促成栽培ハウス内で越冬したタバココナジラミおよびTYLCVが3月以降気温の上昇とともに増殖し、春から夏の栽培終了時にウイルスを保毒した状態で野外へ飛散する。飛散した個体はそのまま風に乗って別のハウスに侵入するか、野外で増殖した後にTYLCVに感染した家庭菜園トマトや野良生えトマトからウイルスを獲得してハウス内に侵入する。

図1　トマト葉上でタバココナジラミ成虫を捕食するタバコカスミカメ成虫

夏期に定植を行なう作型では，育苗期から定植期にかけて野外からの飛込み量が多く，ウイルスの増殖も激しい。このため，この時期の防除を怠るとタバココナジラミが多発し，ハウス内に黄化葉巻病が蔓延する可能性があり，特に注意が必要である。

野外からの飛込みは11月上旬ごろまで続くが，秋期の防除が適切に行なわれていれば12～2月の厳冬期に高密度で発生することは少ない。3月以降は気温の上昇とともに飛込み量が増加し，ハウス内での増殖も活発となるため5月以降に多発することが多い。

図2　タバコカスミカメの温存に好適なバーベナ'タピアン'

【実施条件】

黄化葉巻病発生地域ではタバコカスミカメの利用に加え，下記に示した対策を例に複数の手段を講じて総合的に防除を行なうことが重要である。

タバココナジラミのハウス内への侵入を防止するため，施設開口部に0.4mm目合い以下の防虫ネットを展張する。特に出入口には前室を設けるか，防虫ネットで二重カーテンにする。また，ハウスをUVカットフィルムで被覆する（タバコカスミカメの活動に影響する可能性は低いと考えられる）。

健全苗を定植し，タバココナジラミおよびウイルスのハウス内持ち込みを避ける。

ハウス内に黄色粘着トラップを設置し，タバココナジラミの捕殺および発生量のモニタリングを行なう（タバコカスミカメは黄色粘着トラップに誘引されない）。

黄化葉巻病を発病した株はただちに抜き取り，土中へ埋めるなどして処分する。また，管理作業で生じた植物残渣は適切に処分し，残渣捨て場からの保毒虫の飛来，ウイルス伝染源となる野良生えトマトの発生を防ぐ。

ハウス内とその周辺の除草を徹底する。

可能であれば黄化葉巻病抵抗性品種を導入することが望ましい。

雑食性であるタバコカスミカメは特定の条件でトマトを加害することがある。大玉トマト品種では本種の加害による減収被害は確認されていないが，ミニトマト品種では着果数の減少により減収する危険性がある。このため，ミニトマト品種ではタバコカスミカメの利用は避けるべきである。また，品種によって被害の有無や定着性が異なる可能性があるため，特に初めて利用する際は注意が必要である。

【実施方法】

●天敵温存植物の利用

本防除体系では，タバコカスミカメの増殖に好適な天敵温存植物として，バーベナ'タピアン'（クマツヅラ科，図2）を使用する。バーベナ'タピアン'は匍匐性（草高10～20cm）の景観植物であり，ホームセンターなどで購入できるほか，挿し芽でも容易に増殖可能である。

バーベナの開花数は季節により変動するが，タバコカスミカメは花がない状態でも増殖が可能である。60cmプランターにバーベナを定植した場合，好適な条件であればタバコカスミカメ成・幼虫がプランター当たり400～900頭程度維持される。日照不足や水分不足によりバーベナの生育が劣るとタバコカスミカメの増殖も低下するため，バーベナの生育を良好に保つことが重要である。

土耕栽培の場合は，トマトの定植時または定植前にバーベナをうね肩やうね端などの日当たりがよい場所を選んで定植する。バーベナの栽植株数はトマト数株に対して1株以上とし，灌水や施肥管理はトマトと同様に行なう。

養液栽培の場合は，事前に一般的な60cmプランターなどに数株定植し，タバコカスミカメを放飼す

トマト（施設栽培）

るまでに十分繁茂させておく。ハウス内の設置数はプランターの場合で施設面積1a当たり1か所以上とし，日当たりのよい場所を選んでなるべく分散させて配置する。定期的に緩効性肥料などを施用し，灌水は週に数回行ない極端な乾燥を避ける。養液システムを流用できる場合は，これを利用することで施肥と灌水の労力を省略可能である。

●タバコカスミカメ利用方法

タバコカスミカメの1回当たりの放飼頭数は成虫および終齢幼虫をトマト株当たり0.5頭とし，必要に応じて追加放飼を行なう。

タバコカスミカメ放飼後は，害虫の種類や発生状況により天敵に影響の少ない選択性薬剤の散布を行なう。また，初回放飼時には定植時粒剤や直前に使用した薬剤の影響についても注意が必要である。

夏期に定植を行なう作型では，定植時〜10月まではタバココナジラミおよび黄化葉巻病の発生リスクが非常に高いため，育苗期または定植時にはネオニコチノイド系粒剤を使用し，定植後は非選択性薬剤を中心とした慣行的な防除を行なう。野外からの飛込み量が減少する11月以降に選択性薬剤の使用に切り替え，タバコカスミカメの放飼を行なう。

10〜3月ごろに定植を行なう作型では，定植後1か月以内にタバコカスミカメの放飼を行なう。ただし，定植時にネオニコチノイド系粒剤を使用した場合は，定植後35〜45日程度の期間をあけてから放飼を行なう。

初回放飼時にタバココナジラミ密度が高い場合は，選択性薬剤または影響期間の短い非選択性薬剤を散布し，害虫密度を低下させてから放飼を行なう。初回放飼はトマト上の餌密度が低いことが前提となるため，主に温存植物への定着を目的として，温存植物上へ重点的に放飼を行なう。バーベナを適切に管理できれば，秋に放飼を行なった場合でも翌年春以降まで温存植物上でタバコカスミカメを維持可能である。

春以降のタバココナジラミの増加に備えてトマト上のタバコカスミカメ密度を増強するため，2〜4月ごろに必要に応じて1〜3回の追加放飼を行なう。なお，追加放飼では主にトマトの株上へ重点的に放飼を行なう。

温存植物上で増殖したタバコカスミカメのトマトへの分散を促すため，主に春以降定期的にうねやプランターの外へ伸長したバーベナの茎葉を一部刈り取り，トマトの株元に設置する。バーベナは株元から刈り取らず，ある程度の茎葉を残しておけば再び繁茂する。

タバコカスミカメがトマト上できわめて高密度に発生し，かつ餌害虫などを食べつくすと，成長点付近の茎や葉を食害することがある。特に茎ではリング状の褐変を生じさせ，自ら折れてしまうことはないが誘引作業などで折れやすくなる。現在のところ，現地での利用事例では，タバコカスミカメが増加してタバココナジラミが減少した栽培終期に，トマトの腋芽に軽微な傷が散見されることがあるが，主茎が折れてしまうなどの栽培上の問題は確認されていない。しかし，著しい被害が懸念される場合は，他害虫の防除時にタバコカスミカメにやや影響する薬剤を選択する。

【防除体系例】

タバコカスミカメを利用した防除体系の例として，現地の高糖度養液栽培ハウスにおける利用事例（図3；中野ら，2016を一部改変）と静岡県農林技術研究所内の養液栽培ハウスにおける試験事例（図4；中野ら，未発表）を示した。なお，いずれの事例もトマトの品種は'桃太郎ヨーク'（大玉）を使用した。

現地の利用事例（図3）では，5月定植〜8月終了の作型において6月からタバコカスミカメおよび温存植物の導入を行なった。温存植物はプランター植えでハウス内に設置し，灌水は養液システムを流用することで自動化した。タバコカスミカメの放飼は2週間間隔で3回行ない，生産者の判断で選択性薬剤を散布した。その結果，慣行防除区では最終的にタバココナジラミが多発し，一部ですす病の発生も見られたが，タバコカスミカメ区では7月中旬以降のタバココナジラミ密度は低下し，栽培終期にはごく低密度となった。黄化葉巻病の発病株率は両区でほぼ同等であった。

研究所内の試験事例（図4）では，3月定植〜7月終了の作型において4月からタバコカスミカメおよ

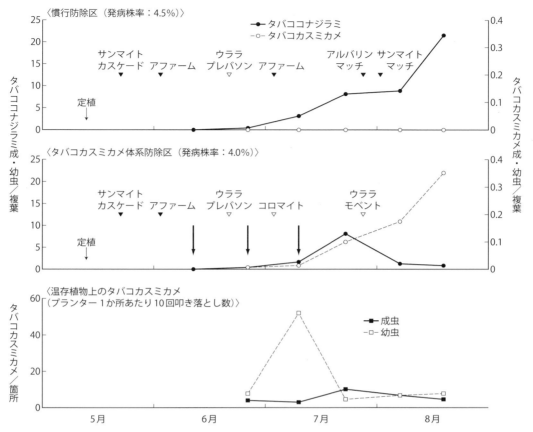

図3 現地栽培ハウスにおけるタバコカスミカメを利用したタバココナジラミ防除事例
（袋井市，高糖度養液栽培，2014年）（中野ら，2016を一部改変）
図中の矢印はタバコカスミカメの放飼（0.5頭/株）を示す
▼は非選択性薬剤，▽は選択性薬剤の散布を示す

び温存植物の導入を行なった。温存植物は施設面積から換算して7号ポットに定植し，灌水は養液システムを流用した。タバコカスミカメの放飼は4月上旬と下旬にそれぞれ1回行ない，4月中旬と5月中旬に野外からの飛込みを想定してタバココナジラミを放虫した。薬剤防除区では非選択性薬剤を中心にタバココナジラミに効果が高いと考えられる薬剤を散布し，タバコカスミカメ区では選択性薬剤を散布した。その結果，薬剤防除区の薬剤散布回数は5回，タバコカスミカメ区は1回であったが，タバココナジラミ密度は両区とも複葉当たり1頭以下で推移し，無防除区と比べて非常に低い水準に抑制された。黄化葉巻病の感染株率は薬剤防除区とタバコカスミカメ区でほぼ同等であった。

両事例とも温存植物上では試験期間を通してタバコカスミカメの定着と増殖が見られ，成虫，幼虫別の推移から温存植物上で成虫となった個体がトマト上へ移動しているものと考えられた。

両事例とも栽培終期にトマトの腋芽に軽微なリング状の傷が散見されたが，栽培上の問題はなかった。また，タバコカスミカメの加害による果実および収量への被害も確認されなかった。

春から夏にかけて栽培を終了する作型では，栽培終期はハウス内が高温となるとともに収穫作業が繁忙となることで生産者の防除意欲が低下するほか，トマト茎葉が繁茂することで葉裏に薬液が付着しにくくなり，タバココナジラミが多発しやすい。タバコカスミカメを利用した防除体系では特に春先以降の防除効果が顕著であり，栽培終期のタバココナジラミを低密度に維持することが可能である。このた

トマト（施設栽培）

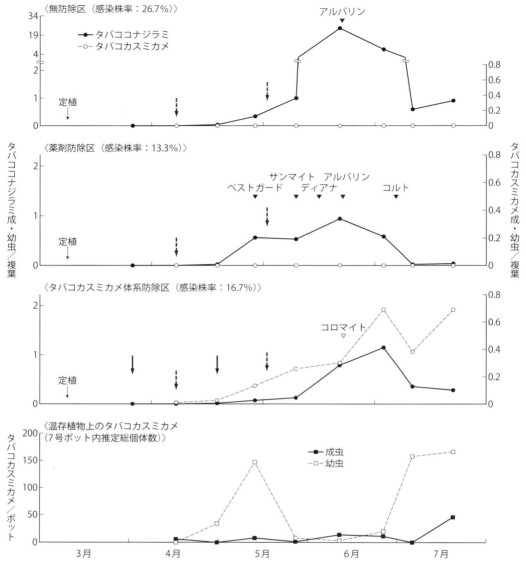

図4　タバコカスミカメを利用した防除体系によるタバココナジラミ防除効果
（所内試験，養液栽培，2015年）（中野ら，未発表）
図中の実線矢印はタバコカスミカメの放飼（0.5頭/株），破線矢印はタバココナジラミの放虫（成虫1頭/株）を示す
▼は非選択性薬剤，▽は選択性薬剤の散布を示す

め，ウイルス保毒虫の次作への移入や周辺環境への飛散量を低減し，黄化葉巻病の伝染環を断ち切ることにも効果が期待できると考えられる。

【検討課題】

タバコカスミカメは，海外では地中海沿岸地域などで，トマトのコナジラミ類やガの一種の生物的防除資材としてすでに実用化されている。しかし，わが国におけるトマトでの利用事例は，現状ではまだデータの蓄積が非常に少ない。特に，タバコカスミカメのトマトに対する加害性や定着性はトマト品種間で差があることが示唆されており，今後は国内で栽培されるさまざまな品種に対する適合性を評価する必要がある。

トマト上のタバコカスミカメ密度が十分に高まれ

ば，優れた害虫抑制効果が期待できるが，本種がトマトに定着するにはある程度の期間を要する。このため，タバコカスミカメ密度が上昇する前に一時的にタバココナジラミ密度が高まることがある。トマトに対するタバコカスミカメの定着を促進し，早期から防除効果を得るためには，温存植物の刈払い効果の検証や，放飼時期，放飼回数などについて今後さらなる検討が必要であると考えられる。

これまでに実施した現地事例では，タバコカスミカメを利用した防除を行なうことで，慣行防除と比較して，タバココナジラミを対象とした薬剤散布回数を平均で20～25％程度削減可能であった。しかし，黄化葉巻病発生への懸念もあり大幅な削減には至っていない。薬剤散布回数を削減しつつ安定的な防除を行なうためには，黄化葉巻病抵抗性品種を取り入れた栽培体系を検討することが必要である。

（中野亮平・土田祐大）

キュウリ（施設栽培）
土着天敵タバコカスミカメを導入したアザミウマ類・コナジラミ類などの防除体系

高知

◆主な有用天敵：タバコカスミカメ，スワルスキーカブリダニ
◆主な対象害虫：ミナミキイロアザミウマ，タバココナジラミなど
◆キーワード：タバコカスミカメ／天敵温存植物（ゴマ，クレオメ，バーベナ'タピアン'，スカエボラ）／防虫ネット／選択性殺虫剤／殺虫剤使用回数大幅減

【ねらいと特徴】

施設キュウリにおいては，ミナミキイロアザミウマによって媒介されるキュウリ黄化えそ病（MYSV），タバココナジラミによって媒介されるキュウリ退緑黄化病（CCYV）が甚大な被害をもたらしている。これらウイルス媒介虫に対する許容密度はきわめて低いため，今までは化学合成農薬に依存した防除を行なってきた。しかし近年，ミナミキイロアザミウマ，タバココナジラミ（バイオタイプQ）の薬剤抵抗性が発達し，化学合成農薬による防除が困難となっている。そのため，天敵の利用を中心とした防除体系が求められている。

農薬の散布作業は整枝，収穫作業に次ぐ労働時間を占めており，春先以降の高温条件下での施設内における農薬散布作業は大変な重労働である。

薬剤の散布回数をできるだけ削減することで，害虫の抵抗性発達を防ぐとともに農薬費および散布作業の軽減が可能である。そのためには，天敵の利用を中心としたIPM技術を構築する必要がある。

【年間の害虫発生の推移】

促成栽培（9月下旬～10月上旬定植，6月まで栽培）で問題となる害虫は，アザミウマ類，タバココナジラミ，アブラムシ類，ハダニ類，ハモグリバエ類およびガ類である。

アザミウマ類では，ミナミキイロアザミウマが主要な発生種である。定植直後から発生が見られ，徐々に密度が高くなる。厳寒期（12～2月）は密度の増加はやや緩慢になるが，気温が上昇する3月以降に密度が上昇する。

アブラムシ類では，ワタアブラムシが主要な発生種である。有翅虫の野外からの飛込みが多い定植直後～11月，気温が上昇する3月以降に発生量が多い。

タバココナジラミは栽培初期から発生が見られるが，気温が上昇する3月以降に発生が多くなる。

ハダニ類ではカンザワハダニが主要な発生種である。栽培期間を通じて発生するが，3月以降に多発生する場合が多い。

ハモグリバエ類ではマメハモグリバエ，トマトハモグリバエが主要種である。栽培期間を通じて発生するが，3月以降に多発生する場合が多い。

ガ類ではハスモンヨトウやワタヘリクロノメイガの幼虫が発生する。いずれも定植直後～11月ころにかけての発生が多い。防除が不十分であれば，冬期～春期にかけて発生する。

1月まで栽培する抑制栽培で問題となる害虫は，促成栽培の場合とほぼ同じである。

【実施条件】

天敵類の導入は害虫の密度が低いほど防除効果が高いので，できれば，早く導入する。

天敵導入後，状況によっては天敵を追加放飼するか選択性殺虫剤を散布するなどの対策をとる必要がある。そのためには，ルーペなどを用いて，植物体上の害虫や天敵類を観察し，害虫および天敵類の発生状況を把握しなければならない。

キュウリ（施設栽培）

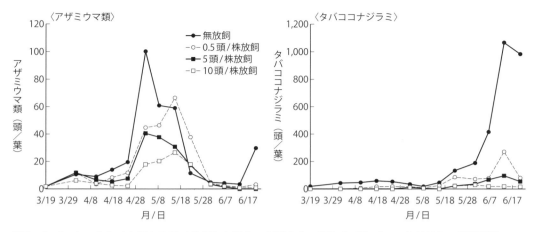

図1　タバコカスミカメを異なる量で放飼した場合のアザミウマ類およびタバココナジラミの密度推移

　天敵類を利用する生物的防除が中心となるが，天敵類の増殖・定着には餌となる害虫の密度や温度などの環境条件が大きな影響を及ぼす。そのため，害虫や天敵類の生理・生態に関する情報が必要となる。

　天敵類は化学合成農薬に非常に弱いので，事前に殺菌剤も含めた農薬の影響を把握する必要がある。

　害虫類の野外からの飛込みを防ぐために，UVカットフィルムの利用やハウス開口部への防虫ネットの被覆などの物理的防除を併用する。

　タバコカスミカメは市販されていないので，遊休ハウスなどの施設内にゴマやクレオメを栽培し，タバコカスミカメを増殖させる必要がある（p.技術3「天敵温存ハウス」参照）。

【実施方法】

　促成栽培，抑制栽培とも，育苗から定植にかけては害虫類の発生量が多い時期で，特に，育苗期にウイルスを保毒したミナミキイロアザミウマおよびタバココナジラミが寄生し，ウイルスに感染した苗を本圃に定植すると，ウイルス病が蔓延する恐れがある。そのため，この時期の防除が非常に重要となる。

●育苗時

　育苗期は高温な時期であるため，害虫の寄生を受けやすい。特に，ミナミキイロアザミウマなど微小昆虫の飛込みを防ぐために，育苗ハウスの開口部にできるだけ目合いの小さい防虫ネットを被覆する。

苗による害虫の本圃への持ち込みを防ぐため，薬剤による防除で対応する。ただし，その後導入する天敵類への影響を考慮して，農薬の選定には注意する。

●定植時から定植後

　9月下旬～10月上旬にかけては野外での害虫類の活動が活発な時期である。そのため，ハウス開口部にできるだけ目合いの小さい防虫ネットを被覆するとともに，ハウス周辺に反射資材を被覆して，野外からの害虫類の侵入を抑える。

　定植時にプリロッソ粒剤やアファーム乳剤を処理し，栽培初期のアザミウマ類，コナジラミ類，ハダニ類の発生を抑える。

　プリロッソ粒剤の天敵類への影響は小さいが，アファーム乳剤の天敵類への影響期間は約2週間であるため，アファーム乳剤を処理してから2週間後に，タバコカスミカメとスワルスキーカブリダニを放飼する。

　タバコカスミカメの放飼量が多いほど防除効果が高い（図1）。複数回に分けて，株当たり5頭以上を放飼する。

　餌となる害虫類が少ないときでも，天敵類を維持するために天敵温存植物をハウス内に植栽する。タバコカスミカメにはゴマ，クレオメ，バーベナ'タピアン'が，スワルスキーカブリダニにはスカエボラがよい。

　餌が少なくタバコカスミカメの密度が高い場合に，タバコカスミカメの吸汁が原因と考えられるコ

キュウリ（施設栽培）

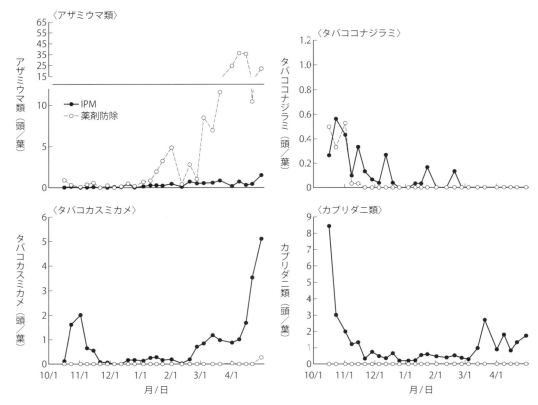

図2　タバコカスミカメとスワルスキーカブリダニを併用した害虫防除
　IPM：定植4日後（10月7日定植）にスワルスキーカブリダニを約50頭/m²，8日後にタバコカスミカメを10頭/株放飼した。アブラムシ類，ハダニ類などに対しては天敵類に対して影響の小さい殺虫剤を使用した。温存植物としてクレオメを植栽した
　薬剤防除：天敵類への影響を考慮せず，効果の高いと考えられる殺虫剤を18剤使用した

ルク状の傷をともなう果実の発生が多くなる。被害果が多くなった場合は，タバコカスミカメの温存植物を除去するとともに，アカリタッチ乳剤（1,000倍）を散布し，タバコカスミカメの密度を低下させる。ただし，アカリタッチ乳剤は適用病害虫としてタバコカスミカメが登録されていないので，登録のあるうどんこ病あるいはハダニ類との同時防除として使用する。

タバコカスミカメはイチゴやピーマン類などに被害を出す恐れがあるので，栽培終了後はハウス内の蒸し込みを行ない，タバコカスミカメを野外に出さない。

栽培期間中にアブラムシ類が発生した場合はウララDF，ハダニ類にはスターマイトフロアブル，ハモグリバエ類にはプレバソンフロアブル5などの選択性殺虫剤を散布する。

ハスモンヨトウに対しては，交信攪乱用性フェロモン剤を設置する。ただし，ワタヘリクロメイガの多発時にはプレバソンフロアブル5などの選択性殺虫剤を散布する。

【防除体系例】

促成栽培キュウリでの総合防除の考え方について，主要害虫であるアザミウマ類，タバコナジラミに対して，土着天敵のタバコカスミカメと市販天敵のスワルスキーカブリダニを用いた体系の試験例をもとに紹介する。なお，試験は農林水産業・食品産業科学技術研究推進事業「土着天敵タバコカスミカメの持続的密度管理によるウイルス媒介虫防除技術の開発・実証」により実施したものである。

ハウスの開口部に0.4mm目合いの防虫ネットを被覆し，害虫類の侵入を抑制する。

育苗期後半あるいは定植後数日以内にアファーム

乳剤を処理し，栽培初期のアザミウマ類，コナジラミ類，ハダニ類の発生を抑える。アファーム乳剤を処理してから2週間後に，タバコカスミカメとスワルスキーカブリダニを放飼する。

アザミウマ類およびタバココナジラミに対しては，スワルスキーカブリダニを10a当たり5万頭，タバコカスミカメを複数回に分けて，株当たり5頭以上を放飼する。スワルスキーカブリダニは放飼後速やかに定着するが，厳寒期（12～1月）に密度が低下する場合が多い。タバコカスミカメについては，早ければ放飼3週間後ごろからアザミウマ類の密度低下が見られる（図2）。穴があいた葉が見られるようになれば，タバコカスミカメが定着した目印である。天敵が定着するまでの間にミナミキイロアザミウマの密度が高くなった場合には，ラノー乳剤，プレオフロアブルなど天敵類に影響の少ない殺虫剤で防除する。タバコカスミカメやスワルスキーカブリダニの密度が低下し追加する場合は，日が長くなる2月以降に放飼するとよい。

温存植物として，クレオメ，バーベナ'タピアン'，スカエボラをハウス内に植えることで，餌となる害虫類の発生が少ない場合でもハウス内に天敵類の維持が可能である。クレオメについては，10a当たり10株程度をハウス内のあいたスペースに植える。クレオメは生育が旺盛で大きくなりすぎると作業の邪魔になるので，定期的に整枝する。整枝した枝はタバコカスミカメがひそんでいるため野外に出さず，キュウリの株元に置く。バーベナとスカエボラは10a当たり130～150株をキュウリの株間に植える。バーベナとスカエボラも3月以降生育が旺盛となり，通路まで伸びて作業の邪魔となるので整枝し，整枝した枝はキュウリの株元に置く。

タバコカスミカメの密度が高くなる4月以降に，タバコカスミカメの吸汁が原因と考えられるコルク状の傷をともなう果実（図3）の発生が多くなる場合がある。被害果が多くなった場合はタバコカスミカメの温存植物を除去し，ハウス外へ持ち出す。さらに，アカリタッチ乳剤（1,000倍）を散布することで，タバコカスミカメの発生を4割程度減少させることが可能である。

タバコカスミカメは市販されていないため，大量

図3　タバコカスミカメによる被害果

に確保するには自前で増殖する必要がある。そのためには，遊休ハウスなどにゴマやクレオメを栽培することで，タバコカスミカメを容易に増やすことができる。ただし，ゴマは3～4か月程度で枯死するため定期的に播種する必要がある。露地圃場で栽培したゴマやクレオメでもタバコカスミカメを増殖できるが，発生量は気象条件に左右されやすいので，できれば施設内で増殖させるほうがよい。

土着のタバコカスミカメは特定農薬として利用可能であるが，使用場所と同一の都道府県内で採集した個体群あるいは増殖させた個体群の使用に限る。

ワタアブラムシに対してはハウス開口部に防虫ネットを被覆し，野外からの飛込みを極力抑える。発生した場合は，ウララDFを散布する。チェス顆粒水和剤はタバコカスミカメに対して若干の影響が見られるため，タバコカスミカメが少ない場合は，使用をひかえるかスポット散布する。

ハスモンヨトウに対してはハウス開口部に防虫ネットを張り，交信攪乱用性フェロモン剤を設置すれば多発することはない。ただし，ワタヘリクロメイガの多発時には，プレバソンフロアブル5を散布する。なお，プレバソンフロアブル5はハモグリバエ類に対しても効果が高い。

チャノホコリダニ，ハダニ類については，育苗期から定植直後にアファーム乳剤を処理することで同時防除できる。また，スワルスキーカブリダニはチャノホコリダニに対する捕食能力が高いことから，スワルスキーカブリダニが定着すれば多発することはない。ただし，発生が増加した場合には天敵類に

影響の小さいスターマイトフロアブルを散布する。

【検討課題】

高知県内では,ミナミキイロアザミウマのラノー乳剤やプレオフロアブルに対する感受性の低下など,IPM技術で使用される選択性殺虫剤の防除効果の低下が見られる。IPM技術では選択性殺虫剤の使用も重要な手段である。選択性殺虫剤の効果不足はIPM技術の崩壊につながることもあるため,感受性の実態を把握するとともに,代替技術の検討や新たな選択性殺虫剤の適用登録の促進が必要である。

キュウリ黄化えそ病など虫媒伝染するウイルス病は,保毒虫が低密度でも感染する恐れがある。しかし,天敵を利用したIPM技術では,ウイルスの感染を完全に防ぐことはできないことから,弱毒ウイルスの利用などを検討する必要がある。

IPM技術によって,殺虫剤の使用回数が大幅に減少したが,これまで殺虫剤と殺菌剤を混合散布していた場合が多かったため,殺菌剤の使用回数も減少した。そのため,うどんこ病,べと病,つる枯病の発生が目立って多くなった事例が見られる。今後は湿度制御による病害防除など,殺菌剤に頼らない技術の開発を検討する必要がある。

(中石一英)

オクラ(露地栽培)
土着天敵の活用を中心に多様な手法を組み合わせた防除体系

群馬

- ◆**主な有用天敵**：クサカゲロウ類，ヒメハナカメムシ類，ヒラタアブ類，テントウムシ類，クモ類，キイカブリダニ
- ◆**主な対象害虫**：アブラムシ類，アザミウマ類，ハダニ類，ハモグリバエ類，コナジラミ類
- ◆**キーワード**：ソルガムによる囲い込み／ムギの間作／ネコブセンチュウ対抗作物／生育・収穫期の薬剤防除大幅減

【ねらいと特徴】

一般的に病害虫が発生すると収量や品質の低下を招き，それにともなって収入も減少する。この防除法では農薬代や作業労力にかかる経費の削減を考慮し，たとえ病害虫が発生しても，収入に影響がなければ農薬散布を実施しないことがポイントとなる。

土着天敵を活用する防除体系で重要な点は，害虫がまったく見られない完璧な防除をめざすのではなく，被害が許される範囲(経済的な許容範囲)を考慮しながら適切な防除体系を選択することである。

露地オクラ圃場では被害を及ぼす害虫類のほかに，捕食性の土着天敵も多く見られる。図1に示すように，露地オクラの生育期間中にはアブラムシ類の発生ピークが数回見られ，これに対応してアブラムシ類を捕食するクサカゲロウ類やヒメハナカメムシ類が増減している。

この防除法では，圃場に生息する害虫類と土着天敵，病害の発生状況を常に観察し，把握することが大切である。病害虫の増加により経済的な被害が予想される場合には，土着天敵に対し影響の少ない農薬を選択して散布し，土着天敵を温存しながら対象となる病害虫密度を低下させることが重要である。

合成ピレスロイド系や有機リン系殺虫剤などで防除を行なうと，土着天敵の多くが減少することなどから，リサージェンスによって薬剤感受性が低下したハダニ類やアザミウマ類が大発生する危険性が高くなるので，注意が必要である。

圃場の外周をソルガム(播種5月中旬～6月上旬ころ)やマリーゴールド(定植5月中旬ころ)などで囲い込むと，土着天敵の温存場所となる天敵温存植物(インセクタリープランツ)として利用できる。また，種類によっては，風よけ効果や農薬のドリフト防止にもつながる。

【年間の害虫発生の推移】

関東を中心とした露地オクラ栽培では，盛夏期に害虫の発生が多くなる。

アブラムシ類(ワタアブラムシなど)は，発芽後の6月上旬から葉裏に見られ，生育初期にはウイルス病を媒介するため防除が必要となる。その後，秋に発生がやや多くなるが果実への加害は少なく，土着天敵の働きもあり問題とはならない。

ネキリムシ類(カブラヤガ，タマナヤガ)は，発芽直後から本葉2～3枚期の5月から6月にかけて発

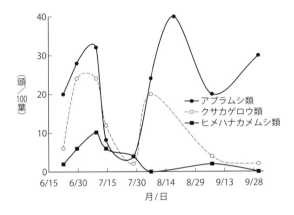

図1 露地オクラの土着天敵活用時における害虫，天敵の発生消長 (三木・長澤, 2004)

生する。

　メイガ類は，7月下旬から10月まで長期間多発する。ワタノメイガは葉を筒状に巻き，アズキノメイガは若い茎の内部に食入して加害するため，いずれも農薬がかかりにくく防除が困難となる。

　ハスモンヨトウやオオタバコガは，8月から10月にかけて食害が見られるが，年によって発生量は大きく変動する。

　アザミウマ類やハダニ類，ハモグリバエ類は，土着天敵を活用したこの防除法を行なうと発生は少なく，コナジラミ類も問題になることは少ない。

　ネコブセンチュウ類（サツマイモネコブセンチュウなど）は，特に連作圃場で発生しやすく，発生すれば甚大な被害となるため，事前の予防対策が重要である。

　苗立枯病は，播種後から本葉2～3枚期の生育初期にかけて，低温に遭遇すると発病しやすい。未分解有機物が多い土壌や過湿条件の連続によって多発する。病原菌はリゾクトニア菌とピシウム菌である。

　半身萎凋病は，梅雨期以降に葉が萎れて黄化し落葉する。バーティシリウム菌により発病し連作圃場での発生が多く，ナス科やウリ科，アブラナ科など多くの植物に寄生する。

　葉枯細菌病は，6月上旬から7月上旬の降雨後に，年によって激しく発生するが，梅雨明け以降の収穫期には発生がほとんど見られない。

　うどんこ病は，7月下旬の梅雨明け以降に多く，夏から秋にかけて通風が悪く曇天が続くと多発しやすい。

　以上の病害虫は，露地オクラの生育期間を通して，常に発生しているわけではなく，降雨や高温干ばつ，台風，気温低下など，天候の影響を大きく受ける。特に害虫類は，土着天敵の働きなどによる影響で発生が増減する場合が多く，年により変動が大きい。

【実施条件】

　オクラは，沖縄から九州，四国の温暖な地域を中心に栽培される高温性作物であるが，近年では関東から東北まで作付けが拡大している。露地栽培における播種時期は，暖地では4月中旬，関東地方など一般地では5月中下旬，東北地方では6月上旬である。ハウス促成栽培や半促成栽培，さらにトンネル栽培による早出しの作型もあるが，ここで述べる防除体系は，関東を中心とした露地オクラを対象とする。

　化学農薬削減のための病害虫対策には，各種防除法を組み合わせた技術の体系化が必要である。露地オクラでは，土着天敵を活用する生物的防除法を中心に，耕種的・物理的防除法を組み入れながら，それぞれの地域特性に合わせた防除体系を確立しなければならない。

　通常，農薬を処理しない露地オクラ圃場には，自然界に生息する捕食性土着天敵として，クサカゲロウ類やテントウムシ類，ヒラタアブ類，ヒメハナカメムシ類，クモ類が多数観察される。これら土着天敵を保護し，利用する防除法では，土着天敵が生息できるような環境条件を整えることが重要となる。

　土着天敵を維持するためには，圃場環境として最低でも1～2a程度の栽培面積を必要とする。なお，露地のトンネル栽培やハウス栽培でも応用できると考えられるが，低温による土着天敵の活動低下などが懸念されるため，栽培の実態に即した工夫が必要となる。

【実施方法】

　露地オクラは，最盛期には朝夕2回の収穫作業が必要となることから，労力的に農薬散布がしにくい作物で，また登録農薬が少ない現状にある。こうした点を踏まえると，土着天敵を活用した防除法は，従来の慣行防除に比べて農薬使用を削減できる可能性があり，有望な防除法と考えられる。

　しかしながら，害虫―土着天敵―インセクタリープランツの相互関係が十分に解明されていないため，不安定な要素が多い。

　なお，本文に記述してある農薬は，2016年5月現在の登録内容である。

● 播種前

　露地オクラは連作すると，ネコブセンチュウ類（サ

ツマイモネコブセンチュウなど）や半身萎凋病により甚大な被害が発生する。これら土壌病害虫は，生育期間中の防除が困難なため作付け前の対策が重要となる。まずは連作を避け，共通の寄生性を持たない他作物との輪作体系を心がける。

ネコブセンチュウ類の対抗作物としては，緑肥としても利用できるクロタラリア，ギニアグラス，ソルガムなどが有効である。また，やむをえず連作する場合や，前作の発生状況などから被害が予想される場合には，ホスチアゼート粒剤（ネマトリンエース粒剤）を全面土壌混和する。

有機質による土づくりは，露地オクラ栽培においても大切なことは言うまでもなく，完熟した堆肥などを施用する。また，緑肥すき込みの場合には分解期間を十分に確保し，作付け前までによく腐熟させておく。

土壌診断結果に基づいて土壌改良材を施用するとともに，栽培期間が長いため有機質肥料や緩効性肥料を主体として，追肥と組み合わせた施肥体系とする。

●播種～生育初期

低温により発芽までの日数がかかると苗立枯病（リゾクトニア菌，ピシウム菌）が発生しやすいので，無理な早まきを避け，適期播種に心がける。播種から生育初期に，べたがけ資材を被覆すると，保温効果により発芽が促進され，さらに害虫類の飛来も防止できる。また，苗立枯病（リゾクトニア菌）に対しては，トルクロホスメチル水和剤（リゾレックス水和剤）を植え穴土壌灌注する。

生育初期の5月中旬から6月には，ワタアブラムシなどの媒介によるウイルス病の感染が問題となる。葉裏にアブラムシ類が発生した場合には，土着天敵への影響が少ないピメトロジン水和剤（チェス顆粒水和剤）を散布する。

ソルガムを露地オクラ圃場の外周に囲い込み，土着天敵の温存場所であるインセクタリープランツとして利用する場合は，ソルガムの播種は5月中旬から6月上旬を目安とする。なお，播種は一般的に1条まきで株間10～15cmとするが，播種時期を遅くした場合には2条まきで密植してもよい。

●生育～収穫期

気温が高く土着天敵の活動が活発化する時期なので，一般的には特に農薬防除の必要はない。しかしながら，経済的な被害が予想され，農薬による防除が必要な場合には，土着天敵への影響の少ない農薬を選択し使用する。

梅雨明けの7月中下旬以降，ハスモンヨトウやオオタバコガなどによる食害が増加することがある。ハスモンヨトウは，若齢幼虫が葉裏に群生しているので，圃場を見回り捕殺することも有効であるが，被害が多い場合にはフルベンジアミド水和剤（フェニックス顆粒水和剤）を散布する。また，オオタバコガの場合は，クロルフェナピル水和剤（コテツフロアブル）を散布する。なお，この時期は高温期であるため散布作業は朝夕の涼しい時間帯とし，薬害には十分注意する。

アズキノメイガは，幼虫が茎に食入すると穴から虫糞が出るので，その穴のやや下から茎を切り落として捕殺する。

うどんこ病は，梅雨明け以降から秋にかけて発生する。キイロテントウは，うどんこ病菌を食べる土着天敵であるが，この露地オクラでは十分な防除効果が期待できない。発病初期にトリフルミゾール水和剤（トリフミン水和剤）を散布する。なお，適切な施肥管理により草勢を維持することや，下位の老化葉や病葉を速やかに除去して日照や通風をよくすることも有効である。

多肥による過繁茂や通風の悪化は，病害の発生原

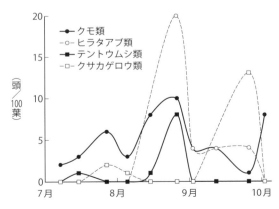

図2　露地オクラ圃場外周のソルガムにおける天敵類の発生消長（吉澤・土屋・長澤，2005）

オクラ（露地栽培）

図3　ソルガムによる囲い込み（長桿と短桿品種の組み合わせ）

図4　オオムギの間作（通路2条まき）

表1　露地オクラの土着天敵の活用を中心とした防除体系事例

時期	内容	処理方法
前作	半身萎凋病の対策 ネコブセンチュウ類の対策	輪作 ネコブセンチュウ対抗作物（クロタラリア・ギニアグラス・ソルガム）の作付け
播種前後	乾燥防止，雑草抑制など	通路へのオオムギ播種
播種直後	アブラムシ類，苗立枯病，保温対策	べたがけ資材の被覆
本葉3〜4枚期以降	アブラムシ類が発生した場合（ウイルス病対策）	チェス顆粒水和剤の散布
5月中旬〜6月上旬	土着天敵の温存（インセクタリープランツ），風よけ，農薬ドリフト対策など	圃場外周へのソルガム播種
7月中旬〜9月	ハスモンヨトウ・オオタバコガが増加する場合	コテツフロアブルやフェニックス顆粒水和剤（ハスモンヨトウのみ適用）の散布

※8月以降にオオタバコガが多発する場合は，アファーム乳剤を散布する
　うどんこ病が発病している場合は，トリフミン水和剤を散布する
注　農薬の登録は2016年5月現在の内容である

因の一つである。生育期の追肥は，1回当たりの量を減らし，葉形や葉色，開花節位など，草勢のバランスを見ながらこまめに施用する。

●ソルガムによる囲い込み

露地オクラ圃場外周で生育させるソルガムは，インセクタリープランツとして有効で，土着天敵のクモ類が全期間を通じて生息している（図2）。その他の土着天敵としては，ヒラタアブ類やテントウムシ類，クサカゲロウ類が多く，ヒメハナカメムシ類も観察される。なお，ソルガムに発生するアブラムシ類は，露地オクラに対して被害を及ぼさないヒエノアブラムシが主体である。

ソルガムには，草丈の高さによる長桿（2.5〜3mくらい）と短桿（1.5m前後），出穂が遅く耐倒伏のもの，さらには子実にタンニンが含まれ鳥被害に遭いにくいものなど，さまざまな種類がある。草丈の高いソルガムで圃場全体を囲い込むと，害虫類の侵入防止や風よけ効果は高くなるが，一方で夏の高温期には風通しが悪くなり，うどんこ病などの病害発生を助長することが懸念される。この解決策としては，草丈が低い品種を組み合わせるとよい。図3は，作付圃場の風向きや隣接する周辺環境に合わせ，東西南北の4面にそれぞれ異なる高さの品種を配置している事例である。

なお，ソルガムに発生するヒエノアブラムシは粘着性のある甘露を排泄するが，これが露地オクラの葉茎や作業衣などに付着して汚れる恐れがあるので，通路を1.5mほど確保するとよい。

●ムギ類の間作

露地オクラ播種前後に，通路部分にムギ類（オオムギ'てまいらず'）を間作する方法（2条まき条間30cm：播種量3kg/10a）が現地で取り組まれている（図4）。ムギ間作により，キイカブリダニなど土着天敵の発生も期待される。

また，収穫期となる7月上旬ころからムギが枯れ始めるために敷わら状態となり，梅雨以降の乾燥により発生する曲がり果の抑制や，通路の雑草対策として効果が期待できる。

【防除体系例】

防除体系の一例を表1にまとめた。

【検討課題】

土着天敵に対してより影響の少ない農薬とその処理方法，さらに効果的なインセクタリープランツの種類や栽植法の確立が必要である。

カメムシ類(アオクサカメムシ，ブチヒゲカメムシなど)が8月中旬以降に発生するが，土着天敵の働きは期待できないので，繁殖源となる圃場周辺のキク科やマメ科雑草の除去を含めた総合的な対策を検討する必要がある。

（長澤忠昭）

イチゴ（施設栽培）
カブリダニなど天敵の活用を基軸とした害虫防除体系
—— 栃木県芳賀地域　JAはが野イチゴ部会

栃木

◆主な有用天敵：ミヤコカブリダニ，チリカブリダニ
◆主な対象害虫：ハダニ類
◆キーワード：気門封鎖剤によるハダニ密度抑制／天敵カブリダニ2種同時放飼／薬剤散布回数・労力減／7割の生産者が導入（効果も確認）

経営概要

作目：イチゴ

品種：とちおとめ

作付面積：生産者数596戸，栽培面積181ha，1戸当たり平均経営面積約30a（2015年）

栽培概要：11月初旬ころから収穫が始まる夜冷育苗栽培（作型）と，11月下旬から収穫が始まるセル・ポット育苗栽培（作型）が主体

労力：家族＋雇用

収量：10a当たり平均収量4.5t（2015年産実績）

【地域条件】

芳賀地域は栃木県南東部に位置し，1市4町で構成される。平坦部と一部中山間地域に分かれるが，気象条件はほぼ均一で，初霜はおおむね11月初旬，終霜は5月上旬ころまであり，初夏から夏にかけては雷雨とともに降雹を見ることがある。また，夏は高温多照，冬場も晴天が多く日照時間が長いのが特徴である。

東部は八溝山系の中山間地と芳賀台地を形成する丘陵地，西部は鬼怒川左岸のゆるやかな台地で，中央部は豊富な用水に恵まれた水田地帯である。地理的に首都圏から近く，北関東自動車道が全面開通したことで，首都圏や観光地，隣接県などとのアクセスが飛躍的に向上している。

芳賀地域では米麦，園芸，畜産のそれぞれバランスがとれた農業が行なわれており，特にイチゴをはじめとする園芸作目は県内屈指の産地となっている。栃木県のイチゴ生産は，収穫量では47年間，作付面積では14年間，産出額では19年連続で日本一を維持している（2014年度現在）。とりわけ芳賀地域のイチゴ生産量は栃木県の3分の1を占め，品種はとちおとめを主体に栽培している。

JAはが野イチゴ部会は，2015年産で生産者数596戸，栽培面積181ha，産出額86億円と全国一のイチゴ生産部会で，1戸当たりの平均経営面積は約30aだが，50a以上の大規模経営体も多い。経営面積を拡大できた要因としては，雇用を取り入れていることや，省力化の一環として果実をパック詰めしてくれるパッケージセンターを上手く活用していることがあげられる（栃木県のパッケージセンター5か所中4か所が芳賀地域に存在）。

栽培作型は，11月初旬ころから収穫が始まる夜冷育苗栽培（作型）と，11月下旬から収穫が始まるセル・ポット育苗栽培（作型）を主体としている。経営規模が大きい経営体では，これらの作型を組み合わせることで収穫ピークの分散化や経営の効率化を図っており，10a当たりの平均収量は4.5tである（2015年産実績）。

【ねらいと特徴】

イチゴ栽培では，収益性を高めるために定植時期が前進化しており，本圃でのハダニ類の発生が増加している。加えて，近年の暖冬の影響により，年間を通してハダニ類が発生するようになった。

9〜10月の親株購入から6月の収穫終了まで約20か月を要するが，この期間を限られた化学農薬を

用いて防除せざるを得ないため，ハダニ類の薬剤感受性が低下しており，化学農薬のみで安定的に防除を行なうことは困難な状況であった。

そこで，2007年4月，JAはが野イチゴ部会では，カブリダニ類など天敵を利用した防除体系を実証し，部会員に定着させる方針を定めた。JA全農とちぎでもIPMの普及推進を検討していたことから，メーカーの協力も得，IPM展示圃としてミヤコカブリダニ，チリカブリダニを利用したモデル防除体系を実証することとした。

関係者の推進会議では，調査方法だけでなく，理解促進と普及のための方法論，そもそも何のために天敵を利用するかなどが熱く議論され，「長期間におよぶイチゴ栽培全体を通して，殺虫剤の散布回数を削減・効率化し，抵抗性害虫を発生させることなく，持続的で安定的な防除モデルをつくる」ことを目的とした。

【年間の害虫発生の推移】

イチゴの生産現場において重要病害虫の1つがハダニ類である。現在の栽培体系ではナミハダニが主要種であり，主にイチゴの葉裏に寄生し吸汁する。

被害株はわい化し，新葉，花房の展開が遅れ，減収の要因となる。高温，乾燥した環境を好み，本圃定植直後，マルチ後，暖候期に急増し，定植直後から大発生する圃場も見られる。

また，本圃から親株圃場へ生産者自身によるハダニ類の持ち込みがあるため，発生が途切れることがない。

【実施方法】

カブリダニ類などの天敵を利用した防除体系をつくるうえで，JA，メーカーなどの関係者が連携して推進支援体制を築くとともに，講習会や個別巡回などにより天敵の利用者へのフォローアップを徹底し，生産者への理解促進に努めた。また，薬剤散布ローテーション表（表1）を作成し，現場の事例や課題を検討しながら生産者，関係機関で情報を共有した。

天敵利用のポイントとしては次の4点が重要であると考えた。

①天敵放飼前には，ハダニ類の密度をできるだけ低く抑えるために，抵抗性が発達しにくい気門封鎖剤を積極的に利用するが，状況によっては殺ダニ剤も併用する。

②天敵への薬剤影響日数の長いものから使用し，影響日数の短い薬剤はできるだけ後に使うよう，影響日数を考慮し薬剤を選択する。

③初回の天敵放飼では，ミヤコカブリダニとチリカブリダニを同時放飼する。

④ハダニ類と天敵の発生状況を生産者自身がチェックし，その消長に関心をもつ。

●ポイント①：気門封鎖剤と殺ダニ剤の併用

栽培期間を通して殺ダニ剤の使用回数を削減するためには，親株圃場から育苗期，本圃定植後天敵放飼時期までの対策が重要である。

天敵放飼前にハダニ類の密度が高い場合，天敵の増殖スピードがハダニ類の増殖スピードに追いつかず，十分な防除効果が得られない危険がある。ハダニ類の密度を下げるために，殺ダニ剤だけに頼らず，気門封鎖剤を利用する。

具体的な手段として，気門封鎖剤を3〜5日間隔で散布するなど，積極的に利用する。ハダニ類の密度が高い場合は，卵から成虫まで効果がある殺ダニ剤を併用することで，できるだけハダニ類をゼロにすることが必要である。

一方，親株圃場で天敵を利用している事例も多く見られる。この場合，ミヤコカブリダニ，チリカブリダニとも利用可能で，空中採苗では，ランナーを伝って小苗にも天敵が移動するため，ランナーが混み合って薬剤がかかりにくい小苗の防除にも効果的である。

ただし，苗の切離し後は，灌水量が増えカブリダニ類へのダメージが大きいため，薬剤防除に切り替える。

●ポイント②：天敵への薬剤影響日数の考慮

天敵放飼当初，天敵の特性把握や指導者の知識，経験が不足していたため，失敗事例も多数発生した。そのつど関係機関で問題点を共有し，課題解決を行なってきたが，天敵への薬剤影響日数の把握も

イチゴ（施設栽培）

表1 ハダニ類天敵を利用した病害虫防除例（本圃定植以降）

散布時期		薬剤名	使用回数 / 使用基準	天敵影響日数
うね上げ時（9/1）		ラグビーMC粒剤	1回	45日
定植時（9/10）		モスピラン粒剤	1回	14日
活着（9/17）		サンリット水和剤	3回	0日
		コロマイト水和剤	2回	7～14日
5～7日間隔	（9/24）	ベルクート水和剤	2回	0日
		コテツフロアブル	2回	14日
		ムシラップ	―	1日
	（10/1）	アフェットフロアブル	3回	0日
		プレオフロアブル	4回	0日
		ムシラップ	―	1日
出蕾直前	（10/5）	ダイマジン	2回	7日
		アタブロン乳剤	3回	14日
		エコピタ液剤	―	1日
出蕾期	（10/10）	ラリー水和剤	3回	0日
		アファーム乳剤	2回	7～14日
		ムシラップ	―	1日
開花始め	（10/15）	アミスター20フロアブル	3回	0日
		ファルコンフロアブル	3回	0日
天敵導入1週間前	（10/20）	フルピカフロアブル	3回	0日
		コロマイト水和剤	2回	7～14日
		エコピタ液剤	―	1日
天敵導入2日前	（10/25）	マイトコーネフロアブル	2回	0日
		カスケード乳剤	3回	0日
		エコピタ液剤	―	1日
天敵導入	（10/27）	スパイカルEX	250mlボトル1本/10a	―
		スパイデックス	100mlボトル1～3本/10a（ハダニがいる場合は3本）	―
天敵放飼後	（11/3）	カウンター乳剤	4回	0日
		スコア顆粒水和剤	3回	0日
果実着色期	（11/16）	アミスター20フロアブル	3回	0日
		マッチ乳剤	4回	0日
以降年内ハダニ発生時		ダニサラバフロアブル☆	2回	0日
		ムシラップ☆	―	1日
		スパイデックス（上記☆の翌日～数日後）	100mlボトル1～3本/10a	―
1月上旬～中旬		フルピカフロアブル	3回	0日
1月下旬～2月上旬		カネマイトフロアブル△	1回	0日
		スパイデックス（上記△の翌日～数日後）	100mlボトル3本/10a	―

注　薬剤は2016年5月15日現在の登録情報

そのひとつであった。

天敵の放飼日程から逆算し、計画的に薬剤散布を行なう必要があり、影響日数が少ない薬剤は天敵放飼後ハダニ類が発生した場合に使用するため、使用をひかえることが重要である。

芳賀管内では、イチゴ生産者に天敵への薬剤影響を理解してもらう目的で、講習会時に育苗期や定植前など生育時期に合わせた薬剤散布ローテーション表（表1）を作成、配布している。また、使用した薬剤を記帳するための防除日誌にも影響日数を掲載することで、生産者自らがチェックを行なえる体制をつくっている。

栽培期間中、ハダニ類以外の病害虫に対しても薬剤散布を行なうが、これらについても同様に影響日数を考慮して薬剤を選択する。

● ポイント③：天敵カブリダニ2種の同時放飼

定植後、育苗圃場から持ち込まれたハダニ類が増殖するため、基本的には殺ダニ剤でハダニ類の密度を極力少なくしてから天敵を放飼する。

初回放飼時には、ミヤコカブリダニとチリカブリダニを同時に放飼する。速効的なチリカブリダニと、遅効的だが長期間安定して防除効果を発揮するミヤコカブリダニを併用することで、防除効果が安定して得られるためである。放飼時にハダニ類がわずかに残存している場合も、比較的速効的なチリカブリダニによる防除効果が期待できる。

また、体色が赤く確認しやすいチリカブリダニを併用することで、高齢の生産者でもカブリダニ類の定着を確認しやすくなり、無駄な防除を防ぐ効果もある。

初回放飼は頂花房開花後とし、作型により異なるが10月下旬〜11月中旬となる。気温が高いほど天敵の増殖がよいため、なるべく暖かい時期に放飼することが望ましい。頂花房開花後に放飼する理由としては、ミヤコカブリダニがハダニ類以外に花粉を餌とし、定着が促進されるためである。

2回目の放飼は、カブリダニ類の定着状況とハダニ類の増殖状況を観察して判断することになるが、ハダニの増殖拡大が見られる場合、天敵に影響が少ない薬剤を散布後、チリカブリダニを1月下旬〜2月に放飼する。厳寒期には、ハダニ類、天敵ともに見えにくい時期であるが、この時期の防除を怠ると暖候期にハダニ類が多発してしまう。そのため、潜在的にいるハダニ類の密度を薬剤で下げた後に、チリカブリダニを放飼することで効果が安定する。発生状況によっては、それ以前から数回に分けてチリカブリダニを放飼する事例も見られる。

天敵放飼後の管理としては、まず、放飼後1〜2週間は薬剤散布をひかえる。これは、薬剤散布による放飼個体へのダメージを減らすためである。

また、天敵放飼直後の葉かきは、天敵を圃場外に持ち出してしまうため、ひかえる。次に、圃場で気門封鎖剤の全面散布はなるべくひかえ、使用する場合はハダニ類の発生が多い場所に局所的に使用する。放飼前は積極的に利用した気門封鎖剤であるが、ハダニ類だけでなく天敵への影響も少なからずあるためである。

天敵放飼後にハダニ類が見られた場合は、天敵に影響が少ない薬剤を速やかに散布し、必要に応じてチリカブリダニを追加放飼する。これは、天敵の増殖スピードよりハダニ類の増殖スピードが速いので、天敵とハダニ類の密度バランスを保つためである。

暖候期にハダニ類が多発した場合は、古葉を整理した後、複数回薬剤散布を行なう。天敵に影響が少ない薬剤が使用回数の制限を迎えた場合は、影響日数が少ない順に薬剤を選択していく。これは、暖候期には天敵の増殖スピードも速くなり、天敵の全滅は避けられるためである。

● ポイント④：ハダニ類と天敵の発生状況の観察

天敵とハダニ類の密度バランスを保つため、薬剤散布の必要性や天敵の追加放飼のタイミングを計るために重要である。特に厳寒期の観察は重要で、年明け後のハダニ類の発生状況によって、その後の防除対策が異なる。

ルーペを活用しハダニ類が発生しやすい場所（ハウスの入り口付近など）を中心に観察を行なう。この観察を繰り返すことにより、圃場内での発生状況を把握し、いち早く次の対策を立てることができる。

【防除体系例】

　表1は，2014年度に作成した，天敵利用ポイントを取り入れた本圃以降の薬剤散布ローテーションである。この表は，現場の事例や課題を検討し生産者，関係機関で情報を共有し，次年度の支援に活かすため毎年更新を行なっている。

　10月27日に天敵放飼を予定した場合，その前にハダニ類の密度をできるだけ低く下げるため，気門封鎖剤（表1薬剤名の網掛け部分）を活用して防除を行なう。また，放飼日時が近い場合，気門封鎖剤に殺ダニ剤を併用する。その際，天敵への影響が大きい薬剤から使用する。

　定植後の本圃では，ハダニ類以外にうどんこ病やチョウ目害虫も発生するため，それらの影響日数も考慮して薬剤を選択する。

　JAはが野イチゴ部会では約7割の生産者が天敵を放飼し，その多くが防除効果を確認することができた。また，天敵の使用により薬剤の散布回数が少なくなり，労力の削減とともに，ハダニ類が低密度で抑えられることによる精神的負担の軽減にもつながった。

【検討課題】

　今後の課題としては，天敵の増殖スピードが環境条件に左右されやすいことや，天敵が圃場に定着するまでに時間がかかること，天敵放飼までの防除不足から，12月までのハダニ類の発生が多くなることなどの原因により，圃場ごとに効果に大きな差が出ることがあげられる。

　天敵の利用によるハダニ類への防除効果をさらに高めるため，芳賀地域では定植直前に苗を高濃度炭酸ガス処理する防除法について，実証試験を行なった。天敵と炭酸ガス処理の併用により，栽培期間を通してハダニ類の発生抑制が可能となっており，芳賀地域全域への技術の普及を図っている。

　また，その他の病害虫，特にアザミウマの防除については，薬剤防除が主体となっているため，天敵資材も含めた新たな防除方法を検討し，より安定的な防除体系の確立を目指す。

（永嶋麻美・伊村　務）

イチゴ（施設栽培）
育苗期における土着天敵を活用したナミハダニ防除

福岡

◆主な有用天敵：ハダニアザミウマ，アブラコバチ類
◆主な対象害虫：ナミハダニ，アブラムシ類
◆キーワード：ハダニアザミウマに影響のない薬剤選択／雑草管理・残渣除去の徹底／ハダニ以外の害虫密度も抑制可能

【ねらいと特徴】

ナミハダニの発生要因と防除適期時期を把握し，薬剤防除を実践しても，薬剤感受性の問題を考慮すると，被害を完全に抑制することは容易ではない。そこで，育苗期に発生するナミハダニの土着天敵を活用した体系防除を実践する。

表1 イチゴの育苗圃場で確認されるハダニ類の土着天敵

調査年次	2010年	2011年
ハダニアザミウマ	+++	+++
カブリダニ類	++	+

注 +++：すべての圃場（4圃場で確認），++：半数以上の圃場で確認，+：1圃場でのみ確認
柳田ら（2012）を一部改変

イチゴの育苗時期にはナミハダニを捕食する数種の土着天敵が発生する（表1）。これらはナミハダニ防除に重要な役割をもつことから，ナミハダニに対する防除効果が期待できる。

しかし，天敵に対して悪影響を及ぼし，薬剤感受性の低下が懸念されている薬剤（たとえば合成ピレスロイド系，ピラゾール系，有機リン系，カーバメート系など）を定期的に散布する育苗圃場では，土着天敵の発生量，生存率，捕食量が著しく低下するため，結果的にナミハダニの発生が増加してしまう恐れがある（リサージェンス）。

したがって，土着天敵が発生する時期には，影響の小さい薬剤を選定し天敵を保護利用した防除を実

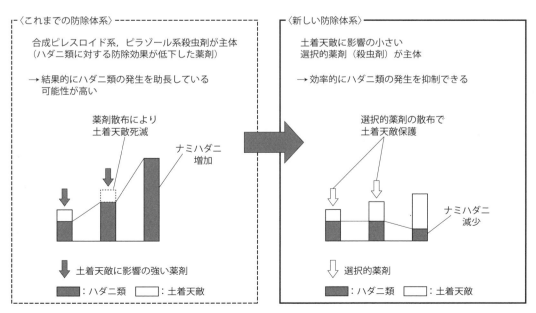

図1 土着天敵を活用した防除のねらい

イチゴ（施設栽培）

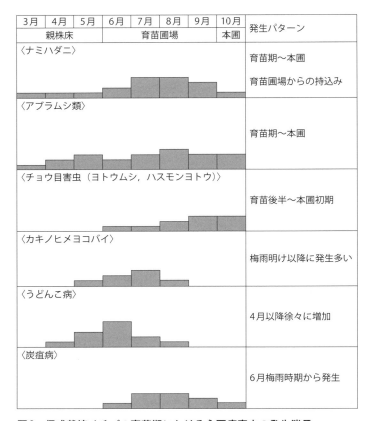

図2　促成栽培イチゴの育苗期における主要病害虫の発生消長

践することで，薬剤の効果に併せて，土着天敵による防除効果が期待できる（図1）。

育苗期にはナミハダニのほかに，アブラムシ類，チョウ目害虫，カキノヒメヨコバイなどの害虫も発生する（図2）。これら害虫の発生は圃場周辺からの飛来によるものであるため，発生消長に基づき防除しなければならない。

【年間の害虫発生の推移】

西日本のイチゴ栽培では，'あまおう''さがほのか''さちのか''ひのしずく''章姫'を含む多様な品種が作付けされているが，9月上旬から下旬にかけて定植し，翌年の5月に収穫を終了する促成作型が主流である。

10～11月に親株を植え付け，翌年の5月ころからランナーの採苗を開始し，おおむね6月上中旬ころに苗を切り離し育苗圃場にて苗の栽培管理を開始する。収穫の前進化を目的として8月中旬ころから夜冷短日処理や低温暗黒処理を実施し，9月上旬ころに定植する早期作型も見られる。苗処理を行なわない通常の場合（普通促成作型）は，9月中下旬ころに定植される（図3）。

西日本のイチゴ栽培で大きな問題となる主要害虫としてナミハダニがあげられる。本虫は，体長0.5mm程度と微小で増殖力が高いため，発生初期（初発）の確認が難しく，防除適期を逸しやすい。主に葉裏へ寄生し，葉表にはカスリ状の白い斑点が多数認められる。発生が高密度になると，イチゴの葉縁が吐糸で覆われ，クモの巣が張ったような状態となり，上位葉の展葉が遅れて株全体が萎縮した状態になり，著しい減収を引き起こす。

2008年ころから九州地域を中心に，病害虫防除所の発生予察情報にて注意報が発表されており，生産現場で大きな問題となっている。その主な要因の1つとしてナミハダニの薬剤に対する感受性低下が

イチゴ（施設栽培）

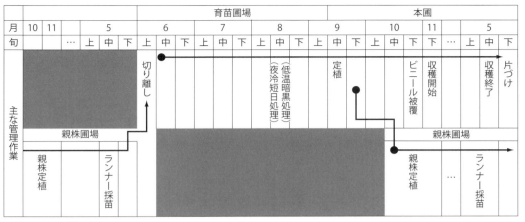

図3　促成栽培イチゴの栽培概要

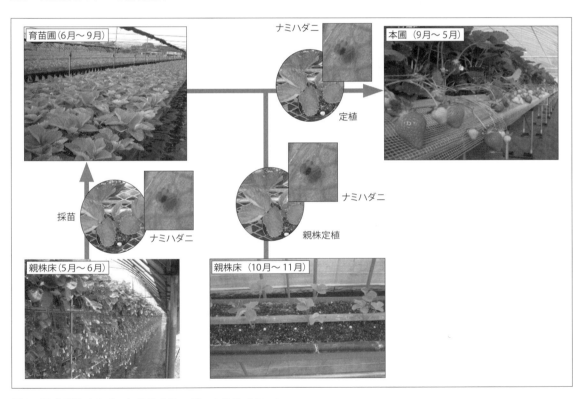

図4　促成栽培イチゴにおけるナミハダニの発生パターン

考えられる。薬剤感受性の低下は西日本以外でも大きな問題となっており、今後登録される新規薬剤についても同様に、栽培年数を重ねる（薬剤使用を重ねる）につれて感受性低下による防除効果の低下が問題となる可能性が懸念される。

ナミハダニは、梅雨明け以降の7月中旬から発生が多くなり、8月上旬ころにピークとなる。ただし、雨よけ施設で育苗する場合は、期間を通して発生がきわめて多くなる。肥効が切れる8月下旬以降（通常イチゴ栽培では花芽分化を誘導するために、8月下旬以降の窒素追肥をひかえる）は、イチゴの葉色も衰え生育も緩慢となるため、ナミハダニの発生が

イチゴ（施設栽培）

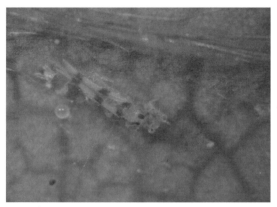

図5 育苗期間に認められた主な土着天敵
左：ハダニアザミウマ（体長1mm程度），右：カブリダニ類（胴長0.5mm程度）
カブリダニ類は主に，ケナガカブリダニとミヤコカブリダニが発生する
福岡県の場合，育苗期間中はハダニアザミウマが優占的に発生する

図6 育苗期における防除の考え方

●─●：薬剤を使用できる期間
①ナミハダニの仕上げ防除に使用する薬剤（持ち込まない対策）
②育苗期間を通して使用できる薬剤（天敵に影響の小さい薬剤）
③天敵の発生量が増える8月上旬以降の使用をひかえる薬剤（天敵に影響のある薬剤）
④育苗期間の使用をひかえる薬剤（長期にわたって天敵に影響を与える薬剤）

極端に増加することはないが，生息は認められる（図2）。

ナミハダニは栽培期間を通して常にイチゴに寄生しており，圃場外からの侵入はほとんどない。つまり，本圃でナミハダニの被害が発生する要因は，定植する苗にナミハダニが寄生して持ち込まれることである（図4）。本圃での被害抑制を図るうえで，育苗期のナミハダニ防除はきわめて重要となる。

【実施条件】

6月中旬ころから9月中下旬まで露地で育苗する栽培法を対象とするが，8月中下旬に夜冷短日処理と低温暗黒処理を行なう早期作型も同様の防除法に準じて防除できる。

圃場周辺の雑草管理を徹底し，育苗管理で生じた残渣などは速やかに圃場外へ持ち出すなどといった耕種的防除を実践する必要がある。

【実施方法】

ナミハダニの土着天敵の発生消長を考慮し，使用する薬剤を選定する。福岡県では，8月上旬ころからハダニアザミウマ，ミヤコカブリダニやケナガカブリダニなどのカブリダニ類が多く発生する（図5）。特にハダニアザミウマが優占的に発生しやすいため，薬剤の選定にはハダニアザミウマへの影響を考慮する必要がある。

表2 育苗期における薬剤使用の考え方

①ナミハダニの仕上げ防除に使用する薬剤（持ち込まない対策）

コロマイト水和剤，スターマイトフロアブル，ダニサラバフロアブル，マイトコーネフロアブル，アファーム乳剤

②育苗期間を通して使用できる薬剤（天敵に影響の小さい薬剤）

病害虫名	薬剤名
ハダニ類	気門封鎖剤，ニッソラン水和剤，ポリオキシンAL水溶剤
アブラムシ類	気門封鎖剤，コルト顆粒水和剤，チェス顆粒水和剤，ウララDF
ヨトウムシ類	プレバソンフロアブル5，フェニックス顆粒水和剤，トルネードフロアブル，マトリックフロアブル，ロムダンフロアブル，ファルコンフロアブル
コガネムシ類	ダイアジノンSLゾル

③天敵の発生量が増える8月以降の使用をひかえる薬剤（天敵に影響を与える薬剤）

系統	薬剤名
ネオニコチノイド系	モスピラン水溶剤，バリアード顆粒水和剤
IGR剤	マッチ乳剤，アタブロン乳剤，カスケード乳剤
その他	プレオフロアブル

④育苗期間の使用を極力ひかえる薬剤（長期にわたって天敵に影響を与える薬剤）

系統	薬剤名
有機リン系	マラソン乳剤，ディプテレックス乳剤など
カーバメート系	ランネート45DF，ラービンフロアブル
合成ピレスロイド系	アーデント水和剤，ロディー乳剤，アグロスリン乳剤など
ピラゾール系	ダニトロンフロアブル，サンマイトフロアブル，ピラニカEW
その他	コテツフロアブル

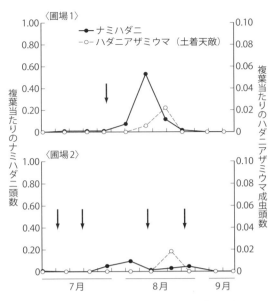

図7 選択的薬剤を用いて土着天敵を保護利用するナミハダニ防除体系の効果

矢印は殺ダニ剤散布
普及指導センターとJAの協力のもとに実施した2011年の現地試験成績
圃場1と2は直線距離で500m以上離れている
柳田ら（2012）を基に作成

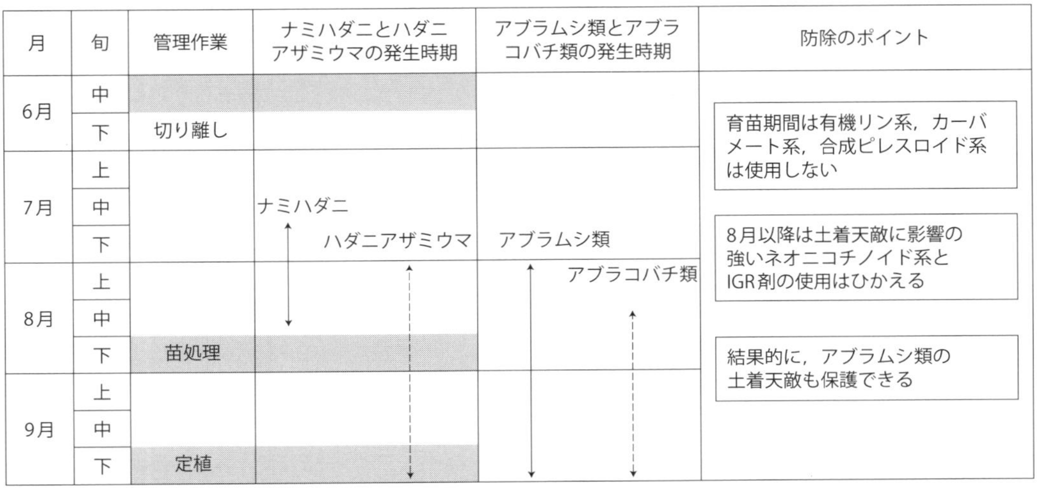

月	旬	管理作業	ナミハダニとハダニアザミウマの発生時期	アブラムシ類とアブラコバチ類の発生時期	防除のポイント
6月	中				育苗期間は有機リン系，カーバメート系，合成ピレスロイド系は使用しない
	下	切り離し			
7月	上				
	中		ナミハダニ		8月以降は土着天敵に影響の強いネオニコチノイド系とIGR剤の使用はひかえる
	下		ハダニアザミウマ	アブラムシ類	
8月	上			アブラコバチ類	
	中				結果的に，アブラムシ類の土着天敵も保護できる
	下	苗処理			
9月	上				
	中				
	下	定植			

■ 必ず薬剤散布（コロマイト水和剤，ダニサラバフロアブル，スターマイトフロアブル，アファーム乳剤，マイトコーネフロアブル）
その他は，影響のない薬剤で防除（ニッソラン水和剤，ポリオキシンAL水溶剤，気門封鎖型薬剤など）

図8 選択的薬剤と土着天敵を活用した防除体系

イチゴ（施設栽培）

薬剤は，①夜冷庫や冷蔵庫の入庫前や定植前に仕上げ防除として使用するもの，②育苗期間を通して使用できるもの，③土着天敵が発生する8月上旬以降の使用をひかえるもの，④育苗期間の使用をひかえるもの，の4つに分けて考える（図6，表2）。

なお，炭疽病やうどんこ病などの病害防除で使用される薬剤は，ハダニアザミウマに対する影響は小さいため，通常どおりの防除を実践して問題ない。

福岡県の現地圃場にて，天敵を保護利用する防除体系を実施したところ，土着天敵のハダニアザミウマが発生し，薬剤と併用することで，ナミハダニの防除効果が得られ，その他の害虫の発生も低密度に抑制できたことを確認している（図7）。

【防除体系例】

福岡県の現地実証試験成果に基づき作成した防除体系を図8に示す。この体系では，アブラムシ類の寄生蜂（主としてアブラコバチ類）も保護利用でき，ナミハダニだけでなく，アブラムシ類に対しても有効な薬剤代替技術として期待される。

【検討課題】

現在の育苗期の土着天敵を活用した防除法は，自然発生する土着天敵を選択的薬剤で保護する技術である。今後は，土着天敵を育苗圃場内で温存し，積極的に活用できる技術を確立する必要がある。

（柳田裕紹）

カンキツ（露地栽培）
白色剤の散布，土着天敵の温存による害虫防除体系

静岡

- ◆主な有用天敵：カブリダニ類，ハダニヒメテントウ類，ハダニカブリケシハネカクシ類，ベダリアテントウ，ヤノネキイロコバチ，ヤノネツヤコバチ
- ◆主な対象害虫：チャノキイロアザミウマ，ミカンハダニ，コナカイガラムシ類，イセリヤカイガラムシ，ヤノネカイガラムシ
- ◆キーワード：白色剤（2回散布で殺虫剤4回と同じ効果，資材費15％減）／マシン油乳剤／ナギナタガヤ（カブリダニの越冬・増殖場所に）

【ねらいと特徴】

静岡県内では約80％のカンキツ園でチャノキイロアザミウマの被害が発生している（病害虫防除所調査）。カンキツ園周辺にチャ，イヌマキ，イスノキなどチャノキイロアザミウマの増殖植物が存在する場合，6～8月に4～5回チャノキイロアザミウマが園外からカンキツ園に飛来する。特に，茶産地内の圃場では多発しやすい。このような産地では，茶収穫期には農薬散布を制限されるが，本防除は茶収穫期に関係なく散布できる。

通常，本種の発生時期に合わせて，6～8月に殺虫剤が4～5回散布される。しかし，発生時期は気温経過によって年により変異するため，暦日的な防除ではタイミングがずれる場合がある。そこで，発生前から炭酸カルシウム剤（以下，白色剤とする）を散布して1か月半ほど本種の飛来を抑制できるため，発生時期にかかわらず防除効果が安定している。

チャノキイロアザミウマ防除に使用される殺虫剤によっては，他の害虫が増加する恐れがある。これはチャノキイロアザミウマ防除に使用される殺虫剤が，他の害虫には効果がないが，その天敵類に悪影響する場合である。白色剤の防除体系は，チャノキイロアザミウマに対する殺虫剤を削減し，殺虫剤により抑制される土着天敵類を保護して，その他の害虫類を抑制することが可能となる。

たとえば，ミカンハダニが多発したときに圃場外から飛来する捕食性甲虫類がいる。これらの天敵はハダニの捕食量が多く，その成・幼虫がハダニを大量に捕食することで，ハダニ密度が急速に減少する。しかし，チャノキイロアザミウマの防除に使用される殺虫剤に弱いため，散布直後に発生が抑制される。現在のカンキツ防除体系ではチャノキイロアザミウマ防除には2，3回のネオニコチノイド剤が使用されるが，そのなかには影響の強いものがある（表1）。

表1　土着天敵キアシクロヒメテントウに対する殺虫剤の影響

系統	薬剤名	影響
合成ピレスロイド剤	テルスター水和剤	×
	ロディー乳剤	×
	マブリック水和剤20	×
有機リン剤	スプラサイド乳剤	×
カーバメイト剤	デナポン水和剤	×
	オリオン水和剤40	×
ネオニコチノイド剤	アドマイヤーフロアブル	×
	モスピラン水溶剤	×
	アクタラ顆粒水溶剤	×
	ダントツ水溶剤	△
	ベストガード水溶剤	○
	スタークル顆粒水溶剤	○
IGR	マッチ乳剤	△
	アプロードフロアブル	○
その他	ハチハチ乳剤	×
	コテツフロアブル	◎
	キラップフロアブル	◎
	スピノエースフロアブル	△

注　◎：影響ない（死亡率≦30％），○：影響小さい（30％＜死亡率≦70％），△：影響大きい（70％＜死亡率≦95％），×：影響極めて大きい（95％＜死亡率）

カンキツ（露地栽培）

近年，コナカイガラムシ類がカンキツで問題となっている。福岡県におけるカキのフジコナカイガラムシの研究事例では，合成ピレスロイド剤やネオニコチノイド剤はフジコナカイガラムシの天敵である寄生蜂に2週間以上影響することが確認された。カンキツでの研究例は少ないが，静岡県農林技術研究所果樹研究センター内の無防除園では92％のコナカイガラムシ類が寄生蜂の寄生を受けていたのに対し，現地の生産園では6％の寄生にとどまった。

現地の生産園では6～9月に月1，2回の殺虫剤が散布されており，寄生蜂の活動を抑制した可能性がある。そこで，白色剤により殺虫剤を削減できれば，カイガラムシ類の寄生蜂が抑制されず，カイガラムシ類が自然に抑制されると期待できる。

【年間の害虫発生の推移】

●チャノキイロアザミウマ

雌成虫は体長0.8mmの紡錘型，体色は黄色で，歩行中は茶褐色の翅をY字型に折りたたんでいる。本種はカンキツ類ではあまり増殖できず，樹木類の新芽で増殖している。4～10月までに8世代，樹木で増殖を繰り返すが，カンキツ園には6～9月に4～5回圃場周辺から飛来する。

●ミカンハダニ

雌成虫は体長0.5mmで赤色のドーム型。一年中，カンキツの葉に生息するが，特に6～8月，9～10月に密度が増加しやすい。葉の表皮を吸汁加害し，加害された部分は黄白点となるため，多発した葉では葉全体が黄色となる。果皮も加害を受けるが，着色前の被害は問題にならない。しかし，着色期以降に果実が加害されると着色不良となる。

●コナカイガラムシ類

雌成虫が体長3～4mmで白色のロウ物質に覆われている。産卵期には白い綿状の卵嚢をつくる。5～11月に，ミカンヒメコナカイガラムシは3～4回，フジコナカイガラムシは3回発生する。特に夏から秋に密度が上がりやすく，果実や葉が重なった部分にいろいろな発育ステージが混在して密集することがある。

●ヤノネカイガラムシ

雌成虫は長さ3.5mmの紫褐色で矢じり状の貝殻に覆われる。一年中，カンキツの枝，葉に生息し，5月中旬～6月，7月下旬～9月に幼虫が発生する。夏以降に発生した幼虫が果実に移動し，品質低下の原因となる。また，枝葉でも本種の密度が増加すると枯死の原因となる。

【実施条件】

前提条件として，3月にマシン油乳剤を散布して，カイガラムシ類やミカンハダニの密度を低下させることが重要。春には土着天敵の発生量は少なく，不活発であるため，害虫抑制力はほとんど期待できない。一方，3月のマシン油乳剤散布は多種類の害虫に対して効果があるので，必ず実施したい防除対策

表2　ミカンハダニの主要な土着天敵

種類	特徴
カブリダニ類（図1）	カンキツ類では主にコウズケカブリダニ，ニセラーゴカブリダニ，ミヤコカブリダニが活動。雌成虫の胴長は0.4mmで涙型，体色は乳白色だが，ミカンハダニを捕食すると赤褐色を帯びる。ハダニよりも動きが速い
ダニヒメテントウ類（図2）	成虫は体長1.5mm，黒色の甲虫で，キアシクロヒメテントウとハダニクロヒメテントウの2種がいる。幼虫は全体が黒褐色，扁平で細長い。成・幼虫ともにハダニ類をよく捕食する
ハダニカブリケシハネカクシ類（図3）	成虫は体長1mm，体全体が黒色の甲虫で，国内では2種類が知られる。ハダニ密度が比較的高くなってから後に圃場周辺から飛び込んでくる。成・幼虫ともにハダニをよく捕食する

図1　ミヤコカブリダニ雌成虫（左右はミカンハダニ卵）

カンキツ（露地栽培）

図2　キアシクロヒメテントウ幼虫

図4　ベダリアテントウ成虫

図3　ミカンハダニの卵を捕食するヒメハダニカブリケシハネカクシ幼虫

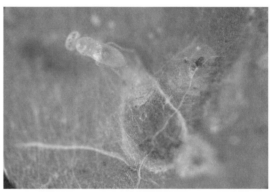

図5　ヤノネカイガラムシの未成熟雌成虫に産卵するヤノネキイロコバチ

表3　カイガラムシ類の導入天敵

対象害虫	天敵 （導入年）	天敵の特徴
イセリヤカイガラムシ	ベダリアテントウ（1911年，図4）	成虫は体長4mm，橙赤色の地色に4つの黒い斑紋があるテントウムシ。幼虫は赤褐色の扁平で細長い楕円。成・幼虫ともにイセリヤカイガラムシをよく食べる
ヤノネカイガラムシ	ヤノネキイロコバチ（図5）・ヤノネツヤコバチ（1980年）	両種とも成虫の体長1mm未満の寄生蜂。ヤノネカイガラムシ雌成虫の殻に丸い小さな穴があれば，寄生蜂の出た印。寄生蜂は5月から発生し，9，10月に最も発生数が多い

ので天敵のミヤコカブリダニに対する悪影響は小さい。

詳細は後に譲るが，本防除体系ではチャノキイロアザミウマに対する防除を化学合成殺虫剤から白色剤に置きかえることで，各種土着天敵の活動を期待している。このため，夏期には土着天敵類に影響の強い薬剤の使用を避けることが前提となる。

土着天敵による密度抑制が期待できる害虫には，ミカンハダニ，カイガラムシ類がある。ミカンハダニには多種類の天敵類が知られるが，静岡県では数種のカブリダニ類，ダニヒメテントウ類，ハダニカブリケシハネカクシ類がカンキツ園でよく観察される（表2，図1～3）。カンキツ類のカイガラムシ類に対しては，海外から天敵を導入して定着に成功し，現在でもこれらの天敵類が活動している（表3，図4，5）。

土着天敵の働きが期待できない，または十分に解明されていない害虫もある。代表的な害虫はミカン

である。

3月のマシン油乳剤散布が実施できなかった場合は，春期（4～5月）にミカンハダニに対してマシン油乳剤を必ず使用する。マシン油乳剤のなかには夏期にも使用できる剤がある。6月の散布は，ミカンハダニのほか，ミカンサビダニ，ヤノネカイガラムシ第1世代幼虫にも効果が期待できる。低濃度な

カンキツ（露地栽培）

表4 白色剤散布区と慣行防除区におけるチャノキイロアザミウマによる果実被害

圃場	区	果梗部		果頂部（前期被害）	
		被害果率(%)	被害度	被害果率(%)	被害度
A	白色剤	14.7	3.6	6.7	1.1
	慣行防除	8.0	2.2	19.3	3.2
B	白色剤	0.7	0.1	33.3	5.8
	慣行防除	1.3	0.2	48.0	9.1

注 白色剤の散布実績　圃場A：5月28日50倍，7月10日25倍，圃場B：6月8日25倍，7月16日25倍
慣行防除区の殺虫剤実績　圃場A：6月11日，7月9日，8月13日，圃場B：6月8日，6月25日，7月16日，8月16日

サビダニである。ミカンサビダニに効果の高い殺虫剤や殺ダニ剤にはハダニの天敵類に影響が強い剤があるため，6〜8月には使用を避けたい。

【実施方法】

●白色剤の散布

白色剤（商品名ホワイトコート）は，粒径45μm以下の炭酸カルシウム微粉末剤である。本剤は微粒子化により，植物体上での付着性を高めた製剤である。カンキツでは25〜50倍散布の登録がある。静岡県の主要品種である青島温州に対して6月上旬と7月中旬に散布した場合，6〜8月に3〜4回殺虫剤散布した場合と同等のチャノキイロアザミウマに対する被害抑制効果が認められている（表4）。

カンキツ類の葉や幼果は550nm（緑色）付近の波長を強く反射する。チャノキイロアザミウマの複眼は520nm（緑色）の光に最も強く反応することが確認されている。炭酸カルシウム剤は幅広い波長域の光を反射するため，白色剤を散布したカンキツ樹は通常の樹と比べて反射光の組成が大きく異なると考えられる。このため，白色剤が散布されたカンキツ樹にはチャノキイロアザミウマが飛来しにくくなり，本種による被害が抑制されると考えられる。

樹上に付着している白色剤は雨や風によって取れやすいが，雨の当たりにくい部位の果実表面には少し残る。青島温州では，6月上旬と7月中下旬の2回散布で，11月下旬の収穫時には白色剤の果実付着が大きな問題ではなかった。しかし，2回目散布を8月以降に実施すると収穫期に白斑が残りやすくなるため，推奨していない。また，青島温州よりも収穫時期の早い品種での検証が少ないので，果皮上の残存量の検証が必要である。なお，青島温州では白色剤散布による品質への影響は認められていない。

白色剤散布後にミカンハダニが増加する場合がある。その原因は明確ではないが，ミカンハダニの土着天敵カブリダニ類に対して，白色剤が何らかの悪影響を与えている可能性がある。しかし，ミカンハダニが増加した後には，捕食性甲虫類が速やかに発生して，ハダニを抑制する。

●ナギナタガヤ草生栽培

ミカンハダニの抑制には草生栽培が効果的である。下草としてはイネ科のナギナタガヤがよい。ナギナタガヤは9〜10月に播種，2〜3週間で発芽し，4〜5月に出穂，6月には枯れて敷わら状となる。ナギナタガヤはカブリダニの越冬場所となり，出穂後は増殖場所にもなっている。特にハダニ天敵類のミヤコカブリダニが増える傾向にあり，ナギナタガヤ草生栽培は夏期のハダニ増加を抑制する傾向にある。

このほか，ナギナタガヤには抑草効果，雨による土壌および肥料成分流亡抑制効果，土壌水分や地温の緩衝効果，有機物施用効果など，多面的な効果がある。

【防除体系例】

図6に防除体系の例を示した。

●薬剤と白色剤の散布

3月はマシン油乳剤を使用し，ミカンハダニ，カイガラムシ類を防除する。もし，3月に実施できない場合は，4月に必ずマシン油乳剤を散布する。

6月上旬，チャノキイロアザミウマ防除用に白色剤を散布する。白色剤は高濃度で，一度に薬剤タンクに溶かすと沈澱する場合があるため，一度バケツ内で水と十分に混和した後にタンク内の水と混ぜること，散布中は竹ぼうきなどでタンク内を攪拌することが必要である。また，スプリンクラーによる白色剤の散布は，ノズルが詰まる恐れがあるので，実施しないこと。白色剤25倍2回散布の資材費は，殺

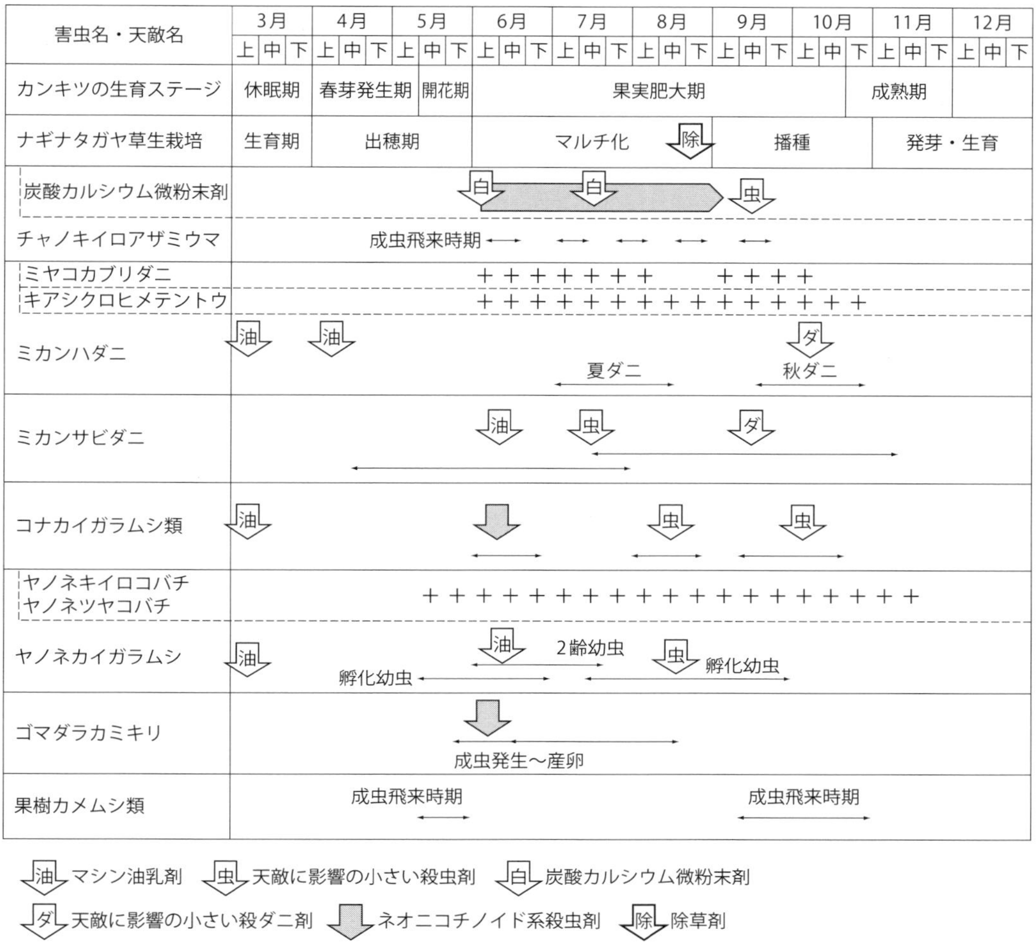

カンキツ（露地栽培）

害虫名・天敵名	3月			4月			5月			6月			7月			8月			9月			10月			11月			12月		
	上	中	下	上	中	下	上	中	下	上	中	下	上	中	下	上	中	下	上	中	下	上	中	下	上	中	下	上	中	下
カンキツの生育ステージ	休眠期			春芽発生期			開花期			果実肥大期												成熟期								
ナギナタガヤ草生栽培	生育期			出穂期						マルチ化					除				播種						発芽・生育					
炭酸カルシウム微粉末剤									白				白					虫												
チャノキイロアザミウマ				成虫飛来時期			←			→																				
ミヤコカブリダニ							＋＋＋＋＋＋＋＋									＋＋＋＋														
キアシクロヒメテントウ							＋＋＋＋＋＋＋＋＋＋＋＋＋＋																							
ミカンハダニ	油			油									夏ダニ						秋ダニ		ダ									
ミカンサビダニ									油				虫						ダ											
コナカイガラムシ類	油									↓					虫				虫											
ヤノネキイロコバチ / ヤノネツヤコバチ							＋＋＋＋＋＋＋＋＋＋＋＋＋＋＋＋＋＋＋＋＋＋＋＋＋＋																							
ヤノネカイガラムシ	油									油			2齢幼虫				虫		孵化幼虫											
										孵化幼虫 ←									→											
ゴマダラカミキリ										↓ 成虫発生～産卵																				
果樹カメムシ類				成虫飛来時期												成虫飛来時期														

↓油 マシン油乳剤　↓虫 天敵に影響の小さい殺虫剤　↓白 炭酸カルシウム微粉末剤
↓ダ 天敵に影響の小さい殺ダニ剤　↓ ネオニコチノイド系殺虫剤　↓除 除草剤

図6　白色剤を活用して土着天敵を温存する害虫防除体系の事例
天敵に影響の小さい殺虫剤の例
　チャノキイロアザミウマ：コテツフロアブル，キラップフロアブル／ミカンサビダニ：コテツフロアブル，マッチ乳剤，カスケード乳剤／カイガラムシ類：アプロードフロアブル
天敵に影響の小さい殺ダニ剤の例
　ミカンハダニ：ダニエモンフロアブル，オサダン水和剤，カネマイトフロアブル，マイトコーネフロアブル，コロマイト水和剤／ミカンサビダニ：ダニエモンフロアブル，カネマイトフロアブル，マイトコーネフロアブル，コロマイト水和剤

虫剤4回散布よりも約15％少ない。

　前年，コナカイガラムシ類が発生した圃場やゴマダラカミキリの発生が心配される場合は，6月上中旬にこれらの害虫に適用があるネオニコチノイド剤を散布する。なお，ネオニコチノイド剤は寄生蜂やテントウムシ類に悪影響があるが，6月は天敵の発生初期であるため，影響はあまり大きくない。

　ミカンサビダニやヤノネカイガラムシの発生が心配される場合は，6月中旬にマシン油乳剤を散布する。

　7月中旬に2回目の白色剤を散布する。なお，白色剤は8月以降には散布しないこと。7月以降，幼果でミカンサビダニが増加を始めるため，ミカンサビダニの発生が心配される場合は，7月に天敵類への影響の少ない剤を散布する。たとえば，殺虫剤のコテツフロアブル，マッチ乳剤など。

　8月はコナカイガラムシ類の2世代目幼虫が発生する時期。これを対象にIGR剤のアプロードフロアブルを散布する。なお，アプロードフロアブルは，カブリダニ類や寄生蜂には影響しないが，テントウムシ類の幼虫には影響がある。

　9月は白色剤の効果が低下してくるので，この時

カンキツ（露地栽培）

期にチャノキイロアザミウマが発生する地域では殺虫剤を散布する。

9月はミカンハダニとミカンサビダニが果実上で増加する時期である。ミカンハダニはまだ天敵類が活動する時期であるので，密度抑制が期待できる。しかし，ミカンサビダニは9月も密度を増加させ，特に高温乾燥の年は多発しやすいため，被害が懸念される場合はサビダニ用の薬剤防除を実施する。

また，9月はコナカイガラムシ類の3世代目がダラダラと発生する。いろいろな発育ステージが混在するため殺虫剤の効果が上がりにくいが，摘果時に目立つ場合は殺虫剤を散布する。

ほかに年によっては果樹カメムシ類が飛来して果実を加害する場合がある。病害虫防除所の発生予察情報において多発が予想される場合は，圃場内を見回り，発生を確認した場合はネオニコチノイド剤や合成ピレスロイド剤を散布する。これらの殺虫剤は土着天敵類に影響が強いため，ミカンハダニやコナカイガラムシ類の増加に注意する。

殺菌剤については慣行防除剤を使用する。

● ナギナタガヤの播種

ナギナタガヤの草生栽培を行なう場合，播種前に茎葉処理剤で除草した後に，ナギナタガヤの種子10a当たり3kgを播種する。1～2週間後には発芽し，秋には緑のじゅうたん状となり，冬を越す。

2月下旬から草丈が伸び，4月上旬には50cm程度で出穂する。5～6月には倒れて敷わら状に畑を覆い，雑草の発生を抑制する。

2年目以降は半量1.5kgを播種する。なお，斜面では倒れたナギナタガヤは滑りやすいため，平坦地の利用に限ったほうがよい。

ナギナタガヤ種子は1kg当たり4,500円程度かかるが，除草剤や除草作業の労賃を考えた場合，慣行の清耕栽培のコストより2～4割削減できるとの試算がある。

【検討課題】

白色剤（商品名ホワイトコート）の登録上の希釈倍数は現在25～50倍であるが，より低濃度でも効果があがる可能性がある。スピードスプレーヤを用いて散布する場合は，沈澱の問題を解決するために，より低濃度の適用が必要と思われる。

カンキツ類で問題となっているコナカイガラムシ類については，寄生蜂の種構成が把握されていない。今後，コナカイガラムシ類の密度抑制に有効な寄生蜂を特定し，その蜂の発生生態や各種農薬の影響を把握できれば，コナカイガラムシ類を低密度に維持できる防除体系を実現できる。

抑草効果のある下草はナギナタガヤ以外にも多種類知られ，水田の法面に利用されている。ナギナタガヤは傾斜地に適さないことから，他種の検討が必要であるが，その際には，害虫や天敵類への影響とともに評価する必要がある。

（片山晴喜）

カンキツ（露地栽培）
物理的・耕種的・生物的防除法を駆使した減農薬体系

愛媛

- ◆**主な有用天敵**：昆虫病原糸状菌（ボーベリア・ブロンニアティ），カブリダニ類，ナガヒシダニ類，ヤノネキイロコバチ，ヤノネツヤコバチ
- ◆**主な対象害虫**：ゴマダラカミキリ，ミカンハダニ，ミカンサビダニ，カイガラムシ類，チャノキイロアザミウマ
- ◆**キーワード**：マシン油乳剤／タマネギネット／光反射フィルム

【ねらいと特徴】

　カンキツで減農薬を目指した防除について紹介する。この方法は，カンキツ園で実用的と考えられる農薬以外の防除対策を積極的に導入して農薬の散布回数をできるだけ少なくした防除法を目標にしている。ただし，この方法では現在の「高品位果実」の生産を維持することは難しいと思われる。

　カンキツの害虫での天敵利用は，特に外国から導入した天敵を永続的に利用する方法で多くの成功例がある。イセリヤカイガラムシ，ルビーロウムシ，ミカントゲコナジラミ，ヤノネカイガラムシなどの害虫は，これにより低密度で抑えられている。また，土着の天敵を保護し，有効に活用することも大切である。最近，効果の高い天敵を大量に放飼する方法が，一部の害虫で実用化されており，将来的には多くの害虫で実用化されることが期待されている。

　一般に天敵は農薬の影響を受けやすく，農薬を多用している園では農薬を使用しない園に比べて天敵相が貧弱である。現在使用されている農薬は，いずれも天敵に悪影響があると考えられるが，物理的防除薬剤やIGR剤は比較的影響が少ないとされており，こうした剤を有効に活用することが望ましい。

　天敵に悪影響の強い農薬は，害虫が異常に発生（リサージェンス現象）し，結果的に散布回数を多くする原因となるので，使用を制限する。

　害虫に薬剤抵抗性の発達した薬剤の使用は，効果不足とともに散布回数を多くする原因となるので，薬剤の効果や特性を十分に把握して適正な薬剤を選択する。

　越冬期に散布するマシン油乳剤は，ハダニ類，カイガラムシ類やコナジラミ類などの多くの害虫に高い効果を示すことがよく知られている。冬期のマシン油乳剤散布が天敵に与える影響を調べた結果を図1に示した。

　一般に，定着型の天敵と呼ばれるカブリダニ類やナガヒシダニ類などは，農薬の影響を受けやすいと考えられている。マシン油乳剤の散布園では，無散布園に比べて両種の天敵の発生量は少ない。しかし，これらの天敵類は，ミカンハダニの発生が多くなるとともに発生が見られ，ミカンハダニの発生を抑制している。そのため，マシン油乳剤の冬期散布は，天敵に対して大きな影響はないと見られ，農薬を削減した防除体系において，基幹となる害虫の総合防除薬剤と位置づける必要がある。

　物理的防除資材などを利用する。特に，飛来性害虫の外部からの侵入の阻止や行動制御をねらった方法で顕著な効果が期待できる場合が多いので積極的に活用する。

　発生予察法も活用する。また，主要害虫の被害解析に関する研究も多く行なわれ，被害許容水準や要防除密度なども十分ではないが設定されている。それらを活用して，主要害虫の発生時期や発生量を的確に把握し，必要最少限度の薬剤散布で効率的な防除を行なう。

【年間の害虫発生の推移】

　カンキツ類を加害する害虫は，250種類以上が知られている。これらのなかで，毎年の発生が多く，

カンキツ（露地栽培）

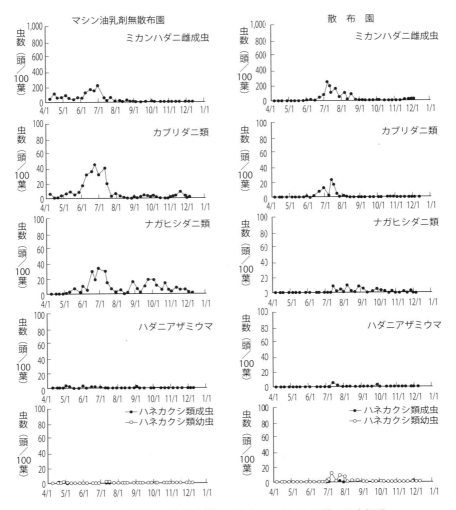

図1　冬期マシン油乳剤散布園と無散布園でのミカンハダニと天敵の発生経過

実質被害が大きい害虫には，ミカンハダニ，ミカンサビダニ，チャノキイロアザミウマ，ゴマダラカミキリ，訪花害虫（コアオハナムグリ，ケシキスイなど），ヤノネカイガラムシなどがあげられる。このため，多くの栽培園では，これらの害虫を対象にして防除が行なわれている例が多い。

ミカンハダニは，6～10月の高温時期に短期間で世代を繰り返して急激に密度を高める。年間の発生は，6～8月と9～11月の2回大きな山があるのが一般的である。

ミカンサビダニは，6月中旬ころから葉で急激に密度が高くなり，6月下旬から7月に最も密度が高くなる。葉で増殖したミカンサビダニは，6月中旬ころから果実へも移動して増殖し，7月中旬から9月に多くの寄生が見られる。

ゴマダラカミキリの成虫は1～2年に1回発生するが，発生時期は地域により異なる。一般に暖地での発生は5月下旬からで，6月中旬がピークとなって7月上旬ころまで続く。

チャノキイロアザミウマは，3月下旬から4月ころに越冬場所を出て各種の植物に産卵する。カンキツ園には新葉が発生する4月上旬ころから飛来が始まり，5月中旬から6月上旬に第1世代が，続いて6月中下旬には第2世代が現われる。第3世代の成虫は7月中旬ころに出現する。

ヤノネカイガラムシは，第1世代が5～6月，第2世代が7～8月，第3世代が9～11月に発生する。ただし，第3世代の発生量は少ない。

このほかに，カメムシ類，果実吸蛾類，ハマキムシ類のように直接果実を加害して商品価値をなくす害虫もある。しかし，カキノヘタムシガやシンクイムシなどのように，防除をしないと毎年の発生が多くて致命的な被害を与える害虫は，ほかの果樹に比べて少ない。したがって，カンキツ類は，比較的減農薬を実践しやすい果樹の1つと考えられる。

【実施条件】

カンキツの安定生産と高品位果実生産は，その多くの部分を農薬に依存していることは事実であろう。しかし，一方では，社会的にも農薬の功罪が大きく取り上げられ，環境保全や消費者の安全志向の面から農薬の散布をできるだけ少なくしていく必要がある。ただし，農薬の散布回数や量を削減させることで大幅な収量減や品質の低下をまねくことは，近未来においても許されないと考えられ，農薬に代わるなんらかの対策が必要となる。

化学農薬以外の防除法としては，天敵などを利用した生物的防除法，耕種的防除法や物理的防除法などがあり，これらの方法も相当以前から検討されており，このなかには実用的な対策も開発されている。

しかし，これらの方法は化学農薬に比べて防除効果が劣ったり，化学農薬と天敵などのように併用が難しい，経費が高い，労力がかかる，などの理由で現場で受け入れられていない技術も多い。また，個々の害虫には有効な技術であっても，病害虫全体の防除を組み合わせた場合には効果が上がらなかったり，効果の程度が不明だったりするため実践できない場合もある。

対象とする病害虫の農薬散布を中止することで，同時に防除されていた病害虫が顕在化する危険性もある。

【実施方法】

●ゴマダラカミキリ

天敵利用，物理的防除法や耕種的防除法を導入する。

◎発生動向と薬剤による防除

ゴマダラカミキリは，別名「テッポウムシ」とも呼ばれ，幼虫が主幹部や根部に食入して樹を衰弱させたり枯死させたりするため，経済的被害の大きい害虫である。また，カンキツ類では，幼虫による被害のほかに成虫が葉，幹や枝の樹皮を食害（後食）して，激しい場合には被害枝が枯れ込むことがある。特に幼木や高接ぎ樹では整枝上無視できないことがあり，徹底した防除が必要な最重要害虫の1つである。

近年，本種に効果の高いネオニコチノイド剤などが開発され，多発地域・園では成・幼虫を対象に徹底した防除が行なわれ，以前に比べて被害が少なくなっている。しかし，無防除園などでは密度が高く大きな被害を受けている。最近，耕作放棄園や管理不良園がパッチ状に多くなってきており，こうした園が本種の発生源となって成虫が周辺の園に飛来して被害を及ぼす事例が多く見られる。また，被害は

表1　カンキツ樹の株元に各種資材を処理した場合の成虫の捕獲および産卵数（1994年）

ネットの種類	糸の径(mm)	成虫の捕獲虫数			産卵数			
		雄	雌	合計	被覆部より上部	被覆部	被覆部より下部	合計
Mネット	0.08	1	28	29	0	11	0	11
	0.10	7	45	52	0	8	1	9
	0.13	6	30	36	0	11	0	11
	0.15	4	31	35	0	7	0	7
Kネット		1	5	6	0	15	0	15
タマネギネット		0	1	1	12	0	2	14
金網		0	0	0	2	0	0	2
無処理		—	—	—	—	—	—	38

注　各資材は6月29日に設置し，8月26日までの間にほぼ1週間間隔で計8回，捕獲虫および産卵数を調査した

カンキツ（露地栽培）

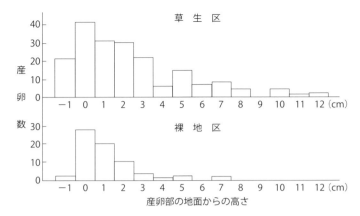

図2　カンキツ園での草生および裸地におけるゴマダラカミキリの産卵数（池内ら，1993）
4年生温州を植栽した大型網室内にゴマダラカミキリ雌雄各38頭を放し飼いし，各区10樹について調査

カンキツの品種で差があるらしく，特に本県で生産量の多い宮内伊予柑やポンカンなどでは多くの被害を受ける傾向がある。これに対して甘夏柑や八朔など樹勢の強い品種での被害は少ない傾向がある。

ゴマダラカミキリの防除は，一般に成虫の発生最盛期と若齢幼虫期に農薬を散布する方法がとられている。しかし，現在使用されている薬剤の残効期間が短いのに対して成虫の発生期間が長いこと，移動力が大きくて外部から新しい成虫が次々と飛来してくること，幼虫が幹や根の内部に深く食い入るので薬剤がかかりにくいなどから，薬剤による防除が難しい害虫となっている。

今後，農薬の散布回数を少なくすることで最も問題となる害虫と考えられる。

◎バイオリサ・カミキリの利用

昆虫病原糸状菌（ボーベリア・ブロンニアティ）が本種の成虫に高い殺虫効果があることが発見されて製剤化され，一般に普及するようになった。現在の処理法は，菌を不織布に増殖させた製剤を株元に巻き付ける方法が一般的である。

成虫が本菌に感染してから死亡するまでに7〜10日程度かかり遅効的であるが，製剤の効果は30日以上期待できる。成虫の羽化脱出は，前記のように愛媛県などでは，一般に5月下旬から始まって約40日間続く。したがって，製剤の処理時期は，発生初期の5月下旬〜6月上旬が適当である。

成虫の移動力が大きく，効果が遅効的であることから，本製剤利用による防除は広域での一斉処理が望ましく，また連年処理する必要がある。

◎物理的防除法

物理的防除手段としては，人手による成・幼虫の捕殺，網などの資材を利用した産卵防止・成虫の捕殺がある。

人手による成・幼虫の捕殺では，成虫の捕殺については効果が高いとする意見と，連年実施しても捕殺数が減らないことから効果を疑問視する意見がある。しかし，羽化直後の成虫を大量に捕殺できれば効果はあると思われる。そのためには，成虫の羽化時期に地域全体での徹底した取組みが必要である。一方，幼虫の刺・捕殺は，被害の直接の軽減につながり，薬剤の効果が低い老熟幼虫に対しても有効であることから，きわめて実用的な防除手段である。

網などの資材を利用した産卵防止法がある。このなかで，主な産卵部位となる主幹下部を細かい目の金網や簡易な資材ではポリエチレン製の網袋（通称「タマネギネット」）などで覆う方法が有効である（表1）。

網などの資材を利用した成虫の捕殺法がある。これは樹の地際部に各種資材を設置して，産卵防止と同時に主に産卵にきた成虫をからめとる目的で行なわれ，商品化されているものがある。資材は，漁網などのような網状のものが主体であり，捕獲効率を

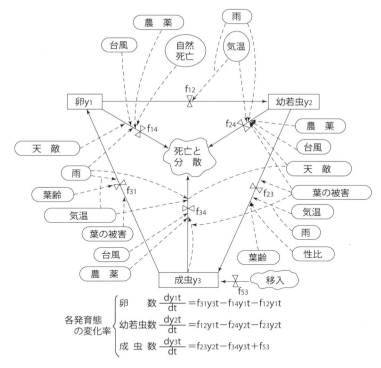

図3　ミカンハダニの発生予察用のシミュレーション・モデル

高めるには素材のほかに網目幅が重要で20mm目合い程度が適切と考えられる。切れやすい糸や太めの糸では捕獲率が劣る。

草生栽培園では，裸地栽培園に比べて本種の産卵が多い傾向が見られる（図2）ので，特に6月下旬〜7月の産卵時期には，株元の除草に努めることが肝要。

●ダニ類

防除の中心をミカンハダニからミカンサビダニに転換する。現在のダニ類の防除は，ミカンハダニを中心に行なっている例が多いが，今後薬剤の散布を削減していくなかでは，ミカンサビダニやチャノホコリダニなどの直接実害の大きいダニ類の被害防止をねらった年間の防除体系が必要となる。

◎ミカンハダニ

一般に，ミカンハダニは，農薬を散布しない園では発生が少ない。これは，ミカンハダニには多くの土着天敵が存在していて，低密度に抑えられているからである。これに対して，農薬を多く散布する園では，天敵の発生量が少なくなり，これにともなってミカンハダニが多発することが多く，かえって防除回数が多くなっている。

農薬のなかには天敵に悪影響を及ぼす剤があり，天敵を保護・利用するためにできるかぎり使用をひかえる。特に天敵の活動が活発な7〜8月には使用しないように配慮する。

ミカンハダニの防除は現在，冬期の12月下旬〜1月または発芽前の2月下旬〜3月にマシン油乳剤の40〜50倍を散布し，6〜8月に2回，9〜11月に1回の殺ダニ剤を散布するのが一般的であり，カンキツ害虫のなかでは最も農薬の使用頻度が高い。したがって，ダニ類の防除回数が減少できると，年間の総防除回数をかなり削減できることになる。

薬剤の散布回数を減少させる見地からは，ミカンハダニの被害の許容水準を再考していく必要がある。ミカンハダニの防除は現在，各種の被害解析的な研究から，実質被害を回避するには年間の葉の被害指数を60以下に抑える体系がとられている。

ミカンハダニの年間の発生経過や発生量は，年次，地域や薬剤散布経過などにより大きく異なる。防除の成果を上げるとともに防除回数を減少させるためにも，発生を的確にとらえ，適期に防除するこ

カンキツ（露地栽培）

ミカンハダニの発生予察技術としては，発生動態をシステムとしてモデル化し，パソコンなどを利用して発生をシミュレーションする方法が開発されており（図3），有効に活用していくことが望まれる。

◎抵抗性の発達と薬剤選択

ミカンハダニは薬剤抵抗性が発達しやすい。抵抗性が発達した薬剤の使用は，次回の散布間隔を短くして散布回数を多くする原因にもなる。薬剤の特性を十分に把握して，的確な薬剤を選択することが，防除回数の低減につながる。

6月に使用される薬剤には，夏期散布用のマシン油乳剤の利用が増加してきている。マシン油乳剤は，ミカンハダニの抵抗性の発達のために有効な薬剤が少なくなるなかで，安定した効果が期待できる。また，天敵に対しても悪影響が少ないとみられるので，積極的に活用する。この時期のマシン油乳剤は使用濃度は薄いが，ヤノネカイガラムシやコナジラミ類の若齢幼虫にもある程度の効果が期待できる。ただし，コナカイガラムシ類，ロウムシ類，サビダニ類に対する効果は低い。

◎ミカンサビダニ

果実に被害を受けると商品価値がほとんどなくなり，被害がきわめて甚大である。また，増殖力がきわめて旺盛な害虫であり，とりわけ放任園や管理不良園，農薬散布の少ない園などではしばしばミカンサビダニが多発する。

ミカンサビダニに対する防除圧を緩めると，ゴマダラカミキリと同様に急激に密度を高めて甚大な被害を受けるため，最も注意の必要な害虫である。

ミカンサビダニの防除は，一般にミカンハダニと同薬剤で同時に行なわれている。また，黒点病の防除薬剤のジチオカーバメート系剤の効果が高く，同時に防除されている。

各地でミカンサビダニの被害が多くなったのは，最近，ジチオカーバメート系剤に対して薬剤抵抗性が発達したこと，全体的に本種に有効な薬剤の散布回数が少なくなったためである。

ミカンサビダニは，体長が0.2mm前後と微細であり，的確な発生予察技術が確立されていないので，予防的な防除が必要である。

●カイガラムシ類

越冬期防除の徹底と6月防除を中心に行ない，天敵に影響の少ない薬剤を選択使用する。

ヤノネカイガラムシの被害がカイガラムシのなかで最も大きく，昔から大害虫として恐れられてきた。近年の有機合成農薬の開発と発生予察の技術向上によって，効率的な防除ができるようになり，実質被害を受けない程度の低密度に抑えられているが，防除の手を緩めると，放任園などで見られるように急激に密度を高めて大きな被害を与える潜在的な重要害虫として注意が必要である。

現在，前年の寄生果率が0.2％以上の園では，越冬期（マシン油乳剤）と第1世代の6月中下旬，第2世代の幼虫発生期の8月中下旬に防除を，0.2％未満の園では越冬期と第1世代の防除が必要とされている。

幼虫発生期の防除薬剤は有機リン剤やIGR剤が主体であり，この防除で他のカイガラムシ類やコナジラミ類などの多くの害虫が同時に防除されている。特に6月中下旬には他の害虫の発生も多く，重要な基幹防除となるものであるが，同時に天敵にも大きな影響を与えていると見られる。

IGR系などカイガラムシ類やコナジラミ類の防除薬剤のなかには，天敵に影響が少ないとされている薬剤があるので，これらを効果的に使用して各種天敵の保護に努める。

ヤノネカイガラムシの天敵としては，中国からヤノネキイロコバチとヤノネツヤコバチが導入され，特に薬剤無散布園などではきわめて高い防除効果が認められており，保護利用に努める。

●チャノキイロアザミウマ

物理的防除と耕種的防除を中心に防除する。物理的な防除手段には光反射フィルムの利用がある。アルミ蒸着フィルム，近紫外線カットフィルム，白色多孔質シートなどの光反射フィルムを樹冠下に被覆すると被害防止の効果が高い。これは，高品質果実生産にもつながるので積極的に導入する。

チャノキイロアザミウマは寄主植物が多く，カンキツ園の防風林として使用されているイヌマキやサンゴジュが大きな増殖源となることが多いので，ほかの樹木や防風ネットにすることが望ましい。この

カンキツ（露地栽培）

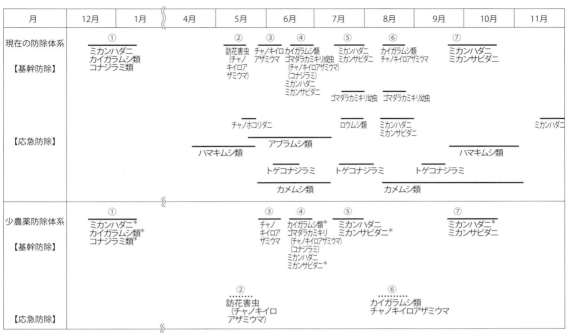

＊重要害虫の防除。（　）内の害虫は同時防除が可能

図4　カンキツ類害虫の少農薬防除体系（案）

ほか，周囲にブドウ園，ナシ園やキウイフルーツ園があるとカンキツ園への飛来数が多くなるので，何らかの対策を講じる必要がある。

チャノキイロアザミウマの被害や発生量は，品種や地域間で差が大きく，また発生量は年次による差が大きい。発生を的確に把握して適期に薬剤を散布することで，効率的な防除を行なうとともに散布回数の削減を図る。

発生予察には，粘着トラップを用いる方法や果実の寄生状況を調査する方法がある。なお，寄生果率で防除を判断する基準があり，寄生果率が7〜8％に達した時期に薬剤を散布する。ただし，幼果期の被害は激しいので，やや早めの対応が必要である。

現在，チャノキイロアザミウマに対する防除薬剤は，一般に天敵にも悪影響の強い薬剤が多く使用されており，今後使用薬剤の選択が必要である。

【防除体系例】

減農薬を目指した私案の防除対策と現行の防除体系を図4に示した。しかし，防除の対象となる害虫の種類や発生量は地域間で異なるので，地域に適した基準を作成することが最も大切である。

農薬を多用してきた園地では，一般に害虫相に偏りがあり，天敵の密度も低い。このため，防除方法を大幅に変更すると，増殖力の強い潜在的な害虫が一気に顕在化してくることが考えられるので，適宜応急防除を組み込みながら，年数をかけて徐々に目標の体系にもっていく努力が必要である。

また，当然のことであるが，その過程で，体系の見直しや変更も必要である。

【検討課題】

個々の主要害虫については，農薬以外に多方面からの防除対策が検討され実用的なものがある。しかし，これらの技術を総合的に組み立てて，大規模な条件で実証した例が少なく，効果など不明な点も多く残されている。

特に，天敵の効果については，減農薬の体系でどの程度期待できるか不明であり，検討課題である。

（荻原洋晶）

ブドウ（施設栽培）
ハダニ類，ハスモンヨトウ，チャノコカクモンハマキの総合防除
―― 大阪府羽曳野市

◆主な有用天敵：ミヤコカブリダニ
◆主な対象害虫：ハダニ類（カンザワハダニ），クワコナカイガラムシ，ハスモンヨトウ，チャノコカクモンハマキ
◆キーワード：カブリダニ類に影響の小さい殺虫剤／樹幹塗布／農薬成分回数半分以下（慣行体系比）／天敵放飼・性フェロモン剤処理時間 18 〜 20 分 /10a/ 人（省力的）／高品質果実（果実の汚れ，果粉溶脱なし）／高収益

経営概要

作目：ブドウ
品種：デラウェア
作付面積：184ha（羽曳野市），1戸当たり平均 0.9ha，専作農家平均1.0ha
栽培概要：ビニール被覆時期と加温時期を調整して超早期加温栽培から露地栽培まで，収穫期間は5月上旬〜8月
労力：専作農家で2人（繁忙期に雇用1〜2人）
平均収量：1,300 〜 1,700kg/10a

【地域条件】

◎気象と産地の概要

南河内地域の年間の平均気温は15.5℃，平均降水量は1,140 〜 1,185mm，平均日照時間は1,900 〜 2,000時間と比較的温暖な気象条件である。

2014年における大阪府のブドウ結果樹面積は428ha，収穫量は5,220tで，収穫量は山梨県，長野県，山形県，岡山県，福岡県，北海道に次いで全国第7位である。なかでも，羽曳野市は結果樹面積が184haあり，府内の栽培面積の43％を占めている。羽曳野市を含む南河内地域は，デラウェアが1915（大正4）年には栽培されており，その栽培技術，面積ともに代表的な産地として有名である。

主要品種のデラウェアは結果樹面積の約85％を占めるが，最近では大粒系品種への転換が進んでいる。ハウス栽培は結果樹面積の約70％を占め，デラウェアではビニール被覆時期および加温時期を調整して作型（図1）を組み合わせることにより，ジベレリン処理および収穫作業の労力を分散している。1戸当たりの栽培面積は平均0.9ha，10a当たりの平均収穫量は1,300 〜 1,700kgである。

◎大阪エコ農産物認証制度

大阪府では，2001年から農薬と化学肥料の使用量を慣行栽培の5割以下に削減して栽培した農作物を，府が市町村と連携して「大阪エコ農産物」として認証する制度を設けている。

大阪エコ農産物の栽培基準では，デラウェア（露

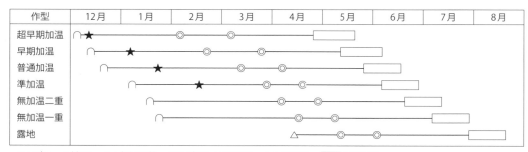

∩：ビニール被覆，★：加温開始，◎：ジベレリン処理，△：萌芽期，□：収穫期

図1　大阪府におけるデラウェアの作型

ブドウ（施設栽培）

表1　ブドウ（デラウェア）の害虫（●は重要害虫）

ハウスブドウ		露地ブドウ
加温ハウス	無加温ハウス	
●ハダニ類	●ハダニ類	●チャノキイロアザミウマ
●クワコナカイガラムシ	●クワコナカイガラムシ	クワゴマダラヒトリ
ハマキムシ類	ハマキムシ類	ハマキムシ類
アカガネサルハムシ	アカガネサルハムシ	アカガネサルハムシ
クワゴマダラヒトリ	クワゴマダラヒトリ	クワコナカイガラムシ
ブドウスカシバ	ブドウスカシバ	フタテンヒメヨコバイ
モンキクロノメイガ	チャノキイロアザミウマ	コガネムシ類
トビイロトラガ	トビイロトラガ	ブドウスカシバ
ハスモンヨトウ	ハスモンヨトウ	トビイロトラガ
フタテンヒメヨコバイ	フタテンヒメヨコバイ	ブドウスカシクロバ
ブドウトラカミキリ	ブドウトラカミキリ	コウモリガ
ブドウヒメハダニ	コウモリガ	モモノゴマダラノメイガ
	ブドウヒメハダニ	クビアカスカシバ
	ブドウハモグリダニ	ブドウトラカミキリ
		果樹カメムシ類
		ブドウヒメハダニ
		ハスモンヨトウ
		アメリカシロヒトリ

地），デラウェア（施設），デラウェア以外（露地），デラウェア以外（施設）の農薬上限使用延べ成分回数（栽培期間中に使用できる農薬の回数。ただし，農薬の回数は成分回数で，たとえば2成分を含む農薬は2回と数える）が，それぞれ11回，10回，12回，10回と定められている。これらの基準をクリアするためには，ブドウにおいても天敵や性フェロモン剤など，総合的な害虫防除資材を積極的に導入する必要がある。

【年間の害虫発生と対策】

●主要害虫

ブドウにおいて問題となる害虫は比較的少ない。また，害虫相（表1）はハウスブドウと露地ブドウで異なり，ハウスブドウでも加温ハウスと無加温ハウスでは異なる。

加温ハウスの主要害虫はハダニ類（カンザワハダニ主体）とクワコナカイガラムシで，園によってハマキムシ類，アカガネサルハムシ，クワゴマダラヒトリなどが問題になり，近年はチャノコカクモンハマキの発生が増加傾向である。ハウス内は温度が保たれているため，3～4月はハダニ類にとって非常に好適な環境である。ハスモンヨトウは元来，ブドウをそれほど好まず，近年の発生は減少傾向であるが，加温ハウスではビニール被覆後に成虫が羽化し，次世代幼虫が新梢を食害し，園によって突発的に発生する。

無加温ハウスでもハダニ類（カンザワハダニ主体）とクワコナカイガラムシが主要害虫であり，そのほかにハマキムシ類，アカガネサルハムシ，クワゴマダラヒトリなどが問題になる。

一方，露地ブドウではチャノキイロアザミウマが最重要害虫であり，クワゴマダラヒトリ，ハマキムシ類，ブドウスカシバなどのチョウ類，アカガネサルハムシ，クワコナカイガラムシ，フタテンヒメヨコバイ，コガネムシ類などがこれに次ぐ。ハダニ類はほとんど問題にならない。

以上のように，加温ハウスでは害虫が比較的少なく，主にハダニ類と園によってはクワコナカイガラムシが問題となり，総合的な害虫防除技術を導入しやすい条件である。

ハダニ類，ハスモンヨトウ，チャノコカクモンハマキについては項を改めて述べる。以下ではそれ以

外の病気・害虫について防除のポイントを示す。

● チャノキイロアザミウマへの対策

　チャノキイロアザミウマは果実表面を褐変させて商品価値を低下させる重要害虫である。本種に対しては予察資材である黄色粘着トラップをハウス内に設置し，誘殺された成虫数を7日間隔で調査することにより発生状況を把握し，誘殺数が多い場合には防除を実施する。

　その場合には，ブドウのチャノキイロアザミウマに対して農薬登録があり，カブリダニ類に対して悪影響が小さいネオニコチノイド系殺虫剤（スタークル顆粒水溶剤，アルバリン顆粒水溶剤，アドマイヤーフロアブル，モスピラン顆粒水溶剤など）を散布することで高い防除効果が得られる。

　なお，加温ハウスのデラウェアでは，本種成虫の誘殺が12～3月にはほとんど認められず，誘殺数は4～5月に増加することに加え，4～5月のデラウェアは果実肥大期～収穫直前であり，4月以降に発生が増加しても果実への被害がほとんどないことから，一般的には薬剤防除は不要である。

　被害が多発する場合にはハウス内の越冬量が多いことが考えられるため，ビニール被覆前後の落葉処理や除草を徹底することにより発生を抑える。

● クワコナカイガラムシへの対策

　ハウスブドウではコナカイガラムシ類，特にクワコナカイガラムシの発生が増加傾向である。

　カブリダニ類と性フェロモン剤を導入しているハウスブドウで発生が多い場合には，カブリダニ類に対して悪影響が小さいネオニコチノイド系のスタークル顆粒水溶剤またはアルバリン顆粒水溶剤の樹幹塗布が有効である。幼果期（ただし収穫30日前まで）までに樹当たり20～40gの薬剤を本剤1g当たり水1mlの割合で混合し，主幹から主枝の粗皮を環状に剥いだ部分に塗布する。

　また，コルト顆粒水和剤やネオニコチノイド系殺虫剤（モスピラン顆粒水溶剤，スタークル顆粒水溶剤，アルバリン顆粒水溶剤など）を散布することで高い防除効果が得られる。

● チョウ目害虫への対策

　ハウスブドウではクワゴマダラヒトリ，ブドウスカシバ，トビイロトラガに加えて最近，モモノゴマダラノメイガなど葉や果実を食害するチョウ目害虫の発生が増加傾向である。特に，カブリダニ類と性フェロモン剤を導入している加温ハウスでは3月末ころからクワゴマダラヒトリやトビイロトラガが発生し，葉を激しく食害する場合がある。

　その場合には，果樹類のケムシ類に対して農薬登録があり，カブリダニ類に対して悪影響が小さいフェニックスフロアブルまたはBT剤（デルフィン顆粒水和剤またはファイブスター顆粒水和剤）を散布することで高い防除効果が得られる。

● ブドウトラカミキリへの対策

　ハウスブドウではブドウトラカミキリの発生が減少傾向である。

　これまで，本種に対しては10月上中旬にトラサイドA乳剤が散布されてきた。しかし，トラサイドA乳剤は有機リン系のMEPとマラソンの2成分を含む殺虫剤であるため，農薬上限使用延べ成分回数が定められている大阪エコ農産物のブドウでは使用しにくい殺虫剤の1つである。

　その場合には，ネオニコチノイド系のモスピラン顆粒水溶剤などを散布することで対応する。

● アカガネサルハムシへの対策

　ハウスブドウではアカガネサルハムシの発生が増加傾向で，3月ころから新梢が食害される場合がある。

　本種に対する登録薬剤はスミチオン水和剤のみであるが，小粒種であるデラウェアの使用時期は収穫90日前までであるため，実質的に生育期の散布は不可能である。今後，本種に対して防除効果が高く，カブリダニ類に対して悪影響の小さい殺虫剤の農薬登録を推進する必要がある。

● 病害についての考え方

　ブドウの主要病害には灰色かび病，べと病などがあるが，ハウス栽培のデラウェアでは大きな問題にはならない。

　また，ブドウに登録のあるほとんどの殺菌剤はカブリダニ類に対する悪影響が小さく，併用が可能である。

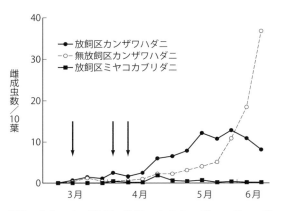

図2 ミヤコカブリダニ放飼によるカンザワハダニの防除効果（2007年）
矢印：ミヤコカブリダニ放飼

【総合防除導入例】

●ハダニ類に対する天敵の導入

ハダニ類（カンザワハダニ主体）は加温ハウスでは2～3月から発生が始まり，4月に多発して早期落葉，果実の着色不良・糖度不足などを引き起こすが，収穫期に近く，果実の汚れや果粉溶脱の問題により薬剤散布ができないため，防除に苦慮している。

施設栽培果樹類のハダニ類に対して捕食性天敵のチリカブリダニとミヤコカブリダニが農薬登録されており，ハウスブドウにおいて使用できる。近年ではミヤコカブリダニの導入が進んでいる。

●ミヤコカブリダニの導入事例

◎ミヤコカブリダニボトル剤

2007年3～6月，羽曳野市の農家ハウス圃場での事例を紹介する。圃場面積は放飼区20a，慣行防除区10a，品種はデラウェアで，作型は普通加温栽培（1月27日加温開始）であった。

・ミヤコカブリダニ（スパイカルEX）は3月16日，4月3日，10日の3回，100個体/樹をボトル内の増量資材とともにティッシュペーパーに包んでブドウ亜主枝の分岐点80か所/10aに置く方法により放飼した。

・その結果，放飼区ではカンザワハダニが5月29日に12.9個体/10葉の発生ピークとなったが，6月12日には8.2個体/10葉となり，6月12日の無放飼区の36.9個体/10葉と比較して防除効果が認められた（図2）。

◎ミヤコカブリダニパック剤

2012年3～6月，大阪狭山市の農家ハウス圃場での事例を紹介する。圃場面積はパック剤区850m²，ボトル剤区420m²，品種は多品種混植で，作型は普通加温栽培（1月20～25日加温開始）であった。

・ミヤコカブリダニのパック剤（スパイカルプラス）は3月8日，100パック/10aをハウス内で均一になるように亜主枝に吊り下げて放飼，ボトル剤（スパイカルEX）は3月8日，4月12日の2回，240個体/樹をボトル内の増量資材とともにティッシュペーパーに包んでブドウ亜主枝の分岐点に置く方法により放飼した。

・その結果，パック剤区では処理64日後（5月11日）の調査時までカンザワハダニの発生が認められなかったが，ボトル剤区では処理64日後（5月11日）の調査時にカンザワハダニの発生が認められ，殺ダニ剤のマイトコーネフロアブルが散布されたことから，ミヤコカブリダニのパック剤1回放飼によるカンザワハダニの防除効果はボトル剤2回放飼と同等ないしやや優れていた（表2）。

以上のように，加温ハウスではミヤコカブリダニの適期放飼によりカンザワハダニに対して優れた防除効果が得られた。加温ハウスは12～3月でも夜温が9～18℃に保たれ，また4月上旬の換気開始時まで湿度が高く保たれることにより，ミヤコカブリダニの活動に適していることが指摘できる。

ミヤコカブリダニのパック剤はボトル剤と比較し

表2 ブドウ60葉当たりカンザワハダニ雌虫数およびミヤコカブリダニ雌成虫数

試験区	放飼量・回数		処理直前 (3/8)	処理35日後 (4/12)	処理64日後 (5/11)	処理92日後 (6/8)
ミヤコカブリダニ パック剤	100パック/10a 1回放飼	カンザワハダニ	0	0	0	86
		ミヤコカブリダニ		0	0	3
ミヤコカブリダニ ボトル剤	2400頭/10樹 2回放飼	カンザワハダニ	0	0	3	0
		ミヤコカブリダニ		0	0	0

て防除効果が優れており，放飼時の作業も省力化できる。パック剤の防除効果が優れる理由としては，カブリダニがパック内に生息するため，作物上のハダニ類や花粉など餌不足，施設内の湿度低下，薬剤散布，摘葉・摘心作業によるカブリダニの施設外への持ち出しなどの影響を受けにくいことがあげられる。なお，放飼時の工夫としては，カンザワハダニが加温機や温風ダクト吹出し口周辺の高温乾燥になる場所で多発するため，その付近に多めに放飼する。

ミヤコカブリダニを放飼したハウスでハダニ類の密度が高まった場合には，ミヤコカブリダニに対して悪影響が小さいマイトコーネフロアブル，カネマイトフロアブル，スターマイトフロアブル，ダニサラバフロアブルなどの殺ダニ剤との併用による防除が可能である。

●ハスモンヨトウに対する性フェロモン剤の導入

加温ハウスでは厳冬期前にビニール被覆と加温が始まるため，ハウス内でのハスモンヨトウ蛹の越冬量が比較的多く，加温開始後に本種が羽化し，次世代幼虫の新梢食害による大きな被害が発生することがある。

前述のように，加温ハウスでは4月上旬の換気開始時までハウス内が閉鎖空間となるため，性フェロモン剤の導入による交信攪乱が有効である。ハスモンヨトウの性フェロモン剤としてヨトウコン－Hが農薬登録されており，ハウスブドウにおいて使用できる。

2006年1～4月，羽曳野市の緩傾斜地にある農家ハウス圃場での事例を紹介する。圃場面積はヨトウコン－H区18a，無処理区7a，品種はデラウェアで，ヨトウコン－H区では1月11日に50m巻きチューブを50m/10a，ブドウ棚面に固定することにより均一に処理した。その結果，ヨトウコン－H区ではハスモンヨトウの発生と被害は認められなかったが，無処理区では3月から発生が認められ，4月25日には被害新梢率が16％に達した（表3）。

以上のように，ハウスブドウではヨトウコン－Hの適期処理によりハスモンヨトウに対する優れた防除効果が得られた。本剤は交信攪乱効果が3～4か月間持続するため，栽培期間中の追加処理は不要である。

●チャノコカクモンハマキに対する性フェロモン剤の導入

近年，ハウス内でのチャノコカクモンハマキによる被害が増加している。前述のように，加温ハウスでは4月上旬の換気開始時までハウス内が閉鎖空間となるため，性フェロモン剤の導入による交信攪乱が有効である。チャノコカクモンハマキの性フェロモン剤としてハマキコン－Nが農薬登録されており，ハウスブドウにおいて使用できる。

2012年3～9月，柏原市の緩傾斜地にある無加温の農家ハウス圃場での事例を紹介する。農家Aではハマキコン－N区15a，無処理区5a，農家Bではハマキコン－N区10a，無処理区10aを設定し，ハマキコン－N区では3月21日に150本/10a，ブドウ棚面に固定することにより均一に処理した。その結果，7～8月の被害果率が農家Aではハマキコン－N区2％，無処理区26％，農家Bではハマキコン－N区1％，無処理区6％となった。

以上のように，ハウスブドウではハマキコン－Nの適期処理によりチャノコカクモンハマキに対する優れた防除効果が得られた。本剤は交信攪乱効果が5～6か月間持続するため，栽培期間中の追加処理は不要である。

【評価と課題】

以上のことから，ハウス栽培のデラウェアにおいては，ハダニ類（カンザワハダニ），ハスモンヨトウ，チャノコカクモンハマキに対してミヤコカブリダニと性フェロモン剤を導入することにより，総合防除体系が可能になる（表4）。慣行防除体系では化学合

表3　性フェロモン剤によるハスモンヨトウの防除効果

		2/28	3/30	4/25
ヨトウコン－H区	生息幼虫数／100新梢	0	0	0
	被害新梢率（％）	0	0	0
無処理区	生息幼虫数／100新梢	0	20	12
	被害新梢率（％）	0	6	16

表4　早期加温ハウスブドウ（品種：デラウェア）における総合防除体系例

月	旬	生育過程・耕種管理	対象害虫	総合防除体系	慣行防除体系
12月	上旬	ビニール被覆	①ハスモンヨトウ	①ヨトウコン－H〈性フェロモン剤〉50m/10a（3〜4か月有効）	
1月	上旬	加温開始			
	中旬		①コナカイガラムシ類 ②ハダニ類	<発芽前防除> ①石灰硫黄合剤 ②石灰硫黄合剤	<発芽前防除> ①石灰硫黄合剤 ②石灰硫黄合剤
	下旬		①チャノコカクモンハマキ	①ハマキコン－N〈性フェロモン剤〉100〜150本/10a（5〜6か月有効）	
2月	上旬		①コナカイガラムシ類	①スタークル／アルバリン顆粒水溶剤樹幹塗布	①スタークル／アルバリン顆粒水溶剤樹幹塗布
	中旬	第1回ジベレリン処理			
	下旬		①ハダニ類 ②ハスモンヨトウ ③チャノコカクモンハマキ	<第1回ジベレリン処理後防除> ①ミヤコカブリダニパック剤（スパイカルプラス）〈2〜3月に1回放飼〉 ②防除なし ③防除なし	<第1回ジベレリン処理後防除> ①マイトコーネフロアブル ②フェニックスフロアブル ③フェニックスフロアブル
3月	下旬	第2回ジベレリン処理			
4月	上旬		①ハダニ類 ②チャノキイロアザミウマ ③フタテンヒメヨコバイ	<第2回ジベレリン処理後防除> ①防除なし ②防除なし[1] ③防除なし[1]	<第2回ジベレリン処理後防除> ①ダニトロンフロアブル ②モスピラン顆粒水溶剤 ③モスピラン顆粒水溶剤
5月	中旬	収穫期			
7月	上旬		①フタテンヒメヨコバイ	<収穫後防除> ①スミチオン乳剤	<収穫後防除> ①スミチオン乳剤
10月	中旬		①ブドウトラカミキリ	<休眠期防除> ①モスピラン顆粒水溶剤	<休眠期防除> ①トラサイドA乳剤

注　性フェロモン剤（ヨトウコン－H，ハマキコン－N）と天敵（ミヤコカブリダニ）の利用により，ブドウ生育期間中の殺虫剤・殺ダニ剤散布は不要となる。4月上旬のチャノキイロアザミウマ，フタテンヒメヨコバイに対する防除は発生状況により判断して実践するが，加温栽培（特に早期加温栽培）では基本的に防除の必要はない（慣行体系では防除する園が多い）

1）多発園ではアドマイヤーフロアブル（ミヤコカブリダニに悪影響なし）。総合防除体系でケムシ類の発生が多い場合にはミヤコカブリダニに悪影響のないフェニックスフロアブル，サムコルフロアブル10，BT剤などを散布する。

成殺虫剤を年間6回（延べ成分回数9回）散布したのに対し，総合防除体系では年間4回（延べ成分回数4回）散布に削減され，しかもブドウの発芽期〜収穫期の間は化学殺虫剤無散布で管理できる。

総合防除体系で示されたミヤコカブリダニパック剤（1回放飼），ヨトウコン－H（1回処理），ハマキコン－N（1回処理）の資材コストは合わせて10a当たり約3万7,000円であり，慣行防除体系のマイトコーネフロアブル，フェニックスフロアブル，ダニトロンフロアブル，モスピラン顆粒水溶剤の各1回散布の資材コスト約1万円と比べて割高になるが，農業者に対して次のような利点もある。

1）省力的：農業者は複数の作型を同時管理しており，ジベレリン処理などの管理作業に追われて薬剤散布に十分手が回らないのが現状である。また，大阪府のデラウェア産地は主として傾斜地であるため，薬剤散布は非常に重労働になっている。これに対して，ミヤコカブリダニパック剤の放飼時間，ヨトウコン－Hとハマキコン－Nの処理時間は18〜20分/10a/人であり，1人でできる軽労働である。

2）高品質志向：薬剤散布にともなう果実の汚れや果粉溶脱は出荷価格の低下をもたらす。特に近年増加している個人商店でブドウを直売するスタイルの農業者は可能な限り薬剤を減らしたいと考えてい

ブドウ（施設栽培）

る。

3）超早期・早期加温栽培の高収益性：これらの作型は収益率が高いので，農業者は優れた農業資材に投資する意欲がある。なお，同じハウスでも無加温栽培では収益性がやや低くなることや，ミヤコカブリダニの防除効果にもややぶれがあることから，総合防除体系が採用されにくい状況となる。

4）大阪エコ農産物の生産振興：農薬と化学肥料の使用量を慣行栽培の5割以下に削減して栽培された大阪エコ農産物は，ブドウを含めて野菜類や果樹類で生産が増加傾向にあり，道の駅や府内の主要なスーパーマーケットでも販売が促進され，消費者の認知度も上昇している。このような農産物を生産振興するためには，天敵や性フェロモン剤を導入した総合防除体系は不可欠であり，技術の普及と定着がさらに進むと考えられる。

（柴尾　学）

カキ（露地栽培）
フジコナカイガラムシ防除に重点をおいた天敵活用型防除体系

福岡

- ◆主な有用天敵：寄生蜂（フジコナカイガラクロバチなど），タマバエ類
- ◆主な対象害虫：フジコナカイガラムシ
- ◆キーワード：粗皮削り／幼虫発生ピークの予測／土着天敵に悪影響を及ぼさない薬剤／樹幹塗布／薬剤散布回数2回・薬剤費2,000円/10a削減（慣行体系比）／福岡県のカキ園約1,050haに普及（2014年）

【ねらいと特徴】

フジコナカイガラムシは主に1～2齢幼虫で越冬し，年間3世代発生する。防除適期は若齢幼虫時期であるが，第2世代以降はさまざまな齢期が混在するうえ，散布薬剤がかかりにくい果実とヘタの隙間などに生息するため薬剤防除には限界がある。

そのため，越冬世代幼虫と第1世代幼虫に対しては薬剤防除を行ない，それ以降は土着天敵（フジコナカイガラクロバチなどの寄生蜂やタマバエ類などの捕食者）の保護利用により密度を抑制する。越冬世代および第1世代に対する防除を失敗すると次世代以降の発生量が多くなって土着天敵による密度抑制が困難になるので，少発生でも確実に防除する。

フジコナカイガラムシおよびその他の害虫に対する防除薬剤は，フジコナカイガラムシの土着天敵に悪影響を及ぼさないIGR剤やBT剤，残効の短い有機リン系剤，交信攪乱剤などを用い，影響の大きい合成ピレスロイド系剤，一部ネオニコチノイド系剤の使用をひかえる。なお，スタークル／アルバリン顆粒水溶剤は，散布では天敵に悪影響を及ぼすが，樹幹塗布では天敵に悪影響を及ぼさない。

土着天敵を活用した防除体系は，慣行防除に比べてフジコナカイガラムシによる被害を低く抑え，薬剤散布回数を2回程度，薬剤費を2,000円/10a程度削減できる。

【年間の害虫発生の推移】

●フジコナカイガラムシ

年3世代発生する。主に1～2齢幼虫で越冬し，4月ごろ越冬場所から新梢に移動する。幼果の時期から果実に移動し，吸汁による着色異常の火ぶくれ症や排泄物にカビが発生するすす病を引き起こす。

●カキノヘタムシガ

年2世代発生する。蛹で越冬し，5月下旬に越冬世代成虫，7月下旬に第1世代成虫が発生する。第1世代幼虫は6月ごろ複数の芽を食害しながら果実に移動し，複数の果実を加害する。被害果は乾固して枝に残る。第2世代幼虫は1個の果実で発育し，被害果は8月以降早熟して落果する。

●カキクダアザミウマ

年1世代。越冬した成虫が4月中旬ごろからいっせいに飛来して葉を加害し巻葉させる。巻葉内で産卵し幼虫も発育するが，一部は幼果も加害する。6月下旬ごろには加害場所を離れ，カキやスギなどの樹皮下へ移動して翌年4月まで越冬する。

●ハマキムシ類

幼虫で越冬し，年4回程度発生する。葉を綴って食害したり，果実と花殻の間や果実とヘタの隙間などに潜んで果実表面を加害したりする。

●ケムシ類（イラガ類，アメリカシロヒトリ，ドクガ類など）

イラガ類は蛹で越冬し，年2回発生する。アメリカシロヒトリは蛹で越冬し，年2～3回発生する。ドクガ類はさまざまな種が春から秋にかけて発生する。いずれの種も葉を食害する。

カキ（露地栽培）

【実施条件】

甘ガキ、特に「富有」主体の体系である。福岡県のカキ栽培において最も問題となっているフジコナカイガラムシ、果実への直接的な被害が生じるカキノヘタムシガの防除を中心に考える。

果樹カメムシ類は果樹園では増殖せず、多発年に園外から果樹園へ飛来する。飛来時期や飛来量は年次間差が大きいので、発生予察に基づき、適期に防除を行なう。

社会的ニーズに対応するため、また、栽培経費および労力の削減を図るため、薬剤散布回数をできる限り削減し、総合的な害虫管理を実施する。そのために、フジコナカイガラムシ、果樹カメムシ類、カキノヘタムシガなど発生予察手法が確立している種に対しては、発生予察に基づいて薬剤防除を実施し、防除効果を高める。

フジコナカイガラムシのように物理的に薬剤のかかりにくい隙間に生息する種に対しては、散布薬剤のかかりムラがないよう十分量の薬剤をていねいに散布する。枝が込み合ったところは散布薬剤が十分にかからないので、結果母枝が7本/m²以下になるように調整し、ふところ枝も除去する。さらに、土着天敵を有効に活用できるよう、天敵に悪影響を及ぼす薬剤の使用をひかえる。

また、越冬しているフジコナカイガラムシや枝幹害虫に有効な冬期の粗皮削りなどの物理的防除も実施する。

【実施方法】

●フジコナカイガラムシ

冬期に粗皮削りを実施し、越冬密度を低下させるとともに春期以降の産卵場所を減らし、生息しにくい環境をつくる。

枝が込んでいるところや薬剤のかかりにくい場所は本種の生息場所になりやすいので、冬期の剪定時に改善する。

本種の若齢幼虫が越冬場所から新芽に移動する4月上旬ごろに薬剤防除を行なう。本種の発生が多い園では薬効の低下を補うため、さらにその10～15日後に薬剤防除を行なう。なお、2～3月にスタークル／アルバリン顆粒水溶剤の樹幹塗布を実施する場合は、4～5月の薬剤散布を省略できる。

6月上旬ころ、第1世代孵化幼虫に対して薬剤防

図1　SEトラップと誘引剤を組み合わせたフェロモントラップ

SEトラップは日本植物防疫協会、誘引剤は富士フレーバー株式会社のホームページで購入可能

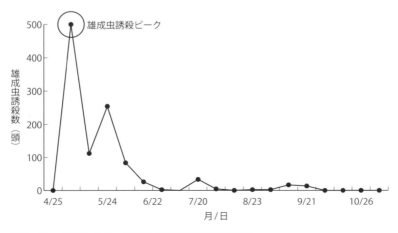

図2　フェロモントラップにおける雄成虫誘殺消長

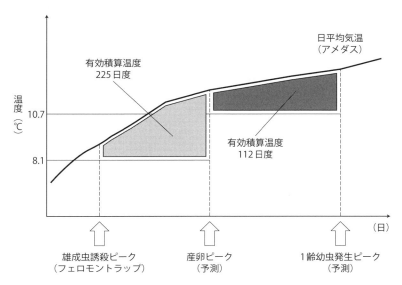

図3 1齢幼虫発生ピークの算出方法
雄成虫誘殺ピーク日以降の有効温度（日平均気温－8.1）の和が225日度に達した日が産卵ピーク，その翌日以降の有効温度（日平均気温－10.7）の和が112日度に達した日が防除適期の1齢幼虫発生ピーク

除を行ない，さらに10〜15日後，薬効の低下を補うために再度防除を行なう。なお，防除適期である孵化幼虫の発生時期は，発生予察用の性フェロモンを用いた粘着トラップ（図1）で雄成虫の発生ピークを把握し（図2），その日以降の日平均気温の平年値から有効積算温度を算出することによって予測できる。雄成虫誘殺ピーク日以降の有効温度（日平均気温－8.1）の和が225日度に達した日が産卵ピーク，その翌日以降の有効温度（日平均気温－10.7）の和が112日度に達した日が防除適期の1齢幼虫発生ピークである（図3）。

10〜15日間隔の防除を行なう際は，1回目は土着天敵への悪影響が少ないIGR剤を，2回目は老齢幼虫にも比較的防除効果が認められ，ネオニコチノイド系薬剤のなかでは天敵に対する悪影響期間が比較的短いモスピラン顆粒水溶剤を使用する。

●カキノヘタムシガ

防除適期は，発蛾最盛日の約10日後の幼虫孵化時期である。発蛾最盛日は4月の平均気温X（℃）を用い，次式を使って予測できる。

$$Y = -2.622X + 60.353$$
$$Z = 0.860Y + 6.70$$

第1世代の発蛾最盛日は5月1日にY（日）を加算した日，第2世代の発蛾最盛日は7月1日にZ（日）を加算した日である。

防除する際は，土着天敵への悪影響が少ないIGR剤やBT剤を使用する。

●果樹カメムシ類

果樹カメムシ類は果樹園外から果樹園へ飛来し，年によって飛来量や飛来時期が異なるので，予察に基づき確実に防除を行なう。果樹園への飛来がまったくない年もあるので，予察を行なわずに毎年同じ時期に防除することは無意味である。飛来予測は越冬量やヒノキ樹上の生息数，ヒノキ球果上の口針鞘数，集合フェロモントラップやライトトラップへの誘殺数に基づいて行なう。

果樹カメムシ類は果樹園外から飛来するため，防除しても薬剤の効果が低下するとすぐに密度が回復する。そのため，薬剤の効果が持続するよう，多飛来時には連続的に防除を行なう必要がある。果樹カメムシ類に対する防除薬剤は合成ピレスロイド系やネオニコチノイド系剤が主であるが，これらの薬剤は天敵への悪影響期間が長い。

したがって，果樹カメムシ類が多飛来する場合は土着天敵によるフジコナカイガラムシの密度抑制は不可能である。そこで，果樹カメムシ類とフジコナ

カキ（露地栽培）

表1　フジコナカイガラムシ防除に重点をおいた土着天敵活用型防除体系

時　期	作業および薬剤の種類	対象害虫	備　考
冬期	粗皮削り	フジコナカイガラムシ，カキノヘタムシガ，ヒメコスカシバ，フタモンマダラメイガなど	水圧式粗皮削り機で地際部や枝の分岐部もていねいに削る
	剪定	フジコナカイガラムシほか	枝が込んでいるところや散布の死角になっているところは改善する
2～3月	スタークル顆粒水溶剤／アルバリン顆粒水溶剤	コナカイガラムシ類	数日間降雨がないと予想される日にていねいに粗皮を削った後，速やかに薬液を塗布する
4月上旬	フェロモントラップ設置	フジコナカイガラムシ	数日間隔で誘殺雄数を調べる
4月上旬	IGR剤	フジコナカイガラムシ	越冬場所から移動した後行なう
4月中旬	モスピラン顆粒水溶剤	フジコナカイガラムシ	多発時のみ。前防除の10～15日後に行なう
6月上旬	IGR剤	カキノヘタムシガ，アザミウマ類	カキノヘタムシガの予察に基づいて防除時期を決定する
6月上旬	IGR剤など	フジコナカイガラムシ	フェロモントラップによる予察に基づいて防除時期を決定する
6月中旬	モスピラン顆粒水溶剤	フジコナカイガラムシ	前回の防除の10～15日後に行なう
8月上旬	IGR剤・BT剤	カキノヘタムシガ，ハマキムシ類，イラガ	カキノヘタムシガの予察に基づいて防除時期を決定する
	ジアミド系剤	カキノヘタムシガ，イラガ	
9月上旬	IGR剤・BT剤	ハマキムシ類，イラガ	
必要に応じて	ネオニコチノイド系剤	果樹カメムシ類	発生予察に基づいて防除を行なう

カイガラムシの両者に有効であるネオニコチノイド系薬剤で防除を行ない，フジコナカイガラムシには効果がない合成ピレスロイド系薬剤の使用はひかえる。

●カキクダアザミウマ

多発園では，新成虫が発生する6月中旬ごろ土着天敵に悪影響が少ないIGR剤で防除を行なう。

●ハマキムシ類，ケムシ類

幼虫孵化時期に，天敵への悪影響が少ないIGR剤やBT剤を用いて防除を行なう。ハマキムシ類に対しては交信攪乱剤の設置も有効である。

【防除体系例】

防除体系の例を表1に示す。

【検討課題】

土着天敵を保護利用するだけでは防除効果に限界があるため，さらに積極的な土着天敵利用技術の開発が求められる。近年，天敵誘引物質の存在およびその成分が明らかとなったことから，この物質の有効利用技術の開発が期待される。

フタモンマダラメイガやヒメコスカシバなどの枝幹害虫の被害が問題になっている。幼虫が主枝や亜主枝など太い枝の分岐部に食入すると，果実の肥大や強風により枝が折れるので被害が大きい。

ヒメコスカシバに対しては交信攪乱剤のスカシバコンが有効であるが，フタモンマダラメイガと混在しているため福岡県内では普及していない。薬剤防除の適期は孵化幼虫時期であるが，2種の発生消長が異なるため同時防除が難しく，それぞれに対して薬剤防除を行なう必要がある。これら枝幹害虫に対する低コストで効率的な防除技術の開発が求められる。

フジコナカイガラムシに対して，その性フェロモンを利用した交信攪乱法の有効性が示唆されていることから，交信攪乱剤の実用化が期待される。

（手柴真弓）

クリ（露地栽培）
天敵チュウゴクオナガコバチの保護で薬剤防除を最小限に抑える

愛媛

◆主な有用天敵：チュウゴクオナガコバチ
◆主な対象害虫：クリタマバチ
◆キーワード：導入天敵チュウゴクオナガコバチの保護（特に産卵期）／マシン油乳剤／局所防除

【ねらいと特徴】

クリ栽培では，ほかの樹種に比べ問題となる害虫種も比較的少なく，チュウゴクオナガコバチを中心とした導入天敵の保護や減農薬栽培の考え方が根付いている強みを生かす。

果実を直接加害し，直接収量に影響するクリイガアブラムシ，モモノゴマダラノメイガ，クリシギゾウムシ以外の害虫は，極力薬剤散布に頼らない。この3種の害虫に対しては，基幹防除を行なったとしても，導入天敵のチュウゴクオナガコバチには影響がほとんどないという利点がある。

愛媛県では，1990年代にチュウゴクオナガコバチを導入後，クリ主産地（定点調査）でのクリタマバチ被害芽率が1996年の最高52％から徐々に低下し，2001年には約19％まで低下した。それ以降，2012年現在まで，継続して被害芽率は約15％を下回っている。

【年間の害虫発生の推移】

クリ栽培で問題となる害虫は，カイガラムシ類，クスサン，クリタマバチ，カミキリムシ類，コウモリガ，クリイガアブラムシ，モモノゴマダラノメイガ，クリシギゾウムシなどである。

カイガラムシ類は，カツラマルカイガラムシが主である。幼虫は年2回発生し，主として2齢幼虫で越冬する。第1世代幼虫は6月下旬〜7月上旬，第2世代幼虫は9月中下旬が最盛期である。

クスサンは，成虫が年1回発生し，卵で越冬する。幼虫は，クリの萌芽時期に孵化し，芽に集団で移動する。6月下旬には老熟し，7月には蛹となる。9〜10月に成虫となるが，最盛期は9月中旬である。主幹・主枝を中心に卵塊を産みつける。

クリタマバチは，成虫が年1回発生し，幼虫で越冬する。3月中下旬のクリの発芽に伴い急速に発育し，4月中下旬に虫えい（虫こぶ）を形成する。5月下旬〜6月中旬に虫えい内で蛹になり，6月中旬から7月中旬に羽化し，脱出する。虫えいからの脱出最盛期は7月上旬である。脱出後ただちに，翌年の発育枝となる葉柄の芽に産卵する。7月下旬から8月に孵化し，わずかに発育して越冬に入る。

カミキリムシ類は，シロスジカミキリが主である。幼虫期間は2年以上，成虫期間も約10か月と長期に及ぶ。越冬成虫は，5月中旬〜6月下旬に樹内部から脱出し，後食（食害）後，産卵する。産卵は6月下旬〜7月中旬に多い。

コウモリガは，2年に1回成虫となる個体が多く，9〜10月に発生し，地表面に産卵する。卵で越冬して4〜5月に孵化し，草本植物の茎に食入して生育する。そこである程度発育した後，6〜7月にクリに移動し，食入する。食入した幼虫は，樹内部を食害しながら発育・越冬し，翌年の8月下旬ころから蛹になる。蛹期間は約2週間である。

クリイガアブラムシは，年間約8世代を繰り返し，卵で越冬する。3月下旬〜4月上旬に孵化し，粗皮下や枝のくぼみで2世代経過する。毬果（きゅうか）が形成される6月下旬ころになると，これに移り，そこであまり移動することなく増殖する。8月中下旬に新しい毬果や周辺樹に活発に移動・分散し，そ

クリ（露地栽培）

こで越冬卵を産む。

　モモノゴマダラノメイガは，成虫が年3回発生し，幼虫で越冬する。5月中下旬に第1回成虫が発生し，モモなどに産卵する。7月下旬～8月下旬に第2回成虫が，8月下旬～10月上旬に第3回成虫が発生し，それぞれクリに産卵する。

　クリシギゾウムシは，成虫が主に年1回発生し，幼虫で越冬する。成虫は8月上旬～10月下旬の間だらだらと発生するが，最盛期は9月中下旬である。果実内に産卵し，約10日で孵化する。孵化した幼虫は，果実内部を食害しながら発育し，約20日経過後脱出し，土中で越冬する。

【実施条件】

　クリ栽培での総合防除は，適正な肥培管理を励行し，通風・採光をよくし，樹勢を強く保ったうえで，導入天敵であるチュウゴクオナガコバチを保護・利用し，クリタマバチの被害を低く抑えた条件下で成立する。

　枝を枯死させるクリの最重要害虫であるクリタマバチを低密度まで抑制できる導入天敵のチュウゴクオナガコバチが，愛媛県下のクリ産地ではほぼ全域に分布・定着している。なお，本導入天敵は，1990年代を中心に，鹿児島県から北海道まで，クリ栽培の多い19道府県に導入されている。

　導入天敵のチュウゴクオナガコバチの成虫が羽化・産卵するのが3～4月である。このため，天敵がいる剪定枝をクリ園内に残し，さらにこの時期の薬剤散布をできる限りひかえる。この天敵の幼虫は，虫えい内でクリタマバチの幼虫を食害して発育するため，この時期以外には薬剤散布の直接の影響を受けにくい利点がある。

　基幹防除が必要な害虫以外は，できる限り園内の見回りで発生を確認しながら，応急防除で対応する。枝幹害虫も同様に，発生部位の局所防除に努める。

　カイガラムシ類は，天敵などに影響の少ないマシン油乳剤をできる限りていねいに散布し，薬剤散布する場合も枝幹害虫と同様局所防除に努める。

　クリシギゾウムシに対するヨウ化メチル剤による

くん蒸処理ができない場合は，本種に対する立木での防除が必要となる。

【実施方法】

　基幹防除が必要な害虫は，クリイガアブラムシ，モモノゴマダラノメイガ，クリシギゾウムシの3種である。また，冬期のマシン油乳剤は，カイガラムシ類対策として必須である。

　これらと同程度重要な害虫のクリタマバチは，導入天敵であるチュウゴクオナガコバチが定着しているため，園での被害状況に応じて，クリタマバチ羽化時期の応急防除で対応する。

　枝幹害虫（カミキリムシ類，コウモリガなど）やクスサン，カツラマルカイガラムシ（第1世代）は，園内の見回りを励行し，卵・幼虫の捕殺や初期防除に努め，局所的な発生の段階で終息させる。

●カイガラムシ類（カツラマルカイガラムシ）

　多発すると，樹が枯死する場合があるため，油断はできない。ただし，最初は局所的な発生で，数年かけて広がっていく。

　このため，局所的な枝枯れの発生には注意し，できる限り発生初期に防除する。この場合，第1世代幼虫期の防除に重点をおき，比較的天敵などへの影響の少ないIGR剤を利用する。

　冬期（12月中下旬）のマシン油乳剤散布は，防除効果が高いため，必ず散布する。

●クスサン

　登録農薬もないため，できる限り薬剤散布に頼らず，越冬卵や孵化幼虫の捕殺に努める。

●クリタマバチ

　枝の枯死を引き起こすためクリでは最重要害虫であるが，多発（被害芽率30％以上）しない限り，薬剤散布はひかえる。縮・間伐，整枝・剪定により，通風・採光をよくし，強い結果母枝を発生させる。

　併せて，導入天敵のチュウゴクオナガコバチの羽化時期である4月までは剪定枝を園内に残し，天敵を保護する。

　多発した場合でも，幼虫期（4月）の防除はひかえ，羽化脱出期（6月下旬～7月上旬）の1回防除とする。

表1　クリでの総合防除体系モデル

防除時期	対象害虫	基幹防除	応急防除	農薬以外の防除および注意点
12月中下旬	カイガラムシ類	マシン油乳剤95（25倍）		
1～2月（休眠期）	クスサン			クスサン卵塊やクリオオアブラムシ越冬卵をすりつぶす
	クリタマバチ			縮・間伐，整枝・剪定により通風・採光をよくし，併せてチュウゴクオナガコバチなど天敵の羽化時期である4月までは剪定枝を園内に残し，天敵を保護する
5～8月	枝幹害虫（カミキリムシ類，コウモリガ）		カミキリムシ類にはトラサイドA乳剤（200倍），コウモリガにはガットサイドS（1.5倍）	園内を見回り，見つけ次第発生部位の局所防除に努める
6月下旬～7月上旬	カツラマルカイガラムシ		アプロード水和剤（1,000倍）	第1世代幼虫発生盛期にあたる。園内を見回り，発生程度に応じて応急防除を実施する
	クリイガアブラムシ	アドマイヤー水和剤（1,000倍）		毬果への移動時期にあたる。毬果のトゲが10～20mmになった時期に薬剤散布する
7月下旬	クリイガアブラムシ		エルサン乳剤（1,000倍）	8月初めごろから急激に密度が増加し，8月中下旬に別の毬果などへ移動・分散する。その前のこの時期に，毬果での虫の寄生を確認し，寄生があれば薬剤散布する
7月中旬～9月上旬	モモノゴマダラノメイガ	エルサン乳剤（1,000倍），トクチオン乳剤（1,000倍）		早生品種は7月中下旬から，中・晩生品種は8月上中旬から，10日以内の間隔で2～3回薬剤散布する
9月上中旬	クリシギゾウムシ	アグロスリン水和剤（2,000倍），アディオン乳剤（2,000倍），パーマチオン水和剤（1,000倍）		中・晩生品種で，収穫後のくん蒸処理ができない場合は，必ず実施する
収穫後	モモノゴマダラノメイガ，クリイガアブラムシ			樹上や地上にある栗イガが越冬場所になるため，園内に穴を掘って埋めるか，適正に処分する

●枝幹害虫（カミキリムシ類，コウモリガなど）

園内を見回り，見つけ次第，発生部位の局所防除に努める。この場合，針金などで内部の幼虫を突き殺すか，登録農薬を散布するなどの手段を用いる。

●クリイガアブラムシ

樹や園，地域，品種間で発生に大きな差がある害虫であるが，未熟毬果の段階で裂開する，いわゆる「若はぜ果」被害を引き起こすため，基幹防除が必要である。特に，毬果への移動時期にあたる6月下旬～7月上旬（毬果のトゲが10～20mmになった時期）が，最も重要な防除時期である。

また，8月初めごろから急激に密度が増加し，8月中下旬に別の毬果などへ移動・分散するため，7月下旬に毬果での発生を確認した場合は応急防除で対応する。

通風が悪い場所にある樹，筑波・石鎚などの品種に発生が多い。空イガや落下した被害果が越冬場所になるため，園内に掘って埋めるか，適正に処分する。

●モモノゴマダラノメイガ

無防除にすると，年次や品種による差はあるが30～50％の被害果率になる。このため，本種に対しては，基幹防除が必要になる。早生品種は7月中下旬から，中・晩生品種は8月上中旬から，10日以内の間隔で2～3回薬剤散布する。

樹上に残っているイガは幼虫が寄生している場合が多いため，除去し，適切に処分する。

クリ（露地栽培）

●クリシギゾウムシ

本種もモモノゴマダラノメイガ同様，地域や年次，品種による差はあるが，無防除にすると多い場合には約30％の被害果率になる。

このため従来は臭化メチル剤によるくん蒸処理が一般的であったが，本剤は2012年をもって全廃され，代替剤であるヨウ化メチル剤（クリ専用ヨーカヒューム）の市販も2014年8月からで日が浅いため，その技術が確立・安定するまでは立木での薬剤散布の必要がある。

【防除体系例】

天敵チュウゴクオナガコバチを保護して，薬剤防除を最小限に抑えるクリの総合防除体系モデルを表1に示すとともに，以下に解説する。

●休眠期

厳寒期前の12月中下旬に，カイガラムシ類を対象にマシン油乳剤95（25倍）を散布する。本剤の散布は，クリイガアブラムシの発生も抑制できる。特に，カツラマルカイガラムシの多い枝は切り落とし，ていねいに散布する。

密植園では，クリタマバチやクリイガアブラムシの被害を低くするためにも，縮・間伐や剪定を行ない，通風・採光をよくし，樹勢を強く保つ。剪定枝は，天敵であるチュウゴクオナガコバチの羽化時期である4月までは園内に残し，天敵を保護する。

園内を見回り，クスサン卵塊やクリオオアブラムシ越冬卵をすりつぶす。

●萌芽・展葉・新鞘伸長期

4月下旬にはクスサンの孵化が始まるため，園内を見回り捕殺する。

5月以降，枝幹害虫の虫糞などが目立ち始めるため，園内を見回り，見つけ次第，捕殺や発生部位の局所防除に努める。

●果実肥大期

6月下旬以降，クリイガアブラムシが毬果に移動する時期にあたるため，毬果のトゲが10～20mmになった時期にアドマイヤー水和剤（1,000倍）を散布する。同時期にカツラマルカイガラムシも第1世代幼虫発生最盛期にあたるため，園内をよく見回り，局所的な発生か園全体の発生かなどを見極めたうえで，応急防除を実施する。この場合は，IGR剤のアプロード水和剤（1,000倍）を用いる。

7月中旬以降は，基幹防除が必要なモモノゴマダラノメイガの防除適期にあたるため，早生品種は7月中下旬から，中・晩生品種は8月上中旬から，10日以内の間隔で2～3回散布する。薬剤は，エルサン乳剤（1,000倍）あるいはトクチオン乳剤（1,000倍）を用いる。

9月以降は，クリシギゾウムシ成虫が毬果に産卵し始めるため，特に中・晩生品種でくん蒸処理が困難な場合は薬剤散布を行なう。薬剤は，アグロスリン水和剤（2,000倍），アディオン乳剤（2,000倍），パーマチオン水和剤（1,000倍）を用いる。パーマチオン水和剤は，モモノゴマダラノメイガの被害も抑制できる。

●収穫後

樹上や地上にある栗イガがクリイガアブラムシやモモノゴマダラノメイガの越冬場所になる場合があるため，園内に穴を掘って埋めるなど，適正に処分する。

【検討課題】

クリ栽培を基幹にした農家は，大規模な面積（ha規模）のクリ園を管理している場合が多い。このような場合，栽培管理や除草に追われ，総合防除の骨子である園内の見回りによる局所的な防除対応は困難になる。このため，カミキリムシ類やコウモリガなどの枝幹害虫をできるだけ効率的に，できれば農薬以外の方法で防除できる技術の確立が今後の検討課題である。

（金崎秀司）

資　料

- 天敵等に対する殺虫剤・殺ダニ剤の影響の目安
- 天敵等に対する殺菌剤・除草剤の影響の目安
- 天敵資材の問い合わせ先一覧

天敵等に対する殺虫剤・殺ダニ剤の影響の目安　（日本生物防除協議会・2016年3月作成・第24版を農薬の系統別

農薬の系統名	IRAC コード	種類名	ショクガタマバエ			コレマンアブラバチ			ミヤコカブリダニ			チリカブリダニ			ククメリスカブリダニ			スワルスキーカブリダニ			タイリクヒメハナカメムシ		
			幼	成	残	マ	成	残	卵	成	残	卵	成	残	卵	成	残	卵	成	残	幼	成	残
カーバメート系	1A	アドバンテー（粒）	−	−	−	−	−	−	−	−	−	◎	◎	7	−	−	−	−	−	−	−	−	−
		オリオン	−	−	−	−	−	−	−	−	−	−	−	−	−	×	−	−	−	−	−	×	−
		バイデート（粒）	−	−	−	−	−	−	◎	◎	0	◎	◎	0	−	−	−	−	−	−	−	×	−
		ミクロデナポン	△	×	−	−	×	−	−	−	−	−	×	14	−	×	56	−	−	−	×	×	14↑
		ラービン	×	×	−	×	×	−	×	×	−	×	×	−	−	−	−	−	−	−	−	−	−
		ランネート	×	×	84	×	×	84	−	−	−	◎	△	28	×	×	56	−	−	−	×	×	84
		リラーク	−	−	−	−	−	−	−	−	−	−	−	−	−	−	−	−	−	−	−	−	−
有機リン系	1B	アクテリック	−	−	−	−	−	−	−	−	−	◎	×	28	−	×	56	−	−	−	−	−	−
		エンセダン	−	−	−	−	−	−	−	−	−	−	−	−	−	−	−	−	−	−	×	×	56
		オルトラン（水）	−	×	28	−	−	−	−	−	−	×	×	21	−	×	28	×	×	28	−	×	−
		オルトラン（粒）	−	−	−	−	−	−	−	−	−	−	−	−	−	−	−	×	42	−	−	−	−
		ガードホープ（液剤）	−	−	−	−	−	−	◎	◎	0	◎	◎	0	−	−	−	−	−	−	◎	◎	0
		カルホス	−	−	−	−	−	−	−	−	−	−	−	−	−	−	−	−	−	−	−	−	−
		ジメトエート	△	◎	−	×	×	−	−	−	−	−	×	56	−	×	84	−	−	−	−	−	−
		スプラサイド	−	△	−	×	×	−	−	−	−	−	×	21	×	×	56	−	−	−	−	−	14
		スミチオン	−	−	−	−	−	−	−	−	−	−	−	−	×	×	56	−	−	−	−	−	−
		ダーズバン	−	−	−	−	−	−	−	×	14	◎	×	7	×	×	56	−	−	−	−	−	−
		ダイアジノン（乳・水）	×	×	56	×	×	−	−	◎	14	◎	×	7	×	×	21	−	−	−	−	−	−
		ダイアジノン（粒）	−	−	−	−	−	−	−	−	−	−	−	−	−	−	−	−	−	−	−	−	−
		ダイシストン（粒）	−	−	−	−	−	−	−	−	−	−	−	−	−	−	−	−	−	−	−	−	−
		ディプテレックス	−	−	−	−	−	−	−	−	−	−	×	14	−	×	14	−	−	−	−	−	−
		トクチオン	−	−	−	−	−	−	−	−	−	−	−	−	−	−	−	−	−	−	−	−	−
		ネマトリン	−	−	−	−	−	−	−	−	−	◎	◎	0	−	−	−	−	−	−	−	−	−
		ネマトリンエース（粒）	−	◎	−	◎	◎	0	−	−	−	−	×	21	−	−	−	−	−	−	−	◎	0
		マラソン	△	△	14	×	×	84	−	−	−	−	×	14	×	×	84	−	−	−	×	×	−
		ルビトックス	◎	−	−	−	−	−	−	×	−	−	△	−	−	×	−	−	−	−	×	×	14
環状ジエン有機塩素系	2A	ペンタック	−	−	−	−	−	−	−	−	−	△	−	14	−	−	28	−	−	−	−	−	−
ピレスロイド系	3A	Mr.ジョーカー	−	−	−	−	−	−	−	−	−	−	−	−	−	−	−	−	−	−	−	−	−
		アーデント	−	−	−	−	−	−	−	−	−	−	−	−	−	×	×	21↑	−	−	−	−	−
		アグロスリン	×	×	84	×	×	84	−	−	−	−	×	84	×	×	84	−	−	−	×	×	84
		アティオン	×	×	84	×	×	84	−	−	−	−	×	84	×	×	84	−	−	−	×	×	84
		サイハロン	−	−	−	−	−	−	−	−	−	−	−	−	−	−	−	−	−	−	−	−	−
		サニフィールド	−	−	−	−	−	−	−	−	−	−	−	−	−	−	−	−	−	−	−	−	−
		除虫菊乳剤	−	×	14	−	×	−	−	−	−	◎	×	7	◎	×	7	−	−	−	◎	◎	0
		シラトップ	−	−	−	−	−	−	−	−	−	−	−	−	−	−	−	−	−	−	−	−	−
		スカウト	−	−	−	−	−	−	−	−	−	−	−	−	−	−	−	−	−	−	−	−	−
		テルスター（煙）	−	−	−	−	−	−	−	−	−	◎	−	7	−	−	−	−	−	−	−	−	−
		テルスター（水）	×	×	84	×	×	84	−	−	−	−	×	84	×	×	84	−	×	−	×	×	84
		トレボン	−	−	−	−	−	−	−	−	−	◎	−	−	−	−	−	−	−	−	×	×	14↑
		バイスロイド	×	×	84	×	×	84	−	−	−	−	×	84	×	×	84	×	×	84	×	×	84
		ペイオフ	−	◎	−	−	×	−	−	−	−	−	−	−	−	×	42	−	−	−	−	−	−
		マブリック（煙）	−	−	−	−	−	−	−	−	−	−	−	−	−	−	−	−	−	−	−	−	−
		マブリック（水）	−	−	−	−	−	−	−	◎	−	−	−	−	−	×	42	−	−	−	−	−	−
		ロディー（煙）	−	−	−	−	−	−	−	−	−	−	−	−	−	−	−	−	−	−	−	−	−
		ロディー（乳）	×	×	84	×	×	84	−	−	−	−	×	84	×	×	84	−	−	−	×	×	84
ネオニコチノイド系	4A	アクタラ（粒）	−	−	−	−	−	−	−	−	−	−	−	−	−	−	−	−	−	−	−	−	−
		アクタラ（顆粒水溶）	−	−	−	−	−	−	×	×	14	−	−	14	−	−	−	◎	×	28	−	−	−
		アドマイヤー	×	×	−	×	×	−	◎	◎	0	◎	◎	0	◎	◎	0	△	−	−	×	×	14↑
		アドマイヤー（粒）	◎	◎	0	◎	◎	0	◎	◎	0	◎	◎	0	−	−	−	−	−	−	−	−	−
		スタークル	−	−	−	−	−	−	−	−	−	−	−	−	−	−	−	◎	−	0	−	−	−
		ダントツ	−	−	−	−	−	−	◎	◎	0	−	−	−	−	−	−	−	−	−	−	−	−
		バリアード	−	−	−	−	−	−	◎	◎	0	△	◎	0	−	−	−	−	−	−	−	−	−
		ベストガード（水）	−	−	−	−	−	−	△	◎	−	×	×	5	−	−	−	−	−	−	−	−	−
		ベストガード（粒）	−	−	−	−	−	−	−	−	−	−	−	−	−	−	−	−	−	−	−	−	−
		モスピラン（煙）	−	−	−	−	−	−	−	−	−	−	−	−	−	−	−	−	−	−	−	−	−
		モスピラン（水）	−	−	−	−	−	−	−	−	−	−	−	−	−	−	−	◎	−	0	△	×	7
		モスピラン（粒）	−	−	−	−	−	−	−	−	−	◎	−	7	−	−	−	−	−	−	−	−	−
スピノシン系	5	スピノエース	−	−	−	−	−	−	−	−	−	−	−	−	−	−	−	×	×	84	−	−	−
		ディアナSC	−	−	−	−	−	−	△	◎	14	△	◎	14	−	−	−	−	−	−	−	−	14
アベルメクチン系・ミルベマイシン系	6	アグリメック	−	−	−	−	−	−	−	−	−	−	×	14	−	−	−	△	−	28	−	−	−
		アニキ	−	◎	0	−	×	−	−	×	3	−	−	−	−	◎	3	−	△	3	−	◎	0
		アファーム	−	−	−	◎	×	7	−	−	−	−	◎	6	−	−	−	−	−	−	−	−	7
		コロマイト（水）	−	−	−	−	−	−	−	−	−	◎	−	1	−	−	−	−	−	−	−	−	−
		コロマイト（乳）	−	◎	0	−	−	−	−	−	−	◎	−	1	−	−	−	×	×	7	×	1	◎
		ミルベノック	−	−	−	−	−	−	−	−	−	×	−	2	−	−	−	−	−	−	−	−	−

天敵等に対する殺虫剤・殺ダニ剤の影響の目安

に整理・改変）

アリガタシマアザミウマ			オンシツツヤコバチ			サバクツヤコバチ			イサエアヒメコバチ ハモグリコマユバチ			クサカゲロウ類			ヨトウタマゴバチ類			ハモグリミドリヒメコバチ	ネマトーダ類			ボーベリアバシアーナ	バーティシリウムレカニ	バチルスズブチリス	エルビニアカロトボーラ	マルハナバチ	
幼	成	残	蛹	成	残	蛹	成	残	蛹	成	残	幼	成	残	蛹	成	残	成虫	幼	残	分生子	胞子	芽胞	菌	巣	残
−	−	−	−	−	−	−	−	−	−	−	×	−	−	−	−	−	−	◎	−	−	−	−	−	◎	×	21
																								◎	−	−
−	−	−	◎	◎	0	−	−	−	−	◎	0	−	○	0				×	◎	7	−	−	−	−	×	14
−	−	−	△	×	28	−	−	−	−	△	28	−	−	−				−	◎	7	−	×	×	−	×	3
																								◎	◎	4
−	−	−	×	×	70	×	×	84	−	×	84	−	×	84	−	×	84	×	◎	7	×	×	×	◎	×	14
																			◎	0						
−	−	−	×	×	56	−	−	−	△	−	−	−	×	×	56	−	−	28	−	−	−	−	−	◎	×	14
																								−	×	−
◎	△	−	×	×	28	×	×	28	−	×	28	×	×	28	○	×	−	×	◎	0	◎	△	−	◎	×	10〜20
			○	×	30							−	−	49											×	14〜30
			◎	◎	0				−	○	22															−
			×	×	−						49								◎	30						14
			×	×	84						−	×	×	84	×	×	42									20↑
			×	×	56						−	×	×	56	×	×	28									30
			△	−	56						−				×	×	70		◎	1						20↑
			△	×	84						−	×	×	84	×	×	28	−	◎	14						30↑
			○	×	42						−	×	×	28	×	−	14	−	◎	14				◎	×	15〜30
																									×	30
																								◎		1
												×													◎	−
											42														◎	−
			○								19															−
			×	×	84	×	−	84	−	×	84	−	−	−	×	×	84	−	−	−	−	−	−	×	×	30
			×	×	84						−				△	×	42								△	2
												×													−	−
																									×	3
			×	×	84	×	×	84	−	×	84	×	×	84	×	×	84	−	◎	0	◎	◎	◎	◎	×	20↑
			×	×	84	×	×	84	−	×	84	×	×	84	×	×	84	−	−	−	−	水◎乳×	−	◎	×	20↑
																						水◎乳×			×	4
																			◎	0					×	−
				◎	×	3	−	−	−			○	×	7	○	○	7							◎	×	2
																			◎	−				◎	△	2
			◎	×	36	×	−	84	−	×	84	×	×	84	×	×	84				◎			◎	×	30
×	△	−	◎	×	35				−	×	21														−	20↑
			×	×	84	×	×	84	−	×	84	×	×	84	○	−	−								−	28
																								◎	−	2〜3
			○	×	7	×	×	−	−	×	−	−	−	−	×	×	42								−	2〜3
																									−	14
			×	×	84	×	×	84	−	×	84	×	×	84	×	×	84	△					◎		×	14
												×													×	21
			−	×	21							×													−	42
△	△	−	◎	△	35				−	◎	×	14	×	×	14				−						−	30↑
			○	×	30	◎	×	0	−	−	21	○	○	○	0			−						◎	−	35↑
			×	×	−																					−
				×	3													○4000								−
×	×	−	△	×	30													×								10↑
			○	×	28													−							×	30↑
			×	×	24													−							◎	1
×	×	−	×	×	24													−	○					◎	1
																										1
×	×	−	−	×	42	−	−	−	−	−	−	−	−	−	−	−	−	−	−	−	◎	−	−	◎	×	3〜7
																									−	−
			−	×	21																					
			○	×	28	◎	−	0	−	○	3															
×	×	−	−	×	21				−	−	−	−	−	−	−	−	−	×						◎	△	2
			−	−	1	◎	−	0	−	−	3							?								−

天敵等に対する殺虫剤・殺ダニ剤の影響の目安

農薬の系統名	IRACコード	種類名	ショクガタマバエ			コレマンアブラバチ			ミヤコカブリダニ			チリカブリダニ			ククメリスカブリダニ			スワルスキーカブリダニ			タイリクヒメハナカメムシ		
			幼	成	残	マ	成	残	卵	成	残	卵	成	残	卵	成	残	卵	成	残	幼	成	残
ピリプロキシフェン	7C	ラノー	−	−	−	−	−	−	◎	◎	0	◎	◎	0	−	◎	0	−	◎	0	◎	◎	0
その他の非特異的阻害剤	8	ＤＤ	−	−	−	−	−	−	−	−	−	−	−	−	−	−	−	−	−	−	−	−	−
		ガスタード(粒)																					
		クロルピクリン																					
ピメトロジン	9B	チェス	◎	◎	0	◎	◎	0	◎	◎	0	◎	◎	0	◎	◎	0	◎	◎	0	◎	◎	−
フロニカミド	9C	ウララDF	−	−	−	◎	◎	0	◎	◎	0	◎	◎	0	◎	◎	0	◎	◎	0	−	−	0
クロフェンテジン	10A	カーラ	−	−	−	◎	◎	0	◎	◎	0	◎	◎	0	−	◎	0	−	◎	0	−	◎	0
		ニッソラン																					
エトキサゾール	10B	バロック	◎	◎	0	◎	◎	0	×	◎	−	◎	◎	0	−	−	−	−	−	−	◎	◎	0
Bacillus thuringiensisと殺虫タンパク質生産物	11A	BT剤	−	−	−	−	−	−	−	−	−	−	−	−	−	−	−	−	−	−	−	−	−
		サブリナフロアブル																					
		ゼンターリ																					
		デルフィン水和剤																					
有機スズ系殺ダニ剤	12B	オサダン	−	−	−	◎	◎	0	◎	◎	0	◎	◎	0	−	◎	0	−	◎	0	◎	◎	0
プロパルギット	12C	オマイト	○	−	−	◎	◎	0	◎	◎	−	△	−	−	×	−	−	×	−	−	○	△	−
テトラジホン	12D	テデオン																					
クロルフェナピル	13	コテツ	−	−	−	−	−	−	−	−	7	−	−	−	◎	×	6	−	−	−	◎	◎	0
ネライストキシン類縁体	14	エビセクト	−	−	−	○	×	−	−	−	−	−	○	−	−	−	−	−	−	−	−	−	−
		パダン																					
ベンゾイル尿素系(IGR)	15	アタブロン	−	−	−	◎	◎	0	◎	◎	9	◎	◎	1	◎	×	9	−	−	−	×	×	14↑
		カウンター乳剤																◎	◎	0			
		カスケード														◎	0				△	◎	28
		デミリン	◎	◎	0	◎	◎	0	◎	◎	0	◎	◎	0							◎	◎	0
		ノーモルト																×	×	−			14
		マッチ	−	△	−	◎	◎	0	◎	◎	0	◎	◎	0							−	△	14
ブプロフェジン(IGR)	16	アプロード	△	△	7	◎	◎	0	◎	◎	0	◎	◎	0									
シロマジン(IGR)	17	トリガード	−	◎	−	◎	◎	0	◎	◎	0	◎	◎	0				◎	◎	0			
ジアシルヒドラジン系(IGR)	18	ファルコン																					
		マトリック																					
		ロムダン																					
アミトラズ	19	ダニカット	−	−	−	−	−	−	×	×	21	×	×	21	−	×	28				○	△	21
アセキノシル	20B	カネマイト	−	−	−	◎	◎	0	◎	◎	0	◎	◎	0									
METI剤	21A	アプロードエース																					
		サンマイト				×	×	−	◎	◎	0				×	×	−				◎	◎	14
		ダニトロン																			◎	◎	0
		ハチハチ							14				14			×	36						
		ピラニカ							×	×	14	×	×	−							×	×	7
インドキサカルブ	22A	トルネードエースDF	−	○	7							◎	◎	7			7				◎	◎	7
βケトニトリル誘導体	25A	スターマイト																					
		ダニサラバ																					
ジアミド系	28	エクシレルSE				◎	◎	0															
		フェニックス	◎	◎	0																		
		プリロッソ粒剤																					
		プレバソン																					
		ベネビアOD																					
		ベリマークSC																					
UN	UN	コルト													◎	14		−					
		マイトコーネ							◎	◎	0	◎	◎	0									
		モレスタン																					
		プレオ																					
気門封鎖系殺虫剤	−	アカリタッチ				◎	◎	0	◎	◎	0	◎	◎	0									
		オレート																					
		サンクリスタル乳剤				◎	◎	0	◎	◎	0	◎	◎	0				◎		0			
		粘着くん	−	−	0	×	−	*	◎	−	*	◎	−	*	◎	−	*	◎	−	*	△	−	0
		ハッパ乳剤																					
		マシン油							28	−	−	△											
微生物農薬	−	ボタニガード	−	−	−	−	−	−	−	−	−	−	−	−							◎	◎	0
		マイコタール																			◎	◎	0

注) 卵：卵に，幼：幼虫に，成：成虫に，マ：マミーに，蛹：蛹に，胞子：胞子に，巣：巣箱の蜂のコロニーに対する影響
残：その農薬が天敵に対して影響のなくなるまでの期間で，単位は日数です。数字の横に↑があるものはその日以上の影響がある農薬です。
＊は薬液乾燥後に天敵を導入する場合には影響がないが，天敵が存在する場合には影響が出る恐れがあります。
記号：天敵等に対する影響は◎：死亡率0～25%，○：25～50%，△：50～75%，×：75～100%（野外・半野外試験），
◎：死亡率0～30%，○：30～80%，△：80～99%，×：99～100%（室内試験）
マルハナバチに対する影響は◎：影響なし，○：影響1日，△：影響2日，×：影響3日以上
マルハナバチに対して影響がある農薬については，その期間以上巣箱を施設の外に出す必要があります。影響がない農薬でも，散布にあたっては蜂を巣箱に回収し，薬液が乾いてから活動させてください。

天敵等に対する殺虫剤・殺ダニ剤の影響の目安

- 本評価表は協議会会員の負担により維持、訂正が行なわれています。転載にあたっては所定の転載料を事務局までお支払いくださるようお願い申し上げます。
- 農薬の系統名およびコードは、IRACの作用機構分類に従っています。同一系統の農薬の連用は、害虫の薬剤抵抗性を発達させるため避ける必要があります。
- 表中のエルビニア カロトボーラは乳剤との混用はできませんが、3日以上の散布間隔であれば近接散布が可能です。またバチルス ズブチリスは混用できない剤とでも、翌日以降の近接散布は可能です。
- 表中の影響の程度および残効期間はあくまでも目安であり、気象条件（温度、降雨、紫外線の程度および換気条件等）により変化します。
  上記の理由により、この表が原因で事故が発生しても、当協議会としては一切責任を負いかねますので、ご了承の上、ご使用ください。
- この表は協議会会員各社、農薬の開発メーカー、日本の公立試験研究機関、IOBCおよびPCSの資料に基づき作成されています。

天敵等に対する殺菌剤・除草剤の影響の目安

天敵等に対する殺菌剤・除草剤の影響の目安　（日本生物防除協議会・2016年3月作成・第24版を農薬の系統別

農薬の系統名	FRACコード	種類名	コレマンアブラバチ			ミヤコカブリダニ			チリカブリダニ			ククメリスカブリダニ			スワルスキーカブリダニ			ハナカメムシ類		
			マ	成	残	卵	成	残	卵	成	残	卵	成	残	卵	成	残	幼	成	残
MBC殺菌剤	1	トップジンM	◎	◎	0	−	−	−	◎	×	3	−	×	3	−	△	7	◎	◎	0
		ベンレート	◎	◎	0	−	−	−	◎	△	21	−	△	21	−	−	−	◎	◎	0
N-フェニルカーバメート類	10(1)	ゲッター	−	◎	−	−	−	−	−	−	−	−	−	−	−	−	−	−	−	−
	10(2)	スミブレンド	−	−	−	−	−	−	−	−	−	−	−	−	−	−	−	−	−	−
SDHI	7	アフェット	−	−	−	−	−	−	−	−	−	−	−	−	−	−	−	−	−	−
		カンタス	−	−	−	−	−	−	−	−	−	−	−	−	−	−	−	−	−	−
		パシタック	−	−	−	−	−	−	−	−	−	−	−	−	−	−	−	−	−	−
QoI殺菌剤	11	アミスター	−	◎	−	−	−	−	◎	◎	0	−	◎	0	−	◎	0	−	◎	0
		ストロビー	◎	◎	0	−	−	−	◎	◎	0	−	◎	0	−	◎	0	◎	◎	0
	11(7)	シグナム	−	−	−	◎	◎	0	−	−	−	−	−	−	−	◎	0	−	−	−
	11(7)	ナリア	−	−	−	−	−	−	−	−	−	−	−	−	−	−	−	−	−	−
QiI殺菌剤	21	ランマンフロアブル	◎	◎	0	−	−	−	◎	◎	0	−	◎	0	−	◎	0	−	◎	0
QoSI殺菌剤	45(40)	ザンプロDM FL	−	◎	−	−	−	−	−	−	−	−	−	−	−	◎	0	−	◎	−
AP殺菌剤	9	フルピカ	−	−	−	−	−	−	−	−	−	−	−	−	−	−	−	−	−	−
ヘキソピラノシル抗生物質	24	カスミン	−	−	−	−	−	−	−	−	−	−	−	−	−	−	−	−	−	−
		カスミンボルドー	−	−	−	−	−	−	−	−	−	−	−	−	−	−	−	−	−	−
PP殺菌剤	12	セイビアー	−	−	−	−	−	−	◎	◎	0	−	−	−	−	−	−	◎	◎	0
ジカルボキシイミド類	2	スミレックス	◎	◎	0	0	−	−	◎	◎	0	−	◎	0	−	◎	0	◎	△	0
		ロブラール	−	−	−	−	−	−	−	−	−	−	−	−	−	−	−	−	−	−
ホスホロチオレート類・ジチオラン類	6(7)	グラステン	−	−	−	−	−	−	−	−	−	−	−	−	−	−	−	−	−	−
AH殺菌剤・複素芳香族	14	グランサー	−	−	−	−	−	−	−	−	−	−	−	−	−	−	−	−	−	−
		リゾレックス	−	−	−	−	−	−	−	−	−	−	−	−	−	−	−	−	−	−
DMI殺菌剤	3	アンビル	−	−	−	−	−	−	−	−	−	−	−	−	−	−	−	−	−	−
		オーシャイン	−	−	−	−	−	−	−	−	−	−	−	−	−	−	−	−	−	−
		サプロール	◎	◎	0	−	−	−	◎	◎	0	−	◎	7	−	◎	0	−	◎	0
		サルバトーレME	−	−	−	−	−	−	−	−	−	−	−	−	−	−	−	−	−	−
		スコア	◎	◎	0	−	−	−	◎	◎	0	−	◎	0	−	◎	0	−	◎	0
		チルト	◎	◎	0	−	−	−	◎	◎	0	−	◎	0	−	◎	0	−	◎	0
		トリフミン	◎	◎	0	◎	◎	0	◎	◎	0	−	◎	0	−	◎	0	−	◎	0
		ラリー	−	−	−	−	−	−	−	−	−	−	−	−	−	−	−	−	−	−
		ルビゲン	−	−	−	−	−	−	−	−	−	−	−	−	−	−	−	−	−	−
SBI：クラスⅢ	17(12)	ジャストミート	◎	◎	0	−	−	−	◎	◎	0	−	−	−	−	◎	0	−	◎	0
グルコピラノシル抗生物質	26	バリダシン	−	−	−	−	−	−	−	−	−	−	−	−	−	−	−	−	−	−
ポリオキシン類	19	ポリオキシンAL	−	−	−	−	−	−	−	−	−	−	−	−	−	−	−	◎	◎	0
CAA殺菌剤	40	フェスティバル	−	−	−	−	−	−	−	−	−	−	−	−	−	−	−	−	−	−
シアノアセトアミド-オキシム	27(M3)	カーゼートPZ	◎	◎	0	−	−	−	◎	△	0	−	◎	0	−	◎	0	−	◎	0
種々	NC	カリグリーン	−	−	−	−	−	−	−	−	−	−	−	−	−	−	−	−	−	−
		ハーモメイト	−	−	−	−	−	−	−	−	−	−	−	−	−	−	−	−	−	−
無機化合物（銅）	M1	キノンドー	−	−	−	−	−	−	−	−	−	−	−	−	−	−	−	−	−	−
		サンヨール	◎	◎	0	−	−	−	◎	◎	0	−	◎	0	−	◎	0	−	◎	0
		銅剤	−	◎	−	−	−	−	−	−	−	−	−	−	−	−	−	−	−	−
		ヨネポン	−	−	−	−	−	−	−	−	−	−	−	−	−	−	−	−	−	−
無機化合物（硫黄）	M2	イオウフロアブル	◎	−	−	−	−	−	−	−	−	−	−	−	−	−	−	−	−	−
	M2(M1)	イデクリーン	−	−	−	−	−	−	−	−	−	−	−	−	−	−	−	−	−	−
	M2(M1)	園芸ボルドー	−	−	−	−	−	−	−	−	−	−	−	−	−	−	−	−	−	−
ジチオカーバメート類及び類縁体	M3	アントラコール	−	◎	−	−	−	−	×	×	7	−	△	−	−	×	−	−	−	−
		ジマンダイセン	◎	◎	0	−	−	−	◎	◎	0	−	◎	0	−	◎	0	◎	◎	0
		チウラム	−	◎	−	−	−	−	−	−	−	△	−	−	−	−	−	−	−	−
	M3(4)	リドミルMZ	◎	◎	0	−	−	−	◎	◎	0	−	−	−	−	−	−	−	−	−
	M3(M5)	ダコグリーン	−	−	−	−	−	−	−	−	−	−	−	−	−	−	−	−	−	−
フタルイミド類	M4	オーソサイド	−	−	−	−	−	−	◎	◎	0	−	−	−	−	◎	0	−	−	−
	M4(33)	アリエッティ	−	−	−	−	−	−	−	−	−	−	−	−	−	−	−	−	−	−
クロロニトリル類	M5	ダコニール	◎	◎	0	−	−	−	◎	◎	0	−	◎	0	−	◎	0	◎	◎	0
		パスポート	◎	◎	0	−	−	−	◎	◎	0	−	−	−	−	−	−	−	−	−
グアニジン類	M7	ベフラン	−	−	−	−	−	−	−	−	−	−	−	−	−	−	−	−	−	−
		ベルクート	−	−	−	−	−	−	−	−	−	−	−	−	−	−	−	−	−	−
キノン類	M9(1)	デラン	−	−	−	−	−	−	−	−	−	−	−	−	−	−	−	−	−	−
キノキサリン類	M10	モレスタン	◎	−	−	−	−	−	△	−	−	×	×	28	−	◎	0	−	×	−

注）卵：卵に、幼：幼虫に、成：成虫に、マ：マミーに、蛹：蛹に、胞子：胞子に、巣：巣箱の蜂のコロニーに対する影響
　　残：その農薬が天敵に対して影響のなくなるまでの期間で、単位は日数です。数字の横に↑があるものはその日数以上の影響がある農薬です。
　　＊は薬液乾燥後に天敵を導入する場合には影響がないが、天敵が存在する場合には影響が出る恐れがあります。
　　記号：天敵等に対する影響は◎：死亡率0〜25%、○：25〜50%、△：50〜75%、×：75〜100%（野外・半野外試験）、
　　　　　　　　　　　　　　　　◎：死亡率0〜30%、○：30〜80%、△：80〜99%、×：99〜100%（室内試験）
　　マルハナバチに対する影響は◎：影響なし、○：影響1日、△：影響2日、×：影響3日以上
　　マルハナバチに対して影響がある農薬については、その期間以上巣箱を施設の外に出す必要があります。影響がない農薬でも、散布にあたっては蜂を巣箱に回収し、薬液が乾いてから活動させてください。

天敵等に対する殺菌剤・除草剤の影響の目安

（に整理・改変）

この表は協議会会員各社，農薬の開発メーカー，日本の公立試験研究機関，ＩＯＢＣおよびＰＣＳの資料に基づき作成されています。

- 本評価表は会員の負担により維持，訂正が行なわれています。転載にあたっては所定の転載料を事務局までお支払いくださるようお願い申し上げます。
- 農薬の系統名およびコードは，FRACの作用機構分類に従っています。同一系統の農薬の連用は，病原菌の薬剤抵抗性を発達させるため避ける必要があります。FRACコードのカッコ内の数字は，混合成分のFRACコードです。
- 表中のエルビニア カロトボーラは乳剤との混用はできませんが，3日以上の散布間隔であれば近接散布が可能です。またバチルス ズブチリスは混用できない剤とでも，翌日以降の近接散布は可能です。
- 表中の影響の程度および残効期間はあくまでも目安であり，気象条件（温度，降雨，紫外線の程度および換気条件等）により変化します。上記の理由により，この表が原因で事故が発生しても，当協議会としては一切責任を負いかねますので，ご了承の上，ご使用ください。
- <<除草剤>> バイオセーフ（スタイナーネマ カーポカプサエ）と混用可能な除草剤は下記のとおり。クサブロック，バナフィン，カーブ，クサレス，ターザイン，ウェイアップ，ディクトラン
- この表は協議会会員各社，農薬の開発メーカー，日本の公立試験研究機関，ＩＯＢＣおよびＰＣＳの資料に基づき作成されています。

天敵資材の問い合わせ先一覧

天敵名（掲載ページ）	商品名	製造・販売元	住所	電話
チリカブリダニ （口絵：資材1／解説：資材3）	スパイデックス	アリスタ ライフサイエンス株式会社　製品営業本部　第二営業部	〒104-6591　東京都中央区明石町8-1　聖路加タワー38階	03-3547-4415
	カブリダニPP	シンジェンタジャパン株式会社	〒104-6021　東京都中央区晴海1-8-10　オフィスタワーX21階	03-6221-1001（代）
	チリトップ	出光興産株式会社　アグリバイオ事業部	〒100-8321　東京都千代田区丸の内3-1-1	03-6895-1331
	チリトップ	株式会社アグリセクト	〒300-0506　茨城県稲敷市沼田2629-1	029-840-5977
	石原チリガブリ	石原バイオサイエンス株式会社　営業統括部　特販グループ	〒112-0004　東京都文京区後楽1-4-14　後楽森ビル15階	03-5844-6320
	チリカ・ワーカー	小泉製麻株式会社	〒657-0864　神戸市灘区新在家南町1-2-1	078-841-4142
ミヤコカブリダニ （口絵：資材1／解説：資材6）	スパイカルEX スパイカルプラス	アリスタ ライフサイエンス株式会社　製品営業本部　第二営業部	〒104-6591　東京都中央区明石町8-1　聖路加タワー38階	03-3547-4415
	ミヤコトップ	株式会社アグリセクト	〒300-0506　茨城県稲敷市沼田2629-1	029-840-5977
	ミヤコスター	住化テクノサービス株式会社	〒665-0051　兵庫県宝塚市高司4-2-1	0797-74-2120
タイリクヒメハナカメムシ （口絵：資材2／解説：資材8）	オリスターA	住友化学株式会社　アグロ事業部　お客様相談室	〒104-8260　東京都中央区新川2-27-1　東京住友ツインビル東館	0570-058-669（ナビダイヤル）
	タイリク	アリスタ ライフサイエンス株式会社　製品営業本部　第二営業部	〒104-6591　東京都中央区明石町8-1　聖路加タワー38階	03-3547-4415
	リクトップ	出光興産株式会社　アグリバイオ事業部	〒100-8321　東京都千代田区丸の内3-1-1	03-6895-1331
	リクトップ	株式会社アグリセクト	〒300-0506　茨城県稲敷市沼田2629-1	029-840-5977
	トスパック	協友アグリ株式会社　普及・マーケティング部	〒103-0016　東京都中央区日本橋小網町6-1　山万ビル11階	03-5645-0706
オオメカメムシ（オオメナガカメムシ） （口絵：資材3／解説：資材13）	オオメトップ	株式会社アグリセクト	〒300-0506　茨城県稲敷市沼田2629-1	029-840-5977
アリガタシマアザミウマ （口絵：資材4／解説：資材16）	アリガタ	アリスタ ライフサイエンス株式会社　製品営業本部　第二営業部	〒104-6591　東京都中央区明石町8-1　聖路加タワー38階	03-3547-4415
スワルスキーカブリダニ （口絵：資材4／解説：資材17）	スワルスキー スワルスキープラス	アリスタ ライフサイエンス株式会社　製品営業本部　第二営業部	〒104-6591　東京都中央区明石町8-1　聖路加タワー38階	03-3547-4415
リモニカスカブリダニ （口絵：資材5／解説：資材25）	リモニカ	アリスタ ライフサイエンス株式会社　製品営業本部　第二営業部	〒104-6591　東京都中央区明石町8-1　聖路加タワー38階	03-3547-4415
キイカブリダニ （口絵：資材5／解説：資材29）	キイトップ	株式会社アグリセクト	〒300-0506　茨城県稲敷市沼田2629-1	029-840-5977
ククメリスカブリダニ （口絵：資材6／解説：資材31）	ククメリス	アリスタ ライフサイエンス株式会社　製品営業本部　第二営業部	〒104-6591　東京都中央区明石町8-1　聖路加タワー38階	03-3547-4415
	メリトップ	出光興産株式会社　アグリバイオ事業部	〒100-8321　東京都千代田区丸の内3-1-1	03-6895-1331
	メリトップ	株式会社アグリセクト	〒300-0506　茨城県稲敷市沼田2629-1	029-840-5977
メタリジウム・アニソプリエ （口絵：資材7／解説：資材33）	パイレーツ粒剤	アリスタ ライフサイエンス株式会社　製品営業本部　第二営業部	〒104-6591　東京都中央区明石町8-1　聖路加タワー38階	03-3547-4415
ボーベリア・バシアーナ （口絵：資材7／解説：資材36）	ボタニガードES ボタニガード水和剤	アリスタ ライフサイエンス株式会社　製品営業本部　第二営業部	〒104-6591　東京都中央区明石町8-1　聖路加タワー38階	03-3547-4415
オンシツツヤコバチ （口絵：資材8／解説：資材39）	エンストリップ	アリスタ ライフサイエンス株式会社　製品営業本部　第二営業部	〒104-6591　東京都中央区明石町8-1　聖路加タワー38階	03-3547-4415
	ツヤトップ ツヤトップ25	株式会社アグリセクト	〒300-0506　茨城県稲敷市沼田2629-1	029-840-5977
サバクツヤコバチ （口絵：資材8／解説：資材45）	エルカード	アリスタ ライフサイエンス株式会社　製品営業本部　第二営業部	〒104-6591　東京都中央区明石町8-1　聖路加タワー38階	03-3547-4415
	サバクトップ	株式会社アグリセクト	〒300-0506　茨城県稲敷市沼田2629-1	029-840-5977

天敵資材の問い合わせ先一覧

天敵名（掲載ページ）	商品名	製造・販売元	住所	電話
ペキロマイセス・フモソロセウス （口絵：資材9／解説：資材48）	プリファード水和剤	三井物産株式会社　ニュートリション・アグリカルチャー本部　アグリサイエンス事業部　第二事業室	〒100-8631　東京都千代田区大手町1-3-1　JAビル	03-3285-5331
ペキロマイセス・テヌイペス （口絵：資材9／解説：資材52）	ゴッツA	出光興産株式会社　アグリバイオ事業部	〒100-8321　東京都千代田区丸の内3-1-1	03-6895-1331
	ゴッツA	住友化学株式会社　アグロ事業部　お客様相談室	〒104-8260　東京都中央区新川2-27-1　東京住友ツインビル東館	0570-058-669（ナビダイヤル）
バーティシリウム・レカニ （口絵：資材10／解説：資材55）	マイコタール	アリスタ ライフサイエンス株式会社　製品営業本部　第二営業部	〒104-6591　東京都中央区明石町8-1　聖路加タワー38階	03-3547-4415
ナミテントウ （口絵：資材11, 12／解説：資材57）	テントップ	株式会社アグリセクト	〒300-0506　茨城県稲敷市沼田2629-1	029-840-5977
ヒメカメノコテントウ （口絵：資材13／解説：資材62）	カメノコS	住化テクノサービス株式会社	〒665-0051　兵庫県宝塚市高司4-2-1	0797-74-2120
ヒメクサカゲロウ （口絵：資材14／解説：資材63）	カゲタロウ	アグロスター有限会社	〒254-0014　神奈川県平塚市四之宮2-6-25	0463-23-7888
コレマンアブラバチ （口絵：資材14／解説：資材67）	アフィパール	アリスタ ライフサイエンス株式会社　製品営業本部　第二営業部	〒104-6591　東京都中央区明石町8-1　聖路加タワー38階	03-3547-4415
	アブラバチAC	シンジェンタジャパン株式会社	〒104-6021　東京都中央区晴海1-8-10　オフィスタワーX 21階	03-6221-1001（代）
	コレトップ	株式会社アグリセクト	〒300-0506　茨城県稲敷市沼田2629-1	029-840-5977
チャバラアブラコバチ （口絵：資材15／解説：資材70）	チャバラ	住化テクノサービス株式会社	〒665-0051　兵庫県宝塚市高司4-2-1	0797-74-2120
ギフアブラバチ （口絵：資材16／解説：資材73）	ギフパール	アリスタ ライフサイエンス株式会社　製品営業本部　第二営業部	〒104-6591　東京都中央区明石町8-1　聖路加タワー38階	03-3547-4415
イサエアヒメコバチ （口絵：資材17／解説：資材76）	ヒメトップ	出光興産株式会社　アグリバイオ事業部	〒100-8321　東京都千代田区丸の内3-1-1	03-6895-1331
ハモグリミドリヒメコバチ （口絵：資材18／解説：資材81）	ミドリヒメ	住友化学株式会社　アグロ事業部　お客様相談室	〒104-8260　東京都中央区新川2-27-1　東京住友ツインビル東館	0570-058-669（ナビダイヤル）
ヨーロッパトビチビアメバチ （口絵：資材19／解説：資材84）	ヨーロッパトビチビアメバチ剤	一般社団法人日本養蜂協会	※本剤は市販しておらず、（一社）日本養蜂協会が必要に応じて組合員に配布している	
スタイナーネマ・カーポカプサエ （口絵：資材19／解説：資材86）	バイオセーフ	株式会社エス・ディー・エス バイオテック	〒103-0004　東京都中央区東日本橋1-1-5　ヒューリック東日本橋ビル	03-5825-5522
	バイオセーフ	協友アグリ株式会社　普及・マーケティング部	〒103-0016　東京都中央区日本橋小網町6-1　山万ビル11階	03-5645-0706
	バイオセーフ	アリスタ ライフサイエンス株式会社　製品営業本部　第二営業部	〒104-6591　東京都中央区明石町8-1　聖路加タワー38階	03-3547-4415
スタイナーネマ・グラセライ （口絵：資材20／解説：資材90）	バイオトピア	株式会社エス・ディー・エス バイオテック	〒103-0004　東京都中央区東日本橋1-1-5　ヒューリック東日本橋ビル	03-5825-5522
	バイオトピア	アリスタ ライフサイエンス株式会社　製品営業本部　第二営業部	〒104-6591　東京都中央区明石町8-1　聖路加タワー38階	03-3547-4415
ボーベリア・ブロンニアティ （口絵：資材21／解説：資材93）	バイオリサ・カミキリ	出光興産株式会社　アグリバイオ事業部	〒100-8321　東京都千代田区丸の内3-1-1	03-6895-1331
ボーベリア・バシアーナ （口絵：資材21／解説：資材96）	バイオリサ・マダラ	出光興産株式会社　アグリバイオ事業部	〒100-8321　東京都千代田区丸の内3-1-1	03-6895-1331
顆粒病ウイルス （口絵：資材22／解説：資材98）	ハマキ天敵	アリスタ ライフサイエンス株式会社　製品営業本部　第二営業部	〒104-6591　東京都中央区明石町8-1　聖路加タワー38階	03-3547-4415
パスツーリア・ペネトランス （口絵：資材23／解説：資材100）	パストリア水和剤	サンケイ化学株式会社	（本社・鹿児島工場）〒891-0122　鹿児島県鹿児島市南栄2-9　（東京本社）〒110-0005　東京都台東区上野7-6-11　第一下谷ビル	（本社・鹿児島工場）099-268-7588（東京本社）03-3845-7951

注1）本書で解説した天敵資材の製造元および販売元を掲載した。
注2）入手については，まずは各地域のJAまたは農薬取扱店にお問い合わせください。

対象害虫別天敵索引

※記載ページは，対象害虫がその天敵にとって「主な対象害虫」なら太字，「その他の対象害虫」なら細字とした。

【ア】

アオクサカメムシ
　カメムシタマゴトビコバチ　土着51
　マルボシヒラタヤドリバエ　土着233
　ミツクリクロタマゴバチ　土着144

アオムシ
　オオアトボシアオゴミムシ　土着228
　ボーベリア・バシアーナ　資材36

アカイラガ
　クロヘリアトキリゴミムシ　土着228

アカスジカスミカメ
　アゴブトグモ類　土着95

アゲハチョウ
　ナミヒメハナカメムシ　資材105

アゲハチョウ類
　ヨトウタマゴバチ　土着61

アザミウマ類
　アカメガシワクダアザミウマ　土着21
　オオメカメムシ　資材13
　オオメカメムシ類　土着17, 土着245
　オオメナガカメムシ　資材13
　オオメナガカメムシ類　土着17, 土着245
　カブリダニ類　土着8, 事例20
　キイカブリダニ　事例85
　ククメリスカブリダニ　資材31
　クロヒョウタンカスミカメ　土着26
　硬化病菌　土着268, 土着271
　黒きょう病菌　土着271
　昆虫病原性線虫　土着265
　スワルスキーカブリダニ　資材17
　タイリクヒメハナカメムシ　資材8
　タバコカスミカメ　資材108, 土着13
　ナミヒメハナカメムシ　資材105
　ニセラーゴカブリダニ　土着167
　ハネナガマキバサシガメ　土着111
　ヒメカメノコテントウ　土着30
　ヒメクサカゲロウ　資材63
　ヒメハナカメムシ類　土着10, 土着198, 事例20,
　　事例28, 事例85
　ボーベリア・バシアーナ　資材36
　ボーベリア属菌　土着268
　メタリジウム・アニソプリエ　資材33
　ヤマトクサカゲロウ　土着157
　リモニカスカブリダニ　資材25
　レカニシリウム属菌　土着278

アシグロハモグリバエ
　イサエアヒメコバチ　資材76

アシノワハダニ
　ハダニアザミウマ　土着46

アズキヘリカメムシ
　ヘリカメクロタマゴバチ　土着53, 土着143

アブラムシ類
　アブラコバチ類　事例95
　アブラバチ類　事例28, 事例47, 事例68
　ウヅキコモリグモ　土着70
　オオメカメムシ　資材13
　オオメカメムシ類　土着17, 土着245
　オオメナガカメムシ　資材13
　オオメナガカメムシ類　土着17, 土着245
　ギフアブラバチ　事例61
　クサカゲロウ類　土着33, 土着216, 事例28,
　　事例47, 事例85
　硬化病菌　土着268
　コガネグモ　土着236
　コクロヒメテントウ　土着212
　コサラグモ類　土着97
　コレマンアブラバチ　資材67, 事例3, 事例56,
　　事例61, 事例68
　昆虫疫病菌　土着281
　ジュウサンホシテントウ　土着156
　ショクガタマバエ　資材115, 土着35
　ショクガタマバエ類　事例47
　ジョロウグモ　土着234
　ダンダラテントウ　土着32

チャイロテントウ　土着155
チャバラアブラコバチ　資材70, 事例56
テントウムシ類　事例20, 事例28, 事例47, 事例85
ナナホシテントウ　土着29, 土着152
ナミテントウ　資材57, 土着29, 土着153, 土着209, 事例68
ナミヒメハナカメムシ　資材105
ニホンヒメグモ　土着237
ハエカビ類　土着281
ハエトリグモ類　土着239
ハナグモ　土着104, 土着240
ハネナガマキバサシガメ　土着111
ハモリダニ　土着50
ヒメカメノコテントウ　資材62, 土着30, 土着154, 土着214, 事例56, 事例68
ヒメクサカゲロウ　資材63
ヒメグモ　土着237
ヒメハナカメムシ類　土着10, 土着198, 事例85
ヒラタアブ類　土着49, 土着150, 土着215, 事例24, 事例47, 事例68, 事例85
フクログモ類　土着242
ペキロマイセス・テヌイペス　資材52
ボーベリア・バシアーナ　資材36
ボーベリア属菌　土着268
メスグロハナレメイエバエ　土着27
ヤマトクサカゲロウ　土着157
レカニシリウム属菌　土着278

アメリカシロヒトリ
核多角体病ウイルス（NPV）　土着283
クロヘリアトキリゴミムシ　土着228
ヨコヅナサシガメ　土着243

アリモドキゾウムシ
スタイナーネマ・カーポカプサエ　資材86

アルファルファタコゾウムシ
ヨーロッパトビチビアメバチ　資材84

アワノメイガ
アワノメイガタマゴバチ　土着64
オオアトボシアオゴミムシ　土着228
キイロタマゴバチ　土着63
セアカヒラタゴミムシ　土着132
ヒゲナガコマユバチ　土着66

アワヨトウ
イネアオムシサムライコマユバチ　土着138
ウスバキトンボ　土着125
核多角体病ウイルス（NPV）　土着283
カリヤサムライコマユバチ　土着140
顆粒病ウイルス　土着285
寄生バエ類　土着133
シオカラトンボ　土着123
シオヤアブ　土着131
シオヤムシヒキ　土着131
セアカヒラタゴミムシ　土着132
ノシメトンボ　土着124
フタモンアシナガバチ　土着135
ホウネンタワラチビアメバチ　土着139

【イ】

イセリヤカイガラムシ
ベダリアテントウ　資材123, 事例101

イチモンジカメムシ
カメムシタマゴトビコバチ　土着51
ミツクリクロタマゴバチ　土着144

イチモンジセセリ
アオアブ　土着130
アオメムシヒキ　土着130
イチモンジセセリヤドリコマユバチ　土着136
イネアオムシサムライコマユバチ　土着138
ウスバキトンボ　土着125
オオアトボシアオゴミムシ　土着228
オオカマキリ　土着147
カマキリ　土着146
キクヅキコモリグモ　土着99
寄生バエ類　土着133
コカマキリ　土着147
シオカラトンボ　土着123
シオヤアブ　土着131
シオヤムシヒキ　土着131
ズイムシアカタマゴバチ　土着122
セアカヒラタゴミムシ　土着132
チョウセンカマキリ　土着146
ドヨウオニグモ　土着103

対象害虫別天敵索引

　　ノシメトンボ　土着124
　　ハラビロカマキリ　土着148
　　ヒメバチ類　土着119
　　フシヒメバチ類　土着67
　　フタモンアシナガバチ　土着135
　　ホウネンタワラチビアメバチ　土着139
　　ミツクリヒメバチ　土着137
イチョウビロードカミキリ
　　ボーベリア・ブロンニアティ　資材93
イナゴ類
　　ナガコガネグモ　土着150
イナズマヨコバイ
　　アタマアブ類　土着116
　　カタグロミドリカスミカメ　土着108
イネアオムシ
　　ヒメアメンボ　土着160
イネアザミウマ
　　ツヤヒメハナカメムシ　土着159
イネキンウワバ
　　イネアオムシサムライコマユバチ　土着138
　　ズイムシアカタマゴバチ　土着122
　　フタモンアシナガバチ　土着135
イネドロオイムシ
　　硬化病菌　土着268
　　ドロムシムクゲタマゴバチ　土着142
　　ヒメバチ類　土着119
　　ボーベリア属菌　土着268
イネミズゾウムシ
　　硬化病菌　土着268
　　ボーベリア属菌　土着268
イネヨトウ
　　イチモンジセセリヤドリコマユバチ　土着136
イモキバガ
　　オオアトボシアオゴミムシ　土着228
イモゾウムシ
　　スタイナーネマ・カーポカプサエ　資材86
イラガ
　　イラガイツツバセイボウ　土着254
　　イラガセイボウ　土着254

イラガ類
　　キイロタマゴバチ　土着63
　　ハリクチブトカメムシ　土着56
　　ヒラタアトキリゴミムシ　土着228
イラクサギンウワバ
　　核多角体病ウイルス（NPV）　土着283

【ウ】

ウコンノメイガ
　　ヒゲナガコマユバチ　土着66
ウスコカクモンハマキ
　　顆粒病ウイルス　資材98
　　チャノコカクモンハマキ昆虫ポックスウイルス　土着286
うどんこ病
　　ペキロマイセス・テヌイペス　資材52
ウラナミシジミ
　　ズイムシアカタマゴバチ　土着122
ウワバ類
　　核多角体病ウイルス（NPV）　土着283
　　顆粒病ウイルス　土着285
　　フシヒメバチ類　土着67
ウンカ類
　　アオメアブ　土着130
　　アオメムシヒキ　土着130
　　アキアカネ　土着126
　　アゴブトグモ類　土着95
　　アジアイトトンボ　土着89
　　アシナガグモ類　土着92
　　キイトトンボ　土着90
　　キクヅキコモリグモ　土着99
　　キバラコモリグモ　土着101
　　硬化病菌　土着271
　　黒きょう病菌　土着271
　　コサラグモ類　土着97
　　コシアキトンボ　土着128
　　シオヤアブ　土着131
　　シオヤムシヒキ　土着131
　　シヘンチュウ類　土着265
　　ジュウサンホシテントウ　土着156
　　ツヤヒメハナカメムシ　土着159
　　トウキョウダルマガエル　土着113

トノサマガエル　土着114
ドヨウオニグモ　土着103
ナガコガネグモ　土着150
ナツアカネ　土着127
ニホンアカガエル　土着115
ニホンアマガエル　土着112
ヌマガエル　土着115
ハナグモ　土着104
ハネナガマキバサシガメ　土着111
ヒメアメンボ　土着160
ヒメカメノコテントウ　土着154
ヒメハナカメムシ類　土着10
マガリケムシヒキ　土着132
モートンイトトンボ　土着91
ヤマトクサカゲロウ　土着157

【エ】
エゾシロチョウ
　アオムシコマユバチ　土着84
エノキハダニ
　コウズケカブリダニ　土着168
エンドウヒゲナガアブラムシ
　アブラコバチ類　土着41
　ダンダラテントウ　土着210

【オ】
オウトウハダニ
　ダニヒメテントウ類　土着172
　トウヨウカブリダニ　土着167
　ハダニアザミウマ　土着46, 土着192
　ハネカクシ類　土着194
　フツウカブリダニ　土着167
オオタバコガ
　硬化病菌　土着273
　ボーベリア・バシアーナ　資材36
　緑きょう病菌　土着273
オオモンシロチョウ
　アオムシコマユバチ　土着84
オオヨコバイ
　ツマグロヨコバイタマゴバチ　土着106
　ホソハネヤドリコバチ　土着107

オキナワイチモンジハムシ
　ハリクチブトカメムシ　土着56
オリーブアナアキゾウムシ
　スタイナーネマ・カーポカプサエ　資材86
オンシツコナジラミ
　オンシツツヤコバチ　資材39
　サバクツヤコバチ　資材45
　タバコカスミカメ　資材108, 土着13
　バーティシリウム・レカニ　資材55
　ペキロマイセス・フモソロセウス　資材48
　ヨコスジツヤコバチ　土着47

【カ】
カ・ブユ類
　シヘンチュウ類　土着265
カイガラムシ類
　オオメカメムシ類　土着245
　オオメナガカメムシ類　土着245
　クサカゲロウ類　土着33, 土着216
　ダンダラテントウ　土着32
　チャイロテントウ　土着155
　テントウムシ類　土着185
　ナナホシテントウ　土着152
　ナミテントウ　土着153, 土着209
　ニセラーゴカブリダニ　土着167
　ヒメアカホシテントウ　土着204
　ヒメカメノコテントウ　土着30
　ボーベリア・バシアーナ　資材36
　ヤノネキイロコバチ　事例107
　ヤノネツヤコバチ　事例107
　レカニシリウム属菌　土着278
カキノキカキカイガラムシ
　ヤノネキイロコバチ　資材127
カスミカメ類
　アシナガグモ類　土着92
　キクヅキコモリグモ　土着99
　キバラコモリグモ　土着101
カブラヤガ
　ナミヒメハナカメムシ　資材105
カミキリムシ類
　硬化病菌　土着268

ボーベリア・ブロンニアティ　資材93
ボーベリア属菌　土着268
カメムシ類
オオカマキリ　土着147
オオメカメムシ類　土着17
オオメナガカメムシ類　土着17
カマキリ　土着146
カメムシタマゴトビコバチ　土着51
硬化病菌　土着268，土着271
コカマキリ　土着147
黒きょう病菌　土着271
サツマノミダマシ　土着149
シヘンチュウ類　土着265
チョウセンカマキリ　土着146
ナガコガネグモ　土着150
ハモリダニ　土着50
ハラビロカマキリ　土着148
ボーベリア属菌　土着268
ヨコヅナサシガメ　土着243
カンザワハダニ
カブリダニ類　土着8
ケナガカブリダニ　土着163
ケボソナガヒシダニ　土着191
コウズケカブリダニ　土着168
ダニヒメテントウ類　土着172
トウヨウカブリダニ　土着167
ナミテントウ　土着209
ニセラーゴカブリダニ　土着167
ハダニアザミウマ　土着46，土着192
ハネカクシ類　土着194
ヒメハナカメムシ類　土着10
フツウカブリダニ　土着167
ミチノクカブリダニ　土着168
ミヤコカブリダニ　土着165，事例114
ガンマキンウワバ
コナガサムライコマユバチ　土着71
【キ】
キジラミ類
クサカゲロウ類　土着216
ヒメカメノコテントウ　土着30

キスジホソヘリカメムシ
ホソヘリクロタマゴバチ　土着55
キノコバエ類
メスグロハナレメイエバエ　土着27
キボシカミキリ
スタイナーネマ・カーポカプサエ　資材86
ボーベリア・ブロンニアティ　資材93
キョウチクトウアブラムシ
ダンダラテントウ　土着210
ワタアブラコバチ　土着220
キンケクチブトゾウムシ
スタイナーネマ・カーポカプサエ　資材86
キンモンホソガ
キンモンホソガトビコバチ　土着251
ヒメコバチ類　土着247，土着259
ホソガサムライコマユバチ　土着249
ホソガヒラタヒメバチ　土着250
【ク】
クサギカメムシ
チャバネクロタマゴバチ　土着222
マルボシヒラタヤドリバエ　土着233
ミツクリクロタマゴバチ　土着144
クスグンバイ
グンバイカスミカメ　土着224
グミシロカイガラムシ
ナナセツトビコバチ　土着177
クモヘリカメムシ
ヘリカメクロタマゴバチ　土着53，土着143
クモ類
ヨコヅナサシガメ　土着243
クリタマバチ
チュウゴクオナガコバチ　資材129，事例125
クワアザミウマ
アザミウマタマゴバチ　土着207
クワオオハダニ
ケボソナガヒシダニ　土着191
コウズケカブリダニ　土着168
ハダニアザミウマ　土着192
ハネカクシ類　土着194
ミヤコカブリダニ　土着165

対象害虫別天敵索引

クワカミキリ
 ボーベリア・ブロンニアティ　資材93

クワコナカイガラムシ
 クワコナカイガラヤドリバチ　土着203
 コナカイガラクロバチ類　土着201

クワシロカイガラムシ
 サルメンツヤコバチ　土着175
 タマバエの一種　土着188
 チビトビコバチ　土着179
 テントウムシ類　土着185
 ナナセツトビコバチ　土着177

クワノメイガ
 フシヒメバチ類　土着67

グンバイムシ類
 グンバイカスミカメ　土着224

【ケ】

ケナガコナダニ
 ククメリスカブリダニ　資材31
 ナミヒメハナカメムシ　資材105
 ヒメハナカメムシ類　土着10

【コ】

コウチュウ目
 硬化病菌　土着268
 コガネグモ　土着236
 ジョロウグモ　土着234
 ハナグモ　土着104
 ハリクチブトカメムシ　土着56
 ボーベリア属菌　土着268

コウチュウ目（小型種）
 ヨコヅナサシガメ　土着243

コウチュウ目（穿孔性甲虫）
 ボーベリア・バシアーナ　資材96

コカクモンハマキ
 キイロタマゴバチ　土着63
 寄生蜂類　土着225
 ヒメバチ類　土着119
 フシヒメバチ類　土着67

小型昆虫
 オオメカメムシ類　土着245
 オオメナガカメムシ類　土着245

サツマノミダマシ　土着149
 トウキョウダルマガエル　土着113
 トノサマガエル　土着114
 ニホンアカガエル　土着115
 ニホンアマガエル　土着112
 ヌマガエル　土着115

コガネムシ類
 アオメアブ　土着130
 アオメムシヒキ　土着130
 硬化病菌　土着268，土着271
 黒きょう病菌　土着271
 昆虫病原性線虫　土着265
 シオヤアブ　土着131
 シオヤムシヒキ　土着131
 スタイナーネマ・グラセライ　資材90
 ボーベリア属菌　土着268

コスカシバ
 スタイナーネマ・カーポカプサエ　資材86

コナガ
 ウヅキコモリグモ　土着70
 オオアトボシアオゴミムシ　土着228
 顆粒病ウイルス　土着285
 寄生蜂類　土着225
 硬化病菌　土着268
 コナガサムライコマユバチ　土着71
 コナガチビヒメバチ　土着77
 コナガヒメコバチ　土着74
 ゴミムシ類　土着81
 セイヨウコナガチビアメバチ　資材121
 ナミヒメハナカメムシ　資材105
 ニホンコナガヤドリチビアメバチ　土着79
 ヒメバチ類　土着119
 ボーベリア・バシアーナ　資材36
 ボーベリア属菌　土着268
 ヨトウタマゴバチ　土着61

コナカイガラムシ類
 ヒメクサカゲロウ　資材63

コナジラミ類
 アリガタシマアザミウマ　資材16
 イザリア属菌　土着276

対象害虫別天敵索引

オオメカメムシ　資材13
オオメカメムシ類　土着17, 土着245
オオメナガカメムシ　資材13
オオメナガカメムシ類　土着17, 土着245
キイカブリダニ　資材29, 土着23, 事例85
クロヒョウタンカスミカメ　資材111, 土着26
硬化病菌　土着268, 土着276
コガネグモ　土着236
ジョロウグモ　土着234
スワルスキーカブリダニ　資材17
ナミヒメハナカメムシ　資材105
ニホンヒメグモ　土着237
ハエトリグモ類　土着239
ハナグモ　土着240
ヒメカメノコテントウ　土着30
ヒメグモ　土着237
ヒメハナカメムシ類　土着10
フクログモ類　土着242
ペキロマイセス・テヌイペス　資材52
ペキロマイセス・フモソロセウス　資材48
ボーベリア・バシアーナ　資材36
ボーベリア属菌　土着268
メスグロハナレメイエバエ　土着27
リモニカスカブリダニ　資材25
レカニシリウム属菌　土着278

コナダニ類
　ヘヤカブリダニ　土着24

コバエ類
　キイトトンボ　土着90

コバネイナゴ
　オオカマキリ　土着147
　カマキリ　土着146
　コカマキリ　土着147
　チョウセンカマキリ　土着146
　ハラビロカマキリ　土着148

コハリダニ類
　ケボソナガヒシダニ　土着191

コブノメイガ
　アオメアブ　土着130
　アオメムシヒキ　土着130

　ウスバキトンボ　土着125
　オオカマキリ　土着147
　カマキリ　土着146
　顆粒病ウイルス　土着285
　キクヅキコモリグモ　土着99
　寄生バエ類　土着133
　寄生蜂類　土着225
　コカマキリ　土着147
　シオカラトンボ　土着123
　シオヤアブ　土着131
　シオヤムシヒキ　土着131
　ズイムシアカタマゴバチ　土着122
　セアカヒラタゴミムシ　土着132
　チャイロテントウ　土着155
　チョウセンカマキリ　土着146
　ノシメトンボ　土着124
　ハラビロカマキリ　土着148
　ヒメバチ類　土着119
　フシヒメバチ類　土着67
　フタモンアシナガバチ　土着135
　ホウネンタワラチビアメバチ　土着139
　ミツクリヒメバチ　土着137

ゴマダラカミキリ
　ボーベリア・ブロンニアティ　資材93, 事例107

コミカンアブラムシ
　ミカンノアブラバチ　土着218

【サ】

サクラキバガ
　ホソガヒラタヒメバチ　土着250

サビダニ類
　カブリダニ類　土着8
　ダニヒメテントウ類　土着172
　ヘヤカブリダニ　土着24

サルスベリヒゲマダラアブラムシ
　ダンダラテントウ　土着210

【シ】

シジミチョウ類
　キイロタマゴバチ　土着63

シバオサゾウムシ
　スタイナーネマ・カーポカプサエ　資材86

スタイナーネマ・グラセライ　資材90
シバツトガ
　スタイナーネマ・グラセライ　資材90
ジャガイモキバガ
　ニホンコナガヤドリチビアメバチ　土着79
ジャガイモヒゲナガアブラムシ
　アブラコバチ類　土着41
　アブラバチ類　土着38
　ギフアブラバチ　資材73
シャクガ類
　キイロタマゴバチ　土着63
シャチホコガ類
　キイロタマゴバチ　土着63
小蛾類
　ドヨウオニグモ　土着103
　ハナグモ　土着104
ショウジョウバエ類
　メスグロハナレメイエバエ　土着27
シラホシカメムシ
　マルボシヒラタヤドリバエ　土着233
シロモンヤガ
　硬化病菌　土着273
　緑きょう病菌　土着273
シンクイムシ類
　フシヒメバチ類　土着67

【ス】
水棲昆虫
　ミズカマキリ　土着160
スギノメムシ
　ホソガヒラタヒメバチ　土着250
スギヒメコナカイガラムシ
　ベニトビコバチ　土着185
スグリコスカシバ
　スタイナーネマ・カーポカプサエ　資材86
スジキリヨトウ
　スタイナーネマ・グラセライ　資材90

【セ】
セジロウンカ
　カタグロミドリカスミカメ　土着108
　トビイロカマバチ　土着105

セミ類
　イザリア属菌　土着276
　硬化病菌　土着276
　ジョロウグモ　土着234
センチュウ類
　レカニシリウム属菌　土着278
センノカミキリ
　スタイナーネマ・カーポカプサエ　資材86
　ボーベリア・ブロンニアティ　資材93

【ソ】
ゾウムシ類
　硬化病菌　土着271
　黒きょう病菌　土着271
　昆虫病原性線虫　土着265

【タ】
ダイコンアブラムシ
　アブラバチ類　土着38
ダイズアブラムシ
　アブラコバチ類　土着41
タイワンツマグロヨコバイ
　アタマアブ類　土着116
タイワンヒゲナガアブラムシ
　アブラコバチ類　土着41
　ダンダラテントウ　土着210
タバコガ類
　ハリクチブトカメムシ　土着56
タバコナジラミ
　オンシツツヤコバチ　資材39
　クロヒョウタンカスミカメ　事例68
　コミドリチビトビカスミカメ　土着15
　サバクツヤコバチ　資材45
　スワルスキーカブリダニ　事例3，事例12，事例56，
　　事例61，事例68，事例80
　タバコカスミカメ　資材108，土着13，事例3，
　　事例12，事例74，事例80
　ネッタイチビトビカスミカメ　土着15
　バーティシリウム・レカニ　資材55
　ペキロマイセス・フモソロセウス　資材48
　ヨコスジツヤコバチ　土着47

タマナギンウワバ
  核多角体病ウイルス（NPV）　土着283
  硬化病菌　土着273
  コナガサムライコマユバチ　土着71
  ヨトウタマゴバチ　土着61
  緑きょう病菌　土着273
タマナヤガ
  スタイナーネマ・カーポカプサエ　資材86
  スタイナーネマ・グラセライ　資材90
ダンゴムシ
  ヨコヅナサシガメ　土着243
【チ】
チャドクガ
  ヒラタアトキリゴミムシ　土着228
チャトゲコナジラミ
  シルベストリコバチ　資材113
チャノキイロアザミウマ
  アザミウマタマゴバチ　土着207
  コウズケカブリダニ　土着168
  バーティシリウム・レカニ　資材55
  メタリジウム・アニソプリエ　資材33
チャノコカクモンハマキ
  アワノメイガタマゴバチ　土着64
  顆粒病ウイルス　資材98, 土着285
  チャノコカクモンハマキ昆虫ポックスウイルス　土着286
チャノナガサビダニ
  ハダニタマバエ　土着199
チャノホコリダニ
  カブリダニ類　事例20, 事例24, 事例68
  スワルスキーカブリダニ　資材17, 事例56, 事例61, 事例68
  ナミヒメハナカメムシ　資材105
  ヒメハナカメムシ類　土着10
  ヘヤカブリダニ　土着24
チャノホソガ
  ヒメコバチ類　土着247
チャバネアオカメムシ
  硬化病菌　土着268
  チャバネクロタマゴバチ　土着222
  ボーベリア属菌　土着268
  マルボシヒラタヤドリバエ　土着233
  ミツクリクロタマゴバチ　土着144
チャハマキ
  顆粒病ウイルス　資材98, 土着285
  寄生蜂類　土着225
  硬化病菌　土着268
  チャノコカクモンハマキ昆虫ポックスウイルス　土着286
  フシヒメバチ類　土着67
  ボーベリア属菌　土着268
チューリップヒゲナガアブラムシ
  アブラコバチ類　土着41
  アブラバチ類　土着38
チョウ目
  アキアカネ　土着126
  イザリア属菌　土着276
  ウヅキコモリグモ　土着70
  オオアトボシアオゴミムシ　土着228
  オオハサミムシ　土着85
  オオメカメムシ　資材13
  オオメカメムシ類　土着17, 土着245
  オオメナガカメムシ　資材13
  オオメナガカメムシ類　土着17, 土着245
  核多角体病ウイルス（NPV）　土着283
  クロヘリアトキリゴミムシ　土着228
  硬化病菌　土着268, 土着271, 土着273, 土着276
  コガネグモ　土着236
  黒きょう病菌　土着271
  コサラグモ類　土着97
  コシアキトンボ　土着128
  ゴミムシ類　土着81
  昆虫疫病菌　土着281
  昆虫病原性線虫　土着265
  サツマノミダマシ　土着149
  シヘンチュウ類　土着265
  ジョロウグモ　土着234
  シロヘリクチブトカメムシ　土着59
  チョウトンボ　土着129
  ナガコガネグモ　土着150
  ナツアカネ　土着127

ニホンヒメグモ　土着237
 ハエカビ類　土着281
 ハエトリグモ類　土着239
 ハナグモ　土着240
 ハネナガマキバサシガメ　土着111
 ハリクチブトカメムシ　土着56
 ヒメグモ　土着237
 ヒメハナカメムシ類　土着10
 フクログモ類　土着242
 ボーベリア属菌　土着268
 ヤマトクサカゲロウ　土着157
 ヨコヅナサシガメ　土着243
 緑きょう病菌　土着273

【ツ】
ツツジグンバイ
 グンバイカスミカメ　土着224
ツツジコナジラミ
 ヨコスジツヤコバチ　土着47
ツツジコナジラミモドキ
 ヨコスジツヤコバチ　土着47
ツマグロヨコバイ
 アシナガグモ類　土着92
 アタマアブ類　土着116
 カタグロミドリカスミカメ　土着108
 キクヅキコモリグモ　土着99
 キバラコモリグモ　土着101
 コサラグモ類　土着97
 ツマグロヨコバイタマゴバチ　土着106
 ハナグモ　土着104
 ハネナガマキバサシガメ　土着111
 ホソハネヤドリコバチ　土着107
ツヤアオカメムシ
 チャバネクロタマゴバチ　土着222
 マルボシヒラタヤドリバエ　土着233

【ト】
トウモロコシアブラムシ
 アブラコバチ類　土着41
ドクガ類
 キイロタマゴバチ　土着63

トサカグンバイ
 グンバイカスミカメ　土着224
トビイロウンカ
 カタグロミドリカスミカメ　土着108
 トビイロカマバチ　土着105
トビムシ類
 ウヅキコモリグモ　土着70
トマトハモグリバエ
 イサエアヒメコバチ　資材76
 カンムリヒメコバチ　土着4

【ナ】
ナガシロシタバ
 硬化病菌　土着273
 緑きょう病菌　土着273
ナシグンバイ
 グンバイカスミカメ　土着224
ナシチビガ
 コマユバチの一種　土着257
ナスコナカイガラムシ
 クロヒョウタンカスミカメ　資材111
ナスハモグリバエ
 イサエアヒメコバチ　資材76
 カンムリヒメコバチ　土着4
ナミハダニ
 カブリダニ類　土着8
 ケナガカブリダニ　土着163
 ダニヒメテントウ類　土着172
 ハダニアザミウマ　土着46, 事例95
 ヒメハナカメムシ類　土着10
 リモニカスカブリダニ　資材25
ナミハダニ黄緑型
 トウヨウカブリダニ　土着167
 ハダニアザミウマ　土着192
 ハネカクシ類　土着194
 フツウカブリダニ　土着167
 ミチノクカブリダニ　土着168
 ミヤコカブリダニ　土着165
ナミハダニモドキ
 ハダニアザミウマ　土着46

ナモグリバエ
    カンムリヒメコバチ　土着4
    ハモグリミドリヒメコバチ　土着3
    ヒメコバチ類　土着259

【ニ】
ニカメイガ
    アオメアブ　土着130
    アオメムシヒキ　土着130
    アキアカネ　土着126
    イネアオムシサムライコマユバチ　土着138
    ウスバキトンボ　土着125
    顆粒病ウイルス　土着285
    寄生蜂類　土着225
    コシアキトンボ　土着128
    シオカラトンボ　土着123
    シオヤアブ　土着131
    シオヤムシヒキ　土着131
    ズイムシアカタマゴバチ　土着122
    チャイロテントウ　土着155
    チョウトンボ　土着129
    ナツアカネ　土着127
    ノシメトンボ　土着124
    ヒメバチ類　土着119
    フシヒメバチ類　土着67
    マガリケムシヒキ　土着132

ニセカンザワハダニ
    ハダニアザミウマ　土着46

ニセダイコンアブラムシ
    アブラバチ類　土着38

ニセナシサビダニ
    コウズケカブリダニ　土着168
    トウヨウカブリダニ　土着167
    フツウカブリダニ　土着167
    ミヤコカブリダニ　土着165

【ネ】
ネギアザミウマ
    キイカブリダニ　資材29, 土着23
    ヘヤカブリダニ　土着24
    メタリジウム・アニソプリエ　資材33

ネギハモグリバエ
    カンムリヒメコバチ　土着4

ネコブセンチュウ類
    パスツーリア・ペネトランス　資材100

【ハ】
ハエ類
    アオメアブ　土着130
    アオメムシヒキ　土着130
    イザリア属菌　土着276
    ウヅキコモリグモ　土着70
    硬化病菌　土着276
    コガネグモ　土着236
    昆虫疫病菌　土着281
    昆虫病原性線虫　土着265
    サツマノミダマシ　土着149
    シオヤアブ　土着131
    シオヤムシヒキ　土着131
    ジョロウグモ　土着234
    ニホンヒメグモ　土着237
    ハエカビ類　土着281
    ハエトリグモ類　土着239
    ハナグモ　土着240
    ヒメグモ　土着237
    フクログモ類　土着242
    マガリケムシヒキ　土着132

ハスモンヨトウ
    ウヅキコモリグモ　土着70
    核多角体病ウイルス（NPV）　土着283
    硬化病菌　土着268, 土着273
    コサラグモ類　土着97
    シロヘリクチブトカメムシ　土着59
    スタイナーネマ・カーポカプサエ　資材86
    スタイナーネマ・グラセライ　資材90
    ハリクチブトカメムシ　土着56
    ボーベリア属菌　土着268
    緑きょう病菌　土着273

ハゼアブラムシ
    ミカンノアブラバチ　土着218

ハダニ類
    アリガタシマアザミウマ　資材16

オオメカメムシ　資材13
オオメカメムシ類　土着17, 土着245
オオメナガカメムシ　資材13
オオメナガカメムシ類　土着17, 土着245
カブリダニ類　土着8, 事例68
キアシクロヒメテントウ　土着44
クサカゲロウ類　土着33, 土着216
クロヒョウタンカスミカメ　資材111, 土着26
ケナガカブリダニ　土着163
硬化病菌　土着268
ダニヒメテントウ類　土着172
チリカブリダニ　資材3, 事例90
ツヤヒメハナカメムシ　土着159
ナミヒメハナカメムシ　資材105
ハダニアザミウマ　土着46, 土着192
ハダニタマバエ　土着199
ハダニタマバエの一種　土着45
ハナグモ　土着104
ハネカクシ類　土着194
ヒメカメノコテントウ　土着30
ヒメクサカゲロウ　資材63
ヒメハダニカブリケシハネカクシ　土着44
ヒメハナカメムシ類　土着10, 土着198, 事例24, 事例85
ヘヤカブリダニ　土着24
ボーベリア属菌　土着268
ミヤコカブリダニ　資材6, 土着165, 事例90, 事例114
ヤマトクサカゲロウ　土着157
レカニシリウム属菌　土着278

バッタ類
ウヅキコモリグモ　土着70
シヘンチュウ類　土着265

ハマキガの一種
ホソガヒラタヒメバチ　土着250

ハマキガ類
チャノコカクモンハマキ昆虫ポックスウイルス　土着286
フシヒメバチ類　土着67
ヨトウタマゴバチ　土着61

ハマキムシ類
アトボシアオゴミムシ　土着228
オオアトボシアオゴミムシ　土着228
クロヘリアトキリゴミムシ　土着228

ハムシ類
シヘンチュウ類　土着265
シロヘリクチブトカメムシ　土着59
ナミテントウ　土着209

ハモグリバエ類
オオメカメムシ　資材13
オオメカメムシ類　土着17
オオメナガカメムシ　資材13
オオメナガカメムシ類　土着17
コガネグモ　土着236
ジョロウグモ　土着234
土着寄生蜂　事例24
ニホンヒメグモ　土着237
ハエトリグモ類　土着239
ハナグモ　土着240
ハモグリミドリヒメコバチ　資材81, 土着3
ヒメグモ　土着237
ヒメコバチ類　土着259
フクログモ類　土着242
メスグロハナレメイエバエ　土着27

ハラアカコブカミキリ
ボーベリア・ブロンニアティ　資材93

バラヒゲナガアブラムシ
ダンダラテントウ　土着210

ハリカメムシ
ヘリカメクロタマゴバチ　土着53, 土着143

【ヒ】

ヒエノアブラムシ
アブラコバチ類　土着41

ヒゲナガアブラムシ
ヒメカメノコテントウ　土着30

ヒゲナガアブラムシ類
チャバラアブラコバチ　資材70

ヒトリガ類
キイロタマゴバチ　土着63
ヨトウタマゴバチ　土着61

対象害虫別天敵索引

ヒメキスジホソヘリカメムシ
　ホソヘリクロタマゴバチ　土着55
ヒメジャノメ
　ミツクリヒメバチ　土着137
ヒメトビウンカ
　カタグロミドリカスミカメ　土着108
　ナミヒメハナカメムシ　資材105
ヒメハダニ類
　カブリダニ類　土着8
　ミヤコカブリダニ　資材6, 土着165
ヒメボクトウ
　スタイナーネマ・カーポカプサエ　資材86
ヒラズハナアザミウマ
　アカメガシワクダアザミウマ　土着21
　アリガタシマアザミウマ　資材16
　カスミカメムシ類　事例68
　カブリダニ類　事例68
　コミドリチビトビカスミカメ　土着15
　スワルスキーカブリダニ　事例68
　タイリクヒメハナカメムシ　事例68
　タバコカスミカメ　資材108, 土着13
　ナミヒメハナカメムシ　資材105
　ネッタイチビトビカスミカメ　土着15
　ヒメハナカメムシ類　土着10, 事例68
　メタリジウム・アニソプリエ　資材33
ヒロヘリアオイラガ
　ヨコヅナサシガメ　土着243

【フ】
フジコナカイガラムシ
　寄生蜂　事例121
　ツノグロトビコバチ　土着183
　フジコナカイガラクロバチ　土着181, 事例119
　フジコナカイガラトビコバチ　土着182
　フジコナヒゲナガトビコバチ　土着184
　ベニトビコバチ　土着185
フシダニ類
　ミヤコカブリダニ　資材6
フタオビコヤガ
　アオメアブ　土着130
　アオメムシヒキ　土着130

アキアカネ　土着126
イネアオムシサムライコマユバチ　土着138
ウスバキトンボ　土着125
オオカマキリ　土着147
カマキリ　土着146
寄生バエ類　土着133
寄生蜂類　土着225
コカマキリ　土着147
コシアキトンボ　土着128
コマユバチの一種　土着257
シオカラトンボ　土着123
シオヤアブ　土着131
シオヤムシヒキ　土着131
ズイムシアカタマゴバチ　土着122
セアカヒラタゴミムシ　土着132
チョウセンカマキリ　土着146
チョウトンボ　土着129
ドヨウオニグモ　土着103
ナツアカネ　土着127
ノシメトンボ　土着124
ハナグモ　土着104
ハラビロカマキリ　土着148
ヒメバチ類　土着119
フタモンアシナガバチ　土着135
ホウネンタワラチビアメバチ　土着139
マガリケムシヒキ　土着132
ブドウサビダニ
　トウヨウカブリダニ　土着167

【ホ】
ホコリダニ類
　カブリダニ類　土着8
　スワルスキーカブリダニ　資材17
　ミヤコカブリダニ　資材6, 土着165
　リモニカスカブリダニ　資材25
ホソガ類
　ヒメコバチ類　土着259
ホソハリカメムシ
　ヘリカメクロタマゴバチ　土着53, 土着143
ホソヘリカメムシ
　カメムシタマゴトビコバチ　土着51

ヘリカメクロタマゴバチ　土着53, 土着143
ホソヘリクロタマゴバチ　土着55

ホップイボアブラムシ
ダンダラテントウ　土着210

【マ】

マイマイガ
核多角体病ウイルス（NPV）　土着283

マサキナガカイガラムシ
ヤノネキイロコバチ　資材127

マツケムシ
キイロタマゴバチ　土着63

マツノマダラカミキリ
ボーベリア・バシアーナ　資材96

マメアブラムシ
アブラコバチ類　土着41
ダンダラテントウ　土着210
ミカンノアブラバチ　土着218
ワタアブラコバチ　土着220

マメハモグリバエ
アリガタシマアザミウマ　資材16
イサエアヒメコバチ　資材76
カンムリヒメコバチ　土着4
ハモグリミドリヒメコバチ　土着3
ヒメコバチ類　土着259

マルカメムシ
カメムシタマゴトビコバチ　土着51

【ミ】

ミカンキイロアザミウマ
アリガタシマアザミウマ　資材16
ナミヒメハナカメムシ　資材105
バーティシリウム・レカニ　資材55
ヒメハナカメムシ類　土着10
メタリジウム・アニソプリエ　資材33

ミカンクロアブラムシ
ダンダラテントウ　土着210
ミカンノアブラバチ　土着218

ミカンコナカイガラムシ
フジコナヒゲナガトビコバチ　土着184

ミカンコナジラミ
ケボソナガヒシダニ　土着191

ヨコスジツヤコバチ　土着47

ミカンサビダニ
ケボソナガヒシダニ　土着191

ミカントゲコナジラミ
シルベストリコバチ　資材113

ミカンハダニ
カブリダニ類　事例101
ケボソナガヒシダニ　土着191
コウズケカブリダニ　土着168
スワルスキーカブリダニ　資材17
ダニヒメテントウ類　土着172
ニセラーゴカブリダニ　土着167
ハダニアザミウマ　土着46, 土着192
ハダニカブリケシハネカクシ類　事例101
ハダニヒメテントウ類　事例101
ハネカクシ類　土着194
フツウカブリダニ　土着167
ミチノクカブリダニ　土着168
ミヤコカブリダニ　土着165
リモニカスカブリダニ　資材25

ミカンハモグリガ
ヒメコバチ類　土着247, 土着259

ミカンヒメコナカイガラムシ
コナカイガラクロバチ類　土着201

ミツモンキンウワバ
硬化病菌　土着273
緑きょう病菌　土着273

ミドリヒメヨコバイ
ナミヒメハナカメムシ　資材105

ミナミアオカメムシ
カメムシタマゴトビコバチ　土着51
マルボシヒラタヤドリバエ　土着233
ミツクリクロタマゴバチ　土着144

ミナミキイロアザミウマ
アカメガシワクダアザミウマ　土着21
アリガタシマアザミウマ　資材16
カスミカメムシ類　事例68
カブリダニ類　事例68
キイカブリダニ　資材29, 土着23
クロヒョウタンカスミカメ　資材111

コミドリチビトビカスミカメ　土着15
スワルスキーカブリダニ　事例3, 事例12, 事例56, 事例61, 事例68, 事例80
タイリクヒメハナカメムシ　事例3, 事例56, 事例61, 事例68
タバコカスミカメ　資材108, 土着13, 事例3, 事例12, 事例61, 事例80
ナミヒメハナカメムシ　資材105
ネッタイチビトビカスミカメ　土着15
ヒメハナカメムシ類　土着10, 事例24, 事例37, 事例47, 事例68
ヘヤカブリダニ　土着24
ミチノクカブリダニ　土着168
メタリジウム・アニソプリエ　資材33

【ム】
ムギクビレアブラムシ
　アブラコバチ類　土着41
　ヒラタアブ類　土着150
ムギヒゲナガアブラムシ
　ヒラタアブ類　土着150

【メ】
メイガ類
　アジアイトトンボ　土着89
　アシナガグモ類　土着92
　キイロタマゴバチ　土着63
　寄生蜂類　土着225
　ツヤヒメハナカメムシ　土着159
　ヒメアメンボ　土着160
　ヒメバチ類　土着119
　フシヒメバチ類　土着67
　モートンイトトンボ　土着91
　ヨトウタマゴバチ　土着61
メイチュウ類
　オオアトボシアオゴミムシ　土着228

【モ】
モトジロアザミウマ
　クロヒョウタンカスミカメ　資材111
モノアラガイ
　ミズカマキリ　土着160

モモアカアブラムシ
　アブラコバチ類　土着41
　アブラバチ類　土着38
　ギフアブラバチ　資材73
　ダンダラテントウ　土着210
　ヒメカメノコテントウ　土着30
　ヒメクサカゲロウ　資材63
　ヒラタアブ類　土着49
モモサビダニ
　コウズケカブリダニ　土着168
　ニセラーゴカブリダニ　土着167
モモシンクイガ
　スタイナーネマ・カーポカプサエ　資材86
モモハモグリガ
　ヒメコバチ類　土着247
モンキチョウ
　核多角体病ウイルス（NPV）　土着283
モンシロチョウ
　アオムシコマユバチ　土着84
　オオアトボシアオゴミムシ　土着228
　顆粒病ウイルス　土着285
　寄生蜂類　土着225
　硬化病菌　土着268
　ゴミムシ類　土着81
　ボーベリア・バシアーナ　資材36
　ボーベリア属菌　土着268
　ヨトウタマゴバチ　土着61
モンシロドクガ
　アオムシコマユバチ　土着84

【ヤ】
ヤガ類
　キイロタマゴバチ　土着63
　寄生バエ類　土着133
　硬化病菌　土着273
　フタモンアシナガバチ　土着135
　緑きょう病菌　土着273
ヤシオオサゾウムシ
　スタイナーネマ・カーポカプサエ　資材86
ヤシシロマルカイガラムシ
　ヤノネキイロコバチ　資材127

対象害虫別天敵索引

ヤノネカイガラムシ
  ケボソナガヒシダニ　土着191
  ヤノネキイロコバチ　資材127，事例99
  ヤノネツヤコバチ　資材128，事例99

ヤママユガ類
  キイロタマゴバチ　土着63

【ユ】
ユキヤナギアブラムシ
  アブラコバチ類　土着41
  コクロヒメテントウ　土着212
  ダンダラテントウ　土着210
  ミカンノアブラバチ　土着218
  ワタアブラコバチ　土着220

【ヨ】
ヨコバイ類
  アオメアブ　土着130
  アオメムシヒキ　土着130
  アキアカネ　土着126
  アゴブトグモ類　土着95
  アジアイトトンボ　土着89
  ウヅキコモリグモ　土着70
  キイトトンボ　土着90
  硬化病菌　土着271
  黒きょう病菌　土着271
  コシアキトンボ　土着128
  シオヤアブ　土着131
  シオヤムシヒキ　土着131
  ジュウサンホシテントウ　土着156
  チャイロテントウ　土着155
  ツヤヒメハナカメムシ　土着159
  トウキョウダルマガエル　土着113
  トノサマガエル　土着114
  ドヨウオニグモ　土着103
  ナガコガネグモ　土着150
  ナツアカネ　土着127
  ニホンアカガエル　土着115
  ニホンアマガエル　土着112
  ヌマガエル　土着115
  ヒメアメンボ　土着160
  ヒメカメノコテントウ　土着154

  ヒメハナカメムシ類　土着10
  マガリケムシヒキ　土着132
  モートンイトトンボ　土着91
  ヤマトクサカゲロウ　土着157

ヨトウガ
  核多角体病ウイルス（NPV）　土着283
  キイロタマゴバチ　土着63
  硬化病菌　土着268，土着273
  ナミヒメハナカメムシ　資材105
  ボーベリア属菌　土着268
  ヨトウタマゴバチ　土着61
  緑きょう病菌　土着273

ヨトウガ類
  クロヒョウタンカスミカメ　資材111

ヨトウムシ類
  オオアトボシアオゴミムシ　土着228
  ゴミムシ類　土着81

【リ】
リンゴコカクモンハマキ
  アワノメイガタマゴバチ　土着64
  顆粒病ウイルス　資材98

リンゴサビダニ
  トウヨウカブリダニ　土着167
  フツウカブリダニ　土着167

リンゴハダニ
  フツウカブリダニ　土着167
  ミチノクカブリダニ　土着168

リンゴワタムシ
  ワタムシヤドリコバチ　資材119

【ル】
ルビーロウムシ
  ルビーアカヤドリコバチ　資材125

【ワ】
ワタアブラムシ
  アブラコバチ類　土着41
  アブラバチ類　土着38
  ヒメカメノコテントウ　土着30
  ヒメクサカゲロウ　資材63
  ヒメハナカメムシ類　土着10
  ヒラタアブ類　土着49

ペキロマイセス・フモソロセウス　**資材48**
ミカンノアブラバチ　**土着218**
ワタアブラコバチ　**土着220**

天敵和名索引

※記載ページは，口絵／解説の形式で示した。当該種の口絵・解説は太字，それ以外での記載は細字とした。

【ア】
アオイトンボ　〈口絵〉土着34　／〈解説〉土着92
アオムシコマユバチ
　　〈口絵〉土着28，土着31　／〈解説〉土着71，土着84
アオムシヒラタヒメバチ　〈口絵〉土着46　／〈解説〉土着119
アオメアブ　〈口絵〉土着51　／〈解説〉土着130
アオメムシヒキ　〈口絵〉土着51　／〈解説〉土着130
アオモンイトンボ　〈口絵〉土着34　／〈解説〉土着92
アカヒゲフシヒメバチ　〈口絵〉—　／〈解説〉土着68
アカメガシワクダアザミウマ
　　〈口絵〉土着9　／〈解説〉土着21
アキアカネ　〈口絵〉土着49　／〈解説〉土着126
アゴブトグモ　〈口絵〉土着36　／〈解説〉土着95
アゴブトグモ類　〈口絵〉土着36　／〈解説〉土着95
アザミウマタマゴバチ　〈口絵〉土着81　／〈解説〉土着207
アジアイトンボ　〈口絵〉土着33　／〈解説〉土着89
アシナガグモ　〈口絵〉土着35　／〈解説〉土着92
アシナガグモ類　〈口絵〉土着35　／〈解説〉土着92
アタマアブ類　〈口絵〉土着45　／〈解説〉土着116
アトボシアオゴミムシ　〈口絵〉土着91　／〈解説〉土着228
アブラコバチ類
　　〈口絵〉土着19　／〈解説〉土着41，事例95
アブラバチ　〈口絵〉—　／〈解説〉事例28
アブラバチ類
　　〈口絵〉土着17　／〈解説〉土着38，事例47，事例68
アリガタシマアザミウマ　〈口絵〉資材4　／〈解説〉資材16
アリグモ　〈口絵〉—　／〈解説〉土着239
アルファバキュロウイルス　〈口絵〉—　／〈解説〉土着283
アワノメイガタマゴバチ　〈口絵〉土着26　／〈解説〉土着64

【イ】
イサエアヒメコバチ　〈口絵〉資材17　／〈解説〉資材76，資材82，資材83，土着6
イザリア・カテニアニュラータ
　　〈口絵〉土着106　／〈解説〉土着276
イザリア属菌　〈口絵〉土着106　／〈解説〉土着276
イチモンジセセリヤドリコマユバチ
　　〈口絵〉土着54　／〈解説〉土着136
イチモンジヒラタヒメバチ
　　〈口絵〉土着47　／〈解説〉土着119
イナズマツヤアタマアブ　〈口絵〉—　／〈解説〉土着116
イネアオムシサムライコマユバチ
　　〈口絵〉土着54　／〈解説〉土着138
イラガイツツバセイボウ　〈口絵〉土着99　／〈解説〉土着254
イラガセイボウ　〈口絵〉土着99　／〈解説〉土着254

【ウ】
ウジイエヤドリヒメコバチ　〈口絵〉—　／〈解説〉土着247
ウスイロヤドリクロバチ　〈口絵〉—　／〈解説〉土着201
ウスキサナギタケ　〈口絵〉土着106　／〈解説〉土着276
ウスバキトンボ　〈口絵〉土着49　／〈解説〉土着125
ウタツハリバエ　〈口絵〉土着53　／〈解説〉土着133
ウヅキコモリグモ　〈口絵〉土着27　／〈解説〉土着70
ウンカシヘンチュウ　〈口絵〉土着102　／〈解説〉土着265

【エ】
エゾカタビロオサムシ　〈口絵〉土着31　／〈解説〉土着81
エントモファガ・マイマイガ
　　〈口絵〉土着107　／〈解説〉土着281

【オ】
黄きょう病菌　〈口絵〉—　／〈解説〉土着268
オオアオイトンボ　〈口絵〉土着34　／〈解説〉土着92
オオアトボシアオゴミムシ
　　〈口絵〉土着30，土着91　／〈解説〉土着81，土着228
オオカマキリ　〈口絵〉土着57　／〈解説〉土着147
オオキベリアオゴミムシ　〈口絵〉土着31　／〈解説〉—
オオハサミムシ　〈口絵〉土着32　／〈解説〉土着85
オオメカメムシ(オオメナガカメムシ)
　　〈口絵〉資材3　／〈解説〉資材13
オオメカメムシ(オオメナガカメムシ)類
　　〈口絵〉土着8，土着96　／〈解説〉土着17，土着245
オンシツツヤコバチ
　　〈口絵〉資材8　／〈解説〉資材39，資材80

【カ】
カオマダラクサカゲロウ
　　〈口絵〉土着15，土着86　／〈解説〉土着33，土着216
カオムラサキヒメコバチ　〈口絵〉—　／〈解説〉土着247

核多角体病ウイルス(NPV)
　　〈口絵〉土着108／〈解説〉土着283
カスミカメムシ類　〈口絵〉―／〈解説〉**事例68**
カタグロヒドリカスミカメ　〈口絵〉土着42／〈解説〉土着108
カブリダニ類　〈口絵〉土着2, 土着66／〈解説〉土着8,
　　土着167, 技術35, 事例20, 事例24, 事例68, 事
　　例101, 事例107
カマキリ　〈口絵〉土着57／〈解説〉土着146
カメムシタマゴトビコバチ
　　〈口絵〉土着23／〈解説〉土着51
カラスハエトリ　〈口絵〉―／〈解説〉土着239
カリヤサムライコマユバチ
　　〈口絵〉土着55／〈解説〉土着140
顆粒病ウイルス　〈口絵〉**資材22**, 土着108／〈解説〉**資
　　材98**, 土着285
カンムリヒメコバチ
　　〈口絵〉土着1／〈解説〉資材79, 土着4
【キ】
キアシアブラコバチ　〈口絵〉土着19／〈解説〉土着41
キアシクロヒメテントウ
　　〈口絵〉土着20, 土着67／〈解説〉土着44, 土着172
キアシハエトリ　〈口絵〉―／〈解説〉土着239
キアシブトコバチ　〈口絵〉土着90／〈解説〉土着226
キイカブリダニ　〈口絵〉**資材5**, 土着3, 土着10／〈解説〉
　　資材29, 土着8, 土着23, 事例85
キイトトンボ　〈口絵〉土着33／〈解説〉土着90
キイロタマゴバチ　〈口絵〉土着25／〈解説〉土着63
キイロホソコバチ　〈口絵〉―／〈解説〉土着247
キクヅキコモリグモ　〈口絵〉土着38／〈解説〉土着99
寄生バエ類　〈口絵〉土着53／〈解説〉土着133
寄生蜂　〈口絵〉―／〈解説〉**技術52**
寄生蜂類　〈口絵〉土着90／〈解説〉土着225, 事例121
キバラコモリグモ　〈口絵〉土着38／〈解説〉土着101
ギフアブラバチ　〈口絵〉**資材16**, 土着17／〈解説〉**資材
　　73**, 土着38, 事例61
キボシアオゴミムシ　〈口絵〉土着30／〈解説〉土着81
ギンガオハリバエ　〈口絵〉―／〈解説〉土着133
キンナガゴミムシ　〈口絵〉土着31／〈解説〉土着81
キンモンホソガトビコバチ
　　〈口絵〉土着98／〈解説〉土着251

キンモンホソガヒメコバチ　〈口絵〉―／〈解説〉土着247
【ク】
ククメリスカブリダニ　〈口絵〉**資材6**／〈解説〉**資材31**
クサカゲロウ類　〈口絵〉土着15, 土着86／〈解説〉土着
　　33, 土着216, 技術57, 事例28, 事例47, 事例85
クシダネマ　〈口絵〉―／〈解説〉資材92
クモ類　〈口絵〉―／〈解説〉事例85
クモンクサカゲロウ　〈口絵〉土着15／〈解説〉土着33
クリサキテントウ　〈口絵〉―／〈解説〉資材58, 土着209
クリマモリオナガコバチ
　　〈口絵〉資材32／〈解説〉資材130
クロズヤマトクサカゲロウ　〈口絵〉―／〈解説〉資材64
クロツヤオオメカメムシ
　　〈口絵〉―／〈解説〉資材13, 土着18
クロヒゲフシオナガヒメバチ　〈口絵〉―／〈解説〉土着68
クロヒョウタンカスミカメ　〈口絵〉**資材26**, 土着11／〈解説〉
　　資材111, 土着26, 事例68
クロヒラタアブ　〈口絵〉―／〈解説〉土着49
クロヘリアトキリゴミムシ
　　〈口絵〉土着91／〈解説〉土着228
クワコナカイガラヤドリバチ
　　〈口絵〉土着79／〈解説〉土着203
クワシロミドリトビコバチ　〈口絵〉―／〈解説〉土着177
グンバイカスミカメ　〈口絵〉土着89／〈解説〉土着224
【ケ】
ケナガカブリダニ
　　〈口絵〉土着3, 土着64／〈解説〉土着8, 土着163
ケボソナガヒシダニ　〈口絵〉土着76／〈解説〉土着191
【コ】
硬化病菌(イザリア属菌)
　　〈口絵〉土着106／〈解説〉土着276
硬化病菌(黒きょう病菌)
　　〈口絵〉土着104／〈解説〉土着271
硬化病菌(ボーベリア属菌)
　　〈口絵〉土着103／〈解説〉土着268
硬化病菌(緑きょう病菌)
　　〈口絵〉土着105／〈解説〉土着273
コウズケカブリダニ　〈口絵〉土着66／〈解説〉土着168
コガタハモグリヒメコバチ
　　〈口絵〉土着100／〈解説〉土着259

コガネグモ　〈口絵〉土着93 ／〈解説〉土着236
コカマキリ　〈口絵〉土着57 ／〈解説〉土着147
コカメノコテントウ　〈口絵〉— ／〈解説〉土着31，土着214
黒きょう病菌　〈口絵〉土着104 ／〈解説〉土着271
コクロヒメテントウ　〈口絵〉土着84 ／〈解説〉土着212
コサラグモ類　〈口絵〉土着37 ／〈解説〉土着97
コシアキトンボ　〈口絵〉土着50 ／〈解説〉土着128
コシビロハモグリヤドリヒメコバチ
　　〈口絵〉土着100 ／〈解説〉土着259
コナカイガラクロバチ類
　　〈口絵〉土着79 ／〈解説〉土着201
コナカイガラヤドリクロバチ　〈口絵〉— ／〈解説〉土着201
コナガカビ　〈口絵〉— ／〈解説〉土着281
コナガサムライコマユバチ
　　〈口絵〉土着28 ／〈解説〉土着71
コナガチビヒメバチ　〈口絵〉土着29 ／〈解説〉土着77
コナガヒメコバチ　〈口絵〉土着28 ／〈解説〉土着74
コナサナギタケ　〈口絵〉土着106 ／〈解説〉土着276
コニディオボルス属菌　〈口絵〉— ／〈解説〉土着281
コヒメハナカメムシ
　　〈口絵〉土着5，土着78 ／〈解説〉土着10，土着198
コマユバチの一種　〈口絵〉— ／〈解説〉土着257
コミドリチビトビカスミカメ　〈口絵〉土着6 ／〈解説〉土着15
ゴミムシ類
　　〈口絵〉土着30，土着91 ／〈解説〉土着81，土着228
コヤマカブリダニ　〈口絵〉土着2 ／〈解説〉土着8
コレマンアブラバチ　〈口絵〉資材14，土着17 ／〈解説〉資材67，資材73，資材75，土着39，事例3，事例56，事例61，事例68
昆虫疫病菌
　　〈口絵〉土着107 ／〈解説〉土着281，事例107
昆虫病原性線虫　〈口絵〉土着101 ／〈解説〉土着265
昆虫ポックスウイルス　〈口絵〉土着108 ／〈解説〉土着286

【サ】
サクサンフシヒメバチ　〈口絵〉— ／〈解説〉土着68
サツマノミダマシ　〈口絵〉土着58 ／〈解説〉土着149
サバクツヤコバチ
　　〈口絵〉資材8 ／〈解説〉資材45，資材80
サルメンツヤコバチ　〈口絵〉土着68 ／〈解説〉土着175

【シ】
シオカラトンボ　〈口絵〉土着48 ／〈解説〉土着123
シオヤアブ　〈口絵〉土着52 ／〈解説〉土着131
シオヤムシヒキ　〈口絵〉土着52 ／〈解説〉土着131
シコクアシナガグモ　〈口絵〉土着35 ／〈解説〉土着92
シヘンチュウ類　〈口絵〉— ／〈解説〉土着265
ジュウサンホシテントウ　〈口絵〉土着61 ／〈解説〉土着156
ショウジョウトンボ　〈口絵〉土着50 ／〈解説〉土着128
ショクガタマバエ
　　〈口絵〉資材28，土着16 ／〈解説〉資材115，土着35，事例47
ジョロウグモ　〈口絵〉土着93 ／〈解説〉土着234
シルベストリコバチ　〈口絵〉資材27 ／〈解説〉資材113
シロツノコナカイガラトビコバチ
　　〈口絵〉— ／〈解説〉土着201
シロテントガリヒメバチ　〈口絵〉土着90 ／〈解説〉土着225
シロヘリクチブトカメムシ
　　〈口絵〉土着24 ／〈解説〉土着57，土着59
シロモンヒラタヒメバチ　〈口絵〉土着90 ／〈解説〉—

【ス】
ズイムシアカタマゴバチ
　　〈口絵〉土着47 ／〈解説〉土着122
ズイムシシヘンチュウ　〈口絵〉— ／〈解説〉土着265
ズープトラ・ラディカンス　〈口絵〉— ／〈解説〉土着281
スキムシノシヘンチュウ　〈口絵〉— ／〈解説〉土着265
スタイナーネマ・カーポカプサエ
　　〈口絵〉資材19 ／〈解説〉資材86
スタイナーネマ・グラセライ
　　〈口絵〉資材20 ／〈解説〉資材90
スタイナーネマ属　〈口絵〉土着101 ／〈解説〉土着265
スワルスキーカブリダニ
　　〈口絵〉資材4 ／〈解説〉資材17，事例3，事例12，事例56，事例61，事例68，事例80

【セ】
セアカヒラタゴミムシ
　　〈口絵〉土着30，土着53 ／〈解説〉土着81，土着132
セイヨウコナガチビアメバチ
　　〈口絵〉資材29 ／〈解説〉資材121
赤きょう病菌　〈口絵〉土着106 ／〈解説〉土着276
セスジアカムネグモ　〈口絵〉土着37 ／〈解説〉土着97

セスジハモグリキイロヒメコバチ
　　〈口絵〉土着100　／〈解説〉土着259
センチュウ類　〈口絵〉土着101　／〈解説〉土着265

【ソ】

その他のカブリダニ類　〈口絵〉土着66　／〈解説〉—

【タ】

ダイコンアブラバチ　〈口絵〉土着17　／〈解説〉土着38
タイリクヒメハナカメムシ　〈口絵〉資材2, 土着5　／〈解説〉資材8, 土着10, 土着198, 事例3, 事例56, 事例61, 事例68
ダニヒメテントウ類　〈口絵〉土着67　／〈解説〉土着172
タバコカスミカメ　〈口絵〉資材25, 土着6　／〈解説〉資材108, 土着13, 事例3, 事例12, 事例61, 事例74, 事例80
タマバエの一種　〈口絵〉土着75　／〈解説〉土着188
タマバエ類　〈口絵〉—　／〈解説〉事例121
ダンダラテントウ　〈口絵〉土着14, 土着83　／〈解説〉土着31, 土着32, 土着210

【チ】

チビオオメカメムシ
　　〈口絵〉—　／〈解説〉資材13, 土着18
チビオオメナガカメムシ
　　〈口絵〉—　／〈解説〉資材13, 土着18
チビキアシヒラタヒメバチ
　　〈口絵〉土着90　／〈解説〉土着119, 土着225
チビトビカスミカメ類の酷似種
　　〈口絵〉—　／〈解説〉技術47
チビトビコバチ　〈口絵〉土着70　／〈解説〉土着179
チャイロテントウ　〈口絵〉土着61　／〈解説〉土着155
チャノコカクモンハマキ昆虫ポックスウイルス
　　〈口絵〉土着108　／〈解説〉土着286
チャバネクロタマゴバチ
　　〈口絵〉土着88　／〈解説〉土着222
チャハマキ顆粒病ウイルス
　　〈口絵〉—　／〈解説〉資材98
チャバラアブラコバチ　〈口絵〉資材15, 土着19　／〈解説〉資材70, 土着41, 事例56
チュウゴクオナガコバチ
　　〈口絵〉資材32　／〈解説〉資材129, 事例125
チョウセンオナガコバチ　〈口絵〉—　／〈解説〉資材131

チョウセンカマキリ　〈口絵〉土着57　／〈解説〉土着146
チョウトンボ　〈口絵〉土着51　／〈解説〉土着129
チリカブリダニ　〈口絵〉資材1　／〈解説〉資材3, 事例90

【ツ】

ツクツクボウシセミタケ　〈口絵〉—　／〈解説〉土着276
ツクツクボウシタケ　〈口絵〉土着106　／〈解説〉土着276
ツノグロトビコバチ　〈口絵〉土着71　／〈解説〉土着183
ツボイアタマアブ　〈口絵〉—　／〈解説〉土着116
ツマグロキアタマアブ　〈口絵〉土着45　／〈解説〉土着116
ツマグロツヤアタマアブ
　　〈口絵〉土着45　／〈解説〉土着116
ツマグロヒメアタマアブ　〈口絵〉—　／〈解説〉土着116
ツマグロヨコバイタマゴバチ
　　〈口絵〉土着41　／〈解説〉土着106
ツマジロオオメカメムシ
　　〈口絵〉—　／〈解説〉資材13, 土着18
ツマジロオオメナガカメムシ
　　〈口絵〉—　／〈解説〉資材13, 土着18
ツヤヒメハナカメムシ
　　〈口絵〉土着5, 土着62　／〈解説〉土着10, 土着159

【テ】

デーニッツハエトリ　〈口絵〉—　／〈解説〉土着239
テントウムシ類　〈口絵〉土着73　／〈解説〉土着185, 事例20, 事例28, 事例47, 事例85

【ト】

トウキョウダルマガエル　〈口絵〉土着43　／〈解説〉土着113
トウヨウカブリダニ　〈口絵〉土着66　／〈解説〉土着167
トガリアシナガグモ　〈口絵〉土着35　／〈解説〉土着92
土着寄生蜂　〈口絵〉—　／〈解説〉事例24
トノサマガエル　〈口絵〉土着43　／〈解説〉土着114
トビイロカマバチ　〈口絵〉土着40　／〈解説〉土着105
トビイロフクログモ　〈口絵〉—　／〈解説〉土着242
ドヨウオニグモ　〈口絵〉土着39　／〈解説〉土着103
ドロムシムクゲタマゴバチ
　　〈口絵〉土着55　／〈解説〉土着142

【ナ】

ナガコガネグモ　〈口絵〉土着58　／〈解説〉土着150
ナガヒシダニ類　〈口絵〉—　／〈解説〉事例107
ナケルクロアブラバチ　〈口絵〉土着17　／〈解説〉土着38
ナツアカネ　〈口絵〉土着50　／〈解説〉土着127

ナナセツトビコバチ 〈口絵〉土着69 /〈解説〉土着177
ナナホシテントウ 〈口絵〉土着13, 土着60 /〈解説〉資材58, 土着29, 土着152
ナミテントウ 〈口絵〉資材11, 土着13, 土着60, 土着82 /〈解説〉資材57, 土着29, 土着153, 土着209, 事例68
ナミヒメハナカメムシ 〈口絵〉資材24, 土着4 /〈解説〉資材105, 土着10, 土着198

【ニ】
ニガリオヒメコバチの一種 〈口絵〉― /〈解説〉土着247
ニセアカムネグモ 〈口絵〉土着37 /〈解説〉土着97
ニセラーゴカブリダニ 〈口絵〉土着66 /〈解説〉土着167
ニホンアカガエル 〈口絵〉土着44 /〈解説〉土着115
ニホンアマガエル 〈口絵〉土着43 /〈解説〉土着112
ニホンコナガヤドリチビアメバチ
　〈口絵〉土着29 /〈解説〉土着79
日本の主なカブリダニ類19種
　〈口絵〉― /〈解説〉技術35
日本の主なクサカゲロウ類 〈口絵〉― /〈解説〉技術57
ニホンヒメグモ 〈口絵〉― /〈解説〉土着237

【ヌ】
ヌマガエル 〈口絵〉土着44 /〈解説〉土着115

【ネ】
ネコハエトリ 〈口絵〉土着94 /〈解説〉土着239
ネッタイチビトビカスミカメ 〈口絵〉― /〈解説〉土着15

【ノ】
農耕地のヒメハナカメムシ類 〈口絵〉― /〈解説〉技術43
ノコギリヒザグモ 〈口絵〉土着37 /〈解説〉土着97
ノシメトンボ 〈口絵〉土着48 /〈解説〉土着124

【ハ】
バーティシリウム・レカニ
　〈口絵〉資材10 /〈解説〉資材55
ハエカビ類 〈口絵〉土着107 /〈解説〉土着281
ハエトリグモ類 〈口絵〉土着94 /〈解説〉土着239
白きょう病菌 〈口絵〉― /〈解説〉土着268
パスツーリア・ペネトランス
　〈口絵〉資材23 /〈解説〉資材100
ハダニアザミウマ 〈口絵〉土着21, 土着76 /〈解説〉土着46, 土着192, 事例95
ハダニカブリケシハネカクシ 〈口絵〉土着77 /〈解説〉土着194, 事例101
ハダニクロヒメテントウ 〈口絵〉土着67 /〈解説〉土着172
ハダニタマバエ 〈口絵〉土着16, 土着78 /〈解説〉土着36, 土着199
ハダニタマバエの一種 〈口絵〉土着20 /〈解説〉土着45
ハダニヒメテントウ類 〈口絵〉― /〈解説〉事例101
ハナカメムシ類 〈口絵〉― /〈解説〉事例68
ハナグモ 〈口絵〉土着39, 土着94 /〈解説〉土着104, 土着240
ハナサナギタケ 〈口絵〉土着106 /〈解説〉土着276
ハネカクシ類 〈口絵〉土着77 /〈解説〉土着194
ハネナガマキバサシガメ
　〈口絵〉土着42 /〈解説〉土着111
ハマキフクログモ 〈口絵〉― /〈解説〉土着242
ハマキヤドリバエ 〈口絵〉― /〈解説〉土着133
ハモグリキイロヒメコバチ
　〈口絵〉土着100 /〈解説〉土着259
ハモグリクロヒメコバチ
　〈口絵〉土着100 /〈解説〉土着259
ハモグリコマユバチ 〈口絵〉― /〈解説〉資材83
ハモグリミドリヒメコバチ 〈口絵〉資材18, 土着1 /〈解説〉資材79, 資材81, 土着3, 土着6
ハモグリヤドリヒメコバチ 〈口絵〉土着100 /〈解説〉資材79, 資材82, 土着6, 土着259
ハモリダニ 〈口絵〉土着22 /〈解説〉土着50
ハラビロアシナガグモ 〈口絵〉土着35 /〈解説〉土着92
ハラビロカマキリ 〈口絵〉土着58 /〈解説〉土着148
ハリクチブトカメムシ 〈口絵〉土着24 /〈解説〉土着56
ハレヤヒメテントウ 〈口絵〉土着74 /〈解説〉土着185
パンドラ・ネオアフィディス
　〈口絵〉土着107 /〈解説〉土着281

【ヒ】
ヒカリアシナガグモ 〈口絵〉土着35 /〈解説〉土着92
ヒゲナガコマユバチ 〈口絵〉土着26 /〈解説〉土着66
ヒメアカホシテントウ 〈口絵〉土着73, 土着80 /〈解説〉土着185, 土着204
ヒメアシナガグモ 〈口絵〉土着36 /〈解説〉土着95
ヒメアメンボ 〈口絵〉土着63 /〈解説〉土着160

ヒメオオメカメムシ 〈口絵〉土着8, 土着96 /〈解説〉資材13, 土着17, 土着245
ヒメオオメナガカメムシ 〈口絵〉土着8 /〈解説〉資材13, 土着17, 土着245
ヒメカメノコテントウ 〈口絵〉資材13, 土着14, 土着61, 土着84 /〈解説〉資材58, 資材62, 土着30, 土着154, 土着214, 事例56, 事例68
ヒメクサカゲロウ 〈口絵〉資材14 /〈解説〉資材63
ヒメグモ 〈口絵〉土着93 /〈解説〉土着237
ヒメコバチ類 〈口絵〉土着97, 土着100 /〈解説〉土着247, 土着259
ヒメハダニカブリケシハネカクシ 〈口絵〉土着20, 土着77 /〈解説〉土着44, 土着194
ヒメバチ類 〈口絵〉土着46 /〈解説〉土着119
ヒメハナカメムシ類 〈口絵〉土着4, 土着78 /〈解説〉土着10, 土着198, 技術43, 事例20, 事例24, 事例28, 事例37, 事例47, 事例68, 事例85
ヒメヒラタアブ属 〈口絵〉― /〈解説〉土着215
ヒラタアトキリゴミムシ 〈口絵〉― /〈解説〉土着228
ヒラタアブ類 〈口絵〉土着22, 土着59, 土着85 /〈解説〉土着49, 土着150, 土着215, 事例24, 事例47, 事例68, 事例85

【フ】
フクログモ類 〈口絵〉土着94 /〈解説〉土着242
フジコナカイガラクロバチ 〈口絵〉土着71 /〈解説〉土着181, 土着202, 事例121
フジコナカイガラトビコバチ 〈口絵〉土着71 /〈解説〉土着182
フジコナヒゲナガトビコバチ 〈口絵〉土着72 /〈解説〉土着184
フシヒメバチ類 〈口絵〉土着26 /〈解説〉土着67
フタホシヒラタアブ 〈口絵〉― /〈解説〉土着49
フタモンアシナガバチ 〈口絵〉土着53 /〈解説〉土着135
フタモンクサカゲロウ 〈口絵〉土着86 /〈解説〉土着33, 土着216
フツウアブラコバチ 〈口絵〉土着19 /〈解説〉土着41
フツウカブリダニ 〈口絵〉土着66 /〈解説〉土着167
ブランコヤドリバエ 〈口絵〉― /〈解説〉土着133

【ヘ】
ベータエントモポックスウイルス 〈口絵〉― /〈解説〉土着286
ベータバキュロウイルス 〈口絵〉― /〈解説〉土着285
ペキロマイセス・テヌイペス 〈口絵〉資材9 /〈解説〉資材52
ペキロマイセス・フモソロセウス 〈口絵〉資材9 /〈解説〉資材48
ベダリアテントウ 〈口絵〉資材30 /〈解説〉資材123, 事例101
ヘテロラブディティス属 〈口絵〉土着101 /〈解説〉土着265
ベニトビコバチ 〈口絵〉土着72 /〈解説〉土着185
ヘヤカブリダニ 〈口絵〉土着10 /〈解説〉土着24
ヘリカメクロタマゴバチ 〈口絵〉土着23, 土着56 /〈解説〉土着53, 土着55, 土着143

【ホ】
ホウネンタワラチビアメバチ 〈口絵〉土着55 /〈解説〉土着139
ボーベリア・バシアーナ 〈口絵〉資材7, 資材21, 土着103 /〈解説〉資材36, 資材96, 土着268
ボーベリア・ブロンニアティ 〈口絵〉資材21 /〈解説〉資材93, 土着268, 事例107
ボーベリア属菌 〈口絵〉土着103 /〈解説〉土着268
ホソガサムライコマユバチ 〈口絵〉土着97 /〈解説〉土着249
ホソガニシヒメコバチ 〈口絵〉― /〈解説〉土着247
ホソガヒラタヒメバチ 〈口絵〉土着98 /〈解説〉土着250
ホソハネヤドリコバチ 〈口絵〉土着41 /〈解説〉土着107
ホソヒメヒラタアブ 〈口絵〉土着22 /〈解説〉土着49
ホソヒラタアブ 〈口絵〉土着85 /〈解説〉土着49, 土着215
ホソヒラタアブ属 〈口絵〉― /〈解説〉土着215
ホソヘリクロタマゴバチ 〈口絵〉土着23 /〈解説〉土着53, 土着55

【マ】
マガリケムシヒキ 〈口絵〉土着52 /〈解説〉土着132
マミジロハエトリ 〈口絵〉― /〈解説〉土着239
マメハモグリバエの天敵寄生蜂 〈口絵〉― /〈解説〉技術52

マルボシヒラタヤドリバエ
　　〈口絵〉**土着**92　／〈解説〉**土着**233
【ミ】
ミカンコナカイガラクロバチ　〈口絵〉―／〈解説〉**土着**201
ミカンノアブラバチ　〈口絵〉**土着**87／〈解説〉**土着**218
ミカンハモグリヒメコバチ
　　〈口絵〉**土着**100　／〈解説〉**土着**259
ミズカマキリ　〈口絵〉**土着**63／〈解説〉**土着**160
ミチノクカブリダニ
　　〈口絵〉**土着**2, **土着**66／〈解説〉**土着**8, **土着**168
ミツクリクロタマゴバチ　〈口絵〉**土着**56／〈解説〉**土着**144
ミツクリヒメバチ　〈口絵〉**土着**54／〈解説〉**土着**137
ミナミグンバイカスミカメ　〈口絵〉―／〈解説〉**土着**224
ミナミチビトビカスミカメ　〈口絵〉**土着**7／〈解説〉**土着**15
ミナミヒメハナカメムシ　〈口絵〉**土着**5／〈解説〉**土着**10
ミヤコカブリダニ　〈口絵〉**資材**1, **土着**2, **土着**65／〈解説〉
　　資材6, **土着**8, **土着**165, **事例**90, **事例**114
【ム】
ムナアカフクログモ　〈口絵〉―／〈解説〉**土着**242
【メ】
メスグロハナレメイエバエ
　　〈口絵〉**土着**12／〈解説〉**土着**27
メタリジウム・アニソプリエ
　　〈口絵〉**資材**7／〈解説〉**資材**33
メタリジウム・キリンドロスポルム
　　〈口絵〉―／〈解説〉**土着**272
【モ】
モートンイトトンボ　〈口絵〉**土着**33／〈解説〉**土着**91
【ヤ】
ヤサガタアシナガグモ　〈口絵〉**土着**35／〈解説〉**土着**92
ヤノネキイロコバチ　〈口絵〉**資材**31／〈解説〉**資材**127,
　　事例101, **事例**107
ヤノネツヤコバチ　〈口絵〉**資材**31／〈解説〉**資材**128, **事
　　例**101, **事例**107

ヤハズフクログモ　〈口絵〉―／〈解説〉**土着**242
ヤマトクサカゲロウ　〈口絵〉**資材**14, **土着**62, **土着**86
　　／〈解説〉**資材**64, **土着**33, **土着**157, **土着**216
ヤマトフクログモ　〈口絵〉―／〈解説〉**土着**242
【ヨ】
ヨーロッパトビチビアメバチ
　　〈口絵〉**資材**19　／〈解説〉**資材**84
ヨコスジツヤコバチ　〈口絵〉**土着**22／〈解説〉**土着**47
ヨコヅナサシガメ　〈口絵〉**土着**95／〈解説〉**土着**243
ヨツボシクサカゲロウ　〈口絵〉**土着**15, **土着**86／〈解説〉
　　土着33, **土着**216
ヨツボシヒメアシナガグモ
　　〈口絵〉**土着**36／〈解説〉**土着**95
ヨトウタマゴバチ　〈口絵〉**土着**25／〈解説〉**土着**61
【リ】
リモニカスカブリダニ　〈口絵〉**資材**5／〈解説〉**資材**25
緑きょう病菌
　　〈口絵〉**土着**105／〈解説〉**土着**272, **土着**273
リンゴコカクモンハマキ顆粒病ウイルス
　　〈口絵〉―／〈解説〉**資材**98
【ル】
類似白きょう病菌　〈口絵〉―／〈解説〉**土着**276
ルビーアカヤドリコバチ
　　〈口絵〉**資材**30／〈解説〉**資材**125
ルリコナカイガラトビコバチ　〈口絵〉―／〈解説〉**土着**201
【レ】
レカニシリウム属菌　〈口絵〉**土着**107／〈解説〉**土着**278
【ワ】
ワタアブラコバチ　〈口絵〉**土着**19, **土着**88／〈解説〉**資
　　材**119, **土着**41, **土着**220
ワタムシヤドリコバチ　〈口絵〉**資材**28／〈解説〉**資材**119

天敵学名索引

※当該種の解説での記載は太字，それ以外での記載は細字とした。

【A】

Acerophagus malinus
　クワコナカイガラヤドリバチ　**土着203**

Acropimpla persimilis
　クロヒゲフシオナガヒメバチ　**土着68**

Adoxophyes honmai entomopoxvirus
　チャノコカクモンハマキ昆虫ポックスウイルス　**土着286**

Adoxophyes orana fasciata granulovirus
　リンゴコカクモンハマキ顆粒病ウイルス　**資材98**

Agamermis unka
　ウンカシヘンチュウ　**土着265**

Ageniaspis testaceipes
　キンモンホソガトビコバチ　**土着251**

Agistemus terminalis
　ケボソナガヒシダニ　**土着191**

Agriosphodrus dohrni
　ヨコヅナサシガメ　**土着243**

Agrothereutes lanceolatus
　シロテントガリヒメバチ　**土着225**

Agrothereutes spp.
　寄生蜂類　土着225

Allotropa burrelli
　コナカイガラヤドリクロバチ　**土着201**

Allotropa citri
　ミカンコナカイガラクロバチ　**土着201**

Allotropa convexifrons
　ウスイロヤドリクロバチ　**土着201**

Allotropa spp.
　コナカイガラクロバチ類　土着201

Allotropa subclavata
　フジコナカイガラクロバチ　**土着181**，土着202

Allotropa utilis
　―　**土着201**

Alphabaculovirus
　アルファバキュロウイルス　**土着283**

Amblydromalus limonicus
　リモニカスカブリダニ　**資材25**

Amblyseius eharai
　ニセラーゴカブリダニ　**土着167**

Amblyseius orientalis
　トウヨウカブリダニ　**土着167**

Amblyseius swirskii
　スワルスキーカブリダニ　**資材17**

Amblyseius tsugawai
　ミチノクカブリダニ　土着8，**土着168**

Amphimermis zuimushi
　ズイムシシヘンチュウ　**土着265**

Anagyrus fujikona
　フジコナカイガラトビコバチ　**土着182**

Anagyrus subalbipes
　シロツノコナカイガラトビコバチ　**土着201**

Anagyrus subnigricornis
　ツノグロトビコバチ　**土着183**

Anaphes nipponicus
　ドロムシムクゲタマゴバチ　**土着142**

Andrallus spinidens
　シロヘリクチブトカメムシ　**土着57**，土着59

Anicetus beneficus
　ルビーアカヤドリコバチ　**資材125**

Anystis baccarum
　ハモリダニ　**土着50**

Apanteles baoris
　イチモンジセセリヤドリコマユバチ　**土着136**

Apanteles kuwayamai
　ホソガサムライコマユバチ　**土着249**

Apanteles sp.
　コマユバチの一種　**土着257**

Aphelinus albipodus
　キアシアブラコバチ　**土着41**

Aphelinus asychis
　チャバラアブラコバチ　**資材70**，土着41

Aphelinus gossypii
　ワタアブラコバチ　資材119，**土着41**，土着220

Aphelinus mali
　ワタムシヤドリコバチ　資材119
Aphelinus varipes
　フツウアブラコバチ　土着41
Aphidius colemani
　コレマンアブラバチ　資材67
Aphidius gifuensis
　ギフアブラバチ　資材73，土着38
Aphidoletes aphidimyza
　ショクガタマバエ　資材115，土着35
Aphytis yanonensis
　ヤノネキイロコバチ　資材127
Argiope amoena
　コガネグモ　土着236
Argiope bruennichii
　ナガコガネグモ　土着150
Argyrophylax apta
　ウタツハリバエ　土着133
Arrhenophagus albitibiae
　チビトビコバチ　土着179

【B】

Bathyplectes anurus
　ヨーロッパトビチビアメバチ　資材84
Beauveria bassiana
　ボーベリア・バシアーナ　資材36，資材96，土着268
Beauveria brongniartii
　ボーベリア・ブロンニアティ　資材93，土着268
Betabaculovirus
　ベータバキュロウイルス　土着285
Betaentomopoxvirus
　ベータエントモポックスウイルス　土着286
Betasyrphus serarius
　クロヒラタアブ　土着49
Brachymeria lasus
　キアシブトコバチ　土着226
Brachymeria spp.
　寄生蜂類　土着225

【C】

Campalita chinense
　エゾカタビロオサムシ　土着81

Campylomma chinensis
　コミドリチビトビカスミカメ（ネッタイチビトビカスミカメ）
　　土着15
Campylomma livida
　コミドリチビトビカスミカメ（ネッタイチビトビカスミカメ）
　　土着15
Campylomma lividicornis
　ミナミチビトビカスミカメ　土着15
Carrhotus xanthogramma
　ネコハエトリ　土着239
Ceriagrion melanurum
　キイトトンボ　土着90
Charops bicolor
　ホウネンタワラチビアメバチ　土着139
Cheilomenes sexmaculata
　ダンダラテントウ　土着31，土着32，土着210
Chilocorus kuwanae
　ヒメアカホシテントウ　土着185，土着204
Chlaenius micans
　オオアトボシアオゴミムシ　土着81，土着228
Chlaenius naeviger
　アトボシアオゴミムシ　土着228
Chlaenius posticalis
　キボシアオゴミムシ　土着81
Chrysis shanghaiensis
　イラガセイボウ（イラガイツツバセイボウ）　土着254
Chrysocharis pentheus
　ハモグリヤドリヒメコバチ　資材79，資材82，土着6，
　　土着259
Chrysocharis ujiyei
　ウジイエヤドリヒメコバチ　土着247
Chrysoperla carnea
　ヒメクサカゲロウ　資材63
Chrysoperla nigrocapitata
　クロズヤマトクサカゲロウ　資材64
Chrysoperla nipponensis
　ヤマトクサカゲロウ　資材64，土着157
Chrysopidae
　クサカゲロウ類　土着33，土着216

Cirrospilus ingenuus
　ハモグリキイロヒメコバチ　土着259
Cirrospilus phyllocnistis
　セスジハモグリキイロヒメコバチ　土着259
Citrostichus phyllocnistoides
　ミカンハモグリヒメコバチ　土着259
Clausenia purpurea
　ルリコナカイガラトビコバチ　土着201
Clubiona japonica
　ヤマトフクログモ　土着242
Clubiona japonicola
　ハマキフクログモ　土着242
Clubiona jucunda
　ヤハズフクログモ　土着242
Clubiona lena
　トビイロフクログモ　土着242
Clubiona vigil
　ムナアカフクログモ　土着242
Coccinella septempunctata
　ナナホシテントウ　土着29，土着152
Coccobius fulvus
　ヤノネツヤコバチ　資材128
Coenosia attenuata
　メスグロハナレメイエバエ　土着27
Conidiobolus spp.
　コニディオボルス属菌　土着281
Cophinopoda chinensis
　アオメムシヒキ（アオメアブ）　土着130
Cordyceps bassiana
　ボーベリア・バシアーナ（有性世代）　土着268
Cordyceps brongniartii
　ボーベリア・ブロンニアティ（有性世代）　土着268
Cordyceps kobayasii
　ツクツクボウシセミタケ　土着276
Cordyceps takaomontana
　ウスキサナギタケ　土着276
Cotesia glomerata
　アオムシコマユバチ　土着71，土着84
Cotesia kariyai
　カリヤサムライコマユバチ　土着140

Cotesia ruficrus
　イネアオムシサムライコマユバチ　土着138
Cotesia vestalis
　コナガサムライコマユバチ　土着71
Crocothemis servilia
　ショウジョウトンボ　土着128
Cyrtorrhinus lividipennis
　カタグロミドリカスミカメ　土着108

【D】
Dacnusa sibirica
　ハモグリコマユバチ　資材83
Dentifibula sp.
　タマバエの一種　土着188
Diadegma fenestrale
　ニホンコナガヤドリチビアメバチ　土着79
Diadegma semiclausum
　セイヨウコナガチビアメバチ　資材121
Diadromus subtilicornis
　コナガチビヒメバチ　土着77
Diaeretiella rapae
　ダイコンアブラバチ　土着38
Diglyphus isaea
　イサエアヒメコバチ　資材76，資材82，土着6
Diglyphus minoeus
　―　土着6
Dimorphella tantillus
　ミナミヒメハナカメムシ　土着10
Dolichus halensis
　セアカヒラタゴミムシ　土着81，土着132

【E】
Ebrechtella tricuspidata
　ハナグモ　土着240
Encarsia formosa
　オンシツツヤコバチ　資材39
Encarsia smithi
　シルベストリコバチ　資材113
Encarsia sophia
　ヨコスジツヤコバチ　土着47
Entomophaga maimaiga
　エントモファガ・マイマイガ　土着281

Entomophthoromycota
 昆虫疫病菌（ハエカビ類）　土着281

Eocanthecona furcellata
 ハリクチブトカメムシ　土着56

Ephedrus nacheri
 ナケルクロアブラバチ　土着38

Ephialtini spp.
 フシヒメバチ類　土着67

Episyrphus
 ホソヒラタアブ属　土着215

Episyrphus balteatus
 ホソヒラタアブ　土着49, 土着215

Epitetracnemus comis
 クワシロミドリトビコバチ　土着177

Eretmocerus eremicus
 サバクツヤコバチ　資材45

Erigone prominens
 ノコギリヒザグモ　土着97

Eudorylas javanensis
 ツボイアタマアブ　土着116

Eudorylas mutillatus
 ツマグロキアタマアブ　土着116

Eudorylas orientalis
 ツマグロヒメアタマアブ　土着116

Eupeodes corolla
 フタホシヒラタアブ　土着49

Euseius sojaensis
 コウズケカブリダニ　土着168

Evarcha albaria
 マミジロハエトリ　土着239

Exorista japonica
 ブランコヤドリバエ　土着133

【F】

Fejervarya kawamurai
 ヌマガエル　土着115

Feltiella acarisuga
 ハダニタマバエ　土着199

Feltiella sp.
 ハダニタマバエの一種　土着45

Franklinothrips vespiformis
 アリガタシマアザミウマ　資材16

【G】

Geocoris itonis
 クロツヤオオメカメムシ（クロツヤオオメナガカメムシ）　資材13, 土着18

Geocoris jucundus
 チビオオメカメムシ（チビオオメナガカメムシ）　資材13, 土着18

Geocoris ochropterus
 ツマジロオオメカメムシ（ツマジロオオメナガカメムシ）　資材13, 土着18

Geocoris proteus
 ヒメオオメカメムシ（ヒメオオメナガカメムシ）　資材13, 土着17, 土着245

Geocoris varius
 オオメカメムシ（オオメナガカメムシ）　資材13, 土着17, 土着245

Gerris latiabdominis
 ヒメアメンボ　土着160

Gnathonarium exsiccatum
 ニセアカムネグモ　土着97

Gonatocerus sp.
 ホソハネヤドリコバチ　土着107

Gregopimpla himalayensis
 サクサンフシヒメバチ　土着68

Gregopimpla kuwanae
 アカヒゲフシヒメバチ　土着68

Gryon japonicum
 ヘリカメクロタマゴバチ　土着53, 土着143

Gryon nigricorne
 ホソヘリクロタマゴバチ　土着55

Gymnosoma rotundatum
 マルボシヒラタヤドリバエ　土着233

Gynaeseius liturivorus
 キイカブリダニ　資材29, 土着8, 土着23

【H】

Halticoptera circulus
 ―　土着6

Haplogonatopus apicalis
　トビイロカマバチ　土着105
Haplothrips brevitubus
　アカメガシワクダアザミウマ　土着21
Harmonia axyridis
　ナミテントウ　資材57, 土着29, 土着153, 土着209
Harmonia yedoensis
　クリサキテントウ　資材58, 土着209
Hemiptarsenus varicornis
　カンムリヒメコバチ　資材79, 土着4
Heterorhabditis indica
　—　土着265
Heterorhabditis megidis
　—　土着265
Heterorhabditis spp.
　ヘテロラブディティス属　土着265
Heterorius minutus
　コヒメハナカメムシ　土着10
Heterorius nagaii
　ツヤヒメハナカメムシ　土着10
Heterorius sauteri
　ナミヒメハナカメムシ　資材105, 土着10
Heterorius strigicollis
　タイリクヒメハナカメムシ　土着10
Hexamermis microamphidis
　スキムシノシヘンチュウ　土着265
Hexamermis sp.
　—　土着265
Hierodula patellifera
　ハラビロカマキリ　土着148
Hippodamia tredecimpunctata
　ジュウサンホシテントウ　土着156
Holobus kashmiricus benecus
　ヒメハダニカブリケシハネカクシ　土着194
Holobus yasumatsui
　ハダニカブリケシハネカクシ　土着194
Homona magnanima granulovirus
　チャハマキ顆粒病ウイルス　資材98
Hyla japonica
　ニホンアマガエル　土着112

【I】
Isaria cateniannulata
　イザリア・カテニアニュラータ　土着276
Isaria cicadae
　ツクツクボウシタケ　土着276
Isaria farinosa
　コナサナギタケ　土着276
Isaria fumosorosea
　赤きょう病菌　土着276
Isaria tenuipes
　ハナサナギタケ　土着276
Ischnura asiatica
　アジアイトンボ　土着89
Ischnura senegalensis
　アオモンイトンボ　土着92
Itoplectis naranyae
　アオムシヒラタヒメバチ　土着119

【L】
Labidura riparia
　オオハサミムシ　土着85
Lecanicillium longisporum
　レカニシリウム属菌　土着278
Lecanicillium muscarium
　バーティシリウム・レカニ　資材55
　レカニシリウム属菌　土着278
Leptomastidea bifasciata
　ベニトビコバチ　土着185
Leptomastidea rubra
　ベニトビコバチ　土着185
Leptomastix dactylopii
　フジコナヒゲナガトビコバチ　土着184
Lestes sponsa
　アオイトンボ　土着92
Lestes temporalis
　オオアオイトンボ　土着92
Lysiphlebus japonicus
　ミカンノアブラバチ　土着218

【M】
Macrocentrus gifuensis
　ヒゲナガコマユバチ　土着66

Macrocentrus linearis
　ヒゲナガコマユバチ　土着66
Megaphragma sp.
　アザミウマタマゴバチ　土着207
Menochilus sexmaculata
　ダンダラテントウ　土着32，土着210
Mermithidae
　シヘンチュウ類　土着265
Metarhizium anisopliae
　黒きょう病菌（硬化病菌）　土着271
　メタリジウム・アニソプリエ　資材33
Metarhizium cylindrosporum
　メタリジウム・キリンドロスポルム　土着272
Metarhizium rileyi
　―　土着272
Metasyrphus corolla
　フタホシヒラタアブ　土着49
Micraspis discolor
　チャイロテントウ　土着155
Misumenops tricuspidatus
　ハナグモ　土着104
Mortonagrion selenion
　モートンイトトンボ　土着91
Myrmarachne japonica
　アリグモ　土着239

【N】
Nabis stenoferus
　ハネナガマキバサシガメ　土着111
Nemorilla floralis
　ギンガオハリバエ　土着133
Neochrysocharis formosa
　ハモグリミドリヒメコバチ　資材79，資材81，土着3，
　土着6
Neoitamus angusticornis
　マガリケムシヒキ　土着132
Neoscona adianta
　ドヨウオニグモ　土着103
Neoscona scylloides
　サツマノミダマシ　土着149

Neoseiulus barkeri
　ヘヤカブリダニ　土着24
Neoseiulus californicus
　ミヤコカブリダニ　資材6，土着8，土着165
Neoseiulus cucumeris
　ククメリスカブリダニ　資材31
Neoseiulus koyamanus
　コヤマカブリダニ　土着8
Neoseiulus womersleyi
　ケナガカブリダニ　土着8，土着163
Nephila clavata
　ジョロウグモ　土着234
Nesidiocoris tenuis
　タバコカスミカメ　資材108，土着13
Nomuraea rileyi
　緑きょう病菌（硬化病菌）　土着272，土着273

【O】
Oligota kashmirica benefica
　ヒメハダニカブリケシハネカクシ　土着44，土着194
Oligota yasumatsui
　ハダニカブリケシハネカクシ　土着194
Ooencyrtus acastus
　―　土着51
Ooencyrtus nezarae
　カメムシタマゴトビコバチ　土着51
Oomyzus sokolowskii
　コナガヒメコバチ　土着74
Orius minutus
　コヒメハナカメムシ　土着10，土着198
Orius nagaii
　ツヤヒメハナカメムシ　土着10，土着159
Orius sauteri
　ナミヒメハナカメムシ　資材105，土着10，土着198
Orius strigicollis
　タイリクヒメハナカメムシ　資材8，土着10，土着198
Orius tantillus
　ミナミヒメハナカメムシ　土着10
Orthetrum albistylum
　シオカラトンボ　土着123

【P】

Pachygnatha clercki
 アゴブトグモ　土着95

Pachygnatha quadrimaculata
 ヨツボシヒメアシナガグモ　土着95

Pachygnatha tenera
 ヒメアシナガグモ　土着95

Paecilomyces cateniannulatus
 イザリア・カテニアニュラータ　土着276

Paecilomyces cicadae
 ツクツクボウシタケ　土着276

Paecilomyces farinosus
 コナサナギタケ　土着276

Paecilomyces fumorososeus
 赤きょう病菌　土着276

Paecilomyces fumosoroseus
 ペキロマイセス・フモソロセウス　資材48

Paecilomyces tenuipes
 ハナサナギタケ　土着276
 ペキロマイセス・テヌイペス　資材52

Pandora blunckii
 コナガカビ　土着281

Pandora neoaphidis
 パンドラ・ネオアフィディス　土着281

Pantala flavescens
 ウスバキトンボ　土着125

Paracentrobia andoi
 ツマグロヨコバイタマゴバチ　土着106

Parasteatoda japonica
 ヒメグモ（ニホンヒメグモ）　土着237

Pardosa astrigera
 ウヅキコモリグモ　土着70

Pardosa pseudoannulata
 キクヅキコモリグモ　土着99

Parena cavipennis
 ヒラタアトキリゴミムシ　土着228

Parena nigrolineata nipponensis
 クロヘリアトキリゴミムシ　土着228

Pasteuria penetrans
 パスツーリア・ペネトランス　資材100

Pediobius mitsukurii
 ミツクリヒメバチ　土着137

Pelophylax nigromaculatus
 トノサマガエル　土着114

Pelophylax porosus
 トウキョウダルマガエル　土着113

Phintella bifurcilinea
 キアシハエトリ　土着239

Phytoseiulus persimilis
 チリカブリダニ　資材3

Pilophorus typicus
 クロヒョウタンカスミカメ　資材111，土着26

Pimpla aethiops
 イチモンジヒラタヒメバチ　土着119

Pimpla nipponica
 チビキアシヒラタヒメバチ　土着119，土着225

Pimpla parnarae
 イチモンジヒラタヒメバチ　土着119

Pimpla spp.
 寄生蜂類　土着225

Pirata subpiraticus
 キバラコモリグモ　土着101

Plexippoides doenitzi
 デーニッツハエトリ　土着239

Pnigalio sp.
 ニガリオヒメコバチの一種　土着247

Polistes chinensis antennalis
 フタモンアシナガバチ　土着135

Promachus yesonicus
 シオヤムシヒキ（シオヤアブ）　土着131

Propylea japonica
 ヒメカメノコテントウ　資材62，土着30，土着154，土着214

Propylea quatuordecimpunctata
 コカメノコテントウ　土着31，土着214

Pseudoperichaeta insidiosa
 ハマキヤドリバエ　土着133

Pseudoscymnus hareja
 ハレヤヒメテントウ　土着185

Pseudothemis zonata
　　コシアキトンボ　土着128
Pteroptrix orientalis
　　サルメンツヤコバチ　土着175
Pterostichus planicollis
　　キンナガゴミムシ　土着81

【Q】
Quadrastichus sp.
　　コガタハモグリヒメコバチ　土着259

【R】
Rana japonica
　　ニホンアカガエル　土着115
Ranatra chinensis
　　ミズカマキリ　土着160
Rhene atrata
　　カラスハエトリ　土着239
Rhyothemis fuliginosa
　　チョウトンボ　土着129
Rodolia cardinalis
　　ベダリアテントウ　資材123

【S】
Scambus calobatus
　　ホソガヒラタヒメバチ　土着250
Scolothrips takahashii
　　ハダニアザミウマ　土着46, 土着192
Scymnus posticalis
　　コクロヒメテントウ　土着212
Sphaerophoria
　　ヒメヒラタアブ属　土着215
Sphaerophoria macrogaster
　　ホソヒメヒラタアブ　土着49
Statilia maculata
　　コカマキリ　土着147
Steinerenma spp.
　　スタイナーネマ属　土着265
Steinernema abbasi
　　―　土着265
Steinernema carpocapsae
　　スタイナーネマ・カーポカプサエ　資材86

Steinernema feltiae
　　―　土着265
Steinernema glaseri
　　スタイナーネマ・グラセライ　資材90
Steinernema kraussei
　　―　土着265
Steinernema kushidai
　　クシダネマ　資材92
　　―　土着265
Steinernema litorale
　　―　土着265
Steinernema monticolum
　　―　土着265
Stenomesius japonicus
　　キイロホソコバチ　土着247
Stethoconus japonicus
　　グンバイカスミカメ　土着224
Stethoconus praefectus
　　ミナミグンバイカスミカメ　土着224
Stethorus japonicus
　　キアシクロヒメテントウ　土着44, 土着172
Stethorus pusillus
　　ハダニクロヒメテントウ　土着172
Sympetrum darwinianum
　　ナツアカネ　土着127
Sympetrum frequens
　　アキアカネ　土着126
Sympetrum infuscatum
　　ノシメトンボ　土着124
Sympiesis laevifrons
　　カオムラサキヒメコバチ　土着247
Sympiesis ringoniellae
　　キンモンホソガヒメコバチ　土着247
Sympiesis sericeicornis
　　ホソガニシヒメコバチ　土着247
Sympiesis striatipes
　　ハモグリクロヒメコバチ　土着259
Syrphinae
　　ヒラタアブ類　土着150

【T】

Tenodera angustipennis
　　カマキリ（チョウセンカマキリ）　土着146
Tenodera aridifolia
　　オオカマキリ　土着147
Tetragnatha caudicula
　　トガリアシナガグモ　土着92
Tetragnatha extensa
　　ハラビロアシナガグモ　土着92
Tetragnatha maxillosa
　　ヤサガタアシナガグモ　土着92
Tetragnatha nitens
　　ヒカリアシナガグモ　土着92
Tetragnatha praedonia
　　アシナガグモ　土着92
Tetragnatha vermiformis
　　シコクアシナガグモ　土着92
Thomsonisca amathus
　　ナナセツトビコバチ　土着177
Thomsonisca typica
　　ナナセツトビコバチ　土着177
Tomosvaryella inazumae
　　イナズマツヤアタマアブ　土着116
Tomosvaryella oryzaetora
　　ツマグロツヤアタマアブ　土着116
Torymus beneficus
　　クリマモリオナガコバチ　資材130
Torymus koreanus
　　チョウセンオナガコバチ　資材131
Torymus sinensis
　　チュウゴクオナガコバチ　資材129
Trichogramma dendrolimi
　　キイロタマゴバチ　土着63
Trichogramma evanescens
　　ヨトウタマゴバチ　土着61
Trichogramma japonicum
　　ズイムシアカタマゴバチ　土着122
Trichogramma ostriniae
　　アワノメイガタマゴバチ　土着64
Trissolcus mitsukurii
　　ミツクリクロタマゴバチ　土着144
Trissolcus plautiae
　　チャバネクロタマゴバチ　土着222
Typhlodromips swirskii
　　スワルスキーカブリダニ　資材17
Typhlodromus vulgaris
　　フツウカブリダニ　土着167

【U】

Ummeliata insecticeps
　　セスジアカムネグモ　土着97

【V】

Verticillium lecanii
　　バーティシリウム・レカニ　資材55

【Z】

Zaommomentedon brevipetiolatus
　　コシビロハモグリヤドリヒメコバチ　土着259
Zoophtora radicans
　　ズープトラ・ラディカンス　土着281

天敵資材名索引

【ア】
アフィパール　コレマンアブラバチ　資材67
アブラバチAC　コレマンアブラバチ　資材67
アリガタ　アリガタシマアザミウマ　資材16
石原チリガブリ　チリカブリダニ　資材3
エルカード　サバクツヤコバチ　資材45
エンストリップ　オンシツツヤコバチ　資材39
オオメトップ　オオメカメムシ（オオメナガカメムシ）　資材13
オリスターA　タイリクヒメハナカメムシ　資材8

【カ】
カゲタロウ　ヒメクサカゲロウ　資材63
カブリダニPP　チリカブリダニ　資材3
カメノコS　ヒメカメノコテントウ　資材62
キイトップ　キイカブリダニ　資材29
ギフパール　ギフアブラバチ　資材73
ククメリス　ククメリスカブリダニ　資材31
クロカメ（高知県限定）　クロヒョウタンカスミカメ　資材111
ゴッツA　ペキロマイセス・テヌイペス　資材52
コレトップ　コレマンアブラバチ　資材67

【サ】
サバクトップ　サバクツヤコバチ　資材45
スパイカルEX　ミヤコカブリダニ　資材6
スパイカルプラス　ミヤコカブリダニ　資材6
スパイデックス　チリカブリダニ　資材3
スワルスキー　スワルスキーカブリダニ　資材17
スワルスキープラス　スワルスキーカブリダニ　資材17

【タ】
タイリク　タイリクヒメハナカメムシ　資材8
チャバラ　チャバラアブラコバチ　資材70
チリカ・ワーカー　チリカブリダニ　資材3
チリトップ　チリカブリダニ　資材3
ツヤトップ　オンシツツヤコバチ　資材39
ツヤトップ25　オンシツツヤコバチ　資材39
テントップ　ナミテントウ　資材57
トスパック　タイリクヒメハナカメムシ　資材8

【ハ】
バイオセーフ　スタイナーネマ・カーポカプサエ　資材86
バイオトピア　スタイナーネマ・グラセライ　資材90
バイオリサ・カミキリ　ボーベリア・ブロンニアティ　資材93
バイオリサ・マダラ　ボーベリア・バシアーナ　資材96
パイレーツ粒剤　メタリジウム・アニソプリエ　資材33
パストリア水和剤　パスツーリア・ペネトランス　資材100
ハマキ天敵　顆粒病ウイルス　資材98
ヒメトップ　イサエアヒメコバチ　資材76
プリファード水和剤　ペキロマイセス・フモソロセウス　資材48
ボタニガードES　ボーベリア・バシアーナ　資材36
ボタニガード水和剤　ボーベリア・バシアーナ　資材36

【マ】
マイコタール　バーティシリウム・レカニ　資材55
ミドリヒメ　ハモグリミドリヒメコバチ　資材81
ミヤコスター　ミヤコカブリダニ　資材6
ミヤコトップ　ミヤコカブリダニ　資材6
メリトップ　ククメリスカブリダニ　資材31

【ヤ】
ヨーロッパトビチビアメバチ剤　ヨーロッパトビチビアメバチ　資材84

【ラ】
リクトップ　タイリクヒメハナカメムシ　資材8
リモニカ　リモニカスカブリダニ　資材25

主 な 参 考 文 献

※著者名・編者名のアルファベット順。

千国安之輔(2008) 改訂版 写真・日本クモ類大図鑑. 偕成社, 308pp.
江村薫・久保田栄・平井一男(2012) 田園環境の害虫・益虫生態図鑑. 北隆館, 420pp.
福山欣司・前田憲男(2011) 田んぼの生きものたち カエル. 農山漁村文化協会, 56pp.
今森光彦(2000) 水辺の昆虫. 山と渓谷社, 281pp.
今森光彦(2010) 野山の昆虫. 山と渓谷社, 281pp.
根本文宏・平井一男・森田弘彦(2004) 稲の病害虫と雑草. 全国農村教育協会, 64pp.
日本応用動物昆虫学会 編(2000) 応用動物学・応用昆虫学学術用語集 第3版. 日本応用動物昆虫学会, 236pp.
日本応用動物昆虫学会 編(2006) 農林有害動物・昆虫名鑑 増補改訂版. 日本植物防疫協会, 387pp.
日本植物防疫協会 編(2014) 生物農薬・フェロモンガイドブック2014. 日本植物防疫協会, 281pp.
農山漁村文化協会 編(2004) 天敵大事典. 農山漁村文化協会, 1152pp.
農林水産省農林水産技術会議事務局 編(2014) 農業に有用な生物多様性の指標及び評価手法の開発(研究成果506). 農林水産省農林水産技術会議事務局, 394pp.
岡田正哉(2008) 昆虫ハンター カマキリのすべて. トンボ出版, 63pp.
尾園暁・川島逸郎・二橋亮(2013) 日本のトンボ 第2版. 文一総合出版, 531pp.
谷川明男(2007) 日本産コガネグモ科ジョロウグモ科アシナガグモ科のクモ類同定の手引き. 日本蜘蛛学会, 121pp.
梅谷献二・岡田利承 編(2003) 日本農業害虫大事典. 全国農村教育協会, 1203pp.
安永智秀・高井幹夫・山下泉・川村満・川澤哲夫(1994) 日本原色カメムシ図鑑：陸生カメムシ類 第2版(友国雅章 監修). 全国農村教育協会, 380pp.

編集協力者，執筆者，写真・資料提供者

※五十音順。所属は2016年7月時点。

【編集協力】

井原史雄(農研機構 果樹茶業研究部門 企画管理部)
大野和朗(宮崎大学農学部)
後藤千枝(農研機構 中央農業研究センター 虫・鳥獣害研究領域)
平井一男(東京農業大学農学部)

〈執筆・写真提供〉

足立年一(元兵庫県立農林水産技術総合センター農業技術センター)
安部順一朗(農研機構 西日本農業研究センター 生産環境研究領域)
天野　洋(京都大学大学院農学研究科)
新井朋徳(農研機構 果樹茶業研究部門 ブドウ・カキ研究領域)
荒川昭弘(福島県農業総合センター果樹研究所)
荒川　良(高知大学農学部)
池田二三高(元静岡県病害虫防除所)
伊澤宏毅(鳥取県西部農業改良普及所大山普及支所)
井原史雄(農研機構 果樹茶業研究部門 企画管理部)
伊村　務(栃木県農政部経営技術課)
上杉龍士(農研機構 中央農業研究センター 虫・鳥獣害研究領域)
上田康郎(元茨城県農業総合センター農業研究所)
上野高敏(九州大学大学院農学研究院附属生物的防除研究施設)
植松　繁(石川県農林総合研究センター)
氏家　武(元農林水産省果樹試験場)
榎本哲也(高知県安芸農業振興センター)
江村　薫(元埼玉県農林総合研究センター)
大石　毅(沖縄県病害虫防除技術センター)
大井田　寛(千葉県農林総合研究センター)
大久保憲秀(元三重県農業技術センター)
太田　泉(農研機構 野菜花き研究部門 野菜病害虫・機能解析研究領域)
太田光昭(元静岡県病害虫防除所)
大野和朗(宮崎大学農学部)
大保勝宏(鹿児島県大隅地域振興局曽於畑地かんがい農業推進センター)
岡田忠虎(元農林水産省四国農業試験場)
岡林俊宏(高知県農業振興部産地・流通支援課)
荻原洋晶(元愛媛県農林水産研究所果樹研究センター)
奥野昌平(アリスタ ライフサイエンス株式会社)
小澤朗人(静岡県農林技術研究所茶業研究センター)
柿元一樹(鹿児島県農業開発総合センター)
柏尾具俊(元農研機構 九州沖縄農業研究センター)
加須屋　真(常葉大学社会環境学部)

片山　順(京都府京都乙訓農業改良普及センター)

片山晴喜(静岡県農林技術研究所)

金崎秀司(愛媛県農林水産研究所果樹研究センター)

金子修治(大阪府立環境農林水産総合研究所)

岸本英成(農研機構 果樹茶業研究部門 リンゴ研究領域)

北村泰三(元長野県果樹試験場)

木村晋也(住友化学株式会社アグロ事業部マーケティング部)

行徳　裕(熊本県農業研究センター生産環境研究所)

口木文孝(佐賀県果樹試験場)

久保田　栄(元静岡県茶業試験場)

黒木修一(宮崎県総合農業試験場)

神崎保成(鹿児島県農業環境協会植物防疫部会)

河野勝行(農研機構 野菜花き研究部門 野菜病害虫・機能解析研究領域)

後藤千枝(農研機構 中央農業研究センター 虫・鳥獣害研究領域)

後藤哲雄(茨城大学農学部)

小西和彦(愛媛大学農学部)

小林久俊(元静岡県農林技術研究所果樹研究センター，故人)

小林秀治(農研機構 西日本農業研究センター リスク管理室)

駒崎進吉(元農研機構 果樹研究所)

古味一洋(高知県農業振興部環境農業推進課)

西東　力(静岡大学農学部)

坂田美佳(高知県中央西農業振興センター農業改良普及課)

佐藤大樹(森林総合研究所 森林昆虫研究領域)

佐藤正義(住化テクノサービス株式会社)

柴尾　学(大阪府立環境農林水産総合研究所)

島津光明(森林総合研究所 多摩森林科学園)

清水　徹(琉球産経株式会社)

下田武志(農研機構 中央農業研究センター 虫・鳥獣害研究領域)

下元満喜(高知県農業技術センター)

末永　博(鹿児島県農業開発総合センター熊毛支場)

杉山恵太郎(静岡県経済産業部農業局農芸振興課)

世古智一(農研機構 西日本農業研究センター 生産環境研究領域)

高井幹夫(元高知県農業技術センター)

高木一夫(元農研機構 果樹研究所)

高木正見(九州大学大学院農学研究院附属生物的防除研究施設)

髙篠賢二(農研機構 北海道農業研究センター 生産環境研究領域)

高梨祐明(農研機構 果樹茶業研究部門 企画管理部)

竹中　勲(奈良県農業研究開発センター)

巽えり子(住化テクノサービス株式会社)

田中幸一(農研機構 農業環境変動研究センター 生物多様性研究領域)

塚口茂彦

土田祐大(静岡県賀茂農林事務所)

堤　隆文(福岡県農林業総合試験場豊前分場)

手柴真弓(福岡県農林業総合試験場)

土田　聡(農研機構 果樹茶業研究部門 生産・流通研究領域)
外山晶敏(農研機構 果樹茶業研究部門 生産・流通研究領域)
豊島真吾(農研機構 北海道農業研究センター 生産環境研究領域)
仲井まどか(東京農工大学農学研究院)
永井一哉(一般社団法人日本植物防疫協会)
中石一英(高知県農業振興部環境農業推進課)
中川淳子(京都府京都乙訓農業改良普及センター)
長坂幸吉(農研機構 中央農業研究センター 虫・鳥獣害研究領域)
長澤忠昭(群馬県西部農業事務所藤岡地区農業指導センター)
永嶋麻美(栃木県芳賀農業振興事務所経営普及部いちご園芸課)
中野亮平(静岡県農林技術研究所)
新島恵子(元玉川大学農学部)
根本　久(保全生物的防除研究事務所)
野田隆志(一般社団法人日本植物防疫協会)
野中壽之(元鹿児島県経済農業協同組合連合会)
浜村徹三(元農林水産省野菜・茶業試験場)
春山直人(栃木県農政部経営技術課)
東浦祥光(山口県農林総合技術センター農業技術部柑きつ振興センター)
樋口俊男(出光興産株式会社アグリバイオ事業部)
樋本慶二(京都府南丹農業改良普及センター)
日鷹一雅(愛媛大学農学部)
日本典秀(農研機構 中央農業研究センター 虫・鳥獣害研究領域)
平井一男(東京農業大学農学部)
藤家　梓(元千葉県農林総合研究センター)
増田俊雄(宮城県農業・園芸研究所)
松井正春(元農林水産省農業環境技術研究所)
松浦　誠(元三重大学生物資源学部，故人)
松村正哉(農研機構 九州沖縄農業研究センター 生産環境研究領域)
松本宏司(高知県須崎農業振興センター)
松本幸子(福岡県農林水産部経営技術支援課)
三代浩二(農研機構 果樹茶業研究部門 生産・流通研究領域)
三田村敏正(福島県農業総合センター浜地域研究所)
水久保隆之(元農研機構 中央農業総合研究センター)
水谷信夫(農研機構 九州沖縄農業研究センター 生産環境研究領域)
望月　淳(農研機構 農業環境変動研究センター 生物多様性研究領域)
望月雅俊(農研機構 果樹茶業研究部門 カンキツ研究領域)
柳沼勝彦(農研機構 果樹茶業研究部門 リンゴ研究領域)
安田慶次(沖縄県森林資源研究センター)
安永智秀(American Museum of Natural History)
柳田裕紹(福岡県農林業総合試験場)
矢野栄二(近畿大学農学部)
藪　哲男(石川県農林水産部生産流通課)
山中　聡(アリスタ ライフサイエンス株式会社)
屋良佳緒利(農研機構 果樹茶業研究部門 茶業研究領域)

横須賀知之(茨城県農業総合センター農業大学校)
吉田睦浩(農研機構 九州沖縄農業研究センター 生産環境研究領域)
和田　敬(高知県農業振興部環境農業推進課)

〈写真提供〉
赤松富仁(写真家)
阿久津喜作(元東京都農林総合研究センター)
アリスタ ライフサイエンス株式会社
有田　豊(元名城大学農学部)
出光興産株式会社
伊藤恭康
井上栄明(鹿児島県農業開発総合センター)
宇根　豊(元福岡県農業大学校)
笠井　敦(農研機構 果樹茶業研究部門 茶業研究領域)
株式会社アグリセクト
株式会社エス・ディー・エス バイオテック
倉持正実(写真家)
高知県
是永龍二(元農林水産省果樹試験場)
榊原充隆(元農研機構 東北農業研究センター)
笹脇彰徳(長野県野菜花き試験場)
佐藤信治(故人)
静岡県農林技術研究所果樹研究センター
新海栄一(シンカイ写真館)
住化テクノサービス株式会社
高田　肇(元京都府立大学大学院農学研究科)
竹内博昭(農研機構 中央農業研究センター 水田利用研究領域)
奈良部　孝(農研機構 北海道農業研究センター 生産環境研究領域)
沼沢健一(元東京都病害虫防除所)
野村昌史(千葉大学園芸学部)
古橋嘉一(元静岡県柑橘試験場)
三井物産株式会社
山下　泉(高知県農業技術センター)
山下幸司(京都府農林水産技術センター農林センター茶業研究所)
吉沢栄治(長野県南信農業試験場)

〈資料提供〉
戒能洋一(筑波大学生命環境系)
日本応用動物昆虫学会
日本生物防除協議会
東浦祥光(山口県農林総合技術センター農業技術部柑きつ振興センター)
藤田宏之(埼玉県立川の博物館)
和田哲夫(アリスタ ライフサイエンス株式会社)

天敵活用大事典

2016年8月15日　第1刷発行
2022年10月25日　第4刷発行

編者　一般社団法人　農山漁村文化協会

発行所　一般社団法人　農山漁村文化協会
　　　　〒107-8668　東京都港区赤坂7-6-1
電話　03(3585)1141(営業)　03(3585)1147(編集)
FAX　03(3585)3668　　振替　00120-3-144478
URL　https://www.ruralnet.or.jp/

ISBN978-4-540-15159-0
〈検印廃止〉
Ⓒ農山漁村文化協会2016 Printed in Japan
DTP制作／(株)農文協プロダクション
印刷／藤原印刷(株)・(株)東京印書館
製本／(株)渋谷文泉閣
定価はカバーに表示
乱丁・落丁本はお取り替えいたします。

———— 農文協の映像事典 ————

DVD 病害虫防除の基本技術と実際

農文協　企画・制作　96テーマ，全11時間7分　全4巻40000円＋税　各巻10000円＋税

テレビやパソコンで楽しく学ぶ病害虫防除映像事典。静止画＋動画＋やさしい音声解説（ナレーション）で防除のコツがよくわかる。1テーマ完結，どこから見てもOK。各テーマ2～15分で見られる防除のビデオクリップ集。天敵の貴重な映像と活用法も充実。

第1巻　農薬利用と各種の防除法　〈基本編〉190分

これだけは知っておきたい防除のきほん，知恵と技（31テーマ，各2～12分）

1章　ムダなくよく効く散布術　散布の基本—葉裏にもかける／歩くブームスプレーヤ／早足散布の失敗と壁塗り散布のススメ／静電噴口，キリナシノズル

2章　物理的防除法　べたがけ／防虫ネット／マルチ・反射シート／粘着テープ・粘着板／黄色蛍光灯／光防除／循環扇／高温処理（ヒートショック）／太陽熱処理・土壌還元消毒／低濃度エタノールを用いた土壌還元消毒

3章　生物的防除法　天敵を生かすIPM／天敵資材のいろいろ／天敵資材の活用事例／土着天敵のいろいろ／土着天敵の収集—農家の工夫／ソルゴーによる土着天敵活用／土着天敵を生かす混植・混作／効果的な混植・混作法—試験研究より／フェロモンの利用

第1巻の「ソルゴーによる土着天敵活用」より

4章　予察・防除適期判断　農家が行なう発生予察／フェロモントラップで減農薬／各種のトラップ／指標作物・大潮防除・月のリズム防除

5章　知っておきたい農薬の基礎　剤型のタイプと特徴／農薬の薄め方（水和剤）／散布機具とノズル

第2巻　病気別・伝染環と防除のポイント　〈病気編〉170分

伝染環をふまえた野菜の病気の診断と防除の最新技術（19テーマ，各5～15分）

【カビによる病気】　うどんこ病／疫病／黒点根腐病／さび病／炭疽病／つる枯病／つる割病，萎凋病／根こぶ病／灰色かび病／半身萎凋病／べと病

【細菌による病気】　青枯病／黒腐病／軟腐病／斑点細菌病

【ウイルスによる病気】　モザイク病／えそ斑点病／黄化えそ病

解説　病原菌の侵入と病気発生のしくみ（解説者：米山伸吾）

第3巻　害虫別・発生生態と防除のポイント　〈害虫編〉157分

発生生態をふまえた野菜の害虫の診断と防除の最新技術（20テーマ，各5～12分）

アザミウマ類（スリップス類）／アブラムシ類／アワノメイガ／ウリハムシ（ウリバエ）／オオタバコガ／カブラヤガ（ネキリムシ）／カメムシ類／キスジノミハムシ／コナガ／コナジラミ類／スズメガ類／チャノホコリダニ／ニジュウヤホシテントウ／ハイマダラノメイガ（シンクイムシ）／ハスモンヨトウ／ハダニ類／ハモグリバエ類／モンシロチョウ／ヨトウガ（ヨトウムシ）／センチュウ類

第4巻　天敵・自然農薬・身近な防除資材　〈農家の工夫編〉150分

土着天敵活用など，効果バツグンの農家の工夫（26テーマ，各2～12分）

1章　天敵を活かす　天敵が住みつくハウスをつくる／ソルゴー障壁とバンカープランツで農薬1/3／マリーゴールドとソルゴーで天敵を呼び込む／天敵の増やし方—私の工夫

2章　手づくり防除資材　木酢・竹酢・モミ酢／モミ酢＋石灰でパワーアップ／モミ酢を気化させてハウスの防除／果実酢／米ぬか防除／納豆防除／乳酸菌液／光合成細菌／えひめAI／ペタペタ農薬／砂糖混用／海水／ミカンの皮／スギナ汁／煙防除／手づくりトラップ／根洗い

3章　肥料で防除　石灰防除／尿素／亜リン酸／ケイカル浸み出し液／カニガラ

第4巻の「マリーゴールドとソルゴーで天敵を呼び込む」より

（価格は改定になることがあります）